U0387370

CHUCHEN GONGCHENG
SHEJI SHOUCE

除尘工程
设计手册

第三版

张殿印　王　纯　主编

化学工业出版社

·北京·

内容简介

本书共十三章，内容包括除尘工程设计常用数表，除尘工程设计标准，尘源控制与集气吸尘罩设计，除尘器的设计与选型，输灰、润滑和压缩空气系统设计，除尘系统设计，高温烟气冷却降温与管道设计，通风机分类、性能分析及选用，除尘设备涂装和保温设计，除尘工程消声与降振设计，除尘系统自动控制设计，除尘工程升级改造设计，以及除尘系统的测试和调整。

本书内容全面，联系实际，针对性和可操作性强，可供大气污染控制领域的工程设计人员、科研人员和管理人员参考，也可供高等学校环境工程及相关专业师生参阅。

图书在版编目（CIP）数据

除尘工程设计手册/张殿印，王纯主编. —3版. —北京：
化学工业出版社，2019.3
ISBN 978-7-122-33857-0

Ⅰ.①除⋯ Ⅱ.①张⋯ ②王⋯ Ⅲ.①除尘-工程设计-
技术手册 Ⅳ.①X513-62

中国版本图书馆 CIP 数据核字（2019）第 025536 号

责任编辑：刘兴春 刘 婧 装帧设计：韩 飞
责任校对：边 涛

出版发行：化学工业出版社（北京市东城区青年湖南街 13 号 邮政编码 100011）
印 装：三河市航远印刷有限公司
787mm×1092mm 1/16 印张 59¾ 字数 1780 千字 2021 年 1 月北京第 3 版第 1 次印刷

购书咨询：010-64518888 售后服务：010-64518899
网 址：http://www.cip.com.cn
凡购买本书，如有缺损质量问题，本社销售中心负责调换。

定 价：298.00 元 版权所有 违者必究

京化广临字 2021-02

《除尘工程设计手册》（第三版）
编委会

主　　编：张殿印　王　纯

副 主 编：李惊涛　彭　犇　王　冠　朱晓华　张建文　张紫薇

编写人员（按姓氏笔画为序）：

王　纯	王　冠	王　珲	王　娟	王宇鹏	田　玮
白洪娟	刘　填	朱晓华	庄剑恒	李　昆	李　忠
李惊涛	李淑芬	李鹏飞	肖　春	张学义	张学军
张建文	张紫薇	张殿印	陈　玲	陈　媛	罗宏晶
周　然	周广文	孟　婧	杨雅娟	赵原林	高华东
徐　琳	顾晓光	章敬泉	谢秀艳	彭　犇	

主　　审：王海涛　杨景玲

前　言

《除尘工程设计手册》第二版于 2010 年出版以来，深受广大读者的欢迎和好评。由于这些年来《除尘工程设计手册》中所引用的国家排放标准、技术规范、技术经济指标发生了很大变化，提出了更加严格的要求；书中所选用的一些除尘设备有的已被新一代产品取代，有的技术性能又有了新的提高；根据节能减排、超低排放和净化细颗粒物（$PM_{2.5}$）的要求，除尘工程设计、设备选用、采用的技术参数都需要更新；根据工程设计需要，有一些新内容需要补充。因此为满足广大读者的实际需要，有必要对手册进行修订再版。

《除尘工程设计手册》的修订主要包括以下内容：

① 补充近年来出现且第二版缺少的内容，如细颗粒物净化技术、超低排放技术、风机润滑设计、新型过滤材料、新型除尘器等；

② 更新近些年修改的国家标准，如环境空气质量标准、大气污染物排放标准、新的除尘技术规范等；

③ 补充节能减排新设备、新技术、新方法，如电袋复合除尘器、除尘工程升级改造等；

④ 删减一些很少使用并趋于淘汰的过时技术和设备。

在修订本书的过程中，力求对除尘工程设计做更新的论述，包括除尘工程设计内容、设计程序、设计特点、设计禁忌、设备性能、选型要点等内容，以满足不同读者的需求。

第三版《除尘工程设计手册》具有如下特点。

① 设计内容完整、数表资料齐全。针对除尘工程设计现状，本书全面、系统、完整地阐述了除尘设计基本原理、设计要点、设计方法、设计禁忌、除尘设备形式、选型要点等内容，并且把常用的图表、数据、设计计算方法尽可能收入书中。

② 工程适用性和可操作性强。各种类型除尘器都是笔者和同行多年科研与实践积累的成果，因此阐述内容有理论、有技术、有方法。叙述内容结合实际，对重要计算式和基本方法予以举例解析，颇具参考借鉴价值。

③ 技术新颖、实例经典。编写用新规范、新术语，把一些新出现又经实践证明可行的设计新方法、新理念、新设备、新材料尽可能编写书中，如适应建设资源节约型、环保友好型社会的需要，书中结合节能降耗、超低排放、细颗粒物治理，污染物协同控制等增加了新的设计内容。

④ 重点突出，深入浅出，从工程实际需要出发，全书突出了常用、成熟、先进的除尘设计技术和诀窍，写细致、写深入、写透彻。特别是突出了同类书籍尚没有且十分重要的除尘设计内容等。

本书在编写过程中得到中冶建筑研究总院有限公司、中冶节能环保研究所的全力帮助，在此表示衷心感谢。王海涛教授、杨景玲教授对全书进行了审稿。本书在编写、审阅和出版过程中得到了安登飞、徐飞、高华东等多位知名专家的鼎力相助，在此一并深致谢忱。编撰过程中参考和引用了一些科研、设计、教学和生产工作同行撰写的著作、论文、手册、教材、样本和学术会议文集等，在此对所有作者表示衷心感谢。

由于编者学识和编写时间所限，书中疏漏和不妥之处在所难免，殷切希望读者朋友批评指正。

编者

2020 年 6 月于北京

第一版前言

地球环境构成人类繁衍发展的物质基础，承载着人类繁衍发展产生的种种后果。人类在生产和生活活动中，成年累月地向大气中排出各种污染物质，使大气遭到严重污染。与此同时，随着人类社会的不断进步、经济的持续发展、生活水平的日益提高以及对自身健康的重视，人们对生存环境条件越来越关注，对大气环境质量的要求越来越严格。1个人1天大约需要1kg食物、2kg水和13kg（10000L）的空气。1个人可以7天不进食，5天不饮水，但断绝空气5min就会死亡。大气对每个人都息息相关，至为重要，保护大气环境刻不容缓，势在必行。

除尘工程是防治大气污染的重要内容，是环境工程的重要组成部分。除尘工程设计是实施防治大气污染的具体步骤和条件。作者根据多年来积累的技术知识和文献资料，从除尘工程实际需要出发编写成本手册。本书宗旨在于给从事环境保护的同行提供一本内容翔实、新颖实用、数表完整、查找方便的设计工具书。全书分为常用数表、有关标准、尘源控制和吸尘罩设计、除尘器选型与设计、输排灰和润滑系统设计、除尘系统设计、高温烟气降温设计、通风机选型与调节、涂装和保温设计、消声与降振设计、电控设计和除尘系统测定与调整等共十二章。

参加本书编写的有（按章节顺序）：张殿印（第一章、第二章），王纯（第三章），杨景玲（第四章第一、二、五节），钱雷（第四章第三、四、六节），张学军（第五章第一、二、三节），彭亦明（第五章第四、五节），侯运升（第六章第一、二、五节），俞非漉（第六章第三、四节），张学义（第七章），饶宇洪（第八章第一节），岳优敏（第八章第二节），赵江翔（第八章第三、四节），刘克勤（第八章第五节），孙立文（第九章第一、二节），侯德中（第九章第三、四节），杨慧斌（第十章第一、二节），朱晓华（第十章第三、四节），申丽（第十一章第一、三节），郭小燕（第十一章第二节），吴明生（第十二章第一节），王海涛（第十二章第三节），董悦（第十二章第二、四节）。

本书引用了一些科研、设计、教学以及生产工作同行撰写的论著、手册、教材等，书后附有参考文献目录，在此深表谢意。

由于作者经验和水平有限，书中缺点和错误在所难免，殷切希望读者批评指正。

编　者

2003.06

第二版前言

《除尘工程设计手册》于 2003 年出版以来深受读者欢迎。8 年来原手册中所引用的标准、规范、技术经济指标发生很大变化，所选用的除尘设备有的已为新一代产品所取代，有的技术性能又有了新的提高，因此本手册有必要进行修订再版。

《除尘工程设计手册》修订再版增加以下内容：①补充第一版尚缺除尘设计需要的内容，如伴热设计、烟囱防腐等；②更新近些年修改的国家标准，如电厂污染物排放标准、工业企业噪声排放标准等；③补充节能减排新设备、新技术，如电袋复合除尘器、反吹风袋式除尘器改脉冲除尘器等。再版后的《除尘工程设计手册》将实现如下特点：①内容翔实、数表完整；②新颖实用、查找方便；③工程实用性和可操作性强。

参加本书编写的有（按章节顺序）：张殿印（第一章），王纯（第二章），俞非漉（第三章第一节、第二节），王海涛（第三章第三节、第四节），朱晓华（第四章第一节、第二节），刘克勤（第四章第三节、第四节），赵宇（第四章第五节、第六节、第七节），王冠（第五章第一节、第二节），庄剑恒（第五章第三节、第四节），徐飞（第五章第五节），王雨清（第六章第一节），王宇鹏（第六章第二节），白洪娟（第六章第三节），田雨霖（第六章第四节、第五节），陈盈盈（第七章第一节、第二节），冯馨瑶（第七章第三节、第四节），任旭（第八章第一节、第二节），肖春（第八章第三节、第四节），魏淑娟（第八章第五节、第六节），吴青贤、顾生臣（第九章第一节、第二节），肖敬斌（第九章第三节），陈媛（第九章第四节、第五节），高华东（第十章第一节、第二节），张鹏（第十章第三节），张学军（第十章第四节），申丽（第十一章第一节、第三节），张学义（第十一章第二节），安登飞（第十二章第一节），杨伯如、顾晓光（第十二章第二节、第三节）。

杨景玲教授、戴京宪教授对全书进行了总审核。本书在编写和审阅过程中得到白万胜等多位专家的鼎力相助，陈满科提供了湿式除尘器的宝贵资料，在此一并深致谢忱。本书参考了一些科研、设计、教学和生产工作同行撰写的著作、论文、手册、教材和学术会议文集等，在此对所有作者表示衷心感谢。

限于编者学识和编写时间，书中疏漏和不妥之处在所难免，殷切希望读者朋友不吝指正。

编　者
2010 年 6 月

目 录

第一章　除尘工程设计常用数表

在除尘工程设计中，常用的数表有粉尘的基本性质参数，气体基本性质参数，常用数表、金属材料及紧固件等物理参数。设计中使用这些数表应考虑这些数表的普遍性与具体工程特殊性的关系和使用条件，保证设计选用参数的正确性。

第一节　粉尘的基本性质参数

粉尘是由自然力或机械力产生的，能够悬浮于空气中的固体细小微粒。国际上将粒径$<75\mu m$的固体悬浮物定义为粉尘。在除尘技术中，一般将粒径为$1\sim200\mu m$乃至更大颗粒的固体悬浮物均视为粉尘。由于粉尘的多样性和复杂性，粉尘的性质参数是很多的。本节主要介绍常用的粉尘性质参数。

一、粉尘的分类和特性

1. 粉尘分类

（1）按物质组成分类　按物质组成粉尘可分为有机尘、无机尘、混合尘。有机尘包括植物尘、动物尘、加工有机尘；无机尘包括矿尘、金属尘、加工无机尘等。

（2）按粒径分类　按尘粒大小或在显微镜下可见程度粉尘可分为：粗尘，粒径$>40\mu m$，相当于一般筛分的最小粒径；细尘，粒径为$10\sim40\mu m$，在明亮光线下肉眼可以见到；显微尘，粒径为$0.25\sim10\mu m$，用光学显微镜可以观察；亚显微尘，粒径$<0.25\mu m$，需用电子显微镜才能观察到。不同粒径的粉尘在呼吸器官中沉着的位置也不同，又分为：可吸入性粉尘即可以吸入呼吸器官，直径$>10\mu m$的粉尘；微细粒子直径$<2.5\mu m$的细粒粉尘，微细粉尘会沉降于人体肺泡中。

（3）按形状分类　不同形状的粉尘可以分为：a. 三向等长粒子，即长、宽、高的尺寸相同或接近的粒子，如正多边形及其他与之相接近的不规则形状的粒细子；b. 片形粒子，即两方向的长度比第三方向长得多，如薄片状、鳞片状粒子；c. 纤维形粒子，即在一个方向上长得多的粒子，如柱状、针状、纤维粒子；d. 球形粒子，外形呈圆形或椭圆形。

（4）按物理化学特性分类　由粉尘的湿润性、黏性、燃烧爆炸性、导电性、流动性可以区分不同属性的粉尘。如按粉尘的湿润性分为湿润角小于$90°$的亲水性粉尘和湿润角大于$90°$的疏水性粉尘；按粉尘的黏性力分为拉断力小于$60Pa$的不黏尘，拉断力为$60\sim300Pa$的微黏尘，拉断力为$300\sim600Pa$的中黏尘，大于$600Pa$的强黏尘；按粉尘燃烧、爆炸性分为易燃、易爆粉尘和一般粉尘；按粉料流动性可分为安息角小于$30°$的流动性好的粉尘，安息角为$30°\sim45°$的流动性中等的粉尘及安息角大于$45°$的流动性差的粉尘。按粉尘的导电性和静电除尘的分离难易程度分为$>10^{11}\Omega\cdot cm$的高比电阻粉尘，$10^4\sim10^{11}\Omega\cdot cm$的中比电阻粉尘，$<10^4\Omega\cdot cm$的低比电阻粉尘。

（5）其他分类　还有将粉尘分为生产性粉尘和大气尘、纤维性粉尘和颗粒状粉尘、一次扬尘和二次性扬尘等。

2. 粉尘特性

粉尘有很多特殊的属性，其中与除尘工程密切相关的有悬浮特性、扩散特性、附着特性、燃烧和爆炸特性、荷电特性以及流动特性等。

（1）悬浮特性　在静止空气中，粉尘颗粒受重力作用会在空气中沉降。当尘粒较细，沉降速度不高时，可按斯托克斯（Stoke's）公式求得重力与空气阻力大小相等、方向相反时尘粒的沉降速度，称尘粒沉降的终端速度。

密度为 $1g/cm^3$ 的尘粒的沉降速度大致如下：

尘粒直径	速度
$0.1\mu m$	$4\times10^5 cm/s$
$1.0\mu m$	$4\times10^3 cm/s$
$10\mu m$	$0.3cm/s$
$100\mu m$	$50cm/s$

实际空气绝非静止，而是有各种扰动气流，粒径小于 $10\mu m$ 的尘粒能长期悬浮于空气中。即便是粒径大于 $10\mu m$ 的尘粒，当其处于上升气流中，若流速达到尘粒终端沉降速度，尘粒也将处于悬浮状态，该上升气流流速称为悬浮速度。作业场所存在自然风流、热气流、机械运动和人员行动而带动的气流，使尘粒能长期悬浮。粉尘的悬浮特性是除尘工程计算的依据之一。

（2）扩散特性　其是指微细粉尘随气流携带而扩散。即使在静止的空气中，尘粒受到空气分子布朗运动的撞击也能形成类似于布朗运动的位移。对于粒径为 $0.4\mu m$ 的尘粒，单位时间布朗位移的均方根值大于其重力沉降的距离；对粒径为 $0.1\mu m$ 的尘粒，布朗位移的均方根值相当于重力沉降距离的 40 余倍。扩散使粒子不断由高浓度区向低浓度区转移，形成尘粒流经微小通道向周壁沉降的主要原因。

（3）附着特性　尘粒有黏附于其他粒子或其他物质表面的特性。附着力有 3 种，即范德瓦尔斯力、静电力和液膜的表面张力。微米级尘粒的附着力远大于重力，直径 $10\mu m$ 的粉尘在滤布上附着力可达自重的 1000 倍，当悬浮尘粒相互接近时彼此吸附聚集成大颗粒，当悬浮微粒接近其他物体时即会附着其表面，必须有一定的外加力才能使其脱离。集合的粉尘体之间亦存在粉尘间的吸附力，一般称为粉尘的黏性力，若需将集合的粉尘沉积物剥离，必须施加拉断力。

范德瓦尔斯力使尘粒表面有吸附气体、蒸汽和液体的能力。粉尘颗粒越细，比表面积越大，单位质量粉尘表面吸附的气体和蒸汽的量越多。单位质量粉尘粒子表面吸附水蒸气量可衡量粉尘的吸湿性。当液滴与尘粒表面接触，除存在液滴与尘粒表面吸附力外，液滴尚存在自身的凝聚力，两种力量平衡时，液滴表面与尘粒表面间形成湿润角，表征尘粒的湿润性能。湿润角越小，粉尘湿润性越好；反之，说明粉尘湿润性差。

（4）燃烧和爆炸特性　物料转化为粉尘，比表面积增加，提高了物质的活性，在具备燃烧的条件下，可燃粉尘氧化放热反应速度超过其散热能力，最终转化为燃烧，称为粉尘自燃。当易爆粉尘浓度达到爆炸界限并遇明火时，产生粉尘爆炸。煤尘、焦炭尘、铝、镁和某些含硫分高的矿尘均系爆炸性粉尘。

（5）荷电特性　由于天然辐射，离子或电子附着，尘粒之间或粉尘与物体之间的摩擦，使尘粒带有电荷。其带电量和电荷极性（负或正）与工艺过程环境条件、粉尘化学成分及其接触物质的电介常数等有关。尘粒在高压电晕电场中，依靠电子和离子碰撞或离子扩散作用使尘粒得到充分的荷电。当温度低时，电流流经尘粒表面称表面导电；温度高时，尘粒表面吸附的湿蒸汽或气体减少，施加电压后电流多在粉尘粒子体中传递，称体积导电。粉尘成分、粒度、表面状况等决定粉尘的导电性。

（6）流动特性　尘粒的集合体在受外力时，尘粒之间发生相对位置移动，近似于流体运动的特性。粉尘粒子大小、形状、表面特征、含湿量等因素影响粉料的流动性，由于影响因素多，一般通过试验评定粉料的流动性能，粉料自由堆置时料面与水平面间的交角称安息角，安息角的大小在一定程度上能说明粉料的流动性能。

二、粉尘的密度

单位体积粉尘的质量称为粉尘的密度。排出粉尘颗粒之间及其内部的空隙后，单位体积密实状态粉尘的质量称为真密度。包括粉尘颗粒之间及其内部空隙，单位体积松散粉尘的质量称为堆积密度。粉尘的真密度用在研究尘粒在气体中的运动、分离方面；堆积密度用在储仓或灰斗容积确定等方面。主要粉尘、灰尘的密度见表 1-1。常见工业粉尘的真密度与堆积密度见表 1-2。

表 1-1 主要粉尘、灰尘的密度 单位：g/cm³

粉尘、灰尘种类		真密度	堆积密度
金属矿山岩石	硝石、煤粉、石棉、铍、铯	1.8～2.2	0.7～1.2
	铝粉、云母类、滑石、蛇纹岩、石灰石、大理石、方解石、长石、硅砂、页岩、黏土(陶土、滑石)、白土(游离硅酸)	2.3～2.8	0.5～1.6
	关东土、钡	2.8～3.5	0.7～1.6
	闪锌矿、硫化铁矿、硒、锡、砷、钇	4.3～5.9	1.2～2.3
	方铅矿、铁粉、铜粉、钒、锑、锌、钴、镉、碲、锰	6～9	2.5～3
金属氧化物	氧化硼	1.5	0.2
	氧化镁、氧化钛、氧化钒、氧化铝、氧化钙	3.2～3.9	0.2～0.6
	氧化砷、氧化钇、氧化锰	4～4.9	0.8～1.8
	氧化锌、氧化铁	5.2～5.5	0.8～2.2
	氧化锑、氧化铜	5.7～6.5	2.5～2.8
	氧化镉、氧化钠、氧化铅	8～9.5	1.1～3.2
化学	樟脑、萘、三硝基甲苯、二硝基甲苯、特歇儿、二硝基苯、马钱子碱、氢醌、四乙基铅、硼砂、硫酸、砷酸钠	1～1.7	0.5
	五氯苯酚、石墨、石膏、硫(酸)铵、氰氨化钙、飞灰、含氟酸碱、硫、磷酸、苛性钠、黄磷、苦味酸	1.8～2.5	0.7～1.2
	炭黑	1.85	0.04
	碳酸镁、碳酸钙	2.3～2.7	0.5～1.6
	碳化硅、白云石、菱镁矿、硅酸盐水泥、硫化砷、牙膏粉、玻璃	2.8～3.3	0.7～1.6
	烟道粉尘、五氯化磷、铬酸	4.8～5.5	0.5～2.5
	砷酸铅	7.3	
有机	木头粉末、天然纤维、聚乙烯、谷粉	0.45～0.5	0.04～0.2
	苯胺染料、酚醛树脂、硬质胶、尼龙、苯乙烯、轮胎用橡胶	0.8～1.3	0.05～0.2
	氯乙烯、小麦粉	1.3～1.6	0.4～0.7
其他	水滴、灰尘	0.8～1.2	
	研磨粉	2.3～2.7	0.5～1.6

表 1-2 常见工业粉尘真密度与堆积密度 单位：g/cm³

粉尘名称或来源	真密度	堆积密度	粉尘名称或来源	真密度	堆积密度
精致滑石粉 (1.5～45μm)	2.70	0.90	铅精炼	6	—
			锌精炼	5	0.5
滑石粉	2.75	0.53～0.71	铝二次精炼	3.0	0.3
硅砂粉	2.63	1.16～1.55	硫化矿熔炉	4.17	0.53
烟灰(0.7～56μm)	2.20	0.8	锡青铜矿	5.21	0.16
煤粉锅炉	2.15	0.7～0.8	黄铜电炉	5.4	0.36
电厂飞灰	1.8～2.4	0.5～1.3	氧化铜(0.9～42μm)	6.4	0.62
化铁炉	2.0	0.8	铋反射炉	3.01	0.83～1.0
黄铜熔化炉	4～8	0.25～1.2	氧化锌焙烧	4.23	0.47～0.76

续表

粉尘名称或来源	真密度	堆积密度	粉尘名称或来源	真密度	堆积密度
铅烧结	4.17	1.79	炼焦备煤	1.4～1.5	0.4～0.7
铅砷锍吹炼	6.69	0.59	焦炭	2.08	0.4～0.6
水泥干燥窑	3.0	0.6	石墨	2	约0.3
水泥生料粉	2.76	0.29	造纸黑液炉	3.1	0.13
硅酸盐水泥 （0.7～91μm）	3.12	1.50	重油锅炉	1.98	0.2
			炭黑	1.85	0.04
铸造砂	2.7	1.0	烟灰	2.15	0.8
造型用黏土	2.47	0.72	集料干燥炉	2.9	1.06
烧结矿粉	3.8～4.2	1.5～2.6	铜精炼	4～5	0.2
烧结机头（冷矿）	3.47	1.47	铅再精炼	约6	1.2
炼钢电炉	4.45	0.6～1.5	钼铁合金	1.28	0.52
炼钢转炉（顶吹）	5.0	1.36	钒铁合金		0.5
炼铁高炉	3.31	1.4～1.5			

三、粉尘的粒度和成分

1.一般粉尘的粒径和分散度

粒径是表征粉尘颗粒状态的重要参数。粉尘颗粒状态是颗粒大小和形态的表征。粉尘的粒径分布称为分散度。粉尘粒径的分布和粒径范围见图1-1和图1-2。粉尘分散度的表示方法见表1-3。粉尘粒径与沉降速度的关系如图1-3所示。

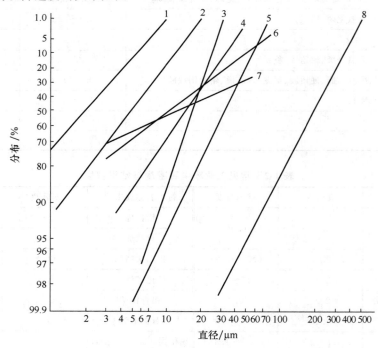

图 1-1 粉尘粒径分布

1—日本关东土；2—飘尘；3—软钢热轧粉尘；4—钢板等离子切割粉尘；

5—重油锅炉粉尘；6—炼铝炉粉尘；7—焊接尘雾；8—硅砂

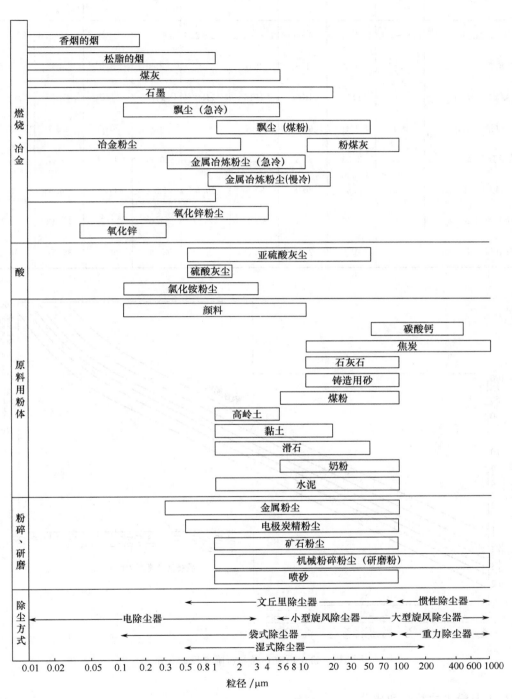

图 1-2 粉尘粒径范围

表 1-3　粉尘分散度的表示方法

区　段	1	2	3	4	5	6	7	8	9
粒径 $\Delta d/\mu m$	0.6～1.0	1.0～1.4	1.4～1.8	1.8～2.2	2.2～2.6	2.6～3.0	3.0～3.4	3.4～3.8	3.8～4.2
平均粒径 $d/\mu m$	0.8	1.2	1.6	2.0	2.4	2.8	3.2	3.6	4.8
颗粒数 $N/$个	370	1110	1660	1510	1190	776	470	187	48
质量 $\Delta m/g$	0.1	1.0	3.55	6.35	8.6	8.9	8.05	4.55	1.6
质量分数 $\Delta D/\%$	0.23	2.35	0.3	14.95	20.1	20.85	18.8	10.65	3.77
相对频率 $\Delta D/\Delta d$	0.58	5.88	20.8	37.4	50.3	52.1	47.0	26.6	9.6
筛上累计 $R/\%$	100	99.7	97.42	89.12	47.17	54.07	33.22	14.42	3.77
筛下累计 $D/\%$	0	0.3	2.58	10.88	52.83	45.97	66.78	85.58	96.23

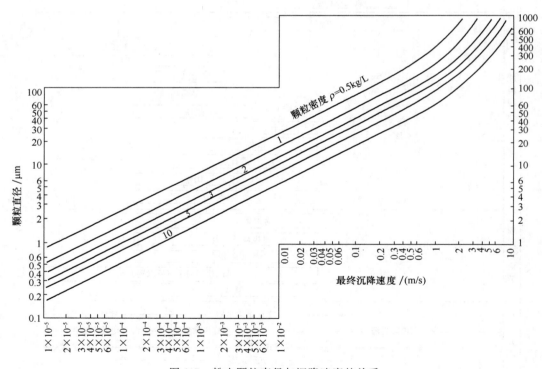

图 1-3　粉尘颗粒直径与沉降速度的关系

2. 工业粉尘的粒径和成分

（1）水泥工业粉尘化学成分和粒径　水泥生产过程中所产生的粉尘以一种不均质、不规则状态存在，属于无机粉尘，一般粉尘本身无毒。水泥厂各种粉尘的化学成分见表 1-4；水泥窑和磨机粉尘分散度见表 1-5；水泥厂车间粉尘分散度见表 1-6。

表 1-4　水泥厂各种粉尘的化学成分

粉尘名称	化学成分/%							
	SiO_2	Al_2O_3	Fe_2O_3	CaO	MgO	K_2O	SO_3	烧失量
窑灰	47.2	19.6	5.95	2.89	1.17		10.08	8.40
窑灰	59.8	16.8	6.68	2.91	1.17		3.20	7.60
窑灰	44.4	13.7	2.65	1.97	0.95		13.06	7.36
熟料	22.9	1.80	3.00	65.50	0.80	0.90	0.50	0.006
熟料	22.2	4.00	3.50	65.10	0.40	1.20	0.90	1.20
水泥	21.67	5.17	3.03	65.00	1.81		1.41	0.71
石灰石	6.30	2.00	1.30	49.50	0.80		0.70	
黏土	60.90	10.80	11.00	2.20	2.40		1.90	
矿渣	30.70	17.70	0.50	43.50	5.00			

表 1-5　水泥窑和磨机粉尘分散度

窑型	粒度比例/%					
	<15μm	15～20μm	20～30μm	30～40μm	40～88μm	>88μm
带余热锅炉干法窑	58	8	13	6	10	5
带悬浮预热器干法窑	94	2	2	1	1	0
不带过滤器的湿法窑	69	10	11	7	3	0
带过滤器的湿法窑	22	7	11	8	42	10
立波尔窑	39	17	5	15	16	8
干法原料磨	43	6.8	21.4	7.8	17.5	3.5
水泥磨	42	6.4	18.6	8.8	23.6	0.6

表 1-6　水泥厂车间粉尘的分散度

地点	粒度比例/%				
	0～3μm	3～5μm	5～7μm	7～10μm	>10μm
包装机房	51	24	7	5	13
窑头厂房	36	14	9	14	27

（2）电厂锅炉飞灰的化学成分和物理性质　飞灰的化学成分主要为氧化硅、氧化铝，两者总含量一般在 60% 以上。中国飞灰的化学成分见表 1-7，中国电厂锅炉飞灰的物理性质见表 1-8。

表 1-7　中国飞灰的化学成分　　　　　　　　　　单位：%

SiO_2	Al_2O_3	Fe_2O_3	CaO	MgO	SO_3	K_2O	C
33.9～59.7	16.5～35.4	0.5～15.4	0.8～10.4	0.7～1.8	0～1.1	0.7～3.3	0～23.5

表 1-8　中国电厂锅炉飞灰的物理性质

项目	表观密度 /(g/cm³)	堆积密度 /(g/cm³)	真密度 /(g/cm³)	80μm 筛余量 /%	45μm 筛余量 /%	透气法比表面积 /(cm²/g)	标准稠度需水量 /%
范围	1.92～2.85	0.5～1.3	1.8～2.4	0.6～77.8	2.7～86.6	1176～6531	27.3～66.7
均值	2.14	0.75	2.1	22.7	40.6	3255	48.0

表 1-9　钢铁企业各环节产生粉尘的化学成分和粒径

生产流程	车间部位	密度/(g/cm³) 真密度	密度/(g/cm³) 堆积密度	质量粒径分布/% >40μm	40~30μm	30~20μm	20~10μm	10~5μm	<5μm	化学成分/% TFe	SiO₂	CaO	MgO	游离SiO₂/%
采矿	井下	3.12		88.7	2.8	2.1	0.6	0.8	4.9	60.0	25.0			4.34~89.56
	露天	2.85		58.9	13.0	8.8	14.3	2.8	2.2	30.0	38.2			12.09~30.52
选矿	粗碎	3.83		42.8	10.7	11.2	14.7	8.6	12.0	26.5	32.5			11.48~41.28
	中碎	4.12		25.5	12.6	31.2	13.5	3.6	13.6	30.3	33.4			24.49~32.69
	细碎	2.91		74.1	15.4	2.3	4.3	2.7	1.2	27.9	33.2			33.05~40.22
烧结	机头(冷矿)	3.47	1.47	64		6.7	14.9	6.0	8.4	56.3	7.0	10.9	3.5	
	整粒(环境除尘)	4.95		42		6	12	10	30	46.9	5.6	14.4	3.5	
	整粒(筛子除尘)	4.78		31		14	22	14	19					
	球团竖炉			>100μm 12.5	55~100μm 35.6	14~55μm 43			<14μm 8.9	54.7	17.9	1.8	0.5	
炼焦	备煤	1.4~1.5	0.4~0.7	42.4	10.8	12.0	12.2	5.8	16.8		19.66	1.58	0.89	2.2
	炉顶	2.2		71.2	7.6	3.5	0.1	2.9	14.7		12.14	1.97	0.91	1.97
	焦楼	2.08	0.4~0.6	55.3	21.3	5.9	4.7	0.1	12.7		5.03	1.14	2.18	4.09
耐火	硅砖	2.59	1.26~1.55	0.5	12.2	37.4	23.8	11.5	14.6		97~99			>90
	黏土砖	2.52	0.9	2.6	33.9	3.6	28.8	19.4	11.7		55~60			
	镁砖	3.27	0.95	3.3	3.7	78.4	12.8	1.6	0.2		3~5	2~3	90	2~3
	镁砂回转窑60m	3.07		43.3	11.2	16.8	13.6	5.7	9.4		3.01	5.07	66.35	3.01
	镁砂竖窑55m³	2.96		82.0	17.3	0.1	0.1	0.1	0.4		3.45	1.25	76.9	
	镁砂竖窑47m³	2.96		73.6	24.4	0.3	0.2	0.2	1.3		8.00	1.04	54.44	
	苦土竖窑	3.32		64.7	16.7	10.8	5.1	0.8	1.9		0.4	0.9	63.59	20.25~40.34
	白云石竖窑	1.86	0.9	76.9	8.8	6.3	3.4	1.5	3.1		2.81	4.7	45.7	2.81
	白灰竖窑	2.59	1.0~1.1	11.6	13.6	51.2	18.5	4.2	0.9		6.79	40.3	3.1	微量

续表

生产流程	车间部位	密度/(g/cm³)		质量粒径分布/%						化学成分/%					游离SiO_2/%
		真密度	堆积密度	>40μm	40~30μm	30~20μm	20~10μm	10~5μm	<5μm	TFe	SiO_2	CaO	MgO	其他	
炼铁	高炉	3.31		80.9	5.1	1.6	1.3	0.8	10.3	48.4	12.8	5.8	2.5		
	矿槽	3.89		24.2	52.9	17.2	2.4	1.0	1.3	48.37	12.77	5.84	2.46		11.46
	出铁场	3.72		52.0	16.0	8.0	11.9	8.1	4.0	55.27	2.46	7.90	3.29		3.67
	沟下	3.80		10.0	22.4	63.9	0.8	2.0	0.9	51.93	11.00	12.60	2.66		9.1
炼钢	混铁炉	3.86		79.7	4.9	2.9	6.5	2.9	3.4	46.3	9.16	2.92	0.81	C 32~42，其他 3~10	微量
	转炉（顶吹）	5.0	1.36	—	84.5	4.5	6.4	2.4	2.2	65.0	4.82	22.88	1.91		5.29
	转炉（侧吹）	3.76		54.1	11.4	16.0	3.2	1.4	13.9	41.35	3.80	9.84	21.85		微量
	电炉	3.28		15.2	1.0	40.2	24.1	3.3	16.2	27.3	3.36	0.86	0.62		1.17
轧钢	初轧	5.85		59.5	12.8	8.0	7.1	0.7	11.9	69.1	2.58	1.75	1.81		
	型钢	5.76		15.9	29.4	24.2	14.2	2.9	13.4	65.13	3.54	3.13	1.77		12.1
	钢板	4.41		34.8	22.4	22.1	5.7	2.5	12.5	59.68	5.85	2.75	1.48		1.0
	钢管	5.76		17.9	16.8	44.5	3.2	3.1	14.5	57.8	5.28				11.9
铁合金	硅铁、锰铁、硅锰、铬素车间		0.55								15.31	1.41	21.43	Al_2O_3 6.14，FeO 7.63，C 11，Cr_2O_3 26	
	硅铬合金										22.9	10.8	4.7	5.04 3.08 6	
	碳素锰铁										4.5	46.2	8.44	3.6 1.64	
	钨铁车间（电炉）			19.4	11.1	18.9	13.0	5.4	31.2		22.03			FeO 19.14，WO_3 33.3，MnO 6.02，P 0.15	
	钼铁车间；熔炼炉	1.28	0.522	>20μm 占 7.3			11.2	37.5	44		10.23	2.00	2.92	Mo 47.39，FeO 2.18，Al_2O_3 1.61	
	熔炼炉（土法收尘）			100~500μm 占 60%							13.95	0.83	0.65	19.06、7.74、13.03	
	电收尘			0~100μm 占 40%							13.85	0.18	0.61	22.78、8.14、12.88	
	钒铁车间；回转窑尾气		0.5								21.3	3.02	0.32	Al_2O_3 3.52，V_2O_5 12.28，FeO 4.12	
	电炉冶炼										2.60	10.42	18.78	0.91、0.36	
	金属铬										6.6	19.6	21.2	TCr_2O_3 11.8，Cr^{6+} 0.16，Fe_2O_3 4.16	

（3）钢铁工业粉尘粒径和化学成分　钢铁企业生产流程较长，各环节产生粉尘的化学成分和粒径如表 1-9 所列。炼钢电炉粉尘粒径和化学成分见表 1-10 和表 1-11。

表 1-10　电炉粉尘粒径

粒　径/μm	<0.1	0.1～0.5	0.5～1.0	1.0～5.0	5.0～10	10～20	>20
熔化期/%	1.4	4.9	17.6	55.8	7.1	5.6	6.6
氧化期/%	17.7	13.5	18.0	35.3	7.9	5.3	2.3
屋顶罩/%	4.1	22.0	18.9	42.0	5.6	3.0	9.3

表 1-11　电炉粉尘化学成分

化学成分	ZnO	PbO	Fe_2O_3	FeO	Cr_2O_3	MnO_2	NiO	CaO	SiO_2	MgO	Al_2O_3	K_2O	Ce	F	Na_2O
范围/%	14～45	<5	20～50	4～10	<1	<12	<1	2～30	2～9	<15	<13	<2	<4	<2	<7
典型/%	17.5	3.0	40	5.8	0.5	3.0	0.2	13.2	6.5	4.0	1.0	1.0	1.5	0.5	2.0

四、粉尘的黏附性和安息角

粉尘的黏附性是指粉尘具有与其他物体表面或自身相互黏附的特性。粉尘的黏附性分类见表 1-12。粉尘能自然堆积在水平面上而不下滑时所形成的圆锥体的最大锥底角称为安息角。安息角又称堆积角或休止角。主要粉尘颗粒的安息角见表 1-13。

表 1-12　粉尘黏附性分类

分类	粉尘性质	黏附强度/Pa	粉尘举例
第Ⅰ类	无黏附性	0～60	干矿渣粉、石英砂、干黏土等
第Ⅱ类	微黏附性	60～300	含有许多未完全燃烧物质的飞灰、焦炭粉、干镁粉、高炉灰、炉料粉、干滑石粉等
第Ⅲ类	中等黏附性	300～600	完全燃尽的飞灰、泥煤粉、湿镁粉、金属粉、氧化锡、氧化锌、氧化铅、干水泥、炭黑、面粉、牛奶粉、锯末等
第Ⅳ类	强黏附性	>600	潮湿空气中的水泥、石膏粉、雪花石膏粉、纤维尘（石棉、棉纤维、毛维等）等

表 1-13　主要粉尘颗粒的安息角

种　类	粉尘颗粒	安息角/(°)	种　类	粉尘颗粒	安息角/(°)
金属矿山岩石	石灰石（粗粒）	25	金属矿山岩石	硅石（粉碎）	32
	石灰石（粉碎物）	47		页岩	39
	沥青煤（干燥）	29		砂粒（球状）	30
	沥青煤（湿）	40		砂粒（破碎）	40
	沥青煤（含水多）	33		铁矿石	40
	无烟煤（粉碎）	22		铁粉	40～42
	土（室内干燥）、河沙	35		云母	36
	砂子（粗粒）	30		钢球	33～37
	砂子（微粒）	32～37		锌矿石	38

续表

种　类	粉尘颗粒	安息角/(°)	种　类	粉尘颗粒	安息角/(°)
化　学	氧化铝	22～34	化　学	氧化铁	40
	氢氧化铝	34		高岭土	35～45
	铅钒土	35		硫酸铅	45
	硫铵	45		磷酸钙	30
	飘尘	40～42		磷酸钠	26
	生石灰	43		硫酸钠	31
	石墨(粉碎)	21		硫	32～45
	水泥	33～39		氧化锌	45
	黏土	35～45		白云石	41
	氧化锰	39		玻璃	26～32
	离子交换树脂	28	有机物	棉花种子	29
	岩盐	25		米	20
	炉屑(粉碎)	25		废橡胶	35
	石板	28～35		锯屑(木粉)	45
	碱灰	22～37		大豆	27
	焦炭	28～34		肥皂	30
	木炭	35		小麦	23
	硫酸铜	31			
	石膏	45			

五、粉尘的自燃性和爆炸极限

1. 粉尘的自燃性

粉尘的自燃是指粉尘在常温下存放过程中自然发热，此热量经长时间的积累并达到该粉尘的燃点而引起燃烧的现象。粉尘自燃的原因在于自然发热，并且产热速率超过物系的排热速率，使物系热量不断积累所致。

（1）可燃性粉尘的分类　可燃性粉尘按其自燃温度的不同可分成两大类。

第一类：粉尘的自燃温度高于周围环境的温度，因而只能在加热时才能引起燃烧。

第二类：粉尘的自燃温度低于周围环境的温度，可在不加热时引起燃烧，这种粉尘造成火灾危险性最大。

悬浮于空气中的粉尘自燃温度比堆积的粉尘的自燃温度要高很多。因为悬浮于空气中的粉尘的浓度不高，只有当周围空气温度很高时氧化反应的产热速度才能超过放热速度（粉尘的产热速度高于放热速度时就会产生放热速度）。

（2）可燃性物质自燃的诱发原因　根据可燃性物质自燃的诱发原因，可将其分为三类。

第一类：在空气作用下自燃的物质，如褐煤、煤炭、机采泥煤、炭黑、干草、锯末、亚硫酸铁粉、胶木粉、锌粉、铝粉、黄磷等，自燃的原因主要是由于在低温下氧化产热的能力。

第二类：在水的作用下自燃的物质，如钾、钠、碳化钙、碱金属碳化物、二磷化三钙、磷化三钠、硫代硫酸钠、生石灰等。上述大部分物质（碱金属——钾、钠等，氢化钠、氢化钙等）在其与水作用时会散发出氢和大量热，结果氢会自燃，并与金属共同燃烧。

第三类：互相之间混合时产生自燃的物质。这类物质有各种氧化剂，如硝酸分解时散发出氢，可能引起焦油、亚麻及其他有机物的自燃。

（3）影响因素　影响粉尘自燃的因素除了粉尘本身的结构和物理化学性质外，还有粉尘的存在状态和环境。处于悬浮状态的粉尘的自燃温度要比堆积状态粉体的自燃温度高很多。悬浮粉尘的粒径越小，比表面积越大，浓度越高，越易自燃。堆积粉体较松散，环境温度较低，通风良好，则不易自燃。

2. 粉尘的爆炸极限

可燃粉尘在一定的浓度下，遇有明火、放电、高温、摩擦等作用，且氧气充足时会发生燃烧或爆炸，可燃粉尘的爆炸浓度下限见表 1-14。粉尘爆炸的影响因素见表 1-15。

表 1-14　可燃粉尘的爆炸浓度下限

	粉尘类型	中位径/μm	爆炸下限浓度/(g/m³)	最大爆炸压力/MPa	最大压力上升速率/(MPa/s)	爆炸指数 K_{max}/(MPa·m/s)	危险等级
农业产品粉尘爆炸性	纤维素	33	60	0.97	22.9	22.9	St2
	纤维素	42	30	0.99	6.2	6.2	St1
	软木料	42	30	0.96	20.2	20.2	St2
	谷物	28	60	0.94	7.5	7.5	St1
	蛋白	17	125	0.83	3.8	3.8	St1
	奶粉	83	60	0.58	2.8	2.8	St1
	大豆粉	20	200	0.92	11.0	11.0	St1
	玉米淀粉	7	—	1.03	20.2	20.2	St2
	大米淀粉	18	60	0.92	10.1	10.1	St1
	大米淀粉	18	50	0.78	19.0	19.0	St1/ St2
	面粉	52.7	70	0.68	8.0	8.0	St1
	精粉	52.2	80	0.63	5.0	5.0	St1
	玉米淀粉(抚顺)	15.2	50	0.82	11.5	11.5	St1
	玉米淀粉	16	60	0.97	15.8	15.8	St1
	玉米淀粉	<10	—	1.02	12.8	12.8	St1
	中国石松子粉	35.5	20	0.70	12.2	12.2	St1
	石松子粉	—		0.76	15.5	15.5	St1
	石松子粉	—		0.65	13.5	13.5	St1
	亚麻(除尘器)	65.3	60	0.57	8.7	8.7	St1
	中国棉花		40	0.56	1.5	1.5	St1
	小麦淀粉	22	30	0.99	11.5	11.5	St1
	糖	30	200	0.85	13.8	13.8	St1
	糖	27	60	0.83	8.2	8.2	St1
	牛奶糖	29	60	0.82	5.9	5.9	St1
	甜菜薯粉	22	125	0.94	6.2	6.2	St1
	乳浆	41	125	0.98	14.0	14.0	St1
	木粉	29	—	1.05	20.5	20.5	St2

续表

粉尘类型	中位径/μm	爆炸下限浓度/(g/m³)	最大爆炸压力/MPa	最大压力上升速率/(MPa/s)	爆炸指数 K_{max}/(MPa·m/s)	危险等级
活性炭	28	60	0.77	4.4	4.4	St1
木炭	14	60	0.90	1.0	1.0	St1
烟煤	24	60	0.92	12.9	12.9	St1
石油焦炭	15	125	0.76	4.7	4.7	St1
灯黑	<10	60	0.84	12.1	12.1	St1
烟煤（29％挥发分）	16.4	30	0.86	14.9	14.9	St1
褐煤（43％挥发分）	17.5	40	0.75	14.5	14.5	St1
褐煤	32	60	1.0	15.1	15.1	St1
泥煤（15％H_2O）	—	58	0.6	15.7	15.7	St1
泥煤（22％H_2O）	—	46	1.25	6.9	6.9	St1
永川煤粉	—	—	0.75	15.3	15.3	St1
煤粉	—	—	0.799	16.7	16.7	St1
前江煤	—	—	0.79	6.8	6.8	St1
兖州煤	—	—	0.79	13.2	13.2	St1
淮南煤	—	—	0.77	12.4	12.4	St1
大屯局煤	—	—	0.71	14.0	14.0	St1
石嘴山局煤	—	—	0.68	6.8	6.8	St1
窑街局煤	—	—	0.77	9.2	9.2	St1
潞安局煤	—	—	0.70	4.1	4.1	St1
峰峰局煤	—	—	0.70	2.5	2.5	St1
石炭井局煤	—	—	0.71	8.0	8.0	St1
西山局煤	—	—	0.73	7.3	7.3	St1
松树木炭	<10	—	0.79	2.6	2.6	St1
己二酸	<10	60	0.80	9.7	9.7	St1
蒽醌	<10	—	1.06	36.4	36.4	St3
抗坏血酸	39	60	0.90	11.1	11.1	St1
乙酸钙	92	500	0.52	0.9	0.9	St1
乙酸钙	85	250	0.65	2.1	2.1	St1
硬脂酸钙	12	30	0.91	13.2	13.2	St1
羧基甲基纤维素	24	125	0.92	13.6	13.6	St1
糊精	41	60	0.88	10.6	10.6	St1
乳糖	23	60	0.77	8.1	8.1	St1
硬脂酸铅	12	30	0.92	15.2	15.2	St1
甲基纤维素	75	60	0.95	13.4	13.4	St1
仲甲醛	23	60	0.99	17.8	17.8	St1

注：左侧第一栏上半部分为"炭质粉尘爆炸性"，下半部分为"化学粉尘爆炸性"。

续表

	粉尘类型	中位径/μm	爆炸下限浓度/(g/m³)	最大爆炸压力/MPa	最大压力上升速率/(MPa/s)	爆炸指数 K_{max}/(MPa·m/s)	危险等级
化学粉尘爆炸性	抗坏血酸钠	23	60	0.84	11.9	11.9	St1
	硬脂酸钠	22	30	0.88	12.3	12.3	St1
	硫	20	30	0.68	15.1	15.1	St1
金属粉尘爆炸性	铝粉	29	30	1.24	41.5	41.5	St3
	铝粉	22	30	1.15	110.0	110.0	St3
	铝粒	41	60	1.02	10.0	10.0	St1
	铁粉	12	500	0.52	5.0	5.0	St1
	黄铜	18	750	0.41	3.1	3.1	St1
	铁	<10	125	0.61	11.1	11.1	St1
	羰基镁	28	30	1.75	50.8	50.8	St3
	锌	10	250	0.67	12.5	12.5	St1
	锌	<10	125	0.73	17.6	17.6	St1
	硅钙	12.4	60	0.84	19.8	19.8	St1/St2
	硅钙粉	26	—	0.76	17.0	17.0	St1
	硅铁粉	29	—	0.65	3.4	3.4	St1
塑料粉尘爆炸性	聚丙酰胺	10	250	0.59	1.2	1.2	St1
	聚丙烯腈	25	—	0.85	12.1	12.1	St1
	聚乙烯（低压过程）	<10	30	0.80	15.6	15.6	St1
	环氧树脂	26	30	0.79	12.9	12.9	St1
	蜜胺树脂	18	125	1.02	11.0	11.0	St1
	模制蜜胺（木粉和矿物填充的酚甲醛）	15	60	0.75	4.1	4.1	St1
	模制蜜胺（酚纤维素）	12	60	1.00	12.7	12.7	St1
	聚丙烯酸甲酯	21	30	0.94	26.9	26.9	St2
农业粉尘的爆炸极限	聚丙氨酸甲酯乳剂聚合物	18	30	1.01	20.2	20.2	St2
	酚醛树脂	<10	15	0.93	12.9	12.9	St1
	聚丙烯	25	30	0.84	10.1	10.1	St1
	萜酚树脂	10	15	0.8	14.3	14.3	St1
	模制尿素甲醛/维生素	13	60	10.2	13.6	13.6	St1
	聚乙酸乙烯酯/乙烯共聚物	32	30	0.86	11.9	11.9	St1
	聚乙烯醇	26	60	0.89	12.8	12.8	St1
	聚乙烯丁缩醛	65	30	0.89	14.7	14.7	St1

续表

粉尘类型	中位径/μm	爆炸下限浓度/(g/m^3)	最大爆炸压力/MPa	最大压力上升速率/(MPa/s)	爆炸指数 K_{max}/$(MPa \cdot m/s)$	危险等级
聚氯乙烯	107	200	0.76	4.6	4.6	St1
聚氯乙烯/乙烯乙炔乳剂共聚物	35	60	0.82	9.5	9.5	St1
聚氯乙烯/乙炔/乙烯乙炔悬浮共聚物	60	60	0.83	9.8	9.8	St1

（左侧竖排标题：农业粉尘的爆炸极限）

表 1-15 粉尘爆炸的影响因素

粉 尘 自 身		外 部 条 件
化 学 因 素	物 理 因 素	
燃烧热 燃烧速度 与水汽及二氧化碳的反应性	粉尘浓度 粒径分布 粒子形状 比热容及热传导率 表面状态 带电性 粒子凝聚和特性	气流运动状态 氧气浓度 可燃气体浓度 温度 窒息气体浓度 阻燃性粉尘浓度及灰分 点火源状态与能量

六、粉尘的摩擦性能

粉尘流动时粉尘颗粒之间以及颗粒与器壁之间都会有摩擦，摩擦性能是粉尘的重要性质，因摩擦而产生阻力的无量纲数称为摩擦系数部分。松堆粉尘的摩擦性能见表 1-16。

表 1-16 松堆粉尘的摩擦性能

粉 料	摩 擦 系 数 颗粒间	颗粒对钢	粉 料	摩 擦 系 数 颗粒间	颗粒对钢
硫黄粉	0.8	0.625	过磷酸钙（粉末）	0.71	0.7
氧化镁	0.49	0.37	硝酸磷酸钙（颗粒）	0.55	0.4
磷酸盐粉	0.52	0.48	水杨酸（粉末）	0.95	0.78
氯化钙	0.63	0.58	水泥	0.5	0.45
萘粉	0.725	0.6	白垩粉	0.81	0.76
无水碳酸钠	0.875	0.675	细砂	1.0	0.58
细氯化钠	0.725	0.625	细煤粉	0.67	0.47
尿素粉末	0.825	0.56	锅炉飞灰	0.52	
过磷酸钙（颗粒）	0.64	0.46	干黏土	0.9	0.57

七、粉尘的比电阻

粉尘的电阻乘以电流流过的横截面积并除以粉尘层厚度称为粉尘的比电阻，单位为 $\Omega \cdot cm$。简言之，面积为 $1cm^2$、厚度为 $1cm$ 的粉尘层的电阻值称为粉尘的比电阻（亦称电阻率）。钢铁企业粉尘的比电阻如表 1-17 所列。几种烟尘在各温度下的比电阻见表 1-18。耐火材料粉尘比电阻见表 1-19，水泥窑烟气温度与比电阻的关系曲线见图 1-4，电厂不同粒径飞灰的比电阻特性曲线见图 1-5。

表 1-17　钢铁企业粉尘的比电阻　　　　单位：Ω·cm

车间	粉尘种类	粉尘状态	烟气温度/℃						
			室温	50	100	150	200	250	300
采矿、选矿	贫氧化铁矿	未烘干	3.89×10^{10}						
	中贫氧化铁矿	未烘干	8.50×10^{10}						
	富氧化铁矿	未烘干	7.20×10^{10}						
烧结	机尾	未烘干	$(1.47\sim9.6)\times10^{9}$						
		烘干	$5\times10^{9}\sim1.3\times10^{10}$						
			9.6×10^{9}	$1.3\times10^{10}\sim$ 2.1×10^{11}	$2.4\times10^{12}\sim$ 1.25×10^{13}	$1.7\times10^{12}\sim$ 1.8×10^{13}	—	—	—
	烧结		$5.4\times10^{8}\sim$ 1.2×10^{9}	$1.5\times10^{8}\sim$ 4.5×10^{11}	$4.7\times10^{9}\sim$ 4.1×10^{12}	$1.4\times10^{10}\sim$ 1.57×10^{12}	$1.7\times10^{10}\sim$ 5×10^{11}	$2.4\times10^{10}\sim$ 1.7×10^{12}	$3.6\times10^{9}\sim$ 3.6×10^{10}
	筛分整粒		5.8×10^{10}	5.3×10^{11}	2.2×10^{11}	2.2×10^{10}	1.2×10^{9}	—	—
	球团竖炉		—	—	—	2.52×10^{9}			
炼焦	煤粉	电站煤粉	6.9×10^{8}	1.5×10^{9}	4.5×10^{11}	2.5×10^{11}	6.9×10^{10}	2×10^{10}	6.9×10^{9}
	焦炭粉		3.4×10^{4}	6.3×10^{5}	2.8×10^{6}	2.5×10^{6}	9.3×10^{5}	3×10^{5}	2.4×10^{5}
炼铁	原料沟下		4.3×10^{8}	1.65×10^{11}	2.8×10^{11}	5×10^{11}	2.7×10^{11}	1.5×10^{11}	
	炉前		$(1.8\sim$ $6.7)\times10^{8}$	$9.3\times10^{8}\sim$ 1.65×10^{11}	$9.1\times10^{8}\sim$ 3.3×10^{11}	$7.9\times10^{11}\sim$ 9.1×10^{8}	$3.1\times10^{8}\sim$ 1.75×10^{11}	$1\times10^{9}\sim$ 1.06×10^{11}	$6.3\times10^{6}\sim$ 5.2×10^{10}
炼钢	转炉	烘干	$(1.36\sim2.18)\times10^{11}$						
		未烘干	$(1.6\sim2.06)\times10^{10}$						
	电炉		4.24×10^{8}	3.34×10^{8}	5.43×10^{10}	3.36×10^{12}	4.52×10^{12}	2.3×10^{11}	—
	火焰清理		$1.5\times10^{10}\sim3.0\times10^{11}$						
铁合金	烧结锰矿		1.9×10^{8}	7.9×10^{9}	1.5×10^{10}	1.7×10^{7}	3.9×10^{8}	6×10^{7}	
	钢渣粉		6.6×10^{7}	8×10^{10}	3.3×10^{12}	1.8×10^{12}	1.8×10^{12}	7.5×10^{11}	7.1×10^{10}

表 1-18　几种烟尘在各温度下的比电阻　　　　单位：Ω·cm

烟尘（粉尘）种类	21℃	66℃	121℃	177℃	232℃
三氧化二铁	3×10^{7}	2×10^{9}	9×10^{10}	1×10^{11}	1×10^{10}
碳酸钙	3×10^{8}	2×10^{11}	1×10^{12}	8×10^{11}	1×10^{12}
二氧化钛	2×10^{7}	5×10^{7}	1×10^{9}	5×10^{9}	4×10^{9}
氧化镍	2×10^{6}	1×10^{6}	4×10^{5}	2×10^{5}	6×10^{4}
氧化铅	2×10^{11}	4×10^{12}	2×10^{12}	1×10^{11}	7×10^{9}
三氧化二铝	1×10^{3}	8×10^{11}	2×10^{10}	1×10^{12}	2×10^{12}
飞灰 A	8×10^{5}	8×10^{5}	8×10^{5}	1×10^{6}	1×10^{6}
飞灰 B	3×10^{8}	5×10^{9}	2×10^{11}	4×10^{11}	1×10^{11}

续表

烟尘（粉尘）种类	21℃	66℃	121℃	177℃	232℃
飞灰 C	2×10^{10}	3×10^{11}	7×10^{12}	5×10^{12}	7×10^{11}
水泥粉尘	8×10^{7}	7×10^{8}	7×10^{10}	3×10^{11}	9×10^{9}
石灰	1×10^{8}	1×10^{9}	1×10^{11}	3×10^{11}	1×10^{11}
矾土粉尘	3×10^{8}	3×10^{11}	2×10^{12}	5×10^{10}	8×10^{8}
氧化铬粉尘	2×10^{8}	4×10^{8}	2×10^{10}	9×10^{10}	3×10^{10}
氧化镍粉尘	3×10^{10}	8×10^{9}	6×10^{9}	5×10^{8}	1×10^{8}

表 1-19　耐火材料粉尘比电阻　　　　　　单位：$\Omega\cdot cm$

粉尘种类	粉尘状态	烟气温度/℃						
		室温	50	100	150	200	250	300
石灰		$3.3\times10^{7}\sim$ 5.7×10^{9}	$1.8\times10^{9}\sim$ 2.2×10^{11}	$6.1\times10^{11}\sim$ 1.72×10^{12}	$(4.04\sim$ $8.6)\times10^{12}$	$3\times10^{11}\sim$ 8.96×10^{12}	$(1.88\sim$ $4.38)\times10^{12}$	$4.1\times10^{10}\sim$ 9.91×10^{11}
镁砂		$3\times10^{12}\sim$ 3×10^{13}	—	—	3×10^{13}			
镁砂窑炉烟尘	实验室	$9.3\times10^{7}\sim$ 1.4×10^{8}	$(3.3\sim$ $3.6)\times10^{8}$	$(1.6\sim$ $5.97)\times10^{9}$	$1.69\times10^{11}\sim$ 3.7×10^{2}	$4.8\times10^{10}\sim$ 7.75×10^{11}	$2.6\times10^{10}\sim$ 4.12×10^{11}	$1.7\times10^{10}\sim$ 1.4×10^{11}
铝矾土		3.14×10^{10}	3.14×10^{10}	1.01×10^{10}	2.36×10^{10}	3.14×10^{10}	1.57×10^{12}	2.36×10^{11}
黏土		—	—		2×10^{12}			
白云石		3.15×10^{8}	—		4×10^{12}			
石英粉		2.4×10^{9}	1.6×10^{11}	1.9×10^{12}	8.2×10^{11}	7.1×10^{11}	2.9×10^{11}	8.6×10^{10}

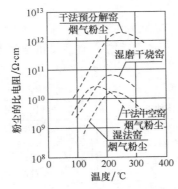

图 1-4　水泥窑烟气温度与比电阻的关系曲线

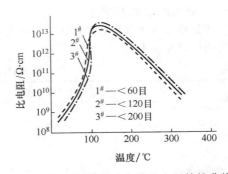

图 1-5　电厂不同粒径飞灰的比电阻特性曲线

八、粉尘浸润性

1. 粉尘浸润性的影响因素

　　粉尘的浸润性与粉尘的种类、粒径和形状、生成条件、组分、温度、含水率、表面粗糙度及荷电特性等性质有关。例如，水对飞灰的浸润性要比对滑石粉好得多；球形颗粒的浸润性要比形状不规则、表面粗糙的颗粒差，粉尘越细，浸润性越差，如石英的浸润性虽好，但粉碎成粉末后浸润性将大大降低。粉尘的浸润性随压力的增大而增大，随温度的升高而下降。粉尘的浸润性还与液体的表面张力及尘粒与液体之间的黏附力和接触方式有关。例如，酒精、煤油的表面张力小，对粉尘的浸润性就比水好；某些细粉尘，特别是粒径在 $1\mu m$ 以下的粉尘很难被水浸润，是由于尘粒与水滴表面均存在一层气膜，只有在尘粒与水滴之间具有较高相对运动速度的条件下水滴冲破这层气膜，才能使之相互附着凝并。

2. 粉尘浸润性的表示方法

粉尘的浸润性可以用液体对试管中粉尘的浸润速度来表示，通常取浸润时间为 20min，测出此时的浸润长度 L_{20}（mm），并以 v_{20}（mm/min）作为评定粉尘浸润性的指标：

$$v_{20} = \frac{L_{20}}{20} \tag{1-1}$$

3. 粉尘浸润性的分类

按粉尘浸润性的指标评定可将粉尘分为四类，如表 1-20 所列。

表 1-20　粉尘对水的浸润性

粉尘类型	I	II	III	IV
浸润性	绝对憎水	憎水	中等亲水	强亲水
v_{20}/(mm/min)	<0.5	0.5～2.5	2.5～8.0	>8.0
粉尘举例	石蜡、聚四氟乙烯、沥青	石墨、煤、硫	玻璃微球、石英	铜炉飞灰、钙

4. 与除尘的关系

粉尘的浸润性和吸湿性是选择除尘方式的依据之一。

对于浸润性好的亲水性粉尘（如水泥、石灰、锅炉飞灰、石英粉尘等）可选用湿式洗涤除尘。对于浸润性差的疏水性粉尘（如石墨、煤粉、石蜡等），可在水中加入某种浸润剂（如皂角素等），以增加粉尘的亲水性，或选用干式除尘器。

第二节　气体基本性质参数

气体的基本性质包括气体的压力、温度、密度、湿度、黏度以及雷诺数和马赫数等。气体的基本性质参数对除尘工程设计有重要意义。

一、空气的组成与特性

气体是指没有固定形状和体积能自动充满容器的物质。除尘工程中气体主要由空气组成，纯净空气的组成见表 1-21。

表 1-21　纯净空气的组成

气体种类	容积成分/%	气体种类	容积成分/%
氮（N_2）	78.09	氦（He）	0.0005
氧（O_2）	20.95	氪（Kr）	0.0001
氩（Ar）	0.93	氢（Kr）	0.00005
二氧化碳（CO_2）	0.03	氙（Xe）	0.000008
臭氧（O_3）	0.000001	水蒸气（H_2O）	0～4
氖（Ne）	0.0018	杂质	微量

二、空气物理参数的意义

用以表示气体状态物理特性的各物理量称为气体状态参数。其中最主要的状态参数是压力、温度、密度。

1. 压力

根据气体分子运动理论，气体的压力是由于大量分子对容器内壁撞击的总效果。它以单位面积 A 上所受的力 F 来度量，故亦称压强。用 p 表示，其单位为 Pa。此外尚有非法定计量单位表示，例如 mmH_2O、bar、mbar、大气压（atm）等。

压力可用压力计测量，但压力计上所读出的压力数值为测量处气体的压力与外界大气压 p_s

的差值，称为表压，用 Δp 表示。测量处与气体的实际压力为绝对大气压，用 p 表示。且

$$p = p_a + \Delta p \tag{1-2}$$

如测量处的气体压力低于大气压力，则大气压力与绝对压力之差值称为真空度，以 Δp_{zk} 表示，故

$$p_{zk} = p_s - p \tag{1-3}$$

或

$$p = p_s - \Delta p_{zk} \tag{1-4}$$

2. 温度

温度是表征物体冷热程度的物理量。在工程应用中大多采用国际百分温标，即 t（℃）。这种温标以标准大气压下，冰的溶解温度为 0℃，水的沸点温度为 100℃，称之为摄氏温标。

在气体热力学中则采用绝对温标，T（K）。绝对温标与百分温标的每一量度是相等的，只是绝对温标的零度在百分温标零度下 273℃（精确值为 273.16），故两种温标的关系式为

$$T = 273 + t \tag{1-5}$$

3. 密度

单位质量气体所占有的容积称为比容，用式（1-6）表示。

$$\gamma = \frac{V}{M} \tag{1-6}$$

式中，γ 为气体的比容，m^3/kg；V 为气体的体积，m^3；M 为气体的质量，kg。

单位容积气体所具有的质量称为密度，以 ρ（kg/m^3）表示，即

$$\rho = \frac{M}{V} \tag{1-7}$$

式中，ρ 为气体的密度，kg/m^3。

显然，比容 γ 与密度 ρ 互为例数，即

$$\gamma = \frac{1}{\rho} \tag{1-8}$$

4. 气体的黏度

流体在流动时能产生内摩擦力，这种性质称为流体的黏性。黏度（或称黏滞系数）的定义是切应力与切应变的变化率之比，是用来度量流体黏性的大小，其由流体的性质而定。根据牛顿内摩擦定律，切应力用式（1-9）表示：

$$\tau = \mu \frac{dv}{dy} \tag{1-9}$$

式中，τ 为单位表面上的摩擦力或切应力，Pa；$\dfrac{dv}{dy}$ 为速度梯度，s^{-1}；μ 为动力黏度系数，简称为气体黏度，Pa·s。

因 μ 具有动力学量纲，故称为动力黏度系数。在流体力学中，常遇到动力黏度系数 μ 与流体密度 ρ 的比值，即

$$\nu = \frac{\mu}{\rho} \tag{1-10}$$

式中，ν 为运动黏度系数，m^2/s。

气体的黏度随温度的增高而增大（液体的黏度是随温度的增高而减小），与压力几乎没有关系。

5. 混合气体

除尘工程中遇到的气体有时为混合气体，在设计时应计算混合气体的摩尔质量 μ_m、气体常数 R_m、热容量 C_m 和绝热指数 k_m。混合气体具有如下性质。

$$g_i = \frac{m_i}{\sum m_i} \tag{1-11}$$

$$r_i = \frac{V_i}{\sum V_i} \tag{1-12}$$

$$g_i = r_i \frac{\mu_i}{\mu_m} = r_i \frac{\mu_i}{\sum r_i \mu_i} \tag{1-13}$$

$$r_i = g_i \frac{R_i}{R_m} = g_i \frac{R_i}{\sum g_i R_i} \tag{1-14}$$

式中，g_i 为混合物中单一成分气体的质量含量百分比；m_i 为单一成分气体的质量；r_i 为混合气体中单一成分气体的容积成分百分比；V_i 为在混合气体的压力和温度下质量 m_i 的单一成分气体所占的容积；μ_i 为成分气体的分子量（摩尔质量）；R_i 为单一成分气体的气体常数。

混合气体的摩尔质量、气体常数、热容量和绝热指数按下列诸式确定：

$$\mu_m = \sum r_i \mu_i \tag{1-15}$$

$$R_m = \sum g_i R_i = \frac{R_\mu}{\mu_m} \tag{1-16}$$

$$C_m = \sum g_i c_i = \frac{\sum \mu_i r_i c_i}{\mu_m} \tag{1-17}$$

$$k_m = \frac{l - \sum \dfrac{r_i}{k_i - 1}}{\sum \dfrac{r_i}{k_i - 1}} \tag{1-18}$$

式中，c_i 为单一成分气体的热容量；k_i 为单一成分气体的绝热指数；R_μ 为通用气体常数，其值为 $R_\mu = 8314.3 \text{J}/(\text{mol} \cdot \text{K})$。

6. 湿度

实际的空气大多为湿空气，即干气体与水蒸气的混合物。水蒸气不是理想气体，但由于大气中水蒸气的分压力很小，且大都处于过热状态，比容很大，分子间的距离足够大，故仍可将湿空气作为混合气体近似处理。

（1）道尔顿定律　湿空气的压力 p 等于干空气的分压力 p_k 和水蒸气分压力 p_z 之和，即

$$p = p_k + p_z \tag{1-19}$$

（2）绝对湿度　指每立方米湿空气中所含水蒸气质量，即水蒸气的密度 ρ_z。

（3）相对湿度　指气体中实际所含水分 ρ_z 和同温度下可能包含的最大水分 ρ_b 的比值，用 ϕ 表示，即

$$\phi = \frac{\rho_z}{\rho_b} \tag{1-20}$$

因为水蒸气的气体常数相同，且在同一温度下，故有

$$\phi = \frac{\rho_z}{\rho_b} = \frac{p_z}{p_b} \tag{1-21}$$

（4）含湿量　指 1kg 质量 m_k 的干空气中所含水蒸气质量 m_z，以 x 表之，即

$$x = \frac{m_z}{m_k} \tag{1-22}$$

经演算得

$$x = \frac{R_k}{R_z} \cdot \frac{\phi p_b}{p - \phi p_b} = 0.622 \frac{\phi p_b}{p - \phi p_b} \tag{1-23}$$

式中，干空气气体常数 $R_k = 287.1 \text{J}/(\text{kg} \cdot \text{K})$；水蒸气气体常数 $R_z = 461.6 \text{J}/(\text{kg} \cdot \text{K})$；相对湿度 ϕ 和湿空气压力 p 可以测定或给定；空气中饱和水蒸气压力 p_b 与温度有关，见表 1-22。

表 1-22　空气中饱和水蒸气压力与温度的关系

温度/℃	饱和压力 p_b/Pa	温度/℃	饱和压力 p_b/Pa	温度/℃	饱和压力 p_b/Pa
−16	175.5	17	1930	35	5620
−14	207	18	2070	36	5950
−12	243	19	2196	37	6285
−10	287	20	2334	38	6630
−8	334	21	2490	39	7010
−6	389.5	22	2650	40	7380
−4	452	23	2815	41	7800
−2	525	24	2990	42	8200
0	610	25	3180	43	8650
2	704	26	3365	44	9120
4	812	27	3560	45	9600
6	931	28	3782	50	12180
8	1070	29	4000	55	15800
10	1226	30	4240	60	19900
12	1400	31	4490	70	31200
14	1600	32	4760	80	47400
15	1705	33	5030	90	70500
16	1825	34	5330	100	101325

（5）湿空气的气体常数 R　按混合气体定律，并应用状态方程式，可得湿空气的气体常数 R [J/(kg·K)] 为

$$R = \frac{287.1 + 461.6x}{1 + x} \tag{1-24}$$

（6）湿空气的密度（kg/m³）

$$\rho = \frac{p}{RT} \tag{1-25}$$

7. 雷诺数

雷诺数是判断流动状态的一个无量纲数，以 Re 表示

$$Re = \frac{cd}{\nu} = \frac{cd}{\mu/\rho} \tag{1-26}$$

式中，c 为气流速度，m/s；d 为水力直径，等于 4 倍流道截面积除流道周界长度，如流道为圆管，则水力直径即为圆管直径，m；ν 为运动黏度，m²/s；μ 为动力黏度，Pa·s；ρ 为气体密度，kg/m³。

气体流动分层流和紊流两种状态，可用临界雷诺数 Re_c 来判断。当 $Re < Re_c$ 时为层流；当 $Re > Re_c$ 时为紊流。对于气体在光滑圆管内流动，$Re_c = 2320$。

8. 马赫数

气流速度与声速的比值称为马赫数，用 M 表示，即

$$M = \frac{c}{v} \tag{1-27}$$

式中，声速 v 可表达为

$$v = \sqrt{\frac{\mathrm{d}p}{\mathrm{d}\rho}} \approx \sqrt{\frac{\Delta p}{\Delta \rho}} \tag{1-28}$$

$\mathrm{d}p$、Δp 为气体压力变化；$\mathrm{d}\rho$、$\Delta \rho$ 为气体密度变化。如将压力变化近似看作是由速度引起的动压，即 $\Delta p = \frac{\rho}{2}c^2$，则上式可以写成

$$v^2 \Delta \rho = \frac{\rho}{2} c^2 \tag{1-29}$$

或

$$\frac{\Delta \rho}{\rho} = \frac{1}{2} \left(\frac{c}{v} \right)^2 = \frac{1}{2} M^2 \tag{1-30}$$

$\Delta \rho / \rho$ 为气体密度的变化率，它表征了气体可压缩性。其大小与马赫数的平方有关，表 1-23 给出了声速为 332m/s 时气流速度 c、马赫数 M 和密度变化率 $\Delta \rho / \rho$ 的值。

表 1-23　密度变化率与气流速度、马赫数的关系

$c/(\text{m/s})$	33.2	50	66.4	100	133	166	199	232
M	0.1	0.15	0.2	0.3	0.4	0.5	0.6	0.7
$(\Delta \rho / \rho)/\%$	0.5	1.125	2.0	4.5	8.0	12.5	18	24.5

9. 导热系数

在稳态条件和单位温差作用下，通过单位厚度、单位面积的匀质材料的热流量，称为导热系数，亦称热导率，单位为 W/(m·K)。导热系数表征物质的导热能力，导热系数大的物质，其导热能力强，例如空气的导热系数较小，表明其导热能力差。

10. 热扩散率

热扩散率是表征物体在加热或冷却时各部分温度趋于一致的能力。它是材料的导热系数与其比热容和密度乘积的比值，热扩散率也称热扩散系数。

三、空气的主要物理数据

1. 干空气在压力为 100kPa 时的参数

干空气在压力为 100kPa 时的参数如表 1-24 所列。

表 1-24　干空气在压力为 100kPa 时的参数

温度 t /℃	密度 ρ /(kg/m³)	比热容 c_p /[kJ/(kg·K)]	导热系数 λ /[10^{-2}W/(m·K)]	热扩散率 D_T /(10^{-2}m²/h)	动力黏度 μ /10^{-6}Pa·s	运动黏度 ν /(10^{-6}m²/s)
80	3.685	1.047	0.756	0.705	6.47	1.76
−150	2.817	1.038	1.163	1.45	8.73	3.10
−100	1.984	1.022	1.617	2.88	11.77	5.94
−50	1.534	1.013	2.035	4.73	14.61	9.54
−20	1.365	1.009	2.256	5.94	16.28	11.93
0	1.252	1.009	2.373	6.75	17.16	13.70
1	1.247	1.009	2.381	6.799	17.220	13.80
2	1.243	1.009	2.389	6.848	17.279	13.90
3	1.238	1.009	2.397	6.897	17.338	14.00
4	1.234	1.009	2.405	6.946	17.397	14.10
5	1.229	1.009	2.413	6.995	17.456	14.20
6	1.224	1.009	2.421	7.044	17.514	14.30
7	1.220	1.009	2.430	7.093	17.574	14.40
8	1.215	1.009	2.432	7.142	17.632	14.50
9	1.211	1.009	2.446	7.191	17.691	14.60

续表

温度 t /℃	密度 ρ /(kg/m³)	比热容 c_p /[kJ/(kg·K)]	导热系数 λ /[10⁻²W/(m·K)]	热扩散率 D_T /(10⁻²m²/h)	动力黏度 μ /10⁻⁶Pa·s	运动黏度 ν /(10⁻⁶m²/s)
10	1.206	1.009	2.454	7.240	17.750	14.70
11	1.202	1.0095	2.461	7.282	17.799	14.80
12	1.198	1.0099	2.468	7.324	17.848	14.90
13	1.193	1.0103	2.475	7.366	17.897	15.00
14	1.189	1.0107	2.482	7.408	17.946	15.10
15	1.185	1.0112	2.489	7.450	17.995	15.20
16	1.181	1.0116	2.496	7.492	18.044	15.30
17	1.177	1.0120	2.503	7.534	18.093	15.40
18	1.172	1.0124	2.510	7.576	18.142	15.50
19	1.168	1.0128	2.517	7.618	18.191	15.60
20	1.164	1.013	2.524	7.660	18.240	15.70
21	1.161	1.013	2.530	7.708	18.289	15.791
22	1.158	1.013	2.535	7.756	18.338	15.882
23	1.154	1.013	2.541	7.804	18.387	15.973
24	1.149	1.013	2.547	7.852	18.437	16.064
25	1.146	1.013	2.552	7.900	18.486	16.155
26	1.142	1.013	2.559	7.948	18.535	16.246
27	1.138	1.013	2.564	7.996	18.584	16.337
28	1.134	1.013	2.570	8.044	18.633	16.428
29	1.131	1.013	2.576	8.092	18.682	16.519
30	1.127	1.013	2.582	8.140	18.731	16.610
31	1.124	1.013	2.589	8.191	18.780	16.709
32	1.120	1.013	2.596	8.242	18.829	16.808
33	1.117	1.013	2.603	8.293	18.878	16.907
34	1.113	1.013	2.610	8.344	18.927	17.006
35	1.110	1.013	2.617	8.395	18.976	17.105
36	1.106	1.013	2.624	8.446	19.025	17.204
37	1.103	1.013	2.631	8.497	19.074	17.303
38	1.099	1.013	2.638	8.548	19.123	17.402
39	1.096	1.013	2.645	8.599	19.172	17.501
40	1.092	1.013	2.652	8.650	19.221	17.600
50	1.056	1.017	2.733	9.14	19.61	18.60
60	1.025	1.017	2.803	9.65	20.40	19.60
70	0.996	1.017	2.861	10.16	20.10	20.45
80	0.968	1.022	2.931	10.65	20.99	21.70
90	0.942	1.022	3.001	11.25	21.57	22.90
100	0.916	1.022	3.070	11.80	21.77	25.78
120	0.370	1.026	3.198	12.90	22.75	26.20
140	0.827	1.026	3.326	14.10	23.54	28.45
160	0.789	1.030	3.442	15.25	24.12	30.60
180	0.755	1.034	3.570	16.50	25.01	33.17
200	0.723	1.034	3.698	17.80	25.89	35.82

温度 t /℃	密度 ρ /(kg/m³)	比热容 c_p /[kJ/(kg·K)]	导热系数 λ /[10⁻²W/(m·K)]	热扩散率 D_T /(10⁻²m²/h)	动力黏度 μ /10⁻⁶Pa·s	运动黏度 ν /(10⁻⁶m²/s)
250	0.653	1.043	3.977	21.2	27.95	42.8
300	0.596	1.047	4.291	24.8	29.71	49.9
350	0.549	1.055	4.571	28.4	31.48	57.5
400	0.508	1.059	4.850	32.4	32.95	64.9
500	0.450	1.072	5.396	40.0	36.19	80.4
600	0.400	1.089	5.815	49.1	39.23	98.1
800	0.325	1.114	6.687	68.0	44.52	137.0
1000	0.268	1.139	7.618	89.9	49.52	185.0
1200	0.238	1.164	8.455	113.0	53.94	232.5

注：表中数值实际是干空气压力为 98.0665kPa 时的值。

2. 温空气中饱和水蒸气分压力及含湿量

在 101.3kPa 压力下饱和水蒸气的分压力及含湿量见表 1-25。

表 1-25　在 101.3kPa 压力下饱和水蒸气的分压力及含湿量

温度 /℃	干空气密度 /(kg/m³)	饱和水蒸气 分压力/kPa	饱和时含湿量			
			湿气 /(g/m³)	标准干气 /(g/m³)	标准湿气 /(g/m³)	干气 /(g/m³)
0	1.293	0.611	4.9	4.8	4.8	3.8
5	1.270	0.872	6.8	7.3	6.9	5.4
6	1.265	0.945	7.3	7.5	7.4	5.8
7	1.261	1.000	7.8	8.1	8.0	6.2
8	1.256	1.073	8.3	8.6	8.5	6.7
9	1.252	1.148	8.8	9.2	9.1	7.1
10	1.248	1.228	9.4	9.8	9.7	7.6
11	1.243	1.313	10.0	10.5	10.4	8.1
12	1.239	1.463	10.7	11.3	11.2	8.7
13	1.235	1.498	11.4	12.1	11.9	9.3
14	1.230	1.599	12.1	12.9	12.7	9.9
15	1.226	1.705	12.8	13.7	132.5	10.6
16	1.222	1.818	13.6	14.7	14.4	11.3
17	1.217	1.938	14.5	15.7	15.4	12.1
18	1.213	2.064	15.4	16.7	16.4	12.9
19	1.209	2.197	16.3	17.7	17.5	13.8
20	1.205	1.338	17.3	18.9	18.5	14.6
21	1.201	1.487	18.3	20.3	19.8	15.6
22	1.197	2.644	19.4	21.5	20.9	16.6
23	1.193	2.810	20.6	22.9	22.3	17.7
24	1.189	2.985	21.8	24.4	23.1	18.8
25	1.185	3.169	23.0	26.0	25.2	20.0
26	1.181	3.363	24.4	27.5	26.6	21.2
27	1.177	3.567	25.8	29.3	28.2	22.6
28	1.173	3.782	27.2	31.1	29.2	24.0
29	1.169	4.08	28.7	33.0	31.7	25.5
30	1.165	4.246	30.4	35.1	33.6	27.0
31	1.161	4.496	32.0	37.3	36.6	28.7

温度 /℃	干空气密度 /(kg/m³)	饱和水蒸气 分压力/kPa	饱和时含湿量			
			湿气 /(g/m³)	标准干气 /(g/m³)	标准湿气 /(g/m³)	干气 /(g/m³)
32	1.157	4.587	33.9	39.6	37.7	30.4
33	1.154	5.034	35.6	41.9	39.9	32.3
34	1.150	5.324	37.5	44.5	42.2	36.4
35	1.146	5.628	39.6	47.3	44.6	38.6
36	1.142	5.946	40.5	50.1	47.1	40.9
37	1.139	6.281	43.9	53.1	49.8	43.4
38	1.135	6.631	46.2	56.3	52.6	45.9
39	1.132	6.998	48.5	59.5	55.4	45.9
40	1.128	7.383	51.1	63.1	58.5	48.6
41	1.124	7.786	53.6	66.8	61.6	51.2
42	1.121	8.208	56.5	70.8	65.0	54.3
43	1.117	8.649	59.2	74.9	68.6	57.6
44	1.114	9.111	62.3	79.3	72.2	61.0
45	1.110	9.593	65.4	80.4	76.0	64.8
46	1.107	10.098	68.6	89.0	80.0	68.6
47	1.103	10.625	71.8	94.1	84.3	72.7
48	1.100	11.175	75.3	99.5	88.6	76.9
49	1.096	11.750	79.0	105.3	93.1	81.5
50	1.093	12.350	83.0	111	97.9	86.1
51	1.090	12.976	86.7	118	103	91.3
52	1.086	13.629	90.9	125	108	96.6
53	1.083	14.310	95.0	132	113	102
54	1.080	15.020	99.5	139	119	108
55	1.076	15.760	104.3	148	125	114
56	1.073	16.531	108	156	131	121
57	1.070	17.333	113	165	137	128
58	1.067	18.169	119	175	144	135
59	1.063	19.039	124	185	151	143
60	1.060	19.944	130	196	158	152
61	1.057	20.986	136	209	166	161
62	1.054	21.865	142	222	174	170
63	1.051	22.883	148	235	182	181
64	1.048	23.941	154	249	190	192
65	1.044	25.040	161	265	199	204
66	1.041	26.181	168	281	208	215
67	1.038	27.366	175	299	218	229
68	1.035	28.597	182	318	228	244
69	1.032	29.874	190	338	238	259
70	1.029	31.199	198	361	249	275
75	1.014	38.594	242	499	308	381
80	1.000	47.414	293	716	379	544
85	0.986	57.866	353	1092	463	824
90	0.973	70.182	423	1877	563	1395
95	0.959	84.609	504	4381	679	3110
100	0.947	101.3	579		816	8000

3. 饱和水蒸气的物理参数

饱和水蒸气的物理参数见表 1-26。

表 1-26　饱和水蒸气的物理参数

温度 t /℃	压力 p /kPa	密度 ρ /(kg/m³)	汽化热 r /(kJ/kg)	比热容 c_p /[kJ/(kg·K)]	热导率 λ /[10^{-2}W/(m·K)]	热扩散率 D_T /(10^{-6} m²/s)	动力黏度 μ /10^{-6}Pa·s	运动黏度 ν/(10^{-6} m²/s)
100	101.3	0.598	2257	2.14	2.37	18.6	11.97	20.02
110	143	0.826	2230	2.18	2.49	13.8	12.45	15.07
120	199	1.121	2203	2.21	2.59	10.5	12.85	11.46
130	270	1.496	2174	2.26	2.69	7.97	13.20	8.85
140	362	1.966	2145	2.32	2.79	6.13	13.50	6.89
150	476	2.547	2114	2.39	2.88	4.728	13.90	5.47
160	618	3.258	2083	2.48	3.01	3.722	14.30	4.39
170	792	4.122	2050	2.58	3.13	2.939	14.70	3.57
180	1003	5.157	2015	2.71	3.27	2.340	15.10	2.93
190	1255	6.394	1979	2.86	3.42	1.870	15.60	2.44
200	1555	7.862	1941	3.02	3.55	1.490	16.00	2.03
210	1908	9.588	1900	3.20	3.72	1.210	16.40	1.71
220	2320	11.62	1858	3.41	3.90	0.983	16.80	1.45
230	2798	13.99	1813	3.63	4.10	0.806	17.30	1.24
240	3348	16.76	1766	3.88	4.30	0.658	17.80	1.06
250	3978	19.98	1716	4.16	4.51	0.544	18.20	0.913

四、可燃气体爆炸极限

可燃气体的爆炸极限见表 1-27。

表 1-27　可燃气体的爆炸极限

气体、蒸汽种类	爆炸临界(体积)/% 下限	爆炸临界(体积)/% 上限	闪点 /℃	燃点 /℃	气体、蒸汽种类	爆炸临界(体积)/% 下限	爆炸临界(体积)/% 上限	闪点 /℃	燃点 /℃
氨	15	28		630	乙炔	1.5	100		305
硫	2				N-乙酰苯胺	1.0			545
一氧化碳	12.5	74	247	609	乙醛	4.0	60	-38	140
二硫化碳	1.0	60		100	醛缩二乙醇	1.6	10	37	230
氰	6.6		-30		乙腈	3.0		2	525
氰化氢	5.4	47		535	苯乙酮	1.1			570
乙硼烷	0.8	88	-18		丙酮	2.6	13	-20	540
氘	4.9	75			丙酮氰醇	2.2	12		
氢	4.0	75		560	苯胺	1.2	8.3		615
癸硼烷	0.2				o-氨基联苯	0.66	4.1		450
联氨	4.7	100			戊醇	1.4			435
戊硼烷	0.42				戊醚	0.7			170
硫化氢	4.3	46		270	烯丙胺	2.2	22		375
丙烯酸乙酯	1.7		9	350	烯丙醇	2.5	18	22	378
丙烯酸甲酯	2.4	25	-3	415	丁间醇醛	2.0			250
丙烯腈	2.4	28	-5	480	丙二烯	2.16			
丙烯醛	2.8	31		235	苯甲酸苯甲酯	0.7			480
己二酸	1.6			420	蒽	0.65			540
亚硝酸异戊酯	1.0			210	异丁基甲醇	1.4	9.0		350
亚硝酸乙酯	3.0	50	-35	90	异辛烷	1.0	6.0	-12	410
乙酰丙酯	1.7		34	340	异丁烷	1.8	8.4	-81	460
乙缩醛	1.6			230	异丁醇	1.7	11		426

续表

气体、蒸汽种类	爆炸临界(体积)/%		闪点/℃	燃点/℃	气体、蒸汽种类	爆炸临界(体积)/%		闪点/℃	燃点/℃
	下限	上限				下限	上限		
异丁基苯	0.82	6.0		430	甲酚	1.1			
异丁烯	1.8	9.6		465	巴豆(丁烯)醛	2.1	16	13	232
异戊二烯	1.0	9.7	−54	220	氯苯	1.3	11.0	28	590
异丙醚	1.4	7.9			轻油	1.0		50	257
异丙醇	2.0		12	300	醋酸	4.0		40	485
异丙联苯	0.6			440	醋酸戊酯	1.0	7.1	25	360
异戊烷	1.3	7.6	−51	420	醋酸异戊酯	1.1	7.0	25	360
异佛尔酮	0.84			460	醋酸异丙酯	1.7			
乙醇	3.3	19	12	425	醋酸乙酯	2.1	11	−4	460
乙烷	3.0	15.5		515	醋酸环己酯	1.0			335
乙胺	3.5			385	醋酸丁酯	1.2	7.5	22	370
乙醚	1.7	36	−45	170	醋酸乙烯酯	2.6	13.4	−8	385
乙基丁烷	1.2	7.7		210	醋酸丙酯	1.7	8.0	10	430
乙基环己烷	2.0	6.6		260	醋酸甲酯	3.1	16	−10	475
乙基环戊烷	1.1	6.7		260	醋酸甲氧基乙酯	1.7		46	
乙基丙烯醚	1.7	9			二异丁基甲醇	0.82	6.1		
乙苯	1.0	6.7	15	430	二乙基苯胺	0.8		80	630
乙基甲基醚	2.2				二乙胺	1.8	10	−18	312
甲乙酮	1.8	11.5	−1	505	丁酮	1.6			450
甲乙酮过氧化物			40	390	二乙基环己烷	0.75			240
乙硫醇	2.8	18		300	二乙苯	0.8			430
乙烯	2.7	34		425	二乙基戊烷	0.7			290
亚乙基氯醇	4.5		60	425	(喷气)发动机燃料油	1.3	8		240
亚乙基亚胺	3.6	46		320	(JP-4)				
环氧乙烷	3.0	100		440	二噁烷	1.9	22	11	375
乙二醇	3.5			400	环丙烷	2.4	10.4		500
乙二醇-丁基醚	1.1	11		245	环己醇	1.2	9.4	44	430
乙二醇-甲基醚	2.5	20		380	环己烷	1.2	8.3	−18	260
氯乙酰	5.0		4.4	390	环己烯	1.2			
氯戊烷	1.5	8.6		260	环庚烷	1.1	6.7		
氯丙烯	2.9		−32	485	二氯丙烷	3.1			
氯乙烷	3.8		−50	519	二氯乙烷	6.2	16	13	440
氯乙烯	3.8	29.3		415	二苯胺	0.7	16		635
氯丁烷	1.8	10	−12	245	二氯乙烯	5.6	16	−10	530
异丙基氯	2.8	10.7	−32	590	二苯甲烷	0.7			485
苄基氯	1.2			585	二戊烯	0.75	6.1	45	237
氯甲烷	7			632	二甲胺	2.8			400
二氯甲烷				615	二甲醚	3.0	27		240
辛烷	0.8	6.5	12	210	二甲基二氯硅烷	3.4			
汽油	1.0	7	−20	260	二甲基萘烷	0.69	5.3		235
甲酸异丁酯	2.0	8.9			二甲基肼	2.0	95		
甲酸乙酯	2.8	16	−20	455	辛己烷	1.2	7.0		
甲酸丁酯	1.7	8.2			二甲基庚酮	0.79	6.2		
甲酸甲酯	5.0	23		465	二甲基戊烷	1.1	6.8		335
(混)二甲苯	1.0	7.6	30	465	二甲基甲酰胺	1.8	14	57	435
喹啉	1.0				对异丙基甲苯	0.85	6.5		435
异丙基苯	0.88	6.5	44	425	重油			60	260
甘油				370	烯丙基溴	2.7			295

续表

气体、蒸汽种类	爆炸临界(体积)/% 下限	上限	闪点/℃	燃点/℃	气体、蒸汽种类	爆炸临界(体积)/% 下限	上限	闪点/℃	燃点/℃
溴丁烷	2.5			265	蒎烷	0.74	7.2		
溴甲烷	10	15			乙烯醚	1.7	27		
溴乙烷	6.7	11.3	−20	510	醋酸乙烯酯	2.6			
硝酸戊酯	1.1			195	联苯	0.7		110	540
硝酸乙酯	3.8		10	85	吡啶	1.8	12	20	550
硝酸丙酯	1.8	100	21	175	苯基醚	0.8			620
干洗溶剂	1.1		40	232	丁二烯	1.1	12		415
苯乙烯	1.1	8.0	32	490	丁醇	1.4	11.3	29	340
硬脂酸丁酯	0.3			355	丁烷	1.5	8.5		365
石油醚	1.1		−18	245	丁二醇	1.9			395
柴油机燃料				225	丁胺	1.7	8.9		380
石油精	1.1		−18	246	丁醇	1.9	9.0	11	480
萘烷	0.74	4.9	57	250	丁醛	1.4	12.5	−6.7	230
溶剂汽油	1.1		22	482	丁苯	0.82	53.8		410
十碳烷	0.75	5.4	46	205	丁甲酮	1.2	8.0		
十四烷	0.5			200	丁内酯	2.0			
四氢呋喃	2.0	12.4	−20	230	丁烯	1.6	10		385
四甲基戊烷	0.8			430	呋喃	2.3	14.3	−20	390
水溶性气体	6.0				糠醇	1.8	16	72	390
萘满	0.84	5.0	71	385	炔丙醇	2.4			
煤气	4	40		560	丙醇	2.0	12	12	425
三联苯	0.96			535	丙烷	2.1	9.5	−102	450
松节油	0.7		35	240	丙二醇	2.5		15	410
灯油	1.1		30	210	丙炔酸内酯	2.9			
十二烷	0.6		74	205	丙醛	2.9	17		
三乙胺	1.2	8.0	−6.7		丙酸戊酯	1.0			385
三甘醇	0.9	9.2			丙酸乙酯	1.8	11	12	410
三噁烷	3.2				丙酸甲酯	2.4	13	−2	
三氯乙烯	12	40	30	420	丙胺	2.0			
三甲胺	2.0	12			丙烯	2.0	11		460
三甲基丁烷	1.0			420	氧化丙烯	1.9	24	−37	430
三甲基戊烷	0.95			415	溴苯	1.6			565
三甲基苯	1.1	7.0	50	485	(正)十六(碳)烷	0.43		126	205
甲苯	1.2	7.0	6	535	己醇	1.2		63	290
萘	0.88	0.59		526	(正)己烷	1.2	7.4	−22	240
尼古丁	0.75				正己醚	0.6			185
硝基乙烷	3.4		30		庚烷	1.05	6.7	−4	215
硝基丙烷	2.2		34		苯	1.2	7.9	−11	560
硝基甲烷	7.3		33		戊醇	1.2	11	33	300
硝基丁烷	2.5		27		戊烷	1.4	7.8	−48	285
乳酸乙酯	1.5			400	戊二醇				335
乳酸甲酯	2.2				戊烯	1.4	8.7		275
二硫化碳	1.3	50		90	甲醛	7.0			430
2,2-二甲基丙烷	1.4	7.5		450	无水醋酸	2.0	10	49	330
壬烷	0.85		31	205	无水酞酸	1.2	9.2	140	570
三聚乙醛	1.3				甲醇	5.5	44	11	455
发生炉煤气	20				甲烷	5.0	15	−187	595
联环己基	0.65	5.1	74	245	丙炔	1.7			

气体、蒸汽种类	爆炸临界(体积)/%		闪点/℃	燃点/℃	气体、蒸汽种类	爆炸临界(体积)/%		闪点/℃	燃点/℃
	下限	上限				下限	上限		
甲胺	4.2			430	甲基乙烯醚	2.6	39		
4-甲基-2-戊醇	1.2		40		皮考啉	1.4			500
甲基异丙烯酮	1.8	9.0			甲基丁烯	1.5	9.1		
甲醚	3.4	37		350	甲基戊酮	1.6	8.2		
甲乙酮	1.8		—6	516	甲基己烷	2.1	13		280
三氯乙烷				500	甲基戊烷	1.2			
甲基环己醇	1.0			295	单异丙基联苯	0.53	3.2	141	435
甲基环己烷	1.1	6.7		250	单异丙苯二环己基	0.52	4.1	124	230
甲基环戊二烯	1.3	7.6	49	445	一甲基联氨	4			
甲基苯乙烯	1.0		49	495	硫化氢	4.3			260
甲基亚砜			84		酪酸	2.1			450
甲基萘	0.8			530	甲基硫	2.2	20		205

第三节　常用数表

　　常用数表包括几何形体计算、常用材料性能、焊接表示方法和气象资料等部分，这些都是除尘设计中经常用到的数表。

一、常用几何形体计算

1. 平面图形面积计算 （表 1-28）

表 1-28　平面图形面积计算

图形							
计算公式	三角形 $A=\dfrac{1}{2}ch$	平行四边形 $A=ah$	梯形 $A=\dfrac{a+b}{2}h$	正多(n)边形 $A=n\dfrac{ah}{2}$	圆形 $A=\dfrac{\pi d^2}{4}=\pi r^2$	扇形 $A=\dfrac{a\pi}{360}(R^2-r^2)$	椭圆形 $A=\dfrac{\pi}{4}ab$

2. 多面体体积和表面积计算 （表 1-29）

表 1-29　多面体体积和表面积计算

圆形					
计算公式	煤斗 $V=\dfrac{h}{6}$ $[AB+ab+(A+a)(B+b)]$	球缺 $F=2\pi rh$ $=\dfrac{\pi}{4}(d^2+4h^2)$ $V=\pi h^2\left(r-\dfrac{h}{3}\right)$	圆球 $S=\pi D^2=4\pi r^2$ $V=\dfrac{4}{3}\pi r^3$ $=\dfrac{1}{6}\pi D^3$	圆台 $F=\pi s(R+r)$ $S=F+\pi(R^2+r^2)$ $V=\dfrac{\pi h}{3}(R^2+r^2+Rr)$	长方体 $F=2(a+b)c$ $S=2(ab+bc+ac)$ $V=abc$

　　注：F 为侧面积；S 为全面积；V 为体积。

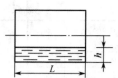

图1-6　圆形管道内积灰体积计算图

3. 圆形管道内积灰体积计算（见图1-6）

圆形管道内积灰体积 V

$$V_1 = \frac{\pi d^2}{4} LK$$

式中，V_1 为圆柱体部分的体积，m^3；d 为圆形管道内径，m；L 为圆形管道长度，m；K 为系数，决定于比值 h/d，见表1-30；h 为管道内积灰高度，m。

表 1-30　管道内粉尘体积计算系数 K 值表

$\dfrac{h}{d}$	K	$\dfrac{h}{d}$	K	$\dfrac{h}{d}$	K	$\dfrac{h}{d}$	K
0.02	0.005	0.20	0.142	0.38	0.349	0.56	0.576
0.04	0.013	0.22	0.163	0.40	0.374	0.58	0.601
0.06	0.025	0.24	0.185	0.42	0.399	0.60	0.627
0.08	0.038	0.26	0.207	0.44	0.424	0.62	0.651
0.10	0.052	0.28	0.229	0.46	0.449	0.64	0.676
0.12	0.069	0.30	0.252	0.48	0.475	0.66	0.700
0.14	0.085	0.32	0.276	0.50	0.500	0.68	0.724
0.16	0.103	0.34	0.300	0.52	0.526		
0.18	0.122	0.36	0.324	0.54	0.551		

二、焊接符号

1. 基本符号（GB/T 324—2008）

（1）基本符号表示焊缝横截面的基本形式或特征，具体参见表1-31。

表 1-31　焊接基本符号

序号	名　称	示意图	符　号	序号	名　称	示意图	符　号
1	卷边焊缝（卷边完全熔化）		八	7	带钝边U形焊缝		Y
2	I形焊缝		‖	8	带钝边J形焊缝		ⴸ
3	V形焊缝		V	9	封底焊缝		⌣
4	单边V形焊缝		V	10	角焊缝		△
5	带钝边V形焊缝		Y	11	塞焊缝或槽焊缝		⊓
6	带钝边单边V形焊缝		Y	12	点焊缝		○

续表

序号	名　称	示意图	符　号	序号	名　称	示意图	符　号
13	缝焊缝	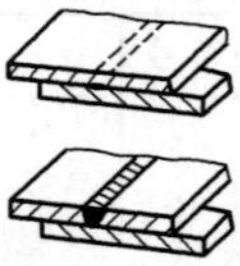	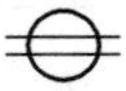 ⊖	18	平面连接（钎焊）	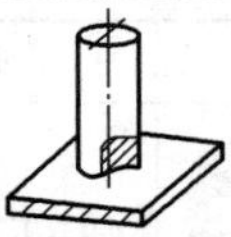 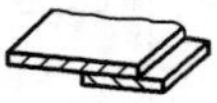	＝
14	陡边 V 形焊缝		Ⅴ				
15	陡边单 V 形焊缝		Ⅴ	19	斜面连接（钎焊）		∥
16	端焊缝		‖‖	20	折叠连接（钎焊）		⊋
17	堆焊缝		 ⌒⌒				

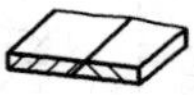

（2）基本符号的组合　标注双面焊焊缝或接头时，基本符号可以组合使用，如表 1-32 所列。

表 1-32　基本符号的组合

序号	名　称	示意图	符　号	序号	名　称	示意图	符　号
1	双面 V 形焊缝（X 焊缝）	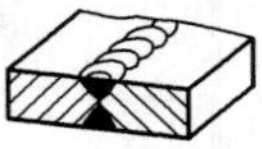	Ⅹ	4	带钝边的双面单 V 形焊缝	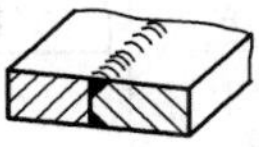	 Ｋ
2	双面单 V 形焊缝（K 焊缝）	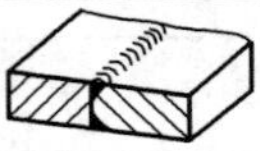	Ｋ	5	双面 U 形焊缝		Ⅹ
3	带钝边的双面 V 形焊缝		Ⅹ				

（3）补充符号　补充符号用来补充说明有关焊缝或接头的某些特征（诸如表面形状、衬垫、焊缝分布、施焊地点等）。补充符号参见表 1-33。

表 1-33　补充符号

序号	名　称	符　号	说　明	序号	名　称	符　号	说　明
1	平面	—	焊缝表面通常经过加工后平整	6	临时衬垫	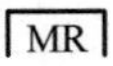 MR	衬垫在焊接完成后拆除
2	凹面	⌣	焊缝表面凹陷	7	三面焊缝	⊏	三面带有焊缝
3	凸面	⌢	焊缝表面凸起	8	周围焊缝	○	沿着工件周边施焊的焊缝标注位置为基准线与箭头线的交点处
4	圆滑过渡	 ⌣	焊趾处过渡圆滑	9	现场焊缝	 ▶	在现场焊接的焊缝
5	永久衬垫	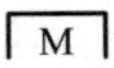 M	衬垫永久保留	10	尾部	＜	可以表示所需的信息

2. 尺寸符号（表 1-34）

表 1-34　尺寸符号

符号	名称	示意图	符号	名称	示意图	符号	名称	示意图
δ	工件厚度		R	根部半径		d	点焊：熔核直径 塞焊：孔径	
α	坡口角度		H	坡口深度		n	焊缝段数	$n=2$
β	坡口面角度		S	焊缝有效厚度		l	焊缝长度	
b	根部间隙		c	焊缝宽度		e	焊缝间距	
p	钝边		K	焊脚尺寸		N	相同焊缝数量	$N=3$
						h	余高	

3. 基本符号的应用

表 1-35 给出了基本符号的应用示例。

表 1-35　基本符号的应用示例

序号	符号	示意图	标注示例
1	$\vee$		
2	$\curlyvee$		
3	$\triangleright$		

续表

序号	符号	示意图	标注示例
4	 $\times$	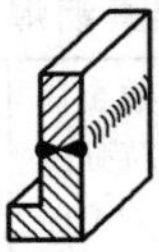	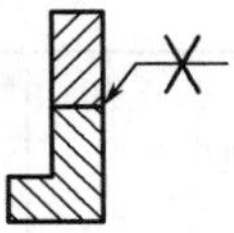
5	 K	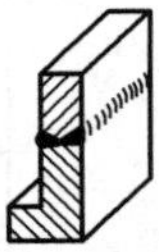	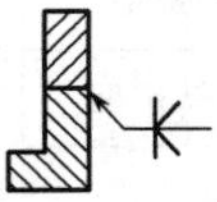

表 1-36 和表 1-37 给出了补充符号的应用及标注示例。

表 1-36　补充符号应用示例

序号	名　称	示意图	符　号	序号	名　称	示意图	符　号
1	平齐的 V 形焊缝			4	平齐的 V 形焊缝和封底焊缝		
2	凸起的双面 V 形焊缝			5	表面过渡平滑的角焊缝	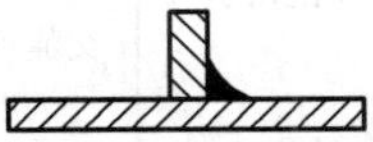	
3	凹陷的角焊缝	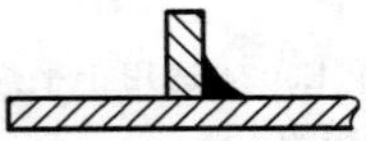					

表 1-37　补充符号的标注示例

序号	符号	示意图	标注示例
1		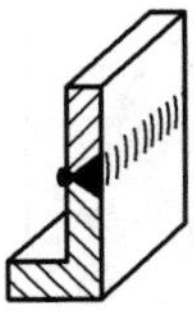	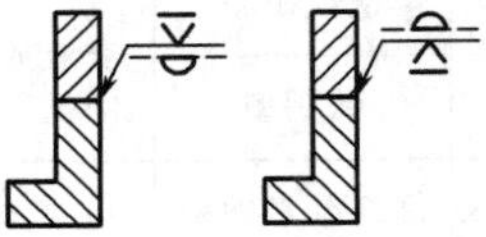
2		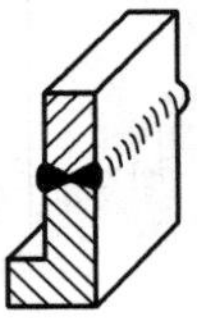	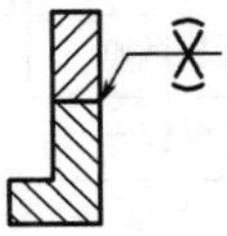
3		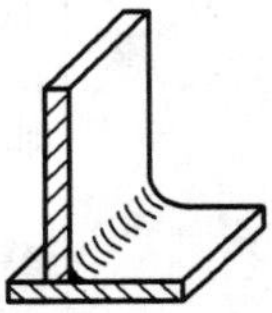	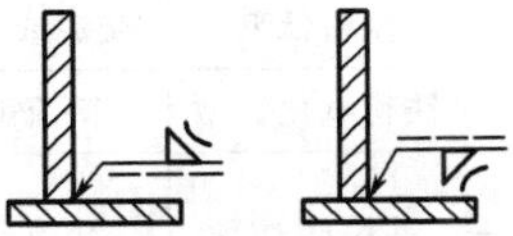

4. 焊接材料

碳素钢焊条的性能和用途见表 1-38。

表 1-38　碳素钢焊条的性能和用途

型号	药皮类型	焊接电源	熔敷金属抗拉强度 σ_b/MPa	用途
E4300	特殊型	交流或直流正、反接	≥420	(1)E4301、E5001 适用于全位置焊接。主要焊接较重要的低碳钢结构 (2)E4303、E5003 适用于全位置焊接。主要焊接较重要的低碳钢结构 (3)E4323、E5023 适用于平焊、平角焊,主要焊接较重要的低碳钢结构 (4)E4310、E5010 适用于全位置焊接。主要焊接一般的低碳钢结构,管道的焊接,也可用于打底焊 (5)E4311、E5011 适用于全位置焊接。主要焊接一般的低碳钢结构 (6)E4312 适用于全位置焊接。熔敷金属塑性及抗裂性能较差,主要焊接一般的低碳钢结构、薄板结构,也可用于盖面焊 (7)E4313 适用于全位置焊接。主要焊接一般的低碳钢结构、薄板结构,也可用于盖面焊 (8)E5014 适用于全位置焊接。主要焊接一般的低碳钢结构
E4301	钛铁矿型			
E4303	钛钙型			
E4310	高纤维钠型	直流反接		
E4311	高纤维钾型	交流或直流反接		
E4312	高钛钠型	交流或直流正接		
E4313	高钛钾型	交流或直流正、反接		
E4315	低氢钠型	直流反接		
E4316	低氢钾型	交流或直流反接		
E4320	氧化铁型	交流或直流正接		
E4322		交流或直流正、反接		
E4323	铁粉钛钙型	交流或直流正、反接	≥420	(9)E4324、E5024 适用于平焊和平角焊。主要焊接一般的低碳钢结构 (10)E4320 适用于平焊及平角焊。主要焊接重要的低碳钢结构 (11)E4322 适用于高速焊、单道焊,主要焊接低碳钢的薄板结构 (12)E4327、E5027 适用于平焊、平角焊,可采用大电流焊接。主要焊接较重要的低碳钢结构 (13)E4315、E5015 适用于全位置焊接,这类焊条的熔敷金属具有良好的抗裂性和机械性能,主要焊接重要的低碳钢结构,也可焊接与焊条强度相当的低合金钢结构 (14)E4316、E5016 其工艺性能、焊接位置与 E4315、E5015 型相似,这类焊条的熔敷金属具有良好的抗裂性和机械性能,主要焊接重要的低碳钢结构,也可焊接与焊条强度相当的低合金钢结构 (15)E5018 焊接时应采用短弧,适用于全位置焊接,但角焊缝较凸。主要焊接重要的低碳钢结构,也可焊接与焊条强度相当的低合金钢结构 (16)E5048 具有良好的向下立焊性能,其他同 E5018 (17)E4328、E5028 只适用于平焊、平角焊。主要焊接重要的低碳钢结构,也可焊接与焊条强度相当的低合金钢结构 (18)E5016-1、E5018-1 通常用于焊缝脆性转变温度较低的结构 (19)E5018M 低温冲击韧性较好,主要焊接重要的碳钢结构、高强度低合金结构和高碳钢结构
E4324	铁粉钛型			
E4327	铁粉氧化铁型	交流或直流正接		
E4328	铁粉低氢型	交流或直流反接		
E5001	钛铁矿型	交流或直流正、反接	≥490	
E5003	钛钙型			
E5010	高纤维素钠型	直流反接		
E5011	高纤维钾型	交流或直流反接		
E5014	铁粉钛型	交流或直流正、反接		
E5015	低氢钠型	直流反接		
E5016	低氢钾型	交流或直流反接		
E5018	铁粉低氢型			
E5018M	铁粉低氢钾型	直流反接		
E5023	铁粉钛钙型	交流或直流正、反接		
E5024	铁粉钛型	交流或直流正、反接		
E5027	铁粉氧化铁型	交流或直流正接		
E5028	铁粉低氢型	交流或直流反接		
E5048				

三、气象资料
1. 风级表示（表 1-39）

表 1-39 风级表

风级	风名	相当风速/(m/s)	地面上物体的象征
0	无风	0～0.2	炊烟直上,树叶不动
1	软风	0.3～1.5	风信不动,烟能表示风向
2	轻风	1.6～3.3	脸感觉有微风,树叶微响,风信开始转动
3	微风	3.4～5.4	树叶及微枝动摇不息,旌旗飘展
4	和风	5.5～7.9	地面尘土及纸片飞扬,树的小枝摇动
5	清风	8.0～10.7	小树摇动,水面起波
6	强风	10.8～13.8	大树枝摇动,电线呼呼作响,举伞困难
7	疾风	13.9～17.1	大树摇动,迎风步行感到有阻力
8	大风	17.2～20.7	可折断树枝,迎风步行感到阻力很大
9	烈风	20.8～24.4	屋瓦吹落,稍有破坏
10	狂风	24.5～28.4	树木连根拔起或摧毁建筑物,陆上少见
11	暴风	28.5～32.6	有严重破坏力,陆地少见
12	飓风	32.6 以上	摧毁力极大,陆上极少见

2. 雨级表示

在无渗透、蒸发和流失时,降落在平地上的雨水深度为雨量。气象部门按雨量的大小规定了雨级,如表 1-40 所列。

表 1-40 雨级表

名称	标准(12h 内降雨量)	标志
微雨	<0.1mm、累计降雨时间少于 3h	地面不湿或稍湿
小雨	<5mm	地面全湿,但无渍水
中雨	5.1～15mm	可听到雨声,地面有渍水
大雨	15.1～30mm	雨声激烈,遍地渍水
暴雨	30.1～70mm	风声很大,倾盆而下
大暴雨	70.1～140mm	打开窗户,室内听不到说话声
特大暴雨	>140mm	
降雨	一阵阵下,累计降雨时间少于 3h	可分为大、中、小阵雨

3. 地震烈度

震级表示地震本身的强弱,国际上多采用里克特的 10 级震级表。震级越高,地震越大,释放的能量越多。震级每差 1 级,能量约差 30 倍。震级和地震烈度不同,地震烈度是表示同一个地震在地震波及的各个地点所造成的影响和破坏程度。它与震源深度、震中距离、表土及土质条件、建筑物的类型和质量等多种因素有关。震级是个定值,一个地震只有一个震级。烈度值却因地而异。一般震中所在地区烈度最高,称极震区,随震中距增大,烈度总的趋势是逐渐降低(由于各种因素影响,可能有起伏)。各国划分的标准不一致,许多国家订有具有本国特色的烈度表,中国使用《中国地震烈度表》,分为 12 度。中国地震烈度通常用罗马数字表示(Ⅰ、Ⅱ、…、Ⅻ),如表 1-41 所列。

表 1-41 中国地震烈度表

地震烈度	人的感觉	房屋震害			其他震害现象	水平向地震动参数	
		类型	震害程度	平均震害指数		峰值加速度 /(m/s^2)	峰值速度 /(m/s)
Ⅰ	无感	—	—	—	—	—	—
Ⅱ	室内个别静止中的人有感觉	—	—	—	—	—	—
Ⅲ	室内少数静止中的人有感觉	—	门、窗轻微作响	—	悬挂物微动	—	—
Ⅳ	室内多数人、室外少数人有感觉、少数人梦中惊醒	—	门、窗作响	—	悬挂物明显摆动，器皿作响	—	—
Ⅴ	室内绝大多数，室外多数人有感觉，多数人从梦中惊醒		门窗、屋顶、屋架颤动作响，灰土掉落，个别房屋墙体抹灰出现细微裂缝，个别屋顶烟囱掉砖	—	悬挂物大幅度晃动，不稳定器物摆动或翻倒	0.31 (0.22～0.44)	0.03 (0.02～0.04)
Ⅵ	多数人站立不稳，少数人惊逃户外	A	少数中等破坏，多数轻微破坏和/或基本完好	0.00～0.11	家具和物品移动；河岸和松软土出现裂缝；饱和砂层出现喷砂冒水；个别独立砖烟囱轻度裂缝	0.63 (0.45～0.89)	0.06 (0.05～0.09)
		B	个别中等破坏，少数轻微破坏，多数基本完好				
		C	个别轻微破坏，大多数基本完好	0.00～0.08			
Ⅶ	大多数人惊逃户外，骑自行车的人有感觉，行驶中的汽车驾乘人员有感觉	A	少数毁坏和/或严重破坏，多数中等破坏和/或轻微破坏	0.09～0.31	物体从架子上掉落；河岸出现塌方，饱和砂层常见喷水冒砂，松软土地上地裂缝较多；大多数独立砖烟囱中等破坏	1.25 (0.90～1.77)	0.13 (0.10～0.18)
		B	少数中等破坏，多数轻微破坏和/或基本完好				
		C	少数中等和/或轻微破坏，多数基本完好	0.07～0.22			
Ⅷ	多数人摇晃颠簸，行走困难	A	少数毁坏，多数严重和/或中等破坏	0.29～0.51	干硬土上亦出现裂缝，饱和砂层绝大多数喷砂冒水；大多数独立砖烟囱严重破坏	2.50 (1.78～3.53)	0.25 (0.19～0.35)
		B	个别毁坏，少数严重破坏，多数中等和/或轻微破坏				
		C	少数严重和/或中等破坏，多数轻微破坏	0.20～0.40			

续表

地震烈度	人的感觉	类型	震害程度	平均震害指数	其他震害现象	峰值加速度/(m/s²)	峰值速度/(m/s)
IX	行动的人摔倒	A	多数严重破坏或/和毁坏	0.49~0.71	干硬土上多处出现裂缝,可见基岩裂缝、错动,滑坡、塌方常见;独立砖烟囱多数倒塌	5.00 (3.54~7.07)	0.50 (0.36~0.71)
		B	少数毁坏,多数严重和/或中等破坏				
		C	少数毁坏和/或严重破坏,多数中等和/或轻微破坏	0.38~0.60			
X	骑自行车的人会摔倒,处不稳状态的人会摔离原地,有抛起感	A	绝大多数毁坏	0.69~0.91	山崩和地震断裂出现,基岩上拱桥破坏;大多数独立砖烟囱从根部破坏或倒毁	10.00 (7.08~14.14)	1.00 (0.72~1.41)
		B	大多数毁坏				
		C	多数毁坏和/或严重破坏	0.58~0.80			
XI	—	A	绝大多数毁坏	0.89~1.00	地震断裂延续很长;大量山崩滑坡	—	—
		B					
		C		0.78~1.00			
XII		A	几乎全部毁坏	1.00	地面剧烈变化,山河改观	—	—
		B					
		C					

注:表中给出的"峰值加速度"和"峰值速度"是参考值;括号内给出的是变动范围。

4. 国内主要地区气象资料 （表 1-42）

表 1-42 国内主要地区的气象资料

地 名	海拔高度/m	大气压力/kPa			室外相对湿度/%			室外平均风速/(m/s)		温度/℃		
		冬季	夏季	平均	冬季	夏季	平均	冬季	夏季	最高	最低	平均
齐齐哈尔	147.4	100.4	98.7	99.7	63	57	64	3.4	3.4	37.5	−39.5	2.7
安达	150.5	100.4	98.8	99.9	64	58	70	4.1	3.5	39.1	−44.3	
哈尔滨	141.5	100.7	98.8		66	63		3.7	3.3	39.6	−41.4	3.3
鸡西	219.2	99.5	98.0		64	59		3.6	2.4	38.0	−35.1	
牡丹江	232.5	99.3	97.9		64	62		2.1	2.0	37.5	−45.2	3.5
富锦	59.7		99.8		50	48		3.7	3.1	35.2	−36.3	
嫩江	222.3	99.3	97.9		66	65		1.6	2.4	38.1	−47.3	
海伦	240.3	99.2	97.7		73	62		2.6	2.1	35.0	−40.8	
绥芬河	512.4	95.6	94.8		57	68		4.5	2.0	35.7	−33.3	
延吉	172.9		98.7	98.9	49	67	67	2.9	2.2	38.0	−31.1	
长春	215.7	99.6	97.9	99.6	59	64	67	4.2	3.5	39.5	−36.0	4.7
四平	162.9	100.4	98.5	100.8	57	65	69	3.7	3.5	38.0	−33.7	5.4
旅顺				101.1	65	66				35.4	−19.3	10.2
沈阳	41.6	101.3	100.0		53	64		3.6	3.7	39.3	−33.1	7.3
锦州	66.3	102.0	99.9	101.7	38	67	65	3.7	3.6	38.4	−26.0	9.0
营口	3.5	102.7	100.5		49	75		3.2	3.0	36.9	−31.0	8.6
丹东	15	102.4	100.4	100.6	49	77	67	3.1	2.3	37.8	−31.9	8.5
大连	96.5	101.7	99.7		53	54	63	5.6	4.3	36.1	−19.9	10.3
朝阳	170.4	101.7	98.6	101.3	31	76		2.3	2.1	40.6	−31.1	
鞍山	77.3		99.7	93.7	61	55				33.7	−29.5	8.4
满洲里		94.1				61				40.0		−1.8

续表

地　名	海拔高度 /m	大气压力 /kPa			室外相对湿度 /%			室外平均风速 /(m/s)		温度 /℃		
		冬季	夏季	平均	冬季	夏季	平均	冬季	夏季	最高	最低	平均
海拉尔	612.9	92.9	93.2		77	57		3.2	3.4	40.1	−49.3	−2.5
博克图	738.7	100.5	92.1		69	49		3.2	2.0	37.5	−39.1	
通辽	175.9	95.6	98.4		42	48		3.7	3.2	40.3	−32.0	
赤峰	571.9	90.5	94.1		37	52	56	2.3	2.0	42.5	−31.4	
锡林浩特	990.8	90.1	89.5		64	37		3.5	3.0	38.3	−42.4	
呼和浩特	1063		88.9		45	46		1.8	1.7	38.0	−36.2	5.4
温都尔庙	1151.6				38	55		5.3	4.2	29.0	−37.2	
汉贝庙	1117.4				48	55		2.1	2.9	39.1	−42.2	
多伦	1245.4					31	62	3.4	2.6	35.4	−39.8	
林西	808.6	92.1		91.5	44	20	40	3.3	1.9	29.2	−32.0	
乌鲁木齐	850.5	93.3	90.8		75	27	46	1.6	2.8	43.4	−41.5	5.7
哈密	767	86.5	91.6		58	40	67	2.6	3.9	43.9	−32.0	10.0
和田	1381.9	94.8	85.3		46	21		1.6	1.9	42.5	−22.8	11.6
伊宁	664	102.9	93.2		70	50		1.8	2.3	40.2	−37.2	7.9
吐鲁番	35		99.9		47	39		1.4	2.4	47.6	−26.0	13.9
富蕴	1177				71	28		0.4	1.4	33.3	−50.8	
精河	318.3					29		1.6	2.1	39.7	−36.4	
奇台	795.3				75	31		2.6	3.1	41.0	−42.6	
库车	1072.5					32	43	2.4	3.4	41.5	−27.4	
莎车	1231.2	85.2				44	58	1.2	2.1	41.5	−20.9	
酒泉	1469.3	85.2	84.4	84.8	42	25		2.2	2.3	38.4		8.3
兰州	1517.2	88.9	84.3		44	60		0.7	1.7	39.1	−23.0	9.5
敦煌	1138.7		87.6		42			1.9	2.0	43.6	−27.6	9.3
乌鞘岭	3045.1				44			4.1	4.1	26.7	−30.0	
天水	1131.7	89.2	88.3		48	52	60	1.5	1.4	36.0	−19.2	11.3
武都	1090		88.6			58		1.2	2.0	40.0	−7.2	
银川	1111.5	89.6	88.4		47	47		1.8	1.9	39.3	−30.6	8.5
共和	2862.5				36	48		2.3	2.3	31.1	−27.8	
玉树	3702.6				23	50	56	1.6	1.2	26.6	−25.4	3.1
西宁	2261.2	77.5	77.4		48	65	59	1.7	1.9	33.9	−26.6	5.7
格尔木	2806.1	72.3	72.4		41	36		2.7	3.5	32.1	−33.6	4.2
大柴旦	3173.2			97.5		27		1.4	2.2	28.2	−31.7	
西安	412.7	97.9	95.7		50	50	68	2.0	2.4	45.2	−20.6	13.8
延安	957.6	91.5	90.0		35	50		2.1	1.5	39.7	−25.4	9.4
汉中	508.3	96.4	94.7			66		1.4	1.2	41.6	−10.1	14.3
榆林	1057.5	90.2	89.0	101.2	41	44	57	1.6	2.2	40.0	−32.7	8.1
北京	54.3	102.0	99.9		34	63	62	2.2	1.5	42.6	−22.8	11.8
石家庄	81.8	101.7	99.5		39	57	57	2.0	1.9	42.6	−26.5	12.9
承德	315.2	98.1	96.3	101.4	37	58	58	1.4	1.2	41.5	−23.6	9.0
保定	17.2	102.4	100.1	93.1	40	58	55	2.1	2.3	43.7	−22.4	12.1
张家口	723.9	93.9	92.4	101.7	43	67	63	3.6	2.4	37.4	−24.1	8.2
天津	3.3	102.7	100.5	101.8	53	78	72	3.1	2.6	42.9	−20.4	12.2
塘沽	5.4	102.7	100.5	91.9	62	79	61	4.3	4.4	47.8	−22.8	12.0
太原	782.4	93.2	91.5	101.4	42	52	57	2.4	2.2	39.4	−25.5	9.8
济南	54	102.5	100.0	100.9	47	59	73	3.9	3.3	42.7	−19.7	14.8
青岛	76.8	102.0	99.9	101.7	55	77	80	4.6	4.1	36.2	−16.9	12.3
上海	4.6	102.5	100.4	100.9	60	65	77	3.5	3.4	40.2	−12.1	15.3
南京	8.9	102.1	100.0	101.6	61	65	71	3.3	3.1	43.0	−14.0	15.5
徐州	34.3	102.3	100.0		61	70		3.4	3.2	41.2	−18.9	14.3
蚌埠	21	102.4	100.1		63	66		3.0	2.8	40.7	−19.3	15.1

续表

地　名	海拔高度/m	大气压力/kPa			室外相对湿度/%			室外平均风速/(m/s)		温度/℃		
		冬季	夏季	平均	冬季	夏季	平均	冬季	夏季	最高	最低	平均
安庆	40.9	102.1	100.0	100.8	56	62	78	3.3	2.8	40.2	−9.3	16.5
芜湖	14.8	102.4	100.3	101.7	17	80	82	2.4	2.3	41.0	−10.6	16.0
杭州	7.2	102.5	100.5		68	63	85	2.2	2.0	42.1	−10.5	16.3
温州	4.8	102.3	100.5		64	72	81	2.8	2.6	40.5	−3.9	10.4
福建	88.4	102.2	99.6	101.4	64	63	79	2.9	3.3	39.5	−2.5	19.8
厦门	63.2	101.4	99.9		73	81		3.5	3.0	39.8	2.2	21.6
信阳	79.1	101.2	99.1	97.7	66	72	72	2.3	2.4	39.6	−20.0	15.1
开封	72.5	101.8	99.6		64	79	72	3.6	3.0	43.0	−15.0	14.7
武汉	23	102.3	100.1		64	62	79	2.8	2.7	41.3	−14.9	16.8
宜昌	69.7	101.5	99.3	100.6	62	65	77	1.5	1.4	39.7	−6.2	16.7
长沙	81.3	101.9	99.6	100.6	70	58	83	3.0	2.4	41.5	−8.4	17.5
岳阳	51.6	101.6	99.8		77	75		2.8	3.1	39.0	−8.9	16.7
常德	36.7	102.2	100.0	100.8	52	70	80	2.3	2.3	40.8	−11.2	16.7
衡阳	103.2	101.2	99.3		80	71	80	1.7	2.3	41.3	−4.0	17.8
南昌	48.9	101.9	100.0		67	58		4.4	3.0	39.4	−7.7	17.4
景德镇	46.3	102.0	99.9	101.5	56	58	79	2.1	1.7	39.8	−10.3	17.0
九江	32.2	102.2	100.1		75	76		3.0	2.4	41.0	−10.0	17.0
赣州	99	100.8	99.1		66	58	78	2.3	2.1	41.2	−6.0	19.4
南宁	74.9	100.8	99.3		64	64		2.0	1.9	40.4	−2.1	22.1
桂林	161	100.3	98.5		62	64	77	3.3	1.5	39.4	−4.9	19.2
梧州	119.2		99.1	101.4	65	63	76	2.0	1.9	39.2	−3.0	21.5
广州	11.3	101.9	100.4	101.4	58	69	78	2.1	1.7	38.7	−0.3	21.9
汕头	4.3	101.9	100.5	100.7	64	74	83	2.9	2.6	38.5	−0.6	21.5
海日	14.1	101.5	100.1		76	63	85	4.1	3.3	40.5	−2.8	24.3
韶关	68.7	101.4	99.7		72	60		1.8	1.8	42.0	−4.3	20.3
成都	488.2	96.3	94.7		60	69	81	1.3	1.4	40.1	−6.0	17.0
重庆	260.6	99.1	97.2	99.3	71	60	83	0.9	1.2	42.2	−1.8	18.6
峨眉山			70.3	70.5			82			24.0	−20.9	16.6
宜宾	286	98.5	96.9		69	66		1.3	1.4	42.0	−1.6	
甘孜	3325.5	67.1	67.5		31	50		1.7	1.7	31.7	−22.7	
西昌	1596.8	88.3	83.5			64		1.7	1.0	39.7	−6.0	
会理	1920.0					64		1.7	1.0	35.1	−4.6	
昆明	1891	81.1	80.8		44	65		2.4	1.8			
蒙自	1301	87.1	86.5		49	60		3.7	2.7			
思茅	1319	87.1	86.5			74		1.9	0.9			
贵阳	1071.2	89.7	88.8	89.3	71	62	78	2.2	2.0	39.5	−9.5	15.5
遵义	843.9	92.3	91.1		74	59		1.4	1.3			
拉萨	3658	64.9	64.9	65.1	20	39	41	2.4	2.1	28.0	−15.4	8.6
昌都			68.1				54			33.3	−18.0	7.4
台北				101.4			82			38.6	−0.2	21.7
台中				101.3			81			39.3	−1.0	22.3

5. 国际标准大气压参数（表 1-43）

表 1-43　国际标准大气压参数

海拔高度/m	大气压力/kPa	海拔高处的压力 / 海平面处的压力	温度/℃	海拔高度/m	大气压力/kPa	海拔高处的压力 / 海平面处的压力	温度/℃
0	101.325	1.00000	15.00	200	98.944	0.97650	13.70
100	100.129	0.98820	14.35	300	97.770	0.96492	13.05

续表

海拔高度/m	大气压力/kPa	海拔高处的压力 海平面处的压力	温度/℃	海拔高度/m	大气压力/kPa	海拔高处的压力 海平面处的压力	温度/℃
400	96.609	0.95346	12.40	2600	73.739	0.72775	−1.90
500	95.459	0.94210	11.75	2800	71.899	0.70959	−3.20
600	94.319	0.93085	11.10	3000	70.097	0.69181	−4.50
700	93.191	0.91972	10.45	3200	68.332	0.67439	−5.80
800	92.072	0.90869	9.80	3400	66.602	0.65732	−7.10
900	90.966	0.89776	9.15	3600	64.909	0.64061	−8.40
1000	89.870	0.88695	8.50	3800	62.984	0.62424	−9.70
1100	88.784	0.87624	7.85	4000	61.627	0.60821	−11.00
1200	87.710	0.86563	7.20	4200	60.036	0.59252	−12.30
1300	86.646	0.85513	6.55	4400	58.480	0.57716	−13.60
1400	85.593	0.84474	5.90	4600	56.956	0.56211	−14.90
1500	84.549	0.83444	5.25	4800	55.465	0.54739	−16.20
1600	83.517	0.82425	4.60	5000	54.005	0.53299	−17.50
1700	82.494	0.81415	3.95	5500	50.490	0.49831	−20.75
1800	81.482	0.80416	3.30	6000	47.164	0.46548	−24.00
1900	80.480	0.79427	2.65	6500	44.018	0.43443	−27.25
2000	79.487	0.78448	2.00	7000	41.043	0.40507	−30.50
2200	77.532	0.76518	0.70	8000	35.582	0.35117	−37.00
2400	75.616	0.74628	−0.60				

第四节　常用金属材料

除尘工程中常用的金属材料包括各种型材、管材、板材、阀件和紧固件等。其中型材和板材用量特别大。

一、常用金属材料性能

1.材料的主要性能指标及含义（表1-44）

表1-44　材料的主要性能指标及含义

类别	性能指标			含义说明
	名称	符号	单位	
物理性能指标	密度	γ	kg/m³ g/cm³	密度是金属特性之一,它表示某种金属单位体积的质量,不同金属材料的密度是不相同的。在机械制造工业上,通常利用"密度"来计算零件毛坯的质量(习惯上称为质量)。金属材料的密度也直接关系到由它所制成的零件或构件的质量或紧凑程度,这点对于要求减轻机件自重的航空和宇航工业制件具有特别重要的意义
弹性指标	弹性模量	E	MPa	金属在弹性范围内,外力和变形成比例地增长,即应力与应变成正比例关系时(符合虎克定律),这个比例系数就称为弹性模量。根据应力,应变的性质通常又分为:弹性模量(E)和切变模量(G),弹性模量的大小,相当于引起物体单位变形时所需应力之大小,所以,它在工程技术上是衡量材料刚度的指标,弹性模量越大,刚度也越大,亦即在一定应力作用下发生的弹性变形越小。任何机器零件,在使用过程中,大都处于弹性状态,对于要求弹性变形较小的零件,必须选用弹性模量大的材料
	切变换量	G	MPa	

续表

性能指标				含义说明
类别	名称	符号	单位	
弹性指标	比例极限	$\sigma_p (R_P)$	MPa	指伸长与负荷成正比地增加,保持直线关系,当开始偏离直线时的应力称比例极限,但此位置很难确切测定,通常把能引起材料试样产生残余变形量为试样原长的0.001%或0.003%、0.005%、0.02%时的应力,规定为比例极限
	弹性极限	σ_e	MPa	这是表示金属最大弹性的指标,即在弹性变形阶段,试样不产生塑性变形时所能承受的最大应力,它和σ_p一样也很难精确测定,一般不进行测定,而以规定的σ_p数值代替之
强度性能指标	强度极限	σ	MPa	指金属受外力作用,在断裂前单位面积上所能承受的最大载荷
	抗拉强度	$\sigma_b (R_m)$	MPa	指外力是拉力时的强度极限,它是衡量金属材料强度的主要性能指标
	抗弯强度	σ_{bb} 或 σ_w	MPa	指外力是弯曲力时的强度极限
	抗压强度	σ_{bc} 或 σ_y	MPa	指外力是压力时的强度极限,压缩试验主要适用于低塑性材料,如铸铁、木材、塑料等
	抗剪强度	τ	MPa	指外力是剪切力时的强度极限
	抗扭强度	τ_b	MPa	指外力是扭转力时的强度极限
塑性指标	伸长率 $L_0 = 5d$ $L_0 = 10d$	$\delta (A)$ $\delta_5 (A)$ $\delta_{10} (A_{11.3})$	%	金属受外力作用被拉断以后,在标距内总伸长长度同原来标距长度相比的百分数,称为伸长率。根据试样长度的不同,通常用符号δ_5或δ_{10}来表示;δ_5是试样标距长度为其直径5倍时的伸长率,δ_{10}是试样标距长度为其直径10倍时的伸长率
	断面收缩率	$\psi (Z)$	%	金属受外力作用被拉断以后,其横截面的缩小量与原来横截面积相比的百分数,称为断面收缩率 δ、ψ的数值越高,表明这种材料的塑性越好,易于进行压力加工
韧性指标	冲击韧度	a_{KU} 或 a_{KV}	J/cm^2	冲击韧度是评定金属材料在动载荷下承受冲击抗力的力学性能指标,通常都是以大能量的一次冲击值(a_{KU}或a_{KV})作为标准的。它是采用一定尺寸和形状的标准试样,在摆锤式一次冲击试验机上来进行试验,试验结果,以冲断试样上所消耗的功(A_{KU}或A_{KV})与断口处横截面积(F)之比值大小来衡量。冲击试样的基本类型有:梅氏、夏氏、艾氏、DVM等数种,我国目前一般多采用《夏比缺口冲击试样》(GB/T 229—1994)为标准试样,其形状、尺寸和试验方法参见标准中的规定。由于a_K值的大小,不仅取决于材料本身,同时还随试样尺寸、形状的改变及试验温度的不同而变化,因而α_K值只是一个相对指标。目前国际上许多国家直接采用冲击功A_K作为冲击韧度的指标
	冲击吸收功	A_{KU} 或 A_{KV}	J	
强度性能指标	屈服点	σ_s	MPa	金属受载荷时,当载荷不再增加,但金属本身的变形,却继续增加,这种现象叫作屈服,产生屈服现象时的应力叫屈服点
	屈服强度	$\sigma_{0.2}$	MPa	金属发生屈服现象时,为便于测量,通常按其产生永久残余变形量等于试样原长0.2%时的应力,作为"屈服强度"或称"条件屈服极限"
	持久强度	$\sigma_{b/时间}(h)$	MPa	指金属在一定的高温条件下,经过规定时间发生断裂时的应力,一般所指的持久强度,是指在一定温度下,试样经十万小时后的破断强度,这个数值,通常也是用外推的方法取得的
	蠕变极限	$\dfrac{\sigma_{变形量(\%)}}{时间(h)}$	MPa	金属在高温环境下,即使所受应力小于屈服点,也会随着时间的增长而缓慢地产生永久变形,这种现象叫作蠕变,在一定的温度下,经一定时间,金属的蠕变速度仍不超过规定的数值,此时所能承受的最大应力,称为蠕变极限

续表

类别	性能指标			含义说明
	名称	符号	单位	
硬度性能指标	布氏硬度 (GB/T 231.1—2018)	HBS HBW	kgf/mm²	用淬硬小钢球或硬质合金球压入金属表面,以其压痕面积除加在钢球上的载荷,所得之商,为相应的试验压力,经规定保持时间后即为金属的布氏硬度数值。使用钢球测定硬度≤450HBS。使用硬质合金球测定硬度≤650HBW 当试验力单位为 N 时,布氏硬度值为: $$HBW = 0.102 \times \frac{2F}{\pi D(D - \sqrt{D^2 - d^2})}$$

硬度标尺	硬度符号	压头类型	总试验力 F	洛氏硬度范围
A	HRA	金刚石圆锥	588.4 N	20HRA～95HRA
B	HRBW	1.5875mm 钢球	980.7 N	10HRBW～100HRBW
C	HRC	金刚石圆锥	1.471 kN	20HRC～70HRC
D	HRD	金刚石圆锥	980.7 N	40HRD～77HRD
E	HREW	3.175mm 钢球	980.7 N	70HREW～100HREW
F	HRFW	1.5875mm 钢球	588.4 N	60HRFW～100HRFW
G	HRGW	1.5875mm 钢球	1.471 kN	30HRGW～94HRGW
H	HRHW	3.175mm 钢球	588.4 N	80HRHW～100HRHW
K	HRKW	3.175mm 钢球	1.471 kN	40HRKW～100HRKW

洛氏硬度(GB/T 230.1—2018)

类别	名称	符号	单位	含义说明
热性能指标	比热容	c	J/(kg·K)	单位质量的某种物质,在温度升高 1K(或 1℃)时吸收的热量,或者温度降低 1K(或 1℃)时所放出的热量,叫作这种物质的比热容。比热容也是制定金属材料热加工工艺规范时的一项重要工艺参数
	导热系数	λ	W/(m·K)	在单位时间内,当沿着热流方向单位长度上温度降低 1 开尔文(或 1℃)时,单位面积容许导过的热量,叫作这种材料的导热系数。实验得知,所导过的热量与温度梯度,热传递的横截面积及持续时间成正比。因此,所谓导热系数,就是热流量密度(q)除以温度梯度(dt/dn)。 导热系数标志着物质传导热的能力。导热系数大的材料,它的导热性就好;反之,则差,所以它是衡量金属材料导热性能好坏的一个主要性能指标
	线胀系数	α	K⁻¹/(1/K)	金属温度每升高 1℃所增加的长度与原来长度的比值,称为线胀系数。它是衡量金属材料热膨胀性大小的性能指标。线胀系数大的材料,它在受热后的膨胀性就大,反之则小。金属的热膨胀系数的数值不是一个固定值;随着温度的增高,其数值也相应增大。对钢来说,线胀系数的数值一般在$(10\sim20)\times10^{-6}$/K 的范围之内

2. 常用金属材料性能（见表 1-45）

表 1-45　常用金属材料性能

名称	密度/(kg/m³)	线胀系数 α/(10⁶/K)	弹性模数 E/GPa	热导数 λ/[W/(m·℃)]
钢	7850	12	200	45.4
铸铁	7220	10.4	115~160	58.2
铝	2670	24	69	203.5
紫铜	8920	16.4	110~190	383.8
黄铜	8600	18.4	91~99	85.5
青铜	8800	18.5	115	64
锰	7200	23	—	131.4
镍	8900	13.7	—	58.2
锡	7310	22.4	—	64
锌	7140	32.5	84	116.3
铅	11337	29.5	17	349
铬	7100	8.1	—	362.9
银	10500	18.9	—	458.2
汞	13600	41	—	8.72

3. 普通碳素结构钢力学性能（GB/T 700—2006）（表 1-46）

表 1-46　普通碳素结构钢力学性能

牌号	等级	屈服强度[①] R_{eH}/(N/mm²) 厚度(或直径)/mm						抗拉强度[②] R_m /(N/mm²)	断后伸长率 A/% 厚度(或直径)/mm					冲击试验（V 形缺口） 温度 /℃	冲击试验（V 形缺口） 冲击吸收功（纵向)/J
		≤16	16~40	40~60	60~100	100~150	150~200		≤40	40~60	60~100	100~150	150~200		
Q195	—	≥195	≥185	—	—	—	—	315~430	≥33	—	—	—	—	—	—
Q215	A	≥215	≥205	≥195	≥185	≥175	≥165	335~450	≥31	≥30	≥29	≥27	≥26	—	—
	B													+20	≥27
Q235	A	≥235	≥225	≥215	≥215	≥195	≥185	370~500	≥26	≥25	≥24	≥22	≥21	—	—
	B													+20	≥27[③]
	C													0	
	D													−20	
Q275	A	≥275	≥265	≥255	≥245	≥225	≥215	410~540	≥22	≥21	≥20	≥18	≥17	—	—
	B													+20	≥27
	C													0	
	D													−20	

① Q195 的屈服强度值仅供参考，不作为交货条件。

② 厚度大于 100mm 的钢材，抗拉强度下限允许降低 20N/mm²。宽带钢(包括剪切钢板)抗拉强度上限不作交货条件。

③ 厚度小于 25mm 的 Q235B 级钢材，如供方能保证冲击吸收功值合格，经需方同意可不做检验。

4. 优质碳素结构钢力学性能（GB/T 699）（表 1-47）

表 1-47　优质碳素结构钢力学性能

序号	牌号	试样毛坯尺寸/mm	推荐热处理/℃			力学性能					钢材交货状态硬度 HBS 10/3000	
			正火	淬火	回火	σ_b/MPa	σ_s/MPa	δ_5/%	ψ/%	A_{KU_2}/J	未热处理钢	退火钢
						≥						
1	08F	25	930			295	175	35	60		≤131	
2	10F	25	930			315	185	33	55		≤137	
3	15F	25	920			355	205	29	55		≤143	
4	08	25	930			325	195	33	60		≤131	
5	10	25	930			335	205	31	55		≤137	
6	15	25	920			375	225	27	55		≤143	
7	20	25	910			410	245	25	55		≤156	
8	25	25	900	870	600	450	275	23	50	71	≤170	
9	30	25	880	860	600	490	295	21	50	63	≤179	
10	35	25	870	850	600	530	315	20	45	55	≤197	
11	40	25	860	840	600	570	335	19	45	47	≤217	≤187
12	45	25	850	840	600	600	355	16	40	39	≤229	≤197
13	50	25	830	830	600	630	375	14	40	31	≤241	≤207
14	55	25	820	820	600	645	380	13	35		≤255	≤217
15	60	25	810			675	400	12	35		≤255	≤229
16	65	25	810			695	410	10	30		≤255	≤229
17	70	25	790			715	420	9	30		≤269	≤229
18	75	试样		820	480	1080	880	7	30		≤285	≤241
19	80	试样		820	480	1080	930	6	30		≤285	≤241
20	85	试样		820	480	1130	980	6	30		≤302	≤255
21	15Mn	25	920			410	245	26	55		≤163	
22	20Mn	25	910			450	275	24	50		≤197	
23	25Mn	25	900	870	600	490	295	22	50	71	≤207	
24	30Mn	25	880	860	600	540	315	20	45	63	≤217	≤187
25	35Mn	25	870	850	600	560	335	18	45	55	≤229	≤197
26	40Mn	25	860	840	600	590	355	17	45	47	≤229	≤207
27	45Mn	25	850	840	600	620	375	15	40	39	≤241	≤217
28	50Mn	25	830	830	600	645	390	13	40	31	≤255	≤217
29	60Mn	25	810			695	410	11	35		≤269	≤229
30	65Mn	25	830			735	430	9	30		≤285	≤229
31	70Mn	25	790			785	450	8	30		≤285	≤229

注：1. 对于直径或厚度小于 25mm 的钢材，热处理是在与成品截面尺寸相同的试样毛坯上进行。

2. 表中所列正火推荐保温时间不少于 30min，空冷；淬火推荐保温时间不少于 30min，牌号 70、80 和 85 钢油冷，其余钢水冷；回火推荐保温时间不少于 1h。

5. 锅炉和压力容器用钢性能（GB 713）

锅炉和压力容器用钢的力学性能和工艺性能见表 1-48。其高温力学性能见表 1-49。

表 1-48　锅炉和压力容器用钢的力学性能和工艺性能

| 牌号 | 交货状态 | 钢板厚度/mm | 拉伸试验 | | | 冲击试验 | | 弯曲试验（180°） |
			抗拉强度 $R_m/(\text{N/mm}^2)$	屈服强度[①] $R_{el}(\text{N/mm}^2)$ ≥	伸长率 $A/\%$	温度 /℃	V 形冲击功 A_{KV}/J ≥	$b = 2a$
Q245R	热轧控轧或正火	3～16	400～520	245	25	0	31	$d = 1.5a$
		16～36		235				
		36～60		225				
		60～100	390～510	205	24			$d = 2a$
		100～150	380～500	185				
Q345R		3～16	510～640	345	21	0	34	$d = 2a$
		16～36	500～630	325				
		36～60	490～620	315				$d = 3a$
		60～100	490～620	305	20			
		100～150	480～610	285				
		150～200	470～600	265				
Q370R	正火	10～16	530～630	370	20	−20	34	$d = 2a$
		16～36		360				$d = 3a$
		36～60	520～620	340				
18MnMoNbR		30～60	570～720	400	17	0	41	$d = 3a$
		60～100		390				
13MnNiMoR		30～100	570～720	390	18	0	41	$d = 3a$
		100～150		380				
15CrMoR	正火加回火	6～60	450～590	295	19	20	31	$d = 3a$
		60～100		275				
		100～150	440～580	255				
14Cr1MoR		6～100	520～680	310	19	20	34	$d = 3a$
		100～150	510～670	300				
12Cr2Mo1R		6～150	520～680	310	19	20	34	$d = 3a$
12Cr1MoVR		6～60	440～590	245	19	20	34	$d = 3a$
		60～100	430～580	235				

① 如屈服现象不明显，屈服强度取 $R_{P0.2}$。

表 1-49　锅炉和压力容器用钢高温力学性能

牌号	厚度/mm	试验温度/℃						
		200	250	300	350	400	450	500
		屈服强度[①] R_{el} 或 $R_{\text{P0.2}}(\geqslant)/(\text{N/mm}^2)$						
Q245R	20～36	186	167	153	139	129	121	
	36～60	178	161	147	133	123	116	
	60～100	164	147	135	123	113	106	
	100～150	150	135	120	110	105	95	
Q345R	20～36	255	235	215	200	190	180	
	36～60	240	220	200	185	175	165	
	60～100	225	205	185	175	165	155	
	100～150	220	200	180	170	160	150	
	150～200	215	195	175	165	155	145	
Q370R	20～36	290	275	260	245	230		
	36～60	280	270	255	240	225		
18MnMoNbR	30～60	360	355	350	340	310	275	
	60～100	355	350	345	335	305	270	
13MnNiMoR	30～100	355	350	345	335	305		
	100～150	345	340	335	325	300		
15CrMoR	20～60	240	225	210	200	189	179	174
	60～100	220	210	196	186	176	167	162
	100～150	210	199	185	175	165	156	150
14Cr1MoR	20～150	255	245	230	220	210	195	176
12Cr2Mo1R	20～150	260	255	250	245	240	230	215
12Cr1MoVR	20～100	200	190	176	167	157	150	142

① 如屈服现象不明显，屈服强度取 $R_{\text{P0.2}}$。

二、棒材和型材

1. 热轧棒材

圆钢、方钢、扁钢、六角钢、八角钢的截面如图 1-7～图 1-9 所示，这些型钢的尺寸及理论重量分别见表 1-50～表 1-53。

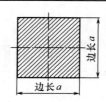

图 1-7　热轧圆钢和方钢的截面形状

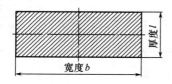

图 1-8　热轧扁钢及热轧工具
扁钢的截面形状

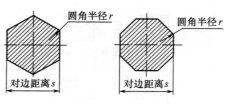

图 1-9　热轧六角钢和热轧
八角钢的截面形状

表 1-50　热轧圆钢和方钢的尺寸及理论重量

圆钢公称直径 d 方钢公称边长 a /mm	理论重量/(kg/m)		圆钢公称直径 d 方钢公称边长 a /mm	理论重量/(kg/m)	
	圆钢	方钢		圆钢	方钢
5.5	0.186	0.237	56	19.3	24.6
6	0.222	0.283	58	20.7	26.4
6.5	0.260	0.332	60	22.2	28.3
7	0.302	0.385	63	24.5	31.2
8	0.395	0.502	65	26.0	33.2
9	0.499	0.636	68	28.5	36.3
10	0.617	0.785	70	30.2	38.5
11	0.746	0.950	75	34.7	44.2
12	0.888	1.13	80	39.5	50.2
13	1.04	1.33	85	44.5	56.7
14	1.21	1.54	90	49.9	63.6
15	1.39	1.77	95	55.6	70.8
16	1.58	2.01	100	61.7	78.5
17	1.78	2.27	105	68.0	86.5
18	2.00	2.54	110	74.6	95.0
19	2.23	2.83	115	81.5	104
20	2.47	3.14	120	88.8	113
21	2.72	3.46	125	96.3	123
22	2.98	3.80	130	104	133
23	3.26	4.15	135	112	143
24	3.55	4.52	140	121	154
25	3.85	4.91	145	130	165
26	4.17	5.31	150	139	177
27	4.49	5.72	155	148	189
28	4.83	6.15	160	158	201
29	5.18	6.60	165	168	214
30	5.55	7.06	170	178	227
31	5.92	7.54	180	200	254
32	6.31	8.04	190	223	283
33	6.71	8.55	200	247	314
34	7.13	9.07	210	272	
35	7.55	9.62	220	298	
36	7.99	10.2	230	326	
38	8.90	11.3	240	355	
40	9.86	12.6	250	385	
42	10.9	13.8	260	417	
45	12.5	15.9	270	449	
48	14.2	18.1	280	483	
50	15.4	19.6	290	518	
53	17.3	22.0	300	555	
55	18.6	23.7	310	592	

注：表中钢的理论重量按密度为 7.85g/cm^3 计算。

表 1-51　热轧扁钢的尺寸及理论重量

公称宽度/mm	厚度/mm　理论重量/(kg/m)																								
	3	4	5	6	7	8	9	10	11	12	14	16	18	20	22	25	28	30	32	36	40	45	50	56	60
10	0.24	0.31	0.39	0.47	0.55	0.63																			
12	0.28	0.38	0.47	0.57	0.66	0.75																			
14	0.33	0.44	0.55	0.66	0.77	0.88																			
16	0.38	0.50	0.63	0.75	0.88	1.00	1.15	1.26																	
18	0.42	0.57	0.71	0.85	0.99	1.13	1.27	1.41																	
20	0.47	0.63	0.78	0.94	1.10	1.26	1.41	1.57	1.73	1.88															
22	0.52	0.69	0.86	1.04	1.21	1.38	1.55	1.73	1.90	2.07															
25	0.59	0.78	0.98	1.18	1.37	1.57	1.77	1.96	2.16	2.36	2.75	3.14													
28	0.66	0.88	1.10	1.32	1.54	1.76	1.98	2.20	2.42	2.64	3.08	3.53													
30	0.71	0.94	1.18	1.41	1.65	1.88	2.12	2.36	2.59	2.83	3.30	3.77	4.24	4.71											
32	0.75	1.00	1.26	1.51	1.76	2.01	2.26	2.55	2.76	3.01	3.52	4.02	4.52	5.02											
35	0.82	1.10	1.37	1.65	1.92	2.20	2.47	2.75	3.02	3.30	3.85	4.40	4.95	5.50	6.04	6.87	7.69								
40	0.94	1.26	1.57	1.88	2.20	2.51	2.83	3.14	3.45	3.77	4.40	5.02	5.65	6.28	6.91	7.85	8.79								
45	1.06	1.41	1.77	2.12	2.47	2.83	3.18	3.53	3.89	4.24	4.95	5.65	6.36	7.07	7.77	8.83	9.89	10.60	11.30	12.72					
50	1.18	1.57	1.96	2.36	2.75	3.14	3.53	3.93	4.32	4.71	5.50	6.28	7.06	7.85	8.64	9.81	10.99	11.78	12.56	14.13					
55		1.73	2.16	2.59	3.02	3.45	3.89	4.32	4.75	5.18	6.04	6.91	7.77	8.64	9.50	10.79	12.09	12.95	13.82	15.54					
60		1.88	2.36	2.83	3.30	3.77	4.24	4.71	5.18	5.65	6.59	7.54	8.48	9.42	10.36	11.78	13.19	14.13	15.07	16.96	18.84	21.20			
65		2.04	2.55	3.06	3.57	4.08	4.59	5.10	5.61	6.12	7.14	8.16	9.18	10.20	11.23	12.76	14.29	15.31	16.33	18.37	20.41	22.96			
70		2.20	2.75	3.30	3.85	4.40	4.95	5.50	6.04	6.59	7.69	8.79	9.89	10.99	12.09	13.74	15.39	16.49	17.58	19.78	21.98	24.73			

续表

公称宽度/mm	厚度/mm																								
	3	4	5	6	7	8	9	10	11	12	14	16	18	20	22	25	28	30	32	36	40	45	50	56	60
	理论重量/(kg/m)																								
75		2.36	2.94	3.53	4.12	4.71	5.30	5.89	6.48	7.07	8.24	9.42	10.60	11.78	12.95	14.72	16.48	17.66	18.84	21.20	23.55	26.49			
80		2.51	3.14	3.77	4.40	5.02	5.65	6.28	6.91	7.54	8.79	10.05	11.30	12.56	13.82	15.70	17.58	18.84	20.10	22.61	25.12	28.26	31.40	35.17	
85			3.34	4.00	4.67	5.34	6.01	6.67	7.34	8.01	9.34	10.68	12.01	13.34	14.68	16.68	18.68	20.02	21.35	24.02	26.69	30.03	33.36	37.37	40.04
90			3.53	4.24	4.95	5.65	6.36	7.07	7.77	8.48	9.89	11.30	12.72	14.13	15.54	17.66	19.78	21.20	22.61	25.43	28.26	31.79	35.32	39.56	42.39
95			3.73	4.47	5.22	5.97	6.71	7.46	8.20	8.95	10.44	11.93	13.42	14.92	16.41	18.64	20.88	22.37	23.86	26.85	29.83	33.56	37.29	41.76	44.74
100			3.92	4.71	5.50	6.28	7.06	7.85	8.64	9.42	10.99	12.56	14.13	15.70	17.27	19.62	21.98	23.55	25.12	28.26	31.40	35.32	39.25	43.96	47.10
105			4.12	4.95	5.77	6.59	7.42	8.24	9.07	9.89	11.54	13.19	14.84	16.48	18.13	20.61	23.08	24.73	26.38	29.67	32.97	37.09	41.21	46.16	49.46
110			4.32	5.18	6.04	6.91	7.77	8.64	9.50	10.36	12.09	13.82	15.54	17.27	19.00	21.59	24.18	25.90	27.63	31.09	34.54	38.86	43.18	48.36	51.81
120			4.71	5.65	6.59	7.54	8.48	9.42	10.36	11.30	13.19	15.07	16.96	18.84	20.72	23.55	26.38	28.26	30.14	33.91	37.68	42.39	47.10	52.75	56.52
125				5.89	6.87	7.85	8.83	9.81	10.79	11.78	13.74	15.70	17.66	19.62	21.58	24.53	27.48	29.44	31.40	35.32	39.25	44.16	49.06	54.95	58.88
130				6.12	7.14	8.16	9.18	10.20	11.23	12.25	14.29	16.33	18.37	20.41	22.45	25.51	28.57	30.62	32.66	36.74	40.82	45.92	51.02	57.15	61.23
140					7.69	8.79	9.89	10.99	12.09	13.19	15.39	17.58	19.78	21.98	24.18	27.48	30.77	32.97	35.17	39.56	43.96	49.46	54.95	61.54	65.94
150					8.24	9.42	10.60	11.78	12.95	14.13	16.48	18.84	21.20	23.55	25.90	29.44	32.97	35.32	37.68	42.39	47.10	52.99	58.88	65.94	70.65
160					8.79	10.05	11.30	12.56	13.82	15.07	17.58	20.10	22.61	25.12	27.63	31.40	35.17	37.68	40.19	45.22	50.24	56.52	62.80	70.34	75.36
180					9.89	11.30	12.72	14.13	15.54	16.96	19.78	22.61	25.43	28.26	31.09	35.32	39.56	42.39	45.22	50.87	56.52	63.58	70.65	79.13	84.78
200					10.99	12.56	14.13	15.70	17.27	18.84	21.98	25.12	28.26	31.40	34.54	39.25	43.96	47.10	50.24	56.52	62.80	70.65	78.50	87.92	94.20

注: 1. 表中的粗线用以划分扁钢的组别
　　 1 组——理论重量≤19kg/m;
　　 2 组——理论重量>19kg/m。
2. 表中的理论重量按密度 7.85g/cm^3 计算。

表 1-52　热轧工具钢扁钢的尺寸及理论重量

扁钢公称厚度/mm；理论重量/(kg/m)

公称宽度/mm	4	6	8	10	12	16	18	20	22	25	28	32	36	40	45	50	56	63	71	80	90	100
10	0.31	0.47	0.63																			
12	0.38	0.57	0.75	0.94																		
16	0.50	0.75	1.00	1.26	1.51																	
20	0.63	0.94	1.26	1.57	1.88	2.51	2.83															
25	0.79	1.18	1.57	1.96	2.36	3.14	3.53	3.93	4.32													
32	1.00	1.51	2.01	2.51	3.01	4.02	4.52	5.02	5.53	6.28	7.03											
40	1.26	1.88	2.51	3.14	3.77	5.02	5.65	6.28	6.91	7.85	8.79	10.05	11.30									
50	1.57	2.36	3.14	3.93	4.71	6.28	7.07	7.85	8.64	9.81	10.99	12.56	14.13	15.70	17.66							
63	1.98	2.97	3.96	4.95	5.93	7.91	8.90	9.89	10.88	12.36	13.85	15.83	17.80	19.78	22.25	24.73	27.69					
71	2.23	3.34	4.46	5.57	6.69	8.92	10.03	11.15	12.26	13.93	15.61	17.84	20.06	22.29	25.08	27.87	31.21	35.11				
80	2.51	3.77	5.02	6.28	7.54	10.05	11.30	12.56	13.82	15.70	17.58	20.10	22.61	25.12	28.26	31.40	35.17	39.56	44.59			
90	2.83	4.24	5.65	7.07	8.48	11.30	12.72	14.13	15.54	17.66	19.78	22.61	25.43	28.26	31.79	35.33	39.56	44.51	50.16	56.52		
100	3.14	4.71	6.28	7.85	9.42	12.56	14.13	15.70	17.27	19.63	21.98	25.12	28.26	31.40	35.33	39.25	43.96	49.46	55.74	62.80	70.65	
112	3.52	5.28	7.03	8.79	10.55	14.07	15.83	17.58	19.34	21.98	24.62	28.13	31.65	35.17	39.56	43.96	49.24	55.39	62.42	70.34	79.13	87.92
125	3.93	5.89	7.85	9.81	11.78	15.70	17.66	19.63	21.59	24.53	27.48	31.40	35.33	39.25	44.16	49.06	54.95	61.82	69.67	78.50	88.31	98.13
140	4.40	6.59	8.79	10.99	13.19	17.58	19.78	21.98	24.18	27.48	30.77	35.17	39.56	43.96	49.46	54.95	61.54	69.24	78.03	87.92	98.91	109.90
160	5.02	7.54	10.05	12.56	15.07	20.10	22.61	25.12	27.63	31.40	35.17	40.19	45.22	50.24	56.52	62.80	70.34	79.13	89.18	100.48	113.04	125.60
180	5.65	8.48	11.30	14.13	16.96	22.61	25.43	28.26	31.09	35.33	39.56	45.22	50.87	56.52	63.59	70.65	79.13	89.02	100.32	113.04	127.17	141.30
200	6.28	9.42	12.56	15.70	18.84	25.12	28.26	31.40	34.54	39.25	43.96	50.24	56.52	62.80	70.65	78.50	87.92	98.91	111.47	125.60	141.30	157.00
224	7.03	10.55	14.07	17.58	21.10	28.13	31.65	35.17	38.68	43.96	49.24	56.27	63.30	70.34	79.13	87.92	98.47	110.78	124.85	140.67	158.26	175.84
250	7.85	11.78	15.70	19.63	23.55	31.40	35.33	39.25	43.18	49.06	54.95	62.80	70.65	78.50	88.31	98.13	109.90	123.64	139.34	157.00	176.63	196.25
280	8.79	13.19	17.58	21.98	26.38	35.17	39.56	43.96	48.36	54.95	61.54	70.34	79.13	87.92	98.91	109.90	123.09	138.47	156.06	175.84	197.82	219.80
310	9.73	14.60	19.47	24.34	29.20	38.94	43.80	48.67	53.54	60.84	68.14	77.87	87.61	97.34	109.51	121.68	136.28	153.31	172.78	194.68	219.02	243.35

注：表中的理论重量按密度 7.85g/cm³ 计算，对于高合金钢计算理论重量时，应采用相应牌号的密度进行计算。

表 1-53　热轧六角钢和热轧八角钢的尺寸及理论重量

对边距离 s/mm	截面面积 A/cm²		理论重量/(kg/m)	
	六角钢	八角钢	六角钢	八角钢
8	0.5543	—	0.435	—
9	0.7015	—	0.551	—
10	0.866	—	0.680	—
11	1.048	—	0.823	—
12	1.247	—	0.979	—
13	1.464	—	1.05	—
14	1.697	—	1.33	—
15	1.949	—	1.53	—
16	2.217	2.120	1.74	1.66
17	2.503	—	1.96	—
18	2.806	2.683	2.20	2.16
19	3.126	—	2.45	—
20	3.464	3.312	2.72	2.60
21	3.819	—	3.00	—
22	4.192	4.008	3.29	3.15
23	4.581	—	3.60	—
24	4.988	—	3.92	—
25	5.413	5.175	4.25	4.06
26	5.854	—	4.60	—
27	6.314	—	4.96	—
28	6.790	7.492	5.33	5.10
30	7.794	7.452	6.12	5.85
32	8.868	8.479	6.96	6.66
34	10.011	9.572	7.86	7.51
36	11.223	10.731	8.81	8.42
38	12.505	11.956	9.82	9.39
40	13.86	13.250	10.88	10.40
42	15.28	—	11.99	—
45	17.54	—	13.77	—
48	19.95	—	15.66	—
50	21.65	—	17.00	—
53	24.33	—	19.10	—
56	27.16	—	21.32	—
58	29.13	—	22.87	—
60	31.18	—	24.50	—
63	34.37	—	26.98	—
65	36.59	—	28.72	—
68	40.04	—	31.43	—
70	42.43	—	33.30	—

注：表中的理论重量按密度 7.85g/cm³ 计算。

表中截面面积（A）计算公式：$A = \dfrac{1}{4}ns^2\tan\dfrac{\varphi}{2} \times \dfrac{1}{100}$

六角形：$A = \dfrac{3}{2}s^2\tan30° \times \dfrac{1}{100} \approx 0.866s^2 \times \dfrac{1}{100}$

八角形：$A = 2s^2\tan22°30' \times \dfrac{1}{100} \approx 0.828s^2 \times \dfrac{1}{100}$

式中，n 为正 n 边形边数；φ 为正 n 边形圆内角，$\varphi = 360/n$；s 为对边距离，mm。

2. 热轧型钢

热轧工字钢、槽钢、等边角钢、不等边角钢、L 型钢和 H 型钢的截面图示及标注符号见图 1-10～图 1-15。这些型钢的截面尺寸、截面面积、理论重量及截面特性见表 1-54～表 1-59。

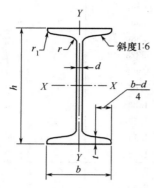

图 1-10　工字钢截面

h—高度；t—平均腿厚度；b—腿宽度；

r—内圆弧半径；d—腰厚度；r_1—腿端圆弧半径

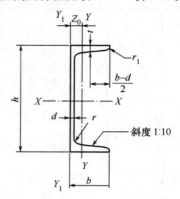

图 1-11　槽钢截面

h—高度；r—内圆弧半径；b—腿宽度；

r_1—腿端圆弧半径；d—腰厚度；

Z_0—重心距离；t—平均腿厚度

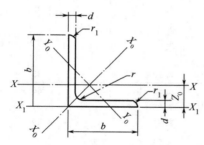

图 1-12　等边角钢截面

b—边宽度；r_1—边端圆弧半径；d—边厚度；

Z_0—重心距离；r—内圆弧半径

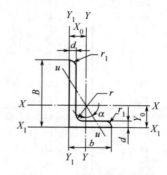

图 1-13　不等边角钢截面

B—长边宽度；r_1—边端圆弧半径；

b—短边宽度；X—重心距离；d—边厚度；

Y_0—重心距离；r—内圆弧半径

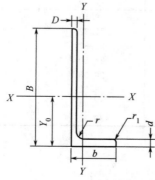

图 1-14　L 型钢截面

B—长边宽度；r—内圆弧半径；

b—短边宽度；r_1—边端圆弧半径；

D—长边厚度；Y_0—重心距离；d—短边厚度

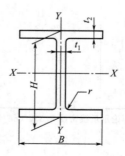

图 1-15　H 型钢截面

H—高度；B—宽度；

t_1—腹板厚度；t_2—翼缘厚度；

r—圆角半径

表 1-54 工字钢截面尺寸、截面面积、理论重量及截面特性

型号	截面尺寸/mm						截面面积/cm²	理论重量/(kg/m)	惯性矩/cm⁴		惯性半径/cm		截面模数/cm³	
	h	b	d	t	r	r_1			I_x	I_y	i_x	i_y	W_x	W_y
10	100	68	4.5	7.6	6.5	3.3	14.345	11.261	245	33.0	4.14	1.52	49.0	9.72
12	120	74	5.0	8.4	7.0	3.5	17.818	13.987	436	46.9	4.95	1.62	72.7	12.7
12.6	126	74	5.0	8.4	7.0	3.5	18.118	14.223	488	46.9	5.20	1.61	77.5	12.7
14	140	80	5.6	9.1	7.5	3.8	21.516	16.890	712	64.4	5.76	1.73	102	16.1
16	160	88	6.0	9.9	8.0	4.0	26.131	20.513	1130	93.1	6.58	1.89	141	21.2
18	180	94	6.5	10.7	8.5	4.3	30.756	24.143	1660	122	7.36	2.00	185	26.0
20a	200	100	7.0	11.4	9.0	4.5	35.578	27.929	2370	158	8.15	2.12	237	31.5
20b	200	102	9.0	11.4	9.0	4.5	39.578	31.069	2500	169	7.96	2.06	250	33.1
22a	220	110	7.5	12.3	9.5	4.8	42.128	33.070	3400	225	8.99	2.31	309	40.9
22b	220	112	9.5	12.3	9.5	4.8	46.528	36.524	3570	239	8.78	2.27	325	42.7
24a	240	116	8.0	13.0	10.0	5.0	47.741	37.477	4570	280	9.77	2.42	381	48.4
24b	240	118	10.0	13.0	10.0	5.0	52.541	41.245	4800	297	9.57	2.38	400	50.4
25a	240	116	8.0	13.0	10.0	5.0	48.541	38.105	5020	280	10.2	2.40	402	48.3
25b	240	118	10.0	13.0	10.0	5.0	53.541	42.030	5280	309	9.94	2.40	423	52.4
27a	270	122	8.5	13.7	10.5	5.3	54.554	42.825	6550	345	10.9	2.51	485	56.6
27b	270	124	10.5	13.7	10.5	5.3	59.954	47.064	6870	366	10.7	2.47	509	58.9
28a	280	122	8.5	13.7	10.5	5.3	55.404	43.492	7110	345	11.3	2.50	508	56.6
28b	280	124	10.5	13.7	10.5	5.3	61.004	47.888	7480	379	11.1	2.49	534	61.2
30a	300	126	9.0	14.4	11	5.5	61.254	48.084	8950	400	12.1	2.55	597	63.5
30b	300	128	11.0	14.4	11	5.5	67.254	52.794	9400	422	11.8	2.50	627	65.9
30c	300	130	13.0	14.4	11	5.5	73.254	57.504	9850	445	11.6	2.46	657	68.5
32a	320	130	9.5	15.0	11.5	5.8	67.156	52.717	11100	460	12.8	2.62	692	70.8
32b	320	132	11.5	15.0	11.5	5.8	73.556	57.741	11600	502	12.6	2.61	726	76.0
32c	320	134	13.5	15.0	11.5	5.8	79.956	62.765	12200	544	12.3	2.61	760	81.2
36a	360	136	10.0	15.8	12.0	6.0	76.480	60.037	15800	552	14.4	2.69	875	81.2
36b	360	138	12.0	15.8	12.0	6.0	83.680	65.689	16500	582	14.1	2.64	919	84.3
36c	360	140	14.0	15.8	12.0	6.0	90.880	71.341	17300	612	13.8	2.60	962	87.4
40a	400	142	10.5	16.5	12.5	6.3	86.112	67.598	21700	660	15.9	2.77	1090	93.2
40b	400	144	12.5	16.5	12.5	6.3	94.112	73.878	22800	692	15.6	2.71	1140	96.2
40c	400	146	14.5	16.5	12.5	6.3	102.112	80.158	23900	727	15.2	2.65	1190	99.6
45a	450	150	11.5	18.0	13.5	6.8	102.446	80.420	32200	855	17.7	2.89	1430	114
45b	450	152	13.5	18.0	13.5	6.8	111.446	87.485	33800	894	17.4	2.84	1500	118
45c	450	154	15.5	18.0	13.5	6.8	120.446	94.550	35300	938	17.1	2.79	1570	122
50a	500	158	12.0	20.0	14.0	7.0	119.304	93.654	46500	1120	19.7	3.07	1860	142
50b	500	160	14.0	20.0	14.0	7.0	129.304	101.504	48600	1170	19.4	3.01	1940	146
50c	500	162	16.0	20.0	14.0	7.0	139.304	109.354	50600	1220	19.0	2.96	2080	151

型号	截面尺寸/mm						截面面积 /cm²	理论重量 /(kg/m)	惯性矩/cm⁴		惯性半径/cm		截面模数/cm³	
	h	b	d	t	r	r_1			I_x	I_y	i_x	i_y	W_x	W_y
55a		166	12.5				134.185	105.335	62900	1370	21.6	3.19	2290	164
55b	550	168	14.5				145.185	113.970	65600	1420	21.2	3.14	2390	170
55c		170	16.5	21.0	14.5	7.3	156.185	122.605	68400	1480	20.9	3.08	2490	175
56a		166	12.5				135.435	106.316	65600	1370	22.0	3.18	2340	165
56b	560	168	14.5				146.635	115.108	68500	1490	21.6	3.16	2450	174
56c		170	16.5				157.835	123.900	71400	1560	21.3	3.16	2550	183
63a		176	13.0				154.658	121.407	93900	1700	24.5	3.31	2980	193
63b	630	178	15.0	22.0	15.0	7.5	167.258	131.298	98100	1810	24.2	3.29	3160	204
63c		180	17.0				179.858	141.189	102000	1920	23.8	3.27	3300	214

注：表中 r、r_1 的数据用于孔型设计，不作交货条件。

表 1-55 槽钢截面尺寸、截面面积、理论重量及截面特性

型号	截面尺寸/mm						截面面积 /cm²	理论重量 /(kg/m)	惯性矩/cm⁴			惯性半径/cm		截面模数/cm³		重心距离/cm
	h	b	d	t	r	r_1			I_x	I_y	I_{y1}	i_x	i_y	W_x	W_y	Z_0
5	50	37	4.5	7.0	7.0	3.5	6.928	5.438	26.0	8.30	20.9	1.94	1.10	10.4	3.55	1.35
6.3	63	40	4.8	7.5	7.5	3.8	8.451	6.634	50.8	11.9	28.4	2.45	1.19	16.1	4.50	1.36
6.5	65	40	4.3	7.5	7.5	3.8	8.547	6.709	55.2	12.0	28.3	2.54	1.19	17.0	4.59	1.38
8	80	43	5.0	8.0	8.0	4.0	10.248	8.045	101	16.6	37.4	3.15	1.27	25.3	5.79	1.43
10	100	48	5.3	8.5	8.5	4.2	12.748	10.007	198	25.6	54.9	3.95	1.41	39.7	7.80	1.52
12	120	53	5.5	9.0	9.0	4.5	15.362	12.059	346	37.4	77.7	4.75	1.56	57.7	10.2	1.62
12.6	126	53	5.5	9.0	9.0	4.5	15.692	12.318	391	38.0	77.1	4.95	1.57	62.1	10.2	1.59
14a	140	58	6.0	9.5	9.5	4.8	18.516	14.535	564	53.2	107	5.52	1.70	80.5	13.0	1.71
14b	140	60	8.0	9.5	9.5	4.8	21.316	16.733	609	61.1	123	5.35	1.69	87.1	14.1	1.67
16a	160	63	6.5	10.0	10.0	5.0	21.962	17.24	866	73.3	144	6.28	1.83	108	16.3	1.80
16b	160	65	8.5	10.0	10.0	5.0	25.162	19.752	935	83.4	161	6.10	1.82	117	17.6	1.75
18a	180	68	7.0	10.5	10.5	5.2	25.699	20.174	1270	98.6	190	7.04	1.96	141	20.0	1.88
18b	180	70	9.0	10.5	10.5	5.2	29.299	23.000	1370	111	210	6.84	1.95	152	21.5	1.84
20a	200	73	7.0	11.0	11.0	5.5	28.837	22.637	1780	128	244	7.86	2.11	178	24.2	2.01
20b	200	75	9.0	11.0	11.0	5.5	32.837	25.777	1910	144	268	7.64	2.09	191	25.9	1.95
22a	220	77	7.0	11.5	11.5	5.8	31.846	24.999	2390	158	298	8.67	2.23	218	28.2	2.10
22b	220	79	9.0	11.5	11.5	5.8	36.246	28.453	2570	176	326	8.42	2.21	234	30.1	2.03
24a	240	78	7.0				34.217	26.860	3050	174	325	9.45	2.25	254	30.5	2.10
24b	240	80	9.0				39.017	30.628	3280	194	355	9.17	2.23	274	32.5	2.03
24c		82	11.0	12.0	12.0	6.0	43.817	34.396	3510	213	388	8.96	2.21	293	34.4	2.00
25a		78	7.0				34.917	27.410	3370	176	322	9.82	2.24	270	30.6	2.07
25b	250	80	9.0				39.917	31.335	3530	196	353	9.41	2.22	282	32.7	1.98
25c		82	11.0				44.917	35.260	3690	218	384	9.07	2.21	295	35.9	1.92

续表

型号	截面尺寸/mm						截面面积/cm²	理论重量/(kg/m)	惯性矩/cm⁴			惯性半径/cm		截面模数/cm³		重心距离/cm
	h	b	d	t	r	r_1			I_x	I_y	I_{y1}	i_z	i_y	W_x	W_y	Z_0
27a		82	7.5				39.284	30.838	4360	216	393	10.5	2.34	323	35.5	2.13
27b	270	84	9.5				44.684	35.077	4690	239	428	10.3	2.31	347	37.7	2.06
27c		86	11.5	12.5	12.5	6.2	50.084	39.316	5020	261	467	10.1	2.28	372	39.8	2.03
28a		82	7.5				40.034	31.427	4760	218	388	10.9	2.33	340	35.7	2.10
28b	280	84	9.5				45.634	35.823	5130	242	428	10.6	2.30	366	37.9	2.02
28c		86	11.5				51.234	40.219	5500	268	463	10.4	2.29	393	40.3	1.95
30a		85	7.5				43.902	34.463	6050	260	467	11.7	2.43	403	41.1	2.17
30b	300	87	9.5	13.5	13.5	6.8	49.902	39.173	6500	289	515	11.4	2.41	433	44.0	2.13
30c		89	11.5				55.902	43.883	6950	316	560	11.2	2.38	463	46.4	2.09
32a		88	8.0				48.513	38.083	7600	305	552	12.5	2.50	475	46.5	2.24
32b	320	90	10.0	14.0	14.0	7.0	54.913	43.107	8140	336	593	12.2	2.47	509	49.2	2.16
32c		92	12.0				61.313	48.131	8690	374	643	11.9	2.44	543	52.6	2.09
36a		96	9.0				60.910	47.814	11900	455	818	14.0	2.73	660	63.5	2.44
36b	360	98	11.0	16.0	16.0	8.0	68.110	53.466	12700	497	880	13.6	2.70	703	66.9	2.37
36c		100	13.0				75.310	59.118	13400	536	948	13.4	2.67	746	70.0	2.34
40a		100	10.5				75.068	58.928	17600	592	1070	15.3	2.81	879	78.8	2.49
40b	400	102	12.5	18.0	18.0	9.0	83.068	65.208	18600	640	114	15.0	2.78	932	82.5	2.44
40c		104	14.5				91.068	71.488	19700	688	1220	14.7	2.75	986	86.2	2.42

注：表中 r、r_1 的数据用于孔型设计、不作交货条件。

表 1-56　等边角钢截面尺寸、截面面积、理论重量及截面特性

型号	截面尺寸/mm			截面面积/cm²	理论重量/(kg/m)	外表面积/(m²/m)	惯性矩/cm⁴				惯性半径/cm			截面模数/cm³			重心距离/cm
	b	d	r				I_x	I_{x1}	I_{x0}	I_{y0}	i_x	i_{x0}	i_{y0}	W_x	W_{x0}	W_{y0}	Z_0
2	20	3		1.132	0.889	0.078	0.40	0.81	0.63	0.17	0.59	0.75	0.39	0.29	0.45	0.20	0.60
		4	3.5	1.459	1.145	0.077	0.50	1.09	0.78	0.22	0.58	0.73	0.38	0.36	0.55	0.24	0.64
2.5	25	3		1.432	1.124	0.098	0.82	1.57	1.29	0.34	0.76	0.95	0.49	0.46	0.73	0.33	0.73
		4		1.859	1.459	0.097	1.03	2.11	1.62	0.43	0.74	0.93	0.48	0.59	0.92	0.40	0.76
3.0	30	3		1.749	1.373	0.117	1.46	2.71	2.31	0.61	0.91	1.15	0.59	0.68	1.09	0.51	0.85
		4		2.276	1.786	0.117	1.84	3.63	2.92	0.77	0.90	1.13	0.58	0.87	1.37	0.62	0.89
3.6	36	3	4.5	2.109	1.656	0.141	2.58	4.68	4.09	1.07	1.11	1.39	0.71	0.99	1.61	0.76	1.00
		4		2.756	2.163	0.141	3.29	6.25	5.22	1.37	1.09	1.38	0.70	1.28	2.05	0.93	1.04
		5		3.382	2.654	0.141	3.95	7.84	6.24	1.65	1.08	1.36	0.70	1.56	2.45	1.00	1.07

续表

型号	截面尺寸/mm			截面面积/cm²	理论重量/(kg/m)	外表面积/(m²/m)	惯性矩/cm⁴				惯性半径/cm			截面模数/cm³			重心距离/cm
	b	d	r				I_x	I_{x1}	I_{x0}	I_{y0}	i_x	i_{x0}	i_{y0}	W_x	W_{x0}	W_{y0}	Z_0
4	40	3		2.359	1.852	0.157	3.59	6.41	5.69	1.49	1.23	1.55	0.79	1.23	2.01	0.96	1.09
		4		3.086	2.422	0.157	4.60	8.56	7.29	1.91	1.22	1.54	0.79	1.60	2.58	1.19	1.13
		5		3.791	2.976	0.156	5.53	10.74	8.76	2.30	1.21	1.52	0.78	1.96	3.10	1.39	1.17
4.5	45	3	5	2.659	2.088	0.177	5.17	9.12	8.20	2.14	1.40	1.76	0.89	1.58	2.58	1.24	1.22
		4		3.486	2.736	0.177	6.65	12.18	10.56	2.75	1.38	1.74	0.89	2.05	3.32	1.54	1.26
		5		4.292	3.369	0.176	8.04	15.2	12.74	3.33	1.37	1.72	0.88	2.51	4.00	1.81	1.30
		6		5.076	3.985	0.176	9.33	18.36	14.76	3.89	1.36	1.70	0.8	2.95	4.64	2.06	1.33
5	50	3	5.5	2.971	2.332	0.197	7.18	12.5	11.37	2.98	1.55	1.96	1.00	1.96	3.22	1.57	1.34
		4		3.897	3.059	0.197	9.26	16.69	14.70	3.82	1.54	1.94	0.99	2.56	4.16	1.96	1.38
		5		4.803	3.770	0.196	11.21	20.90	17.79	4.64	1.53	1.92	0.98	3.13	5.03	2.31	1.42
		6		5.688	4.465	0.196	13.05	25.14	20.68	5.42	1.52	1.91	0.98	3.68	5.85	2.63	1.46
5.6	56	3	6	3.343	2.624	0.221	10.19	17.56	16.14	4.24	1.75	2.20	1.13	2.48	4.08	2.02	1.48
		4		4.390	3.446	0.220	13.18	23.43	20.92	5.46	1.73	2.18	1.11	3.24	5.28	2.52	1.53
		5		5.415	4.251	0.220	16.02	29.33	25.42	6.61	1.72	2.17	1.10	3.97	6.42	2.98	1.57
		6		6.420	5.040	0.220	18.69	35.26	29.66	7.73	1.71	2.15	1.10	4.68	7.49	3.40	1.61
		7		7.404	5.812	0.219	21.23	41.23	33.63	8.82	1.69	2.13	1.09	5.36	8.49	3.80	1.64
		8		8.367	6.568	0.219	23.63	47.24	37.37	9.89	1.68	2.11	1.09	6.03	9.44	4.16	1.68
6	60	5	6.5	5.829	4.576	0.236	19.89	36.05	31.57	8.21	1.85	2.33	1.19	4.59	7.44	3.48	1.67
		6		6.914	5.427	0.235	23.25	43.33	36.89	9.60	1.83	2.31	1.18	5.41	8.70	3.98	1.70
		7		7.977	6.262	0.235	26.44	50.65	41.92	10.96	1.82	2.29	1.17	6.21	9.88	4.45	1.74
		8		9.020	7.081	0.235	29.47	58.02	46.66	12.28	1.81	2.27	1.17	6.98	11.00	4.88	1.78
6.3	63	4	7	4.978	3.907	0.248	19.03	33.35	30.17	7.89	1.96	2.46	1.26	4.13	6.78	3.29	1.70
		5		6.143	4.822	0.248	23.17	41.73	36.77	9.57	1.94	2.45	1.25	5.08	8.25	3.90	1.74
		6		7.288	5.721	0.247	27.12	50.14	43.03	11.20	1.93	2.43	1.24	6.00	9.66	4.46	1.78
		7		8.412	6.603	0.247	30.87	58.60	48.96	12.79	1.92	2.41	1.23	6.88	10.99	4.98	1.82
		8		9.515	7.469	0.247	34.46	67.11	54.56	14.33	1.90	2.40	1.23	7.75	12.25	5.47	1.85
		10		11.657	9.151	0.246	41.09	84.31	64.85	17.33	1.88	2.36	1.22	9.39	14.56	6.36	1.93
7	70	4	8	5.570	4.372	0.275	26.39	45.74	41.80	10.99	2.18	2.74	1.40	5.14	8.44	4.17	1.86
		5		6.875	5.397	0.275	32.21	57.21	5108	13.31	2.16	2.73	1.39	6.32	10.32	4.95	1.91
		6		8.160	6.406	0.275	37.77	68.73	59.93	15.61	2.15	2.71	1.38	7.48	12.11	5.67	1.95
		7		9.424	7.398	0.275	43.09	80.29	68.35	17.82	2.14	2.69	1.38	8.59	13.81	6.34	1.99
		8		10.667	8.373	0.274	48.17	91.92	76.37	19.98	2.12	2.68	1.37	9.68	15.43	6.98	2.03

续表

型号	截面尺寸/mm			截面面积/cm²	理论重量/(kg/m)	外表面积/(m²/m)	惯性矩/cm⁴				惯性半径/cm			截面模数/cm³			重心距离/cm
	b	d	r				I_x	I_{x1}	I_{x0}	I_{y0}	i_x	i_{x0}	i_{y0}	W_x	W_{x0}	W_{y0}	Z_0
7.5	75	5	9	7.412	5.818	0.295	39.97	70.56	63.30	16.63	2.33	2.92	1.50	7.32	11.94	5.77	2.04
		6		8.797	6.905	0.294	46.95	84.55	74.38	19.51	2.31	2.90	1.49	8.64	14.02	6.67	2.07
		7		10.160	7.976	0.294	53.57	98.71	84.96	22.18	2.30	2.89	1.48	9.93	16.02	7.44	2.11
		8		11.503	9.030	0.294	59.96	112.97	95.07	24.86	2.28	2.88	1.47	11.20	17.93	8.19	2.15
		9		12.825	10.068	0.294	66.10	127.30	104.71	27.48	2.27	2.86	1.46	12.43	19.75	8.89	2.18
		10		14.126	11.089	0.293	71.98	141.71	113.92	30.05	2.26	2.84	1.46	13.64	21.48	9.56	2.22
8	80	5	9	7.912	6.211	0.315	48.79	85.36	77.33	20.25	2.48	3.13	1.60	8.34	13.67	6.66	2.15
		6		9.397	7.376	0.314	57.35	102.50	90.98	23.72	2.47	3.11	1.59	9.87	16.08	7.65	2.19
		7		10.860	8.525	0.314	65.58	119.70	104.07	27.09	2.46	3.10	1.58	11.37	18.40	8.58	2.23
		8		12.303	9.658	0.314	73.49	136.97	116.60	30.39	2.44	3.08	1.57	12.83	20.61	9.46	2.27
		9		13.725	10.774	0.314	81.11	154.31	128.60	33.61	2.43	3.06	1.56	14.25	22.73	10.29	2.31
		10		15.126	11.874	0.313	88.43	171.74	140.09	36.77	2.42	3.04	1.56	15.64	24.76	11.08	2.35
9	90	5	10	10.637	8.350	0.354	82.77	145.87	131.26	34.28	2.79	3.51	1.80	12.61	20.63	9.95	2.44
		7		12.301	9.656	0.354	94.83	170.30	150.47	39.18	2.78	3.50	1.78	14.54	23.64	11.19	2.48
		8		13.944	10.946	0.353	106.47	194.80	168.97	43.97	2.76	3.48	1.78	16.42	26.55	12.35	2.52
		9		15.566	12.219	0.353	117.72	219.39	186.77	48.66	2.75	3.46	1.77	18.27	29.35	13.46	2.56
		10		17.167	13.476	0.353	128.58	244.07	203.90	53.26	2.74	3.45	1.76	20.07	32.04	14.52	2.59
		12		20.306	15.940	0.352	149.22	293.76	236.21	62.22	2.71	3.41	1.75	23.57	37.12	16.49	2.67
10	100	6	12	11.932	9.366	0.393	114.95	200.07	181.98	47.92	3.10	3.90	2.00	15.68	25.74	12.69	2.67
		7		13.796	10.830	0.393	131.86	233.54	208.97	54.74	3.09	3.89	1.99	18.10	29.55	14.26	2.71
		8		15.638	12.276	0.393	148.24	267.09	235.07	61.41	3.08	3.88	1.98	20.47	33.24	15.75	2.76
		9		17.462	13.708	0.392	164.12	300.73	260.30	67.95	3.07	3.86	1.97	22.79	36.81	17.18	2.80
		10		19.261	15.120	0.392	179.51	334.48	284.68	74.35	3.05	3.84	1.96	25.06	40.26	18.54	2.84
		12		22.800	17.898	0.391	208.90	402.34	330.95	86.84	3.03	3.81	1.95	29.48	46.80	21.08	2.91
		14		26.256	20.611	0.391	236.53	470.75	374.06	99.00	3.00	3.77	1.94	33.73	52.90	23.44	2.99
		16		29.627	23.257	0.390	262.53	539.80	414.16	110.89	2.98	3.74	1.94	37.82	58.57	25.63	3.06
11	110	7	12	15.196	11.928	0.433	177.16	310.64	280.94	73.38	3.41	4.30	2.20	22.05	36.12	17.51	2.96
		8		17.238	13.535	0.433	199.46	355.20	316.49	82.42	3.40	4.28	2.19	24.95	40.69	19.39	3.01
		10		21.261	16.690	0.432	242.19	444.65	384.39	99.98	3.38	4.25	2.17	30.60	49.42	22.91	3.09
		12		25.200	19.782	0.431	282.55	534.60	448.17	116.93	3.35	4.22	2.15	36.05	57.62	26.15	3.16
		14		29.056	22.809	0.431	320.71	625.16	508.01	133.40	3.32	4.18	2.14	41.31	65.31	29.14	3.24
12.5	125	8	14	19.750	15.504	0.492	297.03	521.01	470.89	123.16	3.88	4.88	2.50	32.52	53.28	25.86	3.37
		10		24.373	19.133	0.491	361.67	651.93	573.89	149.46	3.85	4.85	2.48	39.97	64.93	30.62	3.45
		12		28.912	22.696	0.491	423.16	783.42	671.44	174.88	3.83	4.82	2.46	41.17	75.96	35.03	3.53
		14		33.367	26.193	0.490	481.65	915.61	763.73	199.57	3.80	4.78	2.45	54.16	86.41	39.13	3.61
		16		37.739	29.625	0.489	537.31	1048.62	850.98	223.65	3.77	4.75	2.43	60.93	96.28	42.96	3.68

续表

型号	截面尺寸/mm			截面面积/cm²	理论重量/(kg/m)	外表面积/(m²/m)	惯性矩/cm⁴				惯性半径/cm			截面模数/cm³			重心距离/cm
	b	d	r				I_x	I_{x1}	I_{x0}	I_{y0}	i_x	i_{x0}	i_{y0}	W_x	W_{x0}	W_{y0}	Z_0
14	140	10	14	27.373	21.488	0.551	514.65	915.11	817.27	212.04	4.34	5.46	2.78	50.58	82.56	30.20	3.82
		12		32.512	25.522	0.551	603.68	1099.28	958.79	248.57	4.31	5.43	2.76	59.80	96.85	45.02	3.90
		14		37.567	29.490	0.550	688.81	1284.22	1093.56	284.06	4.28	5.40	2.75	68.75	110.47	50.45	3.98
		16		42.539	33.393	0.549	770.24	1470.07	1221.81	318.67	4.26	5.36	2.74	77.46	123.42	55.55	4.06
15	150	8	14	23.750	18.644	0.592	521.37	899.55	827.49	215.25	4.69	5.90	3.01	47.36	78.02	38.14	3.99
		10		29.373	23.058	0.591	637.50	1125.09	1012.79	262.21	4.66	5.87	2.99	58.35	95.49	45.51	4.08
		12		34.912	27.406	0.591	748.85	1351.26	1189.97	307.73	4.63	5.84	2.97	69.04	112.19	52.38	4.15
		14		40.367	31.688	0.590	855.64	1578.25	1359.30	351.98	4.60	5.80	2.95	79.45	128.16	58.83	4.23
		15		43.063	33.804	0.590	907.39	1692.10	441.09	373.69	4.59	5.78	2.95	84.56	135.87	61.90	4.27
		16		45.739	35.905	0.589	958.08	1806.21	1521.02	395.14	4.58	5.77	2.94	89.59	143.40	64.89	4.31
16	160	10	16	31.502	24.729	0.630	779.53	1365.33	1237.30	321.76	4.98	6.27	3.20	66.70	109.36	52.76	4.31
		12		37.441	29.391	0.630	916.58	1639.57	1455.68	377.49	4.95	6.24	3.18	78.98	128.67	60.74	4.39
		14		43.296	33.987	0.629	1048.36	1914.68	1665.02	431.70	4.92	6.20	3.16	90.95	147.17	68.24	4.47
		16		49.067	38.518	0.629	1175.08	2190.82	1865.57	484.59	4.89	6.17	3.14	102.63	164.89	75.31	4.55
18	180	12	16	42.241	33.159	0.710	1321.35	2332.80	2100.10	542.61	5.59	7.05	3.58	100.82	165.00	78.41	4.89
		14		48.896	38.383	0.709	1514.48	2723.48	2407.42	621.53	5.56	7.02	3.56	116.25	189.14	88.38	4.97
		16		55.467	43.542	0.709	1700.99	3115.29	2703.37	698.60	5.54	6.98	3.55	131.13	212.40	97.83	5.05
		18		61.055	48.634	0.708	1875.12	350243	2988.24	762.01	5.50	6.94	3.51	145.64	234.78	105.14	5.13
20	200	14	18	54.642	42.894	0.788	2103.55	3734.10	3343.26	863.83	6.20	7.82	398	144.70	236.40	111.82	5.46
		16		62.013	48.680	0.788	2366.15	4270.39	3760.89	971.41	6.18	7.79	3.96	163.65	265.93	123.96	5.54
		18		69.301	54.401	0.787	2620.64	4808.13	4164.54	1076.74	6.15	7.75	3.94	182.22	294.48	135.52	5.62
		20		76.505	60.056	0.787	2867.30	5347.51	4554.55	1180.04	6.12	7.72	3.93	200.42	322.06	146.55	5.69
		24		90.661	71.168	0.785	3338.25	6457.16	5294.97	1381.53	6.07	7.64	3.90	236.17	374.41	166.65	5.87
22	220	16	21	68.664	53.901	0.866	3187.36	5681.62	5063.73	1310.99	6.81	8.59	4.37	199.55	325.51	153.81	6.03
		18		76.752	60.250	0.866	3534.30	6395.93	5615.32	1453.27	6.79	8.55	4.35	222.37	360.97	168.29	6.11
		20		84.756	66.533	0.865	3871.49	7112.04	6150.08	1592.90	6.76	8.52	4.34	244.77	395.34	182.16	6.18
		22		92.676	72.751	0.865	4199.23	7830.19	6668.37	1730.10	6.73	8.48	4.32	266.78	428.66	195.45	6.26
		24		100.512	78.902	0.864	4517.83	8550.57	7170.55	1865.11	6.70	8.45	4.31	288.39	460.94	208.21	6.33
		26		108.264	84.987	0.864	4827.58	9273.31	7656.98	1998.17	6.68	8.41	4.30	309.62	492.21	220.49	6.41
25	250	18	24	87.842	68.956	0.985	5268.22	9379.11	8369.04	2167.41	7.74	9.76	4.97	290.12	473.42	224.03	6.84
		20		97.045	76.180	0.984	5779.34	10426.97	9181.94	2376.74	7.72	9.73	4.95	319.66	519.41	242.85	6.92
		24		115.201	90.433	0.983	6763.93	12529.74	10742.67	2785.19	7.66	9.66	4.92	377.34	607.70	278.38	7.07
		26		124.154	97.461	0.982	7238.08	13585.18	11491.33	2984.84	7.63	9.62	4.90	406.50	650.06	295.19	7.15
		28		133.022	104.422	0.982	7700.60	14643.62	12219.39	3181.81	7.61	9.58	4.89	433.22	691.23	311.42	7.22
		30		141.807	111.318	0.981	8151.80	15705.30	12927.26	3376.34	7.58	9.55	4.88	460.51	731.28	327.12	7.30
		32		150.508	118.149	0.981	8592.01	16770.41	13615.32	3568.71	7.56	9.51	4.87	487.39	770.20	342.33	7.37
		35		163.402	128.271	0.980	9232.44	18374.95	14611.16	3853.72	7.52	9.46	4.86	526.97	826.53	364.30	7.48

注：截面图中的 $r_1 = 1/3d$ 及表中 r 的数据用于孔型设计，不作为交货条件。

表1-57　不等边角钢截面尺寸、截面面积、理论重量及截面特性

型号	截面尺寸/mm				截面面积 /cm²	理论重量 /(kg/m)	外表面积 /(m²/m)	惯性矩/cm⁴					惯性半径/cm			截面模数/cm³			$\tan\alpha$	重心距离/cm	
	B	b	d	r				I_x	I_{x1}	I_y	I_{y1}	I_m	i_x	i_y	i_m	W_x	W_y	W_m		X_0	Y_0
2.5/1.6	25	16	3	3.5	1.162	0.912	0.080	0.70	1.56	0.22	0.43	0.14	0.78	0.44	0.34	0.43	0.19	0.16	0.392	0.42	0.86
	25	16	4	3.5	1.499	1.176	0.079	0.88	2.09	0.27	0.59	0.17	0.77	0.43	0.34	0.55	0.24	0.20	0.381	0.46	0.90
3.2/2	32	20	3	3.5	1.492	1.171	0.102	1.53	3.27	0.46	0.82	0.28	1.01	0.55	0.43	0.72	0.30	0.25	0.382	0.49	1.08
	32	20	4	3.5	1.939	1.522	0.101	1.93	4.37	0.57	1.12	0.35	1.00	0.54	0.42	0.93	0.39	0.32	0.374	0.53	1.12
4/2.5	40	25	3	4	1.890	1.484	0.127	3.08	5.39	0.93	1.59	0.56	1.28	0.70	0.54	1.15	0.49	0.40	0.385	0.59	1.32
	40	25	4	4	2.467	1.936	0.127	3.93	8.53	1.18	2.14	0.71	1.36	0.69	0.54	1.49	0.63	0.52	0.381	0.63	1.37
4.5/2.8	45	28	3	5	2.149	1.687	0.143	4.45	9.10	1.34	2.23	0.80	1.44	0.79	0.61	1.47	0.62	0.51	0.383	0.64	1.47
	45	28	4	5	2.806	2.203	0.143	5.69	12.13	1.70	3.00	1.02	1.42	0.78	0.60	1.91	0.80	0.66	0.380	0.68	1.51
5/3.2	50	32	3	5.5	2.431	1.908	0.161	6.24	12.49	2.02	3.31	1.20	1.60	0.91	0.70	1.84	0.82	0.68	0.404	0.73	1.60
	50	32	4	5.5	3.177	2.494	0.160	8.02	16.65	2.58	4.45	1.53	1.59	0.90	0.69	2.39	1.06	0.87	0.402	0.77	1.65
5.5/3.6	56	36	4	6	2.743	2.153	0.181	8.88	17.54	2.92	4.70	1.73	1.80	1.03	0.79	2.32	1.05	0.87	0.408	0.80	1.78
	56	36	5	6	3.590	2.818	0.180	11.45	23.39	3.76	6.33	2.23	1.79	1.02	0.79	3.03	1.37	1.13	0.408	0.85	1.82
6.3/4	63	40	4	7	4.058	3.185	0.202	16.49	33.30	5.23	8.63	3.12	2.02	1.14	0.88	3.87	1.70	1.40	0.398	0.88	1.87
	63	40	5	7	4.993	3.920	0.202	20.02	41.63	6.31	10.86	3.76	2.00	1.12	0.87	4.74	2.07	1.71	0.396	0.92	1.91
	63	40	6	7	5.908	4.638	0.201	23.36	49.98	7.29	13.12	4.34	1.96	1.11	0.86	5.59	2.43	1.99	0.393	0.95	1.95
	63	40	7	7	6.802	5.339	0.201	26.53	58.07	8.24	15.47	4.97	1.98	1.10	0.86	6.40	2.78	2.29	0.389	0.99	1.99
7/4.5	70	45	4	7.5	4.547	3.570	0.226	23.17	45.92	7.55	12.26	4.40	2.26	1.29	0.98	4.86	2.17	1.77	0.410	1.02	2.04
	70	45	5	7.5	5.609	4.403	0.225	27.95	57.10	9.13	15.39	5.40	2.23	1.28	0.98	5.92	2.65	2.19	0.407	1.06	2.08
	70	45	6	7.5	6.647	5.218	0.225	32.54	68.35	10.62	18.58	6.35	2.21	1.26	0.98	6.95	3.12	2.59	0.404	1.09	2.12
	70	45	7	7.5	7.657	6.011	0.225	37.22	79.99	12.01	21.84	7.16	2.20	1.25	0.97	8.03	3.57	2.94	0.402	1.13	2.15

续表

型号	截面尺寸/mm B	b	d	r	截面面积/cm²	理论重量/(kg/m)	外表面积/(m²/m)	惯性矩/cm⁴ I_x	I_{x1}	I_y	I_{y1}	I_m	惯性半径/cm i_x	i_y	i_m	截面模数/cm³ W_x	W_y	W_m	$\tan\alpha$	重心距离/cm X_0	Y_0
7.5/5	75	50	5	8	6.125	4.808	0.245	34.86	70.00	12.61	21.04	7.41	2.39	1.44	1.10	6.83	3.30	2.74	0.435	1.17	2.36
			6		7.260	5.699	0.245	41.12	84.30	14.70	25.37	8.54	2.38	1.42	1.08	8.12	3.88	3.19	0.435	1.21	2.40
			8		9.467	7.431	0.244	52.39	112.50	18.53	34.23	10.87	2.35	1.40	1.07	10.52	4.99	4.10	0.429	1.29	2.44
			10		11.590	9.098	0.244	62.71	140.80	21.96	43.43	13.10	2.33	1.38	1.06	12.79	6.04	4.99	0.423	1.36	2.52
8/5	80	50	5	8	6.375	5.005	0.255	41.96	85.21	12.82	21.06	7.66	2.56	1.42	1.10	7.78	3.32	2.74	0.388	1.14	2.60
			6		7.560	5.935	0.255	49.49	102.53	14.95	25.41	8.85	2.56	1.41	1.08	9.25	3.91	3.20	0.387	1.18	2.65
			7		8.724	6.848	0.255	56.16	119.33	16.96	29.82	10.18	2.54	1.39	1.08	10.58	4.48	3.70	0.384	1.21	2.69
			8		9.867	7.745	0.254	62.83	136.41	18.85	34.32	11.38	2.52	1.38	1.07	11.92	5.03	4.16	0.381	1.25	2.73
9/5.6	90	56	5	9	7.212	5.661	0.287	60.45	121.32	18.32	29.53	10.98	2.90	1.59	1.23	9.92	4.21	3.49	0.385	1.25	2.91
			6		8.557	6.717	0.286	71.03	145.59	21.42	35.58	12.90	2.88	1.58	1.23	11.74	4.96	4.13	0.384	1.29	2.95
			7		9.880	7.756	0.286	81.01	169.60	24.36	41.71	14.67	2.86	1.57	1.22	13.49	5.70	4.72	0.382	1.33	3.00
			8		11.183	8.779	0.286	91.03	194.17	27.15	47.93	16.34	2.85	1.56	1.21	15.27	6.41	5.29	0.380	1.36	3.04
10/6.3	100	63	6	10	9.617	7.550	0.320	99.06	199.71	30.94	50.50	18.42	3.21	1.79	1.38	14.64	6.35	5.25	0.394	1.43	3.24
			7		11.111	8.722	0.320	113.45	233.00	35.26	59.14	21.00	3.20	1.78	1.38	16.88	7.29	6.02	0.394	1.47	3.28
			8		12.534	9.878	0.319	127.37	266.32	39.39	67.88	23.50	3.18	1.77	1.37	19.08	8.21	6.78	0.391	1.50	3.32
			10		15.467	12.142	0.319	153.81	333.06	47.12	85.73	28.33	3.15	1.74	1.35	23.32	9.98	8.24	0.387	1.58	3.40
10/8	100	80	6	10	10.637	8.350	0.354	107.04	199.83	61.24	102.68	31.65	3.17	2.40	1.72	15.19	10.16	8.37	0.627	1.97	2.95
			7		12.301	9.656	0.354	122.73	233.20	70.08	119.98	36.17	3.16	2.39	1.72	17.52	11.71	9.60	0.626	2.01	3.0
			8		13.944	10.946	0.353	137.92	266.61	78.58	137.37	40.58	3.14	2.37	1.71	19.81	13.21	10.80	0.625	2.05	3.04
			10		17.167	13.476	0.353	166.87	333.63	94.65	172.48	49.10	3.12	2.35	1.69	24.24	16.12	13.12	0.622	2.13	3.12

续表

型号	B	b	d	r	截面面积/cm²	理论重量/(kg/m)	外表面积/(m²/m)	I_x	I_{x1}	I_y	I_{y1}	I_m	i_x	i_y	i_m	W_x	W_y	W_m	tanα	X_0	Y_0
								惯性矩/cm⁴					惯性半径/cm			截面模数/cm³				重心距离/cm	
11/7	110	70	6	10	10.637	8.350	0.354	133.37	265.78	42.92	69.08	25.36	3.54	2.01	1.54	17.85	7.90	6.53	0.403	1.57	3.53
			7		12.301	9.656	0.354	153.00	310.07	49.01	80.82	28.95	3.53	2.00	1.53	20.60	9.09	7.50	0.402	1.61	3.57
			8		13.944	10.946	0.353	172.04	354.39	54.87	92.70	32.45	3.51	1.98	1.53	23.30	10.25	8.45	0.401	1.65	3.62
			10		17.167	13.476	0.353	208.39	443.13	65.88	116.83	39.20	3.48	1.96	1.51	28.54	12.48	10.29	0.397	1.72	3.70
12.5/8	125	80	7	11	14.096	11.066	0.403	227.98	454.99	74.42	120.32	43.81	4.02	2.30	1.76	26.86	12.01	9.92	0.408	1.80	4.01
			8		15.989	12.551	0.403	256.77	519.99	83.49	137.85	49.15	4.01	2.28	1.75	30.41	13.56	11.18	0.407	1.84	4.06
			10		19.712	15.474	0.402	312.04	650.09	100.67	173.40	59.45	3.98	2.26	1.74	37.33	16.56	13.64	0.404	1.92	4.14
			12		23.351	18.330	0.402	364.41	780.39	116.67	209.67	69.35	3.95	2.24	1.72	44.01	19.43	16.01	0.400	2.00	4.22
14/9	140	90	8	12	18.038	14.160	0.453	365.64	730.53	120.69	195.79	70.83	4.50	2.59	1.98	38.48	17.34	14.31	0.411	2.04	4.50
			10		22.261	17.475	0.452	445.50	913.20	140.03	245.92	85.82	4.47	2.56	1.96	47.31	21.22	17.48	0.409	2.12	4.58
			12		26.400	20.724	0.451	521.59	1096.09	169.79	296.89	100.21	4.44	2.54	1.95	55.87	24.95	20.54	0.406	2.19	4.66
			14		30.456	23.908	0.451	594.10	1279.26	192.10	348.82	114.13	4.42	2.51	1.94	64.18	28.54	23.52	0.403	2.27	4.74
15/9	150	90	8	12	18.839	14.788	0.473	442.05	898.35	122.80	195.96	74.14	4.84	2.55	1.98	43.86	17.47	14.48	0.364	1.97	4.92
			10		23.261	18.260	0.472	539.24	1122.85	148.62	246.26	89.86	4.81	2.53	1.97	53.97	21.38	17.69	0.362	2.05	5.01
			12		27.600	21.666	0.471	632.08	1347.50	172.85	297.46	101.95	4.79	2.50	1.95	63.79	25.14	20.80	0.359	2.12	5.09
			14		31.856	25.007	0.471	720.77	1572.38	195.62	349.74	119.53	4.76	2.48	1.94	73.33	28.77	23.84	0.356	2.20	5.17
			15		33.952	26.652	0.471	763.62	1684.93	206.50	376.33	126.67	4.74	2.47	1.93	77.99	30.53	25.33	0.354	2.24	5.21
			16		36.027	28.281	0.470	805.51	1797.55	217.07	403.24	133.72	4.73	2.45	1.93	82.60	32.27	26.82	0.352	2.27	5.25
16/10	160	100	10	13	25.315	19.872	0.512	668.69	1362.89	205.03	336.59	121.74	5.14	2.85	2.19	62.13	26.56	21.92	0.390	2.28	5.24
			12		30.054	23.592	0.511	784.91	1635.56	239.06	405.94	142.33	5.11	2.82	2.17	73.49	31.28	25.79	0.388	2.36	5.32
			14		34.709	27.247	0.510	896.30	1908.50	271.20	476.42	162.23	5.08	2.80	2.16	84.56	35.83	29.58	0.385	2.43	5.40
			16		39.281	30.835	0.510	1003.04	2181.79	301.60	548.22	182.57	5.05	2.77	2.16	95.33	40.24	33.44	0.382	2.51	5.48

续表

型号	截面尺寸/mm B	b	d	r	截面面积/cm²	理论重量/(kg/m)	外表面积/(m²/m)	惯性矩/cm⁴ I_x	I_{x1}	I_y	I_{y1}	I_m	惯性半径/cm i_x	i_y	i_m	截面模数/cm³ W_x	W_y	W_m	$\tan\alpha$	重心距离/cm X_0	Y_0
18/11	180	110	10	14	28.373	22.273	0.571	956.25	1940.40	278.11	447.22	166.50	5.80	3.13	2.42	78.96	32.49	26.88	0.376	2.44	5.89
			12		33.712	26.440	0.571	1124.72	2328.38	325.03	538.94	194.87	5.78	3.10	2.40	93.53	38.32	31.66	0.374	2.52	5.98
			14		38.967	30.589	0.570	1286.91	2716.60	369.55	631.95	222.30	5.75	3.08	2.39	107.76	43.97	36.32	0.372	2.59	6.06
			16		44.139	3 4.649	0.569	1443.06	3105.15	411.85	726.46	248.94	5.72	3.06	2.38	121.64	49.44	40.87	0.369	2.67	6.14
20/12.5	200	125	12	14	37.912	29.761	0.641	1570.90	3193.85	483.16	787.74	285.79	6.44	3.57	2.74	116.73	49.99	41.23	0.392	2.83	6.54
			14		43.687	34.436	0.640	1800.97	3726.17	550.83	922.47	326.58	6.41	3.54	2.73	134.65	57.44	47.34	0.390	2.91	6.62
			16		49.739	39.045	0.639	2023.35	4258.88	615.44	1058.86	366.21	6.38	3.52	2.71	152.18	64.89	53.32	0.388	2.99	6.70
			18		55.526	43.588	0.639	2238.30	4792.00	677.19	1197.13	404.83	6.35	3.49	2.70	169.33	71.74	59.18	0.385	3.06	6.78

注：截面图中的 $r_1=1/3d$ 及表中 r 的数据用于孔型设计，不作为交货条件。

表 1-58 L 型钢截面尺寸、截面面积、理论重量及截面特性

型号	截面尺寸/mm B	b	D	d	r	r_1	截面面积/cm²	理论重量/(kg/m)	惯性矩 I_x/cm⁴	重心距离 Y_x/cm
L250×90×9×13	250	90	9	13	15	7.5	33.4	26.2	2190	8.64
L250×90×10.5×15			10.5	15			38.5	30.3	2510	8.76
L250×90×11.5×16			11.5	16			41.7	32.7	2710	8.90
L300×100×10.5×15	300	100	10.5	15			45.3	35.6	4290	10.6
L300×100×11.5×16			11.5	16			49.0	38.5	4630	10.7
L350×120×10.5×16	350	120	10.5	16	2.0	10	54.9	43.1	7110	12.0
L350×120×11.5×18			11.5	18			60.4	47.4	7780	12.0
L400×120×11.5×23	400	120	11.5	23			71.6	56.2	11900	13.3
L450×120×11.5×25	450	120	11.5	25			79.5	62.4	16800	15.1
L500×120×12.5×33	500	120	12.5	33			98.6	77.4	25500	16.5
L500×120×13.5×35			13.5	35			105.0	82.8	27100	16.6

表 1-59 H 型钢截面尺寸、截面面积、理论重量（摘自 GB/T 11263—2017）

类别	型号 (高度×宽度) /(mm×mm)	截面尺寸/mm					截面面积/cm²	理论重量/(kg/m)	类别	型号 (高度×宽度) /(mm×mm)	截面尺寸/mm					截面面积/cm²	理论重量/(kg/m)
		H	B	t_1	t_2	r					H	B	t_1	t_2	r		
HW	100×100	100	100	6	8	8	21.58	15.9	HM	150×100	148	100	6	9	8	26.34	20.7
	125×125	125	125	6.5	9	8	30.00	23.6		200×150	194	150	6	9	8	38.10	29.9
	150×150	150	150	7	10	8	39.64	31.1		250×175	244	175	7	11	13	55.49	43.6
	175×175	175	175	7.5	11	13	51.42	40.4		300×200	294	200	8	12	13	71.05	55.8
	200×200	200	200	8	12	13	63.53	49.9			* 298	201	9	14	13	82.03	64.4
		* 200	204	12	12	13	71.53	56.2		350×250	340	250	9	14	13	99.53	78.1
	250×250	* 244	252	11	11	13	81.31	63.8		400×300	390	300	10	16	13	133.3	105
		250	250	9	14	13	91.43	71.8		450×300	440	300	11	18	13	153.9	121
		* 250	255	14	14	13	103.9	81.6		500×300	* 482	300	11	15	13	141.2	111
	300×300	* 294	302	12	12	13	106.3	83.5			488	300	11	18	13	159.2	125
		300	300	10	15	13	118.5	93.0		550×300	* 544	300	11	15	13	148.0	116
		* 300	305	15	15	13	133.5	105			* 550	300	11	18	13	166.0	130
	350×350	* 338	351	13	13	13	133.3	105		600×300	* 582	300	12	17	13	169.2	133
		* 344	348	10	16	13	144.0	113			588	300	12	20	13	187.2	147
		* 344	354	16	16	13	164.7	129			* 594	302	14	23	13	217.1	170
		350	350	12	19	13	171.9	135	HN	* 100×50	100	50	5	7	8	11.84	9.30
		* 350	357	19	19	13	196.4	154		* 125×60	125	60	6	8	8	16.68	13.1
	400×400	* 388	402	15	15	22	178.5	140		150×75	150	75	5	7	8	17.84	14.0
		* 394	398	11	18	22	186.8	147		175×90	175	90	5	8	8	22.89	18.0
		* 394	405	18	18	22	214.4	168		200×100	* 198	99	4.5	7	8	22.68	17.8
		400	400	13	21	22	218.7	172			200	100	5.5	8	8	26.66	20.9
		* 400	408	21	21	22	250.7	197		250×125	* 248	124	5	8	8	31.98	25.1
		* 414	405	18	18	22	295.4	232			250	125	6	9	8	36.96	29.0
		* 428	407	20	35	22	360.7	283		300×150	* 298	149	5.5	8	13	40.80	32.0
		* 458	417	30	50	22	528.6	415			300	150	6.5	9	13	46.78	36.7
		* 498	432	45	70	22	770.1	604		350×175	* 346	174	6	9	13	52.45	41.2
	500×500	* 492	465	15	20	22	258.0	202			350	175	7	11	13	62.91	49.4
		* 502	465	15	25	22	304.5	239		400×150	400	150	8	13	13	70.37	55.2
		* 502	470	20	25	22	329.6	259		400×200	* 396	199	7	11	13	71.41	56.1
											400	200	8	13	13	83.87	65.4

续表

类别	型号(高度×宽度)/(mm×mm)	H	B	t_1	t_2	r	截面面积/cm²	理论重量/(kg/m)
HN	450×150	*446	150	7	12	13	66.99	52.6
HN	450×150	450	151	8	14	13	77.49	60.8
HN	450×200	*446	199	8	12	13	82.97	65.1
HN	450×200	450	200	9	14	13	95.43	74.9
HN	475×150	*470	150	7	13	13	71.53	56.2
HN	475×150	*475	151.5	8.5	15.5	13	86.15	67.6
HN	475×150	482	153.5	10.5	19	13	106.4	83.5
HN	500×150	*492	150	7	12	13	70.21	55.1
HN	500×150	*500	152	9	16	13	92.21	72.4
HN	500×150	504	153	10	19	13	103.3	81.1
HN	500×200	*496	199	9	14	13	99.29	77.9
HN	500×200	500	200	10	16	13	112.3	88.1
HN	500×200	*506	201	11	19	13	129.3	102
HN	550×200	*546	199	9	14	13	103.8	81.5
HN	550×200	550	200	10	16	13	117.3	92.0
HN	600×200	*596	199	10	15	13	117.8	92.4
HN	600×200	600	200	11	17	13	131.7	103
HN	600×200	*606	201	12	20	13	149.8	118
HN	625×200	*625	198.5	13.5	17.5	13	150.6	118
HN	625×200	630	200	15	20	13	170.0	133
HN	625×200	*638	202	17	24	13	198.7	156
HN	650×300	*646	299	12	18	18	183.6	144
HN	650×300	*650	300	13	20	18	202.1	159
HN	650×300	*654	301	14	22	18	220.6	173
HN	700×300	*692	300	13	20	18	207.5	163
HN	700×300	700	300	13	24	18	231.5	182
HN	750×300	*734	299	12	16	18	182.7	143
HN	750×300	*742	300	13	20	18	214.0	168
HN	750×300	*750	300	13	24	18	238.0	187
HN	750×300	*758	303	16	28	18	284.8	224
HN	800×300	*792	300	14	22	18	239.5	188
HN	800×300	800	300	14	26	18	263.5	207
HN	850×300	*834	298	14	19	18	227.5	179
HN	850×300	*842	299	15	23	18	259.7	204
HN	850×300	*850	300	16	27	18	292.1	229
HN	850×300	*858	301	17	31	18	324.7	255
HN	900×300	*890	299	15	23	18	266.9	210
HN	900×300	900	300	16	28	18	305.8	240
HN	900×300	*912	302	18	34	18	360.1	283
HN	1000×300	*970	297	16	21	18	276.0	217
HN	1000×300	*980	298	17	26	18	315.5	248
HN	1000×300	*990	298	17	31	18	345.3	271
HN	1000×300	*1000	300	19	36	18	395.1	310
HN	1000×300	*1008	302	21	40	18	439.3	345
HT	100×50	95	48	3.2	4.5	8	7.620	5.98
HT	100×50	97	49	4	5.5	8	9.370	7.36
HT	100×100	96	99	4.5	6	8	16.20	12.7
HT	125×60	118	58	3.2	4.5	8	9.250	7.26
HT	125×60	120	59	4	5.5	8	11.39	8.94
HT	125×125	119	123	4.5	6	8	20.12	15.8
HT	150×75	145	73	3.2	4.5	8	11.47	9.00
HT	150×75	147	74	4	5.5	8	14.12	11.1
HT	150×100	139	97	3.2	4.5	8	13.43	10.6
HT	150×100	142	99	4.5	6	8	18.27	14.3
HT	150×150	144	148	5	7	8	27.76	21.8
HT	150×150	147	149	6	8.5	8	33.67	26.4
HT	175×90	168	88	3.2	4.5	8	13.55	10.6
HT	175×90	171	89	4	6	8	17.58	13.8
HT	175×175	167	173	5	7	13	33.32	26.2
HT	175×175	172	175	6.5	9.5	13	44.64	35.0
HT	200×100	193	98	3.2	4.5	8	15.25	12.0
HT	200×100	196	99	4	6	8	19.78	15.5
HT	200×150	188	149	4.5	6	8	26.34	20.7
HT	200×200	192	198	6	8	13	43.69	34.3
HT	250×125	244	124	4.5	6	8	25.86	20.3
HT	250×175	238	173	4.5	6	13	39.12	30.7
HT	300×150	294	148	4.5	6	13	31.90	25.0
HT	300×200	286	198	6	8	13	49.33	38.7
HT	350×175	340	173	4.5	6	13	36.97	29.0
HT	400×150	390	148	6	8	13	47.57	37.3
HT	400×200	390	198	6	8	13	55.57	43.6

注: 1. 表中同一型号的产品，其内侧尺寸高度一致；

2. 表中截面面积计算公式为：$t_1(H-2t_2)+2Bt_2+0.858r^2$；

3. 表中"＊"表示的规格为市场非常用规格。

三、钢管

1.无缝钢管尺寸（见表 1-60）

表 1-60 无缝钢管尺寸（摘自 GB/T 17395—2008）

外径/mm			壁厚/mm	外径/mm			壁厚/mm
系列 1	系列 2	系列 3		系列 1	系列 2	系列 3	
	6		0.25~2.0			108	1.4~30
	7		0.25~2.5(2.6)	114(114.3)			1.5~30
	8		0.25~2.5(2.6)			121	1.5~32
	9		0.25~2.8			127	1.8~32
10(10.2)			0.25~3.5(3.6)			133	2.5(2.6)~36
	11		0.25~3.5(3.6)	140(139.7)			(2.9)3.0~36
	12		0.25~4.0			142(141.3)	(2.9)3.0~36
	13(12.7)		0.25~4.0			146	(2.9)3.0~40
13.5			0.25~4.0			152(152.4)	(2.9)3.0~40
		14	0.25~4.0			159	3.5(3.6)~45
	16		0.25~5.0	168(168.3)			3.5(3.6)~45
17(17.2)			0.25~5.0			180(177.8)	3.5(3.6)~50
		18	0.25~5.0			194(193.7)	3.5(3.6)~50
	19		0.25~6.0			203	3.5(3.6)~55
	20		0.25~6.0	219(219.1)			6.0~55
21(21.3)			0.25~6.0			245(244.5)	6.0~65
		22	0.25~6.0		273		6.3(6.5)~85
	25		0.25~(6.3)6.5			299	7.5~100
		25.4	0.25~(6.3)6.5	325(323.9)			7.5~100
27(26.9)			0.25~(6.3)6.5		340(339.7)		8.0~100
	28		0.25~(6.3)6.5		351		8.0~100
		30	0.40~8.0	356(355.6)			(8.8)9.0~100
	32(31.8)		0.40~8.0		377		(8.8)9.0~100
34(33.7)			0.40~8.0		402		(8.8)9.0~100
		35	0.40~(8.8)9.0	406(406.4)			(8.8)9.0~100
	38		0.40~(8.8)9.0		426		(8.8)9.0~100
	40		0.40~(8.8)9.0		450		(8.8)9.0~100
42(42.4)			1.0~(8.8)9.0	457			(8.8)9.0~100
		45(44.5)	1.0~12(12.5)		480		(8.8)9.0~100
48(48.3)			1.0~12(12.5)		500		(8.8)9.0~110
	51		1.0~12(12.5)	508			(8.8)9.0~110
		54	1.0~14(14.2)		530		(8.8)9.0~110
	57		1.0~14(14.2)			560(559)	(8.8)9.0~120
60(60.3)			1.0~16	610			(8.8)9.0~120
	63(63.5)		1.0~16		630		(8.8)9.0~120
	65		1.0~16			660	(8.8)9.0~120
	68		1.0~16			699	12(12.5)~120
	70		1.0~17(17.5)	711			12(12.5)~120
		73	1.0~19		720		12(12.5)~120
76(76.1)			1.0~20		762		20~120
	77		1.4~20			788.5	20~120
	80		1.4~20	813			20~120
		83(82.5)	1.4~22(22.2)			864	20~120
	85		1.4~22(22.2)	914			25~120
89(88.9)			1.4~24			965	25~120
	95		1.4~24	1016			25~120
	102(101.6)		1.4~28				

注：1. 钢管的外径分为三个系列。第一系列：标准化钢管；第二系列：非标准化为主的钢管；第三系列：特殊用途钢管。

2. 壁厚系列（mm）：0.25、0.30、0.40、0.50、0.60、0.80、1.0、1.2、1.4、1.6、1.8、2.0、2.2（2.3）、2.5（2.6）、2.8、（2.9）3.0、3.2、3.5（3.6）、4.0、4.5、5.0、（5.4）5.5、6.0、（6.3）6.5、7.0（7.1）、7.5、8.0、8.5、（8.8）9.0、9.5、10、11、12（12.5）、13、14（14.2）、15、16、17（17.5）、18、19、20、22（22.2）、24、25、26、28、30、32、36、38、40、42、45、48、50、55、60、65。

3. 括号内尺寸表示相应的英制规格。通常应采用公称尺寸，不推荐采用英制尺寸。

4. 钢管理论质量 $m=$ 型材密度 $\rho \times$ 钢管截面积 $A \times$ 钢管长度 L。钢材密度 $\rho=3.85 \mathrm{g/cm^3}$。

2. 低压流体输送用焊接钢管（见表 1-61）

表 1-61　低压流体输送用焊接钢管（摘自 GB/T 3091）　　　　单位：mm

外径	壁厚	外径	壁厚	外径	壁厚
10.2 (6)[①]	2.0/2.5[②]	177.8	4.0～6.0	762	6.0～25.0
13.5 (8)[①]	2.5/2.8[②]	193.7	4.0～6.0	813	6.0～25.0
17.2 (10)[①]	2.5/2.8[②]	219.1	4.0～10.0	864	6.0～25.0
21.3 (15)[①]	2.8/3.5[②]	244.5	4.0～10.0	914	6.0～25.0
26.9 (20)[①]	2.8/3.5[②]	273.0	5.0～10.0	1016	6.0～25.0
33.7 (25)[①]	3.2/4.0[②]	332.9	5.0～12.5	1067	6.0～25.0
42.4 (32)[①]	3.5/4.0[②]	355.6	5.5～12.5	1118	6.0～25.0
48.3 (40)[①]	3.5/4.5[②]	406.4	5.5～12.5	1168	6.0～25.0
60.3 (50)[①]	3.8/4.5[②]	457.2	5.5～12.5	1219	6.0～25.0
76.1 (65)[①]	4.0/4.5[②]	508	5.5～12.5	1321	6.0～25.0
88.9 (80)[①]	4.0/5.0[②]	559	5.5～16.0	1422	6.0～25.0
114.3 (100)[①]	4.0/5.0[②]	610	6.0～25.0		
139.7 (125)[①]	4.0/5.5[②]	660	6.0～25.0	1524	6.0～25.0
168.3 (150)[①]	4.5/6.0[②]	711	6.0～25.0	1626	6.0～25.0

① 带括号的尺寸为钢管公称口径。

② 普通钢管壁厚/加厚钢管壁厚。

注：1. 壁厚系列（mm）：2.0、2.5、2.8、3.2、3.5、3.8、4.0、4.5、5.0、5.5、6.0、6.5、7.0、8.0、9.0、10.0、11.0、12.5、13.0、14.0、15.0、16.0、18.0、19.0、20.0、22.0、25.0。

2. 外径≤610mm 的钢管没有壁厚 13.0mm 的规格；外径≥660mm 的钢管没有壁厚 12.5mm 的规格。

3. 电阻焊钢管的通常长度为 4000～12000mm；埋弧焊钢管的通常长度为 3000～12000mm。

4. 化学成分应符合 GB/T 700 中的 Q215A、Q215B、Q235A、Q235B 和 GB/T 1591 中的 Q295A、Q295B、Q345A、Q345B 的规定。

5. 外径≤323.9mm 的钢管可镀锌交货；未经镀锌和管端加工的钢管按原制造状态交货。

四、钢板、钢带、钢板网、钢格板

1. 钢板、钢带、花纹钢板

钢板（钢带）每平方米理论重量见表 1-62。单轧钢板的厚度允许偏差（N 类）见表 1-63。钢带（包括连轧钢板）的厚度允许偏差见表 1-64。花纹钢板规格见表 1-65。

表 1-62　钢板（钢带）每平方米理论重量表

厚度 /mm	理论重量 /kg	厚度 /mm	理论重量 /kg	厚度 /mm	理论重量 /kg	厚度 /mm	理论重量 /kg
0.20	1.570	0.60	4.710	1.30	10.21	2.2	17.27
0.25	1.963	0.70	5.495	1.40	10.99	2.5	19.63
0.30	2.355	0.75	5.888	1.50	11.78	2.8	21.98
0.35	2.748	0.80	6.280	1.6	12.56	3.0	23.55
0.40	3.140	0.90	7.065	1.7	13.35	3.2	25.12
0.45	3.533	1.00	7.850	1.8	14.13	3.5	27.48
0.50	3.925	1.10	8.635	1.9	14.92	3.8	29.83
0.55	4.318	1.20	9.420	2.0	15.70	3.9	30.62

续表

厚度 /mm	理论重量 /kg	厚度 /mm	理论重量 /kg	厚度 /mm	理论重量 /kg	厚度 /mm	理论重量 /kg
4.0	31.40	15	117.8	40	314.0	105	824.3
4.2	32.97	16	125.6	42	329.7	110	863.5
4.5	35.33	17	133.5	45	353.3	120	942.0
4.8	37.68	18	141.3	48	376.8	125	981.3
5.0	39.25	19	149.2	50	392.5	130	1021
5.5	43.18	20	157.0	52	408.2	140	1099
6.0	47.10	21	164.9	55	431.8	150	1178
6.5	51.03	24	188.4	60	471.0	160	1256
7.0	54.95	25	196.3	65	510.3	165	1295
8.0	62.80	26	204.1	70	549.7	170	1335
9.0	70.65	28	219.8	75	588.8	180	1413
10.0	78.50	30	235.5	80	628.0	185	1452
11	86.35	32	251.2	85	667.3	190	1492
12	94.20	34	266.9	90	706.5	195	1531
13	102.1	36	282.6	95	745.8	200	1570
14	109.9	38	298.3	100	785.0		

表 1-63　单轧钢板的厚度允许偏差（N 类）　　　　单位：mm

公称厚度	下列公称宽度的厚度允许偏差			
	≤1500	1500～2500	2500～4000	4000～4800
3.00～5.00	±0.45	±0.55	±0.65	—
5.00～8.00	±0.50	±0.60	±0.75	—
8.00～15.0	±0.55	±0.65	±0.80	±0.90
15.0～25.0	±0.65	±0.75	±0.90	±1.10
25.0～40.0	±0.70	±0.80	±1.00	±1.20
40.0～60.0	±0.80	±0.90	±1.10	±1.30
60.0～100	±0.90	±1.10	±1.30	±1.50
100～150	±1.20	±1.40	±1.60	±1.80
150～200	±1.40	±1.60	±1.80	±1.90
200～250	±1.60	±1.80	±2.00	±2.20
250～300	±1.80	±2.00	±2.20	±2.40
300～400	±2.00	±2.20	±2.40	±2.60

表 1-64　钢带（包括连轧钢板）的厚度允许偏差　　　　单位：mm

公称厚度	钢带厚度允许偏差[1]							
	普通精度 PT.A				较高精度 PT.B			
	公称宽度				公称宽度			
	600～1200	1200～1500	1500～1800	>1800	600～1200	1200～1500	1500～1800	>1800
0.8～1.5	±0.15	±0.17	—	—	±0.10	±0.12	—	—
1.5～2.0	±0.17	±0.19	±0.21	—	±0.13	±0.14	±0.14	—
2.0～2.5	±0.18	±0.21	±0.23	±0.25	±0.14	±0.15	±0.17	±0.20
2.5～3.0	±0.20	±0.22	±0.24	±0.26	±0.15	±0.17	±0.19	±0.21
3.0～4.0	±0.22	±0.24	±0.26	±0.27	±0.17	±0.18	±0.21	±0.22
4.0～5.0	±0.24	±0.26	±0.28	±0.29	±0.19	±0.21	±0.22	±0.23
5.0～6.0	±0.26	±0.28	±0.29	±0.31	±0.21	±0.22	±0.23	±0.25
6.0～8.0	±0.29	±0.30	±0.31	±0.35	±0.23	±0.24	±0.25	±0.28
8.0～10.0	±0.32	±0.33	±0.34	±0.40	±0.26	±0.26	±0.27	±0.32
10.0～12.5	±0.35	±0.36	±0.37	±0.43	±0.28	±0.29	±0.30	±0.36
12.5～15.0	±0.37	±0.38	±0.40	±0.46	±0.30	±0.31	±0.33	±0.39
15.0～25.4	±0.40	±0.42	±0.45	±0.50	±0.32	±0.34	±0.37	±0.42

[1] 规定最小屈服强度 $R_e \geqslant 345$MPa 的钢带，厚度偏差应增加 10%。

表 1-65　花纹钢板规格（摘自 GB/T 33974）

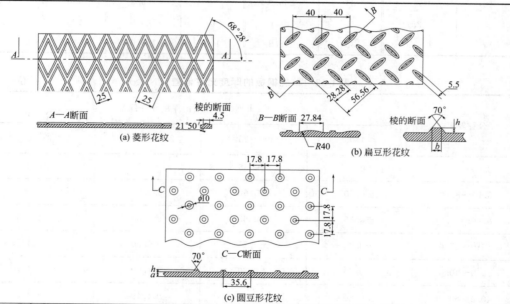

(a) 菱形花纹　　(b) 扁豆形花纹　　(c) 圆豆形花纹

基本厚度/mm	钢板理论重量/(kg/m²)			用途
	菱形(LX)	圆豆形(YD)	扁豆形(BD)	
2.5	21.1	19.9	20.1	
3.0	25.6	23.9	24.6	
3.5	30.0	27.9	28.8	
4.0	34.4	31.9	32.8	用于厂房扶梯、防滑地面、车辆步板、操作平台板、地沟盖板等
4.5	38.3	35.9	36.7	
5.0	42.2	39.8	40.7	
5.5	46.6	43.8	44.9	
6.0	50.5	47.7	48.8	

2. 钢板网

普通钢板网规格见表 1-66、重型钢板网规格见表 1-67。

表 1-66 普通钢板网规格（摘自 GB/T 2959—2008）

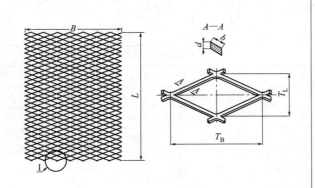

符号意义：
T_L——短节距 T_B——长节距 d——板厚
b——丝梗宽 B——网面宽 L——网面长

d	网格尺寸/mm			网面尺寸/mm		钢板网理论重量 /(kg/m²)	用　途
	T_L	T_B	b	B	L		
0.5	2.5	4.5	0.5	500		1.57	
	5	12.5	1.11	1000		1.74	
	10	25	0.96	2000	600～4000	0.75	
0.8	8	16	0.8	1000		1.26	
	10	20	1.0		600～5000	1.26	
	10	25	0.96			1.21	
1.0	10	25	1.10		600～5000	1.73	按不同的网格、网面尺寸,分别可用作混凝土钢筋、门窗防护层、养鸡场等的隔离网、机械设备防护罩、仓库和工地等的隔离网、工业过滤设备、水泥船基体,以及轮船、电站、大型机械设备上用的平台、踏板等
	15	40	1.68			1.76	
1.2	10	25	1.13			2.13	
	15	30	1.35			1.7	
	15	40	1.68			2.11	
1.5	15	40	1.69	2000	4000～5000	2.65	
	18	50	2.03			2.66	
	24	60	2.47			2.42	
2.0	12	25	2			5.23	
	18	50	2.03			3.54	
	24	60	2.47			3.23	
3.0	24	60	3.0		4800～5000	5.89	
	40	100	4.05		3000～3500	4.77	
	46	120	4.95		5600～6000	5.07	
	55	150	4.99		3300～3500	4.27	

表 1-67　重型钢板网规格　　　　　单位:mm

板材厚 d	网格尺寸			标准成品尺寸		计算重量
	短节矩 T_L	长节距 T_B	丝梗宽 b	网面宽 B	网面长 L	
4	22	60	4.5		2000～3000	12.84
	30	80	5		2000～4000	10.46
	38	100	6		2000～4500	9.91
4.5	22	60	5		2000～3000	16.05
	30	80	6		2000～4000	14.13
	38	100	6		2000～4500	11.15
5	24	60	6		2000～3000	19.62
	32	80	6		2000～4000	14.71
	38	100	7	1500～2000	2000～4500	14.46
	56	150	6		2000～6000	8.41
	76	200	6		2000～6000	6.19
6	32	80	7		2000～4000	20.60
	38	100	7		2000～4500	17.35
	56	150	7		2000～6000	11.77
	76	200	8		2000～6000	9.91
7	40	100	8		2000～4500	21.98
	60	150	8		2000～6000	14.65
	80	200	9		2000～6000	12.36
8	40	100	8		2000～4500	25.12
	40	100	9		2000～4500	28.26
	60	150	9		2000～6000	18.84
	80	200	10		2000～6000	15.70

3. 钢格板

钢格板因生产厂商不同规格型号有所不同。除尘工程常用型号如图 1-16 和表 1-68 所示。

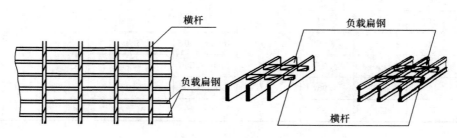

图 1-16　钢格板

表 1-68　钢格板的自重、安全载荷及挠度表

型号	横栏间距/mm	自重/(kg/m²)	扁钢尺寸/mm	跨距/mm 150	300	450	600	750	900	1050	1200	1500	1800	2100	2400	2700	3000
WA203/1	100	22.0	20×3	402	100	45	25	16	11	8	6	4	3	2			
WB203/1	50	25.1		0.20	0.80	1.81	3.22	5.03	7.24	9.85	12.87	20.11	28.96	39.41			
WA205/1	100	33.3	20×5	671	167	74	42	27	18	13	10	6	4	3			
WB205/1	50	36.4		0.20	0.80	1.81	3.22	5.03	7.24	8.85	12.87	20.11	28.96	39.41			
WA253/1	100	26.6	25×3	629	157	70	39	25	17	13	10	6	4	3	2		
WB253/1	50	29.7		0.16	0.64	1.45	2.57	4.02	5.80	7.88	10.30	16.09	23.17	31.53	41.18		
WA255/1	100	40.9	25×5	1048	262	115	65	42	29	21	16	10	7	5	3		
WB255/1	50	43.8		0.16	0.64	1.45	2.57	4.02	5.79	7.88	10.30	16.09	23.17	31.53	41.18		
WA323/1	100	33.3	32×3	1031	257	114	64	41	28	21	16	10	7	5	4	3	
WB323/1	50	36.2		0.13	0.50	1.13	2.01	3.14	4.52	6.16	8.04	12.57	18.10	24.63	32.18	40.72	
WA325/1	100	51.6	32×5	1718	429	190	107	68	47	35	26	17	11	8	4	5	
WB325/1	50	54.8		0.13	0.50	1.13	2.01	3.14	4.52	6.16	8.04	12.57	18.10	24.63	32.18	40.72	
WA403/1	100	40.8	40×3	1610	402	179	100	64	44	33	25	16	11	8	6	5	4
WB403/1	50	43.8		0.10	0.40	0.90	1.61	2.51	3.62	4.93	6.44	10.05	14.48	19.71	25.74	32.58	40.22
WA405/1	100	63.7	40×5	2684	671	298	167	107	74	54	41	26	18	13	10	8	6
WB405/1	50	66.9		0.10	0.40	0.90	1.61	2.51	3.62	4.93	6.44	10.05	14.48	19.71	25.74	32.58	40.22
WA455/1	100	71.3	45×5	3397	849	377	212	135	94	69	52	33	23	17	13	10	8
WB455/1	50	74.5		0.09	0.34	0.80	1.43	2.23	3.22	4.38	5.72	8.94	12.87	17.52	22.88	28.98	35.78
WA505/1	100	78.9	50×5	4194	1048	465	261	167	115	85	65	41	28	21	16	12	10
WB505/1	50	82.0		0.08	0.32	0.72	1.29	2.01	2.90	3.94	5.15	8.04	11.58	15.77	20.59	26.06	32.18
WA655/1	100	102	65×5	7088	1771	787	442	283	196	144	110	70	48	35	27	21	17
WB655/1	50	105		0.06	0.25	0.56	0.99	1.55	2.23	3.03	3.96	6.19	8.91	12.13	15.84	20.05	24.75

注：1. 粗实线左边各种跨距的挠度，在 4kPa 均布载荷下小于 5mm，这是人步履舒适的极限挠度。

2. 上表中的跨距为便于显示载荷以及挠度而设，选用钢格板长度时不受尺寸限制。

3. 表中数字上一行为对应的荷载，单位为 kPa；下一行数字为挠度，单位为 mm。

五、紧固件

紧固件包括螺栓、螺母、垫圈、开口销等。

1. 螺栓

（1）A 级和 B 级六角头螺栓　螺栓与螺母配合，利用螺纹连接方法，使两个零件（结构件）连接成为一个整体。A 级和 B 级的螺栓，主要适用于表面光洁，对精度要求高的机器、设备上。螺栓上的螺纹，一般均为粗牙普通螺纹；细牙普通螺纹螺栓的自锁性较好，主要适用于薄壁零件或承受交变载荷、振动和冲击载荷的零件，还可用于微调机构的调整。

A 级和 B 级六角头螺栓尺寸见图 1-17 和表 1-69。

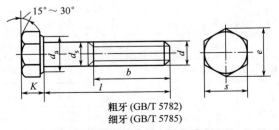

粗牙 (GB/T 5782)
细牙 (GB/T 5785)

图 1-17　A 级和 B 级六角头螺栓尺寸

表 1-69　**A 级和 B 级六角头螺栓尺寸**（摘自 GB/T 5782，GB/T 5785）　单位：mm

	d	M1.6	M2	M2.5	MB	(M3.5)	M4	M5	M6	M8	M10	M12	(M14)	M16
螺纹规格 (6g)	$d \times P$	—	—	—	—	—	—	—	—	M8×1	M10×1	M12×1.5	(M14×1.5)	M16×1.5
		—	—	—	—	—	—	—	—	—	M10×1.25	M12×1.25	—	—
b (参考)	$l \leqslant 125$	9	10	11	12	13	14	16	18	22	26	30	34	38
	$125 < l \leqslant 200$	15	16	17	18	19	20	22	24	28	32	36	40	44
	$l > 200$	28	29	30	31	32	33	35	37	41	45	49	53	57
d_a	max	2	2.6	3.1	3.6	4.1	4.7	5.7	6.8	9.2	11.2	13.7	15.7	17.7
d_s	max	1.60	2.00	2.50	3.00	3.50	4.00	5.00	6.00	8.00	10.00	12.00	14.00	16.00
e min	A级	3.41	4.32	5.45	6.01	6.58	7.66	8.79	11.05	14.38	17.77	20.03	23.36	26.75
	B级	—	—	—	—	—	—	—	—	—	—	—	—	26.17
s	max	3.20	4.00	5.00	5.50	6.00	7.00	8.00	10.00	13.00	16.00	18.00	21.00	24.00
	min A级	3.02	3.82	4.82	5.32	5.82	6.78	7.78	9.78	12.73	15.73	17.73	20.67	23.67
	min B级	—	—	—	—	—	—	—	—	—	—	—	—	23.16
K	公称	1.1	1.4	1.7	2	2.4	2.8	3.5	4	5.3	6.4	7.5	8.8	10
l[①] 长度范围	A级	12~16	16~20	16~25	20~30	20~35	25~40	25~40	30~60	35~80	40~100	45~120	50~140	55~140
	B级													160

	d	(M18)	M20	(M22)	M24	(M27)	M30	(M33)	M36
螺纹规格 (6g)	$d \times P$	(M18×1.5)	M20×2	(M22×1.5)	M24×2	(M27×2)	(M30×2)	M33×2	M36×3
		—	M20×1.5	—	—	—	—	—	—
b (参考)	$l \leqslant 125$	42	46	50	54	60	66	72	78
	$125 < l \leqslant 200$	48	52	56	60	66	72	78	84
	$l > 200$	61	65	69	73	79	85	91	97
d_a	max	20.2	22.4	24.4	26.4	30.4	33.4	36.4	39.4
d_s	max	18	20	22	24	27	30	33	36
e min	A级	30.14	33.53	37.72	39.98	—	—	—	—
	B级	29.56	32.95	37.29	39.55	45.2	50.85	55.37	60.79
s	max	27	30	34	36	41	46	50	55
	min A级	26.67	29.67	33.38	35.38	—	—	—	—
	min B级	26.16	29.16	33	35	40	45	49	53.8
K	公称	11.5	12.5	14	15	17	18.7	21	22.5
l[①] 长度范围	A级	60~150	65~150	70~150	80~150	90~150	90~150	100~150	110~150
	B级	160~180	160~200	160~220	160~240	160~260	160~300	160~320	110~360[②]

续表

螺纹规格(6g)	d	(M39)	M42	(M45)	M48	(M52)	M56	(M60)	M64
	d×P	(M39×3)	M42×3	(M45×3)	M48×3	(M52×4)	M56×4	(M60×4)	M64×4
b (参考)	l≤125	84	—	—	—	—	—	—	—
	125<l≤200	90	96	102	108	116	124	132	140
	l>200	103	109	115	121	129	137	145	153
d_a max		42.4	45.6	48.6	52.5	56.6	63	67	71
d_s max		39	42	45	48	52	56	60	64
e min	A级	—	—	—	—	—	—	—	—
	B级	66.44	71.3	76.95	82.6	88.25	93.56	99.21	104.86
s	max	60	65	70	75	80	85	90	95
	min A级	—	—	—	—	—	—	—	—
	min B级	58.8	63.1	68.1	73.1	78.1	82.8	87.8	92.8
K 公称		25	26	28	30	33	35	38	40
l[1] 长度范围	A级	—	—	—	—	—	—	—	—
	B级	130~380	120~400	130~400	140~400	150~400	160~400	180~400	200~400

① 长度系列（mm）为 20~50（5 进级）、(55)、60、(65) 70~160（10 进级）、180~400（20 进级）。

② GB/T 5785 规定为 160~300mm。

注：尽可能不采用括号内的规格。

（2）C 级六角头螺栓　C 级六角头螺栓的尺寸见图 1-18 和表 1-70。

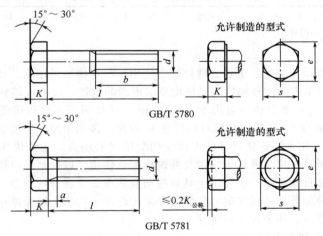

图 1-18　C 级六角螺栓

表 1-70　**C 级六角头螺栓**（摘自 GB/T 5780，GB/T 5781）

螺纹规格 d(8g)		M5	M6	M8	M10	M12	(M14)	M16	(M18)	M20	(M22)	M24	(M27)
b	l≤125	16	18	22	26	30	34	38	42	46	50	54	60
	125<l<200	22	24	28	32	36	40	44	48	52	56	60	66
	l>200	35	37	41	45	49	53	57	61	65	69	73	79
a	max	2.4	3	4	4.5	5.3	6	6	7.5	7.5	7.5	9	9
e	min	8.63	10.89	14.2	17.59	19.85	22.78	26.17	29.56	32.95	37.29	39.55	45.2

续表

K	公称	3.5	4	5.3	6.4	7.5	8.8	10	11.5	12.5	14	15	17
s	max	8	10	13	16	18	21	24	27	30	34	36	41
	min	7.64	9.64	12.57	15.57	17.57	20.16	23.16	26.16	29.16	33	35	40
$l^{①}$	GB/T 5780	25~50	30~60	40~80	40~100	55~120	60~140	65~160	80~180	80~200	90~220	100~240	110~260
	GB/T 5781	10~50	12~60	16~80	20~100	25~130	30~140	30~160	35~180	40~200	45~220	50~240	55~280

螺纹规格 d(8g)		M30	(M33)	M36	(M39)	M42	(M45)	M48	(M52)	M56	(M60)	M64
b	$l\leqslant125$	66	72	—	—	—	—	—	—	—	—	—
	$125<l\leqslant200$	72	78	84	90	96	102	08	116	—	—	—
	$l>200$	85	91	97	103	109	115	121	129	137	145	153
a	max	10.5	10.5	12	12	13.5	13.5	15	15	16.5	16.5	18
e	min	50.85	55.37	60.79	66.44	72.02	76.95	82.6	88.25	93.56	99.21	104.86
K	公称	18.7	21	22.5	25	26	28	30	33	35	38	40
s	max	46	50	55	60	65	70	75	80	85	90	95
	min	45	49	53.8	58.8	63.8	68.1	73.1	78.1	82.8	87.8	92.8
$l^{①}$	GB/T 5780	120~300	130~320	140~320	150~400	180~420	180~440	200~480	200~500	240~500	240~500	260~500
	GB/T 5781	60~300	65~360	70~360	80~400	80~420	90~440	100~480	100~500	110~500	120~500	120~500

① 长度系列（mm）为 10、12、16、20~50（5 进级）、(55)、60、(65)、70~150（10 进级）、180~500（20 进级）。

注：尽可能不采用括号内的规格。

2. 螺母

（1）普通螺母　螺母与螺栓、螺柱、螺钉配合使用，起连接紧固作用。其中以 1 型六角螺母应用最广，C 级螺母用于表面比较粗糙，对精度要求不高的机器、设备或结构上；A 级（适用于螺纹公称直径 $D\leqslant16mm$）和 B 级（适用于 $D>16mm$）螺母用于表面粗糙度较小、对精度要求较高的机器、设备或结构上。2 型六角螺母的厚度 m 较厚，多用于经常需要装拆的场合。六角薄螺母的厚度 m 较薄，多用于被连接机件的表面空间受限制的场合，也常用作防止主螺母回松的锁紧螺母。六角开槽螺母专供与螺杆末端带孔的螺栓配合使用，以便把开口销从螺母的槽中插入螺杆的孔中，防止螺母自动松动，主要用于具有振动载荷或交变载荷的场合。一般六角螺母均制成粗牙普通螺纹。各种细牙普通螺纹的六角螺母必须配合细牙六角头螺栓使用，用于薄壁零件或承受交变载荷、振动载荷、冲击载荷的机件上。

螺母尺寸见图 1-19 和表 1-71。

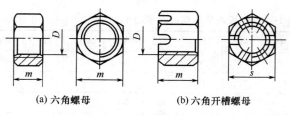

(a) 六角螺母　　　　(b) 六角开槽螺母

图 1-19　螺母尺寸

表 1-71 螺母规格尺寸 单位：mm

(1)六角螺母、六角薄螺母

螺纹规格 D	对边宽度 s	螺母最大厚度 m				
		六角螺母			六角薄螺母	
		1 型 C 级	1 型	2 型	无倒角	A 级和 B 级倒角
			A 级和 B 级			
M1.6	3.2	—	1.3	—	1	1
M2	4	—	1.6	—	1.2	1.2
M2.5	5	—	2.0	—	1.6	1.6
M3	5.5	—	2.4	—	1.8	1.8
M4	7	—	3.2	—	2.2	2.2
M5	8	5.6	4.7	5.1	2.7	2.7
M6	10	6.1	5.2	5.7	3.2	3.2
M8	13	7.9	6.8	7.5	4	4
M10	16	9.5	8.4	9.3	5	5
M12	18	12.2	10.8	12.0	—	6
M16	24	15.9	14.8	16.4	—	8
M20	30	18.7	18.0	20.3	—	10
M24	36	22.3	21.5	23.9	—	12
M30	46	26.4	25.6	28.6	—	15
M36	55	31.5	31.0	34.7	—	18
M42	65	34.9	34	—	—	21
M48	75	38.9	38	—	—	24
M56	85	45.9	45	—	—	28
M64	95	52.4	51	—	—	32

(2)六角开槽螺母

螺纹规格 D	对边宽度 s	螺母最大厚度 m			
		1 型 C 级	薄型	1 型	2 型
			A 级和 B 级		
M4	7	—	—	5	—
M5	8	6.7	5.1	6.7	6.9
M6	10	7.7	5.7	7.7	8.3
M8	13	9.8	7.5	9.8	10.0
M10	16	12.4	9.3	12.4	12.3
M12	18	15.8	12.0	15.8	16.0
M16	24	20.8	16.4	20.8	21.1
M20	30	24.0	20.3	24.0	26.3
M24	36	29.5	23.9	29.5	31.9
M30	46	34.6	28.9	34.6	37.6
M36	55	40	33.1[*]	40	43.7

（2）C级六角螺母（GB/T 41） C级六角螺母尺寸见图1-20，螺纹规格见表1-72、表1-73。

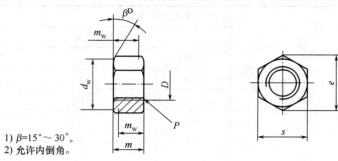

1) $\beta=15°\sim30°$。
2) 允许内倒角。

图 1-20　C级六角螺母

表 1-72　优选的螺纹规格　　　　　　　　　　　　　　　单位：mm

螺纹规格 D		M5	M6	M8	M10	M12	M16	M20
P[①]		0.8	1	1.25	1.5	1.75	2	2.5
d_w　min		6.7	8.7	11.5	14.5	16.5	22	27.7
e　min		8.63	10.89	14.20	17.59	19.85	26.17	32.95
m	max	5.6	6.4	7.9	9.5	12.2	15.9	19
	min	4.4	4.9	6.4	8	10.4	14.1	16.9
m_w　min		3.5	3.7	5.1	6.4	8.3	11.3	13.5
s	公称 max	8	10	13	16	18	24	30
	公称 min	7.64	9.64	12.57	15.57	17.57	23.16	29.16
螺纹规格 D		M24	M30	M36	M42	M48	M56	M64
P[①]		3	3.5	4	4.5	5	5.5	6
d_w　min		33.3	42.8	51.1	60	69.5	78.7	88.2
e　min		39.55	50.85	60.79	71.3	82.6	93.56	104.86
m	max	22.3	26.4	31.9	34.9	38.9	45.9	52.4
	min	20.2	24.3	29.4	32.4	36.4	43.4	49.4
m_w　min		16.2	19.4	23.2	25.9	29.1	34.7	39.5
s	公称 max	36	46	55	65	75	85	95
	公称 min	35	45	53.8	63.1	73.1	82.8	92.8

① P 为螺距。

表 1-73　非优选的螺纹规格　　　　　　　　　　　　　　单位：mm

螺纹规格 D		M14	M18	M22	M27	M33	M39	M45	M52	M60
P[①]		2	2.5	2.5	3	3.5	4	4.5	5	5.5
d_w　min		19.2	24.9	31.4	38	46.6	55.9	64.7	74.2	83.4
e　min		22.78	29.56	37.29	45.2	55.37	66.44	76.95	88.25	99.21
m	max	13.9	16.9	20.2	24.7	29.5	34.3	36.9	42.9	48.9
	min	12.1	15.1	18.1	22.6	27.4	31.8	34.4	40.4	46.4
m_w　min		9.7	12.1	14.5	18.1	21.9	25.4	27.5	32.3	37.1
s	公称 max	21	27	34	41	50	60	70	80	90
	min	20.16	26.16	33	40	49	58.8	68.1	78.1	87.8

① P 为螺距。

3. 垫圈

（1）弹性垫圈　弹性垫圈装置在螺母下面用来防止螺母松动。弹性垫圈的尺寸见图 1-21 和表 1-74。

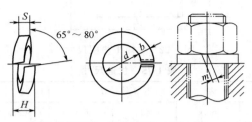

图 1-21　弹性垫圈尺寸

表 1-74　弹性垫圈尺寸　　　　　　　　　　　　　　单位：mm

规格（螺纹大径）	GB/T 93				GB/T 859				GB/T 7244			
	d min	$S(b)$ 公称	H max	m	d min	$S(b)$ 公称	H max	m	d min	$S(b)$ 公称	H max	m
2	2.1	0.5	1.25	≤0.25	—	—	—	—	—	—	—	—
2.5	2.6	0.65	1.63	≤0.33	—	—	—	—	—	—	—	—
3	3.1	0.8	2	≤0.4	0.6	1	1.5	≤0.3	—	—	—	—
4	4.1	1.1	2.75	≤0.55	0.8	1.2	2	≤0.4	—	—	—	—
5	5.1	1.3	3.25	≤0.65	1.1	1.5	2.75	≤0.55	—	—	—	—
6	6.1	1.6	4	≤0.8	1.3	2	3.25	≤0.65	1.8	2.6	4.5	≤0.9
8	8.1	2.1	5.25	≤1.05	1.6	2.5	4	≤0.8	2.4	3.2	6	≤1.2
10	10.2	2.6	6.5	≤1.3	2	3	5	≤1	3	3.8	7.5	≤1.5
12	12.2	3.1	7.75	≤1.55	2.5	3.5	6.25	≤1.25	3.5	4.3	8.75	≤1.75
(14)	14.2	3.6	9	≤1.8	3	4	7.5	≤1.5	4.1	4.8	10.25	≤2.05
16	16.2	4.1	10.25	≤2.05	3.2	4.5	8	≤1.6	4.8	5.3	12	≤2.4
(18)	18.2	4.5	11.25	≤2.25	3.6	5	9	≤1.8	5.3	5.8	13.25	≤2.65
20	20.2	5	12.5	≤2.5	4	5.5	10	≤2	6	6.4	15	≤3
(22)	22.5	5.5	13.75	≤2.75	4.5	6	11.25	≤2.25	6.6	7.2	16.5	≤3.3
24	24.5	6	15	≤3	5	7	12.5	≤2.5	7.1	7.5	17.75	≤3.55
(27)	27.5	6.8	17	≤3.4	5.5	8	13.75	≤2.75	8	8.5	20	≤4
30	30.5	7.5	18.75	≤3.75	6	9	15	≤3	9	9.3	22.5	≤4.5
(33)	33.5	8.5	21.25	≤4.25	—	—	—	—	9.9	10.2	24.75	≤4.95
36	36.5	9	22.5	≤4.5	—	—	—	—	10.8	11	27	≤5.4
(39)	39.5	10	25	≤5	—	—	—	—	—	—	—	—
42	42.5	10.5	26.25	≤5.25	—	—	—	—	—	—	—	—
(45)	45.5	11	27.5	≤5.5	—	—	—	—	—	—	—	—
48	48.5	12	30	≤6	—	—	—	—	—	—	—	—

注：1. 垫圈镀锌后，必须立即进行驱氢处理。

2. 热处理硬度仅供生产工艺参考。

3. 不锈钢和铜垫圈的弹性试验由供需双方协商。

4. 尽可能不采用括号内的规格。

5. $m>0$。

（2）C 级平垫圈（GB/T 95） C 级平垫圈尺寸见图 1-22，优选与非优选尺寸见表 1-75、表 1-76。

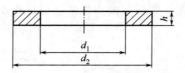

图 1-22 C 级平垫圈尺寸

表 1-75 优选尺寸 单位：mm

公称规格	内径 d_1		外径 d_2		厚度 h		
（螺纹大径 d）	min	max	max	min	公称	max	min
1.6	1.8	2.05	4	3.25	0.3	0.4	0.2
2	2.4	2.65	5	4.25	0.3	0.4	0.2
2.5	2.9	3.15	6	5.25	0.5	0.6	0.4
3	3.4	3.7	7	6.1	0.5	0.6	0.4
4	4.5	4.8	9	8.1	0.8	1.0	0.6
5	5.5	5.8	10	9.1	1	1.2	0.8
6	6.6	6.96	12	10.9	1.6	1.9	1.3
8	9	9.36	16	14.9	1.6	1.9	1.3
10	11	11.43	20	18.7	2	2.3	1.7
12	13.5	13.93	24	22.7	2.5	2.8	2.2
16	17.5	17.93	30	28.7	3	3.6	2.4
20	22	22.52	37	35.4	3	3.6	2.4
24	26	26.52	44	42.4	4	4.6	3.4
30	33	33.62	56	54.1	4	4.6	3.4
36	39	40	66	64.1	5	6	4
42	45	46	78	76.1	8	9.2	6.8
48	52	53.2	92	89.8	8	9.2	6.8
56	62	63.2	105	102.8	10	11.2	8.8
64	70	71.2	115	112.8	10	11.2	8.8

表 1-76 非优选尺寸 单位：mm

公称规格	内径 d_1		外径 d_2		厚度 h		
（螺纹大径 d）	min	max	max	min	公称	max	min
3.5	3.9	4.2	8	7.1	0.5	0.6	0.4
14	15.5	15.93	28	26.7	2.5	2.8	2.2
18	20	20.43	34	32.4	3	3.6	2.4
22	24	24.52	39	37.4	3	3.6	2.4
27	30	30.52	50	48.4	4	4.6	3.4
33	36	37	60	58.1	5	6	4
39	42	43	72	70.1	6	7	5
45	48	49	85	82.8	8	9.2	6.8
52	56	57.2	98	95.8	8	9.2	6.8
60	66	67.2	110	107.8	10	11.2	8.8

4. 开口销（GB/T 91）

开口销尺寸见表 1-77。

表 1-77　开口销尺寸

标记示例：

公称直径 $d=5mm$、长度 $l=50mm$、材料为低碳钢、不经表面处理的开口销

d/mm	0.6	0.8	1	1.2	1.6	2	2.5	3.2	4	5	6.3	8	10	12
C_{max}/mm	1	1.4	1.8	2	2.8	3.6	4.6	5.8	7.4	9.2	11.8	15	19	24.8
$b\approx$/mm	2	2.4	3	3	3.2	4	5	6.4	8	10	12.8	16	20	26
a_{max}/mm	1.6	1.6	1.6	2.5	2.5	2.5	2.5	3.2	4	4	4	4	6.3	6.3
l/mm														
4														
5														
6														
8														
10														
12		商												
14														
16														
18				品										
20														
22														
24						规								
26														
28														
30							格							
32														
36														
40									范					
45														
50														
55											围			
60														
65														
70														
75														
80														
85														
90														
95														
100														
120														
140														
160														
180														
200														

六、地脚螺栓

地脚螺栓（GB/T 799）见表1-78。

表 1-78 **地脚螺栓尺寸**

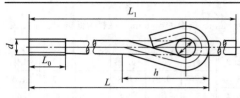

标记示例：

粗牙普通螺纹直径20mm、长460mm、不经热处理及表面处理的地脚螺栓

螺栓 M20×400 GB/T 799

d/mm	10	12	16	20	24	30	36	42	48
L_0/mm	32	36	44	65	73	85	97	109	121
D/mm	15	20			30		45	60	70
h/mm	65	82	93	127	139	192	244	261	302
L_1/mm	$L+53$	$L+72$			$L+110$		$L+165$	$L+217$	$L+255$
L/mm	每个螺栓的质量/kg								
160	0.107	0.168	—	—	—	—	—	—	—
220	0.137	0.211	0.389	—	—	—	—	—	—
300	0.176	0.269	0.496	0.854	1.23	—	—	—	—
400	—	0.342	0.629	1.06	1.53	2.68	—	—	—
500	—	—	0.762	1.27	1.83	3.15	4.93	—	—
630	—	—	—	1.54	2.22	3.77	5.83	7.97	10.93
800	—	—	—	—	2.73	4.57	7.00	9.57	13.03
1000	—	—	—	—	—	5.52	8.37	11.46	15.50
1250	—	—	—	—	—	—	—	13.81	18.58
1500	—	—	—	—	—	—	—	—	21.67

地脚螺栓直径和设备底座上地脚螺栓孔径、地脚螺栓的埋入深度按表1-79选取。

表 1-79 **地脚螺栓孔径和埋入深度选择表**

地脚螺栓直径 d/mm	10	12	16	20	24	30	36	42	48
设备地座螺栓孔径 d_1/mm	12~13	13~17	17~22	22~27	27~33	33~40	40~48	48~55	55~65
最小埋入深度 L_0/mm	200~400				400~600		600~700		700~800

第二章 除尘工程设计标准

除尘工程设计须依据环境保护法律法规。这些法规包括有关法律、法规、规章、环境标准、环境保护国际条约组成的完整的环境保护法律法规体系。

第一节 环境保护法律体系

法律是由立法机关制定，国家政权保证执行的行为规则。法规是法律、法令、条例、规则、章程等的总称。标准是衡量事物的准则。规范则是约定俗成或明文规定的标准。

一、概述

我国环境保护法律体系以《中华人民共和国宪法》中对环境保护的规定为基础。

宪法规定：国家保障资源的合理利用，保护珍贵的动物和植物。禁止任何组织或者个人用任何手段侵占或者破坏自然资源，国家保护和改善生活环境和生态环境，防治污染和其他公害。

《宪法》中的这些规定是环境保护立法的依据和指导原则。

环境保护法体系主要有以下四类。

（1）基本法 国家环境保护的基本法是制定其他环保法规的依据。《中华人民共和国环境保护法》就是我国的环境保护基本法。它包括环境保护的概念、范围、方针、政策、原则、措施、机构和管理等基本规定。世界许多国家都有环境保护基本法。

（2）防治污染单项法 防治污染单项法包括废水污染防治法、大气污染防治法、固体废物处理法、噪声与振动控制法、放射性污染防治法、恶臭防治法、土壤污染防治法和热污染防治法等。这些单项法一般都有本身包含的特定内容，如概念、范围、要求、措施等。

（3）自然环境法 它包括野生动物保护法、名胜保护法、游览区保护法、森林保护法等。这些也属于单项法。

（4）标准及管理法 它包括各种质量标准、污染物排放标准、基建项目环保管理、奖惩条例、环境保护税法等内容。

除了以上环保法规之外，我国的宪法、民法、经济法、行政法等也含有某些环境保护的条款和规定。

环境保护法律体系框架见图 2-1。

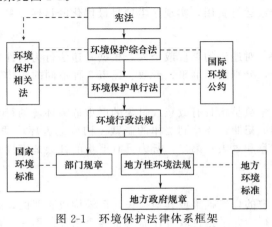

图 2-1 环境保护法律体系框架

二、环境标准分类

1. 环境标准分类

目前环境标准尚无统一的分类方法。可按标准用途、适用范围等分类。

按标准用途分为环境质量标准、污染物排放标准、环境基础标准和环境方法标准。

按标准的适用范围分为国家标准、地方标准和行业标准。

按污染介质和被污染对象分为水质控制标准、大气控制标准、噪声控制标准、废渣控制标准及土壤控制标准等。

制定环境标准主要依据是：a.以环境质量基准，环境容量和污染物迁移、转化规律为依据；b.以区域的环境特点和不同地区污染源的构成及其分布、密度等因素为依据；c.以能够实现环境效益、经济效益和社会效益的最佳效果为依据。

2. 环境保护技术标准

环境标准按用途分类分为六类：环境基础标准，环境质量标准，污染物排放标准（或各污染物控制标准），环境方法标准，环境标准物质标准和环保设备、仪器标准。

（1）环境基础标准　在环境标准化活动中，对有指导意义的符号、代号、指南、程序、规范等所作的统一规定。它是制定一切环境标准的基础。

（2）环境质量标准　环境质量标准是衡量环境质量的依据，是环境保护的政策目标，也是制定污染物排放标准的基础。环境质量标准包含大气环境质量标准、水环境质量标准、土壤环境质量标准和生物环境质量标准四类。环境质量标准适合于全国范围，地方只能制定国家环境质量标准中未规定的项目作为补充标准。

（3）污染物排放标准　它是指为了保护环境，实现环境质量目标，对排入环境中的有害物质或有害因素所作的控制规定：一是控制污染物排放浓度；二是控制排放总量。目前已颁布的排放标准是浓度控制标准，包含大气污染物排放标准、水污染物排放标准、固体废弃物排放标准、辐射控制标准、物理因素控制标准。

（4）环境方法标准　在环境保护工作中，以实验、分析测试、抽样与统计运算为对象所制定的方法标准。

（5）环境标准物质标准　在环境监测中，用来标定仪器、验证测试方法、进行量值传递或质量控制的材料或物质。它必须经过标准化活动定值并由标准化权威机构批准，并给出保证值，即元素或成分含量均值和不确定度。

（6）环保设备、仪器标准　为保证环境监测数据的对比性和准确性，并保证污染防治设备的质量制定的一系列技术标准。

除尘工程设计是通过环境工程措施来削减污染物排放，以达到国家环境法规、标准规定的污染物排放限值，因此设计过程中要熟练掌握环境标准及其体系，使工程设施达标、环境保护验收优良，同时降低工程投资或运行费用，实现除尘项目最优化的目标。

三、法律责任

在环境法规的实施中，对违法的单位或个人，根据其违法行为的性质、危害后果和主观因素的不同，要追求法律责任，分别给予刑事、行政、民事3种不同的法律制裁。

1. 刑事责任

应承担刑事责任的，一般是指具有故意或过失的严重危害环境的行为，并造成公共财产或人身死亡的严重损失，已构成犯罪，要受到法律的制裁。构成危害环境罪需具备三个条件：第一，行为人主观上有犯罪的故意和过失；第二，行为具有严重的社会危害性；第三，该行为违犯刑法应受到处罚。

2. 行政责任

违犯行政法规造成一定的环境损害或其他损失，但未构成犯罪的，属于行政违法行为，应负行政责任。构成行政违法行为并承担行政责任需具备两个条件：第一，行为人主观上要有故意和过失；第二，有违反行政法规的行为。例如，违反"三同时"的规定；违反操作规程造成事故性污染事件；违反森林、文物保护、自然保护法等法规，但尚未构成犯罪的行为等。

3. 民事责任

公民或法人因过失或无过失排放污染物或其他损害环境的行为，而造成环境污染、被害者损失或财产损失时，要承担民事责任。构成民事责任需具备四个条件：第一，有损害行为或其他民事违法行为的存在；第二，造成了财产权利和人身权利的损害后果；第三，致害行为与损害结果之间有因果关系；第四，行为人有过失或无过失损害环境的行为。民事责任可以单独使用，也可以同其他法律责任合并使用。在民事责任中，主要形式是赔偿损失。但在环境纠纷中赔偿损失是一种被动的不得已的补救措施，积极而主动的措施是防止损害发生，保护良好的环境。

第二节　环境空气质量标准

环境空气质量标准是以保护生态环境和人群健康的基本要求为目标，对各种污染物在环境空气中的允许浓度所做的限制性规定。它是进行环境空气质量管理、大气环境质量评价以及制定大气污染防治规划和大气污染物排放标准的依据。

一、概述

1. 环境空气功能区分类

环境空气功能区分为两类：一类区为自然保护区、风景名胜区和其他需要特殊保护的区域；二类区为居住区、商业交通居民混合区、文化区、工业区和农村地区。

环境空气指人群、植物、动物和建筑物所暴露的室外空气。

2. 环境空气功能区质量要求

一类区适用一级浓度限值，二类区适用二级浓度限值。一、二类环境空气功能区质量要求见表 2-1 和表 2-2。

表 2-1　环境空气污染物基本项目浓度限值

序号	污染物项目	平均时间	浓度限值 一级	浓度限值 二级	单位
1	二氧化硫(SO₂)	年平均	20	60	μg/m³
		24 小时平均	50	150	
		1 小时平均	150	500	
2	二氧化氮(NO₂)	年平均	40	40	
		24 小时平均	80	80	
		1 小时平均	200	200	
3	一氧化碳(CO)	24 小时平均	4	4	mg/m³
		1 小时平均	10	10	
4	臭氧(O₃)	日最大 8 小时平均	100	160	μg/m³
		1 小时平均	160	200	
5	颗粒物(粒径≤10μm)	年平均	40	70	
		24 小时平均	50	150	
6	颗粒物(粒径≤2.5μm)	年平均	15	35	
		24 小时平均	35	75	

表 2-2　环境空气污染物其他项目浓度限值

序号	污染物项目	平均时间	浓度限值		单位
			一级	二级	
1	总悬浮颗粒物（TSP）	年平均	80	200	μg/m³
		日平均	120	300	
2	氮氧化物（NOₓ）	年平均	50	50	
		日平均	100	100	
		1 小时平均	250	250	
3	铅（Pb）	年平均	0.5	0.5	
		季平均	1	1	
4	苯并[a]芘（B[a]P）	年平均	0.001	0.001	
		日平均	0.0025	0.0025	

注：本标准自 2016 年 1 月 1 日起在全国实施。基本项目（见表 2-1）在全国范围内实施；其他项目（见表 2-2）由国务院环境保护行政主管部门或者省级人民政府根据实际情况，确定具体实施方式。

3. 分析方法

应按表 2-3 的要求，采用相应的方法分析各项污染物的浓度。

表 2-3　各项污染物分析方法

序号	污染物项目	手工分析方法		自动分析方法
		分析方法	标准编号	
1	二氧化硫（SO₂）	环境空气　二氧化硫的测定　甲醛吸收-副玫瑰苯胺分光光度法	HJ 482	紫外荧光法、差分吸收光谱分析法
		环境空气　二氧化硫的测定　四氯汞盐吸收-副玫瑰苯胺分光光度法	HJ 483	
2	二氧化氮（NO₂）	环境空气　氮氧化物（一氧化氮和二氧化氮）的测定　盐酸萘乙二胺分光光度法	HJ 479	化学发光法、差分吸收光谱分析法
3	一氧化碳（CO）	空气质量　一氧化碳的测定　非分散红外法	GB 9801	气体滤波相关红外吸收法、非分散红外吸收法
4	臭氧（O₃）	环境空气　臭氧的测定　靛蓝二磺酸钠分光光度法	HJ 504	紫外荧光法、差分吸收光谱分析法
		环境空气　臭氧的测定　紫外光度法	HJ 590	
5	颗粒物（粒径≤10μm）	环境空气　PM₁₀ 和 PM₂.₅ 的测定　重量法	HJ 618	微量振荡天平法、β 射线法
6	颗粒物（粒径≤2.5μm）	环境空气　PM₁₀ 和 PM₂.₅ 的测定　重量法	HJ 618	微量振荡天平法、β 射线法
7	氮氧化物（NOₓ）	环境空气　氮氧化物（一氧化氮和二氧化氮）的测定　盐酸萘乙二胺分光光度法	HJ 479	化学发光法、差分吸收光谱分析法
8	铅（Pb）	环境空气　铅的测定　石墨炉原子吸收分光光度法（暂行）	HJ 539	—
		环境空气　铅的测定　火焰原子吸收分光光度法	GB/T 15264	—
9	苯并[a]芘（B[a]P）	空气质量　飘尘中苯并[a]芘的测定　乙酰化滤纸层析荧光分光光度法	GB 8971	—
		环境空气　苯并[a]芘的测定　高效液相色谱法	GB/T 15439	—

4. 数据统计的有效性规定

① 应采取措施保证监测数据的准确性、连续性和完整性，确保全面、客观地反映监测结果。所有有效数据均应参加统计和评价，不得选择性地舍弃不利数据以及人为干预监测和评价结果。

② 采用自动监测设备监测时，监测仪器应全年 365 天（闰年 366 天）连续运行。在监测仪器校准、停电和设备故障，以及其他不可抗拒的因素导致不能获得连续监测数据时，应采取有效措施及时恢复。

③ 异常值的判断和处理应符合 HJ 630 的规定。对于监测过程中缺失和删除的数据均应说明原因，并保留详细的原始数据记录，以备数据审核。

④ 任何情况下，有效的污染物浓度数据均应符合表 2-4 中的最低要求，否则应视为无效数据。

表 2-4　污染物浓度数据有效性的最低要求

污染物项目	平均时间	数据有效性规定
二氧化硫(SO_2)、二氧化氮(NO_2)、颗粒物（粒径$\leq$10μm)、颗粒物（粒径$\leq$2.5μm)、氮氧化物(NO_x)	年平均	每年至少有 324 个日平均浓度值 每月至少有 27 个日平均浓度值(2 月至少有 25 个日平均浓度值)
二氧化硫(SO_2)、二氧化氮(NO_2)、一氧化碳(CO)、颗粒物（粒径$\leq$10μm)、颗粒物（粒径$\leq$2.5μm)、氮氧化物(NO_x)	日平均	每日至少有 20 小时平均浓度值或采样时间
臭氧(O_3)	8 小时平均	每 8 小时至少有 6 小时平均浓度值
二氧化硫(SO_2)、二氧化氮(NO_2)、一氧化碳(CO)、臭氧(O_3)、氮氧化物(NO_x)	1 小时平均	每小时至少有 45 分钟的采样时间
总悬浮颗粒物(TSP)、苯并[a]芘(B[a]P)、铅(Pb)	年平均	每年至少有分布均匀的 60 个日平均浓度值 每月至少有分布均匀的 5 个日平均浓度值
铅(Pb)	季平均	每季至少有分布均匀的 15 个日平均浓度值 每月至少有分布均匀的 5 个日平均浓度值
总悬浮颗粒物(TSP)、苯并[a]芘(B[a]P)、铅(Pb)	日平均	每日应有 24 小时的采样时间

5. 环境空气中镉、汞、砷、六价铬和氟化物参考浓度限值

各省级人民政府可根据当地环境保护的需要，针对环境污染的特点，对本标准中未规定的污染物项目制定并实施地方环境空气质量标准。表 2-5 为环境空气中部分污染物参考浓度限值。

表 2-5　环境空气中镉、汞、砷、六价铬和氟化物参考浓度限值

序号	污染物项目	平均时间	浓度(通量)限值		单位
			一级	二级	
1	镉(Cd)	年平均	0.005	0.005	$\mu g/m^3$
2	汞(Hg)	年平均	0.05	0.05	
3	砷(As)	年平均	0.006	0.006	
4	六价铬[Cr(Ⅵ)]	年平均	0.000025	0.000025	
5	氟化物(F)	1 小时平均	20[①]	20[①]	
		日平均	7[①]	7[①]	
		月平均	1.8[②]	3.0[③]	$\mu g/(dm^2 \cdot d)$
		植物生长季平均	1.2[②]	2.0[③]	

① 适用于城市地区。

② 适用于牧业区和以牧业为主的半农半牧区，蚕桑区。

③ 适用于农业和林业区。

二、环境空气质量指数

1. 空气质量分指数分级

空气质量分指数分级及对应的污染物项目浓度限值见表 2-6。

表 2-6 空气质量分指数分级及对应的污染物项目浓度限值

空气质量分指数 (IAQI)	污染物项目浓度限值									
	二氧化硫 (SO₂) 日平均/ (μg/m³)	二氧化硫 (SO₂) 1 小时平均/ (μg/m³)①	二氧化氮 (NO₂) 日平均/ (μg/m³)	二氧化氮 (NO₂) 1 小时平均/ (μg/m³)①	颗粒物 (粒径 ≤10μm) 日平均/ (μg/m³)	一氧化碳 (CO) 日平均/ (mg/m³)	一氧化碳 (CO) 1 小时平均/ (mg/m³)①	臭氧(O₃) 1 小时平均/ (μg/m³)	臭氧(O₃) 8 小时滑动平均/ (μg/m³)	颗粒物 (粒径 ≤2.5μm) 日平均/ (μg/m³)
0	0	0	0	0	0	0	0	0	0	0
50	50	150	40	100	50	2	5	160	100	35
100	150	500	80	200	150	4	10	200	160	75
150	475	650	180	700	250	14	35	300	215	115
200	800	800	280	1200	350	24	60	400	265	150
300	1600	②	565	2340	420	36	90	800	800	250
400	2100	②	750	3090	500	48	120	1000	③	350
500	2620	②	940	3840	600	60	150	1200	③	500

① 二氧化硫（SO₂）、二氧化氮（NO₂）和一氧化碳（CO）的 1h 平均浓度限值仅用于实时报，在日报中需使用相应污染物的日平均浓度限值。

② 二氧化硫（SO₂）1h 平均浓度值高于 800μg/m³ 的，不再进行其空气质量分指数计算，二氧化硫（SO₂）空气质量分指数按日平均浓度计算的分指数报告。

③ 臭氧（O₃）8h 平均浓度值高于 800μg/m³ 的，不再进行其空气质量分指数计算，臭氧（O₃）空气质量分指数按 1h 平均浓度计算的分指数报告。

注：摘自 HJ 633—2012。

2. 空气质量分指数计算方法

污染物项目 P 的空气质量分指数按式（2-1）计算：

$$IAQI_P = \frac{IAQI_{Hi} - IAQI_{Lo}}{BP_{Hi} - BP_{Lo}}(C_P - BP_{Lo}) + IAQI_{Lo} \tag{2-1}$$

式中，$IAQI_P$ 为污染物项目 P 的空气质量分指数；C_P 为污染物项目 P 的质量浓度值；BP_{Hi} 为表 2-6 中与 C_P 相近的污染物浓度限值的高位值；BP_{Lo} 为表 2-6 中与 C_P 相近的污染物浓度限值的低位值；$IAQI_{Hi}$ 为表 2-6 中与 BP_{Hi} 对应的空气质量分指数；$IAQI_{Lo}$ 为表 2-6 中与 BP_{Lo} 对应的空气质量分指数。

3. 空气质量指数级别

空气质量指数及相关信息根据表 2-7 规定进行划分。

表 2-7 空气质量指数及相关信息

空气质量指数	空气质量指数级别	空气质量指数类别及表示颜色		对健康影响情况	建议采取的措施
0~50	一级	优	绿色	空气质量令人满意，基本无空气污染	各类人群可正常活动
51~100	二级	良	黄色	空气质量可接受，但某些污染物可能对极少数异常敏感人群健康有较弱影响	极少数异常敏感人群应减少户外活动
101~150	三级	轻度污染	橙色	易感人群症状有轻度加剧，健康人群出现刺激症状	儿童、老年人及心脏病、呼吸系统疾病患者应减少长时间、高强度的户外锻炼
151~200	四级	中度污染	红色	进一步加剧易感人群症状，可能对健康人群心脏、呼吸系统有影响	儿童、老年人及心脏病、呼吸系统疾病患者避免长时间、高强度的户外锻炼，一般人群适量减少户外运动
201~300	五级	重度污染	紫色	心脏病和肺病患者症状显著加剧，运动耐受力降低，健康人群普遍出现症状	儿童、老年人和心脏病、肺病患者应停留在室内，停止户外运动，一般人群减少户外运动
>300	六级	严重污染	褐红色	健康人群运动耐受力降低，有明显强烈症状，提前出现某些疾病	儿童、老年人和病人应当留在室内，避免体力消耗，一般人群应避免户外活动

4. 空气质量指数及首要污染物的确定方法

（1）空气质量指数计算方法 空气质量指数 AQI 按式（2-2）计算：

$$AQI = \max \{IAQI_1, IAQI_2, IAQI_3, \cdots, IAQI_n\} \qquad (2-2)$$

式中，IAQI 为空气质量分指数；n 为污染物项目。

（2）首要污染物及超标污染物的确定方法 AQI 大于 50 时 IAQI 最大的污染物为首要污染物，若 IAQI 最大的污染物为两项或两项以上时并列为首要污染物。

IAQI 大于 100 的污染物为超标污染物。

三、工作场所空气中粉尘容许浓度

工作场所空气中粉尘容许浓度见表 2-8。

表 2-8 工作场所空气中粉尘容许浓度

序号	中文名	英文名	化学文摘号（CAS No.）	PC-TWA/（mg/m³）总尘	呼尘	备注
1	白云石粉尘	Dolomite dust		8	4	—
2	玻璃钢粉尘	Fiberglass reinforced plastic dust		3	—	—
3	茶尘	Tea dust		2	—	—
4	沉淀 SiO₂（白炭黑）	Precipitated silica dust	112926-00-8	5	—	—
5	大理石粉尘	Marble dust	1317-65-3	8	4	—
6	电焊烟尘	Welding fume		4	—	G2B
7	二氧化钛粉尘	Titanium dioxide dust	13463-67-7	8	—	—

续表

序号	中文名	英文名	化学文摘号 （CAS No.）	PC-TWA/（mg/m³）		备注
				总尘	呼尘	
8	沸石粉尘	Zeolite dust		5	—	—
9	酚醛树脂粉尘	Phenolic aldehyde resin dust		6	—	—
10	谷物粉尘（游离 SiO₂ 含量<10%）	Grain dust（free SiO₂<10%）		4	—	—
11	硅灰石粉尘	Wollastonite dust	13983-17-0	5	—	—
12	硅藻土粉尘（游离 SiO₂ 含量<10%）	Diatomite dust（free SiO₂<10%）	61790-53-2	6	—	—
13	滑石粉尘（游离 SiO₂ 含量<10%）	Talc dust（free SiO₂<10%）	14807-96-6	3	1	—
14	活性炭粉尘	Active carbon dust	64365-11-3	5	—	—
15	聚丙烯粉尘	Polypropylene dust		5	—	—
16	聚丙烯腈纤维粉尘	Polyacrylonitrile fiber dust		2	—	—
17	聚氯乙烯粉尘	Polyvinyl chloride（PVC）dust	9002-86-2	5	—	—
18	聚乙烯粉尘	Polyethylene dust	9002-88-4	5	—	—
19	铝尘 　铝金属、铝合金粉尘 　氧化铝粉尘	Aluminum dust： 　Metal & alloys dust 　Aluminium oxide dust	7429-90-5	 3 4	 — —	 — —
20	麻尘 （游离 SiO₂ 含量<10%） 　亚麻 　黄麻 　苎麻	Flax，jute and ramie dusts （free SiO₂<10%） 　Flax 　Jute 　Ramie		 1.5 2 3	 — — —	 — — —
21	煤尘（游离 SiO₂ 含量<10%）	Coal dust（free SiO₂<10%）		4	2.5	—
22	棉尘	Cotton dust		1	—	—
23	木粉尘	Wood dust		3	—	—
24	凝聚 SiO₂ 粉尘	Condensed silica dust		1.5	0.5	—
25	膨润土粉尘	Bentonite dust	1302-78-9	6	—	—
26	皮毛粉尘	Fur dust		8	—	—
27	人造玻璃质纤维 　玻璃棉粉尘 　矿渣棉粉尘 　岩棉粉尘	Man-made vitreous fiber 　Fibrous glass dust 　Slag wool dust 　Rock wool dust		 3 3 3	 — — —	 — — —
28	桑蚕丝尘	Mulberry silk dust		8	—	—
29	砂轮磨尘	Grinding wheel dust		8	—	—
30	石膏粉尘	Gypsum dust	10101-41-4	8	4	—
31	石灰石粉尘	Limestone dust	1317-65-3	8	4	—
32	石棉（石棉含量>10%） 　粉尘 　纤维	Asbestos（Asbestos>10%） 　Dust 　Asbestos fibre	1332-21-4	 0.8 0.8f/mL	 — —	 G1 —

续表

序号	中文名	英文名	化学文摘号 （CAS No.）	PC-TWA/（mg/m³）		备注
				总尘	呼尘	
33	石墨粉尘	Graphite dust	7782-42-5	4	2	—
34	水泥粉尘（游离 SiO₂ 含量<10%）	Cement dust（free SiO₂<10%）		4	1.5	—
35	炭黑粉尘	Carbon black dust	1333-86-4	4	—	G2B
36	碳化硅粉尘	Silicon carbide dust	409-21-2	8	4	—
37	碳纤维粉尘	Carbon fiber dust		3		—
38	矽尘 　10%≤游离 SiO₂ 含量≤50% 　50%<游离 SiO₂ 含量≤80% 　游离 SiO₂ 含量>80%	Silica dust 10%≤free SiO₂≤50% 50%<free SiO₂≤80% free SiO₂>80%	14808-60-7	1 0.7 0.5	0.7 0.3 0.2	G1 （结晶型）
39	稀土粉尘（游离 SiO₂ 含量<10%）	Rare-earth dust（free SiO₂<10%）		2.5	—	—
40	洗衣粉混合尘	Detergent mixed dust		1	—	—
41	烟草尘	Tobacco dust		2	—	—
42	萤石混合性粉尘	Fluorspar mixed dust		1	0.7	—
43	云母粉尘	Mica dust	12001-26-2	2	1.5	—
44	珍珠岩粉尘	Perlite dust	93763-70-3	8	4	—
45	蛭石粉尘	Vermiculite dust				
46	重晶石粉尘	Barite dust	7727-43-7	5	—	—
47	其他粉尘[①]	Particles not otherwise regulated		8	—	—

① 指游离 SiO₂ 低于 10%，不含石棉和有毒物质，而尚未制定容许浓度的粉尘。表中列出的各种粉尘（石棉纤维尘除外），凡游离 SiO₂ 高于 10% 者，均按矽尘容许浓度对待。

注：1. G2B 可疑人类致癌物（Possibly carcinogenic to humans）。

2. 本表摘自 GBZ 2.1。

四、室内空气质量标准

室内空调的普遍使用、室内装潢的流行及其他原因的存在，使室内空气质量问题日趋严重。为保护人体健康，预防和控制室内空气污染，我国于 2002 年 11 月首次发布了《室内空气质量标准》（GB/T 18883），该标准对室内空气中 19 项与人体健康有关的物理、化学、生物和放射性参数的标准值做了规定（表 2-9）。

表 2-9　室内空气质量标准

序号	参数类别	参数	单位	标准值	备注
1	物理性	温度	℃	22～28	夏季空调
				16～24	冬季采暖
2		相对湿度	%	40～80	夏季空调
				30～60	冬季采暖
3		空气流速	m/s	0.3	夏季空调
				0.2	冬季采暖
4		新风量	m³/（h·人）	30[①]	1 小时均值

续表

序号	参数类别	参数	单位	标准值	备注
5	化学性	二氧化硫(SO_2)	mg/m^3	0.50	1 小时均值
6		二氧化氮(NO_2)	mg/m^3	0.24	1 小时均值
7		一氧化碳(CO)	mg/m^3	10	日平均值
8		二氧化碳(CO_2)	%	0.10	1 小时均值
9		氨(NH_3)	mg/m^3	0.20	1 小时均值
10		臭氧(O_3)	mg/m^3	0.16	1 小时均值
11		甲醛(HCHO)	mg/m^3	0.10	1 小时均值
12		苯(C_6H_6)	mg/m^3	0.11	1 小时均值
13		甲苯(C_7H_8)	mg/m^3	0.20	1 小时均值
14		二甲苯(C_8H_{10})	mg/m^3	0.20	1 小时均值
15		苯并[a]芘(B[a]P)	mg/m^3	1.0	1 小时均值
16		可吸入颗粒物(PM_{10})	mg/m^3	0.15	日平均值
17		总挥发性有机物(TVOC)	mg/m^3	0.60	8 小时均值
18	生物性	菌落总数	cfu/m^3	2500	依据仪器定
19	放射性	氡(^{222}Rn)	Bq/m^3	400	年平均值(行动水平[②])

① 新风量要求≥标准值,除温度、相对湿度外的其他参数要求≤标准值。

② 达到此水平建议采取干预行动以降低室内氡浓度。

第三节 大气污染物排放和监测标准

大气污染物排放标准是以实现环境空气质量标准为目标,对从污染源排入大气的污染物浓度(或数量)所做的限制性规定。它是控制大气污染物的排放量和设计废气净化系统的依据。

一、固定源大气污染物排放标准

主要有:①《烧碱、聚氯乙烯工业污染物排放标准》(GB 15581—2016);②《无机化学工业污染物排放标准》(GB 31573—2015);③《石油化学工业污染物排放标准》(GB 31571—2015);④《石油炼制工业污染物排放标准》(GB 31570—2015);⑤《火葬场大气污染物排放标准》(GB 13801—2015);⑥《再生铜、铝、铅、锌工业污染物排放标准》(GB 31574—2015);⑦《合成树脂工业污染物排放标准》(GB 31572—2015);⑧《锅炉大气污染物排放标准》(GB 13271—2014);⑨《锡、锑、汞工业污染物排放标准》(GB 30770—2014);⑩《电池工业污染物排放标准》(GB 30484—2013);⑪《水泥工业大气污染物排放标准》(GB 4915—2013);⑫《砖瓦工业大气污染物排放标准》(GB 29620—2013);⑬《电子玻璃工业大气污染物排放标准》(GB 29495—2013);⑭《炼焦化学工业污染物排放标准》(GB 16171—2012);⑮《铁合金工业污染物排放标准》(GB 28666—2012);⑯《铁矿采选工业污染物排放标准》(GB 28661—2012);⑰《轧钢工业大气污染物排放标准》(GB 28665—2012);⑱《炼钢工业大气污染物排放标准》(GB 28664—2012);⑲《炼铁工业大气污染物排放标准》(GB 28663—2012);⑳《钢铁烧结、球团工业大气污染物排放标准》(GB 28662—2012);㉑《橡胶制品工业污染物排放标准》(GB 27632—2011);㉒《火电厂大气污染物排放标准》(GB 13223—2011);㉓《平板玻璃工业大气污染物排放标准》(GB 26453—2011);㉔《钒工业污染物排放标准》(GB 26452—2011);㉕《硫酸工业污染物排放标准》(GB 26132—2010);㉖《稀土工业污染物排放标准》(GB 26451—2011);㉗《硝酸工业污染物排放标准》(GB 26131—2010)；㉘《镁、钛工业污染物排放标准》(GB 25468—2010)；㉙《铜、镍、钴工业污染物排放标准》(GB 25467—2010)；㉚《铅、锌工业污染物排放标准》(GB 25466—2010)；㉛《铝工业污染物排放标准》(GB 25465—2010)；㉜《陶瓷工业污染物排放标准》(GB 25464—2010)；㉝《合成革与人造革工业污染物排放标准》(GB 21902—2008)；㉞《电镀污染物排放标准》(GB 21900—2008)；㉟《煤层气（煤矿瓦斯）排放标准（暂行）》(GB 21522—2008)；㊱《加油站大气污染物排放标准》(GB 20952—2007)；㊲《储油库大气污染物排放标准》(GB 20950—2007)；㊳《煤炭工业污染物排放标准》(GB 20426—2006)；㊴《水泥工业大气污染物排放标准》(GB 4915—2004)；㊵《火电厂大气污染物排放标准》(GB 13223—2003)；㊶《锅炉大气污染物排放标准》(GB 13271—2014)；㊷《饮食业油烟排放标准（试行）》(GB 18483—2001)；㊸《谷物干燥机大气污染物排放标准》(NY 2802—2015)；㊹《大气污染物综合排放标准》(GB 16297—1996)；㊺《工业炉窑大气污染物排放标准》(GB 9078—1996)；㊻《生活垃圾焚烧大气污染物排放标准》(DB 31/768—2013)；㊼《印刷业大气污染物排放标准》(DB 31/872—2015)；㊽《大气污染物名称代码》(HJ 524—2009)；㊾挥发性有机物无组织排放控制标准(GB 37822—2019)；㊿《制药工业大气污染物排放标准》(GB 37823—2019)；51涂料、油墨及胶粘剂工业大气污染物排放标准(GB 37824—2019)。

二、移动源大气污染物排放标准

主要有：①《轻型汽车污染物排放限值及测量方法（中国第六阶段）》(GB 18352.6—2016)；②《轻便摩托车污染物排放限值及测量方法（中国第四阶段）》(GB 18176—2016)；③《摩托车污染物排放限值及测量方法（中国第四阶段）》(GB 14622—2016)④《轻型混合动力电动汽车污染物排放控制要求及测量方法》(GB 19755—2016)；⑤《非道路移动机械用柴油机排气污染物排放限值及测量方法（中国第三阶段）》(GB 20891—2014)，⑥《城市车辆用柴油发动机排气污染物排放限值及测量方法（WHTC工况法）》(HJ 689—2014)；⑦《摩托车和轻便摩托车排气污染物排放限值及测量方法（双怠速法）》(GB 14621—2011)；⑧《非道路移动机械用小型点燃式发动机排气污染物排放限值与测量方法》(GB 26133—2010)；⑨《重型车用汽油发动机与汽车排气污染物排放限值及测量方法》(GB 14762—2008)；⑩《汽油运输大气污染物排放标准》(GB 20951—2007)；⑪《轻便摩托车污染物排放限值及测量方法（中国第四阶段）》(GB 18176—2016)；⑫《摩托车污染物排放限值及测量方法（中国第四阶段）》(GB 14622—2016)；⑬《非道路移动机械用柴油机排气污染物排放限值及测量方法》(GB 20891—2007)；⑭《重型柴油车污染物排放限值及测量方法（中国六阶段）》(GB 17691—2016)；⑮《三轮汽车和低速货车用柴油机排气污染物排放限值及测量方法（中国Ⅰ、Ⅱ阶段）》(GB 19756—2005)；⑯《装用点燃式发动机重型汽车曲轴箱污染物排放限值及测量方法》(GB 11340—2005)；⑰《汽油车污染物排放限值及测量方法（双怠速法及简易工况法）》(GB 18285—2018)；⑱《摩托车和轻便摩托车排气烟度排放限值及测量方法》(GB 19758—2005)；⑲《柴油车污染物排放限值及测量方法》(GB 3847—2018)；⑳《装用点燃式发动机重型汽车燃油蒸发污染物排放限值及测量方法》(GB 14763—2005)；㉑《农用运输车自由加速烟度排放限值及测量方法》(GB 18322—2002)；㉒《轻型汽车污染物排放限值及测量方法（中国第五阶段）》(GB 18352.5—2013)；㉓《重型柴油车污染物排放限值及测量方法（中国第六阶段）》(GB 17691—2018)。

第四节　除尘工程相关标准规范

一、相关设计技术规范

主要有：①《火电厂除尘工程技术规范》(HJ 2039—2014)；②《钢铁工业除尘工程技术规范》(HJ 435—2008)；③《水泥工业除尘工程技术规范》(HJ 434—2008)；④《袋式除尘器通用技术规范》(HJ 2020—2012)；⑤《工业企业总平面设计规范》(GB 50187—2012)；⑥《电力工程电

缆设计标准》(GB 50264—2018)；⑦《工业设备及管道绝热工程设计规范》(GB 50264—2013)；⑧《建筑地基基础设计规范》(GB 50007—2011)；⑨《建筑结构荷载规范》(GB 50009—2012)；⑩《混凝土结构设计规范》(GB 50010—2010)；⑪《建筑抗震设计规范》(GB 50011—2010)；⑫《室外排水设计规范》(GB 50014—2014)；⑬《建筑给水排水设计标准》(GB 50015—2019)；⑭《建筑设计防火规范》(GB 50016—2014)；⑮《钢结构设计标准（附条文说明［另册］）》(GB 50017—2017)；⑯《工业建筑供暖通风与空气调节设计规范》(GB 50019—2015)；⑰《压缩空气站设计规范》(GB 50029—2014)；⑱《动力机器基础设计规范》(GB 50040—1996)；⑲《烟囱设计规范》(GB 50051—2013)；⑳《供配电系统设计规范》(GB 50052—2009)；㉑《低压配电设计规范》(GB 50054—2011)；㉒《建筑物防雷设计规范》(GB 50057—2010)；㉓《电力工程直流电源系统设计技术规程》(DL/T 5044—2014)；㉔《火力厂保温油漆设计规程》(DL/T 5072—2019)；㉕《火力发电厂烟风煤粉管道设计技术规程》(DL/T 5121—2000)；㉖《工业企业噪声控制设计规范》(GB/T 50087—2013)；㉗《建筑灭火器配置设计规范》(GB 50140—2005)；㉘《工业企业设计卫生标准》(GBZ 1—2010)；㉙《工作场所有害因素职业接触限值》(GBZ 2.2—2007)；㉚《电测量及电能计量装置设计技术规程》(DL/T 5137—2001)；㉛《交流电气装置的过电压保护和绝缘配合》(DL/T 620—1997)；㉜《建筑采光设计标准》(GB 50033—2013)；㉝《石油化工设备和管道涂料防腐蚀设计标准》(SH/T 3022—2019)；㉞《涂覆涂料前钢材表面处理 表面清洁度的目视评定 第1部分：未涂覆过的钢材表面和全面清除原有涂层后的钢材表面的锈蚀等级和处理等级》(GB/T 8923.1—2011)；㉟《粉尘爆炸泄压指南》(GB/T 15605—2008)；㊱《电除尘工程通用技术规范》(HJ 2028—2013)。

二、常用除尘器标准

主要包括：①《除尘器术语》(GB/T 16845—2008)；②《袋式除尘器技术要求》(GB/T 6719—2009)；③《环境保护产品技术要求 袋式除尘器用电磁脉冲阀》(HJ/T 284—2006)；④《环境保护产品技术要求 袋式除尘器用滤料》(HJ/T 324—2006)；⑤《环境保护产品技术要求 袋式除尘器滤袋框架》(HJ/T 325—2006)；⑥《环境保护产品技术要求 袋式除尘器用覆膜滤料》(HJ/T 326—2006)；⑦《环境保护产品技术要求 袋式除尘器滤袋》(HJ/T 327—2006)；⑧《环境保护产品技术要求 脉冲喷吹类袋式除尘器》(HJ/T 328—2006)；⑨《环境保护产品技术要求 回转反吹袋式除尘器》(HJ/T 329—2006)；⑩《环境保护产品技术要求 分室反吹类袋式除尘器》(HJ/T 330—2006)；⑪《袋式除尘器 安全要求 脉冲喷吹类袋式除尘器用分气箱》(JB/T 10191—2010)；⑫《电除尘器焊接件 技术要求》(JB/T 5911—2007)；⑬《袋式除尘器用电磁脉冲阀》(JB/T 5916—2013)；⑭《袋式除尘器用滤袋框架》(JB/T 5917—2013)；⑮《袋式除尘器 安装技术要求与验收规范》(JB/T 8471—2020)；⑯《电除尘器》(JB/T 5910—2013)；⑰《电袋复合除尘器》(GB/T 27869—2011)；⑱《分室反吹风清灰袋式除尘器》(JC/T 837—2013)；⑲《离心式除尘器》(JB/T 9054—2015)；⑳《机械振动类袋式除尘器》(JB/T 9055—2015)；㉑《顶置湿式电除尘器》(JB/T 12532—2015)；㉒《电袋复合除尘器电气控制装置》(JB/T 12123—2015)；㉓《袋式除尘器离线移动清灰技术规范》(DL/T 1618—2016)；㉔《低低温电除尘器》(JB/T 12591—2016)；㉕《燃煤电广超净电袋复合除尘器》(DL/T 1493—2016)；㉖《电除尘器用电磁锤振打器》(JB/T 11640—2013)；㉗《湿式电除尘器》(JB/T 11638—2013)；㉘《燃煤电厂用电袋复合除尘器》(JB/T 11829—2014)；㉙《滤筒式除尘器》(JB/T 10341—2014)。

三、相关工程施工规范标准

主要包括：①《建设工程项目管理规范》(GB/T 50326—2006)；②《工业金属管道工程施工规范》(GB 50235—2010)；③《现场设备、工业管道焊接工程施工规范》(GB 50236—2011)；④《建筑给水排水及采暖工程施工质量验收规范》(GB 50242—2002)；⑤《电气装置安装工程低压电器施工及验收规范》(GB 50254—2014)；⑥《电气装置工程施工与验收规范》(GB 50259—2006)；⑦《安全带》(GB 6095—2009)；⑧《安全网》(GB 5725—2009)；⑨《安全标志及使用导则》(GB 2894—2008)；⑩《高处作业分级》(GB/T 3608—2008)；⑪《固定式钢直梯安全技术条件》(GB 4053.1—1993)；⑫《固定式钢斜梯安全技术条件》(GB 4053.2—1993)；⑬《固定式工业防护栏杆安全技术条件》(GB 4053.3—1993)；⑭《固定式工业钢平台》(GB 4053.4—1983)；⑮《涂装作业安全规程 涂漆工艺安全及其通风净化》(GB 6514—2008)；⑯《便携式木折梯安全要求》(GB 7059—2007)；⑰《低压成套开关设备和控制设备》(GB 7251.1—2013)；⑱《工业企业厂界环境噪声排放标准》(GB 12348—2008)；⑲《输送设备安装工程施工及验收规范》(GB 50270—2010)；⑳《风机、压缩机、泵安装工程施工及验收规范》(GB 50275—2010)；㉑《建筑电气工程施工质量验收规范》(GB 50303—2015)；㉒《旋转电机 定额和性能》(GB 755—2019)；㉓《气焊、焊条电弧焊、气体保护焊和高能束焊的推荐坡口》(GB/T 985.1—2008)；㉔《自动化仪表工程施工及质量验收规范》(GB 50093—2013)；㉕《电气装置安装工程电缆线路施工及验收标准》(GB 50168—2016)；㉖《电气装置安装工程 接地装置施工及验收标准》(GB 50169—2016)；㉗《电气装置安装工程 盘、柜及二次回路接线施工及验收规范》(GB 50171—2012)；㉘《混凝土结构工程施工质量验收规范》(GB 50204—2015)；㉙《火力发电厂分散控制系统验收测试规程》(DL/T 659—2016)；㉚《正压气力除灰系统性能验收试验规程》(DL/T 909—2004)；㉛《电气装置安装工程 母线装置施工及验收规范》(GB 50149—2010)；㉜《手持式电动工具的管理、使用、检查和维修安全技术规程》(GB/T 3787—2017)；㉝《特低电压（ELV）限值》(GB/T 3805—2008)；㉞《低压开关设备和控制设备》(GB/T 14048.21—2013)；㉟《化工设备、管道防腐蚀工程施工及验收规范》(HG/T 20229—2017)。

四、相关防燃防爆规程规范

主要有：①《防止静电事故通用导则》(GB 12158—2006)；②《粉尘防爆安全规程》(GB 15577—2018)；③《铝镁初加工粉尘防爆安全规程》(GB 17269—2003)；④《粮食加工、储运系统粉尘防爆安全规程》(GB 17440—2008)；⑤《港口散粮装卸系统粉尘防爆安全规程》(GB 17918—2008)；⑥《粉尘爆炸危险场所用收尘器防爆导则》(GB/T 17919—2008)；⑦《烟草加工系统粉尘防爆安全规程》(GB 18245—2000)；⑧《饲料加工系统粉尘防爆安全规程》(GB 19081—2008)；⑨《亚麻纤维加工系统粉尘防爆安全规程》(GB 19881—2005)；⑩《建筑设计防火规范》(GB 50016—2010)；⑪《防雷规范》(GB 50057—2010)；⑫《爆炸危险环境电力装置设计规范》(GB 50058—2014)；⑬《木材加工系统粉尘防爆安全规范》(AQ 4228—2012)；⑭《粮食立筒仓粉尘防爆安全规范》(AQ 4229—2013)；⑮《塑料生产系统粉尘防爆规范》(AQ 4232—2013)。

五、相关噪声振动常用标准

主要包括：①《声学 低噪声工作场所设计指南 噪声控制规划》(GB/T 17249.1—1998)；②《声学消声器现场测量》(GB/T 19512—2004)；③《声屏障声学设计和测量规范》(HJ/T 90—2004)；④《环境噪声监测技术规范城市声环境常规监测》(HJ 640—2012)；⑤《建筑施工场界环境噪声排放标准》(GB 12523—2011)；⑥《工业企业厂界环境噪声排放标准》(GB 12348—2008)；⑦《声学 环境噪声的描述、测量与评价 第 1 部分基本参量与评价方法》(GB/T 3222.1—2006)；⑧《声学 环境噪声的描述、测量与评价 第 2 部分：环境噪声级测定》(GB/T 3222.2—2009)；⑨《建筑施工场界环境噪声排放标准》(GB 12523—2011)；⑩《环境噪声监测技术规范噪声测量值修正》(HJ 706—2014)；⑪《环境噪声监测技术规范 结构传播固定设备室内噪声》(HJ 707—2014)；⑫《通风机 噪声限值》(JB/T 8690—2014)。

六、除尘工程验收参照标准

1. 基本法律和规范

主要有：①《中华人民共和国建筑法》；②《建设工程质量管理条例》；③《建设工程项目管理规范》(GB/T 50326—2017)；④《建设工程施工项目管理规范》(GB 50216—2001)；⑤《建设

工程监理规范》（GB 50319—2013）；⑥《建设工程文件归档整理规范》（GB 50238—2001）。

2. 土方及基础工程参照标准

主要有：①《土工试验方法标准》（GB/T 50123—2019）；②《建筑地基基础工程施工质量验收标准》（GB 50202—2018）；③《建筑与市政工程地下水控制技术规范》（JGJ 111—2016）。

3. 钢筋混凝土工程参照标准

主要有：①《给水排水构筑物工程施工及验收规范》（GB 50141—2008）；②《混凝土结构工程施工质量验收规范》（GB 50204—2015）；③《钢筋混凝土用钢 第2部分：热轧带肋钢筋》（GB 1499.2—2018）；④《钢筋混凝土用热轧光圆钢筋》（GB 1499.1—2017）；⑤《组合钢模板技术规范》（GB 50214—2013）⑥《混凝土质量控制标准》（GB 50164—2011）；⑦《混凝土强度检验评定标准》（GB/T 50107—2010）；⑧《通用硅酸盐水泥》（GB 175—2007）；⑨《混凝土外加剂应用技术规范》（GB 50119—2013）；⑩《地下防水工程质量验收规范》（GB 50208—2011）；⑪《钢筋焊接及验收规程》（JGJ 18—2012）；⑫《建筑施工模板安全技术规范》（JGJ 162—2008）；⑬《建筑施工扣件式钢管脚手架安全技术规范》（JGJ 130—2011）；⑭《普通混凝土用砂、石质量及检验方法标准》（JGJ 52—2006）；⑮《普通混凝土配合比设计规程》（JGJ 55—2011）；⑯《混凝土用水标准》（JGJ 63—2006）；⑰《砂浆、混凝土防水剂》（JC 474—2008）；⑱《混凝土膨胀剂》（GB 23439—2017）。

4. 建筑工程参照标准

主要有：①《建筑工程施工质量验收统一标准》（GB 50300—2013）；②《砌体结构工程施工质量验收规范》（GB 50203—2011）；③《建筑防腐蚀工程施工规范》（GB 50212—2014）；④《屋面工程质量验收规范》（GB 50207—2012）；⑤《建筑地面工程施工质量验收规范》（GB 50209—2010）；⑥《建筑装饰装修工程质量验收标准》（GB 50210—2018）；⑦《建筑给水排水及采暖工程施工质量验收规范》（GB 50242—2016）；⑧《通风与空调工程施工质量验收规范》（GB 50243—2016）；⑨《建筑电气工程施工质量验收规范》（GB 50303—2015）；⑩《屋面工程技术规范》（GB 50345—2004）；⑪《建筑排水塑料管道工程技术规程》（CJJ/T 29—2010）；⑫《建筑排水用硬聚氯乙烯（PVC-U）管材》（GB/T 5836.1—2018）。

5. 管道工程参照标准

主要有：①《给水排水管道工程施工及验收规范》（GB 50268—2008）；②《工业金属管道工程施工质量验收规范》（GB 50184—2011）；③《现场设备、工业管道焊接工程施工规范》（GB 50236—2011）；④《管道元件 公称尺寸的定义和选用》（GB 1047—2019）；⑤《管道元件 公称尺寸的定义和选用》（GB 1048—2019）；⑥《埋地硬聚氯乙烯排水道工程技术规范》（CECS122：2001）；⑦《混凝土和钢筋混凝土排水管》（GB/T 11836—2009）；⑧《低压流体输送用焊接钢管》（GB/T 3091—2008）；⑨《玻璃钢管和管件》（HG/T 21633—1991）；⑩《钢管验收、包装、标志和质量证明书》（GB/T 2102—2006）。

6. 设备安装工程参照标准

主要有：①《工业安装工程施工质量验收统一标准》（GB 50252—2018）；②《机械设备安装工程施工及验收通用规范》（GB 50231—2009）；③《现场设备、工业管道焊接工程施工规范》（GB 50236—2011）；④《风机、压缩机、泵安装工程施工及验收规范》（GB 50275—2010）；⑤《起重设备安装工程施工及验收规范》（GB 50278—2010）；⑥《水工金属结构防腐蚀规范》（SL 105—2007）；⑦《泵站施工规范》（SL 234—1999）；⑧《水工金属结构焊接通用技术条件》（SL 36—2016）。

7. 电气工程参照标准

主要有：①《建设工程施工现场供用电安全规范》（GB 50194—2014）；②《电气装置安装工程 电力变压器、油浸电抗器、互感器施工及验收规范》（GB 50148—2010）；③《电气装置安装工程 电缆线路施工及验收规范》（GB 50168—2018）；④《电气装置安装工程 接地装置施工及验收规范》(GB 50169—2018)；⑤《电气装置安装工程 旋转电机施工及验收规范》(GB 50170—2018)；⑥《电气装置安装工程 盘、柜及二次回路接线施工及验收规范》(GB 50171—2012)；⑦《电气装置安装工程 低压电器施工及验收规范》(GB 50254—2014)；⑧《电气装置安装工程 电力变流设备施工及验收规范》(GB 50255—2014)；⑨《电气装置安装工程 起重机电器装置施工及验收规范》(GB 50256—2014)；⑩《电气装置安装工程 爆炸和火灾危险环境电气装置施工及验收规范》(GB 50257—2014)；⑪《建筑电气工程 施工质量验收规范》(GB 50303—2015)；⑫《电气装置安装工程 电气设备交接试验标准》(GB 50150—2016)。

在使用本书各标准时，标准均以最新标准为主。

第三章　尘源控制与集气吸尘罩设计

尘源控制和集气吸尘罩是除尘系统的重要部分，是除尘工程设计的重要环节。集气吸尘罩的使用效果越好意味着越能满足生产和环保的要求。本章主要介绍常用集气吸尘罩的设计和排气量的计算，还介绍无罩尘源控制方法。集气吸尘罩又称排气罩、排风罩。

第一节　集气吸尘罩分类和工作机理

一、集气吸尘罩分类

集气吸尘罩因生产工艺条件和操作方式的不同，形式很多，按集气吸尘罩的作用和构造，主要分为四类：密闭罩、半密闭罩、外部罩和吹吸罩。具体分类如图3-1所示。

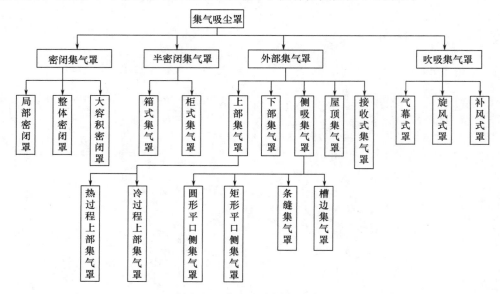

图 3-1　集气吸尘罩的分类

二、集气吸尘罩工作机理

集气吸尘罩罩口气流运动方式有两种：一种是吸气口气流的吸入流动；另一种是吹气口气流的吹出流动。对集气吸尘多数的情况是吸气口吸入气流。

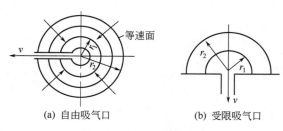

(a) 自由吸气口　　　(b) 受限吸气口

图 3-2　点汇气流流动情况

1. 吸入口气流

一个敞开的管口是最简单的吸气口，当吸气口吸气时，在吸气口附近形成负压，周围空气从四面八方流向吸气口，形成吸入气流或汇流。当吸气口面积较小时，可视为"点汇"。形成以吸气口为中心的径向线，和以吸气口为球心的等速球面。如图3-2（a）所示。

由于通过每个等速面的吸气量相等，假定

点汇的吸气量为 Q，等速面的半径分别为 r_1 和 r_2，相应的气流速度为 v_1 和 v_2，则有

$$Q = 4\pi r_1^2 v_1 = 4\pi r_2^2 v_2 \qquad (3\text{-}1)$$

式中，Q 为气体流量，m^3/s；v_1、v_2 分别为球面 1 和球面 2 上的气流速度，m/s；r_1、r_2 分别为球面 1 和球面 2 的半径，m。

$$v_1/v_2 = (r_2/r_1)^2 \qquad (3\text{-}2)$$

由式（3-2）可见，点汇外某一点的流速与该点至吸气口距离的平方成反比。因此设计集气吸尘罩时，应尽量减少罩口到污染源的距离，以提高捕集效率。

若在吸气口的四周加上挡板，如图 3-2(b) 所示，吸气范围减少 1/2，其等速面为半球面，则吸气口的吸气量为

$$Q = 2\pi r_1^2 v_1 = 2\pi r_2^2 v_2 \qquad (3\text{-}3)$$

式中，符号意义同前。

比较式（3-1）和式（3-3）可以看出，在同样距离上造成同样的吸气速度时，吸气口不设挡板的吸气量比加设挡板时大 1 倍。因此在设计外部集气罩时，应尽量减少吸气范围，以便增强控制效果。

实际上，吸气口有一定大小，气体流动也有阻力。形成吸气区气体流动的等速面不是球面而是椭球面。根据试验数据，绘制了吸气区内气流流线和速度分布，直观地表示了吸气速度和相对距离的关系，如图 3-3～图 3-5 所示。图 3-3、图 3-4 中的横坐标是 x/d（x 为某点距吸气口的距离，d 为吸气口直径），等速面的速度值是以吸气口流速 v_0 的百分数表示的。图 3-5 绘出了侧边比为 1∶2 的矩形吸气口吸入气流的等速线，图中数值表示中心轴离吸气口的距离以及在该点气流速度与吸气口流速 v_0 的百分比。

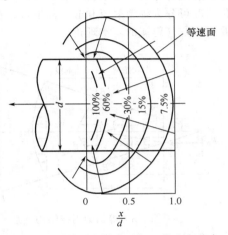

图 3-3　四周无边圆形吸气口的速度分布

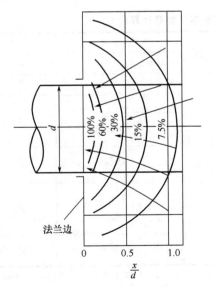

图 3-4　四周有边圆形
吸气口的速度分布

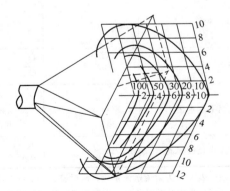

图 3-5　宽长比为 1∶2 的矩形吸
气口的速度分布

根据试验结果，吸气口气流速度分布具有以下特点。

① 在吸气口附近的等速面近似与吸气口平行，随离吸气口距离 x 的增大，逐渐变成椭圆面，而在 1 倍吸气口直径 d 处已接近为球面。因此，当 $x/d>1$ 时可近似当作点汇，吸气量 Q 可按式（3-1）、式（3-2）计算。

当 $x/d=1$ 时，该点气流速度已大约降至吸气口流速的 7.5%。如图 3-3 所示。当 $x/d<1$ 时，根据气流衰减公式计算。

② 对于结构一定的吸气口，不论吸气口风速大小如何，其等速面形状大致相同。而吸气口结构形式不同，其气流衰减规律则不同。

2. 吹出气流运动规律

空气从孔口吹出，在空间形成一股气流称为吹出气流或射流。据空间界壁对射流的约束条件，射流可分为自由射流（吹向无限空间）和受限射流（吹向有限空间）；按射流内部温度的变化情况可分为等温射流和非等温射流；在设计热设备上方集气吸尘罩和吹吸式集气吸尘罩时，均要应用空气射流的基本理论。

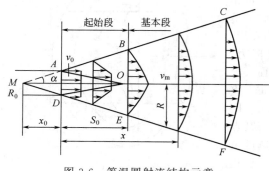

图 3-6　等温圆射流结构示意

等温圆射流是自由射流中的常见流型。其结构如图 3-6 所示。圆锥的顶点称为极点，圆锥的半顶角 α 称为射流的扩散角。射流内的轴线速度保持不变并等于吹出速度 v_0 的一段，称为射流核心段（见图 3-6 的 AOD 锥体）。由吹气口至核心被冲散的这一段称为射流起始段。以起始段的端点 O 为顶点，吹气口为底边的锥体中，射流的基本性质（速度、温度、浓度等）均保持其原有特性。射流核心消失的断面 BOE 称为过渡断面。过渡断面以后称为射流基本段，射流起始段是比较短的，在工程设计中实际意义不大，在集气吸尘罩设计中常用到的等温圆射流和扁射流基本段参数计算公式列于表 3-1 中。

表 3-1　等温圆射流和扁射流基本段参数计算公式

参数名称	符号	圆射流	扁射流	公式编号
扩散角	α	$\tan\alpha=3.4a$	$\tan\alpha=2.44a$	式（3-4）
起始段长度	S_0/m	$S_0=8.4R_0$	$S_0=9.0b_0$	式（3-5）
轴心速度	v_m/(m/s)	$\dfrac{v_m}{v_0}=\dfrac{0.996}{\dfrac{ax}{R_0}+0.294}$	$\dfrac{v_m}{v_0}=\dfrac{1.2}{\sqrt{\dfrac{ax}{b_0}+0.41}}$	式（3-6）
断面流量	Q_x/(m³/s)	$\dfrac{Q_x}{Q_0}=2.2\left(\dfrac{ax}{R_0}+0.294\right)$	$\dfrac{Q_x}{Q_0}=1.2\sqrt{\dfrac{ax}{R_0}+0.294}$	式（3-7）
断面平均速度	v_x/(m/s)	$\dfrac{v_x}{v_0}=\dfrac{0.1915}{\dfrac{ax}{R_0}+0.294}$	$\dfrac{v_x}{v_0}=\dfrac{0.492}{\sqrt{\dfrac{ax}{b_0}+0.41}}$	式（3-8）
射流半径或半高度	R_b/m	$\dfrac{R}{R_0}=1+3.4\dfrac{ax}{R_0}$	$\dfrac{b}{b_0}=1+2.44\dfrac{ax}{b_0}$	式（3-9）

注：表中 a 为射流紊流系数，圆射流 $a=0.08$，扁射流 $a=0.11\sim0.12$；R_0 为圆形吹气口的半径；b_0 为扁矩形吹气口半高度；表中各符号角标 0 表示吹气口处起始段的有关参数；角标 x 表示离吹气口距离 x 处断面上的有关参数。

等温自由射流一般具有以下特征。

① 由于紊流动量交换，射流边缘有卷吸周围空气的作用，所以射流断面不断扩大，其扩散角 α 约为 $15°\sim20°$。

②　射流核心段呈锥形不断缩小。对于扁射流，距吹气口的距离 x 与吹气口高度 $2b_0$ 的比值 $x/2b_0=2.5$ 以前为核心段。核心段轴线上射流速度保持吹气口上的平均速度 v_0。

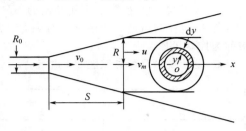

③　核心段以后（扁射流 $x/2b_0>2.5$），射流速度逐渐下降。射流中的静压与周围静止空气的压强相同。

④　射流各断面动量相等。根据动量方程式，单位时间通过射流各断面的动量应相等。对于圆射流，单位时间内喷吹口的动量应为 $\rho Q_0 v_0=\rho\pi R_0^2 v_0^2$。射流基本段的断面速度分布是不均匀的，任取对称于轴心的微环面积 $2\pi y\mathrm{d}y$（见图3-7），单位时间内通过微面积的质量为 $e\rho(2\pi y\mathrm{d}y)v$，动量为 $\rho(2\pi y\mathrm{d}y)v^2$。因此，整个断面的动量为 $\int_0^R 2\rho\pi y v^2\mathrm{d}y$，于是

图 3-7　计算射流断面的动量

$$\rho\pi R_0^2 v_0^2=\int_0^R 2\rho\pi y v^2\mathrm{d}y \tag{3-10}$$

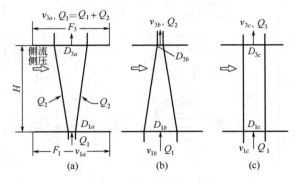

图 3-8　吹吸气流的形式

注：1. $H/D_1<30$，一般 $2<H/D_1<15$；

2. v_1、v_3 越小越好，但是 $v_1>0.2\mathrm{m/s}$；

3. F_3 越小越好；4. $F_1=D_1$ 最好；

5. 采用经济设计式，使 Q_3 或（Q_1+Q_3）最小

3. 吹吸气流

图 3-8 是 3 种基本的吹吸气流的形式。图中 H 表示吹气口和吸气口的距离；D_1、D_3、F_1、F_3 分别为吹气口、吸气口的大小尺寸及其法兰边宽度；Q_1、Q_2、Q_3 分别为吹气口的吹气量、吸入的室内空气量和吸气口的总排风量；v_1、v_3 分别为吹气口和吸气口的气流速度。吹吸气流是组合而成的合成气流，其流动状况随吹气口和吸气口的尺寸比（H/D_1、D_3/D_1、F_3/D_1、…）以及流量比（Q_2/Q_1、Q_3/Q_1）而变化。图 3-8 分别是倒三角形（a）、正三角形（b）和柱形（c），受力后，（a）立即倒下，（b）、（c）则难以推倒。吹吸气流的情况亦完全相同，吹气口宽度大，抵抗以箭头表示的侧风、侧压的能力就大。所以现在已把 $H/D_1<30$ 定为吹吸式集气罩的设计基准值。

第二节　集气吸尘罩设计

一、设计原则和技术要求

1. 设计原则

①　改善排放粉尘有害物的工艺和工作环境，尽量减少粉尘排放及危害。

②　吸尘罩尽量靠近污染源并将其围罩起来。形式有密闭型、围罩型等。如果妨碍操作，可以将其安装在侧面，可采用风量较小的槽型或桌面型。

③　决定吸尘罩安装的位置和排气方向。研究粉尘发生机理，考虑飞散方向、速度和临界点，用吸尘罩口对准飞散方向。如果采用侧型或上盖型吸尘罩，要使操作人员无法进入污染源与吸尘罩之间的开口处。

④　决定开口周围的环境条件。一个侧面封闭的吸尘罩比开口四周全部自由开放的吸尘罩效果好。因此，应在不影响操作的情况下将四周围起来，尽量少吸入未被污染的空气。

⑤ 防止吸尘罩周围的紊流。如果捕集点周围的紊流对控制风速有影响，就不能提供更大的控制风速，有时这会使吸尘罩丧失正常的作用。

⑥ 吹吸式（推挽式）。利用喷出的力量将污染气体排出。

⑦ 决定控制风速。为使有害物从飞散界限的最远点流进吸尘罩开口处，而需要的最小风速被称为控制风速。

⑧ 设计吸尘罩可参照图 3-9 进行。

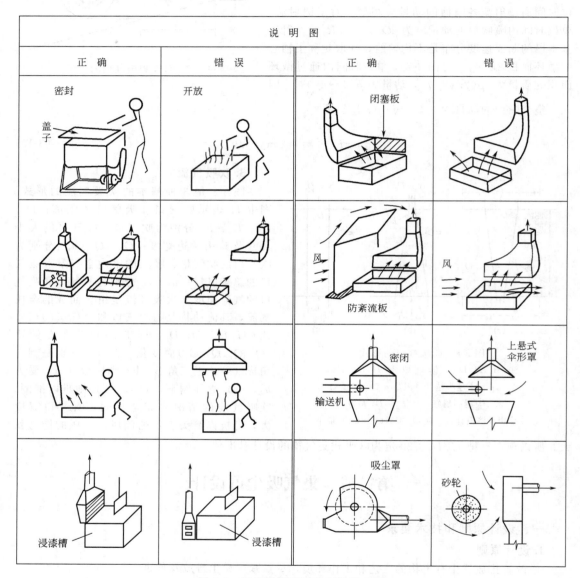

图 3-9　吸尘罩位置正确与错误对照

2. 设计技术要求

（1）性能要求　排风罩的类型、结构形式应根据有害物源的性质和特点确定，做到罩内负压或罩口风速均匀，排风量按防止有害物扩散至工作场所的原则确定，也可根据实测数据、经验数据或模型实验确定。

各种集气罩集气率为：密闭罩 100％，半密闭罩＜95％，吹吸罩和屋顶罩＜90％。

（2）设计要求

① 排风罩应能将有害物源放散的有害物予以捕集，在使工作场所有害物浓度达到相应卫生标准要求的前提下，提高捕集效率，以较小的能耗捕集有害物。

② 对可以密闭的有害物源，应首先采用密闭的措施，尽可能将其密闭，用较小的排风量达到较好的控制效果。

③ 当不能将有害物源全部密闭时可设置外部罩、外部罩的罩口应尽可能接近有害物源。

④ 当排风罩不能设置在有害物源附近或罩口至有害物源距离较大时，可设置吹吸罩。对于有害物源上挂有遮挡吹吸气流的工件或隔断吹吸气流作用的物体时应慎用吹吸罩。

⑤ 排风罩的罩口外气流组织宜有利于有害气流直接进入罩内，且排气线路不应通过作业人员的呼吸带。

⑥ 外部罩、接受罩应避免布置在存在干扰气流之处。排风罩的设置应方便作业人员操作和设备维修。

（3）结构要求

① 密闭罩应尽可能采用装配结构、观察窗、操作孔和检修门应开关灵活并且具有气密性，其位置应躲开气流正压较高的部位。罩体如必须连接在振动或往复运动的设备上，应采用柔性连接。密闭罩的吸风口应避免正对物料飞溅区，其位置应避开气流正压较高的部位，保持罩内均匀负压，吸风口的平均风速以基本上不吸走有用物料为准。

② 外部罩的罩口尺寸应按吸入气流流场特性来确定，其罩口与罩子连接管面积之比不应超过 16：1，罩子的扩张角度宜小于 60°，不应大于 90°。当罩口的平面尺寸较大而又缺少容纳事宜扩张角所需的垂直高度时，可以将其分成几个独立的小排风罩；对中等大小的排风罩，可在罩口内设置挡板、导流板或条缝口等。

③ 为提高捕集率和控制效果，外部罩可加法兰边。

④ 对于悬挂高度 $H \leqslant 1.5\sqrt{F}$（H 为罩口至热源上沿的距离，F 为热源水平投影面积）或 $H < 1\text{m}$ 的接受罩，罩口尺寸应比热源尺寸每边扩大 $150 \sim 200\text{mm}$；对于悬挂高度 $H > 1.5\sqrt{F}$ 或 $H > 1\text{m}$ 的接受罩，应将计算所得的罩口处热射流直径增加为 $0.8H$（H 悬挂高度）作为罩口直径。

（4）材质要求

① 排风罩的材料应根据有害气体的温度、磨琢性、腐蚀性等条件选择。除钢板外，罩体材料可采用有色金属、工程塑料、玻璃钢等。

② 对设备振动小、温度不高的场合，可用小于或等于 2mm 薄钢板制作罩体；对于振动大、物料冲击大或温度较高的场合，宜用 3～8mm 厚的钢板制作；对于高温条件下或炉窑旁使用的排风罩，宜采用耐热钢板制作；对于捕集磨琢性粉尘的罩子，应采取耐磨措施。

③ 在有酸、碱作用或存在其他腐蚀性条件的环境，罩体应采用耐腐蚀材料制作或在材料表面作耐腐蚀处理。在可能由静电引起火灾爆炸的环境，罩体应采用防静电材料制作或在材料表面作防静电处理。

④ 排风罩应坚固耐用，其材料应有足够的强度，避免在拆装或受到振动、腐蚀、温度剧烈变化时变形和损坏。

二、密闭集气吸尘罩

1. 密闭罩的设计注意事项

（1）密闭罩应力求严密，尽量减少罩上的孔洞和缝隙

① 密闭罩上通过物料的孔口应设弹性材料制作的遮尘帘。

② 密闭罩应尽可能避免直接连接在振动或往复运动的设备机体上。

③ 胶带机受料点采用托辊时，因受物料冲击会使胶带局部下陷，在胶带和密闭挡板之间形成缝隙，造成粉尘外逸。因此，受料点下的托辊密度应加大或改用托板。

④ 密闭罩上受物料撞击和磨损的部分，必须用坚固的材料制作。

（2）密闭罩的设置应不妨碍操作和便于检修

① 根据工艺操作要求，设置必要的操作孔、检修门和观察孔，门孔应严密，关闭灵活。

② 密闭罩上需要拆卸部分的结构应便于拆卸和安装。

（3）应注意罩内气流运动特点

① 正确选择密闭罩形式和排风点位置，以合理地组织内气流，使罩内保持负压。

② 密闭罩需有一定的空间，以缓冲气流，减小正压。

③ 操作孔、检修门应避开气流速度较高的地点。

2. 密闭罩的基本形式

（1）局部密闭罩　将设备产尘地点局部密闭，工艺设备露在外面的密闭罩。其容积较小，适用于产尘气流速度较小，瞬时增压不大，且集中、连续扬尘的地点，如胶带机受料点、磨机的受料口等，见图 3-10。

（2）整体密闭罩　将产生粉尘的设备或地点大部密闭，设备的传动部分留在外面的密闭罩，其特点是密闭罩本身为独立整体，易于密闭。通过罩上的观察孔可对设备进行监视，设备传动部分的维修。可在罩外进行。这种密闭方式适用于具有振动的设备或产尘气流速度较大的产尘地点，如振动筛等，见图 3-11。

（3）大容积密闭罩　一将产生粉尘的设备或地点进行全部封闭的密闭罩。它的特点是罩内容积大，可以缓冲含尘气流，减小局部正压。通过罩上的观察孔能监视设备的运行，维修设备可在罩内进行。这种密闭方式适用于多点产尘、阵发性产生和产尘气流速度大的设备或地点，如多交料点的胶带机转运点等，见图 3-12。

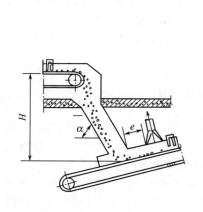

图 3-10　局部密闭罩

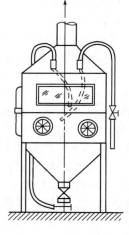

图 3-11　整体密闭罩

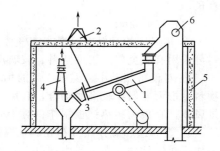

图 3-12　大容积密闭罩
1—振动筛；2—小室排风口；3—卸料口；
4—排风口；5—密闭小室；6—提升机

3. 密闭罩计算

将产尘发生源密闭后，还必须从密闭罩内抽吸一定量的空气，使罩内维持一定的负压，以防污染物逸出罩外污染车间环境。

为了保证罩内造成一定的负压，必须满足密闭罩内进气和排气量的总平衡。其排气量 Q_3 等于从缝隙被吸入罩内的空气量 Q_1 和污染源气体量 Q_2（Q_2 包括物料入罩诱导气量、物料体积量、工艺鼓入罩内气量和物料水分蒸发气量等），即 $Q_3 = Q_1 + Q_2$，理论上计算 Q_1 和 Q_2 是困难的，但是影响 Q_2 较大的因素不容忽视。一般可按经验公式或计算表格来计算密闭罩的排风量。计算法如下所述。

（1）按产生污染物气体与缝隙面积计算排风量　其计算式如下：

$$Q_3 = 3600Kv\sum A + Q_2 \tag{3-11}$$

式中，K 为安全系数，一般取 $1.05\sim1.1$；v 为通过缝隙或孔口的速度，m/s，一般取 $1\sim4$m/s；$\sum A$ 为密闭罩开启孔及缝隙的总面积，m^2；Q_2、Q_3 分别为污染源气量和总排气量，m^3/h。

（2）按截面风速计算排风量　此法常用于大容积密闭罩。一般吸气口设在密闭室的上口部，其计算式如下：

$$Q = 3600Av \tag{3-12}$$

式中，Q 为所需排风量，m^3/h；A 为密闭罩截面积，m^2；v 为垂直于密闭罩面的平均风速，m/s，一般取 $0.25\sim0.5$ m/s。

（3）按换气次数计算法计算排风量　该方法计算较简单，关键是换气次数确定，换气次数的多少视有害物质的浓度、罩内工作情况（能见度等）而定，一般有能见度要求时换气次数应增多，否则可少。其计算式如下：

$$Q = 60nV \tag{3-13}$$

式中，Q 为排风量，m^3/h；V 为密闭罩容积，m^3；n 为换气次数，当 $V>20m^3$ 时取 $n=7$。

4. 密闭罩的结构

密闭罩的材料和结构形式应坚固耐用，严密性好，拆卸方便。由小型型钢和薄钢板等组成的凹槽盖板是一种性能良好的密闭罩结构。

（1）凹槽盖板密闭罩　凹槽盖板适合于做成装配式结构。对于较小的密闭罩可全部采用凹槽盖板；对大型密闭罩为便于生产设备的检修，可局部采用凹槽盖板。

凹槽盖板密闭罩由许多装配单元组成，各单元的几何形状（矩形、梯形、弧形等）按实际需要决定，每个单元的边长不宜超过1.5m。每个单元由凹槽框架、密闭盖、压紧装置和密封填料等构件组成，如图 3-13 所示。

① 凹槽宽度在加工误差允许范围内，要使盖板能自由嵌入凹槽，但不宜过宽，凹槽最小宽度可按表 3-2 选取。

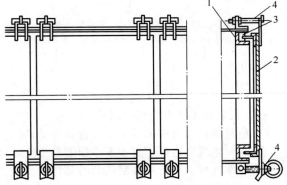

图 3-13　凹槽盖板密闭结构
1—凹槽框架；2—密闭盖；3—密封填料；4—压紧装置

表 3-2　凹槽最小宽度

密闭盖长边尺寸/mm	凹槽最小宽度/mm	密闭盖长边尺寸/mm	凹槽最小宽度/mm
<500	14	1000～1500	25
500～1000	17	>1500	40

② 凹槽密封填料，应采用弹性好、耐用、价廉的材料，一般可用硅橡胶海绵、无石棉橡胶绳、泡沫塑料等。硅橡胶海绵压缩率不超过 60%，耐温 70～80℃ 以上，1kg 可处理 40mm×17mm 的缝隙 8～9m。填料可用胶粘在凹槽内。

③ 压紧装置如图 3-14 所示，它有 4 种不同形式的联结，可根据实际需要加以组合。

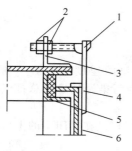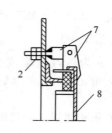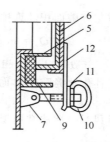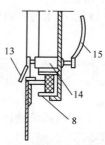

(a) 密闭盖可整个拆除的　　(b) 密闭盖打开后，一端仍联在　　(c) 启闭不很频繁的大密闭盖　　(d) 经常启闭或小密闭盖
　　联接装置　　　　　　　　凹槽框架上的联结装置　　　的压紧装置　　　　　　　　的压紧装置

图 3-14　压紧装置

1—铁钩；2—螺母；3—角钢支座；4—铁环；5—凹槽框架；6—密闭盖；7—铰链；
8—带凹槽边框的门盖；9—丝杆；10—元宝螺帽；11—垫片；12—π形压板；
13—扇形斜面板；14—套管；15—手柄

④ 凹槽密闭盖板可按表 3-3 中所列材料采用。

表 3-3　凹槽密闭盖板用料选择

密闭盖长边尺寸 /mm	平 密 闭 盖			弧 形 密 闭 盖		
	凹槽角钢	盖板角钢	填料厚度/mm	凹槽角钢	盖板角板	填料厚度/mm
>1700	45×4	40×4	17	—	—	—
1500~1700	45×4	40×4	17	40×4	40×4	17
1200~1500	30×4	30×4	17	30×4	30×4	17
1000~1200	30×4	30×4	10	30×4	30×4	17
500~1000	25×3	25×3	10	25×3	25×3	10
<500	25×3	25×3	10	25×3	25×3	10

（2）提高密闭罩严密性的措施

① 毡封轴孔。对密闭罩上穿过设备传动轴的孔洞，可用毛毡进行密封，如图 3-15 所示。

② 砂封盖板。适用于封盖水平面上需要经常打开的孔洞，如图 3-16 所示。

③ 柔性连接。振动或往复移动的部件与固定部件之间，可用柔性材料进行封闭，如图 3-17 所示，一般采用挂胶的帆布或皮革、人造革等材料。当设备运转要求柔性连接件有较大幅度的伸缩时，连接件可做成手风琴箱形。

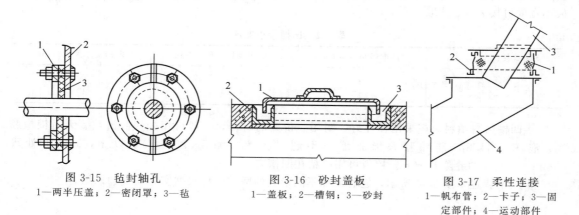

图 3-15　毡封轴孔
1—两半压盖；2—密闭罩；3—毡

图 3-16　砂封盖板
1—盖板；2—槽钢；3—砂封

图 3-17　柔性连接
1—帆布管；2—卡子；3—固
定部件；4—运动部件

三、柜式集气吸尘罩

1. 柜式集气吸尘罩设计注意事项

① 柜式罩排风效果与工作口截面上风速的均匀性有关。设计要求柜口风速不小于平均风速的 80%；当柜内同时产生热量时，为防止含尘气体由工作口上缘逸出，应在柜上抽气；当柜内无热量产生时，可在下部抽风。此时工作口截面上的任何一点风速不宜大于平均风速的 10%，下部排风口应紧靠工作台面。

② 柜式罩安装活动拉门，但不得使拉门将孔口完全关闭。图 3-18 为常用的几种柜式集气吸尘罩的形式。

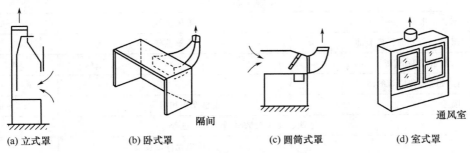

(a) 立式罩　　　(b) 卧式罩　　　(c) 圆筒式罩　　　(d) 室式罩

隔间　　　　　　　　　　　　　　　　　　通风室

图 3-18　柜式集气吸尘罩

③ 柜式罩一般设在车间内或试验室，罩口气流容易受到环境的干扰，通常按推荐入口速度计算出的排风量，再乘以 1.1 的安全系数。

④ 柜式罩不宜设在来往频繁的地段，窗口或门的附近。防止横向气流干扰。当不可能设置单独排风系统时，每个系统连接的柜式罩不应过多。最好单独设置排风系统，避免互相影响。

2. 柜式罩排风量的计算

$$Q = 3600v\beta\sum A + V_{B} \tag{3-14}$$

式中，Q 为排风量，m^3/h；v 为工作口截面处最低吸气速度（表 3-4），m/s；β 为泄漏安全系数，一般取 $1.05\sim1.10$，若有活动设备，经常需拆卸时可取 $1.5\sim2.0$；$\sum A$ 为工作口、观察孔及其他孔口的总面积，m^2；V_{B} 为产生的有害物容积，m^3。

表 3-4　柜式罩工作口最低吸气速度

序 号	生 产 工 艺	有害物的名称	速度/(m/s)
	一、金属热处理		
1	油槽淬火、回火	油蒸气、油分解产物(植物油为丙烯醛)、热	0.3
2	硝石槽内淬火 $t=400\sim700℃$	硝石、悬浮尘、热	0.3
3	盐槽淬火 $t=800\sim900℃$	盐、悬浮尘、热	0.5
4	熔铅 $t=400℃$	铅	1.5
5	氰化 $t=700℃$	氰化合物	1.5
	二、金属电镀		
6	镀镉	氢氰酸蒸气	1~1.5
7	氰铜化合物	氢氰酸蒸气	1~1.5
8	脱脂 (1)汽油； (2)氯化烃； (3)电解	汽油,氯代烃类化合物蒸气	0.3~0.5 0.5~0.7 0.3~0.5

续表

序号	生产工艺	有害物的名称	速度/（m/s）
9	镀铅	铅	1.5
10	酸洗 （1）硝酸； （2）盐酸	酸蒸气和硝酸 酸蒸气（氯化氢）	0.7～1.0 0.5～0.7
11	镀铬	铬酸雾气和蒸气	1.0～1.5
12	氰化镀锌	氢氰酸蒸气	1.0～1.5
三、涂刷和溶解油漆			
13	苯、二甲苯、甲苯	溶解蒸气	0.5～0.7
14	煤油、白节油、松节油	溶解蒸气	0.5
15	乙酸苦戊酯的漆		0.5
16	己酸戊酯和甲烷的漆		0.7～1.0
17	喷漆	漆悬浮物和溶解蒸气	1.0～1.5
四、使用粉散材料的生产过程			
18	装料	粉尘允许浓度 10mg/m³ 以下 4mg/m³ 以下 小于 1mg/m³	0.7 0.7～1.0 1.0～1.5
19	手工筛分和混合筛分	粉尘允许浓度 10mg/m² 以下 4mg/m³ 以下 小于 1mg/m³	1.0 1.25 1.5
20	称量和分装	粉尘允许浓度 10mg/m² 以下 小于 1mg/m³	0.7 0.7～1.0
21	小件喷硅清理	硅酸盐	1～1.5
22	小零件金属喷镀	各种金属粉尘及其氧化物	1～1.5
23	水溶液蒸发	水蒸气	0.3
24	柜内化学试验工作	各种蒸气气体允许浓度 ＞0.01mg/L ＜0.01mg/L	0.5 0.7～1.0
25	焊接 （1）用铅或焊锡； （2）用锡和其他不含铅的金属合金	允许浓度 低于 0.01mg/g 低于 0.01mg/L	0.5～0.7 0.3～0.5
26	用汞的工作 （1）不必加热的； （2）加热的	汞蒸气 汞蒸气	0.7～1.0 1.0～1.25
27	有特殊物质的工序（如放射性物质）	各种蒸气、气体和粉尘	2～3
28	小型制品的电焊 （1）优质焊条； （2）裸焊条	金属氧化物 金属氧化物	0.5～0.7 0.5

3. 柜式罩的排风形式

（1）下部排风柜式罩　当通风柜内无发热体，且产生的有害气体密度比空气大，可选用下部排风通风柜，见图 3-19。

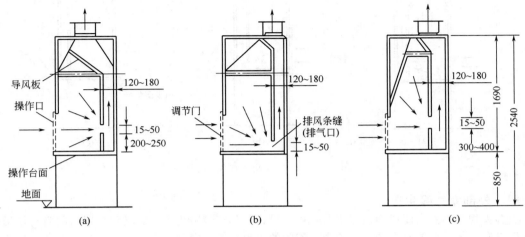

图 3-19　下部排风柜式罩

（2）上部排风柜式罩　当通风柜内产生的有害气体密度比空气小，或通风柜内有发热体时，可选用上部排风通风柜，见图 3-20。

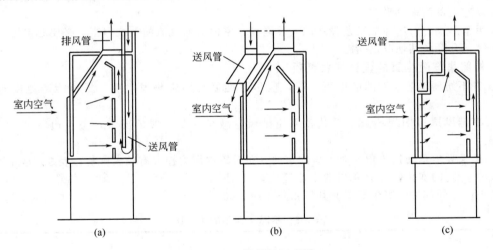

图 3-20　上部排风柜式罩

（3）上、下联合排风柜式罩　当通风柜内既有发热体，又产生密度大小不等的有害气体时，应在柜内上、下部均设置排气点，并装设调节阀，以便调节上、下部排风量的比例，可选用上、下联合排风柜。上、下联合排风柜具有使用灵活的特点，但其结构较复杂。图 3-21（a）所示具有上、下排风口，采用固定导风板，使 1/3 的风量由上部排风口排走，2/3 的风量由下部排风口排走。图 3-21（b）所示具有固定的导风板，上部设有风量调节板，根据需要可调节上、下排风比例。图 3-21（c）所示，具有固定的导风板，有三条排风狭缝，上、中、下各 1 条，各自设有风量调节板，可按不同的工艺操作情况进行调节，并使操作口风速保持均匀。一般各排风条缝口的最大开启面积相等，且为柜后垂直风道截面积的 1/2。排风条缝口处的风速一般取 5～7.5m/s。

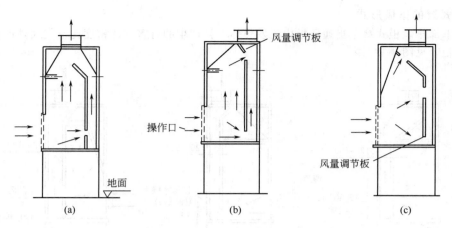

图 3-21 上、下联合排风柜式罩

四、外部集气吸尘罩

当有害物源不能密闭或围挡起来时，可以设置外部集气吸尘罩，它是利用罩口的吸气作用将距吸气口有一定距离的有害物吸入罩内。实际的罩口具有一定的面积，为了了解吸气的气流流动规律，可以假想罩口为一个吸气点，即点汇吸气口，然后推广到实际罩口（圆形或矩形）的吸气气流流动规律。根据这些规律就可以确定外部罩的排风量。

外部罩结构简单，制造方便，可分为上吸式和侧吸式两类。由于吸气罩的形状大都和伞相似，所以这类罩简称伞形罩。

采用伞形罩时，应考虑工艺设备的安装高度，室内横向气流的干扰因素，必要时也可采取围挡、回转、升降及其他改进措施。

1. 外部集气吸尘罩的设计注意事项

① 在不妨碍工艺操作的前提下，罩口应尽可能靠近污染物发生源。尽可能避免横向气流干扰。

② 在排风罩口四周增设法兰边，可使排风量减少。在一般情况下，法兰边宽度为 $150\sim200\text{mm}$。

③ 集气吸尘罩的扩张角 α 对罩口的速度分布及罩内压力损失有较大影响。表 3-5 是在不同 α 角下（v_c/v_0）的变化，v_c 是罩口的中心速度，v_0 是罩口的平均速度。在 $\alpha = 30°\sim60°$ 时，压力损失最小设计外部集气吸尘气罩时其扩张角 α 应 $\leqslant60°$。

表 3-5　不同 α 角下的速度比

$\alpha/(°)$	v_c/v_0	$\alpha/(°)$	v_c/v_0
30	1.07	60	1.33
40	1.13	90	2.0

④ 当罩口尺寸较大，难以满足上述要求时，应采取适当的措施。例如把一个大排风罩分隔成若干个小排风罩；在罩内设挡板；在罩口上设条缝口，要求条缝口处风速在 10m/s 以上，而静压箱内风速不超过条缝的速度的 $1/2$；在罩口设气流分布板等，以便确保集气吸尘罩的效果。

⑤ 各种排风口的局部阻力系数在表 3-6 中列出。

表 3-6　各种排风口的局部阻力系数

名　称	罩子形状图例	局部阻力系数 ζ	名　称	罩子形状图例	局部阻力系数 ζ
直管		0.93	小孔结合有边直管		约2.3 或 1.78(小孔 P_d) ＋0.49(直管 P_d)
有边直管		0.49	柜橱结合喇叭口直管	$R=D/2$	0.06～0.01
带直管的柜橱		0.49	收集箱或沉降室		1.5
喇叭口直管		0.04	双层罩(内层圆锥形)		1.0
带小孔直管 (取小孔＝P_d)		1.78			

2. 外部集气吸尘罩的排风量

有了外部罩的几何尺寸及罩口速度分布就可以很方便地求得外部罩的排风量。排风量可用下式计算：

$$Q = v_0 F \tag{3-15}$$

式中，Q 为吸气罩的排风量，m^3/s；v_0 为罩口上的吸气平均速度，m/s；F 为罩口面积，m^2。

吸尘罩的结构、吸入气流速度分布、罩口压力损失的变化，都会影响排风量。表 3-7 所列为不同结构形式外部罩排风量计算公式。

从表 3-7 可看出，计算排风量的关键是确定 x 和 v_x，如图 3-22 所示。x 为控制点至罩口的距离。控制点是指污染源至罩口最远的点，这里 v_x 称为控制风速，也就是保障粉尘能被全部吸入罩内，在控制点上必须具有的吸入速度。控制风速可通过现场实测确定，如果缺少实测数据，可参考表 3-8 选取。

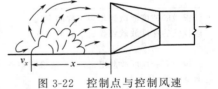

图 3-22　控制点与控制风速

表 3-7　不同结构形式外部罩排风量计算公式

名　称	集气吸尘罩形式	罩口边比	排风量公式	公式编号
自由悬挂，无法兰边或挡板	$F=lW$	≥0.2 (或圆形)	$Q=(10x^2+F)v_x$	式(3-16)
自由悬挂，有法兰边或挡板	≤150	≥0.2 (或圆形)	$Q=0.75(10x^2+F)v_x$	式(3-17)

续表

名　称	集气吸尘罩形式	罩口边比	排风量公式	公式编号
工作台上侧吸罩，无法兰边或挡板	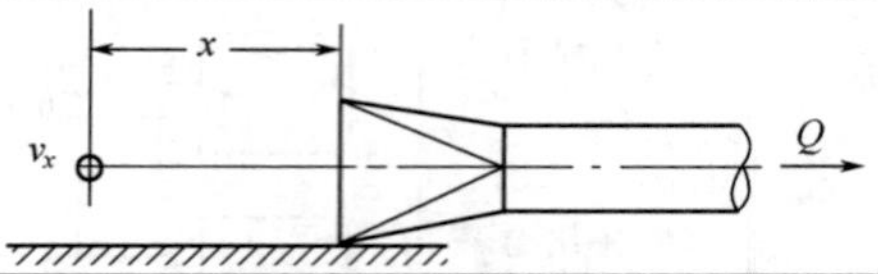 v_x $\xrightarrow{x}$ Q	$\geqslant 0.2$	$Q=(5x^2+F)v_x$	式(3-18)
工作台上侧吸罩，有法兰边或挡板	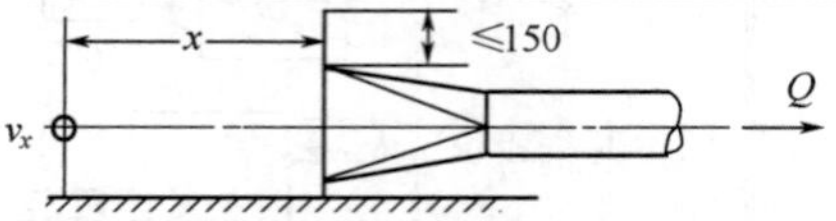 v_x $\xrightarrow{x}$ $\leqslant 150$ Q	$\geqslant 0.2$	$Q=0.75(5x^2+F)v_x$	式(3-19)
自由悬挂，无法兰边或挡板的条缝口	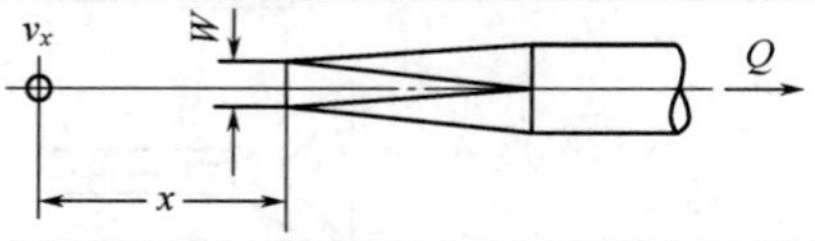 v_x W x Q	<0.2	$Q=3.7lxv_x$	式(3-20)
工作台上无边板的条缝口	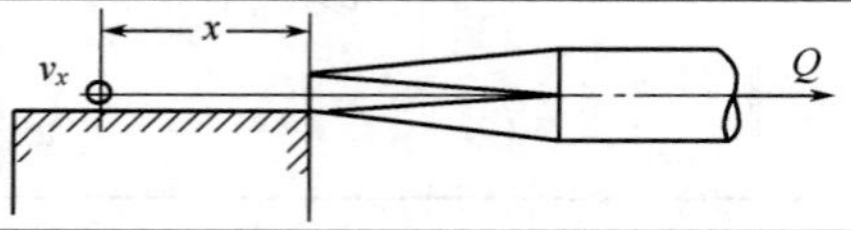 v_x $\xrightarrow{x}$ Q	<0.2	$Q=2.8lxv_x$	式(3-21)
工作台上有边条缝口	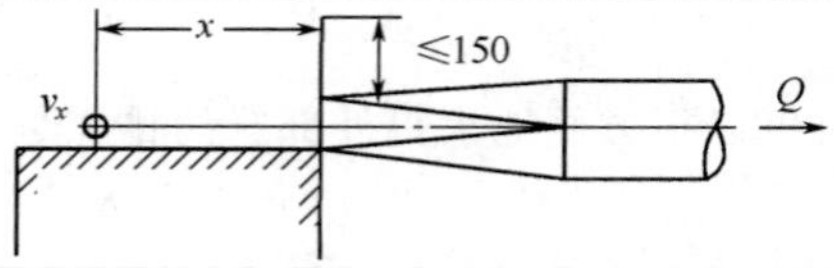 v_x $\xrightarrow{x}$ $\leqslant 150$ Q	<0.2	$Q=2lxv_x$	式(3-22)

注：W—罩口宽度，m；l—罩口长度，m。

表 3-8　控制点的控制风速 v_x

污染物放散情况	举　例	最小控制风速 /(m/s)
以很微的速度放散到相当平静的空气中	槽内液体的蒸发；气体或烟从敞口容器中外逸	$0.25\sim0.5$
以较低的速度放散到尚属平静的空气中	喷漆室内喷漆；断续地倾倒有尘屑的干物料到容器中；焊接	$0.5\sim1.0$
以相当大的速度放散出来，或是放散到空气运动迅速的区域	在小喷漆室内用高压力喷漆；快速装袋或装桶；往运输器上给料	$1.0\sim2.5$
以高速散发出来，或是放散到空气运动很迅速的区域	磨削；重破碎；滚筒清理	$2.5\sim10$

【例 3-1】　在一喷漆工作台旁安装一自由悬挂圆形侧吸罩。罩口直径为 $D_0=0.5$m。工作时有气流的干扰，最不利点距罩的距离为 $x=1.7$m。求罩口有边板及无边板时的排风量。

解：查表 3-8 取 $v_x=0.5$m/s

无边板时：

$$Q=(10x^2+F)v_x=\left(10\times1.7^2+\frac{\pi\times0.5^2}{4}\right)\times0.5=14.5(\text{m}^3/\text{s})$$

有边板时：

$$Q=0.75(10x^2+F)v_x=0.75\times14.55=10.9(\text{m}^3/\text{s})$$

加边板后节约排风量 1/4。

3. 槽边吸气罩

槽边吸气罩是外部吸气罩的一种特殊形式，主要应用于各工业槽，如电镀槽、酸洗槽、中和槽等。罩子设在槽子的侧旁，从侧面吸取槽面散发的工业有害物。它不影响工艺操作，有害物不经过人的呼吸区，是一种较常用的形式。

（1）槽边吸气罩的形式 槽边吸气罩分单侧、双侧及周边吸气罩等形式。

① 单侧槽边吸气罩。图 3-23 所示为单侧槽边吸气罩。当槽宽 B 小于 500mm 时一般采用单侧吸气，汇合排气管通常设于槽的中部，如设在槽的一端，则应特别注意罩口全长上吸气的均匀性。排气管可以向上作架空管道，但也可向下走地下管道，通向室外排出。

② 双侧槽边吸气罩。图 3-24 所示为双侧槽边吸气罩。当槽宽 B 为 500～800mm 时采用双侧槽边吸气罩比单侧吸气更经济，但当 B 增加到 800～1200mm 时，则单侧吸气达不到要求，必须采用双侧吸气。此时吸气罩的控制点为槽中心线。两侧设立各自的排气管，然后汇合至总排气管排出。

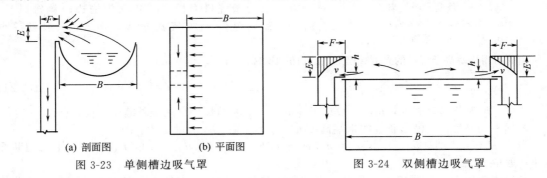

(a) 剖面图	(b) 平面图	
图 3-23 单侧槽边吸气罩		图 3-24 双侧槽边吸气罩

③ 周边槽边吸气罩当槽的平面接近于方形或圆形，且边长（或直径）大于 500mm 时，可采用周边槽边吸气罩。即在槽子的各边长上均设吸气罩。排气管的数量及位置应根据槽面大小及厂房条件确定。图 3-25 为在工频感应电炉上设置的环形罩的实例。电炉排出的烟气被吸入环形罩内，然后由排气管水平引出。

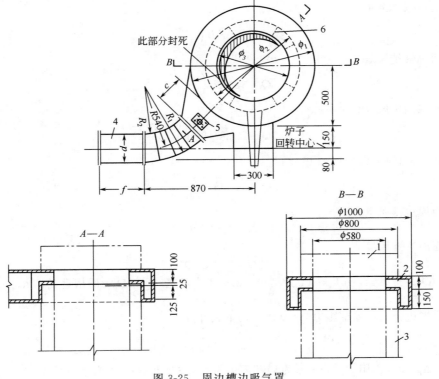

图 3-25 周边槽边吸气罩

1—炉盖；2—环形罩；3—炉体；4—排气管；5—测孔；6—加强筋

（2）槽边吸气罩的罩口形式 槽边吸气罩的罩口可分为条缝式、平口式及倒置式三种形式。

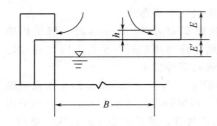

图 3-26 条缝式吸气口

E—罩头高；h—条缝高；

B—槽宽；E'—液面缝高

条缝式吸气口为一窄长的条缝，如图 3-26 所示。这是目前应用最广泛的一种形式。

条缝罩的特点是所需排风量小，结构简单，但占用空间大，阻力也较大。

条缝罩的条缝口面积 f 可以根据排风量的大小确定：

$$f = \frac{Q}{v_0} \tag{3-23}$$

式中，f 为条缝口面积，m^2；Q 为槽边一侧排风量，m^3/s；v_0 为条缝口上的气流速度，m/s，一般取 $7 \sim 10 m/s$。

由此可得出等高条缝口的高度或楔形条缝口的平均高度 h：

$$h = \frac{f}{A} \tag{3-24}$$

式中，h 为条缝口高度，m，一般小于 $50 mm$；A 为槽长，也就是条缝口长度，m。

根据平均高度 h，楔形条缝的末端高度 h_1 及始端高度 h_2 可确定为：

当 $f/F_1 \leqslant 0.5$ 时，$h_1 = 1.3$，$h_2 = 0.7$；当 $f/F_1 \leqslant 1.0$ 时，$h_1 = 1.4$，$h_2 = 0.6$。罩头的断面流速一般取 $5 \sim 10 m/s$。

平口式槽边吸尘的罩口为水平状。它的特点是结构简单、占地少、阻力小、不影响工艺操作，但吸气罩的吸口较大需要较大的排风量才能把有害物排除。

倒置式吸气罩的罩口向下。它的特点是所需排风量小，但罩头伸入槽内占用槽的有效面积，而且吸气口伸入槽内会影响操作，还有可能把液体吸入罩内，罩口越向下伸越严重。

（3）槽边吸气罩的排风量　条缝式槽边吸气罩的排风量可按下列经验式计算。

高截面单侧排风量

$$Q = 2v_x AB \left(\frac{B}{A}\right)^{0.2} \tag{3-25}$$

低截面单侧排风量

$$Q = 3v_x AB \left(\frac{B}{2A}\right)^{0.2} \tag{3-26}$$

高截面双侧排风（总风量）

$$Q = 2v_x AB \left(\frac{B}{2A}\right)^{0.2} \tag{3-27}$$

低截面双侧排风（总风量）

$$Q = 3v_x AB \left(\frac{B}{2A}\right)^{0.2} \tag{3-28}$$

高截面周边排风量

$$Q = 1.57 v_x D^2 \tag{3-29}$$

低截面周边排风量

$$Q = 2.35 v_x D^2 \tag{3-30}$$

式中，Q 为排风量，m^3/s；A 为槽长，m；B 为槽宽，m；D 为圆槽直径，m；v_x 为控制风速，m/s，可查表 3-8。

条缝式槽边排风罩局部阻力 Δp（Pa）用下式计算：

$$\Delta p = \xi \frac{v_0^2}{2} \rho \tag{3-31}$$

式中，Δp 为局部阻力，Pa；ξ 为局部阻力系数，$\xi = 2.34$；v_0 为条缝口上空气流速，m/s；ρ 为周围空气的密度，kg/m^3。

【例 3-2】　已知 $A \times B = 1000 mm \times 800 mm$ 的镀锌槽（酸性），溶液温度为 50℃，采用双侧条缝吸尘罩。要求计算排风量、阻力及罩子尺寸。

解：查表 3-8 得 $v_x=0.4\mathrm{m/s}$，罩头选用高截面，于是排风量为：

每一侧风量：

$$Q=2v_xAB\left(\frac{B}{2A}\right)^{0.2}=2\times0.4\times1\times0.8\left(\frac{0.8}{2\times1}\right)^{0.2}=0.533\ (\mathrm{m^3/s})$$

$$Q'=0.533/2=0.2665\ (\mathrm{m^3/s})$$

取条缝口速度为 $v_0=9\mathrm{m/s}$，$\rho=1.2\mathrm{kg/m^3}$，则阻力为：

$$\Delta p=\xi\frac{v_0^2}{2}\rho=2.34\times\frac{9^2}{2}\times1.2=113.7\ (\mathrm{Pa})$$

条缝面积 $f=\dfrac{Q}{v_0}=\dfrac{0.2665}{5}=0.0533\ (\mathrm{m^2})$

取通过罩头截面积的气流速度 $v=5\mathrm{m/s}$，则罩头面积 F_1' 为：

$$F_1'=\frac{0.2665}{5}=0.0533\ (\mathrm{m^2})$$

选取罩头 $E\times F=0.25\mathrm{m}\times0.25\mathrm{m}$，$F_1=0.0625\ (\mathrm{m^2})$

$f/F_1=0.296/0.625=0.474>0.3$，应采用楔形条缝。

条缝平均高度：

$$h=f/A=0.296/1=0.296\ (\mathrm{m})$$

条缝始端高度：

$$h_2=0.7h=0.7\times0.296=0.02\ (\mathrm{m})$$

条缝末端高度：

$$h_1=1.3h=1.3\times0.0296=0.038\ (\mathrm{m})$$

4. 冷过程伞形罩

冷过程伞形罩的尺寸和安装形式如图 3-27 所示。为了避免横向气流的影响，罩口应尽可能靠近尘源，通常罩口距尘源的距离 H 以小于或等于 $0.3A$ 为宜（A 为罩口长边尺寸）。为了保证排气效果，罩口尺寸应大于尘源的平面投影尺寸：

$$A=a+0.8H \tag{3-32}$$

$$B=b+0.8H \tag{3-33}$$

$$D=d+0.8H \tag{3-34}$$

式中，a、b 分别为有尘物源长、宽，m；A、B 为罩口的长、宽，m；H 为罩口距尘物源的距离，m；d 为圆形尘源直径，m；D 为罩口直径，m。

为了保证罩口上吸气均匀，伞形罩的开口角通常为 $90°\sim120°$。为了减小吸气范围，减少吸气量，伞形罩四周应尽可能设挡板（见图 3-28），挡板可以在罩口的一边、两边及三边上设置，挡板越多，吸气范围越小，排气效果越好。

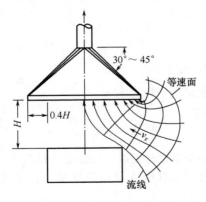

图 3-27 冷过程伞形罩

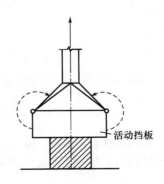

图 3-28 设有活动挡板的伞形罩

对于图 3-27 所示的伞形罩推荐采用下式计算

$$Q = KCH v_0 \tag{3-35}$$

式中，Q 为排风量，m^3/s；C 为尘源的周长，m，当罩口设有挡板时 C 为未设挡板部分的有尘源的周长；v_0 为罩口上断面平均流速，m/s，按表 3-9 选用；K 为取决于伞形罩几何尺寸的系数，通常取 $K = 1.4$。

表 3-9　罩口上断面平均流速

罩子形式	断面流速/(m/s)	罩子形式	断面流速/(m/s)
未设挡板	1.0~1.27	两面挡板	0.76~0.9
一面挡板	0.9~1.0	三面挡板	0.5~0.76

5. 热过程伞形罩

热过程伞形罩根据罩口距污染源的高度的大小可分为两类，当高度等于或大于 $1.5\sqrt{F}$（F 为热源水平投影面积）时，称作高悬罩。当高度小于 $1.5\sqrt{F}$ 或小于 1m 时，称为低悬罩。

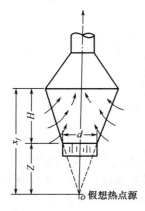

图 3-29　高悬伞形罩的工作示意

　　(1) 高悬伞形罩的设计计算　热过程伞形罩排除的是热气流，热气流以射流方式向上流动，在向上流动过程中不断地卷入周围空气，流量越来越大，射流断面也越来越大，形成圆锥体，该圆锥体的锥顶称为假想热点源。图 3-29 所示为高悬伞形罩的工作示意图。图中 d 表示圆形热源的直径。如果是矩形热源，d 为边长或宽，"O" 点即为假想热点源。热点源 "O" 至罩口距离为（$H+Z$）处的热射流直径 D_c 为：

$$D_c = 0.434(H+Z)^{0.88} \tag{3-36}$$

式中，D_c 为热射流直径，m；H 为热源上表面至罩口距离，m；Z 为热点源至热源上表面的距离，m。

罩口尺寸和罩口处热射流的直径有关，在干扰气流或大或小持续存在时，可用下式确定罩口尺寸：

$$D_f = D_c + KH \tag{3-37}$$

式中，D_f 为罩口直径，m；K 为根据室内横向干扰气流大小确定的系数，通常取 0.5~0.8，当无干扰气流时该系数取 1.0。

高悬罩罩口处的热射流平均流速 v_c 为：

$$v_c = 0.05(H+Z)^{-0.29} Q_c^{1/3} \tag{3-38}$$

式中，Q_c 为热源的对流散热量，W。

于是罩口处热射流流量的计算公式为：

$$Q_c = \frac{\pi}{4} D_c^2 v_c \times 3600 \tag{3-39}$$

或

$$Q_c = 26.6 Q_c^{1/3} (H+Z)^{1.47} \tag{3-40}$$

当已知热源表面温度时，可用下式直接计算热射流的平均流速 v_c：

$$v_c = 0.085 \frac{A_s^{1/3} \Delta t^{5/12}}{(H+Z)^{1/4}} \quad (m/s) \tag{3-41}$$

式中，A_s 为热源热表面面积，m^2；Δt 为热源表面温度与周围空气温度的温差，℃。

高悬罩的排风量包括热射流的流量和罩口从周围空气吸入罩内的气量，总排风量用下式计算：

$$Q = Q_c + v_r(F_f - F_c) \times 3600 \quad (m^3/h) \tag{3-42}$$

式中，v_r 为罩口热射流断面多余面积上的流速，m/s，它取决于抽力大小、罩口高度以及横向干扰气流的大小等因素，一般取 $0.5\sim0.75$m/s；F_f 为罩口面积，m²；F_c 为罩口处热射流截面积，$F_c=\dfrac{\pi}{4}D_c^2$，m²。

【**例 3-3**】　有一直径为 1.2m 的熔锌锅，金属温度为 450℃，悬圆形伞形罩。拟定在上方设排风罩悬吊在锅的上方 1.8m 处，周围空气温度为 24℃，求排风罩大小和排风量。

解：热源面积：$F=\dfrac{\pi}{4}\times1.2^2=1.13$m²

$$1.5\sqrt{F}=1.59<H=1.8\text{m}$$

属高悬伞形罩。在热源上表面的高度 Z 上的热射流直径 D_c' 即等于热源的直径，根据式 (3-36) 可求出假想热源点至热源表面的距离 Z（此时 $H=0$）：

$$Z^{0.88}=\frac{D_c'}{0.434}=\frac{1.2}{0.434}=2.765\ \text{（m）}$$

$Z=3.18$m，在 $Z+H$ 的高度上热射流的直径为：

$$D_c=0.434(3.18+1.8)^{0.88}=0.434\times4.1=1.78\text{(m)}$$

在 $(Z+H)$ 高度上热射流的平均流速按式 (3-41) 计算为：

$$v_c=0.85\left[\frac{(\pi/4\times1.2^2)^{1/3}(450-24)^{5/12}}{(3.18+1.8)^{1/4}}\right]=0.085\times\frac{1.04\times12.46}{1.44}=0.765\text{(m/s)}$$

热射流的流量按式 (3-39) 计算为：

$$Q_c=\frac{\pi}{4}D_c^2 v_c\times3600=\frac{\pi}{4}(1.78)^2\times0.765\times3600=6857\text{(m}^3/\text{h)}$$

排风罩的大小为：$D_f=D_c+0.8H=3.22$m

总排风量为（取 $v_r=0.5$m/s）：

$$Q=Q_c+v_r(F_f-F_c)\times3600=6857+0.5\times\frac{\pi}{4}(3.22^2-1.78^2)\times3600$$

$$=6857+10179=17036\text{(m}^3/\text{h)}$$

（2）低悬伞形罩的设计计算　由于低悬罩非常接近热源，上升气流卷入周围空气很少，热射流的尺寸基本上等于热源尺寸。考虑横向气流的影响，罩口尺寸应比热源尺寸每边扩大 150～200mm 以上。

低悬罩的排风量可用下式计算：

对圆形罩　$\qquad\qquad\qquad\qquad Q=162D_f^{2.33}(\Delta t)^{5/12}$ 　　　　　　　　　　　(3-43)

对矩形罩　$\qquad\qquad\qquad\qquad Q=215.3B^{4/3}(\Delta t)^{5/12}A$ 　　　　　　　　　　(3-44)

式中，Q 为总排风量，m³/h；D_f 为圆形罩口直径，m；Δt 为热源与周围空气温差，℃；A、B 为矩形罩口的长和宽，m。

【**例 3-4**】　一矩形熔铅槽长为 1.2m，宽为 0.9m，铅液温度 540℃，周围空气温度 32℃，槽子上方装一低悬矩形排风罩，求罩口尺寸及排风量。

解：罩口长　$A=0.2+1.2=1.4$ （m）

罩口宽　$B=0.2+0.9=1.1$ （m）

排风量　$Q=215.3B^{4/3}(\Delta t)^{5/12}A=215.3\times1.1^{4/3}\times(540-32)^{5/12}\times1.4=3278.5\text{(m}^3/\text{h)}$

五、吹吸式集气吸尘罩

1. 吹吸式集气吸尘罩的形式

吹吸罩需要考虑到吸气口吸气速度衰减很快，而吹气气流形成的气幕作用的距离较长的特点，在槽面的一侧设喷口喷出气流，而另一侧为吸气口，吸入喷出的气流以及被气幕卷入的周围空气和槽面污染气体。这种吹吸气流共同作用的集气罩称为吹吸罩。图 3-30 所示为吹吸罩的形式及其槽面上气流速度分布的情况。由图可以看出，在吹吸气流的共同作用下，气幕将整个槽面均覆盖，从而控制了污染气流不致外溢到室内空气中去。由于吹吸罩具有风量小，控制污染效果好，抗干扰能力强，不影响工艺操作等特点，在环境工程中得到广泛的应用。吹吸式集气吸尘罩除了图 3-30 所示的气幕式形式外，还有旋风式，如图 3-31 所示。

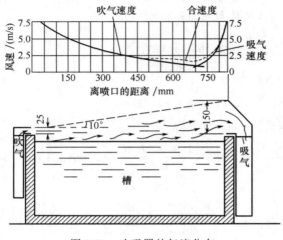

图 3-30　吹吸罩的气流分布

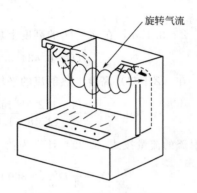

图 3-31　旋风式吹吸罩

2. 吹吸罩的计算

吹吸罩设计计算的目的是确定吹风量、吸风量、吹风口高度、吹出气流速度以及吸风口高度和吸入气流速度。通常采用的方法是速度控制法，只要保持吸风口前吹气射流末端的平均速度不小于一定的数值（0.75～1.0m/s），就能对槽内散发的污染物进行有效的控制。

气幕式吹吸罩计算的主要步骤如下。

（1）确定吹气射流终点平均速度 v_1　该气流速度必须大于尘源气流上升速度 v_y，即 $v_1 > v_y$，并不小于 0.75～1.0m/s。对于热气流上升速度 v_y 可按下式确定：

$$v_y = 0.003(t_y - t_n)t \tag{3-45}$$

式中，v_y 为热气流上升速度，m/s；t_y 为高温热气流温度，℃，可近似按热气流温度采用；t_n 为周围空气温度，℃。

吹气射流终点的平均速度还取决于槽内气流温度和槽的宽度，因此对于下列温度下的工业槽，吸风口前必需的吹气射流平均速度 v_1 可按以下经验数值确定：

槽温 $t = 70 \sim 95$℃，　$v_1 = B$（B 为吹吸风口间距，即槽宽，m，下同）

　　$t = 60$℃，　　　　$v_1 = 0.85B$

　　$t = 40$℃，　　　　$v_1 = 0.75B$

　　$t = 20$℃，　　　　$v_1 = 0.5B$

假定吹气射流终点截面内的轴心速度 v_{zh} 为平均速度 v_1 的 2 倍。于是：

$$v_{zh} = \frac{v_1}{0.5} \tag{3-46}$$

（2）吹风缝口高度 b_1 　b_1 与吹气射流的初速度 v_0 和吹风量 L_1 有关，为了保证一定的吹风口吹出的气流流速 v_0，通常取吹风缝口的高度 b_1（m）为：

$$b_1 = (0.01 \sim 0.015)B \tag{3-47}$$

根据平面射流的原理，吹气射流的初速度 v_0 为：

$$v_0 = \frac{v_{zh}\sqrt{\dfrac{\alpha B}{b_1}+0.41}}{1.2} \tag{3-48}$$

式中，v_0 为射流动速度，m/s；α 为紊流系数，条缝式吹风口或吸风口取 $\alpha = 0.2$。

根据 v_0 及 b_1 即可计算吹风量 Q_1：

$$Q_1 = 3600 l b_1 v_0 \tag{3-49}$$

式中，Q_1 为吸出风量，m³/h；l 为罩长，m。

（3）根据吹风口的吹风量 Q_1 确定吸风量 Q_2 和吸风缝口高度 h　根据平面射流的原理，在吸风口前的吹气射流终点的流量 Q_2' 为：

$$Q_2' = 1.2 L_1 \sqrt{\frac{aB}{b_1}+0.41} \tag{3-50}$$

式中，Q_2' 为射流终点流量，m³/h。

为了避免吹出气流溢出吸风口外，吸风口的实际吸气量 Q_2 应大于吸气口前气流流量 Q_2' 的 $1.1 \sim 1.25$ 倍，即 $Q_2 = (1.1 \sim 1.25)Q_2'$

吸风缝口高度 h 为：

$$h = \frac{Q_2}{3600\, l v_2} \tag{3-51}$$

式中，h 为风缝口的高度，m；v_2 为吸风罩的缝口平均速度，m/s；一般取为吸风口前的吹气射流终点的平均速度 v_1 的 $2 \sim 3$ 倍。即

$$v_2 = (2 \sim 3)v_1 \tag{3-52}$$

【例 3-5】　在铜熔炼炉上设置吹吸罩，吹吸罩口之间的距离 $B = 2.0$m，罩子长度 $l = 3.0$m，试确定吹气和吸气罩缝口的高度及吹风量和吸风量。

解：取炉面上 200mm 处热气流温度为 800℃，当室温略去不计时，热气流上升速度 v_y 为：

$$v_y = 0.003 \times 800 = 2.4 \text{（m/s）}$$

取吹气射流终点平均速度 $v_1 = 3.0$m/s。设吹风缝口高度 b_1 为 $0.01B$，则：

$$b_1 = 0.01 \times 2.0 = 0.02 \text{（m）}$$

吹气射流终点截面内的轴心速度 v_{zh} 为：

$$v_{zh} = \frac{v_1}{0.5} = \frac{3.0}{0.5} = 6.0 \text{（m/s）}$$

当紊流系数 $\alpha = 0.2$ 时，吹气射流的初速度 v_0 为：

$$v_0 = \frac{v_{zh}\sqrt{\dfrac{aB}{b_1}+0.41}}{1.2} = \frac{6.0\sqrt{\dfrac{0.2 \times 2.0+0.41}{0.02}}}{1.2} = 22.6 \text{（m/s）}$$

计算吹风量 Q_1 为：

$$Q_1 = 3600 v_0 b_1 l = 3600 \times 22.6 \times 0.02 \times 3.0 = 4890 \text{（m}^3\text{/h）}$$

计算吸风口前吹气射流终点的流量：

$$Q_2' = 1.2 L_1 \sqrt{\frac{aB}{b_1}+0.41} = 1.2 \times 4890 \times \sqrt{\frac{0.2 \times 2.0}{0.02}+0.41} = 26420 \text{（m}^3\text{/h）}$$

取 $Q_2 = 1.1 Q_2'$

$$Q_2 = 1.1 \times 26420 = 29000 \quad (\text{m}^3/\text{h})$$

确定排风缝口高度 h：取 $v_2 = 3v_1$；即 $v_2 = 3 \times 3 = 9\text{m/s}$ 则

$$h = \frac{L_2}{3600 l v_1} = \frac{29000}{3600 \times 3 \times 9} = 0.3 \quad (\text{m})$$

六、屋顶集气吸尘罩

1. 屋顶集气吸尘罩的形式

屋顶集尘吸尘罩是布置在车间顶部的一种大型集尘罩，它不仅抽出了烟气，而且还兼有自然换气的作用。下面介绍几种不同形式的屋顶集尘吸尘罩。

（1）顶部集尘［见图 3-32(a)］ 在含尘气体排放源及吊车上方屋顶部位设置，直接抽出工艺过程中产生的烟气，捕集效率较高。

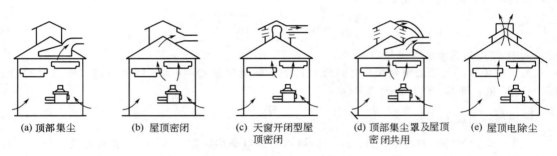

| (a) 顶部集尘 | (b) 屋顶密闭 | (c) 天窗开闭型屋顶密闭 | (d) 顶部集尘罩及屋顶密闭共用 | (e) 屋顶电除尘 |

图 3-32　屋顶集气吸尘罩的形式

（2）屋顶密闭［见图 3-32(b)］ 将厂房顶部视为烟囱储留烟气，并组织排放，可以减少处理风量。但如果储留与抽气量不平衡，就会出现烟气回流现象，使作业区环境恶化。

（3）天窗开闭型屋顶密闭［见图 3-32(c)］ 在天窗部位增设排气罩，烟气量少时只使用天窗自然换气，当烟气量骤增时启用排气罩，可保持作业区环境良好，很适用于处理阵发性烟气，但维护工作量大。

（4）顶部集尘罩及屋顶密闭共用［见图 3-32(d)］ 为以上 3 种形式的组合。捕集效率高，作业环境好，处理风量大，但设备费用高。

（5）屋顶电除尘［见图 3-32(e)］ 在厂房屋顶装设除尘器，将捕集与净化融为一体。

2. 屋顶集尘罩的排风量

屋顶集尘吸尘罩所捕集的烟气，除了车间内各种热源产生的上升烟气外，还应包括周围的诱导空气，因此处理风量较大，一般比原始烟气量大 3～4 倍。其排烟量的大小，一般都通过测定和模拟实验的方法来确定排烟量。公式的取得也都是通过对模型实验进行连续的测定，制成图，找出规律，而后推算出来的。因此，这些公式的应用具有很大的局限性。图 3-33 是已建成的电炉车间屋顶集尘罩的排烟量与炉容量的关系图。平均每吨钢烟气发生为 100m³/min。

还有一些设计者对污染源比较分散的车间，按厂房换气量，估算屋顶集尘吸尘罩的排风量。根据笔者经

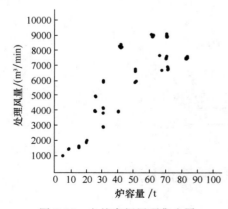

图 3-33　电炉车间屋顶集尘罩的排烟量与炉容量的关系

验，用这种方法估算排风量，厂房的换气次数至少是 5 次/h，否则会使车间内部污染加重。

屋顶集尘吸尘罩原理上是高悬罩的一个特例，只是罩口较大较高而已，所以屋顶罩还可用计算高悬罩的方法进行设计计算（见图 3-29）。

屋顶罩罩口的热射流截面直径（D_c）

可按下式计算：

$$D_c = 0.434 x_f^{0.88} \tag{3-53}$$

式中，D_c 为热射流直径，m；x_f 为假想热点源到排气罩罩口的距离，m。

$$x_f = H + Z \tag{3-54}$$

式中，H 为物体表面至罩口的距离，m；Z 为假想热点源距热表面的距离，m。

采用高悬罩来排除热气流时，必须考虑安全系数。对于水平热源表面，取 15% 的安全系数。热气流平均流速可用下式的热源表面积与周围空气的温度差表示：

$$v_f = 0.085 \frac{F_s^{1/3} \Delta t^{5/12}}{X_f^{1/4}} \tag{3-55}$$

式中，v_f 为热气流流速，m/s；F_s 为热源面积，m²；Δt 为热源与周围空气的温差，℃。

考虑到上升热气流可能的偏斜及横向气流的影响等因素，罩口尺寸和排风量都必须加大。按式（3-53）计算所得的气流直径 D_c 再加 $0.8H$。

即

$$D_f = D_c + 0.8H \tag{3-56}$$

$$Q = [v_f F_c + v_r (F_f - F_c)] \times 3600 \tag{3-57}$$

式中，v_f 为气流罩口直径，m；F_c 为上升气流在罩口处的横断面积，m²；F_f 为罩口面积，m²；v_r 为罩口其余面积（$F_f - F_c$）上所需的空气流速 m/s，通常取 $0.5 \sim 1$ m/s，除特殊情况外一般应大于 0.5 m/s。

【例 3-6】 已知电炉容量 150t，直径 8m，电炉炉顶到吸尘罩入口的距离 16m。热源和周围空气的温差 $150 - 32 = 118$℃。求：电炉屋顶罩排烟量。

解： 电炉假想热点源到排烟罩罩口距离

$$x_f = H + Z = 16 + 2 \times 8 = 32 \ (\text{m})$$

按式（3-53）气流直径

$$D_c = 0.434 x_f^{0.88} = 0.434 \times 32^{0.88} = 9.15 \ (\text{m})$$

按式（3-56）屋顶排烟罩罩口直径

$$D_f = D_c + 0.8H = 9.15 \times 0.8 \times 16 = 22 \ (\text{m})$$

热点源面积

$$F_s = 0.785 D_s^2 = 0.785 \times 8^2 = 50 \ (\text{m}^2)$$

屋顶排烟罩罩口面积

$$F_f = 0.785 D_f^2 = 0.785 \times 22^2 = 380 \ (\text{m}^2)$$

气流断面积

$$F_c = 0.785 D_c^2 = 0.785 \times 9.15^2 = 65.7 \ (\text{m}^2)$$

按式（3-55），罩口气流速度

$$v_f = 0.085 \frac{F_s^{1/3} \Delta t^{5/12}}{X_f^{1/4}} = 0.085 \times \frac{50^{1/3} \times 118^{5/12}}{32^{1/4}} = \frac{0.085 \times 3.68 \times 7.2}{2.38} = 1 \ (\text{m/s})$$

按式 (3-57)，屋顶排烟罩实际排烟量为：

$$Q = [v_f F_c + v_r (F_f - F_c)] \times 3600$$
$$= [1 \times 65.7 + 0.5 \times (380 - 65.7)] \times 3600$$
$$= 800000 (\text{m}^3/\text{h})$$

其中，v_r 为罩口其余面积，即 F_f-F_c 上所需的气流速度，为 0.5m/s。

第三节　粉尘的湿法捕集

向尘源喷洒能够抑制或捕捉粉尘的液体，以达到防尘降尘目的的除尘技术，统称为喷洒除尘。

按喷洒液体的性质分，喷洒除尘有两类：一是以普通清水为喷洒液的喷洒除尘，即矿山广泛使用的喷雾洒水除尘；二是以普通清水为溶剂、混合液、载体，添加其他物质的喷洒除尘，如近年发展起来的湿润剂溶液、泡沫剂溶液、荷电水雾、磁化水等的喷洒除尘及覆盖剂乳化液的喷洒防尘等。

按工作方式和作用分，喷洒除尘有 3 种：①淋洒抑尘，如向岩矿堆淋洒清水、湿润剂溶液、泡沫液、磁化水等；②喷雾降尘，如向含尘空气中喷射清水水雾、荷电水雾、磁化水雾等；③覆盖防尘，如向露天煤堆喷洒覆盖剂乳化液等。

喷雾洒水广泛地用于道路抑尘，主要是因为水对粉尘具有较好的湿润作用和黏附作用，除尘效率较高；同时，水对某些有毒有害气体有吸收、溶解作用，对井下环境还有冷却作用，而且水的来源容易，设施简便，耗资较省。但是，由于普通清水表面张力较大，矿尘又都具有一定的疏水性，用普通清水不易迅速、完全地湿润和捕捉矿尘。为了改善水对矿尘和其他尘源的湿润和捕捉性能，近年来国内外应用了湿润剂、泡沫剂、覆盖剂、荷电水雾、声波干雾、风速喷雾等喷洒除尘新技术。

一、无组织尘源排放量估算

无组织尘源的排放量以实际监测结果最为准确。其监测方法为：在排放源常年主导风下风向设监测监控点，同时在上风向设监测对照点，二者的差值结合物料损失量即为无组织排放源污染物的实际排放结果。可以用污染物的排放量、排放浓度分别进行统计分析，但这种方法有一定的局限性，仅适用于现有的较为简单的无组织排放源的污染排放，结果相对可靠，实用性强。环境影响评价中，往往涉及拟建污染源的排放估算，此时的统计方法仅仅依靠监测是不能完全满足要求的，需要借助于类比调查或经验估算的方法来完成。

1. 露天堆放的物料无组织排放量估算

码头煤场起尘量经验估算公式为：

$$Q = 0.0666k(u - u_0)^3 e^{-1.023w} M \tag{3-58}$$

式中，Q 为堆放场地起尘量，mg/s；u_0 为 50m 高度处的扬尘启动风速，m/s，一般取 4.0m/s；u 为 50m 高度处的风速，m/s；w 为物料含水率，%；M 为堆场堆放的物料量，t；k 为与堆放物料含水率有关的系数，见表 3-10。

表 3-10　不同含水率下的 k 值

含水率/%	1	2	3	4	5	6	7	8	9
k	1.019	1.010	1.002	0.995	0.986	0.979	0.971	0.963	0.96

2. 物料装车时机械落差的起尘量估算

物料装车机械落差的起尘量经验公式为：

$$Q = \frac{1}{t} 0.03 u^{1.6} H^{1.23} \mathrm{e}^{-0.28} w \tag{3-59}$$

式中，Q 为物料装车时机械落差起尘量，kg/s；u 为平均风速，m/s；H 为物料落差，m；w 为物料含水率，%；t 为物料装车所用时间，t/s。

3. 自卸汽车卸料起尘量估算

自卸汽车卸料起尘量，经验公式为：

$$Q = \mathrm{e}^{0.61u} \frac{M}{13.5} \tag{3-60}$$

式中，Q 为自卸汽车卸料起尘量，g/次；u 为平均风速，m/s；M 为汽车卸料量，t。

4. 汽车在有散状物料的道路上行驶的扬尘量估算

汽车在有散状物料的道路上行驶的扬尘，经验公式为：

$$Q = 0.123 \times \left(\frac{V}{5}\right) \times \left(\frac{M}{6.8}\right)^{0.85} \times \left(\frac{P}{0.5}\right) \times 0.72L \tag{3-61}$$

式中，Q 为汽车行驶的起尘量，kg/辆；V 为汽车行驶速度，km/h；M 为汽车载重量，t；P 为道路表面物料量，kg/m³；L 为道路长度，km。

5. 生产设备和管道泄漏量估算

生产设备和管道泄漏量估算的经验公式为：

$$G_s = KCV \sqrt{\frac{M}{T}} \tag{3-62}$$

式中，G_s 为设备和管道不严的泄漏量，kg/h；K 为安全系数，1~2，一般取1；C 为设备内压系数，见表 3-11，或公式 $C = 0.106 + 0.362 \ln P$ 计算；P 为绝对压力，atm；V 为设备和管道的体积，m³；M 为内装物质的分子量；T 为内装物质的绝对温度，K。

表 3-11　设备内压系数

绝对压力 P/atm	2	3	7	17	41	161	401	1001
设备内压系数 C	0.121	0.166	0.182	0.189	0.25	0.29	0.31	0.37

注：1atm＝101325Pa。

二、淋洒水防尘

1. 淋洒水防尘的作用

淋洒水防尘就是向岩矿堆、巷道壁、料场、道路等尘源洒水，利用水的湿润作用使沉积在岩矿堆、料堆、巷壁表面和缝隙里的粉尘得以湿润，湿润后的细小尘粒能凝成较大的尘团。同时湿润后的尘粒对岩矿表面的附着力也会增强。这样，在岩矿装运过程或受到风流的作用时不易飞扬，从而起到抑制粉尘扩散，减少浮尘产生量的作用，同时也有捕集浮尘的作用。据某矿试验，装矿时不通风不洒水，粉尘浓度为 6.83mg/m³，通风后降到 4.33mg/m³，通风加洒水后便降到 1mg/m³。对岩矿堆洒水不能只洒一次，要边装边洒，分层洒透效果才好。下面是某矿实测装岩过程洒水防尘效果：

不洒水干装岩　　　　　矿尘浓度＞10mg/m³

装岩前洒一次水　　　　矿尘浓度约为 5mg/m³

分层多次洒水　　　　　矿尘浓度＜2mg/m³

2. 洒水的装置

洒水装置多属利用管网内的水压进行喷洒的小型工具。图 3-34 是矿山常用的简易洒水装置。丁字形洒水管多用小号镀锌铁管制成，长度按实际需要而定，喷水孔直径一般为 1.5~2.5mm，孔距一般为 20mm 左右，适用于固定性洒水场所，如溜井口。鸭嘴形喷水管是用小号镀锌管砸

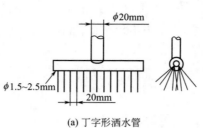

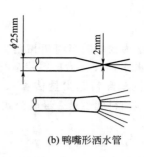

(a) 丁字形洒水管   (b) 鸭嘴形洒水管

图 3-34   简易洒水装置

制成的，出水口宽度一般为 2mm 左右，常用于非固定性洒水，如冲洗巷道壁、矿车等。这些简易洒水装置虽然结构简单易于制作，但往往是耗水量大、水滴粗、不均匀，除尘效果欠佳。

图 3-35 是某单位研制的 KS-1 型可调式喷水器。旋动外管 3 可调节喷水距离、洒水宽度和洒水量。其主要参数见表 3-12。出水形状可调成荷叶状、喇叭状和柱状。使用方便，效果较好，可节省用水。适用于岩矿、物料装卸过程中的洒水防尘及洗壁、洗车等多方面的用途。

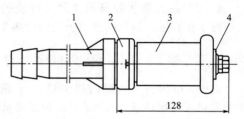

图 3-35   可调式喷水器
1—尾管；2—内管；3—外管；4—阀门

表 3-12   KS-1 型可调式喷水器性能及规格

项目	规格	项目	规格
喷水距离(水压 2.5kgf/cm²)	1～17m	洒水量(水压 0.3kgf/cm²)	0～4m³/h
喷水高度(水压 2.5kgf/cm²)	8m	长 260mm,直径 60mm	总重 650g
洒水宽度(水压 0.3kgf/cm²)	1～6m		

注：1kgf/cm² = 98000Pa，下同。

3. 洒水量的确定

防尘效果与洒水量密切相关。据试验，在一定的范围内，降尘效率随着单位耗水量，即每吨矿的耗水升数的增加而升高。洒水量不足不能达到防尘的目的，洒水量过大也会带来诸如皮带载料打滑，矿仓堵塞，恶化环境，甚至还会给破碎筛分、选矿、销售带来不利影响。以及造成粉矿流失、水量浪费等。

洒水量应根据岩矿的数量、性质、块度、原料湿润程度及允许含湿量等因素来确定。其估算公式如下：

$$W = G(\varphi_2 - \varphi_1)K \tag{3-63}$$

式中，W 为物料（包括岩、矿及其他物料）洒水量，kg/h；G 为处理物料量，kg/h；K 为考虑蒸发和加水不均匀的系数，$K = 1.3 \sim 1.5$；φ_1 为物料原始含水量，kg/kg；φ_2 为物料最终含水量，kg/kg。

物料最终含水量应根据生产工艺最大允许含水量和湿法降尘最佳含水量（即物料达到此含水量时，在运输过程中不再扬尘）两项因素决定。当生产工艺允许物料大量加水时，采用最佳含水量；当生产工艺对物料加水有一定限制时，采用物料最大允许含水量。次数可从有关设计考虑资料选取。如金属矿石一般可取 6%～8%；石灰石、白云右、石英等可取 4%～6%，煤可取 8%～12%。

对于大面积产尘点，如矿石场、废石场、煤场等，喷嘴的布置原则上要求水滴能覆盖全料堆，大面积产尘地点的喷嘴布置如图 3-36 所示，其喷嘴数量（n_3）可按下式计算：

$$n_3 = \frac{ab}{(KD_0)^2} \tag{3-64}$$

式中，a、b 分别为产尘面的长与宽，m；D_0 为喷嘴有效射程 h 处的喷射直径，$D_0 = 2h\tan\frac{\alpha}{2}$，m；$K$ 为喷嘴密度系数，根据加水量大小在 $0.5 \sim 1.0$ 之间选取。

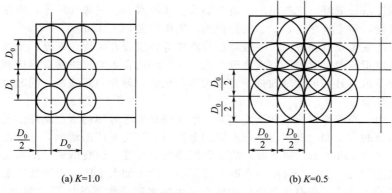

(a) $K=1.0$　　　　　　　　　　　　(b) $K=0.5$

图 3-36　大面积产尘地点的喷嘴布置

三、清水喷雾降尘

喷雾降尘是捕集空气中悬浮粉尘的基本手段。从图 3-37 中可以看到喷雾降尘的明显作用。

喷雾降尘技术比洒水复杂，它必须利用适当的喷雾装置造成粉尘与水雾相接触的良好条件，方能获得较好的降尘效果。

1. 喷雾降尘的机理

喷雾降尘的机理主要是惯性碰撞、截留、扩散、凝聚、重力、静电力、风速等多种作用的综合。

水雾降尘机理如图 3-38 所示，当含尘气流经过水滴时，尘粒与雾滴之间便产生相对运动，雾滴周围的气流会改变方向出现绕流。这时，气流中的尘粒会产生惯性碰撞、截留、扩散、凝集作用，从而捕集粉尘。

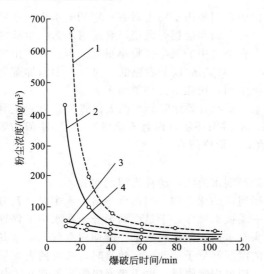

图 3-37　爆破区喷雾、通风与矿尘浓度的关系
1—无喷雾，无通风；2—无喷雾，有通风；
3—有喷雾，无通风；4—有喷雾，有通风

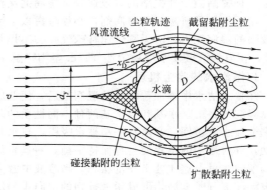

图 3-38　水雾降尘机理示意

2. 喷雾器

喷雾器是把水雾化成微细水滴的装置，俗称喷嘴。喷雾器的性能可用喷雾体结构、雾粒分散度、雾滴密度、耗水量等指标来表示。

3. 喷雾降尘应注意的几个问题

(1) 喷雾器的选择 现有喷雾器种类很多，使用者应从实际情况（如岩矿性质、粉尘性质、含尘量、粉尘粒度及分散度、工作场所、防尘要求、水源水压、气源气压等）出发，进行适当的选择，基本要求是：降尘效率高，水、气耗量少，操作简便，工作可靠。

(2) 喷雾器的安装位置和方向 一般地说，将喷雾器安设在接近尘源处，正对尘源喷洒效果较好，但喷射速度很高的喷雾器不宜太靠近尘源。在流动的含尘空气中喷雾器应迎风安装，若有不便也应在尘源下风流处与风流轴向成一定角度斜对风流，避免顺风安装；同时也要考虑便于操作，不影响工人作业。

(3) 供水压力 当喷雾器选定和装定之后，水压便是成雾好坏的重要条件。它直接影响到喷雾器的流量、雾滴的大小和运动速度。在一定的范围内，随着水压的增加，上述参数值均向最佳方向发展。当水压在 $15\mathrm{kgf/cm^2}$ 以上时，能达到较理想的程度。但我国矿井基本上是静压供水方式，喷雾点的供水压力能达到 $15\mathrm{kgf/cm^2}$ 的情况不多。为了加大水压需设置加压泵，可能在技术经济上是不可取的。因此，在有压气条件的地点采用风水联合作用的喷雾器和引射器较为合理。水压有 $4\sim15\mathrm{kgf/cm^2}$ 即可满足要求。

(4) 防止喷雾器堵塞的问题 据调查，目前在喷雾降尘实施中，时有因喷雾器堵塞或安设不当而被搁置不用的现象发生。为了防止喷雾器堵塞，使之发挥正常的作用，必须搞好水质管理，对压力水进行过滤，对喷雾器进行定期清洗，以及采用提高水压等措施。

4. 自动喷雾技术

对下述场所可考虑实行自动喷雾：a. 爆破后作业面烟尘大，工人不能前去操作喷雾洒水装置；b. 运输、转载地点负荷是变化的，重载时需要喷洒，空载时停止喷洒；c. 装车、翻罐是间断作业，装卸时要喷洒，不装卸时应停止喷洒；d. 净化水幕要长时工作，在遇行人或过车时应暂时停止喷洒；e. 定点喷洒地点多而分散，不可能派专人操作喷洒装置的地点。

四、湿润水喷淋防尘

用普通清水喷洒除尘虽是最简便最经济的防尘措施，但是由于粉尘具有一定的疏水性，水的表面张力又较大，因此很多粉尘不易被水迅速、完全地湿润和捕捉，致使以普通清水为除尘液的防尘措施的除尘效率受到一定的影响，尤其是对飘浮在空气中的微尘捕捉率更低。据一些矿山的测定，水雾对 $5\mu m$ 以下的矿尘捕捉率一般不超过 30%；对 $2\mu m$ 以下者更低。向清水中添加湿润剂是一种提高微尘捕捉率的有效途径。湿润剂又称抑尘剂，用途不同种类很多。

用于作业场所除尘的湿润剂，必须考虑以下因素：a. 能有效地降低水的表面张力，对粉尘具有较强的湿润能力；b. 无毒、无特殊气味、不燃烧、不污染环境，而且安全性好；c. pH 值约等于 7，在电解液或硬水中稳定性好；d. 尘物降解率高；e. 价格便宜。

1. 湿润水的除尘机理

在普通清水中添加一定量的湿润剂后，便形成湿润剂水溶液，简称为湿润水。

湿润剂是由亲水基和疏水基两种不同性质的基团组成的化合物。当湿润剂溶于水中时，其分子完全被水所包围。亲水基一端被水吸引，疏水基一端被水排斥，于是湿润剂分子在水中不停地运动，寻找适当的位置使自身保持平衡，一旦它们来至水面，便把疏水基一端伸向空气，亲水基一端朝向水里，这才处于安定状态。当溶液中游离的湿润剂分子达到一定数目时，溶液的表面层将被湿润剂分子充满，形成紧密排列的定向排列层，即界面吸附层，由于界面吸附层的存在，使水的表层分子与空气的接触状态发生变化，导致水溶液表面张力的降低，同时朝向空气的疏水基与空气中的尘粒之间有吸附作用，所以当尘粒与湿润水接触时，即形成疏水基朝向尘粒，亲水基朝向水溶液的围绕尘粒的包裹团，而把尘粒带入水中得到充分的湿润。

在喷雾降尘中使用湿润水,一方面由于溶液表面张力的降低,使水溶液能更好地雾化到所需要的程度;另一方面是湿润水水雾比消水水雾湿润性更强,因而一般都能使喷雾降尘效率提高30%~60%。

当把湿润剂用于煤层注水时,使水溶液能更好地沿着煤体的裂隙渗透,湿润煤体。尤其是减少了对煤体的湿润角,使水溶液沿着煤体中的毛细管渗透的力得到增强,水溶液就能更好地渗透到煤体的毛细管中,充分、均匀地湿润煤体,有助于提高注水抑尘的效果,一般能使防尘效率提高20%~25%,有的可达45%。同时还有改善注水工艺参数的作用。如注水压力可降低,时间可缩短,湿润半径可扩大,相应的注水孔距可增大,打眼工作量可减少等。

据试验表明,湿式凿岩使用湿润水比清水的粉尘浓度可降低50%左右,一般都能低于卫生标准规定。尤其能使呼吸性粉尘有较大幅度的降低。

2. 应用范围

抑尘剂应用范围见表 3-13。

表 3-13 抑尘剂应用范围

使用场所		使用目的
煤矿	煤壁注水用水	抑尘,减少煤气泄漏及注水量,缩短注水时间,使注水的工作效率变得更高
	机械化采矿洒水,喷雾用水	通过持续工作提高了生产率达到抑尘的预计效果,预防碳肺等疾病灾害
	坑道内外搬运系统洒水,喷雾用水	抑尘,预防碳肺等疾病灾害
	选煤场,粉碎机,混合机,选别机等集尘装置的洒水、喷雾用水	抑尘,防止污染,碳肺等灾害
金属矿山、土木建筑现场、石灰山、采石场	湿式割岩机用水	抑尘,预防以硅肺为主的尘肺,用于消解使用水过多导致的作业困难,硫黄等自然灾害的防治
	采矿,采石中的洒水,喷雾用水	抑尘,预防尘肺,防止自然灾害和污染
	爆破中或者前后的洒水,喷雾用水	抑尘,防臭,预防尘肺,防止自然起火,防止污染,缩短下次作业开始时间
	坑道内外搬运系统洒水,喷雾用水	抑尘,预防尘肺,防止自然灾害
	选煤场,粉碎机,混合机,选别机等集尘装置的洒水、喷雾用水	抑尘,预防尘肺,防止污染
炼铁、炼钢,铸造工厂等其他会产生烟尘的工厂	集尘装置等洒水,喷雾用水	因为集尘使工作性能变高,防止污染,预防尘肺
	堆积粉尘,固态粉料堆置场的洒水,喷雾用水	由于表面固化作用防止抑尘等再飞散,防止污染
	运动场,道路等洒水,喷雾用水	由于抑尘防止了污染,改善环境

3. 应用实例

道路抑尘剂随着环卫作业车喷洒到路面后,可有效吸附、固定车辆排放物及周边大气污染物,最后附着的颗粒再被统一收集处理。具体如图 3-39 所示。

道路抑尘剂的水溶液通过环卫作业车辆喷洒到路面后,具有吸水保水的效果,对大气中的 PM_{10}、$PM_{2.5}$、TC、NO_x 均有一定的吸附作用。产品还有成膜结壳的特性,把微小颗粒结成大的颗粒,不易再扬尘,可以将道路环境的 PM_{10} 降低 20% 以上,$PM_{2.5}$ 降低 5% 以上,NO_x 降低 10% 以上。视天气情况,产品可以维持 3~16d 的使用效果。

道路抑尘剂按比例配置成水溶液后,用环卫作业车辆喷雾的方法均匀喷洒到道路表面。喷洒量和频次依道路洁净度、车辆密度、季节、天气的不同而不同。

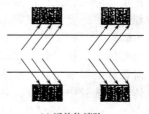

(a) 喷洒抑尘　　　　　　　　　(b) 吸附固定污染物　　　　　　(c) 污染物清除

图 3-39　抑尘剂工作原理

五、覆盖液喷洒防尘

一些散状物料的露天堆场（如矿石场、堆煤场等），是污染地面环境及矿井入风风源的主要污染源之一。对于这种大面积、堆得厚的露天堆场单纯用清水喷洒，一则不易洒透，二则极易蒸发，很难达到防止粉尘飞扬的目的。近年来国内外开展了覆盖剂防尘技术的研究。据试验，向露天料堆喷洒一定量的覆盖剂乳液，能使料堆表面形成一层固体覆盖膜，可使物料数十天保持完整无损，无粉尘飞扬。

1. 覆盖剂的组成和性能

防尘用的覆盖剂，其基本要求是：能使料堆表面形成一层硬壳，在一定时间内不为风吹、雨淋、日晒所破坏；用量少，原料充足，价格低廉；无毒、无臭，以及不会造成二次污染等。

据报道，近几年鞍钢安全处安全技术研究所等单位共同研制了多种覆盖剂，如 AG_1、AG_4、AG_5 3 种性能较好。

AG_1 主要原料是：焦油、工业助剂、水等。

AG_4、AG_5 主要原料是：聚醋酸乙烯、添加剂、水等。

AG_1 是高浓度覆盖剂，喷洒时按 10％稀释；AG_4、AG_5 可直接喷洒。

以上 3 种覆盖剂性能见表 3-14。

表 3-14　3 种覆盖剂性能

品种	颜色	气味	水溶性	相对密度	pH 值	安全性
AG_1	褐色	焦油味				
AG_4	乳白色	清香味	稍分层	1.001	7	对物料无影响 对环境无污染
AG_5	乳白色	清香味				

2. 覆盖剂乳液成膜机理

覆盖剂乳液是几种液体的均匀混合物（乳化液），当喷洒在物料表面上就凝固成有一定厚度及强度的固体膜。靠此膜能防止风吹雨淋和日晒的破坏，保护物料不损失不飞扬。其成膜机理分述如下。

（1）机械结合　覆盖剂乳液是以水为载体的，当喷洒到料堆（如煤堆）表面上时，逐渐渗透到煤粉颗粒之间去，然后水分慢慢蒸发掉，使乳液的浓度不断增大，最后由于表面张力的降低，使覆盖剂的胶体颗粒与煤粉颗粒发生凝聚而构成固体膜。

（2）吸附结合　覆盖剂与煤粉的原子、分子之间都存在着相互作用力。此力可分为强作用力即主价力和弱作用力即次价力或范德华力。煤粉的固体表面由于范德瓦尔斯力的作用能够吸附覆盖剂盖剂的液珠，称为物理吸附。当覆盖剂乳液喷洒到煤堆上时，煤粉便对覆盖剂乳液产生物理吸附而形成固体膜。

（3）扩散结合　覆盖剂乳是由具有链状结构的聚合分子所组成的。在一定条件下，由于分子的布朗运动覆盖剂与煤粉接触后分子间相互渗透扩散，使界面自由能降低，加速膜的形成并使膜固化。

（4）化学键结合　覆盖剂与煤粉颗粒的结构都是由碳—碳或碳—氧键组成的。覆盖剂与煤粉之间因内聚能的作用而形成化学键。因形成化学键的作用力很大，远远超过范德华力，所以使覆盖剂乳液与煤粉能紧密地结合成一体。

就是这些作用使覆盖剂乳液与煤粉之间产生了黏附力，使料堆表面形成一层固体膜。

3. 覆盖剂的防尘效果及其影响因素

（1）覆盖剂的浓度　浓度越大，成膜厚度与膜的硬度越大，喷洒周期越长，即防尘效果越好。但浓度越大，成本越高，对周转期短的料场不适宜。对一般料场喷洒浓度以 $8\%\sim10\%$ 为宜。实际工作中应根据覆盖剂的性能，物料的性质及储存期限等具体情况，选择效果好成本低的合适浓度。

（2）喷洒剂量　剂量大，浸润的深度大，成膜厚度和硬度也大，喷洒周期长，成本高。所以喷洒剂量也要根据实际情况具体确定。据国内外资料，一般情况下以 $2kg/m^2$ 为宜。

（3）物料的粒度　物料粒度小于 4mm 成膜性能好，喷洒周期长；物料粒度大于 10mm，成膜性能较差，喷洒周期短。

（4）风力和雨水的冲刷　风力大，雨水冲刷力强，喷洒周期短；反之，喷洒周期长。

4. 工程实例

某钢厂使用覆盖剂的场所为原料堆场。为了防止原料堆场的扬尘，采用了直径 22mm 的喷水枪进行洒水，喷洒的水为含有 3% 浓度的聚丙乙烯水溶液覆盖剂，使料堆洒水后表面能结成一层硬壳薄膜，以防刮风时产生二次扬尘。

覆盖剂的成膜机理依品种不同而不同，但基本上是化学键结合，吸附结合、机械结合和扩散结合中的一种或几种。

六、荷电水雾降尘技术

1. 荷电水雾的降尘作用

水雾带上电荷就称为荷电水雾。用荷电水雾降尘是提高水雾捕尘能力的又一有效方法。对微细粉尘的捕捉率提高更显著，用于井下风流净化，一般都能使空气含尘量降至 $0.5mg/m^3$ 以下。

荷电水雾降尘是用人为的方法使水雾带上与尘粒电荷符号相反的电荷，使雾滴与尘粒之间增加了另外一种作用力——静电吸引力或叫库仑力。该作用力大大增强雾滴与尘粒之间的附着效果和凝聚效果，因而能大幅度地提高水雾降尘的效率。其效率高低主要取决于水雾的荷电方法、粉尘的带电性及喷雾量等因素。

2. 水雾的荷电方法

为使水雾受控荷电，通常有电晕场荷电法、感应荷电法及喷射荷电法 3 种方法。

（1）电晕场荷电法　是让水雾通过电晕场，电晕场中的离子在电场的作用下向水雾充电。

单相流（单水型）喷雾器水雾荷电装置的喷雾器可用武安-4 型。接地罩是形成电晕场的接地电极，放电极是离子发射源。当放电极加上适当的高电压（数万伏）后对接地罩放电，此间便形成高浓度的单一离子区，水雾通过此区时荷电。水雾带电极性视电晕极性而定。负电晕带负电，正电晕带正电。荷电量主要受电晕场强及电场内离子浓度的影响。可按下式计算：

$$q_w = 4\pi\varepsilon_0 \frac{3\varepsilon_s}{\varepsilon_s+2} Ea^2 \frac{t}{t+\tau}(\text{C}) \tag{3-65}$$

$$E = \frac{U}{E}$$

$$T = 4\varepsilon_0/K\rho_i$$

式中，q_w 为水雾荷电量，C；ε_0 为真空介电常数，C/（V·m），一般取 8.85×10^{-12} C/（V·m）；ε_s 为雾滴相对介电系数，C/（V·m），一般取 80 C/（V·m）；E 为雾滴所在位置的场强（可用

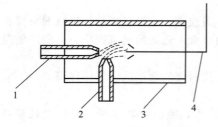

图 3-40　两相流喷雾器水雾荷电法
1—压气喷嘴；2—饮水喷嘴；
3—电晕场外极；4—电晕极

平均场强），V/m；U 为放电极电压，V；t 为雾滴在电场内停留时间，s；τ 为荷电时间常数，s；K 为离子迁移率，$m^2/(s \cdot V)$ 正极性时 $K = 1.32 \times 10^{-4}/m^2$（$s \cdot V$），负极性时 $K = 2.1 \times 10^4 m^2/$（$s \cdot V$），ρ_i 为电荷密度，C/m^3，通常取 $1.6 \times 10^{-12} \sim 1.6 \times 10^{-11} C/m^3$。

图 3-40 是两相流（风水）喷雾器水雾荷电法装置示意。这种水雾荷电法的工作原理及荷电量计算与上法基本一致。其特点是要控制雾滴直径在 50～150pm 之间，并保证水雾不被外电极所捕集。

（2）感应荷电法。这种方法的原理如图 3-41 所示。由于静电感应作用，由喷嘴喷出的水雾将带上与感应环相反极性的电荷。其荷电量按如下步骤计算。

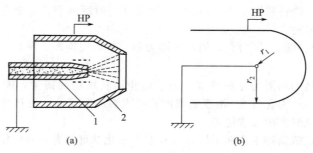

图 3-41　感应荷电法
1—喷嘴；2—感应环

① 将图 3-41（a）简化为（b）的形式，求中间雾滴区半径 r_1 与感应环半径 r_2 之间的电容量：

$$C = \frac{4\pi\varepsilon r_2 r_1}{r_2 - r_1}(F) \tag{3-66}$$

式中，$\varepsilon = \varepsilon_r \times 8.86 \times 10^{-14}$，$F/cm$；$\varepsilon_r$ 为相对介电常数，空气中约为 1。

② 求雾滴上所能带的荷电量

$$q_w = CU(C) \tag{3-67}$$

式中，U 为感应环上的电压，V。

③ 求荷质比（荷电体单位质量的荷电量）

$$r_q = \frac{q_w}{m}(C/kg) \tag{3-68}$$

式中，m 为雾滴质量，kg。

此法控制水雾荷电量及电极性都比较容易，而且基本不消耗电能，但喷嘴设计较难。

（3）喷射荷电法　此法就是让水高速通过某种非金属材料制成的喷嘴，在水与喷嘴摩擦被分裂的过程中带上电荷，其荷电量与带电极性受喷嘴材料、喷水量、水压等因素影响。据有关资料，采用聚四氟乙烯喷嘴，水压为 $7.03 kgf/cm^2$，流量为 $0.271/min$ 时，荷质比可达 $4.0 \times 10^{-4}/kg$。此法的设施和清水水幕几乎相同，但其带电性和荷电量较难控制。

第四节　生产设备排风量

生产设备排风量因生产设备工艺、规格、用途不同差异很大，它对集气吸尘罩的设计和运行也有较大影响。因此把设计计算和经验结合起来确定排风量更具实际意义。本节主要介绍燃烧过程排烟量和一些生产设备的经验排风量数据。

一、燃料燃烧排烟量和污染物量

1. 理论空气量的计算

理论空气量可根据碳、氢、硫等元素与氧气的反应方程式确定（在标准状态下，下同）。

$$C + O_2 \Longrightarrow CO_2 \tag{3-69}$$

$$\downarrow \quad \downarrow \quad \downarrow$$

$$12kg \quad 22.4m^3 \quad 22.4m^3$$

此式表明，当 12kg 的碳完全燃烧时，需要消耗 22.4m^3 的氧气，并生成 22.4m^3 的二氧化碳。所以，1kg 的碳进行完全燃烧将消耗为 22.4/12＝1.8667（m^3）。

$$2H_2 + O_2 \Longrightarrow 2H_2O \tag{3-70}$$

$$\downarrow \quad \downarrow \quad \downarrow$$

$$4.032kg \quad 22.4m^3 \quad 44.8m^3$$

则，1kg 氢气燃烧后要消耗的氧气为 $\dfrac{22.4}{4.032} = 5.5556$（$m^3$）。

$$S + O_2 \Longrightarrow SO_2 \tag{3-71}$$

$$\downarrow \quad \downarrow \quad \downarrow$$

$$32kg \quad 22.4m^3 \quad 22.4m^3$$

即 1kg 硫燃烧时，需要消耗氧气为 $\dfrac{22.4}{32} = 0.7$（m^3）。

在 1kg 煤中含有 $\dfrac{C_{ar}}{100}$kg 的碳、$\dfrac{H_{ar}}{100}$kg 的氢和 $\dfrac{S_{ar}}{100}$kg 的硫，所以，1kg 煤燃烧时，碳、氢和硫三种元素的需氧量应为：$1.8667 \times \dfrac{C_{ar}}{100} + 5.5556 \times \dfrac{H_{ar}}{100} + 0.7 \times \dfrac{S_{ar}}{100}$。

这些氧量并不全由空气来供给，这是因为，1kg 煤中还有 $\dfrac{O_{ar}}{100}$kg 的氧，这部分氧是能够参与碳、氢、硫反应的。在计算理论空气量时，应将这部分氧量扣除，氧的分子量为 32，故 $\dfrac{O_{ar}}{100}$kg 的氧在标准状态下的体积为 $\dfrac{22.4}{32} \times \dfrac{O_{ar}}{100} = 0.7 \times \dfrac{O_{ar}}{100}$（$m^3$）。这样，1kg 煤燃烧所需空气中的氧量为：$1.8667 \times \dfrac{C_{ar}}{100} + 5.5556 \times \dfrac{H_{ar}}{100} + 0.7 \times \dfrac{S_{ar}}{100} - 0.7 \times \dfrac{O_{ar}}{100}$。

由于空气中氧气的容积含量为 21％，所以，1kg 煤燃烧时所需要的理论干空气量为

$$V^0 = \frac{1}{0.21} \times \left(1.8667 \times \frac{C_{ar}}{100} + 5.5556 \times \frac{H_{ar}}{100} + 0.7 \times \frac{S_{ar}}{100} - 0.7 \times \frac{O_{ar}}{100}\right) \quad (m^3) \tag{3-72}$$

2. 理论空气需要量

（1）固体和液体燃料　经简化后，燃烧 1kg 固体或液体燃料所需要的理论空气量可按式(3-73)或式(3-74)计算，式中的空气量是指不含水蒸气的干空气量。对于贫煤及无烟煤挥发分 $V_{daf} < 15\%$ 亦可按经验公式（3-75）计算，而对于挥发分 $V_{daf} > 15\%$ 的烟煤也可按经验公式(3-76)计算；对于劣质烟煤也可按经验公式(3-77)计算；而对于燃油也可按经验公式（3-78）计算：

$$V^0 = 0.0889C_{ar} + 0.265H_{ar} + 0.0333S_{daf} - 0.0333O_{ar} \tag{3-73}$$

$$L^0 = 0.1149C_{ar} + 0.3426H_{ar} + 0.0431S_{daf} - 0.0431O_{ar} \tag{3-74}$$

$$V^0 = 0.238 \times \frac{Q_{net,ar} + 600}{900} \tag{3-75}$$

$$V^0 = 1.05 \times 0.238 \frac{Q_{net,ar}}{1000} + 0.278 \tag{3-76}$$

$$V^0 = 0.238 \times \frac{Q_{net,ar} + 450}{990} \tag{3-77}$$

$$V^0 = \frac{0.85 \times Q_{net,ar}}{4186} + 2 \tag{3-78}$$

式中，V^0、L^0 为需要的理论空气量，m^3/kg、kg/kg；$Q_{net,ar}$ 为燃料低位发热量，kJ/kg。

（2）气体燃料　燃烧标态下气体燃料所需的理论空气量（同样是指干空气）可按式（3-79）、式（3-80）计算，也可按式（3-81）～式（3-84）近似计算：

$$V^0 = 0.02381\varphi(H_2) + 0.02381\varphi(CO) + 0.04762\Sigma\left(m + \frac{n}{4}\right)\varphi(C_mH_n)$$
$$+ 0.07143\varphi(H_2S) - 0.04726\varphi(O_2) \tag{3-79}$$

$$L^0 = 0.03079\varphi(H_2) + 0.03079\varphi(CO) + 0.06517\Sigma\left(m + \frac{n}{4}\right)\varphi(C_mH_n)$$
$$+ 0.09236\varphi(H_2S) - 0.06157\varphi(O_2) \tag{3-80}$$

$$燃气\ Q_{net,ar} < 10500kJ/m^3\ 时：V^0 = 0.000209Q_{net,ar} \tag{3-81}$$

$$燃气\ Q_{net,ar} > 10500kJ/m^3\ 时：V^0 = 0.00026Q_{net,ar} - 0.25 \tag{3-82}$$

对烷烃类燃气(天然气、石油伴生气、液化石油气)可采用：

$$V^0 = 0.000268Q_{net,ar} \tag{3-83}$$

$$V^0 = 0.00024Q_{gr,ar} \tag{3-84}$$

式中，V^0 为需要的理论空气量；$\varphi(H_2)$、$\varphi(CO)$、$\varphi(C_mH_n)$、$\varphi(H_2S)$、$\varphi(O_2)$ 为燃气中各可燃部分体积分数，$\%$；$Q_{net,ar}$ 为标态燃气低位发热量，kJ/m^3；$Q_{gr,ar}$ 为标态燃气高位发热量，kJ/m^3。

（3）过量空气系数 α　在锅炉运行中实际空气消耗量总是大于理论空气需要量。它们二者的比值称为过量空气系数。在烟气计算时用 α 表示，空气计算时用 β 表示。对于锅炉炉膛来说，α 的大小与燃烧设备型式、燃料种类有关。

3. 实际烟气量

（1）固体和液体燃料　燃烧 $1kg$ 固体或液体燃料所产生的实际标态下烟气量可按式（3-85）计算：

$$V_y = V_{RO_2} + V_{N_2} + V_{O_2} + V_{H_2O} = V_{RO_2} + V_{N_2}^0 + (\alpha - 1)V^0 + V_{H_2O}^0 + 0.0161(\alpha - 1)V^0$$
$$= V_{RO_2} + V_{N_2}^0 + V_{H_2O}^0 + 1.0161(\alpha - 1)V^0 \tag{3-85}$$

式中，V_y 为实际烟气比体积，m^3/kg；V_{RO_2}、V_{N_2}、V_{O_2}、V_{H_2O} 分别为实际烟气中 RO_2、N_2、O_2、H_2O 的比体积，m^3/kg；$V_{N_2}^0$、$V_{H_2O}^0$、V^0、α 分别为理论烟气中 N_2、H_2O、烟气的体积，m^3/kg，以及所处烟道过量空气系数；V^0 为数值可根据式（3-73）、式（3-79）计算；α 值可参照表 3-15；

V_{RO_2}、$V_{N_2}^0$、$V_{H_2O}^0$ 可按式（3-86）、式（3-87）、式（3-88）计算：

$$V_{RO_2} = 0.01866C_{ar} + 0.007S_{adf} \tag{3-86}$$

$$V_{N_2}^0 = 0.79V^0 + 0.008N_{ar} \tag{3-87}$$

$$V_{H_2O}^0 = 0.111H_{ar} + 0.0124M_{ar} + 0.0161V^0 + 1.24G_{wh} \tag{3-88}$$

式中，G_{wh} 为每千克燃油雾化用蒸气量，kg/kg，一般取 0.3～0.6kg/kg。

若空气中含湿量 $d>10$g/kg，则烟气容积还应加上修正量 ΔV_{H_2O}，其数值可按式（3-89）计算：

$$\Delta V_{H_2O}=0.00161\alpha V^0(d-10) \tag{3-89}$$

式中，ΔV_{H_2O} 为修正量，m^3/kg。

燃烧 1kg 固体或液体燃料所产生的实际烟气质量还可用式（3-90）简化计算：

$$L_y=1-0.01A_{ar}+1.306\alpha V^0+G_{wh} \tag{3-90}$$

式中，符号意义同前。

若空气中含湿量 $d>10$g/kg，则烟气质量也应加一修正量 ΔL_y，其数值可按式（3-91）计算：

$$\Delta L_y=0.001306\alpha V^0(d-10) \tag{3-91}$$

式中，ΔL_y 为修正量，kg/kg。

烟气量的近似计算也可按式（3-92）进行：

$$V_y=\left[(\alpha'\alpha+\alpha'')(1+0.006M_{zs})+0.0124M_{zs}\right]\frac{Q_{net,ar}}{4187} \tag{3-92}$$

式中，V_y 为烟气量，m^3/kg；α 为所处炉膛过量空气系数，见表 3-15；α'、α'' 为系数，见表 3-16；M_{zs} 为折算水分，$M_{zs}=4187\dfrac{M_{av}}{Q_{net,ar}}$。

表 3-15　炉膛过量空气系数

炉型	链 条 炉				具有抛煤机的链条炉			煤 粉 炉			油气炉	流化床炉
			无烟煤		褐　煤		烟煤					
燃料	褐煤	烟煤	种子块 6～13mm	原煤 <100mm	$M_{ar}\approx19\%$ $A_{ar}\approx24\%$	$M_{ar}\approx33\%$ $A_{ar}\approx22\%$	$V_{daf}>25\%$	褐煤	烟煤	无烟煤	油气	
α	1.3	1.3	1.3	1.5	1.3	1.3	1.3	1.2～1.25	1.2	1.2～1.25	1.1	1.1～1.2

表 3-16　系数 α'、α''

燃料种类	木柴	泥煤	褐煤	烟　煤		无烟煤
				$V_{daf}\geq20\%$	$V_{daf}<20\%$	
α'	1.06	1.085	1.1	1.11	1.12	1.12
α''	0.142	0.105	0.064	0.048	0.031	0.015

（2）气体燃料　标态下燃烧 $1m^3$ 气体燃料所产生的实际烟气量可按式（3-85）一样计算，但其中 V_{RO_2}、V_{N_2}、V_{O_2}、V_{H_2O} 按式（3-93）～式（3-96）计算：

$$V_{RO_2}=0.01\varphi(CO_2)+0.01\varphi(CO)+0.01\sum\varphi(C_mH_n)+0.01\varphi(H_2S) \tag{3-93}$$

$$V_{N_2}=0.79\alpha V^0+0.01N_2 \tag{3-94}$$

$$V_{O_2}=0.21(\alpha-1)V^0 \tag{3-95}$$

$$V_{H_2O}=0.01\varphi(H_2)+0.01\varphi(H_2S)+0.01\sum\frac{n}{2}\varphi(C_mH_n)+1.2\varphi(d_g+\alpha V^0d_a) \tag{3-96}$$

式中，d_g 为标态下燃气的含湿量，kg/m^3；d_a 为标态下空气的含湿量，kg/m^3。

燃烧 $1m^3$ 气体燃烧所产生的实际烟气量也可按式（3-97）近似计算：

$$V_y=V_y^0+(\alpha-1)V^0 \tag{3-97}$$

式中，V_y^0 为采用发热量估算的理论烟气量，m^3/m^3，见式（3-98）～式（3-100）。

对烷烃类燃气：

$$V_y^0 = 0.000239Q_{net,ar} + \alpha \qquad (3\text{-}98)$$

式中，α 为对天然气取 2，对石油伴生气取 2.2，对液化石油气取 4.5。

对炼焦煤气：

$$V_y^0 = 0.000272Q_{net,ar} + 0.25 \qquad (3\text{-}99)$$

对低位发热量＜12600kJ/m³ 的燃气：

$$V_y^0 = 0.000173Q_{net,ar} + 1.0 \qquad (3\text{-}100)$$

式中，符号意义同前。

（3）当已知条件不全无法计算燃煤机组烟气量时，可参照表 3-17 选取。

表 3-17 常规燃煤机组对应烟气量

机组容量 /MW	锅炉型式	最大连续蒸发量 /（t/h）	最大耗煤量 /（t/h）	除尘器入口过量空气系数	烟气量 /（10⁴m³/h）	烟气温度 /℃
1000	超超临界燃煤锅炉，采用四角切向燃烧方式、单炉膛平衡通风、固态排渣	3100	300～360	1.2～1.4	450～550	120～150
600	亚临界参数汽包燃煤锅炉，采用四角切向燃烧方式、单炉膛平衡通风、固态排渣	2025	200～250	1.2～1.4	300～350	120～150
300	亚临界自然循环汽包燃煤锅炉，平衡通风、固态排渣	1025	130～160	1.2～1.4	180～220	120～150
200	超高压自然循环汽包燃煤锅炉，平衡通风、固态排渣	670	90～130	1.2～1.4	140～165	140～160
135	超高压自然循环汽包燃煤锅炉，平衡通风、固态排渣	440	60～80	1.2～1.4	85～95	140～150
135	循环流化床	440	60～80	1.2～1.4	80～90	130～150
125	超高压自然循环汽包燃煤锅炉，平衡通风、固态排渣	420	55～75	1.2～1.4	80～90	140～150
125	循环流化床	420	55～75	1.2～1.4	75～85	130～150
50	煤粉炉	220	30～40	1.2～1.4	40～50	140～160
50	循环流化床	220	30～40	1.2～1.4	35～45	130～150
25	中温中压煤粉炉	130	25～35	1.2～1.4	28～32	150～160
25	循环流化床	130	25～35	1.2～1.4	26～30	130～150
12	中温中压煤粉炉	75	8～10	1.2～1.4	16～19	150～160
12	循环流化床	75	8～10	1.2～1.4	15～18	130～150
6	煤粉炉	35	5～7	1.2～1.4	7～9	150～160
6	循环流化床	35	5～7	1.2～1.4	7～9	130～150

（4）锅炉生产 1t/h 蒸汽所产生的烟气量还可按表 3-18 估算。

表 **3-18** 烟气量估算表 单位：m^3/h

燃烧方式		排烟过量空气系统 α_{py}①	排烟温度/℃		
			150	200	250
层燃炉		1.55	2300	2570	2840
流化床炉	一般煤种	1.55	2300	2570	2840
	矸石、石煤等	1.45	2300	2570	2840
煤粉炉		1.55	2100	2360	2620
油气炉		1.20②	1510	1690	1870

①若 α_{py} 不是表中数值，则 $V'_y = \alpha'_{py}/(\alpha_{py}V_y)$。

②油气炉为微正压燃烧时。

（5）漏风系数 $\Delta\alpha$ 运行中的锅炉，由于锅炉炉膛内外、各烟道内外有压差存在，对负压运行的锅炉及各外烟道而言，则会有外界空气漏入炉膛和烟道内；对正压运行的锅炉炉膛，则会有烟气漏入进入大气。在锅炉额定负荷运行时，锅炉炉膛及各段烟道中的漏风系数 $\Delta\alpha$ 可参见表 3-19 取用。

表 **3-19** 额定负荷下锅炉各段烟道中的漏风系数 $\Delta\alpha$

烟道名称			漏风系数
室燃炉炉膛	煤粉炉		0.1
层燃炉炉膛	机械化及半机械化炉		0.1
	人工加煤炉		0.3
流化床炉炉膛	沸腾床炉悬浮层		0.1
	循环流化床炉炉膛、沸腾床炉沸腾层		0.0
对流烟道	过热器		0.05
	第一锅炉管束		0.05
	第二锅炉管束		0.1
	省煤器	钢管式	0.1
		铸铁式	0.15
	空气预热器		0.1
屏式对流烟道	包括过热器锅炉管束、省煤器等		0.1
除尘器	电除尘器、布袋除尘器(每级)		0.15
	水膜除尘器	带文丘里	0.1
		不带文丘里	0.05
	干式旋风除尘器		0.05
锅炉后的烟道	钢制烟道(每 10m 长)		0.01
	砖砌烟道(每 10m 长)		0.05

4. 燃煤锅炉污染物排放量

（1）燃煤锅炉烟尘排放量和排放浓度 单台燃煤锅炉烟尘排放量可按下式计算。

$$M_{Ai} = \frac{B \times 10^9}{3600}\left(1 - \frac{\eta_c}{100}\right)\left(\frac{A_{ar}}{100} + \frac{Q_{net,ar}q_4}{4.18 \times 8100 \times 100}\right)a_{fh} \tag{3-101}$$

式中，M_{Ai} 为单台燃煤锅炉烟尘排放量，mg/s；B 为锅炉耗煤量，t/h；η_c 为除尘效率，%；

A_{ar} 为燃料的收到基含灰量，%；q_4 为机械未完全燃烧热损失，%；$Q_{net,ar}$ 为燃料的收到基低位发热量，kJ/kg；a_{fh} 为锅炉排烟带出的飞灰份额，链条炉取 0.2，煤粉炉取 0.9，人工加煤取 0.2～0.35，抛煤机炉取 0.3～0.35。

多台锅炉共用一个烟囱的烟尘总排放量按式（3-102）计算。

$$M_A = \sum M_{Ai} \tag{3-102}$$

式中，M_A 为多台锅炉共用一个烟囱的烟尘总排放量，mg/s；M_{Ai} 为单台锅炉烟尘排放量，按式（3-101）计算。

多台锅炉共用一个烟囱出口处烟尘的排放浓度按下式计算。

$$C_A = \frac{M_A \times 3600}{\sum Q_i \times \dfrac{273}{T_s} \times \dfrac{101.3}{p_1}} \tag{3-103}$$

式中，C_A 为多台锅炉共用一个烟囱出口处烟尘的排放浓度（标态），mg/m³；$\sum Q_i$ 为接入同一座烟囱的每台锅炉烟气总量，m³/h；T_s 为烟囱出口处烟温，K；p_1 为当地大气压，kPa。

（2）燃煤锅炉二氧化硫排放量的计算　单台锅炉二氧化硫排放量可按下式计算。

$$M_{SO_2} = \frac{B \times 10^6}{3600} C \left(1 - \frac{\eta_{SO_2}}{100}\right) \frac{S_{ar}}{100} \times \frac{64}{32} \tag{3-104}$$

式中，M_{SO_2} 为单台锅炉二氧化硫排放量，mg/s；B 为锅炉耗煤量，t/h；C 为含硫燃料燃烧后生成 SO_2 的份额，随燃烧方式而定，链条炉取 0.8～0.85，煤粉炉取 0.9～0.92，沸腾炉取 0.8～0.85；η_{SO_2} 为脱硫率，%，干式除尘器取零，其他脱硫除尘器可参照产品特性选取；S_{ar} 为燃料的收到基含硫量，%；64 为 SO_2 分子量；32 为 S 分子量。

多台锅炉共用烟囱的二氧化硫总排放量和烟囱出口处二氧化硫的排放浓度可参照烟尘排放的计算方法进行计算。

（3）燃煤锅炉氮氧化物排放量的计算　单台锅炉氮氧化物排放量可按下式计算。

$$G_{NO_x} = \frac{1.63 \times 10^9}{3600} B(\beta n + 10^{-6} V_y C_{NO_x}) \tag{3-105}$$

式中，G_{NO_x} 为单台锅炉氮氧化物排放量，mg/s；B 为锅炉耗煤量，t/h；β 为燃烧时氮向燃料型 NO 的转变率，%，与燃料含氮量 n 有关，一般层燃炉取 25%～50%，煤粉炉取 20%～25%；n 为燃烧中氮的含量（质量分数），%，燃煤取 0.5%～2.5%，平均值取 1.5%；V_y 为燃烧生成的烟气量（标态），m³/kg；C_{NO_x} 为燃烧时生成的温度型 NO 的浓度（标态），mg/m³，一般取 93.8mg/m³。

多台烟囱共用一个烟囱的氮氧化物总排放量和烟囱出口处氮氧化物的排放浓度可参照烟尘排放的计算方法进行计算。

二、冶炼设备排烟量

冶炼设备的排烟量与冶炼炉窑的容量、产量及管理水平有关，钢铁企业冶炼设备、有色金属冶炼设备排烟量分别见表 3-20、表 3-21。

表 3-20　钢铁企业冶炼设备排放气体参数

炉型	排烟量	单位	烟气温度/℃	含尘浓度/(g/m³)
烧结机机头	4000～6000	m³/(h·m²)	250	2～6
烧结机机尾罩	600～100	m³/(h·m²)	40～250	5～15
球团带式烧结机	1940～2400	m³/(h·t)	250	2～6
炼铁高炉顶	350～500	m³/min	150～300	2～8

续表

炉型	排烟量	单位	烟气温度/℃	含尘浓度/(g/m³)
高炉出铁场出铁口	1330～3400	m³/min	135～200	3～10
炼钢转炉(二次)	150000～600000	m³/h	100～200	2～5
电弧炉(炉内)	600～800	m³(标)/(h·t)	1200～1600	20～30
轧钢(火焰清理机)	100000～200000	m³/h	常温	3～6
矿热电炉(封闭)	700～2000	m³/h	500～700	
矿热电炉(半封闭)	3～8	m³(标)/(kW·h)	500～900	
钨铁电炉	20～40	m³(标)/(h·kV·A)	250	1.8～3.6
钼铁电炉	3000～5000	m³(标)/(h·t)	200	20～30
硅铁电炉	15000～50000	m³(标)/t	500～700	90～175
刚玉冶炼炉	7～12.3	m³(标)/(kV·A)	60～250	5～12

表 3-21 有色金属冶炼设备排烟量

项目	发生源	规格	烟气量/(m³/h)	温度/℃	含尘量/(g/m³)	备注
铜冶炼	圆筒干燥机	φ2.2×13.5	20142	176	36.61	−100～−80Pa
	焙烧炉	2.02m²	600～800	700	102	
	电炉	30000kV·A	18000～22000	600～800	70～85	−100～−50Pa
	反射炉	271m²	90000	1250	15～18	
	密闭鼓风机	2m²	5800～6200	400～600	25～58	
		10m²	20000～22000	500～600	14～20	
	转炉	100t				
		φ4000×10000	24200	1150	20～75	
铅锌冶炼	铅烧结机	60m²	58000	300	12	
	铅锌烧结机	110m²	88600	250～300	17	
	炼铅鼓风机	6m²	30000	300	12	
	烟化炉	5.1m²	13500	1150	40	
	浮渣反射炉	9.6m²	3000	900	3～10	
锌冶炼	圆筒干燥机	φ1.5×12	7744	120～150	24	
	焙烧炉	18m²	7040	900	217	SO₂9.9%
		26.5m²	12500	880～930	200	
		42m²	41000	520	295	−500～−380Pa
	渣回转窑	φ2.4×44	20000	650～750	50	20～50Pa
	渣干燥窑	φ2.4×23	6600～8000	700	30	−15Pa
锑冶炼	精矿焙烧炉	14.6m²	8000	650～700	17	
	精炼反射炉	12.5m²	2000	600～700	20	
	锑鼓风机	3m²	11000	850	42	
锡冶炼	反射炉	50m²	12700	700～800	27	
	保温炉	30m²	8000	1000	4～5	−100Pa
	焙烧炉	5m²×2	4500×2	750～800	165	
	炼锡电炉	1000kV·A(2台)	3000	600～800	25～30	
	渣烟化炉	2.4m²	9000	900～1000	50	

三、水泥工业设备排烟量

水泥工业设备排烟量及含尘气体性质见表 3-22。

表 3-22 水泥工业设备排烟量及含尘气体的性质

设备名称		排气量 /[m³(标)/kg]	废气温度 /℃	水分/% (体积)	露点/℃	含尘浓度 /g/m³(标)	尘埃粒径/%	
							<20μm	<88μm
回转窑	湿法长窑	3.3~4.5	180~300	35~60	65~75	10~50	80	100
	立波尔窑	2~4	100~200	15~25	50~60	10~30	60	90
	干法长窑	2.5~3	400~500	6~8	35~40	10~40	70	100
	干法预热窑	2~2.5	350~400	6~8	35~40	30~80	95	100
立窑		2~3.5	50~190	8~20	40~55	1~20	60	95
回转烘干机	黏土	1.3~3.5	75	20~25	55~60	50~150	25	45
	矿渣	1.2~4.2	90	20~25	55~60	—70		
磨机	生料磨 自燃排风 带烘干	0.4~1.5	50 90	4.5 10	30 45	10~20 50~150	50	95
	水泥磨 自燃排风 机械排风	0.4~1.5	100 90~100	3	25	—40 40~80	50	100
熟料算式冷却机		2.5~4.5	150			—20	1	30
煤磨	钢球磨 雷蒙磨	2~2.5	70	8~15	40~50	25~80 20~80		

四、机械制造工业排气量

1. 冲天炉排烟量

冲天炉与其他熔炼设备相比，具有结构简单、热效率高、熔化迅速和成本低廉等优点。所以，在国内约 90% 以上的铸铁都是由冲天炉来熔化的。冲天炉节能减排意义重大。

（1）**炉体结构** 冲天炉基本上是一个直立的圆筒，属于竖炉范畴。整个炉子可分为炉身、前炉、烟囱和支撑四个部分，如图 3-42 所示。

（2）**烟尘及气体成分** 烟尘组成列于表 3-23 中。烟气成分列于表 3-24 中。烟尘起始含尘量列于表 3-25 中。烟尘颗粒质量分散度列于表 3-26 中。

表 3-23 冲天炉烟尘组成（质量浓度） 单位:%

名 称	主要范围	变动范围
SiO_2	20~40	10~45
CaO	3~6	2~18
Al_2O_3	2~4	0.5~25.0
FeO, Fe_2O_2, Fe	12~16	5~26
MnO_2	1~2	0.5~9.0
MgO	1~3	0.5~5.0
灼热烧损(C,S,CO_2)	20~50	10~64

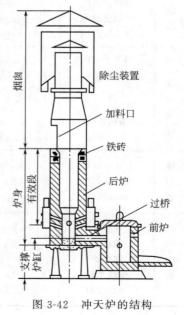

图 3-42 冲天炉的结构

表 3-24　冲天炉烟气成分　　　　　　　　　　　单位：%

铁焦质量比	冷风炉				热风炉			
	燃烧比 η	$w(CO)$	$w(CO_2)$	$w(N_2)$	燃烧比 η	$w(CO)$	$w(CO_2)$	$w(N_2)$
8.0	70.0	7.0	17.0	76.0	60.0	10.0	15.0	75.0
10.0	57.0	11.0	14.5	74.5	47.0	14.0	12.5	73.5
12.0	47.0	14.0	12.5	73.5	37.0	17.5	10.5	72.0
14.0	38.0	17.5	10.5	72.0	28.0	21.5	8.0	70.5
16.0	33.0	19.0	9.5	71.5	24.0	23.0	7.0	70.0
18.0	27.0	21.0	8.0	71.0	19.0	25.5	5.5	69.0
20.0	23.0	23.0	7.0	70.0	16.0	26.5	5.0	68.5

注：1. 烟气中除上述成分外尚含有 $w(NO_x)$ 为 $3\times10^{-6}\sim14\times10^{-6}$；$w(SO_x)$ 为 $0.04\%\sim0.10\%$；$w(O_2)$ 为 1.8%；$w(H_2)$ 为 $1\%\sim3\%$。

2. 如熔炼过程中加入萤石，则烟气中尚含有 $375\sim1317mg/m^3$ 的氟化氢气体，增加了净化系统防腐蚀要求。

3. 燃烧比 $\eta=\dfrac{w(CO_2)(\%)}{w(CO)(\%)+w(CO_2)(\%)}\times100\%$。

表 3-25　烟尘起始含尘量

烟尘	起始含尘量/(g/m^3)		备　注
	主要范围	变动范围	
炉气	6～12	2～25	相当于每吨铁水产尘 6～20kg
除尘排烟	2～6	1～10	

注：1. 国内实测数据为冷风冲天炉产尘量 7.2kg/t 铁水或 $3.24g/m^3$。

2. 原联邦德国对 33 台冷风炉和热风酸性炉实测产尘：冷风炉为 (7.7 ± 2.04) kg/t 铁水；热风炉为 (7.52 ± 3.65) kg/t 铁水或 $4.00g/m^3$。

表 3-26　烟尘颗粒质量分散度　　　　　　　　　单位：%

冲天炉类型	粒径/μm					
	＜5	5～10	10～20	20～40	40～60	＞60
热风冲天炉	27.0	5.0	5.0	3.0	20.0	40.0
冷风冲天炉	0	3.0	1.5	7.5	8.0	80

注：打炉阶段，冷风炉实测质量分散度：＜5μm 为 4.9%；5～10μm 为 1.9%；10～20μm 为 20.5%；20～40μm 为 29.8%；40～60μm 为 44.8%。

（3）排烟量　每熔炼 1t 铁水的炉气量可按式（3-106）求得：

$$V_L=\frac{19.6K\alpha S}{w(CO_2)+w(CO)}\times P_R \tag{3-106}$$

式中，V_L 为炉气量，m^3/t 铁水；K 为铁焦质量比，%；α 为焦炭含碳质量百分数，%；S 为冲天炉每小时熔化铁水量，t/h；P_R 为燃烧修正系数，CO_2+CO 为实测时，$P_R=1.0$，采用表 3-23 数据时，$P_R=1.09$；$w(CO_2)$ 为炉气中 CO_2 质量分数，%；$w(CO)$ 为炉气中 CO 质量分数，%。

按照上述方法和选用的参数，对国内标准冲天炉排烟量计算结果列入表 3-27 中。

表 3-27　标准冷风冲天炉排烟量

公称熔化量/(t/h)		1	2	3	5	7	10	15
加料口尺寸/mm×mm		900×580	2100×800	2500×1000	2600×1100	2800×1300	3000×1560	3000×1600
炉气量 V_L/(m³/g)		670.2	1340.4	2010.3	3351.0	4691.4	6702.0	10053.0
$v_c=$ 1.0m/s	控制风量 Q_C/(m³/h)	1879.2	6048.0	9000.0	10296.0	13104.0	16848.0	17280.0
	除尘排烟量 Q/(m³/h)	2549.4	7388.4	11010.3	13647.0	17795.4	23550.0	27333.0
	Q/V_L	3.80	5.51	5.48	4.07	3.79	3.51	2.72
$v_c=$ 1.5m/s	控制风量 Q_C/(m³/h)	2818.8	9072.0	13500.0	15444.0	19656.0	25272.0	25920.0
	除尘排烟量 Q/(m³/h)	3489.0	10412.4	15510.3	18795.0	24347.4	31974.0	35973.0
	Q/V_L	5.20	7.77	7.72	5.61	5.19	4.77	3.58

2. 砂轮机及抛光机

砂轮机及抛光机排风量，可按下式计算：

$$L = KD \tag{3-107}$$

式中，L 为排风量，m³/h；D 为磨轮直径，mm；K 为每毫米轮径的排风量，m³/(h·mm)，其中砂轮 $K=2$m³/(h·mm)，毡轮 $K=4$m³/(h·mm)，布轮 $K=6$m³/(h·mm)。

排风罩开口处的风速要求如下：砂轮 $v>8$m/s；毡轮 $v>4$m/s；布轮 $v>6$m/s。

（1）悬挂砂轮机　清理大件一般用悬挂砂轮机。图 3-43 是悬挂砂轮机的集尘小室，效果较好。砂轮机的排风量见表 3-28。

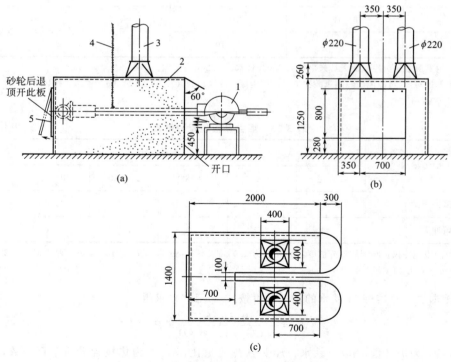

图 3-43　悬挂砂轮机集尘小室

1—3374K 悬挂砂轮机；2—集尘小室

3—ϕ220 接管；4—伴随电缆线的悬链；5—δ10mm 橡皮板

表 3-28　砂轮机排风量表

序号	名称及规格		排风罩类型	排风量 $Q/(m^3/h)$	备注
1	双头固定砂轮机		局部排风罩		
	直径 d/mm	厚度 δ/mm			
	300	50		2×600	
	400	60		2×800	
	500	75		2×1100	
	600	100		2×1300	
	700	125		2×1600	
	800	150		2×2000	
2	在生产线上 3374K 型悬挂砂轮机		集尘小室	5000	

（2）固定砂轮机　清理小件可用固定砂轮机。

固定砂轮机的吸尘罩见图 3-44。排风量参见表 3-28。

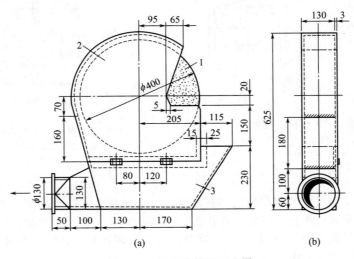

图 3-44　固定砂轮机吸尘罩

1—砂轮；2—防护罩；3—增加的吸尘罩

（3）砂轮切割机　砂轮切割机的吸尘罩见图 3-45。对于 $\phi400\times3$ 的砂轮，其排风量可采用 3500m³/h。

（4）抛光机　抛光机使用时产生大量纤维性粉尘，应设吸尘罩排风。除尘系统宜采用楔形网滤尘器或 JS 转笼式滤尘器。抛光机吸尘罩的排风量可采用下列数值：毛毡抛光机，每 1mm 轮径 4.0m³/h；布质抛光机，每 1mm 轮径 6.0m³/h。

砂轮机的排风一般可用高效旋风除尘器进行一级净化，抛光机排风净化一般采用袋式除尘机组净化。

3. 焊接作业排风量

（1）单台的焊接工位烟尘排烟量　为 1200～1400m³/h，并可以在各个焊点直接进行净化处理。

（2）大型的焊接烟尘处理站烟气量　为 5000～25000m³/h，可以满足各种面积的焊接车间的

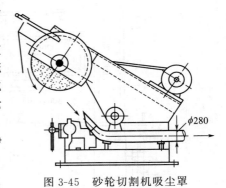

图 3-45　砂轮切割机吸尘罩

全面治理，一个中央系统能同时处理2～20个焊接工位的烟尘净化。

（3）铸件焊补　焊补小铸件可以在焊接工作台上进行，其排风装置见图3-46，罩口断面风速可采用0.75m/s，其排风量为2700m³/h。当采用均流侧吸罩时，则其排风量按均流侧吸罩净截面计算，风速为3.6m/s。

焊补大件时，可以在密闭小室内进行，其排风装置见图3-47。密闭小室顶部和底部均留有开口进风。排风量按开口处风速0.5m/s计算。

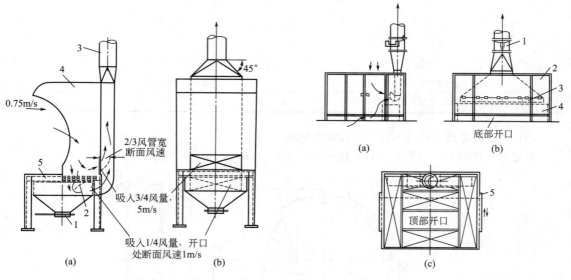

图 3-46　焊补工作台排风装置
1—插板阀；2—挡板；3—接管；
4—罩子；5—工作台

图 3-47　焊补工作室排风装置开口断面
1—风机；2—密闭小室；3—分级铰接挡板；
4—工作台；5—拉门

（4）切割地坑　用氧、乙炔焰切割铸钢件飞边、毛刺和浇冒口时，作业地点的粉尘浓度很高。当切割铸件的浇冒口离格子板高度不超过1.0m标高时，可以采用地坑排风，见图3-48。设计采用格子板面排风速度为1.0～1.2m/s。在寒冷地区采用这种方法时，应增设局部热风系统，以免操作人员腿部受冷风影响。

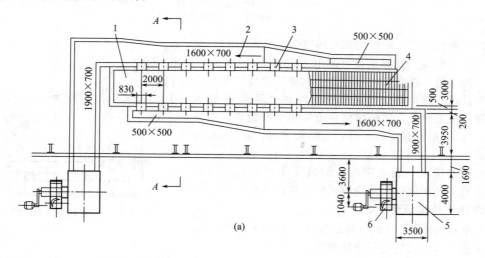

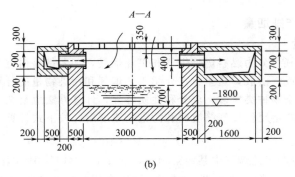

图 3-48　切割地坑排风
1—地坑；2—地沟；3—带插板阀的风口；4—格子板；5—降尘室；6—风机

4. 喷砂室和抛丸室

（1）喷砂室排风量　喷砂室排风量可按断面风速 0.3～0.7m/s 计算。当在喷砂室内操作时，操作工人距喷射物件较近，能见度要求低，则可不按断面风速计算排风量，一般根据喷砂室布置、喷嘴数量和大小确定，不同直径喷嘴的喷砂室排风量见表 3-29。

表 3-29　喷砂室排风量

喷嘴直径/mm	6	8	10	12	14	15	16
排风量/（m³/h）	6000	8000	10000	14000	18000	23000	30000

注：表中喷嘴直径指已磨损后的直径，即喷嘴允许的最大直径。

（2）抛丸清理室的排风量　抛丸室操作时，产生的灰尘中有砂粒和金属粉尘，其排风量可按下列数据采取：斗式提升机头部 800m³/h；分离器 1700m³/h；第一个抛头 3500m³/h；第二个抛头开始，每个抛头 2500m³/h。几种常用的定型抛丸室排风量见表 3-30。

表 3-30　定型抛丸室排风量

名称及规格	排风罩类型	排风量/（m³/h）
Q365A 型抛丸室	设备密闭	
清理室		10000
分离室		3000
QB3210 型半自动履带式抛丸室	设备密闭	
抛丸清理机		3500
分离室		2000
Q338 型单钩吊键抛丸室	设备密闭	1800
Q3525A 型抛丸清理转台	设备密闭	
清理室		1800
分离器		1300
Q384A 型双行程吊键式抛丸室	设备密闭	
清理室		20000
分离室		3600
提升机		900
Q7710 喷抛丸落砂清理室	设备密闭	总排风量 32400
Q7630A 喷抛丸联合清理室	设备密闭	
清理室		22820
分离室		6000

五、其他工业生产排烟量

1. 化学工业烟气量

化工企业排放的烟气可分为燃料燃烧烟气和工业烟气，二者都是由空气或其他气体和各种污染物质组成的混合气体或气溶胶，这里重点介绍工艺烟气和污染物量的计算。化工生产工艺多种多样，排放的烟气和污染物种类繁多，成分和性质各异，计算方法也复杂。

（1）实测法计算　测定尾气排气筒流速和污染物浓度后，按下式计算污染物排放量：

$$G_{gi} = c_{gi} V_s \times 10^{-9} \tag{3-108}$$

式中，G_{gi} 为全年生产工艺烟气中某污染物量，t/a；c_{gi} 为烟气中污染物全年监测平均浓度，mg/m^3；V_s 为全年生产工艺烟气排放量，m^3/a，可按全年测定流速加权平均数和排气筒截面运转时间计算，再换算成标准状态下的烟气体积。

（2）经验公式计算　从化工手册中查得化工产品某种污染物的排放系数，用下式计算排污量：

$$G_{gi} = CW \tag{3-109}$$

式中，G_{gi} 为全年烟气中排出的某污染物量，t/a；C 为排放系数，t/t；W 为该化工产品全年产量，t/a。

2. 医药工业烟气排放量

医药工业烟气量的计算分为两种：一种是根据定组成定律、质量守恒定律和化学反应方程式进行计算；另一种是采用单位产品烟气排放系数进行计算，其计算公式如下：

$$V_i = MK_i \tag{3-110}$$

式中，V_i 为某种烟气排放量，m^3；K_i 为单位产品某烟气排放系数，m^3/t，可运用化学反应方程式计算；M 为某产品质量，t。

3. 耐火材料生产烟气排放量

耐火材料生产烟气和污染估计值如下。

（1）黏土煅烧　在回转窑煅烧黏土，耐火熟料排放的烟气量见表 3-31。

表 3-31　黏土煅烧烟气量

燃料种类	废气量 /(m³/t 熟料)	NO$_x$		SO$_x$		尘	
		g/m³	kg/t	g/m³	kg/t	g/m³	kg/t
重油	1900～2100	0.4	0.8	10.0	21.0	—	—
天然气	2000～2500	0.3	0.72	0.4～3.5	0.9～7.5	15～85	35～200

（2）镁砂焙烧　在回转窑焙烧镁砂、镁氢氧化物 1t 成品污染排放量见表 3-32，燃料一般为重油、天然气，1t 成品折算标准燃料用量为 450～500kg。

表 3-32　焙烧镁砂、镁氢氧化物 1t 成品污染排放量

工艺过程	废气量 /(m³/t)	HF		HCl		NO$_x$		尘	
		g/m³	kg/t	g/m³	kg/t	g/m³	kg/t	g/m³	kg/t
焙烧镁砂	7000	—	—	—	—	0.7～1.0	4.5～6.0	100	70
焙烧镁氢氧化物	16000	0.015	0.25	0.46	7.3	0.1	1.6	10～12	160～200

（3）石灰石生产烟气量计算　石灰窑的烟气是由两部分组成：一部分是石灰石经过高温而分解成的二氧化碳；另一部分是煤或焦炭燃烧产生的烟气。其计算方法如下。

① 计算烟气量的经验公式：

$$Q_{sh} = M \frac{400 + 1.833C}{\varphi_i} \tag{3-111}$$

$$C = 燃料消耗量 \times 含碳百分率$$

式中，Q_{sh} 为石灰窑产生的烟气量，m^3/h；M 为石灰窑的产量，kg/h；C 为生产 1t 石灰的耗碳量，kg；φ_i 为石灰窑烟气中二氧化碳所占的体积分数，$\%$，一般在 $20\% \sim 35\%$ 之间波动。

如果已对二氧化碳进行综合利用，计算烟气排放量时，应扣除回收利用的二氧化碳体积。上面的公式则变为：

$$Q_{sh} = M \left[\frac{400 + 1.833C}{\varphi_i} - (400 + 1.833C)\eta \right] \tag{3-112}$$

$$= M \left[\frac{(400 + 1.833C)(1 - \varphi_i \eta)}{\varphi_i} \right]$$

式中，η 为二氧化碳的回收效率，$\%$；其他符号的意义同上。

② 也可以用下列公式计算石灰窑烟气量：

$$Q_{sh} = M\varphi \frac{22.414}{56} + MB_a Q_y$$

$$= M(0.4\varphi + B_a Q_y) \tag{3-113}$$

式中，Q_{sh} 为石灰窑烟气量，m^3/h；M 为石灰窑的产量，kg/h；B_a 为 1kg 石灰耗用的煤或焦炭量，kg/kg；Q_y 为 1kg 燃料产生的烟气量，m^3/kg；φ 为生灰中氧化钙的体积分数，$\%$。

六、碾磨破碎设备排风量

碾磨机、粉碎机、破碎机种类多，排风量相差也大。表 3-33 是筛分、破碎、运输设备的设计参数。对表中未列出的碾磨破碎设备，可参照其型号、规格近似修正表列数据选取。

表 3-33 筛分、破碎、运输设备的设计参数

序号	工艺设备	图 示	推荐排风量 /(m³/s)	排风管径 /mm	局部阻力系数 ξ	物料种类	物料含水量 /%
1	φ250×400 颚式破碎机 （人工加料）		0.511	200	0.57	镁砂 熟料 白云石 熟料	0.23~0.51
2	φ500×400 反击破碎机		0.408	200	0.55	筛选后 白云石	约 0(干)
3	φ250×400 颚式破碎机		0.556	150	0.24	检选前 白云石 熟料	

续表

序号	工艺设备	图　示	推荐排风量 / (m³/s)	排风管径 /mm	局部阻力系数 ξ	物料种类	物料含水量 /%
4	φ250×400 颚式破碎机 及单层溜筛		0.583	195	0.49	检选前 白云石 熟料	0（干）
5	φ600 圆锥破碎机 φ400×1000 电振给料		0.334	160	1.5	镁砂熟料	0.01
6	φ1600×150 湿碾		0.9611	250	1.15	黏土	3.8
7	φ1500×5700 筒磨机入料口		0.3056	200	4.73	硅石 87% 软黏土 13%	0.7
8	φ1500×5700 筒磨机出料端		0.3056	250	10.2	黏土	0.67
9	φ1800 干碾机		0.8056	280	1.7	砂石	0.8
	φ1640 干碾机		0.4167	220	2.34	软黏土	5.1
10	料槽		0.193	120	1.1	白云石 熟料	0（干）
			0.292	170	1.23	黏土熟料	0.18
			0.158	150	1.12		

续表

序号	工艺设备	图　　示	推荐排风量 /（m³/s)	排风管径 /mm	局部阻力系数 ξ	物料种类	物料含水量 /%
11	φ1350×2500 双层振动筛	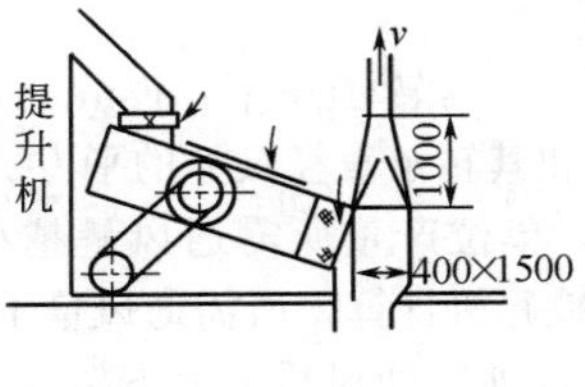	0.75	200	0.3	石灰	0（干）
12	φ800×1600 双层振动筛钢板密闭室	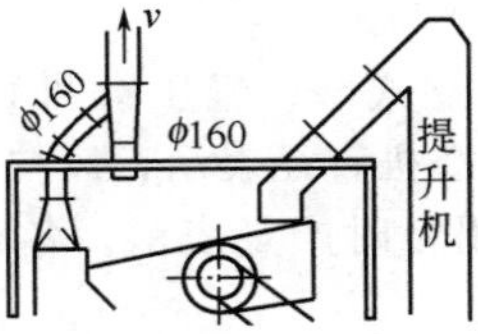	0.75	215	1.36	白云石熟料	0（干）
13	φ800×1600 双层振动筛	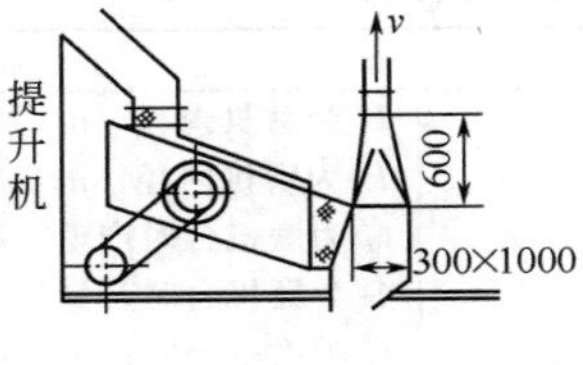	0.61	190	0.59	软质黏土粉料	6.72
14	解放牌汽车装车	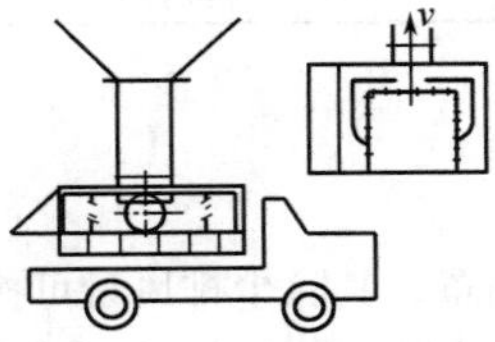	2.944	400	1.12		
15	电子秤	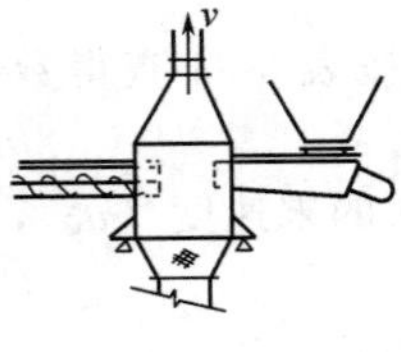	0.2278	130	0.85	黏土	（称底排料阀全开）（生产设备间称内供料）
			0.0617				

此外，粉磨、破碎设备所需排风量还可以计算求出。

1. 破碎设备

水泥生产所使用的破碎设备多为颚式破碎机、锤式破碎机、反击式破碎机和立轴式破碎机等，其产生过程所需通风量分析如下。

（1）颚式破碎机　颚式破碎机转运速度较慢，根据生产经验其所需通风量可用其颚口尺寸大小表示，计算公式为：

$$Q=7200S+2000 \tag{3-114}$$

式中，Q 为通风量，m³/h；S 为破碎机颚口面积，m²。

（2）锤式破碎机、反击式破碎机　这类破碎机以高速旋转的锤头打击物料或使物料撞击，它像风机转子那样带动内部气体运行，其通风量与转子的尺寸和转速有关，可用如下公式计算：

$$Q=16.8DLn \tag{3-115}$$

式中，Q 为通风量，m^3/h；D 为转子直径，m；L 为转子长度，m；n 为转子速率，r/min。

（3）立轴式破碎机　其产生风量原理与锤式破碎机类似，只不过因其转子水平转动、内循环风量大，所需通风量较小，通风量可用下面公式计算：

$$Q = 5d^2n \tag{3-116}$$

式中，Q 为通风量，m^3/h；d 为锤头旋转半径，m；n 为转子速率，r/min。

从以上所列各式可知，锤式破碎机所需风量较大，且和其转子直径尺寸的平方成正比，而且产量几乎与其转子直径的立方成正比，可见破碎机规格越大，单位产量所需通风量越小。以 $\phi 600 \times 400$（600 为转子直径，mm；400 为转子回转宽度，mm）锤式破碎机计算，所需通风量 $4032m^3/h$，台时产量为 12t，吨产品通风量为 $336m^3$，可见在破碎过程中吨产品所需通风量最大不超过 $350m^3$。

2. 粉磨设备

粉磨设备按其通风性质可分为普通球磨、烘干球磨、立式磨、辊压磨和 O-Sepa 选粉机。普通球磨和烘干球磨的通风量，因磨内应有合适的风速，用磨机直径表示；风扫磨、立式磨、辊压机、O-Sepa 选粉机通风量，因其物料全部用风力输送，用台时产量表示。各种粉磨设备排风量计算式如表 3-34 所列。

表 3-34　各种粉磨设备排风量计算式

设备名称	排风量/(m^3/h)	备　注
普通球磨	$(1500 \sim 3000)D^2$	D 为磨机内径，m
烘干球磨	$(3500 \sim 5000)D^2$	D 为磨机内径，m
风扫磨	$(2000 \sim 3000)G$	G 为磨机台时产量，t
立式磨	$(2000 \sim 3000)G$	G 为磨机台时产量，t
辊压机	$(100 \sim 200)G$	G 为磨机台时产量，t
O-Sepa 选粉机	$(900 \sim 1500)G$	G 为磨机台时产量，t

七、运输设备排风量

1. 胶带运输机

胶带运输机受料点一般采用图 3-49 所示的单层局部密闭罩，其除尘排风量可按下列数据采取。

① 受料点在胶带运输机尾部时［见图 3-49（a）］，根据胶带宽度（B）落差高度（H）和溜槽倾角（α）按表 3-34 数据查得。

② 当受料点在胶带运输机中部时［见图 3-49（b）］，按表 3-34 查得数据后，需将 L_2 乘以 1.3 的系数。

③ 当溜槽有转角时［见图 3-49（c）］，应先计算出物料的末速度（v_k），再从表 3-34 中按 v_k 值直接查得。物料末速度（v_k）可按下式计算：

$$v_k = \sqrt{(Kv_1)^2 + v_2^2} \tag{3-117}$$

式中，v_k 为物料末速度，m/s；v_1 为溜槽第一段的物料末速度，m/s，根据 H_1、α_1 由表 3-35 查得；v_2 为不考虑前段物料流速（即假定起始速度为 0）时，溜槽第二段的物料末速度（m/s），根据 m/s、α_2 由表 3-35 查得；K 为溜槽转弯的减速系数，与转角（β）有关，其关系如下：

转角 $\beta/(°)$	5	10	20	30	40	45
减速系数 K	1.0	0.97	0.93	0.85	0.75	0.69

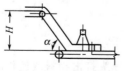
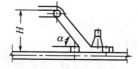
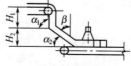

(a) 受料点在胶带机尾部　　　(b) 受料点在胶带机中部　　　(c) 溜槽有转角

图 3-49　单层局部密闭罩

表 3-35　胶带运输机转运点除尘排风量

胶带运输机宽度（B）为下列规格时的除尘排风量/（m³/h）

溜槽角度 α/(°)	物料落差 H/m	物料末速度 v_k/(m/s)	500 L_1	500 L_2	500 L_1+L_2	650 L_1	650 L_2	650 L_1+L_2	800 L_1	800 L_2	800 L_1+L_2	1000 L_1	1000 L_2	1000 L_1+L_2	1200 L_1	1200 L_2	1200 L_1+L_2	1400 L_1	1400 L_2	1400 L_1+L_2
45	1.0	2.1	50	750	800	100	850	950	150	900	1050	200	1100	1300	300	1100	1400	400	1300	1700
	1.5	2.5	50	850	900	100	1000	1100	200	1100	1300	300	1300	1600	400	1400	1800	550	1600	2150
	2.0	2.9	100	1000	1100	150	1200	1350	250	1200	1450	400	1450	1900	550	1600	2150	750	1800	2550
	2.5	3.3	100	1200	1300	200	1300	1500	300	1400	1700	500	1700	2200	700	1800	2500	1000	2100	3100
	3.0	3.6	150	1300	1450	250	1500	1750	400	1500	1900	600	1800	2400	850	1900	2750	1100	2300	3400
	3.5	3.9	150	1400	1550	300	1600	1900	450	1700	2150	700	2000	2700	1000	2100	3100	1300	2400	3700
	4.0	4.2	200	1500	1700	350	1700	2050	500	1800	2300	800	2100	2900	1100	2300	3400	1500	2600	4100
	4.5	4.4	200	1600	1800	350	1800	2150	550	1900	2450	850	2200	3050	1300	2400	3700	1700	2700	4400
	5.0	4.7	250	1700	1950	400	1900	2300	650	2000	2650	1000	2400	3400	1400	2500	3900	1900	2900	4800
50	1.0	2.4	50	850	900	100	1000	1100	150	1000	1150	250	1200	1450	350	1300	1650	500	1500	2000
	1.5	2.9	100	1000	1100	150	1200	1350	250	1200	1450	400	1500	1900	550	1600	2150	750	1800	2550
	2.0	3.3	150	1200	1350	200	1300	1500	300	1400	1700	500	1700	2200	700	1800	2500	1000	2100	3100
	2.5	3.7	150	1300	1450	250	1500	1750	400	1600	2000	600	1900	2500	900	2000	2900	1200	2300	3500
	3.0	4.1	200	1400	1600	300	1700	2000	500	1800	2300	700	2100	2800	1000	2200	3200	1500	2600	4100
	3.5	4.4	200	1600	1800	350	1800	2150	550	1900	2450	850	2200	3050	1300	2400	3700	1700	2700	4400
	4.0	4.7	250	1700	1950	400	1900	2300	650	2000	2650	1000	2400	3400	1400	2500	3900	1900	2900	4800
	4.5	5.0	300	1800	2100	450	2000	2450	700	2100	2800	1100	2500	3600	1600	2700	4300	2200	3100	5300
	5.0	5.3	300	1900	2200	550	2100	2650	800	2300	3100	1300	2700	4000	1800	2900	4700	2500	3300	5800
90	1.0	4.4	200	1600	1800	350	1800	2150	550	1900	2450	850	2200	3050	1300	2400	3700	1700	2700	4400
	1.5	5.4	350	1900	2250	550	2200	2750	850	2300	3150	1300	2700	4000	1900	2900	4800	2600	3400	6000
	2.0	6.3	450	2200	2650	750	2500	3250	1100	2700	3800	1800	3200	5000	2600	3400	6000	3500	3900	7400
	2.5	7.0	550	2500	3050	900	2800	3700	1400	3000	4400	2200	3500	5700	3200	3800	7000	4300	4400	8700

溜槽角度 α/(°)	物料落差 H/m	物料末速度 v_k/(m/s)	胶带运输机宽度（B）为下列规格时的除尘排风量/(m³/h)																	
			500			650			800			1000			1200			1400		
			L_1	L_2	L_1+L_2	L_1	L_2	L_1+L_2	L_1	L_2	L_1+L_2	L_1	L_2	L_1+L_2	L_1	L_2	L_1+L_2	L_1	L_2	L_1+L_2
90	3.0	7.7	650	2700	3350	1100	3100	4200	1700	3300	5000	2600	3900	6500	3800	4200	8000	5200	4800	10000
	3.5	8.3	800	2900	3700	1300	3300	4600	2000	3600	5600	3100	4200	7300	4400	4500	8900	6000	5200	11200
	4.0	8.9	900	3100	4000	1500	3600	5100	2300	3800	6100	3500	4500	8000	5100	4800	9900	7000	5600	12600
	4.5	9.4	1000	3300	4300	1700	3800	5500	2500	4000	6500	3900	4700	8600	5700	5100	10800	7800	5900	13700
	5.0	9.9	1100	3400	4500	1800	4000	5800	2800	4200	7000	4400	5000	9400	6300	5400	11700	8600	6200	14800
60	1.0	3.3	150	1200	1350	200	1300	1500	300	1400	1700	500	1700	2200	700	1800	2500	1000	2100	3100
	1.5	4.0	200	1400	1600	300	1600	1900	450	1700	2150	700	2000	2700	1000	2200	3200	1400	2500	3900
	2.0	4.6	250	1600	1850	400	1900	2300	600	2000	2600	950	2300	3250	1400	2500	3900	1900	2900	4800
	2.5	5.1	300	1800	2100	500	2100	2600	700	2200	2900	1200	2600	3800	1700	2800	4500	2300	3200	5500
	3.0	5.6	350	2000	2350	600	2300	2900	900	2400	3300	1400	2800	4200	2000	3000	5000	2800	3500	6300
	3.5	6.1	400	2100	2500	700	2500	3200	1100	2600	3700	1700	3100	4800	2400	3300	5700	3300	3800	7100
	4.0	6.5	500	2300	2800	800	2600	3400	1200	2800	4000	1900	3300	5200	2700	3500	6200	3700	4100	7800
	4.5	6.9	550	2400	2950	900	2800	3700	1400	3000	4400	2100	3500	5600	3100	3700	6800	4200	4300	8500
	5.0	7.3	600	2600	3200	1000	2900	3900	1500	3100	4600	2400	3700	6100	3400	3900	7300	4700	4600	9300
70	1.0	3.8	150	1300	1450	250	1500	1750	400	1600	2000	650	1900	2550	950	2100	3050	1300	2400	3700
	1.5	4.7	250	1700	1950	400	1900	2300	650	2000	2650	1000	2400	3400	1400	2500	3900	1900	2900	4800
	2.0	5.3	300	1900	2200	550	2100	2650	800	2300	3100	1300	2700	4000	1800	2900	4700	2500	3300	5800
	2.5	5.9	400	2100	2500	650	2400	3050	1000	2500	3500	1500	3000	4500	2200	3200	5400	3100	3700	6800
	3.0	6.5	500	2300	2800	800	2600	3400	1200	2800	4000	1900	3300	5200	2700	3500	6200	3700	4100	7800
	3.5	7.0	550	2500	3050	900	2800	3700	1400	3000	4400	2200	3500	5700	3200	3800	7000	4300	4600	8700
	4.0	7.5	650	2600	3250	1100	3000	4100	1600	3200	4800	2500	3800	6300	3600	4100	7700	4900	4700	9600
	4.5	8.0	700	2800	3500	1200	3200	4400	1800	3400	5200	2900	4000	6900	4100	4300	8400	5600	5000	10600
	5.0	8.4	800	2900	3700	1300	3400	4700	2000	3600	5600	3100	4200	7300	4500	4500	9000	6000	5200	11200

胶带运输机受料点采用托板受料和双层密闭罩时，其除尘排风量可按单层密闭罩的 1/2 考虑。这种结构适用于落差高的以及各种破碎机下的胶带运输机受料点。

2. 螺旋输送机

螺旋输送机用以输送干、细物料，由于设备本身比较严密，一般不设排风。当落差较大（如大于 1500mm）时，可设排风。根据落差和设备大小，排风量可取 $300 \sim 800 \mathrm{m}^3/\mathrm{h}$。为避免抽出粉料，排风罩下部宜设扩大箱（见图 3-50），罩口风速控制在 0.5m/s 之内。

3. 斗式提升机

常用的斗式提升机有带式、环链式和板链式 3 种。斗式提升机运行时，下部或上部会散发粉尘。提升机高度小于 10m 时，可按图 3-51（a）接管；提升机高度大于 10m 时，提升机上部、下部均应设排风点［见图 3-51（b）］；在胶带运输机给料时，胶带机头部和提升机外壳上均应设排风罩［见图 3-51（c）］。当提升热物料时，无论提升机高度是否超过 10m，均应设上下两点抽风。

斗式提升机排风量按斗宽每毫米抽风 $3 \sim 4 \mathrm{m}^3/\mathrm{h}$ 计算。

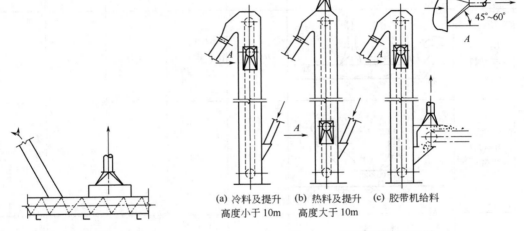

图 3-50　螺旋输送机排风罩

（a）冷料及提升高度小于 10m　（b）热料及提升高度大于 10m　（c）胶带机给料

图 3-51　斗式提升机排风罩

4. 部分运输设备的排风量

部分运输设备的排风量见表 3-36。

表 3-36　部分运输设备排风量

序号	工艺设备	图　　示	推荐排风量 /(m³/s)	排风管径 /mm	局部阻力系数 ξ	物料种类	物料含水量 /%
1	$B=500$ 皮带机	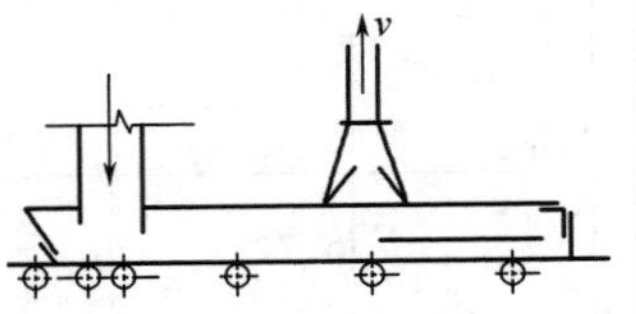	0.4278	195	0.57		
2	$B=500$ 皮带机全密闭	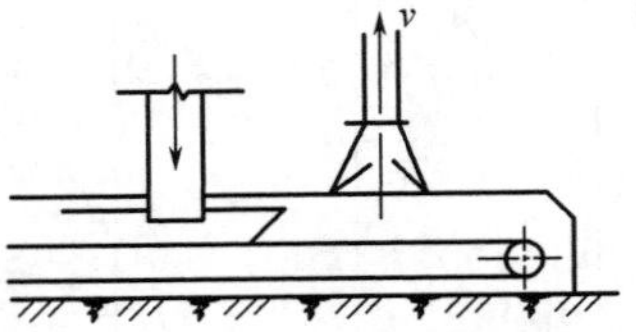	0.433	220	2.12		

续表

序号	工艺设备	图　示	推荐排风量 /（m³/s)	排风管径 /mm	局部阻力系数 ξ	物料种类	物料含水量 /%
3	B=500 皮带电振给料机		0.258	130	0.54	焦油白云石废砖	
4	D250 胶带提升机		0.334	170	0.7	白云石熟料	干
			0.25	150	0.92	砂石	0.8
5	B=650 皮带机		0.6639	195	0.27		
6	B=500 皮带机		0.2583	160	0.8	黏土熟料 软质黏土	0.31 2.4
7	D250 胶带提升机 HL-300		0.411	200	2.17	镁砂	0.1
			0.347	160	1.22	软质黏土	5.4
8	料槽吸气罩		0.956	400×180	1.29	焦油烟气	
9	人工加料口		0.628	210	0.27		

续表

序号	工艺设备	图 示	推荐排风量 / (m³/s)	排风管径 /mm	局部阻力系数 ξ	物料种类	物料含水量 /%
10	元宝车受料口	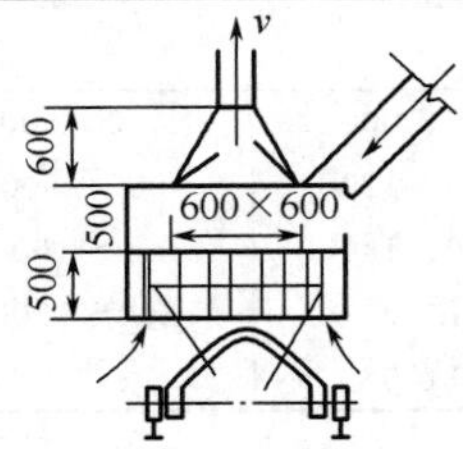	0.861	300	0.75		
11	电子秤	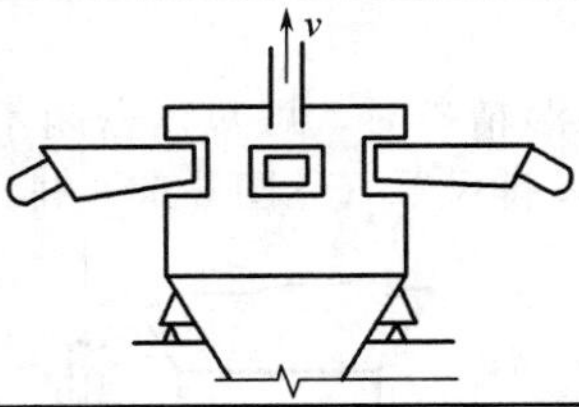	0.2083	150	1.6	白云石熟料	

5. 气力输送设备

气力输送设备有螺旋泵、仓式泵，气力提升泵等多种形式，由于这种设备输送物料耗电量较大，只在工艺难于布置时使用。采用 2～5atm（1atm＝$1.013×10^5$ Pa）供气的设备产生的废气量约为供气量的 2 倍，采用罗茨风机供气的废气量为供气量的 1.1 倍。这类设备中气力提升泵产生的废气量最多，一般不超过 160m³/t 物料。

6. 空气斜槽

空气斜槽对物料输送是从透气层的底部按每平方米透气层每分钟鼓入 2m³ 空气，使物料流态化，依靠其布置的斜度流动，产生的废气量约为 3m³/(m²·min)，故空气斜槽产生的废气量与其宽度和长度有关，用公式表示为：

$$Q = 0.18BL \tag{3-118}$$

式中，Q 为通风量，m³/h；B 为斜槽宽度，mm；L 为斜槽长度，m。

为排除车间地面尘屑，应在产生有大量木屑而又难以设置排尘罩的木工机床附近，以及在木工工作台区域内设置地面吸风口或地下吸风口，木工地面吸风口，按每个吸风口风量为 1200m³/h 计算。木工地下吸风口，按每个吸 1000m³/h 计算。

八、给料和料槽排风量

1. 电振给料机和槽式（往复式）给料机

此类设备给料均匀，一般与受料设备之间落差较小，产尘较少，卸落湿度较大的物料时，可只设密闭不排风。一般粉料应设排风。图 3-52 为电振给料机的密闭和排风。电振给料机和槽式（往复式）给料机除尘排风量见表 3-37。

表 3-37 电振给料机和槽式（往复式）给料机除尘排风量

电振给料机		槽式（往复式）给料机		受料胶带机宽 /mm	物料落差 /mm	排风量 /(m³/h)
型 号	槽子规格 宽×长×高 /mm×mm×mm	型 号	出料口 宽×高 /mm×mm			
DZ₁	200×600×100	JI₃	400×400	300	200～400	500
DZ₂	300×800×120	JI₄	600×500	300、400	200～400	600～700
DZ₃	400×1000×150		（长×宽）400、500		200～500	800～1000
DZ₄	500×1100×200	K-0	1435×500	500、650	300～500	1000～1200
DZ₅	700×1200×250	K-1	1435×750	650、800	300～500	1300～1500

续表

	电振给料机	槽式（往复式）给料机		受料胶带机宽 /mm	物料落差 /mm	排风量 /（m³/h）
型 号	槽子规格 宽×长×高 /mm×mm×mm	型 号	出料口 宽×高 /mm×mm			
DZ$_6$	500×1100×200	K-2	1835×750	650、800	400～600	1500～1800
DZ$_7$	900×1500×350	K-3	2050×996	1000、1200	500～800	2200～2800
DZ$_8$	1300×2000×400	K-4	2400×1246	1200、1400	600～1000	3000～5000
DZ$_9$	1500×2200×450			1400	800～1500	4000～6000
DZ$_{10}$	1800×2100×500			1400		4000～6000

2. 圆盘给料机

圆盘给料机当卸落含水 4%～6% 的石灰石、焦炭和湿精矿时，可只做密闭不设排风；当卸落干细物料时，应密闭并设置整体密闭罩，在密闭罩上部设排风罩（见图 3-53）排风量列于表 3-38。

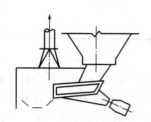

图 3-52　电振给料机密闭和排风

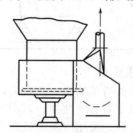

图 3-53　圆盘给料机密闭和排风

表 3-38　圆盘给料机除尘排风量

圆盘规格 /mm	D400	D500	D600	D800	D1000	D1300	D1500	D2000	D2500	D3000
排风量 /（m³/h）	500～700	600～800	700～ 1000	800～ 1300	1000～ 1500	1300～ 1800	1500～ 2000	2000～ 2500	2500～ 3000	3000～ 4000

3. 胶带机卸料料槽

用胶带机向料槽卸料时，由于料槽容积大，对含尘气流有缓冲作用，使其动能逐渐消失，因而粉尘外逸的可能性减小，此时若将料槽口封闭，并将物料带入料槽内的空气及进入料槽的物料体积占据的空气量排出，即能控制粉尘的外逸。

① 胶带机卸料时，胶带机头部设密闭罩，排风罩设在料槽的预留孔洞或胶带机头部密闭罩上（见图 3-54），排风量为物料带入料槽内的空气量与卸料体积流量之和。随物料带走的空气量，可按表 3-35 之 L_1 采用（物料落差 H 为胶带机卸料面至料槽口平面的高度）。

② 型式卸料器卸料时，可在料槽口上部设局部密闭罩及排风罩，如图 3-55 所示。排风量的计算方法与胶带机头部卸料相同。

③ 移动可逆胶带机卸料时，胶带机可设局部密闭和大容积密闭两种形式。

移动可逆胶带机卸料时的排风罩，一般设在料槽的预留孔洞上。排风量为物料带入料槽内的空气量（见表 3-39）与物料体积流量之和。

4. 抓斗料槽

抓斗向料槽卸料时产生大量粉尘，属阵发性尘源。料槽口无法密闭，一般可采用图 3-56 所示敞口排风罩。为充分发挥敞口罩的排风效果；应尽量减小料槽受料口尺寸，5t 和 10t 抓斗料槽除尘排风量见表 3-40。

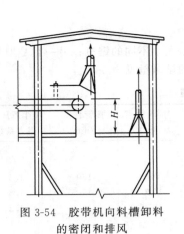

图 3-54 胶带机向料槽卸料
的密闭和排风

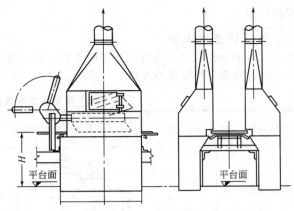

图 3-55 犁式卸料器向料槽卸料的密闭和排风

表 3-39 物料带入料槽的空气量

胶 带 机 宽 /mm	料槽装料方式	
	移动卸料车/(m³/h)	移动可逆胶带机/(m³/h)
500	700～1000	200～350
650	1100～1600	400～450
800	1600～2100	500～750
1000	2300～2700	900～1200
1200	2900～3700	1200～2000
1400	3600～3900	1600～2500

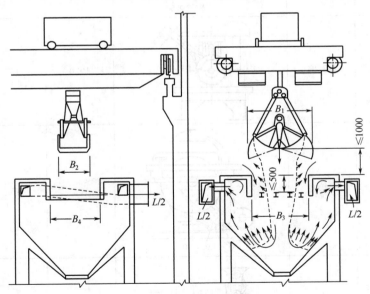

图 3-56 抓斗料槽敞口排风罩

表 3-40 抓斗料槽除尘排风量

抓斗规格	B_1/mm	B_2/mm	B_3/mm	B_4/mm	排风量/(m³/h)
5t	2500	1100	2100	1500	18000
10t	3000	1400	2600	1800	20000

对设在无外墙厂房中的抓斗料槽，为减少风流对粉尘控制效果的干扰，可在受料口的三面或

两面增设挡板。

九、木工设备排风量

木工设备中需要除尘的设备主要有两类：一类是型号规格大小不同的锯机；另一类是型号规格大小不同的刨床。另外还有车床、钻床等。定型木工设备的排风量见表 3-41。

表 3-41　定型木工设备排风量

机床名称	型　号	机床简图及吸尘罩位置	排风量 /(m³/h)	接管直径 /mm	吸尘罩局部 阻力系数
手动进料木工圆 锯机	MJ104 MJ106 MJ109		760 1020 1250	130 150 165	1.5 1.5 1.2
平衡截锯机	MJ2010 MJ2015		1250 1720	165 195	1.5 1.5
脚踏截锯机	MJ217		1020	150	1.5
万能木工圆锯机	MJ224		1020	150	1.2
万能木工圆锯机	MJ225		102	150	1.8
吊截锯	MJ255 MJ256		800 1020	130 150	1.1 1.1

续表

机床名称	型　号	机床简图及吸尘罩位置	排风量 /(m³/h)	接管直径 /mm	吸尘罩局部 阻力系数
普通木工带锯机	MJ318 MJ318A MJ3110		600 650 1250	115 120 165	1.0 1.0 1.0
台式木工带锯机	MJ3310		1250	165	1.5
细木工带锯机	MJ344 MJ346 MJ346A MJ348		450 450 450 650	100 100 100 120	0.8 0.8 0.8 1.0
镂锯机(线锯)	MJ434		450	100	2.0
单面木工压刨床	MB103 MB106		900 1000	130 140	1.0 1.3
单面木工压刨床	MB106A		1200	150	1.3
双面木工压刨床	MB204		上部:900 下部:1200	130 150	1.3 1.3
	MB206		上部:860 下部:1150	130 150	1.5 1.5

机床名称	型　号	机床简图及吸尘罩位置	排风量 /(m³/h)	接管直径 /mm	吸尘罩局部 阻力系数
木工压刨床	MB502 MB503 MB503A		800 800 800	130 130 130	1.0 1.0 1.0
木工压刨床	MB504 MB504A MB506 MB506A		904 940 1100 1100	140 140 150 150	1.0 1.0 1.0 1.0
普通木工车床	MC614 MC616A		1000 1150	140 150	1.7 1.7
立式单轴木工 铣床	MX518 MX518A		800 800	130 130	1.5 1.5
立式单轴木工 钻床	MK515		940	140	1.5
卧式木工钻床	MK672		800	130	1.5

续表

机床名称	型 号	机床简图及吸尘罩位置	排风量 /(m³/h)	接管直径 /mm	吸尘罩局部 阻力系数
双盘式磨光机	MM128	机床上的吸尘器　φ130	750×2	130×2	2.0

为排除车间地面尘屑，应在产生有大量木屑而又难以设置排尘罩的木工机床附近，以及在木工工作台区域内设置地面吸风口或地下吸风口，木工地面吸风口按每个吸风口风量为1200m³/h计算。木工地下吸风口按每个吸风口风量为1000m³/h计算。

十、其他设备排风量

1. 包装设备

目前水泥工业使用包装设备为固定式二嘴或四嘴包装机，回转式六嘴、八嘴、十嘴等规格。固定式包装机每包装1t水泥需300m³通风量，回转式包装机只需180m³通风量。散装每吨水泥最多只要50m³通风量。

2. 粉料散装的收尘风量

包括火车和汽车散装，汽车散装收尘见图3-57。

其收尘风量 Q 为

$$Q = \pi D S n v \times 60 \, (\text{m}^3/\text{min}) \tag{3-119}$$

式中，D、S 含义见图3-57；n 为散装软管数量；v 为进口风速，m/s。

设 $D=1.5\text{m}$，$S=0.1\text{m}$，$n=2$，$v=3\text{m/s}$，代入式（3-119）得

$$Q = \pi \times 1.5 \times 0.1 \times 2 \times 3 = 170 \text{m}^3/\text{min}$$

某厂生产的水泥散装头：汽车散装 $Q=10\sim25\text{m}^3/\text{min}$，火车散装 $Q=30\sim50\text{m}^3/\text{min}$。

3. 铲车上料除尘风量

铲车上料除尘见图3-58。为减少抽风量和提高除尘效果，在密闭罩上的铲车倒料口侧应设软胶帘。抽风量按开口速度1.0m/s计算。

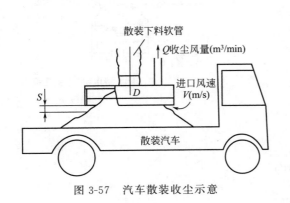

图 3-57　汽车散装收尘示意　　　　图 3-58　铲车上料除尘

第五节　无罩式尘源控制

除了可设计集气吸尘罩控制尘源污染外，还有许多无法设置集气吸尘罩的场合，如厂房内扬

尘、原料堆场扬尘、尾矿坝扬尘、厂房车间积尘等。在无法设置集气吸尘罩时，尘源控制设计都是根据具体情况区别处置。

一、厂房内扬尘控制

在扬尘点无法密闭或不能妥善密闭，使粉尘散入厂房时，应在适当地点安装电动喷雾机组、压气喷雾或真空吸尘系统等降尘设施，向厂房空间喷洒微细的水雾，使浮游粉尘沉降，抑制二次扬尘及抽吸走粉尘。炎热季节使用喷雾降尘设施，还兼有降低操作环境温度的作用。由于喷出的水雾进入操作人员的呼吸地带，其供水水质应符合《生活饮用水卫生标准》。

1. 电动喷雾机组

厂房喷雾降尘可采用 101 型或 103 型电动喷雾机组。该机组不需要压缩空气，应用方便。喷雾机组运转时，电动机带动风扇旋转，造成高速气流，将由供水管喷出的水吹出，经分雾盘将粗大的水滴阻留下来，细小水滴则随气流喷至空气中。电动喷雾机组喷出的雾滴直径不超过 $100\mu m$，其作用半径为 5～6m，布置间距为 12m。

103 型电动喷雾机组（见图 3-59）的支座在顶部，可吊挂在厂房上部的房架上，水雾向四周喷射。

101 型电动喷雾机组（见图 3-60）的支架在侧面，机体仅能转动 180°，适于安装在墙上或柱子上。

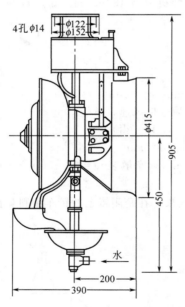

图 3-59　103 型电动喷雾机组

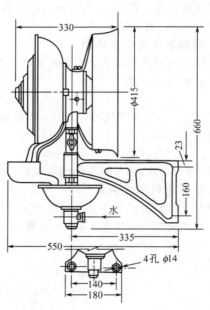

图 3-60　101 型电动喷雾机组

上述两种喷雾机组的技术性能如下：

额定电压	380V
额定频率	50Hz
给水水压	0.02MPa
耗水量	120kg/h
额定功率	0.18kW
同步转数	3000r/min
电机相数	三相
质量（净）：103 型	30kg
101 型	35kg

喷雾机组水平设置的供水管应有 0.002 的坡度，坡向供水立管，喷雾机组上的喷嘴应设在配水管道的最高点，防止停机后喷嘴滴水。

2. 压气喷雾装置

压气喷雾装置采用压缩空气和水混合喷射，水雾密集，水滴较细，水滴粒度可用调节垫调节。一般适用于大面积扬尘地点（如矿槽等）的喷雾降尘。压气喷嘴可按全国通用建筑标准设计图集 T511 制作。压气喷雾装置可固定设置，也可安装在移动支架上，移动式压气喷雾装置如图3-61 所示。压气喷雾装置的技术性能列于表 3-42。

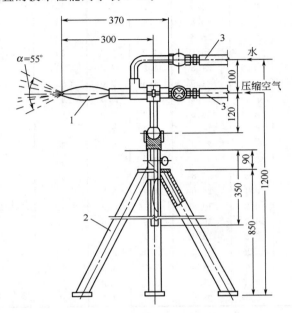

图 3-61　移动式压气喷雾装置
1—压气喷嘴；2—支架；3—胶管

表 3-42　压气喷雾装置技术性能

调节垫厚度/mm	耗 水		压缩空气		射 程		扩张角 α/(°)	雾 粒 直 径	
	压力/MPa	耗水量/(kg/h)	压力/MPa	耗量/(m³/h)	最大/m	有效/m		粒径范围/μm	多数粒径/μm
5	0.05	53	0.2	19.8	2.5	1.0	55	88～170	—
5	0.05	153	0.2	19.8	3.0	1.5	55	9～163	—
5	0.05	108	0.25	21.8	3.4	1.8	55	26～206	—
5	0.05	96	0.3	24	4.0	2.2	55	9～88	—
5	0.05	94	0.35	25.8	4.2	2.8	55	12～147	35
5	0.1	55	0.4	26.8	4.4	3.0	55	5～120	40
5	0.1	75	0.2	19.8	3.0	1.5	55	44～176	96
5	0.1	80	0.25	21.8	3.8	1.8	55	29～148	74
5	0.1	141	0.3	24.0	4.4	2.2	55	24～140	68
5	0.1	150	0.35	25.8	4.8	2.8	55	18～132	45
7	0.15	100	0.4	26.8	5.0	3.0	55	6～132	30
7	0.15	104	0.20	19.8	3.0	1.0	55	30～207	118
7	0.15	100	0.25	21.8	3.9	1.8	55	30～202	59
7	0.15	96	0.30	24.0	4.4	2.0	55	20～180	44
7	0.15	94	0.35	25.8	4.6	2.2	55	18～176	35

续表

调节垫厚度/mm	耗 水		压 缩 空 气		射 程		扩张角 α / (°)	雾 粒 直 径	
	压力/MPa	耗水量/ (kg/h)	压力/MPa	耗量/ (m³/h)	最大/m	有效/m		粒径范围/μm	多数粒径/μm
5	0.15	92	0.4	26.8	4.9	2.4	55	16～147	28
5	0.2	165	0.2	19.8	3.4	1.8	55	83～176	120
5	0.2	144	0.25	21.8	4.5	2.2	55	59～147	74
5	0.2	138	0.3	24.0	5.2	2.4	55	44～147	56
5	0.2	126	0.35	25.8	5.4	2.5	55	30～136	48
5	0.2	114	0.4	26.8	5.5	2.5	55	19～128	22
5	0.25	183	0.2	19.8	4.0	2.3	55	56～495	188
5	0.25	142	0.25	21.8	4.3	2.5	55	48～350	160
5	0.25	137	0.30	24.0	4.6	2.6	55	30～274	120
5	0.25	163	0.35	25.8	4.8	2.7	55	22～207	74
5	0.25	156	0.40	26.8	5.3	2.9	55	10～184	60
5	0.3	340	0.2	19.8	4.8	2.5	55	74～660	248
5	0.3	250	0.25	21.8	5.0	2.7	55	63～577	206
5	0.3	228	0.3	24.0	5.2	2.9	55	50～412	160
5	0.3	192	0.35	25.8	5.4	2.9	55	33～330	148
5	0.3	180	0.4	26.0	4.4	3.0	55	18～206	122
5	0.3	324	0.2	19.8	5.5	2.3	55	82～990	414
3	0.3	283	0.4	26.8	4.8	2.6	55	50～320	148
3	0.35	336	0.2	19.8	5.0	2.7	55	83～660	248
5	0.35	340	0.25	21.8	5.5	2.8	55	76～570	230
5	0.35	356	0.3	24.0	5.5	3.0	55	46～495	185
5	0.35	288	0.35	25.8	5.5	3.2	55	38～330	154
5	0.35	269	0.4	26.8	5.5	3.5	55	22～248	130

3. 厂房水冲洗

定期用水冲洗厂房内部各积尘表面（主要是各层平台），可有效地防止散落粉尘的二次扬尘，产生粉尘的厂房内应设置水冲洗设施。

厂房水冲洗的工具可使用扁头喷水管直接喷洒。在有压缩空气的条件下，可采用图 3-62 所示的气力喷水枪。气力喷水枪喷流射程可达 13～15m，冲洗地坪、平台、墙及其他建筑结构表面上的积灰较为有效。设置厂房水冲洗时应注意以下事项。

① 各层平台均应设置供水点和排水管道，每个供水点的作用半径以 10～15m 为宜，最大不应超过 20m。供水压力不低于 0.2MPa，每个供水点的供水量为 1.5L/s，每平方米冲洗面积耗水量约 6L。

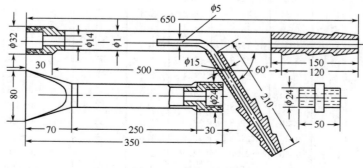

图 3-62　气力喷水枪

②　建筑物平台和地坪均应考虑防水，并有不小于1％的坡度，坡向排水沟或下水篮子。各层平台所有孔洞边缘应设高度不小于50mm的防水凸台。墙内表面应做光滑平整的水泥砂浆抹面。有些墙面可用油漆涂装。

③　所有设备和金属构件表面均应涂刷防锈漆。对不准水湿的设备应设外罩，电气设备和电缆等应考虑相应的耐湿、防尘、防护等级。

④　采暖地区冬季进行厂房水冲洗时，应有采暖设施，室温要保持在5℃以上。

4. 厂房真空吸尘系统

厂房真空吸尘系统由罗茨风机、过滤器、管道系统及吸引嘴等部分组成。

真空吸尘系统适用于车间、库房、工作室、办公楼以及其他须要保持洁净的场所，进行清扫吸尘作业。能将清扫吸取的粉尘和过滤后的空气集中排出，可以使室内保持洁净。粉料和含尘空气能向指定地点排出。

典型的真空吸尘系统布置见图3-63，ZX型真空吸尘装置的性能见表3-43。

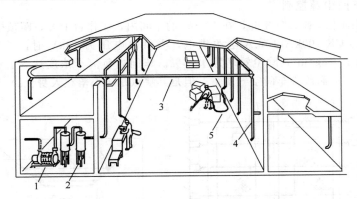

图 3-63　典型真空吸尘系统布置图
1—罗茨风机；2—过滤器；3—主管道；4—支管道；5—软管吸引嘴

表 3-43　ZX 型真空吸尘装置的性能

序号	型　　号	ZX1-3	ZX1-5
1	额定同时使用插座数量/个	3	5
2	软管直径/mm	40	40
3	软管长度/m	5～15	5～15
4	支管直径/mm	50	50
5	推荐插座到风机的距离/m	20～40	30～60
6	推荐设置插座总数/个	10～20	20～30
7	除尘器用压缩空气压力/MPa	0.5～0.7	0.5～0.7
8	压缩空气耗量/(m³/min)	0.1～0.3	0.1～0.3
9	电动机功率/kW	4～11	7～22

真空吸尘装置的主要用途如下。

①　清扫地面和角落的脏物及粉尘，以洁净环境。

②　清除生产、操作工位上的多余物料、碎屑、废料等，以提高工作效率。

③　清除制成品上的多余物料、杂物、昆虫等，以提高产品质量。

④　清除有粉尘爆炸可能性的工作间内粉尘，以减少爆炸危险。

⑤　回收散落在地面上的粉粒状物料，以提高经济效益。

⑥　从容器内、集装箱内、车厢内、船舱内、料堆中将粉粒状物料，吸取和输送到指定的卸

料处，以避免粉尘飞扬和提高输送效率。

⑦ 将含尘空气吸出，经过多级除尘，集中排出，以避免家用吸尘器和工业用吸尘器都将过滤后的空气仍旧排入清扫吸尘工作间内的问题。

二、开敞式空间静电抑尘装置

利用静电对开敞式空间进行粉尘控制具有设备结构简单、投资少、节能等优点。这一技术的特点在于对某些无罩尘源设高压静电线抑制粉尘的飞扬，从而减少或避免粉尘的污染。其工作原理同电除尘器。下面介绍某些应用实例。

1. 振动筛尘源控制

振动筛抑尘装置如图 3-64。在振动筛上方高 0.6m 处布置，电晕线 $\phi0.5mm$，供电电压 180kV（电场强 3kV/cm），电晕电流 8mA，除尘效率＞99.0%（在振动筛上方 1m 以对比法测定），供电电源为 180kV/10mA。

2. 皮毛裁制车间尘源控制

皮毛裁制车间抑尘装置如图 3-65，在 105m² 的车间内，工作台上方，距顶棚 0.9m 安设电晕线，线距为 1m。由 CK-100kA/10mA 电源供电，当供电电压为 70kV 时，呼吸带粉尘浓度由 26.5mg/m³，降到 1.7mg/m³，除尘效率为 93.5%。车间内负离子浓度达 5.1×10^5 个/cm³，为不送电时的 8.5 倍，从而改善车间空气质量，但是其缺点是飞毛落在人身上。

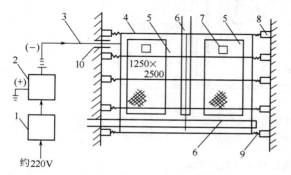

图 3-64　振动筛抑尘装置

1—电源控制器；2—超高压发生器；3—高压电缆；
4—电晕线；5—振动筛；6—皮带机；7—下料口；
8—绝缘子；9—弹簧；10—绝缘套管

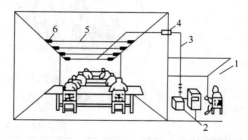

图 3-65　皮毛裁制车间抑尘装置

1—控制室；2—高压直流电源；3—高压电缆；
4—绝缘棒；5—电晕线；6—绝缘子

三、防风抑尘网设计

露天原料场中，矿石、石灰石、煤等散料进行堆取、存放、转运等作业中，在风力的作用下会产生包含 PM$_{2.5}$ 在内的大量细微粉尘颗粒，对大气造成严重污染。防风网设置在料场的周围，流通的空气从料场外通过防风网进入料场时，在防风网内侧形成上下干扰的气流，通过"疏理"后，达到防风网外侧强风，内侧弱风，外侧小风，内侧无风的效果，从而减少料场扬尘。防风网抑尘技术简单易行，工程造价较低，得到了广泛的应用。

1. 防风抑尘网原理及种类

（1）防风抑尘原理　堆场起尘的原因分为两类：一是堆场表面的静态起尘；二是在堆取料等过程中的动态起尘。静态起尘是由风的湍流引起，主要与料的粒度、含水率、环境风速密切相关；动态起尘主要是指装卸作业时的起尘，属于正常运行状况，主要与料的粒度、含水率、环境风速和落差有关。

根据微观粒子运动理论，在风力作用下，当平均风速约等于某一临界值时，个别突出的尘粒受湍流流速和压力脉动的影响开始振动或前后摆动，但并不离开原来位置；堆场中的料粒只有达到一定风速才会起尘，这种临界风速称为起动风速。起尘风速可按以下公式计算：

$$V_0 = ad^{0.334}W^{1.114}$$

(3-120)

式中，V_0 为起尘风速，m/s；a 为起尘系数；W 为料堆表面含水率，%；d 为粉尘粒径，mm。

防风抑尘网防尘机理是它能控制改善堆场区的风流场，减小堆场区的风速、减小堆场区风流场的紊流度。强风经过防风抑尘网后，仅部分来风透过，其动能衰减并变为低速风流，与此同时，这部分风在网前的大尺度、高强度旋涡被衰减、梳理成小尺度、弱强度旋涡。防风抑尘网后这部分低速、弱紊流度风流掠过堆场，形成低风速梯度、低风速旋度，弱涡量和弱紊流度的堆场区流场，使堆场低处起尘量大幅度减少。根据空气动力学原理当风通过防风抑尘网时，网后面出现分离和附着两种现象，形成上、下干扰气流降低来风的风速，极大地损失来风的动能，减少风的湍流度，消除来风的涡流，降低对料堆表面的剪切应力和压力，从而减少起尘量。

（2）防风抑尘网种类　根据防风抑尘网移动性能的不同可分为固定式和移动式两种。目前，防风抑尘网以固定式为主。根据目前国内外关于堆场的尘粒飞散预测与控制研究（包括风洞试验）结果、国内外防风抑尘网工程现状得出的防风抑尘网的形状与防尘效果及其防尘范围的关系，固定式防风抑尘网目前主要有全网结构、网-墙结构和网-百叶窗结构 3 种结构形式，考虑到堆场有大型设备的使用，为防止防风抑尘网不小心被撞坏，通常采用有防撞墙的网-墙结构，这里主要介绍这种类型防风抑尘网的设计。

可移动升降式防风抑尘网采用电动升降式处理，即在使用时可将防风抑尘网提高到一定的高度，而非作业时间将防风抑尘网降低，不影响作业现场的其他作业。

2. 网材选择

（1）镀铝锌钢板　镀铝锌钢板由镀铝锌板材加工而成，开孔率为 20%～60%。镀铝锌钢板是一种高品质的合金镀层产品，广泛用于建筑、汽车、家电及彩涂、包装等行业。大量的实验表明，镀铝锌钢板的显著特点是具有优异的耐腐蚀性与耐湿热性能，与普通热镀锌钢板相比，其耐腐蚀性提高 2～6 倍，耐湿热性能提高 3 倍以上；同时，镀铝锌钢板还具有耐高温腐蚀的性能，可在 315℃ 的高温条件下经过 1 周时间的氧化不致褪色，即使温度高达 700℃ 时仍然具有抵抗严重氧化和产生鳞皮的能力，而普通热镀锌钢板的最高工作温度仅为 230℃。此外，镀铝锌钢板的冷弯成形性、固定性、焊接性、着漆性能等都十分优良，表面非常美观，不用涂装便可使用，可以加工成不同的倾斜角度、不同板型和不同开孔率。耐腐蚀性能强，无需做外防腐处理，使用寿命长。其缺点是成本高。

（2）玻璃钢网板（SMC）　玻璃钢网板主要由高分子复合材料挤压成型，开孔率可以达到 20%～60%，主要特点是材质轻盈，成本低，对风速及紊流度的消减作用明显，安装方便。其主要缺点是易老化，特别是在沿海地区；板与板、板与柱的连接处容易破损裂缝，并脱落。

（3）高密度聚乙烯网（PE 网）　PE 网为韩国标准，是用高密度聚乙烯丝以独特的结构编织而成，开孔率为 27%，具有较好的抑尘效果。但是该网容易受到破坏，从而影响整体抑尘效果。

（4）拉伸塑料网　拉伸塑料网由韩国农业用网引申而来，主要采用挤出塑料进行拉伸而成形，其开孔率可以控制在 33%～50% 之间，开孔成菱形状。该网的主要特点是对风速的下降有一定的效果，但对粉尘的捕捉效果差，价格较低，安装方便。由于塑料产品在紫外线长期曝晒下容易老化，使用寿命只能保持 3～5 年。

（5）尼龙编织网　尼龙编织网有良好的力学性能、热稳定性、耐用性和耐化学物质性，易染色，质量轻。尼龙编织网可以用短玻璃纤维增强，以提高刚性和强度。但尼龙的缺点是抗冲击性较差，尤其是处于低温环境中，使用寿命更短，不耐酸，易产生静电，易掉毛。

各种类型网材的防风网特点，见表 3-44。

表 3-44　各种类型网材的防风网特点

网材名称	镀铝锌钢板网	新玻璃钢 (SMC)网	高密度聚乙烯 (PE)网	拉伸塑料网	尼龙网
特征	超强的耐蚀性,耐蚀性是一般镀锌板的6~8倍,在各种环境中保证20年不生锈,抗高温氧化,热反射率高,延展性好,加工容易,外表美观,使用寿命长	具有一定的强度质量比,在抗风载荷,耐碎石、冰雹冲击,耐紫外线,耐化学腐蚀,耐高低温,耐火等方面均有比较好的性能,无需表面处理,不会生锈,长期日晒也会产生老化,使用寿命较短	耐日光、霜冻、霉变、腐烂、虫害、酸、碱、盐等,对粉尘的吸附性较好,具有较好的抑尘效果,容易破坏,寿命短	对风速的下降具有一定的效果,但对粉尘的捕捉效果差,价格较低,安装方便,在紫外线长期曝晒下容易老化,使得其使用寿命短	具有良好的热稳定性、耐用性和耐化学物质性,质量轻,抗冲击性差,使用寿命短,不耐酸,容易产生静电,容易掉毛
成分	铝55%、锌43.4%、硅1.6%	高分子复合材料	高密度聚乙烯	塑料	尼龙
密度/ (kg/m^3)	3.75	1.8	单层 0.450,双层 0.900	0.6	0.55
磁性	有	无	无	无	无
寿命/a	30	15	10	3~5	3~5

3. 防风抑尘网设计

（1）防风抑尘网结构及形状　目前,广泛使用的防风抑尘网一般包括4部分:a. 地下基础,可现场浇注混凝土,也可预制混凝土件;b. 防撞墙,防止大型机械运输、装卸过程中撞毁防风抑尘网;c. 支护结构,采用钢支架制成,以提供足够的强度,保证足够的安全,以抵御强风的袭击,同时考虑了整体造型的美观;d. 防风抑尘板,现场将单片防风衣衬板组合起来形成防风抑尘网,板与板之间无缝隙,防风衣衬板与支架之间采用螺钉和压片连接固定。

防风板的形状有蝶形、直板形等多种形式。据风洞试验检测,蝶形防风板在一定的开孔率下具有明显地降低风速和紊流度的作用,防尘效果好,已得到广泛应用。蝶形防风板分为单峰、双峰和三峰3种型式,其中,三峰型有着其他两种型号所不能比拟的优势,安装简便,施工效率高,安装后墙体整体性能好,抗风能力强,能大幅度降低施工成本,为施工单位在市场提高竞争力。

（2）防风抑尘网高度　防风抑尘网高度依据堆垛高度、堆垛面积和环境质量要求等因素来确定。一般情况下,防风抑尘网的高度应比料堆高出2~3m较为适宜。

料堆场防风网的高度主要取决于堆垛高度、堆场范围等因素。风洞试验表明:当防风抑尘网的高度为堆垛高度的0.6~1.1倍时,网高与抑尘效果成正比;当防风抑尘网高度为堆垛高度的1.1~1.5倍时,网高与抑尘效果的变化逐渐平缓;当防风抑尘网高度为堆垛高度的1.5倍以上时,网高与抑尘效果的变化不明显。因此,防风抑尘网的高度一般在堆垛高度的1.1~1.5倍内选取。根据有关研究表明,墙高为煤堆高度的1.1~1.2倍较为合适。

另外,防风抑尘网高度的确定还应考虑所保护堆场范围的大小,使堆场在防风网的有效庇护范围之内。风洞试验表明:对网后下风向2~5倍网高的距离内,堆垛减尘率可达90%以上;对网后下风向16倍网高距离内,堆垛综合减尘效率达到80%以上;在网后25倍网高的距离处有较好的减尘效果;到网后50倍网高的距离处仍有削减风速20%的效果。为了达到环境质量要求,国内的防风抑尘网大多要求减尘效率达到80%以上,因此防风抑尘网高度应大于其网后庇护区1/16。

（3）防风抑尘网的平面布置　防风抑尘网平面布置主要有主导风向上设置型和四周设置型,也有三面设置的型式。设网方式主要考虑堆场的大小、形状和当地的风向、风频等气象条件。防风抑尘网设在距堆垛2~3倍堆高的距离处为最佳。对于由多个堆垛组成的堆场而言,可视堆场周围情况,因地制宜地设置防风网。一般可沿堆场堆垛边上设置防风网。

在进行防风抑尘网建设时，不仅要考虑堆场的大小、形状和当地的风向、风频因素，还要考虑堆场的现场设网条件。需对拟设网堆场进行深入的现场调查，主要包括堆场建造物、机械设备、地下管线及其道路等设施，以保证防风网的建设和营运不影响堆场的正常营运和堆场辅助建筑物的相关功能。

（4）防风板开孔率选择　防风板开孔率是防风板的开孔透风面积与总面积之比，是设计防风抑尘网的一个重要参数。防风板的开孔率对受保护堆垛表面风压的影响也显而易见，过小的开孔率会增加墙的风压，过大的开孔率会增大受保护堆垛表面风压。

防风板的开孔率与防风板后风速的降低掩护范围有直接关系。从风洞试验数据可知，防风板的开孔率为30%～50%时均具有较好的防风效果，即网后风速较小；防风板的开孔率为40%～44%时，风流网后的风速下降区域最长，即风流再附距离最远，可以达到30～50倍网高的距离，但是在网后10倍网高距离的风速的减低不显著。防风板开孔率为40%～44%时，比较适用于堆场上风向的防风，使其对网后的防风效果明显，风流再附距离较长。一般情况下，防风板的开孔率为30%～40%。

四、原料堆场封闭设计

普通室外原料场物料露天堆放，风、雨、雪对物料的影响大，造成物料中的细小颗粒四处飘扬，堆取料机作业时产生的扬尘也影响工业场地的环境。特别是当原料场建在城市周围、江河湖边或海边时，如何解决原料储存对周边环境的污染、避免恶劣天气对储料场安全运行的影响，是原料场发展的焦点问题。

随着我国钢铁、水泥、火力发电、煤化工、散料码头等不断向着大规模发展，单位产量用地越来越小，如何提高场地利用率、缩小占地面积、提高自动化作业水平是原料场设计需研究解决的重要问题。

封闭原料场具有防尘环保、节约用地、节能降耗、防雨防冻四大基本功能。目前国内外封闭原料场的工艺及设备基本成熟、技术先进可靠、环保性能突出、自动化程度高，能给企业带来可观的经济效益和社会效益。因此建立大容量封闭型原料场成为未来各类散料物流作业和料场设计的发展趋势。

1. 封闭原料库的分类

按照料场的形状可分为封闭式条形料场、封闭式圆形料场和仓式集群（圆仓和方仓）等。

按照关键设备可分为抓斗起重机料库、封闭式半（全）门架取料机料库、侧堆侧取堆取料机料库、混匀堆取料机料库、顶堆侧取堆取料机料库、侧堆桥取堆取料机料库等。

按照料场是否节约占地分为只环保不节地料库，又环保又节地料库等。

2. 封闭原料库的主要技术

（1）条形抓斗起重机料库（G-1型）　条形抓斗起重机料库如图3-66所示，为四周带隔墙的

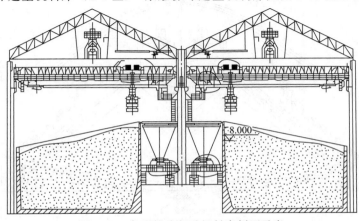

图 3-66　条形抓斗起重机料库剖面示意

长形全封闭结构，取料设备为桥式抓斗起重机。优点是设备造价低，节约占地效果更为显著，料场布置紧凑，防冻效果明显，料库内易于实现分堆分隔存储且储料的同时可实现配料功能。缺点是自动化功能不足，更多地采用人工作业。不适用于易碎原燃料存储。目前在小型火电厂和钢铁厂的干煤棚中常用，从发展看，应用会逐渐被减少，但暂时元法全部取代。

应用范围：a.小型火电厂、钢铁企业等用作干煤棚；b.新建或改建钢铁企业用作一次料场和各种副原料场时适用，一般不用于焦炭、落地烧结矿的存储。

（2）条形侧堆桥取堆取料机料库（B-2型）　条形侧堆桥取堆取料机料库如图 3-67 所示，为矩形料场，采用全封闭结构，堆料机为侧式悬臂堆料机，取料机为桥式取料机。电力、冶金行业通常采用桥式斗轮取料机或桥式滚筒取料机，水泥行业常用桥式刮板取料机，料场主要功能为混匀，具有防风、防雨、节能、减低损耗、环保等优点。缺点是不能节约用地，相同储料能力时的占地和普通露天料场相同。

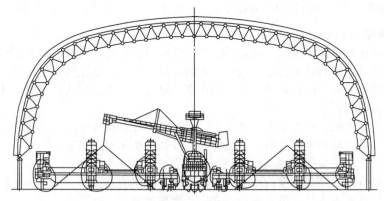

图 3-67　条形侧堆桥取堆取料机料库示意

适用范围：a.钢铁企业用作混匀料场；b.其他行业用作储存料场和混匀料场。

（3）条形侧堆侧取堆取料机料库（B-1型）　侧堆侧取堆取料机料库为中间带隔墙的条形全封闭结构，取料设备为侧式悬臂刮板取料机，该料库节约占地，单位用地面积的储料能力高。料场布置紧凑，缩短物流长度和周转时间，并且容易采暖，降低采暖成本，防冻效果明显。水泥厂用在副原料堆场应用较多。

（4）条形顶堆侧取（侧堆侧取）半门架式取料机料库（P-1型）　条形顶堆侧取和条形侧堆侧取半门架式取料机料库如图 3-68、图 3-69 所示，为中间带隔墙的条形全封闭结构，取料设备

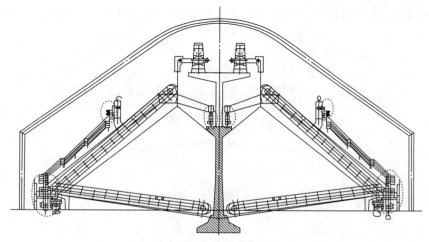

图 3-68　条形顶堆侧取半门架式取料机料库示意

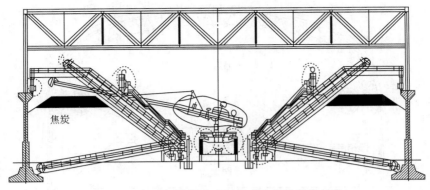

图 3-69　条形侧堆侧取半门架式取料机料库示意

为半门架式刮板取料机，该料库除环保功能外，能大量节约占地，单位用地面积的储料能力可达普通料场的 2～3 倍。料场布置紧凑，缩短物流长度和周转时间，并且容易采暖，降低采暖成本，防冻效果明显。适用于原燃料种类繁多的钢铁企业一次料场和副原料场。

应用范围：a. 新建钢铁企业用作一次料场和各种副原料场；b. 现有钢铁企业在产能提升和环保改造时特别适用。

（5）顶堆侧取全门架取料机料库（P-2 型，见图 3-70）　全门架式取料机料库为长条形全封闭结构，取料设备为门架式单刮板或双刮板取料机，与同形式的露天料场比，不节约占地。在建材、化工、食品、轻工行业应用较广，其他行业应用较少。

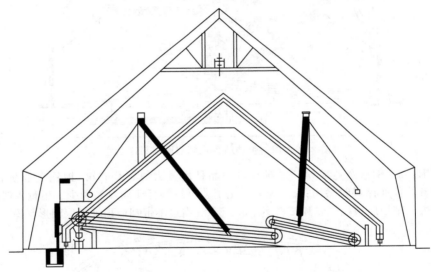

图 3-70　顶堆侧取全门架取料机料库示意

（6）条形臂式斗轮堆取料机料库（R-2 型）　条形臂式斗轮堆取料机料库（见图 3-71）采用全封闭结构，具有防风、防雨、节能、减低损耗、环保等优点。但不节约用地，相同储料能力时的占地和普通矩形露天料场相同。由于占地较大，采暖困难，防冻能力较差。广泛应用于矿、焦、煤和各种副原料等各种原燃料的存储和混匀作业。

适用范围：a. 普通矩形料场不进行大规模改造，只进行环保封闭时适用；b. 南方沿海地区钢铁企业新建大型综合原料场，占地面积不受限制，仅考虑防风、防雨、节能、减低损耗、防冻时适用。

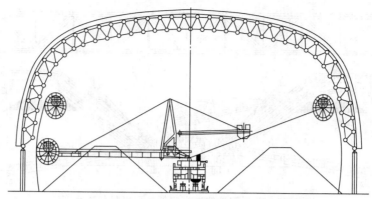

图 3-71　条形臂式斗轮堆取料机料库示意

（7）周边带挡墙顶堆侧取圆形料库（C-1 型）　周边带挡墙顶堆侧取圆形料库如图 3-72 所示，为料场周围带挡墙的室内圆形料库，为全封闭结构，采用悬臂堆料机和悬臂刮板取料机进行堆取料机作业。其具有防风、防雨、节能、减低损耗、防冻、环保、节约用地等优点，单位用地面积的储料能力可达普通料场的 1.5 倍，但料库分堆将大大降低储料能力。

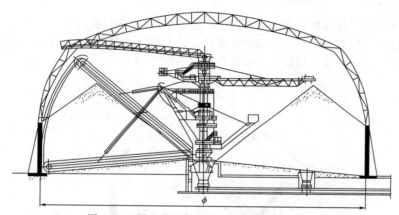

图 3-72　周边带挡墙顶堆侧取圆形料库示意

适用范围：a. 钢铁企业矿粉、焦炭等单一品种用量大时适用；b. 钢铁企业焦化、自备电厂、煤粉制备等作业储煤时适用；c. 火电、化工、码头等行业用煤品种少、用量大时适用。

（8）周边不带挡墙顶堆侧取圆形料库（C-2 型）　周边不带挡墙顶堆侧取圆形料库（见图 3-73）

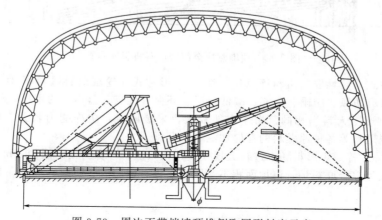

图 3-73　周边不带挡墙顶堆侧取圆形料库示意

为原型料场，采用全封闭结构，采用悬臂堆料机和桥式刮板（斗轮）取料机进行堆取料机作业。具有防风、防雨、节能、减低损耗、防冻、环保等优点。不能节约用地，相同储料能力时的占地和圆形露天料场相同。

适用范围：a. 中、小型或料场占地不规则的钢铁企业用作混匀料场；b. 水泥、化工、煤炭等行业用作混匀料场。

（9）圆形筒仓并列集群（S-1型）　圆形筒仓并列集群（见图3-74）采用全封闭筒仓结构，是向空间高度发展来提高储料能力的最佳形式，单位用地面积的储料能力可达普通料场的5倍。物料可实现"先进先出"，仓下采用定量给料装置时可同时实现配料功能。缺点是对适应物料品种更换的灵活性不足，料仓过高时会提高块状物料的粉碎率。

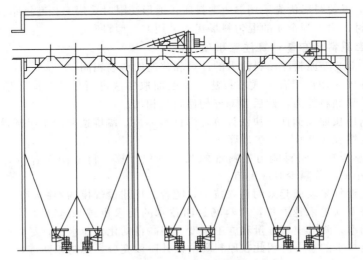

图3-74　圆形筒仓并列集群示意

应用范围：a. 钢铁企业焦化、自备电厂、煤粉制备等作业储煤时适用；b. 火电、化工、码头等行业用煤品种多时适用。

3. 原料库特点与选用

原料库的选型与建设规模、品种数量、地理位置、环保功能、场地形状等与选型有关。

（1）各种封闭料库的型号、名称及特点　见表3-45。

表3-45　封闭料库的型号、名称及特点

料库型号		封闭料库名称	封闭料库特点					
代号	代号意义		防风防雨	防冻	节能降耗	环保	储料能力	节地效果
B-2	Blend	条形侧堆桥取堆取料机料库	好	一般	好	良	一般	没有
C-1	Circle	周边带挡墙顶堆侧取圆形料库	好	良	好	好	大	好
C-2	Circle	周边不带挡墙顶堆侧取圆形料库	好	良	好	好	一般	没有
G-1	Grab	条形抓斗起重机料库	好	良	好	好	大	好
P-1	Portal	侧堆侧取半门架式取料机料库	好	良	好	好	大	好
P-2	Portal	顶堆顶取全门架取料机料库	好	一般	好	好	一般	没有
R-2	Reclaimer	条形臂式斗轮堆取料机料库	好	一般	好	良	一般	没有
S-1	Silo	圆形筒仓并列集群	好	好	好	好	大	好

（2）选型建议

① 在南方沿海防台风或地质较差的地区建设大型以上综合原料场时，优先采用 R-2 型料库。

② 场地受限或地质较好的地区建设综合原料场时，优先采用 P-1 型料库。

③ 钢铁企业原燃料品种较少而储量较大或受场地形状限制时，可采用 C-1 型料场。火电、煤化工、建材等行业优先考虑采用 C-1 型料场。

④ 大型钢铁联合企业的焦化厂储煤推荐采用 C-1 型料场。

⑤ 钢铁企业干煤棚采用 G-1 型料库。

⑥ 要求料库本身具有配料功能时，优先采用 G-1、S-1 型料库。

⑦ 用于储煤，煤种较多时优先采用 S-1 型筒仓。

⑧ 钢铁企业的混匀料场优先采用 B-2 型料库，地形受限时采用 C-2 型料库。

⑨ 水泥、建材、化工等企业的混匀料场优先采用 C-2 型料库。

4. 封闭原料库原料储存量计算注意事项

① B-2、P-2、R-2 型原料库储料能力的计算和普通原料场相同。

② C-2 型原料库采用连续合成式堆料法和全断面取料法进行作业，应分别按堆料区、储料区、取料区分别计算储料能力，然后各部分的储料量相加。

③ C-1 型原料库按照断面四分块法计算环形储料体积，端堆按照两个半圆锥计算，堆料臂堆料旋转区域可根据情况按 220°～240°计算。

④ P-1、G-1 型原料库储料能力按料堆的几何体积计算，料堆操作容量系数建议为 0.7～0.8，分隔多时取小值，分隔少时取大值。

原料场封闭是近年来发展起来的新兴技术，随着工厂建设规模的不断扩大，可用土地资源不断减少以及对环保要求越来越严格，对料场封闭技术的要求也越来越高。尽可能地减少占地面积、提高场地利用率，降低土石方量和施工难度、提高自动化作业水平，尽可能地减少污染，成为各行业散料储运技术的重点。因此在原料场的设计阶段充分考虑防雨防冻，避免扬尘是节约运行费用，方便料场管理的重要手段。

五、原料堆场粉尘控制

工矿企业在原料输送、转运、破碎、筛分过程中产生粉尘污染，防止污染使粉尘保持在一允许范围内是除尘工程的任务之一。原料堆场是企业的大气污染源之一，原料堆场粉尘产生特点是在受料、混匀、供料等过程中阵发性产生，产尘面积大，受气象条件特别是风速、风向的影响较大，使得原料堆场产生的扬尘，对周围大气环境污染较大。

原料堆场粉尘污染的控制，必须采取综合控制措施，包括洒水抑尘、设备冲洗和抽风除尘等。

（1）洒水抑尘　洒水加湿物料是抑制粉尘散发的有效方法，在加湿物料对生产工艺无影响或影响很小时，应尽量采用。

① 原料堆场洒水抑尘。洒水量和次数，决定于原料的湿度和物理性质、空气的温度、相对湿度和风速等因素。一般堆场中每堆料的两侧设若干个洒水枪，两侧水枪交替使用，由电动阀门控制。喷洒的水为含有一定浓度的聚丙乙烯水溶液，喷洒后使料堆表面结成一层硬壳，以防刮风时产生二次扬尘。

② 破碎、筛分设备和胶带机转运处洒水抑尘。通常采用喷嘴进行喷水，喷水点一般设在胶带机头部或溜槽处，喷水量视原料的湿度和物理性质确定。

（2）设备冲洗

① 胶带机的冲洗。为避免胶带机在返回过程中因黏结物料掉落在地上而引起扬尘，应对胶带机进行清洗。冲洗后的污水经漏斗收集后，沿高架溜槽流入地上式沉淀池，加入混凝药剂使污泥加速沉淀，用螺旋输送机将污泥送至储料斗，再由汽车运往渣场。

② 汽车的冲洗。汽车在料场内行驶时容易在轮胎上黏结物料，特别是在下雨时，为防止轮

胎上黏结的物料抖落到场内道路上，在料场四周的出口处均设置汽车冲洗场，在汽车出料场之前对轮胎进行冲洗。污水流入沉淀池，沉淀后的清水再循环使用，污泥定期由真空泵槽车抽出并运至渣场。

（3）抽风除尘　将产尘设备用密闭罩罩起来，并从罩子（或相当于罩子的设备外壳）内吸走携尘气流，以造成罩内呈均匀负压，避免粉尘外逸，或用敞口吸气罩造成吸捕气流，将暴露的尘化区控制在狭小范围内，使携尘气流被吸捕抽走，通过除尘器净化后经排气筒（或烟囱）排入大气。除尘器收下来的粉尘由输尘装置运到储尘斗，定期卸至胶带机上运往原料槽，回收利用。原料堆场的抽风除尘系统包括矿石破碎、筛分除尘系统，石灰石破碎、筛分除尘系统，氧化镁（蛇纹石或白云石）破碎除尘系统，以及煤破碎除尘系统等。对于产尘设备集中、粉尘性质相同和工作制度相同的产尘点，尽量采用大的集中除尘系统，便于管理，如石灰石破碎、筛分除尘系统多达几十个产尘点集中在一个大系统中。否则可以采用小型的分散系统。各种除尘系统中多采用袋式除尘器或电除尘器，在附近有污水处理设施的，也可采用湿式除尘器。

六、尾矿坝粉尘控制

尾矿坝的粉尘飞扬扩散到大气中的浓度超出某一范围就会造成污染。尾矿粉尘除含有共同的岩石成分（Al_2O_3、SiO_2）外，不同尾矿的粉尘往往含有某些特有的金属或非金属成分（包括有毒重金属、硫和某些酸性物质），粉尘的粒径范围一般为 $1\sim200\mu m$。尾矿坝粉尘运动扩散取决于粉尘对风速的反应，风速大于 5m/s 能将表面干燥的粒径在 $100\mu m$ 以下的粉尘吹起，并带到下风向 250m 远。风速达 9m/s 时，粉尘可被带到 800m 以外。控制尾矿坝粉尘污染的方法有物理法、植物法、化学法和化学-植物法等。

（1）物理法　往尾矿坝上喷水，并覆盖石头或泥土。覆盖泥土还能为在坝上种植植物提供必要的条件。其他物理法包括用树皮覆盖或把稻草耙入尾矿的顶部几寸深的地方，防尘防风，使用石灰石粉和硅酸钠混合物尾矿场粉尘效果更好。

（2）植物法　直接在尾矿坝上种植适宜的永久性草本植物，使植物的种子能自然地在尾矿坝上生长。为此，应研究植物的生态学，使其能够适应周围的环境。

（3）化学法　利用化学药剂与尾矿坝表面发生化学反应，在尾矿表面形成一层外壳，固住粉尘防止风蚀。

（4）化学-植物法　将少量化学试剂应用到新种植物的尾矿坝上，黏结尾矿表面，防止散沙飞扬，保持尾矿中的水分，增加尾矿中有机物质，以利于植物生长，使尾矿坝稳定。

（5）综合利用　尾矿的综合利用，不仅能减少占地，而且能提供宝贵的资源，是最有效的粉尘污染控制措施。主要综合利用途径有：a. 提高选矿水平，用综合选矿法使尾矿中有用矿物富集回收；b. 用尾矿作矿山采空区的填充料；c. 作建筑材料的原料，可用尾矿制造水泥、砖、瓦、铸石、耐火材料、陶粒、玻璃、混凝土集料和泡沫材料等；d. 在尾矿坝上覆土造田种植农、林作物。

此外，在类似尾矿坝的扬尘场所如原料场、建筑工地、泥土路旁，可用扬尘覆盖剂抑制粉尘的飞扬，扬尘覆盖剂宜选用无毒无害易降解又可保持一段时间的产品。

第四章 除尘器的设计与选型

除尘器的设计与选型是除尘工程设计中最重要的环节之一。除尘器的选型包括除尘器类型、容量大小选择及针对工程具体要求的选择等。选取除尘器类型包括机械除尘器、袋式除尘器、电除尘器、湿式除尘器等，本章将分别予以介绍。

第一节 工作机理和性能

一、工作机理和分类

除尘器的工作原理都是以作用力为理论基础，根据力的性质不同，设计出不同的除尘器。除尘工程中常用的除尘器分为四大类，这些除尘器都是依靠各种力从气体中分离和过滤粉尘粒子的，见表4-1。

表 4-1　常用除尘器的类型与性能

型式	除尘作用力	除尘设备种类		适用范围				不同粒径效率/%			备注
			粉尘粒径/μm	粉尘浓度/(g/m³)	温度/℃	阻力/Pa	50μm	5μm	1μm	
干式	重力 惯性力 离心力 静电力	重力除尘器	>15	>10	<400	100~300	96	16	3	用于1级除尘或单独使用
		惯性除尘器	>20	>100	<400	200~600	95	20	5	
		旋风除尘器	>5	>100	<400	500~1000	94	27	8	
		电除尘器	>0.05	30	<300	200~300	>99	99	86	
	惯性力、扩散力与筛分	袋式除尘器 振打清灰	>0.1	3~30	<260	800~2000	>99	>99	99	
		脉冲清灰				800~1500	100	100	99	
		反吹清灰				1000~2000	100	>99	99	
		滤筒式除尘器		1~5	<260	500~1500	100	>99	99	用于进气、排气除尘
		塑烧板除尘器		1~10	<150	1000~2000	100	100	99	用于含水、油除尘
湿式	惯性力、扩散力与凝聚力	自激式除尘器	100~0.05	<100	<400	1000~1500	100	93	40	
		喷雾式除尘器		<10	<400	<400	100	96	75	
		文氏管除尘器		<100	<800	2000~6000	100	>99	93	
	静电力	湿式电除尘器	>0.05	<100	<400	<100	>98	98	98	

1. 机械除尘器工作机理

机械除尘器有重力除尘器、惯性除尘器和旋风除尘器3个类别。

① 重力除尘器工作利用的是重力，所谓重力就是地球对物体的吸引力。在重力作用下含尘气体中的粉尘在沉降室被分离出来。

② 惯性除尘器分离粉尘利用的是惯性力。惯性力是反映物质自身运动状态的力，受到外力时物质改变运动状态。在相同的作用力下惯性小的物体比惯性大的物体容易改变运动状态，即得到的加速度比较大，这对惯性小的粉尘分离是有利的。

③ 旋风除尘器利用的是离心力。所谓离心力是指做圆周运动的物体对施于它的向心分离力。它是依据在旋转体的反作用力，利用离心力分离非均相系统的分离过程通称离心分离。它是依据在旋转过程中质量大的、旋转速度快的物质获得的离心力也大的原理进行工作的。

2. 电除尘器工作机理

电除尘器分离粉尘靠的是静电力即库仑力。除尘过程分为 4 个阶段。

（1）气体电离　在电晕极与集尘极之间施加直流高电压（40～70kV），使放电极发生电晕放电，气体电离，生成大量的自由电子和正离子。

（2）粉尘荷电　气流通过电场空间时，自由电子、负离子与粉尘碰撞并附着其上，便实现了粉尘的荷电。

（3）粉尘沉降　荷电粉尘在电场中受静电力的作用被驱往集尘极，经过一定时间后达到集尘极表面，放出所带电荷而沉积其上。

（4）清灰　集尘极表面上的粉尘沉积到一定厚度后，用机械振打等方法将其清除掉，使之落入下部灰斗中。放电极也会附着少量粉尘，也需进行定时清灰。

为保证电除尘器在高效率下运行，必须使上述 4 个过程进行得十分有效。

3. 袋式除尘器过滤机理

袋式除尘器的过滤机理是一个综合效应的结果。粉尘一般由超细微粒到粗粒的各粒径按一定分散度曲线分布。虽然滤布纤维间的孔隙也许大于 100mm 以上，但织物过滤却能捕集微米粒子，过滤机理各种效应是重力、筛滤、惯性碰撞、钩附效应和扩散与静电吸引。当含尘气流流经滤布时，比滤布空隙大的微粒，由于重力作用沉降了或因惯性作用被纤维挡住了，比滤布空隙小的微粒和滤布的纤维发生碰撞后或经过时被纤维钩附在滤袋表面（即钩附效应）。较小的粒子，因分子间的布朗运动留在滤布的表面和空隙中，最微小的粒子则可能随气流一起流经滤布跑掉。

4. 湿式除尘器的工作原理

湿式除尘器的除尘原理属于短程机制，除尘器内含尘气体与水接触有如下过程：尘粒与预先分散的水膜或雾状液相接触；含尘气体冲击水层产生鼓泡形成细小水滴或水膜；较大的粒子（如大于 1mm）在与水滴碰撞时被捕集，捕集效率取决于粒子的惯性及扩散程度。因为水滴与气流间有相对运动，并由于水滴周围有环境气膜作用，所以气体与水滴接近时，气体改变流向绕过水滴，而尘粒受惯性力和扩散的作用，保持原轨迹运动与水滴相撞。这样，在范围内尘粒都有可能与水滴相撞，然后由于水的作用凝聚成大颗粒，被水流带起。这说明，水滴小且多，比表面积加大，接触尘粒机会就多，产生碰撞、扩散、凝聚效率也高。尘粒的容重、粒径与水滴的相对速度越大，碰撞凝聚效率就越高；而液体的黏度、表面张力越大，水滴直径大，分散得不均匀，碰撞凝聚越低。实验与生产经验表明，亲水性粒子比疏水性粒子容易捕集，这是因为亲水性粒子很容易通过水膜的缘故。此外，当尘粒直径和密度小，除尘效率明显降低。为了解决疏水性粉尘和细微粒子效率低的问题，可以往水中加入某些药剂来提高除尘效率。

二、主要性能指标

除尘器的技术性能指标主要包括除尘效率、压力损失、处理气体量与负荷适应性等几个方面。

1. 除尘效率

在除尘工程设计中一般采用全效率作为考核指标，有时也使用分级效率进行表达。

（1）全效率　全效率为除尘器除下的粉尘量与进入除尘器的粉尘量之百分比，如式（4-1）所示：

$$\eta = \frac{G_2}{G_1} \times 100\% \tag{4-1}$$

式中，η 为除尘器的效率，%；G_1 为进入除尘器的粉尘量，g/s；G_2 为除尘器除下的粉尘量，g/s。

由于在现场无法直接测出进入除尘器粉尘量，应先测出除尘器进出口气流中的含尘浓度和相应的风量，再用式（4-2）计算：

$$\eta = \frac{Q_1 C_1 - Q_2 C_2}{Q_1 C_1} \times 100\% \tag{4-2}$$

式中，Q_1 为除尘器入口风量，m^3/s；C_1 为除尘器入口浓度，mg/m^3；Q_2 为除尘器出口风量，m^3/s；C_2 为除尘器出口浓度，mg/m^3。

（2）总效率 在除尘系统中若有除尘效率分别为 η_1、η_2、$\cdots$、η_n 的几个除尘器串联运行时，除尘系统的总效率用 η 表示，按式（4-3）计算：

$$\eta = 1 - (1-\eta_1)(1-\eta_2)\cdots(1-\eta_n) \tag{4-3}$$

（3）穿透率 穿透率 ρ 为除尘器出口粉尘的排出量与入口粉尘的进入量的百分比，按式（4-4）计算：

$$\rho = \frac{C_2 Q_2}{C_1 Q_1} \times 100\% = (1-\eta) \times 100\% \tag{4-4}$$

（4）分级效率 分级效率 η_c 为除尘器对某一粒径 d_c 或粒径范围 Δd_c 内粉尘的除尘效率，如式（4-5）所示：

$$\eta_c = \frac{\Delta S_c}{\Delta S_j} \times 100\% \tag{4-5}$$

式中，ΔS_c 为在 Δd_c 的粒径范围内除尘器捕集的粉尘量，g/s；ΔS_j 为在 Δd_c 的粒范围内进入除尘器的粉尘量，g/s。

2. 压力损失

除尘器压力损失为除尘器进、出口处气流的全压绝对值之差，表示气体流经除尘器所耗的机械能，当知道该除尘器的局部阻力系数 ξ 值时，可用式（4-6）计算。在现场可用压力表直接测出。

$$\Delta p = \xi \frac{\rho_0 v^2}{2} \tag{4-6}$$

式中，Δp 为除尘器的压力损失，Pa；ρ_0 为处理气体的密度，kg/m³；v 为除尘器入口处的气流速度，m/s。

3. 处理气体量

表示除尘器处理气体能力的大小，一般用体积流量（m³/h 或 m³/s）表示，也有用质量流量（kg/h 或 kg/s）表示的。

4. 负荷适应性

负荷适应性良好的除尘器，当处理气体量或污染物浓度在较大范围内波动时，仍能保持稳定的除尘效率、适中的压力损失和足够高的作业率。

三、选型要点

除尘器的选型要考虑多种因素和条件，以下是除尘器选型的重要事项。

1. 按处理气体量选型

处理气体量的多少是决定除尘器大小类型的决定性因素，对大气量，一定要选能处理大气量的除尘器，如果用多个处理小气量的除尘器并联使用往往是不经济的；对较小气量要比较用哪一种类型的除尘器最经济、最容易满足尘源点的控制和粉尘排放的环保要求。

由于除尘器进入实际运行后，受操作和环境条件影响有时是不易预计的，因此，在决定设备的容量时，需保证有一定的余量或预留一些可能增加设备的空间。

2. 按粉尘的分散度和密度选型

粉尘分散度对除尘器的性能影响很大，而粉尘的分散度相同，由于操作条件不同也有差异。因此，在选择除尘器的型式时，首要的是确切掌握粉尘的分散度，如粒径多在 $10\mu m$ 以上时可选旋风除尘器，在粒径多为数微米以下，则应选用电除尘、袋式除尘器，而具体选择，可以根据分散度和其他要求，参考常用除尘器类型与性能表（见表 4-1）进行初步选择；然后再依照其他条件和本章介绍的除尘器种类和性能确定。

粉尘密度对除尘器的除尘性能影响也很大，这种影响表现最为明显的是重力、惯性力和离心力除尘器。所有除尘器的一个共同点是堆积密度越小，尘粒分离捕集就越困难，粉尘的二次飞扬越严重，所以在操作上与设备结构上应采取特别措施。

3. 按气体含尘浓度选型

对重力、惯性和旋风除尘器，一般说来，进口含尘浓度越大，除尘效率越高，可是这样又会增加出口含尘浓度，所以不能仅从除尘效率高就笼统地认为粉尘处理效果好，对文氏管除尘器、喷射洗涤器等湿式除尘器，以初始含尘浓度在 $10g/m^3$ 以下为宜；对袋式除尘器，含尘浓度越低，除尘性能越好，在较高初始浓度时，进行连续清灰，压力损失和排放浓度也能满足环保要求。电除尘器初始浓度在 $30g/m^3$ 以下，不加预除尘器可以使用。

4. 粉尘黏附性对选型的影响

粉尘和壁面的黏附机理与粉尘的比表面积和含湿量关系很大。粉尘粒径 d 越小，比表面积越大，含水量越多，其黏附性也越大。

在旋风除尘器中，粉尘因离心力黏附于壁面上，有发生堵塞的危险；而对袋式除尘器黏附的粉尘容易使过滤袋的孔道堵塞，对电除尘器则易使放电极和集尘极积尘。

5. 粉尘比电阻对选型的影响

电除尘器的粉尘比电阻应该在 $10^4 \sim 10^{11} \Omega \cdot cm$ 范围内。粉尘的比电阻随含尘气体的温度、湿度不同有很大变化，对同种粉尘，在 $100 \sim 200℃$ 之间比电阻值最大；如果含尘气体加硫调质则比电阻降低。因此，在选用电除尘器时，需事先掌握粉尘的比电阻，充分考虑含尘气体温度的选择和含尘气体性质的调整。

6. 含尘气体温度对选型的影响

干式除尘设备原则上必须在含尘气体的露点以上的温度下进行。在湿式除尘器中，由于水的蒸发和排放到大气后的冷凝等原因，应尽可能在低温下进行处理。在过滤除尘器中，直接或间接地处理含尘气体的温度应降低到滤布耐热温度以下。玻璃纤维滤布的使用温度一般在 $260℃$ 以下，其他滤布则在 $80 \sim 200℃$ 之间。在电除尘器中，使用温度可达 $400℃$，要考虑粉尘的比电阻和除尘器结构热膨胀来选择处理含尘气体的温度。

7. 选用湿式除尘器的注意事项

湿式除尘器绝大部分是用水的。若尘源设备规模较小，需要同时除去有害气体，或者需要把极其微细的炭黑、铅尘等粉尘完全捕集起来时，往往采用湿式除尘器。选用湿式除尘器应考虑污水处理以防止二次污染。

此外，为有效地利用除尘器，应根据情况进行处理。处理含一氧化碳的烟气时，应有防止爆炸的措施，如在发生炉出口烟道的高温部位导入空气，把一氧化碳氧化成二氧化碳。对高温烟气要利用热交换器等间接冷却，或水喷雾的直接冷却。用电除尘器时在高电阻粉尘的场合，应选用脉冲电源电除尘器或者往烟气中喷入水、蒸汽、三氧化硫等调节剂，以降低粉尘的比电阻；另一方面，当电阻过低时，可喷入氨气，生成比电阻较高的硫铵，把比电阻值调节在 $10^4 \sim 10^{11} \Omega \cdot cm$ 范围之内。

8. 除尘器的适用范围

各种除尘器的压力损失和对入口含尘浓度、粉尘粒度的适用范围见表 4-2，对各类因素的适应性见表 4-3。

表 4-2 各种除尘器压力损失和对入口含尘浓度、粉尘粒度的适用范围

除尘器类型	压力损失/Pa	入口含尘浓度/(g/m³) 10^{-3} 10^{-2} 10^{-1} 1 10 10^2 10^3	粉尘粒度/μm 10^{-2} 10^{-1} 1 10^1 10^2 10^3 10^4 23571 23571 23571 23571 23571 23571
重力除尘器	$100 \sim 300$		
惯性除尘器	$200 \sim 600$		
旋风除尘器	$500 \sim 1000$		
泡沫水膜除尘器	$500 \sim 1000$		
冲激除尘器	$1000 \sim 1500$		
文氏管除尘器	$2000 \sim 6000$		
电除尘器	$300 \sim 500$		
袋式除尘器	$800 \sim 2000$		

注：1. 黑线为适用范围。
2. 用净化细粉尘的除尘器来净化粗粉尘是不经济的。

表 4-3　各种除尘器对各类因素的适应性

除尘器 \ 因素	粉尘浓度高	粉尘细度大	粉尘磨损性强	气体相对湿度高	气体温度高	腐蚀性气体	可燃性气体	风量波动大	排放浓度	维修量	占地空间	投资量	运行费用	维护管理费
重力除尘器	可以①	不可	可以	可以	良好	良好	良好	不可	大	小	较大	大	小	小
挡板除尘器	可以	不可	可以	可以	良好	良好	良好	可以	大	小	中	小	小	小
旋风除尘器	可以	不可	不可①	可以	良好	良好	良好	不可	大	小	小	小	中等	小
水膜除尘器	可以	可以	良好	优良	良好	可以②	良好	可以	中等	中等	中等	中等	中等	中等
文氏管除尘器	良好	良好	良好	优良	良好	可以②	优良	良好	小	较大	较小	中等	较大	中等
喷淋式除尘器	可以	可以	良好	良好	良好	可以	优良	良好	中等	中等	较大	中等	中等	中等
机械振打袋除尘器	不可③	良好	可以④	不可	不可⑤	可以	可以	优良	小	较大	较大⑦	较大	大	大
反吹风袋式除尘器	不可③	优良	可以④	不可	不可⑤	可以	可以	优良	小	较大	较大⑦	较大	大	大
脉冲袋式除尘器	可以	优良	可以④	优良⑧	不可⑤	可以	可以	良好	很小	较大	小	较大	大	大
塑烧板除尘器	可以	优良	可以	不可	可以⑤	可以	良好	良好	小	较大	小	大	中等	中等
滤筒除尘器	不可	优良	可以	良好	不可	良好	可以	可以	较小	大	中等	小	较小	大
电除尘器	可以	优良	优良	不可	可以⑥	可以	可以	不可	较小	大	较大⑦	小	较小	较大
湿式电除尘器	良好	优良	优良	良好	可以⑥	良好	可以	不可	小	很大	中等	较大	大	大
电-袋复合除尘器	良好	优良	优良	可以	可以⑥	良好	可以	不可	较小	很大	较大⑦	中等	大	较大
颗粒层除尘器⑨	不可	良好	良好	不可	可以	可以	可以	不可	较小	很大	较大	较大	很大	很大

① 一般旋风除尘器不可处理磨损性强的粉尘，经加重磨层后可处理。
② 用湿式除尘器净化腐蚀性强的气体要做防腐处理。
③ 用袋式除尘器净化浓度超过 50g/m³ 的气体，在设计时要做专门考虑。
④ 对磨损性强的粉尘用袋式除尘器要降低气流上升速度并选用厚型滤料，有条件的设计者会进行流场模拟，避免局部流速过快。
⑤ 用袋式除尘器净化 120~125℃ 的气体，用袋式除尘器要选用高温滤料。温度超过 75℃ 的气体用高温塑烧板，温度超过 260℃ 的气体很难用袋式除尘器。
⑥ 处理含酸、碱等气体时要选用相应的滤料。
⑦ 袋式除尘器与静电除尘器相比，占地稍大，投资相当，运行费用高，但排放浓度低，价格贵。袋式除尘器的防水防油滤料允许含水量 <10%~15%。
⑧ 处理含尘浓度高，占地面积小，不怕水、不怕火、不怕油，价格贵。袋式除尘器的防水防油滤料允许含水量 <10%~15%。
⑨ 塑烧板除尘器工程应用甚少。

注：不管哪一种除尘器，除与上述条件相关外，还与设计者经验、技术有关，正与上述条件相关，同一场合、同一设备、同样除尘系统，其效果不一定一样。

9. 除尘器选型方法和程序

除尘器的选型方法和程序如图 4-1 所示。

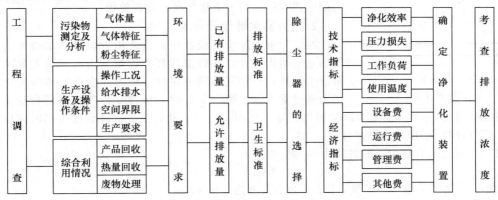

图 4-1　除尘器选型方法和程序

第二节　机械式除尘器的选型和设计

机械式除尘器分为重力除尘器、惯性除尘器和旋风除尘器三类。机械式除尘器效率低、阻力低、节省能源，在风量不大、除尘要求不高的场合可单独使用；在要求严格的场合，常作为高级除尘器的预除尘之用。

一、重力除尘器构造和设计要点

1. 重力除尘器的构造和性能

水平气流重力除尘器的构造主要是由室体、进气口、出气口和集灰斗组成。含尘气体在室体内缓慢流动，尘粒借助自身重力作用被分离而捕集下来。

为了提高重力除尘器的除尘效率，有的在室内加装一些垂直挡板，如图 4-2 所示。其目的，一方面是为了改变气流的运动方向，由于粉尘颗粒惯性较大，不能随同气体一起改变方向，撞到挡板上，失去继续飞扬的动能，沉降到下面的集灰斗中；另一方面是为了延长粉尘的通行路程，使它在重力作用下逐渐沉降下来。有的采用百叶窗形式代替挡板，效果更好；有的还将垂直挡板改为"人"字形挡板，如图 4-3 所示，使气体产生一些小股涡旋，尘粒受到离心力作用，与气体分开，并碰到室壁上和挡板上，使之沉降下来。

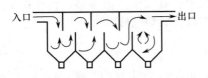

图 4-2　装有挡板的重力除尘器

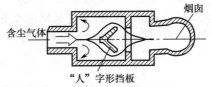

图 4-3　装有"人"字形挡板重力除尘器（水平剖面）

对装有挡板的重力除尘器，气流速度可以提高到 6～8m/s。

多段重力除尘器设有多个室段，这样相对地降低了尘粒的沉降高度。

重力除尘器的技术性能可按下述原则进行判定：a. 重力除尘器内被处理气体速度（基本流速）越低，越有利于捕集细小的尘粒，但装置相对庞大；b. 基本流速一定时，重力除尘器的纵深越长，则除尘效率也就越高，但不宜延长至 10m 以上；c. 在气体入口处装设整流板，在重力除尘器内装设挡板，使重力除尘器内气流均匀化，增加惯性碰撞效应，有利于除尘效率的提高。

综上所述，通常基本流速选定为 1～2m/s，实用的捕集粉尘粒径为 40μm 以上，压力损失比

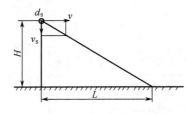

图 4-4 尘粒在水平气流中
的沉降示意

较小，当气流温度为 $250\sim350℃$，气体在重力除尘器入口和出口处的流速为 $12\sim16m/s$，沉降总阻力损失为 $100\sim120Pa$。重力除尘器在许多情况下作为预除尘器使用。

2. 重力除尘器设计计算

在实际重力除尘器设计中，通常用近似计算求得重力除尘器的主要结构尺寸。在近似计算中设烟气为水平均匀气流，并假设尘粒具有与烟气相同的速度。重力除尘器的结构尺寸以使烟尘通过重力除尘器长度 L 时的流速 v 能使粒子借自身重力作用，按沉降速度 ω_s 下降到重力除尘器的底部（见图 4-4）。为此，尘粒沉降到底部的时间应小于或等于烟气通过重力除尘器的时间。

设烟气通过重力除尘器的时间为 t，则

$$t=L/v \tag{4-7}$$

式中，L 为重力除尘器长度，m；v 为烟气流速，m/s。

设尘粒沉降到底部的时间为 t_0，则

$$t_0=H/\omega_s \tag{4-8}$$

式中，H 为重力除尘器高度，m；ω_s 为尘粒沉降速度，m/s。

要使尘粒不被烟气带走，则必须 $t_0\leqslant t$，亦即 $H/\omega_s\leqslant L/v$。

故设计时可按下列公式计算重力除尘器的主要结构尺寸：

重力除尘器长度

$$L=\frac{Hv}{\omega_s} \tag{4-9}$$

重力除尘器高度

$$H=\frac{L\omega_s}{v} \tag{4-10}$$

沉降宽度

$$B=\frac{A}{H}=\frac{Q}{3600\times v\times H} \tag{4-11}$$

式中，A 为重力除尘器的横截面积，m^2；Q 为烟气流量，m^3/h。

由于尘粒通过重力除尘器截面的流速并不均匀，按上式求得的重力除尘器尺寸必须适当放大其长度和宽度。在调整重力除尘器主要尺寸时应切实注意重力除尘器的工作特性，当烟气流速 v 越小时，越能捕集微细灰粒；重力除尘器高度 H 越小，长度 L 越长，则除尘效率越高；重力除尘器内的烟气流速越均匀，则除尘效果越好。

尘粒的沉降速度 ω_s 可按下述说明近似地求得。设烟气中含有的尘粒为球形，粒径在 $1\sim100\mu m$ 范围内，根据斯托克斯（Stokes）定律，尘粒在沉降时仅受到烟气的阻力。

$$F_g=\frac{\pi}{6}\times d_s^3\times(p_k-p_1)g \tag{4-12}$$

式中，F_g 为尘粒的沉降力，N；d_s 为尘粒的当量直径，m；p_k 为尘粒的密度，kg/m^3；p_1 为烟气的密度，kg/m^3；g 为重力加速度，m/s^2。

$$F=3\pi\mu d_s\omega_s \tag{4-13}$$

式中，F 为烟气的阻力，N；μ 为烟气黏度，$Pa\cdot s$；ω_s 为灰粒的沉降速度，m/s。

从公式可看出，当尘粒种类和直径以及烟气状态一定时，尘粒的沉降力 F_g 为一定值。在此情况下，灰粒由静止状态开始沉降时，由于沉降速度很小，所以当 $F<F_g$ 时，尘粒呈等加速度，沉降过程中下降速度不断增加，则烟气阻力 F 不断增加；当达到 $F_g=F$ 时，尘粒的下降速度不再增加，而以等速度不断沉降，此速度则称为尘粒的沉降速度。

将上式代入尘粒等速沉降的条件式 $F_g=F$，则

$$\frac{\pi}{6}d_s^3 \times (p_k - p_l)g = 3\pi\mu d_s \omega_s \tag{4-14}$$

移项整理后则可得到沉降速度 ω_s 为：

$$\omega_s = \frac{d_s^2(p_k - p_l)}{18\mu}g \tag{4-15}$$

做等速沉降的尘粒直径可由上式反推求得：

$$d_s = \sqrt{\frac{18\mu\omega_s}{(p_k - p_l)g}} \tag{4-16}$$

式中，d_s 为斯托克斯粒径。

在实际计算中有关参数还可按下述说明确定。

(1) 尘粒的当量直径 d_s　公式中尘粒是以球状粒子计算，但实际上尘粒为非球状粒子，故应按下式进行修正，则

$$d_s = \psi d \tag{4-17}$$

式中，d 为形状不规则灰粒的粒径，m；ψ 为形状修正系数，对于排烟中的尘粒可采用 $\psi = 0.65$。

(2) 尘粒的密度　对于一般烟煤、无烟煤燃烧后生成的尘粒，$\rho_k = 1500 \sim 1600\text{kg/m}^3$ 对于一般烟煤、无烟煤，$\rho_k = 2200 \sim 2300\text{kg/m}^3$。

3. 重力除尘器设计要点

① 重力除尘器内烟气流速 v，宜取 $0.4 \sim 1.0\text{m/s}$。

② 重力除尘器尺寸以矮、宽、长的原则布置为宜，若重力除尘器过高，其上部的尘粒沉降到底部时间较长，烟尘往往未降到底部就被烟气带走。流通截面确定后，宽度增加，高度就可以降低；加长重力除尘器，可以使尘粒充分沉降。

③ 重力除尘器内可适当设置挡板（采用水平隔板降低室高度形成多层重力除尘器）以提高除尘效果。

④ 除尘工程设计中有时不可能按计算尺寸确定结构，而是视具体布置考虑。

⑤ 沉降在重力除尘器内的灰尘宜设计安装排除装置。

⑥ 重力除尘器一般只能捕集大于 $40 \sim 50\mu\text{m}$ 的尘粒，而且除尘效率较低，故重力除尘器一般仅在除尘要求不高或多级除尘的初级除尘（预除尘）等场合被采用。

⑦ 重力除尘器可以根据烟气量、空间位置和效率要求设计成不同的构造及外形。

二、惯性除尘器结构形式和选型计算

1. 惯性除尘器的结构形式

在惯性除尘器内，主要是使气流急速转向，或冲击在挡板上再急速转向，其中颗粒由于惯性效应，其运动轨迹就与气流轨迹不一样，从而使两者获得分离。气流速度高，这种惯性效应就大，所以这类除尘器的体积可以大大减少，占地面积也小，对细颗粒的分离效率也大为提高，可捕集到 $10\mu\text{m}$ 的颗粒。惯性除尘器的阻力在 $600 \sim 1200\text{Pa}$ 之间，根据构造和工作原理，惯性除尘器分为两种形式，即碰撞式和回流式。

(1) 碰撞式除尘器结构形式　碰撞式除尘器的结构形式如图 4-5 所示，这种除尘器的特点是用一个或几个挡板阻挡气流的前进，使气流中的尘粒分离出来。该形式除尘器阻力较低，效率不高。

(2) 回流式除尘器结构形式　该除尘器特点是把进气流用挡板分割为小股气流。为使任意一股气流都有同样的较小回转半径及较大回转角，可以采用各种挡板结构，最典型的便如图 4-6 所示的百叶挡板。

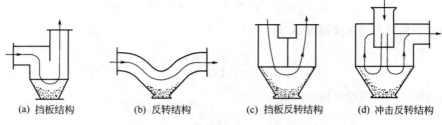

(a) 挡板结构   (b) 反转结构   (c) 挡板反转结构   (d) 冲击反转结构

图 4-5　碰撞式除尘器结构形式

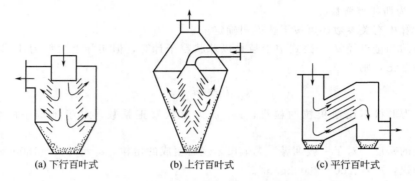

(a) 下行百叶式   (b) 上行百叶式   (c) 平行百叶式

图 4-6　回流式除尘器结构形式

　　百叶挡板能提高气流急剧转折前的速度，可以有效地提高分离效率；但速度过高会引起已捕集颗粒的二次飞扬，所以一般都选用 12~15m/s。

2. CDQ 型惯性除尘器

　　CDQ 型惯性除尘器属于百叶窗式除尘器，其外形和尺寸如图 4-7 所示和表 4-4 所列，技术性能参数见表 4-5。除尘器与灰斗的连接处要求十分严密，不漏气，否则会影响除尘效率。

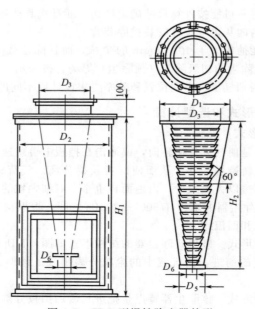

图 4-7　CDQ 型惯性除尘器外形

表 4-4　CDQ 型百叶窗式除尘器尺寸　　　　　　　　　　　单位：mm

型 号	H_1	H_2	D_1	D_2	D_3	D_4	D_5	质量/kg	
								CDQ 型	CDQ-K 型
CDQ-1.1，CDQ-1.1K	460	341	165	230	115	77	26	3	15
CDQ-1.3，CDQ-1.3K	540	404	185	270	135	81	30	4	20
CDQ-1.7，CDQ 1.7K	700	531	225	350	175	89	38	5	31
CDQ-2.1，CDQ- 2.1K	860	661	285	430	215	113	46	10	40
CDQ-2.5，CDQ- 2.5K	1020	786	325	570	255	121	54	43	58
CDQ-3.3，CDQ-3.3K	1840	1041	405	670	335	137	70	20	90
CDQ-4.1，CDQ-4.1K	1660	1296	505	830	415	143	86	40	139
CDQ-4.7，CDQ-4.7K	1990	1486	565	950	475	185	98	49	170
CDQ-5.1，CDQ-5.1K	2060	1613	605	1030	515	183	106	56	187

表 4-5　CDQ 型除尘器技术性能参数

进口气速/(m/s)	型　　　号									压力损失/Pa
	1.1	1.3	1.7	2.1	2.5	3.3	4.1	4.7	5.1	
	气量/(m³/h)									
15	560	772	1300	1950	2760	4750	7300	9550	11250	275
20	746	1030	1730	2600	2670	6340	9700	12750	15000	480
25	934	1290	2160	3260	4580	7920	12150	15930	18750	745

3. ADM 型惯性除尘器

该除尘器是由一个圆柱筒及排尘装置组成的，如图 4-8 所示。圆柱筒内部含有一簇依据空气动力学原理设计的锥形环，其直径比前一个锥形环的直径略小，排列成锥体。

当含有粉尘的气流从除尘器的入口端沿轴线方向流动时，由于锥环内外存在压差，气体从两锥之间流向外圆筒中，而尘粒在空气动力的作用下向里朝锥环的中心流动，并经过排尘装置流向收料器，净化后的气体则从圆筒尾端排出。

ADM 型惯性除尘器的技术性能见表 4-6。

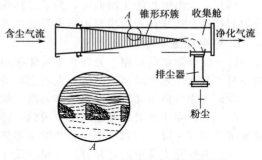

图 4-8　ADM 型惯性除尘器构造示意

表 4-6　ADM 型惯性除尘器技术性能表

型号	入口尺寸/mm	长度/mm	风量/(m³/h)	压降/Pa	入口粉尘质量浓度/(g/m³)	粉尘粒度/μm	质量/kg
ADM62	75	810	595～1275	750～1750	0.1～1750	1～500	13
ADM125	150	810	850～2040	250～750	0.1～1750	1～500	15
ADM170	200	1220	1530～3560	250～1000	0.1～1750	1～500	36
ADM200	250	1575	2380～6780	750～1500	0.1～3500	1～1000	72
ADM200L	250	2540	2380～6780	750～1750	0.1～5300	1～1000	105
ADM300	350	210	6450～16000	750～1500	0.1～5300	1～1000	190
ADM400	500	2490	13600～23800	750～2500	0.1～5300	1～1000	340

ADM 型惯性除尘器有 $\phi62$、$\phi125$、$\phi170$、$\phi200$、$\phi200L$、$\phi300$、$\phi400$ 7 个型号。当处理风量增大时，可把若干个除尘器并联使用，并联数量 2～30 个。

三、惯性除尘器性能和选用

1. 设备压降

惯性除尘器的设备压降依挡板的数量和形式不同而异，惯性除尘器压降按式（4-18）计算：

$$\Delta\rho=\xi\frac{\rho_g v^2}{2} \tag{4-18}$$

式中，$\Delta\rho$ 为惯性除尘器压降，Pa；ξ 为阻力系数，可取 $\xi=1\sim4$；ρ_g 为气体密度，kg/m^3；v 为除尘器入口速度，m/s。

2. 除尘效率

（1）除尘器的除尘效率可以近似用式（4-19）计算：

$$\eta=1-\exp\left[-\left(\frac{A_c}{Q}\right)u_p\right] \tag{4-19}$$

式中，A_c 为垂直于气流方向挡板的投影面积，m^2；Q 为处理气体流量，m^3/s；u_p 为在离心力作用下粉尘的移动速度，m/s。

$$u_p=\frac{d_p^2\ (\rho_p-\rho_g)\ v^2}{18\mu r_c} \tag{4-20}$$

式中，v 为气流速度，m/s；d_p 为粉尘粒径，m；ρ_p 为粉尘的密度，kg/m^3；ρ_g 为气体的密度，kg/m^3；μ 为气体的动力黏性系数，$kg\cdot s/m^2$；r_c 为气流绕流时的曲率半径，m。

（2）惯性除尘器效率比重力除尘器高，比离心式除尘器低，当设备内流速为 1～2m/s 时，对 30～50μm 的尘粒，其除尘效率可达 50%～70%。挡板间隙不大，配置合理，除尘效率可到 85% 甚至更高。

（3）对大型惯性除尘器而言，为了提高除尘效率，往往在挡板前增设导流装置，以便使气流均匀到挡板。这样挡板除尘器因增设导流装置，会效率稳定，运行可靠。

3. 应用注意事项

（1）惯性除尘器可用于处理含尘气体在冲击或方向转变前的速度较高，方向转变的曲率半径越小时，其除尘效率越高，但阻力也随之增大。

（2）含尘气体流动转向次数越多，除尘效率越高，阻力随之增大。

（3）惯性除尘器对装置漏风十分敏感，特别是壳体、叶片等漏风影响到含尘气流流动时，除尘效率会明显下降。所以长期运转的除尘器都考虑避免漏风问题。

（4）惯性除尘器中的叶片容易磨损，设计和应用中要采取相应的技术措施加以解决，否则除尘使用寿命较短。

（5）惯性除尘器如同重力除尘器一样可以单独使用，也可以作为多级除尘器的预除尘器，还有些大型除尘器在气体入口部分可按惯性除尘器原理和形式进行设计。

第三节　旋风除尘器

一、分类和特点

1. 分类

旋风除尘器的种类繁多，分类也各有不同。

按组合形式分为：a. 普通旋风除尘器；b. 异形旋风除尘器，筒体形状有所变化，除尘效率提高；c. 双旋风除尘器，把两个不同性能除尘器组合在一起；d. 组合式旋风除尘器，综合性能更好。旋风除尘器如表 4-7 所列。

表 4-7　旋风除尘器分类及性能

分　类	名　　称	规格/mm	风量/(m³/h)	阻力/Pa	备注
普通旋风除尘器	DF 型旋风除尘器	$\phi175\sim\phi585$	1000～17250	600～900	用作预除尘或单独使用
	XCF 型旋风除尘器	$\phi200\sim\phi1300$	150～9840	550～1670	
	XP 型旋风除尘器	$\phi200\sim\phi1000$	370～14630	880～2160	
	2XM 型木工旋风除尘器	$\phi1200\sim\phi3820$	1915～27710	160～350	
	XLG 型旋风除尘器	$\phi662\sim\phi900$	1600～6250	350～550	
	XZT 型长锥体旋风除尘器	$\phi390\sim\phi900$	790～5700	750～1470	
	SJD/G 型旋风除尘器	$\phi578\sim\phi1100$	3300～12000	640～700	
	SND/G 型旋风除尘器	$\phi384\sim\phi960$	1850～11000	790～850	
	CLT 型旋风除尘器	$\phi300\sim\phi800$	670～7130	480～1078	
异形旋风除尘器	SLP/A、B 型旋风除尘器	$\phi300\sim\phi3000$	750～104980	900	单独使用或预除尘用
	XLK 型扩散式旋风除尘器	$\phi100\sim\phi700$	94～9200	1000	
	SG 型旋风除尘器	$\phi670\sim\phi1296$	2000～12000	900	
	XZY 型消烟除尘器	0.05～1.0t	189～3750	40.4～190	
	XNX 型旋风除尘器	$\phi400\sim\phi1200$	600～8380	550～1670	
	HF 型除尘脱硫除尘器	$\phi720\sim\phi3680$	6000～170000	600～1200	
	XZS 型流旋除尘器	$\phi376\sim\phi756$	600～3000	258	
双旋风除尘器	XSW 型卧式双级蜗旋除尘器	2～20t	600～60000	500～600	曾配锅炉用，应用较少
			1170～45000	670～1460	
	CR 型双级蜗旋除尘器	0.5～10t	2200～30000	550～950	
	XPX 型下排烟式旋风除尘器	1～5t	3000～15000	600～850	
	XS 型双旋风除尘器	1～20t	3000～58000	600～650	
组合式旋风除尘器	SLG 型多管除尘器	9～16t	1910～9980	430～870	单独使用多
	XZZ 型旋风除尘器	$\phi350\sim\phi1200$	900～60000	600～870	
	XLT/A 型旋风除尘器	$\phi300\sim\phi800$	935～6775	1000	
	XWD 型卧式多管除尘器	4～20t	9100～68250	800～920	
	XD 型多管除尘器	0.5～35t	1500～105000	900～1000	
	FOS 型复合多管除尘器	2500×2100×4800 ～8600×8400×15100	6000～170000	900～1000	
	XCZ 型组合旋风除尘器	$\phi1800\sim\phi2400$	28000～78000	7800～980	
	XCY 型组合旋风除尘器	$\phi690\sim\phi980$	18000～90000	780～1000	
	XGG 型多管除尘器	1916×1100×3160 ～2116×2430×5886	6000～52500	700～1000	
	DX 型多管斜插除尘器	1478×1528×2350 ～3150×1706×4420	4000～60000	800～900	

　　按性能分为：a.高效旋风除尘器，其筒体直径较小，用来分离较细的粉尘；b.高流量旋风除尘器，筒体直径较大，用于处理很大的气体流量，其除尘效率较低；c.介于上述两者之间的通用旋风除尘器，用于处理适当的中等气体流量，其除尘效率为70%～90%。

　　按结构形式，可分为长锥体、圆筒体、扩散式、旁通型。

　　按安装情况分为内旋风除尘器（安装在反应器或其他设备内部）、外旋风除尘器、立式与卧式以及单筒和多管旋风除尘器。

　　按气流导入情况分为切向导入和轴向导入式。气流进入旋风除尘器后的流动路线有反转、直流以及带二次风的形式，可概括地分为切线进入式旋风除尘器和轴向进入式旋风除尘器。

2. 旋风除尘器的特点

（1）优点　旋风除尘器没有运动部件，制作、管理十分方便；处理相同的风量情况下体积小，价格便宜；作为预除尘器使用时，可以立式安装，亦可以卧式安装，使用方便；处理大风量时便于多台并联使用，效率阻力不受影响。

（2）缺点　卸灰阀漏风时会严重影响除尘效率；磨损严重，特别是处理高浓度或琢磨性大的粉尘时，入口处和锥体部位都容易磨坏；除尘效率不高，单独使用有时满足不了含尘气体排放浓度的要求。

3. 影响旋风除尘器性能的主要因素

（1）旋风除尘器几何尺寸的影响　在旋风除尘器的几何尺寸中，以旋风除尘器的直径、气体进口以及排气管形状与大小为最重要的影响因素。

① 一般，旋风除尘器的筒体直径越小，粉尘颗粒所受的离心力越大，旋风除尘器的除尘效率也就越高。但过小的筒体直径会造成较大直径颗粒有可能反弹至中心气流而被带走，使除尘效率降低。另外，筒体太小对于黏性物料容易引起堵塞。因此，一般筒体直径不宜小于 $50 \sim 75mm$；大型化后，已出现筒径大于 $2000mm$ 的大型旋风除尘器。

② 除尘器高度，较高除尘效率的旋风除尘器，都有合适的长度比例；合适的长度不但使进入筒体的尘粒停留时间增长，有利于分离，且能使尚未到达排气管的颗粒有更多的机会从旋流核心中分离出来，减少二次夹带，以提高除尘效率。足够长的旋风除尘器，还可避免旋转气流对灰斗顶部的磨损，但是过长，会占据一定的空间。因此，提出旋风除尘器从排气管下端至旋风除尘器自然旋转顶端的距离一般用式（4-21）确定：

$$L = 2.3 D_e \left(\frac{D_o^2}{bh} \right)^{1/3} \tag{4-21}$$

式中，L 为旋风除尘器筒体长度，m；D_o 为旋风除尘器筒体直径，m；b 为除尘器入口宽度，m；h 为除尘器入口高度，m；D_e 为除尘器出口直径，m。

一般常取旋风除尘器的圆筒段高度，$H=(1.5 \sim 2.0)D_o$。旋风除尘器的圆锥体可以在较短的轴向距离内将外旋流转变为内旋流，因而节约了空间和材料。除尘器圆锥体的作用，是将已分离出来的粉尘微粒集中于旋风除尘器中心，以便将其排入储灰斗中。当锥体高度一定，而锥体角度较大时，由于气流旋流半径很快变小，很容易造成核心气流与器壁撞击，使沿锥壁旋转而下的尘粒被内旋流所带走，影响除尘效率。所以，半锥角 α 不宜过大，设计时常取 $\alpha = 13° \sim 15°$。

③ 旋风除尘器的进口有两种主要的进口形式——轴向进口和切向进口，如图 4-9 所示。切向进口为最普通的一种进口型式，制造简单，用得比较多。这种进口型式的旋风除尘器外形尺寸紧凑。在切向进口中螺旋面进口为气流通过螺旋而进入，这种进口有利于气流向下做倾斜的螺旋运动，同时也可以避免相邻两螺旋圈的气流互相干扰。

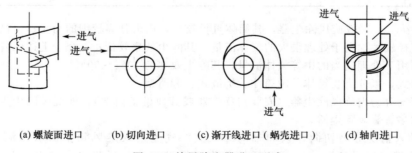

(a) 螺旋面进口　　(b) 切向进口　　(c) 渐开线进口（蜗壳进口）　　(d) 轴向进口

图 4-9　旋风除尘器进口型式

渐开线进口（蜗壳进口）进入筒体的气流宽度逐渐变窄，可以减少气流对筒体内气流的撞击和干扰，使颗粒向壁移动的距离减小，而且加大了进口气体和排气管的距离，减少气流的短路机会，因而提高除尘效率。这种进口处理气量大，压力损失小，是比较理想的一种进口型式。

轴向进口是最好的进口型式，它可以最大限度地避免进入气体与旋转气流之间的干扰，以提高效率。但因气体均匀分布的关键是叶片形状和数量，否则靠近中心处分离效果很差。轴向进口常用于多管式旋风除尘器和平置式旋风除尘器。

进口管可以制成矩形和圆形两种型式。由于圆形进口管与旋风除尘器器壁只有一点相切，而矩形进口管整个高度均与器壁相切，故一般多采用后者。矩形宽度和高度的比例要适当，因为宽度越小，临界粒径越小，除尘效率越高；但过长而窄的进口也是不利的，一般矩形进口管高与宽之比为 2～4。

④ 排气管中常见的有两种型式：一种是下端收缩式；另一种为直筒式。在设计分离较细粉尘的旋风除尘器时，可考虑设计为排气管下端收缩式。排气管直径越小，则旋风除尘器的除尘效率越高，压力损失也越大；反之，除尘器的效率越低，压力损失也越小。排气管直径对除尘效率和阻力系数的影响如图 4-10 所示。

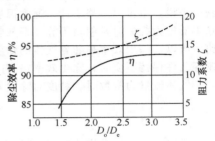

图 4-10 排气管直径对除尘效率和阻力系数的影响

在旋风除尘器设计时，需控制排气管与筒径之比在一定的范围内。由于气体在排气管内剧烈地旋转，将排气管末端制成蜗壳形状可以减少能量损耗，这在设计中已被采用。

⑤ 灰斗是旋风除尘器设计中不容忽视的部分。因为在除尘器的锥度处气流处于湍流状态，而粉尘也由此排出，容易出现二次夹带的机会，如果设计不当，造成灰斗漏气，就会使粉尘的二次飞扬加剧，影响除尘效率。

常用旋风除尘器几何尺寸的比例关系见表 4-8（表中 D_o 为外筒直径）。

表 4-8 旋风除尘器各部分间的比例

项　目	标准除尘器比例	常用旋风除尘器比例	项　目	标准除尘器比例	常用旋风除尘器比例
直筒长	$L_1 = 2D_o$	$L_1 = (1.5 \sim 2)D_2$	入口宽	$B = \frac{1}{4}D_o$	$B = (0.2 \sim 0.25)D_o$
锥体长	$L_2 = 2D_o$	$L_2 = (2 \sim 2.5)D_2$	灰尘出口直径	$D_d = \frac{1}{4}D_o$	$D_d = (0.15 \sim 0.4)D_o$
出口直径	$D_e = \frac{1}{2}D_o$	$D_e = (0.3 \sim 0.5)D_o$	内筒长	$L = \frac{1}{3}D_o$	$L = (0.3 \sim 0.75)D_o$
入口高	$H = \frac{1}{2}D_o$	$H = (0.4 \sim 0.5)D_o$	内筒直径	$D_n = \frac{1}{2}D_o$	$D_n = (0.3 \sim 0.5)D_o$

（2）气体参数对除尘器性能的影响　气体运行参数对性能的影响有以下几方面。

① 气体流量的影响。气体流量或者说除尘器入口气体流速，对除尘器的压力损失、除尘效率都有很大影响。从理论上来说，旋风除尘器的压力损失与气体流量的平方成正比，因而也和入口风速的平方成正比（与实际有一定偏差）。

入口流速增加，能增加尘粒在运动中的离心力，尘粒易于分离，除尘效率提高。除尘效率随入口流速平方根而变化，但是当入口速度超过临界值时，紊流的影响就比分离作用增加得更快，以至除尘效率随入口风速增加的指数小于 1；若流速进一步增加，除尘效率反而降低。因此，旋风除尘器的入口风速宜选取 18～23m/s。

② 气体含尘浓度的影响。气体的含尘浓度对旋风除尘器的除尘效率和压力损失都有影响。试验结果表明，压力损失随尘负荷增加而减少，这是因为径向运动的大量尘粒拖曳了大量空气；粉尘从速度较高的气流向外运动到速度较低的气流中时，把能量传递给蜗旋气流的外层，减

少其需要的压力，从而降低压力降。

由于含尘浓度的提高，粉尘的凝集与团聚性能提高，因而净化效率有明显提高，但是高的速度比含尘浓度增加的速度要慢得多，因此，排出气体的含尘浓度总是随着入口处的粉尘浓度的增加而增加。

③ 气体含湿量的影响。气体的含湿量对旋风除尘器工况有较大影响。例如，分散度很高而黏着性很小的粉尘（小于 $10\mu m$ 的颗粒含量为 $30\%\sim40\%$，含湿量为 1%）气体在旋风除尘器中净化不好；若细颗粒量不变，湿含量增至 $5\%\sim10\%$ 时，那么颗粒在旋风除尘器内互相黏结成比较大的颗粒，这些大颗粒被猛烈冲击在器壁上，气体净化将大有改善。

④ 气体的密度、黏度、压力、温度对旋风除尘器性能的影响。气体的密度越大，除尘效率越下降，但是，气体的密度和固体密度相比几乎可以忽略。所以，其对除尘效率的影响较之固体密度来说，也可以忽略不计。通常温度越高，旋风除尘器压力损失越小；气体黏度的影响在考虑除尘器压力损失时常忽略不算。但从临界粒径的计算公式中知道，临界粒径与黏度的平方根成正比。所以，除尘效率是随着气体的黏度的增加而降低。由于温度升高，气体黏度增加，当进口气速等条件保持不变时，除尘效率略有降低。

气体流量为常数时，黏度对除尘效率的影响可按式（4-22）进行近似计算：

$$\frac{100-\eta_a}{100-\eta_b}=\sqrt{\frac{\mu_a}{\mu_b}} \tag{4-22}$$

式中，η_a、η_b 分别为 a、b 条件下的总除尘效率，$\%$；μ_a、μ_b 分别为 a、b 条件下的气体黏度，$kg \cdot s/m^2$。

（3）粉尘的物理性质对除尘器的影响。

① 粒径对除尘器性能的影响。较大粒径的颗粒在旋风除尘器中会产生较大的离心力，有利于分离。所以大颗粒所占有的百分数越大，总除尘效率越高。

② 粉尘密度对除尘器性能的影响。粉尘密度对除尘效率有着重要的影响。临界粒径 d_{50} 或 d_{100} 和颗粒密度的平方根成反比，密度越大，d_{50} 和 d_{100} 越小，除尘效率也越高。但粉尘密度对压力损失影响很小，设计计算中可以忽略不计。

影响旋风除尘器性能的因素，除上述外，除尘器内壁粗糙度也会影响旋风除尘器的性能。浓缩在壁面附近的粉尘微粒，会因粗糙的表面引起旋流，使一些粉尘微粒被抛入上升的气流，进入排气管，降低了除尘效率。所以在旋风除尘器的设计中应避免出现没有打光的焊缝、粗糙的法兰联结点等。

二、选型原则和步骤

1. 选型原则

选型原则有以下几方面。

① 旋风除尘器净化气体量应与实际需要处理的含尘气体量一致。选择除尘器直径时应尽量小些。如果要求通过的风量较大，可采用若干个小直径的旋风除尘器并联为宜；如气量与多管旋风除尘器相符，以选多管除尘器为宜。

② 旋风除尘器入口风速要保持 $18\sim23m/s$，低于 $18m/s$ 时，其除尘效率下降；高于 $23m/s$ 时，除尘效率提高不明显，但阻力损失增加，耗电量增高很多。

③ 选择除尘器时，要根据工况考虑阻力损失及结构形式，尽可能使之动力消耗减少，且便于制造维护。

④ 旋风除尘器能捕集到的最小尘粒应等于或稍小于被处理气体的粉尘粒度。

⑤ 当含尘气体温度很高时，要注意保温，避免水分在除尘器内凝结。假如粉尘不吸收水分，露点为 $30\sim50℃$ 时，除尘器的温度最少应高出 $30℃$ 左右；假如粉尘吸水性较强（如水泥、石膏和含碱粉尘等）、露点为 $20\sim50℃$ 时，除尘器的温度应高出露点温度 $40\sim50℃$。

⑥ 旋风除尘器结构的密闭要好，确保不漏风。尤其是负压操作，更应注意卸料锁风装置的

可靠性。

⑦ 易燃易爆粉尘（如煤粉）应设有防爆装置。防爆装置的通常做法是在入口管道上加一个安全防爆阀门。

⑧ 当粉尘黏性较小时，最大允许含尘质量浓度与旋风筒直径有关，即直径越大其允许含尘质量浓度也越大。具体的关系见表 4-9。

表 4-9　旋风除尘器筒直径与允许含尘质量浓度关系

旋风除尘器筒直径/mm	800	600	400	200	100	60	40
允许含尘质量浓度/(g/m³)	400	300	200	150	60	40	20

2. 选型步骤

旋风除尘器的选型计算主要包括类型和筒体直径及个数的确定等内容。一般步骤和方法如下所述。

① 除尘系统需要处理的气体量。当气体温度较高、含尘量较大时，其风量和密度发生较大变化，需要进行换算。若气体中水蒸气含量较大时，亦应考虑水蒸气的影响。

② 根据所需处理气体的含尘质量浓度、粉尘性质及使用条件等初步选择除尘器类型。

③ 根据需要处理的含尘气体量 Q，按式（4-23）算出除尘器直径：

$$D_0 = \sqrt{\dfrac{Q}{3600 \times \dfrac{\pi}{4} v_P}} \tag{4-23}$$

式中，D_0 为除尘器直径，m；v_P 为除尘器筒体净空截面平均流速，m/s；Q 为操作温度和压力下的气体流量，m³/h。

或根据需要处理气体量算出除尘器进口气流速度（一般在 12～25m/s 之间）。由选定的含尘气体进口速度和需要处理的含尘气体量算出除尘器入口截面积，再由除尘器各部分尺寸比例关系选出除尘器。

当气体含尘质量浓度较高，或要求捕集的粉尘粒度较大时，应选用较大直径的旋风除尘器；当要求净化程度较高，或要求捕集微细尘粒时，可选用较小直径的旋风除尘器并联使用。

④ 必要时按给定条件计算除尘器的分离界限粒径和预期达到的除尘效率，也可直接按有关旋风除尘器性能表选取，或将性能数据与计算结果进行核对。

⑤ 除尘器必须选用气密性好的卸尘阀，以防器体下部漏风，导致效率急剧下降。除尘器底部设置如图 4-11 所示的旋风除尘器集尘箱和空心隔离锥（图中 D 为除尘器筒体直径）可减少漏风和涡流造成的二次扬尘，使除尘效率有较大的提高。

⑥ 旋风除尘器并联使用时，应采用同型号旋风除尘器，并需合理地设计连接风管，使每个除尘器处理的气体量相等，以免除尘器之间产生串流现象，降低效率。彻底消除串流的办法是为每一除尘器设置单独的集尘箱。

⑦ 旋风除尘器一般不宜串联使用。必须串联使用时，应采用不同性能的旋风除尘器，并将低效者设于前面。

三、普通旋风除尘器

1. CLT/A 型旋风除尘器

CLT/A 型旋风除尘器具有下倾的螺旋切线型入口。它除作单筒使用外，也可双筒、三筒、四筒、六筒组合使用。组合式要标注筒数和筒径。四筒 D550 的标注为 CLT/A-4×5.5。组合式的结构和支架详见暖通标准 T505。CLT/A 型旋风除尘器如图 4-12 所示，其主要性能和尺寸分别如表 4-10、表 4-11 所列。

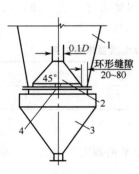

图 4-11　旋风除尘器集尘箱和空心隔离锥
1—除尘器锥体；2—空心隔离锥；3—集尘箱；4—支承件

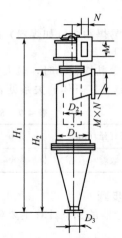

图 4-12　CLT/A 型旋风除尘器

表 4-10　CLT/A 型旋风除尘器主要性能

项　目	型　号	入口风速/(m/s)		
		12	15	18
	CLT/A-1.5	170	210	250
	CLT/A-2.0	300	370	440
	CLT/A-2.5	460	580	690
	CLT/A-3.0	670	830	1000
	CLT/A-3.5	910	1140	1360
	CLT/A-4.0	1180	1480	1780
	CLT/A-4.5	1500	1870	2250
风量/(m³/h)	CLT/A-5.0	1860	2320	2780
	CLT/A-5.5	2240	2800	3360
	CLT/A-6.0	2670	23340	4000
	CLT/A-6.5	3130	3920	4700
	CLT/A-7.0	3630	4540	5440
	CLT/A-7.5	4170	5210	6250
	CLT/A-8.0	4750	5940	7130
阻力/Pa	CLT/A-Y	770	1210	1740
	CLT/A-X	860	1350	1950

表 4-11　CLT/A 型旋风除尘器尺寸

尺寸/mm 型　号	D_1	D_2	D_3	H_1	H_2	M	N	质量/kg X 型	Y 型
CLT/A-1.5	150	90	45	910	734	99	39	12	9
CLT/A-2.0	200	120	60	1171	962	132	52	19	15
CLT/A-2.5	250	150	75	1352	1190	165	65	27	21
CLT/A-3.0	300	180	90	1713	1418	198	79	37	29
CLT/A-3.5	350	210	105	1974	1646	231	91	53	43
CLT/A-4.0	400	240	120	2275	1874	264	104	61	48
CLT/A-4.5	450	270	135	2539	2102	297	117	102	81
CLT/A-5.0	500	300	150	2800	2330	330	130	126	98

续表

尺寸/mm 型　号	D_1	D_2	D_3	H_1	H_2	M	N	质量/kg X 型	Y 型
CLT/A-5.5	550	330	165	3061	2558	363	143	152	120
CLT/A-6.0	600	360	180	3322	2786	396	156	176	139
CLT/A-6.5	650	390	195	3583	3014	429	169	201	159
CLT/A-7.0	700	420	210	3844	3242	462	182	241	189
CLT/A-7.5	750	450	225	4105	3470	495	195	267	209
CLT/A-8.0	800	480	240	4366	3698	528	208	315	250

2. XLP/A、XLP/B 型旋风除尘器

XLP/A、XLP/B 型旋风除尘器分别如图 4-13、图 4-14 所示，其中 XLP/A 型旋风除尘器性能、尺寸分别如表 4-12、表 4-13 所列。

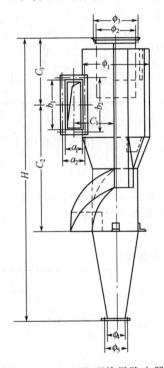

图 4-13　XLP/A 型旋风除尘器

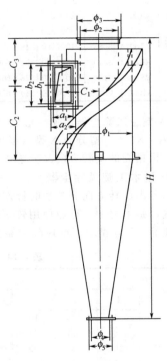

图 4-14　XLP/B 型旋风除尘器

表 4-12　XLP/A 型旋风除尘器主要性能

项　目	型　号	入口风速/(m/s) 12	15	17	型　号	入口风速/(m/s) 12	16	20
风量/(m³/h)	XLP/A-3.0	830	1040	1180	XLP/A-3.0	700	930	1160
	XLP/A-4.2	1570	1960	2200	XLP/A-4.2	1350	1800	2250
	XLP/A-5.4	2420	3030	3430	XLP/A-5.4	2200	2950	3700
	XLP/A-7.0	4200	5250	5950	XLP/A-7.0	3800	5100	6350
	XLP/A-8.2	5720	7150	8100	XLP/A-8.2	5200	6900	8650
	XLP/A-9.4	7780	9720	11000	XLP/A-9.4	6800	9000	11300
	XLP/A-10.6	9800	12250	13900	XLP/A-10.6	8550	11400	14300
阻力/Pa	XLP/A-X	700	1100	1400	XLP/A-X	500	800	1450
	XLP/A-Y	600	940	1260	XLP/A-Y	420	700	1150

表 4-13　XLP/A 型旋风除尘器尺寸　　　　　　单位：mm

规　格	上筒体直径 ϕ_1	器体全高 H	入口管宽×高 $a_1 \times b_2$	入口管法兰中心高×高 $a_2 \times b_1$	排出管直径 ϕ_2	排出口中心距 ϕ_3	排出口直径 ϕ_4	排灰口法兰中心距离 ϕ	入口管中心至支架平面距离 C_1	入口管中心至器体中至支架平面距离 C_2	入口管中心至排出管上平面距离 C_3	质量/kg X型	质量/kg Y型
XLP/A-3.0	ϕ300	1380	80×240	110×270	ϕ180	ϕ210	ϕ114	ϕ146	190	620	340	51.64	41.12
XLP/A-4.2	ϕ420	1880	110×330	140×360	ϕ250	ϕ280	ϕ114	ϕ146	265	845	445	93.90	76.16
XLP/A-5.4	ϕ540	2350	140×4001	176×436	ϕ320	ϕ356	ϕ114	ϕ146	340	1060	540	150.88	121.76
XLP/A-7.0	ϕ700	3040	180×540	216×576	ϕ420	ϕ456	ϕ114	ϕ146	440	1370	690	251.98	203.26
XLP/A-8.2	ϕ820	3540	210×630	256×676	ϕ490	ϕ536	ϕ165	ϕ197	515	1595	795	346.10	278.66
XLP/A-9.4	ϕ940	4055	245×735	291×780	ϕ560	ϕ606	ϕ165	ϕ197	592.5	1827.5	907.5	450.73	365.94
XLP/A-10.6	ϕ1060	4545	275×825	321×871	ϕ630	ϕ676	ϕ165	ϕ197	667.5	2052.5	1012.5	600.73	460.05
XLP/A-3.0	ϕ300	1360	90×180	120×210	ϕ180	ϕ210	ϕ114	ϕ146	167.8	335	245	45.92	35.40
XLP/A-4.2	ϕ420	1875	125×250	155×280	ϕ250	ϕ280	ϕ114	ϕ146	234.5	475	310	83.16	65.42
XLP/A-5.4	ϕ540	2395	160×320	196×356	ϕ320	ϕ356	ϕ114	ϕ146	301	610	380	134.26	105.14
XLP/A-7.0	ϕ700	3080	210×420	246×456	ϕ420	ϕ456	ϕ114	ϕ146	391.5	785	475	221.96	173.24
XLP/A-8.2	ϕ820	3600	245×490	291×536	ϕ490	ϕ536	ϕ165	ϕ197	458.5	925	545	209.07	241.63
XLP/A-9.4	ϕ940	4110	280×560	326×606	ϕ560	ϕ606	ϕ165	ϕ197	525	1055	615	396.56	321.14
XLP/A-10.6	ϕ1060	ϕ4620	315×630	360×676	ϕ630	ϕ676	ϕ165	ϕ197	591.5	1185	685	497.97	393.29

XLP/A 型旋风除尘器风速一般取 12~16m/s；XLP/B 型取 14~18m/s。

XLP/A、XLP/B 型分为 X 型（吸出式）和 Y 型（压入式），其中 X 型在除尘器本体上增加出口蜗壳；根据壳的旋转方向又分为 N 型（左旋）和 S 型（右旋）。

3. XM 型木工旋风除尘器

该除尘器内旋转方向分为逆时针左旋（N）和顺时针右旋（S）两种，适用于分离含有木屑、刨花的空气，是木材加工行业使用较多的净化设备，除尘效率可达 93%。

（1）性能　XM 型木工旋风除尘器性能见表 4-14。

表 4-14　XM 型木工旋风除尘器性能

风速/(m/s)	阻力/Pa	型号和风量/(m³/h) 1	2	3	4	5	6	7	8	9	10	11
14	160	1915	2474	3104	4053	5130	6633	8046	9896	12414	15710	19396
16	220	2189	2827	3547	4632	5863	7238	9161	11310	14187	17965	22167
18	270	2463	3280	3990	5311	6596	8143	10346	12724	16960	20199	24938
20	350	2736	3534	4434	5790	7329	9048	11451	14138	17734	224444	27710

（2）外形尺寸　XM 型除尘器外形尺寸见表 4-15，外形见图 4-15。

表 4-15　XM 型除尘器外形尺寸　　　　　　单位：mm

型　号	1	2	3	4	5	6	7	8	9	10	11
A	1363	1523	1693	1913	2123	2343	2613	2893	3223	3603	3983
B	2447	2747	3067	3477	3857	4277	4777	5297	5907	6617	7327
D_1	1200	1360	1530	1750	1960	2180	2450	2730	3060	3440	3820
D_4	150	170	190	220	250	270	310	340	380	430	480
D_6	220	250	280	320	360	400	450	500	560	630	700
E	560	633	716	824	916	1024	1151	1272	1428	1609	1790
F	490	555	625	715	800	890	1000	1151	1250	1405	1560
L	700	790	890	1020	1150	1270	1430	1590	1780	2000	2230
总重/kg	299	351	461	563	683	867	1077	1184	1607	2006	2412

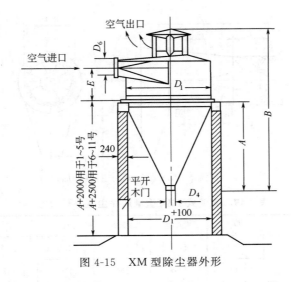

图 4-15　XM 型除尘器外形

四、异形旋风除尘器

1. 直流式旋风除尘器

直流式 PZX 型旋风除尘器主要由蜗壳、螺旋形斜板进风口、水平形倒锥体和具有减阻型扩张管组成。适用于工业部门净化含尘气体或回收物料。其优点是作为预除尘器时便于与管道系统连接和安装。

直流式 PZX 型旋风除尘器主要性能如表 4-16 所列，其外形尺寸见图 4-16 和表 4-17。

表 4-16　直流式 PZX 型旋风除尘器主要性能

项目	型号	流速/(m/s)						
		16	18	20	22	24	26	28
流量 /(m³/h)	PZXϕ200	1800	2000	2300	2500	2700	2900	3200
	PZXϕ300	4100	4600	5100	5600	6100	6600	7100
	PZXϕ400	7200	8100	9000	9900	10900	11800	12700
	PZXϕ500	11300	12700	14100	5500	17000	18400	19800
	PZXϕ600	16300	18300	20300	22400	24400	26500	25800
	PZXϕ800	28900	32600	36200	39800	43400	47000	50600
	PZXϕ1000	45200	50900	56500	62200	67800	73530	79100
	PZXϕ1200	65100	73200	81400	89500	97700	105800	113900
	PZXϕ1400	88600	99700	110800	121900	132900	144000	155100
	PZXϕ1600	11580	130200	144700	159200	173600	188100	202600
	PZXϕ1800	146500	164800	183100	201400	2219790	238100	256400
	PZXϕ2000	180900	203500	226100	248700	271300	293900	316500
阻力/Pa	PZXϕ200～ PZXϕ2000	300～320	350～370	350～390	400～420	460～480	530～560	650～680

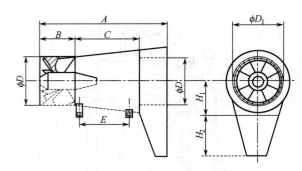

图 4-16 直流式 PZX 型旋风除尘器外形尺寸

表 4-17 直流式 PZX 型旋风除尘器外形尺寸　　　　单位：mm

型号	D	D_1	A	B	C	E	H_1	H_2
PZXϕ200	200	280	580	160	270	210	170	190
PZXϕ300	300	380	820	260	410	315	275	285
PZXϕ400	400	480	1160	320	540	420	340	380
PZXϕ500	500	580	1450	400	675	825	425	475
PZXϕ600	600	680	1640	480	820	630	510	570
PZXϕ800	800	880	2320	640	1080	840	680	760
PZXϕ1000	1000	1080	2900	800	1350	1050	850	950
PZXϕ1200	1200	1300	3280	960	1640	1260	1020	1140
PZXϕ1400	1400	1500	4060	1120	1840	1470	1140	1330
PZXϕ1600	1600	1700	4640	1280	2160	1680	1360	1520
PZXϕ1800	1800	1900	5220	1440	2430	1890	1530	1710
PZXϕ2000	2000	2100	5800	1600	2700	2100	1700	1990

　　这种除尘器阻力较低，流量减少不大时除尘效率不会降低。使用于磨损较大的情况时，加耐磨内衬后其内净尺寸应不变。长时间于低负荷下运行，不会积尘，高负荷运行增加阻力不多。为保证正常运行，含尘浓度大时应采用耐磨材料制作。

2. 扩散式旋风除尘器

　　扩散式旋风除尘结构上的特点是下锥体变成倒圆锥体及其下部装有气固分离的反射屏，可以避免从灰尘上部折回的上旋气流卷吸夹带而造成二次扬尘，因而可以提高除尘效率；另一方面，倒圆锥体的横截面上小下大，从而使四周边界层的含尘气体的旋流速度越往下越低，这样也可以减少返混并减轻器壁的磨损。

　　(1) 扩散式除尘器的性能　CLK（扩散式）型旋风除尘器的技术性能列于表 4-18 中。扩散式除尘器的主要特点是除尘器内的气流组织得到改善，而其结构简单、制造方便。含尘浓度适应性较好。除尘器入口浓度在 2～200g/m³ 范围内变化，除尘效率波动不大。扩散式除尘器较适宜于捕集粒径大于 $10\mu m$ 的粉尘，其总除尘效率可达 88%～92%，除尘器内的气流阻力约为 900～1200Pa。这种除尘器的主要缺点是除尘器筒体的磨损问题，尽管除尘器下部采用倒圆锥体结构，减轻了锥体磨损，但进口蜗壳外侧仍较易磨损，影响除尘器长期运行，故应在上部旋风筒内壁增加防磨措施。

表 4-18 CLK（扩散式）型旋风除尘器技术性能

型号	气体速度/(m/s)					
处理气量/(m³/h)	10	12	14	16	18	20
CLKφ150	210	250	295	335	380	420
CLKφ200	370	445	525	590	660	735
CLKφ250	595	715	835	955	1070	1190
CLKφ300	840	1000	4480	1350	1510	1680
CLKφ350	1130	1360	4590	1810	2040	2270
CLKφ400	1500	1800	2100	2400	2700	3000
CLKφ450	1900	2280	2660	3040	3420	2800
CLKφ500	2320	2780	3250	3710	4180	4650
CLKφ600	3370	4050	4720	5400	6060	6750
CLKφ700	4600	5520	6450	7350	8300	9200

　　扩散式除尘器的结构总图见图 4-17，结构尺寸见表 4-19，扩散式除尘器联结法兰结构见图 4-18，扩散式除尘器联结法兰结构尺寸见表 4-20。

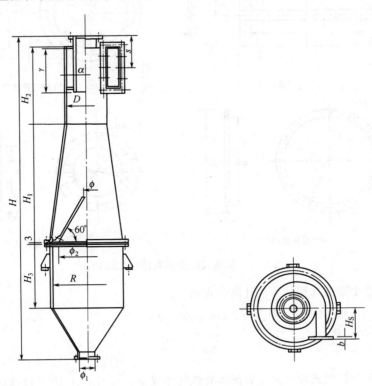

图 4-17 扩散式除尘器结构总图

表 4-19　扩散式除尘器结构尺寸表　　　　　　　　　　　　　　　单位：mm

结构尺寸 型号	H_1	H_2	H_3	H_4	H	o	d	r	s	ϕ	ϕ_1	ϕ_2	$\theta/(°)$	R	H_s
CLKϕ150	450	300	250	30	1210	150	75	165	108	7.5	116	210	60	250	113
CLKϕ200	600	400	330	40	1619	200	100	220	143	10	116	260	60	330	150
CLKϕ250	750	500	415	50	2039	250	125	275	178	12.5	116	350	60	415	188
CLKϕ300	900	600	495	60	2447	300	150	330	213	15	116	420	60	495	225
CLKϕ350	1050	700	580	70	2866	350	175	365	248	17.5	116	390	60	580	263
CLKϕ400	1200	800	660	80	3277	400	200	440	284	20	116	560	60	662	300
CLKϕ450	1350	900	745	90	3695	450	225	495	319	22.5	116	630	60	747	338
CLKϕ500	1500	1000	826	100	4106	500	250	550	354	25	116	700	60	827	375
CLKϕ600	1800	1200	990	120	4934	600	300	660	425	30	116	840	60	992	450
CLKϕ700	2100	1400	1155	140	5716	700	350	770	495	35	161	980	60	1157	525

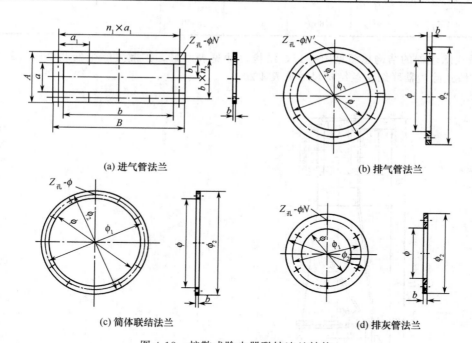

(a) 进气管法兰　　　　　　　　　　　　　(b) 排气管法兰

(c) 简体联结法兰　　　　　　　　　　　　(d) 排灰管法兰

图 4-18　扩散式除尘器联结法兰结构

（2）扩散式除尘器的选用计算　　计算公式如下。

$$Q = 3600 v_j A_j \tag{4-24}$$

$$\Delta p = \xi \frac{\rho v_i^2}{2g} \tag{4-25}$$

式中，Q 为每个扩散式旋风除尘器简体处理气体流量，m^3/h；A_j 为进口截面积，m^2；v_j 为进口气体速度，m/s，推荐 $v_j = 12 \sim 16 m/s$；Δp 为压力损失，Pa；ρ 为气体密度，kg/m^3；ξ 为按除尘器进口气流速度计算的阻力系数，推荐 $\xi = 9.0$。

表 4-20　扩散式除尘器联结法兰结构尺寸表　　　　　　　　单位：mm

型　号	进气管法兰尺寸										排气管法兰尺寸				
	a_1	h_1	b_1	h_2	a	b	N	Z	B	A	ϕ	ϕ_1	ϕ_2	N	Z
CLKϕ150	47	4	38.5	2	47	158	9	12	218	107	83	113	143	9	6
CLKϕ200	47	5	45	2	59	208	9	14	268	119	108	138	168	9	6
CLKϕ250	57	5	52	2	74	258	12	14	318	134	133	163	193	12	10
CLKϕ300	56	6	58	2	86	308	12	16	368	146	158	188	218	12	12
CLKϕ350	64.5	6	64	2	98	358	12	16	418	158	183	213	243	12	12
CLKϕ400	92	5	82.5	2	115	410	14	14	510	215	210	260	310	14	10
CLKϕ450	85	6	88.5	2	127	460	14	16	560	227	235	285	335	14	12
CLKϕ500	80	7	63	3	139	510	14	20	610	239	260	310	360	14	12
CLKϕ600	73	9	72	3	168	612	14	24	712	268	313	363	413	14	16
CLKϕ700	84	9	81	3	195	712	14	24	812	295	363	413	463	14	16

型　号	筒体联结法兰尺寸					排灰管法兰尺寸				
	ϕ	ϕ_1	ϕ_2	N	Z	ϕ	ϕ_1	ϕ_2	N	Z
CLKϕ150	258	298	338	14	12	116	146	176	9	6
CLKϕ200	338	378	418	14	16	116	146	176	9	6
CLKϕ250	424	464	504	14	16	116	146	176	9	6
CLKϕ300	504	544	584	14	20	116	146	176	9	6
CLKϕ350	589	639	689	14	24	116	146	176	9	6
CLKϕ400	671	721	771	18	24	116	146	176	9	6
CLKϕ450	756	806	856	18	28	116	146	176	9	6
CLKϕ500	836	886	936	18	32	116	146	176	9	6
CLKϕ600	1003	1053	1103	18	32	116	146	176	9	6
CLKϕ700	1168	1218	1268	18	36	161	191	221	9	6

（3）选用计算实例

【例 4-1】　已知某锅炉烟气量 $Q=4644 \text{m}^3/\text{h}$，烟气温度 $t=198℃$，气体密度 $\rho=0.81 \text{kg/m}^3$，允许压力损失为 900～1000Pa。求扩散式除尘器规格。

解：按公式先求出

$$\frac{[\Delta p]}{\rho}=\frac{900}{0.81}=1090$$

或

$$v_{\mathrm j}^2=\frac{[\Delta p]\times 2}{\rho\xi}=\frac{1090\times 2}{9}=242$$

故

$$v_{\mathrm j}=\sqrt{242}=15.5\text{（m/s）}$$

$$A_{\mathrm j}=\frac{Q}{36000V_{\mathrm j}}=\frac{4644}{3600\times 15.5}=0.083\text{（m}^2\text{）}$$

即

$$A_{\mathrm j}=0.26D^2$$

则

$$D=\sqrt{\frac{0.083}{0.26}}=0.560\text{（m）}$$

据计算直径核对 CLK 型除尘性能表选用 CLKϕ600 型除尘器 1 台，则核算其实际进口流速为

$$v_{\mathrm j}=\frac{Q}{3600A_{\mathrm j}}=\frac{4644}{3600\times 0.26\times(0.6)^2}=13.8\text{（m/s）}$$

也可以考虑选用 2 台小直径的除尘器并联使用，每台处理气体量按 $Q=2320 \text{m}^3/\text{h}$，其速度仍可以 15.5m/s 计算，则

$$A_{\mathrm j}=\frac{Q}{3600v_{\mathrm j}}=\frac{2320}{3600\times 15.5}=0.0415\text{（m}^2\text{）}$$

$$由 A_j = 0.26D^2 = 0.0415\text{m}^2 \quad 故 D = \sqrt{\frac{0.0415}{0.26}} = 0.4 \text{（m）}$$

可选用 2 台直径为 400mm 的 CLK 型除尘器并联使用。

五、组合式旋风除尘器

1. CR 型双级涡旋除尘器

该除尘器是两段分离：第一段是外形呈蜗壳形，中间设一组固有百叶片组成惯性分离器，将含尘空气中粉尘浓缩；第二段是由一条捕捉灰尘的狭缝和"灰尘隔离旁室"组成"C"型除尘器，将浓缩后的含尘空气中的粉尘分离出来。主要用于锅炉烟气除尘，也可用于工业炉窑或一般工业通风除尘。粒径在 $20\mu\text{m}$ 以下，含尘浓度在 15g/m^3 以下，按排烟量或通风量选用。

（1）性能　双级涡旋除尘器技术性能见表 4-21 和表 4-22。

表 4-21　双级涡旋除尘器技术性能表

处理风量/(m³/h)		2200	3300	5000	6500	13000	18000	30000
蜗壳分离器风速/(m/s)	进口	20	18	18	18	18	20	20
	出口	15	14	14	12	12	15	15
CR 型除尘器风速/(m/s)	进口	18	15	15	15	15	18	18
	出口	15	12	12	12	12	15	15
总质量/kg		1271	1424	1674	1891	2290	2554	2537
总高度 H/mm		70	120	150	253	531	645	1053
含尘气体进口/mm	B_1	110	145	170	200	278	306	392
	n_1	280	360	450	500	760	840	926
净化气体出口/mm	ϕD_1	230	258	334	446	620	686	870
	n_2				$12\times\phi10$	$16\times\phi12$	$16\times\phi12$	$24\times\phi12$

表 4-22　CR205 型除尘器技术性能表

编号		1	2	3	4	5	6	7
系列		CR205-0.5	CR205-1	CR205-1.5	CR205-2	CR205-2.5	CR205-3	CR205-4
配用锅炉/t		0.5	1	1.5	2	4	6.5	10
处理风量/(m³/h)		2200	3300	5000	6500	13000	18000	30000
流速/(m/s)	出口	12	12	12	12	14	14	
	进口	18	18	18	18	20	20	
阻力损失/Pa	常温 25℃，风压 1.05×10^5 Pa	1350	1350	1350	1350	1650	1650	1650
除尘效率/%	85～90	85～90	85～90	85～90	85～90	85～90	85～90	85～90

（2）结构特点　双级涡旋除尘器由涡旋浓缩分离器、"C"型除尘器、异径管和连接管 4 个部件组成。CR 型除尘器外形见图 4-19。

2. XS 型双旋风除尘器

XS 型双旋风除尘器的主要特点是具有下排气口和灰口的结构。含尘气体从入口进入大蜗壳，在旋转气流离心力的作用下，粉尘逐渐浓缩至大蜗壳的边壁上；同时在旋转过程中气流向下扩散变薄。当旋转到 270°时，最边缘上的 15%～20% 的浓缩气流携带大量粉尘进入小旋风分离器，未进入小旋风分离器的内层气流，一部分进入平旋蜗壳，在大旋风筒中继续旋转分离；另一部分通过芯管壁之间的间隙与新进入除尘器的气体汇合，形成新的旋转气流，以增加细颗粒粉尘的捕集机会。这两部分气流净化后进入大旋风排氧芯管，它与小旋风排气汇合后一同排出除尘器，粉尘则分别收集在大、小旋风筒下部的灰斗中。

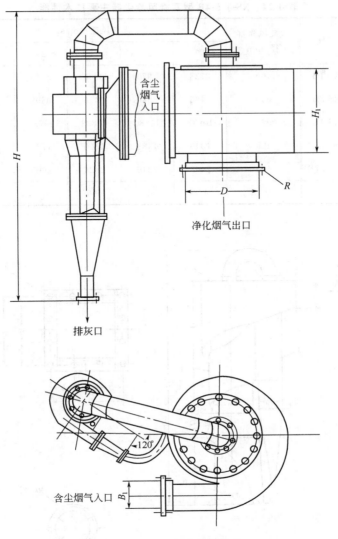

含尘烟气入口

净化烟气出口

排灰口

含尘烟气入口

图 4-19　CR 型除尘器外形

　　XS 型双旋风除尘器可分为 XS-1-20A 型和 XS-0.5-4B 型两种，其主要技术性能见表 4-23、表 4-24，外形及尺寸见图 4-20、图 4-21、表 4-25 和表 4-26。

表 4-23　XS-1-20A 型双旋风除尘器主要技术性能

项　目	型号	大旋风筒直径/mm	进口风速/（m/s）							质量/kg
			24	26	28	30	32	34	36	
风量/（m³/h）	XS-1A	250	2770	3000	3230	3460				200
	XS-2A	495	5540	6000	6460	6920	7380			356
	XS-4A	700	11080	12000	12920	13850	14770	15690		686
	XS-65A	800	14467	15673	16879	18084	19290	20495	21701	900
	XS-10A	920	19134	20728	22323	23917	25511	27422	29035	1180
	XS-20A	1320	39844	42666	46484	49805	53125	56445	59766	2300
压力损失/Pa			304	253	412	470	534	604	676	

表 4-24　XS-0.5-4B 型双旋风除尘器主要技术性能

项　目	型号	大旋风筒直径/mm	进口风速/(m/s)					质量/kg
			23	25	27	29	31	
风量/(m³/h)	XS-1B	460	2733	2970	3208	3446	3683	193
	XS-2B	650	5466	5940	6416	6892	7366	365
	XS-4B	920	10932	11880	12832	13784	14732	699
	XS-0.5B	325	1346	1483	1600	1720	1838	90
	XS-0.7B	400	2067	2246	2426	2606	2785	130
压力损失/Pa			498	588	686	791	905	

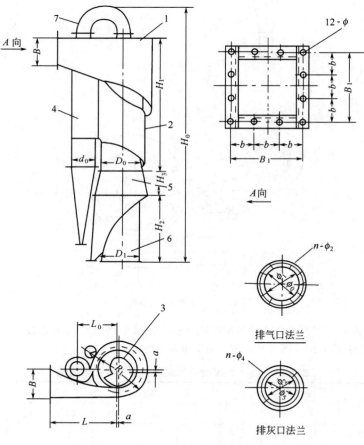

图 4-20　XS-1-20A 型双旋风除尘器

1—大蜗壳；2—平旋蜗壳；3—大芯管；4—小旋风筒；
5—变径管；6—斜锥及排气管；7—排气连接管

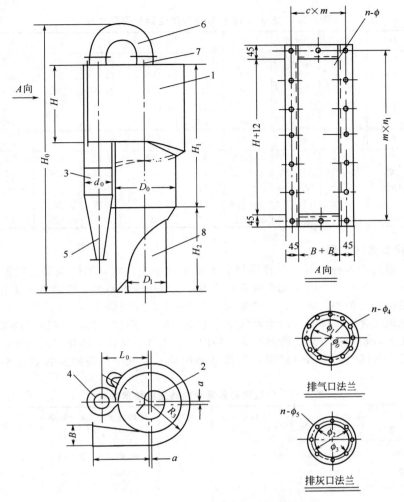

图 4-21 XS-0.5-4B 型双旋风除尘器

1—大旋风壳体；2—大芯管；3—小旋风壳体；4—小芯管；5—小旋风锥体；
6—排气连接管；7—连接管；8—斜锥及排气管

表 4-25 SX-1-20A 型双旋风除尘器外形尺寸表 单位：mm

型 号	D_0	D_1	d_0	B	H_0	H_1	H_2	R_1	L_0	L
XS-1A	356	306	226	240	2219	1126	770	281	367	550
XS-2A	501	430	317	340	2960	1590	950	268	505	778
XS-4A	706	606	446	480	4196	2246	1400	536	702	1100
XS-6.5A	836	756	539	620	4757	2568	1550	636	834.5	1350
XS-10A	956	856	514	750	5422	2952	1750	727	954	1500
XS-20A	1356	1206	866	1070	7388	4232	2170	1027	1346	2150

型 号	B_1	b	ϕ	ϕ_0	ϕ_1	$n\text{-}\phi_2$	ϕ_2	ϕ_5	$n\text{-}\phi_4$
XS-1A	297	99	12	307	350	12-12	100	57	4-12
XS-2A	396	132	12	431	474	12-12	120	77	4-12
XS-4A	537	179	12	607	660	12-12	160	107	8-12
XS-6.5A	688	172	12	757	800	12-12	200	150	8-12
XS-10A	618	136	12	857	900	12-12	200	150	8-12
XS-20A	1136	142	12	1207	1250	24-24	250 280	200	8-12

表 4-26　XS-0.5-4B 型双旋风除尘器外形尺寸表　　　　　单位：mm

型　号	D_0	D_1	d_0	B	H	H_0	H_1	H_2	R_3	L_0
XS-1B	466	306	206	150	600	1998	1050	600	322	410
XS-2B	656	436	296	210	850	2801	1490	850	457	580
XS-4B	926	606	406	300	1200	3899	2100	1200	638	780
XS-0.5B	331	218	147	105	425	1439	748	425	242	310
XS-0.7B	417	274	185	134	537	1798	940	537	299	370

型　号	L	n-z	$m \times n_1$	$c \times n_2$	ϕ_0	ϕ_1	n-ϕ_4	ϕ_2	ϕ_3	n-ϕ_5
XS-1B	500	16-12	110×6	104×2	307	366	12-12	126	57	6-12
XS-2B	700	20-12	114×8	134×2	437	496	12-12	146	77	6-12
XS-4B	1000	26-12	126×10	120×2	607	666	12-12	176	107	8-12
XS-0.5B	400	12-12	121.5×4	81.5×2	219	268	12-12	96	47	6-12
XS-0.7B	447	16-12	99.5×6	96×2	275	330	12-12	110	57	6-12

3. 陶瓷多管高效除尘器

本除尘器，适用于各种型号、各种燃烧方式锅炉的烟尘治理，如链条炉、往复炉、抛煤机炉、煤粉炉、热电厂的旋风炉和流化炉的烟尘治理；也可用于其他工业粉尘治理及有价值的粉尘回收利用。可根据锅炉炉型、吨位、煤种等条件设计单级或双级除尘器。

（1）工作原理　含尘气体进入除尘器气体分布室入口，通过导向器在旋风子内部旋转，气体在离心力的作用下，粉尘被分离，降落在集尘箱内，经锁气器排出；净化了的气体形成上升的旋流，经排气管汇于汇风室，由出口经引风机抽到烟囱排入大气中。各种参数如表 4-27～表 4-29 所列。

表 4-27　单级陶瓷多管除尘器主要技术参数

吨位 /(t/h)	处理风量 /(m²/h)	除尘效率 /%	阻力/Pa	林格曼黑度/级	吨位 /(t/h)	处理风量 /(m²/h)	除尘效率 /%	阻力/Pa	林格曼黑度/级
0.5	1500	95～99	650～900	<1	10	30000	95～99	650～900	<1
1	3000	95～99	650～900	<1	15	45000	95～99	650～900	<1
2	6000	95～99	650～900	<1	20	60000	95～99	650～900	<1
4	12000	95～99	650～900	<1	35	105000	95～99	1000～1400	<1
6	18000	95～99	650～900	<1	40	120000	95～99	1000～1400	<1
8	24000	95～99	650～900	<1					

表 4-28　单级钢体钢支架除尘器尺寸

吨位 /(t/h)	外形/mm		主要部位尺寸/mm				进出烟口尺寸/mm			基础尺寸/mm				基础承重量/t
	L	H	H_1	H_2	H_3	H_4	a	b	c	L_1	F_1	L_2	F_2	
0.5	720	3386	2828	3183	600	1650	300	300	100	657	657	1257	1257	0.5
1	1030	3926	3293	3698	800	2090	350	600	100	967	657	1567	1257	1
2	1030	3926	3293	3698	800	2090	350	800	100	967	967	1567	1567	1.8
4	1390	4235	3622	4022	800	2419	350	1000	100	1390	1315	1990	1915	3.5
6	1700	4622	3955	4271	800	2750	350	1400	100	1592	1592	2192	2192	5.5
8	1935	4987	4299	4735	800	3084	370	1480	100	1935	1935	2475	2475	7.5
10	2350	5687	4720	5341	800	3415	550	1150	100	2242	2242	2842	2532	9
15	2696	7096	6439	6761	1200	3730	450	2100	100	2656	2656	3100	3100	16
20	3316	7983	6209	7637	1200	4360	550	2300	100	3276	3276	3800	3100	17

表 4-29 双级钢体陶瓷多管除尘器尺寸

吨位 /(t/h)	外形/mm				主要部位尺寸/mm				进出烟口尺寸/mm			基础尺寸/mm				基础承重量/t
	L	F	H	H_3	H_4	H_5	H_6	H_7	a	b	c	L_1	F_1	L_2	F_2	
10	4550	2076	6996	1399	2827	2166	1650	3180	550	1150	100	2411	2101	2036	250×250	20
15	5222	2696	7428	1399	2827	2498	1950	2980	450	2100	100	2746	2436	2656	300×300	40
20	6264	2696	8290	1399	2827	3160	1950	3180	550	2300	100	3366	3056	2656	300×300	45
35	7442	3626	11320	1605	3620	3560	3540	4220	800	3420	200	4011	3391	3586	350×350	80
40	8062	3936	11663	1625	3720	3893	3540	4230	800	4100	200	4321	3701	3896	350×350	95
75	10902	5486	13262	1826	3478	5222	3750	4290	1200	5100	200	5586	5276	5446	400×400	95
80	11522	5486	13927	1826	3478	5887	3750	4290	1200	5100	200	6206	5276	5446	400×400	100

注：1. 20t/h 以上除尘器（包括 20t/h）采用钢支架；35t/h 以上除尘器均采用混凝土支架，基础均由用户设计制造；
2. $H_1 = H_3 + H_5 + H_6$；$H_2 = H_4 + H_5 + H_6$。

（2）特点 除尘器机芯是采用陶瓷材料制成，具有耐磨损、耐腐蚀、耐高温、寿命长、运行性能稳定安全可靠、节省能源、占地面积小、造价低、操作简单、管理方便、无运行费用等特点，适应范围广。其结构见图 4-22 和图 4-23。

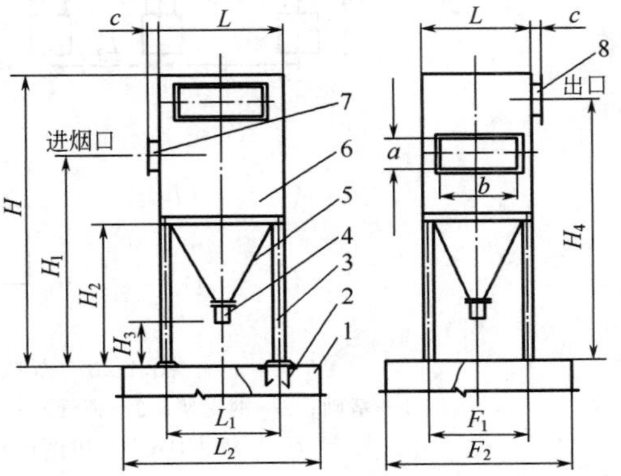

（3）选用注意事项

① 选用时应提供烟气量、烟气温度、燃料种类、烟气含尘浓度、筛分累积量应用时的波动范围等有关技术条件。

② 除尘器进出烟口与管路以及灰斗与锁气器的连接不要泄露，防止漏气影响整机效率。

③ 安装完毕，混凝土基础要自然养生 1 周，养生前将排气阀打开，把施工中的水分排出，而后关闭。

④ 锁气器要保证使用灵活严密，不得漏气。

图 4-22 单级钢体钢支架除尘器
1—基础；2—基础预埋件；3—钢支架（混凝土均可）；4—锁气器；5—集尘器；6—主体；7—进烟口；8—出烟口

4. 立式多管旋风除尘器

立式多管旋风除尘器由多个旋风子组成，旋风子入口有导向装置。旋风子直径（D）有 100mm、150mm、250mm 三种，常用的为 250mm。导向装置为螺旋形和花瓣形，螺旋形导向叶片的压力损失较低，不易堵，除尘效率稍低。花瓣形导向叶片虽有较高除尘效率，但易堵。导向叶片出口角一般为 25°或 30°。旋风子性能见表 4-30，外形及尺寸见图 4-24 及表 4-31。

表 4-30 旋风子性能

旋风子直径 D/mm	烟气导向装置		允许含尘浓度/(g/m³)			旋风的工作气量 /(m³/h)		旋风子的阻系数 ξ	备 注
	型式	叶片倾斜角/(°)	Ⅰ	Ⅱ	Ⅲ	最大	最小		
100	花瓣型	25	40	15		110/114	94/98	85	分子为铸铁旋风子的工作气量
		30				129/134	100/115	65	
150	花瓣型	25	100	35	18	250/257	214/220	85	分母为钢制旋风子的工作气量
		30				294/302	251/258	65	
250	花瓣型	25	200	75	33	735/765	630/655	85	
		30				865/900	740/770	65	
250	花瓣型		250	100	50	755/790	650/675	90	

注：表中Ⅰ、Ⅱ、Ⅲ为尘粒的黏度分类，其中Ⅰ为不黏结的，Ⅱ为黏结性弱的，Ⅲ为中等黏结性的。

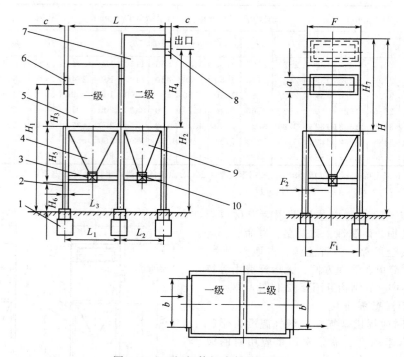

图 4-23　双级钢体钢支架除尘器

1—基础；2—钢支架；3—锁气器；4——级集尘器；5——级主体；6—进烟；
7—二级主体；8—出烟；9—二级集尘箱；10—二级锁气器

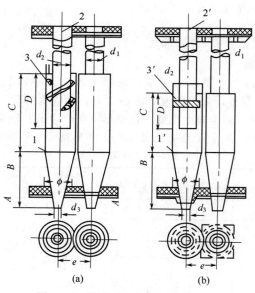

图 4-24　不同型式导向器的旋风子

1、1′—旋风子筒体；2、2′—排气管；3、3′—螺旋形（花瓣形）导向器

表 4-31　旋风子尺寸

旋风子直径 D/mm	导向器型式	外壳材料	旋风子尺寸/mm								
			A	B	C	D	ϕ	d_1	d_2	D_3	e
100	花瓣型	钢铸铁	50	150	220	140	100	53	98 100	40	130
150	花瓣型	钢铸铁	100	200	325	200	160	89	148 150	55	180
250	花瓣型	钢铸铁	120	380	520	315	230 230×230	133	254 259	80	280
250	花瓣型	钢铸铁	120	380	700	400	230 230×230	159	254 259	80	280

注：表中 $\phi=230×230$ 系指方形尺寸；$\phi=100$ 及 $\phi=230$ 等系指圆的直径。

具有 25 管、30 管、36 管及 49 管的立式旋风除尘器的外形及尺寸见表 4-32 及图 4-25。

表 4-32　立式多管旋风除尘器结构尺寸表　　　　单位：mm

型号尺寸	25 管除尘器	30 管除尘器	36 管除尘器	49 管除尘器
A	6000	4420	6865	7200
B	1630	2230	2024	2174
C	1630	1670	2074	2174
D	2070	1720	2215	2335
E	2230	1520	2385	2605
F	1370	1000		
N	1470	2020	1894	2030
S	1400	1460	1880	2044
M_3	1000	1630	1000	1200
H_1	700	500	700	800
C	700		1000	1200
K/h	1000/810		700	800
a	300	210	300	300
f	170	170	240	175
e	280	280	280	280
d_1	$\phi254$	$\phi254$	$\phi250$	$\phi254$
d_2	$\phi159$	$\phi133$	$\phi152$	$\phi159$
L	154×5	110×14	154×5	100×11
l	154×3	116×3	154×3	100×5
L_1		210×3		
l_1		220×5		
L_2	154×3		154×5	100×11
l_2	154×5		154×3	100×5
L_3	95×4	70×4	95×4	95×4
m/n	155/159	110/116	155/159	100/100
m_1/n_1		215/225		
m_2/n_2	157/153		165/159	100/100
Y_1/Y_2	332/332			
纵向旋风子数目（n）	5	5	6	7
横向旋风子数目（n）	5	7	6	7
旋风子总数（n）	25	35	36	49
导向器形式	螺旋叶片	螺旋叶片	螺旋叶片	螺旋叶片
导向器角度/（°）	25	25	25	25
除尘器金属耗量/kg	2547	4641	9182	10373

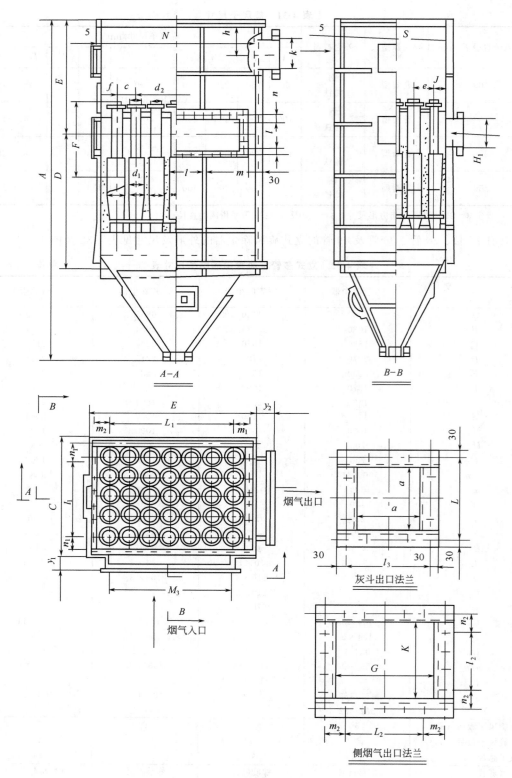

图 4-25 立式多管旋风除尘器

六、旋风除尘器的防磨损措施

由于高速含尘气体对除尘器设备内壁的强烈冲刷，除尘器的壳体、阀门或管道就被磨损，特别是旋风除尘器的蜗壳和锥体部分的磨损更为严重。因此，解决好除尘器设备的磨损问题是保证除尘系统正常工作的重要环节。

解决磨损问题的途径，除采用耐磨损材料（如花岗岩、陶瓷等）制作除尘器本体（如麻石水膜除尘器或陶瓷多管旋风除尘器等）之外，还可采取在除尘器的易磨损总部位敷设耐磨损涂料或采用耐磨损内衬（如铸石或瓷砖等）的方法解决。

1. 旋风除尘器耐磨涂料

旋风除尘器内壁上施用耐磨涂料，效果良好。这些用耐磨涂料做成的防磨层不仅能长期经受住高速烟尘的冲刷，而且能够适应除尘器内壁的各种复杂结构和曲率的要求。

在多种耐磨涂料中，以水玻璃烧黏土骨料及矾土水泥烧黏土骨料配制成的耐磨涂料，其强度及耐磨度等性能最佳，实际使用效果也比较好。

耐磨涂料的配制及铺设工艺如下所述。

（1）原材料 原材料的化学成分和规格详见表 4-33。

表 4-33 原材料的化学成分和规格

用 途	种 类	化 学 成 分 及 规 格
集料及掺和料	矾土熟料集料	化学成分 Al_2O_3 40%～59%；SiO_2 37%～49%；Fe_2O_3 1%～3% 粒径 ＜5.0mm
	烧黏土集料	化学成分 Al_2O_3 31.96%；SiO_2 62.49%；Fe_2O_3 1.87% 粒径 2#烧黏土集料 2.0～2.5mm 3#烧黏土集料＜1.0mm
	石英砂	外观 坚硬、洁白，无黏土等 粒径 粗石英砂 3.0～5.0mm 中石英砂 1.0～3.0mm 细石英砂＜1.0mm
	矾土熟料细粉	化学成分 Al_2O_3 40%～59%；SiO_2 40%～49%；Fe_2O_3 1%～3%
胶结料及促凝剂	矾土水泥	标号 400#（出厂日期不得超过半年）
	水玻璃	模数 m 为 2.4～2.9 相对密度 1.38～1.40（波美度 40°）
	工业用氟硅酸钠	纯度 ＞90%；含水率 ＜1% 细度 4900 孔/cm² 筛全部通过

（2）配合比 使用表 4-33 原材料可配制矾土水泥矾土熟料集料、矾土水泥烧黏土集料、矾土水泥石英砂、水玻璃矾土熟料集料、水玻璃烧黏土集料、水玻璃石英砂 6 种耐磨涂料。各种耐磨涂料的配合比详见表 4-34。

表 4-34 耐磨涂料的配合比

用途	种 类	规 格	各种耐磨涂料的配合比/%					
			矾土水泥矾土熟料集料	矾土水泥烧黏土集料	矾土水泥石英砂	水玻璃矾土熟料集料	水玻璃烧黏土集料	水玻璃石英砂
集料	矾土熟料集料	＜5mm 细料	65			70		
	2#烧黏土集料	2.0～2.5mm		32			32	
	3#烧黏土集料	＜1.0mm		48			48	
	粗石英砂	3.0～3.5mm			30			30
	中石英砂	1.0～3.0mm			20			20
	细石英砂	＜1.0mm			20			20
	石英细粉				10			10

用途	种类	规格	各种耐磨涂料的配合比/%					
			矾土水泥矾土熟料集料	矾土水泥烧黏土集料	矾土水泥石英砂	水玻璃矾土熟料集料	水玻璃烧黏土集料	水玻璃石英砂
胶结料	矾土熟料细粉		15			30	20	20
	矾土水泥	400#	20	20	20			
	水玻璃	m 为 2.4～2.9(波美度40°)				15	15	15
	氟硅酸钠	纯度 >90% 含水率 <1% 细度 全部通过4900孔/cm² 的筛				1.5	1.5	1.5
	水灰比		0.5	0.5	0.5			

注：水玻璃及氟硅酸钠的用量是按干料的总量为100%时的外加百分比；水灰比及水玻璃用量系大的量用值，实际用时可略为增减。

2. 采用铸石制品作除尘器内衬

解决除尘器的磨损和腐蚀问题，除了耐磨涂料等办法外，还可采用铸石制品、高铝砖板、瓷砖等制作除尘器内衬。

铸石是利用辉绿岩、玄武岩和其他附加剂经熔化、浇注、结晶、退火而制成的一种耐磨、耐腐材料。铸石制品的抗磨性能比锰钢高 7～10 倍，除 300℃ 以上的热磷酸和熔融碱外，耐酸度达 99% 以上，耐碱度达 97%。

铸石制品的主要缺点是：脆性大，不能承受重物冲击；运输和施工损耗都较大；温差急变性能差，不能承受剧冷剧热，遇剧冷剧热易引起制品破裂、制品难于切割加工等。铸石的品种主要有辉绿岩铸石和玄武岩铸石，其中以辉绿岩铸石使用最多。

（1）辉绿岩铸石 辉绿岩铸石是由天然辉绿岩加入角闪石、白云石和萤石等助熔剂、加入铬铁矿或磁铁矿等结晶剂于 1500℃ 左右高温熔化，然后注模成型；再经结晶、退火等工序制成。其化学成分、化学稳定性和物理机械性能分别见表 4-35～表 4-37。

表 4-35　辉绿岩铸石的化学成分

成分	SiO_2	$Al_2O_2+TiO_2$	Fe_2O_3+FeO	CaO	MgO	K_2O+Na_2O
百分含量/%	47～49	16～21	14～17	8～11	6～8	2～4

表 4-36　辉绿岩铸石的化学稳定性

介质名称	浓度/%	耐酸、碱度/%	介质名称	浓度/%	耐酸、碱度/%
硫酸	98	99.00～99.99	硝酸	97	99.46～99.62
盐酸	30	98.03～98.67	氢氧化钠	20	95.75～99.34

表 4-37　辉绿岩铸石物理机械性能

项 目	单 位	指 标
外观		灰黑色
相对密度		2.9～3.0
硬度	（矿石硬度计）	7～8
抗压强度	kgf/cm² (N/cm²)	600～800 (59.86×10³～78.5×10³)
抗弯强度	kgf/cm² (N/cm²)	450～750 (4.4×10³～7.36×10³)
抗拉强度	kgf/cm² (N/cm²)	200～400 (1.96×10³～3.92×10³)
抗冲击强度	kgf/cm² (N/cm²)	60～80 (598.6～784.8)

续表

项　目	单　位	指　标
耐磨系数	g/cm²	0.1~0.3
线膨胀系数	1/℃	$1×10^{-5}$
开始软化温度	℃（K）	1100（1373）
导热系数	kcal/（m·h·℃）[W/（m·K）]	0.5~0.85（0.58~0.99）

注：1cal=4.1868J。

（2）玄武岩铸石　玄武岩铸石是天然玄武岩配以蛇纹石、石灰石、铬铁矿、萤石，或玄武岩配金属矿渣经熔融后浇注成各种铸石制品。玄武岩铸石的化学成分和制品的物理机械性能见表4-38及表4-39。玄武岩铸石的耐腐蚀性能与辉绿石铸石近似。

表 4-38　玄武岩铸石化学成分

成　分	SiO₂	Al₂O₃	Fe₂O₃	CaO	MgO	Na₂O	K₂O	MnO
百分含量/%	49.44	14.76	10.92	9.03	4.84	3.10	1.41	1.71

表 4-39　玄武岩铸石制品物理机械性能

名称	相对密度	抗压强度/(kg/cm²)(N/cm²)	抗拉强度/(kg/cm²)(N/cm²)	硬度	耐磨系数	软化温度/℃(K)
指标	2.9~3.3	2500(24525)	600(5986)	8	0.06	1000(1273)

目前国内已有大批铸石厂，都能生产各种板材、管材及铸石耐酸粉；各厂还可根据使用单位提供的各种设备图纸制作适用的铸石补板。

工业锅炉烟气除尘器系统中使用的各种除尘器，形状各异，铸石衬板一般均由铸石厂按除尘器图纸要求配制。

（3）胶泥配制及铸石衬板的施工方法　铸石补板在除尘器内壁上的固定方法，一般采用螺栓固定或砂浆（胶泥）铺砌。

对于干式除尘器内衬铸石板时，一般采用螺栓紧固，或用水泥砂浆铺砌或二者兼而用之。

对于湿式除尘器则宜采用水玻璃胶泥（以辉绿岩粉为填料配制）铺砌。

七、旋风除尘器的应用

1. 作污染控制设备

旋风除尘器作为主要的污染物排放控制设备，可用于许多工业领域。在木材加工领域及木材处理中，旋风除尘器常用作主要的空气污染控制设备。在金属打磨、切割领域及塑料制品生产领域，也有大量的旋风除尘器用于同样目的。作为主要的颗粒物控制设备，旋风除尘器也大量应用于小型锅炉的除尘设备。对是否适合使用旋风除尘器作为一个工业应用过程中的污染物控制设备进行事先的考查评估是非常必要的，若采用旋风除尘器所带来的效益大且能满足环保要求，那才有必要使用旋风除尘器，否则，就没有必要使用旋风除尘器。此外，还必须要尽量收集准确数据，验证采用旋风除尘器合理可靠。

2. 生产过程应用旋风除尘器

旋风除尘器在整个工业工艺过程使用非常广泛。在这些领域中，旋风除尘器已经成为整个行业领域中的一个组成部分，并且已经延伸到生产过程。尽管此应用与空气污染控制领域的应用并不完全相同，但对旋风除尘器应用来说，其具体特点有许多共同之处。工业过程中旋风除尘器作为分离设备的应用实例有许多。旋风除尘器作为处理设备，常与其他干燥、冷却及磨粉系统配合使用。旋风除尘器在粉体工业应用中成为必不可少的设备。

在许多的工业处理系统中，旋风除尘器用在产品回收方面比其他分离设备更为合理。对处理过程领域的旋风分离器应用，其设计的特点包括以下几点。

① 某些旋风分离器设计只可在此类处理系统的某个点位上使用，而其他的技术方法则均不合理，也不可用。

② 性能对旋风分离器的选择来说也是非常关键的一个标准，同样，也有许多其他的重要标准：如成本、大小、制造的质量要求以及使用寿命。工程师必须在所有重要设计标准间找到一个最佳的平衡点。

③ 由于这种处理过程尚未建立和/或这种处理方法的操作条件太过苛刻，从而不能对旋风分离器入口的操作条件进行合理测量时，有些旋风分离器入口的操作条件也可采用估计数值。

3. 将旋风除尘器用作预除尘器

旋风除尘器在环保领域最普遍的应用之一就是作为其他污染物控制设备的预除尘器。在每个实际应用中的使用原因有所不同，最常见的是将旋风除尘器用作袋式除尘器、电除尘器或其他颗粒物控制设备之前预除尘器。

通常，对用作预除尘器的旋风除尘器的性能要求比其他应用要低一些。甚至在有些情况下，旋风除尘器一直在降级使用，或者其使用的实际效率受到简化，作为预除尘器的旋风除尘器，对其选择的依据通常是以其价格、尺寸、能耗及制造成本为基础。

4. 作为液体分离器使用

工业领域中也大量地应用旋风除尘器来除去气流中携带的小液滴。此类应用中，最常见的是用作气旋式除尘器。通常，此类设备都是直流式旋风除尘器，而非逆流式旋风除尘器。液滴有一些独特性质，会影响到离心分离对其进行的收集，设计中要注意。

5. 用作火花捕集器使用

虽然火花捕集器有多种形式，但用直流式 PZX 型除尘器便于和管道连接，投资较少，安装方便，节省空间，分离最小火花颗粒直径约 $50\mu m$，阻力仅 $300\sim400Pa$，非常可靠。

6. 旋风除尘器的串联和并联使用

为了获得较高的净化效率或处理较大的气体量时，旋风除尘器可以串联或并联使用。当净化效率较高，而采用一般净化方式又不能满足要求时，可将两台或三台旋风除尘器串联使用，这种组合方式称为串联式旋风除尘器组；当处理较大量含尘气体时，可将若干个小直径旋风除尘器并联使用，这种组合方式称为并联式旋风除尘器组。

（1）串联使用 旋风除尘器串联使用的目的是提高净化效果。串联使用的旋风除尘器，可以是同类型的，也可以是不同类型的；可以用同一直径的，也可以用不同直径的。其中以同类型、同直径旋风除尘器串联使用效果最差，故较少采用。串联方式以组成机组形式为最好，可以减少阻力消耗。

旋风除尘器串联使用的布置和设计原则是：

① 一般应将高效率除尘器作为后级；

② 配置上力求紧凑，管道连接方便，阻力消耗小；

③ 气体处理量决定于第一级旋风除尘器的处理量；

④ 总阻力为气体流程上的所有除尘器阻力和连接件阻力的总和；但是应考虑除尘器连接处的结构和复杂气流的影响；选择通风机时，其阻力损失应将上述总阻值增加 $10\%\sim20\%$。对于分开串联设置且连接件结构较复杂者取其上限值，对于串联器组及连接较简单者取其下限值；

⑤ 除尘总效率计算式为：

$$\eta=\eta_1+\eta_2 (1-\eta_1)$$

$$(4\text{-}26)$$

式中，η_1 为第一级除尘器的效率（按进入粉尘负荷计算），%；η_2 为第二级除尘器的效率（按离开第一级除尘器的粉尘负荷计算），%；η 为总除尘效率，%。

为了处理高粉尘负荷，旋风除尘器也可以和其他除尘设备串联使用，如用作织物过滤器，电除尘器和湿式除尘器的前级预除尘器。

（2）并联使用　在下列几种情况下，旋风除尘器可以并联使用。

① 为了满足必须处理的气体量，提高净化效率，可将若干个小直径旋风除尘器并联使用，使压力损失不致太大。

② 在气体变化比较大的情况下，当气体负荷减少时，可以停止部分除尘器的使用，以保持原有的除尘效率。

③ 有时为了适应系统增加处理的气体量，可采用增添除尘器，与原有的除尘器并联使用的办法，以保持效率与阻力不变。

④ 切断一部分旋风除尘器进行维修而不影响整个系统的运行。

旋风除尘器并联使用的方法有两种：a. 单体并联组合式，即把几个单筒旋风除尘器并联使用；b. 整体并联组合式，即多管除尘器。

单体并联组合式旋风除尘器组可分为上下错列并联式和平列并联式两种。

单体并联组合式旋风除尘器组的旋风筒数不宜过多，一般不超过 8 个。除尘器组的阻力为单体旋风筒的阻力损失的 1.1 倍。气体总处理量为单台除尘器处理风量之和。

第四节　袋式除尘器

袋式除尘器是各类除尘器中应用最多的一类，就数量而言，袋式除尘器应用占除尘器总量的 60％以上；按处理气体量而言，占到 70％以上。袋式除尘点应用多的原因，在于其除尘效率高，能满足严格的超低排放和特殊排放的环保要求；运行稳定，适应能力强，每小时可处理气量从几百立方米到数百万立方米并适用于许多工矿企业除尘工程的净化设备。

一、分类和命名

现代工业的发展，对袋式除尘器的要求越来越高，因此在滤料材质、滤袋形状、清灰方式、箱体结构等方面不断更新发展。在除尘器中，袋式除尘器的类型最多，根据其特点可进行不同的分类。

1. 按除尘器的结构形式分类

袋式除尘器的示意简图如图 4-26 所示。

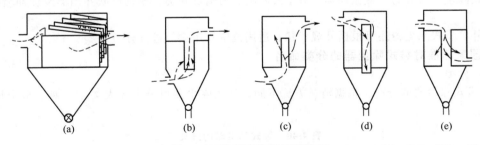

(a)　　　　　(b)　　　　　(c)　　　　　(d)　　　　　(e)

图 4-26　袋式除尘器的结构

除尘器的分类，主要是依据其结构特点，如滤袋形状、过滤方向、进风口位置以及清灰方式进行分类。

（1）按滤袋开头分类　按滤袋形状分类，可分为圆袋式除尘器和扁袋式除尘器两类。

① 圆袋式除尘器。图 4-26（b）～（e）均为圆袋式除尘器，滤袋形状为圆筒形，直径一般为 120～300mm，最大不超过 600mm；高度为 2～3m，也有 10m 以上的。由于圆袋的支撑骨架及连接较简单，清灰容易，维护管理也比较方便，所以应用非常广泛。

② 扁袋式除尘器。图 4-26（a）是扁袋式除尘器，滤袋形状为扁平形，厚度及滤袋间隙为 25～50mm，高度为 0.6～1.2m，深度为 200～500mm。其最大的优点是单位容积的过滤面积大，

但由于清灰、检修、换袋较复杂，使其广泛应用受到限制。

（2）按过滤方向分类　按过滤方向分类，可分为内滤式除尘器和外滤式除尘器两类。

① 内滤式袋式除尘器。图 4-26（c）、（e）为内滤式袋式除尘器，含尘气流由滤袋内侧流向外侧，粉尘沉积在滤袋内表面上。其优点是滤袋外部为清洁气体，便于检修和换袋，甚至不停机即可检修。一般机械振动、反吹风等清灰方式多采用内滤形式。

② 外滤式袋式除尘器。图 4-26（b）、（d）为外滤式袋式除尘器，含尘气体由滤袋外侧流向内侧，粉尘沉积在滤袋外表面上，其滤袋内要设支撑骨架，因此滤袋磨损较大。脉冲喷吹、回转反吹等清灰方式多采用外滤形式。扁袋式除尘器大部分采用外滤形式。

（3）按进气口位置分类　按进气口位置分类，可分为下进风袋式除尘器和上进风袋式除尘器两类。

① 下进风袋式除尘器。图 4-26（b）、（c）为下进风袋式除尘器，含尘气体由除尘器下部进入，气流自下而上，大颗粒直接落入灰斗减少了滤袋磨损，延长了清灰间隔时间，但由于气流方向与粉尘下落方向相反，容易带出部分微细粉尘，降低了清灰效果，增加了阻力。下进风式除尘器结构简单，成本低，应用较广。

② 上进风袋式除尘器。图 4-26（d）、（e）为上进风袋式除尘器，含尘气体由除尘器上部进入。粉尘沉降与气流方向一致，有利于粉尘沉降，除尘效率有所提高，设备阻力也可降低15%～30%。

2. 按除尘器内的压力分类

按除尘器内的压力分类，可分为负压式除尘器和正压式除尘器两类。

（1）正压式除尘器　正压式除尘器，风机设置在除尘器之前，除尘器在正压状态下工作。由于含尘气体先经过风机，对风机的磨损较严重，因此不适用于高浓度、粗颗粒、硬度大、强腐蚀性的粉尘。

（2）负压式除尘器　负压式除尘器，风机置于除尘器之后，除尘器在负压状态下工作，由于含尘气体经净化后再进入风机，因此对风机的磨损很小，这种方式采用较多。

3. 按清灰方式分类

清灰方式是决定袋式除尘器性能的一个重要因素，它与除尘效率、压力损失、过滤风速及滤袋寿命均有关系；国家颁布的袋式除尘器的分类标准就是按清灰方式进行分类的。按照清灰方式，袋式除尘器可分为机械振动类、分室反吹类、喷嘴反吹类、振动反吹并用类及脉冲喷吹类 5 大类。

此外，袋式除尘器还可根据外观形状、适用范围及用途等进行分类。

4. 国家标准对袋式除尘器的分类命名

（1）分类

① 袋式除尘器的分类。根据清灰方法不同，袋式除尘器可分为 5 大类，28 种。分类情况见表 4-40。

表 4-40　袋式除尘器的分类表

分　类	名　称	定　义
机械振动类袋式除尘器	低频振动	振动频率低于 60 次/min，非分室结构
	中频振动	振动频率为 60～700 次/min，非分室结构
	高频振动	振动频率高于 700 次/min，非分室结构
	分室振动	各种振动频率的分室结构
	手动振动	用手动振动实现清灰
	电磁振动	用电磁振动
	气动振动	用气动振动实现清灰

续表

分　类	名　称	定　义
分室反吹类袋式除尘器	分室二态反吹	清灰过程只有"过滤""反吹"两种工作状态
	分室三态反吹	清灰过程有"过滤""反吹""沉降"三种工作状态
	分室脉动反吹	反吹气流呈永动供给
喷嘴反吹类袋式除尘器	气环反吹	喷嘴为环缝形，套在滤袋外面，经上下运动进行反吹清灰
	回转反吹	喷嘴为条形或圆形，经回转运动，依次与各滤袋出口相对，进行反吹灰
	往复反吹	喷嘴为条口形，经往复运动，依次与各滤袋出口相对，进行反吹灰
	回转脉动反吹	反吹气流呈脉动供给的回转反吹式
	往复脉动反吹	反吹气流呈脉动供给的往复反吹式
振动反吹并用类袋式除尘器	工频振动反吹	低频振动与反吹并用
	中频振动反吹	中频振动与反吹并用
	高频振动反吹	高频振动与反吹并用
脉冲喷吹类袋式除尘器	逆喷低压脉冲	低压喷吹，喷吹气流与过滤后袋内净气流向相反，净气由上部净气箱排出
	逆喷高压脉冲	高压喷吹，喷吹气流与过滤后滤袋内净气流向相反，净气由上部净气箱排出
	顺喷低压脉冲	低压喷吹，喷吹气流与过滤后袋内净气流向相反，净气由下部净气箱排出
	顺喷高压脉冲	高压喷吹，喷吹气流与过滤后滤袋内净气流向相反，净气由下部净气箱排出
	对喷低压脉冲	低压喷吹，喷吹气流从滤袋上下同时射入，净气由净气联箱排出
	对喷高压脉冲	高压喷吹，喷吹气流从滤袋上下同时射入，净气由净气联箱排出
	环隙低压脉冲	低压喷吹，使用环隙形喷吹引射器的逆喷脉冲式
	环隙高压脉冲	高压喷吹，使用环隙形喷吹引射器的逆喷脉冲式
	分室低压脉冲	低压喷吹，分室结构，按程序逐室喷吹清灰，但喷吹气流只喷入净气联箱，不直接喷入滤袋
	长袋低压脉冲	低压喷吹，滤袋长度超过 5.5m 的逆喷脉冲式

　② 袋式除尘器的命名。袋式除尘器是以清灰方法分类与最有代表性的结构特征相结合来命名。袋式除尘机组的命名原则亦相同。
　(2) 命名格式　命名格式分为机械振打类、反吹风类、脉冲喷吹类、复合式清灰类。
　① 机械振打袋式除尘器命名示例如下：

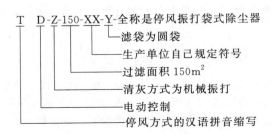

② 反吹风袋式除尘器命名示例如下：

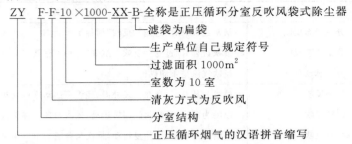

③ 脉冲喷吹袋式除尘机组命名示例如下：

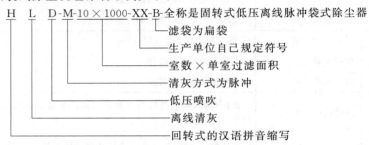

④ **袋式除尘器型号划分。**袋式除尘器的型号划分方案是：

超大型	过滤面积 $F \geqslant 5000 \mathrm{m^2}$
大型	$1000 \mathrm{m^2} \leqslant F < 5000 \mathrm{m^2}$
中型	$200 \mathrm{m^2} \leqslant F < 1000 \mathrm{m^2}$
小型或机组型	$20 \mathrm{m^2} \leqslant F < 200 \mathrm{m^2}$
微型或小机组型	$F < 20 \mathrm{m^2}$

滤料是袋式除尘器的关键组成部分，其造价约占设备费用的 10%～15%。袋式除尘器的除尘效率、压力损失、清灰方式以及使用寿命等均与滤料种类有很大关系。因此，在设计和使用袋式除尘器时必须正确选用滤料。

二、选型计算

袋式除尘器的种类很多，因此，其选型计算显得特别重要，选型不当，如设备过大，会造成不必要的浪费；设备选小会影响生产，难于满足环保要求。

选型计算方法很多，一般地说，计算前应知道烟气的基本工艺参数，如含尘气体的流量、性质、浓度以及粉尘的分散度、浸润性、黏度等。知道这些参数后，通过计算过滤风速、过滤面积、滤料及设备阻力，再选择设备类别型号。

1. 处理气体量的计算

计算袋式除尘器的处理气体时，首先要求出工况条件下的气体量，即实际通过袋式除尘器的气体量，并且还要考虑除尘器本身的漏风量。这些数据，应根据已有工厂的实际运行经验或检测资料来确定，如果缺乏必要的数据，可按生产工艺过程产生的气体量，再增加集气罩混进的空气量（20%～40%）来计算。

$$Q = Q_s \times \frac{(273 + t_c) \times 101.324}{273 p_a}(1 + K) \tag{4-27}$$

式中，Q 为通过除尘器的含尘气体量，$\mathrm{m^3/h}$；Q_s 为生产过程中产生的气体量，$\mathrm{m^3/h}$；t_c 为除尘器内气体的温度，℃；p_a 为环境大气压，kPa；K 为除尘器前漏风系数。

应该注意，如果生产过程产生的气体量是工作状态下的气体量，进行选型比较时则需要换算为标准状态下的气体量。

2. 确定运行温度

当含尘气体为常温时，运行温度通常就是含尘气体的温度。对于高温烟气，往往需要根据技术经济比较确定是否采取降温措施，并确定降温幅度。若含尘气体温度过低可能导致结露时，需采取升温措施。

运行温度的上限应在所选滤料允许的长期使用温度之内；而其下限应高于露点温度 15～20℃。当烟气中含有酸性气体时，露点温度较高，应予以特别的关注。

3. 选择清灰方式

主要根据含尘气体特性、粉尘特性、粉尘排放浓度和设备阻力，通过技术经济比较结果确定。宜尽量选择清灰能力强、清灰效果好、设备阻力低的清灰方式。

4. 选择滤料

主要确定滤料的材质（常温或高温）、结构（机织布或针刺毡，是否覆膜等）、后处理方式等。

5. 过滤风速的选取

过滤风速的大小，取决于含尘气体的性状、织物的类别以及粉尘的性质，一般按除尘器样本推荐的数据及使用者的实践经验选取。多数反吹风袋式除尘器的过滤风速在 0.4～1.2m/s 之间，脉冲袋式除尘器的过滤风速在 0.6～2m/s 左右，玻璃纤维袋式除尘器的过滤风速约为 0.5～0.8m/s。表 4-41 所列过滤风速可供选取参考，排放浓度要求低，应选较低风速。

表 4-41　袋式除尘器的过滤风速　　　　　单位：m/min

粉　尘　种　类	清　灰　方　式			
	自行脱落或手动振动	机械振动	反吹风	脉冲喷吹
炭黑、氧化硅（白炭黑）、铝、锌的升华物以及其他在气体中由于冷凝和化学反应而形成的气溶胶、活性炭、由水泥窑排出的水泥	0.25～0.4	0.3～0.5	0.33～0.60	0.6～1.2
铁及铁合金的升华物、铸造尘、颜料、由水泥磨排出的水泥、碳化炉升华物、石灰、刚玉、塑料、铁的氧化物、焦炭、煤粉	0.28～0.45	0.4～0.65	0.45～1.0	0.7～1.6
滑石粉、煤、喷砂清理尘、飞灰、陶瓷生产的粉尘、炭黑（二次加工）、氧化铝、高岭土、石灰石、矿尘、铝土矿、水泥（来自冷却器）	0.30～0.50	0.50～1.0	0.6～1.2	0.8～2.0

6. 过滤面积的确定

（1）总过滤面积　根据通过除尘器的总气量和选定的过滤速度，按式（4-28）计算总过滤面积：

$$S = S_1 + S_2 = \frac{Q}{60v} + S_2 \tag{4-28}$$

式中，S 为总过滤面积，m^2；S_1 为滤袋工作部分的过滤面积，m^2；S_2 为滤袋清灰部分的过滤面积，m^2；Q 为通过除尘器的总气体量，m^3/h；v 为过滤速度，m/min。

求出总过滤面积后，就可以确定袋式除尘器总体规模和尺寸。

（2）单条滤袋面积　单条圆形滤袋的面积，通常用式（4-29）计算：

$$S_d = D\pi L \tag{4-29}$$

式中，S_d 为单条圆形滤袋的公称面积，m^2；D 为滤袋直径，m；L 为滤袋长度，m。

在滤袋加工过程中，因滤袋要固定在花板或短管上，有的还要吊起来固定在袋帽上，所以滤袋两端需要双层缝制甚至多层缝制；双层缝制的这部分因阻力加大已无过滤的作用，同时有的滤袋中间还要固定环，这部分也没有过滤作用，故式（4-29）可改为：

$$S_j = D\pi L - S_x \tag{4-30}$$

式中，S_j 为滤袋净过滤面积，m^2；S_x 为滤袋未能起过滤作用的面积，m^2；其他符号意义同前。

【例 4-2】 大、中型反吹风除尘器中，滤袋长 10m，直径 0.292m，试计算净过滤面积。

解：其公称过滤面积为 $0.292 \times \pi \times 10 = 9.25m^2$；如果扣除没有过滤作用的面积 $0.75m^2$，其净过滤面积为 $9.25 - 0.75 = 8.5m^2$。由此可见，滤袋没用的过滤面积占滤袋面积的 $5\% \sim 10\%$，所以，在大、中除尘器规格中应注明净过滤面积大小。但在现有除尘器样本中，其过滤面积多数指的是公称过滤面积，在设计和选用中应该注意。

7. 确定清灰制度

对于脉冲袋式除尘器，主要确定喷吹周期、脉冲间隔、在线或离线；对于分室反吹风袋式除尘器，主要确定状态及其周期，各状态的持续时间和次数。

8. 确定除尘器型号、规格

依据上述结果查找资料，确定所需的除尘器型号、规格，或者进行非标设计。

对于脉冲袋式除尘器而言，还应计算（或查询）清灰气源的用气量。

9. 阻力估算

袋式除尘器的阻力由三部分组成：一是设备本体结构的阻力指气体从除尘器入口，至除尘器出口产生的阻力；二是滤袋的阻力，指未滤粉尘时滤料的阻力，约 $50 \sim 150Pa$；三是滤袋表面粉尘层的阻力，粉尘层的阻力约为干净滤布阻力的 $5 \sim 10$ 倍。如果把滤袋及其表面附着的粉尘层的阻力叫做过滤阻力，那么过滤阻力可按式（4-31）计算：

$$\Delta P_g = (A + B)vM \tag{4-31}$$

式中，ΔP_g 为过滤阻力，Pa；A 为附着粉尘的过滤系数；B 为滤袋阻力系数；v 为过滤速度，m/min；M 为滤料性能系数。

上述系数可由表 4-42 查得。

表 4-42　过滤阻力有关系数

滤料名称	粉尘负荷/(g/m²)	B	M	滤料厚度/mm	单位面积质量/(g/m²)	A
细结构棉毛织物	$305 \sim 1139$	$0.24 \sim 0.90$	1.01	3.75	463	5.03×10^{-2}
半羊毛织斜纹布	$117 \sim 367$	$0.23 \sim 0.73$	1.11	1.6	300	5.34×10^{-2}
粗平纹布	$201 \sim 361$	$0.18 \sim 0.33$	1.17	0.6	171	3.24×10^{-2}
毛织厚绒布	$145 \sim 603$	$0.17 \sim 0.72$	1.10	1.56	255	4.97×10^{-2}
棉织厚绒布	$183 \sim 330$	$0.45 \sim 0.82$	1.14	1.07	362	7.56×10^{-2}

此外，过滤阻力还可以利用计算滤尘量的办法查表 4-43 来求出过滤阻力的近似值。滤尘量可由式（4-32）计算：

$$g = c_i vt \tag{4-32}$$

式中，g 为滤袋粉尘负荷，g/m²；c_i 为气体的含尘质量浓度，g/m³；v 为过滤风速，m/min；t 为滤袋清灰周期，min。

表 4-43　不同滤尘量的滤袋过滤阻力　　　　　　　　单位：Pa

过滤风速/(m/min)	滤袋粉尘负荷/(g/m²)					
	100	200	300	400	500	600
0.5	300	360	410	460	500	540
1.0	370	460	520	480	630	690
1.5	450	530	610	680	750	820
2.0	520	620	710	790	880	970
2.5	590	700	810	900	1000	
3.0	650	770	900	1000		

除尘器本体结构阻力随过滤风速的提高而增大，而且各种不同大小和类别的袋式除尘器阻力均不相同，因此，很难用某一表达方式进行计算。一般的过滤风速为 $0.5 \sim 2m/min$ 时，本体阻

力大体在 50～500Pa 之间。但是，在考虑本体结构阻力时，应同时考虑一定的储备量。

三、滤料的性能与选用

1. 滤布主要种类

袋式除尘器使用的滤布，其原料采用天然纤维、合成纤维和无机纤维 3 大类。滤布按加工方法分为织造布、非织造布和复合布 3 种，除尘工程内常用针刺毡、"729"滤布和玻璃纤维滤布以及这些布覆膜后的滤布等。

（1）"208"涤纶绒布 "208"涤纶绒布以涤纶纱线为原料，织成滤布后经拉绒使织物表面形成一层浓密绒毛，以提高滤布的过滤、耐磨和透气性能。"208"涤纶绒布的主要性能见表 4-44，这种绒布过去多用于小型袋式除尘器，现在较少采用。

表 4-44 "208"涤纶绒布性能

质量 /(g/m²)	厚度 /mm	断裂强力/N (5cm×20cm 布条)		曲摩次数 (压重 2kg)		平摩次数 (压重 200kg)	滤料初阻力/Pa		允许温度 /℃	净化效率/%
		经向	纬向	经向	纬向		$V=3/(m \cdot min)$	$V=4/(m \cdot min)$		
200 左右	2 左右	220 以上	100 以上	1200	600	1000	37	49	100～120	>99

（2）针刺毡 针刺毡采用无纺针刺法生产。用空间交错排列的纤维针刺成毡，并经过热定型、轧光等一系列工序制成，形成三维空间结构，表现平整光滑。针刺毡的特点：孔隙率大，透气性能好，降低压损与能耗；净化效率高；使用寿命长；耐磨、耐腐蚀，化学稳定性强。

ZLN 型针刺毡的性能见表 4-45。针刺毡常与脉冲袋式除尘器配套使用。

表 4-45 ZLN 系列产品性能表

编号	型号	厚度 /mm	质量 /(g/m²)	断裂强力/(N /5×20cm)		断裂伸长率 /%		使用温度 /℃		透气度 /[L/ (m²·s)]	化学稳定性		原料构成	
				纵向	横向	纵向	横向	连续	瞬间		耐酸	耐碱	纤维层	基布
1	ZLN-D-02	1.4	450	1100	1100	24	30	120	150	230	强	中	涤纶	涤长丝
2	ZLN-D-02	1.7	500	1040	1250	28	31	120	150	210	强	中	涤纶	涤长丝
3	ZLN-D-02	1.8	550	1100	1270	28	32	120	150	190	强	中	涤纶	涤长丝
4	ZLN-D-02	1.9	600	1140	1270	29	32	120	150	170	强	中	涤纶	涤长丝
5	ZLN-B-02	1.8	500	960	1060	25	35	88	110	210	强	强	丙纶	涤长丝
6	ZLN-B-02	1.9	550	980	1080	25	35	88	110	190	强	强	丙纶	涤长丝
7	ZLN-F-02	1.6	450	980	910	30	36	204	250	210	中	中	芳纶	芳纶线
8	ZLN-F-02	1.9	500	1080	920	30	36	204	250	190	中	中	芳纶	芳纶线
9	ZLN-CE-02	1.5	500	900	500	20	15	200	240	190	强	中	噁二唑	芳纶线
10	ZLN-CE-02	1.7	550	920	510	20	15	200	240	180	强	中	噁二唑	芳纶线
11	ZLN-DFJ-02	1.7	500	1040	1250	27	32	120	150	210	强	中	涤纶	涤长丝 导电纱
12	ZLN-DFJ-02	1.8	550	1100	1270	28	32	120	150	190	强	中	涤纶	涤长丝 导电纱
13	ZLN-DFJ-02	1.8	500	960	1060	25	32	88	110	210	强	强	丙纶	涤长丝 导电纱
14	ZLN-DFJ-02	1.9	550	980	1080	27	33	88	110	190	强	强	丙纶	涤长丝 导电纱

（3）"729"滤布 "729"滤布的组织结构具有光滑柔软、高强度、低延伸率、运行压力损失小、清灰性能好、使用寿命长等特性，经热定型及其他方法处理后，广泛用于工业捕尘、烟尘治理等方面。"729"系列聚酯滤料适用于低能量清灰袋式除尘器，可长期在120℃以下、烟气露点温度以上工作环境中使用，短时间可耐130℃；当过滤高含湿量或含少量油污的烟尘时，可选用憎水、憎油处理的 729-E 滤料。其主要性能见表 4-46。"729"滤布多与大型反吹风袋式除尘器配套使用。

表 4-46　"729"滤布主要性能

指　标　　　　　　代　号		729	729-F2	729-E
处理工艺		热定型	憎水、憎油处理	清静电处理
单位面积质量/(g/m²)		320	350	320
厚度/mm		0.60	0.80	0.60
断裂强力/[N/(5×20cm)]	经向	＞2000	＞2000	＞2000
	纬向	＞1500	＞1500	＞1500
断裂伸长度/%	经向	＜30	＜30	＜30
	纬向	＜30	＜30	＜30
透气性/[cm³/(cm²·s)]		10～25	5～15	10～25
常用规格	平幅(宽度/mm)	800/900/1000	800/900/1000	800/900/1000
	圆筒(直径/nm)	120/160/170/ 180/230/250/ 270/292/300/		120/160/170/ 180/230/250/ 270/292/300/
其他性能			防水性能≥80 (aatcc22 测试标准) 防油性能≥4(aatcc18 测试标准)	抗表电性能(GB/T 12703) 表面电阻＜10¹⁰Ω 体积电阻＜10⁹Ω 表面电荷密度＜7μC/m² 摩擦电位＜400V 半衰期＜1.0s

（4）玻璃纤维滤布

① 玻璃纤维滤布。玻璃纤维滤布的特点：机械强度高，断裂强度一般均在 1300N 以上；延伸率低，玻璃纤维的断裂延伸率仅 3%；制成滤袋尺寸稳定；耐温性能好，可以 260℃ 以下长期使用；耐腐蚀性能好，可在酸、碱的气体中使用；表面光滑，透气性好，耐折磨性差。

表面处理是玻璃纤维织布生产中的主要工序，目的在于改善其耐热、耐磨、抗折、抗腐蚀等性能。一般处理方法有浸纱处理（称为前处理）和浸布处理（称为后处理）两种，其中，浸纱处理时浸渍液能顺间隙渗到合股纱的各股之间，涂复均匀，但成本高于浸布方式。玻璃纤维织布的表面处理技术共经历了四代：第一代，硅酮（有机硅）处理，处理后，滤料具有润滑性，减少了因挠曲而引起的破损，粉尘剥落性改善；第二代，硅酮、聚四氟乙烯树脂处理，使滤料的耐热性能提高 20～30℃；第三代，硅酮、聚四氟乙烯、石墨处理，处理后滤料的耐热性可以在 280℃ 下连续使用，抗折、耐磨、耐碱、耐酸性能也有所提高；第四代，以特殊树脂（代号 Q_{70}、Q_{75}）为基质，耐化学腐败和粉尘剥离性能方面都得到提高。

玻璃纤维滤布的性能见表 4-47。

表 4-47　玻璃纤维滤布的品种及性能

牌　号	处理方法	密度根/cm		厚度/mm	织　纹	透气性	断裂强力/[N/ (25×100mm)]		使用温度 /℃
		经线	纬线				经向	纬向	
BL8301	浸纱	20±1	18±1	0.5±0.5	纬二重	250～350	2500	2100	300
BL8301-2	浸纱	20±1	18±1	0.5±0.5	双层	50～150	2500	2100	300
BL8302	浸纱	16±1	13±1	0.4±0.03	3/1 斜纹	90～150	2100	1700	300
BL8303	浸纱	20±1	18±1	0.45±0.05	纬二重	150～150	2200	1900	260
BL8304	浸纱	16±1	13±1	0.3±0.3	3/1 斜纹	100～200	1800	1400	260
BL8305	未处理	20±1	18±1	0.45±0.05	双层	50～100	2000	1700	200
BL8307	未处理	20±1	14±1	0.4±0.05	4/1 斜纹	80～200	1800	1500	200
BL8307-FQ803	浸布	20±1	14±1	0.4±0.05	4/1 斜纹	80～200	1500	260	260
BL8301-Psi803	浸布	20±1	18±1	0.45±0.05	纬二重	200～300	2500	2100	300

② 玻璃纤维膨体纱滤布。玻璃纤维膨体纱是采用膨化工艺把玻纤松软、胀大、略有三维结构，从而使玻纤布具有长纤维的强度高和短纤维的蓬松性两者优点。该滤布除耐高温、耐腐蚀外，还具有透气性好、净化效率高等特点，其性能见表 4-48。

表 4-48　常用玻纤布技术性能

性能指标 产品类型		单位面积质量 /(g/m²)	抗拉断裂强度 不少于 N/25mm		破裂强力 /(N/cm²)	透气量 /[cm³/ (cm²·s)]	处理剂配方	长期工作温度/℃	适用清洁方式	过滤风速 /(m/min)
			经向	纬向						
玻纤布	CWF300	≥300	1500	1250	>240	35～45	FCA (用此配方处理的滤布温度小于180℃)	260	用于反吹风清灰、回转反吹风清灰	0.40
	CWF450	≥450	2250	1500	>300	35～45				0.45
	CWF500	≥500	2250	2250	>350	20～30				0.50
	EWF300	≥300	1600	1600	>290	35～40		280		0.40
	EWF350	≥350	2400	1800	>310	35～45				0.45
	EWF500	≥500	3000	2100	>350	35～45				0.50
	EWF600	≥600	3000	3000	>380	20～30				0.55
玻纤膨体布	EWTF500	≥450	2100	1400	>350	35～45	PSI、FQ、RH	260	用于反吹风清灰、机械振动清灰和脉冲清灰	0.50
	EWTF600	≥550	2100	1800	>390	35～45				0.55
	EWTF750	≥660	2100	1900	>470	30～40				0.70
	EWTF550	≥480	2600	1800	>440	35～45		280		0.55
	EWTF650	≥600	2800	1900	>450	30～40				0.65
	EWTF800	≥750	3000	2100	>490	25～35				0.80

③ 玻璃纤维针刺毡滤布。玻璃纤维针刺毡滤布是一种结构合理、性能优良的新型耐高温过滤材料。它不仅具有玻纤织物耐高温、耐腐蚀、尺寸稳定、伸长收缩小、强度大的优点，而且毡层呈单纤维（纤维直径小于 6μm），三维微孔结构，空隙率高（高达 80%），对气体过滤阻力小，是一种高速、高效的高温脉冲过滤材料。

该滤布适用于化工、钢铁、冶金、炭黑、水泥、垃圾焚烧等工业炉窑的高温烟气过滤。玻璃纤维针刺毡滤布的特点和性能见表 4-49 和表 4-50。

表 4-49　玻纤针刺毡的特点

型号	产品结构	特点	使用温度		适用范围
			连续	瞬间	
Ⅰ型	100%玻璃纤维，纤维直径 3.8～6μm	耐高温、耐腐蚀、尺寸稳定、伸长率小、过气量大、强度大	280℃	300℃	冶金、化工、炭黑、市政、钢铁、垃圾焚烧、火力发电等行业的炉窑高温烟气过滤
Ⅱ型		考虑到脉冲有骨架，经机械织物的改进除Ⅰ型特点外更具有耐磨、防透滤性。提高使用寿命			
Ⅲ型	诺美克斯/玻璃纤维，双面复合毡（Nomex/huy-gias）	应用诺美克斯清灰效果好、耐腐蚀性强、化学性和尺寸稳定。易克服糊袋尘饼脱落不良，耐碱良好，而玻璃纤维强度大、材料来源广、价格低、憎水性和耐酸性强，做内衬可提高整体装备水准	200℃	240℃	更适合"球式热风炉"，可替代纯诺美克斯滤毡，价廉物美

表 4-50　玻纤针刺毡的性能

型号 ZBD	纤维直径/μm	单位面积质量/(g/m²)	破裂强力/(N/cm²)	抗拉强度/(N/25mm)		透气率/[cm³/(cm²·s)]	过滤效率/%
				经向	纬向		
Ⅰ型	6	>950	>350	≥1400	≥1400	15~30	>99
Ⅱ型	6	>950	>350	≥1600	≥1400	15~30	>99
Ⅲ型	6	>1000	>400	≥2000	≥1600	15~35	>99

（5）针刺毡　针刺毡性能见表 4-51。

表 4-51　针刺毡性能指标

名称	材质	厚度/mm	单位面积质量/(g/m²)	透气性/[m³/(m²·s)]	断裂强力/N		断裂伸长率/%		使用温度/℃
					经向	纬向	经向	纬向	
丙纶过滤毡	丙纶	1.7	500	80~100	>1100	>900	<35	<35	90
涤纶过滤毡	涤纶	1.6	500	80~100	>1100	>900	<35	<55	130
涤纶覆膜过滤毡	涤纶 PTFE 微孔膜	1.6	500	70~90	>1100	>900	<35	<55	130
涤纶防静电过滤毡	涤纶导电纱	1.6	500	80~100	>1100	>900	<35	<55	130
涤纶防静电覆膜过滤毡	涤纶、导电纱 PTFE 微孔膜	1.6	500	70~90	>1100	>900	<35	<55	130
亚克力覆膜过滤毡		1.6	500	70~90	>1100	>900	<20	<20	160
亚克力过滤毡		1.6	500	80~100	>1100	>900	<20	<20	160
PPS 过滤毡	聚苯硫醚	1.7	500	80~100	>1200	>1000	<30	<30	190
PPS 覆膜过滤毡	聚苯硫醚 PTFE 微孔膜	1.8	500	70~90	>1200	>1000	<30	<30	190
美塔斯	芳纶基布纤维	1.6	500	11~19	>900	>1100	<30	<30	180~200
芳纶过滤毡	芳族聚酰胺	1.6	500	80~100	>1200	>1000	<20	<50	204
芳纶防静电过滤毡	芳族聚酰胺导电纱	1.6	500	80~100	>1200	>1000	<20	<50	204
芳纶覆膜过滤毡	芳族聚酰胺 PTFE 微孔膜	1.6	500	60~80	>1200	>1000	<20	<50	204
P84 过滤毡	聚酰亚胺	1.7	500	80~100	>1400	>1200	<30	<30	240
P84 过覆膜过滤毡	聚酰亚胺 PTFE 微孔膜	1.6	500	70~90	>1400	>1200	<30	<30	240
玻纤针刺毡	玻璃纤维	2	850	80~100	>1500	>1500	<10	<10	240
复合玻纤针刺毡	玻璃纤维 耐高温纤维	2.6	850	80~100	>1500	>1500	<10	<10	240
玻美氟斯过滤毡	无碱基布	2.6	900	15~36	>1500	>1400	<30	<30	240~320
PTFE	超细 PTFE 纤维	2.6	650	70~90	>500	>500	≤20	≤50	250

（6）高温针刺毡滤布　除了玻璃纤维滤布外，除尘工程使用的高温滤布还有芳纶针刺毡、P84 针刺毡、莱通针刺毡、诺美克斯针刺毡、芳砜纶针刺毡、碳纤维复合针刺毡、氟美斯针刺毡等，其中诺美克斯滤布使用较多。

高温针刺毡滤布的技术性能见表 4-52，高性能滤布性能见表 4-53。

表 4-52　高温针刺毡滤布技术性能参数表

名　称		芳纶针刺毡	P84 针刺毡	莱通针刺毡	诺美克斯针刺毡	芳砜纶针刺毡	碳纤维复合针刺毡	氟美斯
原　料		芳香族聚酰胺	芳香族聚酰亚胺	聚苯硫醚	诺美克斯纤维	芳砜纶纤维	碳纤维	诺美克斯玻璃纤维
质量/(g/m²)		450～600	450～600	450～600	450～700	450～500	350～800	800
厚度/mm		1.4～3.5	1.4～3.5	1.4～3.5	2～2.5	2～2.7	1.4～3.0	1.80
孔隙率/%		65～90	65～90	65～90	60～80	70～80	65～90	
透气量/[dm³/(m²·s)]		90～400	90～440	90～440	150	100	90～400	130～300
断裂强力/(N/20cm×5cm)	T	800～1000	800～100	800～100	800～1200	700	600～1400	1600
	W	1000～1200	1000～1200	1000～1200	1000～1200	1050	800～1700	1400
断裂伸长率/%	T	≤50	≤50	≤50	15～40	20	<40	
	W	≤55	≤55	≤55	15～45	25	<40	
表面处理		烧毛面	烧毛面	烧毛面	烧毛面	烧毛面	烧毛面	
耐热性/℃	连续性	200	250	190	200	200	200	260
	瞬时	250	300	230	220	270	250	300
化学稳定性	耐酸性	一般	好	好	好	良好	好	
	耐碱性	一般	好	好	好	耐弱碱	中	

高温滤布的材料成本一般较高，滤布价格昂贵，所以，滤布的使用寿命应引起足够重视。应用表明，滤袋失效的主要因素是滤料选型欠妥或加工不当、机械磨损、化学侵蚀、高温熔化、结露黏结等。

（7）覆膜滤布　用两种或两种以上各具特点滤料复合成一体，称为复合滤布。

在针刺滤料或机织滤布表面覆以微孔薄膜制成的覆膜滤布可实现表面过滤，使粉尘只停留于表面、容易脱落，即提高了滤料的剥离性。这种滤料的初阻力较覆膜前略有增加，但除尘器运行后，由于粉尘剥离性好、易清灰，当工况稳定后滤料阻力不再上升而是趋于平稳，明显低于常规不覆膜滤布。

由于复合滤布所用材料和对产品性能要求的不同，复合滤布的加工方法有：用黏合剂黏合，热压黏合；如果纤维是热塑性的，可将薄膜与滤料（基底）叠层后在热压机上直接加热加压使之黏合；如果纤维是非热塑性的，则需预处理。

覆膜滤布是用聚四氟乙烯微孔过滤膜，与不同基材复合而成的过滤材料，由两种材料结合而成。该覆膜滤料的表面层很薄，光滑、多微孔；具有极佳的化学稳定性，质体强韧，孔径小，孔隙率高，能抗腐蚀，耐酸碱，不老化；摩擦系数极低，有不黏性和宽广的使用温度（−180～260℃）。制造膜滤料的基材多达数十种，其中有十几种纤维或组织结构都是现有常规织物滤布。基材多样，是为了使覆膜滤料能适应各种温度和化学环境。

DGF 覆膜滤料主要品种及使用滤度、耐化学性能见表 4-54。

表 4-53　高性能滤布性能表

滤料名称	名称	单位面积质量/(g/m²)	组成纤维层/基布	厚度/mm	透气度/[m³/(m²·min)]	断裂强力/[N/(5cm×20cm)] 经向	纬向	断裂伸长率/% 经向	纬向	工作温度/℃ 长时	短时	后处理方式
PPS类	PPS耐高温针刺过滤毡	500	PPS/PPS短纤维	1.8	15	>1000	>1500	20	40	190	210	热定型、烧毛及轧光
	PPS表面超细纤维(高效低阻)耐高温针刺过滤毡	500	PPS超细纤维/PPS	1.8	10~12	1000	1500	20	40	190	210	烧毛、轧光和PTFE处理
	PPS纤维(面层复合25%P84纤维)耐高温针刺过滤毡	500	PPS+P84/PPS高强低伸基布	1.8	10	1200	1000	20	30	<190	230	
针刺产品	美塔斯(METAMAX)耐高温针刺过滤毡　BGM-1	500	普通纤维/普通基布	2.1	14	1000	1500	20	40	204	240	热定型、烧毛及轧光
	BGM-2	500	2D纤维/高强低伸基布	2.1	12	1200	1500	20	35	204	240	
	BGM-3	500	1D或更细纤维/普通基布	2.1	12	1000	1500	20	40	204	240	
	BGM-4	500	国标毡+PTFE涂层	2.1	14	1000	1500	20	40	204	240	
	BGM-5	500	细纤维/高强基布+PTFE涂层	2.1	14	1000	1500	20	35	204	240	
	P84耐高温针刺过滤毡	500	P84/P84	2.4	16	800	1000	25	35	260	280	PTFE涂层
		500	P84/玻纤	2.1	16	1800	1800	<10	<10	260	280	热定型、烧毛及轧光
	芳纶耐高温针刺过滤毡	500	芳纶/芳纶	2.1	14	900	1200	15	30	204	240	PTFE涂层
	玻璃纤维针刺过滤毡	800	玻纤/玻纤	2.4	8~10	>1800	>1800	<10	<10	244	260	热定型、烧毛及轧光
水刺产品	涤纶超细纤维面层水刺毡	500	超细纤维/PET	1.5	6	>1000	>1200	<30	<50	130	150	热定型、PTFE涂层
	PPS/PTFE面层水刺过滤毡	550	PPS+PTFE/PPS	1.5	5	1000	1200	<30	<55	190	210	热定型，PTFE涂层

注：摘自上海博格工业用布有限公司样本。

表 4-54　DGF 覆膜滤料技术性能

代码	品名	使用温度/℃ 连续	瞬间	耐无机酸性	耐有机酸	耐碱性	单位面积质量/(g/m²)	厚度/mm	透气量(127Pa条件下)/[cm³/(cm²·s)]	断裂强力(样品尺寸210cm×50cm)/N 纵向	横向	断裂伸长率/% 纵向	横向	热收缩率 150℃下/% 纵向	横向	表面处理
DGF202/PET550	薄膜/涤纶针刺毡	130	150	良好	良好	一般	550	1.6	2~5	1800	1850	<26	<19	<1	<1	
DGF202/PET500	薄膜/涤纶针刺毡	130	150	良好			500	1.6	2~5	1770	1810	<26	<19	<1	<1	
DGF202/PET350	薄膜/涤纶针刺毡	130	150				350	1.4	2~5	2000	1110	<28	<32	<1	<1	
DGF202/PET/E350	薄膜/抗静电涤纶毡	130	150	良好	良好	一般	350	1.6	2~5	1950	1710	<31	<35	<1	<1	
DGF202/PET/E500	薄膜/抗静电(不锈钢纤维)涤纶毡	130	150				500	1.6	2~5	2000	1630	<26	<19	<1	<1	
DGF204Nomex	薄膜/偏芳族聚酰胺	180	220	一般	一般	一般	500	2.5	2~5	650	1800	<29	<51	<1	<1	
DGF206/PT(P84)	薄膜/聚酰亚胺	240	260	良好	良好	一般	500	2.4	2~5	200/50(mm) 670	1030	<19	<31	240℃下 <1	<1	
DGF207/PPS(Ryton)	薄膜/聚苯硫醚	190	200	很好	很好	很好	500	1.5	2~5	200/50(mm) 809	1245	<25	<30	200℃下 <1.2	<1.5	
DGF208/DT500	薄膜/均聚聚丙烯腈毡	125	140	良好	良好	一般	500	2.5	2~5	210/50(mm) 630	1020	<11	<29	125℃下 <1	<1	
DGF-205 550	薄膜/无碱膨体纱玻纤	260	280	良好	一般	一般	680	约0.64	2~5	标准号 JC176N/25(mm) 3165	3290	破裂强力 ≥50kg/cm²				
DGF-205	薄膜/无碱膨体纱玻纤(黑色)	260	280	良好	良好	一般	750~850	0.8	200Pa时,24.6~30.9L/(dm²·min)	标准号 JC176N/25(mm) ≥3000	≥2100	破裂强力 ≥50kg/cm²				PTFE微孔膜,基布耐酸处理
DGFC501/PET500	PTFE涤膜/涤纶针刺毡	130	150	良好	良好	一般	500	1.6	200Pa时,40.6 L/(dm²·min)	210/50(mm) 1370	1720	<17.6	<23.8	<1	<1	
DGF200/PET500	防水防油涤纶针刺毡	130	150	良好	良好	一般	500	1.4	200Pa时,200 L/(dm²·min)	210/50(mm) 1770	1810	<26	<19	<1	<1	针毡,防水防油,单面轧光
DGF202/PP	薄膜/聚丙烯针刺毡	90	100	很好	很好	很好										

注:引自大营新材料公司样本。DGF系列薄膜复合滤料的孔径分为 0.5μm、1μm、3μm(一般指平均孔径),以适应不同粒径的粉尘和物料。

覆膜滤布性能优异，其过滤方法是膜表面过滤，近 100% 截留被滤物。随着对环保的要求越来越高，精密过滤也越来越多，覆膜滤料成为粉尘与物料过滤和收集以及精密过滤方面的新材料。部分覆膜滤布技术性能见表 4-55。

表 4-55 部分覆膜滤布技术性能指标

品种 指标 项目	单位	薄膜复合聚酯针刺毡滤料	薄膜复合 729 滤料	薄膜复合聚丙烯针刺毡滤料	薄膜复合 NOMEX 针刺毡滤料	薄膜复合玻纤滤料	抗静电薄膜复合 MP922 滤料	抗静电薄膜复合聚酯针刺毡滤料
薄膜材质		聚四氟乙烯	聚四氟乙烯	聚四氟乙烯	聚四氟乙烯	聚四氟乙烯	聚四氟乙烯	聚四氟乙烯
基布材质		聚酯	聚酯	聚丙烯	Nomex	玻璃纤维	聚酯不锈钢	聚酯＋不锈钢＋导电纤维
结构		针刺毡	缎纹	针刺毡	针刺毡	缎纹	缎纹	缎纹
质量	g/m^2	500	310	500	500	500	315	500
厚度	mm	2.0	0.66	2.1	2.3	0.5	0.7	2.0
断裂强力	N(经)	1000	3100	900	950	2250	3100	1300
	N(纬)	1300	2200	1200	1000	2250	3300	1600
断裂伸长率	%(经)	18	25	34	27		25	12
	%(纬)	46	22	30	38		18	16
透气量	$dm^3/(m^2 \cdot s)$	20～30 30～40	20～30 30～40	20～30 30～40	20～30 30～40	20～30 30～40	20～30 30～40	20～30 30～40
摩擦荷电电荷密度	$\mu C/m^2$						＜7	＜7
摩擦电位	V						＜500	＜500
体积电阻	Ω						＜10^9	＜10^9
使用温度	℃	≤130	≤130	≤90	≤200	≤260	≤130	≤130
耐化学性	耐酸	良好	良好	极好	良好	良好	良好	良好
	耐碱	良好	良好	极好	尚好	尚好	良好	良好
其他		另有防水防油基布						另有阻燃型基布

2. 选择的原则

袋式除尘器一般根据含尘气体的性质、粉尘的性质及除尘器的清灰方式进行选择，选择时应遵循下述原则。

① 滤料性能应满足生产条件和除尘工艺的一般情况和特殊要求，如主体和粉尘的温度、酸碱度及有无爆炸危险等。

② 在上述前提下，应尽可能选择使用寿命长的滤料，这是因为使用寿命长不仅能节省运行费用，而且可以满足气体长期达标排放的要求。

③ 选择滤料时应对各种滤料排序比较，不应该用一种所谓"好"滤料去适应各种工况场合。滤料纤维性能见表 4-56。

表 4-56　各种滤料纤维的主要性能

类别	商品名称	原料或聚合物	密度/(g/cm³)	最高使用温度/℃	长期使用温度/℃	20℃以下的吸湿性/%		抗拉强度/($\times10^5$Pa)	断裂延伸率/%	耐磨性	耐热性		耐有机酸	耐无机酸	耐碱性	耐氧化剂	耐溶性
						ψ=62%	ψ=95%				干热	湿热					
天然纤维	棉	纤维素	1.54	95	75~85	7~8.5	24~27	30~40	7~8	较好	较好	较好	较好	很差	较好	一般	很好
	羊毛	蛋白质		100	80~90		219	10~17	25~35	较好			较好	较好	很差	差	较好
	丝绸	蛋白质	1.32	90	70~80			38	17	较好			较好	较好	很差	差	较好
合成纤维	尼龙、锦纶	聚酰胺	1.14	120	75~85	4~4.5	7~8.3	38~72	10~50	很好	很好	较好	一般	很差	较好	一般	很好
	诺美克斯	芳香族聚酰胺	1.38	260	220	4.5~5		40~55	14~17	很好	很好	很好	很好	较好	较好	一般	很好
	腈纶	聚丙烯腈	1.14~1.16	150	110~130	1~2	4.5~5	23~30	24~40	较好	较好	较好	很好	较好	一般	较好	很好
	聚丙纶	聚丙烯	1.14~1.16	100	85~95	0	0	45~52	22~25	较好	较好	较好	很好	很好	较好	较好	较好
	维尼纶	聚乙烯醇	1.28	180	<100	3.44				较好	一般	一般	很好	较好	很好	一般	很好
	氯纶	聚氯乙烯	1.39~1.44	80~90	65~70	0.3	0.9	24~35	12~25	差	差	差	很好	很好	很好	很好	较好
	PPS	聚苯硫醚	1.33~1.37	190	220	0.6				较好	较好	较好	较好	好	好	差	较好
	特氟纶	聚四氟乙烯	2.3	280~320	220~260	0	0	33	12	较好	较好	较好	很好	很好	很好	很好	很好
	涤纶	聚酯	1.38	150	130	0.4	0.5	40~49	40~55	很好	较好	一般	较好	较好	较好	较好	很好
无机纤维	玻璃纤维	铝硼硅酸盐玻璃	3.55	315	250	0.3	0	145~158	3~0	很差	很好	很好	很好	很好	差	很好	很好
	经硅油、聚四氟乙烯处理的玻纤	铝硼硅酸盐玻璃		350	260	0	0	145~158	3~0	一般	很好	很好	很好	很好	差	很好	很好
	经硅油、石墨和聚四氟乙烯处理的玻纤	铝硼硅酸盐玻璃		350	300	0	0	145~158	3~0	一般	很好	很好	很好	很好	较好	很好	很好

④ 在气体性质、粉尘性质和清灰方式中，应抓住主要影响因素选择滤料，如高温气体、易燃粉尘等。

⑤ 选择滤料应对各种因素进行经济对比，见表 4-57。

表 4-57　滤料综合比较表

滤料名称	丙纶	涤纶	丙烯酸	玻璃纤维	诺美克斯	莱通	聚酰亚胺	泰氟隆	金属纤维
最高连续操作温度/℃	70	120	120	260	200	180	260	260	600
耐磨损性	良好	极佳	良好	普通	极佳	良好	普通	良好	极佳
过滤性能	良好	极佳	良好	普通	极佳	极佳	极佳	普通	极佳
耐湿热性	极佳	较差	极佳	极佳	良好	良好	良好	极佳	极佳
耐碱性	极佳	普通	普通	普通	良好	极佳	良好	极佳	良好
耐酸	极佳	普通	良好	较差	普通	极佳	普通	极佳	良好
抗氧化（+15%）	极佳	极佳	极佳	极佳	极佳	较差	极佳	极佳	极佳
相对价格	1¥	1¥	2¥	3¥	4¥	5¥	6¥	7¥	8¥

3. 根据粉尘气体性质选择

（1）气体温度　含尘气体温度是滤料选用中的重要因素。通常把小于 130℃ 的含尘气体称为常温气体，大于 130℃ 含尘气体称高温气体，所以可将滤料分为两大类，即低于 130℃ 的常温滤料及高于 130℃ 的高温滤料。为此，应根据烟气温度选用合适的滤料。有人把 130～200℃ 称中温气体，但滤料多选高温型。

滤料的耐温有"连续长期使用温度"及"瞬间短期温度"两种："连续长期使用温度"是指滤料可以适用的、连续运转的长期温度，应以此温度来选用滤料；"瞬间短期温度"是指滤料所处每天不允许超过 10min 的最高温度，时间过长，滤料就会老化或软化变形。

（2）气体湿度　含尘气体按相对湿度分为 3 种状态：相对湿度在 30% 以下时为干燥气体；相对湿度在 30%～80% 之间为一般状态；气体相对湿度在 80% 以上即为高湿气体。对于高湿气体，又处于高温状态时，特别是含尘气体中含 SO_3 时，气体冷却会产生结露现象。这不仅会使滤袋表面结垢、堵塞，而且会腐蚀结构材料，因此需特别注意。对于含湿气体在选择滤料时应注意以下几点。

① 含湿气体使滤袋表面捕集的粉尘润湿黏结，尤其对吸水性、潮解性和湿润性粉尘会引起糊袋，为此，应选用锦纶与玻璃纤维等表面滑爽、长纤维、易清灰的滤料，并对滤料使用硅油、碳氟树脂做浸渍处理，或在滤料表面使用丙烯酸、聚四氟乙烯等物质进行涂布处理。塑烧板和覆膜材料具有优良的耐湿和易清灰性能，应作为高湿气体首选。

② 当高温和高湿同时存在时会影响滤料的耐温性，尤其对于锦纶、涤纶、亚酰胺等水解稳定性差的材质更是如此，应尽可能避免。

③ 对含湿气体在除尘滤袋设计时宜采用圆形滤袋，尽量不采用形状复杂、布置十分紧凑的扁滤袋和菱形滤袋（塑烧板除外）。

④ 除尘器含尘气体入口温度应高于气体露点温度 10～30℃。

（3）气体的化学性质　在各种炉窑烟气和化工废气中，常含有酸、碱、氧化剂、有机溶剂等多种化学成分，而且往往受温度、湿度等多种因素的交叉影响。为此，选用滤料时应考虑周全。

涤纶纤维在常温下具有良好的力学性能和耐酸碱性，但它对水、气十分敏感，容易发生水解作用，使强力大幅度下降。为此，涤纶纤维在干燥烟气中，其长期运转温度小于 130℃，但在高水分烟气中，其长期运转温度只能降到 60～80℃；诺美克斯纤维具有良好耐温、耐化学性，但在高水分烟气中，其耐温将由 204℃ 降低到 150℃。

诺美克斯纤维比涤纶纤维具有较好的耐温性，但在高温条件下，耐化学性差一些。聚苯硫醚纤维具有耐高温和耐酸碱腐蚀的良好性能，适用于燃煤烟气除尘，但抗氧化剂的能力较差，聚酰亚胺纤维虽可以弥补其不足，但水解稳定性又不理想。作为"塑料王"的聚四氟乙烯纤维具有最佳的耐化学性，但价格较贵。

在选用滤料时，必须根据含尘气体的化学成分，抓住主要因素，进行综合考虑。

4. 根据粉尘性质选择

（1）粉尘的湿润性和黏着性　粉尘的湿润性、浸润性是通过尘粒间形成的毛细管作用完成的，与粉尘的原子链、表面状态以及液体的表面张力等因素相关，可用湿润角来表征；通常称小于 60℃ 者为亲水性，大于 90° 者为憎水性。吸湿性粉尘当在其湿度增加后，粒子的凝聚力、黏性力随之增加，流动性、荷电性随之减小，黏附于滤袋表面，久而久之，清灰失效，尘饼板结。

有些粉尘，如 CaO、$CaCl_2$、KCl、$MgCl_2$、Na_2CO_3 等吸湿后进一步发生化学反应，其性质和形态均发生变化，称之为潮解。潮解后粉尘糊住滤袋表面，这是袋式除尘器最忌讳的。

对于湿润性、潮解性粉尘，在选用滤料时应注意滤料的光滑、不起绒和憎水性，其中以覆膜滤料和塑烧板为最好。

湿润性强的粉尘许多黏着力较强，其实湿和黏有不可分割的联系。对于袋式除尘器，如果黏着力过小，将失去捕集粉尘的能力，而黏着力过大又造成粉尘凝聚、清灰困难。

对于黏着性强的粉尘同样应选用长丝不起绒织物滤料，或经表面烧毛、压光、镜面处理的针刺毡滤料，对于浸渍、涂布、覆膜技术应充分利用。从滤料的材质上讲，锦纶、玻纤优于其他品种。

（2）粉尘的可燃性和荷电性　某些粉尘在特定的浓度状态下，在空气中遇火花会发生燃烧或爆炸。粉尘的可燃性与其粒径、成分、浓度、燃烧热以及燃烧速度等多种因素有关，粒径越小、比表面积越大，越易点燃。粉尘爆炸的一个重要条件是密闭空间，在这个空间其爆炸浓度下限一般为每立方米几十至几百克；粉尘的燃烧热和燃烧速度越高，其爆炸威力越大。

粉尘燃烧或爆炸火源通常是由摩擦火花、静电火花、炽热颗粒物等引起的，其中荷电性危害最大。这是因为化纤滤料通常是容易荷电的，如果粉尘同时荷电则极易产生火花，所以对于可燃性和易荷电的粉尘如煤粉、焦粉、氧化铝粉和镁粉等，宜选择阻燃型滤料和导电滤料。

一般认为氧指数大于 30 的纤维织造的滤料，如 PVC、PPS、P84、PTEF 等是安全的，而对于用氧指数小于 30 的纤维，如丙纶、锦纶、涤纶、亚酰胺等滤料可采用阻燃剂浸渍处理。

消静电滤料是指在滤料纤维中混入导电纤维，使滤料在经向或纬向具有导电性能，使电阻小于 10^9 Ω。常用的导电纤维有不锈钢纤维和改性（渗碳）化学纤维，两者相比，前者导电性能稳定可靠；后者经过一定时间后导电性能易衰退。导电纤维混入量约为基本纤维的 2%～5%。

（3）粉尘的流动和摩擦性　粉尘的流动和摩擦性较强时，会直接磨损滤袋，降低使用寿命。表面粗糙、形状不规则的粒子比表面光滑、球形粒子磨损性大 10 倍；粒径为 90μm 左右的尘粒的磨损性最大，而当粒径减小到 5～10μm 时磨损性已十分微弱。磨损性与气流速度的 2～3 次方与粒径的 1.5 次方成正比，因此，气流速度及其均匀性是必须严格控制的。在常见粉尘中，铝粉、硅粉、焦粉、炭粉、烧结矿粉等属于高磨损性粉尘。对于磨损性粉尘宜选用耐磨性好的滤料。

除尘滤料的磨损部位与形式多种多样，根据经验，滤袋磨损多在下部，这是因为滤袋上部滤速低，气体含尘浓度小的缘故。

对于磨损性强的粉尘，选用滤料应注意以下 3 点。

① 化学纤维优于玻璃纤维，膨化玻璃纤维优于一般玻璃纤维，细、短、卷曲型纤维优于粗、长、光滑性纤维。

② 毡料中宜用针刺方式加强纤维之间的交络性，织物中以缎纹织物最优，织物表面的拉绒也是提高耐磨性的措施，但是毡料、缎纹织物和起绒滤料会增加阻力值。

③ 对于普通滤料表面涂覆、压光等后处理也可提高耐磨性。对于玻璃纤维滤料、硅油、石墨、聚四氟乙烯树脂处理可以改善耐磨、耐折性。但是覆膜滤料用于磨损性强的工况时，膜会过

早地磨坏，失去覆膜作用。

5. 按除尘器的清灰方式选择

袋式除尘器的清灰方式是选择滤料结构品种的另一个重要因素，不同清灰方式的袋式除尘器因清灰能量、滤袋形变特性的不同，宜选用不同的结构品种滤料。

（1）机械振动类袋式除尘器　是利用机械装置（包括手动、电磁振动、气动）使滤袋产生振动而清灰的袋式除尘器。此类除尘器的特点是施加于粉尘层的动能较少而次数较多，因此要求滤料薄而光滑，质地柔软，有利于传递振动波，在过滤面上形成足够的振击力。宜选用由化纤缎纹或斜纹织物，厚度 0.3～0.7mm，单位面积质量 300～350g/m²，过滤速度 0.6～1.0m/min；对小型机组可提高到 1.0～1.5m/min。

（2）分室反吹类袋式除尘器　采用分室结构，利用阀门逐室切换，形成逆向气流反吹，使滤袋缩瘪或鼓胀清灰的袋式除尘器。它有二状态和三状态之分，清灰次数 3～5 次/h，清灰动力来自于除尘器本体的自用压力，在特殊场合中才另配反吹风动力；属于低动能清灰类型，滤料应选用质地轻软、容易变形而尺寸稳定的薄型滤料，如 729、MP922 滤料。该类除尘器过滤速度与机械振动类除尘器相当。

分室反吹类袋式除尘器具有内滤与外滤之分，滤料的选用没有差异。对大中型除尘器常用圆形袋、无框架；滤袋长径比为（15～40）:1；优先选用缎纹（或斜纹）机织滤料；在特殊场合也可选用基布加强的薄型针刺毡滤料，厚 1.0～1.5mm，单位面积质量 300～400g/m²。对小型除尘器常用扁袋、菱形袋或蜂窝形袋，必须带支撑框架，优先选用耐磨性、透气性好的薄形针刺毡滤料，单位面积质量 350～400g/m²。也可选用纬二重或双重织物滤料。

（3）振动反吹并用类袋式除尘器　指兼有振动和逆气流双重清灰作用的袋式除尘器。振动使尘饼松动，逆气流使粉尘脱离，两种方式相互配合，提高了清灰效果，尤其适用于细颗粒黏性尘。此类除尘器的滤料选用原则大体上与分室反吹类除尘器相同，以选用缎纹（或斜纹）机织滤料为主。随着针刺毡工艺水平和产品质量的提高，发展趋势是选用基布加强、尺寸稳定的薄型针刺毡。

（4）喷嘴反吹类袋式除尘器　是利用风机做反吹清灰动力，在除尘器过滤状态时，通过移动喷嘴依次对滤袋喷吹，形成强烈反向气流。对滤袋清灰的袋式除尘器，属中等动能清灰类型。袋式除尘器用喷嘴清灰的有回转反吹、往复反吹和气环滑动反吹等几种形式。

回转反吹和往复反吹袋式除尘器采用带框架的外滤扁袋形式，结构紧凑。此类除尘器要求选用比较柔软、结构稳定、耐磨性好的滤料，优先用于中等厚度针刺毡滤料，单位面积质量为 350～500g/m²。

气环滑动反吹袋式除尘器属于喷嘴反吹类袋式除尘器的一种特殊形式，采用内滤圆袋，喷嘴为环缝形，套在圆袋外面上下移动喷吹。要求选用厚实、耐磨、刚性好、不起毛的滤料，宜选用压缩毡和针刺毡，因滤袋磨损严重，该类除尘器极少采用。

（5）脉冲喷吹类袋式除尘器　指以压缩空气为动力，利用脉冲喷吹机构在瞬间释放压缩气流，诱导数倍的二次空气高速射入滤袋，使其急剧膨胀。依靠冲击振动和反向气流清灰的袋式除尘器属高动能清灰类型，它通常采用带框架的外滤圆袋或扁袋。要求选用厚实、耐磨、抗张力强的滤料，优先选用化纤针刺毡或压缩毡滤料，单位面积质量为 500～650g/m²。

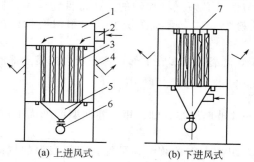

(a) 上进风式　　　　(b) 下进风式

图 4-27　简易袋式除尘器

1—气体分配室；2—尘室；3—滤袋；4—净气出口；
5—灰斗；6—卸灰装置；7—滤袋吊架

四、简易袋式除尘器设计

简易袋式除尘器的优点是结构简单、寿命长、维护管理方便，防尘效率能满足一般使用要求；缺点是过滤风速低、占地面积大。除尘器可因地制宜地设计成各形式，见图 4-27。由于上进风的气流与粉尘降落方向相一致，除尘效果要比下进风型式好，简易袋式除尘器适用于中、小型除尘系统。

1. 简易袋式除尘器的设计要点

（1）操作制度的选择　正负压操作的选择一般正负压操作均可，袋式除尘器正压操作较多，这是因为正压操作对围护结构严密性要求低，但气体含尘浓度高时存在着风机磨损问题。如果风机并联，当1台停止运行时会产生倒风冒灰现象。负压操作要求有严密的外围结构。

清灰方式多靠间歇操作停风机时滤袋自行清灰，必要时也可辅以人工拍打清灰或者设计手动清灰装置。

（2）滤袋的选择　滤布一般用"208"涤纶绒布、"729"滤布、玻璃纤维滤布或针刺毡等，过滤面积按过滤风速确定，一般为 $0.25 \sim 0.5 \mathrm{m/min}$，当含尘浓度高或不易脱落的粉尘应取低值。滤袋条数按式（4-33）计算：

$$N = \frac{A}{\pi d L} \quad （根） \tag{4-33}$$

式中，N 为滤袋条数，条；A 为过滤总面积，$\mathrm{m^2}$；d 为滤袋直径，mm，一般取 $120 \sim 300 \mathrm{mm}$；L 为滤袋长度，m，一般取 $4 \sim 6 \mathrm{m}$。

（3）除尘器的平面布置　袋式除尘器滤袋平面布置尺寸见图4-28。除尘器总高度 H，可按式（4-34）计算：

$$H = L_1 + h_1 + h_2 \quad （\mathrm{m}） \tag{4-34}$$

式中，H 为除尘器总高度，m；L_1 为滤袋层高度，m，一般为滤袋长度加吊挂件高度；h_1 为灰斗高度，m，一般需保证灰斗壁斜度不小于 $50°$；h_2 为灰斗粉尘出口距地坪高度，m，一般由粉尘输送设备的高度所确定。

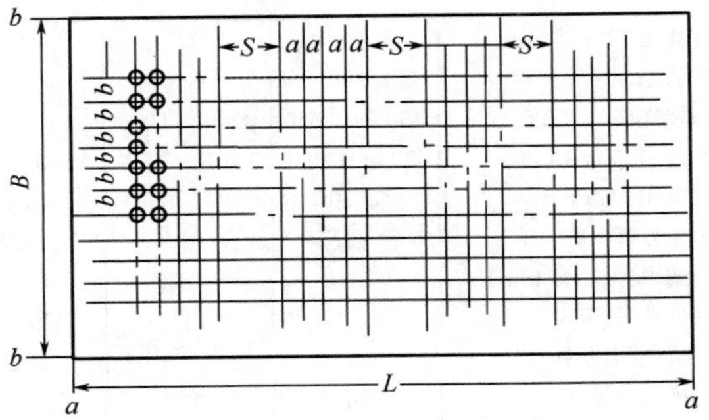

（4）技术性能　初含尘浓度可达 $5 \mathrm{g/m^3}$。净化效率＞99％。压力损失为 $200 \sim 600 \mathrm{Pa}$。

图 4-28　除尘器滤袋平面布置尺寸

a、b—滤袋间的中心距，取 $d + (40 \sim 60)$ （mm）；
S—相邻两组通道宽度，$S = d + (600 \sim 800)$ （mm）。
L—袋室长度 （mm）；B—袋室宽度 （mm）。

2. 设计注意事项

① 滤袋层和气体分配层应设检修门，检修门尺寸为 $600 \mathrm{mm} \times 1200 \mathrm{mm}$。

② 除尘器内壁和地面应涂装刷油漆，以利清扫。

③ 除尘器设置采光窗或电气照明。

④ 正压操作时，除尘器排出口的排风速度为 $3 \sim 5 \mathrm{m/s}$；负压操作时，排风管的设置应使气流分布均匀。

⑤ 除尘器的结构设计应考虑滤袋容尘后的质量，一般取 $2 \sim 3 \mathrm{kg/m^2}$。

五、机械振打袋式除尘器

机械振打袋式除尘器分为手工振动、电动和气动三类，其中电动类用得最多。

1. 小型机械振打袋式除尘器。

H 系列摇振式单机除尘器是一种小型机械振打除尘器，主要用于库顶、库底、皮带输送及局部尘源除尘，从除尘器上清除下来的粉尘可直接排入仓内，亦可直接落在皮带上，含尘气体由除尘器下部进入除尘器。经滤袋过滤后，清洁空气由引风机排出，除尘器工作一段时间后，滤袋上的粉尘逐渐增多致使滤袋阻力上升，需要进行清灰，清灰完毕后，除尘器又正常进行工作。

该系列机组有六种规格，分 A、B、C 三种，A 种设灰门，B 种设抽屉，C 种既不设灰门也不带抽屉；下部接法根据要求直接配接在库顶、料仓、皮带运输转运处等扬尘设备上就地除尘，粉尘直接回收。

（1）结构特点　该系列除尘器基本结构由风机、箱体、灰门三个部件组成，各部件安装在一个立式框架内，结构极为紧凑。各部件的结构特点如下：a.风机部件采用通用标准风机，便于维修更换，并采用隔震设施，噪声小；b.滤料选用的是"729"圆筒滤袋，过滤效果好，使用寿命长；c.清灰机构是采用电动机带动边杆机构，使滤袋抖动而清除滤袋内表面的方法，其控制装置分手控或自控两种，清灰时间长短用时间继电器自行调节（电控箱随除尘器配套）；d.灰门采用抽门式、灰门式两种结构，清除灰尘十分方便。

（2）工作原理　含尘气体由除尘器入口进入箱体，通过滤袋进行过滤，粉尘被留在滤袋内表面，净化后的气体通过滤袋进入风机，由风机吸入直接排入室内（亦可以接管排出室外）。

随着过滤时间的增加，滤袋内表面黏附的粉尘也不断增加，滤袋阻力随之上升，从而影响除尘效果；采用自控清灰尘机构进行定时控振清灰或手控清灰机构停机后自动摇振数十秒，使粘在滤袋内面的粉尘抖落下来，粉尘落到灰门、抽屉或直接落到输送皮带上。

（3）性能与尺寸　HD系列除尘器的技术性能见表4-58，其外形尺寸见图4-29～图4-31及表4-59。

表 4-58　HD系列除尘器技术性能

技术性能　型号	HD24 (A,B,C)	HD32 (A,B,C)	HD48 (A,B,C)	HD56 (A,B,C)	HD64 (A,B,C)	HD64L (A,B,C)	HD80 (A,B,C)
过滤面积/m^2	10	15	20	25	29	35	40
滤袋数量/个	24	32	48	56	64	64	80
滤袋规格($\phi \times L$)/mm	ϕ115～1270	ϕ115～1270	ϕ115～1270	ϕ115～1270	ϕ115～1270	ϕ115～1535	ϕ115～1535
处理风量/(m^3/h)	824～1209	1401～1978	2269～2817	2198～3297	3572～3847	3912～5477	3912～5477
设备阻力/Pa	<1200	<1200	<1200	<1200	<1200	<1200	<1200
除尘效率/%	>99.5	>99.5	>99.5	>99.5	>99.5	>99.5	>99.5
过滤风速/(m/min)	<2.5	<2.5	<2.5	<2.5	<2.5	<2.5	<2.5
风机功率/kW	2.2	3	5.5	5.5	7.5	11	11
清灰电机功率/kW	0.25	0.25	0.25	0.37	0.37	0.37	0.55
风机电机型号	Y90L-2	Y100L-2	Y132S$_1$-2	Y132S$_1$-2	Y132S$_2$-2	Y160M$_1$-2	Y160M$_1$-2
清灰电机型号	AO$_2$-7114	AO$_2$-7114	AO$_2$-7114	AO$_2$-7114	AO$_2$-7114	AO$_2$-7114	AO$_2$-7114
A型质量/kg	360	400		580	620	650	870

表 4-59　HD型除尘器外形尺寸　　　　　　　　　　单位：mm

型号 代号	A	B	C	D_1	D_2	E	F	G	H_1	H_2	I	J	a	b	c
HD24(A,B,C)	830	640	1452	450	100	475	283	286	2639	2289	175	480	860	800	492
HD32(A,B,C)	1080	640	1452	500	100	475	283	286	2689	2289	175	600	860	800	742
HD48(A,B,C)		900	1452	650	100	505	365	287	2967	2417	200	600	1120	1060	742
HD56(A,B,C)	950	1160	1452	665	100	505	365	287	2982	2417	200	520	1380	1320	612
HD64(A,B,C)	1080	1160	1452	670	100	505	365	287	2987	2417	200	600	1380	1320	742
HD64L(A,B,C)	1080	1160	1723	670	100	555	400	322	3353	2783	200	600	1380	1320	742
HD80(A,B,C)	1340	1160	1723	840	100	555	400	322	3523	2783	200	720	1380	1320	1002

型号 代号	d	e	f	g	h_1	h_2	h_3	h_4	h_5	h_6	n_1-d_1	ϕ_1	ϕ_2	ϕ_3	n_2-d_2
HD24(A,B,C)	640	544	910	814	182	160	128	148	126	92	14-ϕ7	ϕ210	ϕ180	ϕ150	6-ϕ10
HD32(A,B,C)	640	544	1160	1064	160	180	128	148	126	92	14-ϕ7	ϕ210	ϕ180	ϕ150	6-ϕ10
HD48(A,B,C)	900	804	1160	1064	250	228	196	184	165	128	14-ϕ7	ϕ260	ϕ230	ϕ200	8-ϕ10
HD56(A,B,C)	1030	934	1160	1064	250	228	196	184	165	128	14-ϕ7	ϕ260	ϕ300	ϕ250	8-ϕ10
HD64(A,B,C)	1160	1064	1160	1064	250	228	196	184	165	128	14-ϕ7	ϕ330	ϕ300	ϕ250	8-ϕ10
HD64L(A,B,C)	1160	1064	1160	1064	275	252	221	200	177	144	14-ϕ7	ϕ330	ϕ300	ϕ250	8-ϕ10
HD80(A,B,C)	1160	1064	1420	1324	275	252	221	200	177	144	14-ϕ7	ϕ330	ϕ300	ϕ250	8-ϕ10

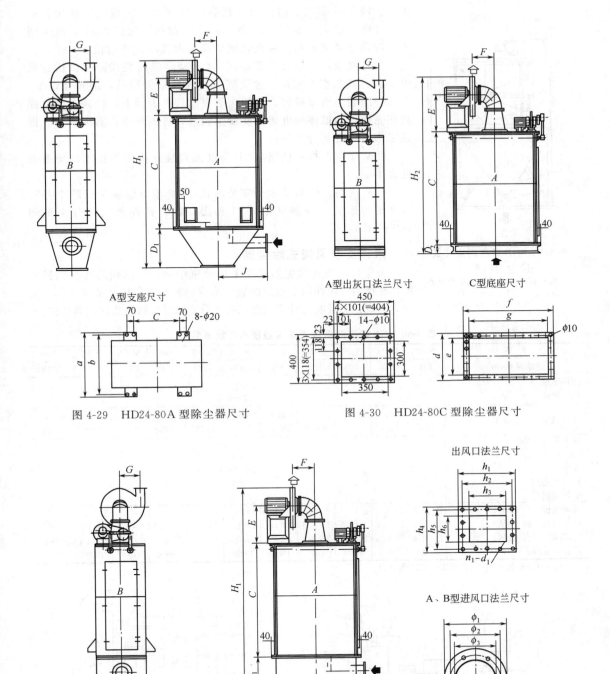

图 4-29 HD24-80A 型除尘器尺寸

A型出灰口法兰尺寸

C型底座尺寸

图 4-30 HD24-80C 型除尘器尺寸

出风口法兰尺寸

A、B型进风口法兰尺寸

图 4-31 HD24-80B 型除尘器尺寸

2. GP 型分室振打袋式除尘器

GP 型分室振打袋式除尘器指按滤袋室分别进行振打的袋式除尘器。GP 型除尘器是一种高温扁袋式除尘器,它采用多室多层独特装配组合结构及清灰振打方式,具有占地面积小、过滤面

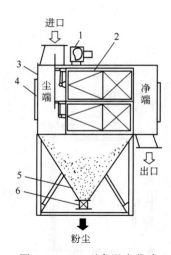

图 4-32　GP 型高温扁袋式
除尘器构造
1—清灰振打机构；2—滤袋单体
箱；3—壳体；4—检查门；
5—灰斗；6—排灰阀

积大、清灰效率高、耐高温、抗腐蚀等优点。它适宜于矿山、冶金、发电、耐火、水泥、动力、铸造、农药、化工等行业粉尘回收，特别是对窑炉和各种机烧锅炉高温烟气净化使用较多。

（1）除尘器构造及工作原理　GP 型高温扁袋式除尘器构造见图 4-32。其工作原理是，含尘气体进入各室尘端后，经布袋过滤，净气经净端由出口排出，而粉尘附在滤袋外表面上，经冲击振打浮装在壳体内的单体箱框架，使粉尘脱落，进入灰斗，实现灰清。连续工作时，清灰分室进行。

（2）除尘器技术性能　GP 型高温扁袋式除尘器技术性能参数见表 4-60。

（3）规格、外形尺寸及安装形式　GP 型高温扁袋式除尘器有两种安装形式，分别见图 4-33 和图 4-34，其外形尺寸分别见图 4-35～图 4-38。

六、反吹风袋式除尘器

分室反吹袋式除尘器是指采用分室结构，利用阀门逐步切换气流，在反向气流作用下迫使滤袋缩瘪或膨胀而清灰的袋式除尘器。它分为分室二态反吹、分室三态反吹及分室脉动反吹袋式除尘器 3 种。

表 4-60　GP 型高温扁袋式除尘器技术性能参数表

型　号	2GP1	2GP2	2GP3	2GP4	4GP3	4GP4	4GP5	6GP5	6GP6	8GP5	8GP6
过滤面积/m²	132	264	396	528	792	1056	1320	1980	2376	2640	3168
使用温度/℃	200～300										
过滤风速/(m/min)	0.3～0.6										
处理风量/(m³/h)	2376～4752	4752～9504	7128～14256	9504～19008	14256～28512	19008～38016	23760～47520	35640～71280	47268～85536	47520～95040	57024～114048
设备阻力/kPa	0.8～1.5										
入口粉尘浓度/(g/m³)	2～50										
除尘率/%	98～99.8										
相对湿度/%	<80										
清灰周期/h	0.5～3										
清灰电机/(台×kW)	2×1.1	2×1.1	2×1.1	2×1.1	4×1.1	4×1.1	4×1.5	6×1.5	6×1.5	8×1.5	8×1.5
排灰电机/(台×kW)	1×1.1	1×1.1	1×1.1	1×1.1	2×1.1	2×1.1	2×1.1	3×1.1	3×1.1	4×1.1	4×1.1
电动阀门/(台×kW)	2×0.4	2×0.4	2×0.4	2×0.4	4×0.4	4×0.4	4×0.4	6×0.4	6×0.4	8×0.4	8×0.4
设备质量/kg	3000	4000	7000	8700	13000	16000	19000	28000	33000	38000	44000

注：AGPB 表示 A 层室结构的 GP 除尘器。

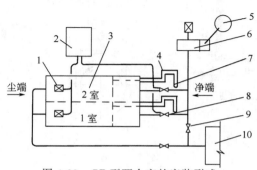

图 4-33　GP 型两个室的安装形式
1—振打机构；2—控制器；3—设备主体；4—乳胶管；
5—烟窗；6—引风机；7—U 形压力计；8—电动阀门；
9—手动阀门；10—尘源

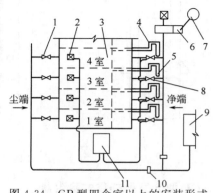

图 4-34　GP 型四个室以上的安装形式
1—手动阀门；2—振打机构；3—设备主体；4—乳
胶管；5—U 形压力计；6—引风机；7—烟囱；
8—电动阀门；9—尘源；10—盲板；11—控制器

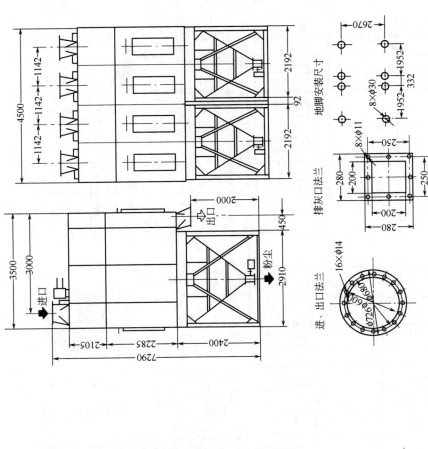

图 4-36　4GP4 型高温扁带式除尘器外形尺寸

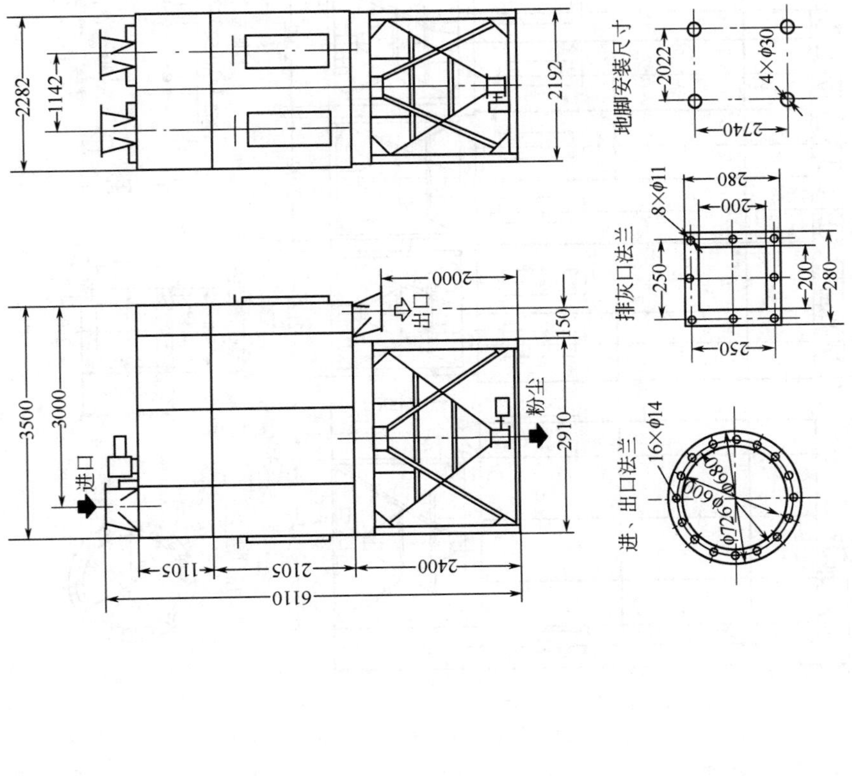

图 4-35　2GP3 型高温扁带式除尘器外形尺寸

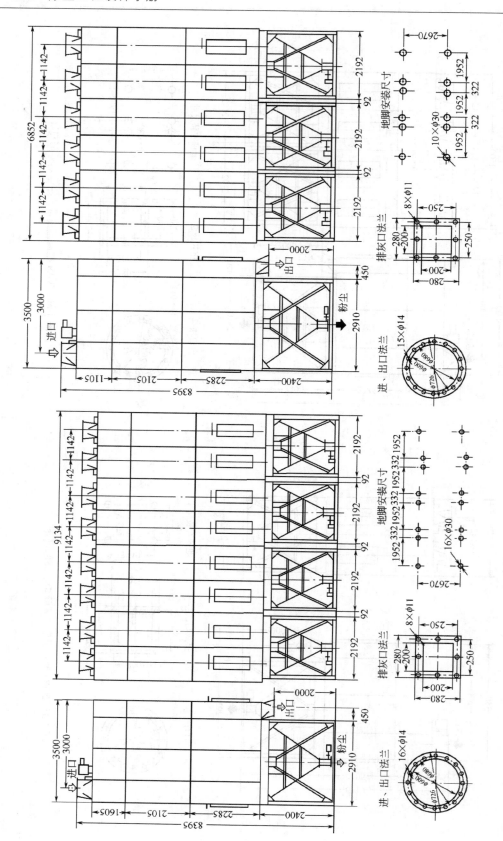

图 4-38　8GP8 型高温扁带式除尘器外形尺寸

图 4-37　5GP5 型高温扁带式除尘器外形尺寸

分室反吹袋式除尘器适用于冶金、化工、机械、电力、建材以及民用或工业锅炉等含尘浓度小于 $30g/m^3$、颗粒为 $0.5\mu m$ 以上、温度小于 $250℃$ 的常温、高温含尘气体的净化，净化效率可达 99% 以上。它结构简单、维修方便，可不在停机情况下进行维护检修。一般情况下可不设专用反吹风机，而利用主排烟机实现反吹清灰。

分室反吹袋式除尘器分正压和负压式两种，均采用内滤、下进风形式，因而减少了风机及滤袋的磨损，延长了滤袋的寿命。

分室反吹（二态、三态、脉动）袋式除尘器的工作原理是过滤时切换阀接通含尘气体管道，切断反吹风管道，含尘气体经滤袋过滤，净气由排气管排出。粉尘被阻留在滤袋的内表面，清灰时，三通切换阀接通反吹风管道，切断含尘气体管道，反吹风进入袋室，黏附在滤袋表面的粉尘在逆向气流作用下被清除下来，落入灰斗，反吹风含尘尾气被吸进风机，再进入处于过滤状态的袋室过滤。清灰是由差压变送器发出信号或定时，通过电控装置、控制电磁阀带动气缸动作，使切换阀的阀板转向而进行的。

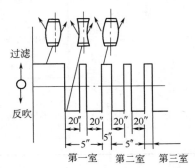

图 4-39　分室二态反吹清灰状态

1. 分室二态反吹袋式除尘器

（1）概述　分室二态反吹袋式除尘器是指清灰过程具有"过滤""反吹"两种工作状态。GFC、DFC 反吹袋式除尘器均为分室二态袋式除尘器。DFC 采用单筒分格式的圆形负压式，在灰仓的出口处设置回转卸灰阀定期排灰。GFC 采用单室双仓组装而成，为方形负压式，灰仓内设置螺旋输灰机定期排灰，出口处设置回转阀。清灰状态见图 4-39。

（2）除尘器的基本性能　DFC、GFC 反吹袋式除尘器基本技术性能参数见表 4-61～表 4-63。

表 4-61　DFC 反吹袋式除尘器技术性能

| 型　号 | | 处理风量/(m³/h) | | | 过滤面积/m² | 滤　袋 | | | 除尘器阻力/kPa | 使用温度/℃ | 室数 |
		$v=0.6$ m/min	$v=0.8$ m/min	$v=1.0$ m/min		尺寸	条数	材质			
DFC-2	DFC-2-45	1620	2160	2700	45	$\phi180\times2650$	30	涤纶或玻纤	1.5～2.0	<130或<280	3
	DFC-2-103	2664	3552	4440	73	$\phi180\times4300$	30				
	DFC-2-103	3708	4444	6180	103	$\phi180\times6100$	30				
DFC-3	DFC-3-80	2880	3840	4800	80	$\phi180\times2650$	52	涤纶或玻纤	1.5～2.0	<130或<280	4
	DFC-3-126	4536	6048	7560	126	$\phi180\times4300$	52				
	DFC-3-180	6480	8640	10800	180	$\phi180\times6100$	52				
DFC-6	DFC-6-524	18864	25152	31440	524	$\phi180\times6100$	152	涤纶或玻纤	1.5～2.0	<130或<280	4

表 4-62　GFC 单室反吹袋式除尘器技术性能

| 型　号 | 单室处理风量/(m³/h) | | | 单室过滤面积/m² | 滤　袋 | | | 除尘器阻力/kPa | 使用温度/℃ |
	$v=0.6$m/min	$v=0.8$m/min	$v=1.0$m/min		尺寸/mm	条数	材质		
GFC-83	3000	4000	5000		83	24	涤纶或玻纤	1.5～2.0	<130或<280
GFC-140	5040	6720	8400	$\phi180$	140	40			
GFC-230	8280	11040	13800		230	60			
GFC-280	10080	13440	16800		280	80			

（3）规格及外形尺寸　DFC、GFC 型反吹袋式除尘器外形尺寸见图 4-40、图 4-41、表 4-64 及表 4-65。

表 4-63　GFC 型系列除尘器处理风量　　　　　　　单位：m³/h

滤袋材质	型　号	室　数	过滤风速/(m/min)		
			0.6	0.8	1.0
涤　纶	GFC-83	6	18000	24000	30000
		8	24000	32000	40000
		10	30000	40000	50000
	GFC-140	4	20200	26900	33600
		5	25200	33600	42000
		6	30200	40400	50400
		8	40400	53800	67200
		10	50400	67200	84000
	GFC-230	4	33100	44100	55200
		5	41400	55200	69000
		6	49700	66200	82800
		8	66200	88300	11040
		10	82800	11040	13800
	GFC-280	4	40300	53800	67200
		5	50400	67200	84000
		6	60400	80600	10080
		8	80600	10760	84000
		10	10080	13340	16800

表 4-64　DFC 型反吹袋式除尘器外形尺寸　　　　　　　单位：mm

规　格	h	H_1	H_2	H_3	a	b	D
DFC-2-45 型	690	7300	3210	2820	1710	1710	200
DFC-2-73 型	690	9456	3210	2820	1710	1710	400
DFC-2-103 型	690	11256	3210	2820	1710	1710	400
DFC-3-80 型	695	8530	3690	3190	$\phi2550$		440
DFC-3-126 型	695	10175	3690	2970	$\phi2550$		440
DFC-3-180 型	695	12170	3690	2970	$\phi2550$		440
DFC-6 型	810	15398	6060	4920	3938	4012	700

表 4-65　GFC 型反吹袋式除尘器外形尺寸　　　　　　　单位：mm

规　格	H	H_1	H_2	A	B	D	D_1	B_1
GFC-83-6	13977	13873	3632	6641	4872	500	600	2280
GFC-83-8	13977	13873	3632	8125	4872	560	800	2280
GFC-83-10	13977	13873	3632	9609	4872	670	900	2226
GFC-140-6	15160	14270	4175	7997	537S	700	680×1250	2350
GFC-140-8	15160	14270	4175	9941	5478	800	630×1600	2400
GFC-140-10	15360	14470	4175	11885	5578	900	630×1980	2450
GFC-230-4	15050	14040	4200	9941	4809	1060	1060	3424
GFC-230-5	15085	14040	4200	11835	4869	1180	1180	3449
GFC-230-6	15085	14040	4200	13829	4869	1320	1320	3519
GFC-230-8	14880	14170	4300	7794	4707	1500	1500	3207
GFC-230-10	14880	14170	4300	11988	5337	1600	1600	3737
GFC-280-4	14995	14140	3875	10044	5114	1180	1180	3934
GFC-280-5	14995	14140	3875	11885	5411	1320	1320	4099
GFC-280-6	14995	14140	3875	13829	5174	1400	1400	3774
GFC-280-8	15055	14270	4175	10044	10164	1060	1600	4384
GFC-280-10	15055	14270	4175	11988	10164	1320	1800	4527

2. 分室三态反吹袋式除尘器

（1）概述 LFSF 型反吹袋式除尘器，是一种下进风、内滤式、分室循环反吹风清灰的袋式除尘器，除尘效率可达 99％以上。维护保养方便，可在除尘系统运行时逐室进行检修、换袋。过滤面积为 480～18300m²。适用范围较广，可用于冶金、矿山、机械、建材、电力、铸造等行业及工业锅炉的含尘气体的净化。进口含尘浓度（标准状态）不大于 30g/m³，进口烟气温度最高可达 200℃。

本系列除尘器分以下 2 种类型。

① LFSF-Z 中型系列采用分室双仓、单排或双排矩形负压结构形式。除尘器过滤面积为 480～3920m²，处理风量为 17280～235200m³/h。单排或双排按单室过滤面积的不同，分 4 种类型，共 19 种规格。

② LFSF-D 大型系列采用单室单仓的结构形式，分矩形正压式和矩形负压式 2 种，共 11 种规格。除尘器过滤面积为 5250～18300m²，处理风量可达 189000～1098000m³/h。

（2）结构特点 本系列除尘器由箱体、灰斗、管道及阀门、排灰装置、平台走梯以及反吹清灰装置等部分组成。

1）箱体。包括滤袋室、花板、内走台、检修门、滤袋及吊挂装置等。正压式除尘器的滤袋室为敞开式结构，各滤袋室之间无隔板隔开，箱体壁板由彩色压型板组装而成。

负压式除尘器滤袋室结构要求严密，由钢板焊接而成。除尘器的花板上设有滤袋连接短管，滤袋下端与花板上的连接短管用卡箍夹紧；滤袋顶端设有顶盖，用卡箍夹紧并用链条弹簧将顶盖悬吊于滤袋室上端的横梁上。

滤袋内室设有框架，避免了滤袋与框架之间的摩擦，可延长滤袋寿命。滤袋的材质有几种，

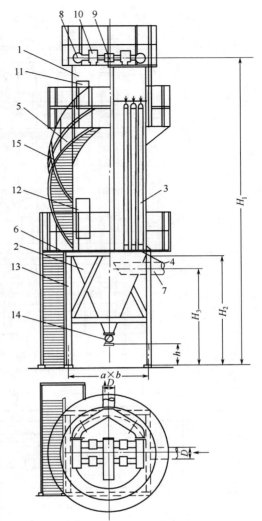

图 4-40 DFC 型反吹袋式除尘器
1—箱体；2—灰斗；3—滤袋；4—下花板孔；5—上层走台；6—下层平台；7—进风管；8—排风管；9—反吹风管；10—切换阀门；11—上检修门；12—下检修门；13—支架；14—叶轮排灰阀；15—梯子

当用于 130℃以下的常温气体时，采用"729"滤袋；当用于 130～280℃高温烟气时，采用膨化玻璃纤维布滤料。

2）灰斗。采用钢板焊接而成。结构严密，灰斗内设有气流导流板，可使入口粗粒粉尘经撞击沉降，具有重力沉降粗净化作用，并可防止气流直接冲击滤袋，使气流均匀地流入各滤袋中去。灰斗下端设有振动器，以免粉尘在灰仓内堆积搭桥。LFSF-Z 中型除尘器为筒仓形式，采用船形灰斗，故不设振动器，灰斗上设有检修孔。

3）管道及阀门。在除尘器上下设有进气管、排气管、反吹管、入口调节阀等部件。

4）排灰装置。在除尘器的灰斗下设锁气卸灰阀。LFSF-Z 型，灰斗下设螺旋输灰机，机下设回转卸灰阀；LFSF-D 型（大型），灰斗下设置双级锁气卸灰阀。

5）反吹清灰装置。由切换阀、沉降阀、差压变送器、电控仪表、电磁阀及压缩空气管道等组成。

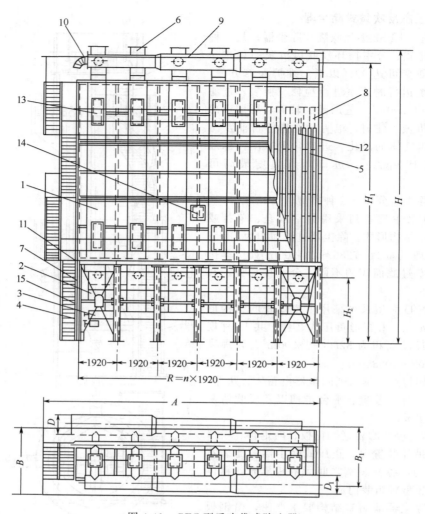

图 4-41　GFC 型反吹袋式除尘器

1—箱体；2—灰斗；3—螺旋输送机；4—旋转卸灰阀；5—滤袋；6—三通切换阀；7—进
风管；8—滤袋吊挂装置；9—排风管；10—反吹风管；11—楼梯与检修平台；
12—内走台；13—检查门；14—反吹风自动清灰装置；15—支架

① 过滤工况。含尘气体经过下部灰斗上的入口管进入，气体中的粗颗粒粉尘经气流缓冲器的撞击，且由于气流速度的降低而沉降；细小粉尘随气流经过花板下的导流管进入滤袋，经滤袋过滤，尘粒阻留在滤袋内表面，净化的气体经箱体上升至各室切换阀出口，由除尘系统风机吸出而排入大气。

② 清灰工况。随着过滤工况的不断进行，阻留于滤袋内的粉尘不断增多，气流通过的阻力也不断增大，当达到一定阻值时（即滤袋内外压差达到 1470~1962Pa 时），由差压变送器发出信号，通过电控仪表，按预定程序控制电磁阀带动气缸动作，使切换阀接通反吹管道，逐室进行反吹清灰。

③ 特点

Ⅰ. 采用"三状态"清灰方式，不但清灰彻底，而且延长了滤袋的使用寿命。

Ⅱ. 在控制反吹清灰的三通切换阀结构上，设计了双室自密封结构，使阀板无论是在过滤或反吹时均处于负压自密封状态，减少了阀门的漏风现象，改变了原单室单阀板结构中有一阀门处于自启状态而带来的阀门漏风现象，从而降低了设备的漏风率，提高了清灰效果。

Ⅲ. 在控制有效卸灰方面，一是在灰斗中设计了引进国外技术的"防棚板"结构，有效地防止粉尘在灰斗中搭桥的现象；二是在采用双级锁气器卸灰阀机构上，同时增设了导锥机构，不但能解决大块粉尘的卸灰问题，而且能确保阀门的密封。

Ⅳ. 为了有效提高清灰效果，在三状态清灰的基础上还可增加声波辅助清灰装置，提高清灰效果，降低设备阻力。

（3）性能参数　该系列除尘器的性能参数见表4-66。

（4）外形尺寸

表 4-66　LFSF 型反吹袋式除尘器性能参数

型　号	室数	滤袋 数量/条	滤袋 规格/mm	过滤面积	过滤风速 /(m/min)	处理风量 /(m³/h)	设备阻力/Pa	设备质量 /t
正压 LFSF-D/Ⅰ-5250	4	592		5250		189000～315000		203
LFSF-D/Ⅰ-7850	6	888		7850		282600～471000		299
LFSF-D/Ⅱ-10450	8	1184		10450		376200～627000		398
LFSF-D/Ⅰ-13050	10	1480		13050		469800～783000		452
LFSF-D/Ⅱ-15650	12	1776		15650		563400～939000		530
LFSF-D/K-18300	14	2072	φ300×10000	18300	0.6～1.0	658800～1098000	1500～2000	620
负压 LFSF-D/Ⅰ-4000	4	448		4000		144000～240000		230
LFSF D/Ⅰ-6000	6	672		6000		216000～360000		331
LFSF-D/Ⅱ-8000	8	860		8000		288000～480000		406
LFSF-D/Ⅱ-10000	10	1120		10000		360000～600000		508
LFSF-D/Ⅱ-12000	12	1344		12000		432000～720000		608
LFSF-Z/Ⅰ-280-1120	4	336		1120		40320～67200		42
LFSF-Z/Ⅰ-280-1400	5	420		1400		50400～84000		51
LFSF-Z/Ⅰ-280-1680	6	504		1680		60480～100800		56
LFSF-Z/Ⅱ-280-2240	8	672		2240		80640～134400		77
LFSF-Z/Ⅱ-280-2800	10	840		2800		100800～168000		95
LFSF-Z/Ⅱ-280-3360	12	1008		3360		120960～201600		114
LFSF-Z/Ⅱ-280-3920	14	1176		3920		141120～235200		127
LFSF-Z/Ⅰ-228-910	4	264		910		32760～54600		41
LFSF-Z/Ⅰ-228-1140	5	330		1140		41040～68400		46
LFSF-Z/Ⅰ-228-1370	6	396	φ180×6000	1370	0.6～1.0	49320～82200	1500～2000	51
LFSF-Z/Ⅱ-228-1820	8	528		1820		65520～109200		67
LFSF-Z/Ⅱ-228-2280	10	660		2280		82080～136800		85
LFSF-Z/Ⅱ-138-550	4	160		550		198004～33000		37
LFSF-Z/Ⅱ-138-830	6	240		830		29880～49800		41
LFSF-Z/Ⅱ-138-1100	8	320		1100		39600～66000		50
LFSF-Z/Ⅱ-138-1380	10	400		1380		49680～82800		63
LFSF-Z/Ⅱ-80-480	6	144		480		17280～28800		32
LFSF-Z/Ⅱ-80-640	8	192		640		23040～38400		37
LFSF-Z/Ⅱ-80-800	10	240		800		28800～48000		50

① LFSF-Z 中型负压反吹布袋除尘器。LFSF-Z 型分为 LFSF-Z-80、LFSF-Z-138、LFSF-Z-228 和 LFSF-Z-280 四种型号。按分室不同，各种型号有 4、5、6、8、10、12、14 个室组合形式之分；按布置方式不同，又有单排、双排之分。除 LFSF-Z-228、LFSF-Z-280 型中的 4、5、6 室

组合为单结构之外，其他均为双排结构。滤袋采用 $\phi180$，袋长 6.0m。滤料的采用，当烟气温度小于130℃时，采用涤纶滤料；当烟气温度为130～280℃时，采用玻璃纤维滤料。除尘器阻力为 1470～1962Pa，除尘器所用压缩空气的压力为 0.5～0.6MPa，耗气量平均为 $0.1m^3/min$，瞬间最大值为 $1.0m^3/min$。LFSF-Z-280 型外形尺寸见图 4-42。其他形式规格尺寸与此接近。

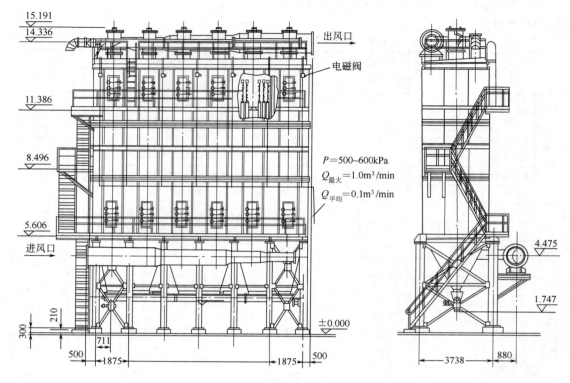

图 4-42　LFSF-Z-280 型除尘器外形尺寸

　② LFSF-D 型大型正负压反吹布袋除尘器。LFSF-D 型设计有两种形式，即矩形正压式和矩形负压式。按分室不同有 4、6、8、10、12、14 个室组合形式之分；按布置方式不同，又有单排、双排之分，其中 4、6 室为单排结构，8、10、12、14 室为双排结构。滤袋采用 95292 或 5C300，袋长 10m；当烟气温度小于130℃，采用涤纶滤袋；烟气温度 130～280℃，采用玻璃纤维滤袋。除尘器阻力为 1470～1962Pa。除尘器所用压缩空气的压力为 0.5～0.6MPa。耗气量：矩形正压式平均为 1.3～1.5m^3/min，最大为 7.6～8.8m^3/min；矩形负压式平均为 0.58～0.64m^3/min，瞬间最大为 7.27～8.58m^3/min。LFSF-D/Ⅱ-8000～12000 型除尘器外形尺寸见图 4-43，其他形式尺寸与此接近。

3. 玻纤袋式除尘器

　　LFEF 型玻纤袋式除尘器是专为水泥立窑和烘干机废气除尘开发的产品。该除尘器采用微机控制，分室反吹，定时、定阻清灰，温度检测显示等措施，使玻纤袋式除尘器在立窑、烘干机除尘中能高效、稳定运行，烟囱出口排放浓度低于国家规定的150mg/m^3 排放标准。该设备可不停机分室换袋，操作简单，安全可靠，运行费用低，是解决立窑、烘干机废气除尘的有效设备。

　　(1) 结构特点　玻纤袋式除尘器的基本结构由以下 3 个部分组成。

　　① 进气、排气及反吹系统，包括进气管道、进气室、反吹阀、反吹风管、三通管、排气阀、排气管。

　　② 袋室结构，包括灰斗、检修门、本体框架、上下花板、滤袋、袋室。

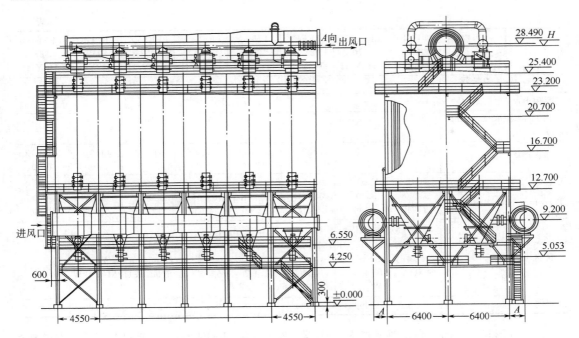

图 4-43　LFSF-D/Ⅱ-8000～12000 型除尘器外形尺寸

③ 排灰系统，包括排灰阀、螺旋输送机。

除尘器本体为全钢结构，外壳采用轻质岩棉板保温，保温厚度为 100mm，外壳用厚为 0.5mm 镀锌板保护。花板采用冷冲压压延成型新工艺，既增加了强度又保证设备制造质量。设计考虑了热膨胀因素，并采取了相应措施，保证了设备在处理高温烟气中安全运行。

（2）工作原理和性能参数　由于立窑、烘干机废气具有含灰浓度高、风量大、污染范围广、湿含量高等特点，给烘干机、立窑烟气的除尘带来了极大的困难。根据烘干机、立窑的特点，采用上进气方式，含尘烟气由上部进入进气室，部分粗颗粒由于惯性落入灰斗，清灰时因气流方向与粉尘沉降方向一致，防止了粉尘的二次飞扬。又因为进气室使气流分布均匀、气流速度没有突变，从而保证了各袋室压降平衡，有利于提高滤袋使用寿命。

该种型式的玻纤袋式除尘器，其排气阀、反吹风阀均设于下面排气管处。含尘气体在排风机作用下吸入进气总管；通过各进气支管进入进气室；均匀地通过上花板；然后涌入滤袋，大量粉尘被滞留在滤袋上；部分粉尘直接穿过下花板落入灰斗，而气流则透过滤袋得到净化，净化后的气流通过排气阀进入引风机排入大气中。

LFEF 型玻纤袋式除尘器性能参数见表 4-67。

表 4-67　LFEF 型玻纤袋式除尘器性能参数

型号规格 性能参数	LFEF4× 170 -HSY/H	LFEF5× 170 -HSY/H	LFEF4× 230 -HSY/H	LFEF5× 358 -HSY/H	LFEF4× 358 -HSY/H	LFEF5× 358 -HSY/H	LFEF6× 358 -HSY/H	LFEF7× 358 -HSY/H
处理风量/(m/h)	15000～ 20000	20000～ 26000	20000～ 310000	10000～ 43000	40000～ 52000	50000～ 52000	50000～ 64000	65000～ 73000
过滤面积/m²	680	850	920	1150	1432	1790	2148	2506
单元数	4	5	4	5	4	5	6	7
滤袋总数/条	280	350	328	410	352	440	528	616
过滤风速/(m/min)	<0.5							
除尘器阻力/Pa	980～1570							

续表

型号规格 性能参数	LFEF4×170-HSY/H	LFEF5×170-HSY/H	LFEF4×230-HSY/H	LFEF5×358-HSY/H	LFEF4×358-HSY/H	LFEF5×358-HSY/H	LFEF6×358-HSY/H	LFEF7×358-HSY/H
收尘效率/%	>99							
适用温度/℃	<280							
出口排放浓度/（mg/m³）	<150							
滤袋规格	$\phi150×5250$	$\phi150×5250$	$\phi150×6200$	$\phi150×6200$	$\phi180×7400$	$\phi180×7400$	$\phi180×7400$	$\phi180×7400$
外形尺寸（长×宽×高）/(mm×mm×mm)	9440×5530×11240	11300×5530×11400	9600×6000×11950	11500×6000×12060	10800×6800×12630	13000×6800×12740	15200×6800×12850	17520×6800×12960
反吹风机	4-72-11№3.6AΔP=1650Pa，Q=2930m³/h 左旋180° 电机 Y100L-2 3.0kW		4-72-11№4AΔP=1650Pa，Q=4990m³/h 左旋180° 电机 Y132S1-2 5.5kW		4-72-11№6AΔP=1160Pa Q=6840m³/h 左旋180° 电机 Y112M-4.4kW			
设备质量/kg	20790	25980	24620	30780	41200	51430	61720	71990

（3）外形尺寸　图4-44、图4-45是LFEF4×230型和LFEF4×358型玻纤袋式除尘器的外形尺寸，其他型式玻纤袋式除尘器的外形尺寸只是增加袋室数量组合而成。

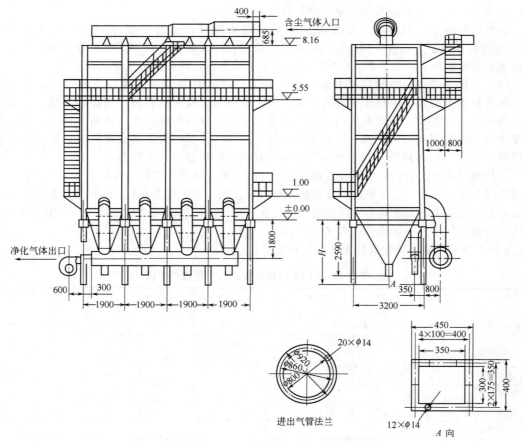

图4-44　LFEF4×230型玻纤袋式除尘器外形尺寸

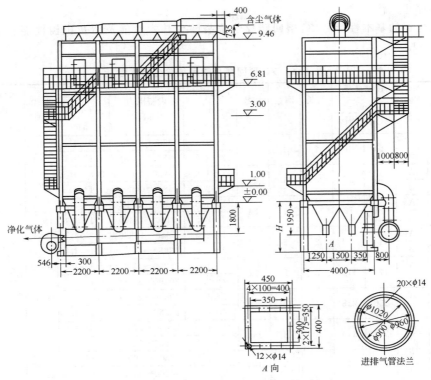

图 4-45　LFEF4×358 型玻纤袋式除尘器外形尺寸

4. 回转反吹袋式除尘器

回转反吹袋式除尘器是指喷嘴为条口形或圆形，通过回转运动，依次与各个滤袋净气出口相对，进行反吹清灰。这种除尘器进口按旋风除尘器设计，采用梯形滤袋在圆筒内布置并自带高压反吹风机，所以减轻了滤袋的粉尘负荷，增大了过滤面积，提高了滤袋寿命，而且使用时不受压缩空气源的限制。它还具有高效率、低阻力、维护方便、运行可靠、结构紧凑等优点，适用于细微粉尘的工艺回收和除尘净化。

5. ZC 型回转反吹袋式除尘器

（1）除尘器的构造及工作原理

① 构造。ZC 型回转反吹袋式除尘器构造见图 4-46。

② 工作原理。含尘气流由切向进入过滤室上部空间，大颗粒及凝聚尘粒在离心力作用下沿筒壁旋落灰斗，小颗粒尘弥散于过滤室袋间空隙，从而被滤袋阻留，净化空气透过滤袋经花板上滤袋导口汇集于清洁室，由通风机吸入而排入大气中。随着过滤的进行，阻力逐渐增加，当达到反吹风控制阻力上限时，由差压变送器发出讯号自动启动反吹风机构工作；具有足够动量的反吹风气流由旋臂喷口吹入滤袋导口，阻挡过滤气流并改变袋内压力工况，引起滤袋实质性振击，抖落灰尘，旋臂分圈逐个反吹，当滤袋阻力降到下限时，反吹

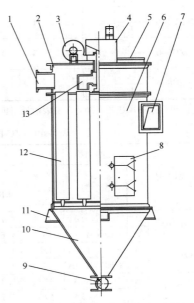

图 4-46　ZC 型回转反吹袋式
除尘器构造

1—出风口；2—上箱体；3—反吹风机；4—部进回转机构；5—检修人孔；6—中箱体；7—进风口；8—检修人孔；9—星形卸料阀；10—灰门；11—支座；12—滤袋；13—反吹旋臂

风机构自动停止工作。

（2）除尘器的基本性能　ZC 型回转反吹扁袋除尘技术性能及清灰机构性能参数分别见表 4-68 和表 4-69。

表 4-68　ZC 型回转反吹扁袋除尘技术性能

型　号		过滤面积/m²		袋长/m	圈数/圈	袋数/条	过滤风速/(m³/min)	设备阻力/kPa	处理风量/(m³/h)	除尘率/%	入口粉尘浓度/(g/m³)	使用温度/℃
		公称	实际									
24ZC200	A[①]	40	38	2	1	24	1~1.5	2280~3420	0.8~1.3			
	B[①]						2~2.5	4560~5700	1.1~1.6			
24ZC300	A	60	57	3	1	24	1~1.5	3420~5130	0.8~1.3			
	B						2~2.5	6840~8550	1.1~1.6			
24ZC400	A	80	76	4	1	24	1~1.5	4560~6840	0.8~1.3			
	B						2~2.5	9120~11400	1.1~1.6			
72ZC200	A	110	104	2	2	72	1~1.5	6840~10260	0.8~1.3			
	B						2~2.5	13680~17100	1.1~1.6			
72ZC300	A	170	170	3	2	72	1~1.5	10200~15300	0.8~1.3	99.2		
	B						2~2.5	20400~25500	1.1~1.6	~	<15	120
72ZC400	A	230	228	4	2	72	1~1.5	13680~20520	0.8~1.3	99.75		
	B						2~2.5	27360~34200	1.1~1.6			
144ZC300	A	340	340	3	3	144	1~1.5	20400~30600	0.8~1.3			
	B						2~2.5	40800~51000	1.1~1.6			
144ZC400	A	450	445	4	3	144	1~1.5	27300~40950	0.8~1.3			
	B						2~2.5	54600~68250	1.1~1.6			
144ZC500	A	570	569	5	3	144	1~1.5	34140~51210	0.8~1.3			
	B						2~2.5	68280~85350	1.1~1.6			
240ZC400	A	760	758	4	4	240	1~1.5	45480~68220	0.8~1.3			
	B						2~2.5	90960~113700	1.1~1.6			
240ZC500	A	950	950	5	4	240	1~1.5	57000~85500	0.8~1.3			
	B						2~2.5	114000~142500	1.1~1.6			
240ZC600	A	1440	1138	6	4	240	1~1.5	68280~102420	0.8~1.3			
	B						2~2.5	136560~170700	1.1~1.6			

① 根据过滤风速的不同，A 型表示低档负荷；B 型表示高档负荷，但很少采用。

表 4-69　ZC 回转反吹扁袋除尘器清灰机构性能参数

型　号		过滤面积	反吹风机				回转臂减速器				卸灰阀
			型　号	风量/(m³/h)	风压/kPa	转数/(r/min)	功率/kW	型　号	速比	输出轴转数/(r/min)	功率/kW
24ZC200	A		9-19No4A	1209	3.72		2.2					
	B		9-19No4.5A	1995	4.63		4.0					
24ZC300	A		9-19No4.5A	1995	4.63		4.0	XLED0.4-63	731	2	0.4	φ300
	B		9-19No4.5A	2265	4.45		5.5	BLED 220×120	667	2.2	0.25	星形阀
24ZC400	A		9-19No5A	1986	5.98		7.5					
	B		9-19No5A	2737	5.77	2900	7.5					
72ZC200	A		9-19No4.5A	1995	4.63		4.0					
	B		9-19No4.5A	2543	4.25		5.5	XLED;				
72ZC300	A		9-19No4.5A	2543	4.25		5.5	0.4-63	731	2	0.4	φ300
	B		9-19No5A	3113	5.58		7.5	BLED	847	1.8	0.37	星形阀
72ZC400	A		9-19No5A	2737	5.77		7.5	270×150				
	B		9-19No5.6A	3317	7.52		11.0					

续表

型 号		过滤面积	反吹风机					回转臂减速器				卸灰阀
		型 号	风量/(m³/h)	风压/kPa	转数/(r/min)	功率/kW	型 号	速比	输出轴转数/(r/min)	功率/kW	
144ZC300	A	9-19No5A	1986	5.98		7.5						
	B	9-19No5A	2361	5.94		7.5						
144ZC400	A	9-19No5A	1986	5.98		7.5	XLED: 0.8-63 BLED 270×150	1225	1.2	0.8	
	B	9-19No5A	2737	5.77		7.5		1081	1.4	0.37	
144ZC500	A	9-19No5A	2737	5.77		7.5						φ400 星形阀
	B	9-19No5A	3113	5.58	2900	7.5						
240ZC400	A	9-19No5A	2361	5.94		7.5						
	B	9-19No5A	3113	5.58		7.5	XLED: 0.4-6.3 BLED 330×180	1505	1.0	0.8	
240ZC500	A	9-19No5A	2737	5.77		7.5		1521	1.0	0.38	
	B	9-19No5A	3113	5.58		7.5						
240ZC600	A	9-19No5A	2737	5.77		7.5						
	B	9-19No5.6A	3317	7.52		11.0						

（3）规格及外形尺寸 ZC 型回转反吹扁袋除尘器规格及外形尺寸分别见图 4-47 和表 4-70。

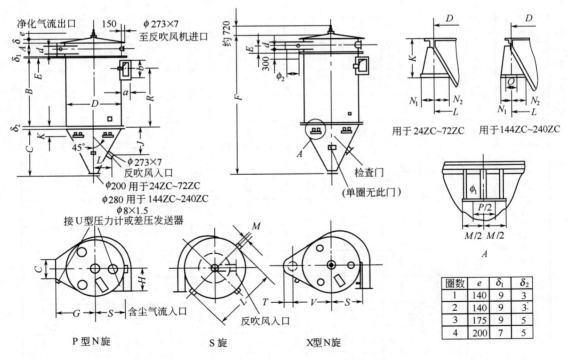

图 4-47 ZC 型回转反吹扁袋除尘器外形尺寸

表 4-70　ZC 型回转反吹扁袋除尘器外形尺寸

单位：mm

型号	变型	总重/kg	A	B	C	D	E	F	G	H	I	J	K	L	M	N₁(N1)	N₂(N2)	P或P×Q	φ₁	R	S	T	V	φ₂	进口a	进口b	出口c	出口d
24ZC200	A	2175	650	2180	1390	1690	350	4375	1100	600	565	927	320	1690	320	89	111	160	24	1920	970	200	1200	360	250	320	320	320
24ZC200	B	2179	650	2180	1390	1690	350	4375	1100	600	565	927	320	1690	320	89	111	160	24	1830	970	200	1200	360	250	500	400	320
24ZC300	A	2479	650	3180	1390	1690	350	5375	1100	600	565	927	320	1690	320	89	111	160	24	2880	970	200	1200	360	250	400	320	320
24ZC300	B	2495	650	3180	1390	1690	350	5375	1100	600	565	927	320	1690	320	89	111	160	24	2830	1005	250	1200	450	320	500	500	320
24ZC400	A	2810	650	1180	1390	1690	350	6375	1100	600	565	927	320	1690	320	89	111	160	24	3880	1005	250	1200	450	320	400	500	320
24ZC400	B	2817	650	2180	1390	1690	350	6375	1100	600	565	927	320	1690	320	89	111	160	24	3765	1005	300	1300	560	320	630	800	320
72ZC200	A	4028	650	2180	2050	2530	350	5035	1600	1000	832	1194	360	2506	400	117	133	200	25	1765	1425	350	1700	560	320	630	800	400
72ZC200	B	4022	650	3180	2050	2530	350	5035	1600	1000	832	1194	360	2506	400	117	133	200	25	1680	1465	400	1700	700	400	800	500	400
72ZC300	A	4693	650	3180	2050	2530	350	6035	1600	1000	832	1194	360	2506	400	117	133	200	25	2680	1465	350	1700	630	400	800	800	400
72ZC300	B	4737	650	4180	2050	2530	350	6035	1600	1000	832	1194	360	2506	400	117	133	200	25	2455	1465	450	1800	800	400	1250	800	400
72ZC400	A	5337	650	3180	2050	2530	350	7035	1600	1000	832	1194	360	2506	400	117	133	200	25	3580	1465	450	1800	750	500	1000	1250	400
72ZC400	B	5402	650	4180	2050	2530	350	7035	1600	1000	832	1194	360	2506	400	117	133	200	25	3455	1515	500	1800	900	500	1250	1000	400
144ZC300	A	8286	850	3180	2940	3530	435	7164	2100	1400	1154	1516	360	3534	400	115	135	260×130	25	2580	2015	450	2400	800	630	1000	1000	630
144ZC300	B	8332	850	4180	2940	3530	435	7164	2100	1400	1154	1516	360	3534	400	115	135	260×130	25	2280	2080	600	2500	1000	630	1600	1600	630
144ZC400	A	9092	850	4180	2940	3530	435	8164	2100	1400	1154	1516	360	3534	400	115	135	260×130	25	3455	2080	550	2400	120	630	1250	1250	630
144ZC400	B	9134	850	5180	2940	3530	435	8164	2100	1400	1154	1516	360	3534	400	115	135	260×130	25	3080	2080	700	2500	1000	630	2000	2000	630
144ZC500	A	10064	850	5180	2940	3530	435	9164	2100	1400	1154	1516	360	3534	400	135	135	260×130	25	4455	2165	600	2500	1250	630	1250	1600	630
144ZC500	B	10117	850	5180	2940	3530	435	9164	2100	1400	1154	1516	360	3534	400	135	135	260×130	25	4080	2590	750	2600	1120	800	2000	2500	630
240ZC400	A	14219	1000	4180	3680	4380	500	9077	2600	1800	1418	780	440	4390	450	165	185	300×230	30	3455	2590	700	2900	1400	800	1250	1600	800
240ZC400	B	14390	1000	5180	3680	4380	500	9077	2600	1800	1418	780	440	4390	450	165	185	300×230	30	2830	2590	850	3100	1250	800	2500	2500	800
240ZC500	A	17095	1000	5180	2940	4380	500	10077	2600	1800	1418	780	440	4390	450	165	185	300×230	30	4080	2590	750	3000	1600	800	2000	2000	800
240ZC500	B	17264	1000	6180	2940	4380	500	10077	2600	1800	1418	780	440	4390	450	165	185	300×230	30	3830	2690	950	3200	1400	1000	2500	3000	800
240ZC600	A	18431	1000	6180	2940	4380	500	11077	2600	1800	1418	780	440	4390	450	165	185	300×230	30	5080	2690	950	3200	1800	1000	2000	2500	800
240ZC600	B	18650	1000	6180	2940	4380	500	11077	2600	1800	1418	780	440	4390	450	165	185	300×230	30	4580	2690	950	3200	1800	1000	3000	3500	800

6. MW 型脉动回转反吹袋式除尘器

脉动回转反吹袋式除尘器是指反吹气流量脉动状供给的回转反吹袋式除尘器。MW 型脉动反吹扁袋除尘器属此类袋式除尘器。这种除尘器采用了脉动反吹系统，对具有一定湿度和黏性的粉尘能清除干净，且反吹风量较小，节省清灰动力。

（1）除尘器的构造及工作原理

① 构造。MW 型脉动反吹袋式除尘器的构造及外形尺寸（分别见图 4-48 及图 4-49）。

② 工作原理。含尘气流由切向进入蜗壳旋风圈，使气流在旋风圈与筒壁夹层间旋转借离心力的作用将粗颗粒粉尘分离落入灰斗，细小粉尘随气流从旋风集尘圈下部进入过滤室袋间空隙从而被滤袋阻留；净化空气透过滤袋、花板汇集净气室，经风机排走。随着过滤阻力逐渐增加，当达到反吹风控制阻力上限时，启动脉动阀反吹风机，进行清灰，具有足够能量的反吹气流，通过脉动阀经反吹风口进入滤袋，引起滤袋微小振幅抖动，抖落积尘。旋臂分圈逐渐被反吹，当滤袋阻力降到下限时，脉动反吹机构停止工作。

（2）除尘器的基本性能　MW 型回转脉动反吹袋式除尘器技术性能及清灰机构性能参数分别见表 4-71 和表 4-72。MW 型回转脉动反吹袋式除尘器外形尺寸见表 4-73。

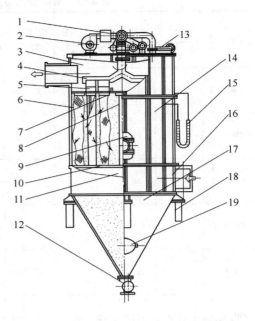

图 4-48　MW 型脉动反吹袋式除尘器构造

1—反吹清灰机构；2—反吹风机；3—清洁室；4—回转臂；5—切换阀机构；6—扁布袋；7—花板；8—撑柱；9—中人孔门；10—固定架；11—旋风圈；12—星形卸灰阀；13—上人孔门；14—过滤室；15—U 形压力计；16—蜗形入口；17—集灰斗；18—支柱；19—观察孔

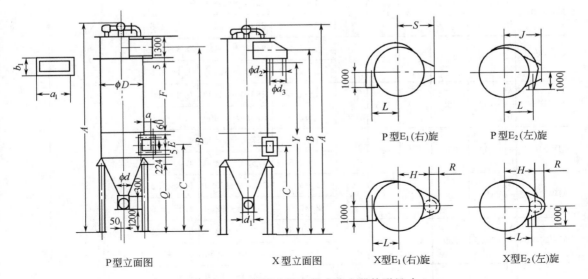

图 4-49　MW 型脉动反吹袋式除尘器外形尺寸

表 4-71　MW 型回转脉动反吹袋式除尘器技术性能

型　号		过滤面积/m²		袋长 /m	袋数 /条	圈数 /圈	过滤风速 /(m/min)	处理风量 /(m³/h)	设备阻力 /kPa	除尘率 /%	入口粉尘浓度 /(g/m³)	使用温度 /℃
		公称	实际									
MW30-5	A	50	56.5	2.4	30	1	1～1.5	3390～5085	0.8～1.2			
	B						2～2.5	6780～8475	1.1～1.5			
MW30-7	A	70	75	3.2	30	1	1～1.5	4500～6750	0.8～1.2			
	B						2～2.5	9000～11250	1.1～1.5			
MW30-9	A	90	94	4.0	30	1	1～1.5	5460～8460	0.8～1.2			
	B						2～2.5	11280～14100	1.1～1.5			
MW30-11	A	110	113	4.8	30	1	1～1.5	6780～10570	0.8～1.2			
	B						2～2.5	13560～16950	1.1～1.5			
MW66-12	A	120	124	2.4	66	2	1～1.5	7440～11160	0.8～1.2			
	B						2～2.5	14880～18600	1.1～1.5			
MW66-16	A	160	165	3.2	66	2	1～1.5	9900～14850	0.8～1.2			
	B						2～2.5	19800～24750	1.1～1.5			
MW66-20	A	200	207	4.0	66	2	1～1.5	12420～18630	0.8～1.2	>99.4	<30	120
	B						2～2.5	24840～31050	1.1～1.5			
MW66-25	A	250	248	4.8	66	2	1～1.5	14880～22320	0.8～1.2			
	B						2～2.5	29760～37200	1.1～1.5			
MW128-24	A	240	241	2.4	128	3	1～1.5	14660～21690	0.8～1.2			
	B						2～2.5	28920～36150	1.1～1.5			
MW128-32	A	320	321	3.2	128	3	1～1.5	19260～28890	0.8～1.2			
	B						2～2.5	38520～48150	1.1～1.5			
MW128-40	A	400	402	4.0	128	3	1～1.5	24120～36180	0.8～1.2			
	B						2～2.5	48240～86300	1.1～1.5			
MW128-48	A	180	482	4.8	128	3	1～1.5	28920～43380	0.8～1.2			
	B						2～2.5	57840～72300	1.1～1.5			
MW210-40	A	400	396	2.4	210	4	1～1.5	23760～35600	0.8～1.2			
	B						2～2.5	47520～59400	1.1～1.5			
MW210-53	A	530	528	3.2	210	4	1～1.5	31680～47520	0.8～1.2			
	B						2～2.5	63360～79200	1.1～1.5			
MW210-66	A	660	659	4.0	210	4	1～1.5	39540～59310	0.8～1.2			
	B						2～2.5	79080～98850	1.1～1.5			
MW210-79	A	790	791	4.8	210	4	1～1.5	47460～71190	0.8～1.2			
	B						2～2.5	94920～118650	1.1～1.5			

表 4-72　MW 型回转脉动反吹袋式除尘器清灰机构性能参数

型　号	反　吹　风　机					脉动回转电机		主机质量 /kg
	型　号	风量 /(m³/h)	风压/kPa	转速 /(r/min)	功率/kW	型　号	功率/kW	
MW30-5	9-19-11 No 4	1150	3.75		3	JO₂-31-6	1.5	4500
MW30-7								4890
MW30-9								5290
MW30-11								5570
MW66-12	9-19-11 No 5	1740	5.83	2900	5.5			6520
MW66-16								7160
MW66-20								7670
MW66-25								9940
MW128-24						JO₂-32-6	2.2	10420
MW128-32								11730
MW128-40								12780
MW128-48								13660
MW210-40								14600
MW210-53								16270
MW210-66								18100
MW210-79								19140

表 4-73　MW 型回转脉动反吹袋式除尘器外形尺寸　　　　　单位:mm

型　号		过滤面积/m²		入口尺寸	出口尺寸		内径	总高	出口高度	P型平面中心	X型中心	X型圆头
		公称	实际		P 型 $a_2 \times b_2$	X 型 ϕd_2	ϕD	A	B	J	H	R
MW30-5	A	50	56.5	235×400	300×400	390	1950	8623	7025	1500	1500	300
	B			390×400	505×400	510						
MW30-7	A	70	75	250×500	400×400	450	1950	9423	7825	1500	1500	300
	B			415×500	670×400	580						
MW30-9	A	90	94	260×600	400×500	505	1950	10223	8625	1500	1500	450
	B			435×600	670×500	650						
MW30-11	A	110	113	270×700	405×600	560	1950	11023	9425	1500	1500	450
	B			450×700	670×600	715						
MW66-12	A	120	124	295×700	440×600	580	2520	9063	7460	1650	1800	450
	B			480×700	740×600	750						
MW66-16	A	160	165	390×700	390×600	670	2520	9863	8265	1650	1800	450
	B			655×700	980×600	865						
MW66-20	A	200	207	380×900	555×800	750	2520	11453	9265	1650	1900	650
	B			640×900	925×800	970						
MW66-25	A	250	248	460×900	665×800	820	2520	12253	10065	1650	1900	650
	B			765×900	1110×800	1000						
MW128-24	A	240	241	445×900	645×800	810	3360	1063	8465	2450	2450	650
	B			745×900	1075×800	1050						
MW128-32	A	320	321	445×120	840×800	820	3360	11193	9595	2450	2450	650
	B			740×1200	1440×800	1210						
MW128-40	A	400	402	560×1200	860×1000	1045	3360	11993	10395	2450	2450	750
	B			930×1200	1440×1000	1350						

续表

型　　号		过滤面积/m²		入口尺寸	出口尺寸		内径	总高	出口高度	P型平面中心	X型中心	X型圆头
		公称	实际		P型	X型	ϕD	A	B	J	H	R
					$a_2 \times b_2$	ϕd_2						
MW128-48	A	480	482	570×1400	1035×1000	1150	3360	12973	11375	2450	2450	750
	B			955×1400	1720×1000	1480						
MW210-40	A	400	396	420×1400	850×1000	1040	4120	11123	9525	2800	2800	750
	B			785×1400	1415×1000	1340						
MW210-53	A	530	528	630×1400	1130×1000	1200	4120	11923	10325	2800	2800	900
	B			1050×1400	1890×1000	1550						
MW210-66	A	660	659	685×1600	1410×1000	1340	4120	12923	11325	2800	2800	900
	B			1145×1600	2360×1000	1730						
MW210-79	A	790	791	820×1600	1695×1000	1470	4120	13723	12125	2800	2800	1000
	B			1370×1660	2830×1000	1900						

型号		进口高度	进口中心	中筒体高	蜗壳体高	柱脚高度	下灰口直径	X型出口高度	进口法兰螺孔尺寸		P型出口螺孔尺寸		X型出口螺孔尺寸	基础尺寸
		C	L	F	E	G	ϕd_1	Y	$S_1 \times n_1$	$S_1 \times n$	$S_2 \times n_2$	$S_3 \times n_3$	$\phi d_3 \times n_4$	
MW30-5	A	3485	1095.5	2300	850	2830	300	6640	101.67×3	117.5×4	123.33×3	117.5×4	460×16	
	B		1175						115×4	117.5×4	115×5	117.5×4	580×16	
MW30-7	A	3485	1005	3100	850	2830	300	7440	101.67×3	114×5	117.5×4	117.5×4	520×16	2070
	B		1187.5						121.25×4	114×5	105.71×7	117.5×4	650×16	
MW30-9	A	3485	1110	3900	850	2830	300	8190	110×3	111.67×6	111.5×4	114×5	575×16	
	B		1197.5						126.25×4	111.67×6	105.71×7	114×5	720×16	
MW30-11	A	3485	1115	4700	850	2830	300	8940	113.33×3	110×7	118.71×4	111.67×6	630×16	
	B		1205						104×5	110×7	105.71×7	111.67×6	785×16	
MW66-12	A	3925	1412.5	2300	850	3270	300	6980	121.67×3	110×7	127.5×4	111.67×6	650×20	
	B		1510						112×5	110×7	115.71×7	111.67×6	820×20	
MW66-16	A	3925	1460	3100	850	3270	300	7780	115×4	110×7	110×60	111.67×6	740×20	
	B		1592.5						120.83×6	110×7	105×10	111.67×6	935×20	2635
MW66-20	A	4025	1455	3900	1050	3270	300	8680	112.5×4	121.25×8	104.17×6	124.29×7	820×20	
	B		1585						118.33×6	121.25×8	111.56×9	124.29×7	1040×20	
MW66-25	A	4025	1495	4700	1050	3270	300	9480	106×5	121.25×8	105×7	124.29×7	890×24	
	B		1647.5						119.29×7	121.25×8	107.27×11	124.29×7	1130×24	
MW128-24	A	4825	1907.5	2300	1050	4070	300	7780	103×5	121.25×8	119.11×6	124.29×7	880×24	
	B		2057.5						116.43×7	121.25×8	104.1×11	124.29×7	1120×24	
MW128-32	A	4990	1907.5	3100	1380	4070	300	9010	103×5	115.45×11	113.75×8	124.29×7	990×24	
	B		2055						115.71×7	115.45×11	107.86×14	118.89×9	1280×24	3475
MW128-40	A	4990	1965	3900	1380	4070	300	9710	105×6	115.45×11	116.25×8	118.89×9	1115×30	
	B		2150						111.11×9	115.45×11	107.86×14	118.89×9	1420×36	
MW128-48	A	5080	1970	4700	1560	4070	300	10690	126.47×6	122.5×12	110.5×10	118.89×9	1220×30	
	B		2162.5						113.89×9	122.5×12	111.88×16	118.89×9	1550×36	
MW210-40	A	5630	2300	2300	1560	4620	300	8840	108×5	122.5×12	115×8	118.89×9	1110×30	
	B		2457.5						106.89×8	122.5×12	114.23×13	118.89×9	1110×48	
MW210-53	A	563	2380	3100	1560	4620	300	9640	116.67×6	122.5×12	109.1×11	118.89×9	1270×36	
	B		2590						101.82×11	122.5×12	108.89×18	118.89×9	1620×48	4240
MW210-66	A	5730	2407.5	3900	1760	4620	300	10640	107.86×7	111.33×15	113.85×13	118.89×9	1410×48	
	B		2637.5						110.45×11	111.33×1	110.45×22	118.89×9	1800×60	
MW210-79	A	5730	2475	4700	1760	4620	300	11440	111.25×8	111.33×15	110.31×16	118.89×9	1540×48	
	B		2750						120×12	111.33×15	107.41×27	118.89×9	1970×60	

7. 机械回转反吹扁袋除尘器

HFCX/I型机械回转反吹扁袋除尘器，采用下进风，顶盖是瓣形全开式检查门，反吹风机安装在机体上部，回转机构采用直接传动，利用内循环高压气流定位三状态清灰。

（1）工作原理及结构 含尘气体由下部进风口进入除尘器，气流在预先（旋风式）净化系统旋转时，由于离心力与分离板的作用，密度较大的灰尘被分离沿筒壁下沉至灰斗里，气体携带着剩余的灰尘，慢速上升扩散，经过滤袋的筛滤，灰尘被阻留在滤袋外面，净化后的气体从滤袋上口经过筒体的出口排出；当阻留的灰尘增加，阻力增大到一定值时，开动高压反吹风机，经过回转反吹机构，定位吹进滤袋中，把滤袋外面的灰尘吹落至集灰斗里；为延长灰斗降落时间减少二次吸附，回转反吹机构附设一上牵引板，实现了三状态清灰，从而进一步提高了清灰效果。除尘器的反吹风机安装在上部筒体，采用净化后的气体反吹可避免结露。

采用瓣形全开式检查门，可随时更换滤袋。

灰斗下部安装一个机械回转排尘阀，可将捕集的灰尘在密闭情况下排尘。除尘器是由钢板焊接而成的圆筒形结构，具有良好的刚度和密封性，还具有阻力较小、结构布局紧凑、占地面积小的特点。除尘器的进风口与出风口可按需要在现场安装成 $n×15°$ 的角（n 为整数）。

（2）除尘器性能 滤袋一般采用208工业涤纶绒布（或根据含尘气体特性选配），其耐热度在130℃以下，当进入除尘器的含尘气体温度较高，粉尘颗粒较细时，过滤风速以不超过 1m/min 为宜；用于常温，一般过滤风速采用 1~2m/min。如用于高温气体时，在除尘器前需设降温装置或选用玻璃丝滤袋，除尘器阻力通常为 0.8~1.5kPa，除尘器其他性能见表4-74。

表 4-74 HFCX/I 型除尘器性能与规格

型号	滤袋数量/条	过滤面积/m²	过滤风速/(m/min)	风量/(m³/h)	反吹风机 型号	电机	旋臂减速电机 型号	速比	输出轴转速/(r/min)	外形尺寸/mm×mm×mm（长×宽×高）	质量/kg
HFCX/I-30	18	30		<1800~3600		2.2kW	XLED0.4-63	731	2	2326×1560×6410	1687
HFCX/I-45	36	45		<2700~5400	9-19 No4A 右180°					2815×2090×6806	2426
HFCX/I-60	36	60		<3600~7200						2815×2090×6919	2645
HFCX/I-75	54	75		<4500~9000		3kW				2936×2310×6704	2942
HFCX/I-90	54	90		<5400~10800						2936×2310×7201	3155
HFCX/I-120	72	120		<7200~14400	9-19 No4.5A 右180°	4kW	XLED0.4-63	731	2	3915×3130×8108	5467
HFCX/I-170	72	170	1~2	<10200~20400						4875×3870×9275	6060
HFCX/I-250	140	250		<15000~30000		5.5kW		1225	1.2	5875×3870×10380	8143
HFCX/I-300	140	300		<18000~36000	9-19 No5A 右180°	7.5kW	XLED0.4-63		2	5030×4000×11666	8684
HFCX/I-350	140	350		<21000~42000						5030×4000×12540	9300
HFCX/I-500	180	500		<30000~60000				1225	1.2	5030×4000×11666	11369
HFCX/I-600	180	600		<36000~72000	9-26 No5A 右180°	15kW	XLED0.8-63	1225	1.2	5030×4000×12540	12320
HFCX/I-650	180	650		<39000~78000						5030×4000×12962	12777
HFCX/I-800	270	800		<48000~96000		18.5kW				6425×5260×13270	18533
HFCX/I-900	270	900		<54000~108000			XLED0.8-63	1505	1.0	6425×5260×13835	19344
HFCX/I-1000	270	1000		<60000~120000						6425×5260×14405	20080

（3）外形尺寸 除尘器的外形见图4-50，外形尺寸见表4-75。

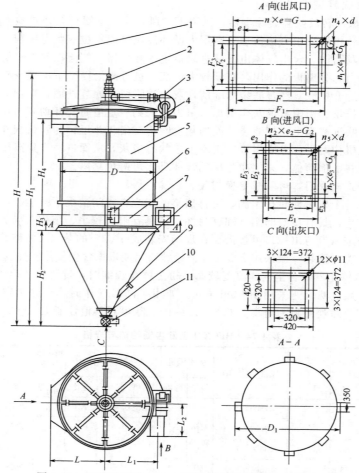

图 4-50 HFCX/I-30～1000 型机械回转反吹袋式除尘器

1—被检修滤袋；2—行星摆线针轮减速机；3—反吹风装置；4—上部筒体，5—中部筒体；
6—检查门；7—下部筒体；8—集灰斗；9—捅灰门；10—接管；11—回转排灰阀

七、脉冲喷吹袋式除尘器

脉冲喷吹袋式除尘器是以压缩空气为清灰动力，利用脉冲喷吹机构在瞬间放出压缩空气，诱导数倍的二次空气高速射入滤袋，使滤袋急剧膨胀，依靠冲击振动和反向气流而清灰的袋式除尘器。

脉冲喷吹袋式除尘器是一种高效除尘净化设备，采用脉冲喷吹的清灰方式，具有清灰效果好、净化效率高、处理气量大、滤袋寿命长、维修工作量小、运行安全可靠等优点；但需要压缩空气，而且当供给的压缩空气压力不能满足要求时，清灰效果会大大降低。由于脉冲袋式除尘器优点突出，所以新建工程多采用脉冲袋式除尘器。

脉冲喷吹袋式除尘器具有多种形式，如逆喷、顺喷、对喷、旋转喷吹等。吹气源压为低于 0.25MPa 者称为低压喷吹；喷吹气源压力高于 0.5MPa 者称为高压喷吹。

1. 仓（库）顶脉冲袋式除尘器

仓（库）顶除尘器过去多采用机械振打式除尘器，由于其除尘效果差、管理不方便，现在只要有压缩空气气源采用脉冲袋式除尘器就会逐渐多起来。仓（库）顶脉冲袋式除尘器是用于料仓排气通风除尘，安装于料仓顶部，由滤袋捕集的粉尘，清灰后直接落入料仓内，省去了一般除尘器所需的进风管道及回收设备。具有结构紧凑，可自动定时清灰，使用维修方便等优点。仓（库）顶除尘器的过滤气量依仓库每小时进料体积计算，过滤风速选 1～2m/min，下部进气口宜做网格状，避免人、物落下出现事故。仓（库）顶除尘器不带风机时，过滤靠进料时的压力完成。

表 4-75　除尘器外形尺寸

单位：mm

型号	D	D_1	E	E_1	E_2	E_3	F	F_1	F_2	F_3	G	G_1	G_2	G_3	H	H_1	H_2	H_3	H_4	L	L_1	L_2	d	e	e_1	e_2	e_3	n	n_1	n_1	n_3	n_4	n_5
HFCX/I-30	1400	1500	250	336	250	336	268	354	268	354	324	324	306	306	6110	6410	1423	325	3000	900	740	550	10	108	108	102	102	3	3	3	3	12	12
HFCX/I-45	1900	2000	306	394	306	394	327	415	327	415	384	384	360	360	6626	6306	1925	369	2688	1150	1012	600	10	96	96	120	120	4	4	3	3	16	12
HFCX/I-60	1900	2000	354	442	354	442	378	466	378	466	436	436	412	412	7580	6919	1925	393	3327	1150	1012	800	10	109	109	103	103	4	4	4	4	16	16
HFCX/I-75	2120	2220	396	484	396	484	422	510	422	510	480	480	452	452	7080	6704	2006	398	3004	1260	1128	900	10	96	96	113	113	5	5	4	4	20	16
HFCX/I-90	2120	2220	434	522	434	522	462	550	462	550	520	520	490	490	7980	7281	2006	423	3524	1260	1128	900	10	104	104	98	98	5	5	4	4	20	20
HFCX/I-120	2630	3140	624	716	403	495	706	798	403	495	756	460	684	460	8448	8108	2496	438	3623	1600	1517	1000	10	108	115	114	115	7	4	5	5	22	20
HFCX/I-170	2630	3140	704	796	503	595	796	888	503	595	848	555	756	555	10230	9278	2496	488	4695	1600	1517	1000	10	106	111	108	111	8	4	6	4	26	24
HFCX/I-250	3410	3946	720	830	720	833	1010	1123	590	709	1080	666	791	791	9500	9225	3176	650	3295	2000	1965	1250	12	108	111	113	113	10	6	7	5	32	28
HFCX/I-300	3410	3946	790	900	790	903	1214	1327	596	709	1284	666	864	864	11500	9820	3176	685	3805	2000	1995	1250	12	107	111	108	108	12	6	7	7	36	32
HFCX/I-350	3410	3946	850	960	850	963	1386	1496	596	709	1456	666	918	918	13100	10380	3176	730	4320	2000	2030	1250	12	112	111	102	102	13	6	8	8	38	36
HFCX/I-500	3660	4180	1140	1254	911	1025	1670	1782	714	826	1740	784	1210	981	14750	11666	3543	835	5100	2030	2250	1500	12	116	112	110	109	15	7	9	9	44	40
HFCX/I-600	3660	4180	1250	1365	1000	1115	2001	2113	714	826	2071	784	1320	1010	15580	12540	3543	880	5929	2030	2305	1500	12	109	112	110	107	19	7	11	9	52	44
HFCX/I-650	3660	4180	1290	1404	1050	1164	2168	2280	714	826	2240	784	1356	1120	13200	12962	3543	905	6327	2030	2305	1500	12	112	112	113	112	20	7	12	10	54	44
HFCX/I-800	5046	5600	1444	1580	1150	1286	2381	2517	802	938	2451	882	1524	1230	15000	13200	4602	1000	5474	2723	3045	2000	15	129	126	127	123	19	7	12	10	52	44
HFCX/I-900	5046	5600	1558	1694	1200	1336	2671	2807	802	938	2751	882	1638	1280	16100	13839	4602	1025	6017	2723	3102	2000	15	131	126	126	128	21	7	13	10	56	46
HFCX/I-1000	5046	5600	1666	1802	1250	1386	2968	3104	802	938	3048	882	1750	1330	17100	14405	4602	1050	6558	2723	3156	2000	15	127	126	125	133	24	7	14	10	62	48

（1）设计计算

① 处理风量的确定。除尘器处理风量的科学确定，是一项十分重要的选型参数，它包括气力输送带入的气体量、物料置换的气体量和富余气体量。

$$Q_V = Q_{V1} + Q_{V2} + Q_{V3} \tag{4-35}$$

式中，Q_V 为处理气体量，m^3/h；Q_{V1} 为气力输送带入储仓的气体量，m^3/h；Q_{V2} 为物料置换的气体量，m^3/h；Q_{V3} 为富余气体量，m^3/h，取 Q_{V2} 的 $15\%\sim20\%$。

故公式可改为

$$Q_V = K(Q_{V1} + Q_{V2}) \tag{4-36}$$

式中，K 为备用系数，一般取值为 $1.15\sim1.20$。

② 气力输送带入储仓的气体量的确定

$$Q_{V1} = 600 Q_{V0} P_0 (273 + t)/273 \tag{4-37}$$

式中，Q_{V1} 为气力输送带入储仓的气体量，m^3/h；Q_{V0} 为压缩空气耗用量，m^3/min；P_0 为压缩空气压力，MPa；t 为仓内物料温度，$℃$。

③ 物料置换气体量的确定

$$Q_{V2} = G/\rho \tag{4-38}$$

式中，Q_{V2} 为物料置换的气体量，m^3/h；G 为分料物流量，kg/h；ρ 为粉料堆密度，kg/m^3。

④ 除尘器过滤面积的确定

$$S = Q_V/60v \tag{4-39}$$

式中，S 为除尘器过滤面积，m^2；v 为除尘器滤袋过滤速度，m/min。

一般按粉尘种类，选取经验值：矿物质粉尘 $0.80\sim1.20m/min$；白灰、电石、煤粉 $0.60\sim0.80m/min$；粮仓粉尘 $0.50\sim0.60m/min$。

⑤ 相关定型尺寸。按有效计算过滤面积，选型，排列组合，确定相关定型尺寸。

（2）JH、JD 型库顶脉冲袋式除尘器　JH、JD 型库顶脉冲袋式除尘器专用于料库排气通风除尘。安装于料库顶部，由滤袋捕集的粉尘，经压缩空气反吹清灰落入料库内。当库顶除尘器用于气力输送时，其处理气量必须详细计算，并正确选型。

JH 型为矩形壳体，一般可用于中、低压气力输送。其尺寸见图 4-51 和表 4-76。

JD 型为圆筒形壳体，可用于高压气力输送。其尺寸见图 4-52 和表 4-77。

JH、JD 型出风口尺寸见图 4-53 和表 4-78。

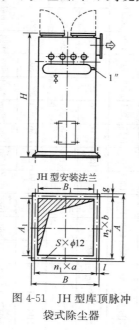

图 4-51　JH 型库顶脉冲袋式除尘器

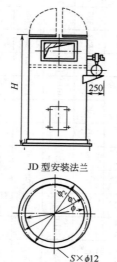

图 4-52　JD 型库顶脉冲袋式除尘器

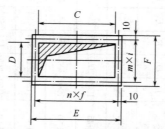

图 4-53　JH、JD 型库顶脉冲袋式除尘器出风口尺寸

表 4-76　JH 型库顶脉冲袋式除尘器尺寸　　　　　　　　单位：mm

型　号		A	A_1	B	B_1	$n_1 \times a$	$n_2 \times b$	l	g	H	S	过滤面积/m^2	质量/kg
JH-16	I	900	800	900	800	10×86	10×86	20	20	1900	40	9	450
	II	900	800	900	800	10×86	10×86	20	20	2400	40	12	490
JH-25	I	1100	1000	1100	1000	10×106	10×106	20	20	1900	40	14	560
	II	1100	1000	1100	1000	10×106	10×106	20	20	2400	40	19	620
JH-36	I	1300	1200	1300	1200	12×105	12×105	20	20	1900	48	21	710
	II	1300	1200	1300	1200	12×105	12×105	20	20	2400	48	28	780
JH-60	I	1300	1200	2100	2000	20×103	12×105	20	20	1900	64	35	970
	II	1300	1200	2100	1200	20×103	12×105	20	20	2400	64	46	1200
JH-70	I	1500	1400	2100	2000	20×103	17×85	20	19	1900	74	41	1450
	II	1500	1200	2100	1200	20×103	12×105	20	19	2400	74	54	1680

表 4-77　JD 型库顶脉冲袋式除尘器尺寸　　　　　　　　单位：mm

型号	ϕ	ϕ_1	ϕ_2	H	S	过滤面积/m^2	质量/kg
JD-24	1200	1260	1300	2400	36	18	600
JD-32	1450	1510	1550	2400	36	25	700
JD-45	1570	1630	1670	2400	36	35	900
JD-52	1800	1860	1900	2400	72	40	1100
JD-78	2100	2180	2240	2400	72	60	1800

表 4-78　JH、JD 型库顶脉冲袋式除尘器出风口尺寸　　　　　　　　单位：mm

C	D	E	F	$n \times f$	$m \times i$
400	300	460	360	4×110	4×85
450	300	510	360	5×98	4×85
500	300	560	360	5×108	4×85
600	300	660	360	8×80	4×85
800	300	860	360	10×84	4×85

（3）KMC 型库顶脉冲袋式除尘器　KMC 型库顶脉冲袋式除尘器是为了配合火电厂粉煤灰正压系统标准化设计，适用于输灰系统的库顶上排气除尘。8m 库、10m 库、12m 库分别选用 KMC-48 型、KMC-96 型、KMC-144 型。也适用于其他行业的大、中型料库顶上排气除尘。

KMC 型库顶脉冲袋式除尘器结构新颖，安装方便，清灰效果良好，更换滤袋容易，能在露天全气候连续工作，可以利用库内气体余压排气，也可以设置吸气风机将库内气体排出。其主要技术参数见表 4-79，安装和外形尺寸见图 4-54 和表 4-80。如采用抽气风机吸风，抽风机按表 4-81 选用。

表 4-79　KMC 型库顶脉冲袋式除尘器主要技术参数

项　　目	KMC-48A	KMC-48B	KMC-96A	KMC-96B	KMC-144A	KMC-144B
过滤面积/m^2	54	68	108	136	163	204
滤袋数量/个	48	48	96	96	144	144
滤袋规格/mm	$\phi120\ L3000$	$\phi150\ L3000$	$\phi120\ L3000$	$\phi150\ L3000$	$\phi120\ L3000$	$\phi150\ L3000$
过滤风速/（m/min）	1.0～1.5	0.8～1.2	1.0～1.5	0.8～1.2	1.0～1.5	0.8～1.2
处理风量/（m^3/h）	3264～4860		6528～9720		9792～4670	
工作温度/℃	<120					
压力损失/Pa	1200～1500					
除尘效率/%	99.9					
压缩空气压力/MPa	0.5～0.7					

续表

项 目		KMC-48A	KMC-48B	KMC-96A	KMC-96B	KMC-144A	KMC-144B
压缩空气耗用量/(m³/min)		0.4		0.6		0.8	
外形尺寸/mm	长	2010		2810		4070	
	宽	2010		3976		3976	
	高	6704		6704		6704	
设备质量/kg		3500		4600		6000	

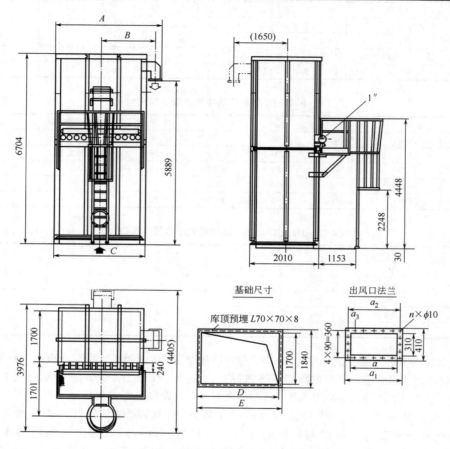

图 4-54　KMC 型库顶脉冲袋式除尘器的安装

表 4-80　KMC 型库顶脉冲袋式除尘器外形尺寸　　单位：mm

型号	A	B	C	D	E	a	a₁	a₂	a₃	n
KMC-48	2460	1250	2010	1700	1840	310	410	4×90＝360	90	16
KMC-96	3260	1650	2810	2500	2640	610	710	6×110＝660	110	20
KMC-144	4520	2280	4070	3760	3900	610	710	6×110＝660	110	20

表 4-81　抽风机选用表

型号	KMC-48	KMC-96	KMC-144
风机型号	4-72 NO. 4A	4-72 NO. 4.5A	4-72 NO. 6A
流量/(m³/h)	4012～4973	5712～10562	9209～18418
全压/Pa	2014～1915	2554～1673	2176～1380
电动机型号	Y132S₁-2	Y132S₂-2	Y160M-4
功率/kW	5.5	7.5	11

2. LCPM 型侧喷脉冲除尘器

LCPM 型侧喷低压脉冲除尘器的主要特点如下所述。

① 取消了喷吹管及每个滤袋上口的文氏管装置，设备阻力低，安装、维护、换袋简便。

② 喷吹压力低，只需 $100\sim150\text{kPa}$ 便可实现理想清灰，并采用了低压直通阀的结构形式，易损件使用寿命超过 1 年。

③ 滤袋笼骨可分硬骨架和弹簧骨架两种形式，可适用于不同用户的各种需求。

④ 可掀的精巧小揭盖，在保证密封的前提下，开启灵活、自如，机外换袋方便。

⑤ 当用户没有空压站集中供气气源的条件下，可自配气源空压泵对设备供气，减少了安装气源管路的麻烦，使用方便。

（1）构造特点 LCPM 型侧喷低压脉冲除尘的构造见图 4-55。其构造特点是气包的喷吹装置放在除尘器侧部，上部不设喷吹管和导流文氏管。LCPM 型侧喷脉冲除尘器主要构造包括：a. 上箱体，包括可掀小揭盖等；b. 中箱体，包括花板、滤袋及笼骨、矩形诱导管、低压气包、中箱体检查门、进风管、出风管等；c. 下箱体及灰斗，包括灰斗检查门、螺旋输送机及传动电机、出灰口、支腿等；d. 喷吹系统，包括脉冲电磁阀、脉冲控制仪。

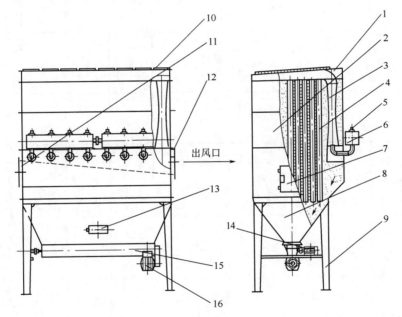

图 4-55 LCPM 型侧喷低压脉冲除尘器构造原理

1—上箱体；2—中箱体；3—矩形诱导管；4—布袋笼骨组合；5—脉冲电磁阀；6—低压气包；
7—中箱检查门；8—下箱体及灰斗；9—支腿；10—上掀盖；11—进风口；12—出风口；
13—灰斗检查门；14—螺旋输送机电机；15—螺旋输送机；16—出灰阀

（2）工作原理及性能参数 含尘气体由进风口进入进风管内，通过初级沉降后，较粗颗粒尘及大部分粉尘在初级沉降及自身质量的作用下，沉降至灰斗中，并经螺旋输送机构将粉尘从出灰口排出；另一部分较细粉尘在引风机的作用下，进入中箱体并吸附在滤袋外表面上，洁净空气穿过滤袋进入上箱体并流经矩形诱导管，汇集在出风箱内由出风管口排出。随着过滤工况的不断进行，积附在滤袋表面上的粉尘亦将不断增加，相应就会增加设备的运行阻力。为了保证系统的正常运行，必须进行清灰来达到降低设备阻力的目的。

该除尘器的性能参数见表 4-82。

表 4-82 LCPM 型脉冲除尘器性能参数

型号规格	滤袋长度/mm	滤袋数/条	分室数/个	过滤面积/m²	过滤风速/(m/min)	处理风量/(m³/h)	设备阻力/kPa	除尘率/%	耗气量/[m³/(阀·次)]	电机功率/kW	外形尺寸(长×宽×高)/mm	设备质量/kg
LCPM64-4-2000	2000	64	4	48	1~3	2880~8640	0.6~1.2	≥99.5	0.15	1.1	1709×2042×4399	2650
LCPM64-4-2700	2700			64	1~3	3840~11520	0.6~1.2		0.15		1709×2042×4399	2880
LCPM96-6-2000	2000	96	6	72	1~3	4320~12960	0.6~1.2	≥99.5	0.15	1.5	2519×2042×4399	3970
LCPM96-6-2700	2700			96	1~3	5760~17280	0.6~1.2		0.15		2519×2042×4399	4320
LCPM128-8-2000	2000	128	8	96	1~3	5760~17280	0.6~1.2	≥99.5	0.15	1.5	3329×2042×4399	4710
LCPM128-8-2700	2700			128	1~3	7680~23040	0.6~1.2		0.15		3329×2042×4399	5120
LCPM160-10-2000	2000	160	10	120.5	1~3	7200~21600	0.6~1.2	≥99.5	0.15	1.5	4139×2042×4399	5900
LCPM160-10-2700	2700			160	1~3	9600~28800	0.6~1.2		0.15		4139×2042×4399	6400
LCPM192-12-2000	2000	192	12	144	1~3	8640~25920	0.6~1.2	≥99.5	0.15	2.2	4949×2042×4399	7070
LCPM192-12-2700	2700			192	1~3	11520~34560	0.6~1.2		0.15		4949×2042×4399	7680
LCPM224-14-2000	2000	224	14	168.5	1~3	10080~30240	0.6~1.2	≥99.5	0.15	2.2	5759×2042×4399	8240
LCPM224-14-2700	2700			224	1~3	13440~40320	0.6~1.2		0.15		5759×2042×4399	8960
LCPM256-16-2000	2000	256	16	192	1~3	11520~34560	0.6~1.2	≥99.5	0.15	2.2	6569×2042×4399	9420
LCPM256-16-270	2700			256	1~3	15360~46080	0.6~1.2		0.15		6569×2042×4399	8960
LCPM320-20-2000	2000	320	20	240	1~3	14400~43200	0.6~1.2	≥99.5	0.15	3	4139×4042×4399	9420
LCPM320-20-2700	2700			320	1~3	19200~57600	0.6~1.2		0.15		4139×4042×4399	10240
LCPM384-24-2000	2000	384	24	288	1~3	17280~51840	0.6~1.2	≥99.5	0.15	4.4	4949×4042×4399	11800
LCPM384-24-2700	2700			384	1~3	23040~69120	0.6~1.2		0.15		4949×4042×4399	12800
LCPM448-28-2000	2000	448	28	336	1~3	20160~60480	0.6~1.2	≥99.5	0.15	4.4	5759×4042×4399	14140
LCPM448-28-2700	2700			448	1~3	26880~80640	0.6~1.2		0.15		5759×4042×4399	15360
LCPM512-32-2000	2000	512	32	384	1~3	23040~69120	0.6~1.2	≥99.5	0.15	4.4	6569×4042×4399	16480
LCPM512-32-2700	2700			512	1~3	30720~92160	0.6~1.2		0.15		6569×4042×4399	17920

（3）外形尺寸　LCPM64、LCPM96 型外形尺寸见图 4-56 和表 4-83。

LCPM128～256 型除尘器外形尺寸见图 4-57 和表 4-84。

LCPM320～512 型除尘器外形见图 4-58 和表 4-85。

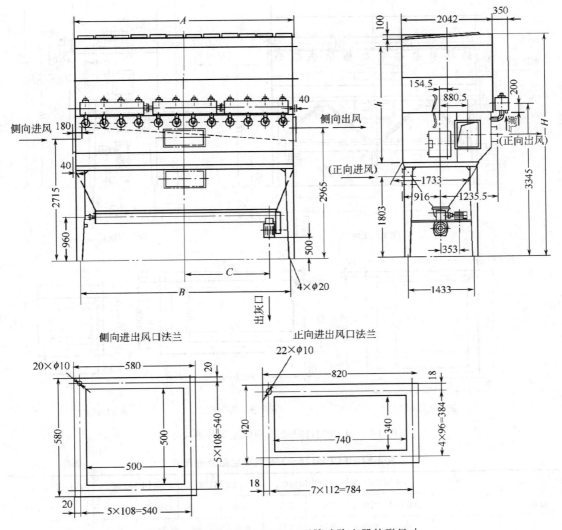

图 4-56　LCPM64、LCPM96 型脉冲除尘器外形尺寸

表 4-83　LCPM64、LCPM96 型除尘器外形尺寸　　　　单位：mm

尺　寸	LCPM64-2000	LCPM64-2700	LCPM96-2000	LCPM96-2700
A	1709	1709	2519	2519
B	1409	1409	2219	2219
C	278	278	683.5	683.5
H	4399	5099	4399	2700
h	2000	2700	2000	

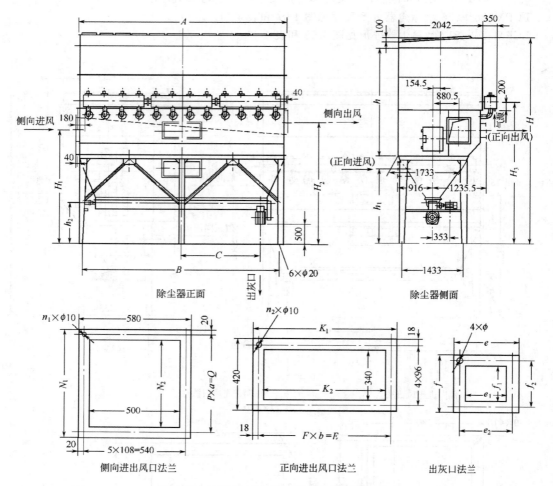

图 4-57　LCPM128～256 型除尘器外形尺寸

表 4-84　LCPM128～256 型除尘器外形尺寸　　　　　单位：mm

规格 \ 型号	LCPM128		LCPM160		LCPM192		LCPM224		LCPM256	
	2000	2700	2000	2700	2000	2700	2000	2700	2000	2700
h_2	960	960	960	960	990	990	990	990	990	990
h_1	1803	1803	1803	1803	1843	1843	1843	1843	1843	1843
h	2000	2700	2000	2700	2000	2700	2000	2700	2000	2700
H	4399	5099	4399	5099	4439	5139	4439	5139	5139	5139
H_3	3345	3345	3345	3345	3385	3505	3385	3655	3505	3811
H_2	2965	2965	2965	2965	3005	3085	3005	3145	3085	3289
H_1	2715	2715	2715	2715	2755	2795	2755	2845	2795	2897
C	1088.5		1493.5		1888.5		2293.5		2698.5	
B	3029		3839		4649		5759		6269	
A	3329		4139		4949		5759		6569	

续表

规格	型号	LCPM128		LCPM160		LCPM192		LCPM224		LCPM256	
		2000	2700	2000	2700	2000	2700	2000	2700	2000	2700
出灰口法兰	ϕ	9	9	9	9	11	11	11	11	11	11
	f_2	190	190	190	190	225	225	225	225	225	225
	f_1	140	140	140	140	175	175	175	175	175	175
	f	220	220	220	220	250	250	250	250	250	250
	e_2	110	140	140	140	160	160	160	160	160	160
	e_1	180	180	180	180	200	200	200	200	200	200
	e	210	210	210	210	230	230	230	230	230	230
正向进出风口法兰	n_2	22	22	22	22	22	26	22	28	26	28
	E	784	784	784	784	784	900	784	1040	900	1200
	b	7	7	7	7	7	9	7	10	9	10
	F	112	112	112	112	112	100	112	104	100	120
	K_2	740	740	740	740	740	856	740	996	996	1156
	K_1	820	820	820	820	820	936	820	1076	936	1236
侧向进出风口法兰	n_1	20	20	20	20	20	20	20	22	20	26
	Q	540	540	540	540	540	620	540	720	620	824
	a	5	5	5	5	5	5	5	6	5	8
	p	108	108	108	108	108	124	108	120	124	103
	N_2	500	500	500	500	500	580	500	680	580	784
	N_1	580	580	580	580	580	660	580	760	660	864

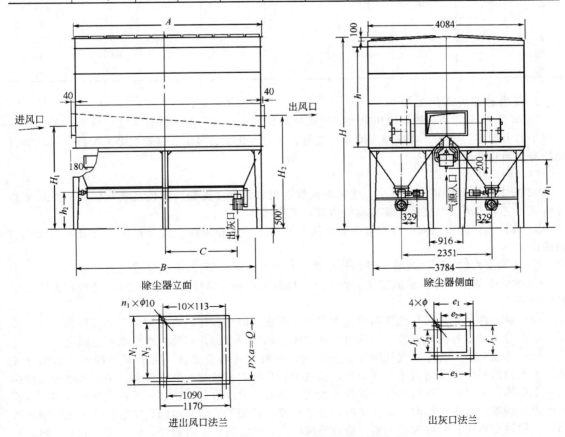

图 4-58　LCPM320～512 型除尘器外形尺寸

表 4-85 LCPM320～512 型除尘器外形尺寸　　　　单位：mm

型　号	LCPM320		LCPM384		LCPM448		LCPM512	
规　格	2000	2700	2000	2700	2000	2700	2000	2700
A	2000	2700	2000	2700	2000	2700	2000	2700
H	4399	5099	4439	5139	4439	5139	4439	5139
H_2	2965	2965	3005	3085	3005	3145	3085	3289
H_1	2715	2715	2755	2795	2755	2845	2795	2897
C	1493.5	1493.5	1888.5	1888.5	2293.5	2293.5	2698.5	2698.5
B	3839	3839	4649	4649	5459	5459	6269	6269
A	4139	4139	4949	4949	5759	5759	6569	6569
ϕ	9	9	11	11	11	11	11	11
e_2	140	140	160	160	160	160	160	160
e_1	180	180	200	200	200	200	200	200
e	210	210	230	230	230	230	230	230
f_2	190	190	225	225	225	225	225	225
f_1	140	140	175	175	175	175	175	175
f	220	220	250	250	250	250	250	250
h_2	960	960	990	990	990	990	990	990
h_1	1775	1775	1815	1815	1815	1815	1815	1815
n_1	30	30	30	30	30	32	30	36
Q	540	540	540	620	540	720	620	824
q	5	5	5	5	5	6	5	8
p	108	108	108	124	108	120	124	103
N_2	500	500	500	580	500	680	580	784
N_1	580	580	580	660	580	760	660	864

3. 离线脉冲袋式除尘器

LCM-D/G 系列是一种处理风量大、清灰效果好、除尘效率高、运行可靠、维护方便、占地面积小的大型除尘设备。可应用于冶金、建材、电力、化工、炭黑、沥青混凝土搅拌、锅炉等行业的粉尘治理和物料回收。

（1）构造特点

① 除尘器主要由箱体、灰斗、进风均流管、出口风管、支架、滤袋及喷吹装置、卸灰装置等组成。它采用薄板型提升阀实现离线清灰，工作可靠。

② 设计合理的进风均流管和灰斗导流技术解决了一般布袋除尘器常产生的各分室气流不均匀的现象。

③ 袋笼结构按不同工况有多种结构型式（八角形、圆形等）。更换滤袋快捷简单。

④ 滤袋上端采用弹簧胀圈型式，密封好，维修更换布袋笼标准长度为 6m，还可根据需要增长 1～2m。

电磁脉冲阀易损件膜片的使用寿命大于 100 万次。除尘器控制可采用先进的程控器，具有差压、定时、手动 3 种控制方式，对除尘器离线阀、脉冲阀、卸灰阀等实现全面系统控制。

（2）性能参数　含尘空气从除尘器的进风均流管进入各分室灰斗并在灰斗导流装置的导流下，大颗粒的粉尘被分离直接落入灰斗，而较细粉尘吸附在滤袋的外表面上，干净气体透过滤袋进入上箱体，并经各离线阀和排风管排入大气。随着过滤的进行，滤袋上的粉尘越积越多，当设备阻力达到限定的阻力值时，由清灰控制装置按差压设定值或清灰时间设定值自动关闭一室离线阀后，按设定程序打开电控脉冲阀，进行停风喷吹，使滤袋内压力骤增，将滤袋上的粉尘抖落至灰斗中，由排灰机构排出。除尘器性能参数见表 4-86。

表 4-86 LCM-D/G 系列脉冲袋式除尘器性能参数

项 目	LCM 1850	LCM 2300	LCM 2800	LCM 3700	LCM 4600	LCM 5500	LCM 6500	LCM 1850×2	LCM 2300×2	LCM 2800×2	LCM 3700×2	LCM 4600×2	LCM 5500×2	LCM 6500×2	LCM 7400×2
过滤面积/m²	1850	2300	2800	3700	4600	5500	6500	3700	4600	5600	7400	9200	11000	13000	14800
处理风量/(10^4 m³/h)	16.2	20.7	25.2	33.3	41.4	49.5	58.5	33.3	41.4	50.4	66.6	82.8	99	117	133.2
滤袋数量/条	616	770	924	1232	1540	1848	2156	1232	1540	1848	2464	3080	3696	4312	4928
滤袋规格	$\phi160×6050$														
清灰方式	离线清灰														
离线分室数/个	4	5	6	8	10	12	14	8	10	12	16	20	24	28	32
除尘器漏风率/%	≤2														
除尘器入口浓度/(g/m³)	≤20														
除尘器排放浓度/(mg/m³)	50~100														
脉冲阀数量/个	44	55	66	88	110	132	154	88	110	132	176	220	264	308	352
参考质量/t	72	91	110	115	175	210	250	140	177	214	284	344	413	492	550
外形尺寸(长×宽×高)/mm×mm×mm	11500×5500×13800	13800×5500×13800	16560×5500×13800	22080×5500×13800	27600×5500×13800	33120×5500×13800	38640×5500×13800	11500×10300×13800	13800×10300×13800	16560×10300×13800	22080×10300×13800	27600×10300×13800	33120×10900×13800	38640×10900×13800	41400×10900×13800

（3）外形尺寸　根据处理含尘气体的多少，除尘器滤袋室分为单列布置和双列布置两种，单列布置的外形尺寸见图 4-59 和表 4-87；双列布置的外形尺寸见图 4-60 和表 4-88。

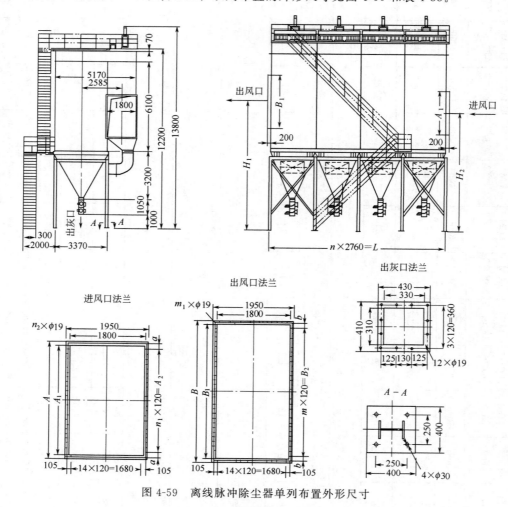

图 4-59　离线脉冲除尘器单列布置外形尺寸

表 4-87　单列布置除尘器外形尺寸　　　　　单位：mm

代　号		LCM2×1850	LCM2×2300	LCM2×2800	LCM2×3700	LCM2×4600	LCM2×5500	LCM2×6500
外形尺寸	H_1	7750	7950	8200	8750	8750	8750	8750
	H_2	7150	7350	7550	8000	7900	7900	8250
	L	11040	13800	16560	22080	27600	33120	38640
	n_3	4	5	6	8	10	12	14
	L_1	3000	3000	3000	3000	3000	3600	3600
进风口尺寸	A	185	2250	2650	3550	4250	4250	4950
	A_1	1700	2100	2500	3400	4100	4100	4800
	a	115	75	95	125	115	115	105
	n	13	17	20	27	33	33	39
	A_2	1560	2040	2400	3240	3960	3960	4680
	B	3150	3150	3150	3150	3150	3150	3750
	B_1	3000	3000	3000	3000	3000	3000	3600
	b	105	105	105	105	105	105	105
	n_1	24	24	24	24	24	29	29
	B_2	2880	2880	2880	2880	2880	3480	3480
	n_2	82	90	96	110	122	132	144

续表

代　号		LCM2×1850	LCM2×2300	LCM2×2800	LCM2×3700	LCM2×4600	LCM2×5500	LCM2×6500
出风口尺寸	E	2250	2650	3150	4250	5150	5150	5150
	E_1	2100	2500	3000	4100	5000	5000	5000
	e	75	95	105	115	85	85	85
	m	17	20	24	33	41	41	41
	E_2	2040	2400	2880	3960	4920	4920	4920
	F	3150	3150	3150	3150	3150	3750	3750
	F_1	3000	3000	3000	3000	3000	3600	3600
	f	105	105	105	105	105	105	105
	m_1	24	24	24	24	24	29	29
	F_2	2880	2880	2880	2880	2880	3480	3480
	m_2	90	96	104	122	138	148	148

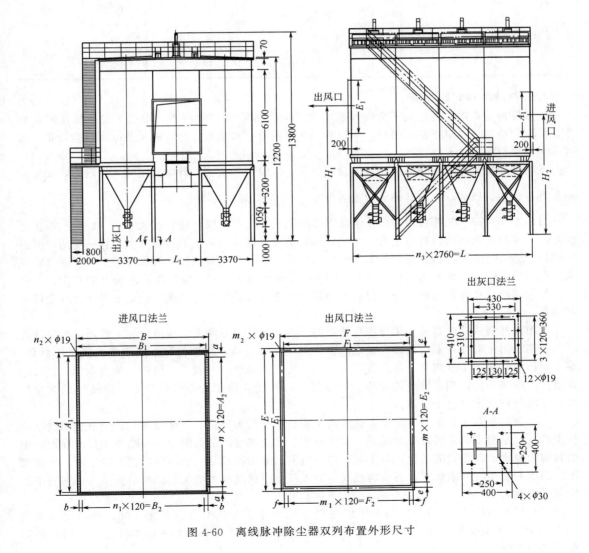

图 4-60　离线脉冲除尘器双列布置外形尺寸

表 4-88　双列布置除尘器外形尺寸　　　　　　　　　　　　单位：mm

代　　号		LCM1855	LCM2300	LCM2800	LCM3700	LCM4600	LCM5500	LCM6500
外形尺寸	H_1	7450	7700	7850	8300	8700	8925	8925
	H_2	6950	7100	7250	7600	7950	8250	8450
	n	4	5	6	8	10	12	14
	L	11040	13800	16560	22080	27600	33120	38640
进风口尺寸	A	1650	1950	2250	2950	3650	4250	4650
	A_1	1500	1800	2100	2800	3500	4100	4500
	A_2	1440	1680	2040	2640	3360	3960	4440
	n_1	12	14	17	22	28	33	37
	a	75	105	75	125	115	115	75
	n_2	60	64	70	80	92	102	110
出风口法兰	B	1850	2350	2650	3550	4350	4800	4800
	B_1	1700	2200	2500	3400	4200	4650	4650
	B_2	15605	2040	2400	3240	4080	4650	4650
	m	13	17	20	27	34	38	38
	b	115	125	95	125	105	90	90
	m_1	62	70	76	90	104	112	112

4. 气箱脉冲袋式除尘器

气箱脉冲袋式除尘器汇集了分室反吹和脉冲喷吹等除尘器的特点，增强了设备使用的适应性。可作为破碎机、烘干机、煤磨、生料磨、篦次冷机、水泥磨、包装机及各库顶收尘设备，也可作为其他行业除尘设备。

气箱脉冲袋式除尘器在滤袋上口不设文氏管，也没有喷吹管，既降低喷吹工作阻力，又便于逐室进行检测、换袋，电磁脉冲阀数量为每室 1～2 个，规格为 $1\frac{1}{2}''\sim3''$。

（1）工作原理　气箱脉冲袋式除尘器本体分隔成若干个箱区，每箱有 32 条、64 条、96 条等滤袋，并在每箱侧边出口管道上有一个气缸带动的提升阀。当除尘器过滤含尘气体一定的时间后（或阻力达到预先设定值），清灰控制器就发出信号，第一个箱室的提升阀就开始关闭切断过滤气流；然后箱室的脉冲阀开启，以大于 0.4MPa 的压缩空气冲入净气室，清除滤袋上的粉尘；当这个动作完成后，提升阀重新打开，使这个箱室重新进行过滤工作，并逐一按上述程序完成全部清灰动作。

气箱脉冲袋式除尘器是采用分箱室清灰的。清灰时，逐箱隔离，轮流进行。各箱室的脉冲和清灰周期由清灰程序控制器按事先设定的程序自动连续进行，从而保证了压缩空气清灰的效果。整个箱体设计采用了进口和出口总管结构，灰斗可延伸到进口总管下，使进入的含尘烟气直接进入已扩大的灰斗内达到预除尘的效果。所以气箱脉冲袋式除尘器不仅能处理一般浓度的含尘气体，且能处理高浓度含尘气体。

（2）选型参数注意事项　除尘器选型的主要技术参数为风量、气体温度、含尘浓度与湿度及粉尘特性。根据系统工艺设计的风量、气体温度、含尘浓度的最高数值，按略小于技术性能表中的数值为原则，其相对应的除尘器型号，即为所需的除尘器型号。滤料则根据入口浓度、气体温度、湿度和粉尘特性来确定。表中的耗气量为工厂集中供气时的情况，如果单独供气，则表中的耗气量要放大 1.3 倍。

（3）技术参数及外形尺寸　FPPF32 型气箱脉冲除尘器技术参数见表 4-89，外形尺寸见图 4-61；FPPF64 型技术参数见表 4-90，外形尺寸见图 4-62；FPPF96 型技术参数见表 4-91，外形尺寸见图 4-63。

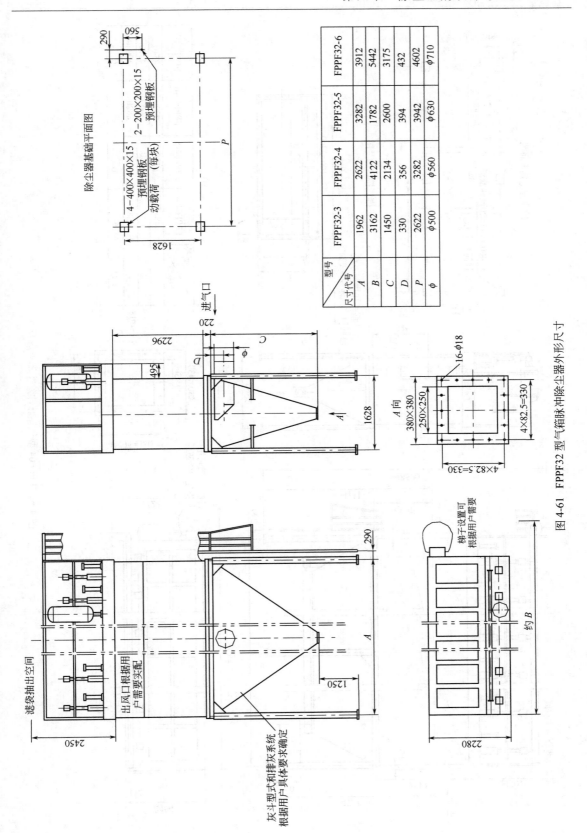

尺寸代号 型号	FPPF32-3	FPPF32-4	FPPF32-5	FPPF32-6
A	1962	2622	3282	3912
B	3162	4122	1782	5442
C	1450	2134	2600	3175
D	330	356	394	432
P	2622	3282	3942	4602
φ	φ500	φ560	φ630	φ710

图 4-61　FPPF32 型气箱脉冲除尘器外形尺寸

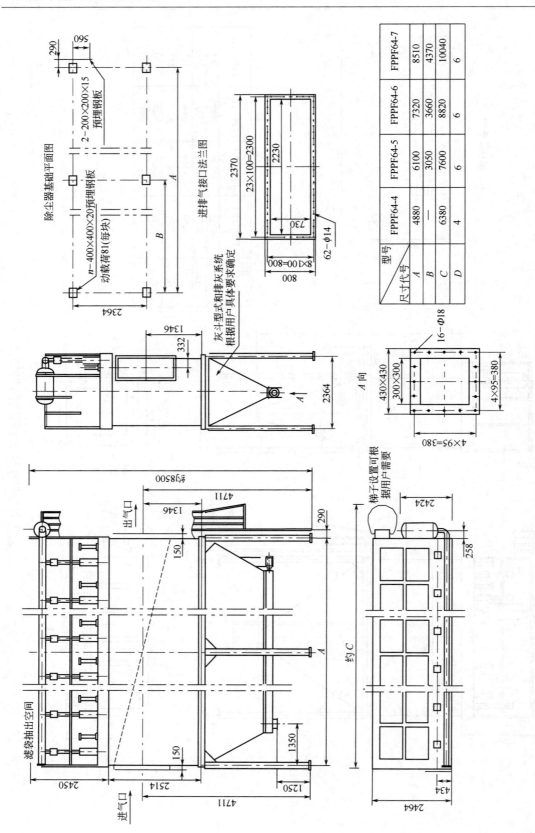

尺寸代号 \ 型号	FPPF64-4	FPPF64-5	FPPF64-6	FPPF64-7
A	4880	6100	7320	8510
B	—	3050	3660	4370
C	6380	7600	8820	10040
D	4	6	6	6

图 4-62　FPPF64 型气箱脉冲除尘器外形尺寸

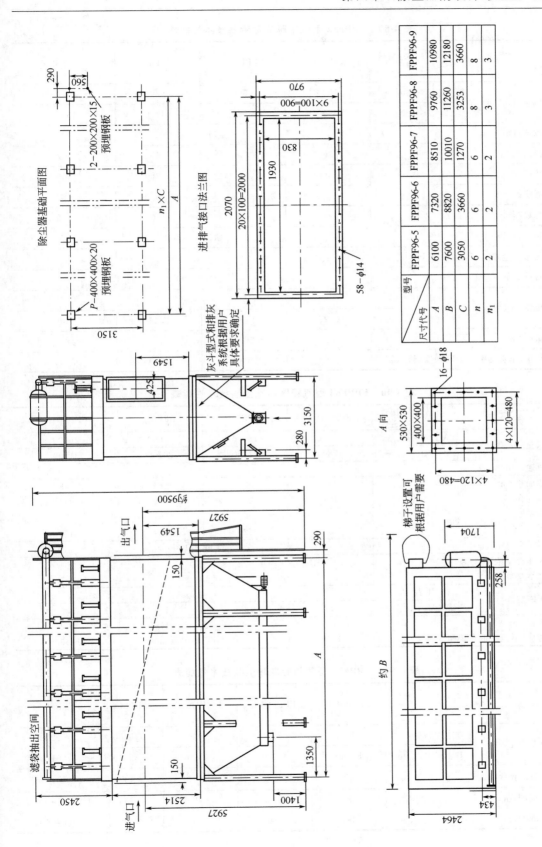

除尘器基础平面图

进排气接口法兰图

尺寸代号	型号	FPPF96-5	FPPF96-6	FPPF96-7	FPPF96-8	FPPF96-9
A		6100	7320	8510	9760	10980
B		7600	8820	10010	11260	12180
C		3050	3660	1270	3253	3660
n		6	6	6	8	8
n_1		2	2	2	3	3

图 4-63　FPPF96 型气箱脉冲除尘器外形尺寸

表 4-89　FPPF32 型气箱脉冲除尘器技术性能表

技术参数		型号	FPPF32-3	FPPF32-4	FPPF32-5	FPPF32-6
处理风量/(m³/h)	A	>100g/m³	5000	6500	9000	11500
	B	≤100g/m³	6900	8030	11160	13390
过滤风速/(m/min)			1.0~1.2			
总过滤面积/m²			96	128	160	192
净过滤面积/m²			64	96	128	160
除尘器室数/个			3	4	5	6
滤袋总数/条			96	128	160	192
除尘器阻力/Pa			1500~1700			
出口气体含尘浓度/(mg/m³)			<50			
除尘器承受负压/Pa			4000~9000			
清灰压缩空气	压力/Pa		(4~6)×10⁵			
	耗气量/(m³/min)		0.27	0.37	0.46	0.6
保温面积/m²			26.5	36.5	41	48.5
设备约重(不包括钢支架和保温层)/kg			2900	3800	4800	5700

表 4-90　FPPF64 型气箱脉冲除尘器技术性能表

技术参数		型号	FPPF64-4	FPPF64-5	FPPF64-6	FPPF64-7
处理风量(m³/h)	A	>100/(g/m³)	13000	18000	22000	26000
	B	≤100/(g/m³)	17800	22300	26700	31200
过滤风速/(m/min)			1.0~1.2			
总过滤面积/m²			256	320	384	448
净过滤面积/m²			192	256	320	384
除尘器室数/个			4	5	6	7
滤袋总数/条			256	320	384	448
除尘器阻力/Pa			1500~1700			
出口气体含尘浓度/(mg/m³)			<50			
除尘器承受负压/Pa			4000~9000			
清灰压缩空气	压力/Pa		(4~6)×10⁵			
	耗气量/(m³/min)		1.2	1.5	1.8	2.1
保温面积/m²			70	94	118	142
设备约重(不包括钢支架和保温层)/kg			7600	9600	11500	13400

表 4-91　FPPF96 型气箱脉冲除尘器技术性能表

技术参数		型号	FPPF96-5	FPPF96-6	FPPF96-7	FPPF96-8	FPPF96-9
处理风量/(m³/h)	A	>100g/m³	26000	33000	40000	46000	52200
	B	≤100g/m³	33400	40100	46800	53300	60100
过滤风速/(m/min)			1.0~1.2				
总过滤面积/m²			480	576	672	768	864
净过滤面积/m²			384	480	576	672	768

续表

技术参数＼型号	FPPF96-5	FPPF96-6	FPPF96-7	FPPF96-8	FPPF96-9
除尘器室数/个	5	6	7	8	9
滤袋总数/条	480	576	672	758	864
除尘器阻力/Pa	1500～1700				
出口气体含尘浓度/(mg/m³)	<50				
除尘器承受负压/Pa	4000～9000				
清灰压缩空气　压力/Pa	$(4\sim6)\times10^5$				
清灰压缩空气　耗气量/(m³/min)	0.9(1.8)	0.9(1.8)	0.9(1.8)	0.9(1.8)	1.2(2.5)
保温面积/m²	120	130	140	150	160
设备约重(不包括钢支架和保温层)/kg	14400	17300	20100	23000	26000

（4）使用注意事项

① 由于气箱脉冲除尘器只能离线清灰，在清灰室关闭时，入口烟气需要导向其他过滤气室，因此增加除尘器过滤面积和设备体积。

② 除尘器内需要区分成多个密封气室，另外安装闸板和提升阀会增加设备维护工作量和造价。

③ 不能利用喷吹管开孔调节每行滤袋的喷吹压力和气量，因此可能造成气室内清灰不均匀现象而导致局部清灰不良和滤袋破损。

④ 气箱脉冲除尘器的特点是每一个气室只能用一或两个脉冲阀对气室内的滤袋进行清灰。在清灰时需要把气室隔离（离线），然后经过脉冲阀把高压压缩气喷进花板上部气箱，在气箱体内膨胀后对安装在花板下部的滤袋进行清灰。大部分的压缩气清灰能源都直接喷吹在上气箱的内壁而浪费掉。所以，气包要适当大一些。

⑤ 气箱脉冲除尘器一般都只有固定的每室滤袋数量、滤袋口径和长度。滤袋长度一般是固定的 2.45m，否则可能造成清灰效果不佳。

5. 旋转式脉冲袋式除尘器

（1）主要设计特点　旋转清灰低压脉冲袋式除尘器首先应用于电厂。它的组成与回转反吹袋式除尘器相似。其区别在于把反吹风机和反吹清灰装置改为压缩空气及脉冲清灰装置，主要设计特点如下。

① 旋转式脉冲袋式除尘器采用分室停风脉冲清灰技术，并采用了较大直径的脉冲阀（12in）。喷吹气量大，清灰能力强，除尘效率高，排放浓度低，漏风率低，运行稳定。

② 清灰采用低压脉冲方式，能耗低，喷吹压力 0.02～0.09MPa。

③ 脉冲阀少，易于维护（如 200MN 机组只要采用 6～12 个脉冲阀，而管式脉冲喷吹方式需要数百个脉阀）。

④ 旋转式脉冲袋式除尘器，滤袋长度可达 8～10m，从而减少除尘器占地面积。袋笼采用可拆装式，极易安装。

⑤ 滤袋与花板用张紧结构，固定可靠，密封性好，有效地防止跑气漏灰现象，保证了低排放的要求。

（2）工作原理　旋转式脉冲袋式除尘器由灰斗，上、中、下箱体，净气室及喷吹清灰系统组成。除尘器结构示意见图 4-64。灰斗用以收集、储存由布袋收

图 4-64　旋转式脉冲袋式除尘器结构示意

集下来的粉煤灰。上、中、下箱体组成布袋除尘器的过滤空间，其中间悬挂着若干条滤袋。滤袋由钢丝焊接而成的滤袋笼支撑着。顶部是若干个滤带孔构成的花板，用以密封和固定滤袋。

净气箱是通过由滤袋过滤的干净气体的箱体。其内装有回转式脉冲喷吹管。上部箱构造见图 4-65。

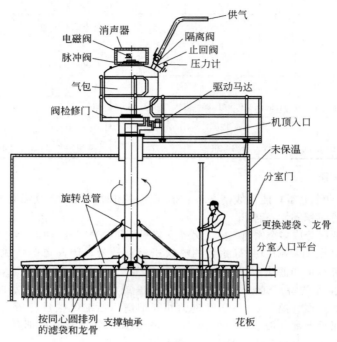

图 4-65　上部箱体结构

喷吹清灰系统由储气罐、大型脉冲阀、旋转式喷吹管、驱动系统组成。该系统工作时将储气罐内的压缩空气，由脉冲阀喷入滤袋中。

旋转式脉冲袋式除尘器的工作原理如下：过滤时，带有粉煤灰的烟气，由进气烟道经安装有进口风门的进气口，进入过滤空间，含尘气体在通过滤袋时，由于滤袋的滞留，使粉煤灰滞留在滤袋表面，滤净后的气体，由滤袋的内部经净气室和提升阀，由出口烟道，经引风机排入烟囱，最终排入大气。

随着过滤时间的不断延长，滤袋外表的灰尘不断增厚，使滤袋内、外压差不断增加，当达到预先设定的某数值后，PLC 自动控制系统发出信号，提升阀自动关闭出气阀，切断气流的通路，脉冲阀开启，使脉冲气流不断地冲入滤袋中，使滤袋产生振动、变形，吸附在滤袋外部的粉尘，在外力作用下，剥离滤袋，落入灰斗中。存储在灰斗中的粉尘，由密封阀排入工厂的输排灰系统中去。

除尘器的控制系统，整个系统由 PLC 程序控制器控制。该系统可采取自动、定时、手动来控制。当在自动控制时，是由压力表采集滤袋内外的压差信号。当压差值达到设定的极值时PLC 发出信号，提升阀立即关闭出气阀，使过滤停止，稍后脉冲阀立即打开，回转喷管中喷出的脉冲气体陆续地对滤袋进行清扫，使粉尘不断落入灰斗中，随着粉尘从滤袋上剥离下来，滤袋内外压差不断减小，当达到设定值时（如 1000Pa），PLC 程序控制器发出信号，冲喷阀关闭，停止喷吹，稍后提升阀提起，打开出气阀，此时，清灰完成，恢复到过滤状态。如有过滤室，超出最高设定值时，再重复以上清灰过程。如此清灰—停止—过滤，周而复始，使收尘器始终保持在设定压差状态下工作。

除尘器 PLC 控制系统也可以定时控制，即按顺序对各室进行定时间的喷吹清灰。当定时控制时，每室的喷吹时间、每室的间隔时间及全部喷吹完全的间隔时间均可以调节。

（3）主要技术参数

① 脉冲压力 0.05～0.085MPa 反吹，较普通脉冲除尘器清灰压力低。

② 椭圆截面滤袋平均直径 127mm，袋长 3000～8000mm（10000mm）袋笼分为 2～3 节，以便于安装和检修。滤袋密封悬挂在水平的花板上，滤袋布置在同心圆上，越往外圈每圈的滤袋越多。

③ 每个薄膜脉冲阀最多对应布置 28 圈滤袋，每组布袋由转动脉冲压缩空气总管清灰，每个总管最多对应布置 1544 个滤袋，清灰总管的旋转直径最大为 7000mm。单个薄膜脉冲阀为每个滤袋束从贮气罐中提供压缩空气，清灰薄膜脉冲阀直径为 150～350mm。

④ 压差监测或设定时间间隔进行循环清灰，脉冲时间可调整。袋式除尘器的总压降约为 1500～2500Pa。

⑤ 除尘器采用外滤式，除尘器的滤袋吊在孔板上，形成了二次空气与含尘气体的分隔。滤袋由瘪的笼骨所支撑。

⑥ 孔板上方的旋转风管设有空气喷口，风管旋转时喷口对着滤袋进行脉冲喷吹清灰。旋转风管由顶部的驱动电机和脉冲阀控制。

⑦ 孔板上方的洁净室内有照明装置，换袋和检修时，可先关闭本室的进出口百叶窗式挡板阀门，打开专门的通风孔，自然通风换气，降温后再进入工作。

（4）袋式除尘器的反吹清灰控制

① 除尘器的反吹清灰控制由 PLC 执行。

② PLC 监测孔板上下方（即滤袋内外）的压差，并在线发出除尘间（单元）的指令，若要隔离和脉冲清灰，PLC 将一次仅允许一个除尘间（单元）被隔离。

③ 设计采用 3 种（即慢、正常、快运行）反吹清灰模式，以改变装置的灰尘负荷，来保证在滤袋整修寿命中维护最低的除尘阻力。

④ 为了控制 3 种反吹清灰模式，除尘器的压差需要其内部进行测量并显示为 0～3kPa 信号传递给 PLC，以启动自动选择程序。PLC 的功能是启动慢、正常或快的清洁模式，来提供一个在预编程序的持续循环的脉冲间隔给电磁脉冲阀。

（5）使用注意事项

① 为便于运输，设备解体交货。收到设备后，应按设备清单检查机件数量及完好程度。发现有运输过程中造成的损坏要及时修复，同时做好保管工作，防止损坏和丢失。卸灰装置和回转喷吹管驱动装置进行专门检查，转动或滑动部分，要涂以润滑脂，减速机箱内要注入润滑油，使机件正常运转。

② 安装时应按除尘器设备图纸和国家、行业有关安装规范要求执行。

③ 安装设备由下而上，设备基础必须与设计图纸一致，安装前应仔细检查进行修整，而后吊装支柱，调整水平及垂直后安装横梁及灰斗，灰斗固定后检查相关误差尺寸，修整误差后，吊装下、中、上箱体，风道，再安装回转喷吹管和脉冲阀储气罐等，压缩空气管路系统及电气系统。

④ 回转喷吹管安装，严格按图纸进行，保证其与花板间的距离，保证喷管各喷嘴中心与花板孔中心一致，其偏差小于 2mm。

⑤ 在拼焊和吊装花板时，要严格按图纸要求进行，保证所要求的安装精度，防止花板变形、错位。

⑥ 各检查门和连接法兰应装有密封垫，检查门密封垫应粘接，密封垫搭接处应斜接成叠接，不允许有缝隙，以防漏风。

⑦ 安装压缩空气管路时，管道内要清扫除去污物防止堵塞，安装后要试压，试压压力为工

作压力的 1.5 倍，试压时关闭安全阀，试压后，将减压阀调至规定压力。

⑧ 按电气控制仪安装图和说明安装电源及控制线路。

⑨ 除尘器整机安装完毕，应按图纸的要求再做检查。对箱体、风道、灰斗处的焊缝做详细检查，对气密性焊缝特别重点检查，发现有漏焊、气孔、咬口等缺陷进行补焊，以保证其强度及密封性，必要时进行煤油检漏及对除尘器整体用压缩空气打压检漏。

⑩ 在有打压要求时，按要求对除尘器整体进行打压检查。实验压力一般为净气室所受负压乘以 1.15 的系数，最小压力采用除尘器后系统风机的风压值。保压 1h，泄漏率＜2％。

⑪ 最后安装滤袋和涂面漆。滤袋的搬运和停放、安装要注意防止袋与周围的硬物、尖角接触。禁止脚踩、重压，以防破损。滤袋袋口应紧密与花板孔口嵌紧，不得留缝隙。滤袋应垂直，从袋口往下安放。

⑫ 单机调试，在除尘器安装（试压）全部结束后进行，对各类阀门（进排气阀、卸灰阀）送灰机械进行调试，先手动，后电动，各机械部件应无松动卡死现象，应运动轻松灵活，密封性能好，再进行 8 小时空载运行。

⑬ 对 PLC 程控仪进行模拟空载实验，先逐个检查脉冲阀、排气阀、卸灰阀等线路是否通畅与阀门的开启是否好，再按定时控制时间，按电控程序进行各室全过程的清灰，应定时准确、准时，各元件动作无误，被控阀门按要求启动。

⑭ 负荷运行，工艺设备正式运行前，应进行预涂层，使滤袋表面涂上一层预涂层，然后正式进行过滤除尘，PLC 控制仪正式投入运行，同时随时检查各运行部件，阀门并记录好运行参数。

6. 高炉煤气脉冲袋式除尘器

我国第一台煤气袋式除尘器诞生于 1957 年 11 月涉县铁厂。经过半个多世纪的努力，技术日趋完善和成熟，现在已用于大中型高炉。成为高炉煤气净化、回收、节能减排项目。

（1）组成　高炉煤气脉冲袋式除尘器主要由箱体、脉冲喷吹系统、煤气放散系统、荒净煤气总管、氮气储罐、阀门、安全泄爆阀、控制和检测系统、氮气工艺管道、蒸汽工艺管道、卸输灰系统、滤袋和滤袋笼骨、给排水系统、储灰及加湿系统以及管道附件等组成。

（2）工作原理　高炉煤气经重力除尘和冷却器（根据工艺要求设置）冷却（冷却后的煤气温度应在 100～250℃之间）后，由荒煤气主管分配到除尘器各箱体中，并进入荒煤气室，颗粒较大的粉尘自然沉降而进入灰斗，颗粒较小的粉尘随煤气上升。经过滤袋时，粉尘被阻留在滤袋的外表面。煤气得到净化。净化后的煤气进入净煤气室，由净煤气总管输入煤气管网。

随着过滤过程的不断进行，滤袋上的粉尘越积越多，过滤阻力不断增大。当阻力增大到一定值时。PLC 或 CCS 控制系统自动控制脉冲阀启动，进行脉冲喷吹清灰（喷吹气采用洁净氮气），灰尘落入灰斗。当灰斗中的灰尘累积到一定量时，卸输灰系统开始运行，灰尘被输送至储灰仓。暂时储存，然后由汽车运出厂区。

（3）技术特点

① 高炉煤气布袋脉冲除尘器是由若干除尘器箱体并联组合而成，并由过滤、清灰、粉尘输送、自动控制组成的一个系统。

② 滤袋采用耐高温、高负荷、高强度的特种滤袋，使用寿命长。

③ 采用外滤过滤形式，滤袋从箱体上部更换，换袋方便。

④ 采用脉冲喷吹清灰技术，清灰能力强，除尘效率高，能耗少，钢耗少，占地面积小，运行稳定可靠，运行成本低，经济效益好。

（4）工艺流程　高炉煤气布袋脉冲除尘器的输灰方法分机械输灰和气体输灰，其工艺流程分别见图 4-66 和图 4-67。

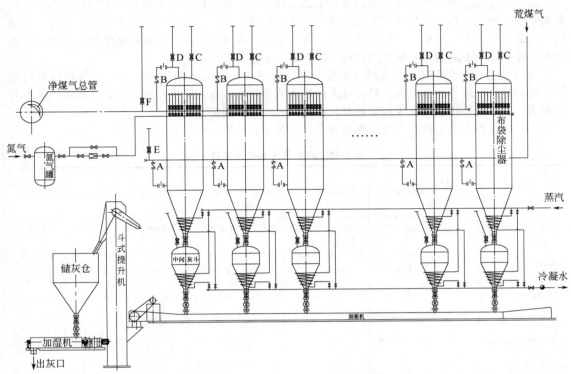

图 4-66　采用机械方式输灰的工艺流程

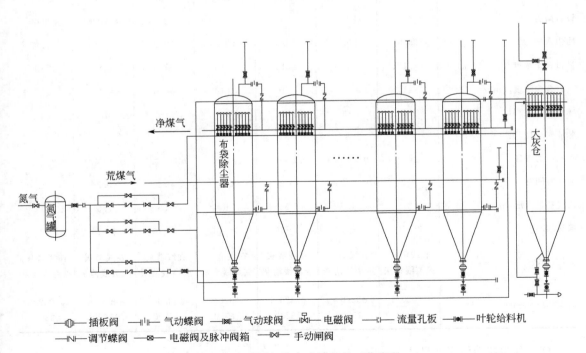

图 4-67　采用气体方式输灰的工艺流程

高炉煤气布袋脉冲除尘器是利用滤料来捕获煤气中的粉尘的。滤料捕获粒子的能力决定除尘器的效率。因此，整个除尘器的工艺过程可简述为通过清灰，控制除尘器含尘煤气的阻力，使滤料具有最大捕捉粒子的能力，同时除尘器具有一定的通流能力，即不断地对除尘器进行周期性的清灰，控制除尘器的阻力，防止阻力过大，影响工艺进行。

当煤气进入除尘器时，由荒煤气总管分配到各箱体，进入各箱体的流量，由各箱体自行控制，阻力较小的箱体流量较大，阻力较大的箱体流量较小，在实际生产过程中，各箱体的阻力基本相等。当某个箱体阻力大于给定值时，该箱体进入清灰程序。

（5）除尘器的主要技术参数　除尘器主要技术参数见表 4-92。

表 4-92　除尘器主要技术参数

项目 \ 型号	RFMMCC3000	RFMMCC3200	RFMMCC3400	RFMMCC3600	RFMMCC3800	RFMMCC4000	RFMMCC5200
工作介质	高炉煤气	高炉煤气	高炉煤气	高炉煤气	高炉煤气	高炉煤气	高炉煤气
处理量/(m³/h)	10875～17400	11760～18800	13230～21160	14990～23990	16758～26810	18669～29870	33000～53000
工作温度/℃	≤250	≤250	≤250	≤250	≤250	≤250	≤250
进出口直径/mm	600	600	600	700	700	800	800
过滤风速/(m/min)	0.5～0.8	0.5～0.8	0.5～0.8	0.5～0.8	0.5～0.8	0.5～0.8	0.5～0.8
过滤面积/m²	362.5	392	441	499.8	558.6	622.3	1014.6
滤袋规格/mm	$\phi130\times6000$	$\phi130\times6000$	$\phi130\times6000$	$\phi130\times6000$	$\phi130\times6000$	$\phi130\times6000$	$\phi130\times7000$
滤袋数量/条	148	160	180	204	228	254	356
设备阻力/Pa	≤2000	≤2000	≤2000	≤2000	≤2000	≤2000	≤2000
除尘效率/%	99.9	99.9	99.9	99.9	99.9	99.9	99.9
进口含尘浓度/[g/m³(标)]	≤10	≤10	≤10	≤10	≤10	≤10	≤10
出口含尘浓度/[mg/m³(标)]	≤10	≤10	≤10	≤10	≤10	≤10	≤10
脉冲阀数量/只	12	13	13	14	16	17	34
脉冲阀规格/英寸	3	3	3	3	3	3	3
喷吹压力/MPa	0.2～0.4	0.2～0.4	0.2～0.4	0.2～0.4	0.2～0.4	0.2～0.4	0.2～0.4
喷吹时间/s	0.2	0.2	0.2	0.2	0.2	0.2	0.2
氮气耗量/(m³/min)	4	4.5	5	6	6.5	7.5	10
喷吹间隔/s	3～10	3～10	3～10	3～10	3～10	3～10	3～10
清灰方式	在线清灰或离线清灰	在线清灰或离线清灰	在线清灰或离线清灰	在线清灰或离线清灰	在线清灰或离线清灰	在线清灰或离线清灰	在线清灰或离线清灰
箱体外形/mm	$\phi3020\times15000$	$\phi3220\times15800$	$\phi3420\times16200$	$\phi3620\times16700$	$\phi3820\times17200$	$\phi4020\times17600$	$\phi5232\times23500$

（6）除尘器箱体安装尺寸

除尘器箱体安装尺寸见图 4-68、表 4-93。

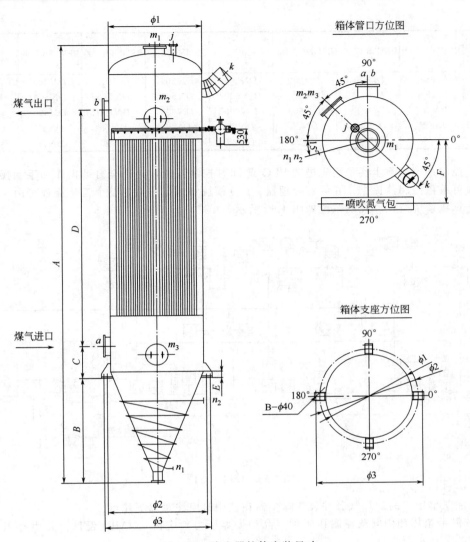

图 4-68　除尘器箱体安装尺寸

表 4-93　除尘器箱体安装主要尺寸

项目 \ 型号	RFMMCC3000	RFMMCC3200	RFMMCC3400	RFMMCC3600	RFMMCC3800	RFMMCC5000	RFMMCC5200	备注
A	15000	15800	16200	16700	17200	17600	23500	
B	3900	4100	4300	4600	4900	5200	6650	
C	700	700	700	800	800	900	1150	
D	8950	9000	9000	9100	9100	9200	11600	
E	200	200	200	200	200	200	200	
F	2205	2310	3420	2535	2650	2775	3395	
ϕ_1	3020	3220	3420	3624	3824	4028	5232	
ϕ_2	3300	3500	3720	3924	4124	4428	5530	
ϕ_3	3540	3740	3960	4164	4364	4668	5832	
a	$DN600$	$DN600$	$DN700$	$DN700$	$DN700$	$DN800$	$DN800$	煤气进口
b	$DN600$	$DN600$	$DN700$	$DN700$	$DN700$	$DN800$	$DN800$	煤气出口
c	$DN300$	$DN300$	$DN300$	$DN300$	$DN300$	$DN300$	$DN300$	卸灰口

续表

项目\型号	RFMMCC3000	RFMMCC3200	RFMMCC3400	RFMMCC3600	RFMMCC3800	RFMMCC5000	RFMMCC5200	备注
j	$DN150$	$DN150$	$DN200$	$DN200$	$DN200$	$DN200$	$DN200$	放散口
k	$DN500$	$DN500$	$DN500$	$DN500$	$DN500$	$DN500$	$DN500$	泄爆口
$m_1 \sim m_3$	$DN600$	$DN600$	$DN600$	$DN600$	$DN600$	$DN600$	$DN600$	人孔
n_1	$DN25$	$DN25$	$DN25$	$DN25$	$DN25$	$DN25$	$DN25$	蒸汽出口
n_2	$DN25$	$DN25$	$DN25$	$DN25$	$DN25$	$DN25$	$DN25$	蒸汽入口

（7）控制系统　除尘器采用先进的 PLC 或 DCS 控制系统，允许全自动操作和手动操作，系统逻辑由可编程控制器提供。并设有处理器、I/O 模块和通讯连接，整个工艺流程可由工厂主控室中的计算机系统监控。控制系统如图 4-69 所示。

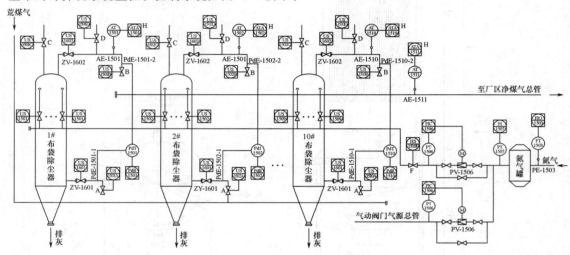

图 4-69　控制系统图

（8）注意事项　高炉煤气脉冲袋式除尘器在使用时应注意以下几点。

① 圆筒形箱体和中间灰斗耐压强度（高炉爆炸压力）应按 0.4MPa 设计；并由有压力容器设计资质的公司进行设计。

② 滤袋材质应考虑可以长期在 260℃ 的工况下工作，短期可至 280℃ 的高压煤气，使用寿命可达 24 个月；滤料应防水防静电，以适应高炉煤气的要求。

③ 除尘器清灰系统采用低压氮气脉冲喷吹系统，氮气作为惰性气体，是易燃易爆气体清灰的良好介质。

④ 控制系统采用 PLC 自动控制，可基本实现无人操作，运行可靠，维护工作量降至最低。除尘器运行受生产工艺影响显著，生产正常，除尘器一般运行稳定。

7. 旁插扁袋脉冲除尘器

由于旁插扁袋除尘器采用振打清灰或反吹风清灰带来诸多不便，现在多用脉冲清灰。采用旁插扁袋脉冲喷吹清灰技术，具有占地面积小、设备高度低、质量轻、便于室内布置、除尘效率高、投资费用少等特点。旁侧换袋方便，实现机外换袋，而且不受室内空间高度的限制。模块式箱体结构，搬运、安装简单方便，减小劳动强度。花板采用冲压成形工艺，平整度好，尺寸配合精度高，确保滤袋安装密封性；进口的脉冲阀配件确保使用寿命。专用的袋笼设计和制造技术，既保证了袋笼的质量和滤袋组件的固定，又较同类产品增加诱导气量，提高清灰效果，降低了设备阻力。采用上进气结构，便于粉尘沉降。旁插扁袋脉冲除尘器技术参数见表 4-94，外形尺寸见图 4-70、表 4-95。

表 4-94 旁插扁袋脉冲除尘器技术参数

序号	型号规格 项目	LYC /WJ -180	LYC /WJ -240	LYC /WJ -300	LYC /WJ -360	LYC /WJ -420	LYC /WJ -480	LYC /WJ -540	LYC /WJ -600	LYC /WJ -720	LYC /WJ -840	LYC /WJ -960	LYC /WJ -1080
1	处理风量 /（m³/h）	16200 ~ 21600	21600 ~ 28800	27000 ~ 36000	32400 ~ 50400	37800 ~ 50400	43200 ~ 57600	48600 ~ 64800	54000 ~ 72000	64800 ~ 86400	75600 ~ 100800	86400 ~ 115200	97200 ~ 129600
2	过滤面积/m²	180	240	300	360	420	480	540	600	720	840	960	1080
3	电机功率/kW	1.5	1.5	2.2	2.2	3.0	3.0	3.0	2.2×2	2.2×2	3.0×2	3.0×2	3.0×2
4	脉冲阀数量/个	30	40	50	60	70	80	90	100	120	140	160	180
5	设备质量/kg	5080	6470	8280	9950	11600	13270	15000	16360	19650	22860	26150	29540
6	外形尺寸 （长×宽×高） /mm	3115× 2250× 5260	4115× 2250× 5260	5115× 2250× 5260	6115× 2250× 5260	7115× 2250× 5260	8115× 2250× 5260	9115× 2250× 5260	5115× 6500× 5260	6115× 6500× 5260	7115× 6500× 5260	8115× 6500× 5260	9115× 6500× 5260

注：1. 上述风量以过滤风速为 1.5~2.0m/min 的计算值，实际风速应按不同的工况设计选择；

2. 清灰所需气源为 400~600kPa，每阀每次耗气量约为 0.05m³。

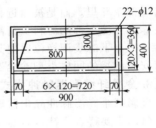

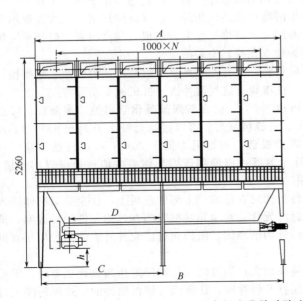

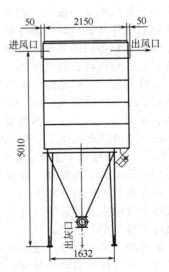

图 4-70 旁插扁袋脉冲除尘器外形尺寸

表 4-95　旁插扁袋脉冲除尘器外形尺寸

规格 ＼ 代号	LYC/WJ-180	LYC/WJ-240	LYC/WJ-300	LYC/WJ-360	LYC/WJ-400	LYC/WJ-480
h	520	520	480	480	480	480
$n\text{-}\phi$	8-ϕ11	8-ϕ11	8-ϕ13	8-ϕ13	8-ϕ13	8-ϕ13
G	290	290	330	330	330	330
$m \times f = F$	$2 \times 125 = 250$	$2 \times 125 = 250$	$2 \times 145 = 290$	$2 \times 145 = 290$	$2 \times 145 = 290$	$2 \times 145 = 290$
E	200	200	240	240	240	240
N	2	3	4	5	6	7
O	760	1260	1740	2240	2740	3240
C	0	0	2466	2966	3466	3966
B	2932	3932	4932	5932	6932	7932
A	3003	4003	5003	6003	7003	8003

应当注意，由于扁袋除尘器多数是模块式的定型产品，没有根据实际工艺使用状况做出灵活的、有针对性的特殊设计。扁袋除尘器在喷吹每个滤袋时其喷吹直径和数量，以及脉冲阀的选型基本上都是固定的。所以扁袋除尘器脉冲喷吹难以按实际需要调节除尘器清灰压力。其不足之处是当在同一个除尘气室内上下位置安装多行扁袋时，在脉冲喷吹后的尘饼大部分不能直接抖进除尘器底部灰斗里，而是被靠近箱体底部滤袋（筒）所吸附。因此，靠近箱体底部滤料的过滤负荷将比靠近箱体上部的滤料负荷高，相对的使用寿命也就比较短。因此，在使用这种除尘器的几个月后，把上下滤袋调换位置使其阻力和使用寿命比较均匀。另外，这种布置也使除尘器的阻力比垂直安装滤袋的同样类型除尘器略高。

8. 金属纤维高温脉冲袋式除尘器

金属纤维高温脉冲除尘器属于相对比较成熟的高温除尘器，因此逐步用于环境工程。

（1）主要特点　针对高温工业烟气除尘的特点及使用条件，金属纤维烧结毡管式高温烟气除尘器的过滤层由金属板网、粗金属纤维以及细金属纤维三层复合组成，经高温真空烧结成一体而形成网状立体结构。新力高温烟气除尘器为独立支撑，安装简单。

根据客户不同的需求，可用不同的优质材料，所有产品都具有耐高温、耐腐蚀、耐磨损、寿命长、过滤精度高、透气性好、孔隙率高、抗渗碳、抗气流冲击、抗机械振动等特点。

具体特点：a. 耐高温、不燃烧，最高可达 800℃，耐强酸强碱等化学腐蚀，寿命长；b. 过滤效率高，排放气体浓度（标）低于 $5mg/m^3$、过滤精度高、可以过滤直径小于 $1\mu m$ 的粉尘；c. 强度高、耐磨损、不穿孔、不断裂；d. 滤料阻力极低，初始阻力低于 20Pa；e. 过滤速度高，可以在 3m/min 的过滤风速下轻松地工作；f. 除尘器既可以使用压缩气体喷吹清灰也可以用水清洗；g. 可以在高压环境下正常工作而不会破损。

（2）除尘器工作原理　除尘器过滤元件被固定在过滤箱上部的花板上，含尘高温气体进入含尘区，并在引风机的作用下由外向内通过过滤元件。粉尘颗粒被阻挡在过滤元件的外表面，清洁的气体通过除尘器的过滤元件进入到法兰口外的洁净区。阻挡在过滤元件外表面的粉尘层有助于过滤高温废气中的粉尘。

随着滤饼越积越厚，过滤元件的压差越来越大；当过滤元件的压差达到设计压差时，压差传感器或电子计时器启动先导阀，再由先导阀打开脉冲阀，让压缩气体以脉冲的形式瞬间喷入过滤元件入口。瞬时反向气流及其带来的气压会清除掉吸附在过滤器外表面的滤饼。滤饼脱离过滤元件表面后会落入尘箱。清除了滤饼后除尘器可以开始新一轮的除尘循环。

（3）技术性能

① 主要技术性能。金属纤维烧结毡过滤介质由金属板网、粗金属纤维、细金属纤维三层复合组成，经高温真空烧结成一体而形成网状立体结构。具有高过滤精度、高孔隙率、高透气性、耐高温、耐腐蚀、抗气流冲击、抗机械振动等特点，其技术性能见表 4-96，过滤风速与压差关系见图 4-71，过滤时间与压差关系见图 4-72。

表 4-96　除尘器技术性能

材料性能		单位	参数		
			316L	310S	0Cr21A16
材料密度		g/cm²（20℃）	7.98	7.98	7.16
熔点		℃	1400～1450		1500
工作温度	氧化性气氛	℃	400	600	800
	还原性或惰性气氛	℃	550	800	1000
烧结毡规格			SSF-1500/0.65		
厚度		mm	0.65		
孔隙率		%	71	71	68
透气系数		1/(m²·s)	350～450		
过滤效率		%	＞99.9	测试粉尘：氧化铝粉，粒径分布 $X_{10}=0.30\mu m$，$X_{50}=1.71\mu m$，$X_{90}=6.55$ 风速范围 1.75～3m/min，粉尘浓度 10g/m³	
排放浓度（标）		mg/cm³	＜5		
抗拉强度		N/mm²	≥20		

注：透气系数试验条件为 200Pa

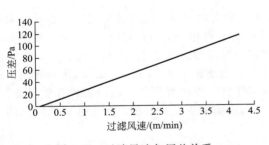

图 4-71　过滤风速与压差关系

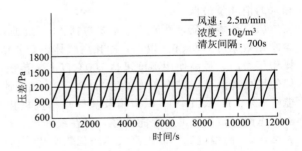

图 4-72　过滤时间与压差关系

② 高温脉冲除尘器与普通脉冲除尘器性能比较见表 4-97

表 4-97　高温除尘器与普通除尘器性能比较

名称	耐温/℃	耐腐蚀	使用寿命	过滤精度	排放浓度/(mg/m³)	过滤效率	强度	过滤速度/(m/min)	设备阻力/kPa	综合经济效益
高温除尘器	250～80	好	长	高	5	高	好	3	1	好
普通除尘器	250 以下	好	短	高	20	高	差	1	1.5	低

（4）过滤元件外形尺寸　过滤元件尺寸见表 4-98 和图 4-73。

表 4-98　过滤元件规格

型　　号	过滤面积/(m²/件)	A	B	C	D
SIGF-060/800	0.134	φ60	φ80	φ62	φ56
SIGF-060/1600	0.270	φ60	φ80	φ62	φ56
SIGF-130/800	0.298	φ130	φ150	φ132	φ126
SIGF-130/1600	0.596	φ130	φ150	φ132	φ126
SIGF-130/2240	0.894	φ130	φ150	φ132	φ126
SIGF-150/800	0.335	φ150	φ170	φ152	φ14
SIGF-150/1600	0.674	φ150	φ170	φ152	φ144

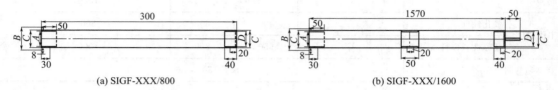

(a) SIGF-XXX/800　　　　　　　　　　　　(b) SIGF-XXX/1600

图 4-73　过滤元件外形尺寸

9. 陶瓷高温脉冲袋式除尘器

高温陶瓷过滤技术其核心部分是高温陶瓷过滤装置及高温陶瓷过滤元件，相对于传统的高温气体净化装置来讲，采用多孔陶瓷做高温热气体过滤介质的高温陶瓷热气体净化装置具有更高的耐温性能、更高的工作压力和更高的过滤效率。高温陶瓷过滤技术目前在国外的化学冶金炉、垃圾焚烧炉、电石气炉、热煤气净化等方面已广泛应用。

高温陶瓷过滤可使过滤后气体杂质浓度（标）小于 1mg/m³，同时能够防御火花和热的微粒，并且在高酸性气体浓缩的恶劣情况下依然正常运转，这种除尘器的应用可以极大简化灰尘消除配置，避免使用昂贵的防火系统和火花抑制器，必需的冷却器和喷射塔也被省去，以便使能源和水的消耗量最低。

（1）性能特征　性能特性主要包括：a. 过滤效率和分离效率高：过滤精度高达 0.2μm，烟尘净化效率可达 99.9% 以上，净化后气体中杂质浓度（标）可达 1mg/m³ 以下；b. 操作温度和操作压力高，最高使用温度可达 700℃ 以上，传统滤袋一般使用温度小于 200℃，陶瓷过滤器可以使用更高温度，操作压力可达 3MPa；c. 过滤速率快，过滤速率 2～8cm/s；d. 耐化学腐蚀性能（SO₂、H₂S、H₂O、碱金属及盐等）和抗氧化性能优良，使用范围广，适用各种介质过滤；e. 操作稳定，清洗再生性能良好，可在线清洗；f. 高温过滤减少冷却系统，防止低露点物质的凝结；g. 高温过滤可以提高气体净化效率和热利用效率。

（2）应用领域　主要应用于：a. 石油、化工行业高温、高压气体净化以及高温煤气净化；b. 化工行业高温粉尘净化、催化剂及有用物料回收；c. 冶金、冶炼领域高温烟尘净化，特别是金属加工产生的高价值粉尘，如金属铂、铑、镍、锡、铅、铜、钛、铝等，以及其他许多可以从烟气中完全回收并返回再加工的金属；d. 硅行业的高温粉尘净化及物料回收，硅粉放空等；e. 电力、垃圾焚烧、电石加工等领域高温烟尘气体净化。

（3）过滤元件　高温陶瓷过滤元件是一种由耐火陶瓷集料（刚玉、碳化硅、堇青石等）及陶瓷结合剂经合理的工艺配比、成型、高温烧结而成的一种具有高气孔率、可控孔径和良好力学性能的一种陶瓷过滤材料。它具有良好的微孔性能、力学性能、热性能以及适用于各种高压、高温含尘（烟尘）气体中耐各种介质腐蚀性能和高温抗氧化性能。

孔梯度陶瓷纤维复合膜过滤元件是由大孔径、高强度、高透气性陶瓷支撑体和高过滤精度的陶瓷纤维复合过滤膜组成。相比传统的陶瓷过滤材料，陶瓷纤维复合膜过滤材料具有更高的过滤效率和清洗再生性能。

（4）规格型号 过滤元件规格性能和尺寸如表 4-99 和图 4-74 所示。

表 4-99 过滤元件规格性能

产品型号	规格/mm				过滤面积/m²	过滤精度/μm	工作压力/MPa	最大工作温度/℃	主要应用
	D	d	d₁	L					
TG-A 型	140	120	90	1000	0.37	0.5～10	常压～1.0	400	高温高压气体净化
	75	60	40	1000	0.188	0.5～10	常压～1.0	400	
TG-B 型		60	40	1000	0.188	0.5～10	常压～2.0	400	
		50	34	1000	0.15	0.5～10	常压～2.0	400	
TGG-A 型	140	120	90	1000	0.37	0.5～10	常压～1.0	800	高温热气体净化烟气除尘
	85	70	40	1000	0.22	0.5～10	常压～0.6	800	
	75	60	40	1000	0.188	0.5～10	常压～0.6	800	
TGG-B 型		114	76	1000	0.33	0.5～10	常压～0.6	800	
TGXM-A 型		85	70	40	914	0.22	0.5～3	常压～0.6	800	
		75	60	40	1000	0.188	0.5～3	常压～0.6	800	
		75	60	30	1000	0.188	0.5～3	常压～0.6	800	

(a) A型-烛型高温陶瓷过滤元件

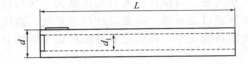
(b) B型-长管型高温陶瓷过滤元件

图 4-74 过滤元件外形尺寸

（5）过滤元件阻力性能 过滤元件阻力性能如图 4-75 所示。

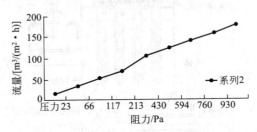

图 4-75 清洁状态 TGXM20 陶瓷过滤元件阻力曲线

（6）不同材质高温过滤材料性能 不同材质高温过滤材料性能如表 4-100 所列。

表 4-100 过滤材料性能

材料名称	化学组成	热膨胀系数/(10⁻⁶/℃)	抗热震能力	适宜操作温度/℃	抗氧化能力	机械强度	耐碱金属	耐蒸气	耐煤气
刚玉	Al_2O_3	8.8	低	≤500	较好	较高	高	高	高
堇青石	$2Al_2O_3 \cdot 5SiO_2 \cdot 2MgO$	1.8	较好	≤1000	较好	一般	中	高	高
硅酸铝纤维	$3Al_2O_3 \cdot 2SiO_2$		好	1000	较好	差	低	高	高
碳化硅	SiC	4.7	较好	≤950	差	高	低	中/低	中

（7）过滤元件安装方式和注意事项　过滤元件安装方式和注意事项见图 4-76 和图 4-77。

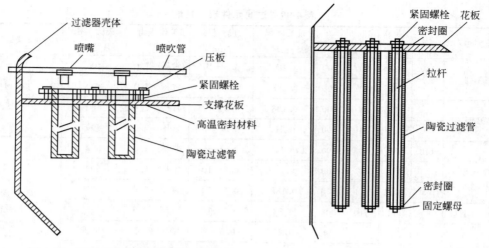

图 4-76　法兰型陶瓷过滤元件安装方式　　　　图 4-77　拉杆式过滤元件安装

（8）除尘器结构　高温热气体（烟气、煤气等）陶瓷过滤器是以高温陶瓷过滤元件作高温介质，集过滤、清洗再生及自动控制为一体的高性能热气体除尘装置。高温过滤净化系统主要是由高温陶瓷过滤系统、高温高压风机系统、高压脉冲反吹系统及在线自动控制系统组成，其中陶瓷过滤器系统是整个陶瓷过滤系统的最主要部分（见图 4-78）。

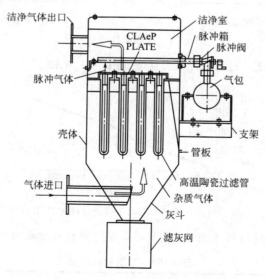

图 4-78　除尘器结构

陶瓷过滤器从外形结构上来讲可分为箱体式结构和圆柱形结构，箱体式结构适用于大风量、高温、低压热气体过滤。圆柱形结构适用于高温高压热气体过滤。

（9）工作原理　含尘高温气体（高温煤气、烟气等）经进气管路流入陶瓷过滤器过滤室内，沿径向渗入每个过滤元件——陶瓷过滤管内腔，并在管内沿轴向汇入洁净气体收集室，最后洁净的高温气体由出气管路排出。在过滤过程中，高温含尘气体中的部分尘粒逐渐堆积在陶瓷过滤元件的外表面上而形成灰饼，随着灰饼的厚度增加，灰饼上的压力降增加，需要利用高压冷气体对陶瓷过滤管进行反吹清洗，将灰饼周期性地从陶瓷过滤元件外表面上清除，实现陶瓷过滤元件的在线再生，陶瓷过滤元件才能继续有效地清除尘粒。在进气管路和出气管路的检测环节分别安装高温压力传感器，对进出口的压力进行实时测量，当进出压差达到设定值时开启控制环节中的电磁阀，进行反向清洗。灰饼经灰斗、卸灰阀定期排放。

（10）除尘器性能　高温陶瓷除尘器性能如表 4-101 所列。

表 4-101　高温陶瓷除尘器性能

气体处理量	气体温度	工作压力	过滤面积	过滤速度	过滤阻力	清灰方式	过滤精度	过滤效率
1000～30000(标)m³/h	200～600℃	约 0.1MPa	15～200m²	1～6cm/s	3.5kPa	在线脉冲	0.5～30μm	＞99.5％

（11）高温陶瓷气体过滤系统　高温净化除尘系统如图 4-79 和图 4-80 所示。

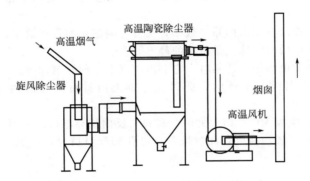

图 4-79　高温烟尘净化用陶瓷除尘器系统

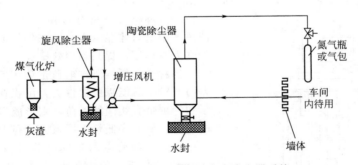

图 4-80　高温煤气净化用陶瓷除尘器系统

（12）陶瓷除尘器使用说明　主要包括：a. 将过滤器外壳、加压风机、组件、陶瓷过滤元件、控制与检测器件等设备运抵安装现场后，现场安装陶瓷过滤元件和其他管路、控制系统；b. 运行前，详细检查管路连接、各种阀门与密封部位，将连接与密封部位涂敷肥皂水，以便检测系统是否泄漏，要求整个系统不得有气体泄漏；c. 运行前详细检查电气连线和良好接地、绝缘等，要求符合相关安装运行要求，尤其保证压力传感器动作灵敏，检查脉冲反吹系统各脉冲阀是否工作正常；d. 启动高温风机，启动高温风机前先检查风机内冷却油加入量是否符合要求，并将风机前的闸阀关闭，再启动风机电源，等风机运行平稳后再将风机前的闸阀逐渐开启；e. 当过滤30min 或过滤器的进出口压差大于 3000Pa 时，反吹系统自动运行，对过滤元件实现再生，反吹时间 0.2s 左右，反吹间隔 20s；f. 根据排尘量的大小，定期通过手动卸灰阀清理落入灰斗内的灰尘；g. 定期对每个脉冲系统进行检查，保证脉冲阀的正常运转，定期排除反吹气包内的水分；h. 定期检查维修，确保过滤元件，密封元件完好。

八、预荷电袋式除尘器

预荷电袋式除尘器是将粉尘预荷电和袋式除尘两种技术结合起来形成的复合式袋滤器。对预荷电袋滤器的研究始于 20 世纪 70 年代，在袋式除尘器前面加一个预荷电装置，使粉尘粒子通过荷电发生凝并作用，然后由滤袋捕集，从而改善对微细粒子的捕集效果。试验研究还发现，粒子荷电后附着在滤袋表面形成的粉尘层质地疏松，阻力变小，从而降低了除尘器的阻力。

1. 静电电荷的作用

粉尘和滤布的电荷会有以下 2 种现象。

① 当粉尘与滤布所带的电荷相斥时，粉尘被吸附在滤布上，从而提高了除尘效率，但滤料在清灰时，表面吸引的灰尘较难清除。

② 反之，如果粉尘与滤布两者所带的电荷相同，相互之间则产生排斥力，致使除尘效率下降。

因此，静电效应既能改善滤布的除尘效率，又会影响滤布的清灰效率。所以，静电作用能改善，也能妨碍滤布的除尘效率。这就是所谓的静电效应。

当含尘气流在无外加电场流过滤料时，它会出现以下 3 种静电效应。

① 尘粒荷电和滤料纤维为中性时，此时在纤维上所具有的反向诱导电荷会出现静电吸引力。

② 滤料纤维荷电，尘粒为中性时，此时尘粒只有反向诱导电荷，因而会出现静电吸引力。

③ 滤料纤维与尘粒两者均荷电，此时按各自电荷的配对情况，可能会有吸引力，也可能会有排斥力。

2. 荷电粉尘特性

一般尘粒和滤料的自然带电量都很少，其静电作用力也极小。但如果有意识地人为给尘粒和滤料荷电，静电作用力将非常明显，从而使净化效果大大增强。

一般静电效应只有在粉尘粒径大于 $1\mu m$ 以及过滤风速很低时才显示出来。在外加电场的情况下，可加强静电作用，提高除尘效率。

当粒子和纤维所带电荷正负相反，并有足够电位差时，粒子就能克服惯性力，沉积在纤维上。如果粒子和纤维带有相同的电荷，则形成多孔的、容易清除的尘饼，从而降低粉尘层阻力并利于清灰。

对粉尘预荷电的基础试验表明：在阳极宽度为 200mm 条件下，粉尘荷电时间（电场停留时间）仅需 0.1s，荷电饱和度为 90%；粉尘荷电后滤袋的压力损失比不预荷电时降低 20%～40% 不等，粉尘负荷越大，阻力降低越明显；粉尘预荷电后，无论气体相对湿度高低，粉尘对滤料的穿透率均比不荷电时要低，预荷电后粉尘捕集效率提高 15%～20% 不等。

赋予荷电装置的功能很单纯：仅仅使粉尘荷电，不要求除尘效率。因而结构简单，体积很小，与分区组合电袋除尘器设 1～2 个电场相比，钢耗和占地面积显著减少。

3. 预荷电反吹风袋式除尘器

图 4-81 所示为基于这种理念的预荷电反吹风袋

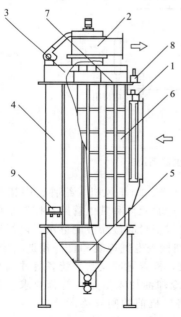

图 4-81 预荷电反吹风袋式除尘器

1—预荷电装置；2—塔式回转阀；3—上箱体；
4—中箱体；5—灰斗；6—滤袋；7—滤袋紧固装置；
8—高压电源；9—控制器

式除尘器，主要由预荷电器、上箱体、中箱体、灰斗及反吹风装置组成。

上箱体为净气室，内部分隔为若干个小室，其顶部装有反吹装置，下部为花板。中箱体为尘气室，不分室，内有滤袋，在侧面进风口处装有预荷电装置。预荷电装置由专用的高压电源供电。为使粉尘充分荷电，含尘气体在预荷电装置中停留的时间不小于 0.1s。

滤袋上端开口固定在花板上，下端固定在活动框架上，并靠框架自重拉紧。滤袋在一定间隔上装有防瘪环，袋内不设支撑框架。

上箱体顶盖可以揭开，便于将滤袋向上抽出，换袋操作在除尘器外进行。

含尘气体由中箱体侧面进入，在预荷电装置中粉尘荷电后，由外向内穿过滤袋，粉尘被阻留在袋外，净气在袋内向上流动，经袋口到达上箱体，再经塔式回转阀的出口排出。清灰时，电控仪启动反吹风机，清灰气流经塔式回转阀的反吹风箱进入，同时启动回转阀将反吹风口对准上箱体某个小室的出口并定位，该小室对应的一组滤袋即停止过滤，反吹气流令其处于膨胀状态，附着于滤袋外表面的粉尘被清离而落入灰斗。该小室清灰结束后，回转阀将反吹风口移至下一小室的出口并定位，按此顺序对上箱体各个小室进行清灰。灰斗集合的粉尘由螺旋卸灰器卸出。

4. 预荷电脉冲袋式除尘器

预荷电袋式除尘器在技术上的新进展是：在清灰方式上，用脉冲喷吹清灰替代了过去的反吹风清灰；在除尘器结构上，用直通均流式袋式除尘器结构替代了过去的圆筒体结构；除尘器的处理风量由过去的 $10^5 \mathrm{m}^3/\mathrm{h}$ 提高到 $10^6 \mathrm{m}^3/\mathrm{h}$。预荷电脉冲袋式除尘器结构见图 4-82。利用荷电粉尘在滤袋表面出现的变化而提高对 $\mathrm{PM}_{2.5}$ 的捕集效率，并降低袋式除尘器的阻力。预荷电袋式除尘器主要由预荷电装置和袋滤除尘装置两大部分组成。含尘气体进口位于除尘器端部的进气，喇叭管内，预荷电装置使粉尘充分荷电。在荷电装置与袋滤除尘装置之间设有百叶窗式气流分布板，以合理分布含尘气流，控制滤袋迎风面的风速不大于 1.2m/s，确保滤袋不受冲刷。含尘气体经滤袋除去粉尘后，净气向上前往净气通道，并从尾端排出。

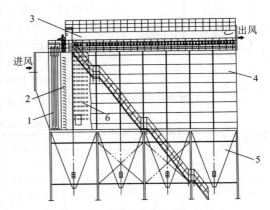

图 4-82　预荷电脉冲袋式除尘器
1—预荷电装置；2—除流板；3—上箱体；
4—中箱体；5—灰斗；6—滤袋；

滤袋材质采用海岛纤维滤料，以提高 $\mathrm{PM}_{2.5}$ 的捕集率。

测试结果表明，滤料对 $3\mu\mathrm{m}$ 粒子的捕集效率大于 98%，对 $2.5\mu\mathrm{m}$ 粒子的捕集效率为 96.9%。

九、滤筒式除尘器

滤筒式除尘器具有体积小、效率高等优点。由于新型滤料的出现和除尘器设计的改进，滤筒式除尘器在除尘工程中开始应用。

1. 滤筒构造

滤筒式除尘器的过滤元件是滤筒，滤筒的构造分为顶盖、金属框架、褶形滤料和底座 4 部分。

滤筒是设计长度的滤料折叠成褶，首尾黏合成筒；筒的内外用金属框架支撑，上下用顶盖和底座固定，顶盖有固定螺栓及垫圈。圆形滤筒的外形尺寸见图 4-83 和表 4-102。

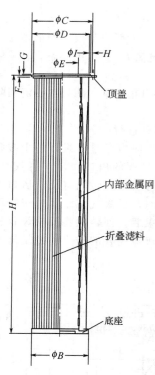

图 4-83 圆形滤筒外形尺寸图

2. 除尘器构造

除尘器由进风管、排风管、箱体、灰斗、清灰装置、滤筒及电控装置组成。

滤筒在除尘器中的布置很重要，滤筒可以垂直布置在箱体花板上，也可以倾斜布置在花板上，用螺栓固定，并垫有橡胶垫；花板下部分为过滤室，上部分为净气室。滤筒除了用螺栓固定外，更方便的方法是自动锁紧装置和橡胶压紧装置，这两种方法对安装和维修十分方便。

3. 滤筒式除尘器工作原理

含尘气体进入除尘器灰斗后，由于气流断面突然扩大，气流中一部分颗粒粗大的尘粒在重力和惯性力作用下沉降下来，粒度细、密度小的尘粒进入过滤室后，通过布朗扩散和筛滤等综合效应，使粉尘沉积在滤料表面，净化后的气体进入净气室由排气管经风机排出。

滤筒式除尘器的阻力随滤料表面粉尘层厚度的增加而增大，阻力达到某一规定值时，进行清灰，此时脉冲控制仪控制脉冲阀的启闭。当脉冲阀开启时，气包内的压缩空气通过脉冲阀经喷吹管上的小孔喷射出一股高速、高压的引射气流，从而形成一股相当于引射气流体积 1～2 倍的诱导气流，一同进入滤筒内，使滤筒内出现瞬间正压并产生鼓胀和微动；沉积在滤料上的粉尘脱落，掉入灰斗内，灰斗内的粉尘通过卸灰阀，连续排出。

表 4-102 回形滤筒的尺寸系列

长度 H/mm	直径 D/mm							
	120	130	140	150	160	200	320	350
660						☆	☆	☆
700						☆	☆	☆
800	☆					☆	☆	☆
1000	☆	☆	☆	☆	☆	☆	☆	☆
2000	☆	☆	☆	☆	☆	☆		

注：1. 滤筒长度 H，可按使用需要加长或缩短，并可两节串联；

2. 直径 D 指外径，是名义尺寸；

3. 有标志"☆"者为推荐组合，单位 mm。

这种脉冲喷吹清灰方式，是逐排滤筒顺序清灰，脉冲阀开闭一次产生一个脉冲动作，所需的时间为 0.1～0.2s；脉冲阀相邻两次开闭的间隔时间为 1～2min，全部滤筒完成一次清灰循环所需的时间为 10～30min。由于本设备为低压脉冲清灰，所以根据设备阻力情况，应把喷吹时间适当延长，而把喷吹间隔和喷吹周期适当缩短。

4. 滤筒式除尘器的特点

滤筒式除尘器的特点如下：a. 由于滤料折叠成褶使用，布置密度大，除尘器结构紧凑，体积小，滤料性能要韧性大；b. 滤筒高度小，安装方便，使用维修工作量小；c. 同体积除尘器过滤面积相对较大，过滤风速较小，阻力不大；d. 滤料折褶要求两端密封严格，不能有漏气，否则会降低效果。

5. 滤筒式除尘器性能指标

含尘气流由上部风口进入气箱，通过导流挡板将气流均匀分配至过滤元件，在过滤元件的作用下，粉尘被吸附在过滤元件的表面，洁净的气体通过出口管道排出，脉冲阀在控制仪的控制下，对过滤元件轮流进行清灰；由于过滤元件采用垂直安装方式，可以保证良好的清灰效果。其主要性能和指标见表 4-103。

表 4-103　滤筒式除尘器主要性能和指标

项目	滤 筒 材 质					
	合成纤维非织造		改性纤维素	合成纤维非织造覆膜		改性纤维素覆膜
入口含尘浓度（标）/(g/m³)	>15	≤15	≤5	>15	≤15	≤5
过滤风速/(m/min)	0.3～0.8	0.6～1.0	0.3～0.6	0.3～1.0	0.8～1.2	0.3～0.8
出口含尘浓度（标）/(mg/m³)	≤30		≤20	≤10		≤10
	≤20		≤10	≤5		≤5
漏风率/%	≤2		≤2	≤2		≤2
设备阻力/Pa	1400～1900		1400～1800	1400～1900		1300～1800
耐压强度/kPa	5					

注：1. 用于特殊工况其耐压强度应按实际情况计算。

2. 滤筒式除尘器的初始阻力应不大于表 4-103 阻力的下限值，清灰后的阻力应小于上限值。

3. 实测漏风率按式（4-40）计算，

$$\varepsilon_1 = (Q_0 - Q_1)/Q_0 \times 100\% \tag{4-40}$$

式中，Q_0 为入口风量，m^3h；Q_1 为出口风量，m^3/h。

4. 表中，除尘器的漏风率宜在净气箱静压为 $-2kPa$ 条件下测得。当净气箱实测静压与 $-2kPa$ 有偏差时，按公式（4-41）计算，

$$\varepsilon = 44.72 \times \frac{\varepsilon_1}{\sqrt{|P|}} \tag{4-41}$$

式中，ε 为漏风率，%；ε_1 为实测漏风率，%；P 为净气箱内实测静压（平均），Pa。

5. 当除尘器运行阻力超过表 4-103 数值时，可以减小喷吹清灰时间间隔；改变滤筒安装为垂直或增加倾斜角度；采取避免含尘气体中含有油、水液滴等措施。

6.《滤筒式除尘器》（JB/T 10341）对滤筒专用滤料的要求

（1）合成纤维非织造滤料

① 按加工工艺可分为双组分连续纤维纺黏聚酯热压及单组分连续纤维纺黏聚酯热压两类。

② 合成纤维非织造滤料的主要性能和指标应符合表 4-104 的规定。

表 4-104　合成纤维非织造滤料的主要性能和指标

特性		单位	双组分连续纤维纺黏聚酯热压	单组分连续纤维纺黏聚酯热压
形态特性	单位面积质量偏差	%	±2.0	±4.0
	厚度偏差	%	±4.0	±6.0
断裂强力(50mm)	经向	N	>900	>400
	纬向		>1000	>400
断裂伸长率	经向	%	<9	<15
	纬向		<9	<15
透气度	透气度	m³/(m²·min)	15	5
	透气度偏差	%	±15	±15
除尘效率(计重法)		%	≥99.95	≥99.95
PM₂.₅ 的过滤效率		%	≥40	≥40
最高连续工作温度		℃	≤120	

注：1. 透气度的测试条件为 $\Delta p = 125Pa$。

2. 表中，透气度与过滤阻力的换算公式为：

$$Q_1/Q_2 = \Delta p_1/\Delta p_2 \tag{4-42}$$

式中，Q_1 为透气度，$m^3/(m^2 \cdot min)$；Q_2 为过滤风速，m/min；Δp_1 为透气度的测试条件，Pa；Δp_2 为过滤阻力，Pa。

③ 滤料作表面防水处理，疏水性能测定应符合 GB/T 4745 的规定。处理后的滤料其浸润角应大于 90°，沾水等级不得低于Ⅳ级。

④ 防静电滤料应符合表 4-105 的规定。

表 4-105　滤料的抗静电特性

滤料抗静电特性	最大限值	滤料抗静电特性	最大限值
摩擦荷电电荷密度/(μC/m²)	<7	表面电阻/Ω	<10^{10}
摩擦电位/V	<500	体积电阻/Ω	<10^9
半衰期/S	<1		

⑤ 对高温等其他特殊工况，滤料材质的选用应满足应用要求。

（2）改性纤维素滤料

① 改性纤维素滤料可分为低透气度和高透气度两类。

② 改性纤维素滤料的主要性能和指标应符合表 4-106 的规定。

表 4-106　改性纤维素滤料的主要性能和指标

特性		单位	低透气度	高透气度
形态特性	单位面积质量偏差	%	±3	±5
	厚度偏差	%	±6.0	±6.0
透气度	透气度	m³/(m²·min)	5	12
	透气度偏差	%	±12	±10
除尘效率（计重法）		%	≥99.8	≥99.8
PM$_{2.5}$ 的过滤效率		%	≥40	≥40
耐破度		MPa	≥0.2	≥0.3
挺度		N·m	≥20	≥20
最高连续工作温度		℃	≤80	

（3）聚四氟乙烯覆膜滤料

① 合成纤维非织造聚四氟乙烯覆膜滤料的主要性能和指标应符合 4-107 的规定。

表 4-107　合成纤维非织造聚四氟乙烯覆膜滤料的主要性能和指标

特性		单位	双组分连续纤维纺黏聚酯热压	单组分连续纤维纺黏聚酯热压
形态特性	单位面积质量偏差	%	±2.0	±4.0
	厚度偏差	%	±4.0	±6.0
断裂强力（50mm）	经向	N	>900	>400
	纬向		>1000	>400
断裂伸长率	经向	%	<9	<15
	纬向		<9	<15
透气度	透气度	m³/(m²·min)	6	3
	透气度偏差	%	±15	±15
除尘效率，计重法		%	≥99.99	≥99.99
PM$_{2.5}$ 的过滤效率		%	≥99.5	≥99.0
覆膜牢度	覆膜滤料	MPa	0.03	0.03
疏水特性	浸润角	(°)	>90	>90
	沾水等级		≥Ⅳ	≥Ⅳ
最高连续工作温度		℃	≤120	

注：同表 4-104 表注。

② 改性纤维素聚四氟乙烯覆膜滤料的主要性能和指标应符合表 4-108 的规定。

表 4-108 改性纤维素聚四氟乙烯覆膜滤料的主要性能和指标

特性		单位	双组分连续纤维纺黏聚酯热压	单组分连续纤维纺黏聚酯热压
形态特性	单位面积质量偏差	%	±3	±5
	厚度偏差	%	±6	±6
透气度	透气度	$m^3/(m^2 \cdot min)$	3.6	8.4
	透气度偏差	%	±11	±12
除尘效率,计重法		%	≥99.95	≥99.95
$PM_{2.5}$ 的过滤效率		%	≥99.5	≥99.0
覆膜牢度	覆膜滤料	MPa	0.02	0.02
疏水特性	浸润角	(°)	>90	>90
	沾水等级		≥Ⅳ	≥Ⅳ
最高连续工作温度		℃	≤120	

7. 滤筒滤材

广州市白云美好滤筒滤材主要是以纺粘法生产的聚酯无纺布作基材,经过后加工整理制作而成。滤材有六大系列产品。普通聚酯无纺布系列,铝(Al)覆膜系列,防静电(F1)系列,防油、拒水、防污(F2)系列,氟树脂多微孔膜(F3)系列,PTFE(F4)膜系列,性能见表 4-109。

表 4-109 主要系列的技术性能参数

分 类	型 号	定重 /(g/m²)	厚度 /mm	透气度 /[L/(m²·s)]	强 度 纵向 /(N/5cm)	强 度 横向 /(N/5cm)	工作温度 /℃	过滤精度 /μm	过滤效率 /%
涤纶滤料系列	MH217	170	0.45	220	600	450	≤135	5	≤99
	MH224	240	0.6	180	800	600	≤135	5	≤99.5
防静电系列	MH224AL	240	0.6	180	800	600	≤65	5	≤99.5
	MH224ALF2	240	0.6	180	800	600	≤65	5	≤99.5
	MH226F1	265	0.65	160	850	650	≤135	3	≤99.5
拒水防油系列	MH1217F2	170	0.45	220	600	450	≤135	5	≤99
	MH224F2	240	0.6	180	800	600	≤135	5	≤99.5
氟树脂膜系列	MH224F3	240	0.6	50~70	800	600	≤65	1	≤99.5
	MH224HF3	240	0.6	30~50	800	600	≤65	0.5	≤99.5
	MH217F3	170	0.45	60~80	600	450	≤65	1	≤99.5
	MH224ALF3	240	0.6	50~70	800	600	≤65	1	≤99.5
	MH224F3-ZW	240	0.6	40~60	800	600	≤135	1	≤99.5
PTFE 膜系列	MH217F4	170	0.45	60~80	600	450	≤135	0.5	≤99.99
	MH224F4	240	0.6	50~70	800	600	≤135	0.5	≤99.99
	MH224F4-ZR	240	0.6	50~70	800	600	≤135	0.5	≤99.99
	MH224F4-KC	240	0.6	50~70	800	600	≤135	0.5	≤99.99

8. 滤筒式除尘器

滤筒式除尘器适用于捕集化工制药,食品加工、冶金、铸造、碳素材料、机械加工、建材等行业产生的细小而干燥的非纤维粉尘,滤筒式除尘器可作为室内移动式除尘设备。

(1)滤筒式除尘器的选用注意事项

① 由于滤料褶皱使用,布置密度比较大,使滤筒式除尘器体积小,过滤面积大。从而使过滤风速相对较小,降低了设备阻力,但对滤料韧性要求比较高。

② 滤筒式除尘器净化后空气质量高于室内要求时,可直接排放室内循环使用,无通风热量损失。

③ 滤筒高度小,安装方便,使用维修工作量小。

④ 滤料褶皱要求两端密封严格,不能有漏气。

⑤ 环境温度及被处理的含尘气体温度不超过 120℃,当超过 120℃时必须选用高温滤筒。

⑥ 被处理的含尘气体相对湿度大于 30%,且小于 80%。

⑦ 被处理的含尘气体不足以腐蚀金属和破坏绝缘。

⑧ 安置于无剧烈振动、冲击和有雷雨袭击的地方。

⑨ 滤筒式除尘器不适用于捕集黏性、吸湿性粉尘。

⑩ 根据除尘要求选用移动或固定式滤筒除尘器。选用移动式滤筒除尘器时，只需将除尘器拉到工作区、将除尘罩调节到产尘点开机即可；选用固定式滤筒除尘器时，需将除尘器置于独立的除尘空间、配置相应的风管及吸尘罩与除尘器连接，除尘后气体可直接排至室内。

⑪ 根据现场有无气源选择清灰方式不同的滤筒式除尘器。对单机式滤筒除尘器，清灰可采用自动脉冲反吹清灰和振动清灰两种，但只能在风机关停以后进行；对于模块组合式滤筒除尘器采用自动脉冲反吹清灰，可在工作时由脉冲仪反吹清灰。

（2）滤筒式除尘器型号示例

LT-5/A：LT—滤筒式除尘器；5—风量 500m^3/h；

A—固定型、振动式；B—固定型、脉冲式；

C—移动型、振动式；D—模块型、脉冲式。

（3）滤筒式除尘器性能和外形尺寸

① LT-A（B）型滤筒式除尘器外形尺寸见图 4-84。

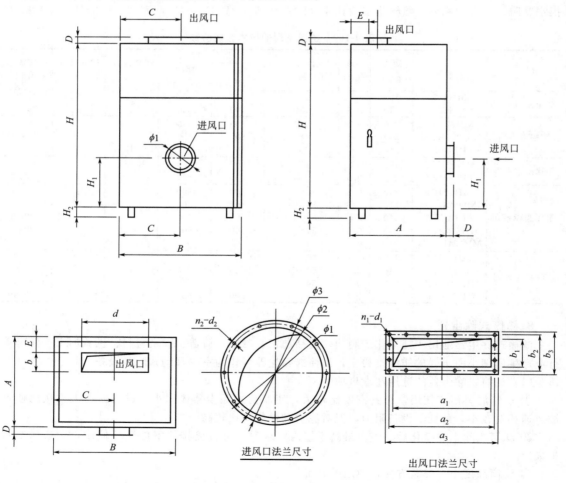

注：1.进风口位置可根据实际情况设在除正面以外的其他3个侧面。
　　2.设备可直接置于地面或楼板，无需安装。

图 4-84　LT-A（B）型滤筒式除尘器外形尺寸

② LT-C 型滤筒式除尘器外形尺寸见图 4-85。

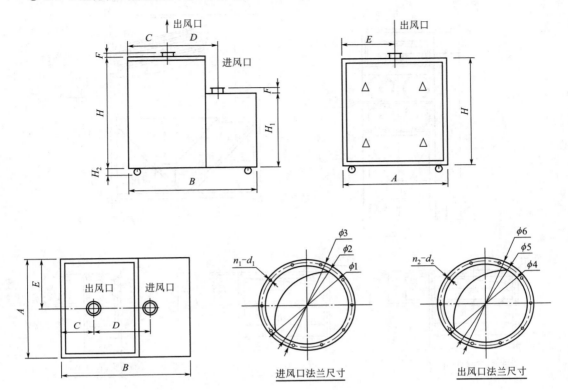

注：设备可直接置于地面或楼板，无需安装。

图 4-85 LT-C 型滤筒式除尘器外形尺寸

③ LT-D 型滤筒式除尘器外形尺寸见表 4-110 和图 4-86。

表 4-110 LT-D 型滤筒式除尘器外形尺寸表 单位：mm

尺寸 型号	A	H_1	B_0	a_1	a_2	a_3	b_1	b_2	b_3	c_1	c_2	c_3	e_1	e_2	e_3	n_1-d_1	n_2-d_2
LT-65/D	680	1890	240	582	612	642	612	642	682	302	332	362	252	281	302	16—ϕ10	8—ϕ7.5
LT-95/D	680	2200	230	582	612	642	612	642	682	302	332	362	252	281	302	16—ϕ10	8—ϕ7.5
LT-120/D	1360	1890	240	1002	1032	1062	1002	1032	1062	302	332	362	402	431	452	16—ϕ10	12—ϕ7.5
LT-190/D	1360	2200	230	1002	1032	1062	1002	1032	1062	302	332	362	402	431	452	16—ϕ10	12—ϕ7.5
LT-260/D	2720	1890	240	1002	1032	1062	1762	1802	1842	322	362	402	402	431	452	26—ϕ12	12—ϕ7.5
LT-380/D	2720	2200	230	1002	1032	1062	1762	1802	1842	322	362	402	402	431	452	26—ϕ12	12—ϕ7.5

注：1. LT-260 外形即为两个 LT-130 并排布置组合而成；
2. LT-380 外形即为两个 LT-190 并排布置组合而成。

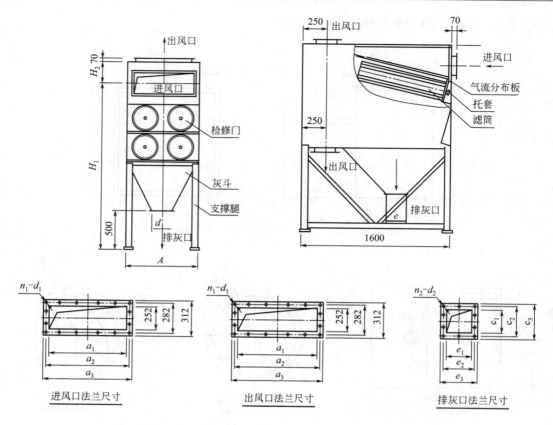

注：1.出风口位置可根据实际情况设在顶部或下部。
　　2.设备可直接置于地面或楼板，无需安装。

图 4-86　LT-D 型滤筒式除尘器外形尺寸

（4）滤筒除尘器支座安装详图如图 4-87 和表 4-111，材料规格如表 4-112 所列。

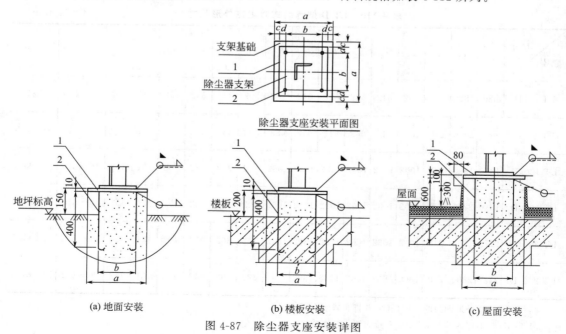

图 4-87　除尘器支座安装详图

表 4-111　安装尺寸表　　　　　　　　　　　　单位：mm

尺寸 型号	a	b	c	d
质量≤1000kg	300	160	—	70
1000kg＜质量≤2000kg	400	260	—	70
2000kg＜质量≤3000kg	500	260	50	70

表 4-112　材料规格表

型号		质量≤1000kg		1000kg＜质量≤2000kg		2000kg＜质量≤3000kg	
件号	名称	材料	规格	材料	规格	材料	规格
1	预埋钢板	Q235-B	300×300×10	Q235-B	400×400×10	Q235-B	400×400×1
2	钢筋	Q235-B	4-ϕ12	Q235-B	4-ϕ12	Q235-B	4-ϕ12

十、塑烧板除尘器

塑烧板除尘器是用塑烧板代替袋过滤部件的除尘器，其适合规模不大、气体中含有一定水分、油分的除尘场合。塑烧板除尘器的工作原理与普通袋式除尘器基本相同，其区别在于塑烧板的过滤机理属于表面过滤，主要是筛分效应，且塑烧板自身的过滤阻力较一般织物滤料稍高。正是由于这两方面的原因，塑烧板除尘器的阻力波动范围比袋式除尘器小，使用塑烧板除尘器的除尘系统运行比较稳定。

1. 塑烧板

塑烧板是除尘器的关键部件，是除尘器的心脏，塑烧板的性能直接影响除尘效果。塑烧板由高分子化合物粉体经铸型、烧结成多孔的母体，并在表面及空隙涂有氟化树脂，再用黏合剂固定而成，塑烧板内部孔隙直径为 $40\sim80\mu m$，而表面孔隙为 $4\sim6\mu m$。

塑烧板的外形类似于扁袋，外表面呈现波纹形状，因此较扁袋可增加过滤面积，相当于同等尺寸平面的 3 倍。塑烧板内部有空腔，作为净气及清灰气流的通道，塑烧板的部分规格见表 4-113。

表 4-113　塑烧板的尺寸

塑烧板型号 SL170/SL160	类　型	外形尺寸/mm			过滤面积	质量/kg
		长	高	厚		
450/8	AS	497	495	62	1.2	3.3
900/8	AS	497	950	62	2.5	5.0
450/18	AS	1047	495	62	2.7	6.9
750/18	AS	1047	800	62	4.5	10.3
900/18	AS	1047	958	62	5.5	12.2
1200/18	AS	1047	1260	62	7.5	16.0
1500/18	AS	1047	1555	62	9.0	21.5

2. 塑烧板除尘器的特点

塑烧板除尘器的外形和结构同一般的袋式除尘器大致相同，塑烧板内不需框架支撑，清灰时采用高压脉冲喷吹清灰，喷吹压力为 $0.4\sim0.6$MPa。清灰周期视粉尘浓度而定，一般为

10～30min。

这种除尘器有以下特点。

① 塑烧板属表面过滤方式，除尘效率较高，排放浓度通常低于 $10mg/m^3$，对微细尘粒也有较好的除尘效果。

② 压力损失稳定，在使用的初期，因粉尘不深入塑烧板内部，压力损失增长较快，但很快趋于稳定。

③ 设备结构紧凑，占地面积小。

④ 由于塑烧板的刚性本体，不会变形，无钢骨架磨操作，所以使用寿命长，为滤袋的 2～4 倍。

⑤ 塑烧板表面和孔隙经过氟化树脂处理，惰性的树脂是完全疏水的，不但不沾干燥粉尘，而且对含水较大的粉尘也不易沾结，所以塑烧板除尘器处理高含水量或含油量粉尘是最佳选择。

⑥ 塑烧板除尘器价格昂贵，处理同样风量为袋式除尘器的 2～6 倍。

塑烧板除尘器的制造安装要点是：a.塑烧板吊挂时必须与花板连接严密，把胶垫垫好不漏气；b.脉冲喷吹管上的孔必须与塑烧板空腔上口对准，如果偏斜，会造成整块板清灰不良；c.塑烧板安装必须垂直向下，避免板间距不均匀；d.塑烧板除尘器检修门应开关方便，并且要严密，无泄漏现象。

在维护检修方面，塑烧板除尘器比袋式除尘器方便，容易操作，也易于检修。平时应注意脉冲阀供气压力是否稳定，除尘器阻力是否偏高，卸灰是否通畅等。

3. 塑烧板除尘器的性能

（1）产品性能特点　除尘效率高达 99.99%，可有效去除 $0.1\mu m$ 以上的粉尘；净化值小于 $1mg/m^3$；使用寿命长达 8 年以上；有效过滤面积大，体积仅为传统布袋过滤器的 1/3；耐酸碱、耐潮湿、耐磨损；系统结构简单，维护便捷；运行费用低，能耗低；有非涂层、标准涂层、抗静电涂层、不锈钢型等供选择；普通型过滤元件耐温达 70℃。

（2）常温塑烧板除尘器　HSL 型及 DELTA 型两个系列各种规格的塑烧板除尘器，过滤面积小至不足 1 平方米到大至数千平方米；也可根据客户的具体需求，进行特别设计。部分常用 HSL 系列除尘器外形尺寸见图 4-88，主要性能参数见表 4-114；HSA 系列塑烧板除尘器安装尺寸见表 4-115；DELTA 系列除尘器外形尺寸见图 4-89，主要性能参数见表 4-116。

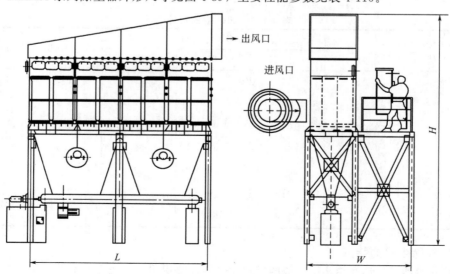

图 4-88　HSL 系列塑烧板除尘器外形尺寸

表 4-114　HSL 系列塑烧板除尘器性能参数表

型　号	过滤面积 /m²	过滤风速 /(m/min)	处理风量 /(m³/h)	设备阻力 /Pa	压缩空气 /(m³/h)	压缩空气压力 /MPa	脉冲阀个数 /个
H1500-10/18	76.4	0.8～1.3	3667～5959	1300～2200	11.0	0.45～0.50	5
H1500-20/18	152.8	0.8～1.3	7334～11918	1300～2200	17.4	0.45～0.50	10
H1500-40/18	305.6	0.8～1.3	14668～23836	1300～2200	34.8	0.45～0.50	20
H1500-60/18	158.4	0.8～1.3	22000～35755	1300～2200	52.3	0.45～0.50	30
H1500-80/18	611.2	0.8～1.3	29337～47673	1300～2200	69.7	0.45～0.50	40
H1500-100/18	764.0	0.8～1.3	36672～59592	1300～2200	87.1	0.45～0.50	50
H1500-120/18	916.8	0.8～1.3	44006～71510	1300～2200	104.6	0.45～0.50	60
H1500-140/18	1069.6	0.8～1.3	51340～83428	1300～2200	125.0	0.45～0.50	70

注:摘自北京柯林柯尔科技发展有限公司产品样本。

表 4-115　HSA 系列塑烧板除尘器安装尺寸表

型　号	过滤面积 /m²	设备外形尺寸/mm			入门尺寸 /mm	出风口尺寸 /mm
		L	W	H		
H1500-10/18	76.4	1100	1600	4000	φ350	φ500
H1500-20/18	152.8	1600	1600	4500	φ450	φ650
H1500-40/18	305.6	3200	3600	4900	2φ450	1600×500
H1500-60/18	458.4	4800	3600	5300	3φ450	1600×700
H1500-80/18	611.2	5400	3600	5700	4φ450	1600×900
H1500-100/18	764.0	7000	3600	6100	5φ450	1600×1100
H150-120/18	916.8	8600	3600	6500	6φ450	1600×1300
H1500-140/18	1069.6	10200	3600	6900	7φ450	1600×1500

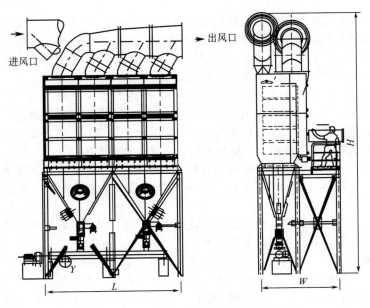

图 4-89　DELTA1500 系列除尘器外形尺寸

表 4-116　DELTA1500/9 系列塑烧板除尘器性能参数表

型　号	过滤面积 /m²	过滤风速 /（m/min）	处理风量 /（m³/h）	设备阻力 /Pa	压缩空气 /（m³/h）	压缩空气压力 /MPa	脉冲阀个数 /个
D1500-24	90	0.8～1.3	4331～7038	1300～2200	7.66	0.45～0.50	12
D1500-60	225	0.8～1.3	10828～17596	1300～2200	19.17	0.45～0.50	12
D1500-120	450	0.8～1.3	21657～35193	1300～2200	38.35	0.45～0.50	24
D1500-180	675	0.8～1.3	32486～52790	1300～2200	57.52	0.45～0.50	36
D1500-240	900	0.8～1.3	43315～70387	1300～2200	76.70	0.45～0.50	48
D1500-300	1125	0.8～1.3	54144～87984	1300～2200	95.88	0.45～0.50	60
D1500-360	1350	0.8～1.3	64972～105580	1300～2200	115.05	0.45～0.50	72
D1500-420	1575	0.8～1.3	75801～123177	1300～2200	134.23	0.45～0.50	84

注：摘自北京柯林柯尔科技发展有限公司产品样本。

第五节　电除尘器

电除尘器是除尘工程中应用较多的除尘器之一。由于处理烟气和粉尘性质的多样性、复杂性及电除尘器的工作特性，使得电除尘器标准设计较少，非标产品较多。应用中视工程具体情况进行选择。电除尘器也是能满足超低排放和特殊排放的除尘设备。

一、特点和分类

1. 电除尘器的特点

电除尘器是利用静电作用的原理捕集粉尘的设备，它是 1907 年由乔治·科特雷尔发明的，电除尘器和其他除尘器相比，有以下特点。

（1）除尘效率高　电除尘器可以用通过加长电场长度的办法提高捕集效率，普遍使用 3 个电场的电除尘器，当烟气中粉尘状态处于一般状态时，其捕集效率可达 99% 以上；如使用 4 个、5 个电场除尘器效率还能提高。当电除尘器运行若干年后，因电极腐蚀等原因，除尘效率会有所下降。

（2）设备阻力小，总的能耗低　电除尘器的能耗主要由设备阻力损失、由供电装置、电加热保温和振打电动机等能耗组成，而其他除尘器的阻力损失为主要能耗，在总能耗中占有较大份额，电除尘器的阻力一般仅为 200～300Pa，约为袋式除尘器的 1/5。由于总的能耗较低，又很少更换易损件，所以运行费用比袋式除尘器等要低得多。

（3）适用范围广　电除尘器可捕集粒径小于 $0.1\mu m$ 的粒子、300～400℃ 的高温烟气；湿式电除尘器不仅可除尘，还除去烟气中的水雾和酸雾，当烟气各参数发生一定范围波动时，电除尘器仍能保持良好捕集性能。但是烟气中粉尘的比电阻对电除尘器运行有着重要影响，当比电阻小于 $10^4\Omega\cdot cm$ 或大于 $10^{12}\Omega\cdot cm$ 时，电除尘器的正常过程受到干扰。

（4）可处理大风量烟气　电除尘器由于结构上易于模块化，因此可以实现装置大型化。目前单台电除尘器烟气处理量已达 $200\times10^4 m^3/h$，这样大的烟气量用袋式除尘器或旋风除尘器来处理都是不容易的。

（5）一次投资较大　电除尘器和其他除尘设备相比，结构复杂，耗用钢材较多，每个电场需配用一套高压电源及控制装置，因此价格较贵。

2. 电除尘器的分类

由于各行业工艺过程不同，烟气性状各异，粉尘性质有别，对电除尘器提出的要求不同，因此，出现了不同类型的设备，但对多数用户来说，板卧型干式电除尘器仍然是较佳选择。电除尘器的分类见表 4-117。

表 4-117　电除尘器分类

序号	区分标准	名称			特点	使用
1	按电场烟气流动方向	立式			烟气由下而上流经电场称为立式电除尘器,烟气水平进入电场称为卧式电除尘器;立式占地小,但高度较大,检修不便,且不易做成大型电除尘器	有的中、小型水泥厂中用立式电除尘器,有些化工部门也采用小型立式电除尘器,其他部门绝大多数采用卧式电除尘器
		卧式				
2	按电极形状	板式			棒帏式电除尘器阳极用实心圆钢帏状,结实,耐腐,不易变形,但较重,耗钢材多,且积灰不易振落;管式多制成立式,且小容量较多	有色冶金系统因烟气温度较高,工况不够稳定,故使用棒帏式除尘器;管式电除尘器用在高炉烟气净化和炭黑制造部门
		棒帏式				
		管式	并列管式			
			同心圆管式			
3	按电晕区和除尘区是否分开	单区			双区电除尘器前区,一般用 5～10μm 极细钨丝作阴极产生离子,后区除尘,因后区不要求产生离子,电压可降低,结构可简化,也省电。但尘粒若在前区未能荷电,到后区即无法捕集。另外,二次飞扬的尘粒也因无法再荷电而无法捕集	目前世界上使用的绝大多数电除尘器均为单区电除尘器,双区电除尘器仅在空气净化方面有应用
		双区				
4	按是否需要通水冲洗电极	干式			湿式电除尘器用水冲洗电极,使电场内充满水蒸气,降低了尘粒的比电阻,使除尘容易进行;另外,由于水对烟气中的 CO 等易爆气体有吸收作用,用水可减少爆炸危险。湿式的缺点是易腐蚀,要用不锈钢等高级材料,排出泥浆难以处理	一般只在易爆气体净化时或烟气温度过高而企业又有现成泥浆处理设备时才用湿式电除尘器,如高炉炉气净化和转炉炉气净化时有时用湿式电除尘器,在制酸系统也有用湿式的
		湿式				
5	按电场数或室数多少	N 电场($N=3$～8)			电场数量多,可分场供电,有利于提高操作电压,电场多,自然除尘效率高,但成本也高。分室的目的一般是为了损坏时检修方便,有时大型电除尘器由于结构上的需要也分成双室甚至三室的,这对气流分布也较有利	在有色冶金部门中用双室较多。电场多少则是根据除尘效率要求的高低而决定的,进口含尘量越多,除尘效率要求越高,所以需要电场数越多
		单室双室				
6	按电极间距离多少	窄间距(约 150mm)			在高比电阻粉尘时,电极距宽能提高阴极表面电场强度,增加电场电流,有利于除尘;电极宽便于检修,但电源电压要求较高,最高达 200kV,绝缘要求高,价格贵	日本在水泥、玻璃、石灰等工业中有应用,称作 WS 型电除尘器或 ESCS 型电除尘器
		宽间距(＞160mm)				
7	按其他标准	防爆式			防爆电除尘器有防爆装置,能防止爆炸,或者爆炸时卸荷减少损坏等;原式电除尘器正离子参加捕尘工作,使电除尘器能力增加可移动电极电除尘器顶部装有电极卷取器	防爆电除尘器用在特定场合,如平炉烟气、转炉烟气的除尘原式电除尘器的新品种可移动电极电除尘器常用于净化高比电阻粉尘的烟气
		原式				
		移动电极式				

二、选型计算

　　电除尘器应用成功与否,是与设计、设备质量、加工和安装水平、操作条件、气体和粉尘性质等多种因素相关联的综合结果。要取得理想的除尘效果,必须了解各有关环节与除尘机理的联系,考虑各种影响因素,正确设计计算。

1. 影响电除尘器性能的因素

　　影响电除尘器的性能有诸多因素,可大致归纳为烟尘性质、设备状况和操作条件 3 个方面。

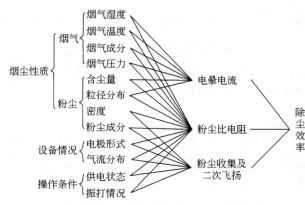

图 4-90　影响电除尘器性能的主要因素及其相互关系

这些因素之间的相互联系如图 4-90 所示，由图可知，各种因素的影响直接关系到电晕电流、粉尘比电阻、除尘器内的粉尘收集和二次飞扬这 3 个环节，而最后结果表现为除尘效率的高低。

（1）烟尘性质的影响　粉尘的比电阻，适用于电除尘器的比电阻为 $10^4 \sim 10^{11} \Omega \cdot$ cm。比电阻低于 $10^4 \Omega \cdot$ cm 的粉尘，其导电性能强，在电除尘器电场内被收集时，到达沉降极板表面后会快速释放其电荷，而变为与沉淀极同性，然后又相互排斥，重新返回气流，可能在往返跳跃中被气流带出，所以除尘效果差；相反，比电阻高于 $10^{11} \Omega \cdot$ cm 以上的粉尘，在到达沉降极以后不易释放其电荷，使粉尘层与极板之间可能形成电场，产生反电晕放电。

对于高比电阻粉尘，可以通过特殊方法进行电除尘器除尘，以达到气体净化，这些方法包括气体调质、采用脉冲供电、改变除尘器本体结构、拉宽电极间距并结合变更电气条件。

（2）烟气湿度　烟气湿度能改变粉尘的比电阻，在同样温度条件下，烟气中所含水分越大，其比电阻越小。粉尘颗粒吸附了水分子，粉尘的导电性增大，由于湿度增大，击穿电压上长，这就允许在更高的电场电压下运行。击穿电压与空气含湿量有关，随着空气中含湿量的上升，电场击穿电压相应提高，火花放电较难出现，这种作用对电除尘器来说，是有实用价值的，它可使除尘器能够在提高电压的条件下稳定地运行，电场强度的增高会使降尘效果显著改善。

（3）烟气温度　气体温度也能改变粉尘的比电阻，而改变的方向却有几种可能：表面比电阻随温度上升而增加（这只在低温度交接处有一段）过渡区，表面和体积比电阻的共同作用区。电除尘工作温度可由粉尘比电阻与气体温度关系曲线来选定。

烟气温度的影响还表现在对气体黏滞性影响，气体黏滞性随着温度的上升而增大，这将影响其驱进速度的下降。气体温度越高对电除尘器的影响是负面的，如果有可能，还是在较低温度条件下运行较好，所以，通常在烟气进入电除尘器之前先要进行气体冷却，降温既能提高净化效率，又可利用烟气余热。然而，对于含湿量较高和有 SO_3 之类成分的烟气，其温度一定要保持在露点温度 20～30℃ 以上作为安全余量，以避免冷凝结露，发生糊板、腐蚀和破坏绝缘。

（4）烟气成分　烟气成分对负电晕放电特性影响很大，烟气成分不同，在电晕放电中电荷载体的迁移不同。在电场中，电子与中性气体分子相撞而形成负离子的概率在很大程度上取决于烟气成分，据统计，其差别是很大的，氦、氢分子不产生负电晕，氯与二氧化硫分子能产生较强的负电晕，其他气体互有区别；不同的气体成分对电除尘器的伏安特性及火花放电电压影响甚大，尤其是在含有三氧化硫时，气体对电除尘器运行效果有很大影响。

（5）烟气压力　有经验公式表明，当其他条件确定以后，起晕电压随烟气密度而变化，烟气的温度和压力是影响烟气密度的主要因素。烟气密度对除尘器的放电特性和除尘性能都有一定影响，如果只考虑烟气压力的影响，则放电电压与气体压力保持一次（正比）关系。在其他条件相同的情况下，净化高压煤气时电除尘器的压力比净化常压煤气时要高，电压高，其除尘效率也高。

（6）粉尘浓度　电除尘器对所净化的气体的含尘浓度有一定的适应范围，如果超过一定范围，除尘效果会降低，甚至中止除尘过程，因为在电除尘器正常运行时，电晕电流是由气体离子和荷电尘粒（离子）两部分组成的，但前者的驱进速度约为后者的数百倍（气体离子平均速度为 60～100m/s，尘粒速度大体在 60cm/s 以下）。一般粉尘离子形成的电晕电流仅占总电晕电流的 1％～2％，粉尘的质量比气体分子大得多，而离子流作用在荷电尘粒上所产生的运动速度远不如作用在气体离子上所产生的运动速度高。烟气粉尘浓度越大，尘粒离子也越多，然而单位体积中的总空间电荷不变，所以粉尘离子越多，气体离子所形成的空间电荷自然相应减少，于是电场内驱进速度降低，电晕闭塞，除尘效率显著下降，所以，电除尘器净化烟气时，通过电场的电流趋近于零，发生电晕闭塞。因此，电除尘器净化烟气时，其气体含尘浓度应有一定的允许界限。

电除尘器允许的最高含尘浓度与粉尘的粒径、质量组成有关，如中位径为 $24.7\mu m$ 的钢铁厂烧结机尾粉尘，入口质量浓度 $30g/m^3$，电流下降不明显；而对中位径为 $3.2\mu m$ 的粉尘，入口质量浓度大于 $8g/m^3$ 的吹氧平炉粉尘，却使电晕电流比通烟尘之前下降 80% 以上。有资料认为粒径为 $1\mu m$ 左右的粉尘对电除尘效率的影响尤为严重。

（7）粉尘粒径分布　　试验证明，带电粉尘向沉淀极移动的速度与粉尘颗粒半径成正比，粒径越大，除尘效率越高；尺寸增至 $20\mu m$ 之前基本如此；尺寸至 $20\sim40\mu m$ 阶段，可能出现效率最大值；再增大粒径，其除尘效率下降，原因是大尘粒的非均匀性具有较大导电性，容易发生二次扬尘和外携。也有资料指出，粒径在 $0.2\sim0.5\mu m$ 之间，由于捕集机理不同，会出现效率最低值（带电粒子移动速度最低值）。

（8）粉尘密度、黏附力　　粉尘的密度与烟气在电场内的最佳流速与二次扬尘有密切关系，尤其是堆积密度小的粉尘，由于体积内的孔隙率高，更容易形成二次扬尘，从而降低除尘效率。

粉尘黏附力是由粉尘与粉尘之间，或粉尘颗粒与极板表面之间接触时的机械作用力、电气作用力等综合用途的结果，附着力大的不易振打清除，而附着力小的又容易产生二次扬尘；机械附着力小、电阻低、电气附着力也小的粉尘容易发生反复跳跃，影响电除尘器效率。粉尘黏附力与颗粒的物质成分有一定关系，矿渣粉、氧化铝粉、黏土熟料等粉尘的黏附力就小，水泥粉尘、纤维粉尘、无烟煤粉尘等，通常有很大的黏附力。黏附力与其他条件，如粒径大小、含湿量高低等有密切关系。

（9）设备情况对电除尘效率的影响

① 设备的安装质量。如果电极线的粗细不匀，则在细线上发生电晕时，粗线上还不能产生电晕，为了使粗线发生电晕而提高电压，又可能导致细线发生击穿。

如果极板（或线）的安装没有对好中心，则在极板之间即使有一个地方过近，都必然降低电除尘器电压，因此这里有击穿危险。

同样，任何偶然的尖刺、不平和卷边等也会产生这种影响。

② 气流分布。气流分布的影响也是重要的，气流分布不均匀会严重影响除尘效果。

（10）操作条件对电除尘器效率的影响

① 气流速度。气流速度的大小与所需电除尘器的尺寸成反比关系，为了节省投资，除尘器就要设计得紧凑、尺寸小，这样，气流速度必然大，粉尘颗粒在除尘器电场内的逗留时间就短；气流速度增大的结果，气体紊流度增大，二次扬尘和粉尘外携的概率增大。气流速度对尘粒的驱进速度有一定影响，其相互关系中有一个相应的最佳流速，在最佳流速下，驱进速度最大。在大多数情况下，颗粒在电场有效作用区间逗留 $8\sim12s$，电除尘器就能得到很好的除尘效果，这种情况的相应气流速度为 $1.0\sim1.5m/s$。

② 振打清灰。电晕线积尘太多会影响其正常功能。

沉淀极板应该有一定的容尘量，而极板上积尘过多或过少都不好，积尘太少或振打方向不对，会发生较大的二次扬尘；而积尘到一定程度，振打合适，所打落的粉尘容易形成团块状而脱落，二次扬尘较少。

2. 选用注意事项

① 电除尘器是一种高效除尘设备，除尘器随效率的提高，设备造价也随之提高。

② 电除尘器压力损失小，耗电量少，运行费低。

③ 电除尘器适用于大风量的除尘系统、高温烟气及净化含尘度较高的气体（$40g/m^3$），含尘浓度超过 $60g/m^3$，一般应在电除尘器前设预净化装置，否则会产生电晕闭塞现象，影响净化效率。

④ 电除尘器能捕集细粒径的粉尘（粒径 $<0.14\mu m$），对过细粒径、密度又小的粉尘，选择电除尘器时应适当降低电场风速，否则易产生二次扬尘，影响净化效率。

⑤ 电除尘器适用于捕集比电阻在 $10^4 \sim 5 \times 10^{10} \Omega \cdot cm$ 范围内的粉尘,当粉尘比电阻低于 $10^4 \Omega \cdot cm$ 时粉尘沉积于极板后容易重返气流,粉尘比电阻高于 $5 \times 10^{10} \Omega \cdot cm$ 时容易产生反电晕,因此不宜选用干式电除尘器,可采用湿式电除尘器。高比电阻粉尘也可选用干式宽极距电除尘器,如先用 300mm 极距的干式电除尘器,可在电除尘器进口前对烟气采取增湿措施,或对粉尘有效驱进速度选低值。

⑥ 电除尘器的气流分布要求均匀,为使气流分布均匀,一般在电除尘器入口处设气流分布板 $1 \sim 3$ 层,并进行气流分布模拟试验。气流分布板必须根据模拟试验合格后的层数和开孔率进行制造。

⑦ 对净化湿度大或露点温度高的烟气,电除尘器要采取保温或加热措施,以防结露;对于湿度较大的气体或达到露点温度的烟气,一般可采用湿式电除尘器。

⑧ 电除尘器的漏风率尽可能小于 2%,减少二次扬尘,使净化效率不受影响。

⑨ 黏结性粉尘,可选用干式电除尘器,但应提高振打强度;沥青与尘混合物的黏结粉尘,采用湿式电除尘器。

⑩ 捕集腐蚀性很强的物质时,宜选择特殊结构和防腐性能好的电除尘器。

⑪ 电场风速是电除尘器的重要参数,一般在 $0.4 \sim 1.5 m/s$ 范围内。电场风速不宜过大,否则气流冲刷极板造成粉尘二次扬尘,降低净化效率。对比电阻、粒径和密度偏小的粉尘,电场风速应选择较小值。

3. 电除尘器选型计算

(1) 电除尘器的有效驱进速度计算　电除尘器的除尘效率可用下式表达:

$$\eta = 1 - e^{-S\omega} \tag{4-43}$$

式中,η 为除尘效率,%;S 为极板的比表面积,m^2;ω 为粉尘有效驱进速度,m/s。

由于电除尘器中影响粉尘电荷及运动的因素很多,理论计算值与实际相差很多,所以不得不沿用经验性或半经验性的方法来确定驱进速度 ω 值,部分生产性粉尘的有效驱进速度见表 4-118。

表 4-118　部分粉尘的有效驱进速度

粉 尘 名 称	$\omega/(m/s)$	粉 尘 名 称	$\omega/(m/s)$
电站锅炉飞灰	$0.04 \sim 0.2$	焦油	$0.08 \sim 0.23$
粉煤炉飞灰	$0.1 \sim 0.14$	硫酸雾	$0.061 \sim 0.071$
纸浆及造纸锅炉尘	$0.065 \sim 0.1$	石灰回转窑尘	$0.05 \sim 0.08$
铁矿烧结机头烟尘	$0.05 \sim 0.09$	石灰石	$0.03 \sim 0.055$
铁矿烧结机尾烟尘	$0.05 \sim 0.1$	镁砂回转窑尘	$0.045 \sim 0.06$
铁矿烧结粉尘	$0.06 \sim 0.2$	氧化铝	0.064
碱性氧气顶吹转尘	$0.07 \sim 0.09$	氧化锌	0.04
焦炉尘	$0.067 \sim 0.161$	氧化铝熟料	0.13
高炉尘	$0.06 \sim 0.14$	氧化亚铁(FeO)	$0.07 \sim 0.22$
闪烁炉尘	0.076	铜熔烧炉尘	$0.0369 \sim 0.042$
冲天炉尘	$0.3 \sim 0.4$	有色金属转炉尘	0.073
热火焰清理机尘	0.0596	镁砂	0.047
湿法水泥窑尘	$0.08 \sim 0.115$	硫酸	$0.06 \sim 0.085$
立波尔水泥窑尘	$0.065 \sim 0.086$	热硫酸	$0.01 \sim 0.05$
干法水泥窑尘	$0.04 \sim 0.06$	石膏	$0.16 \sim 0.2$
煤磨尘	$0.08 \sim 0.1$	城市垃圾焚烧炉尘	$0.04 \sim 0.12$

由于所给的是数值范围,烟尘类别亦有限,因此确定 ω 值时应考虑下列因素。

① 分析电除尘器的应用状况,适当取值,即应全面了解所需净化烟尘的性质,估计将应用除尘器的装备及运行条件,然后再给定 ω 值。

② 对比所需净化烟尘相同及类似工艺中已应用的电除尘器,由其实测的效率、伏安特性等获得各项运行参数,反算出 ω 值。

③ 通过试验获得 ω 值，对某些工艺，特别是未曾用过电除尘器的工艺或是烟尘性质与应用中电除尘器有很大差别时，通过小型试验取得有关数值。

（2）沉淀极板面积计算　当有效驱进速度值确定后，根据粉尘进入除尘器的初浓度及允许排出的浓度计算出除尘器应用中电除尘应用的除尘效率、极板比表面积 S（净化 $1m^3/s$ 气体所需沉淀面积）及沉淀极板总面积 $S_A(m^2)$

$$S=\frac{-\ln(1-\eta)}{\omega} \tag{4-44}$$

$$S_A=QS \tag{4-45}$$

式中，Q 为电除尘器实际处理烟气量，m^3/s；S 为极板的比表面积，m^2；η 为电除尘器的除尘效率，%；ω 为有效驱进速度，m/s。

考虑到电除尘器设计、制造、安装和操作维护等环节以及尘源工况条件的变化应将 S_A 的理论乘以适当的备用系数 K。系数 K 取 $1\sim1.5$ 为宜。

极板面积也可根据所要求的净化效率和选定的粉尘有效驱进速度，直接从图 4-91、图 4-92 中查得 S 值。

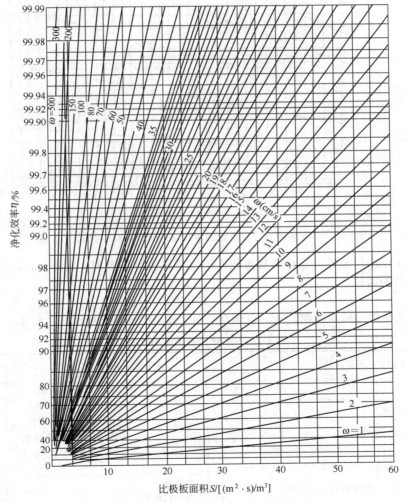

图 4-91　净化效率 η、有效驱进速度 ω 值和 S 值的列线图（一）

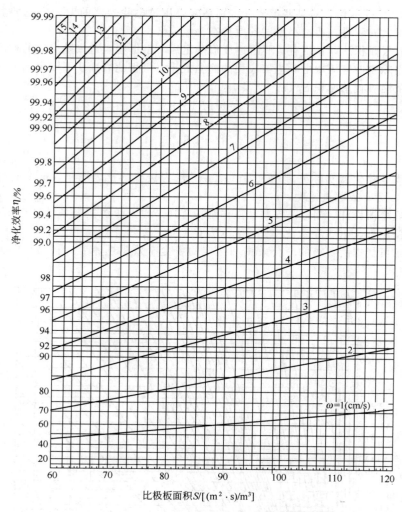

图 4-92 净化效率 η、有效驱进速度 ω 值和 S 值的列线图（二）

（3）电除尘器的电场风速及有效断面计算 电场风速可参考表 4-119 确定，再按式（4-46）计算电场的有效断面积：

$$F = Q/v \qquad (4-46)$$

式中，F 为电场有效断面积，m^2；Q 为烟气量，m^3/s；v 为电场风速，m/s。

表 4-119 电除尘器的电场风速

主要工业窑炉的电除尘器		电场风速 u /(m/s)	主要工业窑炉的电除尘器		电场风速 u /(m/s)
电厂锅炉飞灰		0.7～1.4	水泥工业	湿法窑	0.9～1.2
纸浆和造纸工业锅炉黑液回收		0.8～1.8		立波尔窑	0.8～1.0
				干法窑（增温）	0.8～1.0
				干法窑（不增温）	0.4～0.7
钢铁工业	烧结机	0.8～1.5		烘干机	0.8～1.2
	高炉煤气	0.5～0.8		磨机	0.7～0.9
	碱性氧气顶吹转炉	0.6～1.0	硫酸雾		0.9～1.5
	焦炉	0.6～1.2	城市垃圾焚烧炉		1.1～1.4
			有色金属炉		0.6

对管式电除尘器，有效断面即是全部管面积之和。

对板卧式电除尘器而言，其电场断面接近正方形，其中高略大于宽（一般高与宽之比为 1～1.3），确定高、宽中的一个值即可确定电场的高（H）及宽（B）。

（4）通道宽度及电场长度计算

① 通道宽度。极板、极线间距的 2 倍也称为极板间距，或为通道宽度，对管式电除尘器而言即是管径。常规电除尘器通道宽度为 250～350mm 的，对管式电除尘器而言，一般管径为 250～300mm。

从 20 世纪 70 年代初开始发展宽交流电距电除尘器，宽间距是指通道宽度≥400mm；采用宽间距后，沉淀极及电晕极的数量减少，因而节约钢材、减轻质量，沉淀极和电晕极的安装和维护都比较方便，极距增大，平均场强提高，板电流密度并不增加，对收集高比电阻粉尘有利。通常认为同极间距 400～600mm 比较合理，管式电除尘器的管径大于 400mm。

② 通道数、板卧式与管式电除尘器通道数的计算。对板卧式电除尘器通道数可用式（4-47）计算，并取其整数：

$$Z = \frac{B}{2b - e} \tag{4-47}$$

式中，Z 为板卧式电除尘器通道数；B 为电场有效宽度，m；b 为极线与极板的中心距，m；e 为沉淀极板的阻流宽度，m（可按表 4-120 选取）。

表 4-120 沉淀极板的阻流宽度

极板形式		e	极板形式		e
波纹		a	Z 形或 大 C 形	$\dfrac{B_b}{a} \leqslant 4.5$	$\dfrac{a}{2}$
小 C 形		a			
CS 形		a		$\dfrac{B_b}{a} > 4.5$	δ

管式电除尘器的通道数为管数，按式（4-48）计算：

$$Z = \frac{F}{\pi R^2} \tag{4-48}$$

式中，Z 为管式电除尘器管数；R 为管半径，m；F 为有效断面，m^2。

③ 电场长度。两种除尘器的电场长度计算式如下所述。

板卧式电除尘器电场长度按式（4-49）计算：

$$L = \frac{S_A}{CnH} \tag{4-49}$$

式中，L 为电场长度，m；S_A 为沉淀极板面积，m^2；n 为电场数；C 为通道数；H 为电除尘器有效高度，m。

管式除尘器的电场长度按式（4-50）计算：

$$L = \frac{S_A}{2\pi RZ} \tag{4-50}$$

式中，R 为管式电除尘器筒体半径，m；其他符号意义同前。

④ 电场数和台数。板卧式电除尘器中一般可将电场沿气流方向分为几段，每个电场不宜过长，一般取 3.5～5.4m。应根据处理含尘气体量的大小将电除尘器分为数台来设计，一般为 1～4 台，具体参见表 4-121。

表 4-121 电除尘器配置台数

序号	含尘气体量 $10^4/(m^3/h)$	电除尘器台数/台
1	<50	1
2	50～150	2
3	150～250	3
4	250～300	4

三、GL 系列管式电除尘器

立管式电除尘器由圆形的立管、鱼刺形电晕线和高压电源组成。它的主要优点是结构简单、效率较高、阻力低、耗电省等,因此广泛应用于冶金、化工、建材、轻工等工业部门,但这种除尘器仅适用处理小烟气量的场合。

GL 系列管式电除尘器有 4 种形式:A、B 型适合于正压操作,其中 A 型可安放于单体设备之旁,B 型可安放于烟上部;C、B 型适合于负压操作,其中 C 型可放在单体设备之旁,D 型可安放在烟上部如图 4-93 所示。

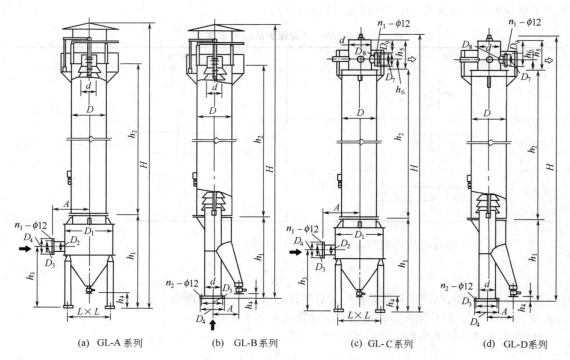

(a) GL-A 系列　　(b) GL-B 系列　　(c) GL-C 系列　　(d) GL-D系列

图 4-93 GL 系列管式静电除尘器外形

GL 系列立管式静电除尘器技术性能、外形及安装尺寸如下所述。

① 阴极电晕线。阴极电晕线由不锈钢鱼骨形线构成,它具有强度大、易清灰、耐腐蚀等优点,并能得到强大的电晕电流和离子风以及良好的抗电晕闭塞性能。

② 伞形集尘圈。使用伞形圈,可使气流和灰流分路,从而有可能防止二次飞扬,提高电场风速。

③ 机械振打清灰,阳极采用带配重的落锤振打,使振打点落在框架上,振打力分布在整个集尘部分主座上,提高清灰效果;阴极采用配置绝缘材料的落锤振打,也使清灰良好。

④ GL 系列见表 4-122 及表 4-123。

表 4-122　GL 系列管式静电除尘器性能参数表

型　号	GL0.5×6				GL0.75×7				GL1.0×8			
	A	B	C	D	A	B	C	D	A	B	C	D
处理风量/(m³/h)	1411～2544				2545～5727				4521～10173			
电场风速/(m/s)	2～3.6				1.6～3.6				1.6～3.6			
粉尘比电阻/(Ω·cm)	10⁴～10¹¹				10⁴～10¹¹				10⁴～10¹¹			
入口含尘浓度/(g/m³)	<35				<35				<35			
工作温度/℃	<250				<250				<250			
阻力/Pa	200				200				200			
配套高压电源规格	100kV/5mA				100kV/10mA				120kV/30mA			
本体重/t	3.3	3.0	3.5	3.2	4.5	3.9	4.7	4.1	6.5	5.4	6.7	5.6
配套高压电源型号	CK 型尘源控制高压电源或 GGAJO2 型压电源											

注：高压硅整流及低压系统图由制造厂提供。

表 4-123　GL 系列立管式静电除尘器外形及安装尺寸表

型　号	进口法兰尺寸/mm												出口法兰尺寸/mm						孔数/个		
	d	D	D_1	H	h_1	h_2	h_3	h_4	h_5	h_6	A	L	D	D	D	D	D	n		n_1	n_2
GL0.5×6A	500	800	1500	11900	3600	6000	2600	700			1450	1430	300	335	370				8		
GL0.75×7A	750	1100	2100	13300	4000	7000	2800	700			1650	2030	380	415	460				8		
GL1.0×8A	1000	1500	2400	16340	4400	9400	3000	700			1900	2330	550	600	650				10		
GL0.5×6B	500	800		11400	3100	6000		100			800								8	10	
GL0.75×7B	750	1100		13200	3920	7000		100			1000								8	16	
GL1.0×8B	1000	1500		16650	4710	9400		100			1200								10	20	
GL0.5×6C	500	8000	1500	11000	3600	6000	2600	700	1200	400	1450	1430	300	335	370	320	360	400	8		
GL0.75×7C	750	1100	2100	12400	4000	7000	2800	700	1200	400	1650	2030	380	415	460	400	440	480	8		
GL1.0×8C	1000	1500	2400	15400	4400	9400	3000	700	1400	500	1900	2330	550	600	650	580	620	660	10		
GL0.5×6D	500	800		10500	3100	6000		100	1200	400	800					320	360	400		10	
GL0.725×7D	750	1100		12320	3920	7000		100	1200	400	1000					400	440	480	8	16	
GL1.0×8D	1000	1500		15710	4710	9400		100	1400	500	1200					580	620	660	10	20	

四、GD 系列管式电除尘器

GD 系列电除尘器是采用管状三电极结构，可防止断线和阴极肥大，设置辅助电极带负电，可收集带正电的尘粒。

GD 系列电除尘器技术参数见表 4-124。GD5、GD7.5、GD10、GD15 型管式电除尘器外形及尺寸分别见图 4-94 及表 4-125。GD20、GD30、GD40、GD50、GD60 型管式电除尘器外形及尺寸分别见图 4-95 及表 4-126。

表 4-124　GD 系列管式电除尘器技术参数

型　号	GD5	GD7.5	GD10	GD15	GD20	GD30	GD40	GD50	GD60
有效断面积/m²	5.1	7.6	10.2	15.1	20.3	30.2	40.2	50.1	60.3
生产能力/(m²/h)	12600～16200	18900～24300	25500～32000	37800～48600	57600～72000	86400～108000	115200～144000	144000～180000	172800～216000
电场风速/(m/s)	0.7～0.9	0.7～0.9	0.7～0.9	0.7～0.9	0.8～1.0	0.8～1.0	0.8～1.0	0.8～1.0	0.8～1.0
电场长度/m	4.4	5.2	5.2	6.0	6.0	6.0	6.8	6.8	6.8

续表

型　号	GD5	GD7.5	GD10	GD15	GD20	GD30	GD40	GD50	GD60
每个电场的沉淀极排数	9	10	11	14	1	19	21	24	27
每个电场的电晕极排数	8	9	10	13	15	18	20	23	26
沉淀极板总面积/m²	183	276	384	611	823	1317	1868	2439	3005
电晕极振打方式	拨叉式机械振打	拨叉式机械振打	拨叉式机械振打	拨叉式机械振打	拨叉式机械振打	拨叉式机械振打	拨叉式机械振打	拨叉式机械振打	拨叉式机械振打
烟气通过电场时间	4.9~6.3	5.8~7.4	5.8~7.4	5.8~7.4	6~7.5	6~7.5	6.8~8.5	6.8~8.5	6.8~8.5
电场内烟气压力/10Pa	+20~200	+20~200	+20~200	+20~200	+20~200	+20~200	+20~200	+20~200	+20~200
阻力/Pa	<200	<200	<200	<200	<200	<200	<200	<200	<200
气体允许最高温度/℃	300	300	300	300	300	300	300	300	300
设计效率/%	90	99	90	99	90	99	90	90	99
硅整流装置规格	GGAJ(02) 0.1A/72kV	GGAJ(02) 0.1A/72kV	GGAJ(02) 0.1A/72kV	GGAJ(02) 0.1A/72kV	GGAJ(02) 0.1A/72kV	GGAJ(02) 0.1A/72kV	GGAJ(02) 0.1A/72kV	GGAJ(02) 0.1A/72kV	GGAJ(02) 0.1A/72kV
设备外形尺寸/mm	9860× 2790× 8475	10940× 3093× 9250	11100× 3470× 10900	12740× 5040× 11800	13920× 5980× 13400	14730× 6570× 14950	13920× 5980× 13400	16060× 6570× 14950	16580× 8430× 17520
设备总质量/kg	15813	23676	47612	52864	69551	86308	134615	157291	188624

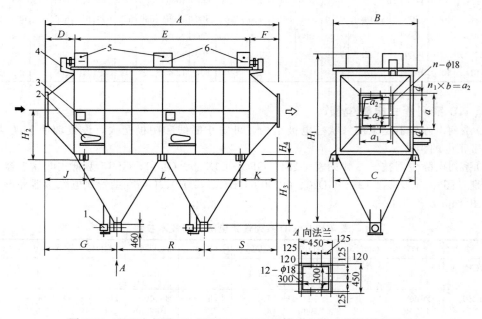

图 4-94　GD5、GD7.5、GD10、GD15 型管式电除尘器外形及尺寸

1—减速电机；2—阳极振打减速器；3—阴极振打减速器；

4—高压电缆接头；5—温度继电器；6—管状电加热管

表 4-125　GD5、GD7.5、GD10、GD15 型管式电除尘器外形尺寸　　　单位：mm

型号	GD5	GD7.5	GD10	GD15	型号	GD5	GD7.5	GD10	GD15
A	9860	10940	11100	13400	H_1	8475	9250	10100	4100
B	2865	3160	3545	4175	H_2	2140	2550	2800	10900
C	2790	3090	3470	4175	H_3	3075	3250	3425	2900
D	1030	1240	1400	4100	H_4	300	300	300	300
E	7800	8600	8600	1500	a_1	700	906	976	1080
F	1030	1100	1100	1040	a_2	660	840	920	1020
G	2980	3390	3550	1500	a_3	600	780	850	960
J	1530	1740	2000	4100	b	110	120	115	170
K	1530	1600	1700	2100	d	20	33	33	25
L	6800	7600	7400	2100	n	24	28	24	28
R	3900	4300	4300	9200	n_1	6	7	8	8
S	2980	3250	3250	5200					

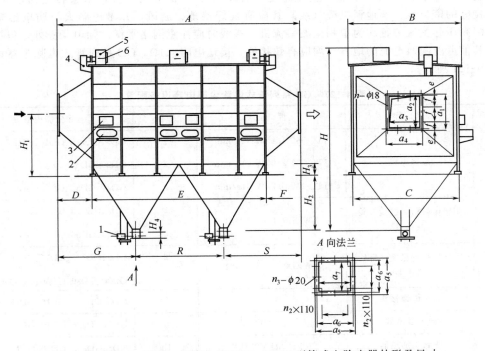

图 4-95　GD20、GD30、GD40、GD50、GD60 型管式电除尘器外形及尺寸
1—减速电机；2—阳极振打减速机；3—阴极振打减速机；4—高压电缆
接头；5—温度断电器；6—管状电加热管

表 4-126　GD20、GD30、GD40、GD50、GD60 型管式电除尘器外形尺寸　　　单位：mm

型　号	GD20	GD30	GD40	GD50	GD60	型　号	GD20	GD30	GD40	GD50	GD60
A	12740	13920	14730	16060	165480	G	4340	4890	5295	2280	6075
B	5125	6050	6670	16060	8510	R	4700	4900	5050	5755	5350
C	5040	5980	6590	7995	8430	S	3700	4130	4385	5350	5155
D	1990	2440	2770	7520	3400	H	11800	13400	14900	4955	17520
E	9400	9800	10100	3080	10700	H_1	3760	4680	5350	15850	6210
F	1350	1680	1860	10700	2480	H_2	3700	4030	4360	4550	4580

续表

型　号	GD20	GD30	GD40	GD50	GD60	型　号	GD20	GD30	GD40	GD50	GD60
H_3	600	700	700	700	700	Q_7	400	400	500	500	500
H_4	600	600	760	760	760	B	140	155	180	174	165
Q_1	1426	1762	2050	2150	2362	E	26	30	30	30	30
Q_2	1374	1072	1990	2090	2302	F	127	153.3	185	175	161
Q_3	1300	1600	1900	2000	2200	N	40	44	44	48	56
Q_4	1120	1395	1620	1740	1980	N_1	8	9	9	10	12
Q_5	530	530	630	630	630	N_2	2	2	3	3	3
Q_6	470	470	570	570	570	N_3	12	12	16	16	16

GD 系列管式电除尘器适用于粉尘比电阻为 $10^2 \sim 10^{11} \Omega \cdot cm$，不适用于有腐蚀性或具有燃烧、爆炸等物相变化的含尘气体。该除尘器均按户外条件设计，有防雨外壳，平台、支架与基础需按制造厂图纸或技术条件自行设计。GD 系列电除尘器出厂时配有电控装置，应设置在控制室内，控制室应尽量靠近电除尘器，室内高度 <4m，所有门窗应向外开，水磨石地面，双层窗，并具有良好的密封性；预地埋电缆（线）管应有良好接地、通风，并考虑防火与防电磁辐射措施。所配高压硅整流装置均为单相全波整流机，接线时应注意网络平衡。除电晕极外，包括外壳在内有其他可能漏散电流的地方，均应有效接地，接地电阻 <4Ω。GD 系列管式电除尘器设备配置如表 4-127 所列。

表 4-127　GD 系列管式电除尘器电器设备配置

序号	名　称	性　能	数量	除尘器规格
1	减速电机	JTC-562 1.6kW 31r/min	2	GD5、GD7.5、GD10、GD15
		JTC-751 2.6kW 31r/min	2	GD20、GD30
		JTC-752 4.2kW 31r/min	2	GD40、GD50、GD60
2	阳极振打行星摆线针轮减速机	XWED0.4-63i＝3481	2	GD5、GD7.5、GD10、GD15
			4	GD20、GD30、GD40、GD50、GD60
3	阴极振打行星摆线针轮减速器	XWED0.4-63i＝3481	2	GD5、GD7.5、GD10、GD15
			4	GD20、GD30、GD40、GD50、GD60
4	高压电缆接头		2	GD5、GD7.5、GD10、GD15
5	温度继电器	XU-200	6	GD5、GD7.5、GD10、GD15
6	管状电加热器	SR2 型 380V2.2kW	12	GD5、GD7.5、GD10、GD15
7	高压硅整流装置	GGAJ(02)-0.1A/72kV	2	GD5、GD7.5、GD10、GD15
		GGAJ(02)-0.2A/72kV	2	GD10、GD15
		GGAJ(02)-0.4A/72kV	2	GD20、GD30
		GGAJ(02)-0.7A/72kV	2	GD40
		GGAJ(02)-1.0A/72kV	2	GD50、GD60

注：GD 系列除尘器出厂时均不带高压电缆和高压隔离开关。

五、SHWB 系列电除尘器

SHWB 系列电除尘器共有 9 个规格，均为平板型卧式单室两电场结构。技术参数见表 4-128。

表4-128　SHWB系列电除尘器技术参数

型　　号	SHWB₃	SHWB₅	SHWB₁₀	SHWB₁₅	SHWB₂₀	SHWB₃₀	SHWB₄₀	SHWB₅₀	SHWB₆₀
有效面积/m²	3.2	5.1	10.4	15.2	20.11	30.39	40.6	5.3	63.3
生产能力/(m³/h)	6900~9200	11000~14700	30000~37400	43800~54700	57900~72400	109000~136000	146000~183000	191000~248000	228000~296000
电场风速/(m/s)	0.6~0.8	0.6~0.8	0.6~0.8	0.6~0.8	0.6~0.8	1~1.25	1~1.25	1~1.3	1~1.3
正负极距离/mm	140	140	140	140	150	150	150	150	150
电场长度/m	4	4	5.6	5.6	5.6	6.4	7.2	8.8	8.8
每个电场沉淀板排数	5	9	12	15	16	18	22	22	26
每个电场电晕板排数	6	8	11	14	15	17	21	21	25
沉淀板总面积/m²	106	159	448	647	776	1331	1932	3168	3743
沉淀板板长度/mm	2300	2300	3400	4000	4500	6000	6500	8500	8500
沉淀板振打方式	挠臂锤机械振打	挠臂锤机械振打	挠臂锤机械振打	挠臂锤机械振打	挠臂锤机械振打（双面）	挠臂锤机械振打（双面）	挠臂锤机械振打（双面）	挠臂锤机械振打（双面）	挠臂锤机械振打（双面）
电晕极振打方式	电磁振打	电磁振打	提升脱离机构	提升脱离机构	提升脱离机构	提升脱离机构	提升脱离机构	提升脱离机构	提升脱离机构
电晕线型式	星形	星形	星形	星形	星形	星形	星形或螺旋形	星形或螺旋形	星形或螺旋形
每个电场电晕线长度/m	105	147	459	725	861	1491	星形 2264 螺旋形 2485	星形 3351 螺旋形 4897	星形 4290 螺旋形 5275
烟气通过电场时间/s	5~6.7	5~6.7	5~6.7	5~6.7	5~6.7	5.1~6.4	5.8~7.2	6.8~8.8	6.8~8.8
电场内烟气压力/10Pa	+20~-200	+20~-200	+20~-200	+20~-200	+20~-200	+20~-200	+20~-200	+20~-200	+20~-200
阻力/Pa	<200	<200	<300	<300	<300	<300	<300	<300	<300
气体允许最高温度/℃	300	300	300	300	300	300	300	300	300
设计效率/%	98	98	98	98	98	98	98	98	98
硅整流装置规格	GGAJ（02） 0.1A/72kV	GGAJ（02） 0.1A/72kV	GGAJ（02） 0.1A/72kV	GGAJ（02） 0.1A/72kV	GGAJ（02） 0.1A/72kV	GGAJ（02） 0.1A/72kV	GGAJ（02） 0.1A/72kV	GGAJ（02） 0.1A/72kV	GGAJ（02） 0.1A/72kV
设备外形尺寸/mm	2730×5475×8475	3589×6545×9250	6500×9893×10100	6950×10547×10900	7700×11116×11800	8500×13225×13400	9500×14500×19950	9830×16430×15850	10950×18452×17520
设备总质量/kg	7790	12375	39097	48208	64551	73828	118231	134921	172742

SHWB$_3$、SHWB$_5$ 型电除尘器外形及尺寸分别见图 4-96 及表 4-129。

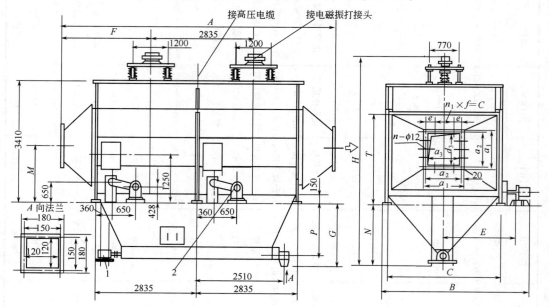

图 4-96　SHWB$_3$、SHWB$_5$ 型电除尘器外形及尺寸

1—减速电机；2—行星摆线针轮减速器

表 4-129　SHWB$_3$、SHWB$_5$ 型电除尘器外形尺寸　　　　单位：mm

型号	A	B	C	D	E	F	G	H	P	M	N	P	a_1	a_2	a_3	e	f	n	n_1
SHWB$_3$	7240	2730	1850	160	1271	16425	1330	5805	1020	1625	1400	2530	500	460	400	150	160	12	1
SHWB$_5$	7436	3589	2726	260	1691	1695	2060	6545	1750	1600	2135	2490	560	520	460	130	130	16	2

SHWB$_{10}$、SHWB$_{15}$ 型电除尘器外形及尺寸分别见图 4-97 及表 4-130。

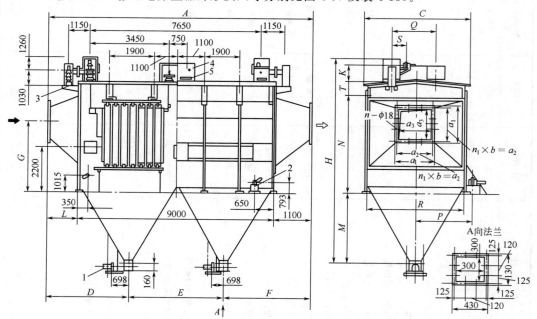

图 4-97　SHWB$_{10}$、SHWB$_{15}$ 型电除尘器外形及尺寸

1—减速电机；2—行星摆线针轮减速器；3—高压电缆接头；4—温度继电器；5—管状电加热器

表 4-130　SHWB$_{10}$、SHWB$_{15}$ 型电除尘器外形尺寸　　　　单位：mm

型　号	SHWB$_{10}$	SHWB$_{15}$	型　号	SHWB$_{10}$	SHWB$_{15}$
A	11400	11630	R	3630	4500
C	4000	4900	T	685	680
D	3545	3730	S	912.5	862.5
E	4590	4600	Q	1960	2240
F	3305	3300	a_1	976	1086
G	2900	3130	a_2	920	1020
H	9893	10547	a_3	850	960
K	1448	1450	b	115	170
L	1340	1530	d	28	33
M	3000	3060	n	32	24
N	4300	4900	n_1	8	6
P	2113	2533			

注：d 为法兰孔直径。

SHWB$_{20}$、SHWB$_{30}$、SHWB$_{40}$、SHWB$_{50}$、SHWB$_{60}$ 型电除尘器外形及尺寸分别见图 4-98 及表 4-131。

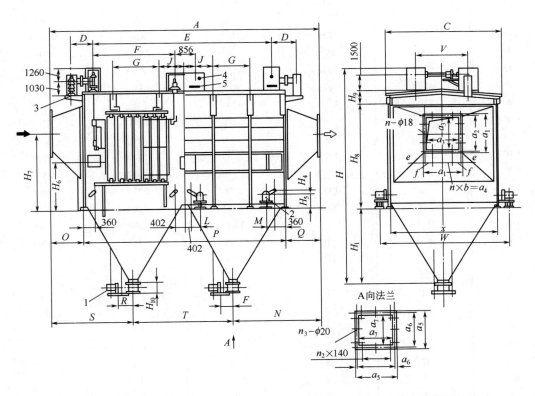

图 4-98　SHWB$_{20}$、SHWB$_{30}$、SHWB$_{40}$、SHWB$_{50}$、SHWB$_{60}$ 型电除尘器外形及尺寸
1—减速电机；2—行星摆线针轮减速器；3—高压电缆接头；4—温度继电器；5—管状电加热器

表 4-131　SHWB$_{20}$、SHWB$_{30}$、SHWB$_{40}$、SHWB$_{50}$、SHWB$_{60}$ 型电除尘器外形尺寸

单位：mm

序　号	SHWB$_{20}$	SHWB$_{30}$	SHWB$_{40}$	SHWB$_{50}$	SHWB$_{60}$
A	12376	13576	14980	18040	18360
C	5450	6160	7240	7456	8750
D	1157	1074	1074	1260	1260
E	7956	8556	9356	10956	10965
F	3550	3850	4250	5050	5050
G	2203	3630	2550	2950	2950
H	11116	222	14510	16270	18222
H_1	3100	839	4360	4550	5480
H_4	2080	2200	222	375	375
H_5	3760	4682	887	850	850
H_6	5400	6950	2300	2460	2460
H_7	656	713	5400	5558.5	6210
H_8	600	600	7500	9615	9615
H_9	1101.5	11756.5	688	910	1162
H_{10}	320	400	760	760	760
J	600	500	1275	1475	1475
L	3429	3867.5	400	650	650
M	1910	2343	650	650	650
N	9316	9750	4245	5350	5550
O	1150	1480	2770	3280	3400
P	865	965	10550	12480	12480
Q	4189	4730.5	1660	2280	2480
R	4758	4975	935	935	935
S	2700	2700	6355	6350	6470
T	2814	3113	5380	6340	6340
V	5062	1762	3300	3300	3300
W	1426	1072	3693	3723	4323
X	1374	1600	6870	6990	8190
a_1	1120	1395	2050	2150	2302
a_2	530	530	1990	2090	2200
a_3	470	470	1900	2000	1980
a_4	400	400	1620	1740	630
a_5	140	155	630	630	570
a_6	26	30	570	570	500
a_7	127	153.5	500	500	165
B	40	44	180	174	30
E	8	9	30	30	161
F	2	2	185	175	56
N	12	12	44	48	12
N_1	8	9	9	10	3
N_2	2	2	3	3	16
N_3	12	12	16	16	16

SHWB 系列电除尘器电器配置见表 4-132。

表 4-132　SHWB 系列电除尘器电器配置表

序　号	名　　称	性　　能	数　量	除尘器规格
1	减速电机	JTC-502 1kW 48r/min	1	$WHWB_5$、HWB_5
		JTC-562 1kW 31r/min	2	$WHWB_{10}$、$SHWB_{15}$
		JTC-751 1kW 31r/min	2	$WHWB_{20}$、HWB_{30}
		JTC-752 1kW 31r/min	2	$WHWB_{40}$、$SHWB_{50}$
2	行星摆线针轮减速器	XWED0.4-63i=3481	2	$SHWB_3$、$SHWB_5$
		XWED0.4-63i=3481	4	$SHWB_{20}$、$SHWB_{15}$
		XWED0.4-63i=3481	10	$SHWB_{20}$、$SHWB_{30}$、$SHWB_{40}$
3	高压电缆接头		2	$SHWB_{20}$、$SHWB_{15}$ $SHWB_{20}$、$SHWB_{30}$、$SHWB_{40}$ $SHWB_{50}$、$SHWB_{60}$
4	温度继电器	XU-200 型	6	$SHWB_{20}$、$SHWB_{15}$ $SHWB_{20}$、$SHWB_{30}$、$SHWB_{40}$ $SHWB_{50}$、$SHWB_{60}$
5	管状电加热器	SR_2 型 380V2.2kW	8	$SHWB_{20}$、$SHWB_{15}$ $SHWB_{20}$、$SHWB_{30}$、$SHWB_{40}$ $SHWB_{50}$、$SHWB_{60}$
6	高压硅整流装置	GGAJ(02)-0.1A/72kV	1	$SHWB_{20}$、$SHWB_{15}$
		GGAJ(02)-0.2A/72kV	2	$SHWB_{20}$、$SHWB_{30}$、$SHWB_{40}$
		GGAJ(02)-0.4A/72kV	2	$SHWB_{50}$、$SHWB_{60}$
		GGAJ(02)-0.7A/72kV	2	$SHWB_{50}$、$SHWB_{60}$
		GGAJ(02)-1.0A/72kV	2	$SHWB_{50}$、$SHWB_{60}$

SHWB 系列电除尘器使用条件与 GD 系列管式电除尘器相同。

六、CDPK 型宽间距电除尘器

GDPK 宽间距电除尘器是先进的高效除尘器之一。所谓"宽间距"就是电除尘器的极板间距大于 300mm，具体指 400mm 以上的极板间距。CDPK（H）-10/2 型适用于 $\phi 2.8 \times 14$m 或 $\phi 2.8$m×14m 回转式烘干机（顺流或逆流），H 标号是耐蚀烘干机专用；CDPK（H）-20/2，适用于 $\phi 1.9/1.6$m×36m 小型中空干法回转；CDPK（H）-30/3 型，适用于 $\phi 2.4$m×44mm 左右的五级预热回转窑；CDPK（H）-45/3 型，2 台并用，适用于 $\phi 4.0$m×60m 立筒式或四对预热回转窑。CDPK 型宽间距电除尘器系列用于湿法或立波尔回转窑，在结构上考虑了耐蚀措施。其技术参数见表 4-133，外形见图 4-99。

表 4-133　CDPK 型电除尘器技术参数

型　号	CDPK-10/2 单室两电场 $10m^2$	CDPK-20/2 单室两电场 $20m^2$	CDPK-30/3 单室三电场 $30m^2$	CDPK-45/3 单室三电场 $45m^2$
电场有效断面积/m^2	10.4	15.6	20.25	31.25
处理气体量/(m^3/h)	2600~3600	3900~5600	5000~70000	67000~112000
总除尘面积/m^2	316	620	593	1330
最高允许气体温度/℃	<250	<250	<250	<300
最高允许气体压力/Pa	200~2000	200~2000	200~2000	80
阻力损失/Pa	<200	<300	<200	99.8
最高允许含尘浓度/(g/m^3)	30	60	30	80
设计除效率/%	99.5	99.7	99.5	99.8

型　号	CDPK-10/2 单室两电场 10m²	CDPK-20/2 单室两电场 20m²	CDPK-30/3 单室三电场 30m²	CDPK-45/3 单室三电场 45m²
设备外形尺寸（长×宽×高）/(mm×mm×mm)	11440×4016×10784	15730×4960×10096	176×5662×11765	18268×6196×12599
设备本体总质量/t	43.5	84	68.7	104.36
电场有效断面积/m²	56.8	67.54	90	108
处理气体量/(m³/h)	143000~240000	178000~244000	210000~324000	272000~360000
总除尘面积/m²	3125	3790	4540	5324
最高允许气体温度/℃	<250	<250	<250	<250
最高允许气体压力/Pa	200~2000	200~2000	200~2000	200~2000
阻力损失/Pa	<300	<300	<300	<300
最高允许含尘浓度/(g/m³)	80	80	80	80
设备外形尺寸	99.8	99.8	99.8	99.45~99.8
设备外形尺寸（长×宽×高）/(mm×mm×mm)	23942×8686×16531	24620×9290×19832	25180×9700×17200	25180×9700×19200
设备本体总质量/t	162	197.5	240	314.2

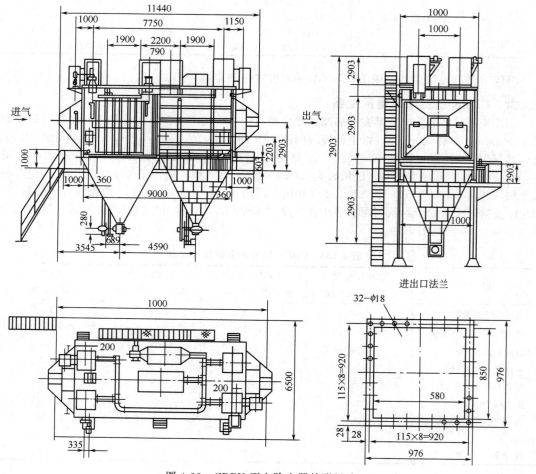

图 4-99　CDPK 型电除尘器外形尺寸

七、SZD 型组合电除尘器

SZD 型组合电除尘器是电旋风、电抑制、电凝聚 3 种复式除尘机组合为一体，适用于建材、冶金、化工、电力等行业治理污染、回收物料。SZD 型组合电除尘器原理见图 4-100，其技术参数见表 4-134，外形尺寸见图 4-101 和表 4-135。

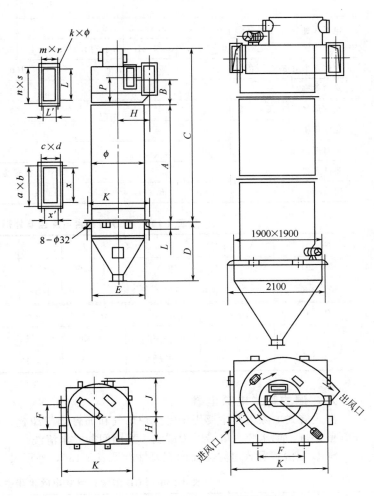

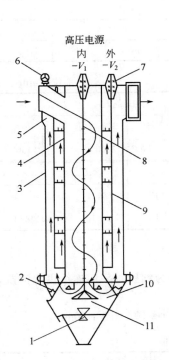

图 4-100　SZD 型组合电除尘器原理
1—障灰环；2—气流分析板；3—外管；
4—内管；5—汇风筒；6—振打器；
7—绝缘子；8—内放电极；9—外放电极；
10—灰斗；11—灰斗放电极

图 4-101　SZD 型组合电除尘器外形尺寸

表 4-134　SZD 型组合电除尘器技术参数

型　号	SZD-1370	SZD/2-1370	SZD/4-1370	SZD/5-1370	SZD1370	SZD2-1600	SZD/3-1600	SZD/5-1600
筒径×台数/mm	1370×1	1370×2	1370×4	1370×5	1600×1	1600×2	1600×3	1600×5
主电场截面积/m²	1	2	4	5	1.5	3	4.5	7.5

续表

型 号	SZD-1370	SZD/2-1370	SZD/4-1370	SZD/5-1370	SZD1370	SZD2-1600	SZD/3-1600	SZD/5-1600
处理风量/(m³/h)	300~400	600~800	1200~1600	2400~3200	4000~5500	800~10500	12000~16500	3000~4400
电场风速/(m/h) 电旋风	1.9~2.8	1.9~2.8	1.9~2.8	1.9~2.8	2.4~3.4	2.2~2.3	2.4~3.6	2.36~3.2
电场风速/(m/h) 电凝集	0.84~1.2	0.84~1.2	0.84~1.2	0.84~1.2	0.8~1.15	0.74~1.1	0.8~1.2	0.8~1.2
允许含尘浓度/(g/m³)	100							
除尘效率/%	99.9							
允许烟气温度/℃	200							
允许负压/Pa	2000							
压力损失/Pa	1000							
振打方式	电机振动式							
质量/kg	3150	65374	9550	16700	3308	6615	9870	17690

表 4-135　SZD 型组合电除尘器外形尺寸　　　　单位：mm

型 号	A	B	C	D	E	F	H	J	K	L	φ
SZD-1370	4000	850	5850	2000	1550	800	711	950	1850	90	1370
SZD-1600	4000	850	5850	2100	1900	1000	811	650	2100	90	1600

型 号	L×L'	x×x'	m×r	n×s	q×d	c×d	r×φ
SZD-1370	500×200	700×320	2×126	4×138	6×125	6×125	30×φ14
SZD-1600	600×200	700×360	3×84	6×109	7×107	1×103	40×φ14

八、湿式管式电除尘器

湿式管式电除尘器主要用于发生炉煤气和沥青烟气净化，电极为钢管，采用连续供水清灰，使管壁保持一层水膜；电晕线为圆线，采用间断喷水清洗。

SGD 型湿式管式电除尘器的主要性能见表 4-136，外形尺寸见图 4-102～图 4-104。

表 4-136　SGD 型湿式管式电除尘器主要性能

型 号	处理风量/(m³/h)	压力损失/Pa	净化效率/%	电场风速/(m/s)	集尘极	电晕线	允许压力/Pa	连续供水量/(t/h)	间断供水量/(t/h)	高压硅整流装置容量 电压/kV	高压硅整流装置容量 电流/mA	除尘器质量/kg
SGD-3.3	6000~8000			0.5~0.67	φ325×8 长4.5m×44mm	φ3×198m	(2~2.5)×10⁴	20	30	60kV	100	~31200
SGD-7.5	20000	100~200	93~99	0.75	φ325×8 长4m×100mm	φ3×400m	(2~2.5)×10⁴	50	60	60kV	200	60837
SGD-9.0	24000			约0.75	φ325×8 长4m×120mm	φ3×480m	(2~2.5)×10⁴	65	75	60kV	200	72592

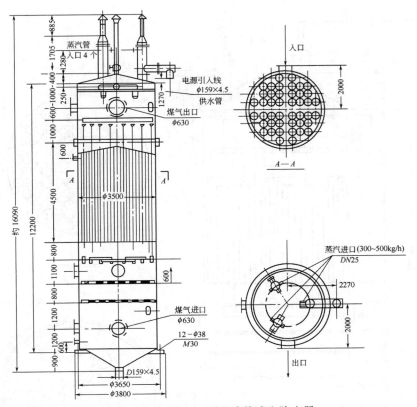

图 4-102　SGD-3.3 型湿式管式电除尘器

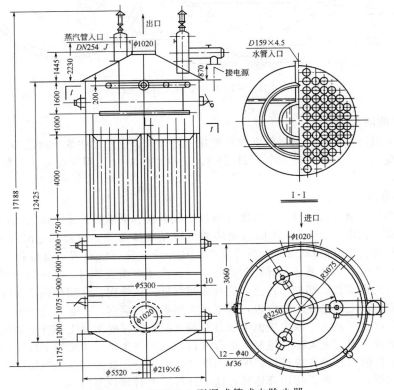

图 4-103　SGD-7.5 型湿式管式电除尘器

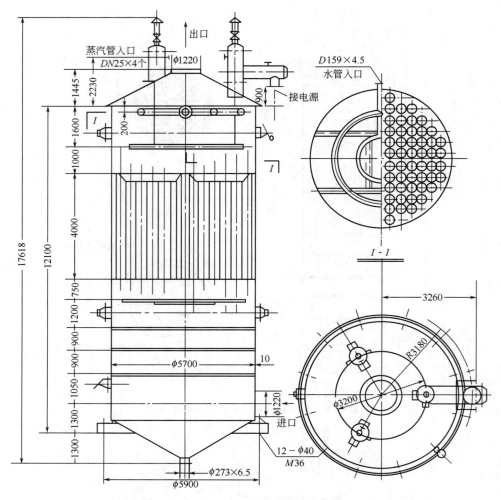

图 4-104　SGD-9.0 型湿式管式电除尘器

九、圆筒电除尘器

圆筒电除尘器是专门为净化钢铁企业转炉煤气设计的，应用已达数十台之多。净化的转炉煤气中含尘几百毫克，含 CO 平均 70%，H_2 约 3%，CO_2 约 16%。圆筒电除尘器用于高炉煤气净化也获得成功。

1. 除尘器构造

圆筒电除尘器是由圆筒形外壳、气体分布板、收尘极、电晕极、振打清灰机构、电源和出灰装置七部分组成，见图 4-105。在圆筒形壳体的两端是气体的进、出口，进出口有气体分布板，收尘极由悬挂装置、垂直吊板、C335 板及腰带组成，沿气流方向布置。每排收尘极连接在共同的顶部及底部支撑件上，底部通过导杆加以导向。在筒体内垂直排列，与气流方向平行。两排收尘极连接在共同的顶部及底部支撑件上，底部通过导杆加以导向。在筒体内垂直排列，与气流方向平行。两排收尘极之间悬挂着放电极，放电极为圆钢（或扁钢）芒刺线。放电极与高压供电系统连接，由变压器直接供电。放电极框架通过安装支架、支撑框架及支撑管道固定在顶部外壳上的绝缘子上。绝缘子通过电加热，用氮气进行吹扫，以防粉尘集聚或绝缘子内壁形成冷凝物而导致电气击穿。振打清灰在筒体内进行，振打周期各电场不一。被振打落入筒体底部的粉尘借助电动扇形刮板刮到输送器，然后排出筒体外，这一过程由密封阀控制完成。

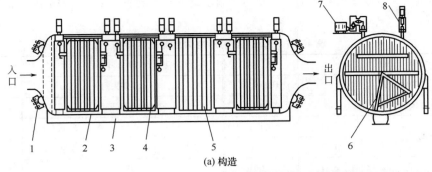

(a) 构造

(b) 外观

图 4-105　圆筒电除尘器构造和外观

1—防爆阀；2—外壳；3—出灰装置；4—电晕极；5—收尘机；6—清灰装置；7—电源；8—安全阀

2. 煤气电除尘器工作原理

煤气电除尘器是以静电力分离粉尘的净化法来捕集煤气中的粉尘，它的净化工作主要依靠放电极和收尘极这两个系统来完成。此外电除尘器还包括两极的振打清灰装置、气体均布装置、排灰装置以及壳体等部分。当含尘气体由除尘器的前端进入壳体时，含尘气体因受到气体分布板阻力及横断面扩大的作用，运动速度迅速降低，其中较重的颗粒失速沉降下来，同时气体分布板使含尘气流沿电场断面均匀分布。由于煤气电除尘器采用圆筒形设计，煤气沿轴向进入高压静电场中，气体受电场力作用发生电离，电离后的气体中存在着大量的电子和离子，这些电子和离子与尘粒结合起来，就使尘粒具有电性。在电场力的作用下，带负电性的尘粒趋向收尘极（沉淀极），接着放出电子并吸附在阳极上。当尘粒积聚到一定厚度以后，通过振打装置的振打作用，尘粒从沉淀表面剥离下来，落入灰斗，被净化了的烟气从除尘器排出。

3. 特点

煤气电除尘器是鲁奇公司专门为净化含有 CO 烟气而开发研制的，电除尘器的特点如下。

① 外壳是圆筒形，其承载是由电除尘器进出口及电场间的环梁间的梁托座来支持的，壳体耐压为 0.3MPa。

② 烟气进出口采用变径管结构（进出口喇叭管，其出口喇叭管为一组文丘里流量计）。其阻力值很小。

③ 进出口喇叭管端部各设 4 个选择性启闭的安全防爆阀，以疏导产生的压力冲击波。

④ 电除尘器为将收集的粉尘清出，专门研制了扇形刮灰装置。32m² 圆筒形电除尘器主要参数见表 4-137。

表 4-137　32m² 圆筒形电除尘器技术参数

项　目		参　数	项　目		参　数
净化方式		干式流程	压力损失/Pa		约 400
处理风量/(m³/h)		210000	吨钢电耗/(kW·h)		约 1.2
烟气温度/℃	入口	200(增设锅炉)	捕集物	形状/分级	粉尘
	出口	<200		数量/(t/a)	75000
粉尘质量浓度/(mg/m³)	入口	200	操作		无水作业
	出口	<10	维修		简便

⑤ 圆筒形电除尘器运行比较稳定，除尘器出口含尘质量浓度小于 10mg/m³，能满足煤气除尘的技术要求。由于除尘器密封性能好，没有任何空气渗入，所以虽然除尘净化是煤气，也未发生过爆炸事故。

4. 电除尘器的安全措施

由于烟气中含有 CO 和 O_2，因此整个系统的安全是最重要的，电除尘器装备有完善的安全系统。在整个气流通道上设计为柱塞流，以减少爆炸的危险；电除尘器配有防爆阀，当电除尘内部压力超过 0.3MPa 时，防爆阀会打开卸压；同时，在线压力仪、温度仪以及连锁判断条件也确保了电除尘的安全，一旦达到设定值，就启动安全系统。从而保证了除尘器长期运行的安全可靠性。

5. 输灰系统

经过电除尘器后，经振动锤打下来的细颗粒粉尘聚积在电除尘器的底部，黏结在电除尘器下部的粉尘用三角形刮灰器刮到位于下部的链式输送机中，然后将其输送到中间料仓中去，再通过气力输送系统将细粉尘送到压块系统中的集尘料仓中去。链式输送机常见故障有链条过松过紧、有异物、电机故障。通过中央监控画面能报出链式输送机速度故障查明原因，采取打开人孔及事故排灰口进行放灰，排除故障，恢复正常。

6. 电除尘器常见的故障排除

电除尘器常见的故障有电场短路、电流电压异常、进出口刮灰板异常、防爆阀异常打开未复位等。

① 电除尘器电场短路引起电场跳电而无法复位，通过检修时排除短路铁条即可复位。

② 定期进行清灰作业，改善电场工作环境，这样可以预防电流电压过低等问题。

③ 到现场进行手动操作刮灰板直至故障排除。

④ 到现场确认防爆阀状态，确认各限位工作是否正常，直至故障排除。

十、湿式电除尘器

湿式电除尘器（Wet Electrostatic Precipitator，WESP）在满足超低排放、$PM_{2.5}$ 治理方面的效果已得到广泛认可。

WESP 对微细、黏性或高比电阻粉尘及烟气中酸雾、气溶胶、液滴、臭味、重金属（汞、砷等）、二噁英等污染物有着理想的脱除效果，是深度处理大气污染物的高效设备。

1. WESP 的工作原理

WESP 是一种用于处理含湿气体的高压静电除尘设备，其工作原理是将雾化水喷向放电极和电晕区，由于雾化水的比电阻相对较小，其在电晕区与粉尘结合后，可使高比电阻粉尘的比电阻下降。雾化水在电极形成的电晕场内荷电后分裂进一步雾化，电场力、荷电水雾的碰撞拦截、吸附凝并，共同对粉尘粒子起到捕集作用，最终使粉尘粒子在电场力的驱动下到达集尘极而被捕集，喷雾形成的连续水膜将捕获的粉尘冲刷至灰斗中排出（见图 4-106）。

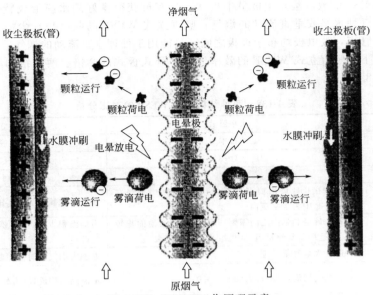

图 4-106 WESP 工作原理示意

从 WESP 的工作原理可以看出，WESP 与 ESP（干式静电除尘器）的除尘原理基本相同，都要经历荷电、收集和清灰三个阶段，都是靠高压电晕放电使得粉尘荷电，荷电后的粉尘在电场力的作用下到达集尘板（管）。两者的主要区别在于：ESP 主要处理含水率很低的干性气体，WESP 可用于处理含水率较高乃至饱和的湿气体；ESP 一般采用机械振打或声波方式清除电极上的积灰，容易引起二次扬尘而降低除尘效率，WESP 采用液体冲洗集尘极表面，使粉尘随着冲刷液而清除，能够达到更低的粉尘排放浓度。

2. 结构型式

WESP 按照结构方式主要分为水平卧式和竖直立式两种基本型式（见图 4-107），竖直立式又分为独立布置以及与 FGD 整体式布置。水平卧式和竖直独立布置的 WESP 需要专门空间，与 FGD 整体式布置的 WESP 由于设置在脱硫塔顶部，不需要专门空间，占地面积小，投资成本和运行成本较低。加拿大 New Brunswick 电力公司的 Dalhousie 和 Coleson Cove 电厂（315MW 机组）较早采用这种整体布置形式对脱硫塔进行改造，以降低初期投资和运行费用；近些年与 FGD 整体式布置的 WESP 在国内应用也较广泛，如国电都匀福泉电厂、甘肃玉门油田分公司等。

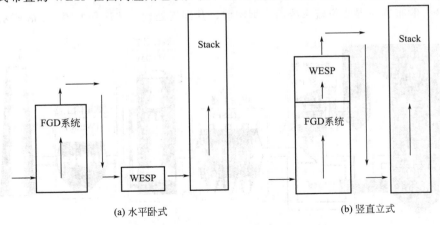

图 4-107 湿式除尘器型式

水平卧式 WESP 的收（集）尘极呈平板状，具有可获得良好的水膜形成特性，极板间均匀布置电晕线，可处理水平或垂直流动的烟气；竖直立式 WESP 的收（集）尘极为多根并列的圆形或多边形导电管束，放电极均布于极板之间，只能用于处理垂直流动的烟气。一般来讲，同等通气截面积情况下，竖直立式 WESP 的效率为水平卧式板式的 2 倍。两种结构型式 WESP 的对比结果见表 4-138。

表 4-138　两种结构型式 WESP 的对比分析

项目	水平卧式	竖直立式
技术来源	日本	欧洲
设计烟速/(m/s)	1～3	2～4
设备体积	较大	较小
布置方式	布置在脱硫塔出口到烟囱的水平烟道上，烟气在 WESP 中为水平流向	布置在脱硫塔除雾器的上方
占地面积	在脱硫塔和烟囱之间需要一定的空间，占地面积较大，适用于新建机组，老机组改造难度较大	占地面积少，对空间要求小，适用于老机组改造
处理烟气量	适合大烟气量处理	处理大烟气量时需并联
阻力大小/Pa	需烟气均流，阻力较大（300～500）	不需烟气均流，阻力较小（200～300）
与脱硫塔的关系	与脱硫塔的设计、施工相对独立；WESP 设计仅与脱硫塔出口烟气条件有关，与脱硫塔尺寸无关	对脱硫塔的基础、钢结构有一定的要求，需要与脱硫公司配合；需要改造原脱硫塔，施工周期较长
冲洗方式及水处理	采用连续喷雾冲洗方式减轻腐蚀，可选用等级稍低的防腐钢；冲洗水量较大；需要循环水处理系统	采用间歇式冲洗，腐蚀严重，需采用非金属或高等级不锈钢的集尘极；冲洗水量较小；无水循环系统，冲洗水排入脱硫塔
项目投资	投资较大	收尘极可采用 CFRP 材料，能有效降低投资成本
维护情况	维护方便，检修期间更换部件方便；pH 值调控，防腐性能好，不易结垢	标高高，脱硫塔内部空间小，检修期间更换部件不方便；易造成极板结垢
粉尘排放	电除尘连续使用，排放稳定	逐区冲洗，冲洗时要关一个电源，有瞬时排放峰值（峰值＜10mg/m³）

3. 系统组成

WESP 一般布置在湿法脱硫系统后、烟囱前，其烟气处理工艺流程如图 4-108 所示。

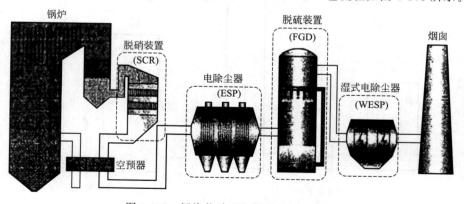

图 4-108　污染物治理超低排放工艺流程

　　WESP 主要由结构本体、阴极系统、阳极系统、雾化冲洗系统、水处理系统、电控系统等组成（见图 4-109）。WESP 本体与干式 ESP 基本相同，包括：进口喇叭、出口喇叭、壳体、放电极及框架、集电极绝缘子、雾化喷嘴和管道等。

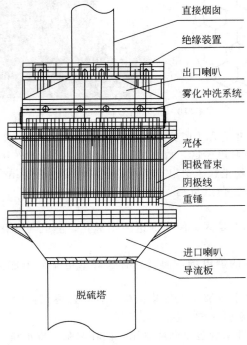

图 4-109　WESP 结构示意

　　（1）阴极系统　阴极系统由阴极承载梁、阴极线、重锤和下部阴极框架组成，阴极线上端挂接于阴极承载梁上，下端将阴极线与重锤组合在一起。

　　阴极线的选取原则是：坚固耐用、起晕电压低、放电强烈、电晕电流密度大、刚性好、耐酸抗氯离子腐蚀性强（如铅锑合金材料）。通常采用锯齿线作为放电极，以满足微细粉尘荷电的要求。不同型式阴极线的选取参数见表 4-139。

表 4-139　不同型式阴极线的选取参数

代号	名称	起晕电压/kV	电流密度/(mA/m²)
A	锯齿线	20	1.88
B	管状芒刺线	15	1.3
C	鱼骨针刺线	15	1.24
D	螺旋线	28	0.87

　　（2）阳极系统　阳极系统采用特制的阳极板（管）结构，以满足雾化喷淋、洗涤的运行要求。对于竖直立式 WESP，目前的阳极系统大多采用模块化蜂窝布置的正六角形导电阻燃玻璃钢管束作为收尘极。由内切圆为 Φ350mm/360mm、壁厚 3mm、长度 6000mm 的 CFRP 正六角形蜂窝管组成蜂窝状电极，悬挂在管束支撑梁上（见图 4-110）。

　　（3）雾化冲洗系统　雾化冲洗系统一般安装在 WESP 上部，利用双流体雾化喷枪实现循环水的雾化，雾化后的水滴随烟气进入 WESP 工作区，在电场作用下趋向集尘极，并在集尘极上形成水膜，在重力作用下携带液滴颗粒物顺流进入集水箱或脱硫塔内。雾滴对 WESP 除尘效率的提高有重要影响。

　　① 雾滴可以保持放电极清洁，使电晕一直旺盛；雾滴击打在集尘极上连续形成薄而均匀的水膜，可阻止低比电阻粉尘的"二次飞扬"、调质高比电阻粉尘防止发生"反电晕"现象、防止

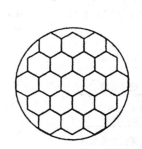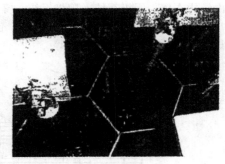

图 4-110　正六角形蜂窝管布置示意

黏滞性强的粉尘黏挂电极，并适合于收集易燃、易爆的粉尘。

② 雾滴直接喷向放电极和电晕区，放电极还可兼起雾化器的作用，采用同一电源可实现电晕放电、水的雾化、水雾和粉尘粒子荷电，实现静电和水雾的有机结合。

③ 雾滴直接喷向放电极，荷电量高，这种高荷质比雾化水在电场中的碰撞拦截、吸附凝并作用可大大提高除尘效率。

④ 将雾滴喷向放电极和电晕区，使水雾进一步雾化，静电与雾化喷淋装置无直接接触，不存在绝缘问题。

⑤ 芒刺电极能产生很强的静电场，同时具有很好的电晕放电能力，静电和雾滴协同作用，具有很高的除尘效率。

⑥ 雾滴在集尘极上形成水流流下，使集尘极（管）始终保持清洁，省去了振打装置，同时避免了干式除尘由于振打清灰带来的二次污染问题。

（4）水处理系统　水处理系统包括循环水箱、循环水泵、排水箱、排水泵、碱储罐、碱计量泵、工业水箱、工业水泵和相应管道等。喷淋除尘后的收集液先收集入排水箱，加入 NaOH 溶液进行 pH 值调整后，外排至脱硫系统作为补充水，其他水量通过排水箱溢流到循环水箱；循环水箱中的循环水通过补加工业水和碱液来调配其 pH 值为 8～10，作为湿式静电除尘器的循环水，回流给雾化喷嘴使用。外排损耗的水量由工业水另行补充（见图 4-111）。

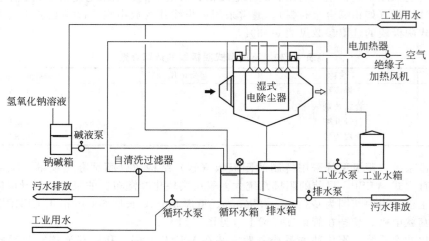

图 4-111　水处理系统工艺流程

（5）电控系统　WESP 的电控系统由低压控制系统和高压控制系统两部分组成，用电负荷主要有 WESP 本体、绝缘箱加热装置、水泵等。低压控制系统用于绝缘箱加热器的配电控制，配备了 PLC 控制系统，用于实现绝缘箱加热器的自动化，使绝缘箱温度始终保持在 100～120℃；高压控制系统主要是高压控制柜和高压发生器，为电晕电极装置提供电源以形成电晕场，实现烟气的深度净化。

4. WESP 应用的关键问题

WESP 在国外燃煤电厂已有 30 多年的应用史,目前约有 50 余套 WESP 装置应用于美国、欧洲及日本的电厂。燃煤电厂烟气污染控制系统结构通常为"SCR(脱硝系统)＋ESP(干式静电除尘器)＋WFGD(湿法脱硫)＋WESP",WESP 作为大气复合污染物控制系统的深度处理技术,主要用于脱除 WFGD 系统无法捕获的酸雾($0.1\sim0.5\mu m$)、控制 $PM_{2.5}$ 细颗粒物的排放、解决烟气排放浑浊度以及石膏雨等问题。WESP 推广应用的关键问题如下。

(1)对烟气参数的要求　进入 WESP 电场的烟气温度需降低到饱和温度以下,否则会蒸发掉大量的冲洗液,使粉尘颗粒变干燥;粉尘浓度不宜过高,避免形成不易冲洗的泥浆;由于 WESP 工作在低温(低于硫酸露点温度)潮湿的工作环境,SO_x 浓度不易过高,否则易造成部件的低温腐蚀。

(2)必须形成均匀连续的液膜　若冲洗水不能均匀连续分布在集尘极(管)表面,在极板(管)上易形成"干污点",积聚粉尘,导致电流被抑制,形成大规模的电晕闭锁,降低除尘效率。

(3)对几何尺寸有严格要求　WESP 集尘极和放电极的几何形状必须合适,否则会出现空间充电效应或电晕抑制现象。

(4)FGD 系统水平衡难度大　对于与 FGD 整体式布置的 WESP 装置来说,由于 WESP 冲洗水采用闭式循环,随着水中含尘量的增加,需不断补充原水、排出废水,废水排出量与烟气中含尘量几乎呈线性关系,增大了 FGD 系统水平衡的难度。

(5)需占用炉后空间　若 WESP 布置在 FGD 后,循环水箱和水泵等废水处理设备可布置在电除尘器下部,需要占用炉后位置,增大了炉后设备的布置难度,对于已投产的老机组来说,场地布置将是一个主要难题。

(6)运行成本较控制　对于水平卧式 WESP,由于阳极板、芒刺线等接触烟气的部件大量采用耐腐蚀不锈钢材料,投资成本较高。同时,运行中除 WESP 本体消耗电量外,循环水泵等还将产生部分电耗;对喷淋冲洗水适当进行 pH 值控制对维持设备正常运行非常重要,冲洗水中添加的 NaOH 溶液也将提高一部分运行成本;设备维护等也增加了额外费用。因此,水平卧式 WESP 的运行成本会高于 ESP。

(7)WESP 可实现微细颗粒物($PM_{2.5}$粉尘、酸雾、气溶胶)、重金属(Hg、As、Se、Pb、Cr)、有机污染物(多环芳烃、二噁英)等污染物的联合脱除　处理后的烟尘排放浓度可达 $10mg/m^3$ 甚至 $10mg/m^3$ 以下。

十一、低低温电除尘技术

自 1997 年起,由于日本地方环保排放控制综合要求不断提高,对应的烟气处理工艺促使低低温高效烟气处理技术在日本火电机组得到全面发展。低低温烟气处理技术工艺的原理是在锅炉空预器后设置 MGGH(热媒水热量回收系统),使进入除尘器入口的烟气温度由原来的 $130\sim150℃$ 降低至 $90℃$ 左右(日本称为低低温状态),从而提高常规电除尘的收尘性能。而湿法脱硫装置出口设置 MGGH 通过热媒水密封循环流动,将从降温换热器获得热量去加热脱硫后净烟气,使其温度从 $50℃$ 左右升高至 $80℃$ 以上。具体工艺流程见图 4-112。

1. 技术特点

低低温技术除尘提效的核心措施就是在传统干式电除尘器之前布置了一级热回收器(MG-GH),将电除尘器的运行温度降低至低低温状态,对于电除尘器来说带来了如下显著优势。

① 任何烟尘基本都没有高比电阻状态,不会发生反电晕现象,图 4-113 是常规锅炉飞灰比电阻值与烟气温度的关系曲线。一般当烟气温度在 $130\sim150℃$ 时,烟尘比电阻值处于较高点,电除尘器易出现低电压、大电流的"反电晕"现象,造成除尘效率下降。而在 $90\sim110℃$ 区间时,烟尘比电阻值可以下降 $1\sim2$ 个数量级,使飞灰比电阻值下降至 10 以下,使得烟尘比电阻处于最

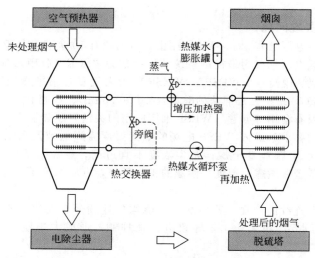

图 4-112　低低温电除尘技术工艺流程

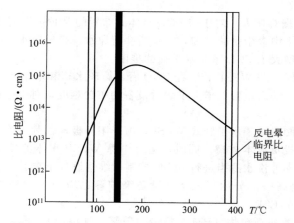

图 4-113　锅炉飞灰比电阻值与烟气温度的关系曲线

适宜电除尘器除尘的比电阻范围内，从而确保电除尘器的高效收尘，可完全杜绝"反电晕"现象的发生。

② 烟气温度降低使得烟气量减小，烟气通过电场的流速降低，停留时间增加，相当于电除尘器的比集尘面积增加。排烟温度每降低 10℃，烟气量减少 2.5%～3%。

③ 排烟温度降低还会使电场击穿电压升高，从而提高电除尘的除尘效率。根据经验公式估算，烟温每降低 10℃，电场击穿电压上升约 3%。

另外，对于整个系统来讲，由于电除尘器前烟温降低至 90℃左右，烟气中的气态 SO_3 会完全冷凝形成液态，从而被电除尘器前大量的粉尘颗粒所吸附，再通过电除尘器对粉尘的收集而被去除，相当于 SO_3 调质的作用，可以大大提高电除尘器性能。同时 SO_3 的去除避免了下游设备因 SO_3 引起的酸腐蚀问题。这样烟气脱硫（FGD）系统基本不用专门考虑 SO_3 的腐蚀，同时又充分发挥了脱硫后 GGH 的作用，把烟气加热到足够温度，满足环保扩散要求，节省了大笔防腐投资、维修工作量和有关费用。对于湿式石灰石-石膏法烟气脱硫工艺来说，由于进入吸收塔的烟气降至 90℃左右，可以大大减少脱硫喷淋水的耗量，并提高脱硫的反应效果，进一步降低能耗。

通过管式烟气换热器的烟气不会泄露，并能有效利用回收的热能，不仅可以将此部分热能用于烟气再加热系统，还可用于加热汽机冷凝水系统，减少煤耗或输送给采暖供热系统。

2. 适用条件

低低温电除尘技术的适用范围广泛，当烟气温度偏高，尤其是当烟温＞120℃时，其更有独特的优势。由于低低温电除尘技术可以提高锅炉效率，节约用煤，因此也特别适合于煤价较高的电厂在提效的同时实现节能。该技术还可与其他除尘实用新技术任意组合使用达到排放要求，如SO₃烟气调质、移动电极、高频电源技术等，可大幅度提高对高比电阻以及细小粉尘的收集，提高除尘效率。当然，低低温电除尘技术的使用也有一定的限制，首先它要求燃煤的含硫量在一定范围内，对高硫煤需谨慎使用；其次要求除尘器前部有增设换热装置的条件，对于脱硫配置后有再加热器（GGH）系统的燃煤机组，必须注意综合考虑再加热器（GGH）的热量交换要求，合理确定余热利用降温幅度，以满足干烟囱排烟温度要求。

3. 布置方式

低低温电除尘技术回收的热量可以用于烟气再加热，也可以用于加热锅炉补给水或汽机冷凝水；因而低低温电除尘技术有两种布置工艺，第一种工艺为在锅炉空预器后和脱硫装置出口设置热回收器（MGGH），通过热媒水密闭循环流动，将从降温换热器获得的热量去加热脱硫后的净烟气，使其温度从50℃左右升高到90℃以上，工艺流程见图4-114。该工艺具有无泄漏、没有温度及干、湿烟气的反复变换、不易堵塞的特点，同时满足干烟囱排烟温度要求。第二种工艺为在锅炉空预器后设置低温省煤器，回收热量，加热锅炉补给水或者汽机冷凝水，工艺流程见图4-115。该工艺能提高锅炉效率，减少煤耗，特别适合于煤价较高的电厂在提效的同时实现节能。

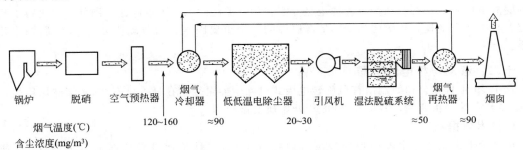

图 4-114　燃煤电厂低低温电除尘技术典型布置工艺一

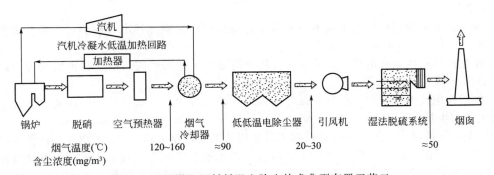

图 4-115　燃煤电厂低低温电除尘技术典型布置工艺二

4. 低低温静电除尘器需要注意的问题

由于低低温电除尘技术将烟气温度降低到酸露点以下，粉尘性质也发生了很大的改变，因此，与常规电除尘技术相比，该技术具有一些独特的优势，但也产生了一些其他问题，需特别注意。

（1）高硫煤的不良影响问题　燃煤中的含硫量越高，烟气中的SO₃浓度也越高，其酸露点温度也相应的会越高，发生腐蚀的风险就会增加。因此低低温电除尘技术要求燃煤的含硫量在一定范围内,当锅炉燃煤含硫量很高,特别是含硫量在 2.5% 以上时,需谨慎使用。

(2) 二次扬尘问题 由于烟气温度在酸露点以下,粉尘性质发生了很大的改变,比电阻大幅度降低,这有利于粉尘收集,但相应的粉尘附着力也会降低,振打二次扬尘会加剧。因此,低低温电除尘器需采用相应的措施避免二次扬尘,如合理调整振打程序,采用离线振打技术,阻断清灰通道的气流通过,控制振打产生的二次扬尘或者采用移动电极电除尘技术,通过转刷清灰避免二次扬尘。

(3) 电控方式问题 采用低低温电除尘技术,烟气温度降低,含尘浓度增大,并且粉尘性质发生变化,因此相对应的振打程序、电压、电流等基本参数都发生了变化,需根据具体工况进行调节,另外需针对低低温电除尘技术调整电控设备的控制方式和运行参数,保证电控设备控制策略先进,运行方式和运行参数适应电除尘工况变化,实现高效除尘和节能的目的。

(4) 灰斗堵灰、腐蚀问题 由于烟气温度在酸露点以下,SO_3 凝结成硫酸雾黏附在粉尘上,收集的灰的流动性变差,因此为确保卸灰顺畅,灰斗卸灰角度需大于常规设计,一般卸灰角度大于 65°,同时为了防止灰斗因结露引起堵塞,灰斗需有较好的保温效果,还需加大灰斗的电加热面,电加热面要超过灰斗高度的 2/3。另外要采用防腐钢板或内衬不锈钢板,以有效防止灰斗腐蚀。

5. 低低温电除尘技术的应用前景

低低温电除尘技术具有节能减排、运行稳定、维护工作量低等一系列优点,扩大了电除尘器的适用范围,因此已得到业内专家和用户的广泛关注,应用前景广阔。但由于该技术将烟气温度降到酸露点以下,是否存在低温腐蚀也是专家和用户关注的一个重点问题。国外对此进行了相关研究,日本研究发现,灰硫比是影响低温腐蚀的一个重要因素,当灰硫比大于 10 时腐蚀率几乎为零。

十二、移动电极电除尘器

自 1979 年日立公司研制出首台旋转电极式电除尘器至今,在日本已有 30 多年应用历史,约有 60 多台套的销售业绩,我国自 2008 年开始研发该技术。

1. 技术依据

从理论上讲,电除尘器的捕集效率可以接近 100%。性价比及排放标准决定仍有 1% 或者 0.1% 甚至 0.01% 的粉尘从电除尘器中排出。通常认为通过电场未被捕集的粉尘产生的原因可能有以下几种。

① 粉尘通过电场时由于荷电量不足或者在荷电过程中又被异性电荷中和,粉尘在未获得足够的荷电状况下已排出电场。

② 粉尘虽然被捕集在电极上,因烟气流的冲刷而再次进入气流,粉尘在再捕集再冲刷的过程中被排出电场。

③ 收集在电极上的粉尘,在清灰振打落入灰斗的过程中,一部分粉尘再次卷入气流。最后又被气流带出电场。

在以上 3 种情况中,进一步分析可知通常使用的工业电除尘器,粉尘在电场中的停留时间一般为 8~12s,而粉尘荷电时在 0.01~0.1s 内可获得极限电荷 91%,在 0.1~1s 内可获得极限电荷的 99%。这就是说,粉尘进入电除尘器后,只需极短的时间粉尘的荷电基本完成,因此可以认为,在电除尘器中粉尘均获得饱和荷电。但这并不等于 100% 粉尘很快都能被电极捕集,还取决于一些其他因素。

对于第 2 种情况,导致各种粉尘在脱离极板表面的气流速度都有一个临界值,在临界值以下时,不致因气流的冲刷而使粉尘重新进入气流。一般锅炉飞灰的临界速度为 2.4m/s,水泥粉为 3~3.6m/s,而工业电除尘器设计的烟气流速远低于此值。另外,现代电除尘器要求进入电场的气流分布均匀,局部出现的高速气流冲刷也很难出现。因此,由于气流冲刷使粉尘重返气流的分量也不大。

第 3 种情况，试验和观察都发现，收集在电极上的粉尘，在振打清灰过程中将黏聚在一起的粉尘又被击碎成许多小块、团粒以及回复到单个颗粒。成团成块的粉尘，即使受到气流的影响也容易被重力的作用沉降到灰斗中去，而击碎的各个尘粒重返气流后，又得进行第二次荷电及集尘的过程。在这种交错反复过程中，总有一小部分粉尘从第一电场转移到第二电场，然后又转移到最后一个电场，最后进入烟囱。同时，粉尘从电极剥落下降过程中，由于受到横向气流的影响，粉尘将沿着重力与横向气流合力的方向沉降，因此粉尘离开电极后的轨迹不是垂线而是与水平面有一个夹角。这个夹角的大小与粉尘本身的质量，烟气流速大小等因素有关。当电场不够长或粉尘沉降的"夹角"较小时，最终有一部分粉尘被带出电场。

因此，为了降低电除尘器粉尘的排放浓度，除了第一个因素难以驾驭之外，人们把注意力放在电场振打清灰，尤其是最后一个电场在振打清灰时如何有效地减少粉尘的二次扬尘上。

基于这一构思，日本开发了移动电极型电除尘器，经过多年的完善改进，至今已取得良好的效果。

2. 移动电极

移动电极电除尘器与常规电除尘器的收尘原理完全相同（见图 4-116）。阳极板在驱动轮的带动下缓慢地上下移动，附着在极板上的粉尘随极板转移到非收尘区域，被正反两把转动清灰刷刷除，粉尘直接刷落于灰斗中，减少了二次扬尘。由于集尘极能保持清洁状态且粉尘在灰斗中被清除，有效克服了困扰常规电除尘器对高比电阻粉尘的反电晕及振打二次扬尘等问题，可以提高除尘效率。

移动电极为日本日立公司的专利产品，自 1979 第一台设备投入工业应用以来，技术得到了用户的认可。

3. 构造

移动电极型电除尘器如图 4-117 所示。在实际应用中，通常移动电极电场和一个或多个普通的固定电极电场结合在一起，组成组合型电除尘器如图 4-118 所示。固定电极电场位于烟气上游电场方向，移动电极位于烟气下游方向，目的是让移动电极电场最好地发挥作用。

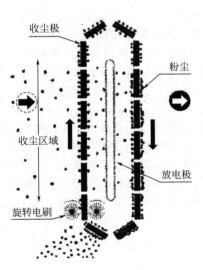

图 4-116　移动电极原理示意

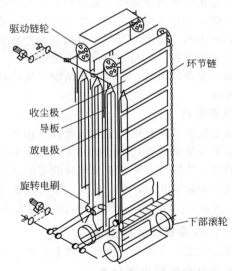

图 4-117　移动电极型电除尘器

移动电极的收尘极板由若干块分离并的条状不锈钢板和补强材料构成，通过链条连接在一起，链条有驱动轮传动。

通过驱动链轮的旋转，收尘极板在驱动链轮和下部滚轮间移动、旋转。下部滚轮还有张紧的作用，保证收尘极和链轮能稳定地运行。

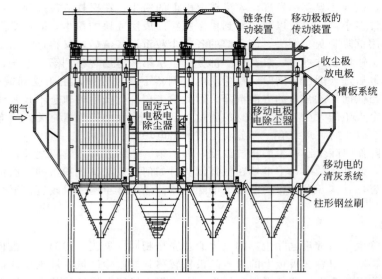

图 4-118 典型三个固定电极和一个移动电极组合型电除尘器布置

滚轮安装在灰斗上方，这里没有烟尘气流通过，属于非粉尘捕集区域，每组极板在此被两个旋转的电板挟持，电刷与收尘极旋转的方向相反。当极板接触到电刷时，粉尘层即被旋转的清灰刷清除，确保收尘极板自始至终保持"清洁"的状态。

4. 主要特点

移动电极电除尘技术的特点有：a. 保持阳极板清洁，避免反电晕，有效解决高比电阻粉尘收尘难的问题；b. 最大限度地减少二次扬尘，显著降低电除尘器出口烟尘浓度；c. 减少煤、飞灰成分对除尘性能影响的敏感性，增加电除尘器对不同煤种的适应性，特别是高比电阻粉尘、黏性粉尘，应用范围比常规电除尘器更广；d. 可使电除尘器小型化，占地少；e. 特别适合于老机组电除尘器改造，在很多场合，只需将末电场改成移动电极电场，不需另占场地；f. 与布袋除尘器相比，阻力损失小，维护费用低，对烟气温度和烟气性质不敏感，并且有着较好的性价比；g. 在保证相同性能的前提下，与常规电除尘器相比，一次投资略高、运行费用较低、维护成本几乎相当，从整个生命周期看，移动电极电除尘器具有较好的经济性；h. 对设备的设计、制造、安装工艺要求较高。

5. 注意事项

移动电极相比常规电除尘器转动部件较多，发生故障的可能性相对较大。旋转电极式电除尘器阳极系统及清灰装置均为运动部件，要确保设备的高效安全运行，合理可靠的结构设计、精益求精的制造、优质的安装质量及适时的定期维护显得十分重要。尤其是安装质量，旋转阳极板和刷灰装置处于运动状态，属动平衡，相对静负载安装工艺要求更高。安装质量直接影响到设备长期稳定、可靠地运行，对旋转电极式电除尘器性能的保证，起到至关重要的作用。

十三、电袋复合式除尘器

电袋复合式除尘器是一种利用静电力和过滤方式相结合的一种复合式除尘器。

1. 电袋复合式除尘器分类

复合式除尘器通常有 4 种类型。

（1）串联复合式 串联复合式除尘器都是电区在前，袋区在后如图 4-119 所示，串联复合也可以上下串联，电区在下，袋区在上，气体从下部引入除尘器。

前后串联时气体从进口喇叭引入，经气体分布板进入电场区，粉尘在电区荷电并大部分被收下来，其余荷电粉尘进入滤袋区，在滤袋区粉尘被过滤干净，纯净气体进入滤袋的净气室，最后从净气管排出。

（2）并联复合式　并联复合式除尘器的电区、袋区并联，如图 4-120 所示。

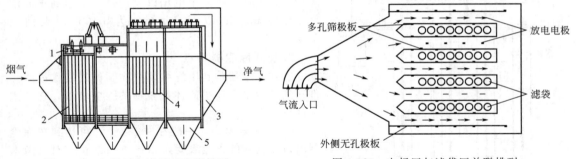

图 4-119　电场区与滤袋区串联排列

1—电源；2—电场；3—外壳；4—滤袋；5—灰斗

图 4-120　电场区与滤袋区并联排列

气流引入后经气流分布板进入电区各个通道，电区的通道与袋区的每排滤袋相间横向排列，烟尘在电场通道内荷电，荷电和未荷电粉尘随气流流向孔状极板，部分荷电粉尘沉积在极板上，另一部分荷电或未荷电粉尘进入袋区的滤袋，粉尘被过在滤袋外表面，纯净的气体从滤袋内腔流入上部的净气室，然后从净气管排出。

（3）混合复合式　混合复合式除尘器是电区、袋区混合配置，如图 4-121 所示。

在袋区相间增加若干个短电场，同时气流在袋区的流向从由下而上改为水平流动。粉尘从电场流向袋场时，在流动一定距离后，流经复式电场，再次荷电，增强了粉尘的荷电量和捕集量。

此外，也有在袋式除尘器之前设置一台单电场电除尘器，称为电袋一体化除尘器，但应用此电袋复合式除尘器较少。

（4）电袋除尘器　电袋除尘器是在滤袋内设置电晕极，并对滤袋内部施加电场，施加到电晕极线上的极性通常是负极性，如图 4-122 所示。设置电场和电晕线的主要目的是对粉尘进行荷电，提高收尘效率，同时由于粉尘带有相同极性的电荷，起到相互排斥作用，使收集到滤袋表面的粉尘层较松散，增加了透气性，降低了过滤阻力，使清灰变得更容易，减少了清灰次数，提高了滤袋使用寿命。

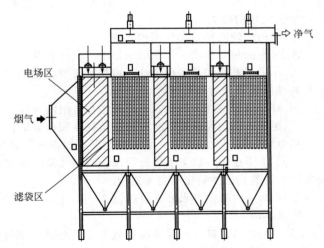

图 4-121　电场区与滤袋区混合排列

2. 电除尘器特点

电除尘器是利用强电场电晕放电使气体电离、粉尘荷电，在电场力的作用下使粉尘从气体中分离出来的装置，其优点是：a. 除尘效率高，可达到 99% 左右；b. 本体压力损失小，压力损失一般为 160～300Pa；c. 能耗低，处理 1000m³ 烟气需 0.5～0.6kW·h；d. 处理烟气量大，可达 10^6 m³/h；e. 耐高温，普通钢材可在 350℃ 以下运行。

尽管电除尘器有多方面的优点，但电除尘器的缺点也是显而易见的，主要表现：a. 结构复杂、钢材耗用多，每个电场需配用一套高压电源及控制装置，因此价格较为昂贵；b. 占地面积大；c. 制造、安装、运行要求严格；d. 对粉尘的特性较敏感，最适宜的粉尘比电阻范围 10^5～$5×10^{10}$Ω·cm，若在此范围之外，应采取一定的措施才能取得必要的除尘效率，最重要的一点是当

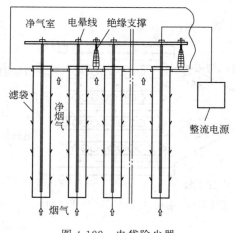

图 4-122 电袋除尘器

电厂锅炉燃烧低硫煤或经过脱硫以后的锅炉烟气粉尘比电阻无法满足电除尘器的使用范围要求时，应用电除尘器，即使选择 4 个电场以上，也无法达到排放浓度小于 10mg/m³ 以下；e. 烟气为高浓度时要前置除尘。

3. 袋式除尘器特点

袋式除尘器是利用纤维编织物制作的袋状过滤元件来捕集含尘气体中固体颗粒物的除尘装置，它的主要优点如下。

① 除尘效率高，一般在 9％以上，可达到在除尘器出口处气体的含尘浓度为 20～30mg/m³，对亚微米粒径的细尘有较高的分级除尘效率。

② 处理气体量的范围大，并可处理非常高浓度的含尘气体，因此它可用作各种含尘气体的除尘器。其容量可小至每分钟数立方米，大到每分钟数万立方米的气流，在采用高密度的合成纤维滤袋和脉冲反吹清灰方式时；它能处理粉尘浓度超过 700g/m³ 的含尘气体。它既可以用于尘源的通风除尘，改善作业场所的空气质量；也可用于工业锅炉、流化床锅炉、窑炉及燃煤电站锅炉的烟气除尘，以及对诸如水泥、炭黑、沥青、石灰、石膏、化肥等各种工艺过程中含尘气体的除尘，以减少粉尘污染物的排放。

③ 结构比较简单，操作维护方便。

④ 在保证相同的除尘效率的前提下，其造价和运行费用低于电除尘器。

⑤ 在采用玻纤和某些种类的合成纤维来制作滤袋时，可在 160～200℃温度下稳定运行，在选择高性能滤料时耐温可达到 260℃。

⑥ 对粉尘的特性不敏感，不受粉尘比电阻的影响。

⑦ 在用于干法脱硫系统时，可适当提高脱硫效率。

和电除尘器相比较而言，袋式除尘器在燃煤锅炉烟气处理中也存在一定的缺点。

① 不适于在高温状态下运行工作，当烟气温度超过 260℃时。要对烟气进行降温处理，否则袋式除尘器的高温滤袋也变得不适应。

② 当烟气中粉尘含水分重量超过 25％以上时，粉尘易粘袋堵袋，造成清灰困难、阻力升高，过早失效损坏。

③ 当燃烧高硫煤或烟气未经脱硫等装置处理，烟气中硫氧化物、氮氧化物浓度很高时，除 FE 滤料外，其他化纤合成滤料均会被腐蚀损坏，布袋寿命缩短。

④ 不能在"结露"状态工作。

⑤ 与电除尘相比阻力损失稍大，一般为 500～800Pa。

4. 电袋复合除尘器工作原理

电袋复合除尘器工作时含尘气流通过预荷电区，尘粒带电。荷电粒子随气流进入过滤段被纤维层捕集。尘粒荷电可以是正电荷，也可为负电荷。滤料可以加电场，也可以不加电场；若加电场，可加与尘粒极性相同的电场，也可加与尘粒极性相反的电场，如果加异性电场则粉尘在滤袋附着力强，不易清灰。试验表明，加同性极性电场，效果更好些，原因是极性相同时，电场力与流向排斥，尘粒不易透过纤维层，表现为表面过滤，滤料内部较洁净；同时由于排斥作用，沉积于滤料表面的粉尘层较疏松，过滤阻力减小，使清灰变得更容易些。

图 4-123 给出了滤料上堆积相同的粉尘量时，荷电粉尘形成的粉饼层与未荷电粉饼层阻力的比较，从图 4-123 中可以看到，在试验条件下，经 8kV 电场荷电后的粉饼层其阻力要比未荷电时低约 25％。这个试验结果既包含了粉尘的粒径变化效应，也包含了粉尘的荷电效应。

由此可见电袋复合式除尘器是综合利用和有机结合电除尘器与布袋除尘器的优点，先由电场捕集烟气中大量的大颗粒的粉尘，能够收集烟气中 80％以上的粉尘量，再结合后者布袋收集剩余细微粉尘的一种组合式高效除尘器，具有除尘稳定、排放浓度≤50mg/m³（标）、性能优异的特点。

但是，电袋复合式除尘器并不是电除尘器和布袋除尘器的简单组合叠加，实际上科技工作者攻克了很多难题才使这两种不同原理的除尘技术相结合。首先要解决在同一台除尘器内同时满足电除尘和布袋除尘工作条件的问题；其次，如何实现两种除尘方式连接后袋除尘区各个滤袋流量和粉尘浓度均布，提高布袋过滤风速，并且有效降低电袋复合式除尘器系统阻力。在除尘机理上，通过荷电粉尘使布袋的过滤特性发生变化，产生新的过滤机理，利用荷电粉尘的气溶胶效应，提高滤袋过滤效率，保

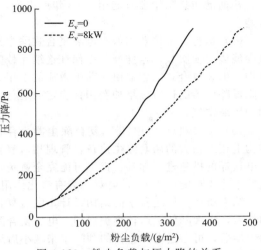

图 4-123　粉尘负载与压力降的关系

护滤袋；在除尘器内部结构采用气流均布装置和降低整体设备阻力损失的气路系统；开发出超大规模脉冲喷吹技术和电袋自动控制检测故障识别及安全保障系统等。

电袋复合式除尘器分为两级，前级为电除尘区，后级为袋除尘区，两级之间采用串联结构有机结合。两级除尘方式之间又采用了特殊分流引流装置，使两个区域清楚分开。电除尘设置在前，能捕集大量粉尘，沉降高温烟气中未熄灭的颗粒，缓冲均匀气流；滤筒串联在后，收集少量的细粉尘，严把排放关。同时，两除尘区域中任何一方发生故障时，另一区域仍保持一定的除尘效果，具有较强的相互弥补性。

5. 技术性能特点

（1）综合了二种除尘方式的优点　由于在电袋复合式除尘器中，烟气先通过电除尘区后再缓慢进入后级布袋除尘区，滤袋除尘区捕集的粉尘量仅有入口的 1/4。这种滤袋的粉尘负荷量大大降低，清灰周期得以大幅度延长；粉尘经过电除尘区的电离荷电，粉尘的高电效应提高了粉尘在滤袋上的过滤特性，即滤袋的透气性能、清灰方面得到大大的改善。这种合理利用电除尘器和布袋除尘器各自的除尘优点，以及两者相结合产生的新功能，能充分克服电除尘器和布袋除尘器的除尘缺点。

（2）能够长期稳定的运行　电袋复合式除尘器的除尘效率不受煤种、烟气特性、飞灰比电阻的影响，排放浓度（标）保持可以长期、高效、稳定在低于 50mg/m³ 排放浓度可靠运行。相反，这种电袋复合式除尘器对于高比电阻粉尘、低硫煤粉尘和脱硫后的烟气粉尘处理效果更具技术优势和经济优势，能够满足环保的要求。

（3）烟气中的荷电粉尘的作用　电袋除尘器烟气中的荷电粉尘有扩散作用；由于粉尘带有同种电荷，因而相互排斥，迅速在后级的空间扩散，形成均匀分布的气溶胶悬浮状态，使得流经后级布袋各室浓度均匀，流速均匀。

电袋除尘器烟气中的荷电粉尘有吸附和排斥作用；由于荷电效应使粉尘在滤袋子上沉积速度加快，以及带有相同极性的粉尘相互排斥，使得沉积到滤袋表面的粉尘颗粒之间有序排列，形成的粉尘层透气性好，空隙率高，剥落性好。所以电袋复合式除尘器利用荷电效应减少除尘器的阻力，提高清灰效率，从而设备整体性能得到提高。

（4）运行阻力低，滤袋清灰周期时间长，具有节能功效　电袋复合式除尘器滤袋的粉尘负荷小，以及荷电效应作用，滤袋形成的粉尘层对气流的阻力小，易于清灰，比常规布袋除尘器约低 500Pa 的运行阻力，清灰周期时间是常规布袋除尘器的 4～10 倍，大大降低了设备的运行能耗；同时滤袋运行阻力小，滤袋粉尘透气性强，滤袋的强度负荷小，使用寿命长，一般可使用 3～5

年，普通的布袋除尘器只能用2～3年就得换，这样就使电袋除尘器的运行费用远远低于袋式除尘器。

（5）运行、维护费用低　电袋复合式除尘器通过适量减少滤袋数量，延长滤袋的使用寿命、减少滤袋更换次数，这样既可以保证连续无故障开车运行，又可减少人工劳力的投入，降低维护费用。电袋复合式除尘器由于荷电效应的作用，降低了布袋除尘的运行阻力，延长清灰周期，大大降低除尘器的运行、维护费用；稳定的运行压差使风机耗能有不同程度降低，同时也节省清灰用的压缩空气。

（6）主要缺点　"电-袋"复合除尘器也存在缺点：a. 系统同时拥有电、袋这样除尘机理及结构上相差很大的两套除尘设备，管理相对复杂；b. 电除尘器发生故障时，虽然可通过小分区供电这样的措施进行弥补，也不可能完全避免对后级布袋除尘器的影响；c. 特别要注意的是前区的电除尘可能产生O_3，会对滤袋有氧化作用，选择滤料时应考虑。

综上所述，加之科学的结构设计，电袋复合除尘器具有易于清灰、运行压差低、使用寿命长的特点，大大降低了运行维护费用。电袋复合除尘器的优点在于含尘气体进入"电-袋"复合型除尘器后，可通过电除尘器的预除尘来减小后续的袋式除尘器的负荷，同时还能使细粉尘产生凝聚作用。一般前级电除尘器捕集75%左右的粉尘，这样后级滤袋捕集的粉尘量仅有常规布袋除尘的1/4左右。由于滤袋的粉尘负荷量大大降低，细粉尘凝聚成较粗的颗粒，减少了滤袋的阻力，从而过滤速度可以适当增加，清灰周期也得以延长。滤袋的清灰次数减少，有利于延长滤袋的使用寿命。但是，这种电袋复合除尘器的性能指标与纯袋式除尘器没有显著差别：过滤风速没有明显的提高，设备阻力也没有明显的降低。这可能与其"前电后袋"的结构型式有关。在该种除尘器中，对于绝大多数滤袋而言，荷电粉尘需要运动较长距离才能到达，在此过程中粉尘容易失去电荷，而失去了预荷电的作用，电袋复合就失去了根本。至于前级电场除去大部分粉尘而降低了袋区的浓度，实际下并不能显著提高袋式除尘器的性能，工程实践证明，袋式除尘器对于入口含尘浓度是不敏感的。

6. 应用注意问题

由于袋式除尘器已有很好的除尘效果，如果增设预荷电部分会使运行和管理更为复杂，所以电袋除尘器总的说是研究成果不少，而新建电袋除尘器工程应用不多。由于单一的电除尘器烟气排放难于达到国家规定的排放标准，所以把电除尘器改造成电袋除尘器的工程实例很多，在水泥厂、燃煤电厂都有成功经验。

应用需解决技术问题如下：

① 如何保证烟尘流经整个电场，提高电除尘部分的除尘效果。烟尘进入电除尘部分，以采用卧式为宜，即烟气采用水平流动，类似常规卧式电除尘器。但在袋除尘部分，烟气应由下而上流经滤袋，从滤袋的内腔排入上部净气室。这样，应采用适当措施使气流在改向时不影响烟气在电场中的分布。

② 应使烟尘性能兼顾电除尘和袋除尘的操作要求。烟尘的化学组成、温度、湿度等对粉尘的电阻率影响很大，很大程度上影响了电除尘部分的除尘效率。所以，在可能条件下应对烟气进行调质处理，使电除尘器部分的除尘效率尽可能提高。袋除尘部分的烟气湿度，一般应小于200℃且大于130℃（防结露糊袋）。

③ 在同一箱体内，要正确确定电场的技术参数，同时也应正确地选取袋除尘各个技术参数　在旧有电除尘器改造时进入袋除尘部分的粉尘浓度、粉尘细度、粉尘颗粒级配等与进入除尘器时的粉尘发生了很大变化。在这样的条件下，过滤风速、清灰周期、脉冲宽度、喷吹压力等参数也必须随着变化。这些参数的确定也需要慎重对待。

④ 如何使除尘器进出口的压差（即阻力）降至1000Pa以下。除尘器阻力的大小直接影响电耗的大小，所以正确的气路设计是减少压差的主要途径。

⑤ 前级电场阴阳极在电晕放电时会产生少量臭氧气体，而臭氧具有氧化性加大对PPS滤袋腐蚀破损。一旦个别滤袋破损后大量粉尘沿破损部位进入净气室，一部分粉尘随烟气气流排入大

气，造成粉尘排放浓度增加。

⑥ 当电袋清灰气源品质变差，含水含有量增加，将降低布袋的清灰效果，不但烟气阻力大而且大大降低除尘器除尘效率。

十四、电除尘器供电设计

电除尘器的供电是指将交流低压变换为直流高压的电源和控制部分。作为设备配套，供电还包括电极的清灰振打、灰斗卸灰、绝缘子加热及安全连锁控制装置，这些部分综合起来通称低压自控装置。

1. 高压供电装置

高压供电装置是一个以电压、电流为控制对象的闭环控制系统。高压供电要求的电源是直流、高压（4~70KV）和小电流（50~300mA），包括升压变压器、高压整流器、主体控制（调节）器和控制系统的传感器4部分（见图4-124），其中，升压变压器、高压整流器及一些附件组成主回路，其余部分组成控制回路。

（1）变压器　升压变压器是将工频380V交流电升压到60kV或更高的电压。电除尘器运行的特有条件对变压器结构和高压绕组有特殊要求，其绝缘性能要能够经常超负荷运行，这种超负荷在除尘器击穿时就会发生，这样调节变压器输出端参数，其输入绕组要进行分节引出；除尘器内供电参数的调节都是通过手动，或是通过自控信号来变动升压器的输入端来完成的。

电除尘器电极上所需的电压是固定极性的，所以由变压器得到的高压电流必须经过整流，使之变换为直流电。

（2）整流器　在电除尘器供电系统中采用的各种半导体整流器电路如图4-125所示。

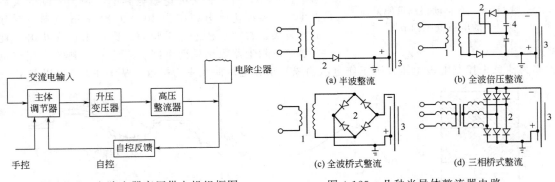

图 4-124　电除尘器高压供电机组框图

图 4-125　几种半导体整流器电路
1—变压器；2—整流器；3—电除尘器；4—电容

（3）主体调节器　电除尘器内工况电气条件主要是靠调节高压电源来控制的，高压电源的调压都是在高压电源的输入端进行的。调压主体过去曾用过电阻调压器（多是采用手动调节）、感应调压器等，现在普遍采用可控硅调压器；可控硅调压元件反应速度快，能够使整流器的高压输出随电场烟气条件而变化，很灵敏地实行自动跟踪调节。由可控硅输出的可调交变电压，经升压器升压，再经桥式整流器整流成为高压直流电。

（4）自动控制回路　这部分的工作原理是控制可控硅的移相角，从而达到控制输出高压电的目的。它以给定的反馈量为调压依据，自动调节可控硅的移向角，使高压电源输出的电压随着电场工况的变化而行动调节；同时，自控回路还具备各项保护性能，使高压电源或电场在发生短路、开路、过流、偏励、闪络和拉弧等情况时对高压电源进行封锁或保护。

2. 电极电压的调节

从电晕放电的伏安特性可知，电极电压与电晕电流之间的联系属非线性关系，工况电压略有下降（基为1%），就会引起电晕电流实质性的（相应为5%）下降，这就降低了电除尘器的效率。在现代化供电组中，是用自动调节电除尘器运行的电气和条件来维持电极上最大可能出现的电压的，也就是使电压保持高数值，总体保持于击穿的边缘，但又不发生电弧击穿。

实践证明，要用手动调节来保持电极上最大可能电压是不可行的，其原因：一是气流工艺参数经常变化，人工跟踪调节难做到工况电压与击穿电压经常达到相互稳定的对应，同时又接近，当具有多组供电系统时难做到；二是操作人员总是偏向安全生产，趋向保持低电压，结果是工作效率达不到应有的水平。

曾有建立自控机组，使电压保持在击穿的边界值的方法，周期性地寻求最大可能值。按这种系统，电极电压可以自动平滑地升高至发生击穿值，一旦击穿，电压断开约 $0.5 \sim 3\text{ms}$ 或者猛然降至保证电弧熄灭的数值。在断开期间电压自动降到不大的数值，以便重新闭合时不发生电弧放电，以后，电压重新平衡上升至击穿，如此周期性地重复，从而达到较高的除尘效率。这种自动跟踪可能最高电压值的变化关系如图 4-126 所示。

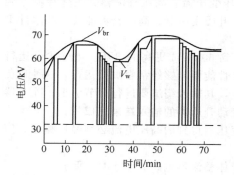

图 4-126 有自动跟踪可能最高
值的电极电压调节图
V_{br}—击穿电压；V_{w}—工作电压

可是，在这种周期性调节方法下，电除尘器在明显的时段里处于无火花放电的电压区内，工作电压低于最大可能水平，也不够理想。

现在常用的自动调压方法有如下 2 种。

（1）按火花放电给定频率调节电极电压 电场电压与火花放电存在一定关系，在场压低时无火花；达到一定数值时发生火花放电；继续增加电压，火花放电频率增多，直至达到击穿，如图 4-127（a）所示。单位时间里火花放电的频率与电场的除尘效率有一定的关系，如图 4-127（b）所示。从火花放电频率与除尘效率的关系曲线看，在火花放电频率为 $40 \sim 70$ 次/min 范围内对除尘器效果最有利，超过这个频率的则会由于火花击穿耗能增加，除尘器效率反而下降。以这种有利的火花放电频率为信息来控制电极电压，则工作电压曲线与击穿电压曲线更为接近，从图 4-127 可以看出。

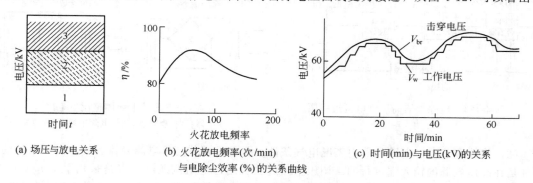

(a) 场压与放电关系　　(b) 火花放电频率(次/min)　　(c) 时间(min)与电压(kV)的关系
与电除尘效率(%)的关系曲线

图 4-127 按火花放电频率调节电除尘器电极电压
1—无火花放电；2—火花放电区；3—击穿区

可控硅自动控制高压硅整流装置是目前使用最普遍的一种高压电源，这种控制方式的主要特点是利用电场的高压闪络信号作为反馈指令（见图 4-128）。检测环节闪络信号取出，送到整流器的调压自控系统中去，自控系统得到反馈指令后，使主回路调压至可闪络封锁时的电压下降值，控制每两次闪络的时间间隔（即火花率），使设备尽可能在最佳火花率下工作，以获得最好的除尘效果。

按火花放电频率调节电极电压的方式也有不足之处：系统是按给定火花放电的固定频率而工作的，而随着气流参数的改变，电极间击穿强度的改变，火花放电最佳频率也要发生变化，系统对这些却没有反应；若火花放电频率不高，而放电电流很大的话，容易产生弧光放电，也就是

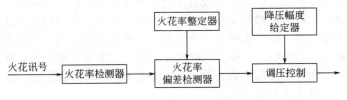

图 4-128 火花频率控制原理

说，这仍是"不稳定状态"。

（2）保持电极上最大平均电压的极值调节方法 随着变压器初电压的上升，在电极上电压平均值先是呈线性关系上升，达到最大值之后，开始下跌。原因是火花放电强度上涨，电极上最大平均电压相应于除尘器电极之间火花放电的最佳频率，所以，保持电极上平均电压最大水平就相当于将电除尘器的运行工况保持在火花放电最佳的频率之下，而最佳频率是随着气流参数在很宽限度内的变化而变化的，这就解决了单纯按火花给定次数进行调节的"不稳定状态"。在这种极值电压调节系统下，调节图形与图 4-127（c）所示的图形相似，而工作电压曲线同击穿电压曲线更接近。

总之，在任何情况下，工作电压与机组输出电流的调节都是通过控制讯号对主体调节器（或称主体控制元件）的作用而实施的，而这主体调节器可是自动变压器、感应调节器、磁性放大器等，现在最为普遍的是硅闸流管（可控硅管）。

3. 低压自控装置

低压自控装置包括高压供电装置以外的一切用电设备，是一种多功能自控系统，主要有程控、操作显示和低压配电 3 个部分。按其控制目标，该装置有如下几部分。

（1）电极振打控制 指控制同一电场的两种电极根据除尘情况进行振打，但不要同时进行，而应错开振打的持续时间，以免加剧二次扬尘，降低除尘效率。目前设计的振打参数，振打时间在 1～5min 内连续可调，停止时间 5～30min 连续可调。

（2）卸灰、输灰控制 灰斗内所收集粉尘达到一定程度（如到灰斗高度的 1/3 时，）就要开动星形卸灰阀以及输灰机进行输排灰，也有的不管灰斗内粉尘多少，卸灰阀定时卸灰。

（3）绝缘子室内要求实现恒温自动控制 为了保证绝缘子室内对地绝缘的变管或瓷轴的清洁干燥，以保持其良好的绝缘性能，通常采取加热保温措施。加热温度应较气体露点高，30℃左右绝缘子室内要求实现温度自动控制；在绝缘子室达不到整定温度前，高压直流电源不得投入运行。

（4）安全连锁控制和其他自动控制 一台完善的低压自动控制装置还应包括高压安全接地开关的控制、高压整流室通风机的控制、高压运行与低压电源的连锁控制，以及低压操作讯号显示电源控制和电除尘器的运行与设备事故的远距离监视等。

第六节 湿式除尘器

湿式除尘器是利用水或其他液体与含尘气体的作用去除粉尘的设备，尘粒与喷洒的水滴、水膜或湿润的器壁、器件相遇时，发生润湿、凝聚、扩散沉降等过程，因而从气体中分离出来，达到净化气体的目的。

一、湿式除尘器特点和选用

1. 湿式除尘器的特点

湿式除尘器的特点是在净化粉尘的同时，兼有净化有毒气体的作用，当烟气中含有可燃成分时，用湿式除尘器可避免设备爆炸，除尘效果一般能满足环保要求，设备体积较小，投资较省，因此，在矿山、冶金、机械、轻工、建材等行业除尘工程都有应用。用湿式除尘器必须处理含泥污水，否则有可能造成二次污染，所以它没有干式除尘器应用广泛。湿式除尘器种类很多，按其结构分，有以下几种：a. 重力喷雾湿式除尘器——喷淋洗涤塔；b. 旋风式湿式除尘器——旋风水膜式除尘器，水膜式除尘器；c. 自激式湿式除尘器——冲激式除尘器，水浴式除尘器；d. 填料式湿式除尘器——填料塔、湍球塔；e. 泡沫式湿式除尘器——泡沫式除尘器，旋流式除尘器，漏板塔；f. 文丘里湿式除尘器——文氏管除尘器；g. 机械诱导式湿式除尘器——泼水轮除尘器。

常用的湿式除尘器见表 4-140。

表 4-140　湿式除尘器

名　　称	型　　式	处理风量 /(m³/h)	阻力/Pa	效率/%	耗水量 /(kg/h)
喷淋洗涤塔	专门设计	2000~50000	400~700	>70	2000~10000
水浴除尘器	专门设计	1000~24000	500~760	>50	100~6000
水膜除尘器	CLS	1600~13200	250~550	>80	540~1620
泡沫除尘器	BPC	100~1400	250~1250	>90	250~3000
卧式旋风膜除尘器	MC	13200~33000	750~1250	>92	120~700
麻石水膜除尘器	WMC	1000~2970000	500~7000	90	1600~9400
		10500~312000	1000~1500	95	3500~47000
冲激式除尘机组	CCJ	4500~75200	100~1600	>85	500~5100
文氏管除尘器	专门设计	3000~70000	1000~12000	>95	300~1000

2. 湿式除尘器的选择依据

湿式除尘器选择的依据如下所述。

① 除尘效率。湿式除尘器效率高不高是选择的一项最重要的性能指标，一定状态下的气体流量，特定粉尘污染物、气体的状态对捕集效率都有直接影响。

② 操作弹性。任一操作设备，都要考虑到它的负荷，在气流量超过或低于设计值时对捕集效率的影响如何；同样，还要掌握含尘浓度不稳定或连续地高于设计值时将如何进行操作。

③ 疏水性。湿式除尘器对疏水性粉尘的净化效率不高，一般不宜用于设计值时将如何进行操作。

④ 黏结性。湿式除尘器可净化黏结性粉尘，但应考虑冲洗和清理，以防堵塞。

⑤ 腐蚀性。净化腐蚀性气体时应考虑防腐措施。

⑥ 耗水量。除尘器耗水多少及排出的含污水处理，水的冬季防冻措施。

⑦ 泥浆处理。泥浆处理是湿式除尘器必然遇到的问题，应当力求减少污染的危害程度。

⑧ 运行和维护。一般应避免在除尘器内部有运动或转动部件，注意气体通过流道断面过小时会引起堵塞。

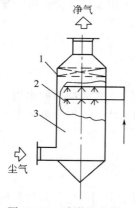

图 4-129　喷淋洗涤塔
1—挡水板；2—喷嘴；3—塔体

二、喷淋洗涤塔

喷淋洗涤塔可作为除尘器使用，见图 4-129。洗涤塔作为除尘器使用时，喷雾水滴直径为 $500 \sim 1000 \mu m$，其主要技术性能如下：

空塔速度　　　　　　　　0.6~1.5m/s；

水气比（耗水量）　　　　0.4~2.7L/m³；

喷水压力　　　　　　　　0.1~0.2MPa；

空气阻力（不包括均流孔板和挡水板的阻力）250~500Pa；

净化效率（对 $10 \mu m$ 以下的尘粒）70%。

三、水浴除尘器

水浴除尘器的结构简单，可现场砌筑，耗水省（0.1~0.3L/m³）；但对细小粉尘的净化效率不高，其泥浆难于清理，由于水面剧烈波动，净化效率很不稳定。

水浴除尘器可根据粉尘性质选择喷头的插入深度和喷头的出口

速度，见表 4-141。

表 4-141　水浴除尘器喷头的插入深度和出口速度

粉尘性质	插入深度/mm	出口速度/(m/s)	
密度大、颗粒粗	0～+50 −30～0	14～40	10～14
密度小、颗粒细	−30～−50 −50～−100	8～10	5～8

注："+"表示水面上的高度，"−"表示插入深度。

除尘器性能见表 4-142，构造尺寸见图 4-130 及表 4-143。

表 4-142　水浴除尘器性能

型号	喷口速度/(m/s)	压力损失/Pa	1	2	3	4	5	6	7	8	9	10
风量/(m³/s)	8	400～500	1000	2000	3000	4000	5000	6400	8000	10000	12800	16000
	10	480～580	1200	2500	3700	5000	6200	8000	10000	12500	1600	20000
	12	600～700	1500	3000	4500	6000	7500	9600	12000	15000	19200	24000

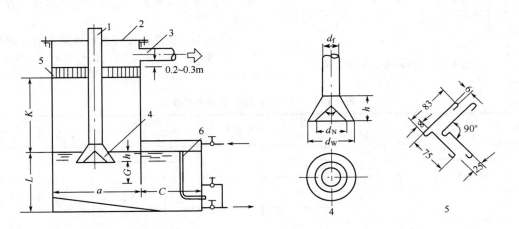

图 4-130　水浴除尘器
1—进气管；2—盖板；3—出风管；4—喷头；5—挡水板；6—溢流管

表 4-143　水浴除尘器尺寸

型号	喷头尺寸/mm				水池尺寸/mm				
	d_W	d_N	h	d_f	$q×b$	c	L	K	G
1	270	170	85	170	430×430	800	800	1000	300
2	490	390	195	270	680×680	800	800	1000	300
3	720	620	310	340	900×900	800	800	1000	300
4	732	590	295	400	980×980	800	800	1000	300
5	860	720	630	440	1130×1130	800	800	1000	300
6	900	732	365	480	1300×1300	1000	1000	1500	300

续表

型 号	喷头尺寸/mm				水池尺寸/mm				
	d_W	d_N	h	d_f	$q \times b$	c	L	K	G
7	1070	890	445	540	1410×1410	1200	1200	1500	300
8	1120	900	450	620	1540×1540	1200	1200	1500	400
9	1400	1180	590	720	1790×1790	1200	1200	1500	400
10	1490	1230	615	780	2100×2100	1200	1200	1500	400

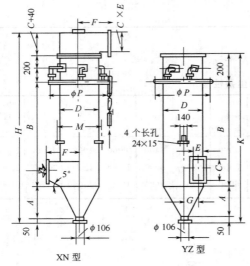

图 4-131　CLS 型水膜除尘器

四、水膜除尘器

（1）CLS 型水膜除尘器　CLS 型水膜除尘器见图 4-131，其主要性能和尺寸分别见表 4-144、表 4-145。

CLS 型水膜除尘器有 X 型、Y 型两种组合形式，其识别方法同旋风除尘器。

CLS 型水膜除尘器的结构简单、耗金属量少、耗水量小；其缺点为高度较高，且安置困难。

除尘器的供水压力为 0.03～0.05MPa，水压过高会产生带水现象；为保持水压稳定，宜设恒水箱。

CLS 型水膜除尘器与入口风速相对应的局部阻力系数为：CLS-X 型，$\xi = 2.8$；CLS-Y 型，$\xi = 2.5$。

表 4-144　CLS 型水膜除尘器主要性能

型 号	入口风速/(m/s)	风量/(m²/h)	用水量/(L/s)	喷嘴数/个	压力损失/Pa		质量/kg	
					X 型	Y 型	X 型	Y 型
CLS-D315	18	1600	0.14	3	550	500	83	70
	21	1900			760	680		
CLS-D443	18	3200	0.20	4	550	500	110	90
	21	3700			760	680		
CLS-D570	18	4500	0.24	5	550	500	1900	158
	21	5250			760	680		
CLS-D634	18	5800	0.27	5	550	500	227	192
	21	6800			760	680		
CLS-D730	18	7500	0.30	6	550	500	288	245
	21	8750			760	680		
CLS-D793	18	9000	0.33	6	550	500	337	296
	21	10400			760	680		
CLS-D888	18	11300	0.36	6	550	500	398	337
	21	13200			760	680		

表 4-145　CLS 型水膜除尘器尺寸

尺寸/mm ＼ 型号	D	C	E	F	A	B	G	H	K	P	M
CLS-D315	315	204	122	260	224	1075	96.5	1993	1749	512	441
CLS-D443	443	295	165	370	314	1585	140	2684	2349	704	569
CLS-D570	570	352	202	450	405	2080	184	3327	2935	754	696

续表

尺寸/mm 型号	D	C	E	F	A	B	G	H	K	P	M
CLS-D634	634	392	228	490	450	2340	203	3627	3240	754	760
CLS-D730	730	452	258	610	520	2725	236	4187	3695	840	856
CLS-D793	793	492	282	670	560	3080	255.5	4622	4090	894	919
CLS-D888	888	552	318	742	630	3335	385	5007	4415	980	1014

注：暖通标准图号 T503-1。

（2）CLS/A 型水膜除尘器　CLS/A 型水膜除尘器见图 4-132，主要性能及尺寸分别见表 4-146、表 4-147。

CLS/A 型水膜除尘器的构造与 CLS 型水膜除尘器相似，只有喷嘴不同，且带有挡水圈，以减少带水现象。

五、泡沫除尘器

BPC-90 型泡沫除尘器（见图 4-133、表 4-148），具有结构简单、维护工作量少、净化效率高、耗水量大、防腐蚀性能好等特点。设备为玻璃钢材料制作，它适用于净化亲水性不强的粉尘，如硅石、黏土等，但不能用于石灰、白云石、熟料等水硬性粉尘的净化，以免堵塞筛孔。除尘器流速应控制在 2～3m/s 内，风速过大易产生带水现象，影响除尘效率。泡沫除尘器的除尘效率为 90%～93%，采取在泡沫板上加塑料球或卵石等物后，可进一步提高净化效率，但设备阻力增加。

六、卧式旋风水膜除尘器

卧式旋风水膜除尘器，按其脱水方式分檐板脱水和旋风脱水两种；按导流板旋转方向分右旋和左旋；按进口方式分上进的 A 式和水平的 B 式。图 4-134 为右旋 A 式檐板脱水（用于 1～11 号除尘器）型式；图 4-135 为右旋 B 式旋风脱水（用于 7～11 号除尘器）型式。

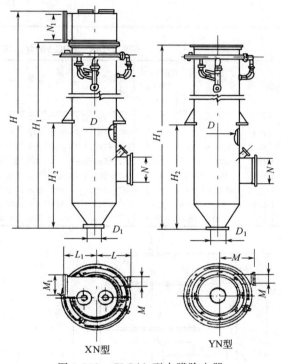

图 4-132　CLS/A 型水膜除尘器

表 4-146　CLS/A 型水膜除尘器主要性能

型　号	风量 /(m³/h)	压力损失/Pa	喷嘴数/个	耗水量 /(L/s)	质量/kg X 型	质量/kg Y 型
CLS/A-3	1250	580	3	0.15	82	70
CLS/A-4	2250	580	3	0.17	128	110
CLS/A-5	3500	580	4	0.20	249	227
CLS/A-6	5400	600	4	0.22	358	328
CLS/A-7	7000	600	5	0.8	467	429
CLS/A-8	9000	580	5	0.33	683	635
CLS/A-9	11500	580	6	0.39	804	745
CLS/A-10	14000	580	7	0.45	1123	1053

表 4-147　CLS/A 型水膜除尘器尺寸

尺寸/mm 型号	D	D_1	H	H_1	H_2	L	L_1	M	N	M_1	N_1
CLS/A-3	300		2242	1938	1260	375	250	75	240	135	230
CLS/A-4	400		2888	2514	1640	500	300	100	320	175	300
CLS/A-5	500		3545	3091	2010	625	350	125	400	210	380
CLS/A-6	600	114	4197	3668	2380	750	400	150	480	260	450
CLS/A-7	700		4880	4244	3726	875	450	175	560	300	550
CLS/A-8	800		5517	4821	3130	1000	500	200	6400	350	600
CLS/A-9	900		6194	5398	3500	1125	550	225	720	380	700
CLS/A-10	1000		6820	5974	3900	1250	600	250	800	434	750

表 4-148　BPC-90 型泡沫除尘器技术性能及尺寸

型　号	处理风量 /(m³/h)	筒体风速/(m/s)	设备阻力/Pa	耗水量/(t/h)	质量/kg	尺寸/mm										
						D	D_1	D_2	a	e	s	h	h_1	P	H_1	H	g
D750	3180~4700	2~3	667~785	1.4~1.7	397	750	350	450	650	395	2325	1130	472	350	1780	3300	750
D850	4090~6100	2~3	667~785	1.7~2.3	437	850	400	500	725	445	2425	1180	522	400	1880	3450	850
D950	5100~7600	2~3	667~785	2.3~2.8	493	9500	450	550	800	495	2525	1230	572	450	1980	3600	950
D1050	6230~9300	2~3	667~785	2.8~3.4	550	1050	500	600	875	545	2625	1280	622	500	2080	3750	1010
D1150	7480~11000	2~3	667~785	3.4~4.0	590	1150	550	650	950	595	2725	1330	672	550	2180	3900	1110
D1250	8800~13000	2~3	667~785	4.0~4.8	634	1250	600	700	1025	645	2829	1380	722	600	2280	4050	1210
D1350	10300~15000	2~3	667~785	4.8~5.8	681	1350	650	750	1100	695	2925	1430	722	650	2380	4200	1310
D1450	11800~17800	2~3	667~785	5.7~7.0	724	1450	700	800	1175	745	3025	1480	822	700	2480	4350	1410

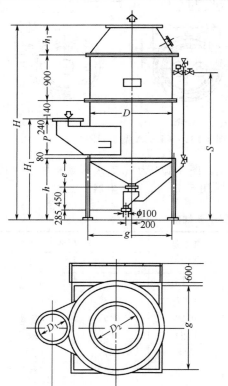

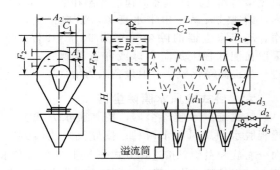

图 4-134　卧式旋风水膜除尘器（檐板脱水）

图 4-133　BPC-90 型泡沫除尘器

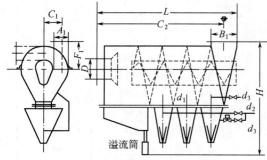

图 4-135　卧式旋风水膜除尘器（旋风脱水）

　　卧式旋风水膜除尘器的除尘效率一般不大于 95%，除尘器风量变化在 20% 以内，除尘效率几乎不变。本除尘器额定风量按风速 14m/s 计算。其主要性能和外形尺寸见表 4-149、表 4-150。

表 4-149　卧式旋风水膜除尘器主要性能

型　号		风量/(m³/h)		压力损失/Pa	耗水量及供水管路							除尘器质量/kg
					定期换水			连续供水				
		额定风量	风量范围		流量/(t/h)	D_1/mm	s_2/mm	流量/(t/h)	D_3/mm	电磁阀/in		
檐板脱水	1	1500	1200～1600	＜750	0.17	25	40	0.12	15	1/2		193
	2	2000	1600～2200	＜800	0.17	25	40	0.12	15	1/2		231
	3	3000	2200～3300	＜850	0.27	32	50	0.14	15	1/2		310
	4	4500	3300～4800	＜900	0.40	32	50	0.20	15	1/2		405
	5	6000	4800～6500	＜950	0.53	32	50	0.24	25	1		503
	6	8000	6500～8500	＜1050	0.67	32	50	0.28	25	1		621
	7	11000	8500～12000	＜1050	1.10	40	65	0.36	25	1		969
	8	15000	12000～16500	＜1100	1.15	40	65	0.45	25	1		1224
	9	20000	16500～21000	＜1150	2.34	40	65	0.56	25	1		1604
	10	25000	21000～26000	＜1200	2.86	40	65	0.64	25	1		2481
	11	30000	25000～33000	＜1250	3.77	40	65	0.70	25	1		2926
旋风脱水	7	11000	8500～12000	＜1050	1.10	40	65	0.36	25	1		893
	8	15000	12000～16500	＜1100	1.50	40	65	0.45	25	1		1125
	9	20000	16500～21000	＜1150	2.34	40	65	0.56	25	1		1504
	10	25000	21000～26000	＜1200	2.85	40	65	0.64	25	1		2264
	11	30000	25000～33000	＜1250	3.77	40	65	0.70	25	1		2636

　　注：1in＝0.0254m。

表 4-150　卧式旋风水膜除尘器尺寸　　　　　　　　　　单位：mm

型　号		A_1	A_2	B_1	B_2	C_1	C_2	F_1	F_2	H	L	D
檐板脱水	1	125	365	240	410	120	1105	282.5	380	1742	1430	
	2	175	515	240	100	170	1100	357.5	530	2010	1420	
	3	215	635	280	490	210	1295	417.5	630	2204	1680	
	4	265	785	332	570	260	1529	492.5	770	2561	1980	
	5	305	905	380	670	300	1760	552.5	880	2765	2285	
	6	355	1055	440	750	350	2050	627.5	1030	3033	2620	
	7	406	1206	520	930	400	2415	703	1200	3420	3140	
	8	456	1356	640	1130	450	2965	778	1340	3678	3850	
	9	556	1656	700	1180	550	3215	928	1660	4333	4155	
	10	608	1808	800	1340	600	3670	1004	1770	4500	4740	
	11	658	1958	880	1580	650	4090	1079	1890	4898	5320	
旋风脱水	7	406		520		400	2890	703		2920	3150	600
	8	456		640		450	3500	778		3113	3820	670
	9	556		700		550	3885	928		2598	3150	850
	10	608		800		600	4360	1004		3790	3820	900
	11	658		880		650	1760	1079		4083	5200	1000

七、冲激式除尘机组

　　冲激式除尘机组由除尘器、通风机和水位自动控制装置等组成，除尘效率较高（＞97%），入口含尘气体风速为 18～35m/s，风量波动范围较大时，效率和阻力仍较稳定；可用于净化温度不高于 300℃ 的无腐蚀性的含尘气体。

　　CCJ/A2 型除尘机组　CCJ/A2 型除尘机组的技术性能见表 4-151。该除尘机组根据通风机的旋转方向，溢流箱供水管路的安装位置有所不同。

表 4-151　CCJ/A2 型除尘机组技术性能

| 型　号 | 风量/(m³/h) | | 压力损失/Pa | 耗水量/(kg/h) | | | 水容积/m³ | 472-11 型通风机 | | | 电动机容量/kW | 机组质量/kg |
	额定	适应范围		蒸发	溢流	排灰		型号	风量	全压		
CCJ/A2-5	5000	4300~6000	1000~1600	17.5	150	425	0.48	4	4020~7420	2001~1314	5.5	791
CCJ/A2-7	7000	6000~8450	1000~1600	24.5	210	602	0.66	4.5	5730~10580	2530~1668	7.5	956
CCJ/A2-10	1000	8100~12000	1000~1600	35	300	860	1.04	5	7950~14720	3178~2197	15	1196
CCJ/A2-14	14000	12000~17000	1000~1600	49	420	1200	1.20	6	10600~19600	2727~1883	15	2426
CCJ/A2-20	2000	17000~25000	1000~1600	75	600	1700	1.70	8	17920~31000	2472~1844	22	3277
CCJ/A2-30	30000	25000~36200	1000~1600	105	900	2550	2.50	8	20210~34800	3120~2364	30~37	3954
CCJ/A2-40	40000	35400~48250	1000~1600	140	1200	3400	3.40	10	34800~50150	2345~1864	37	4989
CCJ/A2-60	60000	53800~72500	1000~1600	210	1800	5100	5.0	12	53800~77500	2717~2148	75	6764

CCJ/A-5、CCJ/A-7、CCJ/A-10 型冲激式除尘机组安装及外形尺寸见图 4-136、表 4-152。

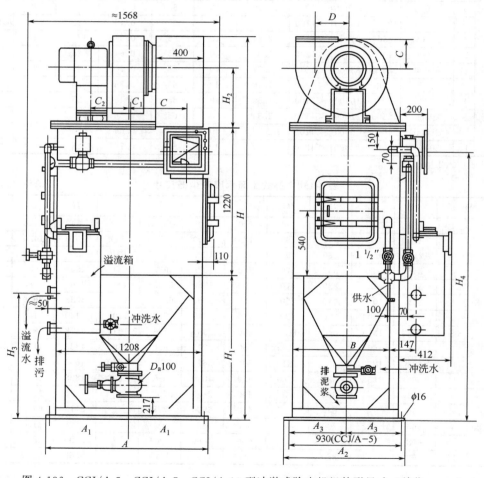

图 4-136　CCJ/A-5、CCJ/A-7、CCJ/A-10 型冲激式除尘机组外形尺寸（单位：mm）

表 4-152　CCJ/A-5、CCJ/A-7、CCJ/A-10 型冲激式除尘机组外形尺寸　　单位：mm

型号规格	A	A₁	A₂	A₃	B	C	C₁	C₂	C₃	D	H	H₁	H₂	H₃	H₄
CCJ/A-5	1332	632	986		872	461	25	297	262	320	3124	1165	489	1001	2205
CCJ/A-7	1336	636	1350	645	1222	430	59.5	333.5	294.5	360	3244	1165	534	1001	2175
CCJ/A-10	1342	637	1734	833	1600	400	27	386	327	400	3579	1450	589	1286	2430

CCJ/A-14、CCJ/A-20、CCJ/A-30 型冲激式除尘机组安装及外形尺寸见图 4-137、表 4-153。

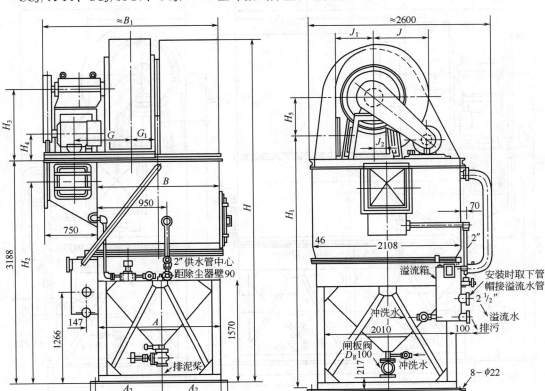

图 4-137　CCJ/A-14、CCJ/A-20、CCJ/A-30 型冲激式除尘机组外形尺寸（mm）

表 4-153　CCJ/A-14、CCJ/A-20、CCJ/A-30 型冲激式除尘机组外形尺寸　单位：mm

型号及规格	A	A_1	A_2	B	B_1	G	G_1	H	H_1	H_2	H_3	H_4	H_5	J	J_1	J_2
CCJ/A-14	1202	1432	660	1200	1965	7645	256	4488	3568	2902	800	325	420	834	392	227
CCJ/A-20	1744	1974	930	1742	2513	798	406	4828	3668	2902	1040	380	560	700	523	227
CCJ/A-30	2584	2814	1350	2582	3279	7535	736	4828	3668	2842	1040	420	560	822	523	327

CCJ/A-40、CCJ/A-60 型冲激式除尘机组安装及外形尺寸见图 4-138、表 4-154。

表 4-154　CCJ/A-40、CCJ/A-60 型冲激式除尘机组外形尺寸　单位：mm

型号及规格	A	A_1	A_2	B	B_1	B_2	B_3	F	F_1
CCJ/A-40	3485	3688	1787	3456	4200	1103	1793	925	653
CCJ/A-60	5186	5426	5426	5194	5973	1778	2507	884	783

型号及规格	F	G	G_1	H	H_1	H_2	H_3	H_4	H_5
CCJ/A-40	400	815.5	1169	2862	320	1180	5196	3843	700
CCJ/A-60	340	1069	1689	2777	350	1420	5566	3943	840

CCJ-5、CCJ-10 型冲激式除尘机组安装及外形尺寸见图 4-139、表 4-155。

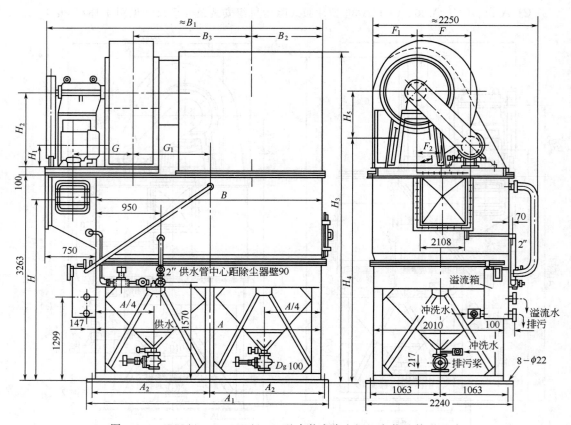

图 4-138　CCJ/A-40、CCJ/A-60 型冲激式除尘机组安装及外形尺寸

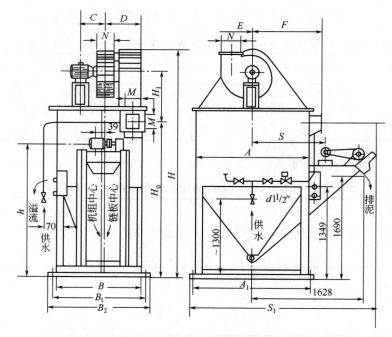

图 4-139　CCJ-5、CCJ-10 型冲激式除尘机组安装及外形尺寸

表 4-155　CCJ-5、CCJ-10 型冲激式除尘机组外形尺寸表　　　　单位：mm

型　号	A	A_1	B	B_1	B_2	G	D	E	F	M	N	H_0	H	H_1	S	S_1	h
CCJ-5	872	929	1208	1265	1322	629	297	280	635	280	366	2516	664	3540	1239	2337	2334
CCJ-10	160	629	1208	1275	1342	611	386	315	1001	400	496	2460	829	3605	1251	2712	2150

CCJ-20、CCJ-30、CCJ-40、CCJ-50 型冲激式除尘机组安装及外形尺寸见图 4-140、表 4-156。

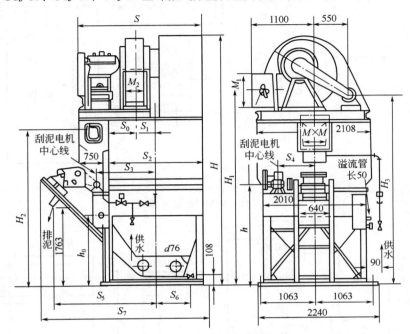

图 4-140　CCJ-20、CCJ-30、CCJ-40、CCJ-50 型冲激式除尘机组外形尺寸

表 4-156　CCJ-20、CCJ-30、CCJ-40、CCJ-50 型冲激式除尘机组外形尺寸表　单位：mm

型　号	H	H_1	H_2	H_3	h	H_0	S	S_0	S_1	S_2	S_3	S_4	S_5	S_6	S_7	M	M_1	M_2
CCJ-20	4928	3668	2905	3568	1819	1223	2495	817	402	1742	1058	755	2139	630	3257	560	640	560
CCJ-30	4928	3668	2842	3568	1819	1223	3335	756	731	2582	1578	755	2559	730	4094	680	640	560
CCJ-40	5386	3843	2862	3683	1840	1359	4413	819	1098	3458	2009	727	2982	1250	4961	790	800	700
CCJ-50	5756	3943	2817	3713	1840	1359	5060	1074	1333	4328	2444	727	3417	2120	5831	880	960	840

八、麻石水膜除尘器

麻石水膜除尘器具有结构简单、耐酸、耐磨、阻力小、除尘效率高、运行稳定和维修方便等优点，应用在电站锅炉、工业锅炉上。它有不带文丘里管的 MC 型和带有文丘里管的 WMC 型两种型式。

麻石水膜除尘器属机械离心式湿式除尘装置，在中空的圆筒内壁有一层分布均匀的水膜自上而下流动，含尘烟气从圆筒下部的蜗壳进气装置引入筒内，然后螺旋上升，由圆筒顶部排出。在整个流动过程中，尘粒受离心力的作用而向筒壁，被水膜黏附并带到圆筒底部经过排灰口排出，达到烟气除尘的目的。

文丘里管麻石水膜除尘器工作时烟气在进入捕滴器前，首先通过文丘里管，在收缩管内逐渐加速，到达喉部处烟气流速最高；烟气呈强烈的紊流运动，在喉管前喷入的压力水呈雾状布满整个喉部，烟气中高速运动着的尘粒冲破水珠周围的气膜被吸附在水珠上，凝聚成大颗粒的灰水滴（称碰撞凝聚）随烟气一起进入捕滴器进行分离。

1. 供水系统

麻石水膜除尘器的供水系统如图 4-141 和图 4-142 所示。

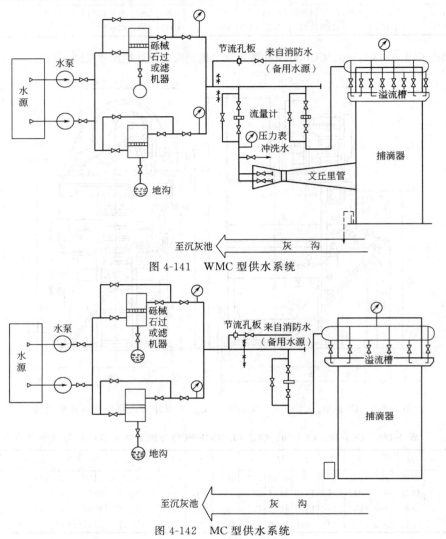

图 4-141　WMC 型供水系统

图 4-142　MC 型供水系统

2. 技术性能

MC 型麻石水膜除尘器及 WMC 型文丘里管麻石水膜除尘器的技术性能见表 4-157。

表 4-157　麻石水膜除尘器技术性能

项　　目		$\phi1000$	$\phi1300$	$\phi1600$	$\phi2050$	$\phi2500$	$\phi2800$	$\phi3100$	$\phi4000$	$\phi5000$
处理烟气量	MC 型	1000～	16500～	36500～	41500～	62000～	77500～	95000～	158000～	247000～
/(m³/h)	WMC 型	12000	20000	430500	50000	74000	93000	114000	190000	297000
除尘器进口流速	MC 型	10500～	17500～	27000～	43500～	65000～	81500～	120000～	166000～	260000～
/(m/s)	WMC 型	12500	21000	32000	525000	78000	97500	210000	200000	312000
文丘里管喉部流速/(m/s)		17.5～23.5								
筒体上升流速	MC 型	9.5～13.0								
/(m/s)	WMC 型	55～70								

续表

项　目		φ1000	φ1300	φ1600	φ2050	φ2500	φ2800	φ3100	φ4000	φ5000
除尘器耗水量/(t/s)	MC型	3.5～4.5								
	WMC型	3.5～4.5								
除沙土器阻力/Pa	MC型	500～700								
	WMC型	1000～1500								
除尘器效率/%	MC型	90								
	WMC型	95～97								
配套锅炉(供参考)/t		4.6	10	15	20	35,75	35,75	75,130,120	400,410	670

3. 结构尺寸

① 烟气采用大蜗壳引入、排出方式，空气动力场更为合理，有助于提高除尘效率和减少阻力。

② 文丘里喷管为矩形截面，卧式布置，加工、安装方便。

③ 捕滴器供水采用分段溢流结构，水膜均匀，耗水量降低，或者采用喷嘴供水方式。文丘里管采用内置式溅锥喷嘴，雾化均匀。

④ MC 型麻石水膜除尘器结构和外形尺寸见图 4-143 和表 4-158，WMC 型麻石水膜除尘器结构和外形尺寸见图 4-144 和表 4-159。

表 4-158　MC 型麻石水膜除尘器安装尺寸表　　　　单位：mm

型　号	外形尺寸					进口尺寸		出口尺寸		接口标高		
	D	L	L_1	C_1	C_2	A_1	B_1	A_2	B_2	H_1	H_2	H_3
MC-φ100	1000	700	1250	591	750	500	300	600	400	3000	6650	9250
MC-φ1300	1300	850	1400	764	970	600	400	800	500	3005	7400	10000
MC-φ1600	1600	1000	1550	936	1190	800	500	1000	600	3150	8250	11300
MC-φ2050	2050	1275	1825	1170	1496	1000	700	1200	900	3200	9650	13300
MC-φ2500	2500	1500	2100	1555	1800	1240	840	1400	1100	3120	10700	13850
MC-φ2800	2800	1650(1700)	2200	1582	1830	1400	800	2000	1000	3450	11550	15900
MC-φ3100	3100	1500(2100)	2300	2035	2062	1750	1170	2010	1300	3500	13950	17500
MC-φ4000	4000	2300	2850	2366	3000	2000	1300	2200	1800	4000	16450	22700
MC-φ5000	5000	2800	3350	3007	3800	2600	1400	3000	2200	4300	19650	27500

注：表中 L 尺寸，括号内（外）各为出口（进口）蜗壳对应的尺寸。

表 4-159　WMC 型麻石水膜除尘器安装尺寸表　　　　单位：mm

型　号	外形尺寸					进口尺寸		出口尺寸		接口标高		
	D	L	L_1	C_1	C_2	A_1	B_1	A	B	H_1	H_2	H_3
WMC-φ100	1000	2250	1250	700	591	750	600	500	600	400	3243	9250
WMC-φ1300	1300	2750	1400	850	764	970	800	600	800	500	3391	10000
WMC-φ1600	1600	3250	1550	1000	936	1190	1000	800	1000	600	3542	11300
WMC-φ2050	2050	3750	1825	1275	1170	1496	1200	1000	1200	900	3691	13300
WMC-φ2500	2500	5350	2100	1500	1555	1800	1500	1000	1400	1100	3639	13850
WMC-φ2800	2800	6350	2200	1650	1582	1830	1600	1200	2000	1000	3983	15900
WMC-φ3100	3100	7610	2300	1550	2053	2062	2100	1600	2010	1300	4745	17500
WMC-φ4000	4000	7550	2850	2300	2366	3000	2400	1800	2200	1800	4866	22700
WMC-φ5000	5000	9350	3350	2800	3007	3800	3000	2400	3000	2200	5292	27500

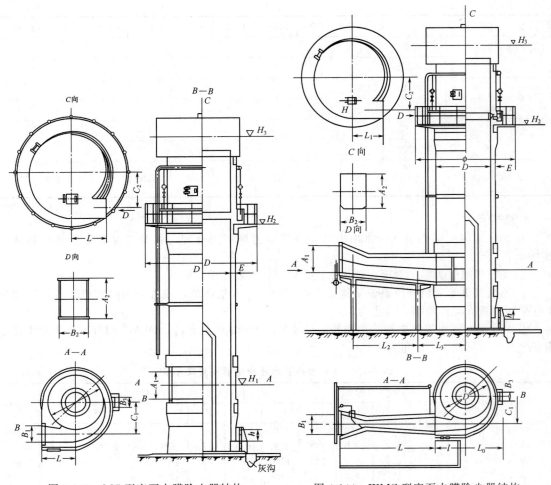

图 4-143　MC 型麻石水膜除尘器结构　　　图 4-144　WMC 型麻石水膜除尘器结构

4. 使用注意事项

① 除尘器用水要求水源可靠，水质干净，水压不小于 0.39MPa（文丘里喷嘴实际工作水压为 0.14 MPa）。

② 本系列除尘器基础设计的耐力按不小于 1.47 MPa 考虑，风压按 3.92MPa 考虑。

九、文氏管除尘器

1. 文氏管除尘器的组成和特点

文氏管除尘器是由文氏管和脱水器两部分组成。脱水器有多种形式，其中旋风分离器较为常用。文氏管的收缩管、喉管和扩散管及喷水装置的组成见图 4-145。

文氏管除尘器的优点是：除尘效率高，可达 99%；又能消除 1μm 以下的细尘粒；结构简单，造价低廉，维护管理简单；它不仅用作除尘，还能用于除雾、降温和吸收、蒸发等方面。其缺点是压力损失较大、用水量较多。

2. 文氏管除尘器结构尺寸计算

（1）喉管直径的计算　文氏管喉管直径如下所列：

$$D_0 = 0.0188 \sqrt{\frac{Q_t}{U_t}} \tag{4-51}$$

式中，D_0 为喉管直径，m；Q_t 为温度为 t℃时，进口气体流量，m³/h；U_t 为喉管中气流速度，一般为 50～120m/s。

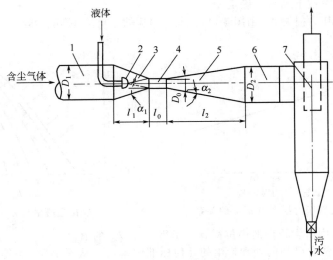

图 4-145　文氏管除尘器

1—进风管；2—喷水装置；3—收缩管；4—喉管；5—扩散管；6—连接风管；7—脱水管

（2）喉管长度的计算　喉管长度按式（4-52）计算：

$$L_0 = (1\sim3)D_0 \tag{4-52}$$

式中，L_0 为喉管长度，m。

（3）收缩管进口直径的计算　收缩管进口直径按式（4-53）计算：

$$D_1 = 2D_0 \tag{4-53}$$

式中，D_1 为收缩管进口直径，m。

（4）渐缩管长度的计算　渐缩管长度按式（4-54）计算：

$$L_1 = \frac{D_0}{2}\cot\alpha_1 \tag{4-54}$$

式中，L_1 为渐缩管长度，m；α_1 为收缩角，一般为 12.5°。

（5）渐扩管出口直径的计算　渐扩管出口直径按式（4-55）计算：

$$D_2 \approx D_1 \tag{4-55}$$

（6）渐扩管长度的计算　渐扩管长度按式（4-56）计算：

$$L_2 = \frac{D_2 - D_0}{2}\cot\alpha_1 \tag{4-56}$$

式中，L_2 为渐扩管长度，m；α_1 为扩张角，（°），一般为 3.5°。

3.压力损失计算

计算文氏管的压力损失是一个比较复杂的问题，有很多经验公式，下面介绍目前使用较多的计算公式。

$$\Delta p = \frac{v_t^2 \rho_t S_t^{0.133} L_g^{0.78}}{1.16} \tag{4-57}$$

式中，Δp 为文氏管的压力损失，Pa；v_t 为喉管处的气体流速，m/s；S_t 为喉管的截面积，m^2；ρ_t 为气体的密度，kg/m^3；L_g 为液气比，L/m^3。

4.除尘效率估算

对 $5\mu m$ 以下的粒尘，其除尘效率可按下列经验公式估算：

$$\eta = (1 - 9266\Delta p^{-1.43}) \times 100\% \tag{4-58}$$

式中，η 为除尘效率，%；Δp 为文氏管压力损失，Pa。

文氏管压力损失与 d_{c50} 的关系如图 4-146 所示。

文氏管的除尘效率按下列步骤确定。

① 根据文氏管的压力损失 Δp 由图 4-146 求得其对应的分割径（即除尘效率为 50% 的粒径）d_{c50}。

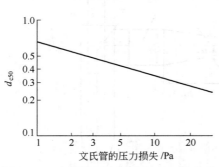

图 4-146　文氏管压力损失与 d_{c50} 的关系

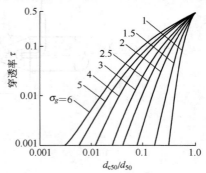

图 4-147　尘粒穿透率与 d_{c50}/d_{50} 的关系

② 根据处理气体中所含粉尘的中位径 d_{c50} 求得 d_{c50}/d_{50} 的值。

③ 根据 d_{c50}/d_{50} 值和已知的处理粉尘的几何标准偏差 σ_g，从图 4-147 查得尘粒的穿透率 τ。

④ 除尘效率的计算如下：

$$\eta = (1-\tau) \times 100\% \tag{4-59}$$

式中，η 为除尘效率，%；τ 为尘粒的穿透率，%。

十、SX 型湿式除尘机组

1. SX 型湿式除尘机组系列

SX 型湿式除尘机组是一种风机型洗涤器，诞生于 20 世纪 60 年代的美国，80 年代进入中国，技术水平不断提高、应用领域逐渐扩大，目前已形成庞大的家族。SX 型湿式除尘机组有 4 个系列。

（1）SXD 系列　SXD 系列是风机型洗涤器与气水分离器的组合，适用于净化含尘浓度不高的气体，如矿石破碎、物料转运等除尘系统。

（2）SXB 系列　SXB 系列是风机型洗涤器与气水分离器的组合，但内部结构有改变。适用于净化含易结疤粉尘的气体，如氧化铝（烧结法）熟料输送工序的除尘。

（3）SXT 系列　SXT 系列是风机型洗涤器与预除尘器、气水分离器的组合。预除尘器与气水分离器可组合在一个筒体内，其结构表现为风机型洗涤器与长筒体的组合。适用于净化含尘浓度较高的气体。

（4）SXS 系列　SXS 系列是风机型洗涤器与气水分离器的组合，但设备用耐腐蚀材料制成，用于净化有害烟气，如锅炉和工业炉窑烟气的脱硫、脱氮、脱氟等。可用的耐腐蚀材料有不锈钢、玻璃钢等，需根据烟气温度、有害物质成分等条件确定。

2. 除尘净化原理

含尘气体和雾化水一起进入风机，在风机高速旋转叶轮的强力作用下，水与粉尘剧烈地碰撞、聚合，使得粉尘被水捕捉形成泥浆，再通过气水分离筒，干净气体经离心脱水后由出风口排空，泥浆下跌至排污口排出。有预除尘时，含尘气体经离心分离，含尘气体中粗颗粒粉尘首先被除去，这样降低了洗涤风机的负荷，可提高除尘机组的除尘效率、延长风机叶轮的寿命。

净化原理　与除尘原理相似，不同的是与烟气一起进入风机的是被雾化的洗涤液，进行化学反应并形成泥浆，而后脱水排出。其工作原理如图 4-148 所示。

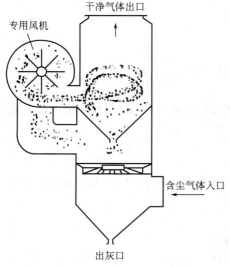

图 4-148　SX 型除尘机组原理

3. 规格性质

SX 系列除尘机组的规格见表 4-160 和表 4-161。其性能特点如下。

① 除尘效率高。除尘效率高于 99%。SXD、SXT 排放口含尘浓度为 $50\sim80\,\text{mg/m}^3$；SXB 排放口含尘浓度小于 $30\,\text{mg/m}^3$。

② 运行成本低。水、电消耗低，备件少且更换周期长。

③ 作业率高。很少堵塞，维修周期在 1 年以上。

表 4-160　SXD、SXS、SXB 系列性能参数

型号	风量/(m³/h)	用水量/(m³/h)		湿式风机		电动机	
		SXD、SXS	SXB	机号	转速/(r/min)	型号	功率/kW
SXD(S、B)08	3000~5000	0.8	1.8	6	1850	Y132S₂-2	7.5
SXD(S、B)11	5000~9000	1.2	2.2	8	1400	Y160M-4	11
SXD(S、B)13	9000~15000	2.0	3.5	10	1100	Y180M-4	18.5
SXD(S、B)16	15000~21000	2.8	4.3	12	980	Y200L-4	30
SXD(S、B)20	21000~30000	4.0	6.0	14	800	Y225S-4	37
SXD(S、B)23	30000~38000	5.2	7.2	16	700	Y225M-4	45
SXD(S、B)26	38000~48000	6.8	8.8	18.5	600	Y250M-4	55
SXD(S、B)28	48000~58000	8.2	10.2	19.5	580	Y280S-4	75

表 4-161　SXT 系列性能参数

型号	风量/(m³/h)	湿式风机		用水量/(m³/h)	电动机	
		机号	转速/(r/min)		型号	功率/kW
SXT09	4000~6000	6	2300	0.6	Y160M₂-2	15
SXT12	8000~12000	8	1700	1.5	Y180L-4	22
SXT17	15000~20000	10	1380	2.4	Y225S-4	37
SXT19	22000~27000	12	1150	3.5	Y250M-4	55
SXT22	30000~37000	14	980	4.5	Y280S-4	75
SXT25	40000~45000	16	860	6.0	Y280M-4	90
SXT28	50000~65000	18.5	740	8.0	Y315S-4	110
SXT32	70000~75000	19.5	735	10.2	Y315L₁-4	160

注：1. 除尘机组的供水压力不小于 0.2MPa。

2. SXD、SXS、SXB 除尘机组有右式（标准型）和左式可选，其性能参数相同。

3. SXT 除尘机组有 4 种布置型式可选，其性能参数相同。

4. 外形尺寸

SXD、SXS、SXB 系列湿式除尘机组外形尺寸见图 4-149 和表 4-162，基础尺寸见图 4-150 和表 4-163。

表 4-162　SXD、SXS、SXB 系列湿式除尘机组外形尺寸

机组号	外形尺寸/mm																供水口	污水口
	A	A_1	A_2	A_3	B	B_1	D	H	H_1	H_2	H_3	H_4	D_1	n_1	D_2	n_2		
08	1200	693	520	300	840	350	800	1800	1230	570	660	424	620	16	300	8	DN25	DN50
11	1650	872	704	498	954	400	1100	2480	1760	720	880	600	840	16	410	8	DN25	DN50
13	1700	948	790	500	1050	450	1300	3000	2150	850	1066	690	1000	20	500	12	DN32	DN80
17	2000	1062	890	600	1200	500	1700	3290	2290	1000	1226	860	1340	24	600	12	DN32	DN80
20	2300	1118	960	730	1230	500	2000	4200	3000	1200	1460	990	1480	30	685	16	DN32	DN80
23	2500	1188	1020	800	1300	500	2300	4500	3210	1290	1610	1110	1700	32	790	16	DN40	DN100
26	2850	1377	1120	1000	1465	500	2600	4850	3350	1500	1760	1270	1800	36	945	16	DN40	DN100
28	3000	1511	1300	1000	1495	500	2800	5000	3460	1540	1900	1370	2030	36	1070	24	DN40	DN100

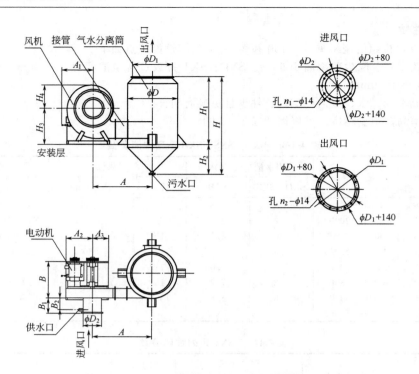

图 4-149　SXD、SXS、SXB 系列湿式除尘机组外形尺寸

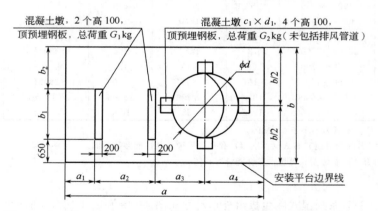

图 4-150　SXD、SXS、SXB 系列湿式除尘机组基础尺寸（单位：mm）

表 4-163　SXD、SXS、SXB 系列湿式除尘机组基础尺寸

机组号	外形尺寸/mm											荷重/kg	
	a	a_1	a_2	a_3	a_4	b	b_1	b_2	d	c_1	d_1	G_1	G_2
08	3770	800	1020	800	1150	2300	990	660	900	300	200	700	700
11	4450	800	1400	950	1300	2600	1110	840	1200	300	200	1300	1000
13	4750	760	1490	1100	1400	2800	1300	850	1400	300	200	1700	1700
17	5390	800	1640	1350	1600	3200	1400	1150	1800	400	300	2200	3200
20	5810	700	1870	1490	1750	3500	1400	1450	2100	400	300	3400	3800
23	6400	880	2020	1600	1900	3800	1500	1650	2400	500	350	4600	4600
26	7000	880	2320	1750	2050	4100	1600	1850	2700	500	350	5400	5700
28	7450	950	2440	1910	2150	4300	1600	2050	2900	500	350	6400	6600

5. 安装调试

（1）安装准备

① 按照所附的设备清单一一核查。到货设备应完好、无损坏，表面平整，无剐蹭划痕现象。

② 风机及气水分离筒内无灰渣存在。

③ 盘动风机的主轴，应运转灵活，无摩擦声。否则应对其进行检查。

④ 主轴上的两轴承座无油脂渗漏现象，否则应对其进行检查。

⑤ 风机皮带应受力均匀，皮带无损坏，破裂现象。否则应予以更换。

⑥ 按机组总图中的基础条件图，检查机组安装基础。

（2）安装程序

① 风机及气水分离筒放置到位。其相对位置参照设备总图。

② 调整风机及气水分离筒的位置，并预装风机及气水分离筒间的接管。安装密封垫，使法兰连接能自然吻合，不可强行连接。

③ 固定风机：对风机进行水平调整，使风机轴承座的安装水平偏差不大于0.10/1000。测量可在主轴上进行。

④ 调整气水分离筒：使其竖直，并使其支座与地基之间找正、调平、接触良好。

⑤ 将风机底座与预埋钢板（或调整铁件）焊牢。

⑥ 将法兰螺栓拧紧。

⑦ 将气水分离筒支座与地基及调整铁焊牢。

（3）安装注意事项

① 风机前的进风管道应有自己的支撑，严禁将管道及阀门的重量加在风机上。

② 风机前的进风管道应坡向风机，防止水倒流到风管内。

③ 若连接气水分离筒的排烟管道比较高，应设有固定措施以保证其安装安全。

④ 供水管道应设压力表、阀门、水过滤器。

⑤ 设备安装在室外时，应设电机防雨罩。

⑥ 应有可靠的漏电接地措施。

⑦ 应有独立的电流及电压表。

（4）试运行

① 打开机组所有的检查门，打开进水阀门，将水管道中的焊渣及其他块状物冲刷干净；检查设备是否有堵塞、渗漏现象；安装配套的水喷头；关闭所有的检查门。

② 手盘风机皮带轮，各部件间应无摩擦。

③ 点动电动机，各部件间应无摩擦声响，并检查风机转向是否正确。

④ 关闭风机前管道上的阀门，并启动风机。

⑤ 风机启动无异常现象后，打开水阀，调整水阀的开度，保证供水压力为0.2～0.3MPa。

⑥ 风机启动达到正常转速后，逐渐打开进气调节门，直至规定的负荷为止。

⑦ 设备正常连续运转12h后，测量轴承温度和温升。轴承温度≤90℃，温升≤50℃为合格。

⑧ 设备正常连续运转12h后，测量电机温度和温升。电机温度≤90℃，温升≤65℃为合格。

⑨ 设备正常连续运转12h后，测量风机振动速度有效值（均方根速度值），其值小于6.3mm/s为合格。

（5）设备运行

① 设备启动顺序。关闭进气调节门，打开水阀（水压在0.2～0.3MPa），启动电动机。

② 设备停运顺序。关闭电动机，风机静止后关闭水阀。

③ 设备运行时应每两小时巡检一次。巡检内容：注意电机有无异常声响；注意风机有无剐蹭声；注意风机有无剧烈噪声或振动；电动机及轴承温度有无急剧上升；排污管道出水是否正常；排风烟囱排烟是否异常；其他剧烈振动或撞击。

6. 设备维护

严禁在设备运转时进行维护、维修。

设备维护内容见表 4-164，故障分析表 4-165。

表 4-164　设备维护内容

每班维护内容	(1) 每班检查一次设备各紧固螺栓，防止有松动现象； (2) 风机的噪声或振动是否异常，检查运行电流是否正常； (3) 电机、轴承温度是否偏高，是否有润滑油脂流出及油脂变质现象
每月维护内容	(1) 每月清理一次设备内部的灰尘、污垢等杂物； (2) 每月检查一次喷嘴的工作状况，如发现堵塞应及时清洗或更换
每季维护内容	(1) 每季度检查一次皮带工作状况，调节皮带松紧度。如需更换皮带，应全部一起更换，不允许新旧皮带混合使用； (2) 每季或每次拆修后应更换一次润滑脂。润滑脂为 2# 锂基润滑脂

表 4-165　设备常见故障及产生原因

故　障　现　象	故　障　原　因
风机剧烈震动	(1) 皮带槽错位； (2) 风机机壳与叶轮摩擦； (3) 基础的刚度不够或不牢固； (4) 叶轮变形，轴弯曲； (5) 机壳、轴承座与支架等处连接螺栓松动； (6) 叶轮上附着异物过多
电动机电流过大或温度过高	(1) 启动时，进风口阀门未关； (2) 运转时风量超过额定值； (3) 电动机输入电压低或单相断电； (4) 受轴承座剧烈振动的影响； (5) 风机转速超过额定值
轴承温度过高	(1) 轴承座振动剧烈； (2) 润滑脂质量不良，变质，含杂质； (3) 轴承座连接螺栓的预紧力过大或过小； (4) 轴与轴承安装不正，前后两轴承不同心； (5) 轴承已经损坏

十一、风送式喷雾除尘机

近年来，随着大气污染日益严重，PM$_{2.5}$ 时有超标，造成大气雾霾现象有时发生。大气粉尘污染是雾霾形成的罪魁祸首，"贡献率"高达 18％，远高于机动车污染。工矿企业露天粉尘的排放是造成大气污染的主要原因之一，工矿企业露天除尘至关重要。

1. 工作原理

风送式喷雾除尘机由筒体、风机、喷雾系统组成，如图 4-151 所示。风送式喷雾除尘机，能有效地解决露天粉尘治理问题。JJPW 系列风送式喷雾除尘机采用两级雾化的高压喷雾系统，将常态溶液雾化成 10～150μm 的细小雾粒，在风机的作用下将

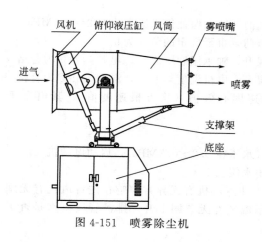

图 4-151　喷雾除尘机

雾定向抛射到指定位置，在尘源处及其上方或者周围进行喷雾覆盖，最后粉尘颗粒与水雾充分的融合，逐渐凝结成颗粒团，在自身的重力作用下快速沉降到地面，从而达到降尘的目的。

2. 特点

① 风送式喷雾除尘机工作方式灵活，有车载式、固定式、拖挂式等。

② 风送式喷雾除尘机不需要铺设管道，不需要集中泵房。维护方便，节省施工和维护成本。

③ 水枪喷出的水成束状，水覆盖面窄，对粉尘的捕捉能力较差，风送式喷雾除尘机喷出为水雾，水雾粒度和粉尘粒度大致相同（30～300μm）能有效地对粉尘进行捕捉，除尘效果明显。

④ 当除尘地点搬迁时，风送式喷雾除尘机可随地点的不同而随时移动，喷枪预埋管道则被废弃，而且要重新预埋，浪费资源。

⑤ 风送式喷雾除尘机比传统喷枪节水90%以上，属于环保型产品。

3. 固定式除尘机

固定型风送式喷雾除尘机降尘效果好、易安装、易操作、维护方面。可直接接入供水管路或者配置水箱（1～10t）。性能见表4-166。

表 4-166 固定式除尘机性能

产品型号	最大射程/m	水平转角/(°)	俯仰转角/(°)	覆盖面积/m²	耗水量/(L/min)	雾化粒度/μm	设备型式	控制方式	防护等级	适用环境/℃
JJPW-G30(T/H)	30	360	−10～45	2800	20～30	10～150	固定型	手动/遥控/自动/远程集中	IP55	−20～50
JJPW-G40(T/H)	40	360	−10～45	5020	25～40	10～150				
JJPW-G50(T/H)	50	360	−10～45	7850	30～50	10～150				
JJPW-G60(T/H)	60	360	−10～45	10000	60～80	10～150				
JJPW-G80(T/H)	80	360	−10～30	20010	70～100	10～150				
JJPW-G100(T/H)	100	360	−10～30	31400	90～120	10～200				
JJPW-G120(T/H)	120	360	−10～30	45200	110～140	10～200				
JJPW-G150(T/H)	150	360	−10～30	70650	120～160	10～200				

注：T为塔架式，塔架高度根据客户现场制定；H为升降式，升降高度根据客户现场制定。

4. 拖挂式除尘机

拖挂型风送式喷雾除尘机适用于产尘点移动变化，它具体机动性强，降尘效果好等优点。可根据现场客户需求是否配置发电机组和水箱。拖挂式除尘机性能见表4-167。

表 4-167 拖挂式除尘机性能

产品型号 \ 技术参数	最大射程/m	配套动力/水箱	喷雾流量/(L/min)	水箱容积/L	拖车型号数量	配套件
JJPW-T50	50	现场接电源、水源	30～50	无	PT1.5平板车1台	电缆、水管组件
JJPW-T60	60	现场接电源、水源	60～80	无	PT1.5平板车1台	电缆、水管组件
JJPW-T80	80	现场接电源、水源	70～100	无	PT1.5平板车1台	电缆、水管组件
JJPW-T100	100	现场接电源、水源	90～120	无	PT3平板车1台	电缆、水管组件
JJPW-T120	120	现场接电源、水源	110～140	无	PT3平板车1台	电缆、水管组件
JJPW-T150	150	现场接电源、水源	120～160	无	PT3平板车1台	电缆、水管组件

续表

技术参数 产品型号	最大射程/m	配套动力/水箱	喷雾流量/(L/min)	水箱容积/L	拖车型号数量	配套件
JJPW-T50	50	30kW 柴油发电机组	30～50	2000	PT1.5 平板车 2 种各 1 台 或 PT5 平板车 1 台	工具箱
JJPW-T60	60	50kW 柴油发电机组	60～80	2000	PT2 平板车 2 种各 1 台 或 PT5 平板车 1 台	工具箱
JJPW-T80	80	50kW 柴油发电机组	70～100	3000	PT2 平板车 2 种各 1 台 或 PT5 平板车 1 台	工具箱、变频器
JJPW-T100	100	75kW 柴油发电机组	90～120	3000	PT2、PT3 平板车各 1 台	工具箱
JJPW-T120	120	100kW 柴油发电机组	110～140	4000	PT2、PT5 平板车各 1 台	工具箱、变频器
JJPW-T150	150	150kW 柴油发电机组	120～160	4000	PT3、PT5 平板车各 1 台	工具箱、8t 洒水车

5. 车载型除尘机

车载型多功能风送式喷雾除尘车适用于产尘点多且移动变化，它配备有前冲（喷）后洒、侧喷、绿化洒水高压炮、风送式喷雾除尘机等。具备路面洒水除尘和喷雾除尘功能。所以它有机动性强，功能齐全，降尘效果好等优点，同时可根据客户要求可选择普通车载型和多功能车载型。其性能见表 4-168。

表 4-168 车载型除尘机性能

技术参数 产品型号	最大射程/m	配套动力/水箱	喷雾流量/(L/min)	变频器/kW	水箱容积/L	底盘车	其他配置
JJPW-C50(D)	50	30kW 柴油发电机组	30～50	无	8～10	东风 145	
JJPW-C60(D)	60	50kW 柴油发电机组	60～80	无	8～10	东风 145	
JJPW-C80(D)	80	50kW 柴油发电机组	70～100	30	10～12	东风 153	电缆、水管组件
JJPW-C100(D)	100	75kW 柴油发电机组	90～120	45	10～12	东风加长 153	
JJPW-C120(D)	120	100kW 柴油发电机组	110～140	75	12～15	天锦小三轴	
JJPW-C150(D)	150	150kW 柴油发电机组	120～160	90	12～15	天锦后八轮	

6. 抑尘剂

抑尘剂是以颗粒团聚理论为基础，利用物理化学技术和方法，使矿粉等细小颗粒凝结成大胶团，形成膜状结构。

抑尘剂产品的使用，可以极其经济的改善：矿山开采和运输的环境，火电厂粉煤灰堆积场的污染问题，煤和其他矿石的堆积场损耗和环境问题，众多简易道路的扬尘问题，市政建设中土方产生的扬尘问题。抑尘剂的特点和应用范围见表 4-169，同时抑尘剂应符合以下要求：a.融合了化学弹性体技术、聚合物纳米技术、单体三维模块分析技术；b.不易燃，不易挥发；具有防水特性，形成的防水壳不会溶于水；c.抗压，抗磨损，不会粘在轮胎上，抗紫外线 UV 照射，在阳光下不易分解；d.水性产品，无毒，无腐蚀性，无异味，环保；e.使用方便，只需按照一定比例与水混合即可使用，省时省力，水溶迅速，无需额外添加搅拌设备，即混即用。

表 4-169　抑尘剂种类、特点和应用范围

抑尘剂型号及种类	抑尘原理	抑尘特点	应用领域
JJYC-01 运输型抑尘剂	以颗粒团聚理论为基础，使小扬尘颗粒在抑尘剂的作用下表面凝结在一起，形成结壳层，从而控制矿粉在运输中遗撒	(1)保湿强度高、喷洒方便、不影响物料性能； (2)耐低温，一年四季均可使用； (3)使用环境友好型材料	散装粉料的表面抑尘固化，铁路或长途公路运输的矿粉矿渣、砂砾黄土
JJYC-02 耐压型抑尘剂	以颗粒团聚及络合理论为基础，利用物理化学技术，通过捕捉、吸附、团聚粉尘微粒，将其紧锁于网状结构之内，起到湿润、黏接、凝结、吸湿、防尘、防浸蚀和抗冲刷的作用	(1)保湿强度高，耐超低温； (2)效果持续，耐重载车辆反复碾压，不粘车轮； (3)使用环境友好性材料	临时道路、建筑工地、货场行车道路、市政工程等。对被煤粉、矿粉、砂石、黄土，或混合土壤覆盖的地表均适用
JJYC-03 接壳型抑尘剂	抑尘剂具有良好的成膜特性，可以有效地固定尘埃并在物料表面形成防护膜，抑尘效果接近100%	(1)抑尘周期长，效果最多可持续12个月以上； (2)并有浓缩液和固体粉料多种选择； (3)结壳强度大，不影响物料性能； (4)使用环境友好型材料	裸露地面、沙化地面、简易道路等

十二、静电干雾除尘装置

静电干雾除尘是基于国外在解决可吸入粉尘控制相关研究中提出"水雾颗粒与尘埃颗粒大小相近时吸附、过滤、凝结的概率最大"这个原理，在静电荷离子作用下，通过喷嘴将水雾化到 $10\mu m$ 以下，这种干雾对流动性强、沉降速度慢的粉尘是非常有效果的，同时产生适度的打击力，达到镇尘、控尘的效果。粉尘与干雾结合后落回物料中，无二次污染。系统用水量非常少，物料含水量增加<0.5%；系统运行成本低，维护简单，省水、省电、省空间，是一种新型环保节能减排产品。

1. 静电干雾除尘特点

① 在污染的源头，起尘点进行粉尘治理；每年阻止被风带走的煤炭数以百万元计。

② 抑尘效率高，无二次污染，无需清灰，针对 $10\mu m$ 以下可吸入粉尘治理效果高达96%，避免尘肺病危害。

③ 水雾颗粒为干雾级、在抑尘点形成浓密的雾池，增加环境负离子。

④ 节能减排，耗水量小，与物料质量比仅 0.02%～0.05%，是传统除尘耗水量的 1/100，物料（煤）无热值损失。对水含量要求较高的场合亦可以使用。

⑤ 占地面积小，全自动 PLC 控制，节省基建投资和管理费用。

⑥ 系统设施可靠性高，省去传统的风机、除尘器、通风管、喷洒泵房、洒水枪等，运行、维护费用低。

⑦ 适用于无组织排放，密闭或半密闭空间的污染源。

⑧ 大大降低粉尘爆炸概率，可以减少消防设备投入。

⑨ 冬季可正常使用且车间温度基本不变（其他传统的除尘设备，使用负压原理操作，带走车间内大量热量，需增加车间供热量）。

⑩ 大幅降低除尘能耗及运营成本，与常用布袋除尘器相比，设备投资不足其 1/5；运行费用不足其 1/10；维护费用不足其 1/20。

⑪ 安装方便，维护方便。

2. 除尘主机参数

见表 4-170。

表 4-170　除尘主机参数

TBV-Q 干雾主机	TBV-Q-1	IBV-Q-3	IBV-Q-5	TBV-Q-7	TBV-Q-9
喷雾器数量/个	10~20	20~60	50~100	100~150	150~250
最大耗水量/(L/h)	1000	3000	5000	7500	12500
最大耗气量(标)/(m³/min)	4.2	12.6	21	31.5	52.5
功率/kW	33	78	135	188	318
系统组成	泵、空压机、储气罐、万向节喷雾器、喷雾箱、汽水分配器、水过滤器、保温伴热系统、水汽管路、分组控制器、现场控制箱、配电箱、控制系统等				

TBV-G 干雾主机	TBV-G-2	TBV-G-4	TBV-G-6	TBV-G-8	TBV-G-10
喷雾器数量/个	10~20	20~60	50~100	100~150	150~300
最大耗水量/(L/h)	200	600	1000	1500	3000
最大耗气量/(nm³/min)	0	0	0	0	0
功率/kW	1	3	5	10	20
系统组成	泵、水箱、喷雾箱、喷雾器、生物膜水净化系统、离子交换、保温伴热系统、管路、分组控制器、现场控制箱、配电箱、控制系统等				

TBV-F 干雾主机	TBV-F	TBV-C 干雾主机	TBC-C-24	TBC-C-30	系统组成
喷雾器数	1	喷雾器数/个	30	30	水净化
最大耗水量/(L/h)	250	最大耗水量/(L/h)	24	30	干雾发生器
最大耗气量	0	最大耗气量	0	0	管道
功率/kW	11	功率/kW	3	3	风机
系统组成	泵、水箱、风压喷雾器、水净化系统、保温伴热系统、管路、现场控制箱、配电箱、控制系统等				

注:摘自辽宁中鑫自动仪表有限公司样本。

3. 静电干雾除尘应用

静电干雾除尘系统适用于选煤、矿业、火电、港口、钢铁、水泥、石化、化工等行业中无组织排放污染治理。例如，翻车机、火车卸料口、装车楼、卡车卸料口、汽车受料槽、筛分塔、皮带转接塔、圆形料仓、条形料仓、成品仓、原料仓、均化库、震动给料机、振动筛、堆料机、混匀取料机、抓斗机、破碎机、卸船机、装船机、皮带堆料车、落渣口、落灰口、排土机等。如图 4-152 所示。

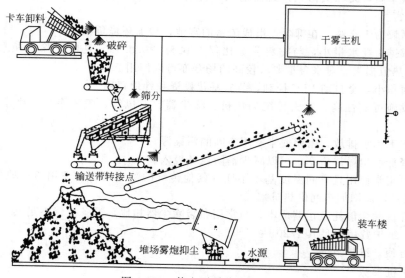

图 4-152　静电干雾除尘的应用

第七节　细颗粒物净化方法

国家《环境空气质量标准》（GB 3095—2012）增设了 $PM_{2.5}$ 浓度限值，并给出了监测实施的时间表：2015 年在所有地级以上城市开展监测，2016 年 1 月 1 日，全国实施该标准。

工业粉尘排放是大气中 $PM_{2.5}$ 的主要来源之一。控制工业粉尘中 $PM_{2.5}$ 的排放对减少大气污染、保障广大民众的健康具有实际意义。

目前，国家对工业粉尘的总体排放已经有严格的标准，工业粉尘都要经过烟气净化做到有组织排放，对 $PM_{2.5}$ 的排放也将会有明确的要求。

国内外对工业烟尘、细颗粒物的收集净化主要有 2 类方法：①对现有的除尘设备进行改进，提高其除尘效率直至可将细颗粒物直接脱除；②在传统除尘设备前设置预处理阶段，使细颗粒物通过物理或化学的作用团聚成较大的颗粒，然后采用常规除尘装置对其进行有效脱除。

一、除尘装置净化细颗粒物比较

除尘装置的捕集对象，一般几乎都是固体粒子。除尘效率总是首先受到粒子大小的很大影响。就是说，即使在同一装置、同一运行条件下，由于尘粒分散度的不同．其性能也有显著的差别。

各除尘技术的除尘效率与颗粒粒径的关系如图 4-153 所示。

现将在规定的运行操作条件下，各种除尘装置对于细颗粒粉尘的除尘效率示于图 4-154中。这里，可以考虑除尘微粒的最大密度为 $s=2g/cm^3$，因为这些除尘效率的特性曲线，不仅是取决于粉尘的粒径，而且与粉尘密度有关。

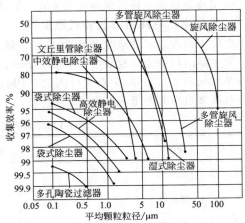

图 4-153　除尘效率与颗粒粒径关系图

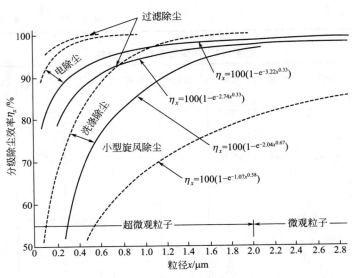

图 4-154　各种除尘装置的分级除尘效率

以上分析比较可知，并不是所有除尘装置都适合净化细颗粒物，而且净化效果各不相同。

二、袋式除尘技术

袋除尘器采用多孔滤布制成的滤袋将粉尘从烟气流中分离出来。基本工作过程是：烟气因引风机的作用被吸入和通过除尘器，并在负压的作用下均匀而缓慢地穿过滤袋。烟气在穿过滤袋时，固体粉尘被捕集在滤袋的外侧，过滤后的洁净气体经净气室汇集到排风烟道后外排。使用脉冲压缩空气将已捕集在滤袋上的粉尘从滤袋上剥落并使之落入底部的灰斗内，再通过输送设备把粉尘从灰斗内输送出去。

影响袋式除尘器使用的因素有粉尘粒径、粉尘浓度、粉尘堆密度、粉尘黏结性、烟气温度、湿度、含氧量、pH 值。在除尘器选用上应从保温、降尘、防黏结、防腐蚀、防氧化等多方面进行考虑，确保除尘器正常运行。

袋式除尘器是利用滤袋材料和其面层上的粉尘层过滤粉尘的，粉尘层积累越厚，除尘效率越高，甚至可以接近零排放，所以，适当调节后可高效率地去除 $PM_{2.5}$ 并使排放浓度低于 $10mg/m^3$。袋式除尘器是目前达标排放和捕集 $PM_{2.5}$ 最理想的除尘器。

1. 焦作电厂电除尘器改袋式除尘器

电除尘器改造前的除尘效率为 98％，烟尘排放质量浓度高达 $500mg/m^3$。改为袋式除尘器后，除尘器出口烟尘排放浓度低于 $20mg/m^3$，总除尘效率达到 99.936％。测试结果见表 4-171，运行参数见表 4-172，除尘器入口烟尘中 PM_{10} 的粉尘占 40.1％，$PM_{2.5}$ 的粉尘占 9.3％。袋式除尘器对微细粉尘的捕集率见表 4-173。

表 4-171　袋式除尘器系统运行测试结果

电厂序号	锅炉类型	发电机容量/MW	试验负荷/％	除尘器	燃料
1	煤粉炉	50	80	四电场 ESP	80％口泉煤＋20％煤气
2	煤粉炉	600	90	五电场 ESP	准噶尔煤
3	煤粉炉	600	100	五电场 ESP	60％富兴优＋40％木瓜界
4	煤粉炉	220	75	袋式除尘器	晋东南无烟煤
5	循环流化床	15	10	三电场 ESP	中煤＋矸石

表 4-172　除尘器系统运行参数

电厂	燃料	基碳/％	基氮/％	基氧/％	基氢/％	基水/％	灰分/％	挥发分/％	硫分/％	低位发热值/(kJ/kg)
1	口泉煤	51.59	0.78	6.82	3.95	9.8	19.75	27.14	0.33	22781
2	准噶尔煤	43.72	0.88	10.43	3.22	9.1	24.78	27.85	0.51	21736
3	富兴优	49.01				9.7	22.64	26.90	0.9	20925
	木瓜界	48.39				9.95	22.65	27.62	1.24	20963
4	晋东南无烟煤	65	0.79	0.84	2.1	8.5	31.24	8.65	0.54	23617
5	中煤＋矸石	42.08				5.6	40.38	16.85	1.33	17615

表 4-173　袋式除尘器对微细粉尘的捕集效率

电厂	采样位置	PM_{10}/TSP	$PM_{2.5}/TSP$	$PM_{2.5}/PM_{10}$	PM_{10} 去除率/%	$PM_{2.5}$ 去除率/%
A	除尘器入口	20.93	2.84	13.57	98.88	95.68
	脱硫出口	92.06	41.22	52.38		
B	除尘器入口	22.08	5.51	15.90	98.93	97.11
	脱硫出口	95.90	41.22	42.99		
C	除尘器入口	23.01	3.56	15.47	99.26	97.41
	脱硫出口	87.54	47.31	54.04		
D	除尘器入口	34.89	4.14	11.87	99.61	98.47
	脱硫出口	89.23	41.96	47.02		
E	除尘器入口	23.89	1.19	13.35	99.41	97.73
	脱硫出口	93.47	47.79	51.13		
F	除尘器入口	28.77	1.09	10.74	99.62	98.03
	脱硫出口	91.24	50.31	55.14		

由表 4-173 可看出，袋式除尘器对 PM_{10} 微细粉尘的捕集效率达到 99.84% 以上，对 $PM_{2.5}$ 的捕集效率达到 99.31% 以上。若过滤阻力在 1000Pa 以上，除尘效率和去除 $PM_{2.5}$ 的效率则会更高。

2. 国外应用

由于严格控制 $PM_{2.5}$，澳大利亚已全采用袋式除尘器。美国在 2009 年 EIA 数据上显示：石油发电占 37%，燃煤发电占 21%，天然气发电占 25%，可再生能源发电占 8%。21% 煤电中，45% 使用袋式除尘器，其他使用的是电除尘器和电-袋复合式除尘器。新建电厂及老电厂改造都要采用袋式除尘器。袋式除尘器对 $10\mu m$ 以下尤其是 $1\mu m$ 以下亚微米颗粒物有较好的捕集效果，所以是捕集 $PM_{2.5}$ 的重要手段。

3. 表面过滤技术

过滤介质的通道越细小，细小颗粒的过滤效果也就越好，对针刺毡、机织布之类的滤料，其过滤通道为十几微米，对 $2.5\mu m$ 以上的固体颗粒物的过滤效率较低，如果覆上一层聚四氟乙烯微孔薄膜，这种膜的孔径在微米及亚微米级，过滤效果就会好得多，而且聚四氟乙烯薄膜具有不沾性，粉尘极易剥落，可减小过滤阻力。

世界上袋式除尘界所推崇的"表面过滤"技术，是 1974 年由戈尔公司发明和倡导的，ePT-FE 薄膜复合在各种不同基布材料上制成薄膜滤料来实现的一种崭新的过滤技术。这种技术的特点：一是过滤效果高，能达到世界上最严格的粉尘排放标准，包括 100% 控制 $PM_{2.5}$；二是运行阻力低，气流量通常可增加 30% 以上，从而可大大提高系统的生产效率。利用覆膜滤料的过滤技术可以使颗粒物得以净化，即使是细小的、非凝聚态（气溶胶）颗粒物在穿过颗粒物层时也会被拦截、吸附从而得以去除，实现了亚微米级颗粒物的高效净化。$0.10\sim0.12\mu m$ 颗粒物过滤效率达 99.7%。覆膜滤料对于捕集亚微米级的颗粒物是非常有效的，而传统的滤料则必须借助颗粒物初层的作用才能达到较好的净化效果。这种特殊结构的滤袋尤其适用于焚烧炉烟气的净化，且广泛应用于工业中。国产覆膜滤料净化 $PM_{2.5}$ 的性能见表 4-174。用袋式除尘器来控制工业烟尘中 $PM_{2.5}$ 的排放是一种使用趋势。

表 4-174 国内覆膜滤料性能

粒径区间/μm	上游粒子个数	下游粒子个数	分级效率 η_i/%
>10	3904	0	100
5.0~10.0	5266	9	99.83
2.5~5.0	15,773	13	99.92
2.0~2.5	3135	2	99.94
1.0~2.0	21,757	27	99.88
0.5~1.0	55,298	196	99.65
0.3~0.5	26,244	273	98.96
0~0.3	—		

三、滤筒除尘技术

滤筒除尘器是过滤式除尘器的一种。过滤式除尘器是用多孔过滤介质将气固两相流体中的粉尘颗粒捕集分离下来的一种高效除尘设备（简称过滤器）。根据过滤方式的不同，可分为表面过滤和内部过滤两种。目前采用表面过滤方式的除尘器主要有袋式除尘器和滤筒除尘器。滤筒除尘器是在袋式除尘器的基础上发展起来的，与袋式除尘器最主要的区别在于其过滤方式采用的是滤筒而不是滤袋。滤筒除尘器早在 20 世纪 70 年代就已在日本和欧美一些国家出现，由于具有体积小、效率高、投资省、易维护等特点，应用亦较广泛，尤其在烟草、粮食、焊接等行业使用取得了很好的社会效益和经济效益。

1. 特点

滤筒除尘器与传统袋式除尘器的优缺点比较见表 4-175。

表 4-175 滤筒除尘器与袋式除尘器的比较

性能项目	脉冲喷吹滤筒除尘器	脉冲喷吹袋式除尘器
产品型式	中小型，以小型为多	大、中、小各种型式都较多
过滤元件	硬质滤料呈折叠布置，形成圆筒，无骨架，筒间间距大，滤筒长 0.6~2m	软质滤料缝成滤袋，套入由钢筋焊成的骨架上，滤袋袋长 2~10m
滤料种类	各种复合式滤料，抗结露，透气性好，超细粉和纤维性粉尘都不易透过	多为单层普通工业涤纶布，滤料粗糙，易粘尘，透气性差，超细粉、纤维性粉尘都不易透过（回转反吹式、脉冲式）
过滤原理	大多为表面过滤原理，粉尘不深入滤料内	粉尘深入滤料内。靠滤料外表面建立粉尘层维护除尘效率，亦可表面过滤
除尘效率	除尘效率高达 99.5%~99.95%，工作稳定，可降低排放浓度，有利于对总排放量的控制	除尘效率高为 >99.5%，可以控制排放浓度及总排放量
除尘器阻力	一般粉尘：1400~1900Pa	一般粉尘：1000~2000Pa
清灰系统	压缩空气清灰力大，均匀，效果好	因滤袋长而反吹不均匀，效果差，一般粉尘的过滤风速：1.0m/min
外形尺寸、重量、安装与组合	外形尺寸小，质量轻，可单元组合，并可与主风机组成机组，除尘器上部无工作面，安装方便，占用空间小	外形可大型化，为单体设备，主风机为散件，安装占用空间大，上部需留 3m 高换袋空间
设备维修、管理使用寿命	设备本体上无运动部件，滤筒在工作（负压）及反吹（正压）的不断交换运动中，无机械磨损，使用寿命长，有时可达数年。拆滤筒不需任何工具，拆装方便	顶部有反吹风机、回转臂等机械运动部件，长年运行，易损坏（回转反吹式）。滤料与骨架在工作时一吸一鼓，不断摩擦，损伤滤料换滤袋烦琐，且会产生二次污染

滤筒除尘器的主要特点如下。

① 除尘效率高。可过滤微细粉尘，对粒径大于 $1\mu m$ 的粉尘除尘效率达 99.99%，排放浓度小于 $15mg/m^3$。

② 良好的水洗性能。滤筒使用一定时间后可取下来用水多次冲洗，干燥后重新安装使用。

③ 操作简便、维修方便、使用寿命长、不使用工具就可更换滤筒。

④ 结构简单、外形尺寸小、钢材耗量少（约为传统袋式除尘器的 1/4）。

⑤ 阻力损失低。除尘器阻力小于 1kPa。

2. 滤筒

滤筒除尘器的过滤元件是滤筒，也是滤筒除尘器的关键部件，它不仅决定除尘器的效率、阻力、动力消耗、维护费用等技术经济参数，还关系到除尘器性能的好坏和使用寿命的长短。

滤筒的构造分为顶盖、金属框架、褶形滤料和底座四部分，如图 4-155 所示。滤筒是用计算长度的滤料折叠成褶，首尾黏合成筒，筒的内部用金属网架支撑，上、下用顶盖和底座固定。

3. 滤料的材质及净化 PM$_{2.5}$ 能力

国标规定滤筒用滤料有 4 种类型，即合成纤维非织造滤料、改性纤维素滤料以及这两种滤料的覆膜滤料。前两种滤料过滤效率≥99.5%，PM$_{2.5}$ 过滤效率≥40%；后两种覆膜滤料过滤效率≥99.95%，PM$_{2.5}$ 过滤效率≥99%。在所有除尘器中只有滤筒除尘器国标规定了 PM$_{2.5}$ 的过滤效率，而且要达到≥99%，所以当风量不特别大时，要高效净化 PM$_{2.5}$，滤筒除尘器应是首选之一。

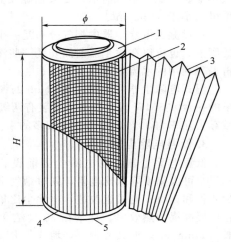

图 4-155　滤筒构造
1—顶盖；2—金属框架；3—褶形滤料；
4—密封圈；5—底座

四、电除尘技术

电除尘技术的原理是含尘气体经过高压静电场时被电离出正离子和电子，电子奔向正极过程中遇到粉尘，使粉尘带负电，荷电粉尘在电场力作用下运动到极板上沉积下来，再经过振打清灰从极板上脱落下来，进入下方灰斗中，达到与空气分离的目的。电除尘的总体除尘效率可达99%，自动化程度高，运行、维护费用低，整体使用寿命长。在电除尘器应用中需要考虑到粉尘比电阻、粉尘粒径、粉尘浓度、粉尘堆密度、粉尘黏结性、烟气温度、烟气湿度等因素。

电除尘器捕集到电极的粉尘是靠振打来收尘，会造成二次扬尘，PM$_{2.5}$ 以下的微细粉尘又会随烟气排到大气中，因而不具备收集更多 PM$_{2.5}$ 微细粉尘和汞的作用了。因此，就出现了回转电极电除尘器和聚并技术、湿式电除尘器、低温电除尘器等。

1. 回转极板电除尘器

从理论上说，电除尘器有较高的捕集效率，但其会因为粉尘荷电量不足，或在荷电过程中互相中和、烟气流冲刷、振打清灰二次扬尘，以及高、低比电阻等粉尘特性影响捕集效率，其中又以如何减少二次扬尘是注重点。日本为此首先开发回转极板式电除尘器。我国已引进这种技术在小锅炉上应用和开发，目前已有多台 300MW 机组在应用，开始时应用效果良好。

回转极板一般设在电除尘器最后的电场，极板平行烟气流动方向由链条、链轮、减速电机带动周而复始运转。极板收灰不是靠振打，而是靠设置在灰斗内的旋转钢丝刷清除，有效避免了二次扬尘和反电晕现象。所以，其具有较好的收集 PM$_{2.5}$ 和汞的作用。

由于转速很低不会发生颤动和出现异极间距改变。传动轴的轴承、链条、链轮等传动部件均设置在壳体之外，不受高温、粉尘、环境影响，实现安全稳定运行，当出现故障易发现和检修。

2. 湿式电除尘器

采用湿式电除尘器是去除难以捕获的微米以下颗粒、雾和金属等组成的污染源的一种方法。因此，对于要求去除酸性物质、SO_2、雾状或者黏性颗粒以及达到控制 $PM_{2.5}$ 新标准，并要求烟气的温度低于露点等，干式静电除尘器显然不是适用的装置。因为湿式电除尘器可连续冲洗收尘表面，被捕捉的尘粒不会再次飞扬。此外，用于燃烧低硫煤产生高电阻率的烟尘时也不会出现恶化。湿式电除尘器产生的功率明显高于干式电除尘器，这一特性使得湿式电除尘器能有效地收集微小颗粒。试验结果显示，二氧化硫及其他微细颗粒物的脱除效率达 70%，除尘器出口排放浓度可以小于 $30mg/m^3$。

穿过湿式电除尘器的烟气分布是一个关键的技术，而且，设备材料必须能够耐受烟气中酸雾的腐蚀。也可以在除尘器前面安装一些洗涤器来消除酸性腐蚀性气体。同时，喷入湿式电除尘器再循环利用的水需处理除去酸性。

湿式电除尘器可以除去 $0.01\mu m$ 的颗粒、液滴以及雾，工作效率可达到 99.9% 以上，国外最早的一台 835MW 机组脱硫塔后装有两级湿式电除尘器，$PM_{2.5}$ 收集效率达到 95%，烟气中 SO_2 酸雾去除率为 90%，并可收集较多的汞。

3. 低温电除尘器

低温电除尘器：在电除尘器前设置降低烟温的热交换器（GGH），使烟温从 130℃ 降到 90℃，可大幅度降低比电阻，同时烟气量也随之减少，从而提高除尘器效率。新机组设计时可减少体积和钢材；老机组改造，电除尘比集尘面积相对增加，可起到提高除尘效率的作用。另外，还可提高锅炉热效率。日本在 20 世纪 90 年代已开发应用低低温电除尘，据报道，排放浓度一般 $<30mg/m^3$。但其能否更好地收集 $PM_{2.5}$ 和汞尚未收集到工业应用数据。

低温电除尘器的缺点：投资高，热交换器及前级设备可能产生积灰、堵塞和腐蚀。另有资料介绍，在低烟温下 SO_3 会雾化而被粉尘吸附带走，在酸露点以下运行时不会结露腐蚀。但这种解释尚待考证。但比电阻降低，粉尘黏结力减少，会产生二次扬尘，因而要对振打、极板结构采取改进等措施。还要注意含高浓度粉尘原烟气侧对 GGH 积灰，要采用特殊清灰装置，如钢球喷射清灰。

4. 新型电源

电除尘器对 $PM_{2.5}$ 捕集效率较低与其荷电不充分也存在较大关系，采用高压窄脉冲放电、高频电源、三相电源等先进电控设备，增加细颗粒的荷电量，可提高电除尘器对 $PM_{2.5}$ 的捕捉能力。

五、电袋复合除尘技术

电袋复合式除尘器有机结合了静电除尘和布袋除尘的特点，是通过前级电场的预收尘、荷电作用和后级滤袋区过滤除尘的一种高效除尘器，它充分发挥了电除尘器和布袋除尘器各自的除尘优势，以及两者相结合产生的新的性能优点，弥补了电除尘器和布袋除尘器的除尘缺点。该复合型除尘器具有效率高、稳定、滤袋阻力低、寿命长、占地面积小等优点；是未来协同控制 $PM_{2.5}$ 以及重金属汞等多污染物的主要技术手段。

1. 结构形式

图 4-156 所示是电袋复合式除尘器的一种结构型式，即在一个箱体内，前端安装一短电场，后端安装滤袋场，烟尘从左端引入，首先经过电场区，尘粒在电场区荷电并有 80%~90% 粉尘被收集下来（发挥电除尘的优点，降低袋场负荷）。经过电场的烟气部分直接进入袋区，而另一部分烟气流向袋区下部再向上流入袋区。烟气经滤袋外表面进入滤袋内腔，粉尘被阻留在滤袋外表面，纯净的气体从内腔流入上部的净气室，然后经提升阀进入排气烟道，从烟道排出。

烟气中的微细颗粒在电袋复合除尘器中能凝并成大颗粒有两个主要过程：一是微细颗粒（大多是非导电物质）在强电场力作用下发生极化，极化颗粒会产生凝并，由小颗粒变成大颗粒；二是荷电粉尘沉积到滤袋表面后发生的凝并。

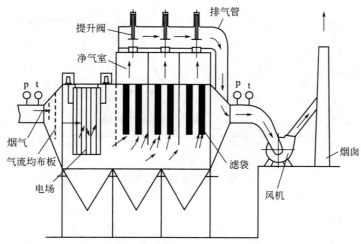

图 4-156　电袋复合式除尘器结构

2. 实验室试验

过滤实验系统主要包括供气系统、气溶胶发生系统、荷电装置、滤料夹持装置、流量控制系统、抽气装置、颗粒采样系统等（见图 4-157）。

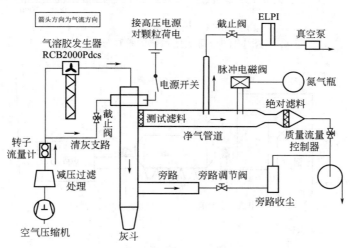

图 4-157　过滤实验系统

在荷电设备后的下部管道采集荷电与未荷电工况下的颗粒并进行激光粒径分析，结果如图 4-158 和图 4-159 所示。对比图 4-158 与图 4-159，可以看到细颗粒物在荷电作用下有一定程度的聚并。

荷电前颗粒的体积平均粒径为 $96\mu m$。荷电后颗粒的体积平均粒径为 $108\mu m$。

由图 4-158、图 4-159 可看出，荷电前颗粒直径 $<2.5\mu m$ 的粉尘占 3.13%，而荷电后颗粒直径 $<2.5\mu m$ 的粉尘占 1.17%，由此可知，由于粉尘的静电凝并，颗粒直径 $<2.5\mu m$ 的粉尘减少了 62%。

3. 工程设备的测定

为了解电袋复合除尘器对烟气中的 $PM_{2.5}$ 细颗粒物的脱除效率，对 5 个电厂进行了测定。测点位置见图 4-160。

表 4-176 为在几个电厂中，电袋复合式除尘器对 $PM_{2.5}$ 粉尘的脱除性能测定。

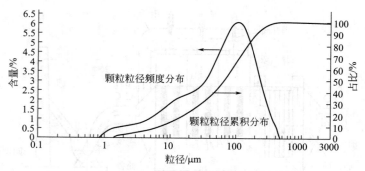

图 4-158 荷电前颗粒的粒径分布

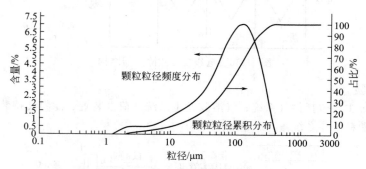

图 4-159 荷电后颗粒的粒径分布

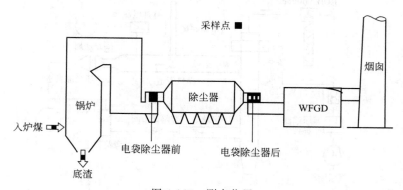

图 4-160 测点位置

表 4-176 电厂 PM$_{2.5}$ 脱除情况测定汇总

厂名		A 厂	B 厂	C 厂	D 厂	F 厂
机组容量/MW		600	135	300	600	1000
测定时容量/MW		490	130	210	509	1000
总粉尘浓度/(mg/m³)	进口	26,381	8188	11,461	12,849	35,421
PM$_{2.5}$ 浓度/(mg/m³)		1414	631.6	685	829.6	2653
出口 PM$_{2.5}$ 浓度/(mg/m³)		11.1	28.2	27.5	19.6	2.76
PM$_{2.5}$ 脱除效率/%		99.2	95.5	96	97.6	99.89
管道风速/(m/s)	进口	11.5	12.2	13.8	14.2	13.4
烟气温度/℃		132	154	160	137	122
管道风速/(m/s)	出口	8.1	13.1	12.1	14.0	—
烟气温度/℃		120	140	145	119	120
测定时间(年、月)		2012.3		2012.6		2013.3~4

　　从测定结果看，除尘器出口的 $PM_{2.5}$ 浓度有很大差别，这是由于不同煤种其粉尘的颗粒物粒径分布可能有很大差别，电场区的运行状态不同（运行阻力和清灰周期不同），滤袋区的滤料过滤速度不同，滤料的结构也不同，要搞清楚它们的规律，尚需做进一步的研究。

　　通过实验室试验和多个工程项目的测定，表明电袋复合除尘器对微细粉尘具有明显的凝并效果，其脱除率达 96% 以上。

　　必须指出，粉尘在电场中的凝并效果与场强大小和分布有很大关系，所以，电极结构和工作电压是很重要的因素，目前国内企业正在开展这方面的研究，以提高微细粉尘在电场中的凝并效果。

4. 电-袋混合式除尘器（AHPC）

　　20 世纪末，美国政府提出了减少 $PM_{2.5}$ 排放的课题，在美国能源部的资助下，美国能源与环境中心（EERC）提出了一种微颗粒控制的新概念，开发出一种称为"先进的混合过滤器"的设备（见图 4-161）。

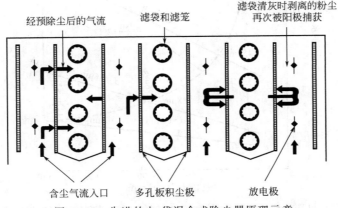

图 4-161　先进的电-袋混合式除尘器原理示意

　　由于粉尘在到达滤袋之前大部分已经被电场极板捕集，其余的荷电粉尘到达滤袋表面后形成松散的粉尘层，在线清灰可维持较低且均匀的袋内外压力差，所以过滤风速可比传统脉冲喷吹滤袋高很多，滤袋材料采用戈尔公司的 TEX（覆膜 PTFE）。

　　国内第一台类似于 EERC 的混合式除尘器，称之为电-袋混合除尘器，于 2009 年 7 月在 1 台 75t/h 锅炉上改进而成投入运行，气速设计最高为 2m/min。两年多的运行结果充分显示电除尘和袋除尘两种技术得到了很好的协调配合，最重要的是达到了收集微细颗粒物的效果。

六、文丘里洗涤技术

　　加压水式中获得最高除尘率，而且使用很广的是文丘里洗涤器。

1. 文丘里洗涤器的机理

　　粉尘颗粒尺寸在 $1\mu m$ 以下，并且具有黏附性和潮解性时，则分离的粉尘就会黏附在装置上而造成其堵塞甚至腐蚀。对于这样的粉尘，在多数情况下不宜采用袋式过滤器和电除尘装置。因此，就出现了受欢迎的高效能洗涤式除尘装置——文丘里洗涤器（见图 4-162）。

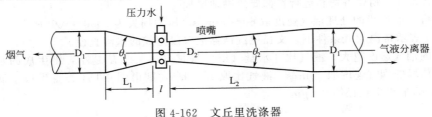

图 4-162　文丘里洗涤器

2. PM$_{2.5}$捕集

有关这方面的研究结果示于图 4-163 中。即在该图右上部的直线群表示了这种关系，它表示对捕捉粒径 $d_p = 0.4 \sim 2 \mu m$ 粉尘的最佳水滴直径 d_w 随烟气速度 v 的增大而增大。对此，喷射于喉口段而被气流雾化的水滴尺寸，如虚线所表示的随烟气速度 v 的增加而双曲线地减小。

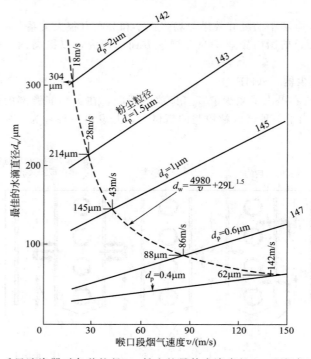

图 4-163 文丘里洗涤器对各种粒径 d_p 粉尘的最佳水滴直径 d_w 和烟气速度 v 的关系

3. 水滴直径及其生成

对所给出的粒径为 d_p 的粉尘来说，最佳的水滴直径也是确定的。由该线图上取两者之比，则

$$\frac{d_w}{d_p} = \frac{304}{2} \approx 150$$

就是说，水滴的大小，约为粉尘直径的 150 倍为好，比此值过大或过小，碰撞效率都会降低。

这样，比较大的粉尘，用低速的烟气流就能捕集，而越是微细的粉尘，就越需要较高的速度。这就意味着，越是微细的粉尘，在捕集时就要消耗越多的能量，因而使动力费和设备费都要增加。文丘里洗涤器的除尘率大致可用式(4-60)表示：

$$\eta = 1 - e^{-KL\sqrt{\phi}} \qquad (4-60)$$

式中，K 是由实验确定的装置常数；L 是上述的液气比；ϕ 是分离数。这可以设想，根据式(4-60)，要提高 η，则设备费和运行费都要急剧地增加。

一般而言，喉口段的处理烟气速度取 $60 \sim 90 m/s$，压力损失为 $3000 \sim 8000 Pa$。

图 4-164 表示常温大气条件下，文丘里洗涤器喉口段生成的水滴直径。

喉口段的烟气速度越大，液气比［水量（L）/气量（m³）］L 越小，则生成的水滴直径越小。如果喉口段的烟气速度取 $75 m/s$，液气比取 $L = 0.6$，则由图 4-164 查得生成水滴的平均粒径为 $80 \mu m$，捕集粉尘粒径约 $0.5 \mu m$。

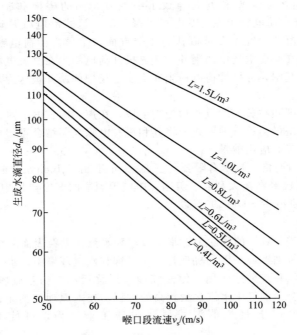

图 4-164　喉口段的流速与生成水滴直径

七、细颗粒物凝并技术

细颗粒物团聚促进技术主要有电聚并、湍流聚并、声聚并、磁聚并、热泳沉降聚并、光聚并和化学聚并等，国内外众多学者从各个方面对其进行研究，旨在了解超细颗粒物的形成机理及其聚并技术的原理，从而发现现今超细颗粒物聚并技术的发展空间及利用前景，提高对细颗粒物的去除效率。

1. 端流聚并技术

2002 年澳大利亚 Indigo 公司首次开发出商业颗粒物凝聚器，并进行了相关的原型实验。该凝聚技术包括双极静电凝聚（BEAP）和流动凝聚（FAP）两项，其中流动凝聚是基于强化流动使大小不同的粒子有选择性地混合，增强粗细粒子之间的物理作用，从而促使其相互碰撞，形成聚合的粒团，减少细粒子的数目。

双极荷电-湍流聚并装置如图 4-165 所示。

计算机数值模拟的结果表明，流速越大，颗粒受湍流影响越大，发生碰撞聚并的概率也就越大，大颗粒受湍流影响较小，小颗粒较容易受到湍流的影响，从而大小颗粒之间发生明显的相对运动，增大碰撞聚并概率。凝聚器内流速越大，产涡片越多，湍流越强烈，颗粒团聚效果越好，

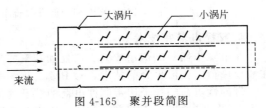

图 4-165　聚并段简图

但阻力也越大；当湍流强到一定程度后，聚并效果不再增加，甚至会有所降低。因此对于工程应用需要控制一定的压力损失。

湍流聚并技术是控制 PM$_{2.5}$ 排放的有效方法，适合大规模应用，但该技术在国内起步较晚，技术相对不够成熟，因而细颗粒物的湍流聚并技术在国内的大规模推广应用仍是任重道远。

2. 电凝并技术

电凝并是通过提高细颗粒物的荷电能力，促进细颗粒以电泳方式到达飞灰颗粒表面的数量，从而增强颗粒间的凝并效应。电凝并的效果取决于粒子的浓度、粒径、电荷的分布以及外电场的

强弱，不同粒子的不同运动速率和方向导致了细颗粒物间的碰撞和凝并。20 世纪 90 年代，Watanabe 等提出的同极性荷电粉尘在交变电场中凝并的三区式静电凝并除尘器引起了除尘领域的广泛关注。目前，电凝并研究主要可概括为 4 个方面：①异极性荷电粉尘在交变电场中的凝并；②同极性荷电粉尘在交变电场中的凝并；③异极性荷电粉尘在直流电场中的凝并；④异极性荷电粉尘的库仑凝并。其中，异极性荷电粉尘在交变电场中的凝并被认为是电凝并除尘技术的主要发展方向。

电凝并是一种可使细颗粒长大的重要预处理手段，在声、磁、电、热、化学等多种外场促进技术中，电凝并被认为是最为可行的方式，将其和现有电除尘器结合可望显著提高对细颗粒物的脱除效果，具有重要的工业应用前景。

澳大利亚 Indigo（因迪格）技术有限公司于 2002 年推出了 Indigo 凝聚器工业产品，至 2008 年 10 月，Indigo 凝聚器已经在澳大利亚、美国、中国等国家的 8 家电厂中使用，测试结果表明，$PM_{2.5}$、PM_{10} 排放可分别减少 80%、90% 以上。

3. 水汽相变技术

在利用外场作用促进 $PM_{2.5}$ 的脱除中，基于过饱和水汽在微粒表面凝结特性的水汽相变技术是一种重要手段。其促进细颗粒长大的机理是：在过饱和水汽环境中，水汽以细颗粒为凝结核发生相变，并同时产生热泳和扩散泳作用，促使细颗粒迁移运动，相互碰撞接触，使颗粒质量增加、粒度增大；特别适合于烟气中水汽含量较高的过程。技术原理如图 4-166 所示。该技术现已成功应用于某 $50 \times 10^4 m^3/h$ 规模的湿式氨法脱硫工业装置，可使 $PM_{2.5}$ 排放浓度降低 30%～50%。

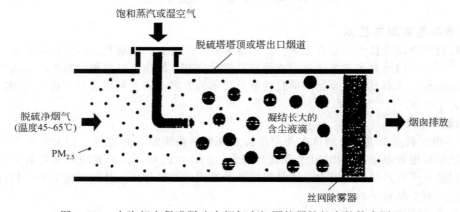

图 4-166　水汽相变促进脱硫净烟气中细颗粒凝结长大的技术原理

4. 双极电聚并技术

在电除尘器前的烟道或喇叭口处加装聚并装置，可使后面的电除尘器更易收尘，即在烟道中加装双极荷电扰流聚合的技术，对 $PM_{2.5}$ 及汞都有较好的收集作用。

带异性电荷的粒子比带同性电荷的粒子的凝并效果好，因此，双极荷电明显优于单极荷电。采用正极、接地极、负极交替布置，构成双极性荷电区，使异性电荷的尘粒得到凝并效果，这就是双极荷电凝并器，见图 4-167。

尽管粉尘经过双极荷电，有部分粉尘已经凝聚成大粒径颗粒，再通过改变气流的流向以使更多带相反极性电荷的粒子混合，从而促进粒子的凝聚。而当流体处于湍流形态时，创造涡旋就会促进颗粒凝并。涡旋数量越多，旋转强度越大，越能促进粒子的接触，提高粒子的凝并概率，从而大幅度提高聚并效率，亚微细粉尘排放可减少 80% 以上，$<2.5\mu m$ 的减少 70% 以上，粉尘排放浓度下降 30%。前置聚并器的电除尘器在美国、澳大利亚及中国香港（青山电厂 1 台 20 万千瓦机组）已有应用。我国有专家在 1 台 130t/h 锅炉上试验，排放浓度由 548mg/m^3 下降到 375mg/m^3，可降低排放浓度约 31%。我国一些大学和研究单位做过不少研究，并取得项目专

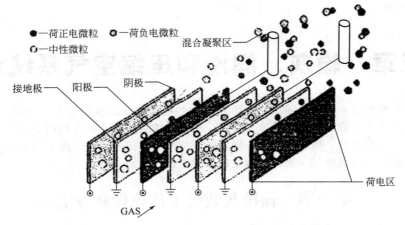

图 4-167 在烟道中加装双极荷电扰流聚合的技术

利，在一台 2t/h 锅炉上试验，获得排放浓度由 40mg/m³ 降到 20mg/m³ 的结果。2012 年国内某厂家已在一台 300MW 机组上实现了工程应用，排放浓度下降 32.59%，$PM_{2.5}$ 质量浓度下降 34.1%。

该技术的缺点：要有较长的烟道直管段；风速一般 12~15m/s 时，在氧化铝、氧化硅含量较高时存在磨损以及灰沉积等问题。

5. 声波团聚技术

声波团聚主要是利用高强度声场对不同大小颗粒夹带程度的不同，使大小不同的颗粒物发生相对运动进而提高它们的碰撞团聚速率，实现颗粒物团长大。通常，按所用声源频率及有无外加种子颗粒可分为 3 类：a. 低频声波团聚，主要以电声喇叭、汽笛等为声源，频率大多≤6kHz；b. 高频声波团聚，主要以压电陶瓷换能器为声源，频率≥10kHz；c. 双模态声波团聚，团聚室内加入一定浓度、适当大小（约几十微米）的种子颗粒，利用种子颗粒几乎不发生声波夹带与细颗粒的充分夹带，进而提高碰撞团聚效率。

有关声波团聚技术的研究已有较长历史，但目前声波团聚技术仍基本处于试验研究阶段，未见工业应用。

6. 化学团聚技术

化学团聚是一种通过添加团聚剂（吸附剂、黏结剂）促进细颗粒物脱除的预处理方法。根据化学团聚剂加入位置的不同，又可分为燃烧中化学团聚和燃后区化学团聚，其中燃烧后化学团聚的技术原理如图 4-168 所示。该技术是通过向烟气中喷入少量团聚促进剂，利用絮凝作用增加细颗粒之间的液桥力和固桥力，促使细颗粒物团聚长大，进而提高后续现有常规除尘设备的脱除效率，具有改造简单、投资运行费用较低等特点。该技术与在电除尘器入口烟道喷 NH_3、SO_3 等物质的烟气调质措施有些相似，但后者主要用以降低粉尘比电阻，无法促使细颗粒物团聚长大。

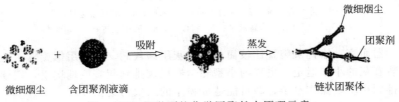

图 4-168 细微颗粒化学团聚长大原理示意

第五章　输灰、润滑和压缩空气系统设计

除尘器收集的粉尘，需要从除尘器排出并输送到适当的地点加以储存、回收、利用。因此，输排灰系统是除尘工程设计的一个环节，是大、中型除尘系统不可缺少的组成部分。输排灰系统包括排灰装置、输灰装置、储运装置等，润滑和压缩空气系统是风机、除尘器和输灰装置的辅助部分。输灰、润滑和压缩空气一般同除尘工程配套设计、安装、使用。

第一节　输排灰装置工作原理和分类

一、工作原理

如图 5-1 所示，输灰系统由卸灰阀、刮板输送机、斗式提升机、储灰罐、汽车等组成。除尘器各灰斗的粉尘首先分别经过卸灰阀排到刮板输送机上，如果有两排灰斗则由两个切出刮板输送机送到一个集合刮板机输送机上，并把灰卸到斗式提升机下部，粉尘经提升到一定高度后卸至储灰罐；储灰罐的粉尘积满(约 4/5 灰罐高度)后定时由吸尘车拉走，无吸尘车时，可由储灰罐直接把粉尘经卸灰阀卸到拉尘汽车上运走。为了避免粉尘飞扬可用加湿机把粉尘喷水后再卸到拉尘汽车上。

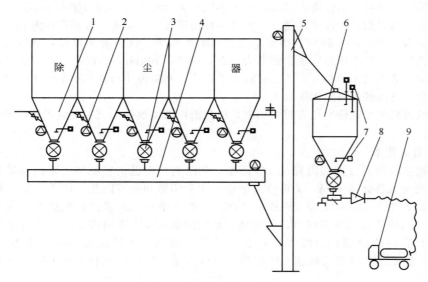

图 5-1　输排灰系统工作原理

1—除尘器灰斗；2—振打器；3—卸灰阀；4—刮板输送机；

5—斗式提升机；6—储灰罐；7—料位计；8—吸引装置；9—运尘车

对小型除尘器而言，输排灰装置比较简单。排灰用卸灰阀，输灰用螺旋输送机直接排到送灰小车，定时把装着灰的小车运走。也有的小型除尘器把灰排到灰袋或地坑里，定期进行清理；这种方法比把灰排到小车里操作复杂，并可能造成粉尘的二次污染。

除了粉尘的机械输送以外，气力输送系统也是输排灰的常用方式。其工作动力是高压风机吸引的强力气流；主要设备是卸灰阀、气力输送管道、储灰罐、气固分离装置及高压引风机等。

二、分类

1. 输排灰装置分类

按输送装置的动力，分为机械输送装置和气力输送装置。

按输灰装置的性能分为：a. 向下输送，如卸灰装置；b. 水平输送，如刮板输送机、皮带输送机、螺旋输送机；c. 向上输送，如斗式提升机。

按输送是否用水，分为干式输送装置和湿式输送装置。

2. 输排灰装置的性能

输排灰装置选用的原则主要是考虑除尘器的规模大小，依照除尘器的需要确定输排灰装置；其次是应注意避免粉尘在输送过程的飞扬；第三是输送装置简单，便于维护管理，故障少，作业率高。

各种输灰装置的性能见表 5-1。

表 5-1 各种输灰装置性能比较

序号	设备名称	气力输送	胶带输送机	螺旋输送机	埋刮板输送机	斗式提升机	车辆
1	积存灰	无	无	有	有	有	无
2	布置	自由	直线、曲线	直线	直线、曲线	直线	自由
3	维修量	较大	较小	较大	大	大	较小
4	输送量/（m³/h）	约 100	约 300	约 10	约 50	约 100	约 10
5	输送距离/m	10～250	1000	20	50	20	不限
6	输送高度/m	50	10	2	10	30	
7	粉尘量大粒度/mm	30	不限	＜10	＜10	＜30	
8	粉尘流动性	不限	不限	不适用砂状尘	不适用流动性尘	不限	不限
9	粉尘吸水性	不适用吸水性强的	不限	不适用含水大的	不限	不限	不限

第二节 粉尘的机械输送

粉尘的机械输送装置包括卸灰阀、螺旋输送机、刮板输送机、斗式提升机、皮带运输机和拉尘用罐式汽车等；对小型除尘器还有装尘口袋和手推运尘车等。本节主要介绍大、中型除尘器用的机械输排灰装置。

一、排尘装置

1. 排灰装置的选用原则

① 除尘器的排灰装置应能顺利地排出粉尘，并保持较好的气密性，以免漏风导致净化效率的降低。

② 选择排灰装置时需了解排出粉尘的状态（干粉状或泥浆状）、排灰制度（间歇或连续）、粉尘性质、排尘量和除尘器排尘口处的压力状况等。

③ 排灰装置的上方需有一定高度的灰柱，以形成灰封，保证除尘器排尘口处的气密性。灰封高度可按式（5-1）计算：

$$H = \frac{0.1\Delta p}{r} + 100 \tag{5-1}$$

式中，H 为灰柱高度，mm；Δp 为除尘器内排尘口处与大气之间的压差（绝对值），Pa；r 为粉尘的堆积密度，g/cm³。

④ 排灰装置的排尘量应小于运输设备的能力。当采用搅拌或混合设备加湿除尘器排出的干粉尘时，要选用能均匀定量给料的卸尘装置，如回转卸尘阀、螺旋卸尘阀等。

⑤ 靠杠杆原理工作的卸尘装置，如闪动卸尘阀、翻板卸尘阀等应垂直安装，并注意适时调节。

2. 干式卸灰阀

（1）圆锥式卸尘阀 圆锥式卸尘阀是靠杠杆原理卸尘，不需要动力，能保证一定高度的灰封，见图 5-2 和表 5-2。

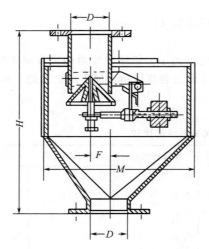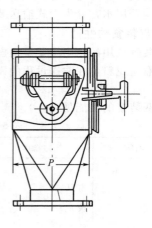

图 5-2 圆锥式卸尘阀

表 5-2 圆锥式卸尘阀性能尺寸

尺寸/mm 型 号	卸尘量/(kg/h)	质量/kg	尺寸/mm				
			D	H	F	M	P
$D70$	40～800	16.61	70	450	30	340	160
$D100$	75～1500	20.63	100	470	40	380	210
$D150$	175～3500	30.20	150	600	50	490	270
$D200$	300～6300	50.75	200	690	75	600	330

（2）舌板式卸尘阀 舌板式卸尘阀的外形尺寸见图 5-3、表 5-3。这种阀要求加工细致以保证严密性。

表 5-3 舌板式卸尘阀规格

尺寸/mm 型 号	H	H_1	H_2	H_3	A	A_1	B	B_1	E_1	E_2	E_3	质量/kg
$DN50$	550	250	50	230	120	200	160	170	240	350	30	11.5
$DN100$	600	250	35	270	150	250	180	200	280	440	40	19.21
$DN150$	750	250	80	325	200	300	240	260	390	530	40	35.94
$DN200$	900	300	80	330	270	370	320	340	550	650	40	64.6

（3）螺旋卸尘阀 螺旋卸尘阀的外形及尺寸见图 5-4。

主要技术参数：规格 $D150mm$；卸尘量 2t/h；电机容量 0.6kW。

（4）星形卸灰阀 星形卸灰阀是由电机通过减速器带动主轴和叶轮旋转，使粉料或粉尘连续、均匀地排出。装置具有体积小、质量轻、能力大、维修操作方便等特点。该型阀分为 YJD 和 YJD-B 两种系列，其主要性能见表 5-4。

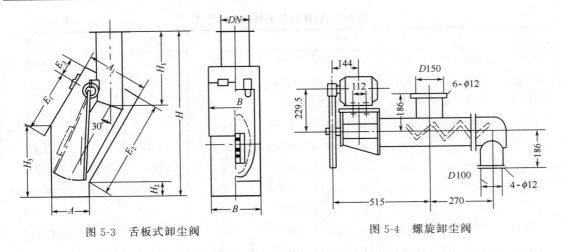

图 5-3 舌板式卸尘阀　　　　　　　图 5-4 螺旋卸尘阀

表 5-4 YJD、YJD-B 系列星形卸灰装置技术性能

型 号	处理能力 /(L/min)	转速 /(r/min)	电机		工作温度/℃	物料	备注
			功率/kW	型号			
YJD、YJD-B2	2	24	0.55	配 Y 系列	≤80	各种松散	
YJD、YJD-B4	4	24	0.55	电机	≤80	非黏性的干	
YJD、YJD-B6	6	24	0.55		≤80	燥物料	
YJD、YJD-B8	8	24	0.75		≤80		
YJD、YJD-B10	10	33	1.1		≤80		
YJD、YJD-B12	12	33	1.1		≤80		
YJD、YJD-B14	14	33	1.1		≤80		
YJD、YJD-B16	16	33	1.5		≤80		
YJD、YJD-B18	18	41	1.5		≤80		
YJD、YJD-B20	20	41	1.5		≤80		
YJD、YJD-B26	26	41	2.2		≤80		
YJD、YJD-B30	30	41	3		≤80		

　　YJD 系列星形卸灰阀的进出料口为方形，阀的外形及尺寸见图 5-5 及表 5-5；YJD-B 系列为星形进出料口，其外形及尺寸见图 5-6 及表 5-6。

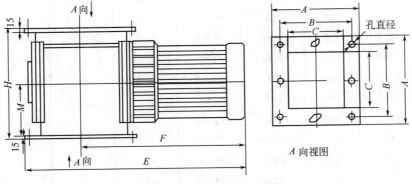

图 5-5 YJD 系列星形卸灰阀

表 5-5　YJD 系列星形卸灰阀尺寸　　　　　　　单位：mm

型号	A	B	C×C	E	F	M	H	孔直径
YJD-2	240×240	200	150×150	490	370	122.5	225	8～φ9
YJD-4	260×260	230	180×180	约530	410	140	280	8～φ11
YJD-6	280×280	250	200×200	约550	430	150	300	8～φ11
YJD-8	300×300	270	220×220	约580	450	160	320	8～φ11
YJD-10	320×320	290	240×240	约600	470	170	340	8～φ13
YJD-12	340×340	310	260×260	约620	490	180	360	8～φ13
YJD-14	360×360	330	280×280	约640	520	190	380	8～φ17
YJD-16	380×380	350	300×300	约670	540	200	400	8～φ17
YJD-18	400×400	370	320×320	约690	560	220	440	8～φ17
YJD-20	420×420	390	340×340	约710	580	230	480	8～φ17
YJD-26	480×480	450	400×400	约770	640	260	520	8～φ17
YJD-30	520×520	490	440×440	820	690	280	560	8～φ17

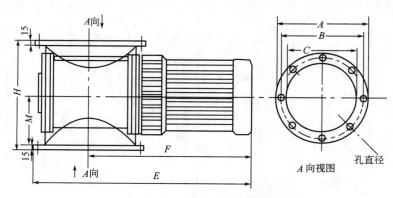

图 5-6　YJD-B 系列星形卸灰阀

表 5-6　YJD-B 系列星形卸灰阀尺寸　　　　　　　单位：mm

型号	A	B	C	E	F	M	H	孔直径
YJD-B2	φ240	200	φ150	约490	370	122.5	225	8φ9
YJD-B4	φ260	220	φ180	约530	410	140	280	8φ11
YJD-B6	φ300	260	φ200	约550	430	150	300	8φ11
YJD-B8	φ320	280	φ220	约580	450	160	320	8φ11
YJD-B10	φ340	300	φ240	约600	470	170	340	8φ13
YJD-B10	φ360	320	φ260	约620	490	180	360	8φ13
YJD-B14	φ380	340	φ280	约640	520	190	380	8φ17
YJD-B16	φ400	360	φ300	约670	540	200	400	8φ17
YJD-B18	φ420	380	φ320	约690	560	220	440	8φ17
YJD-B20	φ440	400	φ340	约710	580	230	460	8φ17
YJD-B26	φ500	460	φ400	约770	640	260	520	8φ17
YJD-B30	φ540	500	φ440	约820	690	280	560	8φ17

（5）双翻板卸灰阀　双翻板卸灰阀用于中、小型除尘器，它是机械式除尘器灰斗锁气、卸灰装置，在水泥工业也是各种磨机、烘干机、料仓、筒库和闭式输送系统的锁气、卸灰装置。该阀为物料在重力作用下交替开闭自卸、重锤自动复位机构，具有转动平稳、节能、卸灰量可调、卸灰锁气可靠的性能。有单门、双门两种结构，前者密封性能较好；后者卸灰量较大。其外形见图5-7，外形尺寸见表5-7。

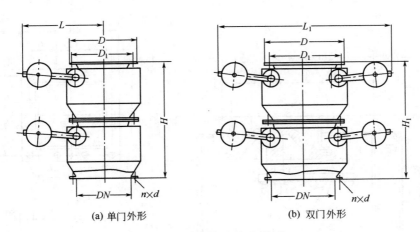

(a) 单门外形　　　　　　　　　(b) 双门外形

图 5-7　双翻板卸灰阀外形

表 5-7　双翻板卸灰阀外形尺寸　　　　　　　　　单位：mm

DN	D_1	D	H	H_1	L	L_1	$n \times d$
150	196	226	460		460		$6 \times \phi 11$
200	245	280	580		500		$8 \times \phi 11$
220	265	300	580		520		$12 \times \phi 11$
250	300	340	580		560		$12 \times \phi 11$
300	350	390	620		600		$12 \times \phi 13$
320	370	410	700		620		$12 \times \phi 13$
400	450	490	800	660	815	1630	$12 \times \phi 13$
450	500	540	800	740	840	1680	$12 \times \phi 13$
500	560	600	950	800	870	1740	$12 \times \phi 13$
600	660	700		800		1920	$16 \times \phi 13$
720	780	820		1060		2220	$16 \times \phi 13$
800	870	920		1150		2520	$16 \times \phi 18$
1000	1080	1140		1450		2940	$20 \times \phi 18$

（6）双层卸灰阀　双层卸灰阀是用于大、中型除尘器的卸灰装置，双层卸灰阀的设计形式有多种，具有代表性的形式有3种，即把阀板设计成板式、锥形和球形，其他部分类似。双层卸灰阀卸灰稳定、气密性好，应用广泛。其构造特点如下：a.构造比较简单，维修管理方便；b.阀板的动作可以用气缸推动，也可以用电动推杆推动，因此，容易实现自动控制，提高工作效率，保证除尘器良好运行；c.双层阀板交替动作，能达到理想的密封效果。

双层卸灰阀的性能参数如下：a. 卸灰量 1～3t/h，适用温度小于 120℃，泄漏率小于 1%；b. 配用气缸工作压力 0.4～0.5MPa，耗气量 0.015m³/min，气缸行程 100～160mm；c. 图 5-8 是锥形阀板双层卸灰阀，图 5-9 是平面阀板双层卸灰阀（摘自北京中冶环保科技公司样本）。

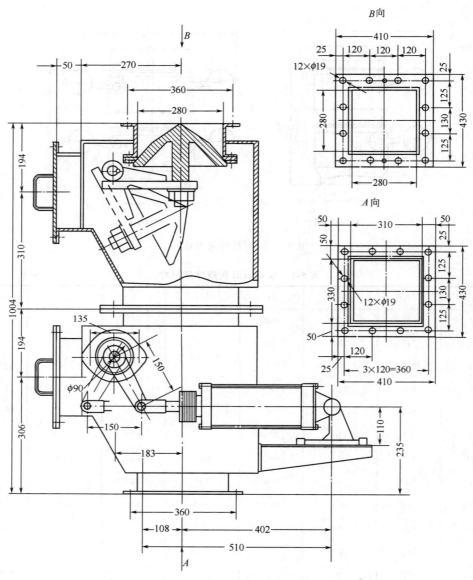

图 5-8　锥形阀板双层卸灰阀

3. 湿式排浆阀

（1）水封排浆阀

① D120 水封排浆阀。D120 水封排浆阀的结构比较简单，使用中应避免水封底部积尘。阀的质量为 38kg，阀的外形尺寸见图 5-10。

② D164 水封排浆阀。D164 水封排浆阀是靠杠杆作用自动排浆，并保持一定的水封高度。阀的质量为 15.6kg，阀的外形尺寸见图 5-11。

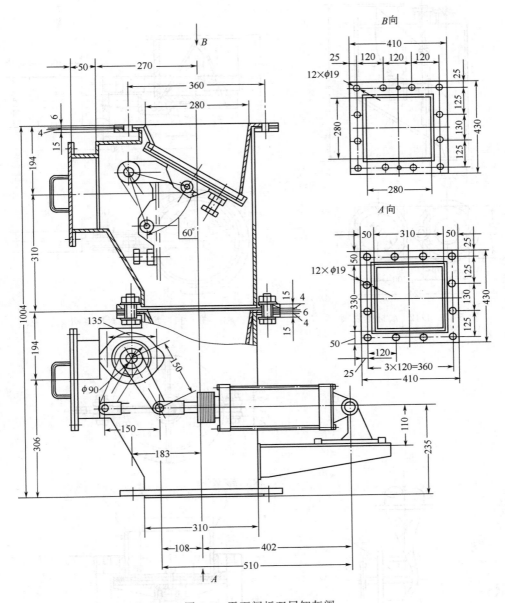

图 5-9　平面阀板双层卸灰阀

（2）对夹式排浆阀　对夹式排浆阀不易堵塞，排浆量可随意调节，结构简单。阀的外形示意见图 5-12。这种排浆阀常用于湿式除尘器排浆之用。

（3）灰浆快放阀配用卧式旋风水膜除尘器，$\phi150\text{mm}$ 配用 1～6 型号，$\phi200\text{mm}$ 配用 7～11 型号。也适用于其他湿式除尘器的灰浆排放。其主要尺寸见图 5-13 和表 5-8。

二、螺旋输送机

1. 选用注意事项

① 螺旋输送机适用于水平或倾斜度小于 20°情况下输送粉状或粒状物料，不适用于输送温度高、黏性或腐蚀性强的物料，也不适合输送砂状物料，如氧化铝料等。

② 输送物料的温度应小于 200℃，环境温度为−20～50℃。

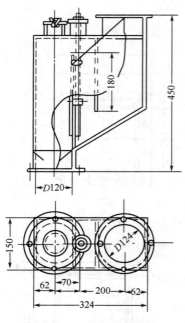

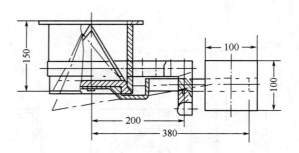

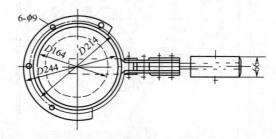

图 5-10　D120 水封排浆阀

图 5-11　D164 水封排浆阀

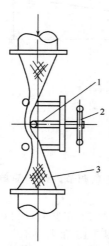

图 5-12　对夹式排浆阀
1—压杆；2—手轮；3—胶管

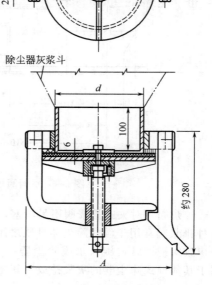

图 5-13　灰浆快放阀

表 5-8　灰浆快放阀主要尺寸

型　　号	所配用除尘器型号	d/mm	A/mm	质量/kg
$\phi150$	1～6	150	290	12
$\phi200$	7～11	200	340	15

③ 螺旋输送机长度由 3m 起，中间段为每隔 0.5～5m 为一级，直到 50m。但为使用可靠起见，螺旋输送机长度不宜超过 15m。

④ 设计时应将驱动装置及出料口装在头节（有止推轴承）处，使螺旋轴处于受拉状态较为有利。

⑤ 螺旋输送机输送物料量通常小于 $10m^3/h$。

2. 螺旋输送机计算

（1）螺旋直径 输送的物料无强烈黏性时，螺旋直径可按式（5-2）计算：

$$D = K\sqrt[2.5]{\frac{Q}{\Psi\rho C}} \tag{5-2}$$

式中，D 为螺旋直径，m；K 为物料综合特性的系数，按表 5-9 取值；Q 为输送量，t/h；Ψ 为物料的充填系数，按表 5-9 取值；ρ 为物料的堆积密度，t/m^3，按表 1-1、表 1-2 选取；C 为螺旋输送机倾斜安装时输送量的校正系数，按表 5-10 取值。

（2）螺旋输送机转速 为防止物料受切向力过大而被抛起影响物料的输送，选用螺旋输送机时，应控制螺旋轴的极限转速。极限转速可按式（5-3）计算：

$$n = \frac{A}{\sqrt{D}} \tag{5-3}$$

式中，n 为螺旋输送机转速，r/min；A 为物料综合特性系数，按表 5-9 取值。

表 5-9 物料的充填系数及综合特性系数

物料粒度	物料的磨琢性	物料名称	推荐充填系数 Ψ	推荐螺旋面形式	K	A
粉状	无(半)磨琢性	石灰、石墨	0.35～0.40	实体螺旋面	0.0415	75
粉状	磨琢性	水泥	0.25～0.30	实体螺旋面	0.0565	35
粉状	无(半)磨琢性	泥煤	0.25～0.35	实体螺旋面	0.0490	50
粉状	磨琢性	炉渣、型砂、砂	0.25～0.30	实体螺旋面	0.0600	30
<60mm	无(半)磨琢性	煤、石灰石	0.25～0.30	实体螺旋面	0.0537	40
<60mm	磨琢性	卵石、砂岩、干炉渣	0.20～0.25	实体螺旋面或带式螺旋面	0.0645	25
>60mm	无(半)磨琢性	块煤、块状石灰	0.20～0.25	实体螺旋面或带式螺旋面	0.0600	30
>60mm	磨琢性	干黏土、焦炭	0.125～0.2	实体螺旋面或带式螺旋面	0.0795	15

表 5-10 螺旋输送机倾斜安装时输送量校正系数

倾斜角 $\beta/(°)$	0	≤5	≤10	≤15	≤20
C	1.0	0.9	0.8	0.7	0.65

按上式求得的螺旋转速应小于从表 5-11 中选择的标准转速。

表 5-11 GX 型螺旋输送机螺旋轴转速系列 单位：r/min

20	30	35	45	60	75	90	120	150	190

按选定的标准螺旋直径和转速用下式校正其 Ψ 值，计算的 Ψ 值应在表 5-9 推荐的范围内。

$$\Psi = \frac{Q}{47D^2 n\rho CS} \tag{5-4}$$

式中，Ψ 为充填系数；S 为螺距，m，S 制法，$S = 0.8D$；D 制法，$S = D$。

圆整后计算的 Ψ 值允许低于表 5-9 所列数值的下限，但不得高于表列数值的上限。

（3）螺旋输送机的轴功率 螺旋机轴上所需的功率可按下式决定：

$$P_0 = k\frac{Q}{367}(\omega_0 L \pm H) \tag{5-5}$$

式中，P_0 为轴功率，kW；k 为功率备用系数，可取 1.2～1.4；ω_0 为物料阻力系数，按表 5-12 取值；L 为螺旋输送机水平投影长度，m，见图 5-14；H 为螺旋输送机垂直投影高度，m，见图 5-14，向上输送时取正值，向下输送时取负值。

表 5-12　物料阻力系数 ω_0 值

物料特性	物料名称举例	ω_0
无磨琢性,干的	煤粉	1.2
无磨琢性,湿的	石英粉	1.5
半磨琢性	块煤	2.5
磨琢性	砂、水泥、焦炭	3.2
强烈磨琢性	炉灰、石灰、矿砂	4.0

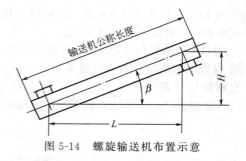

图 5-14　螺旋输送机布置示意

（4）螺旋输送机驱动装置的额定功率　螺旋机驱动装置的额定功率按下式确定：

$$P = \frac{P_0}{\eta} \tag{5-6}$$

式中，P 为驱动装置额定功率，kW；η 为驱动装置总效率，与减速机直联时 $\eta=0.94$。上述计算结果应满足下列两式要求：

$$\frac{P_0}{n} \leqslant \left[\frac{p}{n}\right] \tag{5-7}$$

$$F_0 \leqslant [F] \tag{5-8}$$

式中，$\left[\dfrac{p}{n}\right]$ 为螺旋输送机的许用功率转速比，kW/(r/min)，见表 5-13；F_0 为螺旋输送机与驱动装置用皮带、链条等传动时，作用于螺旋轴端上的总作用力，kN，采用联轴节时不验算 F_0 值；$[F]$ 为螺旋输送机的许用悬臂载荷，见表 5-13。

表 5-13　许用功率转速比及许用悬臂载荷

螺旋直径/mm	150	200	250	300	400	500	600
$\left[\dfrac{p}{n}\right]$/[kW/(r/min)]	0.013	0.030	0.060	0.100	0.250	0.480	0.850
$[F]$/kN	2.10	3.70	5.80	8.00	15.00	24.00	35.00

表 5-14 列出 YJ、YZ 型驱动装置在不同的转速下所能发出的最大功率数值。根据计算求出的 ρ 及 n，从表中求得所需的驱动装置型号。选用驱动装置时，在可能条件下应选择最小的减速器和最小的电动机。

表 5-14　YJ、YZ 型驱动装置传递的最大功率　　　　　单位：kW

驱动装置型号 \ 输出轴转速/(r/min)	20	30	35	45	60	75	90	120	150	190
YJ2125	0.55	0.80	0.95	1.10	1.10	1.10	1.10	1.10	1.10	1.10
YJ2225	0.55	0.80	0.95	1.35	1.50	1.50	1.50	1.50	1.50	1.50
YJ3125	0.55	0.80	0.95	1.35	1.80	2.00	2.20	2.20	2.20	2.20
YJ3225	0.55	0.80	0.95	1.35	1.80	2.00	3.00	3.00	3.00	3.00
YJ3135	1.25	1.90	2.20	2.20	2.20	2.20	2.20	2.20	2.20	2.20
YJ3235	1.25	1.90	2.30	3.00	3.00	3.00	3.00	3.00	3.00	3.00
YJ4135	1.25	1.90	2.30	3.00	4.00	4.00	4.00	4.00	4.00	4.00
YJ4235	1.25	1.90	2.30	3.00	4.10	4.60	5.50	5.50	5.50	5.50
YJ5135	1.25	1.90	2.30	3.00	4.10	4.60	6.90	7.50	7.50	7.50
YJ5235	1.25	1.90	2.30	3.00	4.10	4.60	6.90	8.50	9.50	10.00
YJ4140	2.50	2.70	4.00	4.00	4.00	4.00	4.00	4.00	4.00	4.00

续表

驱动装置型号 ＼ 输出轴转速/(r/min)	20	30	35	45	60	75	90	120	150	190
YJ4240	2.50	2.70	4.50	5.50	5.50	5.50	5.50	5.50	5.50	5.50
YJ5140	2.50	2.70	4.50	6.20	7.50	7.50	7.50	7.50	7.50	7.50
YJ5240	2.50	2.70	4.50	6.20	8.50	10.00	10.00	10.00	10.00	10.00
YJ6140	2.50	2.70	4.50	6.20	8.50	9.70	12.70	13.00	13.00	13.00
YJ6240	2.50	2.70	4.50	6.20	8.50	9.70	12.70	16.10	17.00	17.00
YJ4150	3.00	4.00	4.00	4.00	4.00	4.00	4.00	4.00	4.00	4.00
YJ4250	4.00	5.50	5.50	5.50	5.50	5.50	5.50	5.50	5.50	5.50
YJ5150	4.30	6.40	7.50	7.50	7.50	7.50	7.50	7.50	7.50	7.50
YJ5250	4.30	6.40	7.80	10.00	10.00	10.00	10.00	10.00	10.00	10.00
YJ6150	4.30	6.40	7.80	10.80	13.00	13.00	13.00	13.00	13.00	13.00
YJ6250	4.30	6.40	7.80	10.80	14.60	16.60	17.00	17.00	17.00	17.00
YJ7150	4.30	6.40	7.80	10.80	14.60	16.60	22.00	22.00	2.00	22.00
YJ7250	4.30	6.40	7.80	10.80	14.60	16.60	23.00	26.00	30.00	30.00
YJ5165	5.50	7.50	7.50	7.50	7.50	7.50	7.50	7.50	7.50	7.50
YJ5265	7.50	10.00	10.00	10.00	10.00	10.00	10.00	10.00	10.00	10.00
YJ6165	10.00	13.00	13.00	13.00	13.00	13.00	13.00	13.00	13.00	13.00
YJ6265	10.00	15.20	17.00	17.00	17.00	17.00	17.00	17.00	17.00	17.00
YJ7165	10.10	15.20	18.40	22.00	22.00	22.00	22.00	22.00	22.00	22.00
YJ7265	10.10	15.20	18.40	25.20	30.00	30.00	30.00	30.00	30.00	30.00
YJ8165	10.10	15.20	18.40	25.50	34.50	39.50	40.00	40.00	40.00	40.00
YJ8265	10.10	15.20	18.40	25.50	34.50	39.50	50.00	55.00	55.00	55.00
YJ7175	14.50	21.50	22.00	22.00	22.00	22.00	22.00	22.00	22.00	22.00
YJ7275	14.50	21.50	26.50	30.00	30.00	30.00	30.00	30.00	30.00	30.00
YJ3175	14.50	21.50	26.50	36.50	40.00	40.00	40.00	40.00	40.00	40.00
YJ3275	14.50	21.50	26.50	36.50	49.00	55.00	55.00	55.00	55.00	55.00
YJ7185	17.00	22.00	22.00	22.00	22.00	22.00	22.00	22.00	22.00	22.00
YJ7285	21.30	29.60	30.00	30.00	30.00	30.00	30.00	30.00	30.00	30.00
YJ9185	21.30	29.60	35.50	50.00	68.00	70.00	75.00	75.00	75.00	75.00
YJ9285	21.30	29.60	35.50	50.00	68.00	70.00	98.00	100.00	100.00	100.00
YZ2225	1.10	1.50	1.50	1.50	1.50	1.50	1.50	1.50	1.50	1.50
YZ3125	1.25	1.90	2.20	2.20	2.20	2.20	2.20	2.20	2.20	2.20
YZ3225	1.25	1.90	2.30	3.00	3.00	3.00	3.00	3.00	3.00	3.00
YZ4125	1.25	1.90	2.30	3.00	4.00	4.00	4.00	4.00	4.00	4.00
YZ3235	2.20	2.70	3.00	3.00	3.00	3.00	3.00	3.00	3.00	3.00
YZ4135	2.50	2.70	4.00	4.00	4.00	4.00	4.00	4.00	4.00	4.00
YZ4235	2.50	2.70	4.50	5.50	5.50	5.50	5.50	5.50	5.50	5.50
YZ5135	2.50	2.70	4.50	6.20	7.50	7.50	7.50	7.50	7.50	7.50
YZ5235	2.50	2.70	4.50	6.20	8.50	9.70	10.00	10.00	10.00	10.00
YZ4240	4.00	5.50	5.50	5.50	5.50	5.50	5.50	5.50	5.50	5.50
YZ5140	4.30	6.40	7.50	7.50	7.50	7.50	7.50	7.50	7.50	7.50

续表

驱动装置型号 \ 输出轴转速/(r/min)	20	30	35	45	60	75	90	120	150	190
YZ5240	4.30	6.40	7.80	10.00	10.00	10.00	10.00	10.00	10.00	10.00
YZ6140	4.30	6.40	7.80	10.80	13.00	13.00	13.00	13.00	13.00	13.00
YZ6240	4.30	6.40	7.80	10.80	14.60	16.60	17.00	17.00	17.00	17.00
YZ5150	5.50	7.50	7.50	7.50	7.50	7.50	7.50	7.50	7.50	7.50
YZ5250	7.50	10.00	10.00	10.00	10.00	10.00	10.00	10.00	10.00	10.00
YZ6150	10.00	13.00	13.00	13.00	13.00	13.00	13.00	13.00	13.00	13.00
YZ6250	10.10	15.20	17.00	17.00	17.00	17.00	17.00	17.00	17.00	17.00
YZ7150	10.10	15.20	18.40	22.00	22.00	22.00	22.00	22.00	22.00	22.00
YZ7250	10.10	15.20	18.40	25.50	30.00	30.00	30.00	30.00	30.00	30.00
YZ8150	10.10	15.20	18.40	25.50	34.50	40.00	40.00	40.00	40.00	40.00
YZ6265	13.00	17.00	17.00	17.00	17.00	17.00	17.00	17.00	17.00	17.00
YZ7165	14.50	21.50	22.00	22.00	22.00	22.00	22.00	22.00	22.00	22.00
YZ7265	14.50	21.50	26.50	30.00	30.00	30.00	30.00	30.00	30.00	30.00
YZ8165	14.50	21.50	26.50	36.50	40.00	40.00	40.00	40.00	40.00	40.00
YZ8265	14.50	21.50	26.50	36.50	49.00	55.00	55.00	55.00	55.00	55.00
YZ7275	21.30	29.60	30.00	30.00	30.00	30.00	3000	30.00	30.00	30.00
YZ9175	21.30	29.60	35.50	50.00	68.00	70.00	75.00	75.00	75.00	75.00
YZ9285	34.50	51.50	62.00	87.00	100.00	100.00	100.00	100.00	100.00	100.00

3. GX 型螺旋输送机

GX 型螺旋输送机外形及尺寸见图 5-15 及表 5-15，各种直径的螺旋输送机长度组合见表 5-16～表 5-18。各螺旋节的质量见表 5-19。YJ、YZ 型驱动装置装配形式见图 5-16，外形尺寸见表 5-20；电机的同步转速和减速机的安装形式见表 5-21。

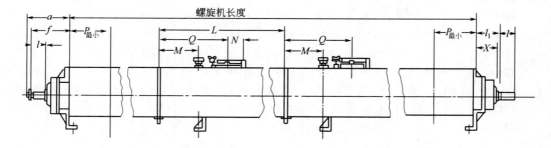

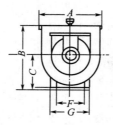

图 5-15　GX 型螺旋输送机外形图

表 5-15 GX 型螺旋输送机外形尺寸 单位：mm

螺旋输送机直径	A	B	C	F	G	M	N	Q	p	X	a	f	l	l_1
150	272	281	140	110	160	100	70	250	190	102	175	165	60	135
200	342	344	180	140	200	200	100	350	220	123	205	195	80	155
250	392	414	220	200	260	200	100	400	270	125	237	225	100	155
300	468	497	270	240	320	200	155	450	300	130	264	250	120	160
400	572	627	340	320	400	300	155	600	350	145	325	310	160	180
500	706	747	400	400	500	300	215	650	450	165	393	375	200	205
600	806	897	500	500	600	300	215	650	550	170	433	415	240	205

表 5-16 φ150mm 螺旋输送机长度组合

螺旋输送机长度/m	头节 $L=2m$	中间节 $L=2m$	中间节 $L=1.5m$	中间节 $L=1m$	尾节 $L=2m$	螺旋输送机长度/m	头节 $L=2m$	中间节 $L=2m$	中间节 $L=1.5m$	中间节 $L=1m$	尾节 $L=2m$
4	1				1	13	1	4		1	1
5	1			1	1	13.5	1	4	1		1
5.5	1		1		1	14	1	5			1
6	1	1			1	14.5	1	4	1	1	1
7	1	1		1	1	15	1	5		1	1
7.5	1	1	1		1	15.5	1	5	1		1
8	1	2			1	16	1	6			1
8.5	1	1	1	1	1	16.5	1	5	1	1	1
9	1	2		1	1	17	1	6		1	1
9.5	1	2	1		1	17.5	1	6	1		1
10	1	3			1	18	1	7			1
10.5	1	2	1	1	1	18.5	1	6	1	1	1
11	1	3		1	1	19	1	7		1	1
11.5	1	3	1		1	19.5	1	7	1		1
12	1	4			1	20	1	8			1
12.5	1	3	1	1	1						

表 5-17 φ200mm、φ250mm、φ300mm 螺旋输送机长度组合

螺旋输送机长度/m	头节 $L=2.5m$	中间节 $L=2.5m$	中间节 $L=2m$	中间节 $L=1.5m$	尾节 $L=2.5m$	螺旋输送机长度/m	头节 $L=2.5m$	中间节 $L=2.5m$	中间节 $L=2m$	中间节 $L=1.5m$	尾节 $L=2.5m$
5	1				1	14	1	3		1	1
6.5	1			1	1	14.5	1	3	1		1
7	1		1		1	15	1	4			1
7.5	1	1			1	15.5	1	3		2	1
9	1	1		1	1	16	1	3	1	1	1
9.5	1	1	1		1	16.5	1	4		1	1
10	1	2			1	17	1	4	1		1
10.5	1	1		2	1	17.5	1	5			1
11	1	1	1	1	1	18	1	4		2	1
11.5	1	2		1	1	18.5	1	4	1	1	1
12	1	2	1		1	19	1	5			1
12.5	1	3			1	19.5	1	5	1		1
13	1	2		2	1	20	1	6			1
13.5	1	2	1	1	1	20.5	1	5		2	1

续表

螺旋输送机长度/m	头节 $L=2.5$m	中间节 $L=2.5$m	中间节 $L=2$m	中间节 $L=1.5$m	尾节 $L=2.5$m	螺旋输送机长度/m	头节 $L=2.5$m	中间节 $L=2.5$m	中间节 $L=2$m	中间节 $L=1.5$m	尾节 $L=2.5$m
21	1	5	1	1	1	26	1	7	1	1	1
21.5	1	6		1	1	26.5	1	8		1	1
22	1	6	1		1	27	1	8	1		1
22.5	1	7			1	27.5	1	9			1
23	1	6		2	1	28	1	8		2	1
23.5	1	6	1	1	1	28.5	1	8	1	1	1
24	1	7		1	1	29	1	9		1	1
24.5	1	7	1		1	29.5	1	9	1		1
25	1	8			1	30	1	10			1
25.5	1	7		2	1						

表 5-18 ϕ400mm、ϕ500mm、ϕ600mm 螺旋输送机长度组合

螺旋输送机长度/m	头节 $L=3$m	中间节 $L=3$m	中间节 $L=2$m	中间节 $L=1.5$m	尾节 $L=3$m	螺旋输送机长度/m	头节 $L=3$m	中间节 $L=3$m	中间节 $L=2$m	中间节 $L=1.5$m	尾节 $L=3$m
6	1				1	24	1	6			1
7.5	1			1	1	24.5	1	5	1	1	1
8	1		1		1	25	1	5	2		1
9	1	1			1	25.5	1	6		1	1
9.5	1		1	1	1	26	1	6	1		1
10	1		2		1	26.5	1	5	2	1	1
10.5	1	1		1	1	27	1	7			1
11	1	1	1		1	27.5	1	6	1	1	1
11.5	1		2	1	1	28	1	6	2		1
12	1	2			1	28.5	1	7		1	1
12.5	1	1	1	1	1	29	1	7	1		1
13	1	1	2		1	29.5	1	6	2	1	1
13.5	1	2		1	1	30	1	8			1
14	1	2	1		1	30.5	1	7	1	1	1
14.5	1	1	2	1	1	31	1	7	2		1
15	1	3			1	31.5	1	8		1	1
15.5	1	2	1	1	1	32	1	8	1		1
16	1	2	2		1	32.5	1	7	2	1	1
16.5	1	3		1	1	33	1	9			1
17	1	3	1	1	1	33.5	1	8	1	1	1
17.5	1	2	2		1	34	1	8	2		1
18	1	4		1	1	34.5	1	9		1	1
18.5	1	3	1		1	35	1	9	1		1
19	1	3	2	1	1	35.5	1	8	2	1	1
19.5	1	4			1	36	1	10			1
20	1	4	1		1	36.5	1	9	1	1	1
20.5	1	3	2		1	37	1	9	2		1
21	1	5		1	1	37.5	1	10		1	1
21.5	1	4	1		1	38	1	10	1		1
22	1	4	2	1	1	38.5	1	9	2	1	1
22.5	1	5		1	1	39	1	11			1
23	1	5	1	1	1	39.5	1	10		1	1
23.5	1	4	2		1	40	1	10	2		1

表 5-19　各螺旋节的质量

螺旋直径/mm	名称		质量/kg		螺旋直径/mm	名称		质量/kg	
			S 制法	D 制法				S 制法	D 制法
150	头节	L=2000	87.3	87.5	300	尾节	L=2500	281.0	269.6
		L=1500	72.4	72.7			L=2000	243.0	235.6
	中间节	L=2000	68.3	68.1			L=1500	205.6	199.5
		L=1500	52.5	53.3	400	头节	L=3000	507.2	485.3
		L=1000	37.5	37.9			L=2000	404.6	398.6
	尾节	L=2000	87.1	87.2			L=1500	353.5	345.6
		L=1500	71.8	71.9		中间节	L=3000	345.7	335.8
200	头节	L=2500	142.7	142.1			L=2000	249.2	240.8
		L=2000	122.9	121.8			L=1500	204.0	196.1
		L=1500	103.2	102.6		尾节	L=3000	463.1	449.2
	中间节	L=2500	111.4	110.8			L=2000	366.6	358.6
		L=2000	91.6	90.4			L=1500	315.5	313.5
		L=1500	73.7	71.3	500	头节	L=3000	717.1	675.5
	尾节	L=2500	140.9	139.8			L=2000	577.5	554.4
		L=2000	120.1	119.6			L=1500	510.3	489.4
		L=1500	100.4	100.4		中间节	L=3000	511	470.2
250	头节	L=2500	195.1	185.7			L=2000	372.1	349.0
		L=2000	166.5	160.0			L=1500	304.9	284.0
		L=1500	142.7	136.6		尾节	L=3000	660.3	634.9
	中间节	L=2500	155.3	145.8			L=2000	534.6	513.7
		L=2000	126.7	120.1			L=1500	467.4	448.8
		L=1500	102.9	196.7	600	头节	L=3000	914.9	864.8
	尾节	L=2500	187.9	180.9			L=2000	758.4	720.8
		L=2000	159.3	155.2			L=1500	677.0	656.7
		L=1500	135.3	131.6		中间节	L=3000	625.1	575.0
300	头节	L=2500	288.7	275.9			L=2000	468.5	441.9
		L=2000	250.8	239.3			L=1500	386.9	366.7
		L=1500	209.4	202.8		尾节	L=3000	839.6	796.1
	中间节	L=2500	227.9	212.1			L=2000	682.9	663.3
		L=2000	186.3	178.4			L=1500	601.6	587.9
		L=1500	148.7	142.1					

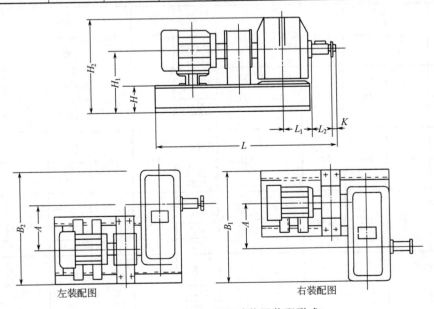

左装配图　　　右装配图

图 5-16　YJ、YZ 型驱动装置装配形式

表 5-20　YJ、YZ 型驱动装置外形尺寸

驱动装置型号	A	H	H_1	H_2	K	L	L_1	L_2	B_1	B_2	质量/kg
YJ2125	250	120	280	432	14.5	826.5	135	35	622	622	197.4
YJ2225											202.4
YJ3125						842.5					212.2
YJ3225						861.5					217.2
YJ3135	350	140	340	540	14.5		165	85		821	315
YJ3235						1042.5			821		320
YJ4135											334.2
YJ4235						1043.5					344.2
YJ5135						1087.5			838		368.2
YJ5235						1119.5					383.2
YJ4140	400	160	410	650	17.5		180	125	956	956	405.7
YJ4240						1187.5					415.7
YJ5140									968		440.1
YJ5240						1187.5					455.1
YJ6140						1206.5			984		489.3
YJ6240						1244.5					514.3
YJ4150	500	180	480	765	17.5		200	125	1196	1196	590.8
YJ4250											600.8
YJ5150						1338.5					623.2
YJ5250									1199		638.2
YJ6150						1324.5					671.4
YJ6250											696.4
YJ7150						1412.5			1253		789.3
YJ7250						1437.5					804.3
YJ5165	650	180	500	877	17.5		265	165	1373	1373	1074.7
YJ5265											1089.7
YJ6165						1670.7					1126.1
YJ6265									1405		1151.1
YJ7165	650	180	500	877	17.5	1670.7	265	165	1405	1373	1244.6
YJ7265						1672.5					1259.6
YJ8165						1738.5			1425		1365.9
YJ8265						1776.5					1450.9
YJ7175	750	180	500	925	17.5		285	165	1551	1519	1530.4
YJ7275						1710.5					1545.4
YJ8175						1778.5			1571		1651.7
YJ8275						1816.5					1736.7
YJ7185	850	200	600	1075	17.5		325	200	1706		2035.4
YJ7285						1910.5					2050.4
YJ9185						2042			1771		2454.4
YJ9285						2093					2525.4
YZ2225	250	120	280	435		833	140	70	619	619	183.4
YZ3125						836			621		193.2
YZ3225				454		855					198.2
YZ4125						877			641		212.8
YZ3235	350	140	365	575			168	105	821	821	329.4
YZ4135						1066					344
YZ4235						1067					354
YZ5135						1111			838		378.3
YZ5235						1143					393.3

续表

驱动装置型号	A	H	H_1	H_2	K	L	L_1	L_2	B_1	B_2	质量/kg
YZ4240	400	160	410	650		1187	195	110	956	956	424.5
YZ5140						1187			968		448.9
YZ5240						1210			968		463.9
YZ6140						1229			984		498.1
YZ6240						1267			984		523.1
YZ5150	500	180	480	766		1453	220	125	1134	1134	646.2
YZ5250						1453			1134		661.2
YZ6150						1453			1134		695.4
YZ6250						1453			1134		720.4
YZ7150						1495			1166		813.1
YZ7250						1520			1166		828.1
YZ8150						1586			1186		935.5
YZ6265	650	180	480	856		1611	2655	160	1378	1378	1255
YZ7165						1626			1410		1347.7
YZ7265						1651			1410		1362.7
YZ8165						1717			1430		1470.2
YZ8265						1755			1430		1555.2
YZ7275	750	180	525	953		1713	297	163	1557	1550	1575.9
YZ9175						1867			1622		1979
YZ9275	850	200	600	1080		2035	314.5	178	1760	1688	2541.3

表 5-21　电机的同步转速和减速机的安装形式

驱动装置型式		螺旋轴转速 /(r/min)	20	30	35	45	60	75	90	120	150	190
YJ 型	电动机 Y 型	同步转速(n_0)	1000	1500	1500	1500	1500	1500	1500	1500	1500	1500
		极数	6	4	4	4	4	4	4	4	4	4
	减速器 JZQ 型	总传动比(i)	48.57	48.57	40.17	31.50	23.34	20.49	15.75	12.64	10.35	8.23
		装配方式　右	Ⅰ-1Z	Ⅰ-1Z	Ⅱ-1Z	Ⅲ-1Z	Ⅳ-1Z	Ⅴ-1Z	Ⅵ-1Z	Ⅶ-1Z	Ⅷ-1Z	Ⅸ-1Z
		左	Ⅰ-2Z	Ⅰ-2Z	Ⅱ-2Z	Ⅲ-2Z	Ⅳ-2Z	Ⅴ-2Z	Ⅵ-2Z	Ⅶ-2Z	Ⅷ-2Z	Ⅸ-2Z
YZ 型	电动机 Y 型	同步转速(n_0)	1000	1500	1500	1500	1500	1500	1500	1500	1500	1500
		极数	6	4	4	4	4	4	4	4	4	4
	减速器 ZH 型	总传动比(i)	51.30	51.30	39.66	30.60	24.60	19.70	16.29	12.00	9.75	7.70
		装配方式　右	Ⅰ-1Z	Ⅰ-1Z	Ⅱ-1Z	Ⅲ-1Z	Ⅳ-1Z	Ⅴ-1Z	Ⅵ-1Z	Ⅶ-1Z	Ⅷ-1Z	Ⅸ-1Z
		左	Ⅰ-2Z	Ⅰ-2Z	Ⅱ-2Z	Ⅲ-2Z	Ⅳ-2Z	Ⅴ-2Z	Ⅵ-2Z	Ⅶ-2Z	Ⅷ-2Z	Ⅸ-2Z

4. 螺旋输送机选用举例

【**例 5-1**】　输送物料是石灰，堆积密度 $\rho = 0.6 \mathrm{t/m^3}$，物料温度不超过 $50℃$，输送量 $Q = 40 \mathrm{t/h}$，螺旋机水平输送长度 19m，驱动装置采用 YJ 型，右装。求螺旋直径、电动机功率及有关参数。

解：（1）螺旋直径（D）和螺旋轴转速（n）

由表 5-9 查得：$\Psi = 0.35$，$K = 0.0415$，$A = 75$；

由表 5-10 查得：$C = 1$（螺旋机系水平布置，$\beta = 0$）；

按表 5-9 推荐采用实体螺旋面螺旋，则 $S = 0.8D$；

按螺旋直径公式，得

$$D = K\sqrt[2.5]{\frac{Q}{\rho \Psi C}} = 0.0415\sqrt[2.5]{\frac{40}{0.6 \times 0.35 \times 1}} = 0.338 \text{（m）}$$

圆整为标准直径，取 $D = 0.3$m。

按求转速公式，得

$$n = \frac{A}{\sqrt{D}} = \frac{75}{\sqrt{0.3}} = 137 \ (\text{r/min})$$

圆整为标准转速，取 $n = 120$（r/min）。

按公式校核填充系数 Ψ，得

$$\Psi = \frac{Q}{47D^2 n\rho CS} = \frac{40}{47 \times 0.3^2 \times 120 \times 0.6 \times 1 \times 0.8 \times 0.3} = 0.547$$

由于计算所得的 Ψ 值超过推荐数值 $\Psi = 0.35 \sim 0.4$ 的上限，因此需增加螺旋直径，取 $D = 0.4\text{m}$，则

$$n = \frac{75}{\sqrt{0.4}} = 119 \ (\text{r/min})$$

取 $n = 120\text{r/min}$，重新校核 Ψ 值，得

$$\Psi = \frac{40}{47 \times 0.4^2 \times 120 \times 0.6 \times 1 \times 0.8 \times 0.4} = 0.230$$

由于计算所得的 Ψ 值低于推荐值很多，因此可以降低螺旋轴的转速，以提高螺旋机的寿命。取 $n = 75\text{r/min}$ 则

$$\Psi = \frac{40}{47 \times 0.4^2 \times 0.8 \times 0.4 \times 0.6 \times 1 \times 75} = 0.370$$

此 Ψ 值正好在推荐值范围内，故最后确定 $D = 400\text{mm}$、$n = 75\text{r/min}$。

（2）功率（P）　螺旋轴所需功率（P_0）按轴功率计算公式求得：

$$P_0 = K \frac{Q}{367}(\omega_0 L \pm H) = 1.2 \times \frac{40}{367}(1.2 \times 19 + 0) = 2.98\text{kW}$$

取 $K = 1.2$，$\omega_0 = 1.2$（查表 5-12）

按轴功率求额定功率：

$$P = \frac{P_0}{\eta} = \frac{2.98}{0.94} = 3.06\text{kW}$$

（3）驱动装置的选用　根据计算所得的 P 值，查表 5-20，选择 YJ3235，Ⅰ型驱动装置能满足要求。

采用浮动联轴器将驱动装置与螺旋机相连，在螺旋轴上不存在悬臂负荷，故不必验算 $F_0 \leqslant [F]$ 条件，仅校核千瓦转速比：

$$\frac{P_0}{n} = \frac{2.98}{75} = 0.039$$

查表 5-13，当 $D = 400$ 时，$[p/n] = 0.25 > 0.039$，适用。

（4）计算结果　螺旋机型式　GX 型；螺旋直径　$D = 400\text{mm}$；水平输送长度　$L = 19\text{m}$；螺距　$S = 320\text{mm}$；螺旋轴转速　$n = 75\text{r/min}$；螺旋机制法　S 制法；驱动装置型号　YJ3235Ⅰ型；电动机型号　Y132S-6（$N = 3\text{kW}$）；减速器型号　YZQ350-V-1Z。

据实际使用经验，为减少粉尘对悬吊轴瓦磨损、延长使用寿命，选型设计时按经验公式计算的直径，增加一级为宜。

三、刮板输送机

1. 刮板输送机的特点

刮板输送机是一种在封闭的矩形断面的壳体内，借助于运动着的刮板链条连续输送散状物料的运输设备。刮板输送机输送物料可以按水平输送、倾斜输送和垂直提升不同方式布置。

刮板输送机在水平输送时，物料受刮板链条在运动方向的压力及物料自身质量的作用，在物料间产生了内摩擦力。该摩擦力保证了料层之间的稳定状态，并克服物料在机槽中移动而产生的外摩擦阻力，使物料形成连续整体的料流而被输送。

在垂直提升时，物料受到刮板链条在运动方向的压力，在物料中产生了横向的侧面压力，形成了物料的内摩擦力；同时，由于水平段的不断给料，下部物料相继对上部物料产生推移力。该摩擦力和推移力克服物料在机槽中移动而产生的外摩擦阻力和物料自身的质量，使物料形成了连续整体的料流而被提升。

刮板输送机可用于粉尘状、小颗粒状和小块状物料。其适用条件如下所述。

① 物料密度 $\rho = 0.2 \sim 1.8 t/m^3$（ZMS型推荐 $\rho < 1.0 t/m^3$）。

② 物料温度长期运行不超过80℃；对更高温度的物料输送时应采用耐高温密封垫材料。

③ 含水率与物料的粒度、黏度有关，一般不得使物料用于捏成团后而不易松散为界限。

④ 输送物料的粒度与其硬度有关，其推荐值见表5-22。

表 5-22　输送物料的粒度与硬度有关数值　　　　　　　单位：mm

型号	硬度低的物料		坚硬的物料		型号	硬度低的物料		坚硬的物料	
	适宜的粒度	最大的粒度（允许含有10%）	适宜的粒度	最大的粒度（允许含有10%）		适宜的粒度	最大的粒度（允许含有10%）	适宜的粒度	最大的粒度（允许含有10%）
SMS16	<8	16	<4	8	CMS20	<6	12	<3	6
SMS20	<18	20	<15	10	CMS25	<8	16	<4	8
SMS25	<13	25	<7	13	CMS32	<10	20	<5	10
SMS32	<16	32	<8	16	ZMS16	<5	10	<3	5
SMS40	<20	40	<10	20	ZMS20	<6	12	<3	6
CMS16	<5	10	<3	5	ZMS25	<8	16	<4	8

注：硬度低的物料指能用脚踩碎的物料。

⑤ 刮板输送机可用于输送碎煤、煤粉、碎炉渣、飞灰、烟灰、炭黑、磷矿粉、硫铁矿渣、焦炭粉、石灰石粉、石灰、铬矿粉、白云石粉、铜精矿粉、氧化铁粉、氧化铝粉、石英砂、烧结返矿、水泥、黏土粉、陶土、黄沙、铸造旧砂等物料，但不适用于输送高温、有毒、易爆、磨损性、腐蚀性、黏性（附着性）、悬浮性、流动性特好以及极易脆而又不希望被破碎的物料。

⑥ 刮板输送机输送密度大、物料中较大粒度物料所占的百分比较高、细粒状或粉状物料含水率较高而易于黏结、压结的物料时，往往会产生刮板链条浮于输送物料之上，此现象称为"浮链"或"漂链"。对输送易于产生浮链的物料，在选型设计时应考虑采取措施，如输送机单机长度不宜过长；型号选择可适当放大等。

2. 刮板输送机选型和计算

刮板输送机一般有水平型（SMS型）、垂直型（CMS型）和Z型（ZMS型）三种固定机型，如图5-17所示。刮板输送机的基本参数以机槽宽度（B）和机槽高度（h）表示。

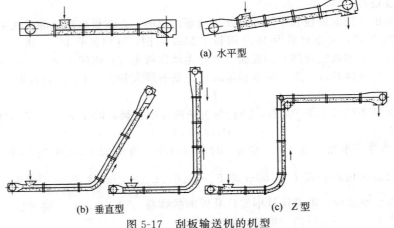

(a) 水平型

(b) 垂直型　　　　　　　(c) Z型

图 5-17　刮板输送机的机型

（1）输送量确定 刮板输送机的输送量可按式（5-9）计算：

$$G = 3600Bvh\rho\eta \tag{5-9}$$

式中，G 为输送量，t/h；B 为机槽宽度，m；h 为机槽高度，m；v 为刮板链条速度，m/s；ρ 为物料密度，t/m³；η 为输送效率，t/m³。

刮板输送机刮板链条速度有 0.16m/s、0.20m/s、0.25m/s、0.32m/s 4 种，速度的选择和输送物料的性质、功率消耗、设备的使用寿命、工艺要求等有关，其中主要应根据输送物料的性质来确定。对于流动性较好且悬浮性比较大（如磷矿粉，水泥等）、磨损性较大的物料（如焦粉、石英砂、烧结返矿等），建议选取低的刮板链条速度（<0.05m/s）。对于其他物料，一般刮板链条速度选取 $v = 0.05 \sim 0.1$m/s 均可。

刮板输送机的输送效率：对于 SMS 型刮板输送机水平布置时（$\alpha = 0°$），其推荐值可按表5-23 取值；对于悬浮性比较大的，流动性比较好的（如磷矿粉、水泥等），黏附性、压结性比较大的物料（如陶土、碳酸氢铵等）应取小值，轻物料类可取大值；一般物料（如碎煤、活性炭、炉渣等）可取中间值。

当输送机倾斜布置时（$\alpha \leqslant 15°$），其输送效率应按表 5-23 的数值乘以倾斜系数 K_0。K_0 可按表 5-24 取值。

表 5-23 SMS 型刮板输送机输送效率推荐值

型 号	SMS16	SMS20	SMS25	SMS32	SMS40
输送效率 η		0.75～0.85		0.65～0.75	

表 5-24 输送机倾斜系数 K_0 值

倾斜角 α/(°)	0～2.5	2.5～5	5～7.5	7.5～10	10～12.5	12.5～15
倾斜系数 K_0	1.0	0.95	0.90	0.85	0.80	0.70

ZMS 型及 CMS 型刮板输送机的输送效率推荐值按表 5-25 中的网点部分选取，对于性质较强的物料，应选取较低的输送效率值；性质次强的物料可选取较高值。

表 5-25 ZMS 型、CMS 型刮板输送机输送效率范围的推荐值

物料类别	典型物料举例	输送效率 η						
		0.55	0.60	0.65	0.70	0.75	0.80	0.85
悬浮类	黏土粉、磷矿粉、煤粉、炭黑、水泥							
黏附压结类	陶土、碳酸氢铵、氯化铵、苏打粉							
一般类	碎煤、锅炉渣、硫铁矿渣、活性炭							

（2）链条及刮板的选择 刮板输送机所有的主要零部件，均按各种机型刮板、链条的许用载荷，在速度 $v = 0.16$m/s 的条件下进行设计的。如选用速度 $v < 0.16$m/s 时，则应对主要零部件的强度及刚度进行验算。

刮板链条是由不同的刮板和不同的链条焊接而组成的，是刮板输送机的承载牵引构件。链条的型式如表 5-26 所列，链条材质为 45 号钢和 45Mn2 号钢；许用负荷 15～50kN。

链条的选取除考虑被输送物料的性能（如粉尘状物料不宜采用滚子链，易产生浮链的物料应尽先采用滚子链）等因素外，主要应根据输送机链条的最大张力（T）进行选取，必须满足：

$$TF \leqslant [F_1] \tag{5-10}$$

式中，T 为链条的最大张力，N；$[F_1]$ 为链条的许用载荷，kN；F 为链条的使用系数。

$$F = F_v F_L F_u \tag{5-11}$$

式中，F_v 为速度系数，当 $v \leqslant 0.32$m/s 时 $F_v = 1.0$，当 $0.32 \leqslant v \leqslant 0.5$m/s 时 $F_v = 1.2$；F_L 为长度系数，当输送机总长度 $L_0 \leqslant 50$m 时 $F_L = 1.0$，$L_0 > 50$m/时 $F_L = \dfrac{L_0}{S_0}$；F_u 为物料性质系数，对于磨损性、腐蚀性、附着性较小的且易压缩的物料，取 1.0；对于磨损性、腐蚀性，附着性其中之一较大的，且不易压缩的物料，取 1.1～1.2。

表 5-26　链条型式

名　称		链　条　型　式		
链条外形		模锻链	滚子链	双板链
链条代号		DL	GL	BL
节距/mm	材料（调质）	许用载荷 $[F_1]$ /kN		
100	45	15	22[①]	15
100	45Mn2	17	25[①]	17
125	45	23	29[①]	23
125	45Mn2	26	33[①]	26
160	45	31	44[①]	31
160	45Mn2	35	50[①]	35
200	45			29×2　44×2[②]
200	45Mn2			33×2　50×2[②]

①表示仅用于 ZMS 型；②表示仅用于 SMS40 型。

刮板输送机的刮板型式见图 5-18。

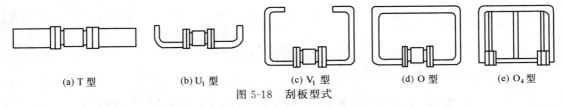

(a) T 型　　　(b) U_1 型　　　(c) V_1 型　　　(d) O 型　　　(e) O_4 型

图 5-18　刮板型式

刮板型式对不同物料有不同的适应性，正确选择刮板型式是直接关系到刮板输送机的输送性能。一般应按生产实践经验或通过试验方法选择刮板型式。

（3）刮板链条张力计算

① SMS 型刮板输送机。SMS 型刮板输送机刮板链条张力可按下式计算：

当 $0°<\alpha\leqslant15°$ 时

$$T=9.8G(2.1f'L_0-0.1H_0)+9.8G_v\left\{\left[f+f_1\left(\frac{nh'}{B}\right)\right]L_0+H_0\right\} \tag{5-12}$$

当 $\alpha=0$，$f'=0.5$ 时

$$T=9.8L_0\left\{1.1G+G_v\left[f+f_1\left(\frac{nh'}{B}\right)\right]\right\} \tag{5-13}$$

式中，T 为刮板链条绕入头轮时的张力，即刮板链条的最大张力，N；G 为刮板链条每米质量，kg/m，按表 5-27 取值；f' 为输送物料时刮板链条与壳体的摩擦系数，建议取 0.5；L_0 为输送机长度，m，见图 5-19 所示；H_0 为输送机高度，m，见图 5-19 所示；G_v 为物料每米质量，kg/m；h' 为输送物料层高度，m；f 为物料的内摩擦系数，按式（5-16）计算；f_1 为物料的外摩擦系数，即物料与壳体的摩擦系数。

表 5-27　SMS 型刮板链条每米质量

型　号	刮板链条每米质量/(kg/m)		
	DT	G	BU_1
SMS16	5.6	8.1	
SMS20	7.2	10.5	
SMS25	12.2	14.7	
SMS32			35.3
SMS40			36.3

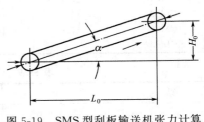

图 5-19　SMS 型刮板输送机张力计算

$$G_v = \frac{G_{\max}}{3.6v} \quad (\text{kg/m}) \tag{5-14}$$

式中，$G_{\max}$ 为选用要求的最大输送量，t/h；v 为刮板链条速度，m/s。

$$h' = \frac{Q_{\max} h}{Q} \tag{5-15}$$

式中，h 为机槽高度，m；Q 为计算输送量，t/h。

$$f = \tan\varphi \ \text{或} \ f_1 = \tan\varphi_1 \tag{5-16}$$

式中，φ 为物料内摩擦角即堆积角；φ_1 为物料的外摩擦角。

物料对机槽两侧的侧压系数 n 按下式计算：

$$n = \frac{x}{1 + \sin\varphi} \tag{5-17}$$

式中，x 为动力系数，当 $v \leqslant 0.32\text{m/s}$ 时 $x = 1.0$。$v > 0.32\text{m/s}$ 时 $x = 1.5$。

② CMS 型刮板输送机。CMS 型刮板输送机刮板链条最大张力和绕出头轮时的张力可按下面各式计算：

当 $60° \leqslant \alpha < 90°$ 时（A 型头部）

$$T_1 = 9.8G(3.2f'L_1 E + f'L_2 + H_0) + 9.8G_v \left\{ (1.7L_0 E + 1.5L_1 E + L_2)\left[f + f'\left(\frac{nh}{B}\right) \right] + H_0 K \right\} \tag{5-18}$$

$$T_2 = 9.8G\ (H_0 - f'L_2) \tag{5-19}$$

当 $\alpha = 90°$（A 型头部），$f' = 0.5$ 时

$$T_1 = 9.8G(3.5L_1 + H_0) + 9.8G_v \left\{ (3.7L_0 + 3.3L_1)\left[f + f_1\left(\frac{nh}{B}\right) \right] + H_0 K \right\} \tag{5-20}$$

$$T_2 \approx 9.8GH_0 \tag{5-21}$$

当 $\alpha = 90°$（B 型头部带托轮），$f' = 0.5$ 时

$$T_1 = 9.8 \times 1.1G(3.5L_1 + H_0) + 9.8 \times 1.1G_v \left\{ (3.7L_0 + 3.3L_1)\left[f + f_1\left(\frac{nh}{B}\right) \right] + H_0 K \right\} \tag{5-22}$$

$$T_2 \approx 9.8GH_0 \tag{5-23}$$

式中，T_1 为刮板链条绕入头轮时的张力，即刮板链条的最大张力，N；T_2 为刮板链条绕出头轮时的张力，N；G 为刮板链条每米质量，kg/m，按表 5-28 取值；h 为垂直承载段机槽高度，m；L_0 为加料口中心至尾轮中心距离，m，当采用双侧加料时 $L_0 = 0$；K 为物料对机槽四壁的侧压系数，K 值见表 5-29；E 为弯道系数，当 $f' = 0.5$ 时，E 值列于表 5-30，且满足

$$E = e^{f'\alpha} \tag{5-24}$$

式中，e 为自然对数的底数，e = 2.718；α 为倾角，如图 5-20 所示；其他符号意义同前。

表 5-28 CMS 型刮板链条每米质量

型　号	各种型式刮板链条质量 G/(kg/m)					
	DV_1	DO	GV_1	GO	BO	BO_4
CMS16	10.7	11.5	11.6	12.4		
CMS20	11.4	12.6	14.7	15.9		
CMS25	17.6	18.9	18.6	20.0		
CMS32					40.9	42.3

表 5-29 CMS 型物料对机槽四壁的侧压系数

型　号	CMS16	CMS20	CMS25	CMS32
K	1.9	2.1	2.3	2.7

表 5-30　弯道系数

$\alpha/(°)$	45	60	75	90
E	1.5	1.7	1.9	2.2

注：A 型头部不带托轮；B 型头部带托轮。

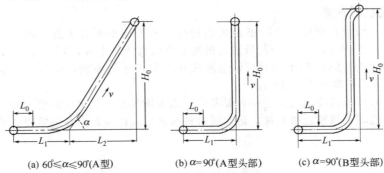

(a) $60°\leqslant\alpha\leqslant90°$ (A型)　　(b) $\alpha=90°$ (A型头部)　　(c) $\alpha=90°$ (B型头部)

图 5-20　CMS 型刮板输送机张力计算

③ ZMS 型刮板输送机　ZMS 型刮板输送机刮板链条张力可按式（5-25）～式（5-28）计算：

当 $H_0>1.1f'L_2$，取 $f'=0.5$，则 $1.1f'L_2\approx0.6L_2$，即 $H_0>0.6L_2$ 时

$$T_1=9.8G(2.6L_1+0.5L_2+1.1H_0)+$$

$$9.8G_v\left\{\left[2.4(1.1L_0+L_1)+L_2\right]\left[f+f_1\left(\frac{hn}{B}\right)\right]+1.1H_0K\right\} \tag{5-25}$$

$$T_2=9.8G(H_0-0.6L_2) \tag{5-26}$$

当 $H_0\leqslant1.1f'L_2$，取 $f'=0.5$，则 $1.1f'L_2\approx0.6L_2$，即 $H_0\leqslant0.6L_2$ 时

$$T_1=9.8G(2.6L_1+2L_2-1.5H_0)+$$

$$9.8G_v\left\{\left[2.4(1.1L_0+L_1)+L_2\right]\left[f+f_1\left(\frac{nh}{B}\right)\right]+1.1H_0K\right\} \tag{5-27}$$

$$T_2=0 \quad (N) \tag{5-28}$$

式中，G 为刮板链条每米质量，kg/m，见表 5-31；L_1、L_2、H_0 的尺寸见图 5-21；K 为物料对机槽四壁的侧压系数，见表 5-32；其他符号意义同前。

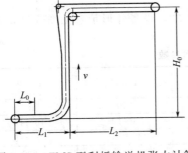

图 5-21　ZMS 型刮板输送机张力计算

表 5-31　ZMS 型刮板链条每米质量

型　　号	ZMS16	ZMS20	ZMS25
刮板链条每米质量/(kg/m)	12.7	15.1	18.4

表 5-32　ZMS 型物料对机槽四壁的侧压系数

型　　号		ZMS16	ZMS20	ZMS25
K	粉尘状物料	2.8	3.1	3.6
	其他物料	2.2	2.4	2.8

（4）电动机功率计算　SMS 型刮板输送机电动机功率按式（5-29）计算：

$$P=K_1\frac{Tv}{9.8\times102\eta_m} \tag{5-29}$$

CMS 型、ZMS 型埋刮板输送机电动机功率按下式计算：

$$P=K_1\frac{(T_1-T_2)v}{9.8\times102\eta_m} \tag{5-30}$$

$$\eta_m = \eta_1 \eta_2 \tag{5-31}$$

式中，P 为输送机所需电动机计算功率，kW；K_1 为备用系数，一般取值 $1.1 \sim 1.3$；η_m 为传动效率；η_1 为 YZQ 减速器的传动效率，一般取值 $0.92 \sim 0.94$；η_2 为开式链传动的传动效率，一般取值 $0.85 \sim 0.90$。

3. 刮板输送机的布置

刮板输送机一般单机布置；SMS 型刮板输送机可水平或小倾斜布置，倾角 $0° \leqslant \alpha \leqslant 15°$。单台设备长度不得大于 60m；CMS 型刮板输送机可垂直或大倾斜布置，倾角 $60° \leqslant \alpha \leqslant 90°$。单台设备的输送长度不大于 30m；ZMS 型刮板输送机只可以水平-垂直布置，单台设备输送高度不大于 20m；上水平部分总长度不大于 30m。

当所需输送长度或高度超出上述单台设备时，或为满足某一流水线的要求时，可用各种相同型号或不同型号的埋刮板输送机串接，组合成特种布置形式以满足布置的需要。部分组合布置形式见图 5-22。

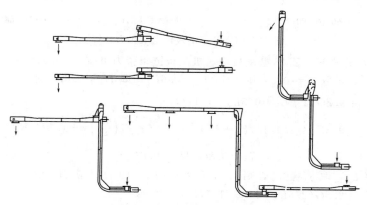

图 5-22　刮板输送机组合布置形式

刮板输送机可以设中间卸料口，并允许在水平中间段和过渡段上任意位置布置，以满足多点卸料的布置要求。

刮板输送机的头部出轴均有左、右装两种型式（站在输送机尾部，沿着输送方向看，出轴在左侧为左装，出轴在右侧为右装）。

4. 刮板输送机类型

（1）YD 系列产品　YD 刮板输送机主要技术参数见表 5-33，设备外形示意见图 5-23，外形尺寸及连接尺寸见表 5-34。

表 5-33　YD 刮板输送机主要技术参数

型号 项目	YD200	YD250	YD310	YD430
槽宽/mm	200	250	310	430
输送能力/（m³/h）	2～5	4～8	6～12	10～14
链速/（m/min）	2.4～5	2.4～5	2.4～5	2.4～5
链条节距/mm	150	150	200	200
输送距离/m	6～60	6～60	8～60	10～50
输送斜度/（°）	≤15			
电机功率/kW	1.5～5.5	1.5～7.5	2.2～11	3～11
驱动装置安装形式	左、右装，背装式			
传动形式	链传动			
适用粒度/mm	<3	<5	<8	<10
适用湿度/%	≤5			
适用温度/℃	≤150			

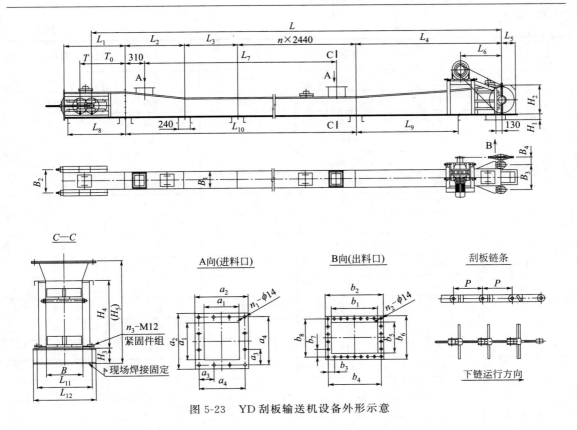

图 5-23　YD 刮板输送机设备外形示意

表 5-34　YD 刮板输送机外形尺寸及连接尺寸　　　　　单位：mm

尺寸	型号	YD200	YD250	YD310	YD430
结构尺寸	L_1	1220	1220	1500	1500
	L_2	1220	1220	1500	1500
	L_3	调整段长度视具体要求定			
	L_4	2400	2400	2400	3000
	L_5	280	310	360	460
	L_6	850	940	1010	1160
	L_7	根据工艺需要设计确定			
	H_1	100	100	100	100
	H_2	563	617	743	743
	H_3	100	100	100	100
	H_4	311	411	411	511
	H_5	670～720	795～845	795～845	900～950
	B	200	250	310	430
	B_1	320	370	430	560
	B_2	480	530	630	750
	B_3	480	570	670	780
	B_4	140	150	185	185
	T	250	250	350	350
	T_0	640	640	690	690
	n	根据工艺需要设计确定			

续表

尺寸	型号	YD200	YD250	YD310	YD430
进料口	a_1	200	300	350	400
	a_2	300	400	450	500
	a_3	130	180	135、140、135	150
	a_4	260	360	410	450
	n_1	8	8	12	12
出料口	b_1	400	400	500	800
	b_2	500	500	600	900
	b_3	115	115	112	107.5
	b_4	460	460	560	860
	b_5	200	250	310	430
	b_6	300	350	410	530
	b_7	90、80、90	105、100、105	92.5	98
	b_8	260	310	370	490
	n_2	14	14	18	26
安装尺寸	L_8	1150	1150	1450	1450
	L_9	1450	1450	1500	2050
	L_{10}	根据工艺需要设计确定			
	L_{11}	320	370	430	530
	L_{12}	370	420	480	600
	n_3	根据工艺需要设计确定			

（2）CMS 型刮板输送机　CMS 型刮板输送机技术性能见表 5-35，外形图见图 5-24，尺寸见表 5-36。

表 5-35　CMS 型刮板输送机技术性能

型号			CMS16	CMS20	CMS25	CMS32
垂直段机槽宽度 B/mm			160	200	250	320
垂直承载段机槽高度 h/mm			120	130	60	200
垂直空载段机槽高度 h_1/mm			130	140	170	215
刮板链条	链条型式和代号	模锻链	DL10	DL12.5	DL16	
		滚子链	GL10	GL12.5	GL16	
		双板链				BL20
	刮板型式和代号	V_1 型	√	√	√	
		O 型	√	√	√	√
		O_1 型				√
刮板链条速度 v/(m/s)		输送以力 Q/(m³/h)				
		0.16	11	15	23	
		0.20	14	19	29	46
		0.25	17	23	36	58
		0.32	22	30	46	74

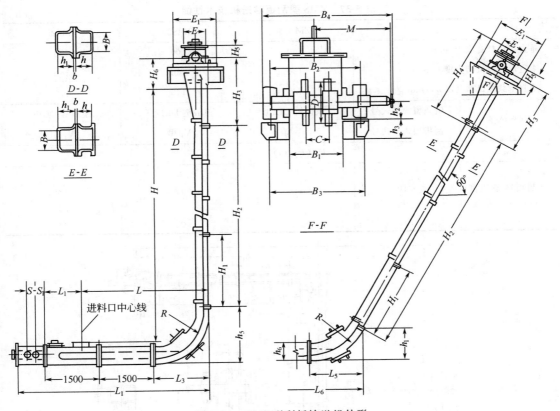

图 5-24 CMS 型刮板输送机外形

表 5-36 CMS 型刮板输送机外形尺寸　　　　　　　　　　　　　单位：mm

型号	B	B_1	B_2	B_3	B_4	C	D	E	E_1	H	H_1	H_2	H_3	H_4	H_5	H_6
CMS16	160	250	450	484	643.5	0	258.69	550	1200				1800	2223	260	895
CMS20	200	320	530	574	753.5	0	324.01	650	1300		由厂家定		2000	2413	300	1125
CMS25	250	360	590	632	845.5	0	412.88	750	1400				2400	2893	280	1205
CMS32	320	450	710	757	1012.5	180	514.76	940	1800				3000	3592	480	1465

型号	h	h_1	h_2	h_3	h_4	h_5	h_6	L		L_1	
								A 型	B 型	A 型	B 型
CMS16	120	130	98	110	923	1620	510.5	3416	3668	1000	750
CMS20	130	140	108	132	1028	1836	595.5	3626	3878	1000	750
CMS25	160	170	133	150	1143	2064	725.5	3856	4108	1000	750
CMS32	200	215	153	150	1264	2305	874.5	4096	4348	1000	750

型　号	L_3	L_4	L_5	L_6	行程 S	S_1	R	M
CMS16	1420	5168	1396	5144	150	300	1200	364.5
CMS20	1630	5548	1578	5496	200	380	1400	428.5
CMS25	1860	5938	1777	5855	250	430	1600	483.5
CMS32	2100	6348	1986	6234	250	450	1800	561.5

注：1. 所有刮板链条均采用外向布置。

2. 头部、垂直中间段、弯曲段及加料段均有 A、B 两种。

（3）ZMS 型刮板输送机　ZMS 型刮板输送机技术性能见表 5-37，外形见图 5-25，外形尺寸见表 5-38。

表 5-37 ZMS 型刮板输送机技术性能

型　号		ZMS16	ZMS20	ZMS25
垂直段机槽宽度 B/mm		160	200	250
垂直承载段机槽高度 h/mm		120	130	160
垂直空载段机槽高度 h_1/mm		130	140	170
刮板链条	链条型式和代号	模锻链 DL10	模锻链 DL12.5	模锻链 DL16
	刮板型式和代号	V_1 型	V_1 型	V_1 型
刮板链条速度 $v/(m/s)$	输送能力 $Q/(m^3/s)$			
	0.05	6	8	
	0.10	8	12	18
	0.25	17	23	36
	0.32	22	30	46

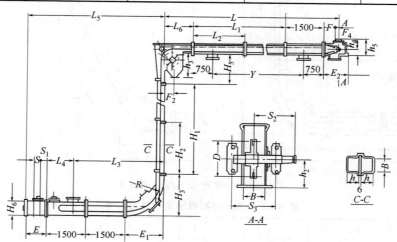

图 5-25　ZMS 型刮板输送机外形

表 5-38 ZMS 型刮板输送机外形尺寸　　　　　　　　　单位：mm

型号	B	E	E_1	E_2	D	F	F_1	F_2	H	H_1	H_2	H_3
ZMS16	160	750	1420	920	353.21	450	150	284				1620
ZMS20	200	920	1630	1050	440.18	550	150	324				1830
ZMS25	250	1080	1860	1100	511.33	550	150	344				2060

型号	H_5	H_6	h	h_1	h_2	h_3	h_4	h_5	L	L_1	L_2	L_3	
												A 型	B 型
ZMS16	1150	450	120	130	316	870	216	560				3420	3670
ZMS20	1110	470	130	140	356	970	256	670				3630	3880
ZMS25	1040	580	160	170	406	980	306	780				3860	4110

型号	L_4		L_5	L_6	行程 S	S_1	S_2	S_3	R	Y
	A 型	B 型								
ZMS16	1000	750	5170	1050	150	300	353.5	380	1200	
ZMS20	1000	750	5550	1030	200	380	402.5	430	1400	由厂家定
ZMS25	1000	750	5940	980	250	430	467.5	500	1600	

5.刮板输送机通用设计驱动装置

确定刮板输送机的机型、刮板链条速度后，即可按计算功率从本节驱动装置选择表和驱动装置组合表内，选取所需的电动机、减速器、柱销联轴器、联轴器护罩、驱动装置架及大小传动链轮。

按工艺布置的要求，驱动装置分为Ⅰ型（右装）与Ⅱ型（左装）两种装配型式，减速器均采用单出轴装配型式，代号分别为 1 和 2；由于驱动装置的末级为开式链传动，故减速器低速轴均采用圆柱形轴端。

驱动装置由电动机以柱销联轴器与减速器直联，减速器低速轴以开式链传动与主机头轮轴相接。由于适应驱动装置与主机相对位置多变的要求，对开式链传动的中心距未做具体安排。

驱动装置与主机的相对位置选择时应注意：a. 应以传递扭矩使主机头轮轴承座受压，尽量避免使轴承座上盖处于受拉状态；b. 要使开式传动链条与链轮齿不产生干扰，确保正常啮合和脱链；根据链轮中心距的不同，可于表 5-39 中选择正确的布置形式。

驱动装置总质量（G）按式（5-32）计算（不包括开式链传动的套筒滚子链质量）：

$$G=G_1+G_2+G_3+G_4 \tag{5-32}$$

式中，G 为驱动装置总质量，kg；G_1 为驱动装置质量，kg；G_2 为开式链传动的大链轮质量，kg；G_3 为开式链传动的小链轮质量，kg；G_4 为驱动装置架质量，kg。

表 5-39　传动链条与链轮齿布置形式

传 动 参 数	传 动 布 置		说 明
	正 确	不 正 确	
$b>2$ $A=(30\sim50)t$	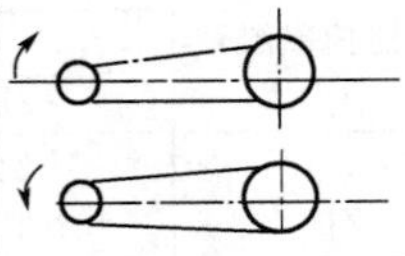		链条的紧边在上、下都不影响工作
$i>2$ $A<30t$	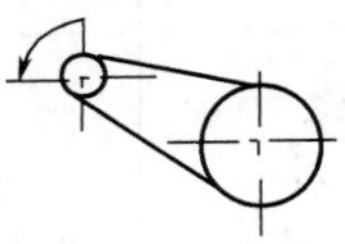	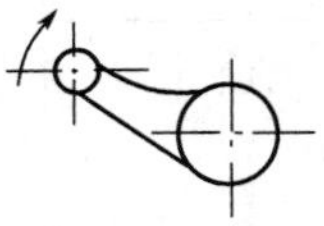	松边不应在上面，否则由于松边垂度增大，导致链条与链轮齿相干扰，破坏正确啮合
i、A 为任意值	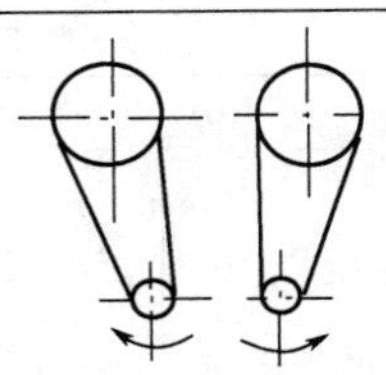	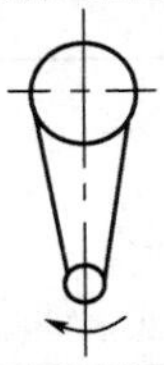	尽可能不垂直布置以免链条因垂度逐渐增大而与下面的轮齿松脱，而调整链轮中心距又很困难，必须垂直布置时，应使两轮中心错移一些，使松边对水平成一较小倾角

驱动装置选择见表 5-40。Y-JZQ 驱动装置组合见表 5-41。

表 5-40　驱动装置选择

埋刮板输送机			电 动 机		减 速 器	
型　号	链速 /(m/s)	主轴转速 /(r/min)	型　　　号	额定功率 /kW	型号 YZQ	速比
SMS25、 CMS25	0.16	7.5	Y112M-6	2.2	400-Ⅰ	48.57
			Y132S-6	3.0	500-Ⅰ	
			Y132M$_1$-6	4.0	500-Ⅰ	
			Y132M$_2$-6	5.5	650-Ⅰ	
			Y160M-6	7.5	650-Ⅰ	

续表

埋刮板输送机			电 动 机		减 速 器	
型 号	链速/(m/s)	主轴转速/(r/min)	型 号	额定功率/kW	型号 YZQ	速比
	0.20	9.38	Y132S-6	3	500-Ⅰ	48.57
			Y132M$_1$-6	4	500-Ⅰ	
			Y132M$_2$-6	5.5	650-Ⅰ	
			Y160M-6	7.5	650-Ⅰ	
			Y160L-6	11	650-Ⅰ	
SMS25、CMS25	0.25	11.7	Y132M$_1$-6	4	500-Ⅱ	40.17
			Y132M$_2$-6	5.5	500-Ⅱ	
			Y160M-6	7.5	650-Ⅱ	
			Y160L-6	11	650-Ⅱ	
			Y180L-6	15	750-Ⅱ	
	0.32	15	Y132M$_2$-6	5.5	500-Ⅲ	31.5
			Y160M-6	7.5	500-Ⅲ	
			Y160L-6	11	650-Ⅲ	
			Y180L-6	15	650-Ⅲ	
			Y200L$_1$-6	18.5	650-Ⅲ	

表 5-41 Y-JZQ 驱动装置组合表

组合号	减速器型号	电动机型号	柱销联轴器图号	联轴器护罩图号	驱动装置 质量/kg	驱动装置 图 号
1	YZQ-350	Y100L-6	L1.1	Z1	249	TM2.35
2		Y112M-6			255	
3		Y132S-6	L1.2		272	
4	YZQ-400	Y100L-6	L1.1	Z1	297	TM2.4
5		Y112M-6			303	
6		Y132S-6	L1.2		320	
7		Y132M$_2$-6			328	
8		Y132M$_2$-6	L1.3		354	
9	YZQ-500	Y132S-6	L2.2	Z2	466	TM2.5
10		Y132M$_1$-6			474	
11		Y132M$_2$-6	L2.3		500	
12		Y160M-6			515	
13		Y160L-6	L2.4		565	
14	YZQ-650	Y132M$_2$-6	L3.3	Z3	921	TM2.65
15		Y160M-6			936	
16		Y160L-6	L3.4		988	
17		Y180L-6			999	
18		Y200L$_1$-6	L3.5		1063	
19	YZQ-750	Y180L-6	L3.4	Z3	1277	TM2.75
20		Y200L$_1$-6	L3.5		1341	
21		Y200L$_2$-6			1377	
22	YZQ-850	Y200L$_1$-6	L4.5	Z3	1752	TM2.85
23		Y200L$_1$-6			1788	
24	YZQ-1000	Y225M-6	L4.7	Z4	2735	TM2.100
25		Y250M-6			2790	

6. 刮板输送机选用设计举例

【例 5-2】 已知输送物料为碎煤；物料粒度≤8mm，占 90％，最大粒度≤16mm；物料密度＝0.85t/m³；含水率不超过 5％；物料温度为常温；内摩擦角 $\phi=40°31'$，内摩擦系数 $f=\tan\phi=0.85$；外摩擦角 $\phi_1=30°$，外摩擦系数 $f_1=\tan\phi_1=0.58$；试设计最大输送量为 $G_{\max}=15t/h$；输送高度为垂直提升 20m；驱动装置安于出料口右方的刮板输送机。求主要参数及结构型式。

解：（1）根据工艺布置垂直提升输送的要求选用 CMS 型刮板输送机

碎煤属于一般物料，按"设计计算"部分选取 $v=0.2m/s$，查表 5-25，取输送效率 $\eta=0.75$。

① 按物料密度和输送效率，计算容积输送量

$$Q_{容}=\frac{G_{\max}}{\rho\eta}=\frac{15}{0.85\times0.75}=23.5\mathrm{m^3/h}$$

由表 5-35 查得，当 $v=0.2m/s$ 时，CMS25 的输送量为 29m³/h（24.65t/h），按公式计算其生产量为：$G=3600BhvP\eta=3600\times0.25\times0.16\times0.2\times0.85\times0.75=18.4t/h>15t/h$。

故可确定选用 CMS25 刮板输送机。

② 由表 5-35 查得，CMS25 型刮板输送机链条型式有 DL16 和 GL16 两种，考虑到碎煤是小颗粒状物料，选取 DL16 模锻链和 V_1 型刮板。

③ 考虑到碎煤含水率不超过 5％，较易卸料，故选用 A 型头部，加料段选用两侧加料的 B 型。

④ 查表 5-35 得知，当垂直提升高度要求 20m 时，应选用实际组合高度 $H=20.37m$，则刮板链条长度为 55.7m，刮板链条节数 $n=\dfrac{55.7}{0.16}=348$ 节。

⑤ 查表 5-34、表 5-35 及各部件得知各部件数量：刮板链条数量 348 节，头部数量 1 个，垂直中间段数量 9 段，弯曲段数量 1 段；水平中间段数量 1 段，加料段数量 1 段，尾部数量 1 个。

（2）张力及功率计算

① 根据工艺布置的要求及查表 5-35、表 5-36 确定头轮、尾轮的中心距和中心高，画出图 5-26 的张力计算简图。

② 取 $f=0.5$ 时，按公式计算张力得

$$T_1=9.8G(3.5L_1+H_0)+9.8G_v\left\{(3.7L_0+3.3L_1)\left[f+f'\left(\frac{nh}{B}\right)\right]+H_0K\right\}$$

$$=9.8\times17.6\times(3.5\times4.94+22.13)+9.8\times25.55\times$$

$$\left\{(0+3.3\times4.94)\left[0.85+0.58\left(\frac{0.61\times0.16}{0.25}\right)\right]+22.13\times2.3\right\}$$

$$=9.8\times694+9.8\times1750$$

$$=23951(\mathrm{N})$$

$$T_2=9.8GH_0=9.8\times17.6\times22.13=3822(\mathrm{N})$$

式中，查表 5-28，$G=17.6kg/m$；见图 5-26，$L_1=4.94m$；$H_0=22.13m$；G_v 按公式计算得

$$G_v=\frac{Q}{3.6v}=\frac{18.4}{3.6\times0.2}=25.55\ (\mathrm{kg/m})$$

由于采用双侧加料，则 $L_0=0$；f、f' 为已知值；

n 按公式计算得 $\quad n=\dfrac{x}{1+\sin\phi}=\dfrac{1}{1+\sin40°30'}=\dfrac{1}{1+0.65}=0.61$

B、h 为选型设计选定值，$B=0.25m$，$h=0.16m$；查表 5-29 得 $K=2.3$。

③ 按公式选定链条的载荷及材质　$FT_1\leqslant[F_1]$，$FT_1=23951<31000N$

$F=F_vF_1F_u=1\times1\times1=1$；由表 5-26 查得，DL16 链条采用 45°钢调质处理时，最大许用载

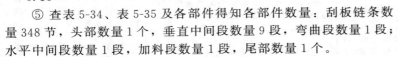

图 5-26　张力计算简图

荷$[F_1]=31$kN。

④ 按公式计算电动机功率 $\quad P=K_1\dfrac{(T_1-T_2)v}{9.8\times102\eta_m}=1.15\dfrac{(23951-3822)\times0.2}{9.8\times102\times0.85}=5.45$（kW）

式中，K_1 取 1.15，η_m 取 0.85。根据电动机功率选用 $P=5.5$kW。

（3）驱动装置的选择　根据上述的选型及计算，查表 5-40、表 5-41，驱动装置组合号为 14。电动机型号　$Y132M_2$-6，$P=5.5$kW，$n=960$r/min；减速器型号　YZQ650-I，$i=48.57$。

四、斗式提升机

1.斗式提升机选型和计算

斗式提升机类型可按输送物料、卸载性、装载性、料斗型式等方法进行分类。

按运送货物的方面分为直立式和倾斜式；按卸载特性分为离心式、离心-重力式、重力式；按装载特性分为掏取式（从物料内掏取）及流入式；按料斗的型式分为深斗式、浅斗式和鳞斗（三角）式；按曳引构件型式分为带式、链式。

斗式提升机一般是采用直立式提升机，在除尘工程中其运送物料的高度通常为 10～30m，提升能力比较小。

斗式提升机的型式分 D 型、HL 型、PL 型，其主要特点、用途及型号见表 5-42。

表 5-42　各种型式斗式提升机的特点

型　式	D 型斗式提升机	HL 型斗式提升机	PL 型斗式提升机
结构特性	牵引构件为橡胶带	牵引构件为锻造的环形链条	牵引构件为板链
卸载特征	间断布置料斗、快速离心卸料	间断布置料斗、料斗用掏取法装载，用离心投料法卸载	连续布置料斗、采取慢速重力装载
适用输送物料	粉状、粒状、小块状的无磨琢性的散状料，如煤、砂、水泥、碎矿石等	粉状、粒状及小块状的无磨琢性的物料，如煤、水泥、黏土、磨石等	块状、（相对）密度较大，磨琢性的物料适宜输送易碎物料，如焦炭等
适用温度	被输送物料温度<60℃，如采用耐热橡胶带最高为 150℃	允许输送温度较高的物料	被输送物料的温度<250℃
型号	D160、D250、D350、D450	HL300、HL400	PL250、PL350、PL450
高度	在 4～30m 范围内	在 4.5～30m 范围内	在 5～30m 范围内
输送量/（m³/h）	3～66	16～47	22～100

为了适应被输送物料的不同掏取与投出特性，料斗分为深圆底形与浅圆底形，输送干燥、松散、易于投出的物料，宜用深圆底形料斗，如水泥、煤块、干砂、碎石等。

（1）生产能力计算　斗式提升机运输物料时的提升能力可按式（5-33）确定：

$$G=3.6\frac{i_0}{a}v\rho\Psi\quad\text{（t/h）}\tag{5-33}$$

式中，G 为斗提机提升能力，t/h；i_0 为料斗容积，L；a 为相邻两料斗距离，m；v 为料斗的提升速度，m/s；ρ 为物料堆积密度，t/m³；Ψ 为填充系数，按表 5-43 取值。

表 5-43　填充系数 Ψ 值

物 料 名 称	填充系数 Ψ	物 料 名 称	填充系数 Ψ
粉末状物料	0.75～0.95	块度在 50～100mm 的中块物料	0.5～0.7
块度在 20mm 以下的粒状物料	0.7～0.9	块度在 100mm 的大块物料	0.4～0.6
块度在 20～50mm 的小块物料	0.6～0.8	潮湿的粉末状和粒状的物料	0.6～0.7

（2）料斗的选择　由生产能力计算公式得到料斗容积：

$$\frac{i_0}{a}=\frac{G}{3.6v\rho\Psi}\tag{5-34}$$

根据计算所得 $\dfrac{i_0}{a}$ 的比值，由表 5-44 中查得 D 型、HL 型、PL 型斗式提升机的料斗间距和容积。

表 5-44　各种型号斗式提升机的料斗间距和容积

斗式提升机型号	斗宽/mm	料斗制法	$\left(\dfrac{i_0}{a}\right)$ /(L/m)	料斗间距 a/m	料斗容积 10L
D 型	160	S	3.67	0.3	1.10
		Q	2.16	0.3	0.65
	250	S	8.00	0.4	3.20
		Q	6.67	0.4	2.60
	350	S	15.60	0.5	7.80
		Q	14.00	0.5	7.00
	450	S	22.65	0.64	14.50
		Q	23.44	0.64	15.00
HL 型	300	S	10.40	0.5	5.20
		Q	8.80	0.5	4.40
	400	S	17.50	0.6	10.50
		Q	16.67	0.6	10.00
PL 型	250	三角式	16.50	0.2	3.30
	350	三角式	40.80	0.25	10.20
	450	三角式	70.00	0.32	22.40

（3）功率计算　斗式提升机所需要的驱动功率系决定于料斗运动时所克服的一系列阻力，其中包括提升物料的阻力、运行部分的阻力、料斗挖料时所产生的阻力。此项阻力较为复杂，只能通过实验确定。

斗式提升机驱动轴上所需的原动机功率 P_0（未考虑驱动机构效率）可近似地按式（5-35）计算：

$$P_0 = \frac{1.15QH}{367} + \frac{K_1 q_0 Hv}{367} = \frac{GH}{367}(1.15 + K_2 K_3 v) \qquad (5\text{-}35)$$

式中，G 为斗式提升机提升能力，t/h；H 为提升高度，m；q_0 为牵引构件和料斗的每米长度质量，kg/m，$q_0 = K_2 Q$；v 为牵引构件的运动速度，m/s；K_2、K_3 为系数，按表 5-45 取值；K_1 为各种不同型式提升机的阻力系数。

表 5-45　K_1、K_2、K_3 系数表

生产能力 Q/(t/h)	提升机型式					
	带式		单链式		双链式	
	料斗型式					
	深斗和浅斗	三角斗	深斗和浅斗	三角斗	深斗和浅斗	三角斗
	系数 K_2					
<10	0.6		1.1			
10~25	0.5		0.8	1.10	1.2	
25~50	0.45	0.60	0.6	0.83	1.0	
50~100	0.40	0.55	0.5	0.30	0.8	1.10
>100	0.35	0.50			0.6	0.90
系数 K_1	2.5	2.00	1.5	1.25	1.5	1.25
系数 K_3	1.60	1.10	1.3	0.80	1.3	0.80

电动机所需功率（P），按式（5-36）计算：

$$P = \frac{P_0}{\eta} K' \quad (\text{kW}) \qquad (5\text{-}36)$$

式中，η 为传动装置总效率，且满足 $\eta = \eta_1 \eta_2 = 0.94 \times 0.95 = 0.9$，其中 η_1 为 LQ 型减速器的传动效率，$\eta_1 = 0.94$；η_2 为三角皮带的传动效率，$\eta_2 = 0.95$；K' 为功率储备系数，当 $H < 10\text{m}$

时，$K'=1.45$；10m$<H<$20m 时，$K'=1.25$；$H>$20m 时，$K'=1.15$。

2. 斗式提升机类型

（1）D 型斗式提升机　D 型斗式提升机技术性能，见表 5-46～表 5-48。提升机输送物料的最大块度为 25～50mm。

表 5-46　D 型斗式提升机输送量性能表

提升机型号		D160		D250		D350		D450	
		S 制法	Q 制法	S 制法	Q 制法	S 制法	Q 制法	S 制法	Q 制法
输送量/(m³/h)		8.0	3.1	21.6	11.8	42	25	69.5	48
料斗	容量/L	1.1	0.65	3.2	2.6	7.8	7.0	14.5	15
	斗距/mm	300		400		500		640	
每米长度料斗及胶带质量/(kg/m)		4.72	3.8	10.2	9.4	13.9	12.1	21.3	
输送胶带	宽度/mm	200		300		400		500	
	层数	4		5		4		5	
	外胶层厚度/mm	1.5/1.5		1.5/1.5					
料斗运行速度/(m/s)		1.0		1.25					
传动滚筒转数/(r/min)		47.5						37.5	

注：表中的输送量对于"S"制法的料斗系根据填充系数 $\Psi=0.6$ 计算得出，对于"Q"制法的料斗系根据填充系数 $\Psi=0.4$ 计算得出。当填充系数 $\Psi=1$ 时，对于各种输送物料的最大许用高度 H 及与此相应的滚动滚筒轴上所需功率（P_0），见表 5-47。

表 5-47　D 型斗式提升机所需功率表

提升机型号		D160		D250		D350		D450	
		H/m	P_0/kW	H/m	P_0/kW	H/m	P_0/kW	H/m	P_0/kW
		"S"制法的料斗							
输送物料的堆积密度/(t/m³)	0.8	34	1.18	41	3.9	26	5.0	23.2	7.4
	1.0	30	1.34	37	4.3	22	5.4	19.9	8.0
	1.25	27	1.48	32	4.8	18	6.2	16.1	9.4
	1.6	22	1.67	26	5.3	13	6.4	11.6	9.7
	2.0	17	1.86	19	5.8	9	6.5	8.4	9.8
		"Q"制法的料斗							
输送物料的堆积密度/(t/m³)	0.8	50	1.02	57	4.2	30	4.9	22.7	7.5
	1.0	46	1.16	51	4.7	26	5.4	19.4	8.1
	1.25	42	1.29	44	5.2	20	6.1	15.5	9.5
	1.6	36	1.48	36	5.7	14.7	6.2	11.1	9.7
	2.0	32	1.63	26	5.9	11	6.2	8.0	9.8

表 5-48　D 型斗式提升机传动装置型号

提升机型号	传动装置法	圆柱齿轮减速器		电动机		传动装置质量/kg
		右装传动装置	左装传动装置	型号	功率/kW	
D160	C_1	LQ250-Ⅴ-3Y	LQ250-Ⅴ-4Y	Y112M-6	2.2	170
D250	C_1	LQ350-Ⅴ-4Y	LQ350-Ⅴ-4Y	Y132S-6	3	449
	C_2	LQ350-Ⅴ-4Y	LQ350-Ⅴ-4Y	Y132M₂-6	5.5	470
	C_3	LQ400-Ⅴ-3Y	LQ400-Ⅴ-4Y	Y132M₂-6	5.5	568
	C_4	LQ400-Ⅴ-3Y	LQ400-Ⅴ-4Y	Y160M-6	7.5	640
D350	C_1	LQ400-Ⅴ-3Y	LQ400-Ⅴ-4Y	Y132M₂-6	5.5	590
	C_2	LQ400-Ⅴ-3Y	LQ400-Ⅴ-4Y	Y160M-6	7.5	663
	C_3	LQ500-Ⅴ-3Y	LQ500-Ⅴ-4Y	Y160L-6	10	855
	C_4	LQ500-Ⅴ-3Y	LQ500-Ⅴ-4Y	Y160L-6	10	855

续表

提升机型号	传动装置法	圆柱齿轮减速器		电动机		传动装置质量/kg
		右装传动装置	左装传动装置	型号	功率/kW	
D450	C_1	LQ400-Ⅳ-3Y	LQ400-Ⅳ-4Y	Y160M-6	7.5	685
	C_2	LQ500-Ⅳ-3Y	LQ500-Ⅳ-4Y	Y160L-6	10	895

注：提升机传动装置由 Y 型电动机、LQ 型圆柱齿轮减速器、联轴器以及传动零件组成，全部传动机件装设于提升机上部区段的传动平台上；传动装置中设有逆止联轴器，以防产生偶然事故（如突然停电）使提升机停车时，载物料的料斗及牵引构件向相反方向运动。

D 型斗式提升机外形图见图 5-27。D 型斗式提升机外形尺寸见表 5-49～表 5-51。

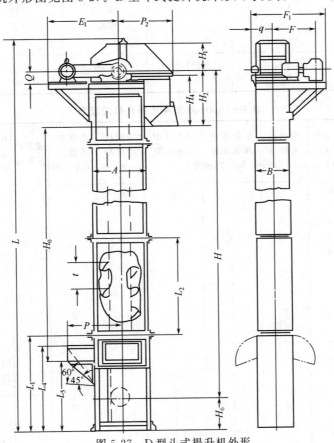

图 5-27　D 型斗式提升机外形

表 5-49　D 型斗式提升机各种型号尺寸　　　　　　单位：mm

提升机型号	L	L_1	L_2	L_4	L_5	H	H_1	H_2	H_4	H_5
D160		1750		1310	1050		453	800	700	530
D250	见表 5-51	1900	见表 5-51	1540	1250	见表 5-51	503	900	780	620
D350	由厂家定	1950	由厂家定	1770	1440	由厂家定	550	1100	980	650
D450		2300		2000	1630		650	1200	1060	800

提升机型号	H_0				A	B	P	P_2	q	t
	X_1J_1 制法	X_1J_2 制法	X_2J_1 制法	X_2J_2 制法						
D160	H-1320	H-1580	H-1350	H-1635	800	426	753	800	293	300
D250	H-1530	H-1820	H-1590	H-1880	1000	556	903	936	365	400
D350	H-1890	H-2220	H-1960	H-2290	1100	688	1004	1122	422.5	500
D450	H-2030	H-2400	H-2110	H-2430	1300	808	1154	1303	486	640

表 5-50　D 型斗式提升机各种传动装置尺寸表　　　　　单位：mm

提升机型号	传动装置制法	E_1	F	F_1	Q
D160	C_1	906	644	1060	165
D250	C_1	1281	769	1289	205
	C_2	1281	769	1289	205
	C_3	1256	831	1361	255
	C_4	1256	831	1361	255
D350	C_1	1352	888.5	1476	255
	C_2	1352	888.5	1476	255
	C_3	1358	908.5	1521	305
	C_4	1358	908.5	1521	305
D450	C_1	1470	986	637	255
	C_2	1458	1006	1682	305

表 5-51　D160 型斗式提升机成套表

提升机高度 H/m	成套料斗数量	输送皮带长度（包括接头附加量）/m	中间机壳数量 $L_2=2100$	K 制法中间机壳数量 $L_3=2100$	Z 制法中间机壳数量 $L_2=2100$	中间机壳数量 $L_2=1500$	中间机壳数量 $L_3=1200$	成套挡板数量	提升机轮廓高度 L/m	X_2J_2 制法不带传动装置的提升机最大质量 G_1/kg
4.82	36	11.44	1						5.803	907
5.42	40	12.6				1	1		6.403	969
6.02	44	13.8	1				1		7.003	1019
6.92	50	15.6	1	1					7.903	1102
7.52	54	16.8		1		1	1		8.503	1164
7.82	56	17.4		1		2		2	8.803	1200
8.42	60	18.6	1	1		1		2	9.403	1250
8.72	62	19.2		1		1	2	2	9.703	1283
9.32	66	20.4	1	1			2	2	10.303	1333
9.92	70	21.6	1	1				2	10.903	1391
10.22	72	22.2	2	1				2	11.203	1412
10.82	76	23.4	1	1				2	11.803	1473
11.72	82	25.2	1	1	1	1		2	12.703	1557
12.02	84	25.8	1	1	1	2	1	2	13.003	1586
12.62	88	27.0	2	1		1	2	2	13.603	1635
12.92	90	27.6	1	1	1	1		2	13.903	1668
13.22	92	28.2	3	1			2	2	14.203	1685
13.82	96	29.4	2	1	1	1		2	14.803	1744
14.12	98	30.0	2	1	1	2	1	2	15.103	1777
14.72	102	31.2	3	1	1		2	2	15.703	1825
15.02	104	31.8	3	1	1	1		2	16.003	1858
15.62	108	33.0	3	1	1		2	2	16.603	1916
15.92	110	33.6	3	1	1	1	1	2	16.903	1945
16.22	112	34.2	3	1	1	2		2	17.203	1970
16.82	116	35.4	4	1	1	1		4	17.803	2023
17.12	118	36.0	3	1	1	1	2	4	18.103	2056
17.72	122	37.2	4	1	1		2	4	18.703	2106
18.02	124	37.8	4	1	1	1	1	4	19.003	2135
18.62	128	39.0	5	1	1		1	4	19.603	2174
18.92	130	39.6	5	1	1			4	19.903	2213

续表

提升机高度 H/m	成套料斗数量	输送皮带长度(包括接头附加量)/m	中间机壳数量 $L_2=2100$	K制法中间机壳数量 $L_3=2100$	Z制法中间机壳数量 $L_2=2100$	中间机壳数量 $L_2=1500$	中间机壳数量 $L_3=1200$	成套挡板数量	提升机轮廓高度 L/m	X_2J_2制法不带传动装置的提升机最大质量 G_1/kg
19.22	132	40.2	3	2	1	1	2	4	20.203	2257
19.82	136	41.4	4	2	1		2	4	20.803	2307
20.12	138	42.0	4	2	1	1	1	4	21.103	2330
20.72	142	43.2	5	2	1		1	4	21.703	2379

（2）HL型斗式提升机　HL型斗式提升机技术性能见表5-52～表5-54。

表 5-52　HL型斗式提升机输送量性能

提升机的型号		HL300		HL400	
		S制法	Q制法	S制法	Q制法
输送量/(m³/h)		28	16	47.2	30
料斗	容量/L	5.2	4.4	10.5	10
	斗距/mm	500		600	
每米长度料斗及牵引链条质量/(kg/m)		24.8	24	29.2	28.3
牵引链条	型式	锻造环形链			
	圆钢直径/mm	18			
	节距/mm	50			
	破断负荷/kN	128			
料斗运行速度/(m/s)		1.25			
传动链轮轴转数/(r/min)		37.5			

注：表中的输送量对于S制法的料斗按填充系数 $\Psi=0.6$ 计算得出；对于Q制法之料斗按填充系数 $\Psi=0.4$ 计算得出；当填充系数 $\Psi=1$ 时，对于各种输送物料的最大许用高度 H 及相应的传动链轮轴上所需的功率 P_0 见表5-53。

表 5-53　HL型斗式提升机所需功率表

提升机型号		HL300				HL400			
		S制法		Q制法		S制法		Q制法	
		H/m	P_0/kW	H/m	P_0/kW	H/m	P_0/kW	H/m	P_0/kW
输送物料的堆积密度/(t/m³)	0.8	59	6.35	64	4.36	30	7.0	33	6.3
	1.0	52	7.55	60	5.12	27	7.6	30	7.0
	1.25	41	8.70	49	5.30	23	8.0	26	7.6
	1.6	31	9.70	39	5.30	18.5	8.4	22	8.2
	2.0	24	9.70	29	5.35	15	8.6	18	8.4

表 5-54　HL型斗式提升机传动装置型号表

提升机型号	传动装置制法	圆柱齿轮减速器		电动机		棘轮传动装置(模数×齿数)	传动装置质量/kg
		右装传动装置	左装传动装置	型号	功率/kW		
HL300	C_1	LQ400-Ⅳ-3Y	LQ400-Ⅳ-4Y	Y132M₂-6	5.5	6×18	638
	C_2	LQ400-Ⅳ-3Y	LQ400-Ⅳ-4Y	Y160M-6	7.5	6×18	710
	C_3	LQ500-Ⅳ-3Y	LQ500-Ⅳ-4Y	Y160M-6	7.5	6×15	892
	C_4	LQ500-Ⅳ-3Y	LQ500-Ⅳ-4Y	Y160L-6	10	8×15	907
HL400	C_1	LQ400-Ⅳ-3Y	LQ400-Ⅳ-4Y	Y132M₂-6	5.5	6×18	902
	C_2	LQ500-Ⅳ-3Y	LQ500-Ⅳ-4Y	Y160L-6	10	8×18	917

HL 型斗式提升机尺寸见表 5-55、表 5-56。

表 5-55 HL 型斗式提升机外形尺寸表 单位：mm

提升机型号	L	L_1	L_2	L_4	L_5	H	H_1	H_2
HL300	由厂家定	1950	由厂家定	2280	1300	由厂家定	600	1120
HL400		2300		2670	1630		654	1200

提升机型号	H_0				H_6	A	B	P	P_2	q	T
	X_1J_1 制法	X_1J_2 制法	X_2J_1 制法	X_2J_2 制法							
HL300	H-1770	H-2100	H-1840	H-2170	650	1200	638	1054	1172	401	500
HL400	H-2030	H-2400	H-2110	H-2480	800	1300	758	1154	1294	461	600

表 5-56 HL 型斗式提升机各种传动装置尺寸 单位：mm

提升机型号	传动装置制法	E_1	F	F_1	Q
HL300	C_1	1358	901	1467	265
	C_2	1358	901	1467	295
	C_3	1362	921	1512	295
	C_4	1362	921	1512	295
HL400	C_1	1470	961	1587	295
	C_2	1458	981	1632	295

（3）PL 型斗式提升机 PL 型斗式提升机技术性能见表 5-57～表 5-59。

表 5-57 PL 型斗式提升机输送量性能

提升机型号	PL250		PL350		PL450	
	$\Psi=0.75$	$\Psi=1$	$\Psi=0.85$	$\Psi=1$	$\Psi=0.85$	$\Psi=1$
输送量/(m³/h)	22.3	30	50	59	85	100
料斗 容量/L	3.3		10.2		320	
斗距(链接距)/mm	200		250		320	
每米长度料斗及链条质量/(kg/m)	36		64		92.5	
链长规格小轴直径(mm)× 节距(mm)×破断负荷(kN)	20×200×182		20×250×1820		24×320×256	
链轮齿数 传动链轮	8		6		6	
拉紧链轮	6		6		6	
料斗运行速度/(m/s)	0.5		0.4		0.4	
传动链轮轴转数/(r/min)	18.7		15.5		11.8	

表 5-58 PL 型斗机提升机传动链轮轴上所需功率

提升机型号		PL250				PL350				PL450			
		H/m		P_0/kW		H/m		P_0/kW		H/m		P_0/kW	
		$\Psi=0.75$	$\Psi=1$	$\Psi=0.75$	$\Psi=1$	$\Psi=0.85$	$\Psi=1$	$\Psi=0.85$	$\Psi=1$	$\Psi=0.85$	$\Psi=1$	$\Psi=0.85$	$\Psi=1$
输送物料的堆积密度/(t/m³)	0.8	36.0	32.0	2.6	3.0	33.0	31.5	4.32	4.82	32.0	30.0	8.5	9.1
	1.0	33.0	30.0	2.9	3.4	30.5	29.0	5.01	5.55	29.0	26.0	9.5	10.3
	1.25	31.0	27.0	3.4	3.9	28.0	26.0	5.74	6.31	26.0	23.0	10.6	11.3
	1.6	28.0	23.0	3.8	4.4	25.0	23.0	6.60	7.19	22.0	19.0	11.6	12.3
	2.0	24.0	20.0	4.3	4.8	22.5	20.5	7.40	7.95	19.0	15.0	12.5	13.1

表 5-59　PL 型斗式提升机传动装置型号

提升机型号	传动装置制法	圆柱齿轮减速器		开式齿轮传动装置				电动机		传动装置质量/kg
		右装能动装置	左装驱动装置	模数	总齿数	速比	齿数	型号	功率/kW	
PL250	C_1	LQ350-Ⅷ-3Y	LQ350-Ⅷ-4Y	12	96	5	100	Y112M-6	2.2	630
	C_2	LQ350-Ⅷ-3Y	LQ350-Ⅷ-4Y	12	96	5	100	Y132S-6	3.0	660
	C_3	LQ350-Ⅷ-3Y	LQ350-Ⅷ-4Y	12	96	5	100	Y132M_2-6	5.5	680
PL350	C_1	LQ400-Ⅵ-3Y	LQ400-Ⅵ-4Y	12	80	4	100	Y132S-6	3	700
	C_2	LQ400-Ⅵ-3Y	LQ400-Ⅵ-4Y	12	80	4	100	Y132M_2-6	5.5	721
	C_3	LQ400-Ⅵ-3Y	LQ400-Ⅵ-4Y	12	80	4	100	Y160M-6	7.5	793
	C_4	LQ500-Ⅵ-3Y	LQ500-Ⅵ-4Y	12	80	4	100	Y160L-6	10	1024
PL450	C_1	LQ400-Ⅴ-3Y	LQ400-Ⅴ-4Y	16	80	4	130	Y132M_2-6	5.5	1014
	C_2	LQ400-Ⅴ-3Y	LQ400-Ⅴ-4Y	16	80	4	130	Y160M-6	7.5	1100
	C_3	LQ500-Ⅴ-3Y	LQ500-Ⅴ-4Y	16	80	4	130	Y160L-6	10	1355
	C_4	LQ650-Ⅴ-3Y	LQ650-Ⅴ-4Y	16	80	4	130	Y200L_1-4	17	1955

注：同表 5-48。

　　PL 型斗式提升机外形与 D 型相同，见图 5-27，PL 型斗式提升机外形尺寸见表 5-60、表 5-61。

表 5-60　PL 型斗式提升机各种型号尺寸　　　　　　　单位：mm

提升机型号	L	L_1	L_2	L_3	H_0				H	H_2	H_6	A	B	P	q	t
					X_1J_1 制法	X_1J_2 制法	X_2J_1 制法	X_2J_2 制法								
PL-250	见样本	2150	1920	1630	H-1780	H-2070	H-1835	H-2125	由厂家定	800	650	1100	556	918	375	200
PL-350		2200	2070	1740	H-1890	H-2220	H-1155	H-2285		850	700	1050	886	941	557	250
PL-450		2670	2260	1890	H-2090	H-2460	H-2170	H-2540		950	750	1300	1008	1100	687	320

表 5-61　PL 型斗式提升机各种转动装置尺寸　　　　　　　单位：mm

提升机型号	PL250			PL350				PL450			
传动装置	C_1	C_2	C_3	C_1	C_2	C_3	C_4	C_1	C_2	C_3	C_4
E_1	1151	1151	1151	1106	1106	1106	1201	1288	1288	1440	1610
F	884	884	884	1093	1093	1093	1138	1285	1285	1325	1440
Q	205	205	205	255	255	255	305	255	255	305	325

　　（4）DT 系列斗式提升机　DT 系列斗式提升机采用全封闭机壳，设备运行时无物料外泄。提升输送链采用冲压板式链，分单链及双链两种布置形式，头部设置逆止器，逆止可靠。设备的进出料口、提升高度可根据工艺要求灵活设计。物料经设备进料口均匀地导入安装固定在做连续封闭运行的提升链上的料斗，将物料从机尾进料口处提升至机头出料口处排出，实现单点进料、单点重力式或混合式卸料。提升输送链采用重锤杠杆式自动张紧装置，保证提升链在运行中始终保持适度的张紧状态，使设备处于最佳运行状态。表 5-62、表 5-63 列出了 DT 系列产品的技术参数，其设备外形见图 5-28。

表 5-62　DT 系列斗式提升机主要技术参数

项目 \ 型号	DT16	DT25	DT30	DT45
	160	250	300	450
斗宽/mm	160	250	300	450
斗距/mm	200	200	305	400
斗容/L	1	3	8	20
输送能力/（m^3/h）	2～5	4～12	8～25	15～50
链速/（m/min）	6～20	6～20	6～20	6～20
链条节距/mm	100	100	152.4	200
链条输送形式	单排	单排	单排	双排

项目 \ 型号	DT16	DT25	DT30	DT45
提升高度/m	5～20	5～25	6～30	8～40
电机功率/kW	1.5～4	2.2～5.5	4～7.5	5.5～15
驱动装置安装形式	左、右装			
传动形式	链传动			
适用输送物料	堆积密度 $\rho \leqslant 2t/m^3$ 粉状、颗粒状、小块状磨琢性、半磨琢性或无磨琢性物料，如炼钢粉尘、铁烧粉尘、水泥、煤、砂石、锅炉灰渣等。			
适用粒度/mm	＜20	＜30	＜40	＜50
适用湿度/%	$\leqslant 10$			
适用温度/℃	$\leqslant 200$			

表 5-63　DT 系列斗式提升机外形尺寸及连接尺寸　　　　单位：mm

尺寸		型号	DT16	DT25	DT30	DT45
结构尺寸		B_1	800	970	970	1498
		B_2	890	1230	1230	1441
		B_3	390	440	490	791
		B_4	2000	2000	1920	2200
		B_5	1500	1700	1745	2000
		B_6	1150	1150	1150	1700
		B_7	800	1000	1000	1180
		B_8	1400	1300	1300	1550
		B_9	517.5	542.5	567.5	759.5
		H	头尾轮中心距（$H_6+H_9+H_{10}-H_4$）			
		H_1	3235	2735	2735	4474
		H_2	150	100	100	200
		H_3	100	190	190	100
		H_4	730	750	750	856
		H_5	1500	1500	1500	3626
		H_6	2400	2440	2440	3714
		H_7	3030	3030	3030	3030
		H_8	调整段高度由工艺要求定			
		H_9	$N\times3030+H_8$	$N\times3030+H_8$	$N\times3030+H_8$	$N\times3030+H_8$
		H_{10}	3000	2440	2440	3050
		H_{11}	1000	1100	1100	2630
		H_{12}	1250	1120	1120	1575
		H_{13}	2860	2860	2860	3200
进料口		a_1	120	118	118	160
		a_2	120	200	200	160
		a_3	300	300	300	400
		a_4	400	400	400	520
		n_1	12	12	12	12
出料口		b_1	130	118	118	155
		b_2	0	120	120	150
		b_3	200	300	300	400
		b_4	300	400	400	500
		b_5	130	135	135	140
		b_6	0	136	136	2×140
		b_7	200	300	350	500
		b_8	300	400	450	600
		n_2	8	12	12	14

尺寸	型号	DT16	DT25	DT30	DT45
安装尺寸	L_1	480	520	570	1020
	L_2	0	0	0	260
	L_3	0	260	285	250
	L_4	0	1310	1310	1570
	L_5	0	0	0	185
	L_6	490	437	437	600
	L_7	0	436	436	0
	d	25	25	25	23
	n_3	6	10	10	10

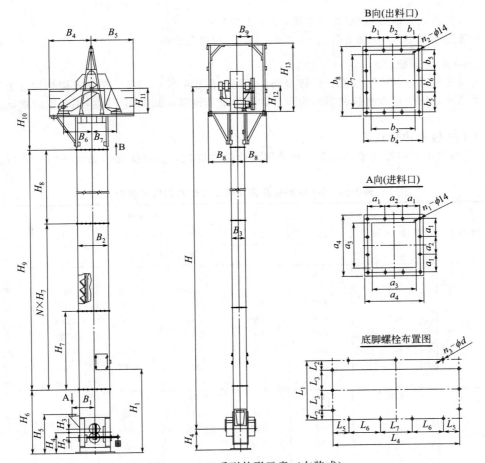

图 5-28　DT 系列外形示意（右装式）

3. 斗式提升机选用设计举例

【例 5-3】 已知煤粉量 $G=4.4\text{t/h}$；提升高度 $H=18\text{m}$；煤粉密度 $\rho=1\text{t/m}^3$。试选用 D 型斗式提升机。

解：（1）料斗的选择　按公式求出 $\dfrac{i_0}{a}$ 值，查表 5-43，取 $\Psi=0.9$；取料斗运行速度 $v=1\text{m/s}$，则

$$\frac{i}{a}=\frac{Q}{3.6\times v\times\rho\times\Psi}=\frac{4.4}{3.6\times1\times1\times0.9}=1.36\ (\text{L/m})$$

查表 5-44，因提升煤粉，故料斗采用 S 制法，

$$\frac{i_0}{a}=3.67 \text{ (L/m)}, \text{ 其中 } a=0.3 \text{ (m)}; i_0=1.1 \text{ (L)}$$

查表 5-45，$Q=8t/h>4.4t/h$。

（2）功率计算 驱动轴上所需的原动机功率，按公式计算得。

查表 5-45，$K_2=0.6$，$K_3=1.6$；查表 5-51，取 $H=18.02m$，则

$$P_0=\frac{Q \times H}{367}=(1.15+K_2 \times K_3 \times v)=\frac{4.4 \times 18.32}{367}(1.15+0.6 \times 1.6 \times 1)=0.46 \text{ (kW)}$$

电动机所需功率

$$p=\frac{P_0}{\eta} \times K'=\frac{0.46}{0.9} \times 1.25=0.64 \text{ (kW)}$$

根据计算查表，取 Y112M-6 型电机，$P=2.2kW$。

（3）确定成套型号 DI6-0-X_2J_1-K_1Z_1-C_1-18.32 右装提升机。

五、带式输送机

带式输送机是一种输送量大、运转费低、适用范围广的输送设备。按其支架结构分为固定式和移动式两种；按输送带材料类型分为胶带、塑料带和钢带，其中用于除尘工程以胶带输送机使用最多。

1. DT75 胶带输送机

DT75 型通用固定带式输送机是一种常用的胶带输送机，其输送能力见表 5-64，结构示意见图 5-29。

表 5-64 DT75 型通用固定带式输送机的输送能力

承载托辊形式	带速/(m/s)	带 宽 B/mm					
		500	650	800	1000	1200	1400
		输送量 G/(t/h)					
槽形托辊	0.8	78	131				
	1.0	97	164	278	435	655	891
	1.25	122	206	348	544	819	1115
	1.6	156	264	445	696	1048	1427
	2.0	191	323	546	853	1284	1743
	2.5	232	391	661	1033	1556	2118
	3.15			824	1233	1858	2528
	4.0					2202	2996
平形托辊	0.8	41	67	118			
	1.0	52	88	147	230	345	469
	1.25	66	110	184	288	432	588
	1.6	84	142	236	368	553	753
	2.0	103	174	299	451	677	922
	2.5	125	211	350	546	821	1117

注：表中的输送量是在物料密度 $r=10g/cm^3$、输送机倾角 0～7°、物料动堆积角为 30°的条件下计算的。

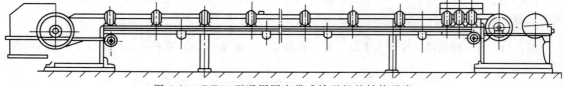

图 5-29 DT75 型通用固定带式输送机的结构示意

2. ZP60 胶带输送机

ZP60 型移动式胶带输送机主要用于高度有变化的物料输送，其外形如图 5-30 所示，规格性能见表 5-65。

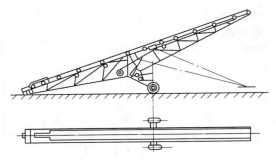

图 5-30　ZP60 型移动式胶带输送机

表 5-65　ZP60 型移动式胶带输送机规格性能

输送机长度/m		10	15	20
输送宽带度 B/mm		500	500	500
输送带速度/(m/s)		1.5	1.5	1.5
输送能力/(m³/h)		104	104	104
最大爬高/m		3700	5300	6960
最大倾角/(°)		19	19	19
拉紧行程/mm		300	300	300
走轮直径/mm		800	800	800
输送带层数/层		3	3	3
上胶厚度/mm		3	3	3
下角厚度/mm		1.5	1.5	1.5
电动机	功率/kW	2.2	4	5.5
	转速/(r/s)	24	24	24
总质量/kg		1280	1660	2420
外形尺寸	B/mm	500	500	500
	α/(°)	19	19	19
	L/mm	10000	15000	20000
	L_0/mm	10800	15800	20800
	D/mm	800	800	800
	h/mm	3700	5300	6960
	B_0/mm	1638	2038	2238
	B_1/mm	700	700	700

3. XD 型胶带输送机

XD 型携带式胶带输送机如图 5-31 所示，规格性能见表 5-66。

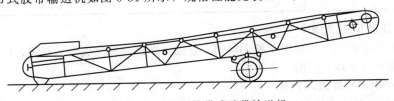

图 5-31　XD 型携带式胶带输送机

表 5-66　XD 型携带式胶带输送机规格性能

输送长度/m	5	7.2	10
输送带宽度/mm	400	400	400
输送带速度/(m/s)	0.8,1.0,1.25	0.8,1.0,1.25	0.8,1.0,1.25
输送能力/(m³/h)	20,24,30	20,24,30	20,24,30
输送最大高度/mm	1020	1150	1200
拉紧行程/mm	220	220	220
走轮直径/mm	400	400	400
走轮中心距/mm	800	800	800
胶带层数/层	3	3	3
上胶厚度/mm	3	3	3
下胶厚度/mm	1.5	1.5	1.5
电动滚筒型号	TDY 型 1.1kW	TDY 型 1.1 kW	TDY 型 1.1 kW
最大长度/mm	5450	7650	10450
最大宽度/mm	920	920	920
总质量/kg	316	450	542

4. TD75 型通用固定式胶带输送机

该产品由于输送量大、结构简单、维护方便、成本低、通用性强等优点而广泛用来输送散状物料或成件物品。根据输送工艺的要求，可以单机输送，也可多台或与其他输送机组成水平或倾斜的输送系统。其输送能力见表 5-67，外形见图 5-32。

表 5-67　TD75 型输送机能力表

承载托辊形式	带速/(m/s)	带宽 B/mm					
		500	650	800	1000	1200	1400
		输送量 Q/(t/h)					
槽形托辊	0.8	77	131				
	1.0	97	164	278	435	655	891
	1.25	122	206	348	544	819	1115
	1.6	156	264	445	696	1048	1427
	2.0	191	323	546	853	1284	1748
	2.5	232	391	661	1033	1556	2118
	3.15			824	1233	1858	2520
	4.0					2202	2996
平形托辊	0.8	41	67	118			
	1.0	52	88	147	230	345	489
	1.25	66	1.10	284	289	432	588
	1.6	84	1.42	236	368	553	758
	2.0	103	174	289	451	677	622
	2.5	125	211	350	546	821	2117

六、粉料装卸罐式汽车

气动粉料装卸罐式汽车主要用于粉尘运输，它能自动迅速地完成装卸任务，以减轻繁重的体力劳动，特别是可防止卸灰时的二次污染。

1. WHZ5090GSN 型罐式汽车

WHZ5090GSN 型罐式汽车技术性能见表 5-68，外形见图 5-33。

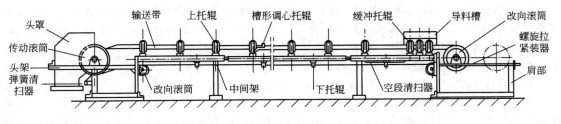

(a) 胶带输送机安装

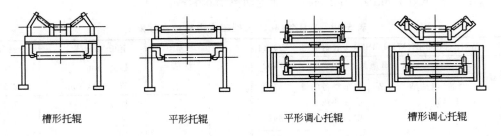

槽形托辊　　　　　平形托辊　　　　平形调心托辊　　　　槽形调心托辊

(b) 胶带输送机横断面

图 5-32　TD75 型输送机外形

表 5-68　WHZ5090GSN 型罐式汽车技术性能

型号	WHZ5090GSN(WH-QD5C)	底盘型号	EQ140J			
质量参数/kg	最大装载质量		4500	整车	全长/mm	6830
					总宽/mm	2430
	空载(包括油、水、备胎、工具)	整车整备质量	4650		高(空载)	2580
		前轴轴载	2100	罐体	装载容积/m³	4.5
		后桥轴载	2550		总长/mm	3950
	满载	最大总质量	9340		最大直径/mm	1450
		前轴轴载	2390	长度	轴距	前轴至后桥/mm	3950
		后桥轴载	6950			
性能参数	最高车速/(km/h)		85		轮距	前轴/mm	1810
	最大爬坡度/%		≥28			后轴/mm	1800
	最小转弯直径/m		<16		行驶角	接近角/(°)	38
	每百公里油耗/L		28			离去角/(°)	23
卸料性能	输送水平距离/m		5		最小离地间隙/mm	265
	输送垂直距离/m		15			
	平均卸料速度/(t/min)		>0.1	进料口	物料通过直径/mm	φ430
	剩余率/%		<0.4		中心距尾端距离/mm	2200
	最高工作压力/kPa		196			

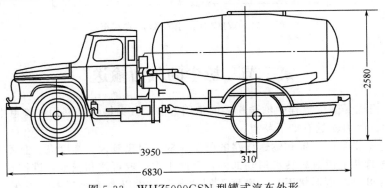

图 5-33　WHZ5090GSN 型罐式汽车外形

WHZ5090GSN 型罐式汽车利用压缩空气进行装卸粉尘，汽车可采用外接气源，亦可按要求配备空气压缩机。空压机技术性能如下：空压机 WB-4.8/2；型式为往复摆杆式空气压缩机；额定转速 1200r/min；排量 4.8m³/min；工作压力 196kPa（2kg/cm²）。

2. WHZ5140GSN 型罐式汽车

WHZ5140GSN 型罐式汽车技术性能见表 5-69，外形见图 5-34。

WHZ5140GSN 型罐式汽车利用压缩空气进行装卸粉尘，汽车可采用外接气源，亦可按要求配备空气压缩机。空压机技术性能如下：空压机 SLT45；型式为无油润滑滑片式压缩机；排量 45m³/min；工作压力 196kPa（2kg/cm²）；额定功率 1500r/min。

表 5-69 WHZ5140GSN 型罐式汽车技术性能

型号	WHZ5140GSN(WH144SN)	底盘型号	EQ144				
质量参数 /kg	最大装载质量		7400	整车	全长/mm	8188
	空载（包括油、水、备胎、工具）	整车整备质量	5700		总宽/mm	2430
		前轴轴载	1776		高（空载）/mm	2790
		中、后桥轴载	3924	罐体	装载容积/m³	7.2
	满载	最大总质量	13300		总长/mm	4500
		前轴轴载	2554		最大直径/mm	1700
		中、后桥轴载	10746	轴距	前轴至后桥中心/mm	4200
性能参数	最高车速/(km/h)		70		中桥中心至后桥/mm	1250
	最大爬坡度/%		18	轮距	前轴/mm	1810
	最小转弯直径/m		<20		中桥/mm	1800
	每百公里油耗/L		34		动桥/mm	1980
卸料性能	输送水平距离/m		5	行驶角	接近角/(°)	38
	输送垂直距离/m		15		离去角/(°)	27
	平均卸料速度/(t/min)		>1.1	最小离地间隙/mm		265
	剩余率/%		<0.4	进料口	物料通过直径/mm	φ430
	最高工作压力/kPa		196		中心距尾端距离/mm	3718

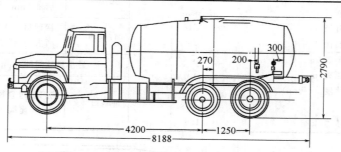

图 5-34 WHZ5140GSN 型罐式汽车

第三节 粉尘的气力输送

粉尘的气力输送是除尘工程中输送粉尘的常用方法。气力输送是利用在管道中流动的气流携带和输送物料的。气力输送有如下特点：

① 气力输送不受空间位置和输送线路的限制，输送距离较远，高度高，且不产生二次扬尘。

② 气力输送管路上没有旋转和活动部件，因此工作比较可靠和安全，维护管理工作量较小。

③ 气力输送可以输送形状不一、密度不同的各种粉尘以及氧化铝粉、刨花、型砂、粮食等

各种物料。

④ 气力输送系统中的弯管等构件容易磨损，设计中必须采取耐磨措施。

⑤ 气力输送装置所消耗的功率比机械输送装置高数倍。

气力输送粉尘与其他输送方式的比较见表5-70。

表 5-70　粉尘输送方式的比较

项　目	气力输送	螺旋输送机	刮板输送机
输送物飞扬	无	有可能	有可能
输送线路	自由	直线	直线或折线
分叉输送	自由	困难	困难
倾斜、垂直输送	自由	用于倾斜角小于20°	尚可
占建筑物空间	小	大	大
维修工作量	弯管磨损和堵料时维修	全面维修	全面维修
输送物最高温度/℃	400	<200	<80
输送物最大粒径/mm	30	50	40
单机输送距离/m	250	<30	<50
输送物残留	无	有	有

气力输送系统由给料器、输送管道、物料分离器和风机等部分组成。根据风机在系统中的位置和作用，气力输送系统分为正压输送和负压输送两种。根据单位体积气体输送固体颗粒物的数量多少，气力输送可分为稀相输送和浓相输送两类。

一、气力输送系统

1. 气力输送设计的一般程序

气力输送设计的一般程序如图 5-35 所示。根据系统难易程度和设计的要求条件，图中程序可以有所变化和增减。

2. 气力输送装置的型式

常用的粉尘气力输送装置有低压吸入式（见图 5-36）和低压压送式（见图 5-37）两种，其简要性能示于表 5-71。

3. 气力输送装置的主要部件

气力输送装置的主要部件有给料装置、输送管道、分离器（除尘器）和动力机械等。

（1）给料装置　给料装置的用途是将被输送的物料定量、连续或间断的供入输送管道。给料装置应结构简单、运行可靠、给料均匀。粉尘气力输送的给料装置有下列几种。

① 插板阀给料器。如图 5-38 所示，插板阀给料器其特点是本身不能起到均匀给料作用，所以在给料器前要加上助吹协助物料的输送。

② 回转式给料器。回转式给料器（见图 5-39）多用于正压式系统。回转式给料器可以连续输送，通过改变给料器转速可调节给料量，压力损失小，但结构不易做到严密。用于负压系统时在给料器上部的灰斗需加料位计，保持料封。

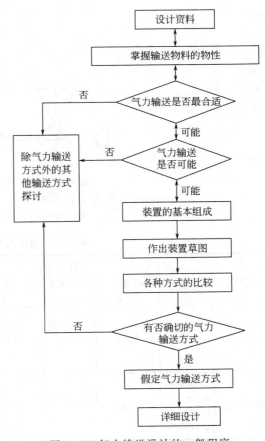

图 5-35　气力输送设计的一般程序

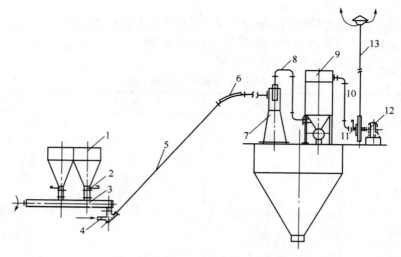

图 5-36 低压吸入式气力输送装置

1—储灰斗；2—调节闸门；3—螺旋给料器；4—喉管；5—输送管道；6—弯管；7—扩散式分离器；
8—排气管道；9—袋式除尘器；10—排气管道；11—风机入口闸门；12—风机与电机；13—排气管道

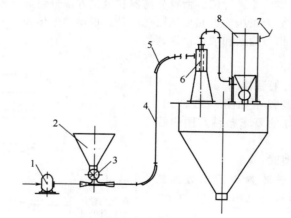

图 5-37 低压压送式气力输送装置

1—鼓风机（回转式）；2—储灰斗；3—回转式给料器；4—输送管道；5—弯管；
6—扩散式分离器；7—排气管道；8—袋式除尘器

表 5-71 粉尘气力输送装置的性能

型式	给料装置型式	技术性能			主要用途	特　　点
		输送量 /(t/h)	输送距离 /m	工作压力 /MPa		
低压吸入式	喉管	1～5	<100	−0.01～−0.02	小容量近距离输送	(1)可由几处向一处集中输送； (2)输送管道内负压，无灰尘飞扬； (3)给料装置结构简单，锁气器(卸灰阀)要求严密
低压压送式	喷射式给料器回转式给料器	5～10	<100	+0.05	中、小容量近距离输送	(1)可由一处向几处输送； (2)粉尘不经过风机，风机磨损小； (3)锁气器可以简单，给料装置、管道连接处等要求严密

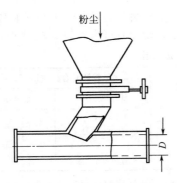

图 5-38　插板阀给料器

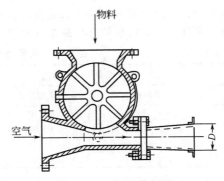

图 5-39　回转式给料器

③ 喷射式给料器。如图 5-40 所示，喷射式给料器无转动部件，下料口处于负压，安装位置亦较小，但压力损失较大，约占系统压力损失的 1/3～1/2。喷射式给料器在最佳输送状态时，喷嘴出口速度为音速的 3/5；喷嘴极易磨损，需用耐磨材料制造。

（2）输送管道　输送管道包括直管（水平、垂直或倾斜）和弯管，直管一般用水煤气管、无缝钢管或螺旋焊管。当输送管道直径比较大难以采用标准钢管时，也可采用钢板卷焊。

弯管为气力输送装置中最易磨损的部件，对于低压式系统，弯管的曲率半径 $R > 5D$（D 为输送管道直径）。为延长弯管使用寿命，可在弯管结构上局部采取耐磨措施。

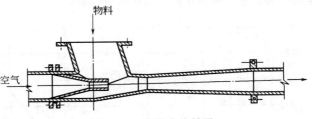

图 5-40　喷射式给料器

输送管道的布置一般可采用地面、架空或沿车间墙、柱敷设等形式，但应考虑便于管道的维修与更换，应使起止点间的管道长度为最短，并尽量减少弯管。输送高温粉尘的管道会产生应力，当自然补偿不能解决问题时，可在水平输送管道上加装填料式补偿器。

（3）分离器和除尘器　常用的分离器有重力式和离心式两种；当储灰仓容积较大时，可兼作重力分离器。使气力输送管道切向通入储灰仓时，储灰仓又可兼作离心分离器使用。

为保证气力输送系统排出的尾气达到排放标准，一般采用袋式除尘器或塑烧板除尘器作为末级净化。当吸送系统的真空度较高时，除尘器应注意其外壳强度和气密性。

（4）切换阀和卸尘阀　对于多分支管路和多台分离器，除尘器交替工作的系统的切换一般采用切换阀。

吸入式系统内为负压，分离器、除尘器卸料口不严将直接影响系统效率，因此，要求分离器、除尘器排灰口必须设置卸尘阀。一般可采用回转式、翻板式、双层卸尘阀。压送式系统内为正压，为使分离器、除尘器卸灰时不致扬尘，在卸灰口处应设置密封性好的卸尘阀。

（5）动力机械　气力输送系统采用 9-26 型高压离心通风机、D80 型高压鼓风机及罗茨鼓风机。采用罗茨鼓风机时应将鼓风机放在单独的房间内，并设置消声器。

4. 气力输送系统计算

（1）设计参数

1）粉尘颗粒的计算直径（d_c）　粉尘颗粒的直径在粉尘颗粒较细又不均匀时，应取粉尘的平均直径作为计算直径。当计算粉尘的平均直径有困难或粉尘粒径较大时，可用粉尘的最大直径作为计算直径。

2）质量混合比（m）　即单位时间内输送的粉尘质量 G_c（kg/h）与所需空气质量 G（kg/h）的比值，即

$$m = \frac{G_c}{G} \tag{5-37}$$

质量混合比与粉尘特性、输送系统型式和输送距离等因素有关，是计算气力输送装置的重要参数，应慎重选择。最可靠的办法是按试验或实践数据采取，设计时可参考表 5-72 采取。

表 5-72　几种常见物料的质量混合比

物料名称	质量混合比/(kg/kg)		物料名称	质量混合比/(kg/kg)	
	低压吸入式	低压压送式		低压吸入式	低压压送式
旧砂	1～4	4～10	石灰石	0.37～0.45	
干新砂	1～4	4～10	铁矿粉	0.8～1.2	
黏土	1～1.5	6～7	焦末		3～4
煤粉	1～1.5	6～7	石墨粉	0.3～0.85	

3）粉尘颗粒的悬浮速度（v_x）　烟尘和气体混合后在输料管中流动，烟尘受两种力的作用：一种是烟尘的重力，使烟尘下降；另一种是气流的压力，携带烟尘上升。当烟尘在输料管中既不下降，也不上升，并脱离管壁保持悬浮状态，其气流最小速度称为烟尘的悬浮速度。悬浮速度决定于烟尘的密度、几何形状、表面状态、气流密度和烟尘对气体的摩擦系数等。粉尘颗粒的悬浮速度，一般应通过试验或计算确定；为简化计算，可用线解图 5-41、图 5-42 求得球形颗粒的悬浮速度，然后用形状修正系数修正。即

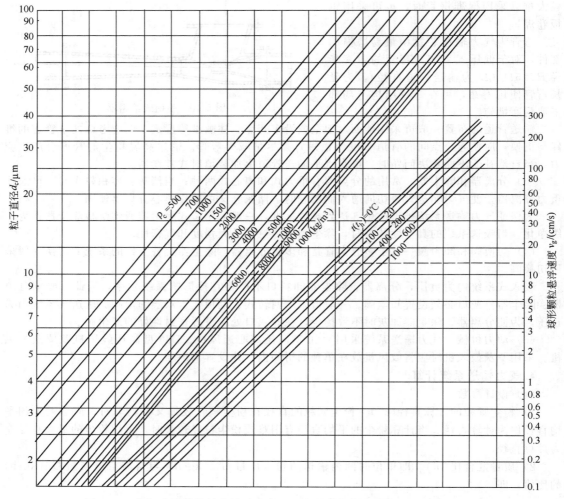

图 5-41　求解球形颗粒粉尘悬浮速度（v_g）的线解图（适用于 $d_c < 100\mu m$）

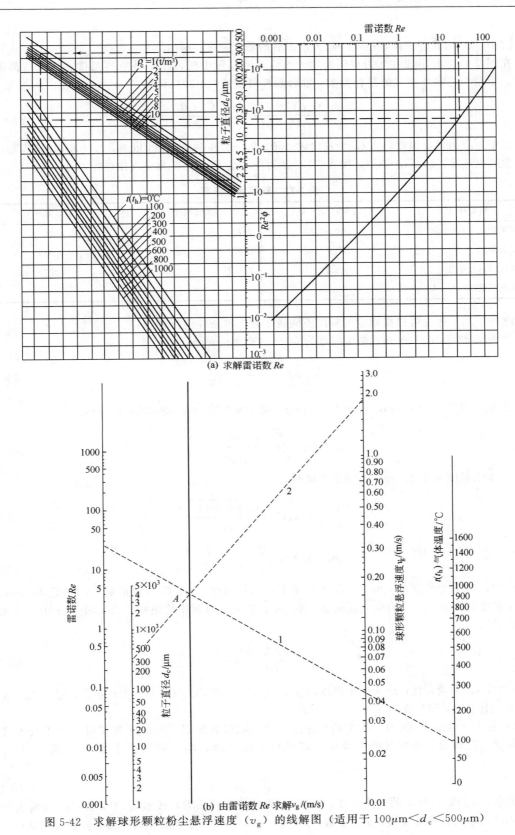

图 5-42　求解球形颗粒粉尘悬浮速度（v_g）的线解图（适用于 $100\mu m < d_c < 500\mu m$）

$$v_x = 0.6v_g \tag{5-38}$$

式中，v_g 为悬浮速度，m/s；v_x 为修正后的悬浮速度，m/s。

在图 5-41、图 5-42 中 t 为空气温度，当输送常温粉尘时，用室外空气温度；当输送高温粉尘时，用粉尘与室外空气的混合温度。混合温度可按式（5-39）计算：

$$t_h = \frac{G_c t_c C_c + G t_c}{G_c C_c + GC} = \frac{m t_c C_c + tC}{m C_c + C} \tag{5-39}$$

式中，t_h 为混合温度，℃；G_c 为粉尘输送量，kg/h；G 为空气量，kg/h；t_c 为粉尘温度，℃；C_c 为粉尘的比热容，kJ/(kg·℃)，按表 5-73；t 为空气温度，℃；C 为空气比热容，kJ/(kg·℃)。

表 5-73　粉尘的比热容

粉尘种类	C_c/[kJ/(kg·℃)]	粉尘种类	C_c/[kJ/(kg·℃)]
烧结矿粉 t_c=100～500℃	0.67～0.84	石灰	0.75
干矿石粉尘	0.80～0.92	镁砂	0.94
氧化铁(FeO)粉尘	0.72	白云石	0.87
三氧化二铁(Fe$_2$O$_3$)粉尘	0.63		

此外，悬浮速度可根据烟尘的粒度不同按下列 3 种条件进行计算：

① 烟尘粒度小于 70μm，烟尘密度为 $500\sim8000$kg/m³ 时，

$$v_g = C\frac{(\rho_s + \rho_B)\,d_s^2}{18\mu_B} \tag{5-40}$$

② 烟尘粒度大于 70μm，且小于 1.5mm，烟尘密度为 $500\sim8000$kg/m³ 时，

$$v_g = Cd_s\sqrt[3]{\frac{0.174\,(\rho_s + \rho_B)^2}{\mu_B\rho_B}} \tag{5-41}$$

③ 烟尘粒度大于 1.5mm 或烟尘结块时，

$$v_g = 5.42C\sqrt{\frac{d_s\,(\rho_s + \rho_B)}{\rho_B}} \tag{5-42}$$

$$\rho_B = 1.293\frac{273}{273+t}\times\frac{B}{101.3}$$

式中，v_g 为悬浮速度，m/s；d_s 为烟尘平均当量直径，m；C 为修正系数，取 C 为 0.6；ρ_s 为烟尘密度，kg/m³；ρ_B 为空气流密度，kg/m³；B 为空气流平均绝对压力，kPa；t 为空气流平均温度，℃。

$$t = \frac{m_s t_s C_s + t_B C_B}{m_s C_s + C_B} \tag{5-43}$$

式中，m_s 为混合比；t_s 为烟尘温度，℃；t_B 为空气温度，℃；C_s 为烟尘比热容，kJ/(kg·℃)；C_B 为空气比热容，kJ/(kg·℃)。

4) 粉尘的输送速度(v)　粉尘的输送速度可采取经验数据，当缺乏数据时，对于吸入式系统的始端（给料端）的空气速度及压送式系统末端（卸料端）的气流速度（v）按式（5-44）估算。

$$v = \alpha\sqrt{\rho_c} + \beta L_z^2 \tag{5-44}$$

式中，v 为输送粉尘的气流速度，m/s；α 为速度修正系数，按表 5-74 取值；ρ_c 为粉尘的密度，t/m³，取物料真密度值；β 为系数，$\beta=(2\sim5)\times10^{-5}$，干燥粉尘取小值，湿的、易成团的、

表 5-74　速度修正系数 α 值

物料种类	颗粒最大直径/mm	α
粉状物料	0.001～1	10～16
均匀的颗粒物料	1～10	16～20
均匀的块状物料	10～20	17～22

摩擦性大的粉尘取大值；L_z 为输送管道的折算长度，m，为输送管道（水平、垂直或倾斜）几何长度（ΣL）和局部构件的当量长度（ΣL_t）之和。

各种局部构件的当量长度见表 5-75～表 5-77。

表 5-75　$\alpha=90°$ 时弯管的当量长度 L_t

物料性质	R(D)/m			
	4	6	10	20
粉尘类		5～10	6～10	8～10
粒度相同的粒料		8～10	12～16	16～20
粒度不同的小块料	4～8		28～35	38～45
粒度不同的大块料			60～80	70～90

注：1. 密度大的物料取表中大值，密度小的物料取小值。

2. 当 $\alpha<90°$ 时表 5-75 数值按表 5-76 修正。

表 5-76　$\alpha<90°$ 时的当量长度修正值

度数/(°)	15	30	45	60	70	80
修正值	0.15	0.20	0.35	0.55	0.70	0.90

表 5-77　其他构件的当量长度

名　称	L_t/m	名　称	L_t/m
两路换向阀	8	金属软管	两倍软管长度
旋塞开关	4		

当输送管道总长不超过 100m 时，上式中的 βL_z^2 可不考虑。

按经验，常温粉尘的输送速度，一般不超过 20～25m/s，最大不超过 50m/s。

根据气力输送的规律，管道内的压力自给料端至卸料端逐渐降低，如管道直径不变，则风速沿管道将逐渐增加；对长距离输送，此现象更为严重。为减少能量消耗和管道磨损，对长距离输送的管路应该变径设计；管径变大后，风速不得低于输送速度。

(2) 系统的压力损失计算　气力输送装置的总压力损失可按式（5-45）计算：

$$\Delta p = \varphi(\Delta p_g + \Delta p_{gi} + \Delta p_t + \Delta p_m + \Delta p_w + \Delta p_j + \Delta p_L) \tag{5-45}$$

式中，Δp 为管路总压力损失，Pa；φ 为安全系数，取 1.1～1.2；Δp_g 为给料装置的压力损失，Pa；Δp_{gi} 为给料启动的压力损失，Pa；Δp_t 为物料提升的压力损失，Pa；Δp_m 为输送管道的摩擦阻力，Pa；Δp_w 为弯管的压力损失，Pa；Δp_j 为构件（分离器、除尘器）的压力损失，Pa；Δp_L 为净空气管道或排气管道的压力损失，Pa。

① 净空气管道或排气管道的压力损失（Δp_L）。净空气管道或排气管道的压力损失（Δp_L）为管道摩擦阻力 $[\Delta p_{(L)}]$ 和局部阻力 $[\Delta p_{s(z)}]$ 之和，可按除尘管道计算。

② 输送管道的摩擦阻力（Δp_m）

$$\Delta p_m = \Delta p_{(m)}(1 + Km) \tag{5-46}$$

$$K = 1.25D \frac{\alpha_1}{\alpha_1 - 1} \tag{5-47}$$

$$\alpha_1 = \frac{v}{v_x} \tag{5-48}$$

式中，Δp_m 为输送管道摩擦阻力，Pa；m 为质量混合比，kg/kg；K 为由试验确定的系数，当缺乏试验数据时，可按式（5-47）计算；$\Delta p_{(m)}$ 为净气管道摩擦阻力，Pa；D 为管道内径，m；α_1 为系数；v 为输送速度，m/s；v_x 为悬浮速度，m/s。

③ 给料装置的压力损失（Δp_g）

$$\Delta p_g = (c + m) \frac{\rho v^2}{2} \tag{5-49}$$

式中，Δp_g 为给料装置压力损失，Pa；c 为由给料装置型式确定的系数，按表 5-78 采取；m 为质量混合比，kg/kg；ρ 为气体的密度，kg/m^3；v 为输送物料气流速度，m/s。

表 5-78 系数 c 值

给料装置型式	c	给料装置型式		c
L 型喉管	4~5	吸嘴	物料由下向上	10
水平型喉管	5		物料由上向下	1
回转式给料管	1			

④ 物料启动的压力损失（Δp_{gi}）

对负压系统

$$\Delta p_{gi} = (1 + \beta_1 m) \frac{\rho v^2}{2} \tag{5-50}$$

对正压系统

$$\Delta p_{gi} = \beta_1 m \frac{\rho v^2}{2} \tag{5-51}$$

式中，Δp_{gi} 为物料运动的压力损失，Pa；β_1 为物料在输送管道内运动速度（v_c）与输送管道内气流速度（v）比值的平方，即

$$\beta_1 = \left(\frac{v_c}{v} \right)^2, \quad v_c \approx v - v_x$$

式中，其他符号意义同前。

⑤ 物料提升的压力损失（Δp_t）

$$\Delta p_t = 9.8 \frac{v}{v_c} m \rho h \tag{5-52}$$

式中，Δp_t 为物料提升压力损失，Pa；h 为物料的提升高度，m；其他符号同前。

⑥ 弯管的压力损失（Δp_w）

$$\Delta p_w = \xi (1 + K_w m) \frac{\rho v^2}{2} \tag{5-53}$$

式中，Δp_w 为弯管压力损失，Pa；ξ 为净空气管道弯管的局部阻力系数，按除尘管道计算中有关数据采取；K_w 为系数，按表 5-79 采取；其他符号意义同前。

表 5-79 系数 K_w 值

弯管布置形式	水平面内 90°①	由垂直转向垂直向上②	由垂直转向水平③	由水平转向下垂直④	由向下垂直转为水平⑤	
K_w	1.5	2.2	1.6	1.0	1.0	

⑦ 构件（分离器、除尘器）的压力损失(Δp_{j})。气力输送装置的分离器、除尘器的压力损失计算方法与除尘系统的除尘器相同，其阻力系数为：重力分离器，$\xi = 1.5 \sim 2.0$；离心分离器（座式分离器）$\xi = 2.5 \sim 3.0$；袋式除尘器 $\xi = 3.0 \sim 5.0$。

（3）动力设备的选择和功率计算

① 动力设备的选择。选择动力设备所依据的压力损失 Δp（Pa）应考虑输送气体温度，当地大气压力与标准状况不同，应加以修正。考虑到系统漏风和系统压力的变化，选用风机的风量和全压应比计算值大 10%～20%。

② 动力设备的功率计算

离心通风机（9-26 型）功率（P）

$$P = \frac{\Delta p Q_0}{3600 \times 102 \eta} \tag{5-54}$$

罗茨风机功率（P）

$$P = \frac{K Q_0}{3600 \times 102 \eta} \times 35000 \left[\left(\frac{\Delta p}{10^5} \right)^{0.29} - 1 \right] \tag{5-55}$$

式中，K 为容量安全系数；Q_0 为选择风机所依据的风量，$\mathrm{m^3/h}$；Δp 为系统计算压力损失，以绝对压力（Pa）代入；η 为风机绝热效率，$\eta = 0.7 \sim 0.9$。

（4）设计步骤

① 分析原始资料，掌握粉尘特性，如颗粒直径、密度、温度、流动性及含湿量等。

② 根据输送距离、提升高度、输送量和其他特点确定气力输送装置的形式。

③ 绘制系统布置草图。

④ 选定质量混合比（m）。

⑤ 计算空气量（G、Q）。

⑥ 计算粉尘颗粒的悬浮速度（v_{x}）。

⑦ 确定输送管道内气流速度（v），并计算管道直径（D）。

⑧ 确定分离器、除尘器型号。

⑨ 计算系统压力损失。

⑩ 计算动力设备功率并选定设备型号。

5. 气力输送选用设计举例

【例 5-4】 已知条件：除尘器收集下来的铁矿粉用气力输送装置输送，粉尘输送量 $G_{\mathrm{c}} = 3000\mathrm{kg/h}$；粉尘平均计算直径 $d_{\mathrm{c}} = 34.4\mu\mathrm{m}$；粉尘堆积密度 $P_{\mathrm{c}} = 3.89\mathrm{t/m^3}$；粉尘温度 $t_{\mathrm{c}} = 50\mathbb{℃}$；当地大气压力 $B = 101963\mathrm{Pa}$；空气温度 $t = 20\mathbb{℃}$；水平输送距离 $L = 108.7\mathrm{m}$（水平管 100m，倾斜水平投影长 8.7m）；提升高度 $h = 15\mathrm{m}$（倾斜管与水平夹角 60°）。系统布置如图 5-36 所示。计算系统压力损失，并选择风机。

解：（1）选定质量混合比（m） 由表 5-72 查得，负压式系统输送铁矿粉取 $m = 1.0\mathrm{kg/kg}$。

（2）空气量（G） 由式（5-37）得

$$G = \frac{G_{\mathrm{c}}}{m} = \frac{3000}{1.0} = 3000 \quad (\mathrm{kg/h})$$

（3）粉尘颗粒的悬浮速度（v_{x}） 因 $d_{\mathrm{c}} < 100\mu\mathrm{m}$，用图 5-41 求解 v_{g}，其中粉尘与空气的混合温度（t_{h}）用式（5-39）计算，由表 5-73 取粉尘比热容 $C_{\mathrm{c}} = 0.67\mathrm{kJ/(kg \cdot ℃)}$

$$t_{\mathrm{h}} = \frac{m t_{\mathrm{c}} C_{\mathrm{c}} + t C}{m C_{\mathrm{c}} + C} = \frac{1 \times 50 \times 0.67 + 20 \times 1}{1 \times 0.67 + 1} = 32\mathbb{℃}$$

混合温度下空气密度（ρ_{h}）

$$\rho_{\mathrm{h}} = 1.293 \frac{273}{273 + t_{\mathrm{h}}} \times \frac{B}{103323} = 1.293 \times \frac{273}{273 + 32} \times \frac{101963}{103323} = 1.15 \quad (\mathrm{kg/m^3})$$

由 d_{c}、ρ_{c}、t_{h}，从图 5-41 查得 $v_{\mathrm{g}} = 13\mathrm{cm/s}$，按式（5-38），得

$$v_x = 0.6 v_g = 0.6 \times 0.13 = 0.078 \ (\text{m/s})$$

(4) 确定输送管道内气流速度（v）及输送管道直径（D） 输送管道上弯管 $R/D=5$，$\alpha=60°$，当量长度由表 5-75 查得为 9，并按表 5-76 修正，则输送管道折算长度

$$L_z = L + l + \sum l_t = 100 + \frac{15}{\sin 60°} + 9 \times 0.55 \approx 122 \ (\text{m})$$

由表 5-74 取 $\alpha=10$ 并取 $\beta=2\times10^{-5}$、$\rho_c=3.89\text{t/m}^3$ 代入式（5-44）：

$$v = \alpha \sqrt{\rho_c} + \beta L_z^2 = 10\sqrt{3.89} + 2\times10^{-5}\times122^2 = 20 \ (\text{m/s})$$

计算输送管道内径

$$D = \frac{1}{5.31}\sqrt{\frac{G_c}{m\rho_h v}} = \frac{1}{53.1}\sqrt{\frac{3000}{1\times1.15\times20}} \approx 0.215 \ (\text{m})$$

取输送管道内径 $D=0.215\text{m}$，管道内气流速度：

$$v = \frac{G}{\rho_h \times 3600 \times 0.785 D^2} = \frac{3000}{1.15\times3600\times0.785\times0.215^2} \approx 20 \ (\text{m/s})$$

(5) 系统压力损失（Δp）

① 给料装置的压力损失（Δp_g）。选用 L 形喉管，由表 5-78 查得 $c=4.5$，由式（5-49）得：

$$\Delta p_g = (c+m)\frac{\rho v^2}{2} = (4.5+1.0)\times\frac{1.15\times20^2}{2} = 1265 \ (\text{Pa})$$

② 粉尘启动的压力损失（Δp_{gi}）

$$\beta = \left(\frac{v_c}{v}\right)^2 = \left(\frac{v-v_x}{v}\right)^2 = \left(\frac{20-0.078}{20}\right)^2 = 0.99，由式（5-50）得$$

$$\Delta p_{gi} = (1+\beta_1 m)\frac{\rho v^2}{2} = (1+0.99\times1.0)\times\frac{1.15\times20^2}{2} = 457.7 \ (\text{Pa})$$

③ 粉尘提升的压力损失（Δp_t） 由式（5-52）得

$$\Delta p_t = 9.8\frac{v}{v-v_x}m\rho h = 9.8\times\frac{20}{20-0.078}\times1.0\times1.15\times15 \approx 170 \ (\text{Pa})$$

④ 倾斜输送管道（与水平夹角 60°）的摩擦阻力（$\Delta p'_m$）

$$\lambda = K\left(0.0125 + \frac{0.0011}{D}\right) = 1.3\times\left(0.0125 + \frac{0.0011}{0.215}\right) = 0.0229$$

$$\alpha_1 = \frac{v}{v_x} = \frac{20}{0.078} \approx 256$$

$$K = 1.25D\frac{\alpha_1}{\alpha_1-1} = 1.25\times0.215\times\frac{256}{256-1} = 0.269$$

倾斜管道长度 $L_1 = 15/\sin60° \approx 17.3\text{m}$，将上值代入式（5-46）得

$$\Delta p'_m = \lambda\frac{L}{D}\frac{\rho v^2}{2}(1+Km)$$

$$= 0.0228\times\frac{17.3}{0.215}\times\frac{1.15\times20^2}{2}\times(1+0.269\times1.0) \approx 535 \ (\text{Pa})$$

⑤ 弯管的压力损失（Δp_w）。弯管 $R/D=5$，$\alpha=60°$，$\xi \approx 0.062$，并按表 5-79 取 $K_w=1.6$，代入式（5-53）：

$$\Delta p_w = \xi(1+K_w m)\frac{\rho v^2}{2} = 0.062\times(1+1.6\times1.0)\times\frac{1.15\times20^2}{2} \approx 37 \ (\text{Pa})$$

⑥ 水平输送管道的摩擦阻力（$\Delta p''_L$）。仍用式（5-46），得

$$\Delta p''_m = \lambda\frac{L}{D}\frac{\rho v^2}{2}(1+Km) = 0.0228\times\frac{100}{0.215}\times\frac{1.15\times20^2}{2}\times(1+0.269\times1.0)$$

$$\approx 3095 \ (\text{Pa})$$

⑦ 分离器、除尘器的压力损失（$\sum\Delta p$）。用 CLK 型旋风除尘器作为分离器，排气净化采用脉

冲袋式除尘器，压力损失均按除尘器（第四章）资料采用：分离器（CLK 型旋风除尘器）1030Pa；脉冲袋式除尘器 1373Pa。

$$\sum \Delta p_j = 1030 + 1373 = 2403 \text{（Pa）}$$

⑧ 排气管道的压力损失。排气管道的压力损失按除尘管道计算，按经验数据，每米排气管道（包括局部构件）压力损失 13～15Pa。排气管总长 23.5m，则

$$\Delta p_L = 15 \times 23.5 = 352.5 \text{（Pa）}$$

⑨ 系统总压力损失（Δp）

由式（5-45），取 $\varphi = 1.2$：

$$\Delta p = \varphi(\Delta p_g + \Delta p_{gi} + \Delta p_t + \Delta p_m + \Delta p_w + \Delta p_j + \Delta p_L)$$
$$= 1.2 \times (1265 + 457.7 + 170 + 535 + 37 + 3095 + 2403 + 352.5) \approx 9978 \text{（Pa）}$$

（6）风机和电机 选择风机所依据的风量和风压：

$$Q_0 = 1.15Q = 1.15 \frac{G}{\rho_h} = 1.15 \times \frac{3000}{1.15} = 3000 \text{（m}^3\text{/h）}$$

$$\Delta p_0 = \Delta p \frac{273 + t_h}{273 + 20} \frac{B}{103323} = 9978 \frac{273 + 32}{273 + 20} \cdot \frac{101963}{103323} \approx 10250 \text{（Pa）}$$

电动机功率由有关内容查得：

$$P = \frac{Q_0 \Delta p_0 K}{3600 \times 102 \times \eta \times \eta_{ST} \times 9.81} = \frac{3000 \times 10250 \times 1.15}{3600 \times 102 \times 0.595 \times 0.95 \times 9.81} = 17.4 \text{（kW）}$$

由此选用 9-19 型 No.7D 型高压离心风机，$Q = 3320\text{m}^3\text{/h}$，$\Delta p = 10500\text{Pa}$。

配用 Y180M-2 型电动机，$P = 22\text{kW}$。

二、仓式泵输送装置

1. 仓式泵输送装置的特点

仓式泵输送装置是另一种常用气力输送装置。仓泵输送系统，属于一种正压浓相气力输送系统，主要特点如下。

① 灰气比高，一般可达 25～35kg 灰/kg 气，空气消耗量为稀相系统的 1/3～1/2。

② 输送速度低，为 6～12m/s，是稀相系统的 1/3～1/2，输灰直管采用普通无缝钢管，基本解决了管道磨损、阀门磨损等问题。

③ 流动性好，粉尘颗粒能被气体充分流化而形成"拟流体"，从而改善了粉尘的流动性，使其能够沿管道浓相顺利输送。

④ 助推器技术用于正压浓相流态化小仓泵系统，从而解决了堵管问题。

⑤ 可实现远距离输送，其单级输送距离达 1500m，输送压力一般为 0.15～0.22MPa，高于稀相系统。

⑥ 关键件，如进出料阀、泵体、控制元件等寿命长，且按通用规范设计，互换性、通用性强。

浓相气力输送系统就是用较少量的空气输送较多的物料，被输送的物料在输送管道中呈集团流、栓状，流速为 6～12m/s。

浓相输送系统中，流态化仓泵（又称流态化传送器，见图 5-43）特点是：安全可靠、寿命长、

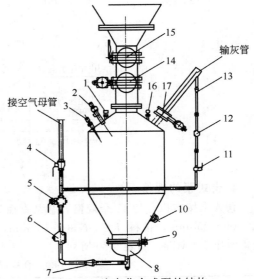

图 5-43 流态化仓式泵的结构

1—压力开关；2—安全阀；3—料位计；4—球阀 *DN*40；5—旋塞阀 *DN*40；6—二位二通截止阀；7—单向阀 *DN*40；8—气化室；9—流化盘；10—检查孔；11—旋塞阀 *DN*20；12—二位二通截止阀；13—单向阀；14—进料阀；15—检修蝶阀；16—压力表；17—出料阀

检修工作量少；结构简单、质量轻、占地面积小（可悬挂在灰斗上）；使物料充分流态化，形成"拟流体"，使物料具有良好的流动性，因而实现真正的浓相低速输送。理想的浓相流为栓状流动。

2. 仓式泵的结构

仓式泵的结构如图 5-43 所示，它由灰路、气路、仓泵体及控制等部分组成。流态化小仓泵的出口位于仓泵上方，采用上引式。它的优越性是灰块不会造成仓泵的堵塞。流态化小仓泵采用多层帆布板或宝塔形多孔钢板结构。压缩空气通过气控进气阀进入小仓泵底部的气化室，粉尘颗粒在仓泵内被流化盘透过的压缩空气充分包裹，使粉尘颗粒形成具有流体性质的"拟流体"，从而具有良好的流动性，它能将浓相输送，从而达到顺利输送的目的。

3. 仓式泵的工作过程

仓泵的工作过程分为 4 个阶段，即进料阶段、流化阶段、输送阶段和吹扫阶段，见图 5-44。工作过程形成的压力曲线如图 5-45 所示。

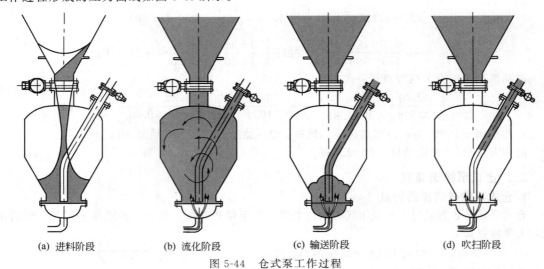

| (a) 进料阶段 | (b) 流化阶段 | (c) 输送阶段 | (d) 吹扫阶段 |

图 5-44　仓式泵工作过程

图 5-45　仓式泵工作过程压力曲线

4. 仓式泵的规格

仓式泵按容积分为 11 个规格，仓泵直径为 $\phi 800\sim 2600mm$，容积为 $0.25\sim 15m^3$，进料口为 $DN200\sim 250mm$，排料口为 $DN80\sim 150mm$，输送物料温度 $50\sim 400℃$，工作压力 $0\sim 0.25MPa$，设备耐压 $1.0MPa$。如表 5-80 所列。

表 5-80　仓式泵常用规格和基本尺寸　　　　　　　　　　　　单位：mm

型号	ϕ（直径）	S（壁厚）	H（高度）	DN_1（通径）	DN_2（通径）	公称容积/m^3
CT0.25	800	8	1180	200	80	0.25
CT0.50	900	8	1579	200、250	80	0.50
CT0.75	1004	8	1800	200、250	80、100	0.75
CT1.0	1004	8	2122	200、250	100、125	1.0

续表

型号	φ(直径)	S(壁厚)	H(高度)	DN₁(通径)	DN₂(通径)	公称容积/m³
CT1.5	1204	8	2246	200、250	100、125	1.5
CT1.75	1204	8	2466	200、250	100、125	1.75
CT2.5	1404	10	2611	200、250	125、150	2.5
CT4.0	1604	10	3088	200、250	125、150	4.0
CT6.5	1800	10	4287	200、250	125、150	6.5
CT10.0	2150	10	5200	200、250	125、150	10.0
CT15.0	2600	10	6200	200、250	125、150	15.0

5. 高压压送式气力输送系统设计计算

【**例 5-5**】　已知原始条件输送物料：铜密闭鼓风炉和转炉电收尘器烟尘；物料平均粒度 $10\mu m$；物料密度 $3300kg/m^3$；物料量 3t（8h 计）；物料温度 150℃；当地大气压力 100000 Pa；当地空气平均温度 20℃；水平输送距离 300m；垂直提升高度 12m。

解：计算如下：

（1）选用混合比为 7。

（2）选用 $\phi 1m$ 单仓空气输送泵 CT0.75 型，出口管直径为 80mm，有效容积为 $0.7m^3$，因每次吹送时间为 5min，其空气消耗量：

$$Q = \frac{0.7\rho_s}{m_s\tau_1\rho_B} = \frac{0.7\times1100}{7\times5\times1.2} = 18.3 \text{（m}^3\text{/min）}$$

单仓泵操作周期为 10min，则需操作时间：

$$\tau = \frac{G_s\tau'}{0.7\rho_s} = \frac{3000\times10}{0.7\times1100} = 39 \text{（min）}$$

（3）烟尘悬浮速度按式（5-43）计算，混合温度

$$\tau = \frac{m_sC_st_s+t_BC_B}{m_sC_s+C_B} = \frac{7\times0.2\times150+35\times0.24}{7\times0.2+0.24} = 133 \text{（℃）}$$

$$\rho_B = 1.293\times\frac{273}{273+133}\times\frac{100000}{101325} = 0.86 \text{（kg/m}^3\text{）}$$

压送系统平均压力 0.28kPa，其空气流密度为：

$$\rho'_B = \frac{p}{B}\rho_B = \frac{0.28}{0.10}\times0.86 = 2.4 \text{（kg/m}^3\text{）}$$

$$\mu_B = 2.37\times10^{-6}\text{kg}\cdot\text{s/m}^2$$

故 $u_t = C\frac{(\rho_s-\rho_B)\ d_s^2}{18\mu_B} = 0.6\times\frac{(3300-2.4)\times(10^{-5})^2}{18\times2.37\times10^{-6}} = 0.00463 \text{（m/s）}$

（4）管道输送速度和管直径取平均输送速度 $u_B = 21m/s$，则输送管到直径：

$$D = \sqrt{\frac{4Q\times1.2}{60\pi u_B\rho_B}} = \sqrt{\frac{4\times18.3\times1.2}{60\times3.14\times21\times2.4}} = 0.097 \text{（m）}$$

采用 $\phi 108\times5$ 无缝钢管，修正后的速度：

$$u_B = \frac{4\times18.3\times1.2}{60\times3.14\times(0.98)^2\times2.4} = 20.6 \text{（m/s）}$$

（5）系统压力损失

① 给料装置压力损失按经验取 $\Delta p_s = 0.1\text{MPa}$

② 烟气启动压力损失。因 $u_B \approx u_s$ 即 $\beta = 1$

$$\Delta p_{si} = \beta m_s \frac{\rho_B u_B^2}{2} = 1 \times 7 \times \frac{2.4 \times 20.6^2}{2} = 3565 \ （\text{Pa}）$$

③ 烟气提升压力损失

$$\Delta p_t = \frac{u_s}{u_B} m_s \rho_B h g = 1 \times 7 \times 2.4 \times 12 \times 9.81 = 1978 \ （\text{Pa}）$$

④ 弯管压力损失。弯管数 $n = 7$

$$\Delta p_w = 1.4 n m_s u_B g = 1.4 \times 7 \times 7 \times 20.6 \times 9.81 = 13863 \ （\text{Pa}）$$

⑤ 构件压力损失。根据经验取 $p_j = 3000\text{Pa} = 0.003\text{MPa}$

⑥ 输送管道摩擦压力损失。纯空气管道摩擦压力损失（绝对大气压）与构件压力损失之和：

$$p_z = B + \Delta p_j = 100000 + 3000 = 103000\text{Pa}$$

$$\lambda_B = k \left(0.0125 + \frac{0.0011}{D_B} \right) = 1.3 \times \left(0.0125 + \frac{0.0011}{0.097} \right) = 0.031$$

$$\Delta p_{Bm} = \sqrt{p_z^2 + 2 p_z \lambda_B \frac{l}{D_B} \frac{\rho_B u_B^2}{2}} - p_z$$

$$= \sqrt{103000^2 + 2 \times 103000 \times 0.031 \times \frac{300}{0.097} \times \frac{2.4 \times 20.6^2}{2}} - 103000 = 40759\text{Pa}$$

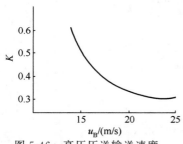

图 5-46　高压压送输送速度
与系数 K 关系

输送管道摩擦压力损失：

由图 5-46 查得 $K = 0.33$

$$\Delta p_m = \Delta p_{Bm} (1 + K m_s) = 40759 \times (1 + 0.33 \times 7) = 134912\text{Pa}$$

总压力损失：

$$p = \varphi (\Delta p_g + p_{gi} + \Delta p_z + \Delta p_w + \Delta p_j + \Delta p_m) + M$$

$$= 1.2 (0.1 + 0.00356 + 0.00198 + 0.0139 +$$

$$0.003 + 0.1349) + 0.05 = 0.359\text{MPa}$$

（6）供气设备选择　以上计算结果为：需要空气量 $18.3\text{m}^3/\text{min}$；总压力损失 0.359MPa，选用能满足上述两项要求的空压机 1 台。

三、风动溜槽

1. 风动溜槽的特点

当空气进入料层使之流化时，物料的安息角减小，流动性增加，呈现类似流体的性质。利用物料在倾斜槽中借助重力作用而流动的性质，以达到输送的目的，故称为风动溜槽，或简称斜槽。如图 5-47 所示。

风动溜槽具有以下优点：

① 操作方便，维修容易，除了风机之外，无运动件，不易堵塞，使用寿命长。

② 动力消耗小，在同等生产能力的条件下，动力消耗仅为螺旋输送机的 1%～3%。

③ 设备简单，生产能力大，可以远距离和水平变向输送。

风动溜槽缺点如下：

① 输送的物料有一定限制，只适用于各种干燥粉尘等容易流化的粉状物料，对于粒度大、含水多、易黏结的粉尘，不能用风动溜槽输送。

② 槽体配置受限制，只能在一定坡度下输送，垂直输送无能为力。

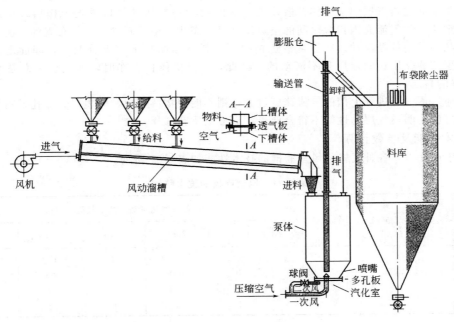

图 5-47　风动溜槽

2. 结构及工作原理

（1）结构　风动溜槽的主要构件有以下内容。

① 上下槽体。槽体一般用 2～3mm 钢板压制成矩形断面的段节，每节的标准长度为 2m，两端有扁铁制作的法兰。

② 透气层。透气层有帆布透气层和多孔板透气层两种。帆布透气层采用质地均匀的棉质 21 支纱 5×5 白色帆布（2# 工业帆布）三层缝合制成。多孔板透气层有陶瓷多孔板或水泥多孔板两种，可根据需要选用不同规格的多孔板。为确保上、下槽体和透气层接合面之间的密封性能良好，用厚度 3～5mm 的工业毛毡制成垫条，安装时置于连接法兰之间。

③ 进风口。进风口由圆柱形风管和矩形断面扩大口垂直相接组成。扩大口与下槽体的侧面相接，高压空气由此进入斜槽。

④ 进料口。进料口位于上槽体顶面，可以是矩形，也可以是圆形，根据供料设备的出料口形状确定。使用帆布透气层时，在进料口处的透气层下面应设置一段（长度比进料口略大）钢丝网或用 2mm 钢板制成的多孔板，用来承受物料的冲击力，防止帆布被冲凹或损坏。

⑤ 出料口。出料口可以是多个，末端出料的只需将槽体的末端与出料管相连接即可，中间出料口则位于上槽体的侧面，并配有插板挡料。

⑥ 截气阀。用于多路输送的斜槽本体之内，位于三通或四通处，阀板装在下槽体中；关闭阀板时起隔绝空气之用。

⑦ 窥视窗。位于上槽体侧面，用来观察槽内物料流动情况，一般装在进料和出料处。

⑧ 槽脚支架。用铸铁制成，由地脚螺栓固定在基础上（砖柱或钢支架），槽体卡装在槽脚支架上，可浮动伸缩。

（2）工作原理　风动溜槽及其中被输送物料的断面情况如图 5-48 所示。鼓风机鼓入的高压空气经过软管从进风口进入下

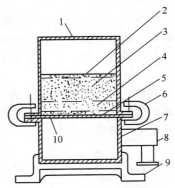

图 5-48　空气输送斜槽断面

1—上槽体；2—静化层；3—流动层；
4—气化层；5—固定层；6—卡子；
7—下槽体；8—进风口；9—支架；
10—透气层

槽体，空气能通过透气层向上槽体扩散，被输送的粉状物料从进料口进入上槽后，在透气层上面，具一定流速的气流充满粉粒之间的空隙使其呈流态化。由于斜槽是倾斜布置的，流态化的粉状物料便从高处向低处流动。在正常输送情况下，料层断面从下向上分四层，即固定层、气化层、流动层和静止层；固定层是不流动的。因此，在斜槽停止工作时，透气层上总是存有一层1~2cm 厚的料层。

如果通过透气层进入上槽的气流速度过大，则不能使物料气化，而表现为穿孔，物料就不能被输送。这就说明透气层的性能不符合要求，而必须重新选择。

3. 技术性能及参数计算

（1）生产能力　各种规格的风动溜槽的技术性能如表 5-81 所列。

表 5-81　风动溜槽的技术特性

槽宽/mm	生产率/(m³/h)	料层厚度/mm	在各种输送带宽下的空气流量/(m³/h)				
			10m	20m	30m	40m	50m
125	18	100	30	60	90	120	150
250	45	125	60	120	180	240	300
400	72	125	100	200	300	400	500
500	100	150	120	240	360	480	600

（2）参数计算　风动流槽风量确定以流态化临界速度为依据。起流速度需根据物料性质、颗粒尺寸等进行计算：

$$v_q = \frac{v}{d} Re \tag{5-56}$$

式中，v_q 为物料起流速度，m/s；v 为气体运动黏度系数，m²/s；d 为物料颗粒直径，m；Re 为雷诺数。

通常，表观速度是指风量与多孔板面积之比，用 v_b 表示，v_b 与起流速度 v_q 的关系是：

$$v_b = 1.4 v_q \tag{5-57}$$

风量则按式（5-58）计算：

$$Q = 0.36 v_b BL \tag{5-58}$$

式中，Q 为风动溜槽风量，m³/h；v_b 为表观速度，m/s；B 为风动溜槽宽度，cm；L 为风动溜槽长度，m。

气体压力应等于或大于多孔板与料层阻力之和。实验表明，流化床总阻力大约相当于单位孔板面积上的床层质量。根据风量与风压，可以选用合适的风机。

计算槽宽，首先要计算物料平均流速。流速与斜度有关，物料的平均流速可近似计算如下：

$$v_p = K h_L \rho_L \sin\phi \tag{5-59}$$

式中，v_p 为物料平均流速，cm/s；K 为系数，表征物料流动的难易，是风速的函数；ρ_L 为物料的体积密度，g/cm³；ϕ 为倾斜角度，(°)；h_L 为料层厚度，cm。

输送物料量：

$$G_L = 3.6 v_p B h_L \rho_L \tag{5-60}$$

槽宽：

$$B = \frac{G_L}{3.6 v_p h_L \rho_L} = \frac{G_L}{3.6 K h_L^2 \rho_L^2 \sin\phi} \tag{5-61}$$

式中，G_L 为输送物料量，kg/h；其他符号意义同前。

空气输送斜槽所需的风压一般在 3500~6000Pa 之间。帆布透气层取较低值，多孔板透气层或大规格、长度大时取较高值。一般情况下按5000Pa考虑。

（3）风机配置 风动溜槽均配用高压离心式鼓风机，如9-26型高压离心通风机。

槽宽度为250mm或315mm、长度达150m的斜槽配用1台风机；槽宽度为400mm、长度小于80m，或宽度为500mm、长度小于60m的槽需配用1台助吹风机；槽宽度为400mm、长度大于80m，或宽度为500mm、长度大于60m溜槽需配用2台助吹风机。

4.风动溜槽的常见故障及排除方法

风动溜槽最常见的故障是堵塞。其原因有下列几点。

① 下槽体封闭不好、漏风，使透气层上、下的压力差降低，物料不能流化。

② 物料含水分大（一般要求物料水分<1.5%），潮湿粉料堵塞了透气层的孔隙，使气流不能均匀分布，因此物料不能流化。

③ 被输送的物料中含有较多的（相对）密度大的铁屑或粗粒，这些铁屑或粗粒滞留在透气层上，积到一定厚度时，便使物料不能流化。

针对上述原因，处理办法如下。

① 检查漏风点，采取措施，例如增加卡子，或临时用石棉绳堵缝；严重时局部拆装，按要求垫好毛毡。

② 更换被堵塞的透气层，严格控制物料的水分。

③ 定时清理出积留在槽中的铁屑或粗粒。

第四节 粉尘的处理和回收

除尘器收集下来的粉尘大部分可以直接回收利用，另一部分要经过处理加以利用。不能够回收利用或者从技术经济考虑不回收利用时亦应妥善处理，避免粉尘的二次污染。

一、粉尘处理与回收设计注意事项

① 粉尘处理与回收时首先应根据工艺条件、粉尘性能、回收可能性等条件考虑，使粉尘重回生产系统。在不能直接回收时，通过输送、集中、处理，使粉尘间接回到生产系统中。例如，把除尘器下部的输灰装置直接纳入生产工艺过程，使粉尘回收利用。

② 除尘装置排出的粉尘一般应以干式处理为主，便于有用粉尘的回收利用。当粉尘采用湿式处理时，以适当加湿不产生污水为原则；如存在污水应设置简易、有效的污水处理装置，不可将污水直接排放。

③ 在除尘系统设计中，除按厂房内卫生标准及环境保护的排放标准，统筹考虑粉尘的处理方法，创造必要条件，防止粉尘的二次污染。

④ 选择粉尘处理设备应注意其简单、可靠、密闭，避免复杂和泄漏粉尘。

二、粉尘的加湿设备

常用的粉尘加湿设备有圆筒加湿机和螺旋加湿机等，圆筒加湿机运行可靠，加湿均匀，不易堵塞，但设备外形尺寸大；螺旋粉尘加湿机外形尺寸较小，但叶片易堵塞并磨损较快。

1.圆筒加湿机

圆筒加湿机的生产能力主要由混合时间和充填率决定，混合时间由式（5-62）计算：

$$t = \frac{L}{0.105Rn\tan(2\alpha)} \tag{5-62}$$

式中，t 为混合时间，s；L 为圆筒加湿机筒长，m；R 为圆筒加湿机半径，m；n 为圆筒加湿机转速，r/min；α 为圆筒加湿机安装角度，(°)。

混合时间，一般以 $60\sim70$s；安装角度，一般以 3°为宜。圆筒加湿机充填率按式（5-63）计算：

$$\varphi = \frac{Gt}{3600V\rho} \times 100 \tag{5-63}$$

将 $V = \pi R^2 L$ 代入式（5-63），得：

$$\varphi = \frac{Gt}{11310R^2 L\rho} \times 100 \tag{5-64}$$

式中，φ 为加湿机充填率，%；G 为圆筒加湿机处理粉尘量，t/h；V 为圆筒加湿机筒体积，m³；ρ 为粉尘的堆积密度，t/m³。

粉尘加湿混合时，充填率一般为10%。

生产能力由式（5-65）计算：

$$G = 1187.5R^3 n\rho\varphi\tan(2\alpha) \tag{5-65}$$

式中，符号意义同前。

圆筒加湿机的规格和性能见表5-82。

圆筒加湿机外形见图5-49，尺寸见表5-83。

表 5-82　圆筒加湿机的规格和性能

型号	规格直径×长度	圆筒 n/(r/min)	粉尘处理量 Q/(t/h)	安装角度 α/(°)	供水量/(t/h)	供水压力/MPa	摆线针轮减速机				总质量/t
							型号	速比	电机功率/kW	电机转数/(r/min)	
YS10	ϕ1000×3400	8.8	<15	3	1~2	0.1~0.2	BWD11-5-43	43	11	1500	3.4
YS12	ϕ1200×4000	9.8	15~30	3	3~4	0.1~0.2	BWD15-5-35	35	15	1500	4

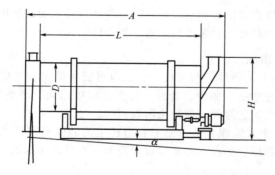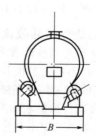

图 5-49　圆筒加湿机外形

表 5-83　圆筒加湿机外形尺寸表

规格直径×长度/mm	圆筒直径 D/mm	圆筒长度 L/mm	外形尺寸/mm		
			A	B	H
ϕ1000×3400	1000	3400	4550	1450	1800
ϕ1200×4000	1200	4000	5400	1550	1800

2. YS 型粉尘加湿机卸灰机

YS 型粉尘加湿卸灰机是通过滚筒旋转，以达到加湿卸灰、防止二次扬尘的目的。该系列设备有如下特点：①不易粘灰、不堵灰、性能稳定、运行可靠、使用寿命较长；②根据粗、细灰亲水性的差异，分为 C 型、X 型两类产品，均能达到防止二次扬尘的目的。

YS 型粉尘加湿机应用于冶金、发电厂、建材、供热等部门的重力除尘，旋风除尘、袋式除尘及电除尘装置的粉尘排放，防止二次扬尘污染。

（1）性能参数　YS 型加湿机性能见表5-84。

表 5-84　YS 型加湿机性能参数

型号	卸灰量 /（m³/h）	喷水量 /（L/min）	供水压力 /MPa	送料电机 功率/kW	卸灰电机 功率/kW	水泵电机 功率/kW	适用温度 /℃	质量/t
YS-70X	15～25	35	0.5～0.6	2.2	7.5	7.5	≤300	3.2
YS-80C	40～50	80	0.5～0.6	2.2	7.5	7.5	≤300	5.5
YS-80X	30～40	80	0.5～0.6	2.2	7.5	7.5	≤300	6.5
YS-100C	70～120	125	0.5～0.6	4	11	11	≤300	7.7
YS-100X	60～100	125	0.5～0.6	4	11	11	≤300	8.9

注：C 型设备适用于重力除尘灰，旋风除尘灰，X 型适用于布袋、电除尘灰；喷水量根据介质不同做相应的变动。

（2）YS 型外形加湿机外形尺寸　YS 型加湿机主要外形尺寸见图 5-50 和表 5-85，加湿机管路连接方式见图 5-51。

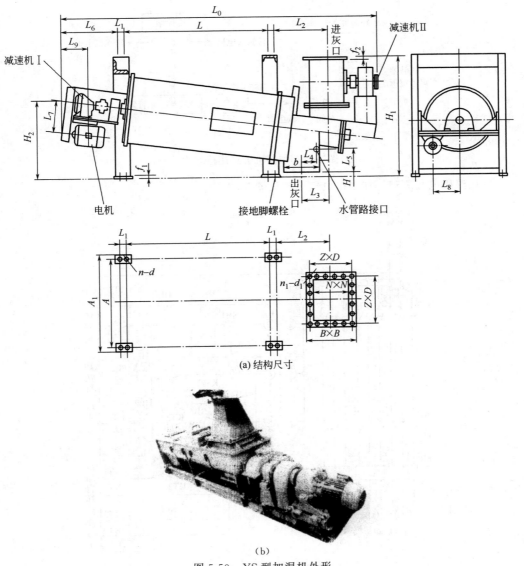

(a) 结构尺寸

(b)

图 5-50　YS 型加湿机外形

表 5-85　YS 型加湿机外形尺寸　　　　　　　　　　　单位：mm

型号	A	A_1	L_0	L	L_1	L_2	L_3	L_4	L_5	L_6	L_7	L_8	L_9	H	H_1
YS-70X	950	1050	3160	1320	75	668	280	178	220	590	390	183	270	60	1250
YS-80C	1090	1190	3021	1700	75	672	328	190	262	240	390	183	270	60	1350
YS-80X			3560							750				60	1400
YS100$_x^c$	1296	1400	4253	2300	127	864	450	248	252	580	456	63.5	400	60	1700

型号	H_2	f_1	f_2	$B \times B$	$N \times N$	$Z \times D$	$n\text{-}d$	$n_1\text{-}d_1$	水管路接口
YS-70X	770	15	16	520×520	300×300	5×97	8ϕ23	20ϕ18	DN40
YS-80C	1070	15	16	520×520	300×300	5×97	8ϕ23	20ϕ18	DN40
YS-80X									
YS100$_x^c$	1290	20	20	520×520	380×380	4×116	8ϕ23	20ϕ18	DN50

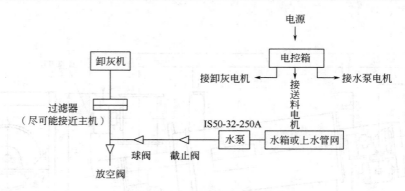

图 5-51　加湿机管路连接方式

（3）加湿机电气原理　加湿机电气原理见图 5-52。

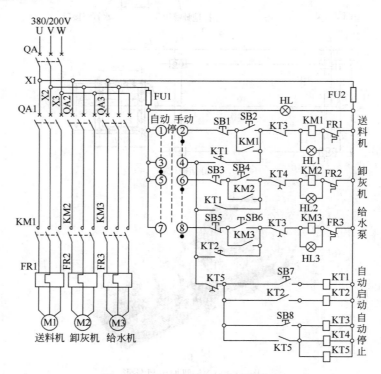

图 5-52　YS 型加湿机电气原理图

（4）加湿机使用注意事项　a.转运部位都装有油嘴，使用时请定期加注润滑脂；b.要保持料仓下灰顺畅，不得反复出现结拱现象。根据气温情况，酌情考虑供水管路及整机保温；c.加湿机在运行过程中发生停电停机时，应及时将搅拌桶内积灰清除干净，防止下次启动时困难；d.供水管路中应在最低点安装泄水用阀门，以防存水冻结；供水管路中应安装球阀，截止阀各一个；为防止杂质堵塞喷嘴，应在水管路中加过滤器；e.设备严禁湿灰进入。

3. YJS 型加湿机

YJS 型加湿机采用双轴螺旋搅拌方式，使加湿更均匀，对保护环境、防止粉尘在装卸运输过程中的二次飞扬有良好的效果。其性能见表 5-86，其设备外形尺寸见图 5-53、表 5-87。电控原理见图 5-54。

表 5-86　YJS 型系列加湿机技术参数

项目	YJS250 型	YJS300 型	YJS350 型	YJS400 型	YJS450 型
生产能力/（m³/h）	15	20	30	40	50
加湿方法	双轴螺旋式搅拌				
电机参数	7.5kW×380V ×4p×1/30	11 kW×380V ×4p×1/30	15 kW×380V ×4p×1/30	18.5 kW×380V ×4p×1/30	22 kW×380V ×4p×1/30
平均加水量/（m³/h）	2.2～3.7	3.7～4.5	4.5～7.5	7.5～12.5	12～20
粉尘加湿后平均含水量/%	15～25				
水压范围/MPa	0.4～0.6				
水管接口尺寸/mm	DN25	DN25	DN25	DN25	DN25
配套旋转阀号	YXD200	YXD250	YXD250	YXD300	YXD350
旋转阀电气参数	0.55kW×380V ×50Hz	0.75kW×380V ×50Hz	0.75kW×380V ×50Hz	1.1kW×380V ×50Hz	1.5kW×380V ×50Hz

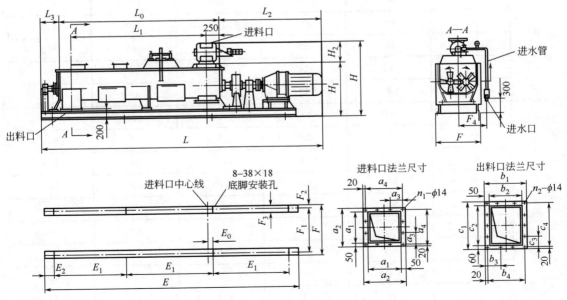

图 5-53　YJS 型加湿机外形示意

表 5-87　YJS 型加湿机外形尺寸及连接尺寸表　　　　　　单位：mm

尺寸	型号	YJS250	YJS300	YJS350	YJS400	YJS450
结构尺寸	L	3450	4636	5196	6350	6900
	F	560	760	860	960	1000
	H	1060	1170	1580	1880	2080
	L_0	1750	2500	2750	3750	3800
	L_1	1500	2000	2500	3450	3400
	L_2	1400	1856	2136	2300	2740
	L_3	300	280	340	340	360
	H_1	640	760	1000	1400	
	F_1	510	700	800	900	940
	F_2	25	30	30	30	30
	F_3	53	65	65	75	75
	F_4	420	460	550	650	725
地脚孔	E	3300	3980	4700	6095	6331
	E_0	100	100	40	0	471
	E_1	1000	1280	1500	1900	1500
	E_2	150	70	100	325	131
	d	17	22	22	28	28
进料口	a_1	200	300	300	400	500
	a_2	300	400	100	520	600
	a_3	130	120	120	120	140
	a_4	260	360	360	480	560
	d_1	14	14	14	14	14
	n_1	8	12	12	16	16
出料口	b_1	300	400	460	520	600
	b_2	200	300	360	400	500
	b_3	130	120	140	120	140
	b_4	260	360	420	430	560
	c_1	370	520	600	720	700
	c_2	250	400	500	600	600
	c_3	165	160	140	136	110
	c_4	330	480	560	630	660
	d_2	14	14	14	14	14
	n_2	8	12	14	18	20

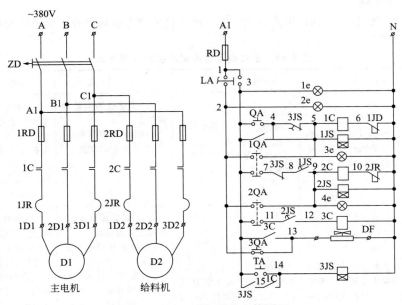

图 5-54　YJS 型加湿机电控原理

三、粉尘的处理方式

1. 湿式处理方式

除尘器排出的粉尘有湿式尘泥（含尘污水），处理方式见表 5-88。

表 5-88　湿式除尘器排出的尘泥（含尘污水）处理方式

处理方式	内容	适用条件	主要特点	设计注意事项
就地纳入工艺流程	除尘器排出的含尘污水就地纳入湿式工艺流程	允许就地纳入工艺流程时,应优先采用	(1)不需专设污水处理设施; (2)维护管理简单; (3)粉尘和水均能回收利用	对易结垢的粉尘应尽可能采用明沟输送,不能采用明沟输送时,管路上应有防止积灰和便于清理的措施
集中纳入工艺流程	将各系统排出的含尘污水集中于吸水井内,然后用胶泵输送到湿式工艺流程中	允许集中纳入工艺流程时,应优先采用	(1)污水处理设备较少; (2)维护管理较简单; (3)粉尘和水均能回收利用	(1)对易结垢的粉尘应尽可能采用明沟输送,不能采用明沟输送时,管路上应有防止积灰和便于清理的措施; (2)需考虑事故排放措施
集中机械处理	将全厂含尘污水纳入集中处理系统,使粉尘沉淀、浓缩,然后用机械设备将尘泥清出,纳入工艺流程或运往他处	大、中型厂矿除尘器数量较多,含尘污水量较大时采用	(1)污水处理设施比较复杂; (2)可集中维护管理,但工作量较大	(1)对易结垢的粉尘应尽可能采用明沟输送,不能采用明沟输送时,管路上应有防止积灰和便于清理的措施; (2)需考虑事故排放措施; (3)清理出的尘泥含水量过高,必要时应增加脱水设备
分散机械处理	除尘器本体或下部集水坑设刮泥机等,将输出的尘泥就地纳入工艺流程或运往他处	除尘器数量少,但每台除尘器在排尘量大时采用	(1)刮泥机需经常管理和维修; (2)除尘器输出的尘泥可就地处理	(1)采用链板刮泥机时,应根据粉尘性质和数量,合理地确定刮板宽度和运行速度等; (2)净化有腐蚀性的含尘气体时,不宜采用刮泥机

2. 干式处理方法

除尘工程遇到的粉尘处理以干式为主。粉尘的干式处理有就地回收、集中处理和湿式处理三种方法，详见表 5-89。

表 5-89 干式除尘器排出粉尘的处理方式

处理方式	内　容	适 用 条 件	主 要 特 点	设计注意事项
就地回收	直接将除尘器排出的粉尘卸至料仓或胶带机等把粉尘返回生产设备中	除尘器排出的粉尘具有回收价值，并靠重力作用能自由下落到生产设备内时采用	(1)不需设粉尘处理设施； (2)维护管理简单； (3)易产生二次扬尘	(1)排尘管的倾斜角度必须大于物料的安息角； (2)粉尘以较大落差卸至胶带运输机等非密闭生产设备时，为减少二次扬尘，卸尘点应密闭，并将卸尘阀设在排尘管的末端
集中处理	利用机械或气力输送设备将各除尘器卸下的粉尘集中到预定地点集中处理	除尘设备卸尘点较多，卸尘量较大，又不能就地纳入工艺流程回收时采用	(1)需设运输设备，一般应设加湿设备； (2)维护管理工作量较大； (3)集中后有利于粉尘的回收利用； (4)与就地回收相比，二次扬尘容易控制	(1)尽量选择产生二次扬尘少的运输设备； (2)除尘器向输送设备卸尘时，应保持严密，并设贮尘仓和卸灰阀；卸灰阀应均匀，定量卸料并与输送设备的能力相适应； (3)在输送或回收利用过程中，如产生二次扬尘时应进行加湿处理
湿法处理	除尘器排下的粉尘进入水封，使之成为泥浆，而后输送到预定地点集中处理	见表 5-88 集中纳入工艺流程中集中机械处理	(1)无二次扬尘，操作条件好； (2)见表 5-88 集中纳入工艺流程和集中机械处理	(1)为使粉尘和水均匀混合，对亲水性较差的粉尘，宜在除尘器灰斗或排尘管内给水； (2)见表 5-88 集中纳入工艺流程和集中机械处理

四、储灰仓

储灰仓（储灰罐）是除尘输灰系统中储存粉尘的必备装置，由设备本体及辅助设备组成。设备本体包括灰斗、筒体、框架、梯子平台、气固分离装置、防棚灰装置、料位计等；辅助设备包括插板阀、卸灰阀、粉尘吸引装置、加湿机和运尘车等。

1. 设计储灰仓的要点

① 储灰仓的储灰量按 24～48h 粉尘来量计算，或按运尘车 1～2 次运输尘量确定。

② 储灰仓一般设计成圆筒形，其高度大致与直径相等，对松散粒状粉尘，灰仓可高些，对密度大、黏度大、颗粒微细的粉尘灰仓可矮些。

③ 储灰仓的灰斗夹角视粉尘安息角而定；灰斗夹角一般应比粉尘安息角小 2°～5°。

④ 运尘车用真空吸尘车时储灰仓下部应配置 XY15J 型吸引装置，运尘车用罐式卡车时储灰仓下部应配置 3GY 型粉尘无尘卸灰时，以避免粉尘飞扬污染环境，用卸灰阀直接往运尘车卸灰时，在卸灰阀四周应设吸尘罩。

⑤ 测量储灰仓尘量多少的料位计应装 2 个（1 个高料位计和 1 个低料位计），料位计种类有电容式、阻旋式、振棒式等。

⑥ 防棚灰装置有空气炮和振打电机两种，对黏而细的粉尘以选空气炮为宜。

⑦ 气固分离装置可采用简易手动袋式除尘器，过滤面积 10m² 左右，如果没有气固分离装置，必须在上部安装排气管道，并接入除尘管道中。

2. HC 系列储灰仓技术规格

根据除尘系统粉尘回收量的大小，设计或选用合适的储灰仓容积，表 5-90 和表 5-91 列出了无锡雪浪输送机械有限公司设计制造的 HC 系列产品规格，它们的外形示意见图 5-55。该系列储灰仓由储灰斗、灰斗支架、仓顶除尘器、料位计、振打电机（或空气炮）、检修插板阀等组成。

表 5-90　HC 系列储灰仓规格表

项　　目	HC3017	HC3220	HC3525	HC3536	HC3748
直径 ϕD/mm	3000	3200	3500	3500	3700
储灰能力/m³	17	20	25	36	48
锥筒体高 H_1/mm	3200	3200	3500	3500	3700
直筒体高 H_2/mm	2200	2200	2450	3300	3300

表 5-91　HC 系列储灰仓配套的电器参数

项　　目	上料位仪	下料位仪	振动电机
电源电压	220V，50Hz	220V，50Hz	380V，50Hz
功率	4W	4W	0.37～1.5kW

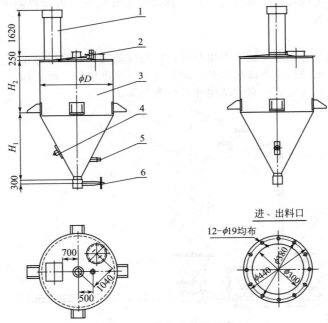

图 5-55　储灰仓外形示意

1—仓顶除尘器；2—上料位计；3—储灰斗；4—振动电机；5—下料位计；6—检修插板阀

3. 储灰仓配套附属仪表和设备

（1）料位计　设置料位计的目的是为了与粉尘输送系统进行连锁，避免储灰仓粉尘发生空仓和满仓现象。储灰仓料位计的设计和选型应与仪表专业配合，根据所选用的料位计型号不同，其信号传送可分为：连续检测料位的 4～20mA 模拟信号；上、下料位检测的 ON/OFF 开关信号。采用简易形式的袋式除尘器，不设风机，除尘器的清灰靠人工完成。

（2）振打电机　料仓振动防闭塞装置的关键设备是可调激振力的 YZS 型振打电机，该类电机作为激振源防闭塞装置，可作为防止和消除料仓、料罐或料斗内的物料起拱以及管状通道、黏仓等闭塞现象的专用设备，它能保证物料畅通，提高物料输送的自动化程度。

储灰仓防闭塞装置的基本结构形式为：上部是 YZS 型振动电机；下部是台架；中间用螺栓连接。

振打电机安装位置：应在安装面的振动波腹段上，振动波腹段靠近料斗下部，在与料斗总长度的 1/4～1/3 部位。

安装方法如下。

① 对钢板料仓，振打电机的垫板应焊接在料仓外壁面上。

② 对上部为混凝土料仓和下部为钢制料斗，振打电机的垫板应焊接在钢制料斗的外壁面上。

③ 对整个为混凝土的料仓，在仓壁应敷设振动板，振打电机焊在振动板上。

④ 振打电机的技术规格和参数可参见各制造厂的样本，振打电机电源为三相 50Hz/380V。除尘系统的储灰仓壁厚一般 4.5～8mm，电机功率 0.25～0.4kW，振打电机装置质量为 35～55kg。

（3）空气炮　储存在料仓内的粉尘在往下移动卸料时，往往会发生物料互相挤压形成拱形阻塞在料仓的锥形部位，影响了物料输送的连续性和可动性，因此这类料仓都需要破拱，所采用的方法有敲击、振动等，而采用空气炮对料仓进行破拱则是当前比较先进有效的一种手段。除尘器灰斗卸灰也经常采用空气炮，另外对利用管道输送物料的气力输送系统在易堵塞部位安放空气炮，也可以进行排堵，推动物料前进。

空气炮的工作原理是在一定容积的储气筒内装进 0.4～0.8MPa 的压缩空气，当与储气筒连通的脉冲阀快速打开时，筒内压缩空气将以声速沿管道向料仓内冲击，使成拱的物料松动。空气炮的控制分手动和自动两种，手动和自动可根据需要相互转换，自动控制可由除尘系统 PLC 系统按设计要求进行设置。

4. 卸尘吸引嘴

吸引嘴作为排储灰仓和除尘器的专用设备，它与气动式真空吸引罐车配合，能自动迅速地完成储灰仓粉尘的真空吸引和压力卸载任务。卸灰吸引嘴由进风口、截止阀、止回阀、卸灰阀、气灰混合器、快速连接口等组成，它的结构外形见图 5-56。

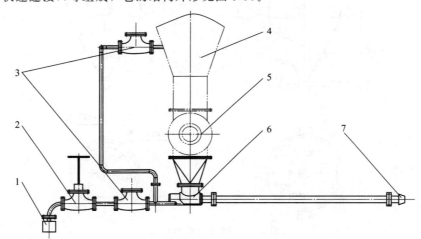

图 5-56　卸尘吸引嘴

1—进风口；2—截止阀；3—止回阀；4—灰仓；5—卸灰阀；6—气灰混合器；7—快速连接口

卸灰吸引嘴技术性能如下：工作能力 3.5～30t/h；粉尘堆积密度范围 1.0～1.4t/m³；电机功率 1.5kW；电机转速 4～40r/min；旋转阀转速 2～19r/min；旋转阀直径为 350mm。

第五节　润滑系统设计

需要润滑的除尘设备包括卸灰阀、换向阀、调节阀、提升阀、螺旋输送机、刮板输送机、斗式提升机、除尘器和风机等。润滑装置一般由润滑泵、给油泵、润滑管路和分配器组成。

一、润滑的意义

润滑是为改善摩擦条件、减小磨损的最重要手段。由于除尘设备处于粉尘大、有的温度高、转速低、重载启动等工况下，润滑工作尤为重要。正确选用润滑装置、润滑材料与维修方法，就能够实现降低磨损，延长使用寿命，保持设备长时间稳定运行。

良好的润滑对摩擦表面会起到以下各种作用。

（1）减小磨损　由于摩擦表面间加有润滑材料并形成油膜，从而避免或减缓了零件表面大量的直接磨损。

（2）降低负荷　润滑剂所形成的油膜，可以减小零件所受到的冲击载荷，减小振动；降低摩擦系数，减少摩擦阻力，减少功率消耗。例如，在良好的液体摩擦条件下摩擦系数可以低到 0.001。

（3）冷却作用　由于润滑降低了摩擦系数，改善了摩擦条件，因此减少了摩擦热的产生；润滑油在摩擦表面的流动还能带走一部分摩擦热。冷却后又进入新的循环以此达到冷却摩擦零件的目的。

（4）密封作用　润滑剂在起到减摩作用的同时，而且还能起到一定的密封作用。润滑油不但能润滑，而且有增强密封的效果，使其在运转中不漏气；润滑脂由于在轴承体内的空腔里不流动，可以避免粉尘侵入，保证摩擦表面清洁，起到密封作用。

（5）冲洗作用　摩擦表面的磨屑、杂质、污垢等由于润滑油在其表面的循环流动而被带走，从而冲洗、清洁了表面，减小了摩擦磨损。

（6）防腐作用　对金属表面没有（或极少）腐蚀作用的润滑脂，在润滑中使金属表面披上油膜，从而避免了金属表面直接与空气、蒸汽、水或腐蚀性气体及液体直接接触，因此能避免表面生锈腐蚀而损坏。

二、润滑系统组成和配管设计

1. 润滑系统组成

典型的润滑系统由给油泵、润滑泵、润滑管路、分配器和电控箱等部分组成。为满足多点润滑需要，主分配器后要带若干子分配器和孙分配管，见图 5-57。

（1）自动润滑泵的控制方式

① 按照与机械的循环周期或机械的动作相关的连锁方式。

② 依定时器决定的方式。

③ 循环指示器动作次数的计数控制方式。

（2）中央警报信号　只要在装置中任何一处发生堵塞时，马上发出警报；警报方式可以是指示灯或蜂鸣器。

（3）亲分配器

① 可使用 KM 型或 KL 型分配器。

② 亲分配器的作用在于在接到由泵送来的全部供油量后，依靠活塞的顺序动作能正确地将所需的油量排送到二级分配器。

（4）循环指示器　循环指示器的往复动作，表示整个装置在正常工作（油枪操作时或有自动计数要求时使用）。

（5）堵塞指示器　堵塞指示器的作用是指出发生堵塞的地方。

2. 系统配管设计

为了实现正确可靠地向润滑点供送润滑剂，同时又尽可能地降低系统投资费用，在

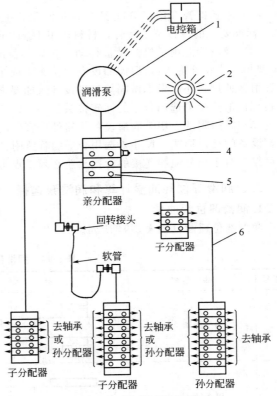

图 5-57　润滑系统组成

1—润滑泵；2—报警点；3—分配器；
4—循环指示器；5—堵塞指示器；6—管路

润滑系统配管设计时应采用标准的配管材料以及管路附件。

（1）钢管 用于润滑泵至分配器间的主管路和分配器至分配器间的支管路。推荐采用符合 GB 8163《输送流体用无缝钢管》标准要求的冷拔精密无缝钢管；材料选用 10 号或 20 号钢。如表 5-92 所列。

表 5-92 常用钢管

外径/mm	8	10	12	14	16	18	20	22	25
壁厚/mm	1	1.5	1.5	2	2.5	2.5	3	3	3.5
容积/(mL/m)	28.2	38.4	63.6	78.5	95.0	132.7	153.9	201.0	254.5
质量/(kg/m)	0.173	0.314	0.388	0.592	0.832	0.956	1.26	1.41	1.86

所选用的管子必须具有足够的强度，内壁应光滑清洁，无夹砂、锈蚀、氧化铁皮等缺陷。对于出现下列情况的管子一律不许选用：a. 内、外壁面已腐蚀或显著变色；b. 有伤口裂痕；c. 表面凹入；d. 表面有脱离层或结疤。

（2）铜管 用于分配器至润滑点间的润滑管路，推荐采用符合 GB 1527《拉制纯铜管》标准要求的铜管，材料选用 T3，允许工作压力<10MPa。如表 5-93 所列。

表 5-93 常用铜管

外径/mm	6	8	10	12	14
壁厚/mm	1	1	1	1.5	2
容积/(mL/m)	12.5	28.2	50.2	63.6	78.5
质量/(kg/m)	0.14	0.196	0.252	0.44	0.66

（3）不锈钢管 用于分配器至分配器和分配器至润滑点间的润滑管路，推荐采用符合 GB 2270 标准要求的冷拔不锈钢管，材料选用 1Cr13 或 2Cr13。

（4）橡胶管 用于机器设备移动、转动部位的支管路和润滑管路上，推荐采用 JB/ZQ 4427《A 型扣压式胶管接头》，但需加设专用接头，或采用 JB/ZQ 4428《B 型扣压式胶管接头》。如在热辐射区使用，还应考虑做隔热处理设计（如要求外装石棉织物）或选用钢丝编织金属软管。与回转部位的连接可选用合适的回转接头。

（5）管路附件 用于润滑设备元器件、管路间的连接以及管路固定，设计时根据系统工作压力，设备的接口形式、尺寸来选用合适的管路附件，一般推荐使用卡套式管接头，装拆方便、性能可靠。对于与分配器连接的管接头还必须重点考虑分配器相邻两出口间的间距，便于安装。

三、润滑部位耗油量计算和润滑泵选择

1. 润滑部位耗油量

润滑部位耗油量如表 5-94 所列。

表 5-94 润滑部位耗油量

序号	部位名称	图 示	耗油量计算式	备 注
1	滚动轴承		$Q = D^2 R \times \dfrac{4}{10^5} (\text{cm}^3)$ D——轴径，mm； R——轴承列数	
2	滑动轴承		$Q = \pi D L \times \dfrac{4}{10^5} (\text{cm}^3)$ D——轴径，mm； L——轴承宽度，mm	

续表

序号	部位名称	图　示	耗油量计算式	备　注
3	滑动面		$Q=W(L+S)\times\dfrac{4}{10^5}(\mathrm{cm}^3)$ W——接触面宽度，mm； L——接触面长度，mm； S——行程，mm	
4	齿轮副		$Q=\pi(D_1+D_2)W\times\dfrac{4}{10^5}(\mathrm{cm}^3)$ $Q=2\pi D_2 W\times\dfrac{4}{10^5}(\mathrm{cm}^3)$ D_1——大齿轮节径，mm； D_2——小齿轮节径，mm； W——齿宽，mm	$D_1<2D_2$ 时 $D_1>2D_2$ 时
5	蜗轮副		$Q=\pi(D_1+D_2)W\times\dfrac{4}{10^5}(\mathrm{cm}^3)$ D_1——蜗杆节径，mm； D_2——蜗轮节径，mm； W——蜗轮宽度，mm	
6	迷宫式密封		$Q=30\pi DL\times\dfrac{4}{10^5}(\mathrm{cm}^3)$ D——轴径，mm； L——接触长度的总和，mm	

由于润滑部位的尺寸大小、运动速度、工作载荷、密封状态所用润滑剂特性的不同，其需油量也不相同，在实际运载过程中要对润滑状态做出详细分析后适当调整给油量。

当润滑部位受冲击载荷和齿轮副的小齿轮圆周速度大于 70m/min 时，给油量请增加 50%～100%；如果以润滑脂密封防止粉尘或水侵入为目的的给油部位，其给油量请增加 4～6 倍。

2. 润滑泵型式的选择

做设计之前，必须先决定如下事项。

（1）泵的选择注意事项

① 手动。考虑给油量大小、操纵力大小，注油点少于 30 个，多采用手动泵。

② 自动。考虑动力源是电动、气动、液动、机械传动、给油量大小。

③ 根据给油量大小选择储油器容积大小。

④ 控制方法的选择，计数控制还是时间控制，除尘工程中常用后者；控制时间 1～30d 可调。

（2）使用单线手动泵　在单线手动泵内，装有累计给油量的"回油指示器"；在设计亲分配器时，单独有一出油口作为泵回油常用，将其与泵回油指示器连接，依靠指示器的动作能知其他所有分配器是否全部给油完毕。其注意点如下所述。

① 在最低温度时的给油压力，应设定在 16MPa 以下，进行分配器配管设计（给油压力的计算方法请参照压力损失计算法）。作为泵的使用压力，可达 20MPa，但压力一旦超过 16MPa 时手动泵的手柄操作就变得困难了。

② 在使用黄油枪及其他手动泵时。在亲分配器上安装"简单的指示器"（即循环指示器），用目视办法计它的动作次数，能知给油量。给油压力要比泵的最高使用压力为低，不要超过 16MPa。

（3）选择电动泵　根据系统的大小算出总耗脂量后来选择相应规格的润滑泵，一般以 3～6min 完成供油为原则；不管在任何场合都需配设压力开关和油位开关等附属装置。泵的动作原理是：由装在电控箱内的时间继电器发出信号，电动润滑泵自动运转开始向系统供油，供向润滑点的给油量是通过亲分配器的循环动作进行计量的，当到达规定量时，自动停止给油；在每个设定润滑期内自动地反复进行，达到定时、定量给油的目的。另外，若遇到异常情况时，例如发生给油时间延长、发生异常高压、油位低等警报时，润滑泵会自动停止运转。

（4）设计要点

① 使用润滑剂。润滑油最低温度时黏度（最高黏度）应在 $0.01m^2/s$（10000cSt）以下；润滑脂，集中给脂用润滑脂 NLGI 00#、0#、I#；对 2# 以上的脂，因润滑泵在吸入能力方面困难，请勿使用。

② 给油压力。最低温度时泵的给油压力应设定在 18MPa 以下。异常高压警报值应较最高使用压力 20MPa 差 2MPa。其他组合形式的系统使用频度较小，在此不做叙述。

四、润滑剂及压力损失计算

1. 润滑剂及管路压力损失

（1）润滑脂及管路压力损失　在选择润滑脂时，以适用于机械的润滑为首位，其次是使集中给脂装置能顺利地动作。选择时请考虑如下条件。

① 稠度变化应少。由混合引起的稠度变化少的润滑脂，机械的安定性好，适合于压送润滑脂。

② 离油度应该小。润滑脂经过长时间的受压、受热，肥皂与油会分离，把这一程度称为离油度。根据润滑脂的种类不同而有差异，应选择离油度小的润滑脂。

③ 氧化安定性应好。润滑脂和空气接触就氧化，特别是在高温时就更容易氧化，在集中给脂中，因为润滑脂要经过非常长时间的使用，因此有必要选择氧化安定性好的润滑脂。

④ 压送性好，流动阻力小。

一般地说，在使用温度时针入度在 300 以下的润滑脂是不合适的，即在集中给脂中能使用的有 00#、0#、1# 润滑脂，如表 5-95 所列。

表 5-95　润滑脂牌号与针入度　　　　单位：mm

NLGI 牌号	00	0	1
针入度	430～400	385～355	340～310

使用润滑脂时主管路压力损失见表 5-96，给油管路压力损失见表 5-97。

表 5-96　使用润滑脂时主管路压力损失　　　　单位：MPa

公称通径 /mm	公称流量/(mL/min)					公称流量/(mL/循环)		备　注
	600	300	200	100	60	3.5	7	
10					0.32	0.33	0.41	在环境温度为 0℃时，使用 GB/T 7323—2019 中 1 号极压锂基脂时测得；如用 0 号脂时为上列数值的 60%。环境温度为 -5℃、15℃、25℃时，分别为表中值 150%、50%、25%
15			0.26	0.22	0.19	0.20	0.25	
20	0.21	0.18	0.15	0.13	0.11	0.12	0.14	

表 5-97　给油管路压力损失　　　　单位：MPa

公称通径/mm	1# 润滑脂	0# 润滑脂	最大配管长度/m	备　注
4	0.6	0.35	4	温度为 0℃时，公称流量 10mL/min 时测得值；环境温度为 -5℃、15℃、25℃时，分别为表中值 150%、50%、25%
6	0.32	0.2	7	
8	0.21	0.14	10	

（2）润滑油管路压力损失　在选择润滑油时，以适用于机械的润滑作为第一决定条件，但是，在最低使用温度时黏度应在 10000cSt 以下。润滑油管路压力损失见表 5-98。

表 5-98 润滑油管路压力损失

黏度/cSt	公称通径下每米内压力损失/(MPa/m)			备 注
	4/mm	6/mm	8/mm	
300	0.035	0.007	0.0014	温度为 0℃时,流量为 50mL/min 时测的数值 (MPa/m)
400	0.047	0.009	0.0028	
500	0.059	0.012	0.0023	
700	0.082	0.016	0.0032	
1000	0.117	0.023	0.0046	

注:1cSt$=10^{-6}$m^2/s,下同。

2. 分配器压力损失

分配器的压力损失见表 5-99。

表 5-99 分配器的压力损失

分配器形式	使用 NLG10~1 号脂,流量 200mL/min 以下	使用 10000cSt 以下润滑油,流量 200mL/min 以下
KJ	1.5MPa	1.2MPa
KM	1.5MPa	1.2MPa
KL	1MPa	0.8MPa

3. 润滑点背压

一般情况下为 0.5MPa。

4. 润滑点安全给油压力

常规设定为 2MPa。

5. 压力损失计算例

$$\sum \Delta p = \Delta p_1 + \Delta p_2 + \cdots + \Delta p_n \tag{5-66}$$

【例 5-6】 已知润滑系统如图 5-58 所示,试计算从润滑泵出口至最远润滑点间润滑剂所经过各段管路,分配器压力损失的总和。

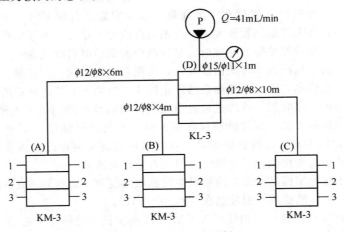

图 5-58 润滑系统图例

解:(1) 查使用润滑脂时各管路产生的压力损失

$\phi15/\phi11$ 0.12MPa/m;$\phi12/\phi8$ 0.17MPa/m;$\phi8/\phi6$ 0.2MPa/m。

(2) 压力损失的计算

Ⓟ——Ⓓ——Ⓐ——3

$$\underbrace{\frac{0.12\times1}{\phi15/\phi11/\times1m}}+\underbrace{\frac{1}{KL}}+\underbrace{\frac{0.17\times6}{\phi12/\phi8\times6m}}+\underbrace{\frac{1.5}{KM}}+\underbrace{\frac{0.2\times3}{\phi8/\phi6\times3m}}+\underbrace{\frac{0.5}{润滑点背压}}+\underbrace{\frac{1.5}{保险余量}}$$
$$=5.24MPa$$

Ⓟ——Ⓓ——Ⓒ——3

$$\underbrace{\frac{0.12\times1}{\phi15/\phi11/\times1m}}+\underbrace{\frac{1}{KL}}+\underbrace{\frac{0.17\times10}{\phi12/\phi8\times10m}}+\underbrace{\frac{1.5}{KM}}+\underbrace{\frac{0.2\times3}{\phi8/\phi6\times3m}}+\underbrace{\frac{0.5}{润滑点背压}}+\underbrace{\frac{1.5}{保险余量}}$$
$$=6.92MPa$$

五、风机润滑设计

1. 除尘风机的润滑方式

小风量除尘系统风机轴承采用滚动轴承，干油（润滑脂）润滑，一般在 $10\times10^4\ m^3/h$ 以下的通风机和一些锅炉引风机用在温度高的场合轴承座需要水冷却或采取特殊的风冷却。大中型除尘系统风机采用滚动轴承，也可采用滑动轴承，润滑采用稀油润滑，一般采用飞溅、浸油和油环油盘带油的方法，轴承座带水冷却，风机风量每小时可达数十万立方米。对于每小时数十万立方米至上百万立方米除尘风量的风机一般采用滑动轴承，使用压力供油润滑及设稀油集中润滑系统来满足风机、电机等润滑的需要。一般滑动轴承的润滑方式可根据式（5-67）所示的系数选定：

$$K=\sqrt{p_m v^2} \tag{5-67}$$

式中，p_m 为轴颈的平均压力，MPa；v 为轴颈的线速度，m/s。

式（5-67）中，$K\leqslant5$ 时，用润滑脂、一般油脂杯润滑；$K>5\sim50$ 时，用润滑油针阀油杯润滑；$K>50\sim100$ 时，用润滑油油杯或飞溅润滑，需用水或循环油冷却；$K>100$ 时，用润滑油压力润滑。

风机供油一般有以下几种情况：a. 利用风机调速装置——液力耦合器进行供油；b. 风机带一个整体的稀油站系统；c. 与液力耦合器供油系统合建一个大的润滑油站。

2. 风机稀油润滑站

风机稀油润滑系统包括油箱、油泵、清洁过滤装置、热交换装置、油路控制测量元件等，下面就其中的主要部件和工作要求分别加以说明。风机整体稀油站工作流程见图 5-59。

（1）油泵　稀油润滑系统一般只有一个油箱，通常配置 2 台油泵（1用1备），轮换使用。在某些特殊的情况下，如需要供油量较大、一台油泵供应量不足时，或泵工作一段时间其容积效率已经降低但又尚未达到拆卸检修的标准时，可以两台油泵同时启动供油。

（2）高位油箱　由于风机润滑转动惯性较大，应在系统内采用一定容量的压力箱。一旦因电源网络发生故障，停止供电，这时虽然油泵已停止供油，但是压力箱内储存的油能继续供给并可维持主风机停止转动的一定时间，可防止风机惯性运行的轴承摩擦副供不上油而造成磨损破坏。压力箱可采用高位油箱的方法，高位油箱应在供油时轴承处的供油压力不少于 0.05MPa，一般油箱设置高度应在 10m 左右，油管长应加高。室内风机的高位油箱设在顶棚，室外风机设单独的支架支起，高位油箱应作保温，工作期间应保证有循环油流动。

（3）油温　在冬季为了提高油温，油箱里要设有加热装置，如电加热或蒸汽加热。

（4）油压　进入轴承的油压一般控制在 0.08～0.1MPa；

当油压≤0.07MPa 应报警；当油压≤0.05MPa 应停主机。总管压力应达到 0.15～0.2MPa，其大小与供油管阻力有关，油泵出口压力为 0.25～0.35MPa，<0.25MPa 应报警（根据时间情况调整，以满足供油为准）。过滤器压差 0.04～0.06MPa，当>0.06MPa 说明油过滤器堵塞，需清洗过滤器；>0.08MPa 应报警。

（5）过滤精度　风机油站过滤精度为 100 目或 150 目，润滑油采用 32 号、46 号或 68 号轴承油或汽轮机油，供油油温 30～45℃，回油温升在 10℃ 左右。

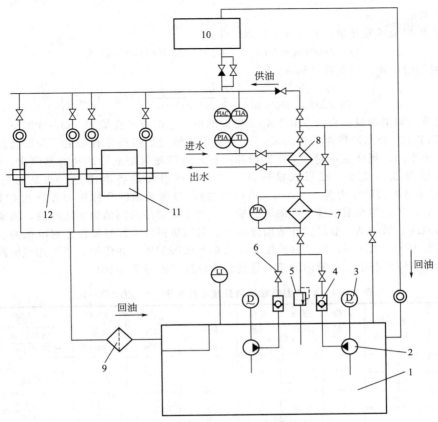

图 5-59　风机整体稀油站工作流程

1—油箱；2—齿轮油泵装置；3—油泵电机；4—单向阀；5—安全阀；6—截止阀；7—网式过滤器；
8—板式冷却器；9—磁性过滤器；10—高位油箱；11—风机；12—电机

3. 风机润滑油站的选择

风机润滑油站一般由风机厂配套供货，如果需要核算，选用润滑油站时可做以下计算。

（1）风机的机械散热量　风机效率 η 损耗可分容积损失 η_v、水力损失 η_h 以及机械损失 η_m 三部分。其中风机摩擦副是机械损失 η_m 的主要部分，摩擦产生的热量：

$$Q\ (\text{kJ/h}) = 3600kN \tag{5-68}$$

式中，N 为风机的轴功率，kW；k 为风机的机械损耗，%，一般取值 1%～3%。

（2）润滑油站的供油量　风机轴承冷却用的润滑油量远大于达到润滑需要的油量，所以可通过计算润滑油带走的热量来确定供油量。风机轴承冷却一部分是靠轴承箱体的散热，另一部分是润滑油带走的热量。如果轴承箱体的散热量忽略不计，那么需润滑油量：

$$G = \frac{Q}{60C\gamma\Delta tk_1} \tag{5-69}$$

式中，Q 为风机轴承的发热量，kJ/h；C 为润滑油的比热容，kJ/（kg·℃）；一般取 2.1kJ/（kg·℃）；γ 为润滑油的密度，kg/L，一般取 0.9kg/L；Δt 为润滑油的温升，℃，这里取 10℃；k_1 为循环润滑油不能全部利用的系数，一般 k_1 取值范围为 0.5～0.8，主要是考虑到油泵的回油以及高位油箱循环油等。

4. 风机稀油润滑系统设计和选用

【例 5-7】 已知风机轴功率 1200kW，计算风机的润滑油站。

解： 首先求出轴承发热量，然后根据润滑油的密度、比热容、温升和润滑油循环利用系数等求所需润滑油量。

解：① 风机轴承发热量，根据式（5-68）得：

$$Q = 3600kN = 3600 \times 0.02 \times 1200 = 86400 \ (kJ/h)$$

② 需要润滑油量，根据式（5-69）得

$$G = \frac{Q}{60C\gamma\Delta t k_1} = \frac{86400}{60 \times 2.1 \times 0.9 \times 10 \times 0.7} = 109 \ (L/min)$$

根据计算的润滑油量，查表 5-100 XYZ 型标准稀油站的技术性能表（Q/ZB 355—77），其中只有型号 XYZ-125 公称油量为 125L/min，与计算润滑油量最接近并有裕量。带齿轮油泵的稀油站其供油能力不同，规格也不同，工作原理都一样，由齿轮泵把润滑油从油箱吸出，经单向阀、双筒网式过滤器及冷却器（或板式换热器）送到机械设备的各润滑点。油泵的公称压力为 0.6MPa，稀油站的公称压力为 0.4MPa（出口压力），当稀油站的公称压力超过 0.4MPa 时，安全阀自动开启，多余的润滑油经安全阀流回油箱。由于稀油站的回油为无压回油，输油油管的压力要高于稀油站，稀油站一般设置在地面或地下。对风机供油的同时要注意对电机的供油，电机供油一般只有 10～20L/min，而且供油压力在 0.01～0.08MPa，在供油分管上加截流阀，防止润滑处供油太多，溢出漏油。油管内流速与管径大小设计可参考表 5-101。

表 5-100　XYZ 型标准稀油站技术性能表（Q/ZB 355—77）

型号	公称油量 /(L/min)	油箱容积 /m³	过滤面积 /m²	换热面积 /m²	冷却水耗量 /(m³/h)	电热器功率 /kW	蒸汽耗量 /(kg/h)	电动机 功率/kW 转速/(r/min)	质量 /kg
XYZ-16	16	0.63	0.08	3	1.2	18		$\frac{0.8}{1380}$	880
XYZ-25	25								
XYZ-40	40	1	0.08	5	3	18		$\frac{1.5}{1410}$	1130
XYZ-63	63								
XYZ-100	100	1.6	0.2	7	6	36		$\frac{3}{1430}$	1507
XYZ-125	125								1600
XYZ-250	250	6.3	0.52	24	12		100	$\frac{5.5}{1440}$	4143
XYZ-250A									3296
XYZ-400	400	10	0.83	35	20		160	$\frac{7.5}{1450}$	5736
XYZ-400A									4393
XYZ-630	630	16	1.26	30×2	30		250	$\frac{13}{1460}$	9592
XYZ-630A									7121
XYZ-1000	1000	25	1.93	35×2	50		400	$\frac{22}{1470}$	12155
XYZ-1000A									9338

注：1. A 为不带冷却器的稀油站；

2. 本标准稀油站不带压力箱，用户自行设计。

表 5-101　油管内流速与管径大小的参考表

主油泵流量/(L/min)		35	50～70	100～140	200～280	400～500
油管直径	给油管/in	1	$1\frac{1}{2}$	2	$2\frac{1}{2}$	3
	回油管/in		2	3	4	5
现有产品流速比 $\frac{v_{01}}{v_{02}}\frac{(m/s)}{(m/s)}$		0.87	$\frac{0.63～0.95}{0.23～0.35}$	$\frac{0.95}{0.35}$	$\frac{1.13}{0.49}$	$\frac{1.15～1.51}{0.47～0.66}$

XYZ 型润滑油站基本工作参数如下：油泵工作压力 0.6MPa；电动机电压 220V/380V；过滤精度 0.08～0.12mm；润滑油工作温度 40℃；蒸汽温度 130～150℃；冷却水温度 ≤28℃；冷却

水压力 0.3MPa；冷却网进油温度 48℃；冷却网出油温度 40℃。

第六节 压缩空气系统设计

袋式除尘器的压缩空气系统包括压缩空气管道、储气罐及相应的配件等。根据袋式除尘器工作原理及清灰控制系统中仪表及元件的结构特点，要对进入除尘器气包前的压缩空气压力要有一定的限制，对气质也要有一定的要求。因为压力高低、气质好坏都会影响清灰效果。

一、供气方式设计

1. 对气源的要求

清灰用的压缩空气压力高低对除尘效能影响很大。根据袋式除尘器的运行要求，清灰用压缩空气压力范围为 0.02～0.8MPa。因此，要求接自室外管网或单独设置供气系统气源入口处设置调压装置，使之控制在需要的压力范围内。正常的运行不但要求压力稳定，而且还要求不间断供气。如果气源压力及气量波动大时，可用储气罐来储备一定量的气体，以保证气量、气压的相对稳定。储气罐容积和结构是根据同时工作的除尘器在一定时间内所需的空气量和压力的要求而确定的。当设储气罐不能满足要求时，应设置单独供气系统，否则，会影响除尘器的正常运行。

若压缩空气内的油水和污垢不清除，不仅会堵塞仪表的气路及喷吹管孔眼，影响清灰效果，而且一旦喷吹到滤袋上，与粉尘黏结在一起，还会影响除尘效能。因此，要求压缩空气入口处设置集中过滤装置，作为第一次过滤，以除掉管内的冷凝水及油污。为防止因第一次过滤效果不好或失效，需要在除尘器的气包前再装一个小型空气过滤器（一般采用 QSL 或 SQM 型分水滤气器）。其安装位置应便于操作。

压缩空气质量有 6 级，压缩空气质量等级见表 5-102，用于除尘清灰的压缩空气质量一般为 3 级。

表 5-102 ISO 8573-1 压缩空气质量等级

等级	含尘最大粒子尺寸/μm	防水最高压力露点/℃	含油最大浓度/（mg/m³）	等级	含尘最大粒子尺寸/μm	防水最高压力露点/℃	含油最大浓度/（mg/m³）
1	0.1	−70	0.01	4	15	3	5
2	1	−40	0.1	5	40	7	25
3	5	−20	1	6		10	

2. 供气方式

袋式除尘器的供气方式，大致可分为外网供气、单独供气和就地供气 3 种。供气方式的选择要根据除尘器的数量和分布以及外网气压、气量的变化情况加以确定。

（1）外网供气 外网供气是以接自生产工艺设备用的压缩空气管网作为袋式除尘器的清灰气源。在气压、气量及稳定性等方面都应能满足除尘器清灰的要求。接自外网的压缩空气管道在接入除尘器时，应设入口装置，包括压力计、减压器、流量计、油水分离器和阀门等（见图 5-60）。

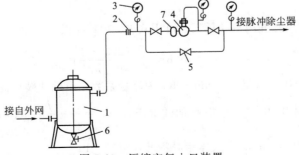

图 5-60 压缩空气入口装置

1—过滤器；2—流量计；3—压力计；4—减压器；5—截止阀；6—排污阀；7—过滤器

（2）单独供气　单独供气指单独为脉冲袋式除尘器清灰而设置的供气系统。在外网供气条件不具备的情况下，可在压缩空气站内设置专为除尘器用的压缩空气机，也可设置单独的压缩空气站来保证脉冲袋式除尘器的需要。为了管理方便和减少占地面积，应尽量与生产工艺设备用的压缩空气站设置在一起。

为了保证供气，单独设置的压缩空气站，应设有备用压缩空气机。压缩空气站的位置应尽量靠近除尘器，管路应尽量与全厂管网布置在一起。

（3）就地供气　一般来说，当厂内没有压缩空气，或虽然有但是供气管网用户远、除尘器数量少、单独设置压缩空气站又有困难时，采用就地供气方式，在除尘器旁安装小型压缩空气机，可供1～2台除尘器使用。这种供气方式的缺点是压力和气量不稳（必须设置储气罐），容易因压缩空气机出故障而影响除尘器正常运行；维修量大；噪声大。因此，尽量少采用或不采用这种供气方式。

常用小型活塞空气压缩机性能见表5-103。

表 5-103　小型活塞空气压缩机性能表

| 型号 | 电机 | | 气缸 | | 排气量 | 额定压力 | 储气量 | 外形尺寸（$L \times W \times$ | 质量 |
	kW	hp	缸径×缸数/mm	行程/mm	/（m³/min）	/MPa	/L	H）/cm×cm×cm	/kg
Z-0.036	0.75	1	51×1	38	0.036	0.8	24	70×41×62	38.5
V-0.08	1.1	1.5	51×2	43	0.08	0.8	35	94×45×69	56
Z-0.10	1.5	2	65×1	46	0.10	0.8	35	77×43×69	69.5
V-0.12	1.5	2	51×2	44	0.12	0.8	40	94×45×69	72.5
V-0.17	1.5	2	51×2	46	0.17	0.8	60	99×46×76	93
V-0.25	2.2	3	65×2	46	0.25	0.8	81	115×48×86	105.5
W-0.36	3	4	65×2	48	0.36	0.8	110	120×48×85	123
V-0.40	3	4	80×2	60	0.40	0.8	115	122×48×82	180
V-0.48	4	5.5	90×2	60	0.48	0.8	125	142×54×93	183
W-0.67	5.5	7.5	80×2	70	0.67	0.8	135	151×58×96	214
W-0.9	7.5	10	90×3	70	0.9	0.8	190	160×59×100	256
V-0.95	5.5	7.5	100×2	80	0.95	0.8	250	175×66×115	260
W-1.25	7.5	10	100×3	80	1.25	0.8	270	168×76×122	370
W-1.5	11	15	100×3	100	1.5	0.8	290	176×76×122	430
W-2.0	15	20	120×3	100	2.0	0.8	340	188×82×139	540
VFY-3.0	22	30	155×2/82×2	116	3.0	1	520	192×85×150	950
W-1.5	柴油机	12	90×3	70	1.5	0.5	200	178×76×122	430
W-2.0	柴油机	15	100×3	80	20	0.5	260	188×82×139	540

二、用气量设计计算

除尘器的用气量包括三部分：一是脉冲除尘器的脉冲阀用气；二是提升阀（或其他气动阀）用气；三是其他临时性用气如仪表吹扫用气等。

1.脉冲阀耗气量

（1）单阀次耗气量　脉冲阀单阀耗气量可用式（5-70）计算

$$q_{\mathrm{m}} = 78.8 K_{\mathrm{v}} \left[\frac{G(273+t)}{\Delta p \times p_{\mathrm{m}}} \right]^{-\frac{1}{2}} \tag{5-70}$$

式中，q_{m}为单阀一次耗气量，L/min；K_{v}为流量系数，由脉冲阀厂商提供；p_{m}为阀前绝对压力（p_1）与阀后绝对压力（p_2）之和的 1/2kPa，$p_{\mathrm{m}} = \dfrac{p_1 + p_2}{2}$；$\Delta p$为阀前后压差，kPa，$\Delta p < \dfrac{1}{2} p_1$；$t$为介质温度，℃；$G$为气体相对密度，空气＝1。

脉冲阀的耗气量因生产商、规格和应用条件等不同而变化很大，单阀次耗气量还可以通过查找产品样本得到。图 5-61 所示为一个品牌脉冲阀的耗气量的试验数据。从图 5-61 可以看出，耗气量是图中曲线所包围的面积，严格地说是在压力变化情况下曲线的积分值。

（2）影响耗气量的因素　同一规格型号的脉冲阀，往往因为气包容积大小、压力高低、喷吹管规格和开孔大小的不同，影响其耗气量。在脉冲除尘器清灰装置设计中必须充分注意这些因素。图 5-62 是气包容积、喷吹时间对气量影响的实验数据。

（3）除尘器脉冲阀耗气量计算

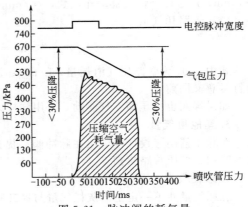

图 5-61　脉冲阀的耗气量

$$Q = A\,\frac{Nq}{1000T} \tag{5-71}$$

式中，Q 为耗气量，m^3/min；A 为安全系数，可取 $1.2\sim1.5$；N 为脉冲阀数量；q 为每个脉冲阀喷吹一次的耗气量，$L/(阀\cdot次)$；T 为清灰周期，min。

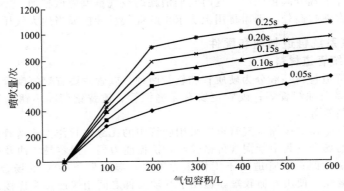

图 5-62　喷吹气量与气包容积关系（3in 淹没式阀 0.6MPa）

（4）耗气量的试验方法　通过试验，测出喷吹终了气包压力，用式（5-72）可计算出脉冲阀每次的喷吹耗气量：

$$\Delta Q = \frac{p_0 Q}{p_a}\left[1-\left(\frac{p_1}{p_0}\right)^{\frac{1}{k}}\right] \tag{5-72}$$

式中，ΔQ 为脉冲阀单阀次喷吹耗气量，m^3；Q 为气包容积，m^3；p_a 为喷吹初始气包压力（绝压），MPa；p_1 为喷吹终了气包压力（绝压），MPa；p_a 为标准大气压力，MPa；k 为绝热指数，$k=\dfrac{C_p}{C_v}$，C_p 为空气定压下比热容，C_v 为空气定容下比热容，对空气 $k=1.4$。

2. 气动提升阀耗气量

气动提升阀运行期间消耗的压缩空气量由气缸大小及其运行速度确定，气缸内含有的空气体积由气缸直径和冲程决定。

提升阀耗气量 Q 按下式计算：

$$Q = Q_1 + Q_2 \tag{5-73}$$

式中，Q 为提升阀耗气量，L/min；Q_1 为气缸耗气量，L/min；Q_2 为管路耗气量，L/min。

（1）气缸耗气量

$$Q_1 = \left[S\,\frac{\pi D^2}{4} + S\,\frac{\pi\,(\pi D^2 - d^2)}{4}\right] nK \tag{5-74}$$

式中，Q 为气缸耗气量，L/min；S 为气缸行程，dm；D 为气缸内径，dm；d 为活塞杆直径，dm；n 为每分钟气缸动作次数，次/min；K 为压缩比，即压气绝对压力，（表压＋大气压）。

（2）管路耗气量

$$Q_2 = \frac{\pi d_1^2}{4} nKL_1L_2 \qquad (5\text{-}75)$$

式中，Q_2 为管路压气消耗量，L/min；L_1 为进口气管长，dm；L_2 为出口气管长，dm；其他符号意义同前。

如果蝶阀也由压缩空气驱动，可用同样方法计算其耗气量。

3. 其他用气量

在除尘器用气设计中应用在脉冲阀、提升阀等用气之外，考虑 10%～20% 的其他用气，如仪表吹扫、差压管路吹扫等。

4. 总耗气量

总耗气量并不一定是清灰耗气量与提升阀、蝶阀及其他部分所需压缩空气量之和，计算总耗气量只需将同时需要的量相加。例如，在一台离线清灰的除尘器中，清灰时脉冲和提升阀不是同时消耗压缩空气的，不要将它们相加，而进气蝶阀则可能和清灰同时消耗压缩空气，所以它们可能是要相加的。再如有不止一台除尘器共用一套压缩空气系统的情况下，可能在一台除尘器清灰的同时另一台除尘器的提升阀被驱动，这时它们消耗的空气量就应该相加。

如果空压机设在海拔高处，则需将用上法求出的耗气量转换成当地大气压力下的数值。

三、压缩空气系统管道材料和配件

1. 压缩空气系统管道材料

常用压缩空气管道材料一般分为硬质管和软管两种：软管主要有聚氨酯管（PU）、半硬尼龙管、PVC编织管、橡胶编织管等；硬管主要有无缝钢管、镀锌钢管、不锈钢管、黄铜管、紫铜管、聚氯乙烯硬塑料管等。

从气源处引至除尘器的压缩空气管道应采用硬管中的无缝钢管作为输送管道。硬管适合用于高温、高压及固定的场合。其中紫铜管价格较高，抗振能力弱，但容易弯曲及安装，仅适合用于气动执行机构的固定管路；软管适用于工作压力不高，温度低于 70℃ 的场合。软管拆装方便、密封性能好，但易老化，使用寿命较短，适用于气动元件之间用快速接头连接。当气动元件操作位置变化大时，可使用 PU 软螺旋管；压缩空气系统管道的连接一般采用焊接，但是在设备、阀门等连接处，应采用与之相配套的连接方式。对于经常拆卸的管路，当管径不大于 $DN25$ 时采用螺纹连接，大于 $DN25$ 时采用法兰连接；对于仪表用气管道，当管径不大于 $DN25$ 时可采用承插焊式管接头，管径不大于 $DN15$ 时，可采用卡套式接头。

2. 管道阀门

管道阀门及对应用途见表 5-104。

表 5-104　管道阀门及对应用途

分类	主要用途
截止阀	一般用于切断流动介质，全开、全闭的操作场合，不允许介质双向流动。密封性能较好
蝶阀	用于各种介质管道及设备上作全开、全闭用，也可作节流用
止回阀	自动防止管道和设备中的介质倒流。分为升降式止回阀、旋启式止回阀及底阀
球阀	一般用于切断流动介质，并且要求启闭迅速的场合
减压阀	可自动将设备和管路内的介质压力降低至所需压力的装置
安全阀	安装在受压设备、容器和管路上，做超压保护装置，可以自动排泄压力
气源三联件	分别由减压阀、过滤器、油雾器组成，一般安装于气动执行机构管路前

3. 管道接头

管道接头及使用场合见表 5-105。

四、压缩空气管道设计计算

管道的管径可按公式计算或用查表方法求得，再用管径和流速计算出管道压力降。如果压力

表 5-105　管道接头及使用场合

分类	原理	主要应用场合
卡箍式	利用胶管的涨紧、卡箍的卡紧力与锥面的相互压紧而密封	工作压力 0～1MPa 的气体管路，棉线编织胶管
卡套式	利用拧紧卡套式接头螺母，使卡套和管子同时变形而密封	工作压力 0～1MPa 的气体管路，有色金属管
插入式	利用拧紧螺母，将压紧圈与接头的锥面将管压紧	工作压力 0～1MPa 的气体管路，塑料管
快换式	利用单向阀在弹簧的作用下紧贴插头的锥面而密封	工作压力 0～1MPa 的气体管路
组合式	由一个组合式三通连接几种不同的管接头，实现不同管材、不同直径管道的连接	工作压力 0～1MPa 的气体管路的各种管材的连接

降超过允许范围（低于除尘器要求的喷吹压力）时，则用增大管径降低流速的办法解决。管径可按下式计算：

$$D = \sqrt{\frac{4G}{3600\pi v\rho}} \tag{5-76}$$

式中，D 为管道内径，m；G 为压箱空气流量，kg/h；v 为压缩空气流速，m/s；ρ 为压缩空气密度，kg/m³。

车间内的压缩空气流速，一般取 8～12m/s。干管接至除尘器气包支管的直径不小于 25mm。

当管路长、压降大时，管道压力损失应按有关资料进行计算，一般情况下，管道附件按图 5-63 折合成管道当量直径，例如，当 $DN200$ 截止阀，内径 200mm 时，查得当量长度为 70m。管道压力损失由表 5-106 进行计算。

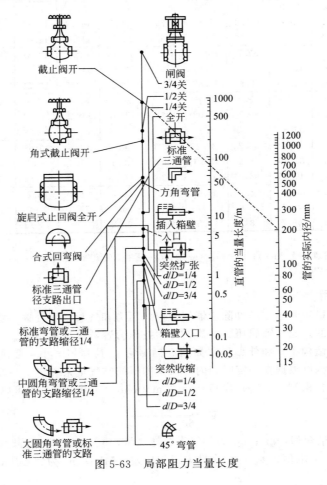

图 5-63　局部阻力当量长度

表 5-106 压缩空气管道计算

DN	v	\multicolumn{2}{c}{压力 p/MPa}									
		0.3		0.4		0.5		0.6		0.7		0.8	
		Q	R	Q	R	Q	R	Q	R	Q	R	Q	R
15	8	0.27	364	0.337	454.1	0.41	545	0.47	635	0.541	726	0.6	812
	10	0.339	568	0.421	709.8	0.51	846	0.6	996.4	0.675	1137	0.759	1274
	12	0.406	810	0.507	1024	0.61	1228	0.71	1433	0.811	1633	0.91	1838
20	8	0.487	244	0.606	305.7	0.728	367.6	0.851	427	0.918	488	1.09	550.5
	10	0.555	382	0.75	477	1.05	573	1.046	668	1.2	762.5	1.34	859
	12	0.721	441	0.899	688	1.082	824.4	1.22	767	1.437	1128	1.62	1237
25	8	0.751	182	0.933	227.5	1.13	272.1	1.31	317.6	1.5	362.1	1.68	407.6
	10	0.94	284	1.17	355.8	1.41	425.9	1.63	496.8	1.87	567	2	632
	12	0.128	410	1.41	511.4	1.69	614.3	1.97	715.2	2.25	812	2.52	928
32	8	1.31	127	1.64	159	1.96	192	2.29	229	2.56	254	2.93	285.9
	10	1.63	199	2.05	249.3	2.45	298.4	2.86	348.5	3.276	397	3.66	447
	12	2.88	286	2.45	358.5	2.95	429.5	3.43	501.4	3.93	564	4.41	643
40	8	2.03	104.6	2.53	126.4	3.03	151.9	3.54	176.7	4.04	202	4.52	228
	10	2.53	158.3	3.16	198.3	3.79	239.3	4.413	295	5	315	5.71	355.8
	12	3.03	227	3.79	283.9	4.53	343	5.31	397.6	6.05	453	6.79	514
50	8	3	73.4	3.75	91.8	4.5	110.2	5.25	130.1	6	146.9	6.75	165.1
	10	3.76	115.1	4.7	143.9	5.11	172.9	6.57	201.5	7.53	230	8.43	258.6
	12	4.51	165.6	5.82	164.2	6.77	247	7.89	289	9	275	10.25	371
65	8	4.7	55.2	6.09	69.5	7.03	82.8	7.95	96.4	9.37	101	10.53	123.7
	10	5.86	86.2	7.33	107.8	8.8	129	10.5	147.4	11.73	171.9	13.31	193.8
	12	7.03	124.6	8.78	155.6	10.5	186.5	12.28	217.4	14.03	193	15.92	279
80	8	6.95	43	8.68	53.7	10.42	64.3	12.13	75	12.87	85.8	15.62	96.4
	10	8.69	70.6	10.83	84.1	13.01	101	15.19	117.3	17.47	134	19.4	151
	12	10.42	96.9	12.96	121	15.58	145	18.2	169.5	20.74	193.1	23.38	217.9
100	8	15.04	47.3	18.75	59.2	22.47	70.9	26.2	82.8	30	94.6	33.8	101
	10	18.04	68.2	22.57	85.1	27.02	102.3	31.57	119.2	36.03	136	40.4	153
	12	29.5	98	36.67	116.5	44.13	139.5	51.59	161.9	58.87	185.6	66.1	209
125	8	23.4	35.3	29.39	44.2	26.2	52.3	40.9	61.8	46.68	70.5	52.5	79.5
	10	28.1	51.4	35.49	68.2	42.13	76.9	49.1	89.5	56.1	102.3	63.8	115
	12	32.8	68.1	40.95	85.2	49.1	102.3	57.33	119.2	65.52	136	73.7	147
150	8	31.4	20.8	39.4	28.3	45.4	31.4	54.5	38.6	62.2	43.8	69.7	49.1
	10	39.4	35.2	48.5	42.6	5.77	50.9	66.7	57.8	77.2	67.7	86.4	76.6
	12	54.5	67.5	66.7	81	79.5	98.2	95.8	109	106.5	132.5	123.0	149

注：1. 此表编制条件：$t=40℃$；$R=0.2mm$。

2. 表中符号：DN—管道直径（mm）；v—流速（m/s）；Q—压缩空气流量（m³/min）；R—每米管道压力损失（Pa/m）；p—压缩空气压力（MPa）。

五、储气罐选用

储气罐主要用于稳定管道或脉冲除尘器气包内的压力和气量。储气罐一般采用焊接结构，型式较多，通常用立式的。储气罐属压力容器，必须按压力容器设计和制造。

常用的储气罐的结构型式和外形尺寸如图 5-64 所示。其容积大小主要决定供气系统耗气量和保持时间多少。容积可根据在一定时间内所需要的压缩空气量来确定。一般情况下，当需要量 Q 小于 $6m^3/min$ 时，容积 $V=0.2Q$；当 $Q=6\sim30m^3/min$，$V=0.15Q$。也可以根据下式进行计算

$$V=\frac{Q_s t p_0}{60（p_1-p_2）} \tag{5-77}$$

式中，V 为储气罐容积，m^3；Q_s 为供气系统耗气量，m^3/h；t 为保持时间，min，工艺没有明确要求时按 $5\sim20min$ 取值；p_1-p_2 为最大工作压差，MPa；p_0 为大气压，MPa。

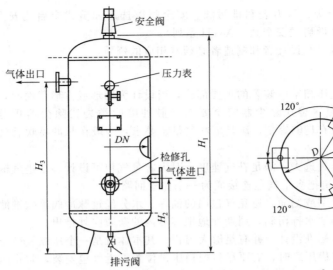

图 5-64　储气罐结构型式和外形尺寸（容积<20m³）

用于就地供气系统或者管路较远的单独除尘器供气所需要的储气罐，其容积不应小于 0.5m³，按图 5-64 所示的形式制作时，储气罐外形尺寸和各接口见表 5-107。

表 5-107　储气罐外形尺寸和各接口

规格	容积 /m³	设计压力 /MPa	设计温度 /℃	容器高度 H_1/mm	容器内径 D/mm	安全阀 接头	排污 接头	进气口		出气口		支座	
								H_2	D	H_3	D	D	d
0.5/0.88	0.5	0.88	150	2140	600	RP$\frac{3}{4}$	R$\frac{1}{2}$	700	38	1656	38	420	20
0.5/1.1		1.1		2140				700		1656			
0.6/0.88	0.6	0.88	150	2170	650	RP$\frac{3}{4}$	R$\frac{1}{2}$	730	38	1730	38	490	24
0.6/1.1		1.1		2170				730		1730			
1.0/0.88	1	0.88	150	2432	750	RP1	R$\frac{1}{2}$	731	51	1971	51	560	24
1.0/1.1		1.1		2432				731		1971			
1.5/0.88	1.5	0.88	150	2601	950	RP1	R$\frac{3}{4}$	738	76	2088	76	680	24
1.5/1.1		1.1		2601				738		2088			
2.0/0.88	2	0.88	150	2830	1000	RP1	R$\frac{3}{4}$	781	80	2281	80	700	24
2.0/1.1		1.1		2712	1100			856		2156		800	
3.0/0.88	3	0.88	150	3131	1300	RP1$\frac{1}{4}$	R$\frac{3}{4}$	858	100	2558	100	840	24
3.0/1.1		1.1		3165				875		2575			
4.0/0.88	4	0.88	150	3290	1400	RP1$\frac{1}{4}$	R$\frac{3}{4}$	950	150	2650	150	1050	24
4.0/1.1		1.1		3290				950		2650			
5.0/0.88	5	0.88	150	3790	1400	RP1$\frac{1}{2}$	R1	950	150	3050	150	1050	24
5.0/1.1		1.1		3790				950		3050			
6.0/0.88	6	0.88	150	4490	1400	RP1$\frac{1}{2}$	R1	950	150	3750	150	1050	24
6.0/1.1		1.1		4490				950		3750			
8.0/0.88	8	0.88	150	4610	1600	RP1$\frac{1}{2}$	R1	1050	150	3820	150	1200	30
8.0/1.1		1.1		4610				1050		3820			
10/0.88	10	0.88	150	4640	1800	RP2	R1	1100	150	3800	150	1350	30
10/1.1		1.1		4640				1100		3800			
12.5/0.88	12.5	0.88	150	5590	1800	RP2	R1	1100	150	4750	150	1350	30
12.5/1.1		1.1		5590				1100		4750			
15/0.88	15	0.88	150	5465	2000	RP2$\frac{1}{2}$	R1	1275	150	4675	150	1500	30
15/1.1		1.1		5465				1270		4675			
20/0.88	20	0.88	150	6015	2200	RP3	R1	1325	200	4975	200	1650	30
20/1.1		1.1		6015				1327		4977			

储气罐上应配置安全阀、压力表和排污阀。安全阀以选用弹簧式全启式安全阀（A42Y系列）为宜，也可用弹簧式微启式安全阀（A41H系列）。

如果自行设计储气罐，则设计者和制造者必须有相应的资质。

六、气包设计要点

气包又称分气箱，是压缩空气装置的重要部分，当设计为圆形或方形截面时，必须考虑安全和质量要求，用户可参照《袋式除尘器安全要求　脉冲喷吹类袋式除尘器用分气箱》（JB/T 10191—2010）。气包必须有足够容量，满足喷吹气量。要求：一般在脉冲喷吹后气包内压降不超过原来储存压力的30%。

气包的进气管口径尽量选大，满足补气速度。对大容量气包可设计多个进气输入管路。对于大容量气包，可用3in管道把多个气包连接成为一个储气回路。

阀门安装在气包的上部或侧面，避免气包内的油污、水分经过脉冲阀喷吹进滤袋。每个气包底部必须带有自动或手动油水排污阀，周期性地把容器内的杂质向外排出。

如果气包按压力容器标准设计，并有足够大容积，其本体就是一个压缩气稳压罐，不需另外安装。当气包前另外带有稳压罐时，需要尽量把稳压罐位置靠近气包安装，防止压缩气在输送过程中经过细长管道而损耗压力。

气包在加工生产后，必须用压缩气连续喷吹清洗内部焊渣，然后再安装阀门。在车间测试脉冲阀，特别是3in淹没阀时，必须保证气包压缩气的压力和补气流量。否则脉冲阀将不能打开，或者漏气。

如果在现场安装后，发现阀门的上出气口漏气。那就是因为气包内含有杂质，导致小膜片上堆积铁锈不能闭阀。需要拆卸小膜片清洁。

气包上应配置安全阀、压力表和排污阀。安全阀可配置为弹簧微启式安全阀。

气包体积会影响脉冲阀喷吹气量与清灰效果，设计气包时要给予注意。

七、压差装置系统设计

压差装置由取压孔、管路系统和压力计组成。它是利用静压原理进行工作的。

压差装置是袋式除尘器重要组成部分，可是往往不被重视，所以经常造成测压出现错误，致使测压装置不能反映除尘器真实运行情况。

1. 取压测孔设计

（1）取压孔位置　袋式除尘器的取压孔位置一般设在除尘器的壁板上（见图5-65）。

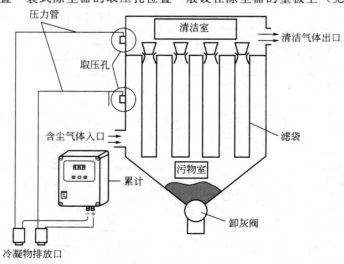

图5-65　袋式除尘器压差装置系统

（2）取压孔形式　取压孔有三种形式，分别如图 5-66、图 5-67 所示。图 5-66 是中小型除尘器常用的形式，其优点是容易制作和安装，缺点是取压孔被粉尘堵塞出现误差。图 5-67 是较好的取压口，堵塞后容易清理。

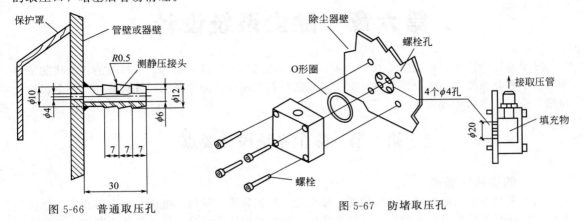

图 5-66　普通取压孔　　　　　　　　　　图 5-67　防堵取压孔

2. 压差管道设计

压差管道设计有 3 个要点：a. 压差管道直径一般≥25mm；b. 管道材质用镀锌管或不锈钢管，避免管道腐蚀堵塞；c. 水平管道要有＞1％的坡度，而且坡向压力计方向，在与压力计连接处要有冷凝水放水口。

3. 压力计选用和防堵

（1）测压用压力计　测压用压力计，在测除尘器分室的压差时多用 U 形压力计，量程大于 4000Pa，测整个除尘器的压力时可用 U 形压力计，如果有压力监控则选差压变送器，差压变送器的显示应为 0～4000Pa，最好不用百分比显示器。

（2）清堵装置　不管用哪种压力计都应在压力处设管道的清堵口和清堵气源，清堵气源压力大于 0.15MPa 即可。

用压缩空气吹扫压差系统，不仅可以疏通压差管道，也可以吹掉取压测孔处的粉尘。

（3）压差管放水　在压差系统的管道中，有时会产生冷凝水，存在于压力计附近的竖管内，此冷凝水应及时放空，否则会影响压力计读数的正确性。

第六章 除尘系统设计

除尘系统设计是关系到除尘效果好坏、运行费用高低、管理方便与否、排放能否合格的关键环节。本章介绍除尘系统设计要点、除尘系统的材料与配件、除尘系统设计计算、排气烟囱设计和除尘系统安全防护等内容。

第一节 除尘系统设计要点

一、除尘系统组成

除尘系统由集气吸尘罩、进气管道、除尘器、排灰装置、风机、电机、消声器和排气烟囱等组成。它是利用风机产生的动力，将含尘气体从尘源经抽风管道进入除尘设备内净化，净化后的气体经排气烟囱排出；回收的粉尘由排灰装置排出。

二、除尘系统分类及特点

除尘系统有4种分类方法：a.按其规模和配置特点，可分为就地除尘系统、分散除尘系统和集中除尘系统；b.按除尘器的种类，可分为干式除尘系统和湿式除尘系统；c.按设置除尘器的段数，可分为单段除尘系统和多段除尘系统；d.按除尘器在系统中的位置，可分为正压式除尘系统和负压式除尘系统。

1. 就地除尘系统、分散除尘系统和集中除尘系统

除尘系统按照规模和配置特点，可以分为就地除尘系统、分散除尘系统和集中除尘系统3种类型。设计中应根据生产流程、工艺设备的配置、厂房条件和除尘排风量的大小等因素分别选用。

（1）就地除尘系统　就地除尘系统的除尘器直接坐落在扫尘点上，就地吸取、净化含尘空气。

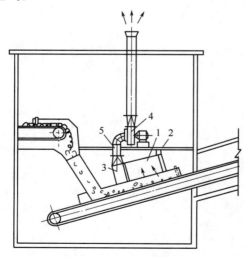

图 6-1　就地除尘系统胶带运输机转运点
1—扁袋除尘器；2—振打清灰装置；
3—除尘器净端；4—通风机；5—风管

图 6-1 所示为胶带运输机转运点就地除尘系统。袋式除尘器直接安装在受料点的密闭罩上，净化后的空气引入通风机，然后排至室外。就地除尘系统的特点如下所述。

① 单点除尘，无吸尘罩、吸尘管路及卸尘装置，系统简单，布置紧凑，操作简便，维护管理方便。

② 可将除尘器、通风机和电动机等做成一体，构成就地除尘机组。

③ 坐落在料仓上或移动生产设备上的就地除尘机组也可不设排风接口，净化后的空气直接放散在厂房内部，但机组必须具有很高的净化效率，以确保排入室内的空气含尘浓度达到国家卫生标准要求。

④ 外形尺寸小，处理的含尘气体量也小；只适用于排风量不大的扬尘点。

⑤ 所捕集的粉尘直接卸放到工艺设备上，使

粉尘直接回收利用，但是这会使物料的含粉率提高，增加了下道工序的扬尘量，设计中应予注意。

（2）分散除尘系统　分散除尘系统一般适用于同一工艺设备或同一生产流程的几个相距较近的除尘排风点，其除尘器和通风机往往分散布置在产尘设备附近，是目前应用较多的除尘系统。

图 6-2 所示料仓除尘系统即为分散除尘系统。分散除尘系统的特点如下所述：

① 利用厂房的空间位置布置除尘设备，对场地条件有较好的适应性。

② 管路较短，分支管较少，布置简单，稍加调节系统阻力即能达到平衡。

③ 系统操作简便，运行效果比较可靠，可由生产操作人员兼管运行，但捕集的粉尘回收和处理比较困难。

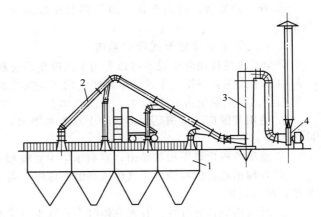

图 6-2　分散除尘系统示意
1—料仓；2—风管；3—除尘器；4—通风机

（3）集中除尘系统　在产尘点多、相对集中、各点排风量大，且有条件设置大型除尘设施时，可将一个或几个相邻车间或生产流程的除尘排风点汇入大型除尘设备，形成集中除尘系统。图 6-3 所示为矿石粉碎车间的集中除尘系统，共 25 个吸尘点，管道最远达 100 多米。集中除尘系统的特点如下所述。

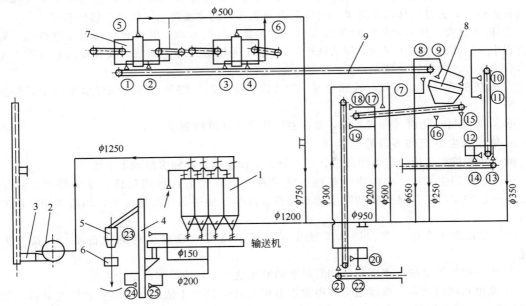

图 6-3　矿石粉碎车间的集中除尘系统
1—袋式除尘器；2—风机；3—消声器；4—斗式提升机；
5—灰仓；6—卸灰装置；7—棒磨机；8—振动筛；9—带式输送机；
①～㉕—吸尘罩

① 处理能力大，连接的除尘排风点多。集中除尘系统的处理能力每小时可高达几十万立方米乃至上百万立方米，所连接的排风点多达几十个乃至近百个。

② 适于配用袋式除尘器、电除尘器等高效净化设备，有利于减少对大气环境的污染。

③ 由于除尘设备集中布置，排尘量大，有利于粉尘的统一处理和回收利用，并减少了二次

扬尘。要求设专职管理人员，实行集中管理，保持较高的维护管理水平。

④ 占地面积较大，管网和设备的初投资较高；运行费用比分散除尘系统高。

⑤ 管网较复杂，阻力平衡、运行调节比较困难。除尘系统运行后一般做除尘系统配风和调整。

2. 干式除尘系统和湿式除尘系统

除尘系统按选用除尘设备可以分为干式除尘系统和湿式除尘系统两种类型。

（1）干式除尘系统　干式除尘系统使用干式除尘器，不需要用水作为除尘介质。在所有除尘系统中干式除尘系统占 90％以上。其特点如下。

① 适用范围广，可满足大多数除尘对象的要求，尤其是大型集中除尘系统，基本上是干式除尘系统。

② 捕集的粉尘以干粉状排出，有利于集中处理和综合利用，但处理不当时易产生二次扬尘。

③ 处理相对湿度高的含尘气体或高温气体时，需要采取防止结露的措施，否则易产生粉尘黏结、堵塞现象。

④ 当气体中含有有毒、有害气体时干式除尘系统不能除去有毒、有害成分。

（2）湿式除尘系统　湿式除尘系统使用以水作为净化介质的湿式除尘器，其特点如下所述。

① 除尘设备构造较简单，初投资较低，净化效率较高。

② 能处理相对湿度高、有腐蚀性的含尘气体，甚至尘-汽共生的含尘气体。为解决粉尘的黏结、堵塞问题，需要在管道和除尘器上设置冲洗装置。当含尘气体具有腐蚀性时，除尘设备和管道应采用耐腐蚀的材料制作。其内部应涂防水涂料。

③ 由于湿式除尘器内具有激烈的传质、传热过程，在除尘的同时，还能吸收含尘气体中的其他有害成分，并使气体温度降低。对净化含有害成分的高温含尘气体具有特殊意义。

④ 耗水量大，排出泥浆状的含尘污水。它需要充足的水源，并设含尘污水处理设施。对工艺流程中有污水处理的车间（如湿法选矿厂），适于采用湿式除尘系统，其含尘污水可排入工艺污水管道中，一并加以处理。

⑤ 总体能耗较高；高效湿式除尘器（如文氏管除尘器）的阻力要比同样效率的干式除尘器高得多。

⑥ 北方地区采用湿式除尘系统，要注意解决冬季防冻问题。

3. 单段除尘系统和多段除尘系统

除尘系统按照采用除尘器的段数，可以分为单段除尘系统和多段除尘系统。

（1）单段除尘系统　单段除尘系统组成简单，投资和运行费用较低，维护管理工作量较少。在一段除尘器能满足所需的除尘效率及符合除尘器使用条件的情况下，均应采用单段除尘系统。

（2）多段除尘系统　多段除尘系统中，设有二段或二段以上的除尘设备。其特点如下所述。

① 当一段除尘器的效率不能达到所要求的除尘效率时，应设多段除尘系统。

② 除尘系统的初含尘浓度超出某种除尘器的允许入口含尘浓度时，应在该除尘器前设置预净化设施，形成多段除尘系统。如电除尘器的入口含尘浓度超过 $60g/m^3$ 时会产生电晕闭塞现象，影响净化效率，此时应加设预除尘装置。

③ 含尘气体中含有磨琢性强的粗粉尘或纤维状物质，应加设简单、低阻力的预除尘装置，保护高效除尘器正常运行。

④ 在多段除尘系统中，低效除尘器应配置在高效除尘器之前。

4. 负压除尘系统和正压除尘系统

除尘系统按照除尘器和通风机在流程中的相对位置，可以分为负压除尘系统和正压除尘系统。

（1）负压除尘系统　负压除尘系统中，除尘器设置在通风机之前（负压段或吸入段）。其特点如下所述。

① 由于除尘器设置在通风机之前，流过通风机的气体已经过除尘，含尘浓度低，通风机受磨损大大减低，运行寿命长，处理初浓度高的含尘气体时一般采用负压除尘系统。

② 除尘器和管道处于通风机的负压段，容易吸入空气，产生漏风。负压除尘系统的漏风率为 5%～10%，加大了通风机的风量，增加了电耗。

③ 在负压除尘系统设计中应采用措施尽可能减少除尘器和管道的漏风，以保证除尘器的良好运行。

（2）正压除尘系统　正压除尘系统中，除尘器设置在通风机之后（正压段或压出段）。其特点如下所述。

① 由于流过通风机的含尘气体未经除尘器净化，通风机的叶轮和机壳易遭粉尘磨损。因此，正压除尘系统只适于在气体含尘浓度 $3g/m^3$ 以下、粉尘磨琢性弱、粉尘粒度小的条件下使用。

② 除尘器处于通风机的正压段，不必考虑除尘器的漏风附加率，通风机电耗较低。

③ 除尘器的围护结构简单，如正压袋式除尘器的围护结构不需要密封，只要防雨即可；设备制造、安装简便，造价低。

④ 正压除尘系统中，净化后的气体直接由除尘器排入大气，可不设烟囱；除尘器有一定的消声作用，通风机出口侧可不设消声器；有利节约除尘系统占地和初投资。

三、除尘系统设计要点

除尘系统由排风罩、风管、除尘器、通风机、卸尘装置及其附属设施组成。与除尘系统密切相关的还有尘源密闭装置和粉尘处理与回收系统。

1. 除尘系统的划分原则

设计分散或集中除尘系统时，应按下列原则进行系统的划分。

① 同一生产流程、同时工作的扬尘点相距不远时，宜合设一个系统。

② 同时工作但粉尘种类不同的扬尘点，当工艺允许不同粉尘混合回收或粉尘无回收价值时，亦可合设一个除尘系统。

③ 属下列情况者，不应合为一个系统：a.两种或两种以上的粉尘或含尘气体混合后能引起燃烧或爆炸时；b.温度不同的含尘气体，当混合后可能导致风管和除尘器内结露时。

④ 除尘系统划分应从减小系统阻力节约能源考虑。

2. 集气吸尘罩

（1）集气吸尘罩的位置

① 设置吸尘罩的地点，应保持罩内负压均匀，要能有效地控制含尘气流不致从罩内逸出，并避免吸出粉料。如对破碎、筛分和运输设备，吸尘罩应避开含尘气流中心，以防吸出大量粉料。对于胶带运输机受料点吸尘罩与卸料溜槽相邻两边之间距离应为溜槽边长的 0.75～1.5 倍，但不小于 300～500mm；罩口离胶带机表面高度不小于胶带机宽度的 0.6 倍。当卸料溜槽与胶带机倾斜交料时，应在溜槽的前方布置吸尘罩；当卸料溜槽与胶带机垂直交料时，宜在溜槽的前、后方均设吸尘罩。

② 处理或输送热物料时，吸尘罩应设在密闭装置的顶部，或给料点与受料点设置上、下抽风吸尘罩。

③ 吸尘罩不宜靠近敞开的孔洞（如操作孔、观察孔、出料口等），以免吸入罩外空气。对于胶带机受料点吸尘罩前必须设遮尘帘；遮尘帘可用橡胶带、帆布带等制作。

④ 吸尘罩的位置应不影响操作和检修。与罩相接的一段管道最好垂直敷设，以免蹦入物料造成管道堵塞。

（2）集气吸尘罩的形式

① 为使罩内气流均匀，一般采用密闭罩和伞形罩（参见第三章第二节内容）。

② 当从大容积密闭罩和料仓排风时，一般无吸出粉料之虑，可将风管直接接在大容积密闭罩或料仓上。

（3）集气吸尘罩的罩口风速

① 吸尘罩的罩口平均风速不宜过高，以免吸出粉料。一般对局部密闭罩和轻、干、细的物料，罩口平均风速应取得较低。采用局部密闭时，罩口平均风速不宜大于下列数值：细粉料的筛分 0.6m/s；物料的粉碎 2.0m/s；粗颗粒物料破碎 3.0m/s。

② 在不能设置密闭罩而用敞口罩控制粉尘时，罩口风速应按侧吸罩要求确定，具体设计详见第三章第二节。

3. 含尘气体管道

除尘系统中，除尘器以前的含尘气体管道（除尘管道）可按集合管管网或枝状管网布置。

（1）集合管管网　集合管管网分为水平和垂直两种。水平集合管［见图 6-4（a）］连接的风管由上面或侧面接入，集合管断面风速为 3～4m/s，适用于产尘设备分布在同一层平面上，且水平距离较大的场合。垂直集合管［见图 6-4（b）］连接的风管从切线方向接入，集合管断面风速为 6～10m/s，适用于产尘设备分布在多层平台上，且水平距离不大的场合。集合管管网的主要特点是：a. 集合管尚有粗净化作用，下部应设卸尘阀和粉尘输送设备；b. 系统阻力容易平衡；c. 管路连接方便；d. 运行风量变化时，系统比较稳定。

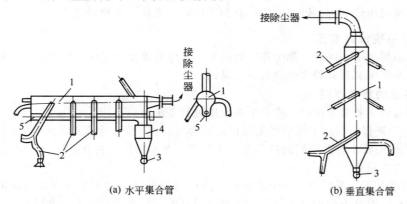

图 6-4　集合管管网
1—集合管；2—支风管；3—卸尘阀；4—集尘箱；5—螺旋机

（2）枝状管网　枝状管网的布置形式如图 6-5 所示。风管可采用垂直、水平或倾斜敷设；倾斜敷设时，风管与水平面的夹角应大于 45°。当不能满足上述要求时，小坡度或水平敷设的管段应尽量缩短，并采取防止积尘的措施。

枝状管网的特点是：a. 管路连接较复杂，各支管的阻力平衡较难；b. 运行调节麻烦；c. 占地少，无集合管的粉尘输送设备，比较简单。

含尘气体管道风速一般采取 15～25m/s。

管道的三通管、弯管等容易积尘的异形管件附近，以及水平或小坡度管段的侧面或端部应设置风管检查孔；当管道直径较大时，可设置人孔。为解决较长水平管道的粉尘沉积，可在水平管道上每隔一定距离设置压缩空气吹刷喷头，必要时用以吹起管道底部沉积的粉尘。

含尘气体管道支管宜从主管的上面或侧面连接；连接用三通的夹角宜采用 15°～45°，为平衡支管阻力，也可以采用 45°～90°。

对粉尘和水蒸气共生的尘源，应尽量将除尘器直接配置在吸尘罩上方，使粉尘和水蒸气通过垂直管段进入除尘器。当必须采用水平管段时，风管应向除尘器入口构成不小于 10° 的坡度，并在风管上设检查孔，以便冲洗黏结的粉尘。

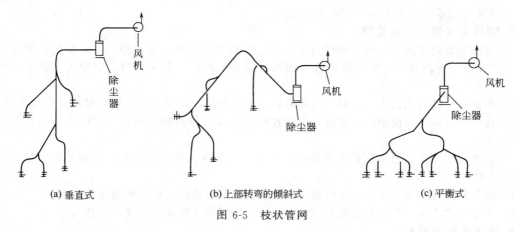

(a) 垂直式　　　　　(b) 上部转弯的倾斜式　　　　(c) 平衡式

图 6-5　枝状管网

对于磨琢性强、浓度高的含尘气体管道，要采取防磨损措施。除尘管道中异形件及其邻接的直管易发生磨损，其中以弯管外弯侧 180°～240°范围内的管壁磨损最为严重；对磨损不甚严重的部位，可采取管壁局部加厚；对磨损严重的部位，则需加设耐磨材料或耐磨衬里。耐磨衬里可用涂料法（内抹或外抹耐磨涂料）或内衬法（内衬橡胶板、辉绿岩板、铸铁板等）施工。有关管道耐磨问题，可参见本章第二节内容。

通过高温含尘气体的管道和相对湿度高、容易结露的含尘气体管道应设计保温措施。通过高温含尘气体的管道必须考虑热膨胀的补偿措施，可采取转弯自然补偿或在管道的适当部位设置补偿器；相应的管道支架也应考虑热膨胀所产生的应力。

除尘管道宜采用圆形钢制风管，其接头和接缝应严密，焊接加工的管道应用煤油检漏。

除尘管道一般应明设。当采用地下风道时，可用混凝土或砖砌筑，内表面用砂浆抹平，并在风道设清扫孔。

对有爆炸性危险的含尘气体，应在管道上安装防爆阀，且不应地下铺设。

4. 除尘器

① 处理相对湿度高、容易结露的含尘气体的干式除尘器应设保温层，必要时还应对除尘器采取伴热措施。

② 用于净化有爆炸危险粉尘或气体的干式除尘器，宜布置在系统的负压段上。除尘器上应有防爆阀门和防阴燃措施。除尘器结构设计要考虑防爆功能。

对于爆炸下限小于或等于 $65g/m^3$ 的有爆炸危险的粉尘、纤维和碎屑的干式除尘器。必要时，干式除尘器应采用不产生火花的材料制作；如果采用袋式除尘器需配防静电滤袋及防爆电磁阀。

③ 用于净化有爆炸危险粉尘的干式除尘器，应布置在生产厂房之外，且距有门窗孔洞的外墙不应小于 10m；或布置在单独的建筑物内时除尘器应连续清灰，且风量＜1500m³/h，储灰量＜60kg。

④ 用于净化爆炸下限大于 $65g/m^3$ 的可燃粉尘、纤维和碎屑的干式除尘器，当布置在生产厂房内时，应同其排风机布置在单独的房间内。

⑤ 有爆炸危险的除尘系统，其干式除尘器不得布置在经常有人或短时间有大量人员逗留的房间（如工人休息室、会议室等）的下面，如同上述房间贴邻布置时，应用耐火的实体墙隔开。

⑥ 在北方地区选用湿式除尘器时，应考虑采暖或保温措施，防止除尘器和供、排水管路冻结。

⑦ 在高负压条件下使用的除尘器，其结构应有耐负压措施，且外壳应具有更高的严密性。

⑧ 含尘气体经除尘器净化后，直接排入室内时，必须选用高效除尘器，保证排入室内的气

体含尘浓度不超过国家卫生标准的要求。

5. 输排灰装置和粉尘处理

① 对除尘器收集的粉尘或排出的含尘污水，根据生产条件、除尘器类型、粉尘的回收价值和便于维护管理等因素，必须采取妥善的回收或处理措施；工艺允许时，应纳入工艺流程回收处理。

② 湿式除尘器排出的含尘污水经处理后，应循环使用，以减少耗水量并避免造成水污染。

③ 在高负压条件下使用的除尘器，应设置两个串联工作的卸灰阀，并保证该两卸灰阀不同时开启卸尘。

④ 除尘器与卸尘点之间有较大高差时，卸尘阀应布置在卸尘点附近，以降低粉尘落差，减少二次扬尘。

⑤ 输灰装置应严密不漏风。刮板输送机和斗式提升机应设断链保护和报警装置。

⑥ 大型除尘器灰斗和储灰仓的卸灰阀前应设插板阀和手掏孔，以便检修卸灰阀。

6. 通风机和电动机

① 流过通风机的气体含尘浓度较高，容易磨损通风机叶轮和外壳时，应选用排尘风机或其他耐磨风机或采用预防磨损的技术措施。

② 处理高温含尘气体的除尘系统，应选用锅炉引风机或其他耐高温的专用风机。

③ 处理有爆炸危险的含尘气体的除尘系统应选用防爆型风机和电动机，并采用直联传动。

④ 除尘系统通风机露天布置时，对通风机、电动机、调速装置及其电气设备等应考虑防雨设施。电动机和电控设备的防护等级最低要求为 IP55。

⑤ 除尘系统通风机应设消声器。

⑥ 在除尘系统的风量呈周期性变化或排风点不同时工作引起风量变化较大的场合，应设置调速装置，如液力耦合器、变频变压调速装置等，以便节约能源。

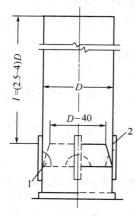

图 6-6　防雨排风管
1—泄水孔；2—加筋

⑦ 湿式除尘系统的通风机机壳最低点应设排水装置。需要连续排水时，宜设排水水封，水封高度应保证水不致被吸空；不需要连续排水时，可设带堵头的直排水管，需要时打开堵头排水。

7. 排风管和烟囱

① 分散除尘系统穿出屋面或沿墙敷设的排风管应高出屋面1.5m，当排风管影响邻近建筑物时，还应视具体情况适当加高。

② 集中除尘系统的烟囱高度应按大气扩散落地浓度计算，并符合《大气污染物综合排放标准》中排放浓度和排放速率的要求。

③ 所处理的含尘气体中 CO 含量高的除尘系统，其排风管应高出周围物体 4m。

④ 除尘系统的排风口设置风帽影响气体顺利地向高空扩散时，排风管可不设风帽，采用如图6-6所示的防雨排风管，防止雨水落入通风机内。

⑤ 穿出屋面的排风管应与屋面孔上部固定，屋面孔直径比风管直径大 40～100mm 并采取防雨措施。对穿出屋面高度超过 3m 或竖立在地面上的排风管，需用钢绳固定，并设拉紧装置。

⑥ 两个或多个邻近的除尘系统允许用一个排气烟囱排放。

⑦ 排风管和烟囱应设防雷措施。

8. 阀门和调节装置

① 对多排风点除尘系统，应在各支管便于操作的位置装设调节阀门、节流孔板和调节瓣等风量、风压调节装置。

② 除尘系统各间歇工作的排风点上必须装设开启、关断用的阀门。该阀门最好采用电动阀

或气动阀，并与工艺设备连锁，同步开启和关断。

③ 除尘系统的中、低压离心式通风机，当其配用的电动机功率小于 75kW 且供电条件允许时，可不装设仅为启动用的阀门。

④ 几个除尘系统的设备邻近布置时，应考虑加设连通管和切换阀门，使其互为备用。

9. 测定和监控

① 对多排风点除尘系统，应在各支管、除尘器和通风机入、出口管的直管段和排气烟囱气流平稳处，设置风量、风压测定孔。在除尘器入、出口管以及需要测量粉尘浓度的支管、直管段气流平稳处，应设置直径不小于 80mm 的粉尘取样孔。凡设粉尘取样孔的地方，不再重复设置风量、风压测定孔。

② 根据实际需要并结合操作条件，除尘系统可采用集中控制或与有关工艺设备连锁。一般除尘系统应在工艺设备开动之前启动，在工艺设备停止运转后关闭。自动化水平高的除尘系统可将除尘系统电气控制设备与相应的工艺设备实行程序控制，便于操作人员掌握，但此时仍需在通风除尘设备机旁装设控制开关。

③ 对大型除尘系统，可根据具体情况设置测量风量、风压、温度和粉尘浓度等参数的仪表。

④ 对大型集中除尘系统，必要时可设置监控系统，当排放参数超标时，发出报警信号。

⑤ 大中型除尘器应设计检测电源。

10. 机房和检修设施

① 除尘系统设计中，应考虑留有一定的检修平面和空间、安装孔洞、吊挂设施、走台、梯子、人孔和照明设施等，为施工、操作和检修创造必要的条件。

② 对大型集中除尘系统，必要时可以设置机房、仪表操作室等，对系统进行集中操作管理。

③ 设备和管道穿过平台时，需预留孔洞，孔洞四周设高出平台 50mm 的防水凸台，孔洞直径比管道直径大 20~80mm。管道穿平台处容易腐蚀，必要时可在防水凸台上加 200mm 高的一段金属防水套管。

④ 大、中型除尘器的地面应有检修电源和水源。

第二节　除尘管道材料与部件

除尘管道的材料包括普通材料和耐磨材料。管道的部件包括风管检查孔、测孔、弯头、三通、四通、风机出口和管道阀门等，这些都是除尘系统设计和正常运行不可缺少的部分。特别是耐磨材料，在除尘系统中有着重要的作用。

一、管道普通材料

1. 管道直径与厚度

除尘管道最常用的材料是 Q235 钢板。由钢板制作的管道具有坚固、耐用、造价低、易于制作安装等一系列优点。对于不同的系统，因其输送的气体性质不同，并考虑到适用强度的要求，必须选用不同厚度的钢板制作。"全国通用通风管道计算表"推荐的管道规格见表 6-1，但表中规定管壁较薄，考虑到粉尘对管壁磨损，除尘管道常用的钢板厚度见表 6-2。

2. 管道断面形状的选择

管道断面形状有圆形和矩形两种；两者相比，在断面积相同时圆形管道的压损较小，材料较省。圆形管道直径较小时比较容易制作，便于保温，但圆形管件制作工艺中的放样、加工较矩形管道复杂，故对钣金工有一定的技术要求。

当管径较小、管内流速较高时，大都采用圆形管道，但在输送高温烟气或安装位置受限制时矩形管道也被广泛采用。

表 6-1　钢板制圆形除尘管道通用规格

除尘管道		配用法兰规格			除尘管道		配用法兰规格		
外径/mm	壁厚/mm	材料	螺栓	螺孔/个	外径/mm	壁厚/mm	材料	螺栓	螺孔/个
80				4	480	1.5	∟25×4	M6×20	12
90					**500**				
100					530				14
110				6	**560**				
120					600	2.0	∟30×4	MB×25	16
130		—20×4			**630**				
140					670				18
150				8	**700**				
160					750				20
170					**800**		∟30×4		
180					850				22
190	1.5		M6×20		**900**				
200					950				24
210					**1000**	2.0			
220					1060		∟36×4		26
240					**1120**				
250					1180				28
260					**1250**			M8×25	
280					1320				32
300		∟25×4			**1400**				
320				10	1500		∟40×4		36
340					**1600**				
360					1700				40
380				12	**1800**	3.0			
400					1900				44
420					**2000**				
450									

注：1. 本表摘自《全国通用通风管道计算图表》和《全国通用通风管道配件图表》
　　2. 除尘风管中的黑体字为优先选用管径。

表 6-2　除尘管道壁厚　　　　　　　　　　　　　　单位：mm

管　径	直管部分	弯管部分	管　径	直管部分	弯管部分
<300	2～4	3～6	1500～3000	6～8	12～14
300～800	4～5	6～8	>3000	8～10	14～16
800～1500	5～6	8～12			

二、管道耐磨材料

金属材料的磨损分为黏着磨损、磨粒磨损、腐蚀磨损和表面疲劳磨损。在除尘和气力输送管道的磨损中，主要是磨粒磨损。这种磨损形式的磨损程度，取决于材料本身的硬度，硬度越高耐磨损的程度越好，所以在耐磨材料的开发中都是以提高材料硬度为主攻方向。

1. 淬火耐磨钢材

对普通钢材进行中频加热后淬火处理，可以有效提高钢材硬度，用作耐磨板或管件。其处理工艺是：

$$下料—\begin{bmatrix}中频加热\\管道成形\end{bmatrix}—端部加工—淬火—检测—涂漆、包装$$

对管道其内壁感应加热淬火可控制在 2～10mm 范围内。对管件采用中频及工频感应加热淬火处理，也可采用炉内热淬火工艺完成全硬化处理。处理直管管径为 100～300mm，壁厚 6～12mm，弯头及弯管可根据制作需要进行处理。

2. 耐热耐磨合金钢

这种合金钢是采用电弧炉冶炼，离心工艺铸造，使合金钢组织致密、晶粒细化，从而具有很高的耐磨损、耐冲刷性及可靠的焊接性，可在温度 600～950℃、压力 0.5～1.6MPa 的条件下长期使用；除尘系统的易磨损部位性能良好。它可以制成的管道尺寸范围为：直径 $\phi 65～950mm$，长度可到 9000mm，壁厚 8～25mm，管件为多种大小和形状。

3. 碳化硅耐磨材料

碳化硅是一种新型的耐磨材料，它具有耐高温、耐腐蚀、耐磨损、热传导好等优良特性。碳化硅的硬度仅次于金刚石，用它做衬里比普通碳素钢可提高使用寿命 6 倍以上。其物理化学性能见表 6-3。

表 6-3 碳化硅制品的物理化学指标

项　目	指　标	项　目	指　标
热导率/[W/(m·K)]	0.022	抗折强度/MPa	3.5
使用温度/℃	>165	洛氏硬度	9.5
体积密度/(g/cm³)	2.60～2.65	碳化硅含量/%	>85
气孔率/%	<15	P、C 含量/%	<0.1
常温耐压强度/MPa	>10	FeO 含量/%	<0.1

碳化硅用于除尘系统多数是弯头、管件的衬里，较少制作长管道的内衬。其厚度为 3～5mm，根据需要可制成多种形状。

4. C-T 陶瓷复合钢耐磨材料

该产品是利用铝热反应产生的高温使反应物呈熔融状态，通过离心力作用在钢管内壁涂敷一层三氧化二铝（刚玉）陶瓷层。该产品具有良好的耐热性、耐腐性、耐磨蚀性，能任意焊接和后加工之特点。

C-T 陶瓷复合钢管的性能见表 6-4。

表 6-4 C-T 陶瓷复合钢管性能

性　能		数　值
物理性能	陶瓷层重/(g/cm²)	3.8～3.97
	陶瓷层线膨胀系数(20～1000℃)/K⁻¹	8.57×10
力学性能	陶瓷层显微硬度/MPa	1000～1600
	复合钢管压溃强度/MPa	>450
	陶瓷层与钢管结合强度(压剪强度)/MPa	>34
耐磨性能	平均摩擦力矩/(N·cm)	13.67
	磨损量/g	0.0053

C-T 陶瓷复合钢管可以在钢管复合陶瓷，在钢制阀门和管件上复合陶瓷均有良好的耐磨性能，但价格昂贵。

5. 碳化钨钢耐磨材料

碳化钨耐磨材料是把碳化钨注渗进钢基体表层，呈冶金结合，各自浓度成梯度变化，没有宏观界面，形成特殊的组织结构，形成良好的耐磨层，使用中不会脱落。其特点如下。

（1）具有很高的耐磨性　基体表层由于碳化钨的渗进，不但改变了基体表层的成分，而且组织结构也有变化，使基体表面具有高硬度、高强度、高韧性和高抗疲劳性及表面硬度。材料耐磨性能一般能提高几倍到十几倍。

（2）工艺性好　由于改性在表面层 1～1.5mm，故对基体总厚度要求不高，一般大于 8mm 即可。所以基体整体的重量相对较轻。基体形状一般不受限制，平面、弧面、锥面等均可注渗。在注渗处理时，工件表面粗糙度不受破坏。基体尺寸范围较宽，对特大的工件可在注渗处理后进行焊接。

（3）具有高的红硬性和热强性　WCSP 在 800℃ 以下工作，不但热强性好，而且硬度也高，耐磨性很好。

三、常用管道部件

除尘管道都应设置一些必要的零部件，以满足系统技术性能的检测、相关参数的调整和安全运行的要求。这些部件包括检测孔、检查孔、清扫孔和防爆装置等。

1. 风道测孔

一般除尘系统上有温度测孔、湿度测孔、风量风压测孔和粉尘浓度测孔。测孔设置地点一般是：a.除尘系统管道上，主要测定管道的压力分布和风量大小，以便对系统风量进行调整；b.风机前后的总管上，主要用于测定风机性能和工作状态，如风量、风压等；c.除尘器前后，主要用于测定除尘器的技术性能，如设备漏风率、风量分配等；d.吸尘罩附近，主要是测定吸尘点抽风量、初始含尘浓度和吸尘罩内的负压；e.烟囱上，主要用于测定净化后气体的排放浓度。

由于气流经弯头、三通等局部构件时会产生涡流，使气流极不稳定，因此测孔必须远离这些部件而选在气流稳定段，这个位置一般应在这些部件前面 4 倍管径和部件后 2 倍管径的位置。当位置有限制时，应在测孔内增加测定点尽量做到精确测定。

以上几种测孔，最好同时设置，温度测孔、湿度测孔和风量风压测孔的孔径一般为 $\phi50\text{mm}$，粉尘浓度测孔一般为 75～100mm；当风道直径大于 500mm，风量风压测孔应在同一横断面上互相垂直的两个方向上设孔。

2. 清扫孔

虽然在管道设计时选择了防止粉尘沉积的必要流速，但是，由于在弯头、三通管等局部构件处，气流形成的涡流是几乎无法消除的，特别是遇到含尘气体温度变化、速度变化以及管壁可能形成的结露等，都会有粉尘在那里沉积。另外，由于生产设备间歇运行及一些未考虑到的因素，粉尘在管道内也会沉积。为了保证除尘系统正常运行，需要对除尘管道定期进行清扫。清扫孔的位置应在管道的侧面或上部；对于大型管道、直径大于 500mm 者在弯头、三通、端头处都应设清扫入孔。图 6-7 为设置清扫孔的位置。所有清扫孔都必须做到严密不漏风，如果严重漏风，会使清扫孔上游管道内流速降低，粉尘沉积更加严重，致使吸尘点抽风量减少。一般清扫孔盖板与风道壁间用螺栓拧紧或其他压紧装置压紧，盖板与风管壁间应有橡胶板或橡胶带作衬垫。图 6-8 为清扫孔的一种做法示意。

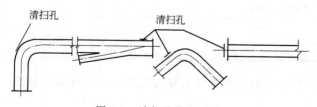

图 6-7　清扫孔位置示意

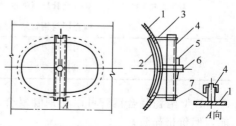

图 6-8　清扫孔示意

1—风道壁；2—盖板；3—衬垫；4—压紧杠；
5—尖劈形压块；6—压紧杆；7—支架

3. 管件

(1) 管件的形式　在除尘系统中管件是普遍使用的，表 6-5 列出常用的管件形式。考虑管件形式首先是阻力大小，其次是制作难易。应当特别指出，并不是所有管件阻力小就采用，而是视除尘管网压力平衡的情况而定。工程实践中阻力较大的管件也常常被采用，应用这种管件便于除尘系统阻力平衡。

表 6-5　管件的形式

名　称	阻　力　较　小	阻　力　较　大
弯头	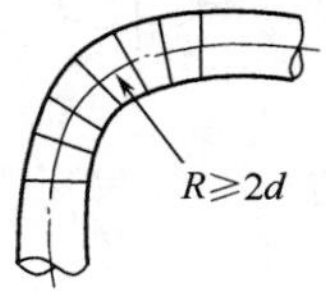 $R \geq 2d$	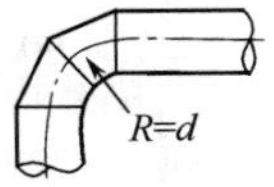 $R = d$
三通	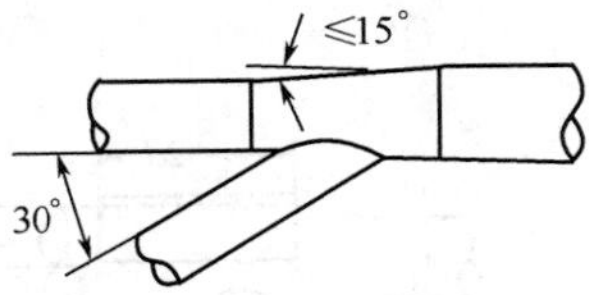 $\leq 15°$　$30°$	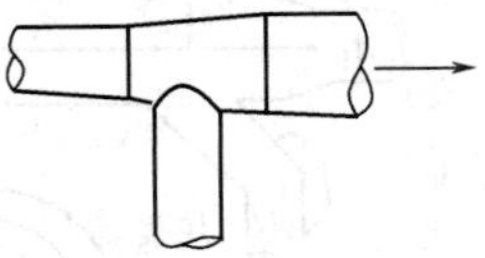
四通	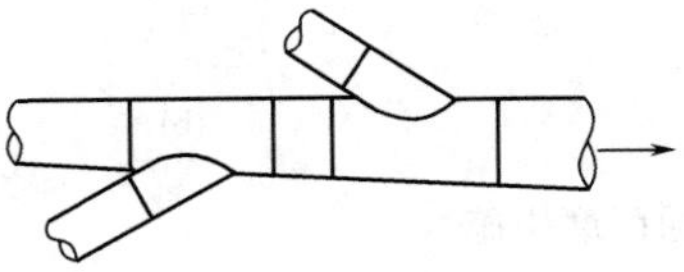	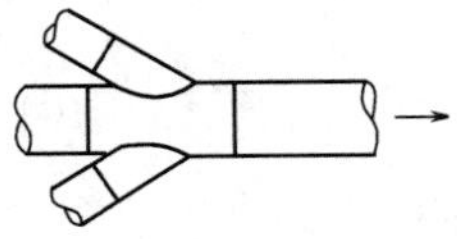
变径管	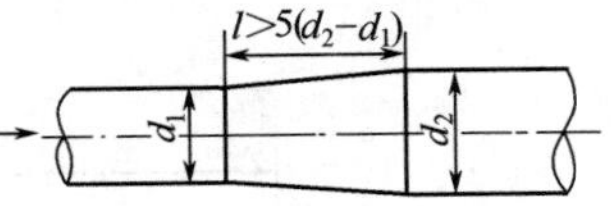 $l > 5(d_2 - d_1)$　d_1　d_2	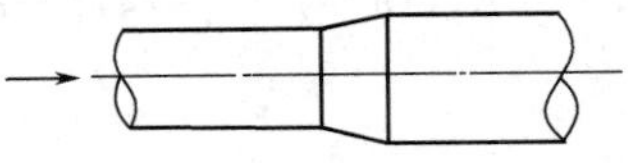
风机出口	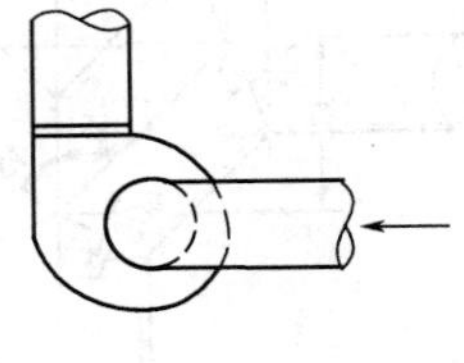	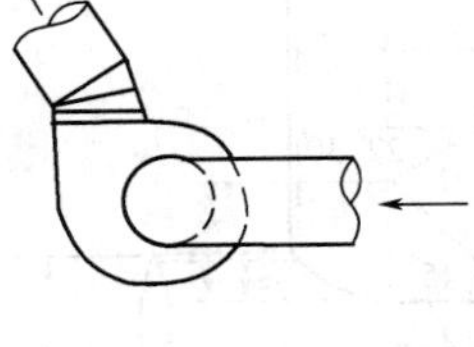

(2) 耐磨管件　在除尘系统使用的管件中，由于管道中含尘气流对弯头、三通等管件的冲刷磨损，极易磨穿、漏风，影响正常的集尘效果，因此除了按耐磨管道处理外，还可以对这些管件施加以下耐磨措施。

① 弯头。管径小于 $\phi500\text{mm}$ 的弯头，可以采取高铬铸铁衬垫，也可以衬以灰浆，如图 6-9 (a) 和图 6-9 (b) 所示。对直径大于 $\phi500\text{mm}$ 的弯头可以衬灰浆，也可以采用耐磨材料制作。

② 三通。对于直角三通和角度<45°的三通，可以用图 6-10 (a) 和图 6-10 (b) 的方法衬以灰浆也可以采用耐磨材料制作。

③ 变径管。变径管的耐磨以耐磨材料制作为宜。

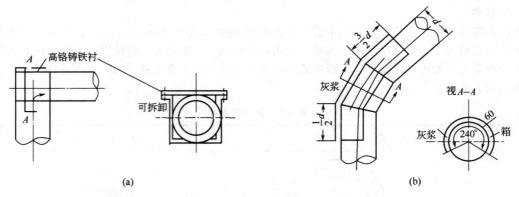

图 6-9 弯头耐磨措施

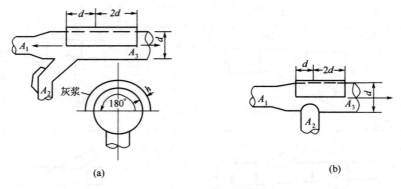

图 6-10 三通耐磨措施

（3）三通 除尘风管设计中常用的三通形式如图 6-11、图 6-12 所示。图 6-11 中 $A=0.7\phi_2$，$r=\phi_1/2$，$c=\phi_2$，$h=r-\frac{1}{2}\sqrt{4r^2-c^2}$。

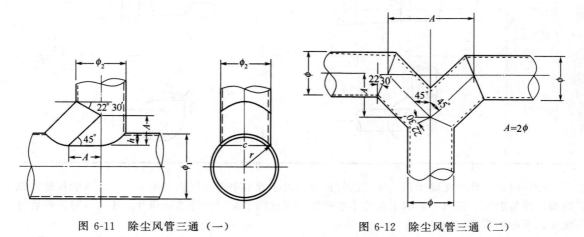

图 6-11 除尘风管三通（一）　　　　　　图 6-12 除尘风管三通（二）

（4）弯头 表 6-6 列出了圆形弯头和短形弯头的各种规格系列及形式。

（5）管托 管托主要用于圆形风管与支架之间的固定连接，图 6-13 和表 6-7 列出常见的管托结构形式和尺寸。

（6）风管支、吊架 一般除尘风管的支吊架设计，可直接选用国际 T 607 中列出的各类支、吊

表 6-6　圆形弯头和短形弯头规格系列

弯头管径 D/mm	弯曲半径 R/mm	\multicolumn{8}{c}{弯曲角度（°）和节数（n）}
		n	90	n	60	n	45	n	30
80~220	$R=D$ 或 $R=1.5D$	二中节二端节	15° 30°	一中节二端节	15° 30°	一中节二端节	11°15′ 22°30′	二端节	15°
240~450		三中节二端节	22°30′	二中节二端节	10° 20°				
480~1400		五中节二端节	15°	三中节二端节	7°30′ 15°	二中节二端节	7°30′ 15°	一中节二端节	7°30′ 15°
1500~2000		八中节二端节	10°	五中节二端节	5° 10°	三中节二端节	5°37′30″ 11°1′	二中节二端节	5° 10°

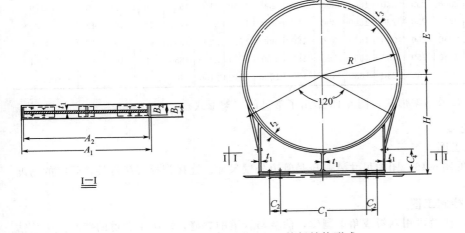

图 6-13　管托结构形式

表 6-7　管托尺寸　　　　　　　　　　　　　　　　　单位：mm

公称管径	D	A_1	A_2	B_1	B_2	C_1	C_2	C_3	C_4	R	H	E	t_1	t_2	t_3	总质量/kg
450	480	380	360	150	130	200		80	110	240	350	320	6	10	6	28.30
500	530	420	400	150	130	200		80	110	265	370	351	6	10	6	30.40
550	580	470	450	150	130	150	100	80	110	290	400	376	6	10	6	32.63
600	630	510	490	150	130	190	100	80	120	315	420	401	6	10	6	37.73
650	680	560	540	150	130	240	100	80	130	340	470	426	6	10	6	41.57
700	720	580	560	150	130	240	100	80	140	360	510	446	6	10	6	44.22
750	770	630	610	170	150	290	100	100	160	385	560	471	6	10	6	54.80
800	820	680	660	170	150	300	100	100	160	410	560	496	6	10	6	58.50
850	870	710	690	170	150	330	100	100	190	435	620	521	6	10	6	61.95
900	920	750	730	170	150	370	100	100	200	460	650	546	6	10	6	64.97
950	970	800	780	170	150	420	100	100	210	485	680	571	6	10	6	68.48
1000	1020	840	820	170	150	460	100	100	240	510	720	596	6	10	6	72.02
1100	1120	920	900	170	150	540	100	100	240	560	770	646	6	10	6	77.86
1200	1220	1000	980	170	150	620	100	100	300	610	820	696	6	10	6	83.03
1300	1320	1080	1060	170	150	700	100	100	330	660	870	746	6	10	6	88.66
1400	1420	1170	1150	170	150	790	100	100	360	710	920	796	6	10	6	96.25
1500	1520	1250	1230	170	150	870	100	100	380	760	1000	846	6	10	6	103.56
1600	1620	1340	1320	220	200	820	150	140	410	810	1120	900	10	12	10	187.17
1700	1720	1420	1400	220	200	900	150	140	450	860	1220	950	10	12	10	240.01
1800	1820	1520	1500	220	200	1000	150	140	500	910	1320	1000	10	12	10	263.04
1900	1920	1600	1580	220	200	1080	150	140	500	960	1320	1050	10	12	10	266.11
2000	2020	1700	1680	220	200	1080	200	140	550	1010	1400	1100	10	12	10	266.17
2200	2220	1820	1800	220	200	1200	200	140	650	1100	1620	1200	10	12	10	344.90
2400	2420	2000	1980	220	200	1380	200	140	700	1200	1720	1300	10	12	10	364.97
2500	2520	2070	2050	250	230	1250	200	160	750	1260	1800	1350	10	12	10	439.48
2600	2620	2170	2150	250	230	1300	250	160	750	1310	1800	1400	10	12	10	444.61
2800	2820	2320	2300	250	230	1400	150	160	750	1410	1900	1510	10	12	10	411.74
3000	3020	2520	2500	250	230	1300	300	160	850	1510	2100	1600	10	12	10	315.79
3200	3220	2770	2750	250	230	1500	300	160	900	1610	2200	1700	12	16	12	721.33
3400	3420	2870	2850	250	230	1650	300	160	900	1710	2200	1800	12	16	12	726.50
3500	3520	2870	2850	250	230	1650	300	160	950	1760	2300	1850	12	16	12	707.44
3600	3620	3070	3050	250	230	1850	300	160	1000	1810	2400	1906	12	16	12	809.87

架形式。图 6-14 是管道吊架形式，图 6-15 给出了常见的支架形式。

四、管道的连接

1. 管道连接施工图

管道连接施工见图 6-16。图中尺寸 A，B 是管道外壁尺寸。连接钢板现场焊接，焊缝的高度取决于管道的壁厚。

2. 管道法兰连接施工图

施工见图 6-17。法兰可用钢板或角钢制作，法兰与管道的焊缝，取决于管道的壁厚。法兰钻孔应按标准法兰的孔径和孔距，除非另有规定或管道设计图。

管道法兰尺寸见表 6-8。

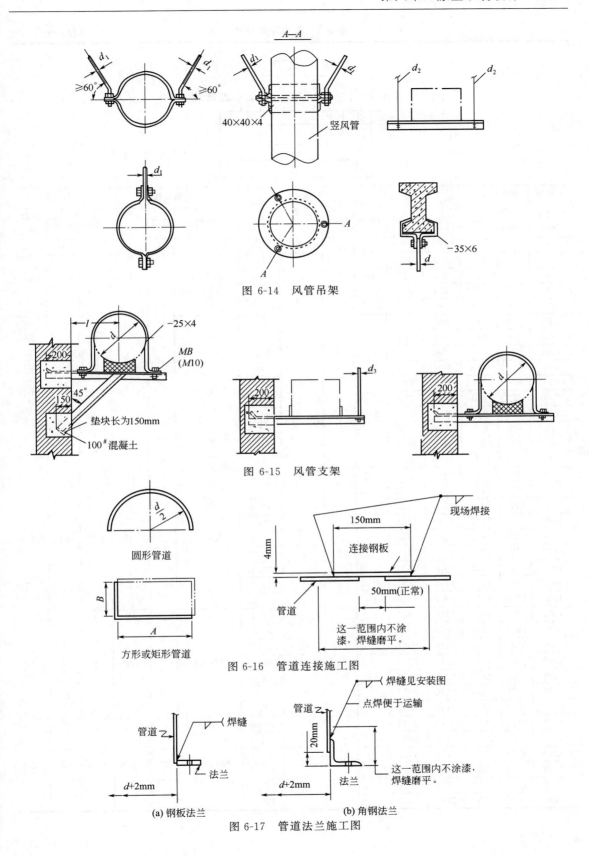

图 6-14　风管吊架

图 6-15　风管支架

图 6-16　管道连接施工图

(a) 钢板法兰　　　　(b) 角钢法兰

图 6-17　管道法兰施工图

表 6-8　管道法兰尺寸　　　　　　　　　　　　　　单位：mm

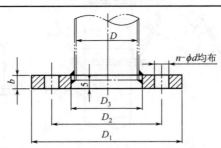

公称管径 D_g /mm	管外径 D /mm	D_1 /mm	D_2 /mm	D_3 /mm	b /mm	d /mm	螺栓孔数 n/个	质量 /kg	六角螺栓 规格	数量	质量 /kg	六角螺母 规格	数量	质量 /kg
200	219	311	275	221			8	2.9		8			8	
250	273	365	330	275				3.4						
300	325	427	385	327	10	14		4.1	M12×40		0.019	M12		0.016
350	377	479	435	379			12	5.1						
400	426	528	490	428				5.7		12			12	
450	480	595	540	483				6.6						
500	530	645	600	533				9.4						
550	580	695	650	583				10.1						
600	630	745	700	633				11						
650	680	795	750	683	12	18	16	11.6	M16×45	16	0.099	M16	16	0.034
700	720	843	800	723				13.5						
750	770	893	850	773				14.3						
800	820	943	900	823				15.2						
850	870	993	950	873				16						
900	920	1043	1000	923				17						
950	970	1093	1050	973			20	20.4		20			20	
1000	1020	1153	1100	1023				23.4						
1100	1120	1253	1200	1123	14			25.8						
1200	1220	1353	1300	1223		22		26.1						
1300	1320	1453	1400	1323		24	24	30.1	M20×55	24	0.193	M20	24	0.062
1400	1420	1553	1500	1423				36.9						
1500	1520	1653	1610	1523				39.1						
1600	1620	1753	1710	1623			28	41.7						
1700	1720	1853	1810	1723	16			44.2		28			28	
1800	1820	1963	1910	1823				50.1						
1900	1920	2063	2010	1923				52.8						
2000	2020	2163	2110	2023			32	55.4		32			32	
2200	2220	2363	2310	2223		26	36	68.1	M24×65	36	0.335	M24	36	0.112
2400	2420	2563	2510	2423	18			74.6						
2500	2520	2663	2610	2523			40	77.1		40			40	
2600	2620	2763	2710	2623				89.1						
2800	2820	2983	2915	2823	20		44	104.3		44			44	
3000	3020	3183	3115	3023				114.1						
3200	3220	3383	3315	3223		32	52	135.9	M30×75	52	0.626	M30	52	0.234
3400	3420	3583	3515	3423				143.6						
3500	3520	3683	3615	3523	22		56	147.7		56			56	
3600	3620	3783	3715	3623				152.7						

3. 吸风罩与排风设备相连接的施工图

（1）吸风罩直接焊接在设备上　这种吸风罩下端周围用 50mm 宽的扁钢直接焊接在设备上，见图 6-18（a）。图中角度 α 最好是 15°，最大 ≤45°；直径 D_1 见通风系统图。

（2）吸风罩用法兰连接在设备上　这种吸风罩见图 6-18（b）。图中角度 α 和直径 D_1 与图 6-18（a）相同。

（3）排风管与吸风罩用软管连接　软管连接的施工见图 6-18（c）。

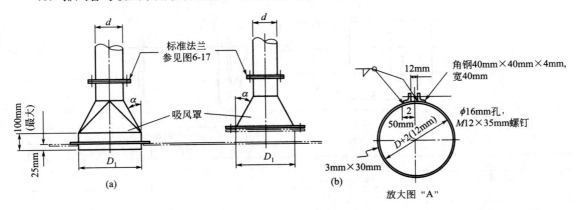

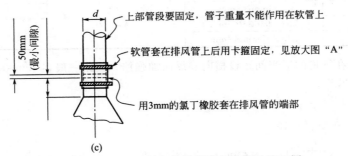

图 6-18　吸风罩与排风设备相连接的施工图

4. 风机出口管道（带保护网）的施工图

施工见图 6-19。图中：①表示出风口向上；②表示出风口倾斜向上；③表示出风口为水平。

五、除尘管道加固

对矩形管道或直径大于 $\phi2000$mm 的除尘管道，通常需对管道增设加强筋进行加固，以增加管道强度和延长管道的使用寿命；同时也便于管道支架跨距的选择布置。

加强筋的规格与管道壁厚、管道内压力情况和烟气温度有关。

1. 加强筋的材料

除尘系统的正负压一般都在 8000Pa 以内，加强筋可采用扁钢、角钢、型钢等。常用的规格有：

—50mm×5mm、—70mm×5mm、—80mm×5mm

∟50×50mm×5mm、∟63×63mm×6mm、∟70×70mm×6mm、∟80×80mm×6mm

[No. 10、[No. 12、[No. 16

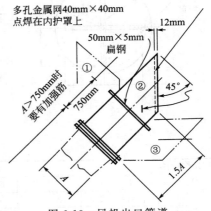

图 6-19　风机出口管道（带保护网）的施工图

2. 加强筋的间距

（1）圆形管道　在管道的适当间距设横向加强筋，间距一般取1500～3000mm以内，当气体温度在150℃以上时取1500mm。圆形管道横向加固筋的尺寸如表6-9所列。

表 6-9　管道横向加固筋尺寸

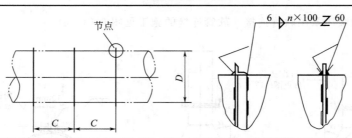

管子外径×厚度 $D \times \delta$/mm×mm	加固筋		
	规格	间距/mm	
		用于烟温在150～500℃时	用于烟温在150℃以下时
1020×3～1520×3	−60mm×6mm	1500	4000
1620×3～2020×3	L63×63mm×6mm		
2220×4～2820×4	L75×75mm×7mm		3000
3020×4～3620×4	L80×80mm×8mm		
1620×5～2020×5	−60mm×6mm		4000
2220×5～2820×5	L63×63mm×6mm		3000
3020×5～3620×5	L75×75mm×7mm		

（2）矩形管道　在管道的适当间距设横向和纵向加强筋，间距一般在400～800mm以内。加固筋可参考表6-9中尺寸。

六、管端堵板

管端堵板见图6-20和表6-10。

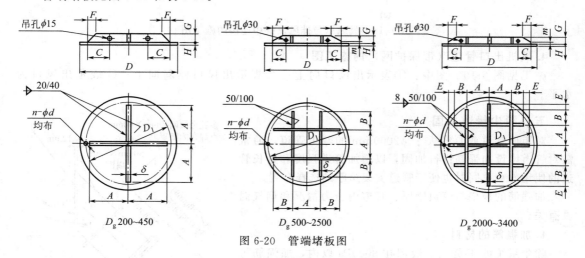

图 6-20　管端堵板图

表 6-10　管端堵板尺寸

公称管径 D_g/mm	堵板尺寸/mm											螺栓孔		质量 /kg
	D	D_1	A	B	C	E	F	H	m	G	δ	n	d	
200	311	275	110	—	50	—	40	4	—	40	4	8	14	0.008
250	365	330	130	—	60	—	40	4	—	40	4	12	14	0.009
300	427	385	150	—	70	—	50	5	—	50	4	12	14	0.013

续表

公称管径	堵板尺寸/mm											螺栓孔		质量
D_g/mm	D	D_1	A	B	C	E	F	H	m	G	δ	n	d	/kg
350	479	435	170	—	80	—	50	5	—	50	4	12	14	0.016
400	528	490	200	—	80	—	50	5	—	50	4	12	14	0.017
450	595	540	200	—	80	—	50	5	—	50	4	12	18	0.019
500	645	600	200	140	80	—	70	6	25	75	6	12	18	0.029
550	695	650	200	150	90	—	75	6	25	75	6	16	18	0.033
600	745	700	250	160	100	—	80	6	25	75	6	16	18	0.036
650	795	750	250	170	110	—	85	6	25	75	6	16	18	0.037
700	843	800	300	180	110	—	90	6	25	100	6	16	18	0.043
750	893	850	300	200	120	—	95	6	25	100	6	16	18	0.046
800	943	900	300	230	120	—	115	6	25	100	6	20	18	0.049
850	993	950	300	240	130	—	120	6	25	100	6	20	18	0.051
900	1043	1000	350	250	140	—	130	6	25	110	6	20	18	0.057
950	1093	1050	350	260	150	—	130	6	25	110	6	20	22	0.058
1000	1153	1100	400	265	150	—	130	6	25	110	6	20	22	0.062
1100	1253	1200	450	280	160	—	140	7	25	120	6	20	22	0.076
1200	1353	1300	450	305	180	—	150	7	25	120	6	20	22	0.081
1300	1453	1400	500	340	200	—	170	7	25	120	6	24	22	0.089
1400	1553	1500	550	350	210	—	175	7	30	130	6	28	22	0.097
1500	1653	1610	600	360	250	—	180	7	30	130	6	28	22	0.102
1600	1753	1710	600	410	250	—	205	8	30	130	6	28	22	0.120
1700	1853	1810	650	430	250	—	215	8	40	140	6	28	22	0.131
1800	1963	1910	650	450	280	—	225	8	40	140	6	28	26	0.138
1900	2063	2010	700	470	280	—	240	8	40	140	6	28	26	0.144
2000	2163	2110	700	500	300	—	250	8	40	140	6	32	26	0.151
2200	2363	2310	750	525	300	—	260	8	40	150	6	36	26	0.167
2400	2563	2510	850	570	350	—	285	8	40	150	6	40	26	0.182
2500	2663	2610	850	575	350	—	290	8	40	150	6	40	26	0.187
2600	2763	2710	600	400	250	250	295	8	40	150	8	40	26	0.277
2800	2983	2915	650	450	250	250	300	8	40	150	8	44	32	0.300
3000	3183	3115	700	500	250	250	310	10	40	150	8	44	32	0.360
3200	3383	3315	750	550	250	250	330	10	40	150	8	52	32	0.383
3400	3583	3515	800	600	250	250	350	10	40	150	8	52	32	0.407
3500	3683	3615	850	650	250	250	370	10	40	150	8	56	32	0.425
3600	3783	3715	850	650	250	250	390	10	40	150	8	56	32	0.431

七、渐扩和渐缩过渡管

1. 大小头均为圆形的过渡管

由于气体流动的状态不同，过渡管的顶角 α 最好在 $30°\sim60°$ 的范围内，但无一定规律可循，见图 6-21（a）。

过渡管的斜边长度：
$$s=\sqrt{\left(\frac{d_1-d_2}{2}\right)^2+L^2}\ (mm)$$

过渡管的质量：
$$W=ts\ (d_1+d_2)\ /2\times25.1\times10^{-6}\ (kg)$$

2. 大小头均为矩形的过渡管

由于气体流动的状态不同，过渡管的顶角 α 最好在 $30°\sim60°$ 的范围内，但无一定规律可循，见图 6-21（b）。

过渡管的质量：
$$W=\left[\sqrt{\left(\frac{B-b}{2}\right)^2+L^2}\ (A+a)+\sqrt{\left(\frac{A-a}{2}\right)^2+L^2}\ (B+b)\right]t\times8\times10^{-6}\ (kg) \tag{6-1}$$

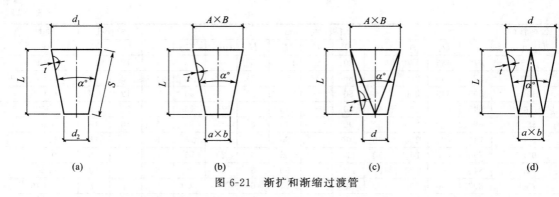

图 6-21 渐扩和渐缩过渡管

3. 大头为矩形小头为圆形的过渡管

见图 6-21 （c）。

过渡管的质量：

$$W=\left[A\sqrt{\left(\frac{A-d}{2}\right)^2+L^2}+B\sqrt{\left(\frac{B-d}{2}\right)^2+L^2}+\sqrt{\left(\frac{d}{2}\right)^2+L^2}\times\pi\times d\right]t\times8\times10^{-6} \quad (kg)$$

$$(6-2)$$

4. 大头为圆形小头为矩形的过渡管

见图 6-21 （d）。

过渡管的质量：

$$W=\left[a\sqrt{\left(\frac{d-a}{2}\right)+L^2}+b\sqrt{\left(\frac{d-b}{2}\right)+L^2}+\sqrt{\left(\frac{d}{2}\right)^2+L^2}\times\pi\times d\right]t\times8\times10^{-6} \quad (kg) \quad (6-3)$$

八、除尘管道阀门

1. 阀门的基本参数

阀门可定义为截断、接通流体（含粉体）通路或改变流向、流量及压力值的装置。阀门是通风除尘系统必不可少的部件，具有导流、截流、调节、节流、防止倒流、分流或卸压等功能。阀门可以采用多种传动方式，如手动、气动、电动、液动及电磁驱动等。阀门能在压力、温度及其他形式传感信号的作用下，按设定的动作工作，也可以不依赖传感信号进行手动的开启或关闭。

阀门种类很多，分类方法也有多种，在除尘工程中阀门可分为蝶阀、插板阀、风量调节阀、防爆安全阀、卸灰阀和换向阀等。

阀门的基本参数有公称通径、公称压力、温度以及配用动力等参数。

（1）公称通径　公称通径是管路系统中所有管路附件用数字表示的尺寸，以区别用螺纹或外径表示的那些零件。公称通径是用作参考的经过圆整的数字，与加工尺寸数值上不完全等同。

公称通径是用字母"DN"后紧跟一组数字标志，如公称通径 250mm 应标志为 DN250。

阀门的公称通径系列见表 6-11。

表 6-11　阀门的公称通径系列（GB 1047）　　　　单位：mm

序　号	公　称　通　径					
1	15	100	350	1000	2000	3600
2	20	125	400	1100	2200	3800
3	25	150	450	1200	2400	4000
4	32	175	500	1300	2600	
5	40	200	600	1400	2800	
6	50	225	700	1500	3000	
7	65	250	800	1600	3200	
8	80	300	900	1800	3400	

（2）公称压力　公称压力是一个用数字表示的与压力有关的标示代号，是供参考用的一个方便的圆整数。同一公称压力（PN）值所标示的同一公称通径（DN）的所有管路附件，具有与端部连接型式相适应的同一连接尺寸。

在我国，涉及公称压力时，为了明确起见，通常给出计量单位，以"MPa"表示。

（3）压力-温度等级　阀门的压力-温度等级是在指定温度下用表压表示的最大允许工作压力。当温度升高时，最大允许工作压力随之降低。压力-温度等级数据是在不同工作温度和工作压力下正确选用法兰、阀门及管件的主要依据，也是工程设计和生产制造中的基本参数。

在除尘阀门的应用中最常见以下问题，选择时应注意如下事项。

① 制作过程除锈不够，使用中锈蚀严重，致使开闭失灵。

② 当系统管道内粉尘坚硬耐磨且流速高时，易对作为节流件的阀门的阀板及阀体进行冲击，造成磨损。

③ 当系统管道内气体温度较高时，阀门的阀板、轴、轴套、轴承等易产生变形造成阀门失灵。

④ 阀门旋转轴两端多采用滑动轴承。由于滑动轴承长期处于无油状态下工作时，轴承部位易卡死，造成阀门失灵。

⑤ 阀门上的电动装置动作性能和防护性能较差，无法适应除尘系统阀门周围的恶劣环境，造成阀门工作不良，甚至停止工作。

2. 蝶阀

蝶阀是除尘系统最常用的阀门之一，既可以调节流量，也可以切断流量。蝶阀阀板开启角度不同时其阻力系数见表6-28（序号36、37）。在实际应用中应根据气体中的粉尘性质加以选择，粉尘磨损问题是应用蝶阀中必须考虑的重要问题。

（1）YJ-SDF 型手动蝶阀　该阀门采用优质碳素钢钢板焊接结构。设计新颖、质量轻、体积小、结构简单、启闭灵活、切换迅速是通风除尘系统中理想的双向启闭及流量调节设备。

采用把柄直接操纵结构，阀轴两端采用特制带防尘装置的滚动轴承支撑形式，具有动作灵活、不易生锈、使用寿命长等特点。该阀设有开度限位装置，可以实行现场操作启闭和调节气体流量。驱动手柄直接带动阀轴、蝶板在0°～90°范围内旋转。蝶板的位置由锁紧装置定位。

主要性能参数：公称压力0.05MPa；壳体试验压力0.075MPa；介质流速≤25m/s；介质温度≤250℃；适用介质为粉尘气体、冷、热废气；外泄漏率≤1%。

YJ-SDF 型手动蝶阀外形尺寸见图6-22及表6-12。

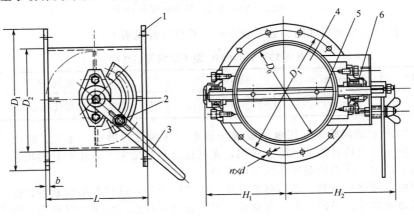

图 6-22　YJ-SDF 型手动蝶阀外形

1—阀体；2—锁紧装置；3—手柄；4—蝶板；5—阀轴；6—轴承

表 6-12　YJ-SDF 型手动蝶阀外形尺寸　　　　　　　单位：mm

DN	D	D_1	D_2	L	b	H_1	H_2	$n \times d$
125	225	185	125	225	6	137	210	$4 \times \phi 14$
150	250	210	150	225	6	150	220	$4 \times \phi 14$
200	300	260	200	250	6	175	245	$4 \times \phi 14$
250	365	325	250	250	6	205	275	$8 \times \phi 14$
300	440	390	300	250	9	230	300	$8 \times \phi 14$
330	450	400	330	250	9	240	310	$12 \times \phi 14$
350	489	429	350	250	9	250	320	$12 \times \phi 14$
400	533	473	400	250	9	260	330	$12 \times \phi 14$

注：摘自北京中冶环保科技公司（中冶节能环保研究所）样本。

　　(2) YSF-0.5C 型手动蝶阀　圆板手动蝶阀广泛用于除尘系统管道气体流动介质的控制，能有效地调节和切断流量。由于该阀是手动操作，控制流量的精度有所限制，所以一般在手柄刻有转动角度，以示流量大小。

　　该阀采用优质钢板制造，结构紧凑、质量轻、启闭轻松灵活、平稳，是现场操作、调节流量的方便设备。如图 6-23 所示。

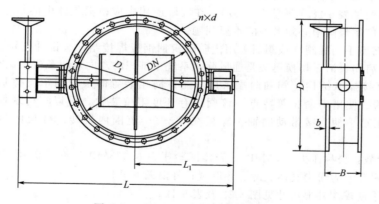

图 6-23　YSF-0.5C 型手动蝶阀外形

YSF-0.5C 型手动蝶阀的性能参数见表 6-13，外形尺寸见表 6-14。

表 6-13　YSF-0.5C 型手动蝶阀的性能

公称压力/MPa	介质流速/(m/s)	适用温度/℃	适用介质
0.05	≤30	−30～250	空气、烟气、煤气、粉尘气体、煤粉等

　　(3) YJ-TDF 型通风除尘专用电力蝶阀　该电动蝶阀是为冶金、化工、矿山、电力、建材等行业通风、除尘系统设计的通风除尘阀门，尤其适合环境恶劣、动作频繁的场合，是融启闭与调节、电动与手动为一体的控制气体流量的设备。

　　该阀门的特点是整机密封、结构简单合理、防护性能好，并具有结构紧凑、控制精度高、性能可靠、输出转矩和承受轴向力大、寿命长、维护方便等特点。该阀门设有现场操作及远距离集中控制两种装置。启动电源开关，电机通过一、二级传动装置减速后，带动阀轴、蝶板做 90°范围旋转使阀门处于开启或关闭状态。调整电动装置上的齿轮或限位开关也可获得不同的开度。YJ-TDF 型通风除尘专用电力蝶阀外形尺寸如图 6-24 所示及表 6-15 所列。

表 6-14 YSF-0.5C 型手动蝶阀的外形尺寸 单位：mm

DN	D	D_1	L	L_1	L_2	B	b	$n \times d$
400	500	455	900	300				12×φ18
420	520	475	920	325				
450	550	505	950	340				
480	580	535	980	360				16×φ18
500	600	555	1050	380	300	220		
560	660	615	1060	420				
600	700	655	1200	460		10		
630	730	685	1250	480				
710	810	765	1300	545				18×φ18
750	850	805	1400	570				
800	929	870	1500	600				20×φ22
900	1026	970	1600	670	370	280		
1000	1130	1070	1700	720				28×φ24
1120	1250	1190	1760	780			12	
1250	1380	1320	1900	880				32×φ24
1320	1450	1390	2000	920				
1400	1530	1470	2080	960				36×φ24
1500	1630	1570	2180	1010	420	340		
1600	1730	1670	2280	1140				40×φ24
1700	1830	1770	2380	1190			16	
1800	1930	1870	2480	1240				44×φ24
1900	2030	1970	2580	1290				
2000	2130	2070	2680	1350	500	400		48×φ24
2240	2375	2310	2950	1410				52×φ24
2360	2490	2430	3070	1530				
2500	2630	2570	3210	1605			20	56×φ24
2650	2780	2720	3360	1680				60×φ24
2800	2930	2870	3560	1755				64×φ24
3000	3130	3070	3730	1855	600	480		68×φ24
3150	3280	3220	3880	1930			24	
3350	3480	3420	4130	2030				72×φ24
3550	3680	3620	4330	2130				

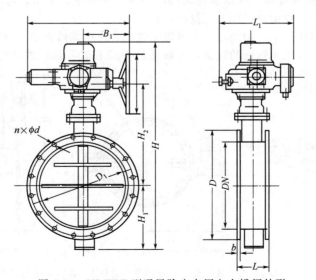

图 6-24 YJ-TDF 型通风除尘专用电力蝶阀外形

表 6-15　YJ-TDF 型通风除尘专用电力蝶阀外形尺寸　　　　　　单位：mm

DN	D	D₁	L	b	H	H₁	H₂	B	B₁	L₁	n×d	电动装置型号	电机功率/kW	启闭时间/s	转矩/(N·m)
200	320	280	160	14	815	180	410	575	165	383	8×φ18	SMC-04/JAO	0.2	15	400
250	370	335	160	14	870	210	440	575	165	383	12×φ18	SMC-04/JAO	0.2	15	400
300	440	395	200	14	910	230	450	575	165	383	12×φ22	SMC-04/JAO	0.2	15	400
350	490	445	200	14	930	260	465	575	222	383	12×φ22	SMC-04/JAO	0.2	15	400
400	540	495	200	16	1150	310	628	575	260	383	14×φ22	SMC-04/JAIA	0.2	15	900
450	595	550	200	16	1205	335	653	575	260	383	14×φ22	SMC-04/JAIA	0.2	15	900
500	645	600	200	16	1260	360	680	575	260	383	14×φ22	SMC-04/JAIA	0.2	15	900
600	755	705	200	16	1370	410	735	575	260	383	14×φ22	SMC-04/JAIA	0.2	15	900
700	860	810	250	16	1510	540	630	720	490	704	24×φ26	SMC-03/H1BC	0.4	15	1690
800	975	920	250	16	1570	590	680	720	490	704	24×φ26	SMC-03/H1BC	0.4	15	1690
900	1075	1020	300	16	1620	640	820	720	490	704	24×φ26	SMC-03/H1BC	0.4	15	1690
1000	1175	1120	300	16	1670	690	890	720	490	704	28×φ26	SMC-03/H1BC	0.4	15	1690
1100	1275	1220	300	18	1790	740	910	720	490	704	28×φ26	SMC-03/H1BC	0.4	15	1690
1200	1375	1320	300	18	2040	790	990	720	490	704	32×φ30	SMC-03/H1BC	0.4	15	1690
1300	1475	1420	300	18	2100	840	1050	760	640	750	32×φ30	SMC-03/H2BC	0.6	15	2530
1400	1575	1520	300	18	2150	890	1100	760	640	750	36×φ30	SMC-03/H2BC	0.6	15	2530
1500	1690	1630	350	20	2310	940	1150	760	640	750	36×φ30	SMC-03/H2BC	0.6	15	2530
1600	1790	1730	350	20	2415	1010	1200	760	640	750	40×φ30	SMC-03/H2BC	0.6	15	2530
1700	1890	1830	350	20	2520	1040	1250	960		773	40×φ30	SMC-00/H3BC	1.1	15	4310
1800	1990	1930	400	22	2580	1090	1300	960		773	44×φ30	SMC-00/H3BC	1.1	15	4310
1900	2090	2030	400	22	2700	1145	1350	960		773	48×φ30	SMC-00/H3BC	1.1	15	4310
2000	2190	2130	400	22	2790	1195	1400	960		773	48×φ30	SMC-00/H3BC	1.1	15	4310
2200	2405	2340	400	22	2900	1295	1500	960		773	56×φ33	SMC-00/H3BC	1.1	15	4310
2400	2605	2440	400	24	3190	1395	1600	960		773	56×φ33	SMC-00/H3BC	1.5	15	6890
2600	2805	2740	450	24	3385	1495	1700	960		773	60×φ33	SMC-00/H3BC	1.5	15	6890
2800	3030	2960	450	26	3585	1595	1800	980		791	60×φ33	SMC-0/H4BC	1.5	30	9140
3000	3230	3160	450	26	3785	1695	1900	980		791	60×φ33	SMC-0/H4BC	1.5	30	9140

注：摘自北京中冶环保科技公司（中冶节能环保研究所）样本。

YJ-TDF 型除尘专用阀门的主要性能参数：公称压力 0.05MPa；壳体试验压力 0.075MPa；介质流速≤25m/s；介质温度在 −20～120℃ 之间；适用介质为粉尘气体、冷、热废气；外泄漏≤1%。

（4）DQT 型气动推杆蝶阀　气动推杆蝶阀广泛应用于冶金、矿山、电力、化工、建材等行业，是环境保护、除尘工程中快速调节流量的设备。

该阀设计新颖、启闭灵活、切换迅速、流阻系数小、使用维修方便。该阀配用气动推杆作为驱动，启闭迅速平稳，是快速切断的设备，外形见图 6-25 和表 6-16。主要性能参数见表 6-17。

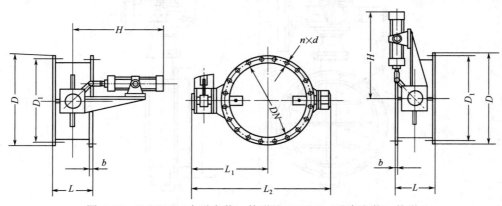

图 6-25　DQT-A（水平安装）外形及 DQT-B（垂直安装）外形

表 6-16　**DQT-A（水平安装）、DQT-B（垂直安装）外形尺寸**　　单位：mm

DN	D	D₁	b	L	n×d	H	L₁	L₂	气动推杆	质量/kg
200	320	280	10	200	8×φ17.5	385	400	600	10A-5TC32B	59
225	345	305				385	415	630		65
250	375	335			12×φ17.5	385	430	660		68
280	415	375				385	450	700		78
300	440	395	12		12×φ22	420	460	725		84
320	460	415				420	470	750	10A-5TC40B	90
350	490	445				420	485	780		105
360	500	455				420	490	790		119
400	540	495			16×φ22	450	510	830		130
450	595	550				450	540	885		146
500	645	600	14	250	20×φ22	450	565	935		159
550	705	655			20×φ26	525	645	1160		183
560	715	665				525	650	1170		196
600	755	705				525	670	1210		217
650	810	760				525	700	1270		240
700	860	810	16		24×φ26	725	725	1320	10A-5TC50B	272
800	975	920			24×φ30	570	785	1440		319
900	1075	1020				570	835	1540		362
1000	1175	1120			28×φ30	570	915	1680		416
1100	1275	1220				570	965	1780		477
1120	1295	1240				570	985	1820		505
1200	1375	1320	18	300	32×φ30	640	1050	1950		555
1250	1425	1370				640	1075	2000		598
1300	1475	1420				640	1100	2050	10A-5TC80B	645
1400	1575	1520			36×φ30	640	1150	2150		724
1500	1685	1630				640	1205	2260		847
1600	1785	1730	20		40×φ30	765	1335	2470		1026
1700	1885	1830			44×φ30	765	1385	2570		1220
1800	1985	1930				765	1435	2670	10A-5TC125B	1398
1900	2085	2030	22		48×φ30	765	1485	2770		1680
2000	2185	2130				765	1535	2870		2019

表 6-17　**DQT 型气动推杆蝶阀性能参数表**

公称压力/MPa	介质流速/(m/s)	适用温度/℃	适 用 介 质
0.05	≤28	≤350	粉尘气体、冷热空气、含尘烟气等

　（5）DDT 型电动推杆蝶阀　DDT 型电动推杆蝶阀应用于冶金、矿山、电力、化工、建材等行业，是环境保护、除尘工程中快速启闭调节流量的理想设备。

　　阀门设计新颖、启闭灵活、切换迅速、流阻系数小、使用维修方便；该阀还装有电动推杆自动保护装置，在推力超过额定指标时，自动停止工作，保护整机不致损坏。DDT 型电动推杆蝶阀外形尺寸见图 6-26 和表 6-18，主要性能参数见表 6-19。

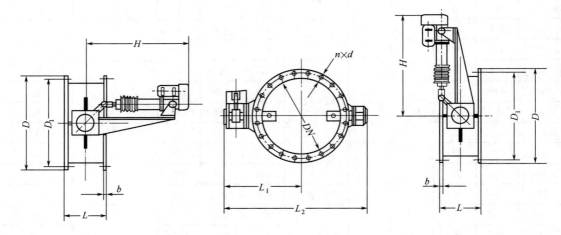

图 6-26　DDT-A（水平安装）外形及 DDT-B（垂直安装）外形

表 6-18　DDT-A（水平安装）、DDT-B（垂直安装）外形尺寸　　　　单位：mm

DN	D	D_1	b	L	$n \times d$	H	L_1	L_2	电动推杆	功率/kW	质量/kg
200	320	280				500	400	600			56
225	345	305	10		$8 \times \phi 17.5$	500	415	630	DT I 25-M	0.025	62
250	375	335				500	430	660			68
280	415	375		200	$12 \times \phi 17.5$	500	450	700			75
300	440	395				520	460	725			82
320	460	415	12		$12 \times \phi 22$	520	470	750			90
350	490	445				520	485	780	DT I 63-M	0.06	98
360	500	455				520	490	790			102
400	540	495			$16 \times \phi 22$	570	510	830			125
450	595	550				570	540	885			138
500	645	600			$20 \times \phi 22$	570	565	935			153
550	705	655	14	250		795	645	1160			170
560	715	665			$20 \times \phi 26$	795	650	1170			178
600	755	705				795	670	1210			199
650	810	760				795	700	1270			222
700	860	810			$24 \times \phi 26$	840	725	1320			261
800	975	920	16		$24 \times \phi 30$	840	785	1440	DT II 100-M	0.25	300
900	1075	1020				840	835	1540			345
1000	1175	1120				840	915	1680			396
1100	1275	1220			$28 \times \phi 30$	840	965	1780			455
1120	1295	1240				840	985	1820			472
1200	1375	1320	18			870	1050	1950			523
1250	1425	1370			$32 \times \phi 30$	870	1075	2000	DT II 250-M	0.37	564
1300	1475	1420		300		870	1100	2050			610
1400	1575	1520			$36 \times \phi 30$	870	1150	2150			702
1500	1685	1630				870	1205	2260			828
1600	1785	1730	20		$40 \times \phi 30$	1130	1335	2470			977
1700	1885	1830			$44 \times \phi 30$	1130	1385	2570	DT II 500-M	0.75	1152
1800	1985	1930				1130	1435	2670			1324
1900	2085	2030	22		$48 \times \phi 30$	1130	1485	2770			1562
2000	2185	2130				1130	1535	2870			1843

表 6-19 DDT 型电动推杆蝶阀性能表

公称压力/MPa	介质流速/(m/s)	适用温度/℃	适 用 介 质
0.05	≤28	≤350	粉尘气体、冷热空气、含尘烟气等

3. 插板阀

插板阀亦称闸阀，也是除尘系统最常见的阀门之一，插板阀与蝶阀的根本区别是，插板阀靠阀板的插入深度进行调节，调节风量时阻力小、磨损小、精度细，属于无级调节。在实际应用中插板阀多用在除尘系统的支管上，管道越细，用插板阀越经济。插板阀有普通型和密闭型两种，前者的缺点是容易漏风。

（1）YJ-SZF 型手动插板阀　YJ-SZF 型手动插板阀是主要用于通风除尘、风力输送及排风系统管路上的调节和固体粉料输送的调节和切断。

手动插板阀具有结构简单、美观轻便、操作自如、运动灵活、密闭性能优良等特点。特别是局部阻力损失小，调节性能好，维护保养拆换方便，不易变形，克服了老式插板阀漏风大、变形快、调节困难的毛病。其外形见图 6-27，尺寸见表 6-20。

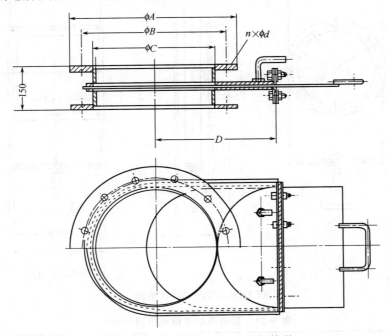

图 6-27　YJ-SZF 型手动插板阀外形

表 6-20　YJ-SZF 型手动插板阀外形尺寸　　　　　　　单位：mm

DN	φA	φB	φC	D	n×d	质量/kg
150	297	237	150	225	4×φ14	28
200	349	289	200	300	4×φ14	30
250	400	340	250	375	8×φ14	43
300	452	392	300	450	8×φ14	53
350	489	429	350	525	8×φ14	75
400	533	473	400	600	12×φ14	84
450	583	523	450	675	12×φ19	103
500	633	573	500	750	12×φ19	127
550	683	620	550	825	12×φ19	145

注：摘自北京中冶节能环保研究所样本。

YJ-SZF 型手动插板阀适用于压力小于 0.05MPa，温度小于 200℃的除尘系统支管风量调节。

（2）双向手动插板阀　本系列调节插板阀是学习吸收国外先进技术，综合近年来使用插板阀的经验设计制造的，它主要用于通风除尘、风力输送及排风系统管路上的调节和固体粉料输送的调节和切断。

本系统调节插板阀的主要特点是有两个手柄，可以在两个方向进行调节。它具有结构简单、操作方便、阀板滑动灵活、密闭性能优良等特点；特别是局部阻力损失小，调节性能好，维护保养拆换方便，不易变形，克服了老式插板漏风大、变形快、调节困难的毛病。双向手动插板阀的连接法兰有圆形（Ⅰ型）和方形（Ⅱ型）两种，其外形见图 6-28，外形尺寸见表 6-21。

该阀适用压力小于 0.05MPa、温度小于 300℃；它可以用于除尘系统支管的风量调节。

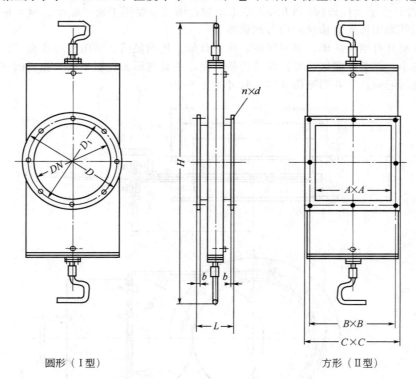

圆形（Ⅰ型）　　　　　　　　　　方形（Ⅱ型）

图 6-28　双向手动插板阀

表 6-21　双向手动插板阀外形尺寸　　　　　　　　　　单位：mm

DN(A×A)	D₁(B×B)	D(C×C)	b	H	L	n×d
360	405	440	6	1040	140	8×φ12
380	425	460		1070		
400	445	480		1110		
420	465	500		1140		
450	495	530		1210		
480	525	560	8	1270	160	
490	535	570		1290		
500	545	580		1310		
530	575	610		1370		12×φ12
560	605	640		1400		
600	645	680	10	1510	180	16×φ12
700	745	780		1710		

（3）电动插板阀　电动插板阀主要用于通风除尘、气力输送及排风系统管路上的调节和固

体粉料输送的调节和切断。该调节插板阀具有结构简单、操作方便、阀板滑动灵活、密闭性能优良等特点，特别是局部阻力损失小，调节性能好，维护保养、拆换方便，不易变形，漏风小，调节容易。这种阀的驱动装置是电动推杆，开启较为方便，调节速度比气缸稍慢，其外形见图6-29，外形尺寸见表6-22。

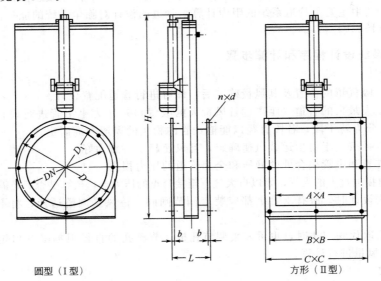

圆型（Ⅰ型） 方形（Ⅱ型）

图 6-29 电动插板阀外形

该阀门适用压力小于0.05MPa、温度小于300℃，应用于含尘气体、粉料气力输送的调节和切断。

表 6-22 电动插板阀外形尺寸 单位：mm

DN(A×A)	D₁(B×B)	D(C×C)	b	H	L	n×d	电动推杆 型号	电动推杆 功率/kW
200	240	270		845				
210	250	280		865				
220	260	290		885			DTⅠA63-M	0.06
230	270	300		905	120	8×φ10		
240	280	310		925				
250	290	320	6	1215				
260	300	330		1235				
280	320	350		1275			DTⅠA100-M	0.25
300	345	380		1325				
320	365	400		1365				
340	385	420		1405	140			
360	405	440		1445				
380	425	460		1485		8×φ12		
400	445	480		1525				
420	465	500		1565			DTⅠA300-M	0.37
450	495	530		1625				
480	525	560	8	1585				
490	535	570		1705	160			
500	545	580		1780				
530	575	610		1840		12×φ12		
560	605	640		1900			DTⅠA500-M	0.75
600	645	680	10	1980	180	16×φ14		
700	745	780		2180				

DN(A×A)列中 D₁(B×B) D(C×C) b H L n×d

第三节 除尘系统设计计算

除尘系统设计计算包括除尘管道流量和阻力损失的设计计算、除尘设备阻力确定以及风机和电机的选择等，其中主要是管道系统的阻力计算。管道的设计对除尘系统的能量消耗、工作能力和除尘效果有直接影响。

一、除尘系统设计程序和计算步骤

1. 设计程序

① 吸气口、吸气罩的位置及其风量确定后，即可进行管道配置设计。

② 将压力损失最大的管道（距离远且风量大的吸气口）作为主干管进行设计。主干管按每一支管的接合点分为若干段，各段直径以能输送管内粉尘的风速为准而定。

③ 各支管直径按大于粉尘运载风速确定，且风速趋于一致为好。

④ 计算各支管和主管接合处的静压和全部管道的压力损失。

⑤ 对于压力损失过大的支管，要以自大气压至接合点的压力差，核算是否满足需要的流通风量。

⑥ 按此方法设计时，所有支管上都应装上调节闸阀。待风量调整适当，将不需要变化的阀门固定。

⑦ 以平衡法取代阀门法时，也可安装调节孔板。节流孔的直径根据吸气口至主干管接合点的压力差和流通风量进行计算。

2. 计算步骤

① 绘制管网计算草图，为了便于计算可在图上注明节点编号和各管段的风量、管长、局部阻力系数等计算参数。

② 分析管网的结构特性，建立各环路的组合关系。从主环路（即最不利环路）开始，以"主、次"为序，将各管段的有关计算参数填入风管设计计算表。

③ 通过技术经济分析选择合理的主环路管内设计风速，并计算主环路中各管段的管径和压力损失值。

④ 用假定流速、反算管径、计算风压损失的方法求出各支环路（管段）的压力损失，并计算出主、支环路在并联结点处的风压平衡率：

$$\eta = \frac{主环路风压损失 - 支环路风压损失}{主环路风压损失} \times 100\%$$

若 η 在 10% 内，则认可计算结果，否则重新调整设计风速和管径进行风压平衡计算，直到 η 满足设计要求为止。

⑤ 根据系统的总风量和总压力损失（即主环路总压力损失）选择风机。

二、管道内气体流速的确定

管道内的气速应根据粉尘性质确定，气速太小，气体中的粉尘易沉积，影响除尘系统的正常运转；气速太大，压力损失会成平方增长，粉尘对管壁的磨损加剧，使管道的使用寿命缩短。

垂直管道内的气体流速应小于水平和倾斜管道的气速，水平和倾斜管道内的气速应大于最大尘粒的悬浮速度。在除尘系统中，管道内各截面的气速是不等的，气体在管道内分布也是不均匀的，并且存在着涡流现象；同时，还应能够吹走风机前次停转时沉积于管道内的粉尘。因此，一般实际采用的气速比理论计算的气速大 2~4 倍，甚至更大。除尘管道内的气体流速可参考表 6-23。

表 6-23 除尘风管的最小风速 　　　　单位：m/s

序号	粉尘类别	粉 尘 名 称	垂直风管	水平风管
I	纤维粉尘	干锯末、小刨屑、纺织尘	10	12
		木屑、刨花	12	14
		干燥粗刨花、大块干木屑	14	16

续表

序号	粉尘类别	粉 尘 名 称	垂直风管	水平风管
I	纤维粉尘	潮湿粗刨花、大块湿木屑 棉絮 麻 石棉粉尘	18 8 11 12	20 10 13 18
II	矿物粉尘	耐火材料粉尘 黏土 石灰石 水泥 湿土(含水 2% 以下) 重矿物粉尘 轻矿物粉尘 灰土、砂尘 干细型砂 金刚砂、刚玉粉	14 13 14 12 15 14 12 16 17 15	17 16 16 18 18 16 14 18 20 19
III	金属粉尘	钢铁粉尘 钢铁屑 铅尘	13 19 20	15 23 25
IV	其他粉尘	轻质干粉尘(木工磨床粉尘、烟草灰) 煤尘 焦炭粉尘 谷物粉尘	8 11 14 10	10 13 18 12

注:摘自《采暖通风与空气调节设计规范》(GB 50736—2012,GB 50019—2015)。

除尘器后的排气管道内气体流速一般取 8~12m/s。对袋式除尘器和电除尘器后的排气管内气体流速应低,其他除尘器应高些。

除尘系统采用砖或混凝土制作的管道时,管道内的气体流速常比钢管小,垂直管道如烟囱内气体流速取 6~10m/s。

含尘气体在管道内的速度也可以根据工程经验取得。

三、除尘管道直径和气体流量的计算

1. 气体流量的计算

对于圆形管道的气体流量计算式为:

$$Q = 3600 \frac{\pi}{4} D_n^2 v_g \tag{6-4}$$

对于矩形管道的气体流量计算式为:

$$Q = 3600 A B v_g \tag{6-5}$$

式中,Q 为气体流量,m^3/h;D_n 为圆形管道的内径,m;A、B 为矩形管道的边长,m;v_g 为管道内的气体流速,m/s。

2. 管道直径计算

$$D_n = \sqrt{\frac{4Q}{3600\pi v_g}} = \sqrt{\frac{Q}{2820 v_g}} \tag{6-6}$$

式中符号同前。

为防止粉尘堵塞管道,除尘系统最小管径如表 6-24 所列。但在医药工业、精细化工等领域因粉尘细微,亦有更小直径的管道。

表 6-24 除尘系统最小管径

粉 尘 种 类	最小直径/mm	粉 尘 种 类	最小直径/mm
细粒粉尘 (如矿物粉尘)	$\phi80$	粗粉尘 (如刨花)	$\phi150$
较粗粒粉尘 (如木屑)	$\phi100$	可能含有大块物料的混合物粉尘	$\phi200$

四、管道中的阻力损失计算

含尘气体在管道中流动时，会发生含尘气体和管壁摩擦而引起的摩擦压力损失，以及含尘气体在经过各种管道附件或设备而引起的局部压力损失。

1. 气体的管道摩擦阻力损失

在管道中流动的气体，在通过任意形状的管道横截面时，其摩擦阻力损失为：

对圆形管道
$$\Delta P_{\mathrm{L}}=\lambda\,\frac{L}{D_{\mathrm{n}}}\times\frac{v_{\mathrm{g}}^{2}}{2}\rho \tag{6-7}$$

对非圆形管道
$$\Delta P_{\mathrm{L}}=\lambda\,\frac{L}{4R}\times\frac{v_{\mathrm{g}}^{2}\rho}{2} \tag{6-8}$$

式中，ΔP_{L} 为气体的管道摩擦阻力损失，Pa；λ 为摩擦阻力系数，见表 6-25；v_{g} 为气体在管道中的速度，m/s；L 为管道长度；ρ 为气体密度，kg/m³；D_{n} 为圆形管道内径，m；R 为水力半径，m，对于圆形管道 $R=\dfrac{D_{\mathrm{n}}}{4}$（$D_{\mathrm{n}}$ 为圆形管道内径）；对于矩形管道 $R=\dfrac{AB}{2(A+B)}$（A、B 分别为矩形管道的长边和宽边长度）。

表 6-25　管壁摩擦阻力系数 λ（Re 在 $10^{4}\sim10^{6}$ 范围内）和粗糙度 K

管道性质	λ	粗糙度 K/mm	管道性质	λ	粗糙度 K/mm
玻璃、黄铜、铜制新管	0.025～0.04	0.11～0.15	橡皮软管	0.01～0.03	0.02～0.25
钢管（焊接）	0.09～0.1	0.15～0.18	用水泥胶砂涂抹的管道	0.05～0.1	1.0～3.0
镀锌钢管	0.12	0.15～0.18	水泥胶砂砌砖的管道	0.045～0.2	3.0～6.0
污秽钢管	0.75～0.9	0.16～0.2	混凝土涵道	0.045～0.2	3.0～6.0

为计算方便，圆形钢管摩擦阻力损失的线算如图 6-30 所示。对于矩形管道可采用与圆形管道直径相当的当量直径进行计算。以速度为基准的当量直径 D_{v} 和以流量为基准的当量直径 D_{Q}，用下式计算，由图 6-31 查得。

$$D_{\mathrm{v}}=\frac{2AB}{A+B} \tag{6-9}$$

$$D_{\mathrm{Q}}=1.47\sqrt[4.75]{\frac{A^{3}B^{3}}{(A+B)^{1.25}}}=1.27\sqrt[5]{\frac{A^{3}B^{3}}{(A+B)}} \tag{6-10}$$

在求得 D_{v}、D_{Q} 后，代入式(6-8)，就可计算出矩形管道的摩擦压力损失。

2. 含尘气体管道的摩擦阻力损失

含尘气体管道的摩擦阻力损失包括气体管道的摩擦阻力损失和由于粉尘的流动所引起的附加摩擦阻力损失。

对于圆形管道，含尘气体管道的摩擦阻力损失为：

$$\Delta P_{\mathrm{L}}=\lambda\,\frac{L}{D_{\mathrm{n}}}\,\frac{v_{\mathrm{g}}^{2}\rho}{2}\Big(1+C_{\mathrm{g}}\,\frac{v_{\mathrm{a}}^{2}}{S_{\mathrm{g}}^{2}}\Big) \tag{6-11}$$

式中，C_{g} 为含尘气体中粉尘的质量浓度，kg/kg，$C_{\mathrm{g}}=\dfrac{C}{1000\rho}$ kg/kg；C 为气体的含尘浓度，g/m³；v_{g} 为气体在管道中的速度，m/s；S_{g} 为粉尘在管道中的速度，m/s；其他符号意义同前。

在一般情况下，由于在含尘气体管道中 C_{g} 值很小，且 $v_{\mathrm{g}}/S_{\mathrm{g}}$ 值接近 1，因此，可以近似地用式(6-7)进行计算。当气体含尘浓度达到 60g/m³ 时，其误差将达 5% 应予考虑。

对于矩形管道可用当量直径法采用圆形管道公式进行计算。圆形除尘管道的摩擦阻力损失线算见图 6-30 和表 6-26。表 6-26 的制表条件为：钢板风管，当量绝对粗糙度 $K=0.15\times10^{-3}$ m；大气压力为 101.3kPa；空气温度为 20℃；密度 $\rho=1.204$kg/m³；运动黏滞系数 $\nu=15.06\times10^{-6}$ m²/s。当实际采用的风管内表面粗糙度 K 值与制表值有出入时，应当对计算表中查出的单位摩擦阻力值乘以粗糙度修正系数 ε；ε 的取值见表 6-27。长方形和圆形通风管道换算见图 6-31。

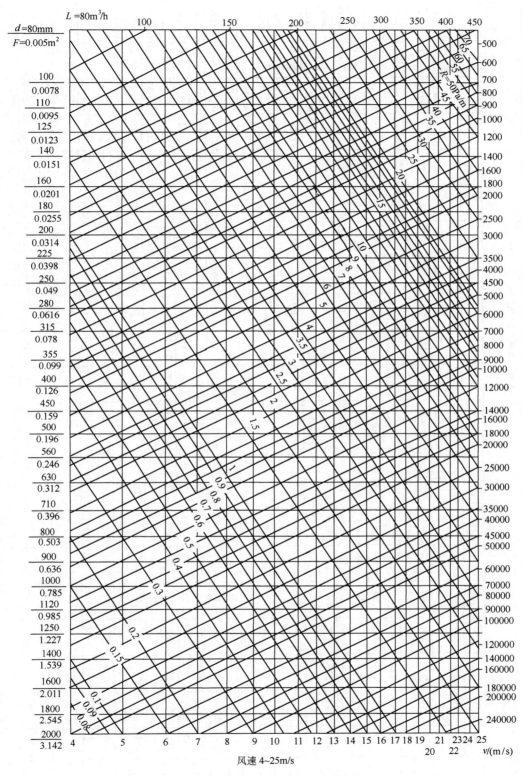

图 6-30 圆形风管沿程摩擦阻力损失线算图

表 6-26　除尘风管计算表

上行—风量/(m³/h)　下行—λ/d

动压/Pa	风速/(m/s)	外径 D/mm 80	90	100	110	120	130	140	150	160	170	180	190	200	210	220	240	250	260	280	300	320
60.1	10.0	168 / 0.342	214 / 0.293	266 / 0.255	324 / 0.226	387 / 0.202	456 / 0.182	531 / 0.166	611 / 0.152	697 / 0.140	789 / 0.129	886 / 0.120	989 / 0.112	1097 / 0.105	1212 / 0.0991	1331 / 0.0935	1588 / 0.0838	1725 / 0.0797	1867 / 0.0759	2169 / 0.0692	2494 / 0.0635	2841 / 0.0544
62.5	10.2	171 / 0.341	218 / 0.292	271 / 0.255	330 / 0.225	395 / 0.201	465 / 0.182	541 / 0.165	623 / 0.151	711 / 0.139	804 / 0.129	904 / 0.120	1008 / 0.112	1119 / 0.105	1236 / 0.0989	1358 / 0.0933	1620 / 0.0837	1759 / 0.0795	1905 / 0.0757	2213 / 0.0691	2544 / 0.0634	2898 / 0.0585
65.0	10.4	174 / 0.340	223 / 0.292	277 / 0.254	337 / 0.225	403 / 0.201	474 / 0.181	552 / 0.165	635 / 0.151	725 / 0.139	820 / 0.129	921 / 0.120	1028 / 0.112	1141 / 0.105	1260 / 0.0987	1385 / 0.0931	1652 / 0.0835	1794 / 0.0794	1942 / 0.0756	2256 / 0.0689	2594 / 0.0633	2955 / 0.0584
67.5	10.6	178 / 0.340	227 / 0.291	282 / 0.254	343 / 0.224	410 / 0.201	483 / 0.181	563 / 0.165	648 / 0.151	739 / 0.139	836 / 0.129	939 / 0.120	1048 / 0.112	1163 / 0.105	1284 / 0.0986	1411 / 0.0930	1683 / 0.0834	1828 / 0.0793	1980 / 0.0755	2300 / 0.0688	2644 / 0.0632	3012 / 0.0583
70.0	10.8	181 / 0.339	231 / 0.291	287 / 0.253	350 / 0.224	418 / 0.200	493 / 0.181	573 / 0.164	660 / 0.151	753 / 0.139	852 / 0.128	957 / 0.119	1068 / 0.112	1185 / 0.105	1308 / 0.0984	1438 / 0.0928	1715 / 0.0833	1863 / 0.0791	2017 / 0.0753	2343 / 0.0687	2694 / 0.0631	3069 / 0.0582
72.7	11.0	184 / 0.339	235 / 0.290	293 / 0.253	356 / 0.224	426 / 0.200	502 / 0.180	584 / 0.164	672 / 0.150	767 / 0.138	867 / 0.128	974 / 0.119	1088 / 0.111	1207 / 0.104	1333 / 0.0982	1465 / 0.0927	1747 / 0.0831	1897 / 0.0790	2054 / 0.0752	2386 / 0.0686	2743 / 0.0630	3125 / 0.0581
75.3	11.2	188 / 0.338	240 / 0.290	298 / 0.253	363 / 0.223	433 / 0.200	510 / 0.180	594 / 0.164	684 / 0.150	781 / 0.138	883 / 0.128	992 / 0.119	1107 / 0.111	1229 / 0.104	1357 / 0.0981	1491 / 0.0925	1779 / 0.0830	1932 / 0.0789	2092 / 0.0751	2430 / 0.0685	2797 / 0.0629	3182 / 0.0580
78.1	11.4	191 / 0.338	244 / 0.289	303 / 0.252	369 / 0.223	441 / 0.199	520 / 0.180	605 / 0.164	697 / 0.150	795 / 0.138	899 / 0.128	1010 / 0.119	1127 / 0.111	1251 / 0.104	1381 / 0.0979	1518 / 0.0924	1810 / 0.0829	1966 / 0.0787	2129 / 0.0750	2473 / 0.0684	2843 / 0.0628	3239 / 0.0580
80.8	11.6	194 / 0.337	248 / 0.289	309 / 0.252	376 / 0.223	449 / 0.199	529 / 0.180	616 / 0.163	709 / 0.150	808 / 0.138	915 / 0.128	1028 / 0.119	1147 / 0.111	1273 / 0.104	1405 / 0.0978	1544 / 0.0922	1842 / 0.0827	2001 / 0.0786	2166 / 0.0749	2517 / 0.0683	2893 / 0.0627	3296 / 0.0579
83.7	11.8	198 / 0.337	253 / 0.288	314 / 0.251	382 / 0.222	457 / 0.199	538 / 0.179	626 / 0.163	721 / 0.149	822 / 0.138	930 / 0.127	1045 / 0.119	1167 / 0.111	1295 / 0.104	1430 / 0.0976	1571 / 0.0921	1874 / 0.0826	2035 / 0.0785	2204 / 0.0748	2560 / 0.0682	2943 / 0.0626	3353 / 0.0578
86.5	12.0	201 / 0.336	257 / 0.288	319 / 0.251	388 / 0.222	464 / 0.198	547 / 0.179	637 / 0.163	733 / 0.149	836 / 0.137	946 / 0.127	1063 / 0.118	1187 / 0.111	1317 / 0.104	1454 / 0.0975	1598 / 0.0920	1906 / 0.0825	2070 / 0.0784	2241 / 0.0747	2603 / 0.0681	2993 / 0.0625	3409 / 0.0577
89.5	12.2	205 / 0.336	261 / 0.288	325 / 0.251	395 / 0.222	472 / 0.198	556 / 0.179	647 / 0.163	745 / 0.149	850 / 0.137	962 / 0.127	1081 / 0.118	1206 / 0.110	1339 / 0.104	1478 / 0.0974	1624 / 0.0919	1938 / 0.0824	2104 / 0.0783	2278 / 0.0746	2647 / 0.0680	3043 / 0.0624	3466 / 0.0576
92.4	12.4	208 / 0.335	265 / 0.287	330 / 0.250	401 / 0.221	480 / 0.198	565 / 0.179	658 / 0.162	758 / 0.149	864 / 0.137	978 / 0.127	1098 / 0.118	1226 / 0.110	1361 / 0.103	1502 / 0.0972	1651 / 0.0917	1969 / 0.0823	2139 / 0.0782	2316 / 0.0745	2690 / 0.0679	3093 / 0.0623	3523 / 0.0576
95.3	12.6	211 / 0.335	270 / 0.287	335 / 0.250	408 / 0.221	488 / 0.198	575 / 0.178	669 / 0.162	770 / 0.149	878 / 0.137	994 / 0.127	1116 / 0.118	1246 / 0.110	1383 / 0.103	1527 / 0.0971	1678 / 0.0916	2001 / 0.0822	2173 / 0.0781	2353 / 0.0744	2734 / 0.0678	3143 / 0.0623	3580 / 0.0575
98.5	12.8	215 / 0.334	274 / 0.286	341 / 0.250	414 / 0.221	495 / 0.197	584 / 0.178	679 / 0.162	782 / 0.148	892 / 0.137	1009 / 0.127	1134 / 0.118	1266 / 0.110	1405 / 0.103	1551 / 0.0971	1704 / 0.0916	2033 / 0.0821	2208 / 0.0780	2390 / 0.0743	2770 / 0.0678	3192 / 0.0622	3637 / 0.0574

续表

外径 D/mm　上行—风量/(m³/h)　下行—λ—d

动压/Pa	风速/(m/s)		80	90	100	110	120	130	140	150	160	170	180	190	200	210	220	240	250	260	280	300	320
101.5	13.0	风量	218	278	346	421	503	593	690	794	906	1025	1152	1285	1426	1575	1731	2065	2242	2428	2820	3242	3694
		λ	0.334	0.268	0.249	0.220	0.197	0.178	0.162	0.148	0.136	0.126	0.118	0.110	0.103	0.0969	0.0914	0.0820	0.0779	0.0742	0.0677	0.0622	0.0574
104.7	13.2	风量	221	282	351	427	511	602	700	806	920	1041	1169	1305	1448	1599	1757	2096	2277	2465	2864	3292	3750
		λ	0.334	0.286	0.249	0.220	0.197	0.178	0.162	0.148	0.136	0.126	0.118	0.110	0.103	0.0968	0.0913	0.0819	0.0779	0.0741	0.0676	0.0621	0.0573
107.9	13.4	风量	225	287	356	434	519	611	711	819	934	1057	1187	1325	1470	1623	1784	2128	2311	2502	2907	3342	3807
		λ	0.333	0.285	0.249	0.220	0.197	0.177	0.161	0.148	0.136	0.126	0.117	0.110	0.103	0.0966	0.0912	0.0818	0.0777	0.0740	0.0675	0.0620	0.0572
111.1	13.6	风量	228	291	362	440	526	620	722	831	948	1072	1205	1345	1492	1648	1811	2160	2346	2540	2950	3392	3864
		λ	0.333	0.285	0.248	0.220	0.196	0.177	0.161	0.148	0.136	0.126	0.117	0.109	0.103	0.0965	0.0911	0.0817	0.0776	0.0739	0.0674	0.0619	0.0571
114.5	13.8	风量	231	295	367	447	534	629	732	843	962	1088	1222	1364	1514	1672	1837	2192	2380	2577	2994	3442	3921
		λ	0.332	0.285	0.248	0.219	0.196	0.177	0.161	0.147	0.136	0.126	0.117	0.109	0.103	0.0964	0.0910	0.0816	0.0775	0.0738	0.0673	0.0618	0.0571
117.8	14.0	风量	235	300	372	453	542	638	743	855	976	1104	1240	1384	1536	1696	1864	2223	2415	2614	3037	3492	3978
		λ	0.332	0.284	0.248	0.219	0.196	0.177	0.161	0.147	0.136	0.126	0.117	0.109	0.102	0.0963	0.0909	0.0815	0.0775	0.0738	0.0673	0.0618	0.0570
121.1	14.2	风量	238	304	378	460	550	648	754	868	990	1120	1258	1404	1558	1720	1891	2255	2449	2652	3081	3542	4035
		λ	0.331	0.284	0.248	0.219	0.196	0.177	0.161	0.147	0.136	0.126	0.117	0.109	0.102	0.0962	0.0908	0.0814	0.0774	0.0737	0.0672	0.0617	0.0570
124.6	14.4	风量	241	308	383	466	557	657	764	880	1004	1136	1276	1424	1580	1745	1917	2287	2484	2689	3124	3591	4091
		λ	0.331	0.284	0.247	0.219	0.195	0.176	0.160	0.147	0.135	0.125	0.117	0.109	0.102	0.0961	0.0907	0.0813	0.0773	0.0736	0.0671	0.0616	0.0569
128.1	14.6	风量	245	312	388	473	565	666	775	892	1018	1151	1293	1444	1602	1769	1944	2319	2518	2727	3167	3641	4148
		λ	0.331	0.283	0.247	0.218	0.195	0.176	0.160	0.147	0.135	0.125	0.117	0.109	0.102	0.0960	0.0906	0.0812	0.0772	0.0735	0.0671	0.0616	0.0568
131.6	14.8	风量	248	317	394	479	573	675	785	904	1031	1167	1311	1463	1624	1793	1970	2350	2553	2764	3211	3691	4205
		λ	0.330	0.283	0.247	0.218	0.195	0.176	0.160	0.147	0.135	0.125	0.116	0.109	0.102	0.0959	0.0905	0.0812	0.0771	0.0735	0.0670	0.0615	0.0568
135.2	15.0	风量	251	321	399	486	581	684	796	916	1045	1183	1329	1483	1646	1817	1997	2382	2587	2801	3254	3741	4262
		λ	0.330	0.283	0.247	0.218	0.195	0.176	0.160	0.147	0.135	0.125	0.116	0.109	0.102	0.0958	0.0904	0.0811	0.0771	0.0734	0.0669	0.0614	0.0567
138.8	15.2	风量	255	325	404	492	588	693	807	929	1059	1199	1346	1503	1668	1842	2024	2414	2622	2839	3298	3791	4319
		λ	0.330	0.283	0.246	0.218	0.195	0.176	0.160	0.146	0.135	0.125	0.116	0.109	0.102	0.0957	0.0903	0.0810	0.0770	0.0733	0.0669	0.0614	0.0567
142.5	15.4	风量	258	330	410	499	596	702	817	941	1073	1214	1364	1523	1690	1866	2050	2446	2656	2876	3341	3841	4376
		λ	0.329	0.282	0.246	0.218	0.194	0.176	0.160	0.146	0.135	0.125	0.116	0.108	0.102	0.0956	0.0902	0.0809	0.0769	0.0733	0.0668	0.0613	0.0566
146.3	15.6	风量	262	334	415	505	604	711	828	953	1087	1230	1382	1542	1712	1890	2077	2478	2691	2913	3384	3891	4432
		λ	0.329	0.282	0.246	0.217	0.194	0.175	0.160	0.146	0.135	0.125	0.116	0.108	0.102	0.0956	0.0901	0.0809	0.0768	0.0732	0.0667	0.0613	0.0566
150.0	15.8	风量	265	338	420	511	612	721	838	965	1101	1246	1400	1562	1734	1914	2104	2509	2725	2951	3428	3941	4489
		λ	0.329	0.282	0.246	0.217	0.194	0.175	0.159	0.146	0.134	0.125	0.116	0.108	0.102	0.0955	0.0901	0.0808	0.0768	0.0731	0.0667	0.0612	0.0565

外径 D/mm　上行—风量/(m³/h)　下行—λ/d

动压/Pa	风速/(m/s)		80	90	100	110	120	130	140	150	160	170	180	190	200	210	220	240	250	260	280	300	320
153.8	16.0	风量	268	342	426	518	619	730	849	978	1115	1262	1417	1582	1756	1938	2130	2541	2760	2988	3471	3990	4546
		λ	0.328	0.281	0.245	0.217	0.194	0.175	0.159	0.146	0.134	0.124	0.116	0.108	0.101	0.0954	0.0900	0.0807	0.0767	0.0731	0.0666	0.0612	0.0565
157.7	16.2	风量	272	347	431	524	627	739	860	990	1129	1277	1435	1602	1778	1963	2157	2573	2794	3025	3515	4040	4603
		λ	0.328	0.281	0.245	0.217	0.194	0.175	0.159	0.146	0.134	0.124	0.116	0.108	0.101	0.0953	0.0899	0.0807	0.0766	0.0730	0.0666	0.0611	0.0564
161.6	16.4	风量	275	351	436	531	635	748	870	1002	1143	1293	1453	1622	1800	1987	2184	2605	2829	3063	3558	4090	4660
		λ	0.328	0.281	0.245	0.217	0.194	0.175	0.159	0.146	0.134	0.124	0.116	0.108	0.101	0.0952	0.0898	0.0806	0.0766	0.0729	0.0665	0.0611	0.0564
165.6	16.6	风量	278	355	442	537	642	757	881	1014	1157	1309	1470	1641	1822	2011	2210	2636	2863	3100	3601	4140	4716
		λ	0.328	0.281	0.245	0.216	0.193	0.175	0.159	0.145	0.134	0.124	0.115	0.108	0.101	0.0951	0.0898	0.0805	0.0765	0.0729	0.0665	0.0610	0.0563
169.6	16.8	风量	282	360	447	544	650	766	892	1026	1171	1325	1488	1661	1843	2035	2237	2668	2898	3137	3645	4190	4773
		λ	0.327	0.281	0.245	0.216	0.193	0.174	0.159	0.145	0.134	0.124	0.115	0.108	0.101	0.0951	0.0897	0.0805	0.0765	0.0728	0.0664	0.0610	0.0563
173.6	17.0	风量	285	364	452	550	658	775	902	1039	1185	1341	1506	1681	1865	2060	2263	2700	2932	3175	3688	4240	4830
		λ	0.327	0.280	0.244	0.216	0.193	0.174	0.159	0.145	0.134	0.124	0.115	0.108	0.101	0.0950	0.0896	0.0804	0.0764	0.0728	0.0664	0.0609	0.0562
177.7	17.2	风量	288	368	458	557	666	784	913	1051	1199	1356	1524	1701	1887	2084	2290	2732	2967	3212	3731	4290	4887
		λ	0.327	0.280	0.244	0.216	0.193	0.174	0.158	0.145	0.134	0.124	0.115	0.108	0.101	0.0949	0.0896	0.0803	0.0763	0.0727	0.0663	0.0609	0.0562
182.0	17.4	风量	292	372	463	563	673	794	923	1063	1213	1372	1541	1720	1909	2108	2317	2763	3001	3249	3775	4340	4944
		λ	0.327	0.280	0.244	0.216	0.193	0.174	0.158	0.145	0.134	0.124	0.115	0.108	0.101	0.0949	0.0895	0.0803	0.0763	0.0727	0.0663	0.0608	0.0562
186.1	17.6	风量	295	377	468	570	681	803	934	1075	1227	1388	1559	1740	1931	2132	2343	2795	3036	3287	3818	4390	5001
		λ	0.326	0.280	0.244	0.216	0.193	0.173	0.158	0.145	0.134	0.124	0.115	0.107	0.101	0.0948	0.0894	0.0802	0.0762	0.0726	0.0662	0.0608	0.0561
190.4	17.8	风量	298	381	474	576	689	812	945	1088	1241	1404	1577	1760	1953	2157	2370	2827	3070	3324	3862	4439	5057
		λ	0.326	0.279	0.244	0.215	0.193	0.173	0.158	0.145	0.133	0.124	0.115	0.107	0.101	0.0947	0.0894	0.0801	0.0762	0.0725	0.0662	0.0607	0.0561
194.7	18.0	风量	302	385	479	583	697	821	955	1100	1254	1419	1594	1780	1975	2181	2397	2859	3105	3361	3905	4489	5114
		λ	0.326	0.279	0.243	0.215	0.192	0.174	0.158	0.145	0.133	0.123	0.115	0.107	0.101	0.0946	0.0893	0.0801	0.0761	0.0725	0.0661	0.0607	0.0560
199.0	18.2	风量	305	389	484	589	704	830	966	1112	1268	1435	1612	1800	1997	2205	2423	2890	3139	3399	3948	4539	5171
		λ	0.326	0.279	0.243	0.215	0.192	0.174	0.158	0.145	0.133	0.123	0.115	0.107	0.101	0.0946	0.0892	0.0800	0.0761	0.0724	0.0661	0.0607	0.0560
203.4	18.4	风量	308	394	490	596	712	839	976	1124	1282	1451	1630	1819	2019	2229	2450	2922	3174	3436	3992	4589	5228
		λ	0.325	0.279	0.243	0.215	0.192	0.173	0.158	0.144	0.133	0.123	0.115	0.107	0.100	0.0945	0.0892	0.0800	0.0760	0.0724	0.0660	0.0606	0.0560
207.9	18.6	风量	312	398	495	602	720	848	987	1136	1296	1467	1648	1839	2041	2253	2476	2954	3208	3474	4035	4639	5285
		λ	0.325	0.279	0.243	0.215	0.192	0.173	0.158	0.144	0.133	0.123	0.115	0.107	0.100	0.0945	0.0891	0.0799	0.0760	0.0723	0.0660	0.0606	0.0559
212.4	18.8	风量	315	402	500	609	728	857	998	1149	1310	1482	1665	1859	2063	2278	2503	2986	3243	3511	4079	4689	5342
		λ	0.325	0.278	0.243	0.215	0.192	0.173	0.158	0.144	0.133	0.123	0.115	0.107	0.100	0.0944	0.0890	0.0799	0.0759	0.0723	0.0659	0.0605	0.0559
216.9	19.0	风量	319	407	505	615	735	866	1008	1161	1324	1498	1683	1879	2085	2302	2530	3017	3277	3548	4122	4739	5398
		λ	0.325	0.278	0.243	0.214	0.192	0.173	0.157	0.144	0.133	0.123	0.114	0.107	0.100	0.0943	0.0890	0.0798	0.0759	0.0722	0.0659	0.0605	0.0559
221.5	19.2	风量	322	411	411	622	743	875	1019	1173	1338	1514	1701	1898	2107	2326	2556	3049	3312	3586	4165	4789	5455
		λ	0.324	0.278	0.242	0.214	0.192	0.173	0.157	0.144	0.133	0.123	0.114	0.107	0.100	0.0943	0.0889	0.0798	0.0758	0.0722	0.0659	0.0605	0.0558

续表

外径 D/mm　上行—风量/(m³/h)　下行—λ/d

动压/Pa	风速/(m/s)	行	80	90	100	110	120	130	140	150	160	170	180	190	200	210	220	240	250	260	280	300	320
226.1	19.4	风量	325	415	516	628	751	884	1030	1185	1352	1530	1718	1918	2129	2350	2583	3081	3346	3623	4209	4838	5512
		λ/d	0.324	0.278	0.242	0.214	0.192	0.173	0.157	0.144	0.133	0.123	0.114	0.107	0.100	0.0942	0.0889	0.0797	0.0758	0.0722	0.0658	0.0604	0.0558
230.8	19.6	风量	329	419	521	634	759	894	1040	1198	1366	1546	1736	1938	2151	2375	2610	3113	3381	3660	4252	4888	5569
		λ/d	0.324	0.278	0.242	0.214	0.191	0.173	0.157	0.144	0.133	0.123	0.114	0.107	0.100	0.0941	0.0888	0.0797	0.0757	0.0721	0.0658	0.0604	0.0557
235.5	19.8	风量	332	424	527	641	766	903	1051	1210	1380	1561	1754	1958	2173	2399	2636	3145	3415	3698	4296	4938	5626
		λ/d	0.324	0.278	0.242	0.214	0.191	0.173	0.157	0.144	0.133	0.123	0.114	0.107	0.100	0.0941	0.0888	0.0796	0.0757	0.0721	0.0657	0.0603	0.0557
240.3	20.0	风量	335	428	532	647	774	912	1061	1222	1394	1577	1772	1977	2195	2423	2663	3176	3450	3735	4339	4988	5683
		λ/d	0.324	0.277	0.242	0.214	0.191	0.173	0.157	0.144	0.132	0.123	0.114	0.107	0.100	0.0940	0.0887	0.0796	0.0756	0.0720	0.0657	0.0603	0.0557
245.1	20.2	风量	339	432	537	654	782	921	1072	1234	1408	1593	1789	1997	2217	2447	2689	3208	3484	3772	4382	5038	5739
		λ/d	0.324	0.277	0.242	0.214	0.191	0.172	0.157	0.144	0.132	0.123	0.114	0.107	0.100	0.0940	0.0887	0.0795	0.0756	0.0720	0.0657	0.0603	0.0557
250.0	20.4	风量	342	437	543	660	790	930	1083	1246	1422	1609	1807	2017	2238	2472	2716	3240	3519	3810	4426	5088	5796
		λ/d	0.323	0.277	0.242	0.214	0.191	0.172	0.157	0.144	0.132	0.123	0.114	0.107	0.100	0.0939	0.0886	0.0795	0.0755	0.0719	0.0656	0.0602	0.0556
255.0	20.6	风量	345	441	548	667	797	939	1093	1259	1436	1624	1825	2037	2260	2496	2743	3272	3553	3847	4469	5138	5853
		λ/d	0.323	0.277	0.241	0.213	0.191	0.172	0.157	0.144	0.132	0.122	0.114	0.107	0.100	0.0939	0.0886	0.0794	0.0755	0.0719	0.0656	0.0602	0.0556
260.0	20.8	风量	349	445	553	673	805	949	1104	1271	1450	1640	1842	2057	2282	2520	2769	3303	3588	3884	4512	5188	5910
		λ/d	0.323	0.277	0.241	0.213	0.191	0.172	0.157	0.143	0.132	0.122	0.114	0.106	0.100	0.0939	0.0885	0.0794	0.0755	0.0719	0.0655	0.0602	0.0556
265.0	21.0	风量	352	449	559	680	813	958	1114	1283	1464	1656	1860	2076	2304	2544	2796	3335	3622	3922	4556	5238	5967
		λ/d	0.323	0.277	0.241	0.213	0.191	0.172	0.157	0.143	0.132	0.122	0.114	0.106	0.100	0.0938	0.0885	0.0794	0.0754	0.0718	0.0655	0.0601	0.0555
270.0	21.2	风量	355	454	564	686	821	967	1125	1295	1478	1672	1878	2096	2326	2568	2823	3367	3657	3959	4599	5287	6023
		λ/d	0.323	0.276	0.241	0.213	0.191	0.172	0.156	0.143	0.132	0.122	0.114	0.106	0.100	0.0938	0.0885	0.0793	0.0754	0.0718	0.0655	0.0601	0.0555
275.2	21.4	风量	359	458	569	693	828	976	1136	1307	1491	1687	1896	2116	2348	2593	2849	3399	3691	3996	4643	5337	6080
		λ/d	0.322	0.276	0.241	0.213	0.190	0.172	0.156	0.143	0.132	0.122	0.114	0.106	0.100	0.0937	0.0884	0.0793	0.0753	0.0718	0.0654	0.0601	0.0555
280.4	21.6	风量	362	462	575	699	836	985	1146	1320	1505	1703	1913	2136	2370	2617	2876	3430	3726	4034	4686	5387	6137
		λ/d	0.322	0.276	0.241	0.213	0.190	0.172	0.156	0.143	0.132	0.122	0.114	0.106	0.100	0.0936	0.0883	0.0793	0.0753	0.0717	0.0654	0.0600	0.0554
285.6	21.8	风量	365	467	580	706	844	994	1157	1332	1519	1719	1931	2155	2392	2641	2902	3462	3760	4071	4729	5437	6194
		λ/d	0.322	0.276	0.241	0.213	0.190	0.172	0.156	0.143	0.132	0.122	0.114	0.106	0.0995	0.0936	0.0883	0.0792	0.0753	0.0717	0.0654	0.0600	0.0554
290.9	22.0	风量	369	471	585	712	852	1003	1167	1344	1533	1735	1949	2175	2414	2665	2929	3494	3795	4108	4773	5487	6251
		λ/d	0.322	0.276	0.241	0.213	0.190	0.172	0.156	0.143	0.132	0.122	0.114	0.106	0.0994	0.0935	0.0882	0.0792	0.0752	0.0716	0.0653	0.0600	0.0554
296.2	22.2	风量	372	475	591	719	859	1012	1178	1356	1547	1751	1966	2195	2436	2690	2956	3526	3829	4146	4816	5537	6308
		λ/d	0.322	0.276	0.240	0.213	0.190	0.171	0.156	0.143	0.132	0.122	0.113	0.106	0.0994	0.0935	0.0882	0.0791	0.0752	0.0716	0.0653	0.0600	0.0554
301.5	22.4	风量	376	479	596	725	867	1022	1189	1369	1561	1766	1984	2215	2458	2714	2982	3557	3864	4183	4860	5587	6364
		λ/d	0.322	0.276	0.240	0.212	0.190	0.171	0.156	0.143	0.132	0.122	0.113	0.106	0.0993	0.0934	0.0881	0.0791	0.0752	0.0716	0.0653	0.0599	0.0553
306.9	22.6	风量	379	484	601	732	875	1031	1199	1381	1575	1782	2002	2235	2480	2738	3009	3589	3898	4221	4903	5637	6421
		λ/d	0.321	0.275	0.240	0.212	0.190	0.171	0.156	0.143	0.132	0.122	0.113	0.106	0.0993	0.0934	0.0881	0.0790	0.0751	0.0715	0.0652	0.0599	0.0553

续表

外径 D/mm　上行—风量/(m³/h)　下行—λ/d

动压/Pa	风速/(m/s)	80	90	100	110	120	130	140	150	160	170	180	190	200	210	220	240	250	260	280	300	320
312.3	22.8	382	488	607	738	882	1040	1210	1393	1589	1798	2020	2254	2503	2762	3036	3621	3933	4258	4946	5686	6478
		0.321	0.275	0.240	0.212	0.190	0.171	0.156	0.143	0.131	0.122	0.113	0.106	0.0992	0.0933	0.0881	0.0790	0.0751	0.0715	0.0652	0.0599	0.0553
317.8	23.0	386	492	612	745	890	1049	1221	1405	1603	1814	2037	2274	2524	2787	3062	3653	3967	4295	4990	5736	6535
		0.321	0.275	0.240	0.212	0.190	0.171	0.156	0.143	0.131	0.122	0.113	0.106	0.0992	0.0933	0.0880	0.0790	0.0750	0.0715	0.0652	0.0598	0.0553
323.4	23.2	389	496	617	751	898	1058	1231	1417	1617	1829	2055	2294	2546	2811	3089	3684	4002	4333	5033	5786	6592
		0.321	0.275	0.240	0.212	0.190	0.171	0.156	0.143	0.131	0.122	0.113	0.106	0.0991	0.0933	0.0880	0.0789	0.0750	0.0714	0.0652	0.0598	0.0552
329.0	23.4	392	501	623	757	906	1067	1242	1430	1631	1845	2073	2314	2568	2835	3115	3716	4036	4370	5077	5836	6649
		0.321	0.275	0.240	0.212	0.190	0.171	0.156	0.142	0.131	0.122	0.113	0.106	0.0991	0.0933	0.0880	0.0789	0.0750	0.0714	0.0651	0.0598	0.0552
334.7	23.6	396	505	628	764	913	1076	1252	1442	1645	1861	2091	2333	2590	2859	3142	3748	4071	4407	5120	5886	6705
		0.321	0.275	0.240	0.212	0.189	0.171	0.155	0.142	0.131	0.122	0.113	0.106	0.0991	0.0932	0.0879	0.0789	0.0749	0.0714	0.0651	0.0598	0.0552
340.4	23.8	399	509	633	770	921	1085	1263	1454	1659	1877	2108	2353	2612	2883	3169	3780	4105	4445	5163	5936	6762
		0.320	0.275	0.239	0.212	0.189	0.171	0.155	0.142	0.131	0.121	0.113	0.106	0.0990	0.0931	0.0879	0.0788	0.0749	0.0713	0.0651	0.0597	0.0552
346.1	24.0	402	514	638	777	929	1094	1274	1466	1673	1893	2126	2373	2634	2908	3195	3812	4140	4482	5207	5986	6819
		0.320	0.275	0.239	0.212	0.189	0.171	0.155	0.142	0.131	0.121	0.113	0.106	0.0990	0.0931	0.0878	0.0788	0.0749	0.0713	0.0650	0.0597	0.0
351.9	24.2	406	518	644	783	937	1104	1284	1479	1687	1908	2144	2393	2655	2932	3222	3843	4174	4519	5250	6036	6876
		0.320	0.274	0.239	0.212	0.189	0.171	0.155	0.142	0.131	0.121	0.113	0.106	0.0989	0.0931	0.0878	0.0788	0.0748	0.0713	0.0650	0.0597	0.0551
357.8	24.4	409	522	649	790	944	1113	1295	1491	1701	1924	2161	1412	2677	2956	3249	3875	4209	4557	5293	6085	6933
		0.320	0.274	0.239	0.211	0.189	0.171	0.155	0.142	0.131	0.121	0.113	0.105	0.0989	0.0930	0.0878	0.0787	0.0748	0.0713	0.0650	0.0597	0.0551
363.6	24.6	412	526	654	796	952	1122	1305	1503	1714	1940	2179	2432	2699	2980	3275	3907	4243	4594	5337	6135	6989
		0.320	0.274	0.239	0.211	0.189	0.171	0.155	0.142	0.131	0.121	0.113	0.105	0.0989	0.0930	0.0877	0.0787	0.0748	0.0712	0.0650	0.0596	0.0551
369.5	24.8	416	531	660	803	960	1131	1316	1515	1728	1956	2197	2452	2721	3005	3302	3939	4278	4631	5380	6185	7046
		0.320	0.274	0.239	0.211	0.189	0.170	0.155	0.142	0.131	0.121	0.113	0.105	0.0988	0.0929	0.0877	0.0787	0.0748	0.0712	0.0649	0.0596	0.0550
375.5	25.0	419	535	665	809	968	1140	1327	1527	1742	1971	2215	2472	2743	3029	3329	3970	4312	4669	5424	6235	7103
		0.320	0.274	0.239	0.211	0.189	0.170	0.155	0.142	0.131	0.121	0.113	0.105	0.0988	0.0929	0.0876	0.0786	0.0748	0.0712	0.0649	0.0596	0.0550
381.6	25.2	422	539	670	816	975	1149	1337	1540	1756	1987	2232	2492	2765	3053	3355	4002	4347	4706	5467	6285	7160
		0.320	0.274	0.239	0.211	0.189	0.170	0.155	0.142	0.131	0.121	0.113	0.105	0.0987	0.0929	0.0876	0.0786	0.0747	0.0711	0.0649	0.0596	0.0550
387.7	25.4	426	544	676	822	983	1158	1348	1552	1770	2003	2250	2511	2787	3077	3382	4034	4381	4743	5510	6335	7217
		0.319	0.274	0.239	0.211	0.189	0.170	0.155	0.142	0.131	0.121	0.113	0.105	0.0987	0.0928	0.0876	0.0786	0.0747	0.0711	0.0649	0.0595	0.0550
393.8	25.6	429	548	681	829	991	1167	1359	1564	1784	2019	2268	2531	2809	3102	3408	4066	4416	4781	5554	6385	7274
		0.319	0.274	0.239	0.211	0.189	0.170	0.155	0.142	0.131	0.121	0.113	0.105	0.0986	0.0928	0.0875	0.0785	0.0746	0.0711	0.0648	0.0595	0.0550
399.9	25.8	433	552	686	835	999	1177	1369	1576	1789	2034	2285	2551	2831	3126	3435	4097	4450	4818	5597	6435	7330
		0.319	0.274	0.239	0.211	0.189	0.170	0.155	0.142	0.131	0.121	0.113	0.105	0.0986	0.0927	0.0875	0.0785	0.0746	0.0711	0.0648	0.0595	0.0549
406.2	26.0	436	556	692	842	1006	1186	1380	1589	1812	2050	2303	2571	2853	3150	3462	4129	4485	4855	5641	6485	7387
		0.319	0.273	0.238	0.211	0.188	0.170	0.155	0.142	0.131	0.121	0.113	0.105	0.0986	0.0927	0.0875	0.0785	0.0746	0.0710	0.0648	0.0595	0.0549

续表

外径 D/mm　　上行—风量/(m³/h)　下行—λ/d

每格上行为风量/(m³/h)，下行为λ/d。

动压/Pa	风速/(m/s)	340	360	380	400	420	450	480	500	530	560	600	630	670	700	750	800	850	900	950	1000
60.1	10.0	3211 / 0.0544	3604 / 0.0507	4019 / 0.0474	4456 / 0.0445	4917 / 0.0419	5649 / 0.0385	6433 / 0.0350	6984 / 0.0339	7823 / 0.0316	8741 / 0.0296	10040 / 0.0272	11080 / 0.0256	12540 / 0.0238	13700 / 0.0225	15740 / 0.0207	17920 / 0.0192	20240 / 0.0178	22700 / 0.0166	25300 / 0.0156	28050 / 0.0146
62.5	10.2	3275 / 0.0543	3676 / 0.0506	4099 / 0.0473	4545 / 0.0444	5015 / 0.0419	5762 / 0.0385	6562 / 0.0355	7124 / 0.0338	7979 / 0.0316	8915 / 0.0295	10240 / 0.0271	11300 / 0.0256	12790 / 0.0237	13970 / 0.0225	16050 / 0.0207	18270 / 0.0191	20640 / 0.0178	23150 / 0.0166	25810 / 0.0155	28610 / 0.0146
65.0	10.4	3340 / 0.0542	3748 / 0.0505	4179 / 0.0473	4635 / 0.0444	5113 / 0.0418	5875 / 0.0384	6691 / 0.0355	7263 / 0.0337	8136 / 0.0315	9090 / 0.0295	10450 / 0.0271	11520 / 0.0255	13040 / 0.0237	14240 / 0.0224	16360 / 0.0206	18630 / 0.0191	21050 / 0.0177	23610 / 0.0166	26320 / 0.0155	29170 / 0.0146
67.5	10.6	3404 / 0.0541	3820 / 0.0504	4260 / 0.0472	4724 / 0.0443	5212 / 0.0417	5988 / 0.0384	6819 / 0.0354	7403 / 0.0337	8292 / 0.0314	9265 / 0.0294	10650 / 0.0270	11740 / 0.0255	13290 / 0.0236	14510 / 0.0224	16680 / 0.0206	18990 / 0.0191	21450 / 0.0177	24060 / 0.0165	26820 / 0.0155	29730 / 0.0146
70.0	10.8	3468 / 0.0540	3892 / 0.0503	4340 / 0.0471	4813 / 0.0442	5310 / 0.0416	6101 / 0.0383	6948 / 0.0354	7543 / 0.0336	8449 / 0.0314	9440 / 0.0294	10850 / 0.0270	11970 / 0.0254	13540 / 0.0236	14790 / 0.0224	16990 / 0.0206	19350 / 0.0190	21860 / 0.0177	24520 / 0.0165	27330 / 0.0155	30290 / 0.0145
72.7	11.0	3532 / 0.0539	3964 / 0.0503	4420 / 0.0471	4902 / 0.0441	5408 / 0.0416	6214 / 0.0382	7077 / 0.0354	7682 / 0.0336	8605 / 0.0313	9615 / 0.0293	11050 / 0.0269	12190 / 0.0254	13800 / 0.0236	15070 / 0.0224	17310 / 0.0205	19710 / 0.0190	22260 / 0.0177	24970 / 0.0165	27830 / 0.0154	30850 / 0.0145
75.3	11.2	3596 / 0.0539	4036 / 0.0502	4501 / 0.0470	4991 / 0.0441	5507 / 0.0415	6327 / 0.0381	7205 / 0.0353	7822 / 0.0335	8762 / 0.0313	9789 / 0.0293	11250 / 0.0269	12410 / 0.0254	14050 / 0.0235	15340 / 0.0223	17620 / 0.0205	20060 / 0.0190	22660 / 0.0176	25420 / 0.0165	28340 / 0.0154	31410 / 0.0145
78.1	11.4	3661 / 0.0538	4108 / 0.0501	4581 / 0.0469	5080 / 0.0440	5605 / 0.0415	6440 / 0.0381	7334 / 0.0352	7962 / 0.0335	8918 / 0.0313	9964 / 0.0292	11450 / 0.0269	12630 / 0.0253	14300 / 0.0235	15610 / 0.0223	17940 / 0.0205	20420 / 0.0189	23070 / 0.0176	25880 / 0.0164	28850 / 0.0154	31980 / 0.0145
80.8	11.6	3725 / 0.0537	4180 / 0.0500	4662 / 0.0468	5169 / 0.0440	5703 / 0.0414	6553 / 0.0380	7463 / 0.0351	8101 / 0.0334	9074 / 0.0312	10140 / 0.0292	11650 / 0.0268	12850 / 0.0253	14550 / 0.0235	15890 / 0.0222	18250 / 0.0205	20780 / 0.0189	23470 / 0.0176	26330 / 0.0164	29350 / 0.0154	32540 / 0.0145
83.7	11.8	3789 / 0.0536	4252 / 0.0500	4742 / 0.0467	5258 / 0.0439	5802 / 0.0413	6666 / 0.0380	7591 / 0.0351	8241 / 0.0334	9231 / 0.0312	10310 / 0.0291	11850 / 0.0268	13070 / 0.0252	14800 / 0.0234	16160 / 0.0222	18570 / 0.0204	21140 / 0.0189	23880 / 0.0176	26780 / 0.0164	29860 / 0.0154	33100 / 0.0144
86.5	12.0	3853 / 0.0535	4324 / 0.0499	4822 / 0.0467	5348 / 0.0438	5900 / 0.0413	6779 / 0.0379	7720 / 0.0350	8381 / 0.0333	9387 / 0.0312	10490 / 0.0291	12050 / 0.0268	13300 / 0.0252	15050 / 0.0234	16440 / 0.0222	18880 / 0.0204	21500 / 0.0189	24280 / 0.0175	27240 / 0.0164	30360 / 0.0153	33660 / 0.0144
89.5	12.2	3918 / 0.0535	4396 / 0.0498	4903 / 0.0466	5437 / 0.0438	5998 / 0.0412	6892 / 0.0379	7849 / 0.0350	8520 / 0.0330	9544 / 0.0311	10660 / 0.0291	12250 / 0.0267	13520 / 0.0252	15300 / 0.0234	16710 / 0.0222	19200 / 0.0204	21860 / 0.0188	24690 / 0.0175	27690 / 0.0163	30870 / 0.0153	34220 / 0.0144
92.4	12.4	3982 / 0.0534	4468 / 0.0498	4983 / 0.0466	5526 / 0.0437	6097 / 0.0412	7005 / 0.0378	7977 / 0.0350	8660 / 0.0330	9700 / 0.0310	10840 / 0.0290	12450 / 0.0267	13740 / 0.0251	15550 / 0.0233	16980 / 0.0221	19510 / 0.0203	22210 / 0.0188	25090 / 0.0175	28150 / 0.0163	31380 / 0.0153	34780 / 0.0144
95.3	12.6	4046 / 0.0533	4540 / 0.0497	5063 / 0.0465	5615 / 0.0437	6195 / 0.0411	7118 / 0.0378	8106 / 0.0349	8800 / 0.0332	9857 / 0.0310	11010 / 0.0290	12650 / 0.0266	13960 / 0.0251	15800 / 0.0233	17260 / 0.0221	19830 / 0.0203	22570 / 0.0188	25500 / 0.0175	28600 / 0.0163	31880 / 0.0153	35340 / 0.0144
98.5	12.8	4110 / 0.0533	4613 / 0.0496	5144 / 0.0464	5704 / 0.0436	6293 / 0.0411	7231 / 0.0377	8235 / 0.0349	8940 / 0.0332	10010 / 0.0310	11190 / 0.0290	12860 / 0.0266	14180 / 0.0251	16050 / 0.0233	17530 / 0.0221	20140 / 0.0203	22930 / 0.0188	25900 / 0.0174	29050 / 0.0163	32390 / 0.0152	35900 / 0.0143

续表

外径 D/mm 上行—风量/(m³/h) 下行—λ/d

动压/Pa	风速/(m/s)		340	360	380	400	420	450	480	500	530	560	600	630	670	700	750	800	850	900	950	1000
101.5	13.0	风量	4174	4685	5224	5793	6392	7344	8363	9079	10170	11360	13060	14400	16300	17810	20460	23290	26310	29510	32890	36460
		λ	0.0532	0.0496	0.0464	0.0436	0.0410	0.0377	0.0348	0.0331	0.0309	0.0289	0.0266	0.0251	0.0232	0.0220	0.0203	0.0187	0.0174	0.0163	0.0152	0.0143
104.7	13.2	风量	4239	4757	5305	5882	6490	7459	8492	9219	10330	11540	13260	14630	16550	18080	20770	23650	26710	29960	33400	37020
		λ	0.0531	0.0495	0.0463	0.0435	0.0410	0.0375	0.0348	0.0331	0.0309	0.0289	0.0266	0.0250	0.0232	0.0220	0.0202	0.0187	0.0174	0.0163	0.0152	0.0143
107.9	13.4	风量	4303	4829	5385	5971	6588	7570	8621	9359	10480	11710	13460	14850	16810	18350	21090	24010	27120	30420	33910	37590
		λ	0.0531	0.0495	0.0463	0.0434	0.0409	0.0376	0.0347	0.0331	0.0309	0.0289	0.0265	0.0250	0.0232	0.0220	0.0202	0.0187	0.0174	0.0162	0.0152	0.0143
111.1	13.6	风量	4367	4901	5465	6061	6687	7683	8749	9498	10640	11890	13660	15070	17060	18630	21400	24360	27520	30870	34410	38150
		λ	0.0530	0.0494	0.0462	0.0434	0.0409	0.0376	0.0347	0.0330	0.0308	0.0288	0.0265	0.0250	0.0232	0.0220	0.0202	0.0187	0.0174	0.0162	0.0152	0.0143
114.5	13.8	风量	4431	4973	5546	6150	6785	7796	8878	9638	10800	12060	13860	15290	17310	18900	21710	24720	27930	31320	34920	38710
		λ	0.0530	0.0494	0.0462	0.0434	0.0408	0.0375	0.0347	0.0330	0.0308	0.0288	0.0265	0.0249	0.0231	0.0219	0.0202	0.0187	0.0173	0.0162	0.0152	0.0143
117.8	14.0	风量	4496	5045	5626	6239	6883	7909	9007	9778	10950	12240	14060	15510	17560	19180	22030	25080	28330	31780	35420	39270
		λ	0.0529	0.0493	0.0461	0.0433	0.0408	0.0375	0.0346	0.0329	0.0308	0.0288	0.0264	0.0249	0.0231	0.0219	0.0202	0.0186	0.0173	0.0162	0.0151	0.0142
121.1	14.2	风量	4560	5117	5706	6328	6980	8022	9135	9917	11110	12410	14260	15730	17810	19450	22340	25440	28740	32230	35930	39830
		λ	0.0528	0.0492	0.0461	0.0433	0.0407	0.0374	0.0346	0.0329	0.0307	0.0287	0.0264	0.0249	0.0231	0.0219	0.0201	0.0186	0.0173	0.0162	0.0151	0.0142
124.6	14.4	风量	4624	5189	5787	6417	7080	8135	9264	10060	11260	12590	14460	15960	18060	19720	22660	25800	29140	32690	36440	40390
		λ	0.0528	0.0492	0.0460	0.0432	0.0407	0.0374	0.0346	0.0329	0.0307	0.0287	0.0264	0.0249	0.0231	0.0219	0.0201	0.0186	0.0173	0.0161	0.0151	0.0142
128.1	14.6	风量	4688	5261	5867	6506	7178	8248	9393	10200	11420	12760	14660	16180	18310	20000	22970	26160	29550	33140	36940	40950
		λ	0.0527	0.0491	0.0460	0.0432	0.0407	0.0374	0.0345	0.0328	0.0307	0.0287	0.0264	0.0248	0.0230	0.0219	0.0201	0.0186	0.0173	0.0161	0.0151	0.0142
131.6	14.8	风量	4752	5333	5948	6595	7277	8361	9521	10340	11580	12940	14860	16400	18560	20270	23290	26510	29950	33590	37450	41510
		λ	0.0527	0.0491	0.0459	0.0431	0.0406	0.0373	0.0345	0.0328	0.0306	0.0286	0.0263	0.0248	0.0230	0.0218	0.0201	0.0186	0.0173	0.0161	0.0151	0.0142
135.2	15.0	风量	4817	5405	6028	6684	7375	8474	9650	10480	11730	13110	15070	16620	18810	20540	23600	26870	30350	34050	37950	42070
		λ	0.0526	0.0491	0.0459	0.0431	0.0406	0.0373	0.0345	0.0328	0.0306	0.0286	0.0263	0.0248	0.0230	0.0218	0.0201	0.0186	0.0172	0.0161	0.0151	0.0142
138.8	15.2	风量	4881	5477	6108	6774	7473	8587	9779	10620	11890	13290	15270	16840	19060	20820	23920	27230	30760	34500	38460	42630
		λ	0.0526	0.0490	0.0459	0.0431	0.0405	0.0373	0.0344	0.0328	0.0306	0.0286	0.0263	0.0248	0.0230	0.0218	0.0200	0.0185	0.0172	0.0161	0.0151	0.0142
142.5	15.4	风量	4945	5549	6189	6863	7572	8700	9907	10760	12050	13460	15470	17060	19310	21090	24230	27590	31160	34960	38970	43190
		λ	0.0525	0.0490	0.0458	0.0430	0.0405	0.0372	0.0344	0.0327	0.0305	0.0286	0.0263	0.0247	0.0230	0.0218	0.0200	0.0185	0.0172	0.0161	0.0150	0.0141
146.3	15.6	风量	5009	5622	6269	6952	7670	8813	10040	10900	12200	13640	15670	17280	19560	21370	24550	27950	31570	35410	39470	43760
		λ	0.0525	0.0489	0.0458	0.0430	0.0405	0.0372	0.0344	0.0327	0.0305	0.0285	0.0262	0.0247	0.0229	0.0218	0.0200	0.0185	0.0172	0.0160	0.0150	0.0141
150.0	15.8	风量	5074	5694	6349	7041	7768	8926	10160	11030	12360	13810	15870	17510	19820	21640	24860	28310	31970	35860	39980	44320
		λ	0.0524	0.0489	0.0457	0.0429	0.0404	0.0372	0.0343	0.0327	0.0305	0.0285	0.0262	0.0247	0.0229	0.0217	0.0200	0.0185	0.0172	0.0160	0.0150	0.0141

续表

外径 D/mm　　上行—风量/(m³/h)　　下行—λ/d

动压/Pa	风速/(m/s)	340	360	380	400	420	450	480	500	530	560	600	630	670	700	750	800	850	900	950	1000
153.8	16.0	5138/0.0524	5766/0.0488	6430/0.0457	7130/0.0429	7867/0.0404	9039/0.0371	10290/0.0343	11170/0.0326	12520/0.0305	13980/0.0285	16070/0.0262	17730/0.0247	20070/0.0229	21910/0.0217	25180/0.0200	28660/0.0185	32380/0.0172	36320/0.0160	40490/0.0150	44880/0.0141
157.7	16.2	5202/0.0524	5838/0.0488	6510/0.0457	7219/0.0429	7965/0.0404	9152/0.0371	10420/0.0343	11310/0.0326	12670/0.0304	14160/0.0285	16270/0.0262	17950/0.0247	20320/0.0229	22190/0.0217	25490/0.0200	29020/0.0185	32780/0.0172	36770/0.0160	40990/0.0150	45440/0.0141
161.6	16.4	5266/0.0523	5910/0.0488	6591/0.0456	7308/0.0428	8063/0.0403	9265/0.037	10550/0.0343	11450/0.0326	12830/0.0304	14330/0.0284	16470/0.0261	18170/0.0246	20570/0.0229	22460/0.0217	25810/0.0199	29380/0.0184	33190/0.0171	37230/0.0160	41500/0.0150	46000/0.0141
165.6	16.6	5330/0.0523	5982/0.0487	6671/0.0456	7397/0.0428	8162/0.0403	9378/0.0370	10680/0.0342	11590/0.0326	12990/0.0304	14510/0.0284	16670/0.0261	18390/0.0246	20820/0.0228	22740/0.0217	26120/0.0199	29740/0.0184	33590/0.0171	37680/0.0160	42000/0.0150	46560/0.0141
169.6	16.8	5395/0.0523	6054/0.0487	6751/0.0456	7487/0.0428	8260/0.0403	9491/0.0370	10810/0.0342	11730/0.0326	13140/0.0304	14680/0.0284	16870/0.0261	18610/0.0246	21070/0.0228	23010/0.0216	26440/0.0199	30100/0.0184	34000/0.0171	38130/0.0160	42510/0.0150	47120/0.0141
173.6	17.0	5459/0.0522	6126/0.0486	6832/0.0455	7576/0.0427	8358/0.0402	9604/0.0370	10940/0.0342	11870/0.0325	13300/0.0303	14860/0.0284	17070/0.0261	18840/0.0246	21320/0.0226	23280/0.0216	26570/0.0199	30460/0.0184	34400/0.0171	38590/0.0160	43020/0.0	47880/0.0141
177.7	17.2	5523/0.0521	6198/0.0486	6912/0.0455	7665/0.0427	8457/0.0402	9717/0.0370	11070/0.0341	12010/0.0325	13460/0.0303	15030/0.0284	17270/0.0261	19060/0.0246	21570/0.0228	23560/0.0216	27060/0.0199	30810/0.0184	34810/0.0171	39040/0.0159	43520/0.0149	48240/0.0140
182.0	17.4	5587/0.0521	6270/0.0486	6992/0.0454	7754/0.0427	8555/0.0402	9830/0.0369	11190/0.0341	12150/0.0325	13610/0.0303	15210/0.0283	17480/0.0260	19280/0.0245	21820/0.0228	23830/0.0216	27380/0.0199	31170/0.0184	35210/0.0171	39500/0.0159	44030/0.0149	48800/0.0140
186.1	17.6	5652/0.0521	6342/0.0485	7073/0.0454	7843/0.0426	8653/0.0402	9943/0.0369	11320/0.0341	12290/0.0324	13770/0.0303	15380/0.0283	17680/0.0260	19500/0.0245	22070/0.0228	24110/0.0216	27690/0.0199	31530/0.0184	35620/0.0171	39950/0.0159	44530/0.0149	49370/0.0140
190.4	17.8	5716/0.0520	6414/0.0485	7153/0.0454	7932/0.0425	8752/0.0401	10056/0.0369	11450/0.0341	12430/0.0324	13930/0.0302	15560/0.0283	17880/0.0260	19720/0.0245	22320/0.0227	24380/0.0216	28010/0.0198	31890/0.0183	36020/0.0171	40400/0.0159	45040/0.0149	49930/0.0140
194.7	18.0	5780/0.0520	6486/0.0485	7233/0.0454	8021/0.0425	8850/0.0401	10170/0.0368	11580/0.0340	12570/0.0324	14080/0.0302	15730/0.0283	18080/0.0260	19940/0.0245	22570/0.0227	24650/0.0216	28320/0.0198	32250/0.0183	36430/0.0170	40860/0.0159	45550/0.0149	50490/0.0140
199.0	18.2	5844/0.0520	6558/0.0484	7314/0.0453	8110/0.0425	8948/0.0401	10280/0.0368	11710/0.0340	12710/0.0324	14240/0.0302	15910/0.0283	18280/0.0260	20170/0.0245	22830/0.0227	24930/0.0215	28640/0.0198	32610/0.0183	36830/0.0170	41310/0.0159	46050/0.0149	51050/0.0140
203.4	18.4	5908/0.0520	6631/0.0484	7394/0.0453	8200/0.0425	9047/0.0400	10400/0.0368	11840/0.0340	12850/0.0323	14390/0.0302	16080/0.0282	18480/0.0260	20390/0.0245	23080/0.0227	25200/0.0215	28950/0.0198	32960/0.0183	37230/0.0170	41770/0.0159	46560/0.0149	51610/0.0140
207.9	18.6	5973/0.0519	6703/0.0484	7475/0.0453	8289/0.0425	9145/0.0400	10510/0.0368	11970/0.0340	12990/0.0323	14550/0.0302	16260/0.0282	18680/0.0259	20610/0.0244	23330/0.0227	25480/0.0215	29270/0.0198	33320/0.0183	37640/0.0170	42220/0.0159	47060/0.0149	52170/0.0140
212.4	18.8	6037/0.0519	6775/0.0483	7555/0.0452	8378/0.0425	9243/0.0400	10620/0.0367	12090/0.0340	13130/0.0323	14710/0.0302	16430/0.0282	18880/0.0259	20830/0.0244	23580/0.0227	25750/0.0215	29580/0.0198	33680/0.0183	38040/0.0170	42670/0.0159	47570/0.0149	52730/0.0140
216.9	19.0	6101/0.0518	6847/0.0483	7635/0.0452	8467/0.0424	9342/0.0400	10730/0.0367	12220/0.0339	13270/0.0323	14860/0.0301	16610/0.0282	19080/0.0259	21050/0.0244	23830/0.0227	26020/0.0215	29900/0.0198	34040/0.0183	38450/0.0170	43130/0.0159	48080/0.0149	53290/0.0140
221.5	19.2	6165/0.0518	6919/0.0483	7716/0.0452	8556/0.0424	9440/0.0399	10850/0.0367	12350/0.0339	13410/0.0323	15020/0.0301	16780/0.0282	19280/0.0259	21270/0.0244	24080/0.0226	26300/0.0215	30210/0.0197	34400/0.0183	38850/0.0170	43580/0.0158	48580/0.0148	53850/0.0140

续表

外径 D/mm   上行—风量/(m³/h)
　　　　　　 下行—λ/d

动压/Pa	风速/(m/s)	340	360	380	400	420	450	480	500	530	560	600	630	670	700	750	800	850	900	950	1000
226.1	19.4	6230	6991	7796	8645	9538	10960	12480	13550	15180	16960	19480	21500	24330	26570	30530	34760	39260	44040	49090	54410
		0.0518	0.0482	0.0451	0.0424	0.0399	0.0367	0.0339	0.0322	0.0301	0.0281	0.0259	0.0244	0.0226	0.0215	0.0197	0.0183	0.0170	0.0158	0.0148	0.0139
230.8	19.6	6294	7063	7876	8734	9634	11070	12610	13690	15330	17130	19690	21720	24580	26850	30840	35110	39660	44490	49590	54980
		0.0517	0.0482	0.0451	0.0424	0.0399	0.0367	0.0339	0.0322	0.0301	0.0281	0.0259	0.0244	0.0226	0.0214	0.0197	0.0182	0.0170	0.0158	0.0148	0.0139
235.5	19.8	6358	7135	7957	8823	9735	11190	12740	13830	15490	17310	19890	21940	24830	27120	31160	35470	40070	44940	50100	55540
		0.0517	0.0482	0.0451	0.0423	0.0399	0.0366	0.0339	0.0322	0.0301	0.0281	0.0258	0.0244	0.0226	0.0214	0.0197	0.0182	0.0170	0.0158	0.0148	0.0139
240.3	20.0	6422	7207	8037	8913	9833	11300	12870	13970	15650	17480	20090	22160	25080	27390	31470	35830	40470	45400	50610	56100
		0.0517	0.0482	0.0451	0.0423	0.0398	0.0366	0.0338	0.0322	0.0301	0.0281	0.0258	0.0243	0.0226	0.0214	0.0197	0.0182	0.0169	0.0158	0.0148	0.0139
245.1	20.2	6486	7299	8118	9002	9932	11410	13000	14110	15800	17680	20290	22380	25330	27670	31780	36190	40880	45850	51110	56660
		0.0516	0.0482	0.0450	0.0423	0.0398	0.0366	0.0338	0.0322	0.0300	0.0281	0.0258	0.0243	0.0226	0.0214	0.0197	0.0182	0.0169	0.0158	0.0148	0.0139
250.0	20.4	6551	7351	8198	9091	10030	11520	13120	14250	15960	17830	20490	22600	25580	27940	32100	36550	41280	46310	51260	57220
		0.0516	0.0481	0.0450	0.0422	0.0398	0.0366	0.0338	0.0322	0.0300	0.0281	0.0258	0.0243	0.0226	0.0214	0.0197	0.0182	0.0169	0.0158	0.0148	0.0139
255.0	20.6	6615	7423	8278	9180	10130	11640	13250	14390	16120	18010	20690	22820	25830	28210	32410	36910	41690	46760	52120	57780
		0.0516	0.0481	0.0450	0.0422	0.0398	0.0366	0.0338	0.0321	0.0300	0.0281	0.0258	0.0243	0.0226	0.0214	0.0197	0.0182	0.0169	0.0158	0.0148	0.0139
260.0	20.8	6679	7495	8359	9269	10230	11750	13380	14530	16270	18180	20890	23050	26090	28490	32700	37260	42090	47210	52630	58340
		0.0516	0.0480	0.0450	0.0422	0.0398	0.0365	0.0338	0.0321	0.0300	0.0280	0.0258	0.0243	0.0225	0.0213	0.0197	0.0182	0.0169	0.0158	0.0148	0.0139
265.0	21.0	6743	7567	8439	9359	10320	11860	13510	14670	16430	18360	21090	23270	26340	28760	33040	37620	42500	47670	53140	58900
		0.0515	0.0480	0.0449	0.0422	0.0397	0.0365	0.0337	0.0321	0.0300	0.0280	0.0258	0.0243	0.0225	0.0214	0.0196	0.0182	0.0169	0.0158	0.0148	0.0139
270.0	21.2	6808	7639	8519	9447	10420	11980	13640	14810	16580	18530	21290	23490	26590	29040	33360	37980	42900	48120	53640	59400
		0.0515	0.0480	0.0449	0.0422	0.0397	0.0365	0.0337	0.0321	0.0300	0.0280	0.0257	0.0243	0.0225	0.0213	0.0196	0.0182	0.0169	0.0158	0.0148	0.0139
275.2	21.4	6872	7712	8600	9536	10520	12090	13770	14950	16740	18700	21490	23710	26840	29310	33670	38340	43310	48580	54150	60020
		0.0515	0.0480	0.0449	0.0421	0.0397	0.0365	0.0337	0.0321	0.0299	0.0280	0.0257	0.0243	0.0225	0.0213	0.0196	0.0182	0.0169	0.0157	0.0148	0.0139
280.4	21.6	6936	7784	8680	9626	10620	12200	13900	15090	16900	18880	21690	23930	27090	29580	33990	38700	43710	49030	54650	60580
		0.0514	0.0479	0.0449	0.0421	0.0397	0.0365	0.0337	0.0321	0.0299	0.0280	0.0257	0.0242	0.0225	0.0213	0.0196	0.0181	0.0169	0.0157	0.0148	0.0139
285.6	21.8	7000	7856	8761	9715	10720	12320	14020	15230	17050	19050	21890	24150	27340	29860	34300	39050	44120	49480	55160	61150
		0.0514	0.0479	0.0449	0.0421	0.0397	0.0364	0.0337	0.0320	0.0299	0.0280	0.0257	0.0242	0.0225	0.0213	0.0196	0.0181	0.0169	0.0157	0.0147	0.0139
290.9	22.0	7064	7928	8841	9804	10820	12430	14150	15360	17210	19230	22100	24380	27590	30130	34620	39410	44520	49940	55670	61710
		0.0514	0.0479	0.0448	0.0421	0.0396	0.0364	0.0337	0.0320	0.0299	0.0279	0.0257	0.0242	0.0225	0.0213	0.0196	0.0181	0.0168	0.0157	0.0147	0.0139
296.2	22.2	7129	8000	8921	9893	10910	12540	14280	15500	17370	19400	22300	24600	27840	30410	34930	39770	44930	50390	56170	62270
		0.0514	0.0479	0.0448	0.0421	0.0396	0.0364	0.0336	0.0320	0.0299	0.0279	0.0257	0.0242	0.0225	0.0213	0.0196	0.0181	0.0168	0.0157	0.0147	0.0138
301.5	22.4	7193	8072	9002	9982	11010	12650	14410	15640	17520	19580	22500	24820	28090	30680	35250	40130	45330	50850	56680	62830
		0.0513	0.0478	0.0448	0.0420	0.0396	0.0364	0.0336	0.0320	0.0299	0.0279	0.0257	0.0242	0.0224	0.0213	0.0196	0.0181	0.0168	0.0157	0.0147	0.0138
306.9	22.6	7257	8144	9082	10070	11110	12770	14540	15780	17680	19750	22700	25040	28340	30950	35560	40490	45730	51300	57190	63390
		0.0513	0.0478	0.0447	0.0420	0.0396	0.0364	0.0336	0.0320	0.0298	0.0279	0.0257	0.0242	0.0224	0.0213	0.0196	0.0181	0.0168	0.0157	0.0147	0.0138

续表

外径 D/mm　上行—风量/(m³/h)　下行—λ/d

动压/Pa	风速/(m/s)	340	360	380	400	420	450	480	500	530	560	600	630	670	700	750	800	850	900	950	1000
312.3	22.8	7321 / 0.0513	8216 / 0.0478	9162 / 0.0447	10160 / 0.0420	11210 / 0.0396	12880 / 0.0364	14670 / 0.0336	15920 / 0.0320	17840 / 0.0298	19930 / 0.0279	22900 / 0.0256	25260 / 0.0242	28590 / 0.0224	31230 / 0.0213	35880 / 0.0196	40850 / 0.0181	46140 / 0.0168	51750 / 0.0157	57690 / 0.0147	63950 / 0.0138
317.8	23.0	7386 / 0.0513	8286 / 0.0478	9243 / 0.0447	10250 / 0.0420	11310 / 0.0395	12990 / 0.0363	14800 / 0.0336	16060 / 0.0319	17990 / 0.0298	20100 / 0.0279	23100 / 0.0256	25480 / 0.0242	28840 / 0.0224	31500 / 0.0213	36190 / 0.0196	41200 / 0.0181	46540 / 0.0168	52210 / 0.0157	58200 / 0.0147	64510 / 0.0138
323.4	23.2	7450 / 0.0512	8360 / 0.0478	9323 / 0.0447	10340 / 0.0420	11410 / 0.0395	13110 / 0.0363	14930 / 0.0336	16200 / 0.0319	18150 / 0.0298	20280 / 0.0279	23300 / 0.0256	25710 / 0.0241	29100 / 0.0224	31780 / 0.0212	36510 / 0.0195	41560 / 0.0181	46950 / 0.0168	52660 / 0.0157	58700 / 0.0147	65070 / 0.0138
329.0	23.4	7514 / 0.0512	8432 / 0.0478	9404 / 0.0447	10430 / 0.0419	11500 / 0.0395	13220 / 0.0363	15050 / 0.0335	16340 / 0.0319	18310 / 0.0298	20450 / 0.0279	23500 / 0.0256	25930 / 0.0241	29350 / 0.0224	32050 / 0.0212	36820 / 0.0195	41920 / 0.0181	47350 / 0.0168	53120 / 0.0157	59210 / 0.0147	65630 / 0.0138
334.7	23.6	7578 / 0.0512	8504 / 0.0477	9484 / 0.0446	10520 / 0.0419	11600 / 0.0395	13330 / 0.0363	15180 / 0.0335	16480 / 0.0319	18460 / 0.0298	20630 / 0.0278	23700 / 0.0256	26150 / 0.0241	29600 / 0.0224	32320 / 0.0212	37130 / 0.0195	42280 / 0.0181	47760 / 0.0168	53570 / 0.0157	59720 / 0.0147	66190 / 0.0138
340.4	23.8	7642 / 0.0512	8576 / 0.0477	9564 / 0.0446	10610 / 0.0419	11700 / 0.0395	13450 / 0.0363	15310 / 0.0335	16620 / 0.0319	18620 / 0.0298	20800 / 0.0278	23900 / 0.0256	26370 / 0.0241	29850 / 0.0224	32600 / 0.0212	37490 / 0.0195	42640 / 0.0181	48160 / 0.0168	54020 / 0.0157	60220 / 0.0147	66760 / 0.0138
346.1	24.0	7706 / 0.0512	8648 / 0.0477	9645 / 0.0446	10700 / 0.0419	11800 / 0.0395	13560 / 0.0363	15440 / 0.0335	16760 / 0.0319	18770 / 0.0298	20980 / 0.0278	24100 / 0.0256	26590 / 0.0241	30100 / 0.0224	32870 / 0.0212	37760 / 0.0195	43000 / 0.0180	48570 / 0.0168	54480 / 0.0157	60730 / 0.0147	67320 / 0.0138
351.9	24.2	7771 / 0.0511	8721 / 0.0477	9725 / 0.0446	10780 / 0.0419	11900 / 0.0394	13670 / 0.0362	15570 / 0.0335	16900 / 0.0319	18930 / 0.0297	21150 / 0.0278	24310 / 0.0256	26810 / 0.0241	30350 / 0.0224	33150 / 0.0212	38080 / 0.0195	43350 / 0.0180	48970 / 0.0168	54930 / 0.0156	61230 / 0.0147	67880 / 0.0138
357.8	24.4	7835 / 0.0511	8793 / 0.0476	9805 / 0.0446	10870 / 0.0419	12000 / 0.0394	13780 / 0.0362	15700 / 0.0335	17040 / 0.0318	19090 / 0.0297	21330 / 0.0278	24510 / 0.0256	27040 / 0.0241	30600 / 0.0224	33420 / 0.0212	38390 / 0.0195	43710 / 0.0180	49380 / 0.0168	55390 / 0.0156	61740 / 0.0147	68440 / 0.0138
363.6	24.6	7899 / 0.0511	8865 / 0.0476	9886 / 0.0446	10960 / 0.0418	12090 / 0.0394	13900 / 0.0362	15830 / 0.0335	17190 / 0.0318	19240 / 0.0297	21500 / 0.0278	24710 / 0.0255	27260 / 0.0241	30850 / 0.0223	33690 / 0.0212	38710 / 0.0195	44070 / 0.0180	49780 / 0.0167	55840 / 0.0156	62250 / 0.0147	69000 / 0.0138
369.5	24.8	7963 / 0.0511	8937 / 0.0476	9966 / 0.0446	11050 / 0.0418	12190 / 0.0394	14010 / 0.0362	15950 / 0.0334	17320 / 0.0318	19400 / 0.0297	21680 / 0.0278	24910 / 0.0255	27480 / 0.0241	31100 / 0.0223	33970 / 0.0212	39020 / 0.0195	44430 / 0.0180	50190 / 0.0167	56290 / 0.0156	62750 / 0.0146	69560 / 0.0138
375.5	25.0	8028 / 0.0511	9009 / 0.0476	10050 / 0.0445	11140 / 0.0418	12290 / 0.0394	14120 / 0.0362	16080 / 0.0334	17460 / 0.0318	19560 / 0.0297	21850 / 0.0278	25110 / 0.0255	27770 / 0.0241	31350 / 0.0223	34240 / 0.0212	39340 / 0.0195	44790 / 0.0180	50590 / 0.0167	56750 / 0.0156	63260 / 0.0146	70120 / 0.0138
381.6	25.2	8092 / 0.0511	9081 / 0.0476	10130 / 0.0445	11230 / 0.0418	12390 / 0.0394	14240 / 0.0362	16210 / 0.0334	17600 / 0.0318	19710 / 0.0297	22030 / 0.0278	25310 / 0.0255	27920 / 0.0240	31600 / 0.0223	34520 / 0.0212	39650 / 0.0195	45150 / 0.0180	51000 / 0.0167	57200 / 0.0156	63760 / 0.0146	70680 / 0.0138
387.6	25.4	8156 / 0.0510	9153 / 0.0476	10210 / 0.0445	11320 / 0.0418	12490 / 0.0393	14350 / 0.0362	16340 / 0.0334	17740 / 0.0318	19870 / 0.0297	22200 / 0.0278	25510 / 0.0255	28140 / 0.0240	31850 / 0.0223	34790 / 0.0212	39970 / 0.0194	45500 / 0.0180	51400 / 0.0167	57660 / 0.0156	64270 / 0.0146	71240 / 0.0138
393.8	25.6	8220 / 0.0510	9225 / 0.0475	10290 / 0.0445	11410 / 0.0418	12590 / 0.0393	14460 / 0.0361	16470 / 0.0334	17880 / 0.0318	20030 / 0.0297	22380 / 0.0277	25710 / 0.0255	28360 / 0.0240	32110 / 0.0223	35060 / 0.0211	40280 / 0.0194	45860 / 0.0180	51860 / 0.0167	58110 / 0.0156	64780 / 0.0146	71800 / 0.0137
399.9	25.8	8285 / 0.0510	9297 / 0.0475	10370 / 0.0445	11500 / 0.0417	12680 / 0.0393	14580 / 0.0361	16600 / 0.0334	18020 / 0.0318	20180 / 0.0297	22550 / 0.0277	25910 / 0.0255	28590 / 0.0240	32360 / 0.0223	35340 / 0.0211	40600 / 0.0194	46220 / 0.0180	52210 / 0.0167	58560 / 0.0156	65280 / 0.0146	72370 / 0.0137
406.2	26.0	8349 / 0.0510	9369 / 0.0475	10450 / 0.0444	11590 / 0.0417	12780 / 0.0393	14690 / 0.0361	16730 / 0.0334	18160 / 0.0318	20340 / 0.0296	22730 / 0.0277	26110 / 0.0255	28810 / 0.0240	32610 / 0.0223	35610 / 0.0211	40910 / 0.0194	46580 / 0.0180	52610 / 0.0167	59020 / 0.0156	65790 / 0.0146	72930 / 0.0137

续表

外径 D/mm，上行—风量/(m³/h)，下行—λ/d

动压/Pa	风速/(m/s)		1060	1120	1180	1250	1320	1400	1500	1600	1700	1800	1900	2000	2100	2240	2350	2500	2650	2800	2900	3000
60.1	10.0	风量	31530	35214	39103	43896	48967	55101	63109	71840	81137	90999	101427	112420	123269	140353	154554	175022	196762	219775	235823	252437
		λ	0.0137	0.0128	0.0120	0.0112	0.0105	0.0098	0.0090	0.0083	0.0078	0.0073	0.0068	0.0064	0.0061	0.0056	0.0053	0.0049	0.0046	0.0043	0.0041	0.0040
62.5	10.2	风量	32160	35919	39885	44774	49946	56204	64372	73277	82760	92819	103455	114668	125734	143160	157645	178523	200698	224170	240540	257486
		λ	0.0136	0.0128	0.0120	0.0112	0.0105	0.0098	0.0090	0.0083	0.0078	0.0072	0.0068	0.0064	0.0060	0.0056	0.0053	0.0049	0.0046	0.0043	0.0041	0.0040
65.0	10.4	风量	32791	36623	40667	45652	50926	57306	65634	74714	84383	94639	105484	116917	128200	145967	160737	182023	204633	228566	245356	262535
		λ	0.0136	0.0127	0.0120	0.0112	0.0105	0.0097	0.0090	0.0083	0.0077	0.0072	0.0068	0.0064	0.0060	0.0056	0.0053	0.0049	0.0046	0.0043	0.0041	0.0039
67.5	10.6	风量	33422	37327	41449	46530	51905	58408	66896	76151	86005	96459	107512	119165	130665	148775	163828	185524	208568	232961	249973	267584
		λ	0.0136	0.0127	0.0119	0.0111	0.0104	0.0097	0.0090	0.0083	0.0077	0.0072	0.0068	0.0064	0.0060	0.0056	0.0053	0.0049	0.0046	0.0043	0.0041	0.0039
70.0	10.8	风量	34052	38032	42231	47408	52884	59510	68158	77588	87628	98279	109541	121413	133130	151582	166919	189024	212503	237357	254689	272632
		λ	0.0136	0.0127	0.0119	0.0111	0.0104	0.0097	0.0090	0.0083	0.0077	0.0072	0.0068	0.0064	0.0060	0.0056	0.0053	0.0049	0.0046	0.0043	0.0041	0.0039
72.7	11.0	风量	34683	38736	43013	48286	53864	60612	69420	79024	89251	100099	111569	123662	135596	154389	170010	192524	216439	241752	259406	277681
		λ	0.0135	0.0127	0.0119	0.0111	0.0104	0.0097	0.0089	0.0083	0.0077	0.0072	0.0067	0.0063	0.0060	0.0056	0.0053	0.0049	0.0046	0.0043	0.0041	0.0039
75.3	11.2	风量	35313	39440	43795	49164	54843	61714	70682	80461	90873	101919	113598	125910	138061	157196	173101	196025	220374	246148	264122	282730
		λ	0.0135	0.0127	0.0119	0.0111	0.0104	0.0097	0.0089	0.0083	0.0077	0.0072	0.0067	0.0063	0.0060	0.0056	0.0052	0.0049	0.0045	0.0043	0.0041	0.0039
78.1	11.4	风量	35944	40144	44577	50042	55822	62816	71945	81898	92496	103739	115626	128159	140526	160003	176192	199525	224309	250543	268839	287779
		λ	0.0135	0.0126	0.0119	0.0111	0.0104	0.0097	0.0089	0.0083	0.0077	0.0072	0.0067	0.0063	0.0060	0.0056	0.0052	0.0049	0.0045	0.0043	0.0041	0.0039
80.8	11.6	风量	36574	40849	45395	50920	56802	63918	73207	83335	94119	105559	117655	130407	142992	162810	179283	203026	228244	254939	273555	292827
		λ	0.0135	0.0126	0.0119	0.0111	0.0104	0.0097	0.0089	0.0082	0.0077	0.0072	0.0067	0.0063	0.0060	0.0055	0.0052	0.0049	0.0045	0.0042	0.0041	0.0039
83.7	11.8	风量	37205	41553	46141	51798	57781	65020	74469	84772	95742	107379	119684	132655	145457	165657	182374	206526	232180	259334	278272	297876
		λ	0.0135	0.0126	0.0118	0.0110	0.0104	0.0096	0.0089	0.0082	0.0077	0.0072	0.0067	0.0063	0.0060	0.0055	0.0052	0.0049	0.0045	0.0042	0.0041	0.0039
86.5	12.0	风量	37836	42257	46923	52676	58760	66122	75731	86209	97364	109199	121712	134904	147923	168424	185465	210027	236115	263730	282988	302925
		λ	0.0135	0.0126	0.0118	0.0110	0.0103	0.0096	0.0089	0.0082	0.0076	0.0071	0.0067	0.0063	0.0060	0.0055	0.0052	0.0048	0.0045	0.0042	0.0041	0.0039
89.5	12.2	风量	38466	42962	47705	53554	59740	67224	76993	87645	98987	111019	123741	137152	150388	171231	188556	213527	240050	268125	287704	307974
		λ	0.0134	0.0126	0.0118	0.0110	0.0103	0.0096	0.0089	0.0082	0.0076	0.0071	0.0067	0.0063	0.0060	0.0055	0.0052	0.0048	0.0045	0.0042	0.0041	0.0039
92.4	12.4	风量	39097	43666	48487	54431	60719	68326	78256	89082	100610	112839	125769	139401	152853	174038	191647	217028	243985	272521	292421	313022
		λ	0.0134	0.0126	0.0118	0.0110	0.0103	0.0096	0.0089	0.0082	0.0076	0.0071	0.0067	0.0063	0.0060	0.0055	0.0052	0.0048	0.0045	0.0042	0.0041	0.0039
95.3	12.6	风量	39727	44370	49269	55309	61699	69428	79518	90519	102233	114659	127798	141649	155319	176845	194739	220528	247921	276916	297137	318071
		λ	0.0134	0.0125	0.0118	0.0110	0.0103	0.0096	0.0089	0.0082	0.0076	0.0071	0.0067	0.0063	0.0059	0.0055	0.0052	0.0048	0.0045	0.0042	0.0040	0.0039
98.5	12.8	风量	40358	45074	50051	56187	62678	70530	80780	91956	103855	116479	129826	143897	157784	179652	197830	224028	251856	281312	301854	323120
		λ	0.0134	0.0125	0.0118	0.0110	0.0103	0.0096	0.0088	0.0082	0.0076	0.0071	0.0067	0.0063	0.0059	0.0055	0.0052	0.0048	0.0045	0.0042	0.0040	0.0039

续表

外径 D/mm　上行—风量/(m³/h)　下行—λ/d

动压/Pa	风速/(m/s)	1060	1120	1180	1250	1320	1400	1500	1600	1700	1800	1900	2000	2100	2240	2350	2500	2650	2800	2900	3000
101.5	13.0	40989 / 0.0134	45779 / 0.0125	50834 / 0.0118	57065 / 0.0110	60657 / 0.0103	71632 / 0.0096	82042 / 0.0088	93393 / 0.0082	105478 / 0.0076	118299 / 0.0071	131855 / 0.0067	146146 / 0.0063	160250 / 0.0059	182459 / 0.0055	200921 / 0.0052	227529 / 0.0048	255791 / 0.0045	285707 / 0.0042	306570 / 0.0040	328169 / 0.0039
104.7	13.2	41619 / 0.0134	46483 / 0.0125	51616 / 0.0117	57943 / 0.0110	64637 / 0.0103	72734 / 0.0096	83304 / 0.0088	94829 / 0.0082	107101 / 0.0076	120119 / 0.0071	133883 / 0.0067	148394 / 0.0063	162715 / 0.0059	185266 / 0.0055	204012 / 0.0052	231029 / 0.0048	259726 / 0.0045	290103 / 0.0042	311287 / 0.0040	333217 / 0.0039
107.9	13.4	42250 / 0.0133	47187 / 0.0125	52398 / 0.0117	58821 / 0.0109	65616 / 0.0102	73836 / 0.0096	84567 / 0.0088	96266 / 0.0082	108724 / 0.0076	121939 / 0.0071	135912 / 0.0066	150642 / 0.0062	165180 / 0.0059	188073 / 0.0055	207103 / 0.0052	234530 / 0.0048	263662 / 0.0045	294498 / 0.0042	316003 / 0.0040	338266 / 0.0039
111.1	13.6	42880 / 0.0133	47892 / 0.0125	53180 / 0.0117	59699 / 0.0109	66595 / 0.0102	74938 / 0.0095	85829 / 0.0088	97703 / 0.0081	110346 / 0.0076	123759 / 0.0071	137940 / 0.0066	152891 / 0.0062	167646 / 0.0059	190881 / 0.0055	210194 / 0.0052	238030 / 0.0048	267597 / 0.0045	298894 / 0.0042	320720 / 0.0040	343315 / 0.0039
114.5	13.8	43511 / 0.0133	48596 / 0.0125	53962 / 0.0117	60577 / 0.0109	67575 / 0.0102	76040 / 0.0095	87091 / 0.0088	99140 / 0.0081	111969 / 0.0076	125579 / 0.0071	139969 / 0.0066	155139 / 0.0062	170111 / 0.0059	193688 / 0.0055	213285 / 0.0052	241531 / 0.0048	271532 / 0.0045	303289 / 0.0042	325436 / 0.0040	348364 / 0.0039
117.8	14.0	44142 / 0.0133	49300 / 0.0124	54744 / 0.0117	61455 / 0.0109	68554 / 0.0102	77142 / 0.0095	88353 / 0.0088	100577 / 0.0081	113592 / 0.0076	127399 / 0.0071	141997 / 0.0066	157388 / 0.0062	172576 / 0.0059	196495 / 0.0055	216376 / 0.0052	245031 / 0.0048	275467 / 0.0045	307685 / 0.0042	330153 / 0.0040	353412 / 0.0039
121.1	14.2	44772 / 0.0133	50005 / 0.0124	55526 / 0.0117	62333 / 0.0109	69533 / 0.0102	78244 / 0.0095	89615 / 0.0088	102013 / 0.0081	115215 / 0.0076	129219 / 0.0071	144026 / 0.0066	159636 / 0.0062	175042 / 0.0059	199302 / 0.0055	219467 / 0.0052	248532 / 0.0048	279403 / 0.0045	312080 / 0.0042	334869 / 0.0040	358461 / 0.0039
124.6	14.4	45403 / 0.0133	50709 / 0.0124	56308 / 0.0117	63211 / 0.0109	70513 / 0.0102	79346 / 0.0095	90877 / 0.0088	103450 / 0.0081	116837 / 0.0075	131039 / 0.0070	146054 / 0.0066	161884 / 0.0062	177507 / 0.0059	202109 / 0.0055	222558 / 0.0051	252032 / 0.0048	283338 / 0.0045	316476 / 0.0042	339586 / 0.0040	363510 / 0.0039
128.1	14.6	46033 / 0.0133	51413 / 0.0124	57090 / 0.0117	64089 / 0.0109	71492 / 0.0102	80448 / 0.0095	92140 / 0.0088	104887 / 0.0081	118460 / 0.0075	132859 / 0.0070	148083 / 0.0066	164133 / 0.0062	179973 / 0.0059	204916 / 0.0054	225649 / 0.0051	255532 / 0.0048	287273 / 0.0045	320871 / 0.0042	344302 / 0.0040	368559 / 0.0038
131.6	14.8	46664 / 0.0132	52117 / 0.0124	57872 / 0.0116	64967 / 0.0109	72471 / 0.0102	81550 / 0.0095	93402 / 0.0087	106324 / 0.0081	120083 / 0.0075	134679 / 0.0070	150112 / 0.0066	166381 / 0.0062	182438 / 0.0059	207723 / 0.0054	228741 / 0.0051	259033 / 0.0048	291208 / 0.0045	325267 / 0.0042	349019 / 0.0040	373607 / 0.0038
135.2	15.0	47295 / 0.0132	52822 / 0.0124	58654 / 0.0116	65845 / 0.0109	73451 / 0.0102	82652 / 0.0095	94664 / 0.0087	107761 / 0.0081	121706 / 0.0075	136499 / 0.0070	152140 / 0.0066	168630 / 0.0062	184903 / 0.0059	210530 / 0.0054	231832 / 0.0051	262533 / 0.0048	295144 / 0.0045	329662 / 0.0042	353735 / 0.0040	378656 / 0.0038
138.8	15.2	47925 / 0.0132	53526 / 0.0124	59436 / 0.0116	66722 / 0.0108	74430 / 0.0102	83754 / 0.0095	95926 / 0.0087	109197 / 0.0081	123328 / 0.0075	138319 / 0.0070	154169 / 0.0066	170878 / 0.0062	187369 / 0.0059	213337 / 0.0054	234923 / 0.0051	266034 / 0.0048	299079 / 0.0045	334058 / 0.0042	358451 / 0.0040	383705 / 0.0038
142.5	15.4	48556 / 0.0132	54230 / 0.0124	60218 / 0.0116	67600 / 0.0108	75409 / 0.0101	84856 / 0.0095	97188 / 0.0087	110634 / 0.0081	124951 / 0.0075	140139 / 0.0070	156197 / 0.0066	173126 / 0.0062	189184 / 0.0059	216144 / 0.0054	238014 / 0.0051	269534 / 0.0048	303014 / 0.0044	338453 / 0.0042	363168 / 0.0040	388753 / 0.0038
146.3	15.6	49186 / 0.0132	54935 / 0.0123	61000 / 0.0116	68478 / 0.0108	76389 / 0.0101	85958 / 0.0095	98451 / 0.0087	112071 / 0.0081	126574 / 0.0075	141959 / 0.0070	158226 / 0.0066	175375 / 0.0062	192299 / 0.0059	218951 / 0.0054	241165 / 0.0051	273035 / 0.0048	306949 / 0.0044	342849 / 0.0042	367884 / 0.0040	393802 / 0.0038

续表

外径 D/mm 上行—风量/(m³/h) 下行—λ/d

动压/Pa	风速/(m/s)	1060	1120	1180	1250	1320	1400	1500	1600	1700	1800	1900	2000	2100	2240	2350	2500	2650	2800	2900	3000
150.0	15.8	49817 0.0132	55639 0.0123	61782 0.0116	69356 0.0108	77368 0.0101	87060 0.0094	99713 0.0087	113508 0.0081	128197 0.0075	143779 0.0070	160254 0.0066	177623 0.0062	194765 0.0059	221758 0.0054	244196 0.0051	276535 0.0048	310885 0.0044	347244 0.0042	372610 0.0040	399851 0.0038
153.8	16.0	50448 0.0132	56343 0.0123	62564 0.0116	70234 0.0108	78347 0.0101	88162 0.0094	100975 0.0087	114945 0.0081	129819 0.0075	145599 0.0070	162283 0.0066	179872 0.0062	197230 0.0058	224565 0.0054	247287 0.0051	280036 0.0047	314820 0.0044	351640 0.0042	377317 0.0040	403900 0.0038
157.7	16.2	51078 0.0132	57047 0.0123	63346 0.0116	71112 0.0108	79327 0.0101	89264 0.0094	102237 0.0087	116382 0.0080	131442 0.0075	147419 0.0070	164311 0.0066	182120 0.0062	199696 0.0058	227372 0.0054	250378 0.0051	283536 0.0047	318755 0.0044	356035 0.0041	382034 0.0040	408948 0.0038
161.6	16.4	51709 0.0131	57752 0.0123	64128 0.0116	71990 0.0108	80306 0.0101	90366 0.0094	103499 0.0087	117818 0.0080	133065 0.0075	149239 0.0070	166340 0.0066	184368 0.0062	202161 0.0058	230179 0.0054	253469 0.0051	287036 0.0047	322690 0.0044	360431 0.0041	386750 0.0040	413997 0.0038
165.6	16.6	52339 0.0131	58456 0.0123	64911 0.0116	42868 0.0108	81285 0.0101	91468 0.0094	104761 0.0087	119255 0.0080	134688 0.0075	151059 0.0070	168368 0.0066	186617 0.0062	204626 0.0058	232987 0.0054	256560 0.0051	290537 0.0047	326625 0.0044	364826 0.0041	391467 0.0040	419046 0.0038
169.6	16.8	52970 0.0131	59160 0.0123	65693 0.0115	73746 0.0108	82265 0.0101	92570 0.0094	106024 0.0087	120692 0.0080	136310 0.0075	152879 0.0070	170397 0.0065	188865 0.0062	207092 0.0058	235794 0.0054	259651 0.0051	294037 0.0047	330061 0.0044	369222 0.0041	396123 0.0040	424095 0.0038
173.6	17.0	53601 0.0131	59865 0.0123	66475 0.0115	74624 0.0108	83244 0.0101	93673 0.0094	107286 0.0087	122129 0.0080	137933 0.0075	154699 0.0070	172425 0.0065	191114 0.0061	209557 0.0058	238601 0.0054	262743 0.0051	297538 0.0047	334496 0.0044	373617 0.0041	400900 0.0040	429143 0.0038
177.7	17.2	54231 0.0131	60569 0.0123	67257 0.0115	75502 0.0108	84223 0.0101	94775 0.0094	108548 0.0087	123566 0.0080	139556 0.0075	156519 0.0070	174454 0.0065	193362 0.0061	212022 0.0058	241408 0.0054	265834 0.0051	301038 0.0047	338431 0.0044	378013 0.0041	405616 0.0040	434192 0.0038
182.0	17.4	54862 0.0131	61273 0.0123	68039 0.0115	76380 0.0107	85203 0.0101	95877 0.0094	109810 0.0087	125002 0.0080	141178 0.0075	158338 0.0070	176482 0.0065	195610 0.0061	214488 0.0058	244215 0.0054	268925 0.0051	304539 0.0047	342366 0.0044	382408 0.0041	410333 0.0040	439241 0.0038
186.1	17.6	55492 0.0131	61977 0.0123	68821 0.0115	77258 0.0107	86182 0.0101	96979 0.0094	111072 0.0086	126439 0.0080	142801 0.0074	160158 0.0070	178511 0.0065	197859 0.0061	216953 0.0058	247022 0.0054	272016 0.0051	308039 0.0047	346302 0.0044	386804 0.0041	415049 0.0040	444290 0.0038
190.4	17.8	56123 0.0131	62682 0.0122	69603 0.0115	78136 0.0107	87161 0.0101	98081 0.0094	112335 0.0086	127876 0.0080	144424 0.0074	161978 0.0070	180540 0.0065	200107 0.0061	219419 0.0058	249829 0.0054	275107 0.0051	311540 0.0047	350237 0.0044	391199 0.0041	419766 0.0040	449338 0.0038
194.7	18.0	56754 0.0131	63386 0.0122	70385 0.0115	79013 0.0107	88171 0.0100	99183 0.0094	113597 0.0086	129313 0.0080	146047 0.0074	163798 0.0069	182568 0.0065	202356 0.0061	221884 0.0058	252636 0.0054	278198 0.0051	315040 0.0047	354172 0.0044	395595 0.0041	424482 0.0040	454387 0.0038
199.0	18.2	57384 0.0131	64090 0.0122	71167 0.0115	79891 0.0107	89120 0.0100	100285 0.0094	114859 0.0086	130750 0.0080	147669 0.0074	165618 0.0069	184597 0.0065	204604 0.0061	224349 0.0058	255443 0.0054	281289 0.0051	318540 0.0047	358107 0.0044	399990 0.0041	429198 0.0040	459436 0.0038
203.4	18.4	58015 0.0131	64795 0.0122	71949 0.0115	80769 0.0107	90099 0.0100	101387 0.0094	116121 0.0086	132186 0.0080	149292 0.0074	167438 0.0069	186625 0.0065	206852 0.0061	226816 0.0058	258250 0.0054	284380 0.0051	322041 0.0047	362043 0.0044	404386 0.0041	433915 0.0039	464485 0.0038

续表

动压/Pa	风速/(m/s)	外径 D/mm 上行—风量/(m³/h) 下行—λ/d																			
		1060	1120	1180	1250	1320	1400	1500	1600	1700	1800	1900	2000	2100	2240	2350	2500	2650	2800	2900	3000
207.9	18.6	58645 0.0130	65499 0.0122	72731 0.0115	81647 0.0107	91079 0.0100	102489 0.0093	117383 0.0086	133623 0.0080	150915 0.0074	169258 0.0069	188654 0.0065	209101 0.0061	229280 0.0058	261057 0.0054	287471 0.0051	325541 0.0047	365978 0.0044	408781 0.0041	438631 0.0039	469533 0.0038
212.4	18.8	59276 0.0130	66203 0.0122	73513 0.0115	82525 0.0107	92058 0.0100	103591 0.0093	118646 0.0086	135060 0.0080	152538 0.0074	171078 0.0069	190682 0.0065	211349 0.0061	231745 0.0058	263864 0.0054	290562 0.0051	329042 0.0047	369913 0.0044	413177 0.0041	443348 0.0039	474582 0.0038
216.9	19.0	59906 0.0130	66907 0.0122	74295 0.0115	83403 0.0107	93037 0.0100	104693 0.0093	119908 0.0086	136497 0.0080	154160 0.0074	172898 0.0069	192711 0.0065	213598 0.0061	234211 0.0058	266671 0.0054	293653 0.0051	332542 0.0047	373848 0.0044	417572 0.0041	448064 0.0039	479631 0.0038
221.5	19.2	60537 0.0130	67612 0.0122	75077 0.0114	84281 0.0107	94017 0.0100	105795 0.0093	121170 0.0086	137934 0.0080	155783 0.0074	174718 0.0069	194739 0.0065	215846 0.0061	236676 0.0058	269478 0.0054	296744 0.0051	336043 0.0047	377784 0.0044	421968 0.0041	452781 0.0039	484680 0.0038
226.1	19.4	61168 0.0130	68316 0.0122	75859 0.0114	85159 0.0107	94996 0.0100	106897 0.0093	122432 0.0086	139370 0.0080	157406 0.0074	176538 0.0069	196768 0.0065	218094 0.0061	239142 0.0058	272285 0.0053	299836 0.0051	339543 0.0047	381719 0.0044	426363 0.0041	457497 0.0039	489728 0.0038
230.8	19.6	61798 0.0130	69020 0.0122	76641 0.0114	86037 0.0107	95975 0.0100	107999 0.0093	123694 0.0086	140807 0.0080	159029 0.0074	178358 0.0069	198796 0.0065	220343 0.0061	241607 0.0058	275093 0.0053	302927 0.0050	343044 0.0047	385654 0.0044	430759 0.0041	462214 0.0039	494777 0.0038
235.5	19.8	62429 0.0130	69725 0.0122	77423 0.0114	86915 0.0107	96955 0.0100	109101 0.0093	124956 0.0086	142224 0.0080	160651 0.0074	180178 0.0069	200825 0.0065	222591 0.0061	244072 0.0058	277900 0.0053	306018 0.0050	346544 0.0047	389589 0.0044	435154 0.0041	466930 0.0039	499826 0.0038
240.3	20.0	63059 0.0130	70429 0.0122	78255 0.0114	87793 0.0107	97934 0.0100	110203 0.0093	126219 0.0086	143681 0.0079	162274 0.0074	181998 0.0069	202853 0.0065	224840 0.0061	246538 0.0058	280707 0.0053	309109 0.0050	350044 0.0047	393525 0.0044	439550 0.0041	471647 0.0039	504875 0.0038
245.1	20.2	63690 0.0130	71133 0.0122	78988 0.0114	88671 0.0107	98913 0.0100	111305 0.0093	127481 0.0086	145118 0.0079	163897 0.0074	183818 0.0069	204882 0.0065	227088 0.0061	249003 0.0058	283514 0.0053	312200 0.0050	353545 0.0047	397460 0.0044	443945 0.0041	476363 0.0039	509923 0.0038
250.0	20.4	64321 0.0130	71837 0.0121	79770 0.0114	89549 0.0106	99893 0.0100	112407 0.0093	128743 0.0086	146555 0.0079	165520 0.0074	185638 0.0069	206910 0.0065	229336 0.0061	251468 0.0058	286321 0.0053	315291 0.0050	357045 0.0047	401395 0.0044	448341 0.0041	481080 0.0039	514972 0.0038
255.0	20.6	64951 0.0130	72542 0.0121	80552 0.0114	90426 0.0106	100872 0.0100	113509 0.0093	130005 0.0086	147991 0.0079	167142 0.0074	187458 0.0069	208939 0.0065	231585 0.0061	253934 0.0058	289128 0.0053	318382 0.0050	360546 0.0047	405330 0.0044	452736 0.0041	485796 0.0039	520021 0.0038
260.0	20.8	65582 0.0130	73246 0.0121	81334 0.0114	91304 0.0106	101852 0.0100	114611 0.0093	131267 0.0086	149428 0.0079	168765 0.0074	189278 0.0069	210968 0.0065	233833 0.0061	256399 0.0058	291935 0.0053	321473 0.0050	364046 0.0047	409266 0.0044	457132 0.0041	490513 0.0039	525070 0.0038
265.0	21.0	66212 0.0130	73950 0.0121	82116 0.0114	92182 0.0106	102831 0.0100	115713 0.0093	132530 0.0086	150865 0.0079	170388 0.0074	191098 0.0069	212996 0.0065	236082 0.0061	258865 0.0058	294742 0.0053	324564 0.0050	367547 0.0047	413201 0.0044	461527 0.0041	495229 0.0039	530118 0.0038
270.0	21.2	66843 0.0129	74655 0.0121	82898 0.0114	93060 0.0106	103810 0.0100	116815 0.0093	133792 0.0086	152302 0.0079	172011 0.0074	192918 0.0069	215025 0.0065	238330 0.0061	261330 0.0057	297549 0.0053	327655 0.0050	370047 0.0047	417136 0.0044	465923 0.0041	499945 0.0039	535167 0.0038

续表

说明：外径 D/mm；上行—风量/(m³/h)，下行—λ/d

动压/Pa	风速/(m/s)	1060	1120	1180	1250	1320	1400	1500	1600	1700	1800	1900	2000	2100	2240	2350	2500	2650	2800	2900	3000
275.2	21.4	67474 / 0.0129	75359 / 0.0121	83680 / 0.0114	93938 / 0.0106	104790 / 0.0099	117917 / 0.0093	135054 / 0.0086	153739 / 0.0079	173633 / 0.0074	194738 / 0.0069	217053 / 0.0064	240578 / 0.0061	263795 / 0.0057	300356 / 0.0053	330746 / 0.0050	374548 / 0.0047	421071 / 0.0044	470318 / 0.0041	504662 / 0.0039	540216 / 0.0038
280.4	21.6	68104 / 0.0129	76063 / 0.0121	84462 / 0.0114	94816 / 0.0106	105769 / 0.0099	119019 / 0.0093	136316 / 0.0085	155175 / 0.0079	175256 / 0.0074	196558 / 0.0069	219082 / 0.0064	242827 / 0.0061	266261 / 0.0057	303163 / 0.0053	333838 / 0.0050	378048 / 0.0047	425007 / 0.0044	474714 / 0.0041	509378 / 0.0039	545265 / 0.0038
285.6	21.8	58735 / 0.0129	76767 / 0.0121	85244 / 0.0114	95694 / 0.0106	106748 / 0.0099	120121 / 0.0093	137578 / 0.0085	156612 / 0.0079	176879 / 0.0074	198378 / 0.0069	221010 / 0.0064	245075 / 0.0061	268726 / 0.0057	305970 / 0.0053	336929 / 0.0050	381548 / 0.0047	428942 / 0.0044	479109 / 0.0041	514095 / 0.0039	550313 / 0.0038
290.9	22.0	69365 / 0.0129	77472 / 0.0121	86026 / 0.0114	96572 / 0.0106	107728 / 0.0099	121223 / 0.0093	138841 / 0.0085	158049 / 0.0079	178502 / 0.0074	200198 / 0.0069	223139 / 0.0064	247323 / 0.0061	271191 / 0.0057	308777 / 0.0053	340020 / 0.0050	385049 / 0.0047	432877 / 0.0044	483505 / 0.0041	518811 / 0.0039	555362 / 0.0038
296.2	22.2	69996 / 0.0129	78176 / 0.0121	86808 / 0.0114	97450 / 0.0106	108707 / 0.0099	122325 / 0.0093	140103 / 0.0085	159486 / 0.0079	180124 / 0.0073	202018 / 0.0069	225167 / 0.0064	249572 / 0.0061	273657 / 0.0057	311584 / 0.0053	343111 / 0.0050	388549 / 0.0047	436812 / 0.0044	487900 / 0.0041	523528 / 0.0039	560411 / 0.0038
301.5	22.4	70627 / 0.0129	78880 / 0.0121	87590 / 0.0113	98328 / 0.0106	109686 / 0.0099	123427 / 0.0092	141365 / 0.0085	160923 / 0.0079	181747 / 0.0073	203838 / 0.0069	227196 / 0.0064	251820 / 0.0061	276122 / 0.0057	314391 / 0.0053	346202 / 0.0050	392050 / 0.0047	440748 / 0.0043	492296 / 0.0041	528244 / 0.0039	565460 / 0.0038
306.9	22.6	71257 / 0.0129	79585 / 0.0121	88372 / 0.0113	99206 / 0.0106	110666 / 0.0099	124529 / 0.0092	142627 / 0.0085	162359 / 0.0079	183370 / 0.0073	205658 / 0.0069	229224 / 0.0064	254069 / 0.0061	278588 / 0.0057	317199 / 0.0053	349293 / 0.0050	395550 / 0.0047	444683 / 0.0043	496691 / 0.0041	532961 / 0.0039	570508 / 0.0038
312.3	22.8	71888 / 0.0129	80289 / 0.0121	89154 / 0.0113	100084 / 0.0106	111645 / 0.0099	125631 / 0.0092	143889 / 0.0085	163796 / 0.0079	184992 / 0.0073	207478 / 0.0069	231253 / 0.0064	256317 / 0.0060	281053 / 0.0057	320006 / 0.0053	352384 / 0.0050	399051 / 0.0047	448618 / 0.0043	501087 / 0.0041	537677 / 0.0039	575557 / 0.0037
317.8	23.0	72518 / 0.0129	80993 / 0.0121	89936 / 0.0113	100962 / 0.0106	112624 / 0.0099	126733 / 0.0092	145151 / 0.0085	165233 / 0.0079	186615 / 0.0073	209298 / 0.0069	233281 / 0.0064	258665 / 0.0060	283518 / 0.0057	322813 / 0.0053	355375 / 0.0050	402551 / 0.0047	452553 / 0.0043	505482 / 0.0041	542394 / 0.0039	580606 / 0.0037
323.4	23.2	73149 / 0.0129	81698 / 0.0121	90718 / 0.0113	101840 / 0.0106	113604 / 0.0099	127835 / 0.0092	146414 / 0.0085	166670 / 0.0079	188238 / 0.0073	211118 / 0.0068	235310 / 0.0064	260814 / 0.0060	285984 / 0.0057	325620 / 0.0053	358566 / 0.0050	406052 / 0.0046	456489 / 0.0043	509878 / 0.0041	547110 / 0.0039	585655 / 0.0037
329.0	23.4	73780 / 0.0129	82402 / 0.0121	91500 / 0.0113	102717 / 0.0106	114583 / 0.0099	128937 / 0.0092	147676 / 0.0085	168107 / 0.0079	189861 / 0.0073	212938 / 0.0068	237338 / 0.0064	263062 / 0.0060	288449 / 0.0057	328427 / 0.0053	361657 / 0.0050	409552 / 0.0046	460424 / 0.0043	514273 / 0.0041	551827 / 0.0039	590703 / 0.0037
334.7	23.6	74410 / 0.0129	83106 / 0.0121	92282 / 0.0113	103595 / 0.0106	115562 / 0.0099	130039 / 0.0092	148938 / 0.0085	169543 / 0.0079	191483 / 0.0073	214758 / 0.0068	239267 / 0.0064	265311 / 0.0060	290915 / 0.0057	331234 / 0.0053	364748 / 0.0050	413052 / 0.0046	464359 / 0.0043	518669 / 0.0041	556543 / 0.0039	595752 / 0.0037

续表

外径 D/mm　　上行—风量/(m³/h)　　下行—λ/d

动压/Pa	风速/(m/s)	1060	1120	1180	1250	1320	1400	1500	1600	1700	1800	1900	2000	2100	2240	2350	2500	2650	2800	2900	3000
340.4	23.8	75041	83810	93064	104473	116542	131142	150200	170980	193106	216578	241396	267559	293380	334041	367839	416553	468294	523064	561260	600801
		0.0129	0.0120	0.0113	0.0106	0.0099	0.0092	0.0085	0.0079	0.0073	0.0068	0.0064	0.0060	0.0057	0.0053	0.0050	0.0046	0.0043	0.0041	0.0039	0.0037
346.1	24.0	75671	84515	93847	105351	117521	132244	151462	172417	194729	218398	243424	269207	295845	336848	370931	420053	472230	527460	565976	605870
		0.0129	0.0120	0.0113	0.0106	0.0099	0.0092	0.0085	0.0079	0.0073	0.0068	0.0064	0.0060	0.0057	0.0053	0.0050	0.0046	0.0043	0.0041	0.0039	0.0037
351.9	24.2	76302	85219	94629	106229	118560	133346	152725	173854	196352	220218	245453	272056	298311	339655	374022	423554	476165	531855	570692	610898
		0.0129	0.0120	0.0113	0.0105	0.0099	0.0092	0.0085	0.0079	0.0073	0.0068	0.0064	0.0060	0.0057	0.0053	0.0050	0.0046	0.0043	0.0041	0.0039	0.0037
357.8	24.4	76933	85923	95411	107107	119480	134448	153987	175291	197974	222038	247481	274304	300776	342462	377113	427054	480100	536251	575409	615947
		0.0129	0.0120	0.0113	0.0105	0.0099	0.0092	0.0085	0.0079	0.0073	0.0068	0.0064	0.0060	0.0057	0.0053	0.0050	0.0046	0.0043	0.0041	0.0039	0.0037
363.6	24.6	77563	86628	96193	107985	120459	135550	155249	176728	199597	223858	249510	276553	303241	345269	380204	430555	484035	540646	580125	620996
		0.0128	0.0120	0.0113	0.0105	0.0099	0.0092	0.0085	0.0079	0.0073	0.0068	0.0064	0.0060	0.0057	0.0053	0.0050	0.0046	0.0043	0.0041	0.0039	0.0037
369.5	24.8	78194	87332	96975	108863	121438	136652	156511	178164	201220	225678	251538	278801	305707	348076	383295	434055	487971	545042	584842	626045
		0.0128	0.0120	0.0113	0.0105	0.0099	0.0092	0.0085	0.0079	0.0073	0.0068	0.0064	0.0060	0.0057	0.0053	0.0050	0.0046	0.0043	0.0041	0.0039	0.0037
375.5	25.0	78824	88036	97757	109741	122418	137754	157773	179601	202843	227498	253567	281049	308172	350883	386386	437556	491906	549437	589558	631093
		0.0128	0.0120	0.0113	0.0105	0.0099	0.0092	0.0085	0.0079	0.0073	0.0068	0.0064	0.0060	0.0057	0.0053	0.0050	0.0046	0.0043	0.0040	0.0039	0.0037
381.6	25.2	79455	88740	98539	110619	123397	138856	159036	181038	204465	229318	255595	283298	310638	353690	389477	441056	495841	553833	594275	636142
		0.0128	0.0120	0.0113	0.0105	0.0099	0.0092	0.0085	0.0079	0.0073	0.0068	0.0064	0.0060	0.0057	0.0053	0.0050	0.0046	0.0043	0.0040	0.0039	0.0037
387.6	25.4	80086	89445	99321	111497	124376	139958	160298	182475	206088	231138	257624	285546	313103	356497	392568	444556	499776	558228	598991	641191
		0.0128	0.0120	0.0113	0.0105	0.0099	0.0092	0.0085	0.0078	0.0073	0.0068	0.0064	0.0060	0.0057	0.0053	0.0050	0.0046	0.0043	0.0040	0.0039	0.0037
393.8	25.6	80716	90149	100103	112375	125356	141060	161560	183912	207711	232958	259652	287795	315568	359305	395659	448057	503712	562624	603708	646240
		0.0128	0.0120	0.0113	0.0105	0.0099	0.0092	0.0085	0.0078	0.0073	0.0068	0.0064	0.0060	0.0057	0.0053	0.0050	0.0046	0.0043	0.0040	0.0039	0.0037
399.9	25.8	81347	90853	100885	113253	126335	142162	162822	185348	209334	234778	261681	290043	318034	362112	398750	451557	507647	567019	608424	651288
		0.0128	0.0120	0.0113	0.0105	0.0099	0.0092	0.0085	0.0078	0.0073	0.0068	0.0064	0.0060	0.0057	0.0053	0.0050	0.0046	0.0043	0.0040	0.0039	0.0037
406.2	26.0	81977	91558	101667	114131	127314	143264	164084	186785	210956	236598	263709	292291	320499	364919	401841	455058	511582	571415	613141	656337
		0.0128	0.0120	0.0113	0.0105	0.0098	0.0092	0.0085	0.0078	0.0073	0.0068	0.0064	0.0060	0.0057	0.0053	0.0050	0.0046	0.0043	0.0040	0.0039	0.0037

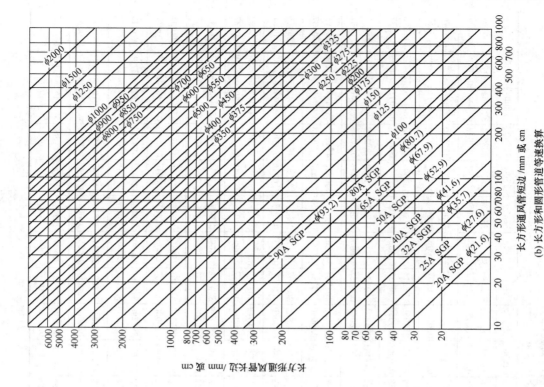

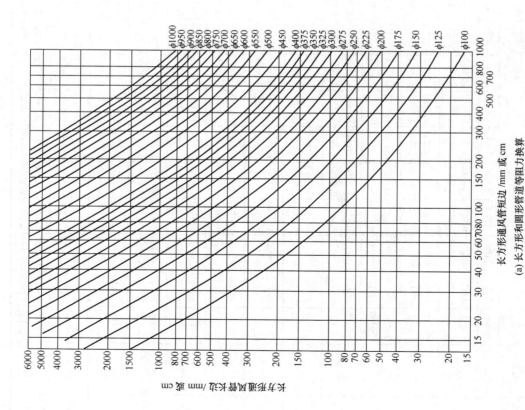

图6-31 长方形和圆形通风管道换算

表 6-27　粗糙度修正系数值 ε

$\frac{v}{K}$	2	4～6	8～12	14～22	24～30
0～0.01	0.95	0.90	0.85	0.80	0.75
0.10	1.00	0.95	0.95	0.95	0.95
0.20	1.00	1.05	1.05	1.05	1.05

注：v 为管道内气流速度 m/s；K 为粗糙度。

3. 局部阻力损失

局部阻力损失在管件形状和流动状态不变时正比于动压 $\frac{v_g^2 \rho}{2}$，可按下式计算：

$$\Delta p_\zeta = \zeta \frac{v_g^2 \rho}{2} \tag{6-12}$$

局部阻力系数 ζ 一般用实验的方法确定。用实验方法确定的局部阻力系数一般表示异形管件总的阻力损失，它包括异形管件本身的摩擦压力损失和因涡流引起的阻力损失；因摩擦作用很小，在计算中可以忽略不计。局部阻力系数见表 6-28。

对于粗糙管，局部阻力系数做如下修正：

$$\zeta_0 = \frac{\lambda_0}{\lambda} \zeta = \zeta (K v_g)^{0.25} \tag{6-13}$$

式中，ζ_0 为粗糙管的局部阻力系数；ζ 为光滑管的局部阻力系数；λ_0 为粗糙管的摩擦系数；λ 为光滑管的摩擦系数；K 为管道的绝对粗糙度，mm；v_g 为气体在管道中的速度，m/s。

4. 管道的总压力损失

除尘系统管道的总压力损失是直管的摩擦压力损失和管道中局部压力损失之和：

$$\Delta p = m \left(\lambda \frac{L}{D} + \Sigma \xi \right) \frac{v_g^2 \rho}{2} \tag{6-14}$$

式中，m 为流体压力损失附加系数，$m = 1.15～1.20$。

5. 除尘系统的总压力损失

除尘系统的总压力损失是管道压力损失和各设备（除尘器、消声器、吸尘罩、冷却器、伸缩节等）压力损失之和。

五、并联管路阻力平衡方法

保证各支管的风量达到设计要求，除尘系统要求两支管的阻力差不超过 10%，当并联支管的阻力差超过上述规定时，可用下述方法进行阻力平衡。

1. 调整支管管径

这种方法是通过改变管径，即改变支管的阻力，达到阻力平衡的。调整后的管径按式 (6-15) 计算：

$$D' = D \left(\Delta P / \Delta P' \right)^{0.225} \ (\text{m}) \tag{6-15}$$

式中，D' 为调整后的管径，m；D 为原设计的管径，m；ΔP 为原设计的支管阻力，Pa；$\Delta P'$ 为了阻力平衡，要求达到的支管阻力，Pa。

应当指出，采用本方法时不宜改变三通支管的管径，可在三通支管上增设一节渐扩（缩）管，以免引起三通支管和直管局部阻力的变化。

2. 增大排风量

当两支管的阻力相差不大时（例如在 20% 以内），可以不改变管径，将阻力小的那段支管的流量适当增大，以达到阻力平衡。增大的排风量按式 (6-16) 计算：

表6-28 局部阻力系数

序号	名称	图形	ζ_0值

1 圆弯管

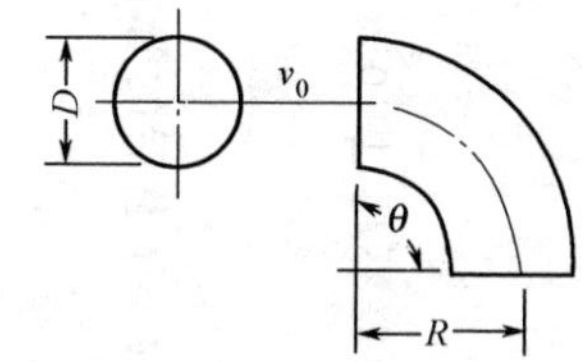

ζ_0值

R/D	0	0.5	0.75	1.0	1.5	2.0	2.5
$\zeta_{90°}$	0	0.71	0.33	0.22	0.15	0.13	0.12

对于非90°的圆弯管或圆节弯管：$\zeta = \zeta_{90°} \cdot \theta$

$\alpha/(°)$	0	20	30	45	60	75	90	110	130	150	180
θ	0	0.31	0.45	0.6	0.78	0.9	1.0	1.13	1.2	1.28	1.4

2 圆节弯管

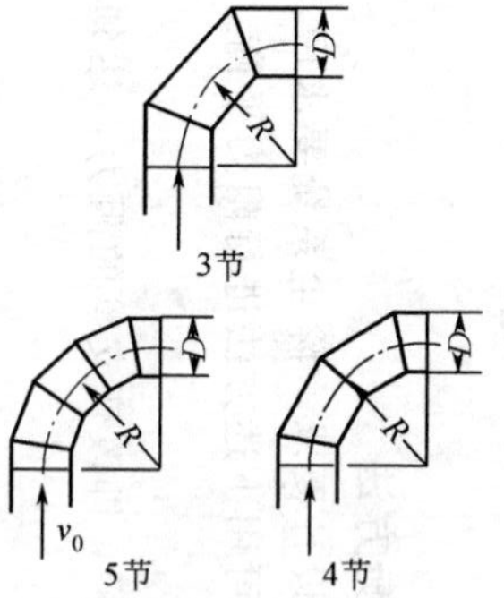

$\zeta_{90°}(R/D)$

分节情况	0.75	1.0	1.5	2.0
5	0.46	0.33	0.24	0.19
4	0.50	0.37	0.27	0.24
3	0.54	0.42	0.34	0.33

3 圆形直角弯管

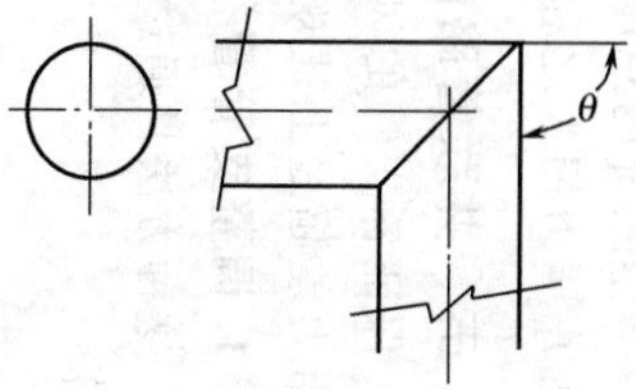

$\theta/(°)$	20	30	45	60	75	90
ζ	0.08	0.16	0.34	0.55	0.81	1.2

续表

序号 4　方弯管

ζ_0 值

r/b	a/b										
	0.25	0.5	0.75	1.0	1.5	2.0	3.0	4.0	5.0	6.0	8.0
0.5	1.5	1.4	1.3	1.2	1.1	1.0	1.0	1.1	1.1	1.2	1.2
0.75	0.57	0.52	0.48	0.44	0.40	0.39	0.39	0.40	0.42	0.43	0.44
1.0	0.27	0.25	0.23	0.21	0.19	0.18	0.18	0.19	0.20	0.27	0.21
1.5	0.22	0.20	0.19	0.17	0.15	0.14	0.14	0.15	0.16	0.17	0.17
2.0	0.20	0.18	0.16	0.15	0.14	0.13	0.13	0.14	0.14	0.15	0.15

序号 5　方形直角弯管

ζ_0 值

$\theta/(°)$	a/b										
	0.25	0.5	0.75	1.0	1.5	2.0	3.0	4.0	5.0	6.0	8.0
20	0.08	0.08	0.08	0.07	0.07	0.07	0.06	0.06	0.05	0.05	0.05
30	0.18	0.17	0.17	0.16	0.15	0.15	0.13	0.13	0.12	0.12	0.11
45	0.38	0.37	0.36	0.34	0.33	0.31	0.28	0.27	0.26	0.25	0.24
60	0.60	0.59	0.57	0.55	0.52	0.49	0.46	0.43	0.41	0.39	0.38
75	0.89	0.87	0.84	0.81	0.77	0.73	0.67	0.63	0.61	0.58	0.57
90	1.3	1.3	1.2	1.2	1.1	1.1	0.98	0.92	0.89	0.85	0.83

序号 6　变断面直角弯管

ζ_0 值

$\dfrac{a_0}{b_0}$	b_1/b_0						
	0.6	0.8	1.2	1.4	1.6	2.0
0.25	1.8	1.4	1.1	1.1	1.1	1.1
1.0	1.7	1.4	1.0	0.95	0.90	0.84
4.0	1.5	1.1	0.81	0.76	0.72	0.66
∞	1.5	1.0	0.69	0.63	0.60	0.55

续表

序号 7　矩形Z形弯管

ζ 值

l/d	0	0.4	0.6	0.8	1.0	1.2	1.4	1.6	1.8	2.0
ζ_0	0	0.62	0.90	1.6	2.6	3.6	4.0	4.2	4.2	4.2
l/d	2.4	2.8	3.2	4.0	5.0	6.0	7.0	9.0	10.0	∞
ζ_0	3.7	3.3	3.2	3.1	2.9	2.8	2.7	2.6	2.5	2.3

当 $b/a \neq 1$ 时，应乘以下表的修正系数

b/a	0.25	0.50	0.75	1.0	1.5	2.0	3.0	4.0
ε	1.10	1.07	1.04	1.0	0.95	0.90	0.83	0.78

序号 8　矩形Z形弯管

ζ 值

l/b	0	0.4	0.6	0.8	1.0	1.2	1.4	1.6	1.8	2.0
ζ_0'	1.2	2.4	2.9	3.3	3.4	3.4	3.4	3.3	3.2	3.1
l/b	2.4	2.8	3.2	4.0	5.0	6.0	7.0	9.0	10.0	∞
ζ_0'	3.2	2.8	2.8	3.0	2.9	2.8	2.7	2.6	2.4	2.3

当 $a \neq b$ 时应乘以下表的修正系数

a/b	0.25	0.50	0.75	1.0	1.5	2.0	3.0	4.0
ε'	1.10	1.07	1.04	1.0	0.95	0.90	0.83	0.78

序号 9　圆形连续弯管

$\alpha/(°)$	ζ_A（R/D_0）				ζ_B（r/D_0）			
	1	2	4	6	1	2	4	6
20	0.26	0.18	0.12	0.1	0.13	0.09	0.06	0.05
40	0.50	0.32	0.22	0.18	0.25	0.16	0.11	0.09
60	0.68	0.44	0.32	0.24	0.34	0.22	0.16	0.12
80	0.81	0.56	0.38	0.30	0.41	0.28	0.19	0.15
100	0.92	0.62	0.44	0.34	0.46	0.31	0.22	0.17
120	1.02	0.68	0.48	0.38	0.51	0.34	0.24	0.19
140	1.08	0.72	0.50	0.40	0.54	0.36	0.25	0.20
160	1.16	0.76	0.54	0.42	0.58	0.38	0.27	0.21
180	1.22	0.82	0.60	0.44	0.61	0.41	0.29	0.22

续表

序号	名称	图 形	ζ₀值		

序号	名称	图 形	ζ_0 值		
10	圆形连接弯管	r/D=1.5	$l=0$ 0.43	$l=D$ 0.31	有导流叶片 0.15
11	圆形连续弯管	r/D=1.5	$l=0$ 0.62	$l=D$ 0.68	有导流叶片 0.10

序号	名称	图 形	ζ_0 值					
12	圆形连续弯管		l/d	0	1.0	2.0	3.0	4.0	5~6.0
			ζ	0	0.15	0.15	0.16	0.16	0.16

续表

13 圆形扩散管

		ζ_0 值 $\theta/(°)$								
Re	A_1/A_0	16	20	30	45	60	90	120	180
0.5×10^5	2	0.14	0.19	0.32	0.33	0.33	0.32	0.31	0.30
	4	0.23	0.30	0.46	0.61	0.68	0.64	0.63	0.62
	6	0.27	0.33	0.48	0.66	0.77	0.74	0.73	0.72
	10	0.29	0.38	0.59	0.76	0.80	0.83	0.84	0.83
	≥16	0.31	0.38	0.60	0.84	0.88	0.88	0.88	0.88
2×10^5	2	0.07	0.12	0.23	0.28	0.27	0.27	0.7	0.26
	4	0.15	0.18	0.36	0.55	0.59	0.59	0.57	0.57
	6	0.19	0.28	0.44	0.90	0.70	0.71	0.71	0.69
	10	0.20	0.24	0.43	0.76	0.80	0.81	0.81	0.81
	≥16	0.21	0.28	0.52	0.76	0.87	0.87	0.87	0.87
$\geq6\times10^5$	2	0.05	0.07	0.12	0.27	0.27	0.27	0.27	0.27
	4	0.17	0.24	0.38	0.51	0.56	0.58	0.58	0.57
	6	0.16	0.29	0.46	0.60	0.69	0.71	0.70	0.70
	10	0.21	0.33	0.52	0.60	0.76	0.83	0.84	0.83
	≥16	0.21	0.34	0.56	0.72	0.79	0.85	0.87	0.89

$\theta=180°$

14 矩形扩散管

	ζ_0 值 $\theta/(°)$							
A_1/A_0	16	20	30	45	60	90	120	180
2	0.18	0.22	0.25	0.29	0.31	0.32	0.33	0.30
4	0.36	0.43	0.50	0.56	0.61	0.63	0.63	0.63
6	0.42	0.47	0.58	0.68	0.72	0.76	0.76	0.75
≥10	0.42	0.49	0.59	0.70	0.80	0.87	0.85	0.86

$\theta=180°$

续表

序号	名称	图 形	ζ₀ 值							

序号 15 矩形平面扩散管 ($\theta = 180°$)

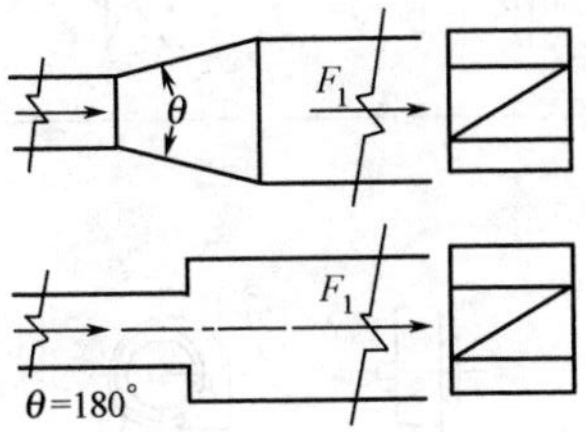

A_1/A_0	\	$\theta/(°)$						
		14	20	30	45	60	90	180
2		0.09	0.12	0.20	0.34	0.37	0.38	0.35
4		0.16	0.25	0.42	0.60	0.68	0.70	0.66
6		0.19	0.30	0.48	0.65	0.76	0.83	0.80

序号 16 圆矩形收缩管 ($\theta = 180°$)

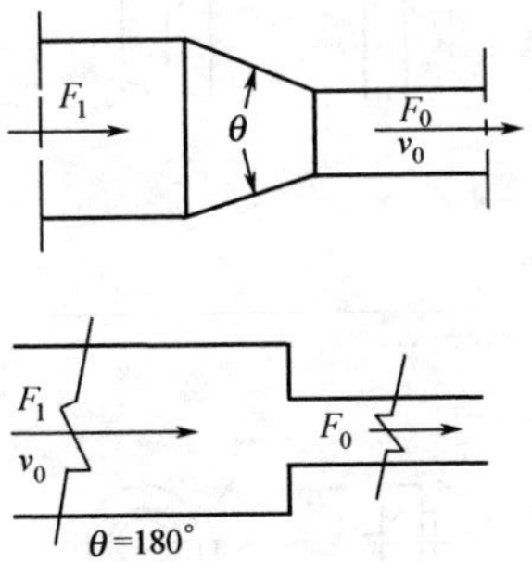

A_1/A_0	$\theta/(°)$						
	10	15~40	50~60	90	120	150	180
2	0.05	0.05	0.06	0.12	0.18	0.24	0.26
4	0.05	0.04	0.07	0.17	0.27	0.35	0.41
6	0.05	0.04	0.07	0.18	0.28	0.36	0.42
10	0.05	0.05	0.08	0.19	0.29	0.37	0.43

序号 17 扁形收缩管 ($F_0 < F_1$)

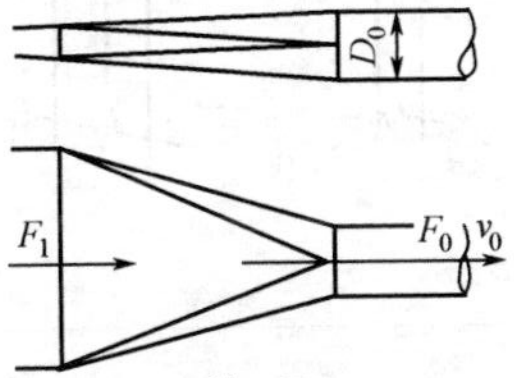

$Re \times 10^4$	1	2	4	6	8	10	20	≥40
ζ_0	0.27	0.25	0.2	0.17	0.14	0.11	0.04	0

续表

序号	名称	图形
18	风机出口扩散管	
19	风机出口扩散管	
20	吸风喇叭口	

序号 18　风机出口扩散管　ζ_0 值

$\theta/(°)$	A_1/A_0					
	1.5	2.0	2.5	3.0	3.5	4.0
10	0.11	0.13	0.14	0.14	0.14	0.14
15	0.13	0.15	0.16	0.17	0.18	0.18
20	0.19	0.22	0.24	0.26	0.28	0.30
25	0.29	0.32	0.35	0.37	0.39	0.40
30	0.36	0.42	0.46	0.49	0.51	0.51
35	0.44	0.54	0.61	0.64	0.66	0.66

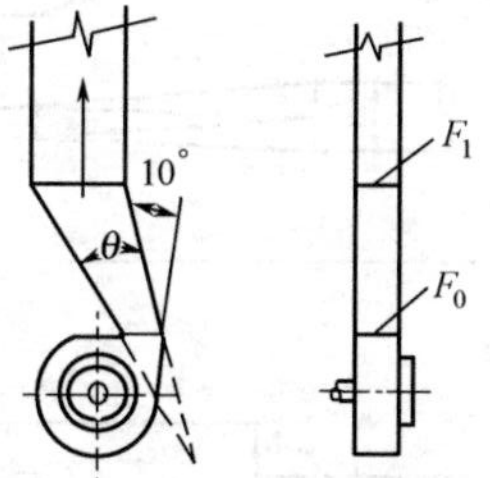

序号 19　风机出口扩散管　ζ_0 值

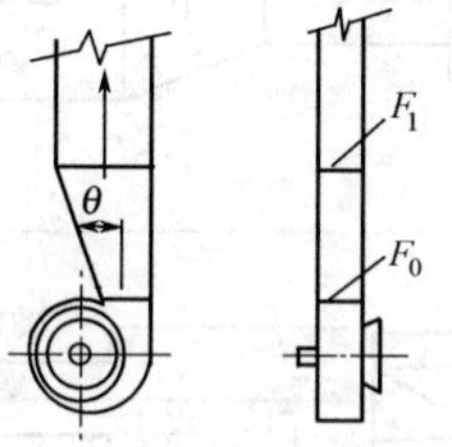

$\theta/(°)$	A_1/A_0					
	1.5	2.0	2.5	3.0	3.5	4.0
10	0.08	0.09	0.10	0.10	0.11	0.11
15	0.10	0.11	0.12	0.13	0.14	0.15
20	0.12	0.14	0.15	0.16	0.17	0.18
25	0.15	0.18	0.21	0.23	0.25	0.26
30	0.18	0.25	0.30	0.33	0.35	0.35
35	0.21	0.31	0.38	0.41	0.43	0.44

序号 20　吸风喇叭口　ζ_0 值

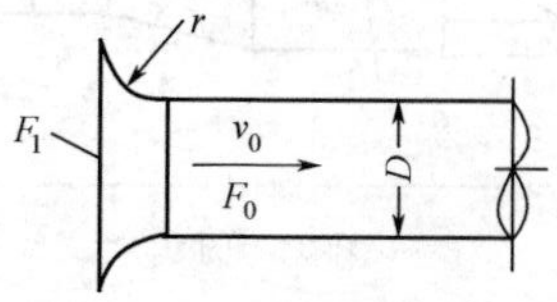

r/D	0	0.01	0.02	0.03	0.04	0.05	0.06	0.08	0.10	0.12	0.16	≥0.20
ζ_0	1.0	0.87	0.74	0.61	0.51	0.40	0.32	0.20	0.15	0.10	0.06	0.03

续表

序号	名称	图形		ζ₀ 值												
21	吸风口		r/D	0	0.01	0.02	0.03	0.04	0.05	0.06	0.08	0.10	0.12	0.16	>0.20
			ζ_0	0.50	0.43	0.36	0.31	0.26	0.22	0.20	0.15	0.12	0.09	0.06	0.03

序号	名称	图形	l/D	$\theta/(°)$								
				0	10	20	30	40	60	100	140	180
22	吸风喇叭口		0.025	1.0	0.96	0.93	0.90	0.86	0.80	0.69	0.59	0.50
			0.05	1.0	0.93	0.86	0.80	0.75	0.67	0.58	0.53	0.50
			0.10	1.0	0.80	0.67	0.55	0.48	0.41	0.41	0.44	0.50
			0.25	1.0	0.68	0.45	0.30	0.22	0.17	0.22	0.34	0.50
			0.60	1.0	0.46	0.27	0.18	0.14	0.13	0.21	0.33	0.50
			1.0	1.0	0.32	0.20	0.14	0.11	0.10	0.18	0.30	0.50

序号	名称	图形	l/D	$\theta/(°)$								
				0	10	20	30	40	60	100	140	180
23	吸风口		0.025	0.50	0.47	0.45	0.43	0.41	0.40	0.42	0.45	0.50
			0.05	0.50	0.45	0.41	0.36	0.33	0.30	0.35	0.42	0.50
			0.075	0.50	0.42	0.35	0.30	0.26	0.23	0.30	0.40	0.50
			0.10	0.50	0.39	0.32	0.25	0.22	0.18	0.27	0.38	0.50
			0.15	0.50	0.37	0.27	0.20	0.16	0.15	0.25	0.37	0.50
			0.60	0.50	0.27	0.18	0.13	0.11	0.12	0.23	0.36	0.50

续表

序号	名称	图　形	ζ₀值
24	管端吸风口	网或平筛孔　直叶片　斜叶片	见下表

f/F	1.0	0.9	0.8	0.7	0.6	0.5	0.4	0.3	0.2	0.1
网	0.14	0.91	0.93	1.0	1.3	2.0	3.4	6.6	16	80
平筛孔	0.5	0.8	1.3	2.0	3.5	5.8	11	24	57	—
斜叶片	0.5	0.6	0.9	1.4	2.3	4.6	6.8	17	45	—
直叶片	0.5	0.52	0.79	1.3	2.2	3.8	6.0	13	33	—

序号	名称	图　形	ζ₀值
25	各种吸入孔缝	$\zeta=1.06$　　$\zeta=1.06$　　$\zeta=1.04$　　$\zeta=1.75$　　$\zeta=2.5$　　$\zeta=1.47$　　$\zeta=1.85$	

序号	名称	图　形	ζ₀值
26	圆形扩散出风口		见下表

F_1/F_0	$\theta/(°)$						
	14	16	20	30	45	60	≥90
2	0.33	0.36	0.44	0.74	0.97	0.99	1.0
4	0.24	0.28	0.36	0.54	0.94	1.0	1.0
6	0.22	0.25	0.32	0.49	0.94	0.98	1.0
10	0.19	0.23	0.30	0.50	0.94	0.72	1.0
16	0.17	0.20	0.27	0.49	0.94	1.0	1.0

续表

序号	名称	图形	ζ值
27	矩形扩散口		见下表
28	矩形扩散口		见下表
29	管网出风口		见下表

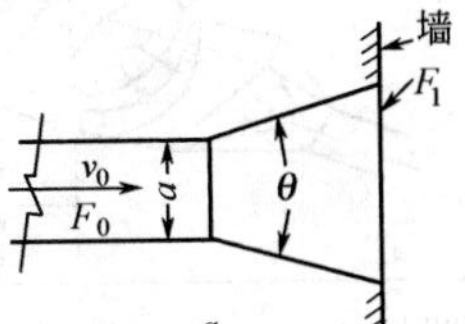

序号 27　矩形扩散口　$0.5 \leqslant \dfrac{a}{b} \leqslant 2.0$

F_1/F_0	$\theta/(°)$					
	14	20	30	45	60	≥90
2	0.37	0.38	0.50	0.75	0.90	1.1
4	0.25	0.37	0.57	0.82	1.0	1.1
6	0.28	0.47	0.64	0.87	1.0	1.1

序号 28　矩形扩散口　$\theta_1 = \theta_2 \pm 10\%$　$\theta_0 = \dfrac{\theta_1 + \theta_2}{2}$

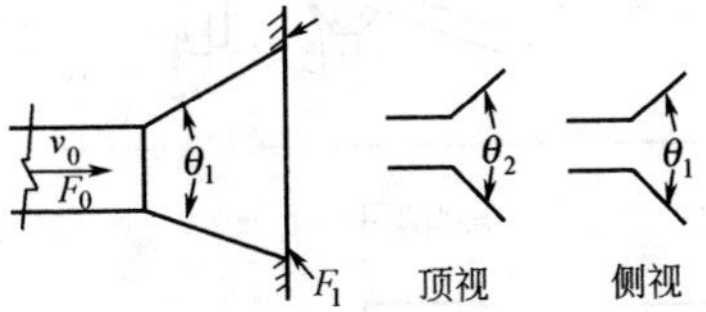

F_1/F_0	$\theta_0/(°)$					
	10	14	20	30	45	≥60
2	0.44	0.58	0.70	0.86	1.0	1.1
4	0.31	0.48	0.61	0.76	0.94	1.1
6	0.29	0.47	0.62	0.74	0.94	1.1
10	0.26	0.45	0.60	0.73	0.89	1.0

序号 29　管网出风口

f/F	0.1	0.2	0.3	0.4	0.5	0.6	0.7	0.8	0.9	1.0
网	100	25	12.5	7.6	5.2	3.9	3.1	2.5	1.9	1.0
平筛孔		57	30	15	9.0	6.2	3.9	2.7	1.9	1.0
斜叶片		58	24	13	8.0	5.3	3.7	2.7	2.0	1.5
直叶片		33	14	7.0	4.0	2.5	1.6	1.1	0.75	0.5

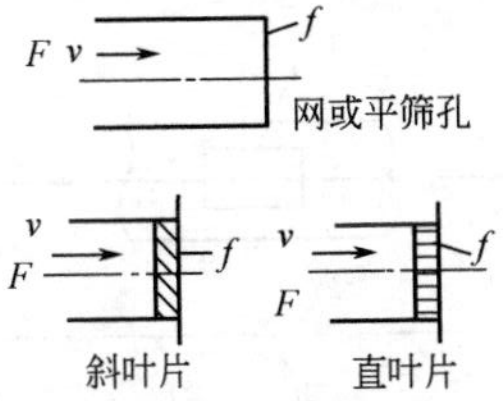

续表

序号	名称	图 形	ζ₀值									
30	侧孔	v_0　v_1	v_1/v_0	0.6	0.8	1.0	1.2	1.4	1.6	1.8	2.0	2.2
			ζ_0	1.7	1.7	1.8	1.9	2.1	2.3	2.6	3.0	3.5
			v_1/v_0	0.4	0.5	0.6	0.8					
			ζ_1	0.06	0.01	−0.03	−0.06					
31	排气柜	上部排气 $\zeta=0.1$　两面工作孔 $\zeta=0.4$（连接风管）v　水平（或垂直）水平 蜗壳形 $\zeta=2.5$　垂直										
32	浸渍槽侧吸罩	$v_2 \cdot \zeta_2$　v_1　ζ_1　$v_f=10\text{m/s}$	对于 v_1　$\zeta_1=0.25$ 对于 v_2　$\zeta_2=1.78$									
33	装桶钳形罩	缝宽30　v　v_f　$d+200$　d　100	对于 v_f　$\zeta=1.78$ 对于 v　$\zeta=0.25$									

续表

序号	名称	图形		ζ值								

34　网格

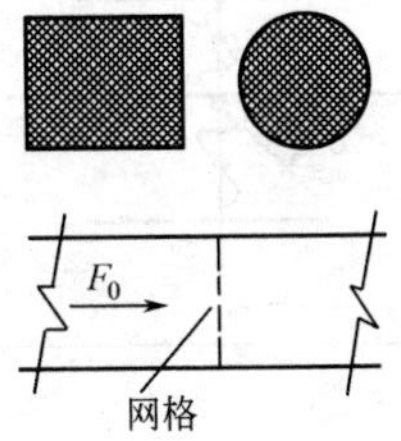

F_0/F	0.30	0.40	0.50	0.55	0.60	0.65	0.70
ε_0	6.2	3.0	1.7	1.3	0.97	0.75	0.58

网格

F_0/F	0.75	0.80	0.90	1.0
ζ_0	0.44	0.32	0.14	0

35　孔板

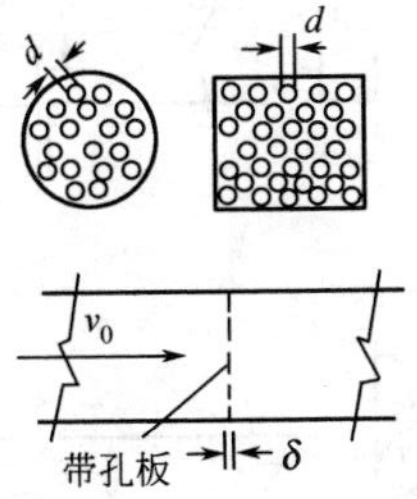

板的过风面积比 $n = \dfrac{\text{小孔面积 } A_{or}}{\text{风道面积 } A_0}$

δ/d	0.20	0.25	0.30	0.40	0.50	0.60	0.70	0.80	0.90
0.015	52	30	18	8.2	4.0	2.0	0.97	0.42	0.13
0.2	48	28	17	7.7	3.8	1.9	0.91	0.40	0.13
0.4	46	27	17	7.4	3.6	1.8	0.88	0.39	0.13
0.6	42	24	15	6.6	3.2	1.6	0.80	0.36	0.13

36　圆形蝶阀

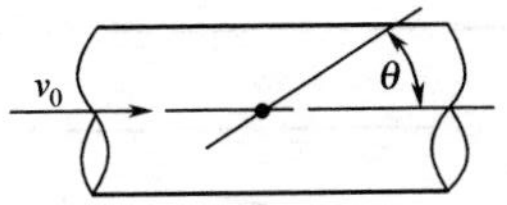

$\theta/(°)$	0	10	20	30	40	50	60
ε_0	0.20	0.52	1.5	4.5	11	29	108

37　矩形蝶阀

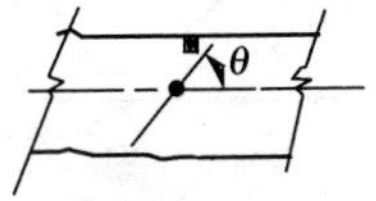

$\theta/(°)$	0	10	20	30	40	50	60
ε_0	0.04	0.33	1.2	3.3	9.0	26	70

续表

序号	名称	图形	ζ值									

序号 38 矩形蝶阀

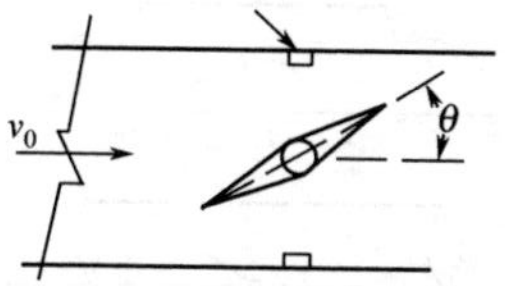

$\theta/(°)$	0	10	20	30	40	50	60
ε_0	0.50	0.65	1.6	4.0	9.4	24	67

序号 39 圆形插板阀

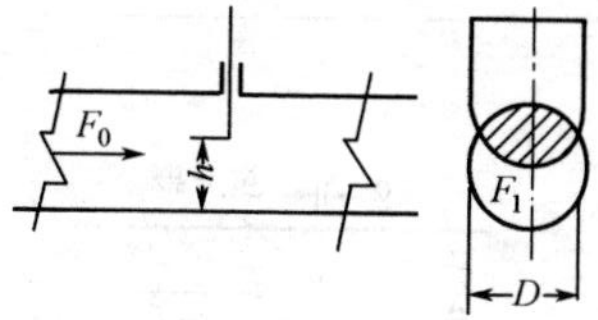

n/D_1	0.2	0.3	0.4	0.5	0.6	0.7	0.8	0.9
A_h/A_0	0.25	0.38	0.50	0.61	0.71	0.81	0.90	0.96
ε_0	35	10	4.6	2.1	0.98	0.44	0.17	0.06

序号 40 矩形插板阀

a/b	a'/a						
	0.3	0.4	0.5	0.6	0.7	0.8	0.9
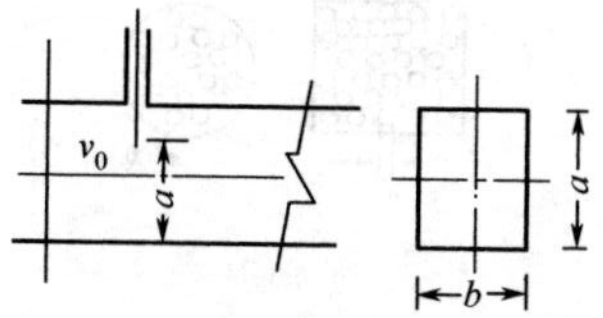 0.5	14	6.9	3.3	1.7	0.83	0.32	0.09
1.0	19	8.8	4.5	2.4	1.2	0.55	0.17
1.5	20	9.1	4.7	2.7	1.2	0.47	0.11
2.0	18	8.8	4.5	2.3	1.1	0.51	0.13

序号 41 多叶阀

n — 叶数

n \ $\alpha/(°)$	0	10	20	30	40	50	60	70	80	90
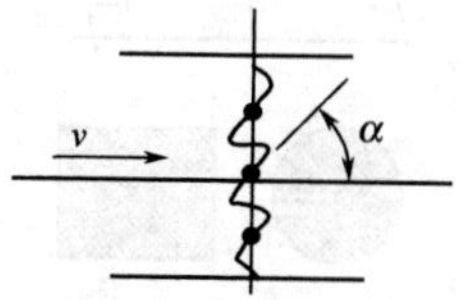 1	0.5	0.3	1.0	2.5	7	20	60	100	1500	8000
2	0.5	0.4	1.0	2.5	4	8	30	50	350	6000
3	0.5	0.2	0.7	2	5	10	20	40	160	6000
4	0.5	0.25	0.8	2	4	8	15	30	100	6000
5	0.5	0.2	0.6	1.8	3.5	7	13	28	80	4000

续表

序号	名称	图　形	ζ₀值									
			l/s	$\theta/(°)$								
				80	70	60	50	40	30	20	10	0
42	多叶阀		0.3	807	284	73	21	9.0	4.1	2.1	0.85	0.52
			0.4	915	332	100	28	11	5.0	2.2	0.92	0.52
			0.5	1045	377	122	33	13	5.4	2.3	1.0	0.52
			0.6	1121	411	148	38	14	6.0	2.3	1.0	0.52
			0.8	1299	495	188	54	18	6.6	2.4	1.1	0.52
			1.0	1521	547	245	65	21	7.3	2.7	1.2	0.52
			1.5	1654	677	361	107	28	9.0	3.2	1.4	0.52

（注：l 为合计的阀门叶片总长度，mm；s 为风道的周长，mm）

| 43 | 30°分流三通（旁支管）$\zeta_{1\to3(1)}$ | | 适用条件 $\dfrac{F_2+F_3}{F_1}=0.7\sim1.5$ |

| 44 | 45°分流三通（旁支管）$\zeta_{1\to3(1)}$ | | 适用条件 $\dfrac{F_2+F_3}{F_1}=0.7\sim1.5$ |

续表

序号	名称	图　形	ζ₀ 值
45	90°分流三通（旁支管）$\zeta_{1\to3(1)}$	F_1v_1　F_2v_2　F_3v_3	$\zeta_{1\to3(1)}$ 对 v_3/v_1 曲线，横轴 0.5 1.0 1.5 2.0 2.5 3.0，纵轴 0 1 3 5 6
46	30°～90°分流三通（直通管）$\zeta_{1\to2(1)}$	F_1v_1　F_2v_2　F_3v_3　α	$\zeta_{1\to2(1)}$ 对 v_2/v_1 曲线，横轴 0.1 0.2 0.3 0.4 0.5 0.6 0.7 0.8 0.9 1.0，纵轴 0 0.1 0.2 0.3 0.4 0.5；适用条件 $\dfrac{F_2+F_3}{F_1}=0.7\sim1.5$

续表

序号：47

名称：30°圆形合流三通（旁支管）

图形：L_2F_2，L_3F_3，L_1F_1，30°

ζ_0 值

F_3/F_1	$F_2/F_1=1.0$				$F_2/F_1=0.8$				$F_2/F_1=0.63$				$F_2/F_1=0.5$			
Q_3/Q_1 →	0.80	0.60	0.40	0.20	0.80	0.60	0.40	0.20	0.80	0.60	0.40	0.20	0.80	0.60	0.40	0.20
1.00	0.48/0.76	0.40/1.11	0.16/1.01	-0.25/-6.31												
0.90	0.53/0.67	0.43/0.97	0.17/0.89	-0.25/-5.06												
0.80	0.59/0.59	0.48/0.86	0.19/0.79	-0.24/-3.93												
0.70	0.69/0.53	0.56/0.76	0.23/0.72	-0.23/-2.92	0.68/0.52	0.50/0.68	0.08/0.25	-0.56/-6.91								
0.60	0.86/0.48	0.69/0.69	0.29/0.67	-0.22/-2.02	0.84/0.47	0.62/0.62	0.14/0.32	-0.55/-4.99	0.81/0.47	0.51/0.51	-0.10/-0.22	-1.04/-9.34		0.57/0.40	-0.35/-0.55	
0.50	1.26/0.49	0.93/0.64	0.41/0.64	-0.19/-1.23	1.24/0.49	0.85/0.58	0.25/0.39	-0.53/-3.31	1.21/0.49	0.73/0.51	0.01/0.02	-1.01/-6.31	1.18/0.46	1.05/0.47	-0.13/-0.13	
0.40	2.14/0.53	1.39/0.62	0.64/0.64	-0.14/-0.56	2.13/0.53	1.31/0.58	0.47/0.47	-0.48/-1.92	2.10/0.53	1.18/0.52	0.20/0.20	-0.96/-3.82	2.07/0.52	1.52/0.52	0.07/0.06	
0.35	2.97/0.56	1.83/0.62	0.85/0.65	-0.08/-0.27	2.95/0.57	1.76/0.60	0.68/0.51	-0.43/-1.32	2.93/0.56	1.66/0.56	0.39/0.30	-0.90/-2.78	2.90/0.55	2.28/0.57	0.41/0.23	
0.30		2.60/0.65	1.19/0.67	0.00/0.00	4.32/0.61	2.52/0.63	0.99/0.56	-0.35/-0.78	4.29/0.60	2.41/0.60	0.71/0.40	-0.82/-1.83	4.26/0.60	3.63/0.63	1.01/0.39	
0.25		3.94/0.68	1.76/0.69	0.14/0.22	3.87/0.67		1.55/0.61	-0.22/-0.35	6.67/0.65	3.75/0.65	1.31/0.51	-0.67/-1.05	6.65/0.65	6.24/0.69	2.17/0.54	
0.20		6.56/0.72	2.89/0.72	0.43/0.43		6.48/0.72	2.71/0.67	0.06/0.06	11.35/0.71	6.37/0.71	2.47/0.59	-0.37/-0.37	11.29/0.71			
0.15		12.52/0.78	5.54/0.77	1.08/0.60		12.44/0.78	5.37/0.75	0.72/0.40	21.93/0.77	12.34/0.77	5.12/0.72	0.28/0.16				
0.10		30.44/0.84	13.50/0.84	3.03/0.75		30.36/0.84	13.33/0.83	2.71/0.68		30.26/0.84	13.09/0.82	2.28/0.57				
0.06		40.10/0.9		9.67/0.87			39.92/0.89	9.35/0.84								

注：表格中分式的分子表示对应总管动压的局部阻力系数 $\zeta_{3\to1(1)}$，分母表示对应旁支管动压的局部阻力系数 $\zeta_{3\to1(3)}$。

续表

序号： 48

名称： 30°圆形合流三通（直通管） ζ₂→₁

图形：

ζ₀ 值

F₃/F₁	F₂/F₁=1.0 Q₃/Q₁=0.80	0.60	0.40	0.20	F₂/F₁=0.8 Q₃/Q₁=0.80	0.60	F₂/F₁=0.63	F₂/F₁=0.5
1.00	-0.11 / -2.75	0.20 / 1.25	0.36 / 1.00	0.34 / 0.54				
0.90	-0.21 / -5.45	0.15 / 0.93	0.33 / 0.94	0.34 / 0.53				
0.80	-0.36 / -9.08	0.08 / 0.51	0.30 / 0.85	0.33 / 0.51				
0.70	-0.56 / -14.19	0.00 / -0.05	0.26 / 0.74	0.31 / 0.49	-0.57 / -9.00	0.01 / 0.05		
0.60	-0.87 / -21.76	-0.14 / -0.88	0.21 / 0.59	0.30 / 0.47	-0.87 / -13.86	-0.13 / -0.50		
0.50	-1.25 / -31.42	-0.34 / -2.16	0.13 / 0.37	0.28 / 0.44	-1.25 / -19.89	-0.34 / -1.36		
0.40	-1.81 / -45.28	-0.69 / -4.32	0.00 / 0.02	0.24 / 0.38	-1.81 / -28.94	-0.69 / -2.77		
0.35	-2.20 / -55.17	-0.94 / -5.88	-0.08 / -0.24	0.22 / 0.35	-2.20 / -35.27	-0.93 / -3.71		
0.30		-1.23 / -7.74	-0.22 / -0.62	0.19 / 0.29	-2.73 / -43.72	-1.23 / -4.91		
0.25		-1.65 / -10.33	-0.43 / -1.20	0.14 / 0.22		-1.64 / -6.58		
0.20		-2.27 / -14.23	-0.74 / -2.07	0.07 / 0.11		-2.26 / -9.07		
0.15		-3.31 / -20.73	-1.20 / -3.35	-0.05 / -0.08		-3.31 / -13.22		
0.10		-5.39 / -33.72	-2.13 / -5.92	-0.32 / -0.50		-5.39 / -21.54		
0.06			-3.97 / -11.05	-0.79 / -1.04				

注：表格分式的分子表示对应总管动压的局部阻力系数 ζ₂→₁(1)，分母表示对应直通管动压的局部阻力系数 ζ₂→₁(2)

续表

序号	名称	图形	ζ_0 值														
			F_3/F_1	$F_2/F_1=1.0$				$F_2/F_1=0.8$				$F_2/F_1=0.63$				$F_2/F_1=0.5$		
				\ Q_3/Q_1 →														
				0.80	0.60	0.40	0.20	0.80	0.60	0.40	0.20	0.80	0.60	0.40	0.20	0.80	0.60	0.40
49	45°圆形合流三通（旁通支管）$\zeta_{3\to1}$		1.00	0.65 / 1.01	0.48 / 1.33	0.19 / 1.24	−0.24 / −6.01											
			0.90	0.72 / 0.91	0.52 / 1.18	0.21 / 1.10	−0.23 / −4.80											
			0.80	0.83 / 0.83	0.59 / 1.05	0.24 / 0.99	−0.23 / −3.70											
			0.70	0.99 / 0.75	0.69 / 0.95	0.29 / 0.89	−0.22 / −2.71	0.97 / 0.75	0.63 / 0.86	0.15 / 0.44	−0.54 / −6.63							
			0.60	1.24 / 0.70	0.86 / 0.86	0.36 / 0.83	−0.12 / −1.84	1.23 / 0.69	0.80 / 0.80	0.22 / 0.49	−0.53 / −4.77	1.20 / 0.68	0.70 / 0.70	−0.01 / −0.02	−1.02 / −9.14			
			0.50	1.69 / 0.66	1.15 / 0.80	0.50 / 0.78	−0.17 / −1.08	1.67 / 0.65	1.08 / 0.75	0.35 / 0.54	−0.50 / −3.13	1.64 / 0.64	0.98 / 0.68	0.11 / 0.17	−0.97 / −6.15	1.59 / 0.62	0.83 / 0.58	−0.22 / −0.35
			0.40	2.65 / 0.66	1.71 / 0.76	0.76 / 0.76	−0.11 / −0.44	2.64 / 0.66	1.63 / 0.73	0.60 / 0.60	−0.44 / −1.78	2.61 / 0.65	1.51 / 0.67	0.34 / 0.34	−0.94 / −3.70	2.58 / 0.64	1.36 / 0.60	0.00 / 0.00
			0.35	3.55 / 0.68	2.20 / 0.75	0.99 / 0.76	−0.05 / −0.16	3.54 / 0.68	2.12 / 0.72	0.83 / 0.63	−0.39 / −1.19	3.51 / 0.67	1.99 / 0.68	0.57 / 0.43	−0.87 / −2.66	3.48 / 0.67	1.84 / 0.63	0.21 / 0.16
			0.30	5.01 / 0.70	2.98 / 0.74	1.36 / 0.76	0.03 / 0.08	5.00 / 0.70	2.90 / 0.73	1.18 / 0.66	−0.30 / −0.68	4.97 / 0.70	2.79 / 0.69	0.90 / 0.51	−0.78 / −1.74	4.93 / 0.69	2.66 / 0.67	0.58 / 0.32
			0.25	7.53 / 0.73	4.40 / 0.76	1.99 / 0.77	0.19 / 0.30	7.52 / 0.73	4.32 / 0.75	1.80 / 0.70	−0.15 / −0.23	7.49 / 0.73	4.22 / 0.73	1.51 / 0.59	−0.62 / −0.96	7.46 / 0.73	4.08 / 0.71	1.21 / 0.47
			0.20	12.39 / 0.77	7.13 / 0.79	3.18 / 0.79	0.49 / 0.49	12.37 / 0.77	7.05 / 0.78	2.96 / 0.74	0.14 / 0.14	12.35 / 0.77	6.95 / 0.77	2.73 / 0.68	−0.31 / −0.31	12.31 / 0.77	6.81 / 0.76	2.43 / 0.61
			0.15		13.28 / 0.83	5.88 / 0.82	1.17 / 0.66		13.21 / 0.83	5.71 / 0.80	0.81 / 0.46		13.10 / 0.82	5.46 / 0.77	0.37 / 0.21			
			0.10		31.58 / 0.87	14.01 / 0.87	3.18 / 0.79		31.51 / 0.88	13.84 / 0.86	2.83 / 0.71		31.40 / 0.87	13.60 / 0.85	2.40 / 0.60			
			0.06		92.19 / 0.92	40.95 / 0.92	9.88 / 0.88			40.77 / 0.91	9.56 / 0.86							

注：表格中分式的分子表示对应总管动压的局部阻力系数 $\zeta_{3\to1(1)}$，分母表示对应旁支管动压的局部阻力系数 $\zeta_{3\to1(3)}$

续表

序号	名称	图形
50	45°圆形合流三通（直通管）ζ₂→₁	

注：表格中分式的分子表示对应总管动压的局部阻力系数 $\zeta_{2\to1(1)}$，分母表示对应旁支管动压的局部阻力系数 $\zeta_{2\to1(2)}$

ζ_0 值（Q_3/Q_1）

F_3/F_1	$F_2/F_1=1.0$				$F_2/F_1=0.8$				$F_2/F_1=0.63$				$F_2/F_1=0.5$		
	0.80	0.60	0.40	0.20	0.80	0.60	0.40	0.20	0.80	0.60	0.40	0.20	0.80	0.60	0.40
1.00	0.05 / 1.27	0.28 / 1.75	0.39 / 1.10	0.35 / 0.56											
0.90	-0.02 / -0.65	0.24 / 1.51	0.38 / 1.05	0.35 / 0.55											
0.80	-0.12 / -3.24	0.19 / 1.20	0.35 / 0.99	0.34 / 0.54											
0.70	-0.27 / -6.86	0.12 / 0.77	0.32 / 0.90	0.33 / 0.52	-0.27 / -4.27	0.15 / 0.60	0.38 / 0.68	0.37 / 0.37							
0.60	-0.48 / -12.19	0.02 / 0.16	0.28 / 0.79	0.32 / 0.50	-0.49 / -7.70	0.05 / 0.20	0.34 / 0.60	0.36 / 0.36	-0.48 / -4.73	0.10 / 1.26	0.45 / 0.50	0.49 / 0.30			
0.50	-0.82 / -20.64	-0.12 / -0.76	0.22 / 0.61	0.30 / 0.47	-0.83 / -13.11	-0.11 / -0.43	0.27 / 0.48	0.34 / 0.34	-0.82 / -8.15	-0.06 / -0.15	0.37 / 0.42	0.49 / 0.30	-0.80 / -5.01	0.03 / 0.05	0.57 / 0.39
0.40	-1.30 / -32.56	-0.37 / -2.32	0.12 / 0.34	0.27 / 0.43	-1.30 / -20.65	-0.37 / -1.47	0.16 / 0.28	0.31 / 0.31	-1.29 / -12.78	-0.33 / -0.83	0.25 / 0.28	0.44 / 0.27	-1.26 / -7.89	-0.25 / -0.39	0.43 / 0.30
0.35	-1.61 / -40.64	-0.57 / -0.356	0.05 / 0.14	0.26 / 0.40	-1.62 / -25.76	-0.57 / -2.29	0.08 / 0.14	0.28 / 0.28	-1.61 / -15.99	-0.55 / -1.36	0.16 / 0.18	0.40 / 0.25	-1.58 / -9.91	-0.45 / -0.71	0.35 / 0.24
0.30	-2.05 / -51.42	-0.85 / -5.35	-0.05 / -0.14	0.23 / 0.36	-2.05 / -32.59	-0.85 / 3.39	0.03 / 0.06	0.25 / 0.25	-2.04 / -20.27	-0.80 / -2.00	0.03 / 0.04	0.39 / 0.24	-2.02 / -12.60	-0.69 / -1.09	0.28 / 0.17
0.25	-2.66 / -66.50	-1.19 / -7.47	-0.20 / -0.57	0.19 / 0.30	-2.66 / -42.17	-1.19 / -4.74	-0.20 / -0.36	0.21 / 0.21	-2.65 / -26.46	-1.14 / -2.83	-0.14 / -0.15	0.36 / 0.22	-2.62 / -16.37	-1.04 / -1.62	0.09 / 0.06
0.20	-3.56 / -89.13	-1.70 / -10.65	-0.45 / -1.27	0.13 / 0.21	-3.56 / -57.00	-1.69 / -6.78	-0.46 / -0.83	0.14 / 0.14	-3.55 / -35.24	-1.65 / -4.10	-0.37 / -0.41	0.30 / 0.19	-3.53 / -22.04	-1.55 / -2.42	-0.13 / -0.09
0.15		-2.55 / -15.96	-0.86 / -2.41	0.03 / 0.06		-2.54 / -10.17	-0.85 / -1.50	0.03 / 0.03	-5.06 / -50.20	-2.50 / -6.20	-0.74 / -0.84	0.20 / 0.13			
0.10		-4.25 / -26.56	-1.62 / -4.50	-0.17 / -0.27		-4.24 / -16.96	-1.60 / -2.84	-0.17 / -0.17		-4.20 / -10.41	-1.50 / -1.65	0.02 / 0.01			
0.06		-7.64 / -47.78	-3.13 / -8.69	-0.58 / -0.91			-3.10 / -5.52	-0.54 / -0.54							

续表

ζ₀ 值

$F_2/F_1=0.5$

F_3/F_1 (F_3/F_2)	Q₃/Q₁								
	0.1	0.2	0.3	0.4	0.5	0.6	0.7	0.8	0.9
0.25(0.5)	1.36 / 0.42	1.06 / 0.41	0.63 / 0.32	0.08 / 0.05	−0.59 / −0.59	−1.40 / −2.20	−2.34 / −6.51	−3.41 / −21.32	−4.60
0.30(0.6)	1.37 / 0.42	1.11 / 0.43	0.74 / 0.37	0.26 / 0.18	−0.30 / −0.30	−0.99 / −1.55	−1.78 / −4.94	−2.67 / −16.77	−3.67
0.35(0.7)	1.38 / 0.42	1.14 / 0.44	0.81 / 0.41	0.40 / 0.27	−0.10 / −0.10	−0.69 / −1.08	−1.37 / −3.82	−2.14 / −13.41	−3.00 / −75.07
0.40(0.8)	1.39 / 0.42	1.16 / 0.45	0.87 / 0.44	0.51 / 0.35	0.06 / 0.06	−0.47 / −0.73	−1.07 / −2.98	−1.74 / −10.93	−2.50 / −62.55
0.45(0.9)	1.39 / 0.43	1.18 / 0.46	0.91 / 0.46	0.60 / 0.42	0.20 / 0.20	−0.28 / −0.44	−0.83 / −2.32	−1.44 / −9.01	−2.11 / −52.80
0.50(1.0)	1.39 / 0.43	1.20 / 0.47	0.95 / 0.48	0.67 / 0.47	0.31 / 0.31	−0.12 / −0.18	−0.64 / −1.80	−1.19 / −7.47	−1.80 / −45.01

$F_2/F_1=0.7$

F_3/F_1 (F_3/F_2)	0.1	0.2	0.3	0.4	0.5	0.6	0.7	0.8	0.9
0.49(0.7)	0.61 / 0.37	0.63 / 0.48	0.53 / 0.53	0.34 / 0.46	0.07 / 0.13	−0.28 / −0.87	−0.76 / −4.13	−1.27 / −15.67	−1.86 / −97.50
0.56(0.8)	0.61 / 0.37	0.65 / 0.49	0.57 / 0.57	0.40 / 0.55	0.17 / 0.34	−0.12 / −0.36	−0.50 / −2.75	−0.99 / −12.21	−1.50 / −73.97
0.63(0.9)	0.62 / 0.37	0.66 / 0.50	0.60 / 0.60	0.45 / 0.62	0.25 / 0.50	0.00 / 0.00	−0.32 / −1.76	−0.74 / −9.14	−1.23 / −60.33
0.70(1.0)	0.62 / 0.37	0.67 / 0.51	0.62 / 0.62	0.49 / 0.67	0.31 / 0.62	0.09 / 0.27	−0.19 / −1.03	−0.54 / −6.69	−1.00 / −4.41

$F_2/F_1=0.9$

F_3/F_1 (F_3/F_2)	0.1	0.2	0.3	0.4	0.5	0.6	0.7	0.8	0.9
0.81(0.9)	0.48 / 0.48	0.52 / 0.66	0.49 / 0.82	0.41 / 0.94	0.29 / 0.96	0.13 / 0.69	−0.06 / −0.60	−0.33 / −6.77	−0.69 / −56.07
0.90(1.0)	0.48 / 0.48	0.53 / 0.67	0.51 / 0.85	0.44 / 0.99	0.33 / 1.09	0.19 / 0.99	0.02 / 0.18	−0.20 / −4.17	−0.50 / −40.88

序号 51

名称：60°圆形对称分叉三通（合流） $\zeta_{2\to1}$

图形：

F_2v_2 ⟍ 30° 30° ⟋ F_3v_3 ， F_1v_1

注：1. 图中应将管径大的分支标定为"2"，管径小的分支管标定为"3"。

2. 表格中分式的分子表示对应总管动压的局部阻力系数 $\zeta_{2\to1(1)}$，分母表示对应旁支管动压的局部阻力系数 $\zeta_{2\to1(2)}$

续表

序号	名称	图形	F_3/F_1 (F_3/F_2)	ζ₀值 Q_3/Q_1								
				0.1	0.2	0.3	0.4	0.5	0.6	0.7	0.8	0.9
52	60°圆形对称分叉三通（合流） $\zeta_{3\to1}$						$F_2/F_1=0.5$					
			0.25(0.5)	$\frac{-1.71}{-10.12}$	$\frac{-0.85}{-1.33}$	$\frac{0.11}{0.08}$	$\frac{1.20}{0.47}$	$\frac{2.40}{0.60}$	$\frac{3.71}{0.64}$	$\frac{5.13}{0.65}$	$\frac{6.66}{0.65}$	$\frac{8.31}{0.64}$
			0.30(0.6)	$\frac{-1.75}{-15.77}$	$\frac{-1.00}{-2.25}$	$\frac{-0.21}{-0.21}$	$\frac{0.60}{0.34}$	$\frac{1.46}{0.52}$	$\frac{2.36}{0.59}$	$\frac{3.30}{0.60}$	$\frac{4.27}{0.60}$	$\frac{5.28}{0.58}$
			0.35(0.7)	$\frac{-1.77}{-21.72}$	$\frac{-1.08}{-3.33}$	$\frac{-0.40}{-0.55}$	$\frac{0.26}{0.20}$	$\frac{0.93}{0.45}$	$\frac{1.60}{0.54}$	$\frac{2.26}{0.56}$	$\frac{2.91}{0.55}$	$\frac{3.56}{0.53}$
			0.40(0.8)	$\frac{-1.78}{-28.58}$	$\frac{-1.14}{-4.56}$	$\frac{-0.52}{-0.93}$	$\frac{0.07}{0.07}$	$\frac{0.62}{0.40}$	$\frac{1.13}{0.50}$	$\frac{1.62}{0.53}$	$\frac{2.09}{0.52}$	$\frac{2.52}{0.49}$
			0.45(0.9)	$\frac{-1.79}{-36.34}$	$\frac{-1.17}{-5.94}$	$\frac{-0.59}{-1.34}$	$\frac{-0.04}{-0.05}$	$\frac{0.44}{0.35}$	$\frac{0.85}{0.47}$	$\frac{1.22}{0.50}$	$\frac{1.55}{0.49}$	$\frac{1.84}{0.46}$
			0.50(1.0)	$\frac{-1.80}{-45.01}$	$\frac{-1.19}{-7.47}$	$\frac{-0.64}{-1.80}$	$\frac{-0.12}{-0.18}$	$\frac{0.31}{0.31}$	$\frac{0.67}{0.47}$	$\frac{0.95}{0.48}$	$\frac{1.20}{0.47}$	$\frac{1.39}{0.43}$
								$F_2/F_1=0.7$				
			0.49(0.7)	$\frac{-0.99}{-23.96}$	$\frac{-0.50}{-3.05}$	$\frac{-0.09}{-0.24}$	$\frac{0.27}{0.40}$	$\frac{0.60}{0.57}$	$\frac{0.88}{0.59}$	$\frac{1.09}{0.53}$	$\frac{1.30}{0.48}$	$\frac{1.48}{0.44}$
			0.56(0.8)	$\frac{-1.00}{-31.46}$	$\frac{-0.52}{-4.13}$	$\frac{-0.14}{-0.49}$	$\frac{0.18}{0.36}$	$\frac{0.46}{0.58}$	$\frac{0.70}{0.61}$	$\frac{0.87}{0.55}$	$\frac{0.96}{0.47}$	$\frac{1.05}{0.40}$
			0.63(0.9)	$\frac{-1.00}{-30.94}$	$\frac{-0.53}{-5.35}$	$\frac{-0.17}{-0.75}$	$\frac{0.12}{0.31}$	$\frac{0.37}{0.59}$	$\frac{0.58}{0.64}$	$\frac{0.72}{0.58}$	$\frac{0.78}{0.48}$	$\frac{0.78}{0.38}$
			0.70(1.0)	$\frac{-1.00}{-49.41}$	$\frac{-0.54}{-6.69}$	$\frac{-0.19}{-1.03}$	$\frac{0.09}{0.27}$	$\frac{0.31}{0.62}$	$\frac{0.49}{0.67}$	$\frac{0.62}{0.62}$	$\frac{0.67}{0.51}$	$\frac{0.62}{0.37}$
								$F_2/F_1=0.9$				
			0.81(0.9)	$\frac{-0.50}{-33.07}$	$\frac{-0.20}{-3.31}$	$\frac{0.03}{0.22}$	$\frac{0.21}{0.89}$	$\frac{0.36}{0.96}$	$\frac{0.48}{0.89}$	$\frac{0.56}{0.76}$	$\frac{0.59}{0.60}$	$\frac{0.52}{0.42}$
			0.90(1.0)	$\frac{-0.50}{-40.88}$	$\frac{-0.20}{-4.17}$	$\frac{0.02}{0.18}$	$\frac{0.19}{0.99}$	$\frac{0.33}{1.09}$	$\frac{0.44}{0.99}$	$\frac{0.51}{0.85}$	$\frac{0.53}{0.67}$	$\frac{0.48}{0.48}$

注：1. 图中应将管径大的分支标定为"2"，管径小的分支标定为"3"；

2. 表格中分式的分子表示对应总管动压的局部阻力系数 $\zeta_{3\to1(1)}$，分母表示对应旁支管动压的局部阻力系数 $\zeta_{3\to1(3)}$

续表

序号	名称	图形
53	45°圆形封板式三通（合流旁支管）$\zeta_{3\to1}$	$F_2\,v_2$ / $F_3\,v_3$ / 45° / $F_1\,v_1$

ζ_0值（分子对应总管动压 $\zeta_{3\to1(1)}$，分母对应直通管动压 $\zeta_{3\to1(3)}$）

F_3/F_1	$F_2/F_1=1.0$					$F_2/F_1=0.8$						$F_2/F_1=0.5$			
Q_3/Q_1	0.5	0.4	0.3	0.2	0.1	0.6	0.5	0.4	0.3	0.2	0.1	0.7	0.6	0.5	0.4
0.80	0.46/1.17	0.36/1.45	0.16/1.16			0.37/0.66	0.24/0.61	0.05/0.19	−0.26/−1.86						
0.63	0.50/0.79	0.39/0.98	0.20/0.85	−0.15/−1.47		0.53/0.58	0.35/0.55	0.15/0.37	−0.14/−0.61	−0.70/−7.00					
0.50	0.70/0.70	0.47/0.74	0.25/0.69	−0.08/−0.52		0.88/0.61	0.58/0.58	0.30/0.47	0.00/−0.01	−0.52/−3.26		0.82/0.42	0.46/0.32	0.13/0.13	−0.25/−0.39
0.40	1.17/0.75	0.73/0.73	0.38/0.67	0/−0.01	−0.86/−13.64	1.58/0.70	1.01/0.65	0.58/0.58	0.17/0.31	−0.34/−1.37	−1.72/−17.56	1.68/0.55	1.06/0.47	0.55/0.35	0.08/0.08
0.32	2.06/0.84	1.26/0.81	0.65/0.74	0.12/0.32	−0.71/−7.26	2.85/0.81	1.89/0.77	1.09/0.70	0.46/0.52	−0.14/−0.36	−1.23/−7.70				
0.25	3.80/0.95	2.38/0.93	1.25/0.87	0.39/0.61	−0.53/−3.34		3.64/0.91	2.18/0.85	1.04/0.72	0.15/0.24	−0.82/−3.28				
0.20		4.16/1.04	2.25/1.00	0.83/0.83	−0.34/−1.37			4.00/1.00	2.03/0.90	0.58/0.58	−0.43/−1.10				
0.16			3.98/1.13	1.61/1.03	−0.09/−0.23			7.00/1.12	3.77/1.07	1.31/0.84	0.02/0.03				
0.125			7.08/1.23	3.15/1.28	0.31/0.48				7.02/1.22	2.84/1.11					
0.10				5.44/1.36	0.83/0.83										

注：表格中分式的分子表示对应总管动压的局部阻力系数 $\zeta_{3\to1(1)}$，分母表示直通管动压的局部阻力系数 $\zeta_{3\to1(3)}$。

本数据兼用于 $\alpha\leqslant45°$ 的圆形封板式三通

续表

序号	名称	图形	F_3/F_1	\multicolumn{16}{c}{ζ_0值（Q_3/Q_1）}

表中 ζ_0 值，按 F_2/F_1 分组（Q_3/Q_1）：

F_3/F_1	$F_2/F_1=1.0$					$F_2/F_1=0.8$						$F_2/F_1=0.50$			
Q_3/Q_1	0.1	0.2	0.3	0.4	0.5	0.1	0.2	0.3	0.4	0.5	0.6	0.4	0.5	0.6	0.7
0.80			$\frac{0.16}{0.32}$	$\frac{0.13}{0.35}$	$\frac{0.08}{0.33}$		$\frac{0.33}{0.33}$	$\frac{0.29}{0.38}$	$\frac{0.23}{0.41}$	$\frac{0.15}{0.39}$	$\frac{0.07}{0.29}$				
0.63		$\frac{0.18}{0.28}$	$\frac{0.15}{0.31}$	$\frac{0.11}{0.31}$	$\frac{0.07}{0.26}$		$\frac{0.32}{0.32}$	$\frac{0.28}{0.37}$	$\frac{0.21}{0.38}$	$\frac{0.13}{0.33}$	$\frac{0.04}{0.16}$				
0.50	$\frac{0.19}{0.23}$	$\frac{0.17}{0.27}$	$\frac{0.14}{0.28}$	$\frac{0.09}{0.26}$	$\frac{0.03}{0.13}$	$\frac{0.33}{0.26}$	$\frac{0.30}{0.30}$	$\frac{0.26}{0.34}$	$\frac{0.18}{0.33}$	$\frac{0.09}{0.24}$	$\frac{-0.01}{-0.05}$	$\frac{0.82}{0.57}$	$\frac{0.50}{0.50}$	$\frac{0.17}{0.27}$	$\frac{-0.05}{-0.14}$
0.40	$\frac{0.17}{0.21}$	$\frac{0.16}{0.25}$	$\frac{0.12}{0.24}$	$\frac{0.06}{0.17}$	$\frac{-0.02}{-0.08}$	$\frac{0.29}{0.23}$	$\frac{0.27}{0.27}$	$\frac{0.23}{0.30}$	$\frac{0.15}{0.26}$	$\frac{0.04}{0.11}$	$\frac{-0.09}{-0.36}$	$\frac{0.75}{0.52}$	$\frac{0.38}{0.38}$	$\frac{0.08}{0.12}$	$\frac{-0.15}{-0.42}$
0.32	$\frac{0.15}{0.18}$	$\frac{0.13}{0.21}$	$\frac{0.09}{0.18}$	$\frac{0.01}{0.04}$	$\frac{-0.10}{-0.41}$	$\frac{0.24}{0.19}$	$\frac{0.22}{0.22}$	$\frac{0.19}{0.25}$	$\frac{0.09}{0.16}$	$\frac{-0.03}{-0.08}$	$\frac{-0.21}{-0.83}$				
0.25	$\frac{0.11}{0.14}$	$\frac{0.10}{0.15}$	$\frac{0.03}{0.06}$	$\frac{-0.08}{-0.21}$	$\frac{-0.26}{-1.05}$	$\frac{0.17}{0.13}$	$\frac{0.15}{0.15}$	$\frac{0.12}{0.16}$	$\frac{0.01}{0.01}$	$\frac{-0.15}{-0.39}$					
0.20	$\frac{0.05}{0.06}$	$\frac{0.05}{0.06}$	$\frac{-0.05}{-0.11}$	$\frac{-0.22}{-0.60}$		$\frac{0.06}{0.05}$	$\frac{0.06}{0.06}$	$\frac{0.04}{0.05}$	$\frac{-0.10}{-0.18}$						
0.16	$\frac{-0.06}{-0.07}$	$\frac{-0.04}{-0.06}$	$\frac{-0.19}{-0.39}$				$\frac{-0.07}{-0.07}$	$\frac{-0.07}{-0.09}$	$\frac{-0.26}{-0.47}$						
0.125	$\frac{-0.23}{-0.28}$	$\frac{-0.20}{-0.32}$	$\frac{-0.47}{-0.95}$					$\frac{-0.25}{-0.33}$							
0.10		$\frac{-0.48}{-0.75}$													

序号 54

名称：45°圆形封板式合流三通（直通管）ζ_{2-1}

注：表格中分式的分子表示对应总管动压的局部阻力系数 $\zeta_{2-1(1)}$，分母表示对应直通管动压的局部阻力系数 $\zeta_{2-1(2)}$

续表

序号　55

名称：90° 圆形合流三通（旁支管）$\zeta_{3\to1}$

图形：Q_1, F_1（总管）；Q_2, F_2；Q_3, F_3（旁支管）

ζ_0 值（表中每格为分式：分子 / 分母）

F_3/F_1	$F_2/F_1=1.0$				$F_2/F_1=0.8$				$F_2/F_1=0.50$			
$Q_3/Q_1 \to$	0.80	0.60	0.40	0.20	0.80	0.60	0.40	0.20	0.80	0.60	0.40	0.250
1.00	1.11 / 1.74	0.75 / 2.09	0.35 / 2.19	-0.18 / -4.73								
0.90	1.26 / 1.60	0.83 / 1.88	0.38 / 1.96	-0.18 / -3.64								
0.80	1.47 / 1.47	0.95 / 1.70	0.44 / 1.76	-0.16 / -2.67								
0.70	1.78 / 1.36	1.12 / 1.53	0.51 / 1.58	-0.14 / -1.81				-0.46 / -5.59				
0.50	3.03 / 1.18	1.83 / 1.27	0.83 / 1.29	-0.06 / -0.43	3.03 / 1.18	1.75 / 1.21	0.53 / 0.83	-0.38 / 2.99	3.01 / 1.17	1.67 / 1.16	0.26 / 0.40	-0.87 / -5.45
0.40	4.47 / 1.11	2.64 / 1.17	1.19 / 1.19	0.02 / 0.08	4.47 / 1.12	2.56 / 1.14	0.89 / 0.89	-0.29 / -1.16	4.45 / 1.11	2.49 / 1.10	0.62 / 0.62	-0.78 / -3.12
0.35	5.70 / 1.09	3.33 / 1.13	1.49 / 1.14	0.09 / 0.29	5.69 / 1.09	3.25 / 1.10	1.21 / 0.92	-0.21 / 0.66	5.68 / 1.08	3.17 / 1.08	0.93 / 0.71	-0.71 / 2.17
0.30	7.58 / 1.06	4.39 / 1.09	1.96 / 1.10	0.21 / 0.48	7.58 / 1.07	4.31 / 1.08	1.67 / 0.94	-0.10 / -0.21	7.57 / 1.06	4.24 / 1.06	1.40 / 0.79	-0.59 / -1.32
0.25	10.71 / 1.04	6.15 / 1.06	2.75 / 1.07	0.41 / 0.64	10.71 / 1.05	6.07 / 1.05	2.45 / 0.96	0.10 / 0.16	10.69 / 1.04	5.99 / 1.04	2.18 / 0.83	-0.39 / -0.61
0.20	16.47 / 1.02	9.39 / 1.04	4.19 / 1.04	0.77 / 0.77	16.47 / 1.03	9.31 / 1.03	3.89 / 0.97	0.46 / 0.46	16.45 / 1.03	9.24 / 1.03	3.62 / 0.91	-0.03 / -0.03
0.15	28.92 / 1.01	16.39 / 1.02	7.30 / 1.02	1.54 / 0.87	28.91 / 1.02	16.31 / 1.02	7.00 / 0.98	1.24 / 0.70				0.75 / 0.42
0.10	64.47 / 1.00	36.39 / 1.01	16.19 / 1.01	3.77 / 0.94		36.31 / 1.01	15.89 / 0.99	3.46 / 0.87				2.97 / 0.74
0.06			44.63 / 1.00	10.88 / 0.97				10.57 / 0.95				

注：表格中分式的分子表示对应总管动压的局部阻力系数 $\zeta_{3\to1(1)}$，分母表示对应旁支管动压的局部阻力系数 $\zeta_{3\to1(3)}$。

续表

序号 56　名称：90°圆形合流三通（直通管）$\zeta_{2\to1}$

ζ_0 值（$F_3/F_1 = 1.00\sim0.06$）

F_2/F_1	Q_3/Q_1=0.20	0.30	0.40	0.50	0.60	0.70	0.80
1.00	$\frac{0.41}{0.64}$	$\frac{0.50}{1.03}$	$\frac{0.55}{1.52}$	$\frac{0.56}{2.25}$	$\frac{0.55}{3.46}$	$\frac{0.53}{5.96}$	$\frac{0.51}{12.96}$
0.80		$\frac{0.58}{0.76}$	$\frac{0.63}{1.12}$	$\frac{0.63}{1.63}$	$\frac{0.61}{2.44}$	$\frac{0.57}{4.06}$	$\frac{0.53}{8.56}$
0.63		$\frac{0.74}{0.60}$	$\frac{0.80}{0.88}$	$\frac{0.77}{1.23}$	$\frac{0.71}{1.76}$	$\frac{0.64}{2.80}$	$\frac{0.57}{5.60}$
0.50		$\frac{1.00}{0.51}$	$\frac{1.06}{0.73}$	$\frac{1.00}{1.00}$	$\frac{0.87}{1.37}$	$\frac{0.73}{2.04}$	$\frac{0.61}{3.83}$

图形：Q_1F_1、Q_2F_2、Q_3F_3

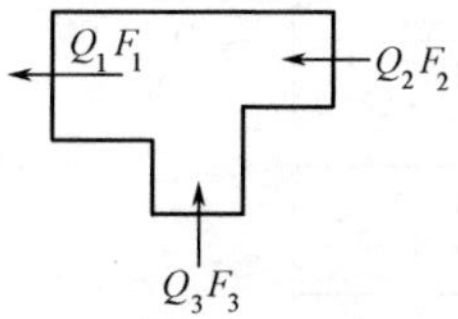

注：表格中分式的分子表示对应总管动压的局部阻力系数 $\zeta_{2\to1(1)}$，分母表示对应劳支管动压的局部阻力系数 $\zeta_{2\to1(2)}$

序号 57　名称：压出四通

图形：v_2、v_1、v_2、v_0

v_2/v_1	1.6	1.4	1.2	1.0	0.8	0.6
ζ_1	0	0	0	0	0	0
ζ_2	0	0.05	0.1	0.2	0.4	1.0

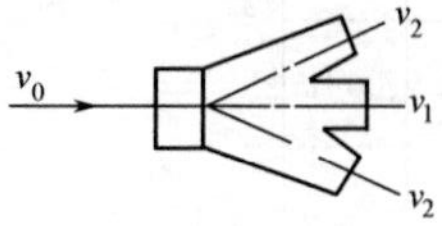

序号 58　名称：吸入四通

v_2/v_1	1.6	1.4	1.2	1.0	0.8	0.6
ζ_1	0	0.05	0.1	0.2	0.35	0.4
ζ_2	0.35	0.25	0.1	0	-0.7	-1.8

续表

序号	名称	图形	$\dfrac{h}{D_0}$	0.1	0.2	0.3	0.4	0.5	0.6	0.7	0.8	0.9	1.0	∞
59	伞形风帽（管边尖锐）		进气	2.63	1.83	1.53	1.39	1.31	1.19	1.15	1.08	1.07	1.06	1.06
			排气	4.0	2.30	1.60	1.30	1.15	1.10		1.00		1.00	
60	带扩散管的伞形风帽		进气	1.32	0.77	0.60	0.48	0.41	0.30	0.29	0.28	0.25	0.25	0.25
			排气	2.60	1.30	0.80	0.70	0.60	0.60		0.60		0.60	

序号	名称	图形	$\alpha/(°)$	10	20	30	40	90	120	150
61	伞形罩		圆形	0.14	0.07	0.04	0.05	0.11	0.20	0.30
			矩形	0.25	0.13	0.10	0.12	0.19	0.27	0.37

$$Q' = Q \ (\Delta P'/\Delta P)^{0.5} \quad (\mathrm{m^3/h}) \tag{6-16}$$

式中，Q' 为调整后的排风量，$\mathrm{m^3/h}$；Q 为原设计的排风量，$\mathrm{m^3/h}$；ΔP 为原设计的支管阻力，Pa；$\Delta P'$ 为为了阻力平衡，要求达到的支管阻力，Pa。

3. 增加支管阻力

阀门调节是最常用的一种增加局部阻力的方法，它是通过改变阀门的开度来调节管道阻力的。应当指出，这种方法虽然简单易行，不需严格计算，但是改变某一支管上的阀门位置会影响整个系统的压力分布，要经过反复调节才能使各支管的风量分配达到设计要求。对于除尘系统还要防止在阀门附近积尘，引起管道堵塞。

六、设备阻力的确定

1. 除尘器阻力的确定

除尘设备阻力确定首先是选择除尘器，之后确定其阻力。

（1）预选 根据所考虑的基本因素，如烟尘物化性质、净化要求、各种除尘器的适用范围等，对除尘设备进行预选。预选可参照第四章内容。

（2）技术经济比较 对预选出的除尘器（可能有两种以上的除尘器能满足工艺要求）进行技术经济指标的分析，综合考虑设备费、运行费、使用年限、占地面积等有关因素，为最终确定除尘器提供依据。

（3）环境效益分析 确定除尘器必须进行环境效益的全面分析。除尘效果好，气体排放浓度低，不仅给环境带来效益，也给生产生活带来好处，选择设备不可忽视。

（4）除尘器选定 根据当地条件、本单位操作管理水平，并结合上述情况最终选定除尘器的型式。一般情况下对于除尘器选型来说，若能按上述要求，即能做出正确的设备的选择；对于某些特殊工艺和特别的要求，问题要复杂些，需要结合各种综合因素进行比较分析，最终进行最优设计。

（5）除尘器的阻力确定 在除尘系统设计中确定除尘器的阻力，除参照第四章内容及厂家提供的样本外，还应考虑到一些非常情况，如系统的压力平衡、阴雨天气对袋式除尘器的影响、除尘器长期阻力的变化等。

2. 消声器阻力的确定

消声器局部阻力系数为 $2\sim4$，根据阻力系数可算出阻力。消声器设计阻力为 $200\sim300\mathrm{Pa}$。除尘系统阻力计算时，消声器阻力按 $300\mathrm{Pa}$ 选取较为合适。

3. 网格阻力的确定

网格的阻力系数见表 6-29。阻力按局部阻力计算公式计算。

表 6-29 网格的局部阻力系数

形 状	网孔比例	阻力系数 ξ	形 状	网孔比例	阻力系数 ξ
无网	100	0.11		33	0.35
	85	0.13			
	50	0.16		34	0.34

4. 砖烟道局部阻力的确定

砖烟道局部阻力系数见表 6-30。

表 6-30　砖烟道局部阻力系数

名　称	图形和断面	局部阻力系数（ξ 值以图内所示的速度 v_0 计算）	名　称	图形和断面	局部阻力系数（ξ 值以图内所示的速度 v_0 计算）
90°急转弯头	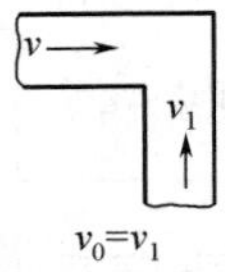 v　v1　v0=v1	正方形断面 $\xi=1.5$ 狭长矩形断面 $\xi=2.0$	两个互成直角的烟道汇合	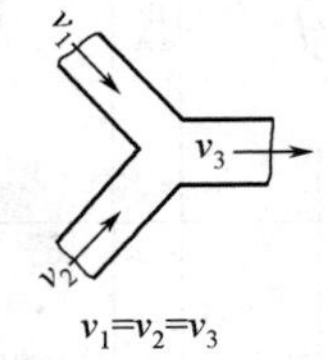 v1　v3　v2　v1=v2=v3	$\xi=1.5$
90°急转弯	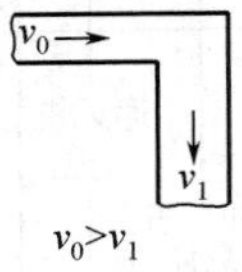 v0　v1　v0>v1	$\xi=1.5$	分成两个互成180°角的支路	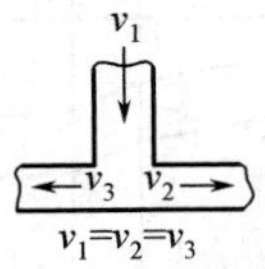 v1　v3　v2　v1=v2=v3	$\xi=2.0$
凸头烟道转90°弯	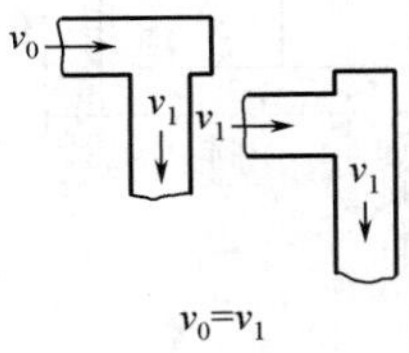 v0　v1　v1　v1　v0=v1	$\xi=1.5$	两个互成180°角的烟道汇合	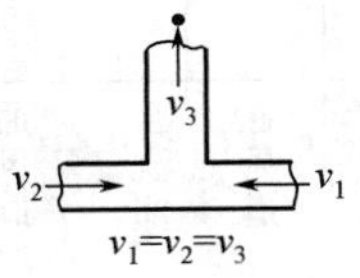 v3　v2　v1　v1=v2=v3	$\xi=3.0$
烟道壁凹陷	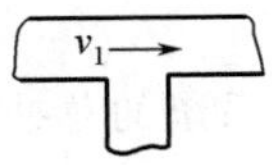 v1	$\xi=0.1\sim1.0$	直角三通送出	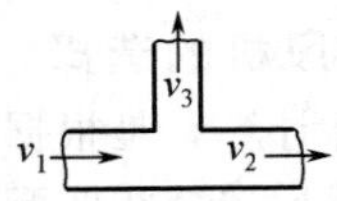 v3　v1　v2	$\xi_2=1.0$ $\xi=1.5$
45°转弯（135°转弯）	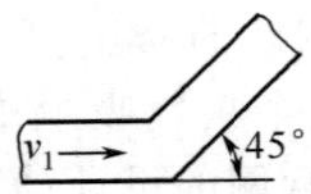 v1　45°	$\xi=0.5$	分成两个光滑的180°角的烟道	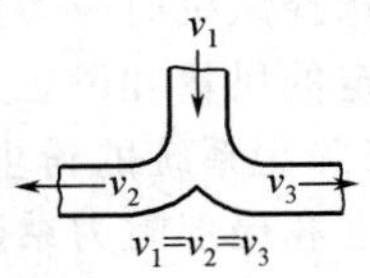 v1　v2　v3　v1=v2=v3	$\xi=0.5$
分成两个互成直角的支路	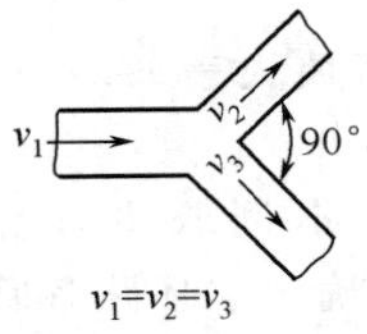 v1　v2　v3　90°　v1=v2=v3	局部阻力系数值以图内所示速度 v_1 计算 $\xi=1.0$	两个光滑的互成180°角烟道汇合	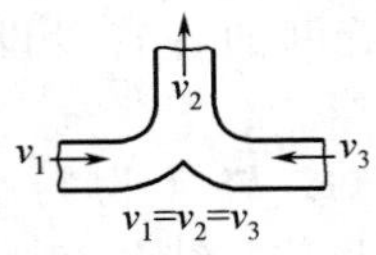 v2　v1　v3　v1=v2=v3	$\xi=2.0$

七、除尘系统压力分布

在除尘系统由于每段管道和每个设备的阻力损失，使得系统中的动压、静压、全压都发生变化。典型的除尘系统压力分布如图 6-32 所示。

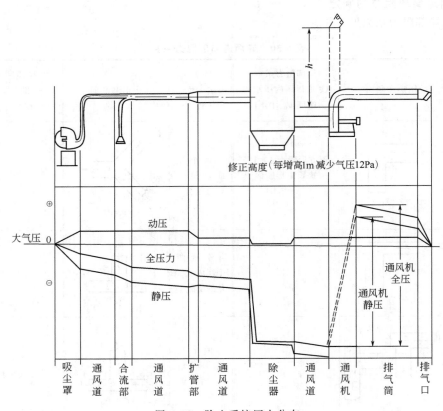

修正高度(每增高1m 减少气压12Pa)

图 6-32　除尘系统压力分布

八、除尘系统通风机的选择

除尘系统管道设计计算，是根据生产工艺的特点及管道配置，确定系统的总抽风量、管道尺寸及系统的总阻力，然后选择相匹配的通风机。

工程设计中，在选择风机时应考虑到系统管网的漏风以及风机运行工况与标准工况不一致等情况，因此对计算确定的风量和风压必须考虑一定的附加系数和气体状态的修正。

【例 6-1】 已知某除尘系统的粉尘性质为轻矿物粉尘，系统共设 6 个集气吸尘罩，各吸尘罩风量和位置、支管长度和局部阻力系数如图 6-33 所示。试进行该系统管网的设计计算。

解：根据图示给定条件分下列步骤计算。

① 绘制水力计算草图，见图 6-33。

② 将图 6-33 中管网的各管段设计参数按"主、次"环路为序填入表 6-31 的第 (1) ～(4) 项。

③ 由表 6-23 可知，轻矿物粉尘水平管低限流速为 14m/s，本例取主环路设计风速 $v＝16m/s$。根据设计风速，结合表 6-26 给出的通用除尘风管规格，确定主环路各管段的管径，同时查表 6-28 计算出主环路的压力损失。

④ 进行风压平衡计算，见表 6-31。本例风压平衡率最差的并联环路为 2→1→3→5→7 与10→16→7，其中，$\eta＝-3$，$|\eta|＜10\%$，满足平衡要求。

⑤ 本例系统总风量为 $Q＝14000m^3/h$，管道总压损为 $p＝1010.2Pa$。据此，考虑除尘设备压损及有关风量、风压附加后即可选用风机，风机的选择计算详见第八章第三节。

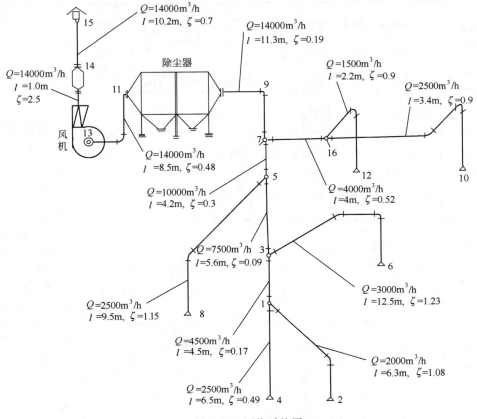

图 6-33　网络系统图

表 6-31　除尘风管设计计算表

管段编号	风量 Q /(m³/h)	管长 l/m	局部阻力系数 Σζ	风速 v /(m/s)	管径 D /mm	比摩阻 R_m /(Pa/m)	动压 $\frac{v^2}{2}r$ /Pa	管段阻力 $p=Rml+\Sigma\zeta\frac{v^2}{2}\rho$ /Pa	阻力累计 ΣP /Pa	阻力平衡率 $\eta=\frac{P_0-P_1}{P_0}$ /%	ζ值简图
(1)	(2)	(3)	(4)	(5)	(6)	(7)	(8)	(9)	(10)	(11)	(12)
2—1	2000	6.3	1.08	15.5	220	13.24	144.95	239.1	239.1		0.05　0.2　0.63　0.2
1—3	4500	4.5	0.17	16.5	320	9.48	163.35	70.4	309.5		0.17
3—5	7500	5.6	0.09	15.7	420	6.10	147.89	47.47	357.0		0.09
5—7	10000	4.2	0.3	16.0	480	5.36	153.60	68.59	425.6		0.3
7—9	14000	11.3	0.19	16.3	560	4.59	159.41	82.15	507.8		0.19

续表

管段编号 (1)	风量 Q /(m³/h) (2)	管长 l/m (3)	局部阻力系数 Σζ (4)	风速 v /(m/s) (5)	管径 D /mm (6)	比摩阻 R_m /(Pa/m) (7)	动压 $\frac{v^2}{2}r$ /Pa (8)	管段阻力 $p=R_ml$ $+\Sigma\zeta$ $\frac{v^2}{2}\rho$/Pa (9)	阻力累计 ΣP /Pa (10)	阻力平衡率 $\eta=\dfrac{P_0-P_1}{P_0}$ /% (11)	ζ 值简图 (12)
11—13	14000	8.5	0.48	14.2	630	3.04	120.98	83.91	591.7		0.24 0.24
13—14	14000	1	2.5	14.2	630	0.35	120.98	302.8	894.5		2.5
14—15	14000	10.2	0.7	14.2	630	3.04	120.98	115.69	1010.2		0.1 0.6
4—1	2500	6.5	0.49	19.3	220	20.23	223.49	214.10	241.0	−0.8	0.1 0.2 0.19
6—3	3000	9.5	1.15	16.5	260	12.09	163.35	302.7	302.7	2.2	0.1 0.2 0.37 0.24×2
8—5	2500	12.5	1.23	16.2	240	12.92	157.46	355.17	355.17	0.5	0.1 0.24 0.37 0.52
10—16	2500	3.4	0.9	19.3	220	20.23	223.49	269.92	269.92		0.05 0.2 0.17 0.24×2
16—7	4000	4.0	0.52	18.9	280	14.33	214.33	168.77	438.8	−3	0.52
12—7	1500	2.2	0.9	19.7	170	29.27	232.85	274.0	274.0	−1.5	0.05 0.2 0.46 0.19

第四节 排气烟囱的设计

除尘系统净化后的气体经烟囱排向大气。排气烟囱的设计包括烟囱排气能力的计算、烟囱尺寸和材质的确定、等效烟囱的计算以及烟囱附属设施的设计等。

一、烟囱设计注意事项

除尘系统使用的烟囱材质有钢制烟囱、混凝土烟囱和砖砌烟囱等，较低的烟囱尽可能采用钢制烟囱。钢制烟囱排放有腐蚀性的气体时，内部要做防腐处理。

烟囱底部应设检修孔和排水孔，烟囱底面应倾斜至排水孔一侧。

烟气排放的原则有以下几项。

① 排气筒（烟囱）高度除遵守大气污染物综合排放标准排放速率标准值外，还应高出周围200m半径范围的建筑5m以上；不能达到该要求的排气烟筒，应按其高度对应的排放速率标准值减少50%执行。

② 两个排放相同的污染物（不论其是否由同一生产工艺过程产生）的排气烟囱，若其距离

小于其几何高度之和，应合并视为一根等效排气烟囱。若有 3 根以上的近距排气烟囱，且排放同一种污染物时，应以前两根的等效排气烟囱依次与第 3 根、第 4 根排气烟囱取等效值。

③ 若某排气烟囱的高度处于本标准列出的两个值之间，其执行的最高允许排放速率以内插法计算；当某排气烟囱的高度大于或小于本标准列出的最大或最小值时，以外推法计算其最高允许排放速率。

④ 新污染源的排气烟囱一般不应低于 15m。若某新污染源的排气烟囱必须低于 15m 时，其排放速率标准值按外推计算结果再减少 50％执行。

⑤ 新污染源的无组织排放应从严控制，一般情况下不应有无组织排放存在，无法避免的无组织排放应达到国家规定的标准值。

⑥ 工业生产尾气确需燃烧排放的，其烟气黑度和排放浓度均应达到排放标准要求。

含尘气体的直接排放是时有发生的，但直接排放必须考虑下述条件，如污染物的浓度、排放量的多少、有无经济有效的治理方法及能否用大气净化等。

① 污染物浓度很低。在许多情况下，工业生产中产生的污染物浓度并不高，直接排放不会超过国家的排放标准，这时候可以直接排放，如浓度不大于 100mg/m³ 的采暖锅炉粉尘可以直接排放等。但是，有时候污染物浓度虽然较低，而烟气数量却很大，致使污染物总排放量可能超过标准，这种情况不能直接排放，应当采取治理措施后再排放。

② 污染物总排放量较少。较小的工业企业，生产规模很小，排放的烟气中污染物较少，直接排放也不会超过国家或地方的有关标准，可以排放。但是，在排放后会污染周围环境或造成其他影响时，应采取相应的措施后再排放。

③ 有条件用大气自净作用。靠大气的稀释、扩散、氧化、还原等物理、化学作用，能使进入大气的污染物质逐渐消失，这就是大气的自净作用。工业烟气的直接排放应充分利用大气的自净作用，变有害为无害或少害。在有些场合，或容易造成污染物"搬家"，或因地形地貌容易造成污染加重者，都应尽可能地避免烟气直接排放。例如，在山谷、盆地、污染物难以扩散，这时候未加治理直接排放是不适宜的。

此外，烟囱的气流稳定段应设计检测孔，以便环保部门监测气体的排放情况。

二、烟囱排烟能力的计算

烟囱的排烟能力，是指由于烟气密度与大气密度的不同所形成的压力之差，即平时所说的烟囱抽力。烟囱的排烟能力与烟囱的高度和烟气的性状有关。排烟能力可由下式计算：

$$(\rho_a - \rho_g)gH_s \geqslant \frac{v_g^2}{2}\rho_g + \sum \Delta p > 0 \tag{6-17}$$

式中，ρ_a 为环境大气的密度，kg/m³；ρ_g 为烟气的密度，kg/m³；H_s 为烟囱墙体高度，m；g 为重力加速度，m/s²；v_g 为烟气自烟囱口排出的速度，m/s；$\sum \Delta p$ 为排烟的总阻力损失，Pa。

排烟的总阻力损失包括烟囱的阻力损失、管道的阻力损失以及阀门的阻力损失等。总阻力损失可用下式表示：

$$\Delta p = p_g + p_d + p_f = \zeta_1 \frac{v_g^2}{2}\rho_g + \zeta_2 \frac{v_d^2}{2}\rho_g + \zeta_3 \frac{v_f^2}{2}\rho_g \tag{6-18}$$

式中，Δp 为排烟总阻力损失，Pa；p_g 为烟囱的阻力损失，Pa；ρ_g 为空气密度，kg/m³；p_d 为管道的阻力损失，Pa；p_f 为阀门的阻力损失，Pa；ζ_1 为烟囱的阻力系数；ζ_2 为管道的阻力系数；ζ_3 为阀门的阻力系数；v_d 为烟气在管道内的速度，m/s；v_f 为烟气在阀门处的速度，m/s；v_g 为烟气自烟囱口排出的速度，m/s。

从上式可以看出，阻力的损失大小除以各部分阻力系数有关外，还与烟气速度的平方成正比，速度愈高，阻力愈大。由此可见，太大的烟气速度是不利的，但是，如果烟气速度太小，烟尘颗粒就会在管道沉降，也是不可取的。那么，在烟囱设计中多大的排烟速度为宜，根据经验，合理的排烟速度与当地的风速之比值为 1.5:1；如果排烟速度与风速之比值为 1:1，则烟囱排出的烟气容易进入烟囱背风侧的涡流区，难以扩散，造成污染；如果排烟速度与风速之比值为1:2，则情况恶化；如果排烟速度比风速大许多，则排烟的阻力损失增加。

根据排烟速度，可以计算出烟囱的阻力损失及排烟能力。

三、烟囱尺寸计算

1. 烟囱截面尺寸计算

烟囱出口的截面积，可由下式求出：

$$S = \frac{Q_g}{3600 v_g} \tag{6-19}$$

式中，S 为烟囱出口截面积，m^2；Q_g 为烟气量，m^3/h；v_g 为烟气自烟囱口排出的速度，m/s。

在上式计算中，应注意在烟囱下部和出口处的烟气量是变化的，即由于烟气温度随着烟囱的增高而降低，烟气量也相应减小。烟气温度的降低情况因烟囱的材质、厚度不同而不同，一般可由计算求得。烟囱下粗上细与烟气温度降低有关。

2. 烟囱有效高度的计算

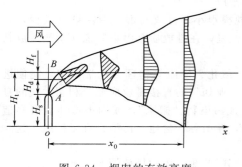

图 6-34　烟囱的有效高度

烟气从烟囱排出时，因烟气具有一定的动能而上升。在横向风力的作用下，烟气流逐渐由竖直方向转到与地面平行的水平方向。通常把水平的烟羽中心轴到地面的高度，称为烟囱的有效高度，如图 6-34 所示。烟囱的有效高度由烟囱的墙体高度 H_s、烟气动能引起的上升高度 H_d 和浮力引起的上升高度 H_f 三部分组成。烟气动能和浮力引起的上升高度之和（$H_d + H_f$）称作烟气的抬升高度 H_t。对烟气上升的高度，许多学者以理论推导、实际测定或模型试验为依据，提出多种不同形式的计算方法。这些计算方法不仅表达式不同，而且计算结果也有不少差别，所以至今仍有学者在探讨运算简便、结果更符合实际的计算方法。下面介绍几种具有一定代表性的计算方法。

（1）赫兰计算式

$$H_x = H_s + H_d + H_f \tag{6-20}$$

$$H_t = H_d + H_f = \frac{1.5 v_g d}{v_p} + \frac{0.96 \times 10^{-5} Q_g}{v_p} \tag{6-21}$$

$$Q_g = G_g c_p (T_g - T_a) \tag{6-22}$$

式中，H_x 为烟囱的有效高度，m；H_s 为烟囱的墙体高度，m；H_d 为烟气动能引起的上升高度，m；H_f 为烟气浮力引起的上升高度，m；H_t 为烟气的抬升高度，m；v_g 为烟气自烟囱排出的速度，m/s；d 为烟囱出口直径，m；v_p 为在烟囱出口高度的平均风速，m/s；Q_g 为烟气的散热量，t/s；G_g 为烟气的排放量，kg/s；c_p 为烟气的定压比热容，$J/(kg \cdot K)$；T_g 为烟气的绝对温度，K；T_a 为烟囱出口高度空气的绝对温度，K。

赫兰计算式运算比较方便，计算结果比较接近实际情况，而且考虑了烟气的动能和浮升力两种因素的影响，可以用来计算常温和高温两类烟气排放的情况。计算式中烟囱出口高度的平均风速 v_p 可以按表 6-32 计算，即在测得 10m 高度风速的基础上乘以烟囱高度系数，$v_p = \phi v_{10}$。赫兰计算式适用于中小型烟囱。

表 6-32　平均风速计算表

烟囱高度/m	10	20	40	60	80	100	120
ϕ	1.0	1.15	1.30	1.40	1.46	1.50	1.54

（2）波申克计算式

$$H_x = H_s + H_d + H_f \tag{6-23}$$

$$H_d = \frac{4.77}{1 + 0.43 v/v_g} \frac{\sqrt{Q_g v_g}}{v_p} \tag{6-24}$$

$$H_f = 6.37 \frac{Q_v \Delta T}{v_p^3 T_1} \left(\ln J + \frac{2}{J} - 2 \right) \tag{6-25}$$

$$J = \frac{v_p^2}{\sqrt{Q_v v_g}} \left[0.43 \sqrt{\frac{T_a}{\frac{dQ}{dz}}} - 0.28 \frac{v_g T_a}{g \Delta T} \right] + 1 \tag{6-26}$$

式中，Q_v 为排烟量，m^3/s；ΔT 为 $T_g - T_a$，K；$\frac{dQ}{dz}$ 为大气温度梯度，K/m，一般白天取 0.0033K/m，夜间取 0.01K/m；其他符号意义同前。

波申克计算式考虑了烟羽和周围大气相对运动的影响，以及围绕烟羽的大气湍流特点，再用稀释系数推导出相互影响。该计算式概括因素比较全面，适用于大、中型烟囱的计算。由于计算结果往往偏高，所以往往按公式的计算结果再乘以 0.5～0.7，即 $H_t = (0.5 \sim 0.7)(H_d + H_f)$。该计算式表达复杂，运算麻烦，实际运用不甚方便。

（3）安德烈耶夫计算式

$$H = \frac{1.9 v_g d}{v_p} \tag{6-27}$$

式中，各符号意义同赫兰计算式。

此计算式是根据理论推导出的，由计算看出，该式将浮升力作用忽略不计，而只考虑烟气动能所引起的抬升高度，所以该计算式用于计算非高温烟气排放比较合适。

四、烟囱高度的选择

值得特别注意的是，烟囱（排气筒）高度可以不计算，直接根据除尘效果和气体量计算出排放浓度和排放速率之后，依照国家污染物排放标准选用烟囱。例如 10～20t 的锅炉，其烟囱最低高度只能按国家锅炉污染物排放标准选用为 40m 高，而不能低于此高度。但是，当两个以上的排气烟囱时必须按等效烟囱计算排放速率；当烟囱高度与国家规定的标准高度不一致时，要用内插法或外推法计算排放速率。

1. 等效烟囱参数计算

当烟囱 1 和烟囱 2 排放同一种污染物，其距离小于该两个烟囱的高度之和时，应以一个等效烟囱代表该两个烟囱。等效烟囱的有关参数计算方法如下。

（1）等效排气烟囱污染物排放速率 按式（6-28）计算：

$$G = G_1 + G_2 \tag{6-28}$$

式中，G 为等效烟囱某污染物排放速率，kg/h；G_1、G_2 分别为烟筒 1 和烟筒 2 的某污染物排放速率，kg/h。

（2）等效烟筒高度 按式（6-29）计算：

$$H = \sqrt{\frac{1}{2}(H_1^2 + H_2^2)} \tag{6-29}$$

式中，H 为等效烟囱高度，m；H_1、H_2 分别为烟囱 1 和烟囱 2 的高度，m。

（3）等效烟囱的位置 等效烟囱的位置应在烟囱 1 和烟囱 2 的连线上，若以烟囱 1 为原点，则等效烟筒的位置应距原点为：

$$X = a(G - G_1)/G = a G_2/G \tag{6-30}$$

式中，X 为等效烟囱距烟囱 1 的距离 X，m；α 为烟囱 1 至烟囱 2 的距离，m；G_1、G_2 分别为烟囱 1 和烟囱 2 的排放速率，kg/h；G 为等效烟囱的排放速率，kg/h。

2. 排放速率的内插法和外推法

① 某排气烟囱高度处于国家污染物排放标准规定的两高度之间，用内插法计算其最高允许排放率，按式（6-31）计算：

$$G = G_a + (G_{a+1} - G_a)(H - H_a)/(H_{a+1} - H_a) \tag{6-31}$$

式中，G 为某烟囱最高允许排放速率，kg/h；G_a 为比某烟囱低的污染物排放标准限值中的最大值，kg/h；G_{a+1} 为比某烟囱高的污染物排放标准限值中的最小值，kg/h；H 为某烟囱的几何高度，m；H_a 为比某烟囱低的高度中的最大值，m；H_{a+1} 为比某烟囱高的高度中的最小值，m。

② 某排烟囱高度高于标准烟囱高度的最高值，用外推法计算其最高允许排放速率，按式（6-32）计算：

$$G = G_b (H/H_b)^2 \tag{6-32}$$

式中，G 为某烟囱的最高允许排放速率，kg/h；G_b 为烟囱最高高度对应的最高允许排放速率，kg/h；H 为某烟囱的高度，m；H_b 为标准烟囱的最高高度，m。

③ 某烟囱高度低于标准烟囱高度的最低值，用外推法计算其最高允许排放速率，按式（6-33）计算：

$$G = G_c (H/H_c)^2 \tag{6-33}$$

式中，G 为某烟囱的最高允许排放速率，kg/h；G_c 为烟囱最低高度对应的最高允许排放速率，kg/h；H 为某烟囱的高度，m；H_c 为烟囱的最低高度，m。

五、烟囱的附属设施

1. 爬梯

烟囱外部爬梯是为检查和修理烟囱、信号灯和避雷设施以及排放气体监测之用。爬梯位置应设在背风面并与避雷设施的位置相配合，高度大于 50m 的烟囱，爬梯应从离地面 2.5m 处开始，其顶部应比烟囱顶高出 0.8～1.0m；离地面 10～15m 以上部分应设置金属围栏，但注意不要设在信号灯平台以上 2.5m 的范围内，而围栏外径与烟囱外径之间距离应不小于 0.7m。从离地面 15m 起每隔 10m 应在爬梯上设置可折叠的休息平台以供爬梯人员上下时休息，休息平台的宽度不应小于 50cm。高度在 50m 以下的烟囱，爬梯最低一步应距地面 2m，从离地面 15m 起每隔 10m 应安装一个休息爬梯；爬梯必须牢固可靠，以保证安全；防止烟气及风雨侵蚀，应预先涂刷防腐油漆。

2. 航空障碍灯和标志

① 对于下列影响航空器飞行安全的烟囱应设置航空障碍灯和标志：a. 在民用机场净空保护区域内修建的烟囱；b. 在民用机场净空保护区域外、但在民用机场附近管制区之内修建高出地表 150m 的烟囱；c. 在建有高架直升机停机坪的城市中，修建影响飞行安全区烟囱。

② 中光强 B 型障碍灯应为红色闪光灯，并应晚间运行。闪光频率应为 20～60 次/min，闪光的有效光强不应小于 2000cd（1+25%）。

③ 高光强 A 型障碍灯应为白色闪光灯，并应全天候运行。闪光频率应为 40～60 次/min，闪光的有效光强应随背景亮度变光强闪光，白天应为 200000cd，黄昏或黎明应为 20000cd，夜间应为 2000cd。

④ 障碍灯的设置应显示出烟囱的最顶点和最大边缘。

⑤ 高度≤45m 的烟囱，可只在烟囱顶部设置一层障碍灯。高度超过 45m 的烟囱应设置多层障碍灯，各层的间距不应大于 45m，并宜相等。

⑥ 烟囱顶部的障碍灯应设置在烟囱顶端以下 1.5～3m 范围内，高度超过 150m 的烟囱可设置在烟囱顶部 7.5m 范围内。

⑦ 每层障碍灯的数量应根据其所在标高烟囱的外径确定，并应符合下列规定：a.外径小于或等于 6m，每层应设 3 个障碍灯；b.外径超过 6m，但不大于 30m 时，每层应设 4 个障碍灯；c.外径超过 30m，每层应设 6 个障碍灯。

⑧ 高度超过 150m 的烟囱顶层应采用高光强 A 型障碍灯，其间距应控制在 75～105m 范围内，在高光强 A 型障碍灯分层之间应设置低、中光强障碍灯。

⑨ 高度低于 150m 的烟囱，也可采用高光强 A 型障碍灯，采用高光强 A 型障碍灯后，可不必再用色标漆标志烟囱。

⑩ 每层障碍灯应设置维护平台。

⑪ 烟囱标志应采用橙色与白色相间或红色与白色相间的水平油漆带。

⑫ 所有障碍灯应同时闪光，高光强 A 型障碍灯应自动变光强，中光强 B 型障碍灯应自动启闭，所有障碍灯应能自动监控，并应使其保证正常状态。

⑬ 设置障碍灯时，应避免使周围居民感到不适，从地面应只能看到散逸的光线。

3. 避雷设施

非防雷保护范围的烟囱，易受雷击，应装设避雷设施。避雷设施包括避雷针、导线及接地极等。避雷针用直径 38mm、长 3.5m 的镀锌钢管制作，安装时顶部尖端应高出烟囱顶 1.8m。避雷针的数量决定于烟囱的高度与直径，见表 6-33。导线沿爬梯通往地下，在地面下 0.5m 处与接地极扁钢带焊接在一起。避雷设施安装完毕后应测试电阻，其数值不得大于设计规定。

表 6-33　烟囱的避雷针数量

序号	烟囱的尺寸 内直径 /m	高度 /m	避雷针 的数量/个	序号	烟囱的尺寸 内直径 /m	高度 /m	避雷针 的数量/个
1	1.0	15～30	1	6	2.0	35～100	3
2	1.0	35～50	2	7	2.5	15～30	2
3	1.5	15～45	2	8	2.5	35～150	3
4	1.5	50～80	3	9	3.0	15～150	3
5	2.0	15～30	2	10	3.5	15～150	3

4. 其他设施

烟囱应设环保监测孔和监测平台，底部应设检修门且严格密封。烟囱周围应具有 3 倍直径以上的清洁区便于检修，烟囱底部应设雨水排放口并有防小动物进入网。

第五节　除尘系统安全防护设计

一、平台、梯子及照明

对经常检查维修的地点，应设安全通道。在检查维修处，如有危及安全的运动物体均需设防护罩。人可能进入而又有坠落危险的开口处，应设有盖板或安全栏杆。

1. 平台、梯子

① 在有需要检查、检修和人员通过的地方应设计平台、栏杆。

② 通过平台宽度不应小于 700mm，竖向净空一般不应小于 1800mm。不妨碍正常走动。

③ 平台一切敞开的边缘均应设置安全防护栏杆，防护栏杆的高度应高于 1050mm；在高于 10m 的位置栏杆高度应高于 1100mm。高于 20cm 的位置栏杆高度应为 1200mm。

④ 钢直梯攀登高度超过 2m 时应设护笼，护笼下端距基准面为 2m，护笼上端应低于扶手 100mm。钢直梯最佳宽度为 500mm，由于工作面所限，攀登高度在 5m 以下时，梯宽可适当缩

小，但不得小于300mm，直梯踏棍之间的距离一般为250～300mm。钢直梯攀登高度一般不应超过8m；超过8m时，必须设梯间平台，分段设梯，高度在15m内时，梯间平台的间距为5～8m；超过15m时，每5m设1个梯间平台。

⑤ 斜梯的斜度在45°以下，最大不超过60°。斜梯宽度应为700mm，最大不得大于1m；最小不得小于600mm，踏面间距为150～230mm。

⑥ 平台、梯子等的扶手下部设置离开台面高50～100mm的挡脚板。

⑦ 平台、梯子的踏板应使用花纹钢板，或钢格板（栅）及钢板网。使用普通钢板要经防滑处理。踏板用花纹钢板，每个踏板上均应留2个落水孔，以防踏板积水积尘。

2. 安全照明

除尘设备的内部应设36V检修照明灯，大、中型除尘器的平台、梯子、储灰仓及输灰装置处应设220V照明灯。照明灯的最低光照密度10lx，适用光源为汞灯或钠灯。

二、抗震加固

① 除尘管道的支、吊架应紧固可靠，锈蚀严重时应及时更换。

② 管道穿过墙或楼板时，管道外径应与墙或楼板有一定间隙。管道穿过防爆厂房的墙板处应加设套管，并在套管间隙中填塞软质耐火材料。

③ 穿出屋面的风管，应予固定；当高出屋面3m时要设有拉紧装置。

④ 通风机与电动机应装在同一个基础上。通风机外壳底部或入口处要有支承架。通风机置于减震基础上时，其减震基础与地坪要有固定连接设施。

⑤ 通风机进、出口为软连接时，进、出口管要有固定装置（托架或支承架）。除尘管道不得浮放于支架上，应设有固定管箍。

⑥ 除尘器不得浮放于地坪上，应有固定措施。大中型除尘器的基础设计应考虑风雪荷载和地震灾害。

⑦ 通风除尘设备上的执行机构（气缸、电动推杆、脉冲控制仪等）要稳固。

三、防雷及防静电

1. 防雷

室外大中型除尘器、冷却器等在非防雷保护范围时应设防雷装置，其防雷装置应与电控接地分别设计。防雷装置制作参考烟囱避雷设施。

2. 防静电

（1）设备和金属结构的接地

① 除尘设备和钢结构（如走台）必须单独连接在接地母线线路上，不允许几个设备串联接地，以避免增加接地线路的电阻和防止检修设备时接地线路断裂。

② 不带地脚螺栓的除尘设备及钢结构可按图6-35焊接接地线的连接件，并接地；带有基础螺栓的除尘设备按图6-36连接接地线。

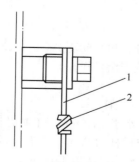

图 6-35 焊接接地线的连接件

1—接地导线 d8 圆钢；2—d2 钢丝缠 3～4 圈

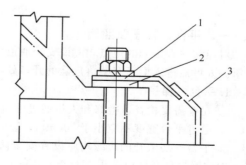

图 6-36 带地脚螺栓设备的接地线

1—连接板 δ＝4；2—垫圈；3—接地线

③ 中间衬有垫片的数个卡子组成的设备，在各卡子之间按图 6-37 安装法兰连接件。

④ 除尘设备和钢构件的接地件，应在对称的位置做两处，并同时接地；接地件的高度应距设备底部 500mm 左右。

（2）管道的接地　金属管道每隔 20～30m 按图 6-38 将管道连接在接地母线上。平行敷设的管道，管外壁之间距离小于 100mm 时，每隔 20～30m 按图 6-39 安装跨接线。在管道法兰连接处，按图 6-40 安装连接件。

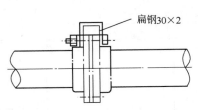

图 6-37　设备法兰接触连接件

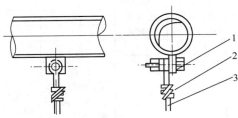

图 6-38　接地母线与管子的连接件
1—连接板 45×40δ＝8；2—d2 钢丝缠 3～4 圈；
3—接地导线 d8 圆钢

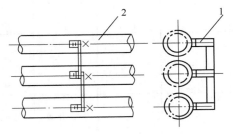

图 6-39　平行管道的跨接件
1—连接板扁钢 25×4；2—跨接线扁钢 25×4

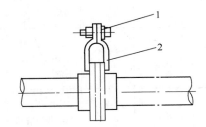

图 6-40　管道法兰接触连接件
1—垫圈（铝制）；2—扁钢 25×3

（3）接地线的安装　接地导线采用 φ6mm 圆钢或 25mm×4mm 扁钢，接地母线采用 40mm×4mm 扁钢，应选择最短线路进行接地。接地导线的连接或接地导线与母线的连接按国家标准进行。车间或工段内部的接地系统的电阻不大于 10Ω。

（4）接地体的安装　接地体采用 D57mm×3.5mm 无缝钢管或 50mm×4mm 等边角钢制作，按国际标准进行安装。接地体应沿建筑物的四周配置，对不设围墙的建筑物，接地体一般应距建筑物的墙 1.5～2.0m 配置；对设有围墙的建筑物，接地体应沿围墙周围配置，接地体不应配置在建筑物的进出口处。

（5）袋式除尘器防静电的措施

① 滤袋采用防静电滤料缝制，如 MP922 等。

② 电磁阀和脉冲阀采用防爆型。

③ 除尘器本体接地。

第六节　除尘系统防燃防爆设计

所谓爆炸，就是由于氧化或其他放热反应引起的温度和压力骤然升高而产生的化学反应，具有强烈的破坏性。除尘工程设计的任务在于避免除尘系统爆炸事故的发生，保障除尘系统安全运行。

一、爆炸性物质和爆炸条件

1. 爆炸性物质

（1）爆炸性物质的划分　爆炸性物质按有关规定可分为三类：Ⅰ类，矿井甲烷；Ⅱ类，爆炸性气体和蒸气；Ⅲ类，爆炸性粉尘和纤维。

① Ⅱ类爆炸性气体（包括蒸汽和薄雾）。在标准试验条件下，按可能引爆的最小火花能量大小，又分为 A、B、C 三级。按其引燃温度又可分为 T1、T2、T3、T4、T5、T6 六组，见表6-34。引燃温度，是指按照标准试验方法试验时，引燃爆炸性混合物的最低温度。

表 6-34 爆炸性气体的分类、分级、分组举例表

类和级	最大试验安全间隙 MESG/mm	最小点燃电流比 MICR	引燃温度与组别/℃					
			T1	T2	T3	T4	T5	T6
			$T>450$	$450 \geqslant T>300$	$300 \geqslant T>200$	$200 \geqslant T>125$	$135 \geqslant T>100$	$100 \geqslant T>85$
Ⅰ	1.14	1.0	甲烷					
ⅡA	0.9～1.14	0.8～1.0	乙烷、丙烷、丙酮、苯乙烯、氯乙烯、氨苯、甲苯、苯、氨、甲醇、一氧化碳、乙酸乙酯、乙酸丙烯酯	丁烷、乙醇、丙烯、丁醇、乙酸丁酯、乙酸戊酯、乙酸酐	戊烷、己烷、庚烷、癸烷、辛烷、汽油、硫化氢、环己烷	乙醚、乙醛		亚硝酸乙酯
ⅡB	0.5～0.9	0.45～0.8	二甲醚、民用燃气环丙烷	环氧乙烷、环氧丙烷、丁二烯、乙烯	异戊二烯			
ⅡC	≤0.5	≤0.45	水煤气、氢、焦炉煤气	乙炔			二硫化碳	硝酸乙酯

② Ⅲ类爆炸性粉尘。按其物理性质分为 A、B 两级。按其引燃温度又分为 T1-1、T1-2、T1-3 三组。爆炸性粉尘的分级、分组见表6-35。

表 6-35 爆炸性粉尘的分级、分组举例表

类和级 \ 粉尘物质 \ 引燃温度 组别 /℃	T1-1	T1-2	T1-3
	$T>270$	$270 \geqslant T>200$	$200 \geqslant T>140$
ⅢA 非导电性可燃纤维	木棉纤维、烟草纤维、纸纤维、亚硫酸盐纤维素、人造毛短纤维、亚麻	木质纤维	
ⅢA 非导电性爆炸性粉尘	小麦、玉米、砂糖、橡胶、染料、聚乙烯、苯酚树脂	可可、米糖	
ⅢB 导电性爆炸性粉尘	镁、铝、铝青铜、锌、钛、焦炭、炭黑	铝（含油）铁、煤	
ⅢB 火炸药粉尘		黑火药 T.N.T	硝化棉、吸收药、黑索金、特屈儿、泰安

（2）工贸行业重点可燃性粉尘　见表6-36。表6-36 中术语解释如下。

① 可燃性粉尘：是指在空气中能燃烧或焖燃，在常温常压下与空气形成爆炸性混合物的粉尘、纤维或飞絮。

② 中位粒径：是指一个粉尘样品的累计粒度分布百分数达到 50% 时所对应的粒径，单位为 μm。

表 6-36 工贸行业重点可燃性粉尘

序号	名称	中位径 /μm	爆炸下限 /(g/m³)	最小点火能 /mJ	最大爆炸压力 /MPa	爆炸指数 /(MPa·m/s)	粉尘云引燃温度 /℃	粉尘层引燃温度 /℃	爆炸危险性级别
一、金属制品加工									
1	镁粉	6	25	<2	1	35.9	480	>450	高
2	铝粉	23	60	29	1.24	62	560	>450	高
3	铝铁合金粉	23			1.06	19.3	820	>450	高
4	钙铝合金粉	22			1.12	42	600	>450	高
5	铜硅合金粉	24	250		1	13.4	690	305	高
6	硅粉	21	125	250	1.08	13.5	>850	>450	高
7	锌粉	31	400	>1000	0.81	3.1	510	>400	较高
8	钛粉						375	290	较高
9	镁合金粉	21		35	0.99	26.7	560	>450	较高
10	硅铁合金粉	17		210	0.94	16.9	670	>450	较高
二、农副产品加工									
11	玉米淀粉	15	60		1.01	16.9	460	435	高
12	大米淀粉	18		90	1	19	530	420	高
13	小麦淀粉	27			1	13.5	520	>450	高
14	果糖粉	150	60	<1	0.9	10.2	430	熔化	高
15	果胶酶粉	34	60	180	1.06	17.7	510	>450	高
16	土豆淀粉	33	60		0.86	9.1	530	570	较高
17	小麦粉	56	60	400	0.74	1.2	470	>450	较高
18	大豆粉	28			0.9	11.7	500	450	较高
19	大米粉	<63	60		0.71	5.7	360		较高
20	奶粉	235		80	0.82	7.5	450	320	较高
21	乳糖粉	34	60	54	0.76	3.5	450	>450	较高
22	饲料	76	60	250	0.67	2.8	450	350	较高
23	鱼骨粉	320	125		0.7	3.5	530		较高
24	血粉	46	60		0.86	11.5	650	>450	较高
25	烟叶粉尘	49			0.48	1.2	470	280	一般
三、木制品/纸制品加工									
26	木粉	62		7	1.05	19.2	480	310	高
27	纸浆粉	45	60		1	9.2	520	410	高
四、纺织品加工									
28	聚酯纤维	9			1.05	16.2			高
29	甲基纤维素	37	30	29	1.01	20.9	410	450	高
30	亚麻	300			0.6	1.7	440	230	较高
31	棉花	44	100		0.72	2.4	560	350	较高
五、橡胶和塑料制品加工									
32	树脂粉	57	60		1.05	17.2	470	>450	高
33	橡胶粉	80	30	13	0.85	13.8	500	230	较高
六、冶金/有色/建材行业煤粉制备									
34	褐煤粉尘	32	60		1	15.1	380	225	高
35	褐煤/无烟煤（80∶20）粉尘	40	60	>4000	0.86	10.8	140	230	较高
七、其他									
36	硫黄	20	30	3	0.68	15.1	280		高
37	过氧化物	24	250		1.12	7.3	>850	380	高
38	染料	<10	60		1.1	28.8	480	熔化	高
39	静电粉末涂料	17.3	70	3.5	0.65	8.6	180	>400	高

续表

序号	名称	中位径 /μm	爆炸下限 /（g/m³）	最小点火能 /mJ	最大爆炸压力 /MPa	爆炸指数 /（MPa·m/s）	粉尘云引燃温度 /℃	粉尘层引燃温度 /℃	爆炸危险性级别
40	调色剂	23	60	8	0.88	14.5	530	熔化	高
41	萘	95	15	<1	0.85	17.8	660	>450	高
42	弱防腐剂	<15			1	31			高
43	硬脂酸铅	15	60	3	0.91	11.1	600	>450	高
44	硬脂酸钙	<10	30	16	0.92	9.9	580	>450	较高
45	乳化剂	71	30	17	0.96	16.7	430	390	较高

注：1. "其他"类中所列粉尘主要为工贸行业企业生产过程中使用的辅助原料、添加剂等，需结合工艺特点、用量大小等情况，综合评估爆炸风险。

2. 表中所列出的可燃性粉尘爆炸特性参数，为在某一工艺特定工段或设备内取出的粉尘样品实验测试结果。

③ 爆炸下限：是指粉尘云在给定能量点火源作用下，能发生自持火焰传播的最低浓度，单位为 g/m³。

④ 最小点火能：是指引起粉尘云爆炸的点火源能量的最小值，单位为 mJ。

⑤ 最大爆炸压力：是指在一定点火能量条件下，粉尘云在密闭容器内爆炸时所能达到的最高压力，单位为 MPa。

⑥ 爆炸指数：是指粉尘最大爆炸压力上升速率与密闭容器容积立方根的乘积，单位为 MPa·m/s。

⑦ 粉尘云引燃温度：是指引起粉尘云着火的最低热表面温度，单位为℃。

⑧ 粉尘层引燃温度：是指规定厚度的粉尘层在热表面上发生着火的热表面最低温度，单位为℃。

⑨ 爆炸危险性级别：综合考虑可燃性粉尘的引燃容易程度和爆炸严重程度，确定的粉尘爆炸危险性级别。

2. 爆炸的条件和特点

（1）爆炸三条件

① 存在易燃物质。易燃粉尘或气体以适当的浓度飘浮在空中（氧化剂）。这些物质颗粒直径在 15μm 以下，浓度在 20～6000g/m³ 之间是危险的。发生事故较多的粉尘有铝粉、铝材料研磨粉、锌粉、硅铁粉、铁粉、硅粉、钛粉、镁粉、各种塑料制品粉末、有机合成药品中间体、小麦粉、木材粉、其他易燃粉末等。

② 存在氧化剂。除尘装置的氧化剂主要是空气，而且换气在装置内进行，氧气供应充足。

③ 存在火源。火源包括电火花、静电火花、火焰明火、自燃起火、高温表面热辐射、热线（光线、辐射热）、冲撞摩擦、隔热压缩等。这些火源中，除尘装置易产生的是静电火花、冲撞摩擦、自然以及明火。

当以上 3 个条件都具备时就会发生爆炸。因此，只要除掉其中一个因素即可防爆。

（2）粉尘爆炸机理及特点　粉尘爆炸与气体爆炸相似，也是一种连锁反应，即尘云在火源或其他诱发条件作用下，局部化学反应释放能量，迅速诱发较大区域粉尘发生反应并释放能量，这种能量使空气提高温度，急剧膨胀，形成摧毁力很大的冲击波。与气体爆炸相比，粉尘爆炸有 3 个特点。

① 必须有足够数量的尘粒飞扬在空中才能发生粉尘爆炸。尘粒飞扬与颗粒的大小和气体的扰动速度有关。

② 粉尘燃烧过程比气体燃烧过程复杂，感应期长。有的粉尘要经过粒子表面的分解或蒸发阶段，即便是直接氧化，这样的粒子也有由表面向中心燃烧的过程。感应时间（接触火源到完成化学反应的时间）可达几十秒，为气体的几十倍。

③ 粉尘点爆的起始能量大，几乎是气体的几十倍。

在粉尘爆炸的危害方面还有以下 2 个特点。

① 粉尘爆炸有产生二次爆炸的可能性，因为粉尘初始爆炸的气浪会将沉积粉尘扬起，在新的空间形成爆炸浓度而产生爆炸，这叫二次爆炸。这种连续爆炸会造成极严重的破坏。

② 粉尘爆炸会产生两种有毒气体：一种是一氧化碳；另一种是爆炸物（如塑料）自身分解的毒性气体。毒气的产生往往造成爆炸过后的大量人畜中毒伤亡，必须充分重视。

（3）影响粉尘爆炸的因素　影响粉尘爆炸的因素有粉尘自身形成的与外部条件形成的两个方面因素（见表 6-37）。

表 6-37　粉尘爆炸的影响因素

粉尘自身		外部条件
化学因素	物理因素	
燃烧热	粉尘浓度	气流运动状态
燃烧速度	粒径分布	氧气浓度
与水气及二氧化碳的反应性	粒子形状	温度
	比热容及热传导率	可燃气体浓度
	表面状态	阻燃性粉尘浓度及灰分
	带电性	点火源状态与能量
	粒子凝聚特性	窒息气浓度

二、除尘系统防爆设计

除尘系统是利用吸尘罩捕集生产过程产生的含尘气体，在风机的作用下，含尘气体沿管道输送到除尘设备中，将粉尘分离出来，同时收集与处理分离出来的粉尘。因此，除尘系统主要包括吸尘罩、管道、除尘器、风机和输灰五个部分。

1. 通用事项

（1）控制氧化剂浓度　控制含氧量，防止形成爆炸条件是最常用方法。对于含有 CO 等可燃气体的混合气体，其助燃引爆的最低含氧量为 5.6%。因此，只要控制含氧量低于 5%～8%，即使是可燃气体或易爆粉尘的浓度达到爆炸界限也不至于发生爆炸。

对于容易产生燃烧的粉尘（如铝、镁、锆、硫等），除尘过程中应控制空气中的含氧量，其办法是加入惰性气体。

图 6-41 为利用热风炉惰性气体对易爆粉尘进行干燥处理的典型工艺流程，其含氧浓度控制在低于 5% 范围内。

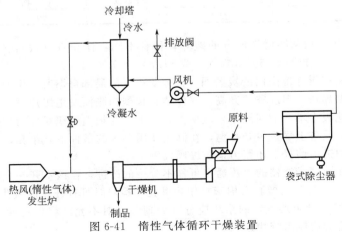

图 6-41　惰性气体循环干燥装置

（2）控制可燃物浓度　控制粉尘浓度不超过爆炸下限浓度。据国外报道，对于悬浮状态的可燃性粉尘或纤维，如果它的爆炸浓度下限不超过 $65g/m^3$，则属于有爆炸危险的粉尘，爆炸浓度下限接近 $15g/m^3$ 的粉尘危险性最大。

在实际工作中，要严格控制粉尘的浓度是很困难的，特别是在除尘器的清灰、卸灰期间，某些局部空间的粉尘浓度将会很高，只能依赖预防措施来弥补。

（3）惰化技术

① 控制风动输送粉尘的速度，使粉尘聚集的能量不超过除尘系统允许的安全点火能量。

② 易燃易爆粉尘的除尘系统，为防止系统产生爆炸，也可采用吸入定量的气体进行稀释或掺混黏土类不燃性粉尘（图 6-42），以改变烟气或粉尘成分，防止发生爆炸。

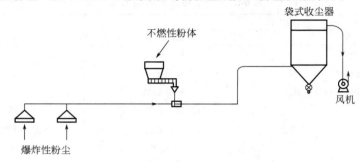

图 6-42　稀释法调制易爆粉尘

③ 消除静电，设备接地。某些资料认为，至少有 10% 的粉尘爆炸是由静电直接引起的，有 20% 是与静电有关，粉尘的起电除了与粉尘本身的物理化学性质有关外，主要还与粉尘浓度、分散度、速度及周围空气的温度和相对湿度有关，并与除尘系统内的管道、设备和滤袋的材质有关。

④ 袋式除尘器应采用防止带电的滤袋，即消静电滤袋（如滤料中编织有 5% 的不锈钢丝纤维），以消除滤袋在摩擦时产生的静电。

⑤ 系统管道接地电阻大于 4Ω 时，管道上应设置接地装置。当管道采用法兰连接时应防止法兰间的垫片使法兰两端绝缘，此时应采用金属丝将法兰两侧连通并接地。

（4）设置防爆安全措施：

① 除尘系统的管道、设备和构件宜用导电性材质制造，其电阻率应小于 $10^7\Omega$，并接地。不同材料对同一粉尘所产生的静电电压是不同的，如表 6-38 所列。

表 6-38　不同材料对同一粉尘所产生的静电电压

材料	铝	松木	镀锌钢板	不锈钢	黄铜
带电电压/V	−510	−1800	−850	500	−1600

② 炭黑烟气的爆炸极限因尾气成分的差异，稍有不同（体积百分数）：爆炸下限 20%（空气）或 4.5%（O_2）；爆炸上限 85%（空气）或 17.7%（O_2）。

在有明火存在又在爆炸范围内的炭黑烟气，包藏火星的局部自燃所产生的热量足以使邻近部分燃烧，使燃烧速度加快，温度骤然升高。气体体积猛烈膨胀而发生爆炸。

火星多蕴藏在花板上堆积的炭黑中，应认真解决上下花板上的积炭黑粉尘的问题。除尘器必须进行良好的密封，设备上尽量少开孔洞，在满足使用要求的条件下开小孔，开孔处设计良好的密封措施。在完善的措施前提下还需考虑防爆阀设施。

一般炭黑烟气在圆筒袋滤器的上流通室可作不分格的改进，在该室开一个检修门，袋滤器顶设 6 个 $\phi500mm$ 孔，运行时用橡胶石棉密封作防爆孔，检修时可打开作通风孔。

③ 含油雾的系统和含可燃气体的系统应分开处理，绝对不允许将处理含可燃性粉尘的除尘系统与有机溶剂作业的通风系统相连。

④ 当处理含湿量高的煤尘时，为防止煤尘黏结、积聚，在净化系统的弯头、三通和袋式除尘器的灰斗壁板外可采用100kPa饱和蒸汽作介质的蒸汽夹层保温，以增加系统中烟气的流动性，防止烟气积聚爆炸。同时，设计中应使弯头的曲率半径在1.5R以上，变径管的张开角在15°以下。

⑤ 在除尘器入口管道上安装火星探测器，采用光电放大器作传感器，发生事故时及时发出报警或采取灭火措施，火星探测器装置如图6-43所示。

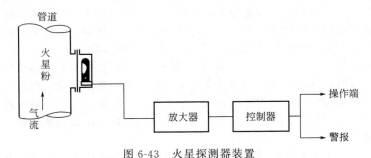

图6-43　火星探测器装置

⑥ 防止火种引燃起爆，一般可采取以下措施：a. 增设火花捕集器或其他预除尘器，捕集灼热粗颗粒；b. 增设喷雾冷却塔，将烟气温度降到着火温度以下，抑制静电荷产生。

2. 吸尘罩

在除尘系统中，粉尘入口处的吸尘罩内一般不会发生爆炸事故，因为粉尘浓度在这里一般不会达到粉尘爆炸的下限。但吸尘罩如果将生产过程中产生的火花吸入，例如砂轮机工作时会产生大量的火花，就可能会引爆管道或除尘器中的粉尘，因此需在磨削、打磨、抛光等易产生火花场所的吸尘罩与除尘系统管道相连接处安装火花探测自动报警装置和火花熄灭装置或隔离阀。同时在吸尘罩口安装适当的金属网，以防止铁片、螺钉等物被吸入与管道碰撞产生火花。

吸尘罩的设置会直接影响产尘场所的除尘效果，设置时遵循"通、近、顺、封、便"的原则。

① 通：在产尘点应形成较大的吸入风速，以便粉尘能畅通地被吸入。

② 近：吸尘罩要尽量靠近产尘点。

③ 顺：顺着粉尘飞溅的方向设置罩口正面，以提高捕集效果。

④ 封：在不影响操作和生产的前提下，吸尘罩应尽可能将尘源包围起来。

⑤ 便：吸尘罩的结构设计应便于操作，便于检修。

3. 除尘管道

除尘系统管道发生爆炸的实例较多，主要是因为除尘管道内可燃性粉尘达到爆炸下限，同时遇到积累的静电或其他点火源，就可能发生爆炸；再者粉尘在管内沉积，当受到某种冲击时，可燃性粉尘再次飞扬，在瞬间形成高浓度粉尘云，若遇上火源也容易发生爆炸。

① 管道应采用除静电钢质金属材料制造，以避免静电积聚，同时可适当增加管道内风速，以满足管道内风量在正常运行或故障情况下粉尘空气混合物最高浓度不超过爆炸下限的50%。

② 为了防止粉尘在风管内沉积，可燃性粉尘的除尘管道截面应采用圆形，尽量缩短水平风管的长度，减少弯头数量，管道上不应设置端头和袋状管，避免粉尘积聚；水平管道每隔6m设有清理口。管道接口处采用金属构件紧固并采用与管道横截面面积相等的过渡连接。

③ 为了防止局部管道爆炸后能及时控制爆炸的进一步发展或防止爆炸引起冲击波外泄，造成扬尘，产生二次爆炸，管道架空敷设，不允许暗设和布置在地下、半地下建筑物中；管道长度每隔6m处，以及分支管道汇集到集中排风管道接口的集中排风管道上游的1m处，设置泄压面积和开启压力符合要求的径向控爆泄压口，各除尘支路与总回风管道连接处设安装自动隔爆阀；若控爆泄压口设置在厂房建筑物内时，使用长度不超过6m的泄压导管通向室外。

④ 易燃易爆的风管不宜敷设在地下或做成地沟风道。

⑤ 在燃烧爆炸事故频率很高比较危险的房间内，除尘风管不应与其他房间相通。

4. 除尘器

（1）干式除尘器　除尘器中很容易形成高浓度粉尘云，例如在清扫布袋式除尘器的布袋时，反吹动作足以引起高浓度粉尘云，如果遇到点火源就会发生爆炸，并通过管道传播，会危及邻近的房间或与之连接的设备。因此除尘器一般设置在厂房建筑物外部和屋顶，同时与厂房外墙的距离大于 10m，若距离厂房外墙小于规定距离，厂房外墙设非燃烧体防爆墙或在除尘器与厂房外墙间之间设置有足够强度的非燃烧体防爆墙。若除尘器有连续清灰设备或定期清灰且其风量不超过 $15000m^3/h$、集尘斗的储尘量小于 45kg 的干式单机独立吸排风除尘器，可单台布置在厂房内的单独房间内，但采用耐火极限分别不低于 3h 的隔墙或 1.5h 的楼板与其他部位分隔。除尘器的箱体材质采用焊接钢材料，其强度应该能够承受收集粉尘发生爆炸无泄放时产生的最大爆炸压力。

为防止除尘器内部构件可燃性粉尘的积灰，所有梁、分隔板等处设置防尘板，防尘板斜度采取小于 70°设置。灰斗的溜角大于 70°，为防止因两斗壁间夹角太小而积灰，两相邻侧板焊上溜料板，以消除粉尘的沉积。

通常袋式除尘器是工艺系统的最后部分，含尘气体经过管道送入袋式除尘器被捕集形成粉尘层，并通过脉冲反吹清灰落入灰斗。在这些过程中，粉尘在袋式除尘器中浓度很有可能达到爆炸下限。因此，要加强除尘系统通风量，特别是要及时清灰，使袋式除尘器和管道中的粉尘浓度低于危险范围的下限。

在袋式除尘器内点火源主要是普通引燃源、冲击或摩擦产生的火花、静电火花及外壳温度等几种。

① 普通引燃源。主要是外界的火源直接进入，特别是气割火焰和电焊火花。因为袋式除尘器一般为焊件，修理仪器时易产生气割火焰和电焊火花。企业应该加强安全管理，提高工人防爆意识，在进行仪器修理前及时清除修理部位周围的粉尘。

② 冲击或摩擦产生的火花。通常是由螺母或铁块等金属物件吸入袋式除尘器发生碰撞引起的火花，其消除方法主要是：在吸尘罩处设置适当的金属网、电磁除铁装置等，并且维修后及时取出落入管道中的金属物质，防止金属进入收尘管道和袋式除尘器中；其次，通风机最好布置在有洁净空气侧的袋式除尘器后面，防止金属异物与风机高速旋转叶片碰撞产生火花，并可防止易燃易爆粉尘与高速旋转叶片摩擦发热燃烧；最后，管网内的风速要合理，过高风速可使粉尘加速对管道的磨损，试验表明磨损率同风速成立方关系，会给除尘器内部带来更多的金属物质。

③ 静电火花。防止静电火花产生是预防粉尘爆炸的一个重要措施。可以将除尘系统的除尘器、管道、风机等设施连接起来做接地处理，也可采用防静电滤布或将除尘器的袋子用铁夹子夹牢后接地。

④ 外壳温度。保持除尘器外壳的温度不能过高，由于大量粉尘被外壳内壁吸附，外壳温度过高使粉尘表面受热，获得能量后易发生熔融和气化，会迸发出炽热微小质子颗粒或火花，形成粉尘的点火源。

对于金属粉尘，如铅、锌、氧化亚铁、锆等，在除尘系统的灰斗中堆积时发生缓慢氧化反应，塑料合成树脂、橡胶等仍保持着制品加工时的摩擦热，此时应采取连续排灰的方法，勿使灰斗内积存过多的粉尘，并要经常观察灰斗及袋室内的温度。企业安装温度传感器，以便随时控制装置内的温度，防止积蓄热诱发火灾引起爆炸。

隔爆装置可以采用紧急关断阀，它是由红外线火焰传感器快速启动气动式弹簧阀而实现的。能够触发安装在距离传感器足够远的紧急关断阀，防止火焰、爆炸波、爆炸物等向其他场所传播形成二次爆炸，从而将爆炸事故控制在特定区域内，避免事态恶化。小型袋式除尘器易采用被动式有压水袋或阻燃粉末装置，粉尘为亲水物质易采用有压水袋，其他采用阻燃粉末装置；大型袋式除尘器易采用智能高压喷洒装置。

（2）湿式除尘器　湿式除尘器是使含尘气体与液体（一般为水）密切接触，利用水滴和颗粒的惯性碰撞或者利用水和粉尘的充分混合及其他作用捕集颗粒，使颗粒增大或留于固定容器内达到水和粉尘分离效果的装置。能够处理高温、高湿的气流，将着火、爆炸的可能性减至最低。

（3）除尘器配件　除尘器粉尘出料机构应按照粉尘出料的需要尽量减小转速，减小摩擦。

所有能相互摩擦的构件、零件，应采用摩擦时不会发生火花的材料制造，通常可使用有色金属与黑色金属搭配，既解决发火问题又能导走静电。

在易燃易爆场所，除尘器配件应选防爆型产品，并应配套灭火装置。

5. 输送设备

输送设备应尽量选用封闭式的运输设备；所用胶带等应采用抗静电、不燃或阻燃材料且不能采用刚性结合。系统内的闸门、阀门宜选用气动式，同时输送设备须有急停装置和独立的通风除尘装置。

（1）气力输送

① 气力输送设施不应与易产生火花的机电设备（如砂轮机等）或可产生易燃气体的机械设备（如喷涂装置等）相连接。

② 输送管道等设施需采用非燃或阻燃的导电材料制成，同时应等电位连接并接地，以防止静电产生和集聚。管道的安装不宜穿过建筑防火墙，如必须穿过建筑防火墙，应采取相应的阻火措施。输送管道应按照国家相关规定开设泄爆口。在露天或潮湿环境中设置的输送管道还必须防止潮气进入。

③ 输灰风机的选型应满足粉尘防爆要求。吸气式气力输送风机必须安置于最后一个除尘器之后。风机应与生产加工设备联锁，风机停机时加工设备应能自动停机。

④ 为防止管道内积尘，应根据粉尘特性保证输送气体有较高的流速。在气流已达到平衡的气力输送系统中，如输送能力已无冗余，不可再接入支管、改变气流管道或调整节气流阀门。

⑤ 当被输送的金属粉浓度接近或达到爆炸浓度下限时，必须采用氮气等惰性气体作为输送载体；同时，必须连续监控管道内的氧浓度。若输送气体来自相对较暖环境，而管道和除尘器的温度又相对较低时必须采取措施避免输送气体中的水蒸气发生冷凝。

⑥ 正压气力输送必须为密闭型，以防止粉尘外泄。多个气力输送系统并联时，每个系统都要装截止阀。

（2）埋刮板输送机

① 埋刮板输送机是借助于在封闭的壳体内运动着的刮板链条而使散体物料按预定目标输送的运输设备。刮板输送机能传播爆炸，并可能造成设备撕裂、火灾或者喷出的粉尘造成二次爆炸。

② 刮板输送机的线速度不宜过高。如果线速度过高，则轴承会发热，一旦达到粉尘云的着火点就可能发生粉尘爆炸。另外，线速度过高就会加剧粉尘的扬起，使粉尘浓度增高，加剧爆炸的危险性。

③ 在埋刮板输送机进料点、卸料点和机身接料处设置吸风口，使机内的粉尘浓度降低至安全水平。因为进料点、卸料点和机身接料处是扬尘点。

④ 为了防止设备破坏，在埋刮板输送机进料点、卸料点设置符合泄爆要求的泄爆装置。

（3）带式输送机　在全封闭状态下，在进、出料口处容易形成粉尘；皮带与托辊、皮带与机体（因跑偏、气垫皮机气压不足等原因）摩擦会产生热量，形成点火源；另外，皮带摩擦还使一些结块的粉尘暗燃，然后通过运输系统带到各个部位，从而引发起火、爆炸。

① 为了降低粉尘浓度，带式输送机进、出料口应安装吸尘罩。

② 为防止摩擦生热发生起火爆炸，在输送机上安装防止胶带打滑（失速）及跑偏装置，超限时能自动报警和停机；遇重载停车后应将胶带上的粉料清理干净后方可复位；所有支承轴承、滚筒等转动部件配置润滑装置。

（4）斗式提升机　斗式提升机是用于垂直提升粉粒状物料的主要设备之一。由于在装料的过程中，斗式提升机的畚斗以较高的速度冲击物料，对物料造成一个很大的摩擦力与冲击力，以及由此造成物料间的摩擦，使物料间的粉尘飞扬出来；在卸料时，从奋斗中抛出物料也造成了粉尘飞扬，因此在斗式提升机内粉尘浓度是完全处在爆炸浓度范围之内的。为了控制粉尘外溢，斗式提升机都是在完全密封的状态下工作的，增加了爆炸的危险性。

① 斗式提升机的轴承上应加装测温装置，发现温度大幅度升高时，操作人员必须马上采取措施，防止轴承过热而达到粉尘云的着火点。

② 为了防止皮带跑偏与机壳发生摩擦产生火花，头轮与底轮中至少有个带锥度的轮毂，同时操作人员要经常通过观察窗观察，发现跑偏及时调整；运行前对皮带进行适当张紧，防止皮带打滑时间过长，皮带轮发热达到粉尘云的着火点；当发生故障时应能立即启动紧急联锁停机装置。

③ 在进料口前应安装磁选装置，防止铁磁性金属杂质进入机内与奋斗等发生撞击与摩擦而产生火花。此外，要经常利用机修时间检查奋斗与螺钉是否紧固，是否有脱落，防止奋斗或螺钉脱落与其他部件发生摩擦产生火花。

④ 尽量用非金属的奋斗，以防止碰撞与摩擦产生火花。尽量采用具有导电性的输送带，可防止静电积累。设备的各个部分都应该良好的接地。

⑤ 严格禁止在斗式提升机的工作期间对其进行电焊、气割等操作，也禁止其他一切明火进入和靠近工作区。

⑥ 经常对斗式提升机的内部与外部进行清理，不能让粉尘过多地、长时间地沉积。

⑦ 为了减轻粉尘爆炸带来的损失，必须在斗式提升机上设置符合泄爆要求的泄爆口。机头顶部泄爆口宜引出室外，导管长度不应超过 3m。如条件允许，应该将斗式提升机设置在室外，以减轻粉尘爆炸对其他设备及建筑物的破坏。

⑧ 在斗式提升机机头与机座处装压力传感器，可以当机内压力发生变化时（爆炸初期），通过压力传感器在非常短的时间内触动灭火器阀门，向机内喷射粉状灭火剂。

⑨ 为了降低粉尘浓度，提升机出口处应设吸风口并接入除尘系统。

6. 料仓

① 料仓必须具有独立的支撑结构，设置泄爆门或泄爆口，将爆燃泄放到安全区域。

② 尽量减少料仓的结构的水平边棱，以防止积尘；同时设置通风系统，但必须避免扬尘。

③ 粉体料仓产生静电的来源有 3 个：a.粉体物料在进入料仓前就带有；b.粉体物料与料仓壁之间的摩擦；c.粉体物料本身之间的摩擦。高度带电的粉体在料仓内的积累，能产生很强的静电场，由此易导致静电放电和燃爆事故。在设计料仓时，不仅要在外壁上设置静电接地板，而且要在其他附属设备上尤其是过滤器上设置静电接地板接地。

④ 具有潜在自燃危险的粉尘必须储存于室外或独立的建筑内。如储存在室内，需要采取防止粉尘自燃的措施。为了防止粉料由于存放时间过长产生升温自燃现象，必须采用"先进先出"的原则设计。

7. 风机和电动机

易燃易爆粉尘的除尘系统应采用防爆风机和防爆电机。处理易燃、损耗大的粉尘时，这些机器原则上应安装在除尘装置的后边。因为粉尘造成的磨损、黏着、腐蚀等，可以使叶轮失掉平衡，发生强烈的振动和噪声并迅速导致事故发生。叶轮的破损不仅可能由机械事故造成，还可能是冲撞产生的火花造成的。另外，传送带移动时引起的摩擦热、电机的火花都是火源。

8. 其他

在爆炸、火灾可能发生的情况下设备应与建筑物保持一定的安全距离，并用耐压结构的壁面将其围起来。在重要的场所设置爆炸通气口，防止易燃粉尘和气体大量泄漏，不能让粉尘在室内特别是房梁、架子上堆积，要经常打扫。根据防灾要求，不断完善防燃防爆措施。

三、泄爆原理与泄爆面积计算

1. 泄爆基本原理

泄爆是指在爆炸初始或扩展阶段，将围包体内高温高压燃烧物通过围包体强度最低的部分

（即泄压口）向安全方向泄出，使围包体免遭破坏的技术。如图 6-44 所示，曲线 A 是在无泄压装置、足够大的强度容器中，粉尘爆炸压力随时间变化情况。在容器强度为 p_s 的容器上开一小泄压口，其他条件不变，则压力与时间的关系如曲线 B 所示。最大泄爆压力超过了容器的强度，容器仍被破坏。如泄压口开得足够大，最大泄爆压力如 C 线所示，低于容器的强度，容器不会因爆炸而破坏。

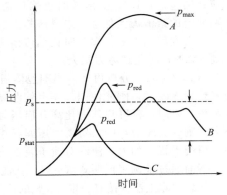

图 6-44　典型的未泄爆的压力随时间变化曲线

2. 泄爆装置技术要求

泄爆装置的设计应按照生产过程处理物料的理化性质、粉尘爆炸指数 K_{max}、操作温度和压力、生产中压力波动情况、有无反向压力变化情况、要求的开启压力、泄爆口尺寸、围包体容积及其长径比、特殊和通常的操作条件、允许的最大泄爆压力、围包体材料、有关的泄爆膜强度、有关泄爆框的材料、所需泄压的总面积、安装条件及尺寸等，并满足以下要求。

① 有准确的开启压力。

② 启动惯性小，一般要求泄爆关闭物不超过 $10kg/m^2$。

③ 开启时间尽可能短，而且不能阻塞泄爆口。

④ 要避免冰雪、杂物覆盖和腐蚀等因素使实际开启压力值增大。

⑤ 在泄爆门密封处以微弱的热消除冰冻，避免增加开启压力。

⑥ 避免爆炸装置碎片对人员和设备造成危害。

⑦ 要防止泄爆后泄爆门关闭，围包体内产生负压，使围包体受到破坏，因此在泄爆门旁应设合适的负压消除装置以消除负压。

⑧ 要防止大风流过泄压口时将泄爆盖吸开。

⑨ 泄压口应安装安全网，以免人失误落入，网孔应大一些，以免减小泄爆面积。

3. 泄爆面积设计计算

（1）$\geqslant 0.02$MPa 泄压面积计算　根据《粉尘爆炸泄压指南》（GB/T 15605），对于围包体耐压强度 $p_{red.max} \geqslant 0.02$MPa 的泄压面积可采用以下公式计算：

$$A_V = aV^{2/3}K_{st}^c p_{red.max}^c \tag{6-34}$$

$$a = 0.000571\exp(20p_{stat})$$

$$b = 0.978\exp(-1.05p_{stat})$$

$$c = -0.687\exp(2.26p_{stat})$$

式中，A_V 为泄压面积，m^2；V 为围包体体积，m^3；$p_{red.max}$ 为最大泄爆压力，MPa；p_{stat} 为开启静压，MPa；K_{st} 为粉尘爆炸指数，MPa·m/s。

如果在容器泄爆口上的泄爆装置外安装泄爆管，则会引起最大泄爆压力增大。容器安装泄爆管后最大泄爆压力变化可按式（6-35）、式（6-36）计算：

当 $0 < L < 3$m 时

$$p'_{red.max} = 0.83 \times (p_{red})^{0.654} \tag{6-35}$$

当 $3 < L < 6$m 时

$$p'_{red.max} = 0.90 \times (p_{red})^{0.4776} \tag{6-36}$$

将按式（6-35）或式（6-36）计算的最大泄爆压力代入式（6-34），即可计算出带泄爆管的围包体泄压面积。

式（6-34）适用于围包体长径比 $\leqslant 5$ 的工况。这是因为围包体长径比 < 2 时火焰基本上没有

加速；围包体长径比为2～5时火焰传播有加速；围包体长径比＞5时，由于火焰在传播过程中火焰前沿的紊流大大加强了未燃区粉尘云的挠动，从而加剧了爆燃，在一定管径和足够长度管道中，就会发展到爆轰。爆轰时火焰传播速度可达2000m/s以上，压力可增至2MPa数量级，甚至达到8MPa，因此破坏力很大。

由式（6-34）分析可知，当围包体强度及粉尘爆炸指数一定时，可通过调整泄爆装置开启压力（粉尘爆燃时，刚能使围包体上的泄爆装置动作的压力）或泄压面积来控制最大泄爆压力。泄压面积一定时，低开启压力比高开启压力产生的最大泄爆压力小．因此如果达到同样大小的泄爆压力，则开启压力小的，所需泄压面积小。但开启压力大小要受工艺要求的制约，开启压力太小，稍受干扰（如大气流动对泄压装置产生吸力等）就会打开泄爆口，影响生产操作。

下面通过举例来说明式（6-34）在泄压面积计算上的应用。

某袋式除尘器（接有一根2m长的泄爆管）设计参数如下：$V = 4.2\text{m}^3$；$L/D = 4.95$，$p_\text{red.max} = 0.163\text{MPa}$，$K_\text{st} = 150\text{MPa/(m/s)}$，$p_\text{stat} = 0.01\text{MPa}$。

根据以上参数可以计算出：

$$a = 0.000571\exp(20p_\text{stat}) = 0.000697$$

$$b = 0.978\exp(-1.05p_\text{stat}) = 0.9678$$

$$c = -0.687\exp(2.26p_\text{stat}) = -0.7027$$

因其接有一根2m长的泄爆管，会引起最大泄爆压力增大，由式（6-35）可得：

$$p'_\text{red.max} = 0.83 \times (p_\text{red.max})^{0.654} = 0.253$$

从而

$$A_\text{V} = aV^{2/3}K_\text{st}^b p'^c_\text{red.max} = 0.60\text{m}^2$$

（2）0.005～0.02MPa泄爆设计计算　除尘器耐内压能力＜0.02MPa泄压面积的计算如下。

最大泄爆压力在0.005MPa＜$p_\text{red.max}$＜0.02MPa，开启压力不大于下式的值：

$$p_\text{mat} = p_\text{red.max}/2$$

式中，p_mat为开启压力，MPa；$p_\text{red.max}$为最大泄爆压力，MPa。

泄爆（盖）板的惯性尽可能小，最大为10kg/m²；围包体容积不超过1000m³；围包体长径比不超过5；未考虑泄爆导管的影响。

计算泄爆面积时，可根据爆炸指数K_max与最大泄爆压力从扩展诺谟图（图6-45）查出与最大泄爆压力$p_\text{red.max}$相应的$A_\text{V}/V^{2/3}$值X，再从下式计算出相应的泄压面积：

$$A_\text{V} = XV^{2/3} \tag{6-37}$$

式中，A_V为泄压面积，m²；V为围包体容积，m³；X为查图6-45所得$A_\text{V}/V^{2/3}$值。

（3）≤0.01MPa泄爆面积计算　适用于最大泄爆压力不大于0.01MPa的除尘器设备外壳等，

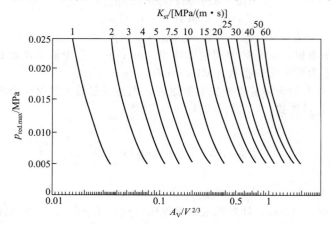

图6-45　扩展诺谟图（适用于0.005MPa＜$p_\text{red.max}$＜0.02MPa）

且最大泄爆压力至少超过开启压力 0.0024MPa；泄爆盖的开启压应尽可能低. 当开启压力低至 0.001MPa 或 0.0015MPa 时应考虑室外风的吸开问题。泄爆口应尽可能均匀分布。初始压力为大气压。

泄爆方程

$$A_V = CA_s / (p_{red.\,max} - p_0)^{1/2} \qquad (6-38)$$

式中，A_V 为泄爆面积，m^2；A_s 为围包体总内表面积（包括墙、地板和天花板，但不包括承受压力的隔墙），m^2；$p_{red.\,max}$ 为最大泄爆压力（绝对压力），MPa；p_0 为初始环境压力（绝对压力），MPa；C 为泄爆方程常数，决定于粉尘种类，$(kPa)^{1/2}$，其值根据粉尘的爆炸等级采用表 6-39 的推荐值。亦可根据粉尘爆炸指数 K_{max} 的大小而采用表 6-40 的推荐值。

表 6-39　泄爆方程常数（一）

可燃物种类	$C/(kPa)^{1/2}$	可燃物种类	$C/(kPa)^{1/2}$
S_t1 级粉尘	0.26	S_t3 级粉尘	0.51
S_t2 级粉尘	0.30		

表 6-40　泄爆方程常数（二）

$K_{max}/[MPa/(m/s)]$	1.0	2.0	3.0	4.0	5.0	7.5	10.0	15.0	20.0	25.0	30.0	40.0	50.0	60.0
$C/(kPa)^{1/2}$	0.013	0.026	0.039	0.055	0.071	0.108	0.144	0.221	0.276	0.331	0.428	0.551	0.651	0.788

因初始压力为大气压。$p_{red.\,max}$ 为最大泄爆压力 kPa（表压），故下式为：

$$A_V = CA_s / (p_{red.\,max})^{1/2} \qquad (6-39)$$

如果泄爆口均匀分布于长形的围包体上，则上式没有长径比的限制。因此应用上式于长形围包体泄爆时。应使泄爆口沿长度方向尽可能均匀和对称分布，以消除后坐力和降低最大爆炸压力。

对非圆或方形截面积则可用当量直径进行计算。长形围包体且在一端泄爆的限制条件为：

$$L_m \leqslant 12A/B \qquad (6-40)$$

式中，L_m 为围包体最大的尺寸，m；A 为横截面积，m^2；B 为横截面周长，m。

4. 防爆泄压面积的估算

对于高浓度燃爆粉体的除尘设备，防爆通风面积过小不能满足要求，防爆太大也没必要浪费。爆炸泄压以泄压面积与除尘器容积之比表示，一般在（1：5）～（1：50）范围内，视粉尘爆炸指数大小而定。燃煤粉尘的泄压面积与除尘设备容积之比一般取 1：35（m^2/m^3）左右。确定高浓度、防爆型袋式除尘器泄压面积。

估算时有的是按泄压孔面积和除尘器容积之比的经验数据确定，如国内煤气工业推荐的孔积比为 1/40；美国防止火灾协会（NFPA）推荐的孔积比为 1/30～1/50；日本三井三池制作所的 MDV 型袋式除尘器推荐的孔积比为 1/50。这些推荐值可能都有一定的实践数据作基础，但是得出的结果往往差别很大。

四、泄爆装置与选用

1. 泄爆膜与膜式泄爆阀

（1）泄爆膜　泄爆膜（又称爆破片）一般有框将其固定在围壳体上，它适用于操作较简单，对开启压力要求严格的场合。但要设计合理。应经专门机构检验合格后使用。泄爆膜开启压力允许误差为设计开启压力值的 ±25%。过程操作压力一般取泄爆膜开启压力的 50%～70%，要避免泄爆膜错误打开。泄爆膜的孔径不应太大。以避免容器内压力波动时，使膜颤动而降低寿命。

开启压力随膜的厚度、机械加工的缺陷、湿度、老化和温度有很大变化。开启压力与膜厚成正比. 与面积成反比。很多膜片是电的绝缘材料，由于电荷的建立，引起粉尘的聚积从而影响开启压力。故应使泄爆膜与密封垫都具有导电性，并接地。接地电阻值不大于 10Ω。在高温条件下，如需要泄爆口隔热可以将泄爆膜两边与绝热材料组合在一起。泄爆膜和爆破片的材料应选：

a. 抗拉强度低；b. 耐腐蚀性好；c. 抗老化抗疲劳性能好；d. 尽可能轻，使开启时惯性小，动作时间短；e. 如在高温下使用时，则要选择耐高温的材料。

爆破片是设计在较准确的指定开启压力爆破的泄爆装置，因此是专业厂家生产的（表6-41）。一般采用刻有沟纹的金属片（最常用的是不锈钢）和聚四氟乙烯薄膜；对高温生产环境，也有采用如铝膜或镍膜等金属材料组成的爆破片。其技术要求如下所述。

① 设计开启压力值。

② 开启压力允许偏差值，指实际开启压力相对于设计开启压力值的偏差。开启压力越大允许偏差越小。当开启压力为0.005MPa时允许偏差值为设计值的±10%。

③ 适用温度、压力、湿度、介质。

表 6-41 爆破片选型表

类型	代号	受压方向	最大工作压力/爆破压力/%	爆破压力/MPa	泄放口径/mm	有否碎片	抗疲劳性能	介质相态
正拱普通型	LP		70	0.1～300	5～800	有（少量）	一般	气、液
正拱开缝型	LK		80	0.05～5	25～800	有（少量）	较好	气、液
反拱刀架型	YD		90	0.2～6	25～800	无	好	气
反拱鳄齿型	YE		90	0.05～1	25～200	无	好	气
正拱压槽型	LC		85	0.2～10	25～200	无	较好	气
反拱压槽型	YC		90	0.2～0.5	25～200	无	好	气
平拱开缝型	BK		80	0.005～0.5	25～200	有（少量）	较差	气、液
石墨平板型	SB		80	0.05～0.5	25～200	有	一般	气、液

注：摘自上海华理安全装备公司样本。

（2）膜式泄爆阀 泄爆阀用于含有可燃气体或可燃物质的除尘系统中，可作为易爆管道或设备的卸压装置。泄爆阀的膜片通常要根据除尘系统运行压力及可燃物质的含量进行计算，而后选择材质、厚度、划痕，切不可因选择不当影响系统的正常运行。该阀结构简单，由钢制焊接筒体和泄爆阀片组成；当系统压力大于0.1MPa或设定压力时，泄爆阀片自行破裂，防止系统发生爆炸，以保证生产和人身安全。该阀有圆形（Ⅰ型）、方形（Ⅱ型）两种，见图6-46，外形尺寸见表6-42。

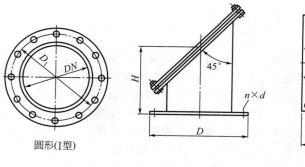

图 6-46 泄爆阀外形尺寸

表 6-42　泄爆阀主要尺寸　　　　　　　　　　　　　　　单位：mm

方形						圆形					
$A \times A$	$B \times B$	$C \times C$	H	$n \times d$	质量/kg	DN	D	D_1	H	$n \times d$	质量/kg
200×200	270×270	305×305	220	8×ϕ18	40	200	305	270	220	9×ϕ18	37
250×250	335×335	370×370	250	12×ϕ18	48	250	370	335	250	12×ϕ18	44
300×300	385×385	425×425	300	12×ϕ18	54	300	425	385	300	12×ϕ18	55
350×350	435×435	477×477	350	12×ϕ18	67	350	477	435	350	12×ϕ18	65
400×400	490×490	536×536	400	12×ϕ18	85	400	536	490	400	12×ϕ18	82
450×450	510×510	588×588	450	16×ϕ18	99	450	588	540	450	16×ϕ18	94
500×500	600×600	649×649	500	16×ϕ18	112	500	619	600	500	16×ϕ18	108
600×600	700×700	750×750	550	16×ϕ18	152	600	750	700	550	16×ϕ18	142
700×700	800×800	850×850	550	16×ϕ22	204	700	850	800	550	16×ϕ22	180
800×800	900×900	950×950	600	20×ϕ22	228	800	950	900	600	20×ϕ22	202

2. 重锤式泄爆阀

在风机前管路上设置安全阀以便在万一发生煤气爆炸时可紧急泄压。安全阀的形式如图 6-47 和图 6-48 所示。

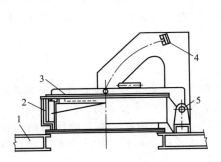

图 6-47　上部安全阀

1—汽化冷却烟道；2—水封；3—压盖；
4—限位开关；5—转轴

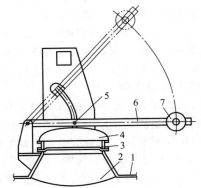

图 6-48　下部安全阀

1—煤气管道；2—泄压孔；3—铜片；4—压盖；
5—限位开关；6—压杆；7—重锤

图 6-47 所示为上部安全阀，往往设在烟道顶部。正常生产时压盖扣下，以水封保持密封，水封高度为 250mm；万一烟道内发生激烈燃烧，压力大于压盖重量，即紧急冲开压盖，进行泄压。

图 6-48 所示为下部安全阀，设在机前。正常生产时，压盖在重锤的作用下关闭泄压孔，泄压孔内焊有薄铜板，万一发生爆炸，气体冲破铜板，打开压盖，进行泄压。

3. 弹簧式泄爆阀

（1）普通弹簧式泄爆阀　FB45X-0.5 型弹簧式泄爆阀（图 6-49）是一种常用泄爆防爆装置。

弹簧式泄爆阀可用于可能发生超压的气体介质管路或装置上，对管路或装置起保护作用。

弹簧式泄爆阀可在设定压力下自动打开，并在能量释放后自动复位关闭，可反复多次使用。

FB45X-0.5 型弹簧式泄爆阀的技术性能见表 6-43。

FB45X-0.5 型弹簧式泄爆阀的规格尺寸见表 6-44。

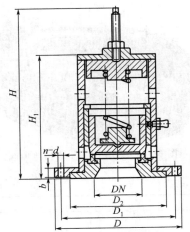

图 6-49　FB45X-0.5 型弹簧式泄爆阀

表 6-43　FB45X-0.5 型弹簧式泄爆阀的技术性能

项目	性能	项目	性能
适用介质	空气、含尘烟气	启跳压力	0.05MPa
适用温度	≤120℃	安装要求	竖直安装或倾斜＜45°

表 6-44　FB45X-0.5 型弹簧式泄爆阀规格尺寸　　　单位：mm

DN	D	D_1	D_2	n-d	b	H	H_1	质量/kg
100	265	225	200	8-17.5	18	342	258	31
150	320	280	258	8-17.5	18	342	258	48
200	375	335	312	12-17.5	18	414	330	70
250	440	395	365	12-22	20	414	330	95
300	490	445	415	12-22	20	560	460	127

（2）新型泄爆阀　SMS ELEX 公司研发了一种新型泄爆阀（图 6-50），能可靠地在发生爆炸时通过爆燃释放多余的压力，随后还能及时关闭保证密封性。由于具有令人信服的卓越泄压特性和紧凑型设计，该泄爆阀通过了 94/9/EC（ATEX 95）安全认证，可用于气体和粉尘领域。泄爆压力通常为 5GPa，泄爆成功率可达到 80%。与传统的泄爆阀相比，新型泄爆阀不会因弹簧载荷调整不准确而产生风险，因为它是采用一个不需要调整的锥形弹簧，非常可靠。SMS ELEX 的泄爆阀安装在较小尺寸 DN700mm 的法兰上，可以灵活布置。

4. 组合式泄爆阀

组合式泄爆阀是两种泄爆方式的串联形式。

组合式泄爆阀用于除尘系统和设备时，对承受压力的气体管路、容器设备及系统起瞬间泄压作用，以消除对管路、设备的破坏，杜绝爆炸事故发生。保证生产安全运行。

① XBF-Ⅰ型泄爆阀由阀体、防爆片、夹持器、阀盖、重锤等组成。当系统压力超过设计压力时，防爆片自行破裂，防止系统发生爆炸；泄压后。由于重锤的作用，阀盖自动关闭，可避免介质大量外泄。如图 6-51 所示，主要连接尺寸见表 6-45。

图 6-50　SMS ELEX 公司泄爆阀

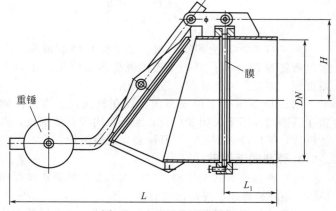

图 6-51　XBF-Ⅰ型泄爆阀

表 6-45　XBF-Ⅰ型泄爆连接尺寸　　　单位：mm

DN	L	L_1	H	质量/kg
300	880	250	250	52
350	907	250	275	69
400	1010	250	300	77

续表

DN	L	L_1	H	质量/kg
450	1060	252	325	83
500	1180	300	370	112
600	1280	300	420	152
700	1390	300	470	193
800	1480	300	520	165
900	1590	350	600	335
1000	1680	350	650	375

　② XBF-Ⅱ型泄爆阀由箱体及防爆门组成。当系统压力超过设计压力时，防爆门自行开启泄压，防止系统发生爆炸；泄压后，系统压力降低，防爆门在重锤的作用下自动回位。如图 6-52 所示，主要连接尺寸见表 6-46。

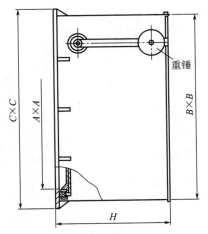

图 6-52　XBF-Ⅱ型泄爆阀

　　泄爆阀的使用压力低于 0.1MPa，温度小于 80℃；适用范围为含有易燃易爆气体或粉尘的设备或系统。

5. 泄爆装置选用要点

　① 泄爆口的位置应尽量设置在：a. 靠近可能产生引爆源的地方；b. 设置在包围体顶部或上部；c. 不得泄向易燃易爆危险场所，以免点燃其他可燃物；d. 不得泄向公共场所，以免泄爆伤害；e. 为防止防爆片破裂后大量气体充入车间，可将防爆片接排气管直通室外。

　② 泄爆阀的活动部分的总质量（包括隔热材料和固定用的元件）应尽可能轻，启动惯性小，一般不超过 10kg/m²，但应考虑泄爆阀避免受到室外风力影响而被吸开。

表 6-46　XBF-Ⅱ型泄爆阀连接尺寸　　　　　单位：mm

A×A	B×B	C×C	H
400×400	560×560	620×620	350
500×500	660×660	720×720	400
600×600	760×760	820×820	450
700×700	880×880	940×940	500

　③ 泄爆阀的开启时间尽可能短，而且不应使泄爆口被堵塞。

　④ 泄爆阀的阀板必须设计和安装成可以自由转动，不受其他障碍物的影响。

　⑤ 当爆破片为侧面泄压时，尽可能不采用易碎材料（如水泥板或玻璃），避免爆炸装置碎片对人员和设备造成危害，否则应设置阻挡装置，以减小伤害力。

　⑥ 泄爆口必须设置栏杆，以免伤及人员。

　⑦ 泄爆阀应避免冰雪、杂物等因素的覆盖，以免增大阀的实际开启压力值。

　⑧ 泄爆阀的泄爆盖应避免受大风的影响而被吸开。

　⑨ 管道各段应进行径向泄压，泄压面积至少等于管道的横截面积。安装在建筑物内的管道设置通向建筑物外的泄压导管，导管长度不得超过 6m。

　⑩ 管道泄爆可选膜式泄爆阀或重锤式泄爆阀。

　⑪ 设备泄爆应选用弹簧式泄爆阀或组合式泄爆阀。

　⑫ 同一台设备可以选用多台同一形式泄爆阀，也可以选用不同形式的泄爆阀和安全阀。

　⑬ 对于塑性材料围包体，最大泄爆压力 p_{red} 不得超过围包体最薄弱元件抗拉强度的 2/3，此

时可能围包体会产生变形；对于脆性材料围包体，最大泄爆压力 p_{red} 不得超过围包体最薄弱元件抗拉强度的 1/4；对低强度围包体，还要确保围包体强度超过泄爆压力 2.4kPa。

⑭ 必须确保泄放装置可靠地全部打开，不得受到沉积物，例如雪、冰、涂料、黏稠物质、聚合物等的阻碍，也不得受到管道或其他结构的阻碍，更不得因腐蚀、生锈等造成动作失灵。

⑮ 泄放装置须耐工艺介质和环境介质腐蚀。

⑯ 应定期对泄放装置进行检查，必要时应定期更换。

第七章　高温烟气冷却降温与管道设计

在冶金、建材、电力、机械制造、耐火材料及陶瓷工业等生产过程中排放的烟气，其温度往往在130℃以上，在环境工程中称为高温烟气。高温烟气除尘的困难和复杂性，不仅是因为烟气温度高而需要采取降温措施或使用耐高温的除尘器，而且还因为烟气温度高会引起烟气和粉尘性质的一系列变化。所以，只有对烟气的特征、粉尘性质、降温方法、除尘设备诸多方面有了全面的了解后再进行设计才能获得满意效果。

第一节　高温烟气的特征

一、高温烟气特性

在除尘工程中有许多处理高温烟气的场合，如炼钢电炉、转炉；水泥厂的回转窑、立窑；电站锅炉；工业锅炉等都会排出大量的烟气。这些烟气通常具有以下特点。

① 温度较高，可达500℃以上，当温度超过130℃在除尘工程中称为高温烟气。

② 成分复杂，烟气中含有尘粒的成分随原料及化学过程而异，除了含有粉尘外还含有各种不同的有害气体，如燃煤烟气中的 CO_2、CO、SO_2、NO_2 等。

③ 烟气量大，随着工艺设备向大型化发展，这些设备所产生的烟气量非常庞大。

④ 烟气密度和体积的变化较大。

与常温烟气相比，高温烟气性质的变化主要表现在烟气的密度、体积、黏度和气体分子运动的变化；其次表现为烟气露点、爆炸极限的不同。

1. 密度

在理想状态下，气体的密度可由状态方程来表示，即：

$$\rho = \frac{p}{RT} \tag{7-1}$$

式中，ρ 为气体的密度 kg/m^3；p 为气体的压力，Pa；T 为气体的温度，℃；R 为气体常数，$J/(kg \cdot K)$。

从这个计算式可以看出，如果压力不变，气体的密度与温度的变化成反比。烟气温度每升高100℃，则密度约减少20%。

高温烟气通常是由多种气体组成的，其成分、温度、压力的变化会引起烟气密度变化，计算时应按高温混合气体考虑。

标准状态下干烟气密度可按下式计算：

$$\rho_0 = \frac{1}{22.4} \sum_{i=1}^{n} \varphi_i M_i \tag{7-2}$$

式中，ρ_0 为高温状态下干烟气密度，kg/m^3；φ_i 为高温烟气中各成分的体积分数；M_i 为高温烟气中各成分的摩尔质量，$kg/kmol$。

在计算管路及设备的选择上，都要予以考虑烟气在高温状态下密度减少、体积增加、工况烟气量比标态烟气量大等情况。例如，烟气温度升高200℃则烟气体积约增加40%。

由于烟气是混合气体，其定压摩尔热容符合于各组气体按百分比叠加的原理，即：

$$c_p = \sum_{i=1}^{n} \varphi_i c_{pi} \tag{7-3}$$

式中，c_p 为混合气体的定压摩尔热容，kJ/(kmol·K)；c_{pi} 为混合气体中各组成成分的定压摩尔热容，kJ/(kmol·K)；φ_i 为混合气体中各组成成分的体积分数。

2. 黏度（动力黏度）

气体的黏度随温度变化关系可用下式来表示：

$$\mu = 1.7580 \times 10^{-6} \times \frac{380}{380 + t} \times \left(\frac{273 + t}{273}\right)^{\frac{3}{2}} \tag{7-4}$$

式中，μ 为气体的黏度，Pa·s；t 为气体的温度，℃。

由上式知道，气体的黏度随着温度的升高而增大，且增大的幅度相当大。

3. 分子运动

分子运动的变化主要表现在气体分子的平均自由行程的不同。一定质量的气体，单位体积内所含有的分子数是不变的。当温度升高时，分子运动加剧，分子的平均速率增大；此时，不仅分子撞击的次数增多，撞击力也增大，若系统的体积不变，会导致压力增大。

4. 爆炸极限

在许多生产条件下，高温烟气中含有可燃成分。例如，高炉、炼钢转炉、铁合金炉、回转窑、焦炉等烟气中均含有氢、一氧化碳等可燃成分。这些可燃物与空气或氧气混合，高温烟气容易使其达到最低着火温度，就有爆炸的危险。爆炸极限和着火温度可由第一章查得。

5. 粉尘性质变化

在高温烟气中，温度的提高使粉尘性质也发生变化，其中粉尘比电阻、黏度和吸附性能均有变化。粉尘的黏度，多数是随温度的提高而增加，难于分散。粉尘在高温下性质的变化也是除尘考虑的重要问题。

二、高温烟气露点

炉窑烟气成分中，常含有 SO_2 等成分，在 $600 \sim 650$℃ 的温度范围内，SO_2 容易转化成 SO_3。在气体温度降到露点以下时，对于金属烟管与除尘设备产生腐蚀，高温烟气系统冷却降温时应尽量避免出现露点温度。当含有 HCl 或 HF 气体成分时，也应注意此问题。

1. 含有水蒸气和 SO_3 气体的露点温度

含有水蒸气和 SO_3 气体的露点温度（t_p）可计算如下：

$$t_p = 186 + 20 \lg[H_2O] + 26 \lg[SO_3] \quad (℃) \tag{7-5}$$

式中，$[H_2O]$ 为被冷却烟气中 H_2O 的含量（体积百分数），%；$[SO_3]$ 为被冷却烟气中 SO_3 的含量（体积百分数），%。

按此公式绘出含有 H_2O 和 SO_3 气体的露点温度列线如图 7-1 所示。

【例 7-1】 水蒸气的分压力在气体中为 5.17kPa，气体中 SO_3 的浓度为 $1.1g/m^3$，如已知设备的压力接近 10.1kPa，确定气体的露点。

解： 从分压 $p_{H_2O} = 5.17$kPa，求得相应的水蒸气的浓度为 $\frac{5.17 \times 100}{10.1} = 5\%$（体积）。

由列线图中，将 SO_3 浓度为 $1.1g/m^3$ 和 H_2O 浓度为 5% 的两点连直线，在温度标尺上得到在此条件下的露点为 161℃。

2. 含有水蒸气和 HCl 气体的露点温度

含有水蒸气和 HCl 气体露点温度可从图 7-2 查出。

【例 7-2】 已知气体中水蒸气的分压 $p_{H_2O} = 5.44 \times 10^3$Pa，而 $p_{HCl} = 2.72 \times 10^3$Pa，求出冷凝温度和冷凝液浓度。

解： 从纵坐标轴上 $p_{H_2O} = 5.44 \times 10^3 Pa$ 的点引水平线与相应于 $p_{HCl} = 2.72 \times 10^3 Pa$ 的线相交于 a 点，交点 a 的横坐标给出了冷凝温度值50℃，由点 a 继续作垂线到点 b 与 $p_{HCl} = 2.72 \times 10^3 Pa$ 的线相交（图的上面部分），求得冷凝液浓度为26.3%。

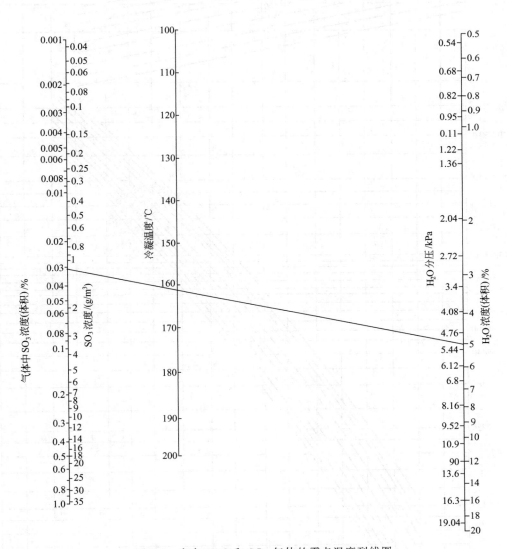

图 7-1　含有 H_2O 和 SO_3 气体的露点温度列线图

3. 含有水蒸气和 HF 气体的露点温度

含有水蒸气和 HF 气体的露点温度可从图 7-3 查出。

【例 7-3】 在气体中 $p_{H_2O} = 8.16 \times 10^3 Pa$，$p_{HCl} = 680Pa$，需确定其露点温度。

解： 由图 7-3 查得露点 $t_p \approx 49℃$，冷凝液的最初浓度约24%。

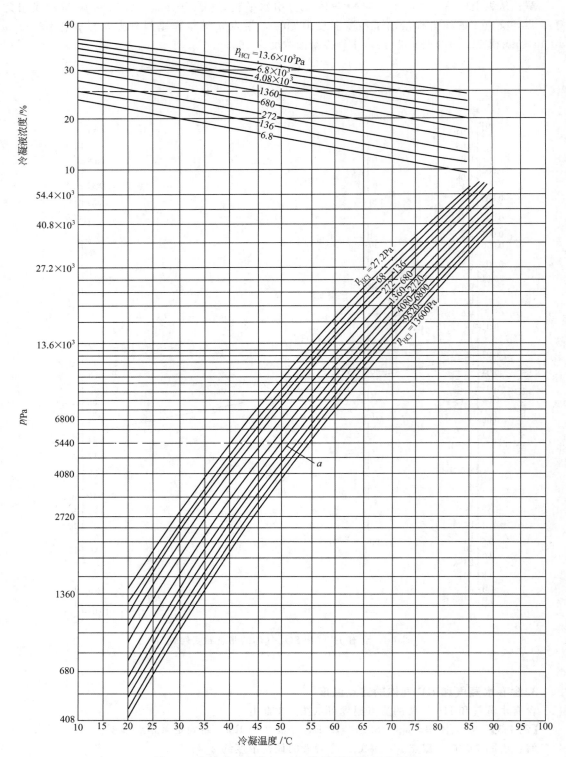

图 7-2 含有水蒸气和 HCl 气体的露点温度列线图

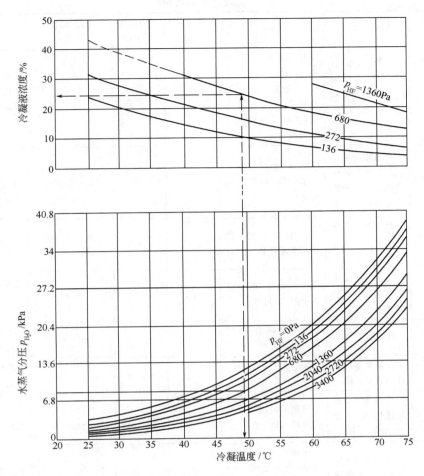

图 7-3　含有水蒸气和 HF 气体的露点温度列线图

第二节　高温烟气冷却降温

一、冷却方法的分类及特性

1. 冷却方法分类

冷却高温烟气的介质可以采用温度低的空气或水，称为风冷或水冷。不论风冷、水冷，可以是直接冷却，也可以是间接冷却，所以以冷却方式用以下方法分类。

（1）吸风直接冷却　将常温的空气直接混入高温烟气中（掺冷风方法）。

（2）间接风冷　用空气冷却在管内流动的高温烟气。用自然对流空气冷却的风冷称为自然风冷，用风机强迫对流空气冷却称为机械风冷。

（3）喷雾直接冷却　往高温烟气中直接喷水，用水雾的蒸发吸热，使烟气冷却。

（4）间接水冷　用水冷却在管内流动的烟气，可以用水冷夹套或冷却器等形成。

2. 冷却方法特点

各种冷却方法都适用于一定的范围，其特点、适用温度和用途各不相同，见表 7-1。

表 7-1 冷却方式的特性

冷却方式		优 点	缺 点	漏风率/%	压力损失/Pa	适用温度/℃	用 途
间接冷却	水冷管道	可以保护设备,避免金属氧化物结块而有利清灰;热水可利用	耗水量很大,一般出水温度不大于45℃,如提高出水温度则会产生大量水垢,影响冷却效果和水套寿命	<5	<300	出口>450	冶金炉出口处的烟罩、烟道、高温旋风除尘器的壁和出气管
	汽化冷却	具有水套的优点,可生产低压蒸汽,用水量比水套节约几十倍	制造、管理比水套要求严格,投资较水套大	<5	<300	出口>450	冶炼炉出口处烟道、烟罩冷却后接除尘器
	余热锅炉	具有汽化冷却的优点,蒸汽压力较大	制造、管理比汽化冷却要求严格	10~30	<800	进口>400 出口>200	冶炼炉出口
	热交换器	设备可以按生产情况调节水量以控制温度	水不均匀,以致设备变形,缩短寿命	<5	<300	>500	冶炼炉出口处或其他措施后接除尘系统
	风套冷却	热风可利用	动力消耗大,冷却效果不如水冷	<5	<300	600~800	冶金炉出口除尘器之前
	自然风冷	设备简单可靠管理容易节能	设备体积大	5	<300	200~600	炉窑出口除尘器之前
	机械风冷	管道集中,占地比自然风冷少,出灰集中	热量未利用需要另配冷却风机	<5	<500	进口>200 出口>100	除尘器前的烟气冷却
直接冷却	喷雾冷却	设备简单,投资较省,水和动力消耗不大	增加烟气量、含湿量,腐蚀性及烟尘的黏结性;湿式运行要增设泥浆处理	5~30	<900	一般干式运行进口>450,高压干式运行>150,湿式运行不限	湿式除尘及需要改善烟尘比电阻的电除尘前的烟气冷却
	吸风冷却	结构简单,可自动控制使温度严格维持在一定值	增加烟气量,需加大除尘设备及风机容量			一般<200~100	袋式除尘器前的温度调节及小冶金炉的烟气冷却

注:漏风率及阻力视结构不同而异。

3. 热平衡计算

高温烟气冷却降温的热平衡计算包括烟气放出热量和冷却介质(水和空气)所吸收带走的热量,两者应相等。

烟气量为 Q_g（m^3/h）的烟气由温度 t_{g_1} 降至 t_{g_2} 所放出的热量为:

$$Q_1 = \frac{Q_g}{22.4} (C_{pm_1} t_{g_1} - C_{pm_2} t_{g_2}) \tag{7-6}$$

式中,Q_1 为烟气放出的热量,kJ/h;Q_g 为烟气量,m^3/h;C_{pm_1}、C_{pm_2} 分别为烟气为 $0 \sim t_{g_1}$ 及 $0 \sim t_{g_2}$ 时的平均定压摩尔热容,kJ/(kmol·K);t_{g_1}、t_{g_2} 分别为烟气冷却前后温度,℃。

热量 Q_2 应为冷却介质所吸收,这时冷却介质的温度由 t_{c_1} 上升到 t_{c_2},于是:

$$Q_2 = G_0 (C_{p_1} t_{c_2} - C_{p_2} t_{c_1}) \tag{7-7}$$

式中，G_0 为冷却介质的质量，kg/s；C_{p_1}、C_{p_2} 分别为冷却介质在温度为 $0 \sim t_{c_1}$ 及 $0 \sim t_{c_2}$ 下的质量热容，kJ/(kg·K)；t_{c_1}、t_{c_2} 分别为冷却介质在烟气冷却前、后的温度，℃。

如果冷却介质为空气时，上式可写成：

$$Q_2 = \frac{Q_h}{22.4} (C_{pc_2} t_{c_2} - C_{pc_1} t_{c_1}) \tag{7-8}$$

式中，Q_h 为冷却气体的气体量，m^3/h；C_{pc_1}、C_{pc_2} 分别为冷却空气在温度为 $0 \sim t_{c_1}$、$0 \sim t_{c_2}$ 时的平均定压摩尔热容，kJ/(kmol·K)；t_{c_1}、t_{c_2} 分别为冷却介质在烟气冷却前、后的温度，℃。

烟气放出的热量 Q_1 和冷却介质吸收的热量 Q_2 应相等，即：

$$Q_1 = Q_2$$

二、吸风直接冷却

直接风冷是最为简单的一种冷却方式，它是在除尘器的入口前的风管上另设一冷风口，将外界的常温空气吸入到管道内与高温烟气混合，使混合后的温度降至设定温度达到烟气降温的目的。

直接风冷在实际应用时一般要在冷风口处设置自动调节阀，并在冷风入口前设置温度传感器来控制调节阀开启的时间，从而控制吸入的冷风量。温度传感器应设在冷风入口前 5m 以上的距离。

这种方法通常适用于较低温度（200℃以下）及要求降温量较小的情况，或者是用其他方法将高温烟气温度大幅度下降后仍达不到要求，再用这种方法作为防止意外事故性高温的补充降温措施；作为防止出现意外高温的情况应用最为广泛。

1. 冷风量

直接风冷的冷风量，可根据热平衡方程来计算，混入冷空气后，混合气体的温度为 $t_h = t_{g_2}$，于是可得：

$$\frac{Q_g}{22.4} (t_{g_1} C_{pm_1} - t_h C_{pm_2}) = \frac{Q_h}{22.4} (t_h C_{pc_2} - t_{c_1} C_{pc_1}) \tag{7-9}$$

或

$$Q_h = \frac{Q_g (t_{g_1} C_{pm_1} - t_h C_{pm_2})}{t_h C_{pc_2} - t_{c_1} C_{pc_1}} \tag{7-10}$$

式中，Q_g 为烟气量，m^3/h；Q_h 为冷却气体的气体量，m^3/h；t_{g_1} 为烟气冷却前温度，℃；t_h 为冷却气体温度，℃；t_{c_1} 为冷却气体开始温度，℃；C_{pm_1}、C_{pm_2} 分别为烟气为 $0 \sim t_{g_1}$ 和 $0 \sim t_{g_2}$ 时的平均摩尔热容（见表7-2），kJ/(kmol·K)；C_{pc_1}、C_{pc_2} 分别为冷却气体为 $0 \sim t_{c_1}$ 和 $0 \sim t_{c_2}$ 时的平均摩尔热容，kJ/(kmol·K)。

对于多种气体组成的混合气体的平均摩尔热容按下式计算：

$$C_p = \sum Y_i C_{pi} \tag{7-11}$$

式中，C_p 为平均摩尔热容，kJ/(kmol·℃)；Y_i 为混合气体中某一成分所占体积百分数，%；C_{pi} 为混合气体中某一成分的定压摩尔热容（见表7-2），kJ/(kmol·℃)。

表 7-2　几种气体的定压平均摩尔热容（温度范围 $0 \sim t$℃，压力 1.013×10^5 Pa）

单位：kJ/(kmol·K)

t/℃	N_2	O_2	空气	H_2	CO	CO_2	H_2O
0	29.136	29.262	29.082	28.629	29.104	35.998	33.490
18	29.140	29.299	29.094	28.713	29.144	36.450	33.532
25	29.140	29.316	29.094	28.738	29.148	36.492	33.545
100	29.161	29.546	29.161	28.998	29.194	38.192	33.750
200	29.245	29.952	29.312	29.119	29.546	40.151	34.122
300	29.404	30.459	29.534	29.169	29.546	41.880	34.566

续表

$t/℃$	N_2	O_2	空气	H_2	CO	CO_2	H_2O
400	29.622	30.898	29.802	29.236	29.810	43.375	35.073
500	29.885	31.355	30.103	29.299	30.128	44.715	35.617
600	30.174	31.782	30.421	29.370	30.450	45.908	36.191
700	30.258	32.171	30.731	29.458	30.777	46.980	36.781
800	30.773	32.523	31.041	29.567	31.100	47.943	37.380
900	31.066	32.845	31.338	29.697	31.405	48.902	37.974
1000	31.326	33.143	31.606	29.844	31.694	49.614	38.560
1100	36.614	33.411	31.887	29.998	31.966	50.325	39.138
1200	31.862	33.658	32.130	30.166	32.188	50.953	39.699
1300	32.092	33.888	32.624	30.258	32.456	51.581	40.248
1400	32.314	34.106	32.577	30.396	32.678	52.084	40.779
1500	32.527	34.298	32.783	30.547	32.887	52.586	41.282

【例 7-4】 已知电炉排出的烟气量 $Q_p=1500m^3/h$，烟气温度 $t_p=300℃$，烟气组分（体积分数）为 CO 5%、CO_2 19%、N_2 68%、O_2 8%。用室外空气稀释冷却至 $t_c=150℃$，计算需要的冷却空气量。

解： 由表 7-2 可以查得各组成成分的平均摩尔热容，烟气从 0℃ 至 300℃ 的平均摩尔热容为

$$C_{pm_1}=29.54×5\%+41.88×19\%+29.404×68\%+30.46×8\%=31.87kJ/(kmol·℃)$$

烟气从 0℃ 至 150℃ 的平均摩尔热容为

$$C_{pm_2}=29.35×5\%+39.17×19\%+29.2×68\%+29.75×8\%=31.15kJ/(kmol·℃)$$

当地夏季室外空气通风计算温度 $t_a=30℃$

从 0℃ 至 150℃ 空气的平均摩尔热容 $C_{pc_2}=29.24kJ/(kmol·℃)$

从 0℃ 至 30℃ 空气的平均摩尔热容 $C_{pc_1}=29.1kJ/(kmol·℃)$

列出热平衡方程式为

$$\frac{1500}{22.4}(31.87×300-31.15×150)=\frac{Q_h}{22.4}(29.24×150-29.1×30)$$

所以，冷却空气量 $Q_h=2.09×10^3$ （m^3/h）

2. 吸风支管截面积

吸风支管截面积可用下式计算：

$$F_K=\frac{Q_h}{5100\sqrt{\Delta p/\varepsilon}} \tag{7-12}$$

$$\Delta p=\varepsilon\frac{v_K^2\rho_K}{2} \tag{7-13}$$

式中，F_K 为吸风支管截面积，m^2；Q_h 为计算需吸入的空气量，m^3/h；Δp 为空气吸入点的负压，Pa；v_K 为吸入空气支管的空气速度，m/s；ρ_K 为空气密度，kg/m^3；ε 为吸入空气支管的局部阻力总系数，可按表 6-28 选取，或按下面公式计算：

I 型吸入支管局部阻力总系数 ζ：

当 $F_k/F_y<0.5$ 和 $\frac{Q_{k0}\rho_k}{Q_0\rho_y}>0.4$ 时，

$$\zeta≈2.5-\left(2-\frac{\alpha}{40}\right)\frac{F_k}{F_y} \tag{7-14}$$

当 $\dfrac{Q_{k_0}\rho_k}{Q_0\rho_y}>0.4$ 时，

$$\zeta \approx A - \left(2 - \frac{\alpha}{40}\right)\frac{F_k}{F_y} \tag{7-15}$$

Ⅱ型吸入支管局部阻力系数：

$$\zeta \approx 2.5 \times 3\left(\frac{F_k}{\sum f_k}\right) \tag{7-16}$$

式中，F_y 为吸风前烟道的截面积，m^2；F_k 为吸风支管截面积，m^2；Q_{k_0} 为吸入空气量（标准状态），m^3/h；Q_0 为标准状态下的烟气量，m^3/h；ρ_k 为吸入冷风的密度，kg/m^3；ρ_y 为吸风前的烟气密度，kg/m^3；A 为系数，按图7-4选取；α 为吸风管与烟管的夹角，$(°)$；$\sum f_k$ 为吸风孔的总面积，m^2。

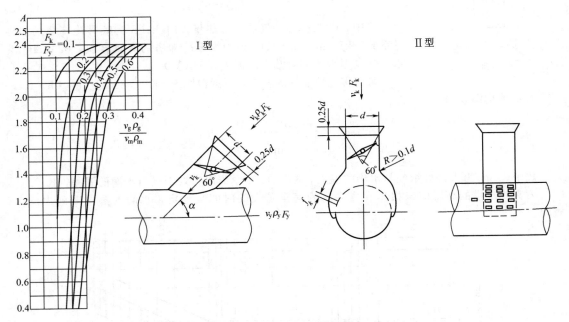

图 7-4　吸入空气支管示意

3. 吸入点的空气流速

$$v_K = \sqrt{\frac{2\Delta p}{\zeta\rho_K}} \tag{7-17}$$

式中，v_K 为吸入点空气流速，m/s；Δp 为吸入点管道上的负压值，Pa；ζ 为吸入支管的局部阻力系数；ρ_K 为空气密度，kg/m^3。

设计吸风直接冷却时吸入空气的支管阀门是关键问题，该阀门不仅平时要严密不漏风，打开时还要可靠迅速。该阀门启闭动力宜用气缸和电动推杆形式。

三、喷雾直接冷却

1. 喷雾直接冷却计算

喷雾直接冷却的方法是在喷淋冷却塔内直接向流经塔内的高温烟气喷出水滴(见图7-5)，依靠水升温时的显热和蒸发时的潜热吸收烟气的热量，使烟气降温称作直接水冷法。利用了水的汽化潜热，降温效果好，用水量不多，水的蒸发而使烟气体积的增加也很少。但是直接水冷降温不适

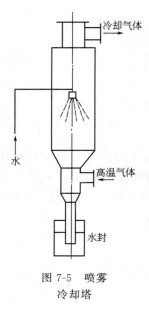

图 7-5 喷雾
冷却塔

宜于初始烟气温度小于 150℃ 的场合，同时降温的温度不能低于烟气的饱和温度（露点温度），以免出现结露而腐蚀和堵塞管道及设备、影响管道和除尘器的工作。因此，烟气降温后的温度一般应高于露点温度 20～30℃。在设计降温的喷淋系统中，通常都使水滴完全蒸发。喷淋冷却塔要有良好的防腐措施和相应的控制仪表，避免结露的发生。

喷淋冷却塔内的断面流速一般不宜大于 1.5～2.0m/s。为了保证水滴所需的蒸发时间，塔必须有一定的高度。塔的有效高度取决于塔内水滴完全蒸发的时间，而蒸发时间又与水滴大小和烟气进、出温度有关。为此，要求的水压较高，达到 4～6MPa。喷嘴形式要经过计算。

喷雾冷却塔的有效容积可按下式计算：

$$Q = SV\Delta t_m \tag{7-18}$$

式中，Q 为高温烟气放出的热量，kJ/h；S 为喷雾冷却塔的热容量系数，kJ/($m^3 \cdot h \cdot K$)；V 为喷雾冷却塔的有效容积，m^3；Δt_m 为水滴和高温烟气的对数平均温差，K（℃）。

采用雾化性能好的喷嘴，可近似取 $S = 600～800$kJ/($m^3 \cdot h \cdot K$)。

对数平均温差为：

$$\Delta t_m = \frac{\Delta t_1 - \Delta t_2}{\ln \dfrac{\Delta t_1}{\Delta t_2}} \tag{7-19}$$

式中，Δt_1 为入口处烟气与水滴的温差，K(℃)；Δt_2 为出口处烟气与水滴的温差，K(℃)。

喷雾冷却塔的高度应该根据在塔内水滴完全蒸发的时间来确定，水滴的蒸发时间由图 7-6 查得。

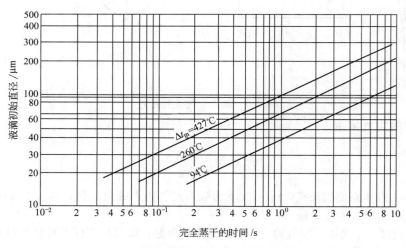

图 7-6 水滴蒸干的时间

由于工业生产中冷却塔中水滴蒸发过程要比理论计算复杂得多，所以实际蒸发时间比理论计算要长。

喷雾冷却的喷水量 G_w 可按下式计算：

$$G_{\mathrm{w}}=\frac{Q}{\rho+C_{\mathrm{w}}\ (100-T_{\mathrm{w}})\ +C_{\mathrm{p}}\ (T_{\mathrm{g}_2}-100)} \tag{7-20}$$

式中，C_{w} 为水的定压比热容，$4.19\mathrm{kJ/(kg \cdot K)}$；$C_{\mathrm{p}}$ 为在 100℃ 以下水蒸气的定压比热容，$2.05\mathrm{kJ/(kg \cdot K)}$；$T_{\mathrm{w}}$ 为喷雾水温，K(℃)；T_{g_2} 为高温烟气出口温度，K(℃)。

由于在烟气中喷水蒸发所增加的水蒸气，其体积为：

$$V'_{\mathrm{w}}=g_{\mathrm{w}}v \tag{7-21}$$

式中，v 为水蒸气的质量体积，m^3/kg。

换算成烟气出口温度下的体积为：

$$V_{\mathrm{w}}=\frac{G_{\mathrm{w}}v\ (273+Tt_{\mathrm{g}_2})}{273} \tag{7-22}$$

【例 7-5】　水泥窑排出的烟气量为 $Q_{\mathrm{g}}=20000\mathrm{m}^3/\mathrm{h}$，温度 $t_{\mathrm{g}_1}=350℃$，平均摩尔热容 $33.244\mathrm{kJ/(kmol \cdot K)}$，用直接水冷方法降温，水喷入冷却塔后要求将烟气温度降至 $t_{\mathrm{g}_2}=150℃$。喷雾水温 $t_{\mathrm{w}}=30℃$，平均摩尔热容 $32.021\mathrm{kJ/(kmol \cdot K)}$。

解： 在冷却塔内烟气放出的热量 Q 按式（7-6）计算

$$Q=\frac{20000}{22.4}\ (33.244\times350-32.021\times150)$$

$$=6.1\times10^6\ (\mathrm{kJ/h})$$

设水滴在烟气入口处的温度为 80℃，于是

$$\Delta t_1=350-80=270\ (℃)$$

而 $\Delta t_2=150-30=120$（℃）

对数平均温差为：

$$\Delta t_{\mathrm{m}}=\frac{270-120}{\ln\dfrac{270}{120}}=185\ (℃)$$

用喷雾良好的喷嘴取 $S=800\mathrm{kJ/(m^3 \cdot h \cdot K)}$

冷却塔的有效容积 V 按式（7-18）得：

$$V=\frac{Q}{S\Delta t_{\mathrm{m}}}=\frac{6.1\times10^6}{800\times185}=41.2\ (\mathrm{m}^3)$$

在冷却塔内工况下烟气的平均烟量为：

$$Q_{\mathrm{k}}=20000\times\frac{0.5\times(350+150)+273}{273}$$

$$=38315(\mathrm{m}^3/\mathrm{h})$$

取烟气在冷却塔内的平均流速 $1.5\mathrm{m/s}$，则冷却塔内断面积为：

$$A=\frac{38315}{3600\times1.5}=7.1\ (\mathrm{m}^2)$$

冷却塔的直径为：

$$D=\sqrt{\frac{4A}{\pi}}=\sqrt{\frac{4\times7.1}{\pi}}=3\ (\mathrm{m})$$

冷却塔的有效高度：

$$H = \frac{V}{A} = \frac{41.2}{7.1} = 5.8 \ (\text{m})$$

水滴在塔内的停留时间为：

$$\tau = \frac{5.8}{1.5} = 3.9 \ (\text{s})$$

设水滴的初始直径为 $150\mu m$，在 $\Delta t_m = 185℃$ 时，按图 7-6，可得水滴完全蒸发的时间为 3s，它小于水滴在塔内的停留时间，即水滴在塔内可以完全蒸发。

喷雾水量可按式（7-20）计算：

$$G_w = \frac{6.1 \times 10^6}{2257 + 4.19 \times (100-30) + 2.05 \times (150-100)} = 2300(\text{kg/h})$$

如按经验数据每 $1 m^3$ 烟气温度降低 $1℃$ 时所需 0.5g 水量计算，则所需的水量为：

$$G_w' = 20000 \times (350-150) \times 0.5 \times 10^{-3}$$
$$= 2000(\text{kg/h})$$

与上述计算数据接近。

由于喷雾而增加的水蒸气体积为：

$$V_w' = \frac{2300}{0.804} \times \frac{273+150}{273} = 4433 \ (\text{m}^3/\text{h})$$

在冷却塔出口湿烟气的工况体积为：

$$V_w = 20000 \times \frac{273+150}{273} + 4433 = 35422 \ (\text{m}^3/\text{h})$$

2. 喷雾冷却用喷嘴

（1）防堵塞型喷嘴　多螺旋型喷嘴为一种新型系列防堵塞喷嘴，该喷嘴的喷雾区域是由一系列一个或几个连续的同心圆空心锥环组合而成，其喷射形状为空心锥形和实心锥形两类。该喷嘴独特的设计结构，可使较小流量的喷嘴出口尺寸，达到比一般喷嘴大数倍的液体流通截面，由于没有内芯结构，因此使喷嘴的通道更加畅通，最大限度地减少阻塞现象。而且该喷嘴的液体喷射效率高，因此在同等喷射条件下，水泵的压力可以更低，起到节能增效的效果。

该喷嘴主要应用于湿式除尘器、气体冷却、蒸发冷却、空气加湿、冷却降温等设备中。同时也是炼钢转炉烟道除尘降温的喷嘴。该喷嘴多变的连接形式、多变的整体结构也为使用提供了选择空间。这种喷嘴的外形见图 7-7。

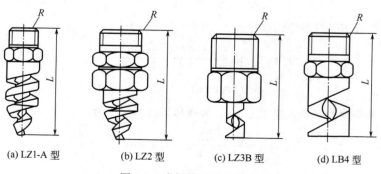

(a) LZ1-A 型　　(b) LZ2 型　　(c) LZ3B 型　　(d) LB4 型

图 7-7　多螺旋型喷嘴外形

LZ1 型喷嘴的喷雾区域为一个三层的同心圆环组合而成，这种紧凑的喷嘴可使液体在给定尺寸的设备内达到最大流量，三层喷射可以使喷射效果更佳，其性能见表 7-3。

表 7-3　LZ1-A 型螺旋喷嘴性能表

型号	材料	连接螺纹 R	喷嘴长度 L/mm	兆帕级压力下的流量/(L/min)					喷射角/(°)
				0.07	0.15	0.3	0.7	2.5	0.3MPa
3/8PZ24-150LZ1-A		3/8	60.5	11.52	16.8	24	36.72	69.6	150
3/8PZ24-170LZ1-A		3/8	60.5	11.52	16.8	24	36.72	69.6	170
1/2PZ95-150LZ1-A		1/2	77.7	45.6	66.5	95	145.3	275.5	150
1/2PZ95-170LZ1-A	H62、	1/2	77.7	45.6	66.5	95	145.3	275.5	170
3/4PZ166-150LZ1-A	HPb59-1、	3/4	88.9	79.68	116.2	166	253.9	481.4	150
3/4PZ166-170LZ1-A	1Cr18Ni9Ti	3/4	88.9	79.68	116.2	166	253.9	481.4	170
1PZ270-150LZ1-A		1	111	129.6	189	270	413.1	783	150
1PZ270-170LZ1-A		1	111	129.6	189	270	413.1	783	170
1½PZ505-150LZ1-A		1½	137	242.4	353.5	505	772.6	1464	150
1½PZ505-170LZ1-A		1½	137	242.4	353.5	505	772.6	1464	170
2PZ1105-150LZ1-A		2	175	530.4	773.5	1105	1690	3204	150
2PZ1105-170LZ1-A		2	175	530.4	773.5	1105	1690	3204	170

（2）螺旋型离心式喷嘴　喷嘴外壳呈蜗壳状，水从与喷射方向成垂直的切线位置接入喷嘴腔，腔体呈阿基米德曲线，水流经腔体由直线运动改变为旋转运动，随着旋转半径的减小，旋转速度逐渐加快；到达出水口时，水以旋转状态离开喷嘴，受离心力作用被甩成空心锥状水雾。缩小口径，加大水压，可减小水滴直径。喷嘴出口尺寸有 3 种规格，其外形见图 7-8；尺寸如表 7-4 所列。

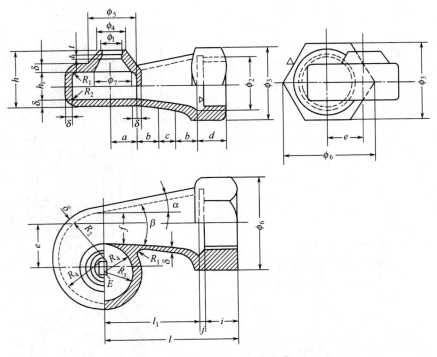

图 7-8　螺旋型离心式喷嘴

表 7-4　螺旋型离心式喷嘴尺寸表　　　　单位：mm

$\phi1/\phi2$	t	R_1	R_2	R_3	R_4	R_5	R_6	R_7	R_8	R_9	R_{10}	δ	$\alpha/(°)$	$\beta/(°)$	ϕ_3	ϕ_4
10/20	1.5	3	4	19	16	13	10	3	8	5	3	4	5	7	32	15
20/40	2.5	4	8	37.9	31.6	25.6	19.1	4	15	12	10	5	8	11	60	26
25/50	2.5	8	8						20	16	10	5			92.4	30

续表

$\phi1/\phi2$	ϕ_5	ϕ_6	ϕ_7	h	h_1	a	b	c	d	e	f	i	j	l	l_1
10/20	25	36.9	16	24.5	12.5	12.5	17	16.5	17	16	13.5	12	6	80	62
20/40	42	69.3	32	15	25	18	18	18	28	32	25	23	5	100	72
25/50	48	80	40	52	28	23	23	23	40	32		25	5	142	112

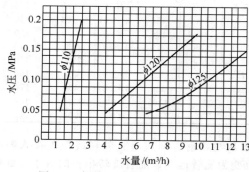

图 7-9　螺旋型喷嘴压力-流量曲线

喷嘴的喷洒角为 70°左右。螺旋型喷嘴的压力-流量曲线如图 7-9 所示。

螺旋型喷嘴结构简单，进水压力一般为 0.1～0.2MPa。水中悬浮物含量应不超过 200mg/L。循环水的 pH 值应保证为 7～8。

（3）碗型喷嘴　碗型喷嘴的结构为碗形外壳内有一带螺旋沟槽的芯子，水通过沟槽时产生旋转力，水接近缩口时旋转力逐渐增加，使水离开喷口时形成中空的锥状水伞，与空气冲撞后分散成水滴。该喷嘴的特点是水的屏蔽力强，边界丰满度高，喷出的水流对周围的气体影响强烈，因而易与气体混合。水压在 0.25～0.3MPa 之间时，雾化的水滴可以达到较细的程度。各种碗型喷嘴的尺寸、技术性能分别如图 7-10 及图 7-11 所示以及如表 7-5 及表 7-6 所列。

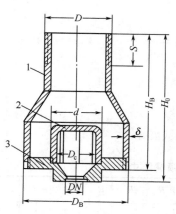

图 7-10　碗型喷嘴外形图（ϕ3～18mm）

1—外壳；2—旋涡片；3—喷嘴

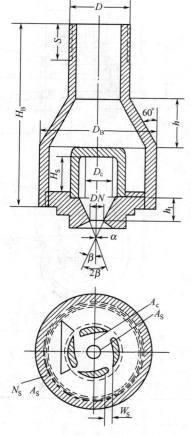

图 7-11　碗型喷嘴外形图（ϕ20～30mm）

表 7-5 φ3～18mm 碗型喷嘴尺寸表

喷口口径/mm	H_0	H_B	S	δ	D_B	D	d	D_c	DN
3	50	46	15	3	33	15 管牙	16	3	10
4	55	51	15	3	33	15 管牙	16	4	10
5	70	65	20	3	42	20 管牙	20	5	12
6	75	70	20	3	45	20 管牙	22	6	16
8	80	75	20	3	55	25 管牙	26	8	18
10	115	105	30	3.5	67	32 管牙	33	10	21
12	125	115	30	3.5	77	40 管牙	36	12	24
14	130	120	30	3.5	87	50 管牙	42	14	30
16	140	130	30	3.5	95	50 管牙	48	16	34
18	145	185	30	3.5	97	50 管牙	56	18	40

表 7-6 φ20～30mm 碗型喷嘴尺寸表

喷口口径/mm	H_0	H_B	S	δ	D_B	D	d	D_c	DN
20	210	195	50	4	123	70 管牙	64	20	44
22	220	205	50	4	128	70 管牙	68	22	48
26	230	215	50	4	148	80 管牙	76	26	52
30	240	225	50	4	178	100 管牙	85	30	61

φ3～30mm 碗型喷嘴有关技术性能数据示于表 7-7 中，其压力-流量曲线如图 7-12 所示。

表 7-7 φ3～30mm 碗型喷嘴技术性能

喷口口径 DN/mm	3	4	5	6	8	10	12	14	16	18	20	22	26	30
喷口面积 A_N/cm²	0.0708	0.126	0.196	0.283	0.5	0.785	1.13	1.54	2.01	2.54	3.14	3.8	5.3	7.08
漩流槽口径 D_c/cm	1.0	1.0	1.2	1.4	1.8	2.2	2.5	3.0	3.4	3.8	4.2	4.6	5.2	6.0
漩流槽面积 A_c/cm²	0.785	0.785	1.13	1.54	2.54	3.8	4.9	7.08	9.08	11.38	13.82	16.6	21.2	28.2
漩流槽间距 W_S/mm	2	2	3	4	4	4	4	4	4	6	6	6	7	8
漩流槽片数 N_S/片	4	4	4	4	4	4	4	4	6	6	8	8	8	8
漩流槽净高 H_S/mm	5	8	8	8	13	14	18	25	28	28	30	32	36	40
漩流槽进水总面积 A_S/cm²	0.45	0.6	0.9	1.26	2.16	3.3	4.5	6.2	8.15	10.25	12.6	15.2	20.3	27
进水管径 D_g/in	15	15	20	20	25	32	40	50	50	50	70	70	80	100
喷嘴外径 D_B/mm	33	33	42	45	55	67	77	87	95	97	123	128	148	178
喷嘴高度 H_B/mm	46	51	65	70	75	105	115	120	130	135	195	205	215	225
射流面比 K_1（无因次）	1.5	1.5	1.5	1.5	1.5	1.5	1.5	1.5	1.5	1.5	1.5	1.5	1.5	1.5
射流系数 C（无因次）	0.7	0.7	0.7	0.7	0.7	0.7	0.7	0.7	0.7	0.7	0.7	0.7	0.7	0.7
喷嘴面积比 x（无因次）	0.28	0.28	0.28	0.28	0.28	0.28	0.28	0.28	0.28	0.28	0.28	0.28	0.28	0.28
喷射半角 θ/(°)	约40	约40	约40	约40	约40	约40	约40	约40	约40	约40	约40	约40	约40	约40
喷射全角 2θ/(°)	约80	约80	约80	约80	约80	约80	约80	约80	约80	约80	约80	约80	约80	约80
喷射系数 K（无因次）	1.95	1.91	1.92	1.91	1.91	1.91	1.91	1.90	1.90	1.92	1.91	1.91	1.91	1.91
流量系数 b（无因次）	0.18	0.36	0.75	0.83	1.38	2.40	3.22	4.41	5.80	6.9	7.6	10.25	13.70	17.70
液压 p_w=0.1MPa 水量 Q_w/(m³/h)	0.18	0.36	0.75	0.83	1.38	2.4	3.22	4.41	5.80	6.9	7.6	10.25	13.70	17.70
粒径 D_0/μm	296	340	390	414	484	570	596	646	690	750	798	840	910	945
液压 p_w=0.2MPa 水量 Q_w/(m³/h)	0.26	0.51	1.08	1.20	1.95	3.35	4.60	6.25	8.20	9.70	10.80	14.5	19.0	25.0
粒径 D_0/μm	246	278	322	343	405	460	500	530	575	606	672	705	745	790
液压 p_w=0.3MPa 水量 Q_w/(m³/h)	0.31	0.62	1.30	1.45	2.36	4.2	5.60	7.70	10.0	11.0	12.0	16.5	21.8	31.0
粒径 D_0/μm	224	258	285	306	350	412	445	484	500	560	615	622	686	720
液压 p_w=0.4MPa 水量 Q_w/(m³/h)	0.36	0.71	1.50	1.65	2.75	4.8	6.5	4.8	11.5	14.0	15.0	20.6	27.5	35.5
粒径 D_0/μm	206	237	272	287	330	384	415	446	480	514	560	570	620	679

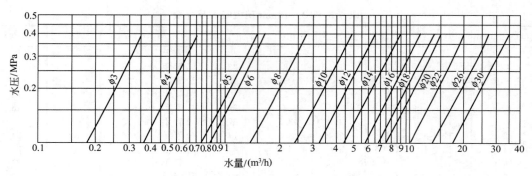

图 7-12 $\phi3\sim30$mm 碗型喷嘴的压力-流量曲线

碗型喷嘴的优点是在较低水压下，喷出的水滴直径比较细，大部分在 0.5mm 以下；喷射角较大；适合安装于内喷的空心洗涤塔等。喷嘴外壳可车制、压制或浇铸，少量加工的用车制；外壳可为锥形，可采用铸造。

　　用于高温气体冷却时，外壳与喷口不应选用同一材料，以防丝扣不易拆开。当用浊循环水时，喷口的材质应做调质处理（如淬火）或嵌耐磨材料，或喷嘴盖全部用耐磨材料。

　　（4）单旋涡型喷嘴　单旋涡型喷嘴喷出为实心锥状水伞，它由外壳和开有中心孔的螺旋槽芯子组成。水流进入喷嘴后分成两部分，一部分直流喷出，另一部分靠边部沿螺旋槽成旋转运动进入下部渐缩锥腔；两股水在锥腔下部冲击汇合流出喷口，形成锥状实心水伞。喷口直径 $\phi23$mm 的单旋涡型喷嘴如图 7-13 所示。

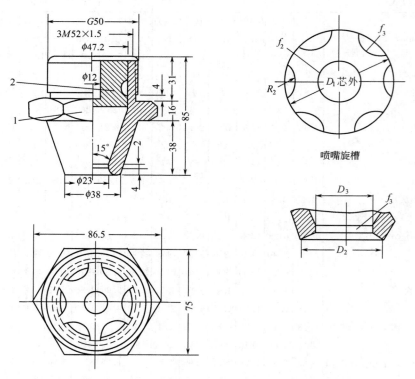

图 7-13   单旋涡型喷嘴 （$\phi23$mm）
1—喷嘴壳；2—螺旋芯

　　单旋涡型喷嘴具有阻力小、要求供水压力低（0.1～0.15MPa）、流量大、结构简单、外形尺寸紧凑等特点，但其液量及液滴直径不够均匀。

单旋涡型喷嘴的有关实验数据如表 7-8 所列，单旋涡型喷嘴压力-流量曲线如图 7-14 所示，单旋涡型喷嘴喷淋直径与喷淋高度曲线如图 7-15 所示。

表 7-8　单旋涡型喷嘴喷淋密度分布

喷淋高度 /m	喷淋直径 /m	水压 /MPa	喷淋粒度	流量 /(m³/h)	喷淋范围内各半径上的喷淋密度/[kg/(min·m²)]										
					1.9	1.7	1.5	1.3	1.1	0.9	0.7	0.5	0.3	0.1	0
2.05	3.21	0.11	较粗	14.1	0.309	0.932	1.68	2.73	3.00	3.36	3.81	1.29	4.71	4.41	4.31
					0.530	0.763	1.47	2.41	3.11	3.48	3.71	1.27	4.43	4.29	
2.05	3.15	0.09	较粗	12.7	0.495	0.805	1.65	2.46	2.88	3.26	3.59	1.06	3.95	3.80	3.61
					0.353	0.618	1.39	2.35	2.97	3.31	3.31	4.01	3.94	3.50	
2.05	3.00	0.07	粗	11.47	0.460	0.654	1.15	2.29	2.90	3.02	3.30	3.90	3.62	2.37	3.34
					0.255	0.547	1.20	2.02	2.70	2.93	3.17	3.06	3.78	3.38	
2.05	2.87	0.05	很粗	9.61	0.353	0.537	1.02	1.91	2.45	2.67	3.01	3.39	3.46	3.29	3.13
					0.165	0.305	0.815	1.62	2.45	2.61	2.91	3.37	3.42	3.28	

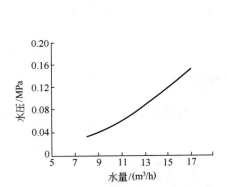

图 7-14　单旋涡型喷嘴压力-流量曲线

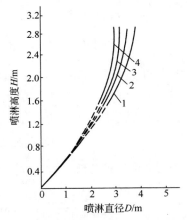

图 7-15　单旋涡型喷嘴喷淋直径与喷淋高度曲线

1—水压为 0.11MPa；2—水压为 0.09MPa；

3—水压为 0.07MPa；4—水压为 0.05MPa

单旋涡型喷嘴的几何关系尺寸为：

$$\frac{\sum f_1}{f_3}=3.4;\frac{f_2}{f_3}=0.52;\quad \frac{\sum(f_1+f_2)}{f_3}=1.1;\quad \frac{D_1}{D_2}=2.09;\quad \frac{L}{D_2}=0.678 \qquad (7\text{-}23)$$

式中，f_1 为每个旋槽截面积，mm^2；f_2 为中心孔截面积，mm^2；f_3 为喷口截面积，mm^2；R_2 为每个螺旋槽的半径，mm；D_1 为螺旋芯子外径，取 $2D_3$（D_3 为喷口直径），mm；D_2 为中心孔直径，mm；L 为芯子高度（$0.5\sim0.6$）D_1，mm。

喷嘴的压力与流量也可按理论公式计算，当不计摩擦损失时，流体流量（W）可按恒压下流动的一般公式确定：

$$W=C\times DN^2\times0.785\times10^{-4}\times3600\times\sqrt{2gH} \qquad (7\text{-}24)$$

式中，W 为流体流量，m^3/h；C 为流量系数；DN 为喷口口径，cm；g 为重力加速度，m/s^2；H 为喷口内外介质的压差，10kPa。

对一定口径的喷嘴，喷口面积一定时，式(7-24)可简化为：

$$W = A\sqrt{H} \qquad (\text{m}^3/\text{h}) \tag{7-25}$$

式中，A 为一个喷嘴的喷水系数，$A = FC$（无因次）；F 为喷嘴的喷口面积，m^2。

【例 7-6】 单旋涡型喷嘴的 C 值为 0.627，按式（7-25），当喷口直径为 23mm 时，则流量公式将成为 $W = 4.35\sqrt{H}$。

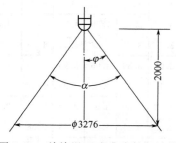

图 7-16　单旋涡型喷嘴喷射角计算

供水压力为 0.13MPa，每个喷嘴要求水量 15m^3/h，壳体计算如下所述。

① 喷口直径（D_3）：按式（7-24）计算，以 $W = 15\text{m}^3/\text{h}$；$H = 0.13\text{MPa}$；$C = 0.627$ 值代入上式，可得 $D_3 = 2.355\text{cm}$。

② 喷射角确定：按图 7-16；设计喷淋直径 $\phi = 3276\text{mm}$，喷淋高度为 2m，则喷射角 $\tan\varphi = \dfrac{3276}{2} \times \dfrac{1}{2000} = 0.819$，$\varphi = 39.7°$，$\alpha = 2\varphi = 79.4°$

③ 芯子的设计：芯子制成 6 条螺旋槽（右旋），按几何关系尺寸：

$$\begin{cases} 6f_1/f_2 = 3.4 \\ (6f_1 + f_2)/f_3 = 1.1 \end{cases} \quad 即 \begin{cases} 6f_1 = 3.4f_2 \\ 6f_1 + f_2 = 1.1f_3 = 1.1\left(\dfrac{\pi}{4}\right) \times D_3^2 \end{cases}$$

解方程，得 $f_1 = 61.67\text{mm}^2$，$f_2 = 108.85\text{mm}^2$；

$$R_1 = (2f_1/\pi)^{\frac{1}{2}} = 6.26\text{mm}；$$

$$中心孔径 \ D_2 = (4f_2/\pi)^{\frac{1}{2}} = 11.8\text{mm}。$$

芯子中心孔的下锥角做成 30°，$f_2/f_3 = 0.251$；

$$f_3 = \frac{108.85}{0.251} = 433\text{mm}^2；\qquad d_3 = \sqrt{\frac{433 \times 4}{\pi}} = 23.5\text{mm}$$

芯子外径 $D_1 = 2D_3 = 47\text{mm}$；

芯子高度 $L = (0.5 \sim 0.6)D_1 = 28\text{mm}$；

芯子螺旋槽呈 45°角，锥体角为 30°。

3. 喷雾冷却装置设计注意事项

① 喷雾层数应根据喷淋量及每个喷嘴流量，算出喷嘴总数，然后按喷雾范围在塔内均匀布置，一般不小于两层，多层喷嘴中每层喷嘴平面和立面布置应错开，使其能有效地利用整个空间，一般首层喷雾量为其他各层的两倍。

② 每层喷嘴设单独的给水管和阀门，以便调节水量，如每层喷嘴数较多，可设多条给水管，每条管设若干个喷嘴，调节时可关掉某一条水管。供水管流速取 1.5m/s 左右。

③ 由于烟气温度高，且大多含有 SO_2 气体，即使是干式运行，均应考虑防腐问题，除壳体选用合适的材质外，还应内衬防腐材料或外敷保温材料。

④ 设清扫孔、入孔门，以便清扫内部积灰或泥浆。

⑤ 喷嘴的安装应便于拆卸检查。

四、间接冷却器传热计算

间接冷却通常是利用表面冷却器将烟气冷却。一般情况下，烟气在管内流动，而冷却介质（空气或水）在管外流动。

在冷却器设计中，常要计算冷却表面积。若已知烟气的放热量，则表面冷却器的传热面积可按下式计算：

$$F = \frac{Q}{K \Delta t_{\mathrm{m}}} \tag{7-26}$$

$$\Delta t_{\mathrm{m}} = \frac{\Delta t_1 - \Delta t_2}{\ln \dfrac{\Delta t_1}{\Delta t_2}} \tag{7-27}$$

式中，F 为冷却器传热面积，m^2；Q 为烟气的放热量，$kJ/h(1W=3.6kJ/h)$；K 为冷却器的传热系数，$W/(m^2 \cdot K)$；Δt_{m} 为冷却器的对数平均温差，℃；Δt_1 为冷却器入口处管内、外流体的温差，℃；Δt_2 为冷却器出口处管内、外流体的温差，℃。

应用中管内壁会积灰形成灰垢，而外壁可能有水垢（当用冷水作冷却介质时），这些都将影响传热过程，因此传热系统 K 表示为：

$$K = \frac{1}{\dfrac{1}{\alpha_{\mathrm{i}}} + \dfrac{\delta_{\mathrm{h}}}{\lambda_{\mathrm{h}}} + \dfrac{\delta_{\mathrm{b}}}{\lambda_{\mathrm{b}}} + \dfrac{\delta_{\mathrm{s}}}{\lambda_{\mathrm{s}}} + \dfrac{1}{\alpha_0}} \tag{7-28}$$

式中，α_{i} 为烟气与管内壁的换热系数，$W/(m^2 \cdot K)$；α_0 为管外壁与冷却介质（空气与水）的换热系数，$W/(m^2 \cdot K)$；δ_{h} 为灰层的厚度，m；λ_{h} 为灰层的导热系数，$W/(m \cdot K)$；δ_{s} 为水垢的厚度，m；λ_{s} 为水垢的导热系统，$W/(m \cdot K)$；δ_{b} 为管壁厚，m，一般为 $0.003 \sim 0.008m$；λ_{b} 为钢管的热导率，$W/(m \cdot K)$，一般为 $45.2 \sim 58.2W/(m \cdot K)$。

钢管的绝热系数 $M_{\mathrm{s}} = \dfrac{\delta_{\mathrm{b}}}{\lambda_{\mathrm{b}}}$，很小，可以忽略不计。水垢的绝热系数 $M_{\mathrm{s}} = \dfrac{\delta_{\mathrm{s}}}{\lambda_{\mathrm{s}}}$，因流体的性质、温度、流速及传热面的状态、材质等不同而不同，一般约为 $0.00017 \sim 0.00052m^2 \cdot K/W$。

采取清垢措施后，可取 $\delta_{\mathrm{s}} = 0$，即 $M_{\mathrm{s}} = 0$。

灰层的绝热系统 $M_{\mathrm{h}} = \dfrac{\delta_{\mathrm{h}}}{\lambda_{\mathrm{h}}}$，也称灰垢系数，与烟气的温度、流速、管内表面状态及清灰方式等因素有关，通常可取 $M_{\mathrm{h}} = 0.006 \sim 0.012m^2 \cdot K/W$。

管外壁与冷却介质之间的换热系数 α_0 取决于冷却介质及其流动状态。若忽略其换热热阻 $1/\alpha_0$，当采用水作为冷却介质时，$\alpha_0 = 5800 \sim 11600W/(m^2 \cdot K)$。但采用空气作为冷却介质时，则需要对 α_0 进行计算。

烟气与管内壁的换热系数 α_{i} 为对流换热系数 α_{ci} 与辐射换热系数 α_{ri} 之和：

$$\alpha_{\mathrm{i}} = \alpha_{\mathrm{ci}} + \alpha_{\mathrm{ri}} \tag{7-29}$$

烟气在管道内流动，通常都是紊流，对流换热系数 α_{ci} 按下列准则方程式确定：

$$Nu = 0.023 Re^{0.8} Pr^{0.4} \tag{7-30}$$

式中各准则数为：

努塞数
$$Nu = \frac{\alpha_{\mathrm{ci}} d}{\lambda} \tag{7-31}$$

雷诺数
$$Re = \frac{v_{\mathrm{p}} d}{v} \tag{7-32}$$

普朗特数
$$Pr = v/a \tag{7-33}$$

式中，λ 为烟气的热导率，$W/(m \cdot K)$；v 为烟气的运动黏度系数，m^2/s；a 为烟气的热扩散率，m^2/s；v_{p} 为烟气的平均流速，m/s；d 为定型尺寸（取管内径），m。

这里烟气的各物理参数应按计算段进、出口的平均温度下的数值。

将以上各准则数代入式（7-30）后，可得：

$$a_{ci} = 0.023 \frac{\lambda}{d} \left(\frac{v_p d}{v} \right)^{0.8} \left(\frac{v}{a} \right)^{0.4} \tag{7-34}$$

在烟气冷却器中，为了防止烟气中的粉尘在管内沉积，烟气流速一般都较高（18～40m/s），所以对流换热能起主导作用。计算表明，当烟气温度为400℃时，辐射热仅占2%～5%，所以当烟气温度不超过400℃时，辐射换热量可以忽略不计；如烟气温度很高，则辐射换热应予以考虑，按照传热学中介绍的方法进行计算。

五、间接风冷

1. 间接自然风冷

间接风冷的一般做法是使高温烟气在管道内流动，管外靠自然对流的空气将其冷却。由于大气温度较低，降温比较容易，当生产设备与除尘器之间相距较远时，则可以直接利用风管进行冷却。图7-17为自然风冷的一种布置形式。自然风冷的装置构造简单，容易维护，主要用于烟气初温为500℃以下、要求冷却到终温120℃的场合。这种冷却器在工矿企业中有着广泛应用。

自然风冷的管内平均流速一般取 $v_p = 16～20m/s$，出口端的流速不低于14m/s。管径一般取 $D = 200～800mm$。烟气温度高于400℃的管段应选用耐热合金钢或不锈钢；400℃以下的管段，应选用低合金钢或锅炉用钢。

高度与管径比由冷却器的机械稳定性决定，一般高度 $h = (20～50)D$。当 $h > 40D$ 时，应设计管道框架加以固定，此时要对框架进行受力计算。

管束排列通常采用顺列的较多，以便于布置支架的梁柱。管间节距应使净空为500～2800mm为宜，以利于安装和检修。

冷却管可纵向加筋，以增加传热面积。

为清除管壁上的积灰，烟管上可设清灰装置、检修门或检修口以及排灰装置；还要设梯子、检修平台及安全走道，平台栏杆的高度应大于1050mm。

由于这种方式是依靠管外空气的自然对流而冷却的，所以为了用冷却器来控制温度，要在冷却器上装设带流量调节阀，在不同季节或不同生产条件下用调节阀开度的方法进行温度控制。

间接自然风冷冷却器的传热面积按式（7-26）计算，对数平均温差按式（7-27）计算。自然风冷冷却器的传热系数计算复杂，近似地当 Δt_m 值小于280℃时，传热系数 K 按图7-18确定；当 Δt_m 值大于280℃时，可近似地取值为20～30W/(m² · K)。

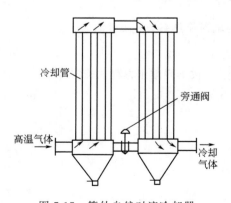

图 7-17　管外自然对流冷却器

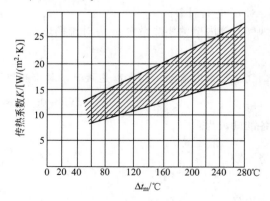

图 7-18　烟气间接空冷时的传热系数

【例 7-7】　要求用自然风冷的方法将烟气由温度500℃降至200℃。标准状态下的烟气量170000m³/h，采用如图7-19所示的冷却管20列，管径610mm，烟气的成分为 CO_2 13%、H_2O 11%、N_2 76%。要求确定所需的冷却面积及每排的长度。

解：①计算对数平均温差

周围空气温度取 50℃

$$\Delta t_1 = 500℃ - 50℃ = 450℃$$

$$\Delta t_2 = 200℃ - 50℃ = 150℃$$

按式（7-27）解得

$$\Delta t_m = \frac{450℃ - 150℃}{\ln \dfrac{450℃}{150℃}} = 273℃$$

② 计算烟气放出的热量

0～500℃时烟气的平均摩尔热容

$$c_{pm_1} = 44.715 \times 0.13 + 35.617 \times 0.11 + 29.885 \times 0.76$$

$$= 32.443 [kJ/(kmol \cdot K)]$$

0～200℃时烟气的平均摩尔热容

$$c_{pm_2} = 40.15 \times 0.13 + 34.122 \times 0.11 + 29.245 \times 0.76$$

$$= 31.199 [kJ/(kmol \cdot K)]$$

烟气的放出热量 Q，按式（7-6）得

$$Q = \frac{170000}{22.4} \times (32.443 \times 500 - 31.199 \times 200)$$

$$= 7.5 \times 10^7 (kJ/h)$$

③ 换热系数近似取值为 $20W/(m^2 \cdot K)$（摘自参考文献 [18] 的计算结果）。

④ 计算冷却器所需的冷却面积

按式（7-26）计算

$$F = \frac{7.5 \times 10^7}{20 \times 3.6 \times 273} = 3834 (m^2)$$

冷却器共 20 排排管，每排的面积为

$$a = \frac{3834}{20} = 192 (m^2)$$

⑤ 计算每排的总长度

$$l = \frac{192}{3.14 \times 0.61} = 101 (m)$$

每排设 8 根平行管，每根的高度为

$$h = \frac{101}{8} = 13 \ (m)$$

2. 间接机械风冷

机械风冷器的管束装在壳体内，高温烟气从管内通过，用轴流风机将空气压入壳体内，从管外横向吹风，与其进行热交换，将高温烟气冷却到所需的温度，如图 7-20 所示。被加热了的热空气有的加以利用，有的直接

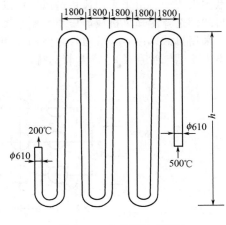

图 7-19　自然风冷却管

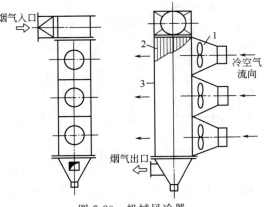

图 7-20　机械风冷器

1—轴流风机；2—管束；3—壳体

放散到大气中。由于采用风机送风,可以根据室外环境的变化,调节风机的风量,达到控制温度的目的。选择冷却风机应静压小、风量大,以利减少动力消耗。

采用机械风冷时,管与管之间的间距可比自然风冷时小一些(最小间距可减至 200mm,一般不大于烟气管直径)。冷却管的排列方式可以是顺排或叉排,如图 7-21 所示。

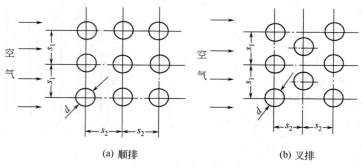

(a) 顺排   (b) 叉排

图 7-21 冷却管的排列

机械风冷时对流换热的准则方程式列入表 7-9。

表 7-9 机械风冷时对流换热准则方程式

排列方式	适用范围		准则方程式对空气或烟气的简化式($PR=0.7$)
顺 排	$Re=10^3 \sim 2\times10^5$		$Nu=0.24Re^{0.63}$
	$Re=2\times10^5 \sim 2\times10^6$		$Nu=0.018Re^{0.84}$
叉 排	$Re=10^3 \sim 2\times10^5$	$\dfrac{s_1}{s_2} \leqslant 2$	$Nu=0.31Re^{0.6}\left(\dfrac{s_1}{s_2}\right)^{0.2}$
		$\dfrac{s_1}{s_2} > 2$	$Nu=0.35Re^{0.6}$
	$Re=2\times10^5 \sim 2\times10^6$		$Nu=0.019Re^{0.84}$

当管子在气流方向的排数不同时,所求得的 Nu 值应乘以修正系数 ε,其值列入表 7-10。

表 7-10 管列数修正系数 ε

排数	1	2	3	4	5	6	8	12	16	20
顺排	0.69	0.80	0.86	0.90	0.93	0.95	0.96	0.98	0.99	1.0
叉排	0.62	0.76	0.84	0.88	0.92	0.95	0.96	0.98	0.99	1.0

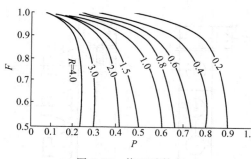

图 7-22 修正系数 F

当计算机械风冷器的换热时,需要确定冷热气体间的计算平均温差。由于冲刷气体与热气流成直角相交,用数学解析法求平均温差是相当复杂的,实际计算时采用逆流时的对数平均温差 Δt_m 乘以修正系数 F,F 值根据 P、R 不同由图 7-22 中查出。

$$P=\frac{t_{c_1}-t_{c_2}}{t_{g_2}-t_{c_1}}, \quad R=\frac{t_{g_2}-t_{g_1}}{t_{c_1}-t_{c_2}} \qquad (7-35)$$

式中,t_{g_1}、t_{g_2} 分别为热气流的进、出温度,℃;t_{c_1}、t_{c_2} 分别为冷气流的进、出温度,℃。

【例 7-8】 已知烟气量 60000m³/h,烟气进口温度 600℃,烟气出口温度 350℃。进行机力空气冷却器的设计及冷却空气侧阻力损失、烟气通过机力空气冷却器的阻力损失计算。

解: 假设空冷器高 3.6m,宽 3.2m,管子排列方式为空气流通方向,共 14 列,各列管子为交叉排列，奇数列 20 根，偶数列 19 根，共计 273 根，管径为 $\phi114\times3.2mm$，如图 7-23 所示。为缩短冷却管道的长度，空冷器采用两组串联，每组设 4 台轴流风机，每台轴流风机风量设定为 $27000m^3/h$。

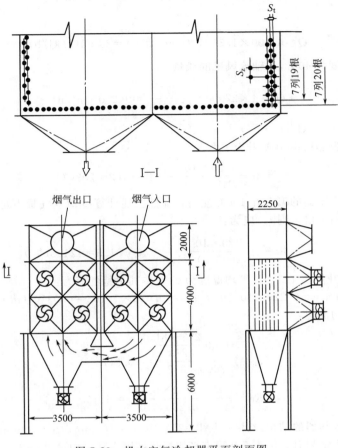

图 7-23 机力空气冷却器平面剖面图

（1）空冷器的换热系数 由于烟气入口温度 600℃，故不考虑辐射，仅计算对流换热系数（α_i）。烟气通道的有效断面积：

$$F_g = 273 \times \frac{\pi}{4} \times (0.114 - 2 \times 0.0032)^2 = 2.5 \ (m^2)$$

烟气在通道内的平均流速 v_g，按烟气的平均温度 $\frac{600+350}{2} = 475$（℃）计算，其热特性值为：$P = 0.464kg/m^3$，烟气的运动黏度 $\nu = 0.777 \times 10^{-4} m^2/s$，烟气热导率 $\lambda = 0.052W/(m \cdot K)$，普兰特数 $Pr = 0.731$。

$$v_g = \frac{Q_g}{F_g \times 3600} = \frac{60000 \times \frac{273+475}{273}}{2.5 \times 3600} = 18.3(m/s)$$

$$\alpha_i = 0.023 \frac{\lambda}{d} \left(\frac{v_g d}{\nu}\right)^{0.8} \cdot Pr^{0.4}$$

$$= 0.023 \times \frac{0.052}{0.108} \times \left(\frac{18.3 \times 0.108}{0.777 \times 10^{-1}}\right)^{0.8} \times (0.731)^{0.4}$$

$$= 0.023 \times 0.48 \times 25436^{0.8} \times 0.882 = 32 [\text{W}/(\text{m}^2 \cdot \text{K})]$$

冷却空气流通最小横截面积

$$F = (3.2 - 20 \times 0.114) \times 3.6 = 3.2 \ (\text{m}^2)$$

烟气放热量

$$Q = 60000 \times 1.340 \times (600 - 350) = 20 \times 10^6 (\text{kJ/h})$$

设环境空气温度为 40℃，则轴流风机的风量

$$Q_{\text{f}} = 4 \times 27000 \times \frac{273}{273 + 40} = 94200 \ (\text{m}^3/\text{h})$$

当 $t = 40℃$，$c = 1.3 \text{kJ}/(\text{m} \cdot ℃)$
冷却介质空气吸热后由 40℃ 升至 t_{c_2}

$$t_{c_2} = 40 + \frac{20 \times 10^6}{94200 \times 1.3} = 40 + 163 = 203(℃)$$

一般机力空气冷却器的温升在 100℃ 左右，显然上述计算冷却空气量不足；现将冷却用轴流风机的能力调整增加 1 倍，则 t_{c_2} 应为：

$$t_{c_2} = 40 + \frac{20 \times 10^6}{(94200 \times 2) \times 1.3} = 40 + 81.5 = 121.5(℃)$$

即空气由 40℃ 升温至 122℃，平均温度为 81℃，其热特性值为：
$P = 0.947 \text{kg/m}^3$；$v = 0.226 \times 10^{-4} \text{m}^2/\text{s}$；$\lambda = 0.026 \times 1.163 = 0.03 \text{W}/(\text{m} \cdot \text{K})$；$Pr = 0.708$
空气通过时平均流速：

$$v_{\text{a}} = \frac{94200 \dfrac{273 + 81}{273}}{3600 \times 3.3} = 10.2(\text{m/s})$$

$$Re = \frac{v_{\text{a}} d}{v} = \frac{10.2 \times 0.114}{0.226 \times 10^{-4}} = 51450$$

根据机力空气冷却器的结构设计（见图 7-23）中 $S_{\text{t}} = 160\text{mm}$，$S_{\text{z}} = 139\text{mm}$。
管子排列方式为错列时，由表 7-9 管束平均换热准则方程式中可见：
当 $\dfrac{S_{\text{t}}}{S_{\text{z}}} = \dfrac{160}{139} = 1.15 < 2$ 时

$$Nu = 0.31 Re^{0.6} \left(\frac{S_{\text{t}}}{S_{\text{z}}}\right)^{0.2} = 0.31(51450)^{0.6}(1.15)^{0.2} = 214$$

则放热系数 (α_0) 为：

$$\alpha_0 = \frac{Nu\lambda}{d} = \frac{214 \times 0.03}{0.114} = 56 [\text{W}/(\text{m}^2 \cdot \text{K})]$$

$$K = \frac{\alpha_{\text{i}} \alpha_0}{\alpha_{\text{i}} + \alpha_0} = \frac{32 \times 56}{32 + 56} = \frac{1792}{88} = 20.4 [\text{W}/(\text{m}^2 \cdot \text{K})]$$

对数平均温差 $\quad \Delta t_{\text{m}} = \dfrac{\Delta t_1 - \Delta t_2}{\ln \dfrac{\Delta t_1}{\Delta t_2}} = \dfrac{478 - 310}{\ln \dfrac{478}{310}} = 388(℃)$

式中，$\Delta t_1 = 600 - 122 = 478(℃)$；$\Delta t_2 = 350 - 40 = 310(℃)$。
因烟气流向与空气流向为垂直交叉，则应乘以温差修正系数 0.98。
实际温差 $\quad \Delta t'_{\text{m}} = 0.98 \times 388 = 380(℃)$
换热量 $\quad Q = FK\Delta t \ (\text{kJ/h})$

换热面积　$F=\dfrac{Q}{k\,\Delta t}=\dfrac{20\times10^6}{20.4\times380}\times\dfrac{1}{3.6}=716(\text{m}^2)$

而　$F=\pi Dln$,

则管长 $l=\dfrac{716}{273\times3.14(0.114-0.06)\times2}=7.73(\text{m})$

设计考虑双箱结构,即 $l'=\dfrac{7.73}{2}=3.87(\text{m})$

原设定高度 3.6m,现采取 4.0m。

(2) 冷却空气侧阻损计算　根据图 7-23 所示气流方向逐段计算。

轴流风机入口

$$Q_f=27000\text{m}^3/\text{h},D=900\text{mm}$$

$$v=\frac{27000}{3600\times0.789\times0.92}=10.3(\text{m/s})$$

突然缩小局部阻力系数 $\zeta=0.5$

$$\Delta P_1=\zeta\frac{v^2\rho}{22}=0.5\times\frac{(10.3)^2\times1.2}{2}=32(\text{Pa})$$

渐扩管 $D900/1600\times1800$, $l=1000\text{mm}$

$$\zeta=0.6$$

$$\Delta P_2=0.6\times\frac{(10.3)^2\times1.2}{2}=38(\text{Pa})$$

① 空气横向通过管束阻损

$$\zeta=\frac{0.10}{\left(\dfrac{S_t}{d_0}-1\right)^{1/3}}=\frac{0.10}{\left(\dfrac{0.160}{0.114}-1\right)^{1/3}}=0.135$$

$$\Delta P_3=2.04n\zeta v^2\rho=2.04\times14\times0.135\times(10.2)^2\times0.947=380(\text{Pa})$$

式中,ζ 为管束的局部阻力系数;S_t 为管束之间的中心距离,m;d_0 为管子直径,m;n 为管束中管子在气流方向的列数;v 为空气通过管束的流速,m/s;ρ 为空气密度,kg/m³。

② 空气出口阻损。空气出口温度 $t=122℃$,$\rho=0.8\text{kg/m}^3$。

根据上述计算,空气在平均温度为 81℃时通过冷却器的风速 $v_a=10.2\text{m/s}$(其 $\rho=0.947\text{kg/m}^3$),则空气流速 $v=\dfrac{0.947}{0.88}\times10.2=10.9(\text{m/s})$。

出口局部阻力系数 $\zeta=1.0$,则:

$$\Delta P_4=1.0\frac{(10.9)^2\times0.88}{2}=54(\text{Pa})$$

③ 室外空气阻损。设室外反向空气流动速度为 4.0m/s,则:

$$\Delta P_5=\frac{(4.0)^2\times1.2}{2}=10(\text{Pa})$$

④ 空气流动总阻损

$$P_T=\Delta P_1+\Delta P_2+\Delta P_3+\Delta P_4+\Delta P_5=43+51+380+54+10=538\ (\text{Pa})$$

设计阻损　$538\times1.2=646\text{Pa}$;

轴流风机压力选用 700Pa。

(3) 烟气阻损计算　空气冷却器和箱体结构为两段式。

① 空气冷却器入口阻损。

入口为变断面直角弯头

$$\frac{f}{F}=\frac{2\times 3.2}{2\times 3.2}=1$$

$$L_g=60000\times \frac{273+600}{273}=192000(\text{m}^3/\text{h})$$

$$\rho=\frac{353}{273+600}=0.40(\text{kg/m}^3)$$

$$v=\frac{192000}{3600\times 3.2\times 2.0}=8.3(\text{m/s})$$

局部阻力系数 $\zeta=1.1$ 时,则

$$\Delta P_1=1.1\times \frac{(8.3)^2\times 0.4}{2}=16(\text{Pa})$$

② 冷却管束入口阻损。冷却管束流通面积 $273\times 0.785\times (0.108)^2=2.5(\text{m}^2)$

入口流速　$v=\frac{192000}{3600\times 2.5}=21.3（\text{m/s}）$

入口局部阻力系数 $\zeta=1.5$ 时，则

$$\Delta P_2=1.5\times \frac{(21.3)^2\times 0.4}{2}=136（\text{Pa}）$$

③ 第一段空气冷却器流程阻损

冷却器出口平均烟温 $\frac{600+350}{2}=475(℃)$

第一段空气冷却烟气平均温度 $\frac{600+475}{2}=538(℃)$

工况烟气量　$Q_g=60000\times \frac{273+538}{273}=178000(\text{m}^3/\text{h})$

管内平均流速 $v=\frac{178000}{3600\times 2.5}=198(\text{m/s})$

烟气密度　$\rho=\frac{353}{273+538}=0.44(\text{kg/m}^3)$

$$\frac{\lambda}{d}=0.22,l=3.6\text{m},\frac{\lambda}{d}l=0.22\times 3.6=0.79$$

$$\Delta P_3=0.79\times \frac{(19.8)^2\times 0.44}{2}=70（\text{Pa}）$$

④ 第一段冷却管束出口阻损

烟气温度 475℃

工况烟气 $Q_g=60000\times \frac{273+475}{273}=164000(\text{m}^3/\text{h})$

管内平均流速　$v=\frac{164000}{3600\times 2.5}=18.2(\text{m/s})$

烟气密度　$\rho=\frac{353}{273+475}=0.36(\text{kg/m}^3)$

出口局部阻力系数 $\zeta=1.0$ 时,则

$$\Delta P_4 = 1.0 \times \frac{(18.2)^2 \times 0.36}{2} = 61 \text{（Pa）}$$

⑤ 灰斗处局部阻损。第一个灰斗的局部阻力系数，取直角弯头 $\zeta = 1.04$

烟气流速　$v = \dfrac{164000}{3600 \times 2.0 \times 1.2} = 19.0 \text{（m/s）}$

$$\Delta h_1 = 1.04 \times \frac{(19.0)^2 \times 0.36}{2} = 69 \text{（Pa）}$$

第二个灰斗的局部阻力系数，取变断面直角弯头

$$\frac{f}{F} = \frac{2.0 \times 1.2}{3.2 \times 2.0} = 0.375 \quad \zeta = 1.0$$

烟气流速　$v = \dfrac{164000}{3600 \times 2.0 \times 3.2} = 7.1 \text{m/s}$

$$\Delta h_2 = 1.0 \times \frac{(7.1)^2 \times 0.36}{2} = 10 \text{（Pa）}$$

灰斗处的局部阻损

$$\Delta P_5 = \Delta h_1 + \Delta h_2 = 69 + 10 = 79 \text{（Pa）}$$

⑥ 第二段管束入口阻损。局部阻力系数 $\zeta = 1.5$ 时，则

$$\Delta H_6 = 1.5 \times \frac{(18.2)^2 \times 0.36}{2} = 91 \text{（Pa）}$$

⑦ 第二段空气冷却器流程阻损。烟气始端温度 475℃；烟气终端温度 350℃

烟气平均温度 $t_{av} = \dfrac{475 + 350}{2} = 413 \text{（℃）}$

工况烟气　$L_g = 60000 \times \dfrac{273 + 413}{273} = 150000 \text{（m}^3\text{/h）}$

烟气密度　$\rho = \dfrac{353}{273 + 413} = 0.51 \text{（kg/m}^3\text{）}$

$$\frac{\lambda}{d} = 0.22, \ L = 3.6 \text{m}, \ \frac{\lambda}{d} l = 0.22 \times 3.6 = 0.79$$

烟气流速　$v = \dfrac{150000}{3600 \times 2.5} = 16.7 \text{（m/s）}$

$$\Delta P_7 = 0.79 \times \frac{(16.7)^2 \times 0.51}{19.6} \times 10 = 57 \text{（Pa）}$$

⑧ 第二段冷却管速出口

工况烟气　$L = 60000 \times \dfrac{350 + 273}{273} = 138000 \text{（m}^3\text{/h）}$

烟气流速　$v = \dfrac{137000}{3600 \times 2.5} = 15.2 \text{（m/s）}$

烟气密度　$\rho = \dfrac{353}{350 + 273} = 0.57 \text{（kg/m}^3\text{）}$

出口局部阻力系数　$\zeta=1.0$ 时，则

$$\Delta P_8=1.0\times\frac{(15.2)^2\times0.57}{2}=67(\text{Pa})$$

⑨ 冷却器出口阻损

烟气速度　$v=\dfrac{137000}{3600\times3.2\times2.0}=5.9(\text{m/s})$

局部阻力系数　$\zeta=1.1$ 时，则

$$\Delta P_9=1.1\times\frac{(5.9)^2\times0.57}{2}=12(\text{Pa})$$

机力空气冷却器总阻损：

$$P_{\text{T}}=\Delta P_1+\Delta P_2+\Delta P_3+\Delta P_4+\Delta P_5+\Delta P_6+\Delta P_7+\Delta P_8+\Delta P_9$$
$$=16+136+70+61+79+91+57+67+12=589\ (\text{Pa})$$

设计确定机力空气冷却器阻损 $P=700\text{Pa}$。

六、蓄热式冷却器设计计算

1. 工作原理

蓄热式冷却器的工作原理是通过设备本身具有的吸收储存和释放热量的功能来实现对流体介质冷却和加热的装置。当高温介质流过时，它吸收介质热量，使流出介质的温度下降；当低温介质流过时，它对介质释放热量，使流出介质的温度上升；总之，对于瞬间温度变化很大的介质，蓄热式冷却器能够削峰填谷，使流经介质的温度变化幅度变小，以满足下游设备的入口温度条件。如焦炉推焦除尘，在拦焦不足 1min 的时间内，平均温度可达 200℃ 以上，瞬间烟气温度可达 500℃ 以上，而一次推焦的时间间隔约为 8min，所以在拦焦的 1min 时间内，蓄热式冷却器可吸收烟气的热量，使进入袋式除尘器的烟气温度降到 100℃ 左右，防止瞬间高温烟气进入袋式除尘器损坏滤料。不拦焦期间，除尘系统吸入部分室外环境空气，蓄热式冷却器对其放热，提高进入除尘器气体的入口温度，能够有效地防止袋式除尘器结露，同时使冷却器降温，基本恢复到原来的温度，这一点在北方的冬季尤为重要。由此可见，蓄热式冷却器特别适用于短时间内温度剧烈波动的烟气净化系统中，具有缓冲介质温度突变的功能。钢板蓄热式冷却器由于缝隙小吸热快，有很好的阻火能力，工程上常用来作为阻火器使用。

2. 蓄热式冷却器结构形式

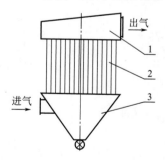

图 7-24　管式蓄热式冷却器
结构外形示意

1—集气箱；2—冷却管；3—灰斗

蓄热式冷却器主要有两种结构形式：一是管式结构；二是板式结构。管式结构蓄热式冷却器与管式间接自然对流空气冷却器的结构和工作原理都很相似，它既是自然对流冷却器，又是蓄热式冷却器，对于连续的高温气体起到自然对流冷却的作用；对于瞬时的高温气体又起到蓄热式冷却器的作用，设计应按蓄热式冷却器计算，其放热期间要考虑对环境自然对流放热部分按自然对流的散热作用计算，管式蓄热式冷却器结构外形见图 7-24。

板式结构蓄热式冷却器，也称百叶式冷却器或钢板冷却器，是真正的蓄热式冷却器。它由几十或上百片的钢板组成，烟气从钢板的缝隙通过，使进入的气体温度变化，进行蓄热或放热。百叶式冷却器的传热效率要高于管式结构，相对体积可小很多，因此，在许多场合百叶式冷却器替代了管式冷却器，由于钢板蓄热式冷却器有

快速吸热功能和小的缝隙，能有效起到阻火作用，所以它又是很好的阻火设备。钢板蓄热式冷却器进出风有两种形式，一种是水平进出形式，见图 7-25；另一种是上进下出形式，见图 7-26。

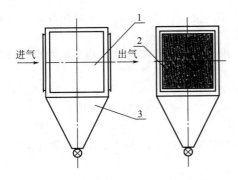

图 7-25　水平进出形式钢板蓄热式冷却器外形
1—箱体；2—冷却片；3—灰斗

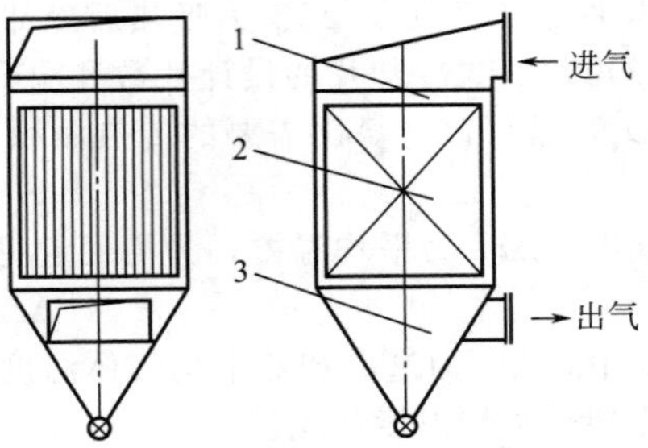

图 7-26　上进下出式钢板蓄热冷却器外形
1—箱体；2—冷却片；3—灰斗

3. 钢板蓄热式冷却器的设计计算

钢板蓄热式冷却器的吸热和放热过程中各种参数都随时间在变化，使计算变得十分复杂。下面从传热学的原理出发，定性分析推导蓄热式冷却器的设计计算公式和方法来满足工程应用的需要。

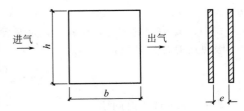

图 7-27　百叶式钢板布置示意

（1）冷却钢板的放热系数　要降低瞬间通过冷却器的气体温度，就要有较高的气体对钢板的导热系数，而且要有较高的流通面积、传热面积和小的结构体积，百叶式钢板蓄热式冷却器就具有以上特点。其分析计算如下：设百叶式钢板宽 b、高 h、钢板间隙 e，见图 7-27。

两钢板间的传热面积 $S_c = 2bh$

两钢板间的流道截面积 $S_j = he$

其当量直径 $d = 4S_j / U$

式中，U 为流体润湿的流道周边，m。

所以 $d = 4 \times h \times e / 2h = 2e$

当钢板的宽度取 $d/e > 60$，对气体 $Pr = 0.7$，气体在钢板间流动为 $Re = 10^4 \sim 12 \times 10^4$ 的旺盛紊流时，定性温度取气体的平均温度，可采用管内受迫流放热公式计算。

当为冷却气体时，其放热系数为 α [J/（m²·s·℃）]

$$\alpha = 0.023\lambda/d \times Re^{0.8} Pr^{0.4} \tag{7-36}$$

当加热气体时，其放热系数为：

$$\alpha = 0.023\lambda/d \times Re^{0.8} Pr^{0.3} \tag{7-37}$$

式中，λ 为导热系数，J/（m²·s·℃）；Re 为雷诺数，$Re = wd/\nu$；w 为流速，m/s；d 为当量直径，m；ν 为运动黏滞系数，m²/s；Pr 为普朗特准则数，$Pr = \nu/\lambda$。

烟气由各种气体成分组成，可分别按要求查出各种气体的物理参数，并按各种气体在烟气中所占的百分比求出该气体的实际物理参数。

（2）蓄热式冷却片的吸热量　进入蓄热式冷却器的单位气体热量减去气体离开冷却器的热量是冷却片吸收的热量 Q_g，即：

$$Q_g = Q_1 - Q_2 \tag{7-38}$$

$$Q_g = G_g C_{pg} \Delta T_g$$

$$Q_1 = G_1 C_{p_1} t_1$$

$$Q_2 = G_1 G_{p_2} t_2$$

式中，G_g 为冷却片的质量，kg；C_{pg} 为钢的比热容，kJ/（kg·℃）；C_{p_1} 为进入冷却器的气体比热容，kJ/（kg·℃）；C_{p_2} 为离开冷却器的气体比热容，kJ/（kg·℃）；G_1 为通过冷却器的气体质量，kg/s；t_1 为计算时间段进入冷却器的气体平均温度，℃；t_2 为计算时间段离开冷却器的气体平均温度，℃，ΔT_g 为吸热后冷却片的温升，℃。

（3）蓄热式冷却片的设计片数和温升计算 计算出了气体对冷却片的放热系数和冷却片的吸热量 Q_g，就可以计算出需要的传热面积 S，即：

$$S = 1000 Q_g / (\alpha \Delta t_m) \tag{7-39}$$

式中，Δt_m 为平均温差，为简便起见，用算术平均温差来进行传热计算，即：

$$\Delta t_m = (\Delta t_1 + \Delta t_2) / 2$$

式中，Δt_1 为进冷却器平均气体温度与冷却片平均温度的温差；Δt_2 为出冷却器平均气体温度与冷却片平均温度的温差。

需要冷却片的片数：

$$n = S / (2hb) + 1 \tag{7-40}$$

冷却片的厚度可取 $e/4$，那么冷却片的总质量：

$$G_g = hben\rho_b / 4$$

式中，ρ_b 为钢的密度，t/m^3；e 为钢板间隙，m。

吸热后冷却片升温：

$$\Delta T_g = \frac{G_1 (C_{p_1} t_1 - C_{p_2} t_2) t}{1000 G_g C_{pg}} \tag{7-41}$$

式中，t 为计算时间段，s

气体在冷却片间的平均流速 w（m/s）为：

$$w = G_1 / [\rho he (n-1)] \tag{7-42}$$

式中，ρ 为气体在冷却器进出端的平均温度下的密度，kg/m^3。

设计时可先设定气体在冷却片间的平均流速为 12～18m/s。如计算出的流速与设定的流速差别大，可调整冷却片的尺寸后重算，钢板的宽与钢板间隙大小和烟气流速决定了烟气进出口的温度差。

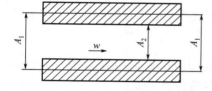

图 7-28 气体在冷却片间流动示意

（4）蓄热式冷却片压力损失计算 蓄热式冷却片的压力损失可分成两部分：一是气体在冷却片间流动的沿程损失；二是进出冷却片组的突缩和突扩的局部损失，见图 7-28。

气体通过冷却片的压力损失可以表示为：

$$\Delta p_m \ (Pa) = (\lambda b/d + \zeta_1 + \zeta_2) \ w^2 \rho / 2 \tag{7-43}$$

式中，λ 为摩擦系数；w 为管道内气体速度，m/s；ρ 为气体的密度，kg/m^3；d 为当量直径，m；ζ_1 为突缩局部阻力系数，$\zeta_1 = 0.5 \ (1 - A_2 / A_1)$；$\zeta_2$ 为突扩局部阻力系数，$\zeta_2 = (1 - A_2 / A_1)$；$b$ 为冷却片宽度，m；A_1、A_2 分别是两钢板的中心距尺寸和间隙尺寸。

摩擦系数 λ 可以用使用较普遍的粗糙区的经验公式计算：

$$\lambda = 0.11 \ (K/d)^{0.25} \tag{7-44}$$

式中，K 取钢板的粗糙度，为 0.15mm。

由于冷却片组在冷却器内布置的不同会形成其他的一些压力损失，所以冷却器本体的压力损失要略大于冷却片的压力损失。

【例 7-9】 钢板蓄热式冷却器计算

（1）基本参数确定 已知某焦炉推焦除尘工程推焦时进入蓄热式冷却器的烟气平均温度为150℃，进烟气时间为 1min，烟气出蓄热式冷却器口平均温度为 100℃，平均烟气量（标）210000m^3/h；推焦 8min 一次，其他时间进入冷却器为空气，平均温度 40℃，平均空气量（标）50000m^3/h。初步确定冷却器蓄热钢板的尺寸为宽 $b = 2.25$m、高 $h = 3.25$m，取钢板间隙 $e = 0.02$m。烟气在钢板中的平均流速取 $w = 15$m/s。

（2）求雷诺数 Re 烟气主要成分是空气，按空气查得其物理参数，定性温度按 125℃ 考虑，

那么
$$\nu = 25.5 \times 10^{-6}\,\mathrm{m^2/s},\ Pr = 0.70$$

当量直径：$d = 4S_j/U = 2e = 0.04$（m）
$$Re = wd/\nu = 15 \times 0.04/25.5 \times 10^{-6} = 2.353 \times 10^4$$

按公式（7-36）求放热系数
$$\alpha = 0.023\lambda/d Re^{0.8} Pr^{0.4} = 0.023 \times 0.033/0.04 \times 3143 \times 0.867$$
$$= 51.7\ [\mathrm{J/(m^2 \cdot s \cdot ℃)}]$$

（3）求需要的传热面积 S　推焦时，60s 烟气平均温度从 150℃ 降到 100℃ 钢板吸收的热量按公式（7-38）得：
$$Q_g = Q_1 - Q_2$$
$$= 210000 \times 1.293 \times (1.015 \times 150 - 1.013 \times 100) \times 1000/60$$
$$= 230574225\ (\mathrm{J})$$

（4）需要的换热面积　冷却片的平均温度设为 65℃，换热平均温差 $\Delta t_m = 60℃$，按式（7-39）得：
$$S = Q_g/(60 \times \alpha \times \Delta t_m) = 230574225/(60 \times 51.7 \times 60) = 1239\ (\mathrm{m^2})$$

（5）冷却片钢板片数 n　按式（7-40）
$$n = 1239/(2 \times 2.25 \times 3.25) + 1 = 85（片）$$

如果采用 5mm 厚钢板，则冷却片的总质量为：
$$5 \times 2.25 \times 3.25 \times 85 \times 7.85 = 24396（\mathrm{kg}）$$

根据以上计算可以求出蓄热冷却片组的外形尺寸为：宽 2250mm，高 3250mm，厚 2105mm。

（6）冷却片吸热后的温升和流速

因为：$Q_g = G_g C_{pg} \Delta T_g$

所以：$\Delta T_g = Q_g/(G_g C_g) = 230574/(24396 \times 0.46) = 20.5$（℃）

冷却器钢板可流通面积：
$$e \times h \times (n-1) = 0.02 \times 3.25 \times (85-1) = 5.46\ (\mathrm{m^2})$$

平均工况烟气量：$210000 \times (273+125)/273 = 306154$（$\mathrm{m^3/h}$）

流速：$w = 306154/(3600 \times 5.46) = 15.58$（m/s）

（7）蓄热式冷却片的压力损失
$$\Delta p_m = (\lambda b/d + \zeta_1 + \zeta_2)\ w^2 \rho/2$$
$$= (0.0272 \times 2.25/0.04 + 0.1 + 0.2) \times 15.58^2 \times 0.887/2$$
$$= 197\ (\mathrm{Pa})$$

4. 应用注意事项

① 板式蓄热式冷却器利用钢板对气体的吸热和放热作用来调节瞬间高温气体的温度，可应用在间断的、瞬间高温气体出现的场合，通过把瞬间高温气体温度降低，以达到后续净化设施的要求，同时可提高间隔期间进入净化设施的气体温度，防止气体温度过低结露。对于连续高温烟气或高温间断时间较长的除尘设施，其不能起到冷却烟气的作用。由于冷却片组有很好的吸热作用和比较好的阻火作用，可设计成除尘系统的阻火器。

② 在同样气体处理的条件下，板式蓄热式冷却器要比管式蓄热式冷却器体积小，质量轻，效率高，应优先采用板式蓄热式冷却器。

③ 根据除尘工况以及烟气的特性，对蓄热式冷却器进行计算和设备设计，更好地满足各种除尘系统冷却烟气的需要，同时又做到经济合理。

④ 蓄热式冷却器计算过程中，放热计算和试算是十分重要的，是冷却器计算不可忽略的部分，计算结果与除尘系统操作方法和生产工艺过程是分不开的，要注意放热过程中的气体流量、温度和放热时间。

七、间接水冷

1. 间接水冷计算

间接水冷是高温烟气通过管壁将热量传出，由冷却器或夹层中流动的冷却水带走的一种冷却装置。常用的设备有水冷套管、水冷式热交换器和密排管式水冷器。

高温烟气在冷却的同时应充分回收其热能，一般温度高于650℃时，应考虑设废热锅炉回收热能。

间接水冷所需的传热面积，可按下式计算：

$$F = \frac{Q}{K\Delta t_{\mathrm{m}}} \tag{7-45}$$

式中，F 为传热面积，m^2；Q 为烟气在冷却器内放出的热量，kJ/h；K 为传热系数，$\mathrm{W/(cm^2 \cdot K)}$；$\Delta t_{\mathrm{m}}$ 为当进、出口温度之比大于2时则应采用对数平均温差，℃。

传热系数（K）可按下式计算：

$$K = \frac{1}{\dfrac{1}{\alpha_1} + \dfrac{\delta_{\mathrm{d}}}{\lambda_{\mathrm{d}}} + \dfrac{\delta_0}{\lambda_0} + \dfrac{\delta_{\mathrm{i}}}{\lambda_{\mathrm{i}}} + \dfrac{1}{\alpha_2}} \tag{7-46}$$

式（7-46）中，K 为传热系数，$\mathrm{W/(m^2 \cdot K)}$；α_1 为烟气与金属壁面的换热系数，$\mathrm{kJ/(m^2 \cdot h \cdot ℃)}$；$\alpha_2$ 为金属壁面与水的换热系数，$\mathrm{W/(m^2 \cdot K)}$；δ_{d} 为管内壁灰层厚度，m；δ_0 为管壁厚度，m；δ_{i} 为水垢厚度，m；λ_{d} 为管内壁灰层的热导率，$\mathrm{W/(m \cdot K)}$；λ_0 为管金属的热导率，$\mathrm{W/(m \cdot K)}$；λ_{i} 为水垢的热导率，$\mathrm{W/(m \cdot K)}$。

式（7-46）中，α_1、α_2 对传热系数影响较大。上述数据可由传热学及试验数据得出，但是情况迥异，变化较大，计算非常烦琐。在实际应用中，可用经验数据。通常可取 K 值为 30～60W/$(\mathrm{m^2 \cdot K})$或 108～216kJ/$(\mathrm{m^2 \cdot h \cdot ℃})$。烟气温度越高，$K$ 值越大。

2. 水冷套管冷却器

水冷套管冷却器如图7-29所示。水冷式套管冷却烟气具有方法简单、实用可靠、设备运行费用较低等特点，是一种常用的冷却装置，但其传热效率较低，需要较大的传热面积。

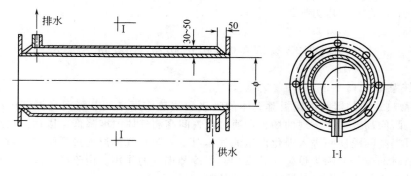

图 7-29　水冷套管冷却器

水冷套管水套中夹层的厚度应视具体条件而定。当冷却水的硬度大，出水温度高，需要清理水垢时，夹层厚度可取为 80～120mm 以上；对软化水、出水温度较低、不需要清理水垢时，则可取为 40～60mm。为防止水层太薄、水循环不良、产生局部死角等，水冷夹层厚度不应太小。水套的进水口应从下部接入，上部接出。烟管水套内壁采用 6～8mm 钢板制作，外壁用 4～6mm 钢板制作，全部采用连续焊缝焊制，并要求严密不漏水。冷却水进水温度一般为 30℃左右，最高出水温度不允许超过 45℃。水冷套管每段管道通常为 3～5m，水压 0.3～0.5MPa；对于直径较大的管道，夹套间宜用拉筋加固，一般可设水流导流板。管道直径按烟气在工况下的流速计算，一般为 20～30m/s。

炼钢电炉的高温烟气水冷套管传热系数（K）可按图 7-30 选取，该曲线系在烟管直径为 300mm，烟气量 2660m³/h 条件下测得。

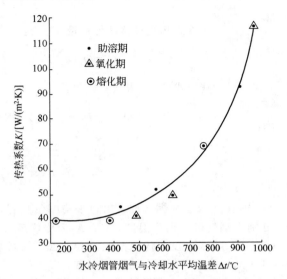

图 7-30　高温烟气水冷套管的传热系数 K 值

【例 7-10】 已知某厂 30t 电炉 1 套，水冷套管进口热量 33.6×10^6kJ/h，出口热量 23×10^6kJ/h。传热系数 58W/(m² · K)，烟气进口温度 840℃，烟气出口温度 600℃，冷却水进口温度 32℃，冷却水出口温度 47℃，烟气量 27000m³/h，烟气流速 30m/s，求传热面积和冷却水量。

解：将已知条件代入式(7-45)，传热面积计算如下：

$$F = \frac{Q}{K \Delta t_m} = \frac{33.6 \times 10^6 - 23 \times 10^6}{\dfrac{58 \times 4.2}{1.163} \times \dfrac{(840-47)+(600-32)}{2}} = \frac{10 \times 10^6}{210 \times 680} = 70 \ (\text{m}^2)$$

水冷套管直径

$$D = \sqrt{\frac{4Q_g}{\pi v \times 3600}} = \sqrt{\frac{4 \times 27000 \times \dfrac{273+\dfrac{(840+600)}{2}}{273}}{3.1416 \times 30 \times 3600}}$$

$$= \sqrt{\frac{393120}{339293}} = \sqrt{1.16} = 1.1 \ (\text{m})$$

每米长度冷却面积

$$f = \pi D l = 3.1416 \times 1.1 \times 1 = 3.46 \ (\text{m}^2)$$

水冷套管总长度　$L = \dfrac{70}{3.46} = 20 \ (\text{m})$

分 5 段制作，每段长度　$L_1 = \dfrac{20}{5} = 4 \ (\text{m})$。

冷却水量

$$G = \frac{Q}{c \Delta t} = \frac{10 \times 10^6}{4.18 \times 15 \times 1000} = 160 (\text{m}^3/\text{h})$$

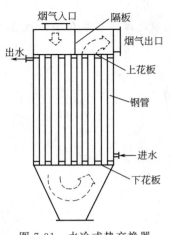

图 7-31　水冷式热交换器

3. 水冷式热交换器

水冷式热交换器(见图 7-31)是利用钢管内通水，在无数束钢管外通过高温烟气进行气水平行流热交换的一种间接水冷式冷却器。

水冷式热交换器的传热量(Q)为：

$$Q = Q_g(c_{p_1} T_1 - c_{p_2} T_2) \tag{7-47}$$

其与式(7-34)相比，则得：

$$Q_g(c_{p_1} T_1 - c_{p_2} T_2) = KF\Delta t_m \tag{7-48}$$

$$\Delta t_m = \frac{\Delta t_a - \Delta t_b}{2.31\lg\left(\dfrac{\Delta t_a}{\Delta t_b}\right)} \tag{7-49}$$

式中，Q_g 为烟气量，m^3/h；c_{p_1}、c_{p_2} 为烟气进、出口平均摩尔热容，$kJ/(kmol \cdot ℃)$，由式(7-25)计算确定；T_1、T_2 分别为烟气进、出口温度，℃；K 为传热系数，$kJ/(m^2 \cdot h \cdot ℃)$，通常取 $108 \sim 216 kJ/(m^2 \cdot h \cdot ℃)$；$F$ 为水冷段的传热面积，m^2；Δt_m 为对数平均温度差，℃；Δt_a 为进口气温与出口水温差，℃；Δt_b 为出口气温与进口水温差，℃。

【**例 7-11**】 高温烟气量为 $1 \times 10^4 m^3/h$，烟气温度 $t_2 = 250℃$。要求烟气进入袋式除尘器前的温度不超过 120℃。采用水冷式热交换器进行烟气冷却，计算该热交换器所需传热面积。

热交换器冷却用水的供水温度 $t_{w_1} = 30℃$，排水温度 $t_{w_2} = 40℃$；水管外径 $d_1 = 60mm$，内径 $d_2 = 54mm$；烟气平均温度 $t_p = \frac{1}{2}(250 + 120) = 185(℃)$；烟气在烟管内流速取 $v = 10m/s$。实际流速 $v' = 10 \times \frac{273 + 135}{273} = 16.8$ （m/s）。

解：根据公式(7-11)计算为烟气平均摩尔热容：

$0 \sim 250℃$ 时，$c_p = 31.2 kJ/(kmol \cdot ℃)$

$0 \sim 120℃$ 时，$c_p = 30.6 kJ/(kmol \cdot ℃)$

烟气在热交换器放出热量为：

$$Q = \frac{1 \times 10^4}{22.4} \times (31.2 \times 250 - 30.6 \times 120) = 1.84 \times 10^6 (kJ/h)$$

根据经验数据，取 K 值为 $108 kJ/(m^2 \cdot h \cdot ℃)$

在热交换器中，气水相逆流动

$\Delta t_a = 250 - 40 = 210$ （℃）；$\Delta t_b = 120 - 30 = 90$ （℃）

对数平均温度差 $\Delta t_m = \dfrac{210 - 90}{2.3\lg\dfrac{210}{90}} = 142$ （℃）

需要的传热面积 $F = \dfrac{1.84 \times 10^6}{108 \times 142} = 120$ （m^2）

烟气所需的流通面积 $f = \dfrac{1 \times 10^4}{3600 \times 10} = 0.278$ （m^2）

每根水管的流通面积 $f' = \dfrac{\pi}{4}(0.054)^2 = 2.3 \times 10^{-3}$ （m^2）

需要的水管根数 $n = \dfrac{f}{f'} = \dfrac{0.278}{0.0023} = 120.7$ （根）（取 120 根）

每根水管长度 $l=\dfrac{F}{\pi dn}=\dfrac{120}{3.14\times0.06\times120}=5.3$（m）。

八、余热锅炉

随着工业的进一步发展，能源越来越紧张．节能降耗将是今后很长一段时期工业企业的重要管理目标和任务，以余热锅炉作为余热回收的主要手段，必将得到更加重视。余热锅炉又称废热锅炉。

1. 余热锅炉的分类和特点

（1）余热锅炉分类

① 按烟气的流动分水管余热锅炉、火管余热锅炉。

② 按锅筒放置位置分立式余热锅炉、卧式余热锅炉。

③ 按使用载热体分蒸汽余热锅炉、热水余热锅炉和特种工质余热锅炉。

④ 按用途分冶炼余热锅炉、焚烧余热锅炉、熄焦余热锅炉等。

（2）余热锅炉特点

① 工作原理特点。一般锅炉设备是将燃料的化学能转化为热能，又将热能传递给水，从而产生一定温度和压力的蒸汽和热水的设备。余热锅炉用的是烟气中的余热（废热），所以不用燃料，也不存在化学能转化为热能问题。

② 构造特点。通常锅炉一般由"锅"和"炉"两大部分构成。锅是容纳水或蒸汽的受压部件，其中进行着水的加热和气化过程。炉子是由炉墙、炉排和炉顶组成的燃烧设备和燃烧空间。其作用是使燃料不断地充分燃烧。余热锅炉不用燃料，也没有炉子的构造特征。只有锅的特征，如图 7-32 所示，有的甚至类似换热器，如图 7-33 所示。

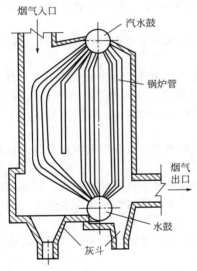

图 7-32　锌沸腾炉余热锅炉构造

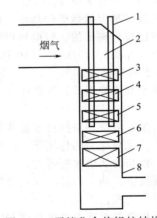

图 7-33　干熄焦余热锅炉结构

1—悬吊管；2—转向室；3—二级过热器；4—一级过热器；5—光管蒸发器；6—鳍片管蒸发器；7—鳍片管省煤器；8—水冷壁

2. 余热锅炉的热力计算

余热锅炉热力计算的任务是在确定的烟气及蒸汽参数下，确定锅炉各部件的尺寸及产气量；选择辅助设备，并为强度计算、水循环计算、烟道阻力计算提供基础数据。

热力计算分结构热力计算和校核热力计算。

结构热力计算是在给定烟气量、烟气特性、烟气进出口温度、以及锅炉的蒸汽参数等为条件，确定锅炉的受热面积和尺寸。

校核热力计算的目的：a. 在给定锅炉尺寸、蒸汽参数、烟气参数的条件下，校核锅炉各个受热面及进出口烟气温度等是否合适；b. 校核在烟气参数变化时，锅炉各处的烟气温度以及过热蒸汽温度参数等是否符合要求。

结构热力计算和校核热力计算的计算方法基本上相同，仅计算的目的和所求的数据不同。

（1）解析计算　余热锅炉的热力计算分为结构热力计算和校核热力计算两种，在锅炉设计中结合使用，完成锅炉整体结构的设计。结构热力计算是在给定的烟气量、烟气特性、烟气进出口温度以及锅炉的蒸汽参数等条件下，确定锅炉各个部件的受热面积和主要的结构尺寸。校核热力计算是在给定的锅炉结构尺寸、蒸汽参数、烟气量及烟气参数等条件下，校核锅炉各个受热面的吸热量及进出口烟气温度等是否合理。对于锅炉运行中的不同工况，也需要做校核热力计算，以检验锅炉各处的烟气温度和过热蒸汽温度等参数是否合乎要求。

余热锅炉发展至今，在工程中被广泛应用，已经形成了一套比较成熟的热力计算方法，即根据烟气质量守恒、热力平衡方程以及不同结构中烟气换热的经验公式建立的热力计算程序。

（2）数值计算　数值模拟方法是在设备设计和生产前期常用的方法，它利用计算机平台，应用程序或软件建模，进行数值模拟，对设备内部的流动和换热特性进行预测，为设备的设计和制造提出合理化建议，这种方法周期短，节省资金。随着计算机技术的发展，计算流体力学学科的飞速前进，数值模拟已经成为传热学领域必不可少的研究方法。很多大型商用软件，如FLUENT、GAMBIT、ICEMCFD、ANSYS 等为研究者提供了良好的操作平台，在满足一些基本操作的基础上，可以加入自编程序进行二次开发，实现复杂流动换热问题和多场耦合问题的求解。

3. 清灰设备

废热锅炉的清灰设施是保证废热锅炉正常安全运行的重要环节。常用的清灰方法有吹灰和振打。

（1）吹灰　吹灰主要是通过吹灰器完成。吹灰器是利用吹灰介质喷射的动压头，以清扫受热面上黏结的烟尘的一种清灰设备。

吹灰介质的选用是根据烟气的特性、尾气是否制酸、介质的来源及废热锅炉的具体工作条件等进行技术经济比较后确定的。目前可供选择的吹灰介质有蒸汽、压缩空气、压缩氮气和水等。介质压力一般为 $(9.807 \sim 15.691) \times 10^5 \mathrm{Pa}$，吹灰有效半径为 1.5～2.5m。蒸汽吹灰多用于烟气温度在 500℃ 以上的烟道。

吹灰器的种类有长伸缩式、短伸缩式、固定式和省煤式吹灰器。可根据吹灰的要求和使用温度选用。

（2）振打　振打清灰是借振打装置或振动器的作用，周期性地振击锅炉受热面，被黏结的烟尘在瞬时冲击力和反复应力的作用下，产生裂痕并逐渐不断扩大，同时使烟尘与受热面之间的附着力遭到破坏，黏结的烟尘被振落。

振打清灰在投资、动力消耗、清灰效果等方面有很多优点，因此被广泛采用。目前的废热锅炉大都采用全振打清灰。

常用振打清灰设备有锤击型振打清灰装置和振动器。

4. 除灰设备

除灰设备是指从废热锅炉冷灰斗的出口将灰渣排出锅炉本体的设备。由于各种工业窑炉的工艺特点不同，对除灰设备的要求也不同，通常应考虑以下几点：a. 落入冷灰斗中的灰渣一般有回收价值，应考虑灰渣的回收利用；b. 若进入废热锅炉的烟气含有较多的二氧化硫和三氧化硫，烟气用于制酸时，除灰设备必须考虑防腐和密封；c. 灰渣的密度较大、温度较高或结焦后渣块硬度较高，除灰设备要有较好的耐高温及耐磨性能；d. 废热锅炉的冷灰斗沿锅炉长度方向开口，要求除灰设备的结构与其相配，同时要考虑大渣块的清除。

为满足上述要求，废热锅炉通常采用水平布置的干式机械除灰设备。常用的有刮板除灰机、框链式除灰机、埋刮板输送机和螺旋输送机等。此类输送机可参阅有关设备的选用手册和样本，并根据灰渣的密度、温度、磨损等条件进行校核，并做必要修改。

5.余热锅炉的水循环

余热锅炉的水循环可分为自然循环和强制循环两种。

（1）自然循环优缺点

① 自然循环的优点：锅炉水容量大，负荷变动时，对水位的影响较小，所以突然停电时危险性小；操作方法与自然循环的普通锅炉相同，简单易行；对水质不像强制循环要求那么严；运行费用比强制循环少。

② 自然循环的缺点：大型废热锅炉的结构比较复杂，受热面布置较麻烦，投资较大；锅炉启动时间长，需要装设启动专用燃烧装置；死角处附着的烟尘较多，不易清除。

（2）强制循环优缺点

① 强制循环的优点：锅炉紧凑、体积小；大型废热锅炉造价低，容易清灰，启动升压容易，不需专门的启动燃烧器。

② 强制循环的缺点：强制水循环泵，电耗较大，维护检修工作量大，供电的等级高，不允许突然停电，水质要求严，水处理设备的投资和运行费用较高。

通常根据废热锅炉的规模、烟气性质以及厂地条件等确定水循环的方式。一般小型废热锅炉用自然循环为好。

余热锅炉的补充给水量与蒸汽的用途和补给水的水质有关，情况较为复杂，通常有以下 3 种情况。

① 蒸汽用作冷凝式汽轮机发电时，锅炉补充水量按下式估算：

$$G=(0.15\sim0.25)D \tag{7-50}$$

② 蒸汽用作全部不回水的工艺用汽、锅炉补充水量按下式估算：

$$G=(1.15\sim1.25)D \tag{7-51}$$

③ 有部分回水的锅炉补充水量按下式估算：

$$G=(1.15\sim1.25)D-G_回 \tag{7-52}$$

式中，G 为锅炉补充水量 t/h；D 为锅炉的蒸发量，t/h；$G_回$ 为蒸汽凝结水回至锅炉房的水量，t/h。

6.余热锅炉应用实例

见表 7-11。

表 7-11　余热锅炉实例

名　　称		单位	1200 型铜反射炉余热锅炉	350 型锡反射炉余热锅炉	1000 型铜闪速炉余热锅炉	240 型硫酸流态化炉余热锅炉	400 型硫酸流态化炉余热锅炉	850 型锌精矿流态化炉余热锅炉	530 型锌精矿流态化炉余热锅炉
烟气量		m^3/h	35000	9940	20000	11845	16132	27000	15600
烟气条件	SO_2	％	2	0.05	9.9	1.1	11.27	9.1	9.8
	N_2	％	70.63	76.31	73.5	78.23	77.7	75	67.8
	H_2O	％	6	4.0	9.5	7	5.9	9.9	19.4
	O_2	％	5.07	3.64	0.6	3.4	4.96	5.5	3
	CO_2	％	16	15.6	6.4				
	CO	％	0.3	0.4					
	SO_3	％				0.37	0.1	0.3	
烟气含尘量		g/m^3	50	11.2	85	250～300	250	300	260

续表

名　　称	单位	1200型铜反射炉余热锅炉	350型锡反射炉余热锅炉	1000型铜闪速炉余热锅炉	240型硫酸流态化炉余热锅炉	400型硫酸流态化炉余热锅炉	850型锌精矿流态化炉余热锅炉	530型锌精矿流态化炉余热锅炉
烟气温度 锅炉进口温度	℃	1200	1050	1300	916	900	850	850～900
第二烟道进口温度	℃	660	750	770	779	585	670	640
第三烟道进口温度	℃	500	650	670	596	415	570	540
第四烟道进口温度	℃		570	520	472	415		450
锅炉出口温度	℃	370	350	350	452	400（350）	400	400
烟气流速 第一烟道（冷却室）	m/s	1.38	2.31	1.8		4.9	4.4	5.15
第二烟道	m/s	3.3	4.23	3.8	6.84～5.3	5.0	5.7	5.07
第三烟道	m/s	4.4	4.96	2.6			5.5	5.22
第四烟道	m/s	4.2	5.48	3.8～9.7		5.6	5.8	5.22
锅炉参数 蒸发量	t/h	17.2	5	8.1	5.4	8.7	9	6
锅炉蒸汽压力	MPa	2.9	1.5	4.5	4.1	3.2	2.6	2.8
过热蒸汽出口压力	MPa	2.8	1.4	4.4	3.4	饱和	2.5	饱和
第一过热器出口温度	℃	310		500	300			
第二过热器出口温度	℃	410	370	500（再热）	420		370	
锅炉给水温度	℃	105	104		104	120	105	105
锅炉受热面积 蒸发受热面积	m²	1150	284	780	210	400	784	520
第一过热器面积	m²	32	60	214	29		61	
第二过热器面积	m²	260		204（再热）	28.5			
传热系数K 第一烟道（冷却室）	W/(m²·℃)	11.9	6.9	5.5～103	8.3～9.7	8.9	11.1	10.8
第二烟道	W/(m²·℃)	5.5	5.8	6.1	5.5～6.9	8.4	10	10
第三烟道	W/(m²·℃)	6.1	8.9	5.5	5.5～6.9		3.9	4.7
第四烟道	W/(m²·℃)	4.4	5.8	5.3	5.5～6.9	6.8	3.9	4.7
第一过热器	W/(m²·℃)	11.9	7.8	6.1	8.3～9.7	流态化层	10.5	
第二过热器	W/(m²·℃)	5.8	8.3	5.5	69	69	10.5	
		按管壁积灰5mm					按管壁积灰5mm	按管壁积灰5mm
锅炉通风阻力	Pa	<196	1275		<392		<392	<392
锅炉水循环方式		强制循环水泵功率55kW扬程0.4MPa流量250t/h	自然循环	自然循环	强制循环水泵功率14kW扬程0.4MPa流量45t/h	自然循环	强制循环水泵功率37kW扬程0.4MPa流量150t/h	强制循环

第三节　高温烟气管道膨胀补偿

　　高温烟气管道的补偿应首先利用管道弯曲的自然补偿作用，当管内介质温度不高、管线不长且支点配置正确时，则管道长度的热变化可以用自身的弹性予以补偿，这是管道长度热变化自行补偿的最好办法。若自然补偿不能满足要求时，再考虑设置"π"形或"Ω"形、填料式、波形补偿器等进行补偿。

　　补偿时应该是每隔一定的距离设置一个补偿装置，减少并释放管道受热膨胀产生的应力，以保证管道在热状态下的稳定和安全工作。

一、管道膨胀伸长计算

管道膨胀的热伸长，按式（7-53）计算：

$$\Delta L = La_1(t_2 - t_1) \tag{7-53}$$

式中，ΔL 为管道的热伸长量，mm；a_1 为管材 1m 平均线膨胀系数，K^{-1}（见表 7-12）；L 为管道的计算长度，m；t_2 为输送介质温度，℃；t_1 为管道安装时的温度，℃，当管道架空敷设时，t_1 应取采暖室外计算温度。

表 7-12 各种管材的线膨胀系数 a 值

管道材料	a_1/K^{-1}	管道材料	a_1/K^{-1}
普通钢	12×10^{-6}	铜	15.96×10^{-6}
钢	13.1×10^{-6}	铸铁	11.0×10^{-6}
镍铬钢	11.7×10^{-6}	聚氯乙烯	70×10^{-6}
不锈钢	10.3×10^{-6}	聚乙烯	10×10^{-6}
碳素钢	11.7×10^{-6}		

对于一般钢管 $a_1 = 12 \times 10^{-6}$，代入式（7-53），得：

$$\Delta L = 0.012(t_2 - t_1)L \tag{7-54}$$

二、高温管道膨胀补偿

1. L 形补偿器

L 形补偿器由管道的弯头构成。充分利用这种补偿器做热膨胀的补偿，可以收到简单方便的效果。

L 形补偿器如图 7-34 所示，其短臂 L_2 的长度可按式（7-55）计算：

$$L_2 = 1.1 \sqrt{\frac{\Delta L D_w}{300}} \tag{7-55}$$

式中，L_2 为 L 形补偿器的短臂长度，mm；ΔL 为长臂 L 的热膨胀量，mm；D_w 为管道外径，mm。

L 形补偿器的长臂 L 的长度应取 20～25m 左右，否则会造成短臂的侧向移动量过大而失去作用。

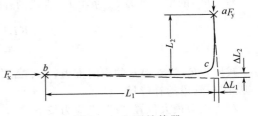

图 7-34 L 形补偿器

对固定支架 b 的推力（F_x）按式（7-56）计算：

$$F_x = \frac{\Delta L_1 EJK}{L_2^3}\varepsilon \tag{7-56}$$

$$J = \frac{\pi}{64}(D_w^2 - d^2) \tag{7-57}$$

式中，F_x 为对支架 b 的推力，N；ΔL_1 为长臂的外补偿量，cm；L_2 为短臂侧的计算臂长，cm；E 为钢材弹性模量，Pa，对 Q235 钢 $E = 21000$MPa；J 为管道断面惯性矩，mm^2；D_w 为管道外径，mm；d 为管道内径，mm；K 为修正系数，$D > 900$mm 时 K 取 2，$D < 800$mm 时 K 取 3；ε 为安装预应力系数，大气温度安装调整时 ε 取 0.63；不调整时，ε 取 1.0。

对固定支架 a 的推力（F_y），如式（7-58）所示：

$$F_y = \frac{\Delta L_2 EJK}{L_1^3}\varepsilon \tag{7-58}$$

式中，F_y 为对支架 "a" 的推力，N；ΔL_2 为短臂的补偿量，mm；其他符号意义同前。

对最不利的 C 点的弯曲应力（σ_1）为：

$$\sigma_1 = \frac{\Delta L_2 EDK}{2L_1^2} \tag{7-59}$$

式中，σ_1 为 C 点的弯曲应力，Pa；其他符号意义同前。

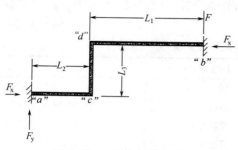

图 7-35　Z 形自然补偿器

2. Z 形补偿器

Z 形补偿器是常用的自然补偿器之一。其优点在于在管道设计和安装中很容易实现补偿。如图 7-35 所示。

Z 形补偿器其垂直臂 L_3 的长度可按式（7-60）计算：

$$L_3 = \left[\frac{6\Delta t ED_w}{10^3 \sigma(1+12K)} \right]^{\frac{1}{2}} \tag{7-60}$$

式中，L_3 为 Z 形补偿器的垂直臂长度，mm；Δt 为计算温差，℃；E 为管材的弹性模量，Pa；D_w 为管道外径，mm；σ 为允许弯曲应力，Pa；K 为等于 L_1/L_2，其中 L_1 为长臂长，L_2 为短臂长。

Z 形补偿器的长度（$L_1 + L_2$），应控制在 40～50m 的范围内。

对固定支架 b 的轴向推力（F_x）

$$F_x = \frac{KEJ(\Delta L_3 + \Delta L_2)}{L_3^3} \tag{7-61}$$

式中，F_x 为支架 b 的轴的推力，N；其他符号意义同前。

对 "b" 的横向推力 F_y 系由 L_3 管段的补偿量 ΔL 所产生的力，按静力平衡的原则表示如下：

$$F_y = \frac{KEJ \Delta L'}{L_1^3} = \frac{KEJ \Delta L''}{L_2^3} \tag{7-62}$$

式中，F_y 为支架 b 的横向推力，N；$\Delta L'$ 为由力臂 L_1 吸收 L 管段的补偿量；$\Delta L''$ 为由力臂 L_2 吸收 L 管段的补偿量。

对于应力最大位置 "c" 点应力按下式

$$\sigma_c = \frac{KED(\Delta L_1 \varepsilon + \Delta L_2)}{2L} \tag{7-63}$$

式中，σ_c 为 "c" 点最大弯曲应力，MPa；其他符号意义同前。

3. π 型（Ω 型）补偿器

π 型补偿器广泛用于碳钢、不锈钢管道、有色金属管道和塑料管道。

π 型补偿器由 4 个 90°弯管组成，其常用的四种类型如图 7-36 所示，常用规格尺寸见表 7-13。π 型补偿器的补偿性能见表 7-14。

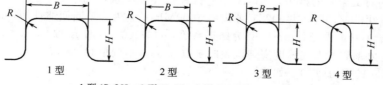

1 型 $(B=2H)$；2 型 $(B=H)$；3 型 $(B=0.5H)$；4 型 $(B=0)$

图 7-36　π 型补偿器类型

表 7-13　π 型补偿器常用规格尺寸

单位：mm

补偿能力 ΔL	型号	25 (R=134) B	25 H	32 (R=168) B	32 H	40 (R=192) B	40 H	50 (R=240) B	50 H	65 (R=304) B	65 H	80 (R=356) B	80 H	100 (R=432) B	100 H	125 (R=532) B	125 H	150 (R=636) B	150 H	200 (R=876) B	200 H	250 (R=1690) B	250 H
25	1	780	520	830	580	860	620	820	650	1250	930	1290	1000	1400	1130	1550	1300	1550	1400	—	—	—	—
	2	600	600	650	650	680	680	700	700	1000	1000	1050	1050	1200	1200	1300	1300	1400	1400	—	—	—	—
	3	470	680	530	720	570	740	620	750	1360	1100	930	1150	1060	1250	1200	1300	1350	1400	—	—	—	—
	4	—	800	—	820	—	830	—	840	—	1120	—	1200	—	1300	—	1300	—	1400	—	—	—	—
50	1	1200	720	1300	800	1280	830	1280	880	1700	1150	1730	1220	1800	1350	2050	1550	2000	1680	2450	2100	—	—
	2	840	840	920	920	970	970	980	980	1300	1300	1350	1350	1450	1450	1600	1600	1750	1750	2100	2100	—	—
	3	650	980	700	1000	720	1050	780	1080	1030	1450	1110	1500	1260	1650	1410	1750	1550	1800	1950	2100	—	—
	4	—	1250	—	1250	—	1280	—	1300	—	1500	—	1600	—	1700	—	1800	—	1900	—	2100	—	—
75	1	1500	880	1600	950	1660	1020	1720	1100	2000	1300	2130	1420	2350	1600	2450	1750	2650	1950	2850	2300	2250	2200
	2	1050	1050	1150	1150	1200	1150	1300	1300	1500	1500	1600	1600	1700	1700	1900	1900	2050	2050	2380	2380	2200	2200
	3	750	1250	830	1320	890	1380	970	1450	1180	1700	1280	1850	1460	2050	1600	2100	1750	2200	2080	2400	2200	2200
	4	—	1550	—	1650	—	1700	—	1750	—	1850	—	1950	—	2100	—	2150	—	2300	—	2550	—	2200
100	1	1750	1000	1900	1100	1920	1150	2020	1250	2600	1600	2790	1750	2950	1900	3250	2150	3550	2400	3750	2750	3020	2600
	2	1200	1200	1320	1320	1400	1400	1550	1500	1850	1850	2000	2000	2150	2150	2450	2450	2600	2600	2950	2950	2600	2600
	3	860	1400	950	1550	1010	1630	1070	1650	1460	2300	1580	2450	1760	2650	1950	2800	2080	2880	2480	3200	2390	2600
	4	—	—	—	1950	—	2000	—	2050	—	2400	—	2550	—	2750	—	2850	—	3000	—	3250	—	2900
150	1	2150	1200	2320	1320	2420	1400	2520	1500	3100	1850	3390	2050	3550	2200	3950	2500	4350	2800	4500	3510	3500	3100
	2	1500	1500	1640	1640	1730	1730	1800	1800	2200	2200	2350	2350	2550	2550	2800	2800	3050	3050	3500	3500	3700	3500
	3	—	—	1150	1920	1210	2030	1290	2100	1680	2750	1860	3000	2060	3250	2200	3300	2400	3500	2850	3900	3090	4200
	4	—	—	—	—	—	—	—	2650	—	2950	—	3100	—	3300	—	3450	—	3600	—	4000	—	4250
200	1	—	—	2730	1530	2860	1620	3020	1750	3500	2050	3900	2300	4050	2450	4550	2800	4950	3100	5250	3500	—	3500
	2	—	—	1900	1900	2000	2000	2100	2100	2450	2450	2700	2700	2850	2850	3200	3200	3500	3500	4000	4000	3700	4000
	3	—	—	—	—	1350	2300	1480	2400	1900	3150	2110	3500	2350	3800	2450	3900	2750	4200	3180	4600	3090	4600
	4	—	—	—	—	—	—	—	—	—	3400	—	3600	—	3850	—	4050	—	4250	—	4700	—	4700
250	1	—	—	—	—	—	—	—	—	—	—	—	—	—	—	—	—	—	—	—	—	4400	4400
	2	—	—	—	—	—	—	—	—	—	—	—	—	—	—	—	—	—	—	—	—	4400	4400
	3	—	—	—	—	—	—	—	—	—	—	—	—	—	—	—	—	—	—	—	—	3290	—
	4	—	—	—	—	—	—	—	—	—	—	—	—	—	—	—	—	—	—	—	—	—	4900

表头说明：管径 (Dg)／弯管结构半径尺寸

表 7-14　π 型补偿器的补偿性能

补偿能力 ΔL /mm	型号	公称通径 /mm											
		20	25	32	40	50	65	80	100	125	150	200	250
		臂长 H/mm											
30	1	450	520	570	—	—	—	—	—	—	—	—	—
	2	530	580	630	670								
	3	600	760	820	850								
	4	—	760	820	850								
50	1	570	650	720	760	790	860	930	1000				
	2	690	750	830	870	880	910	930	1000				
	3	790	850	930	970	970	980	980					
	4	—	1060	1120	1140	1050	1240	1240					
75	1	680	790	860	920	950	1050	1100	1220	1380	1530	1800	—
	2	830	930	1020	1070	1080	1150	1200	1300	1380	1530	1800	
	3	980	1060	1150	1220	1180	1220	1250	1350	1450	1600	—	
	4	—	1350	1410	1430	1450	1450	1350	1450	1530	1650		
100	1	780	910	980	1050	1100	1200	1270	1400	1590	1730	2050	—
	2	970	1070	1070	1240	1250	1330	1400	1530	1670	1830	2100	2300
	3	1140	1250	1360	1430	1450	1470	1500	1600	1750	1830	2100	
	4		1600	1700	1780	1700	1710	1720	1730	1840	1980	2190	
150	1		1100	1260	1270	1310	1400	1570	1730	1920	2120	2500	—
	2		1330	1450	1540	1550	1660	1760	1920	2100	2280	2630	2800
	3		1560	1700	1800	1830	1870	1900	2050	2230	2400	2700	2900
	4		—	—	2070	2170	2200	2200	2260	2400	2570	2800	3100
200	1		1240	1370	1450	1510	1700	1830	2000	2240	2470	2840	—
	2		1540	1700	1800	1810	2000	2070	2250	2500	2700	3080	3200
	3		—	2000	2100	2100	2220	2300	2450	2670	2850	3200	3400
	4			—	2720	2750	2770	2780	2950	3130	3400	3700	
250	1			1530	1620	1700	1950	2050	2230	2520	2780	3160	—
	2			1900	2010	2040	2260	2340	2560	2800	3050	3500	3800
	3			—	2370	2500	2600	2800	3050	3300	3700	3800	
	4			—	3000	3100	3230	3450	3640	4000	4200		

　　表中补偿能力 ΔL 是按安装时冷拉 $\Delta L/2$ 计算的。如采用褶皱弯头，补偿能力可增加 1/3～1 倍。

4. π 型补偿器的计算

（1）π 型补偿器的尺寸计算

$$L = \left[\frac{1.5\Delta L E D_w}{R(1+6K)} \right]^{\frac{1}{2}} \tag{7-64}$$

$$K = \frac{L_1}{L}$$

　　式中，L 为补偿器伸出距离，cm；L_1 为补偿器的开口距离，cm；R 为管子弯曲许可应力，碳钢管取 $R=70\sim 80$MPa；E 为管材弹性模数，MPa；D_w 为管子外径，cm；ΔL 为两固定支架间管道热伸长量的 1/2，cm。

　　【例 7-12】　用 $D108 \times 4$ 碳钢无缝钢管制作 π 型补偿器，其长臂长度为 1700mm。计算其补偿能力。

　　解：按式（7-64）变换得

$$\Delta L = \frac{R(1+6K)L^2}{1.5ED_w} = \frac{75 \times (1+6 \times 1) \times 170^2}{1.5 \times 2 \times 10^5 \times 10.8} \approx 5 \text{（cm）}$$

（2）π型补偿器的弹性力计算　π型补偿器的弹性力可按下式计算：

$$P_{\text{K}} = \frac{\sigma W}{H} \tag{7-65}$$

式中，P_{K}为弹性力，N；σ为管材的许用应力，MPa；W为管子的断面系数，cm³；H为补偿器垂直臂长，cm。

三、柔性材料补偿器

1. 设置柔性材料补偿器的条件

① 当输送的烟气温度高于70℃，且在管线的布置上又不能靠自身补偿时，需设置补偿器。补偿器一般布置在管道的两个固定支架中间，但必须考虑到不要因为补偿器本身的质量而在烟气管道膨胀与收缩时不发生扭曲，需用两个单片支架支撑补偿器质量，单片支架的间距在车间外部时一般为3～4m；在车间内部最大不超过6m。

② 在任何烟气温度情况下，为防止外力作用到设备上，以及防止机械设备的振动传给管道，在紧靠除尘器和风机连接的管道上也应装设补偿器。

③ 由于某个设备下沉和管道推力，需要设补偿器；对大型除尘器和风机，其前后都应设置补偿器。

2. 柔性材料补偿器的形式

常用的柔性材料补偿器有a、b两种形式，如图7-37所示。

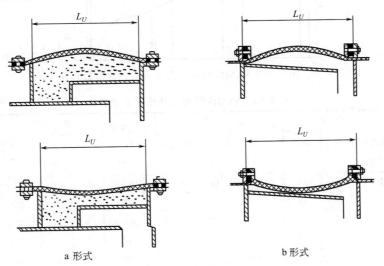

a 形式　　　　　　　　　　b 形式

图 7-37　柔性材料补偿器

柔性材料套管式补偿器，其优点是构造简单、体积较小、易于加工制造、推力又小，但安装试压要求避免漏气。补偿器的坚固度应与管道坚固度一致，以免补偿器破损而影响管道的正常工作。其材料可根据温度、压力、耐腐蚀等要求选用，经常使用的有玻璃纤维与硅橡胶的复合材料、聚四氟乙烯的复合材料以及耐磨纤维布等。

这种补偿器经常用于高温管道和风机的进口、出口，长期使用温度在－40～600℃之间，耐压300kPa，适用介质空气、烟气及低压气体等，除补偿作用外，还有允许扭曲3°、耐酸、耐腐蚀、隔间、减振等作用。

按设计规定的安装长度应考虑气温变化，留有剩余的收缩量。剩余收缩量可按下式计算：

$$S = S_0 \frac{t_1 - t_0}{t_2 - t_0} \tag{7-66}$$

式中，S 为插管与外壳挡圈间的安装剩余收缩量，mm；S_0 为补偿器的最大行程，mm；t_0 为室外最低计算温度，℃；t_1 为补偿器安装时的气温，℃；t_2 为介质的最高计算温度，℃。

剩余收缩量的允许偏差为 ±5mm。

3. 柔性材料补偿器性能参数

（1）特点　NM 系列补偿器，主要适用于输送微压粉尘气体、烟气、煤气及其他气体的管道设备系统因温度、机械振动及基础下沉引起的位移补偿。该补偿器特点是：a. 口径大、型式多；b. 补偿最大、疲劳寿命长；c. 刚度低、弹性反力小；d. 适用温度范围较宽；e. 抗腐蚀性能好；f. 能有效地隔离管道的振动和噪声；g. 结构合理，安装方便、易更换。

（2）使用温度和压力

① SNMD 型。低温圆形非金属补偿器：适用温度≤200℃，压力＜49kPa。

② CNMD 型。低温矩形非金属补偿器：适用温度≤200℃，压力＜49kPa。

③ 柔性材料补偿器的外形尺寸和性能参数分别见图 7-38、表 7-15 和图 7-39、表 7-16。

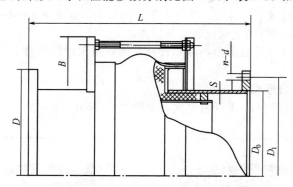

图 7-38　SNMD 型补偿器结构示意（圆形）

表 7-15　SNMD 型圆形补偿器性能参数

型　　号	补偿量			有效面积 A /cm²	焊接端管		法兰外径 D /mm	法兰螺栓孔			总长 L /mm	总宽 B /mm
	轴向 x /mm	横向 y /mm	角 θ /(°)		外径 D_0 /mm	壁厚 S /mm		数量 n /个	直径 d /mm	中心圆 D_1 /mm		
SNMD150(F)	100	15	12	794	159	6	280	8	10	240	900	550
SNMD200(F)	100	15	12	1726	219	8	335	8	10	295	900	600
SNMD250(F)	100	15	12	2147	273	8	405	8	10	335	900	650
SNMD300(F)	100	15	12	2595	325	8	445	8	13	397	900	700
SNMD350(F)	100	15	12	3086	377	8	497	8	13	449	900	750
SNMD400(F)	100	15	12	3587	426	8	546	8	13	498	900	800
SNMD450(F)	100	15	12	4183	480	8	600	10	13	552	900	855
SNMD500(F)	105	16	13	4776	530	8	650	10	13	602	1010	920
SNMD550(F)	105	16	13	5150	560	8	680	16	13	632	1010	950
SNMD600(F)	105	16	13	6079	630	10	750	16	13	702	1010	1020
SNMD700(F)	105	16	13	7386	720	10	840	16	13	792	1010	1110
SNMD800(F)	105	16	13	8654	820	10	940	16	13	892	1010	1210
SNMD900(F)	105	16	13	10381	920	10	1080	20	22	1016	1010	1310
SNMD1000(F)	115	17	14	12861	1020	10	1180	20	22	1116	1130	1420
SNMD1100(F)	115	17	14	14949	1120	10	1280	24	22	1216	1130	1520
SNMD1200(F)	115	17	14	17194	1220	10	1380	24	22	1316	1130	1620

续表

型 号	补偿量			有效面积	焊接端管		法兰外径	法兰螺栓孔			总长 L	总宽 B
	轴向 x /mm	横向 y /mm	角 θ /(°)	A /cm^2	外径 D_0 /mm	壁厚 S /mm	D /mm	数量 n /个	直径 d /mm	中心圆 D_1 /mm	/mm	/mm
SNMD1300(F)	115	17	14	19596	1320	12	1480	24	22	1416	1130	1720
SNMD1400(F)	115	17	14	22155	1420	12	1580	32	22	1516	1130	1820
SNMD1500(F)	130	18	15	24871	1520	12	1680	32	26	1616	1180	1940
SNMD1600(F)	130	18	15	27745	1620	12	1780	32	26	1716	1180	2040
SNMD1700(F)	130	18	15	30775	1720	12	1880	32	26	1816	1180	2140
SNMD1800(F)	130	18	15	33962	1820	14	1980	32	26	1916	1180	2240
SNMD2000(F)	150	18	15	41526	2020	14	2180	40	26	2116	1330	2480
SNMD2200(F)	150	18	15	49062	2220	14	2380	40	26	2316	1330	2680
SNMD2300(F)	150	18	15	53066	2320	14	2480	40	26	2416	1330	2780
SNMD2400(F)	150	18	15	57226	2420	14	2580	40	26	2516	1330	2880
SNMD2500(F)	200	18	15	61544	2520	14	2680	56	26	2616	1350	3020
SNMD2600(F)	200	18	15	66018	2620	14	2780	56	26	2716	1350	3120
SNMD2800(F)	200	18	15	75438	2820	16	2980	56	26	2916	1350	3320
SNMD3000(F)	200	18	15	85486	3020	16	3180	56	26	3116	1350	3520
SNMD3200(F)	220	18	15	96162	3220	16	3380	72	30	3316	1400	3740
SNMD3400(F)	220	18	15	108630	3420	16	3580	72	30	3516	1400	3940
SNMD3600(F)	220	18	15	120626	3620	16	3780	72	30	3716	1400	4140
SNMD3800(F)	220	18	15	133249	3820	16	3980	72	30	3916	1400	4340
SNMD4000(F)	250	18	15	147859	4020	18	4180	84	32	4116	1450	4760
SNMD4200(F)	250	18	15	161801	4220	18	4380	84	32	4316	1450	4960
SNMD4400(F)	250	18	15	176370	4420	18	4580	84	32	4516	1450	5760
SNMD4600(F)	250	18	15	191568	4620	18	4780	84	32	4716	1450	5160
SNMD5000(F)	250	18	15	223961	5020	18	5180	96	32	5116	1500	5560
SNMD5500(F)	200	16	12	267865	5520	20	5680	96	34	5616	1500	6060
SNMD6000(F)	200	16	12	315696	6020	20	6180	96	34	6116	1500	6560
SNMD7000(F)	200	16	12	423138	7020	20	7180	96	34	7116	1500	7560

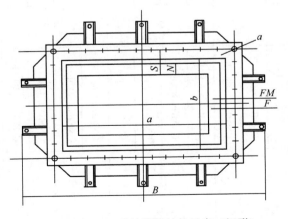

图 7-39 CNMD 型补偿器结构示意（矩形）

表 7-16　CNMD 型矩形补偿器性能参数

管道截面积 $a \times b$/m²	型号 (a,b/mm)	管道缩小尺寸 M/mm	补偿量 轴向 x/mm	补偿量 横向 y/mm	补偿量 角 θ/(°)	有效面积 A/cm²	法兰高度 FH/mm	法兰螺栓孔 直径 d/mm	法兰螺栓孔 位置 FZ/mm	厚度 S/mm	焊接端管 尺寸 $a \times b$/mm×mm	总长 L/mm	最大宽度 B/mm
0.8<$a \times b$≤2.5	CNMD-$a \times b$ Ⅰ (F)	30	50	5	4	$(a+20)(b+20)$	100	28	60	10	$a \times b$	500	$a+400$
	CNMD-$a \times b$ Ⅱ (F)		100	8	7							700	
	CNMD-$a \times b$ Ⅲ (F)		150	11	9							1000	
	CNMD-$a \times b$ Ⅳ (F)		200	15	12							1200	
2.5<$a \times b$≤4.0	CNMD-$a \times b$ Ⅰ (F)	40	50	5	4	$(a+20)(b+20)$	100	28	60	12	$a \times b$	500	$a+400$
	CNMD-$a \times b$ Ⅱ (F)		100	8	7							700	
	CNMD-$a \times b$ Ⅲ (F)		150	11	9							1000	
	CNMD-$a \times b$ Ⅳ (F)		200	15	12							1300	
4.0<$a \times b$≤6.0	CNMD-$a \times b$ Ⅰ (F)	40	50	5	4	$(a+30)(b+30)$	100	36	60	14	$a \times b$	500	$a+500$
	CNMD-$a \times b$ Ⅱ (F)		100	8	7							700	
	CNMD-$a \times b$ Ⅲ (F)		150	11	9							1000	
	CNMD-$a \times b$ Ⅳ (F)		200	15	12							1400	
6.0<$a \times b$≤9.0	CNMD-$a \times b$ Ⅰ (F)	40	50	5	4	$(a+30)(b+30)$	100	36	60	16	$a \times b$	600	$a+500$
	CNMD-$a \times b$ Ⅱ (F)		100	8	7							800	
	CNMD-$a \times b$ Ⅲ (F)		150	11	9							1200	
	CNMD-$a \times b$ Ⅳ (F)		200	15	12							1500	

注：管道截面积 $a \times b$ 超出表中规定范围时，可进行非标设计。

④ 型号说明。如例 7-13 所示。

【例 7-13】 某管段拐弯处为主固定架（或设备），管道通径 $DN1400\text{mm}$，压力 0.025MPa，介质为热风，温度 $380℃$，需要轴向补偿 80mm，连接方式为焊接（疲劳寿命要求 3000 次），则可选型 SNMG1400。

该型号轴向补偿能力为 115mm，总长 1530mm，总宽 2040mm，有效面积 28041cm^2，端管规格为 $\phi1420\times12$。主固定支架承受静压力推力为

$$F_p=100PA=100\times0.025\times28041=70102.5\text{（N）}$$

四、波形补偿器

波形补偿器广泛用于除尘系统管道热伸长的补偿。此种补偿器要一次压制而成，材料可用普碳钢制，也可以用耐高温合金钢或不锈钢制作。与管道的连接方式可用直接焊接或用法兰连接。波形补偿器外形截面与所连接的管道一致，可制成圆形或矩形，波段数应视所需要的补偿量而定。图 7-40 为波形补偿器的示意图。

波形补偿器的补偿能力为：

$$\Delta L=\Delta ln \tag{7-67}$$

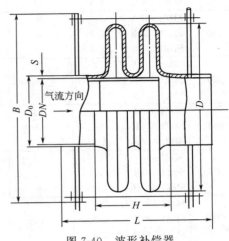

图 7-40　波形补偿器

式中，ΔL 为波形补偿器的全部补偿能为，mm；Δl 为 1 个波节的补偿能力，一般为 20mm；n 为波节数。

波形补偿器的波数不宜太多，一般常用的为 1~4 波；波节太多往往破坏了对称变形。常用的波形补偿器的尺寸及性能见图 7-40 和表 7-17。表 7-17 设计条件为压力 98kPa、温度 $350℃$。

表 7-17　波形补偿器性能参数

公称通径 DN/mm	型　　号	轴向位移 $[X]$ /mm	轴向刚度 K_x /(N/mm)	有效面积 A /cm²	焊接端管		总长 L /mm	总宽 B /mm	参考质量 W /kg
					外径 D_0 /mm	壁厚 S /mm			
50	SDZ1-50 I	25	40	40	60	3.5	355	140	8
65	SDZ1-65 I	30	40	60	76	4	340	160	9
80	SDZ1-80 I	30	35	80	89	4	320	170	12
100	SDZ1-100 I	35	40	120	108	6	360	230	16
125	SDZ1-125 I	35	40	180	133	6	325	255	19
150	SDZ1-150 I	30	60	270	159	6	295	280	24
	SDZ1-150 II	40	40				340		30
200	SDZ1-200 I	38	62	490	219	6	500	500	36
	SDZ1-200 II	58	42				550		40
	SDZ1-200 III	78	32				600		43
250	SDZ1-250 I	58	72	800	273	6	520	600	46
	SDZ1-250 II	90	48				600		53
	SDZ1-250 III	122	38				660		57
300	SDZ1-300 I	68	82	1110	325	8	600	660	73
	SDZ1-300 II	98	58				700		78
	SDZ1-300 III	132	48				800		89
350	SDZ1-350 I	68	92	1440	377	8	600	700	82
	SDZ1-350 II	102	62				700		90
	SDZ1-350 III	142	47				800		100

续表

公称通径 DN/mm	型 号	轴向位移 [X] /mm	轴向刚度 K_x /(N/mm)	有效面积 A /cm²	焊接端管		总长 L /mm	总宽 B /mm	参考质量 W /kg
					外径 D_0 /mm	壁厚 S /mm			
400	SDZ1-400 I	72	97	1780	426	8	600	760	91
	SDZ1-400 II	108	68				700		100
	SDZ1-400 III	148	53				800		111
450	SDZ1-450 I	78	98	2110	478	8	650	820	101
	SDZ1-450 II	118	68				760		113
	SDZ1-450 III	158	53				870		125
500	SDZ1-500 I	78	112	2550	530	8	670	870	111
	SDZ1-500 II	118	78				800		127
	SDZ1-500 III	158	58				900		142
550	SDZ1-550 I	42	158	2870	560	8	550	920	100
	SDZ1-550 II	92	83				679		116
	SDZ1-550 III	137	58				800		135
600	SDZ1-600 I	42	258	3570	630	8	540	985	113
	SDZ1-600 II	88	135				640		129
	SDZ1-600 III	132	95				745		147
700	SDZ1-700 I	52	220	4700	720	10	570	1100	158
	SDZ1-700 II	108	115				700		183
	SDZ1-700 III	168	76				830		209
800	SDZ1-800 I	58	232	5980	820	10	560	1200	177
	SDZ1-800 II	113	117				700		205
	SDZ1-800 III	173	82				830		234
900	SDZ1-900 I	58	255	7400	920	10	560	1340	254
	SDZ1-900 II	112	130				700		297
	SDZ1-900 III	172	87				830		347
1000	SDZ1-1000 I	62	232	9050	1020	10	580	1450	288
	SDZ1-1000 II	128	118				720		340
	SDZ1-1000 III	193	82				850		398
1100	SDZ1-1100 I	38	523	11070	1120	10	520	1580	286
	SDZ1-1100 II	112	178				680		358
	SDZ1-1100 III	185	108				850		430
1200	SDZ1-1200 I	38	580	13010	1220	12	540	1680	357
	SDZ1-1200 II	110	197				700		438
	SDZ1-1200 III	192	123				880		520
1300	SDZ1-1300 I	38	612	15070	1320	12	540	1780	381
	SDZ1-1300 II	78	308				620		425
	SDZ1-1300 III	152	158				800		511
1400	SDZ1-1400 I	43	505	17470	1420	12	545	1900	410
	SDZ1-1400 II	86	255				640		460
	SDZ1-1400 III	182	130				820		563
1500	SDZ1-1500 I	40	955	19860	1520	12	550	2000	436
	SDZ1-1500 II	80	480				640		498
	SDZ1-1500 III	160	240				830		616
1600	SDZ1-1600 I	40	885	22680	1620	12	545	2110	461
	SDZ1-1600 II	80	450				640		528
	SDZ1-1600 III	170	225				825		654
1700	SDZ1-1700 I	50	735	25510	1720	12	550	2230	507
	SDZ1-1700 II	92	375				650		576
	SDZ1-1700 III	195	185				850		719

续表

公称通径 DN/mm	型号	轴向位移 $[X]$ /mm	轴向刚度 K_x /(N/mm)	有效面积 A /cm²	焊接端管 外径 D_0 /mm	焊接端管 壁厚 S /mm	总长 L /mm	总宽 B /mm	参考质量 W /kg
1800	SDZ1-1800 Ⅰ	40	1698	28300	1820	12	550	2330	538
	SDZ1-1800 Ⅱ	75	850				650		620
	SDZ1-1800 Ⅲ	115	565				750		703
2000	SDZ1-2000 Ⅰ	40	1869	34680	2020	12	550	2560	629
	SDZ1-2000 Ⅱ	72	937				650		732
	SDZ1-2000 Ⅲ	115	625				750		844
2200	SDZ1-2200 Ⅰ	40	2045	41340	2220	14	560	2860	767
	SDZ1-2200 Ⅱ	72	1030				665		884
	SDZ1-2200 Ⅲ	112	690				770		1008
2300	SDZ1-2300 Ⅰ	40	2125	44990	2320	14	560	2860	797
	SDZ1-2300 Ⅱ	72	1070				665		918
	SDZ1-2300 Ⅲ	112	715				770		1048
2400	SDZ1-2400 Ⅰ	29	4170	48790	2420	14	565	2960	840
	SDZ1-2400 Ⅱ	58	2090				670		978
	SDZ1-2400 Ⅲ	86	1395				780		1123
2500	SDZ1-2500 Ⅰ	29	4325	52740	2520	14	565	3060	869
	SDZ1-2500 Ⅱ	58	2170				670		1014
	SDZ1-2500 Ⅲ	86	1450				780		1164
2600	SDZ1-2600 Ⅰ	86	3605	57270	2620	16	580	3180	1018
	SDZ1-2600 Ⅱ	68	1810				690		1184
2800	SDZ1-2800 Ⅰ	34	3860	65980	2820	16	580	3380	1087
	SDZ1-2800 Ⅱ	68	1934				690		1265
3000	SDZ1-3000 Ⅰ	38	3328	75780	3020	16	590	3600	1166
	SDZ1-3000 Ⅱ	76	1670				700		1369
3200	SDZ1-3200 Ⅰ	122	524	86153	3220	16	720	3800	1496
3400	SDZ1-3400 Ⅰ	125	544	96872	3420	16	720	4000	1590
3600	SDZ1-3600 Ⅰ	125	559	108220	3620	16	740	4200	1730
3800	SDZ1-3800 Ⅰ	125	583	120196	3820	18	740	4400	2054
4000	SDZ1-4000 Ⅰ	123	608	133446	4020	18	760	4600	2162
4200	SDZ1-4200 Ⅰ	122	627	146710	4220	18	760	4800	2270
4400	SDZ1-4400 Ⅰ	121	652	160602	4420	18	780	5000	2378
4600	SDZ1-4600 Ⅰ	122	681	175123	4620	18	780	5200	2486

表 7-17 中型号说明：

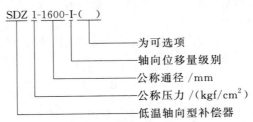

型号后面可加括号进行补充说明，括号中各符号的含义见《JLB-波纹补偿器系列设计说明》中第三部分（选型说明）的介绍（1kgf/cm² = 98.0665kPa）。

【例 7-14】　某管段两端为次固定管架（或主固定管架或设备），管道通径 $DN1400$，设计压力 0.49MPa（5kgf/cm²），介质温度 300℃，轴向位移 $X_1 = 30$mm，可选型 SDZ1-1400-Ⅰ。

该型号　轴向补偿能力 $X = 39$mm，轴向刚度 $K_x = 2532$N/mm

有效面积 $A = 17120$cm²，总长 $L = 540$mm

总宽 $B=1780\text{mm}$，管端规格 $\phi1420\times12$

弹性反力　轴向 $FK_x=X_1K_x=30\times2532=75960$（N）

两端管道的盲端，拐弯处的固定支架或设备所承受的压力推力（工作时）为：

$$F_p=100PA=100\times0.49\times17120=838880\text{（N）}$$

安装波形补偿器应根据补偿零点温度定位。补偿零点温度就是管道设计考虑到的最高温度和最低温度的中点。在环境温度等于补偿零点温度时安装，补偿器可不进行预拉或预压，如安装时的环境温度高于补偿零点温度，应预先压缩；如安装时的环境温度低于补偿零点温度，则应预先拉伸。拉伸或压缩的数量见表 7-18。

表 7-18　波形补偿器安装时的拉伸、压缩量

安装时的环境温度与补偿零点温度的差/℃	拉伸量/mm	压缩量/mm
-40	$0.5\Delta l$	
-30	$0.375\Delta l$	
-20	$0.25\Delta l$	
-10	$0.125\Delta l$	
0	0	0
+10		$0.125\Delta l$
+20		$0.25\Delta l$
+30		$0.375\Delta l$
+40		$0.5\Delta l$

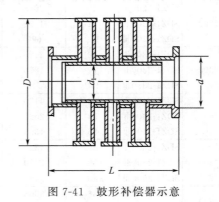

图 7-41　鼓形补偿器示意

五、鼓形补偿器

鼓形补偿器（见图 7-41）。此种补偿器一般用于户外管道。鼓形补偿器分一级、二级和三级 3 种，根据所需补偿量选用。图中 L 值，一级为 500mm；二级为 1000mm；三级为 1500mm。

鼓形补偿器的计算如下所述。

① 补偿器的压缩或拉伸量（L）

$$L=\Delta Ln \tag{7-68}$$

$$\Delta L=\frac{3\alpha}{4}\times\frac{\sigma_{\text{T}}d^2}{E\delta K} \tag{7-69}$$

式中，L 为补偿器压缩或拉伸量，mm；n 为补偿器的级数；ΔL 为一级最大压缩或拉伸量，mm；α 为系数，查表 7-19 确定；σ_{T} 为屈服极限，N/cm²，用 Q235 材料时为 24000N/cm²；d 为补偿器内径，cm；E 为弹性模数，N/cm²，用 Q235 材料时，为 $2.1\times10^7\text{N/cm}^2$；$\delta$ 为补偿器的鼓壁厚度，cm；K 为安全系数，可采取 1.2。

② 当一级压缩或拉伸量为 Δl 时，补偿器最大的压缩或拉伸力（强性力或延伸力）为：

$$S=1.25\frac{\pi}{1-B}\times\frac{\sigma_{\text{T}}\delta^2}{K} \tag{7-70}$$

③ 在补偿器的内壁上，由烟气工作压力引起的推力 F_{T}

$$F_{\text{T}}=\varphi\frac{pd^2}{K} \tag{7-71}$$

式中，F_{T} 为内壁受到推力，kN；B 为系数，等于补偿器内径 d 与外径 D 之比 $\left(B=\dfrac{d}{D}\right)$；$p$ 为管道内部烟气的计算压力，N/cm²；φ 为系数，查表 7-19 确定。

表 7-19　α 及 φ 系数表

管道外径	膨胀器外径	$B=\dfrac{d}{D}$	系　　数	
d/mm	D/mm		α	φ
219	1200	0.183	140	8.632
273	1250	0.218	88.8	5.075
325	1300	0.25	61	4.65
377	1350	0.279	44.5	3.724
426	1400	0.305	34.48	3.107
529	1500	0.353	21.65	2.277
630	1600	0.394	14.918	1.797
720	1700	0.424	11.62	1.525
820	1800	0.456	8.67	1.289
920	1900	0.485	6.859	1.118
1020	2000	0.51	5.54	0.982
1120	2100	0.533	4.63	0.876
1220	2200	0.555	3.387	0.786
1320	2300	0.574	3.197	0.716
1420	2400	0.592	2.775	0.655
1520	2500	0.608	2.377	0.606
1620	2600	0.623	2.17	0.563
1720	2700	0.637	1.85	0.525
1820	2800	0.65	1.66	0.491
2020	3000	0.673	1.3	0.437
2220	3200	0.693	1.092	0.393
2420	3400	0.711	0.9399	0.357
2520	3500	0.72	0.829	0.341

【例 7-15】　求风管 $d=1020\text{mm}$，鼓形膨胀器外径 $D=2000\text{mm}$，鼓壁厚 $\delta=6\text{mm}$ 的二级鼓形膨胀器的弹性力 S、推力 F_T 和伸长量 ΔL 值。采用材料为 Q235 钢，弹性模量 $E=2.1\times 10^6\text{N/cm}^2$，屈服极限 $\sigma_\text{T}=24000\text{N/cm}^2$。安全系数 $K=1.2$，烟气工作压力 $P=20\text{kPa}$。

解：$B=\dfrac{d}{D}=\dfrac{1020}{2000}=0.51$，查表 7-19 得 $\alpha=5.54$，$\varphi=0.982$，代入式（7-69），可得 $\Delta L=$

$$\frac{3\times 5.54}{4}\times\frac{24000\times 10^2}{2.1\times 10^7\times 0.6\times 1.2}=68.6\ (\text{mm})。$$

取膨胀器一级的压缩或拉伸为最大压缩或拉伸量的 1/2～2/3，故取值为 40mm。

代入式（7-70），可得弹性力 $S=1.25\times\dfrac{3.1416}{1-0.51^3}\times\dfrac{24000\times 0.6^2}{1.2}=58058\ (\text{N})$

一级膨胀器压缩或拉伸 1cm 时，$S_0=\dfrac{58058}{68.6}=846.3\ (\text{N})$

煤气工作压力对膨胀器壁引起的推力 F_T，代入公式（7-71）可得：

$$F_\text{T}=0.982\times\frac{2\times 102^2}{1.2}=17000\ (\text{N})$$

根据表 7-20 所列数据 $d1020$ 管径，一级 $S_0=5040$，故应采用二级。

表 7-20　D200～2500mm 管道用鼓形膨胀器推力计算表

公称直径 D_0 /mm	管道外径 d /mm	膨胀器外径 D /mm	一级之补偿量 Δl /mm	应　力/N					质量/kg		
				S_0	$P=10$kPa		$P=20$kPa		一级	二级	三级
					F_T	H	F_T	H			
200	219	1200	40	2540	3500	300	7000	600	170	328.4	485.4
250	273	1250	40	2690	3800	500	7600	1000	189	336.1	532.2
300	325	1300	40	2880	4100	800	8200	1600	204.6	389.9	574.5
350	377	1350	40	3040	4500	1100	9000	2200	220	418.7	616.9
400	426	1400	40	3190	4800	1400	9600	2800	236.4	448.5	660.5
500	529	1500	40	3560	5400	2100	10800	4200	274.8	513.8	752.7
600	630	1600	40	3900	6000	3000	12000	6000	312.7	577.8	843.3
700	720	1700	40	4100	6700	3900	13400	7800	352.8	645.3	938.5
800	820	1800	40	4410	7300	5100	14600	10200	392.7	710	1028.5
900	920	1900	40	4740	8000	6500	16000	13000	428.9	774.3	1121.3
1000	1020	2000	40	5040	8600	8000	17200	16000	465.2	838.2	1213.9
1100	1120	2100	40	5360	9300	9600	1860	19200	500	899.7	1302.9
1200	1220	2200	40	5740	9900	11400	19800	22800	534.4	960	1389.1
1300	1320	2300	40	6050	10600	13400	21200	26800	569.7	1022.7	1479.0
1400	1420	2400	40	6450	11200	15500	22400	31000	614.7	1150.7	1600.4
1500	1520	2500	40	6720	11800	17800	23600	35600	684.5	1202.7	1726.0
1600	1620	2600	40	6970	12500	20300	25000	40600	722.7	1268.7	1819.6
1700	1720	2700	40	7510	13100	22900	26200	45800	760.3	1334.1	1913.1
1800	1820	2800	40	7700	13800	25600	27600	51200	797.8	1398.6	2004.8
2000	2020	3000	40	8300	15100	31500	30200	63000	888.6	1560.3	2238.2
2200	2220	3200	40	9090	16300	38100	32600	76200	986.8	1714.6	2449.6
2400	2420	3400	40	9610	17600	45400	35200	90800	1066.4	1851.6	2644.6
2500	2520	3500	40	10160	18300	49200	36600	98400	1150.9	1963.7	2785.6

注：本表所载一级之补偿性能采用计算出的最大补偿性能的 1/2～2/3；S_0 为一级压缩或拉伸 1cm 所需之力，N；F_T 为鼓壁段上煤气之内推力，N；H 为管道盲板、闸阀等的内推力，N。

六、补偿器选用注意事项

① 较长的烟气管道均应设置补偿器。

② 补偿器的正常补偿量一般为其允许最大量的 1/2～2/3。

③ 两固定支架间只允许设置一个补偿器，补偿器两侧活动支架的间距不应大于 6m。

④ 自然补偿一般仅用于管径小于 1000mm 的管道，且应保证管道系统有足够的挠性，能吸收全部膨胀量，对支架不产生较大的推力。

⑤ 套筒形补偿器结构简单，在吸收管道变形时只产生摩擦推力，安装试压要求较严，能避免漏风。

⑥ 鼓形补偿器系用钢板焊接而成，结构简单，可根据补偿要求设计成一至三级，使用管径不受限制，吸收管道变形时，对支架推力较小，密闭性好。

⑦ 波形补偿器系用薄钢板压制成波纹管后焊接而成，制造较复杂，一般选用可购置到的成品。

第四节　高温烟气管道支架配置与计算

一、管道支架布置注意事项

1. 管道支架布置注意事项

① 管道支架配置要在管道受力允许的条件下，支架最少。

② 管道通过道路时，支架要配置在道路的两边，并离开路边 2m 以上的距离。

③ 管道的固定支架应牢固。滑动支架受推力应小于滑动支架的摩擦力。

④ 管道的阀门混风口、测孔应与支架配置一同考虑，做到阀门混风口和测孔管在支架上部或附近。

⑤ 两根以上的管道平行敷设时如果用同一支架，必须考虑两根管道温度不同引起的受力不同，否则不应布置在一个支架上。

⑥ 管道的最高点和最低点不应布置在支架上，一般应距支架1～2m。

⑦ 为消除由于管内气体摩擦而产生的静电，管道应进行可靠的接地，每隔一定距离要安装接地装置，一般每个固定支架处装1个。管道两端与设备连接、中间又无法兰的管道，可不考虑设接地装置。

2. 管道支架布置示例

（1）直线段烟气管道支架布置（一）　如图7-42所示。

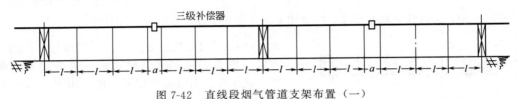

图7-42　直线段烟气管道支架布置（一）

（2）直线段烟气管道支架布置（二）　取消中间固定支架，如图7-43所示。

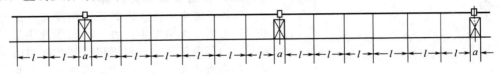

图7-43　直线段烟气管道支架布置（二）

（3）90°弯管　利用自然补偿的支架布置，如图7-44所示。

（4）管道在平面移动时的支架布置　如图7-45所示。

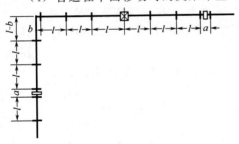

图7-44　90°弯管（利用自然补偿的支架布置）

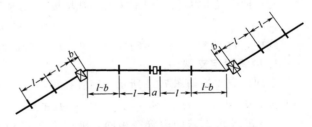

图7-45　管道在平面移动时的支架布置

（5）管道在平面移动时利用自然补偿的支架布置　如图7-46所示。

（6）管道在高低位置时利用高差做自然补偿的支架布置　如图7-47所示。

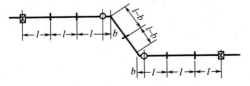

图7-46　管道在平面移动时，利用自然补偿的支架布置

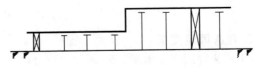

图7-47　管道在高低位置时，利用高差作自然补偿的支架布置

（7）管道分支时的支架布置　如图 7-48 所示。

（8）大于 135°改变管道方向时的支架布置　如图 7-49 所示。一般小于 135°改变管道方向时尽可能利用自然补偿。

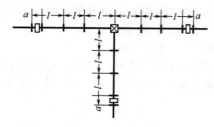

图 7-48　管道分支时的支架分置

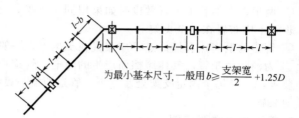

图 7-49　大于 135°改变管道方向时的支架布置

图 7-49 中，b 为最小基本尺寸，一般用 $b > \dfrac{支架宽}{2} + 1.25D$。

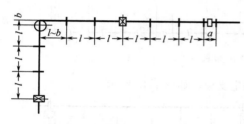

图 7-50　90°改变管道方向时，利用自然补偿的支架布置

（9）90°改变管道方向时，利用自然补偿的支架布置　如图 7-50 所示。管道延长部分如系直线管段，且在起伏不大的情况下，可利用图 7-43 所示的支架布置（二）进行布置。

二、管道支架推力计算

管道系统中，由于膨胀器的刚度而产生弹性回击力，对固定支架发生推力（S）；当选用鼓形膨胀器时，内部烟气压力也对固定支架发生推力。内部烟气压力所产生的力有两个，即作用在盲板、闸阀上的推力（H）和膨胀器壁上的推力（F_T）。

$$S = \frac{\Delta L}{n} S_0 \tag{7-72}$$

式中，S 为对支架推力，N；S_0 为膨胀器一级伸缩 1cm 之力，N；n 为膨胀器的级数。

管道内烟气压力对管道上的盲板（或堵板）、闸阀及 90°弯头处之推力（H）按式（7-73）计算：

$$H = 0.7854 d_0^2 p \tag{7-73}$$

式中，H 为对盲板、间阀推力，N；d_0 为管道内径，cm；p 为烟气计算压力，kPa。

1. 中间固定支架

中间固定支架如图 7-51 所示。当管径相等、$l_1 = l_2$ 时，$F_{T_1} = F_{T_2}$；$H_1 = H_2$。

推力 $F_1 = S_1 + H_1 + F_{T_1}$，$F_2 = S_2 + H_2 + F_{T_2}$。

$F = F_1 - F_2$，若两边管径相同，则理论上 F 应等于 0，但考虑到不均衡的情况，推力可取 $0.5S_1$ 或 $0.5S_2$，取大值。

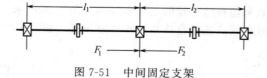

图 7-51　中间固定支架

2. 弯头固定支架

90°弯头固定支架如图 7-52 所示。推力取 F_1 和 F_2

$$F_1 = S_1 + F_{T_1} + H_1$$

$$F_2 = S_2 + F_{T_2} + H_2$$

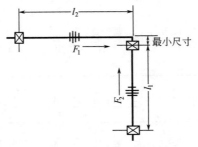

图 7-52 90°弯头固定支架

3. 一般角度弯头固定支架

一般角度弯头固定支架如图 7-53 所示。$F_1 = S_1 + F_{T_1} + H_1$，$F_2 = S_2 + F_{T_2} + H_2$。

轴向推力为 $F_1 - F_2 \cos\theta$；横向推力为 $F_2 \sin\theta$。

4. 三通处固定支架

三通处固定支架如图 7-54 所示。假定管径相同，轴向推力为 $0.5S_1$ 或 $0.5S_2$。

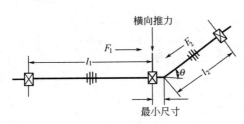

图 7-53 一般角度弯头固定支架

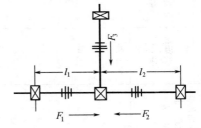

图 7-54 三通处固定支架

横向推力为 $F_3 = S_3 + F_{T_3} + H_3$。

三、管道跨距计算

1. 跨距（l）计算原则

① 一般情况下，当管道坡度为 0.005 时，其挠度 f 不宜超过 $\frac{1}{600}$，管壁应力 σ 不超过 13000N。计算强度时采用事故负荷，计算挠度时采用主要负荷（操作负荷）。

② 含尘烟道的积灰负荷，习惯上可按管道断面积灰 1/3 考虑；设备积灰可按设备质量的 1/2 考虑。

③ 高温烟气管道一般均为单面焊缝，焊缝系数 $\varphi = 0.75$。

④ 大型跨距较大的高温烟气管道应采取加固措施。

2. 无附加负荷跨距（l）的计算

（1）按强度计算

$$l = \sqrt{\frac{0.10\delta\sigma W\varphi}{Q_2}} \tag{7-74}$$

式中，l 为跨距，m；σ 为钢材许用应力，N/cm²；W 为管道断面系数，cm³，按表 7-21 采取；φ 为焊缝系数；Q_2 为事故负荷，按表 7-21 采取。

（2）按挠度计算

$$l = 2.98\sqrt[3]{\frac{J}{Q_1}} \tag{7-75}$$

式中，l 为跨距，m；J 为惯性矩，cm⁴，按表 7-21 采取；Q_1 为操作负荷，kg/m。

表 7-21 煤气管道质量负荷跨距表

管道外径及厚度 D×δ /mm	断面惯性矩 $J=\frac{\pi}{64}(D^4-d^4)$ /cm⁴ 取δ-1	取δ	断面系数 $W=\frac{2J}{D}$ /cm³ 取δ-1	金属质量 /(kg/m)	操作水质量 /(kg/m)	事故水重 /(kg/m)	预加负荷 20%(金属+水)	事故状态下的总荷重 I类负荷 /(kg/m)	II类负荷 /(kg/m)	III类负荷 /(kg/m)	无附加荷重的跨距 总重 Q /(kg/m)	最大跨距 /m	管道操作应力 /(kg/m²)
108×4	136	176	25	10.26	2	8	3	26.26			12.26	6.5	258.5
133×4	258	337	39	12.73	3	13	3.5	34.23			15.73	7.5	284
159×4.5	516	651	65	17.15	4	18	4.5	44.65			21.15	8.5	294
219×5	1558	1922	145	26.25	8	30	7	68.25			34.25	10.5	326
219×4.5	1375	1742	123	23.75	8	30	6.5	65.25			31.75	10.5	356
273×5	3058	3774	224	32.70	19	53	10	105.7			51.70	11.5	380
273×6	3774	4410	277	38.0	19	53	11.5	113			57.00	12.0	370
325×5	5195	6424	319	39.37	21	78	12	139.4			60.37	13.0	400
325×6	6424	7642	396	47.2	21	78	14	149.2			68.20	13.5	393
377×5	8152	10092	433	45.8	23	100	14	169.8			68.80	14.5	418
377×6	10092	12014	535	54.8	23	100	15	179.8			77.80	15.0	408
426×5	11816	14627	555	51.85	25	130	15	216.9			76.85	16.0	442
426×6	14627	17429	687	62.10	25	130	18	230.1			87.10	16.5	431
529×5	22730	28203	860	64.53	29	190	19	293.5	353.5	423.5	93.53	18.5	466
529×6	28203	33651	1070	77.3	29	190	20	307.3	367.3	437.3	106.3	19.0	450
630×5	38173	47855	1227	77.13	33	260	22	389.1	439.1	509.3	110.13	21.0	500
630×6	47855	57152	1520	92.2	33	260	25	407.2	457.2	527.2	135.2	21.5	477
720×5	57660	71650	1600	88.1	35	300	25	443.1	493.1	563.1	123.1	23.0	508
720×6	71650	85620	1990	105.6	35	300	28	463.6	513.6	583.6	140.6	24.0	508

续表

管道外径及厚度 $D\times\delta$ /mm	断面惯性矩 $J=\dfrac{\pi}{64}(D^4-d'^4)$ /cm⁴		断面系数 $W=\dfrac{2J}{D}$ /cm³	金属质量 /(kg/m)	操作水质量 /(kg/m)	事故水重 /(kg/m)	预加负荷 20%(金属+水)	事故状态下的总荷重			无附加荷重的跨距		
	取 $\delta-1$	取 δ	取 $\delta-1$					I类负荷 /(kg/m)	II类负荷 /(kg/m)	III类负荷 /(kg/m)	总重 Q /(kg/m)	最大跨距 /m	管道操作应力 /(kg/m²)
820×5	85350	106110	2080	100.4	36	330	28	508.4	558.4	658.4	136.4	25.5	534
820×6	106110	126860	2590	120.3	36	330	32	532.3	582.3	682.3	156.3	26.0	510
920×5	120730	150150	2624	112.8	39	360	32	554.8	604.8	704.8	151.8	27.5	546
920×6	150150	179600	3270	135	39	360	35	580	630	730	174.0	28.5	544
1020×5	164690	204960	3230	125.1	74	400	40	615.1	665.1	765.1	199.1	28.0	604
1020×6	204960	245230	4020	150	74	400	45	645	695	795	224.0	29.0	585
1120×6	271700	325170	4850	164.4	78	420	49	733.4	833.5	933.5	242.4	31.0	601
1220×6	351560	420830	5760	179.6	82	450	52	781.6	881.5	981.5	261.6	33.0	616
1320×7	534570	622250	8100	226.56	85	480	62	868.56	968.56	1068.56	311.16	37.6	631
1420×7	666140	775240	9380	243.81	88	500	66	909.81	1009.81	1109.81	331.81	39.3	647
1520×7	817700	952100	10760	261.07	92	520	70	951.07	1101.07	1201.07	353.07	40.3	655
1620×7	990670	1153640	12230	278.32	145	540	84	1052.32	1152.32	1252.32	432.32	40.5	671
1720×7	1186450	1381780	13800	295.63	150	560	89	1094.63	1194.63	1294.63	445.63	43.5	695
1820×7	1406460	1638170	15460	357.39	156	580	103	1190.39	1290.39	1390.39	513.39	43.8	700
2020×8	1924740	2242300	19060	396.83	164	620	106	1272.83	1372.83	1472.83	560.83	47.0	725
2220×8	2555980	2979250	23000	436.27	173	650	122	1408.27	1508.27	1608.27	609.27	50.7	740
2420×8	3314400	3862190	27400	475.77	180	690	131	1496.77	1596.77	1696.77	655.77	53.7	765
2520×8	3743600	4362540	29710	495.49	185	700	136	1531.49	1631.49	1731.49	680.49	55.5	776

实际计算表明，管道跨距强度公式计算的值大于挠度公式计算的值。为保证管道安全正常工作，设计按挠度计算较妥。

对于较大管径的管道有变形的可能，计算的跨距可适当减小。

管壁应力的计算按下式进行：

$$\sigma = \frac{M}{W} = \frac{Q_1 l^2}{0.08W} \tag{7-76}$$

式中，σ 为管壁应力，N/cm^2；M 为弯矩，$N \cdot m$；其他符号意义同前。

管道挠度计算公式为：

$$f = \frac{Q_1 l^4}{161J} \tag{7-77}$$

式中，f 为管道挠度，cm；其他符号意义同前。

3. 有附加负荷时跨距（l）的计算

附加负荷包括与烟气管道伴行的热力及水管道、检修平台上的积雪负荷、平台上的其他允许荷载等。

由于附加负荷的间距不一致，其附加其他管道时的弯矩和挠度可按照表 7-22 中的公式求得。

各种管径在操作负荷及事故负荷下的允许跨距可查表 7-21，该表适用于煤气管道工程。

表 7-22　烟气管道上附加其他管道时的弯矩及挠度计算表

荷重分布型式	弯矩公式	挠度公式
	均布载荷 $M = \dfrac{Ql^2}{8}$ 集中载荷 $M = \dfrac{pa(l-a)}{l}$	$f = \dfrac{5}{3.84} \dfrac{Ql^4}{EJ}$ $f = \dfrac{pa}{3EJl}\left(\dfrac{l^2-a^2}{3}\right)^{\frac{3}{2}}$
	$p = \dfrac{ql}{2}$ $M = \dfrac{pl}{4} = \dfrac{ql^2}{8}$	$f = \dfrac{pl^3}{48EJ}$ $= \dfrac{ql^4}{9600EJ}$
	$p = \dfrac{ql}{3}$ $M = \dfrac{pl}{3} = \dfrac{ql^2}{9}$	$f = \dfrac{23pl^3}{648EJ}$ $= 0.000118 \dfrac{ql^4}{EJ}$
	$p = \dfrac{ql}{4}$ $M = \dfrac{pl}{2} = \dfrac{ql^2}{8}$	$f = \dfrac{19pl^3}{384EJ}$ $= 0.000124 \dfrac{ql^4}{EJ}$
	$p = \dfrac{ql}{5}$ $M = \dfrac{3pl}{5} = \dfrac{ql^2}{8.33}$	$f = \dfrac{63pl^3}{1000EJ}$ $= 0.000126 \dfrac{ql^4}{EJ}$
	$p = \dfrac{ql}{6}$ $M = \dfrac{3pl}{4} = \dfrac{ql^2}{8}$	$f = \dfrac{11pl^3}{144EJ}$ $= 0.000127 \dfrac{ql^4}{EJ}$

注：1. 大管 Q，kg/m；M，$kg \cdot m$；p，kg；f，cm。

2. 小管 q，kg/m；J，cm^4；l，cm。

四、管道扭力计算

高温烟气管道上敷设有其他管道（如热力管、水管等）或爬梯、平台时，当其位置在烟气管道一侧时，则将对烟气管道产生扭力，此时要对管道强度进行验算。如高温烟气管道上敷设的其他管道分布在两侧，但两侧负荷大小不同，在这种情况下外加负荷较大的一边对管道产生的扭力。其他管道对高温烟气管道所产生的扭力为纯剪应力，必须小于高温气管道材质所规定的许可剪力。

高温烟气管道因受附加扭转力矩作用，产生的最大剪应力用式（7-78）、式（7-79）求出：

$$S_c = \frac{T}{Z_0} \tag{7-78}$$

$$Z_0 = \frac{\pi(D_1^4 - D_2^4)}{16D_1} \tag{7-79}$$

式中，S_c 为管道产生的应力，N/cm^2；T 为外加负荷时，对烟气管道中心的扭转力矩，N/cm；Z_0 为截面模数；D_1 为烟气管道外径，cm；D_2 为烟气管道内径，cm。

实际计算结果表明，一般情况下，对大管径管道扭力计算结果均较小，设计时可忽略不计；如果扭力较大，则应对其他管道重新布置和计算。

五、管道支座

1. 固定支座

固定式和活动式（滑动型）两种管道支座，在除尘烟尘管道上广泛采用。固定支座高为 H_2，活动支座高为 H_1。支座外形尺寸见图 7-55 和表 7-23。

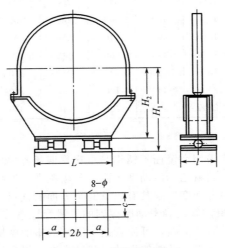

图 7-55　管道支座图

表 7-23　管道支座外形尺寸及质量　　　　单位：mm

管道内径	H_1	H_2	L	l	a	b	c	ϕ	质量/kg 活动式	质量/kg 固定式
500	386	316	420	200	100	80	150	16	32	18
550	415	345	420	200	100	80	150	16	33	19
600	445	375	500	200	130	90	150	16	39	22
650	474	404	500	200	130	90	150	16	40	23
700	504	434	500	200	130	90	150	16	41	24

续表

管道内径	H_1	H_2	L	l	a	b	c	ϕ	质量/kg	
									活动式	固定式
750	548	468	620	230	170	105	180	18	63	38
800	578	498	620	230	170	105	180	18	64	39
850	607	527	620	230	170	105	180	18	64	39
900	637	557	620	230	170	105	180	18	68	43
950	666	586	620	230	170	105	180	18	69	44
1000	717	623	800	270	230	130	210	20	122	75
1100	776	682	800	270	230	130	210	20	127	80
1200	834	740	800	270	230	130	210	20	132	85
1300	884	800	1020	300	330	140	240	20	183	116
1400	952	858	1020	300	330	140	240	20	190	123
1500	1016	922	1020	300	330	140	240	20	197	130
1600	1084	980	1250	340	430	150	280	22	269	167
1700	1143	1039	1250	340	430	150	280	22	276	174
1800	1206	1102	1250	340	430	150	280	22	286	184
1900	1266	1162	1250	340	430	150	280	22	295	193
2000	1342	1224	1580	400	540	200	330	24	475	308
2200	1434	1316	1580	400	540	200	330	24	494	327
2400	1526	1408	1580	400	540	200	330	24	504	337
2500	1605	1477	1800	440	630	215	370	27	641	402
2600	1663	1535	1800	440	630	215	370	27	656	417
2800	1777	1649	2000	440	700	240	370	27	700	461
3000	1868	1740	2000	440	700	240	370	27	713	478

2. 聚四氟乙烯滑动支座

填充聚四氟乙烯滑动支座采用由镜面不锈钢与填充聚四氟乙烯复合夹层滑片组成的滑动摩擦副，该滑动摩擦副简称填充聚四氟乙烯滑动摩擦副。与碳钢滑动摩擦副及普通纯聚四氟乙烯滑动摩擦副相比，填充聚四氟乙烯滑动摩擦副具有以下几个方面的优点。

① 填充采用独特配方的聚四氟乙烯滑动摩擦副的干滑摩擦系数，$\mu \leqslant 0.05$，而碳钢板之间为0.30。采用填充聚四氟乙烯滑动摩擦副，可使管道对固定支座的摩擦推力降低 2/3 以上，从而能够大幅度降低管线的工程造价，提高管线的设计、建造水准，提高管线的安全可靠性。

② 填充聚四氟乙烯滑动摩擦副的承载能力高、压缩变形小、蠕变小，克服了纯聚四氟乙烯承载能力低、线膨胀系数大、蠕变率高等缺点。填充聚四氟乙烯滑动摩擦副采用多个小直径滑片分别嵌入的固定方式，解决了纯聚四氟乙烯板采用直接垫入、粘贴或埋头螺钉固定等工艺存在的缺陷。

③ 填充聚四氟乙烯复合夹层滑片具有优异的耐腐蚀性能。而碳钢由于锈蚀会造成实际工作摩擦系数超过原始设计参数，使管道固定支座在大于设计受力的状态下工作。

④ 填充聚四氟乙烯负荷夹层滑片在有油、无油、有水、无水情况或有粉尘嵌入、泥沙混杂状态下，均能以很低的摩擦系数工作，而碳钢则做不到这一点。

聚四氟乙烯滑动支座主要包括水平管道支座和弯头管道支座两类，另外，还分为滑动、导向、分体滑动、分体导向、双面滑动等，按装荷载重量滑动支座还分为特轻级、中级、特重级。根据介质温度的不同，支座主体材料选用也不同，对应温度选择材料见表 7-24。

表 7-24　介质温度与选用的支座体材质

温度范围/℃	选用材质
≤350	碳素结构钢
350～425	优质碳素结构钢或低合金钢
425～566	低合金耐热钢或不锈钢

　　目前国内生产聚四氟乙烯滑动支座的厂家不少，选用产品应注明以下内容：支座的样式、荷载重量、使用温度、支撑管径、轴向位移、侧向位移、设计高度等。表 7-25 为某研究所的聚四氟乙烯滑动支座水平管道特轻级荷载滑动（导向）支座参数，供设计参考选用，图 7-56、图 7-57 分别为水平管道特轻级荷载滑动（导向）支座。

表 7-25　聚四氟乙烯滑动支座水平管道特轻级荷载滑动（导向）支座参数

公称通径 DN/mm	设计位移/mm 轴向 X				最大垂直荷载/N	最大许用侧向荷载/N	下基板尺寸 a×b /mm×mm	管中心高度 H/m H_1	H_2	H_3	H_4	H_5	H_6
	A	B	C	D				无保温	≤70	≤100	≤140	≤200	≤280
								保温层厚度/mm					
200	50	100	200	400	3350	30000	300×112	190	265	300	335	400	
250	50	100	200	400	5150	40000	300×132	224	300	335	375	425	
300	50	100	200	400	7100	40000	375×132	250	335	355	400	450	
350	50	100	200	400	9500	40000	450×132	280	355	400	425	500	
400	50	100	200	400	11800	40000	450×132	315	400	425	450	530	
450	50	100	200	400	14500	40000	530×132	335		450	475	560	
500	50	100	200	400	18000	40000	600×132	375		475	530	600	
600	50	100	200	400	25800	40000	670×132	425		530	600	630	
700	50	100	200	400	31500	40000	750×132	475		600	630	710	
800	50	100	200	400	41200	40000	900×132	560		670	710	750	850
900	50	100	200	400	51500	40000	1000×132	600		710	750	800	900
1000	50	100	200	400	63000	40000	1060×132	670		750	800	850	950
1100	50	100	200	400	75000	40000	1250×132	710		850	850	950	1060
1200	50	100	200	400	90000	40000	1320×132	800		900	900	1000	1060
1300	50	100	200	400	106000	40000	1500×132	850		950	950	1060	1120
1400	50	100	200	400	125000	40000	1500×132	900		1000	1060	1120	1180
1500	50	100	200	400	136000	40000	1600×132	950		1060	1060	1120	1250
1600	50	100	200	400	165000	40000	1700×132	1000		1120	1120	1180	1250
1700	50	100	200	400	180000	40000	1800×132	1060		1120	1180	1250	1320
1800	50	100	200	400	206000	40000	1900×132	1120		1180	1250	1320	1400
1900	50	100	200	400	224000	40000	2000×132	1120		1250	1320	1320	1400
2000	50	100	200	400	250000	75000	2120×200	1180		1320	1320	1400	1500
2100	50	100	200	400	272000	75000	2240×200	1250		1320	1400	1500	1500
2200	50	100	200	400	300000	75000	2360×200	1320		1400	1500	1500	1600
2300	50	100	200	400	325000	75000	2500×200	1320		1500	1500	1600	1600
2400	50	100	200	400	355000	75000	2500×200	1400		1500	1600	1600	1700
2500	50	100	200	400	387000	75000	2650×200	1500		1600	1600	1700	1700
2600	50	100	200	400	400000	75000	2650×200	1500		1700	1700	1800	1800
2800	50	100	200	400	462000	75000	3000×200	1600		1800	1800	1900	1900
3000	50	100	200	400	530000	75000	3150×200	1700		1900	1900	2000	2000
3200	50	100	200	400	615000	75000	3350×200	1800		2000	2000	2120	2120
3400	50	100	200	400	690000	75000	3550×200	1900		2120	2120	2240	2240
3600	50	100	200	400	775000	75000	3750×200	2000		2120	2240	2360	2360
3800	50	100	200	400	875000	106000	3750×265	2120		2240	2360	2360	2360
4000	50	100	200	400	950000	106000	4000×265	2240		2360	2500	2500	2500

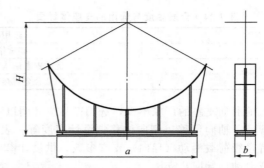

图 7-56　聚四氟乙烯滑动支座水平管道特轻级荷载滑动支座（不带导向板）

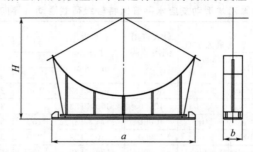

图 7-57　聚四氟乙烯滑动支座水平管道特轻级荷载滑动支座（带导向板）

第八章 通风机分类、性能分析及选用

在除尘管道系统中，凡出口压力不超过 15kPa（大气压 0.101MPa，温度为 20℃时），起着输送气体作用或吹吸风作用的设备称为通风机。在环境工程中，通风机有着广泛的应用，它是除尘系统最重要的组成部分之一。风机的良好运行不仅可以提高除尘系统作业率，而且可以节约能耗，降低运行成本。

第一节 通风机的分类和型号

一、分类和命名

1. 分类

因通风机作用、原理、压力、制作材料及应用范围不同，所以通风机有许多分类方法。按其在管网中所起的作用分：起吸风作用的称为引风机，起吹风作用的称为鼓风机。按其工作原理分为离心式通风机和轴流式通风机两种，在烟气控制工程中主要应用离心式通风机。按风机压力大小，分为低压通风机（$p<1000Pa$）、中压通风机（$1000\sim3000Pa$）和高压通风机（$p>3000Pa$）3 种；环境工程中应用较多的是后 2 种。按其制作材料，分为钢制通风机、塑料通风机、玻璃钢通风机和不锈钢通风机等。按其应用范围，分为排尘通风机、排毒通风机、锅炉通风机、排气扇及一般通风机等。

2. 命名

通风机的名称由其用途、工作原理和在管网中的作用等部分组成，但由于通风机种类很多，所以有可能不是由这 3 部分组成，也可能增加别的含意。常用通风机用途代号见表 8-1。

表 8-1 常用通风机用途代号

用 途	代 号			用 途	代 号		
	汉 字	汉语拼音	简 写		汉 字	汉语拼音	简 写
排尘通风	排尘	CHEN	C	矿井通风	矿井	KUANG	K
输送煤粉	煤粉	MEI	M	锅炉引风	引风	YIN	Y
防腐蚀	防腐	FU	F	锅炉通风	锅炉	GUO	G
工业炉吹风	工业炉	LU	L	冷却塔通风	冷却	LENG	LE
耐高温	耐温	WEN	W	一般通风换气	通风	TONG	T
防爆炸	防爆	BAO	B	特殊通风	特殊	TE	E

二、型号及规格

1. 型号

通风机的型号由两部分组成，即形式和品种。型号组成的顺序见表 8-2。通风机的名称、型号各部分所表示的意义见表 8-3。

表 8-2　离心式通风机型号组成顺序

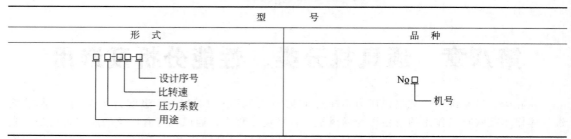

表 8-3　离心式通风机型号及说明

名　称	型号		说　明
	形式	品种	
(通用)离心通风机	4-72	No.20	一般通风换气用,压力系数为 0.4,比转数为 72,机号为 20,即叶轮直径 200mm
(通用)离心通风机	4-2×72	No.20	叶轮是双吸入形式,比转数为单叶轮的 2 倍,其他参数同第 1 条
矿井离心通风机	K4-2×72	No.20	矿井主扇通风用,其他参数同第 2 条
防爆离心通风机	B4-72	No.20	防爆通风换气用,其他参数同第 1 条
(通用)离心通风机	4-72-1	No.20	与 4-72 型相同的另一型(系列)产品,如上海鼓风机厂生产的 T4-72 型,其他参数同第 1 条
锅炉离心通风机	G4-72	No.20	用在锅炉通风上,其他参数同第 1 条
锅炉离心引风机	Y4-72	No.20	用在锅炉引风上,其他参数同第 1 条
(通用)离心通风机	4-72-1	No.20	某厂对原 4-72 型产品有重大修改,为便于区别加用"-1"设计序号表示,其他参数同第 1 条
排尘通风机	C6-48	No.10	排尘通风除尘用,其他参数同第 1 条
防腐通风机	BF4-72	No.10	玻璃钢防腐输送有害气体用,其他参数同第 1 条

2. 规格

离心式通风机的规格内容组成顺序如表 8-4 所列。

表 8-4　离心式通风机的规格内容组成顺序

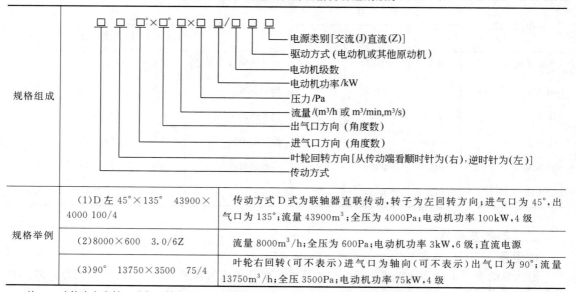

注: 1. 叶轮为向右转,进气口轴向进气,电动机驱动、交流电源等代号皆可不表示。

2. 若在同一系列的型号中无规格内容变化也可不表示。

通风机的规格包括传动方式、叶轮回转方向、出气口方向、流量、压力以及电动机功率、极数、驱动方式、电源类别等项内容。但不同的通风机，其规格的内容也时有不同。规格内容组成顺序见表 8-4。

三、传动方式和风口位置

1. 传动方式

通风机的传动方式有 6 种，比较常用的为 A 式和 D 式。传动方式的说明见表 8-5，传动方式如图 8-1 和图 8-2 所示。

表 8-5　通风机的 6 种传动方式

代　号		A	B	C	D	E	F
传动方式	离心通风机	无轴承，电机直联传动	悬臂支撑，皮带轮在轴承中间	悬臂支撑，皮带轮在轴承外侧	悬臂支撑，联轴器传动	双支撑，皮带在外侧	双支撑，联轴器传动
	轴流通风机	无轴承，电机直联传动	悬臂支撑，皮带轮在轴承中间	悬臂支撑，皮带轮在轴承外侧	悬臂支撑，联轴器传动（有风筒）	悬臂支撑，联轴器传动（有风筒）	齿轮传动

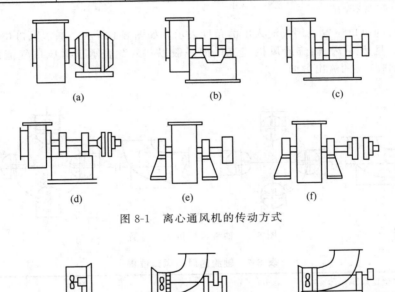

图 8-1　离心通风机的传动方式

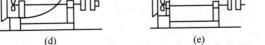

图 8-2　轴流通风机的传动方式

2. 风口位置

通风机风口位置分为进风口和出风口两种。离心通风机的风口位置按叶轮的回转方向和进出口方向（角度）表示，回转方向是指离心通风机叶轮的回转方向，从传动端看叶轮回转方向，顺时针为"右"，逆时针为"左"。进出风口方向按 8 个基本方位角度表示，如图 8-3 和表 8-6 所示。特殊用途可增加风口位置。

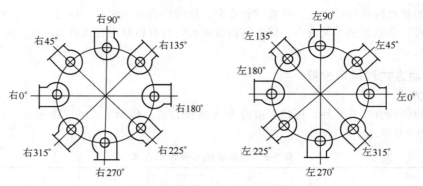

图 8-3 离心通风机出风口位置

表 8-6 离心通风机出风口位置

基本出风口位置/(°)	0	45	90	135	180	225	270	(315)
补充出风口位置/(°)	15 30	60 75	105 120	150 165	195 210	(240) (255)	(285) (300)	(330) (345)

注：括号内风口位置不常用。

轴流通风机的风口位置，用气流入出的角度表示，如图 8-4 所示。基本风口位置有 4 个，特殊用途可增加，见表 8-7。轴流通风机气流风向一般以"入"表示正对风口气流的入方向，以"出"表示对风口气流的流出方向。

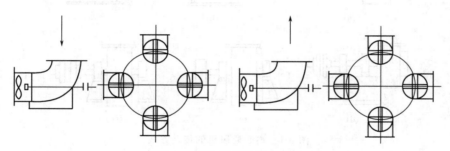

图 8-4 轴流通风机风口位置

表 8-7 轴流通风机风口位置

基本出风口位置/(°)	0	90	180	270
补充出风口位置/(°)	45	135	225	315

第二节 通风机的主要性能参数

一、主要性能参数

风机的主要性能参数包括流量（可分为排气与送风量）、压力、气体介质、转速、功率。参数的确定项目见表 8-8。

1.流量

所说的风机的流量是用出气流量换算成其进气状态的结果来表示的，通常以 m^3/min、m^3/h 表示，但在压比为 1.03 以下时，也可将出气风量看作为进气流量；在除尘工程中以 m^3/h（常温常压）来表示的情况居多。为了对比流量的大小，常把工况流量换算成标准状态，即 0℃、0.1MPa 干燥状态；另外，还可以用质量流量 kg/s 来表示。

表 8-8 参数的确定项目

项 目		单 位	备 注
流量	风量 标准风量	m^3/min、m^3/h、kg/s $m^3/min(NTP)$、$m^3/h(NTP)$	最大、最小风量喘振点
压力	进气及出气静压、风机 静压、全压、升压	Pa、MPa	
气体介质	温度 湿度 密度 灰尘量及灰尘的种类 气体的种类	℃ % $kg/m^3(NTP)$ g/m^3、$g/m^3(NTP)$、g/min	最高、最低温度 相对湿度和绝对湿度 附着性、磨损性、腐蚀性 腐蚀性、有毒性、易爆性
转速		r/min	滑动 定速、变速(转速范围)
功率	有效功率 内部功率 轴功率	kW	驱动方法$\begin{cases}带轮\\直联\\液力联轴器\end{cases}$

2. 气体密度

气体的密度由气体状态方程确定

$$\rho = \frac{P}{RT} \tag{8-1}$$

在通风机进口标准状态情况下,其气体常数 R 为 $288J/(kg \cdot K)$;$\rho = 1.2kg/m^3$。

3. 通风机的压力

(1) 通风机的全压 p_{tF}　气体在某一点或某截面上的总压等于该点或截面上的静压与动压之代数和,而通风机的全压则定义为通风机出口截面上的总压与进口截面上的总压之差,即

$$p_{tF} = p_{sF_2} + \rho_2 \frac{v_2^2}{2} - \left(p_{sF_1} + \rho_1 \frac{v_1^2}{2}\right) \tag{8-2}$$

式中,p_{sF_2}、ρ_2、v_2 分别为通风机出口截面上的静压、密度和速度;p_{sF_1}、ρ_1、v_1 分别为通风机进口截面上的静压、密度和速度。

(2) 通风机的动压 p_{dF}　通风机的动压定义为通风机出口截面上气体的动能所表征的压力,即

$$p_{dF} = \rho_2 \frac{v_2^2}{2} \tag{8-3}$$

(3) 通风机的静压 p_{sF}　通风机的静压定义为通风机的全压减去通风机的动压,即

$$p_{sF} = p_{tF} - p_{dF} \tag{8-4}$$

或

$$p_{sF} = p_{sF_2} - p_{sF_1} - \rho_1 \frac{v_1^2}{2} \tag{8-5}$$

从上式可以看出,通风机的静压既不是通风机出口截面上的静压 p_{sF_2},也不等于通风机出口截面与进口截面上的静压差 ($p_{sF_2} - p_{sF_1}$)。

4. 通风机的转速 n

通风机的转速是指叶轮每秒钟的旋转速度,单位为 r/min,常用 n 表示。

5. 通风机的功率

(1) 通风机的有效功率　通风机所输送的气体,在单位时间内从通风机中所获得的有效能

量，称为通风机的有效功率。当通风机的压力用全压表示时，称为通风机的全压有效功率 P_e(kW)，则

$$P_e = \frac{p_{tF} q_v}{1000} \tag{8-6}$$

式中，q_v 为风机额定风量，m^3/s；p_{tF} 为风机全压，Pa。

当用通风机静压表示时，称为通风机的静压有效功率 P_{esF}(kW)，则

$$P_{esF} = \frac{p_{sF} q_v}{1000} \tag{8-7}$$

式中，p_{sF} 为风机的静压，Pa；其他符号意义同前。

（2）通风机的内部功率 通风机的内部功率 P_{in}(kW)，等于有效功率 P_e 加上通风机的内部流动损失功率 ΔP_{in}，即

$$P_{in} = P_e + \Delta P_{in} \tag{8-8}$$

（3）通风机的轴功率 通风机的轴功率 P_{sh}(kW)，等于通风机的内部功率 P_{in} 加上轴承和传动装置的机械损失功率 ΔP_{me}(kW)，即

$$P_{sh} = P_{in} + \Delta P_{me} \tag{8-9}$$

或

$$P_{sh} = P_e + \Delta P_{in} + \Delta P_{me} \tag{8-10}$$

通风机的轴功率又称通风机的输入功率，实际上它也是原动机（如电动机）的输出功率。

6. 通风机的效率

（1）通风机的全压内效率 η_{in} 通风机的全压内效率 η_{in} 等于通风机全压有效功率 P_e 与内部功率 P_{in} 的比值，即

$$\eta_{in} = \frac{P_e}{P_{in}} = \frac{p_{tF} q_v}{1000 P_{in}} \tag{8-11}$$

（2）通风机静压内效率 $\eta_{sF \cdot in}$ 通风机静压内效率 $\eta_{sF \cdot in}$ 等于通风机静压有效功率 P_{esF} 与通风机内部功率 P_{in} 之比，即

$$\eta_{sF \cdot in} = \frac{P_{esF}}{P_{in}} = \frac{p_{sF} q_v}{1000 P_{in}} \tag{8-12}$$

通风机的全压内效率或静压内效率均表征通风机内部流动过程的好坏，是通风机气动力设计的主要标准。

（3）通风机全压效率 η_{tF} 通风机全压效率 η_{tF} 等于通风机全压有效功率 P_e 与轴承功率 P_{sh} 之比，即

$$\eta_{tF} = \frac{P_e}{P_{sh}} = \frac{p_{tF} q_v}{1000 P_{sh}} \tag{8-13}$$

或

$$\eta_{tF} = \eta_{tn} \eta_{me} \tag{8-14}$$

其中，η_{me} 称为机械效率，且

$$\eta_{me} = \frac{P_{in}}{P_{sh}} = \frac{p_{tF} q_v}{1000 \eta_{in} P_{sh}} \tag{8-15}$$

机械效率表征通风机轴承损失和传动损失的大小，是通风机机械传动系统设计的主要指标，根据通风机的传动方式，表8-9列出了机械效率选用值，供设计时参考。当风机转速不变而运行于低负荷工况时，因机械损失不变，故机械效率还将降低。

表 8-9 传动方式与机械效率

传动方式	机械效率 η_{me}	传动方式	机械效率 η_{me}
电动机直联	1.0	减速器传动	0.95
联轴器直联传动	0.98	V带传动	0.92

（4）通风机的静压效率 η_{sF}　通风机的静压效率 η_{sF} 等于通风机静压有效功率 P_{esF} 与轴功率 P_{sh} 之比，即

$$\eta_{sF} = \frac{P_{esF}}{P_{sh}} = \frac{P_{sF} q_v}{1000 P_{sh}} \tag{8-16}$$

或

$$\eta_{sF} = \eta_{sF \cdot in} \eta_{me} \tag{8-17}$$

7. 电动机功率的选用

电动机的功率 P 按下式选用

$$P \geqslant K P_{sh} = K \frac{P_{tF} q_v}{1000 \eta_{tF}} \tag{8-18}$$

或

$$P \geqslant K P_{sh} = K \frac{P_{sF} q_v}{1000 \eta_{sF}} \tag{8-19}$$

式中，K 为功率储备系数，按表 8-10 选择。

表 8-10 功率储备系数 K

电动机功率/kW	功率储备系数 K			
	离 心 式			轴流式
	一般用途	灰 尘	高 温	
<0.5	1.5			
0.5~1.0	1.4	送风机 1.15	1.3	1.05~1.10
1.0~2.0	1.3	引风机 1.30		
2.0~5.0	1.2			
>5.0	1.1			

二、通风机特性曲线

在通风系统中工作的通风机，仅用性能参数表达是不够的，因为风机系统中的压力损失小时，要求的通风机的风压就小，输送的气体量就大；反之，系统的压力损失大时，要求的风压就大，输送的气体量就小。为了全面评定通风机的性能，就必须了解在各种工况下通风机的全压和风量，以及功率、转速、效率与风量的关系，这些关系就形成了通风机的特性曲线。每种通风机的特性曲线都是不同的，图 8-5 为 4-72-11№5 通风机的特性曲线。由图可知通风机特性曲线通常包括（转速一定）全压随风量的变化、静压随风量的变化、功率随风量的变化、全效率随风量的变化、静效率随风量的变化。因此，一定的风量对应于一定的全压、静压、功率和效率，对于一定的风机类型，将有一个经济合理的风量范围。如图 8-5 所示。

由于同类型通风机具有几何相似、运动相似和动力相似的特性，因此用通风机各参数的无量纲量来表示（其特性是比较方便）并用来推算该类风机任意型号的风机性能。

风机的压力、风量、功率的无因次量的关系为：

$$\bar{p} = \frac{p}{\rho v^2} \tag{8-20}$$

$$\overline{Q} = \frac{Q}{\frac{\pi}{4}D_2^2 v \times 3600} \tag{8-21}$$

$$\overline{P} = \frac{P}{\frac{\pi}{4}D_2^2 \rho v^3} \tag{8-22}$$

式中，$\overline{p}$ 为空气全压系数；p 为风机全压，Pa；$\overline{Q}$ 为流量系数；Q 为风机流量，m³/s；$\overline{P}$ 为功率系数；P 为轴功率，kW；D_2 为叶片外径，m；v 为叶片外缘圆周速度，m/s；ρ 为空气密度，kg/m³。

图 8-6 为风机的无量纲特性曲线。

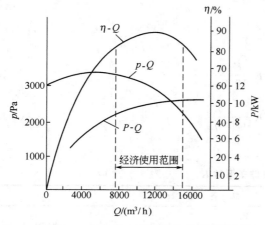

图 8-5　4-72-11№5 通风机的特性曲线

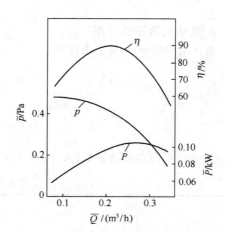

图 8-6　风机无量纲特性曲线

通风机特性曲线是在一定的条件下提出的。当风机转速、叶轮直径和输送气体的密度改变时，对风压、功率及风量都会有影响。

1. 风机叶轮转速对性能的影响

① 压力（全压或静压）的改变与转速改变的平方成正比

$$\frac{p_2}{p_1} = \frac{p_{j_2}}{p_{j_1}} = \left(\frac{n_2}{n_1}\right)^2 \tag{8-23}$$

式中，p 为风机全压，Pa；n 为风机转速，r/min；p_j 为风机静压，Pa。

在离心力作用下，静压是圆周速度的平方的函数，同时动压也是速度平方的函数，因此全压也随速度的平方而变化。

② 当压力与风量 Q 的变化满足 $p = KQ^2$（K 为常数）的关系时，风量的改变与转速的改变成正比：

$$\frac{p_2}{p_1} = \left(\frac{Q_2}{Q_1}\right)^2 = \left(\frac{n_2}{n_1}\right)^2, \quad 即 \frac{Q_2}{Q_1} = \frac{n_2}{n_1} \tag{8-24}$$

③ 功率 P 的改变（轴承，传动皮带上的功率损失忽略不计）与转速改变的立方成正比：

$$\frac{P_2}{P_1} = \left(\frac{n_2}{n_1}\right)^3 \tag{8-25}$$

功率是风量与风压的乘积，风量与转速成正比，风压与转速平方成正比，故功率与转速的立方成正比。

④ 风机的效率不改变，或改变得很小：

$$\eta_1 = \eta_2 \tag{8-26}$$

因为叶轮转速改变使风量、风压均改变，同时轴功率也成比例改变，因而其比值不变。

由此可以看出，通风机转速改变时，特性曲线也随之改变。因此，在特性曲线图上，需要做出不同转速的特性曲线以备选用。需要指出的是，风机转速的改变并不影响管网特性曲线，但实际工况点要发生变化，在新转速下的特性曲线与管网特性曲线的交点即为新的工况点。

从理论上可以认为，改变转速可获得任意风量，然而转速的提高受到叶片强度以及其他机械性能条件的限制，功率消耗也急剧增加，因而不可能无限度提高。

2. 通风机叶轮直径改变对性能的影响

当通风机的几何形状相似，叶轮转速不变时，随叶轮直径 D 的改变通风机性能也改变。

① 风量与叶轮直径 D 的立方成正比：

$$Q_2 = \left(\frac{D_2}{D_1}\right)^3 Q_1 \tag{8-27}$$

由于通风机的几何尺寸相似，风量与叶片的径向面积 $\left(\frac{\pi}{4}D^2\right)$ 与叶尖速度（$\pi D \times n$）成比例；由于 n 为常数，故风量与直径的立方成正比。

② 风压与叶轮直径的平方成正比：

$$p_2 = p_1 \left(\frac{D_2}{D_1}\right)^2 \tag{8-28}$$

如上所述，风压与叶尖速度的平方成正比，而后者与直径成正比（n 为常数），故风压与叶轮直径的平方成正比。

③ 功率与叶轮直径的 5 次方成正比：

$$P_2 = P_1 \left(\frac{D_2}{D_1}\right)^5 \tag{8-29}$$

功率为风量与风压的乘积，风量与直径立方成正比，风压与直径平方成正比，其结果，功率与直径的 5 次方成正比。

④ 风机效率不变：

$$\eta_2 = \eta_1 \tag{8-30}$$

3. 输送气体密度对风机性能的影响

① 风量不变：

$$Q_2 = Q_1 \tag{8-31}$$

由于转速，叶轮直径等均不改变，风机所输送的气体体积不变，但输送的气体质量随密度的改变而不同。

② 风压与气体的密度成正比：

$$p_2 = p_1 \frac{\rho_2}{\rho_1} \tag{8-32}$$

压力可以用气体柱的高度与其密度的乘积来表示，因此风压的变化与气体密度的变化成正比。

③ 功率与气体的密度成正比：

$$P_2 = P_1 \frac{\rho_2}{\rho_1} \tag{8-33}$$

由于风量不随气体密度而变化，故功率与风压成正比，而后者与气体密度成正比。

④ 效率不变：

$$\eta_2 = \eta_1 \tag{8-34}$$

现将以上各类关系式以及当转速、叶轮直径、气体密度均改变时的关系式列于表 8-11 中，这些关系式对于风机的选择及运行都非常重要。

表 8-11　风机的 Q、p、P 及 η 与 ρ、n 及 D 的关系

项　目	计 算 公 式	项　目	计 算 公 式
对空气密度 ρ 的换算	$Q_2 = Q_1$ $p_2 = p_1 \dfrac{\rho_2}{\rho_1}$ $P_2 = P_1 \dfrac{\rho_2}{\rho_1}$ $\eta_2 = \eta_1$	对叶轮直径 D 的换算	$Q_2 = Q_1 \left(\dfrac{D_2}{D_1}\right)^3$ $p_2 = p_1 \left(\dfrac{D_2}{D_1}\right)^2$ $P_2 = P_1 \left(\dfrac{D_2}{D_1}\right)^5$ $\eta_2 = \eta_1$
对转速 n 的换算	$Q_2 = Q_1 \dfrac{n_2}{n_1}$ $p_2 = p_1 \left(\dfrac{n_2}{n_1}\right)^2$ $P_2 = P_1 \left(\dfrac{n_2}{n_1}\right)^3$ $\eta_2 = \eta_1$	对 ρ、n、D 同时换算	$Q_2 = Q_1 \left(\dfrac{n_2}{n_1}\right)\left(\dfrac{D_2}{D_1}\right)^3$ $p_2 = p_1 \left(\dfrac{n_2}{n_1}\right)^2 \dfrac{\rho_2}{\rho_1} \left(\dfrac{D_2}{D_1}\right)^2$ $P_2 = P_1 \dfrac{\rho_2}{\rho_1} \left(\dfrac{n_2}{n_1}\right)^3 \left(\dfrac{D_2}{D_1}\right)^5$ $\eta_2 = \eta_1$

【例 8-1】　通风机在一般的除尘系统中工作，当转速为 $n_1 = 720\mathrm{r/min}$ 时，风量为 $Q_1 = 4800\mathrm{m^3/h}$，消耗功率 $P_1 = 3\mathrm{kW}$。当转速改变为 $n_2 = 950\mathrm{r/min}$ 时，风量及功率为多少？

解：查表 8-11 可知

$$\frac{Q_2}{Q_1} = \frac{n_2}{n_1}$$

$$Q_2 = 4800 \times \frac{950}{720} = 6300 \quad (\mathrm{m^3/h})$$

$$\frac{P_2}{P_1} = \left(\frac{n_2}{n_1}\right)^3$$

$$P_2 = 3\left(\frac{950}{720}\right)^3 = 7(\mathrm{kW})$$

从理论上可以认为，改变转速可获得任意风量，然而转速的提高受到叶片强度以及其他力学性能条件的限制，功率消耗也急剧增加，因而不可能无限度提高。

【例 8-2】　除尘系统中输送的气体温度从 $100\,^\circ\!\mathrm{C}$ 降为 $20\,^\circ\!\mathrm{C}$，通风机风压为 $600\mathrm{Pa}$，如果流量不变，通风机压力如何变化？

解：查表 1-24 可知气体温度降低后密度由 $0.916\mathrm{kg/m^3}$ 升为 $1.164\mathrm{kg/m^3}$。

查表 8-11 可知

$$p_2 = p_1 \frac{\rho_2}{\rho_1}$$

$$p_2 = 600 \frac{1.164}{0.916} = 762 \quad (\mathrm{Pa})$$

第三节　常用除尘通风机

除尘用风机因除尘系统的复杂性和多样性，使用的风机范围很广，除了常规风机之外还要用排尘风机、高压风机、高温风机、耐磨风机及防爆风机等。

一、除尘常用通风机

除尘工程用的通风机有两个明显特点，一是通风机的全压相对较高，以适应除尘系统阻力损失的需要；二是输送气体中允许有一定的粉尘含量（含尘量低于 $150mg/m^3$）。因此选用除尘风机时要特别注意气体密度变化引起的风量和风压的变化。气体密度变化的因素有：a. 气体温度变化；b. 气体含尘浓度变化；c. 风机在高原地区使用；d. 除尘器装在风机负压端，且阻力偏高。除尘常用通风机的性能见表 8-12。

表 8-12　除尘常用通风机性能表

风机类型	型号	全压/Pa	风量/（m/h）	功率/kW	备　注
普通中压风机	4-47	606～2300	1310～48800	1.1～37	输送小于80℃且不自燃气体，常用于中小型除尘系统
	4-79	176～2695	990～406000	1.1～250	
	6-30	1785～4355	2240～17300	4～37	
	4-68	148～2655	565～189000	1.1～250	
锅炉风机	G、Y4-68	823～6673	15000～153800	11～250	用于锅炉，也常用于大中型除尘系统
	G、Y4-73	775～6541	16150～810000	11～1600	
	G、Y2-10	1490～3235	2200～58330	3～55	
	Y8-39	2136～5762	2500～26000	3～37	
排尘风机	C6-48	352～1323	1110～37240	0.76～37	主要用于含尘浓度较高的除尘系统
	BF4-72	225～3292	1240～65230	1.1～18.5	
	C4-73	294～3922	2640～11100	1.1～22	
	M9-26	8064～11968	33910～101330	158～779	
	C4-68	410～1934	2221～36417	1.5～30	
高压风机	9-19	3048～9222	824～41910	2.2～410	用于压损较大的除尘系统
	9-26	3822～15690	1200～123000	5.5～850	
	9-15	16328～20594	12700～54700	300	
	9-28	3352～17594	2198～104736	4～1120	
	M7-29	4511～11869	1250～140820	45～800	
高温风机	W8-18	2747～7524	2560～20600	22～55	用于温度超过200℃的除尘系统
	W4-73	589～1403	10200～61600	22～55	
	FW9-27	1790～4960	19150～24000	37～75	
	W4-66	2040～8040	47920～125500	55～132	

注：1. 除表列常用风机外，许多风机厂家还生产多种型号风机，据统计国产风机型号约 400 多种，其中多数可用除尘系统。此外对大中型除尘系统还可委托风机厂家设计适合除尘用的非标准风机。

2. 风机出厂的合格品性能是在给定流量下全压值不超过 $\pm5\%$。

3. 性能表中提供的参数，一般无说明的均按气体温度 $t=20℃$、大气压力 $p_a=101.3kPa$、气体密度 $\rho=1.2kg/m^3$ 的空气介质计算。引风机性能按烟气的温度 $t=200℃$，大气压力 $P_a=101.3kPa$、气体密度 $\rho=0.745kg/m^3$ 的空气介质计算。

二、4-72 型离心通风机

4-72 型离心通风机是一般用途的通风机，可输送不自燃、对人体无害和对钢铁材料无腐蚀性的气体。输送气体中不得含有黏性物质，气体温度不超过 80℃，气体中所含粉尘浓度不大于 $150mg/m^3$。其技术性能见表 8-13，外形及安装尺寸见图 8-7、图 8-8 及表 8-14、表 8-15。

表 8-13　4-72 型离心通风机性能及选用件表

机号 No	传动方式	转速 /(r/min)	全压/Pa	风量/(m³/h)	电动机 型号	电动机 kW	联轴器(1套) 代号 F2504	轴孔 风机	轴孔 电机	地脚螺栓(4套) 规格
2.8	A	2900	951~588	1330~2450	Y90S-2 B35	1.5				M8×160
3.2	A	2900	1245~784	1975~3640	Y90S-2 B35	1.5				M8×160
		1450	313~196	991~1910	Y90S-4 B35	1.1				M8×160
3.6	A	2900	1618~1069	2930~5408	Y100L-2 B35	3				M10×220
		1450	402~274	1470~2710	Y90S-4 B35	1.1				M8×220
4	A	2900	2001~1314	4020~7420	Y132S_1-2 B35	5.5				M10×220
		1450	500~333	2010~3710	Y90S-4 B35	1.1				M8×160
4.5	A	2900	2530~1667	5730~10580	Y132S_2-2 B35	7.5				M10×220
		1450	637~421	2860~5280	Y90S-4 B35	1.1				M8×160
5	A	2900	3178~2197	7950~14720	Y160M_2-2 B35	15				M12×300
		1450	794~549	3977~7358	Y100L_1-4 B35	2.2				M10×220
5.5	A	1450	961~657	5310~9790	Y100$_2$-4 B35	3				M10×220
		960	421~284	3490~6500	Y90L-6 B35	1.1				M10×220
6	A	1450	1137~784	6840~12720	Y112M-4 B35	4				M10×220
		960	500~343	4520~8370	Y100L-6 B35	1.5				M10×220
	D	1450	1137~784	6840~12720	Y112M-4	4	08.0300	45	28	M10×220
		960	500~343	4520~8370	Y100L-6	1.5	08.0300	45	28	M10×220
8	D	1450	2020~1530	16200~27990	Y180M-4	18.5	08.0400	55	48	M10×300
		960	892~676	10730~18560	Y132Mz-6	5.5	08.0400	55	38	M10×220
		730	519~392	8150~14150	Y132M-8	3	08.0400	55	38	M10×220
10	D	1450	3158~2501	40400~58200	Y250M-4	55	08.0400	55	65	M20×500
		960	1383~1098	26730~38500	Y200L_1-6	18.5	08.0400	55	55	M16×400
		730	804~637	20800~29300	Y160L-8	7.5	08.0400	55	42	M12×300
12	D	960	1991~1579	46100~66500	Y280S-6	45	08.0600	75	75	M20×500
		730	1147~922	35000~50500	Y225S-8	18.5	08.0600	75	60	M16×400

续表

机号 No	传动方式	转速 /(r/min)	全压/Pa	风量/(m³/h)	选 用 件						
					电动机		三角皮带			风机滑轮	电机槽轮	电机滑轨（2套）
					型　号	kW	型号	根数	带号	代号	代号	代号
6	C	2240	2727~1883	10600~19600	Y180M-4	18.5	B	5	112	45-B₅-240	48-B₅-370	05.0500
		2000	2177~1942	9500~14100	Y160M-4	11	B	3	105	45-B₃-240	48-B₃-330	05.0500
			1795~1500	15250~17600	Y160L-4	15	B	4	105	45-B₄-240	42-B₄-330	
		1800	1765~1216	8520~15800	Y132M-4	7.5	B	2	90	45-B₂-240	38-B₂-300	05.0400
		1600	1393~961	7560~14000	Y132S-4	5.5	B	2	90	45-B₂-240	38-B₂-266	05.0400
		1250	843~578	5920~11000	Y100L₂-4	3	B	2	90	45-B₂-240	28-B₂-210	05.0400
		1120	686~470	5300~9800	Y100L₁-4	2.2	A	2	90	45-A₂-240	28-A₂-190	05.0400
		1000	539~372	4730~8750	Y100L₁-4	2.2	A	2	90	45-A₂-240	28-A₂-165	05.0400
		900	441~304	4250~7850	Y100L₁-4	2.2	A	2	90	45-A₂-240	28-A₂-150	05.0400
		800	333~225	3780~7000	Y90S-4	1.1	A	2	90	45-A₂-240	24-A₂-130	05.0300
8	C	1800	3119~3070	20100~22600	Y200L₁-2	30	B	6	105	55-B₆-320	55-B₆-200	05.0600
			3011~2933	25000~27450	Y200L₁-2	30	B	7	105	55-B₇-320	55-B₇-200	05.0600
			2795~2364	29900~34800	Y200L₂-2	37	B	7	105	55-B₇-320	55-B₇-200	05.0600
		1600	2472~1814	17920~31000	Y180M-2	22	B	5	90	55-B₅-320	48-B₅-175	05.0500
		1250	1510~1412	14000~19100	Y160M-4	11	B	3	105	55-B₃-320	42-B₃-275	05.0500
			1343~1137	20800~24200	Y160L-4	15	B	3	105	55-B₃-320	42-B₃-275	05.0500
		1120	1206~1079	12500~18620	Y132M-4	7.5	B	2	105	55-B₂-320	38-B₂-250	05.0400
			1000~912	20120~21650	Y160M-4	11	B	2	105	55-B₂-320	42-B₂-250	05.0400
		1000	961~902	11200~15300	Y132S-4	5.5	B	2	97	55-B₂-320	38-B₂-220	05.0400
			863~725	16600~19300	Y132M-4	7.5	B	2	97	55-B₂-320	38-B₂-220	05.0400
		900	774~696	10050~14950	Y112M-4	4	B	2	90	55-B₂-320	28-B₂-200	05.0400
			647~588	16200~17400	Y132S-4	5.5	B	2	90	55-B₂-320	38-B₂-200	05.0400
		800	618~461	8960~15500	Y100L₂-4	3	B	2	90	55-B₂-320	28-B₂-175	05.0400
		710	48~372	7920~13710	Y100L₁-4	2.2	B	2	85	55-B₂-320	28-B₂-155	05.0400
			382~284	7040~12200	Y100L₁-4	2.2	B	2	85	55-B₂-320	28-B₂-140	05.0400
10	C	1250	2344~2118	34800~44050	Y225M-4	45	B	7	144	55-B₇-400	60-B₇-345	05.0600
			2001~1863	47100~50150	Y225M-4	45	C	5	144	55-C₅-400	60-C₅-345	05.0600
		1120	1883~1785	31200~36700	Y200L-4	30	B	5	120	55-B₅-400	55-B₅-310	05.0600
			1697~1491	39450~45000	Y200L-4	30	B	6	120	55-B₆-400	55-B₆-310	05.0600
		1000	1500~1187	27800~40100	Y180L-4	22	B	4	120	55-B₄-400	48-B₄-275	05.0500
		900	1216~961	25050~36100	Y160L-4	15	B	3	120	55-B₃-400	42-B₃-250	05.0500
		800	961~765	22150~32100	Y160M-4	11	B	3	112	55-B₃-400	42-B₃-400	05.0500
		710	755~598	19780~28490	Y132M-4	7.5	B	2	105	55-B₂-400	38-B₂-195	05.0400
		630	598~470	17540~25280	Y132S-4	5.5	B	2	105	55-B₂-400	38-B₂-175	05.0400
		560	470~372	15600~22470	Y112M-4	4	B	2	97	55-B₂-400	28-B₂-155	05.0400
		500	382~294	13910~20100	Y100L₂-4	3	B	2	97	55-B₂-400	28-B₂-140	05.0400

续表

机号 No	传动方式	转速/(r/min)	全压/Pa	风量/(m³/h)	选 用 件						
					电动机		三角皮带			风机滑轮	电机槽轮	电机滑轨（2套）
					型　号	kW	型号	根数	带号	代号	代号	代号
12	C	1120	2717~2570	53800~63280	Y280S-4	75	C	7	160	75-C₇-480	75-C₇-370	05.0700
			2442~2148	68020~77500	Y280S-4	75	C	8	160	75-C₈-480	75-C₈-370	05.0700
		1000	2168~1952	48100~60820	Y250M-4	55	C	5	144	75-C₅-480	65-C₅-320	05.0700
			1844~1716	65060~69300	Y250M-4	55	C	6	144	75-C₆-480	65-C₆-320	05.0700
		900	1746~1657	43200~50800	Y225M-6	30	C	4	160	75-C₄-480	60-C₄-450	05.0600
			1579	54600	Y250M-6	37	C	4	160	75-C₄-480	60-C₄-450	05.0700
			1383~1226	58400~62200	Y250M-6	37	C	4	160	75-C₄-480	65-C₄-450	05.0700
		800	1383~1245	38600~58860	Y200L₂-6	22	C	3	106	75-C₃-480	55-C₃-400	05.0600
			1177~1098	52300~55700	Y225M-6	30	C	3	106	75-C₃-480	60-C₃-400	05.0600
		710	1088~1039	34200~40260	Y200L₁-6	18.5	C	2	144	75-C₂-480	55-C₂-360	05.0600
			1000~863	43320~49500	Y200L₁-6	18.5	C	3	144	75-C₃-360	55-C₃-360	05.0600
		630	863~686	30400~43900	Y180L-6	15	C	2	144	75-C₂-480	48-C₂-310	05.0500
		560	676~647	27000~31750	Y160M-6	7.5	C	2	144	75-C₂-480	42-C₂-280	05.0500
			618~539	34140~38900	Y160L-6	11	C	2	144	75-C₂-480	42-C₂-280	05.0500
		500	539~519	24100~28380	Y132M₂-6	5.5	C	2	144	75-C₂-480	38-C₂-250	05.0400
			490~431	30520~34800	Y160L-6	7.5	C	2	144	75-C₂-480	42-C₂-280	05.0500
		450	441~392	21600~27380	Y132M₁-6	4	C	2	144	75-C₂-480	38-C₂-225	05.0400
			372~343	29200~31200	Y132M₂-6	5.5	C	2	144	75-C₂-480	38-C₂-225	05.0400
		400	353~274	19280~27800	Y132S-6	3	C	2	120	75-C₂-480	38-C₂-200	05.0400

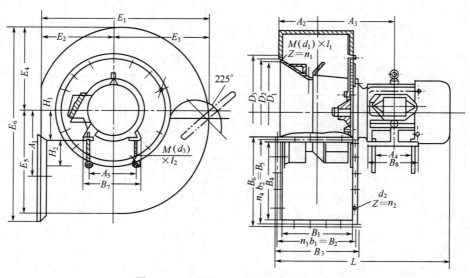

图 8-7　4-72 型 №2.8~6A 离心通风机

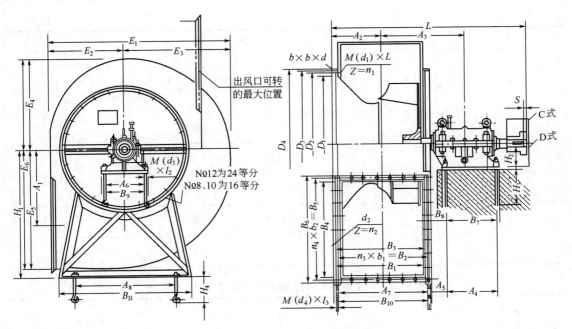

图 8-8   4-72 型 6～12$_C^D$ 离心通风机

表 8-14   4-72 型 №2.8～6A 离心通风机安装及外形尺寸   单位：mm

机号	配用电机 B35	进 风 口			连接螺栓		出 风 口						螺 栓 孔			
		D_1	D_2	D_3	规格	个数	B_1	B_2	B_3	B_4	B_5	B_6	直径	个数	间 距	
					$M(d_1) \times l_1$	n_1							d_2	n_2	$n_3 b_1$	$n_4 b_2$
No 2.8	Y90S-2	280	306	324	M8×16	8	196	228	250	224	256	227	7	16	3×55	3×63
No 3.2	Y90S-4 Y90S-2	320	350	367	M6×16	16	224	256	278	256	288	309	7	16	3×60	3×72
No 3.6	Y90S-4 Y100L-2	360	394	416	M6×16	16	252	284	306	288	320	341	7	16	4×71	4×80
No 4	Y90S-4 Y132S$_1$-2	400	440	462	M6×16	16	280	315	336	320	355	375	7	20	4×60	4×70
No 4.5	Y90S-4 Y132S$_2$-2	450	490	512	M8×16	16	315	350	371	360	395	414	7	20	5×70	5×79
No 5	Y100L$_1$-4 Y160M$_2$-2	500	550	572	M8×16	16	350	385	406	400	435	456	7	20	4×75	4×88
No 5.5	Y90L-6 Y100L$_2$-4	550	600	622	M8×16	16	385	420	441	440	475	449	7	20	5×84	5×95
No 6	Y100L-6 Y112M-4	660	650	676	M8×16	16	420	456	476	480	510	534	7	24	6×76	6×85

机号	安 装 及 外 形 尺 寸														地脚螺栓		质量（不含电机）/kg
	A_1	A_2	A_3	A_4	A_5	B_7	B_8	E_1	E_2	E_3	E_4	E_5	E_6	H_1	H_2	$M(d_3) \times L_2$	L
No 2.8	196	101	206	100	140	180	130	454	184	268	225.5	309.5	560	90	130	M8×160	480	20
No 3.2	224	115	220	100	140	180	130	518	209.5	305.5	257.5	353.5	636	90	130	M8×160	509	25
No 3.6	275	129	234	100	140	180	130	582	235.5	343.5	289.5	397.5	712	90	130	M8×160	541	31
			261	140	160	205	176							100	180	M10×220	601	

续表

机号	A_1	A_2	A_3	A_4	A_5	B_7	B_8	E_1	E_2	E_3	E_4	E_5	E_6	H_1	H_2	地脚螺栓 $M(d_3) \times L_2$	L	质量(不含电机)/kg
No4	280	143	249	100	140	180	130	648	262.5	382.5	322.5	442.5	790	90	130	M8×160	571	54
			302	140	216	280	200							132	180	M10×220	706	
No4.5	315	160.5	266.5	100	140	180	130	725	294.5	429.5	963	497	884	90	130	M8×160	609	64
			319.5	140	216	280	200							132	190	M10×220	744	
No5	350	178	311	140	160	205	176	809	328	476	403	553	981	100	180	M10×220	701	76
			391	210	254	325	276							160	253	M12×300	871	
No5.5	385	197.5	317.5	125	140	180	155	884	359.5	524.5	442	607	1074	90	135	M8×160	699	88
			331.5	140	160	180	176							100	190	M10×220	734	
No6	420	213	346	140	160	205	176	967	392	572	482	662	1169	100	180	M10×220	767	100
			353	140	190	245	180							112			787	

表 8-15 4-72型№6～12$^{D}_{C}$离心通风机安装及外形尺寸　　　　单位：mm

机号	进风口						出风口										
	D_1	D_2	D_3	D_4	连接螺栓 规格 $M(d_1) \times l_1$	个数 n_1	B_1	B_2	B_3	B_4	B_5	B_6	连接螺栓孔 直径 d_3	个数 n_2	间距 $n_3 \times b_1$	间距 $n_4 \times b_2$
---	---	---	---	---	---	---	---	---	---	---	---	---	---	---	---	---
No6	600	650	676	720	M8×18	16	420	458	475	480	510	534	7	24	6×76	6×85
No8	800	860	904	950	M12×20	16	560	625	669	640	700	746	15	200	5×125	5×140
No10	1000	1065	1115	1150	M12×20	16	700	765	809	800	860	906	15	20	5×153	5×172
No12	1200	1270	1334	1370	M12×20	24	840	904	949	960	1024	1066	15	24	8×113	8×128

机号	安装及外形尺寸																	
	A_1	A_2	A_3	A_4	A_5	A_6	A_7	A_8	B_7	B_8	B_9	B_{10}	B_{11}	E_1	E_2	E_3	E_4	E_5
No6	420	263	587	460	163	410	482	550	530	105.5	480	526	700	967	392	572	482	662
No8	560	344.5	680	520	172	440	635	740	590	109.5	510	689	920	1291	523	763	643	883
No10	700	414.5	759	520	164	440	788	920	590	108.5	510	829	1150	1611	653	953	803	1103
No12	840	494.5	921	700	198	620	926	1110	780	126	700	989	1380	1943	789	1143	969	1329

机号	安装及外形尺寸								地脚螺栓		质量(不含电机)/kg
	E_6	H_1	H_2	H_3	H_4	L	S	$b \times b \times d$	$M(d_3) \times l_2$	$M(d_4) \times l_3$	
No6	1144	700	250	380	270	1314.5	2	L50×50×5	M24×500	M12×300	C366 D337
No8	1526	940	280	400	280	1556.5	2	L60×60×6	M24×500	M16×300	C720 D710
No10	1906	1180	280	520	360	1695.5	2	L60×60×6	M24×630	M16×400	C850 D840
No12	2298	1420	375	500	350	2087.5	5	L70×70×7	M30×630	M16×400	C1180 D1180

三、G4-73、Y4-73 型通、引风机

G4-73 型与 Y4-73 型锅炉通、引风机适用于电厂 2～670t/h 蒸汽锅炉的通、引风系统；在无其他特殊要求时，亦可用于矿井通风及烟尘净化系统。通风机输送介质的温度不超过80℃，引风机输送介质的温度不超过250℃。在引风机前，必须加装除尘设备，以保证进入风机的烟气中含尘量尽量少。在电厂使用，其除尘效率不得低于85%。

（1）风机的型式

① 通风机与引风机制成单吸入，机号有№8～№28各12个机号。

② 每种风机又可制成左旋转或右旋转两种型式，从电动机一端正视，叶轮按顺时针方向旋转，称为右旋转风机，以"右"表示；如叶轮按逆时针方向旋转，称为左旋转风机，以"左"表示。

③ 风机的出风口位置，以机壳的出风口角度表示。

④ 风机传动方式为D式，电机与风机连接均采用弹性联轴节传动。

⑤ 产品全称举例如下 G4-73-11№18D右90°，Y4-73-11№18D左0°，其中，G、Y分别表示锅炉通风机与锅炉引风机，最高效率点的压力系数为0.437，10倍后化整为4；比转数为73；11表示单级第一次设计；№18表示叶轮直径1800mm。

（2）主要组成部分的结构特性 风机主要由叶轮、机壳、进风口、调节门及传动组等组成。

① 叶轮。由12片后倾机翼斜切的叶片焊接于弧锥形的前盘与平板形的后盘中间。由于采用了机翼形叶片，保证了风机高效率、低噪声、高强度；同时，叶轮又经过动、静平衡校正，因此运转平稳。

② 机壳。机壳是用普通钢板焊接而成的蜗形体。单吸入风机的机壳做成3种不同形式；№8～№12机壳做成整体结构，不能上下拆开；№14～№16机壳做成两开式；№18～№28机壳作成三开式；对于引风机，蜗形板做了适当加厚以防磨。

③ 进风口。收敛式流线的进风口制成整体结构，用螺栓固定在风机入口侧。

④ 调节门。用以调节风机流量的装置，轴向安装在进风口前面，由11片花瓣形叶片组成。调节范围由90°（全闭）到0°（全开）。调节门的扳把位置，从进风口方向看，在右侧，对右旋转风机，扳把由下往上推是由全闭到全开方向；对左旋风机，扳把由上往下拉是由全闭到全开方向。

⑤ 传动组。传动组的主轴由优质钢制成，本风机均采用滚动轴承。轴承箱有两种形式：№8～№16用整体的筒式轴承箱；№18～№28用两个独立的枕式轴承箱，轴承箱上装有温度计和油位指示器。润滑油采用30号机械油，加入油量按油位标志的要求。引风机备有水冷却装置，因此，需加装输水管，耗水量随温度不同而异，一般按$0.5～1m^3/h$考虑。

（3）风机性能选择与应用 风机的性能以流量、全压、主轴转速、轴功率和效率等参数表示。选择曲线和性能表中所给出的性能是：a.通风机按温度20℃，大气压力100kPa，气体密度$1.2kg/m^3$；b.引风机按温度200℃，大气压力100kPa，气体密度$0.745kg/m^3$；c.调节叶片为全开0°。如使用条件变化时，则应进行相应换算。

电动机容量储备系数对通风机取1.15，对引风机取1.3。

风机出厂检验性能是在设计流量下，全压值的偏差不超过全压设计值的±5%。

G4-73-11、Y4-73-11锅炉通、引风机的无量纲性能曲线见图8-9。应用中要由无量纲性能换算为有量纲性能，推荐采用的性能见表8-16。G4-73-11、Y4-73-11风机的性能分别见表8-17和表8-18。

表 8-16 G4-73-11、Y4-73-11 风机推荐采用性能

序　　号	全压系数 $\overline{H}$	流量系数 $\overline{Q}$	空气效率 $\eta/\%$	比转数 $\overline{n}$
1	0.470	0.154	83.7	56.5
2	0.470	0.173	88.5	61.5
3	0.465	0.192	91.2	64
4	0.454	0.211	92.5	68
5	0.437	0.230	93	73
6	0.408	0.249	90.5	80.5
7	0.372	0.268	87.2	89
8	0.333	0.287	84.0	100

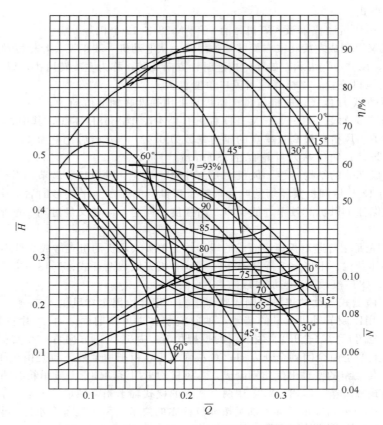

图 8-9　G4-73-11、Y4-73-11 风机无量纲性能曲线

表 8-17　G4-73-11 锅炉通风机性能

机号 No	转速 /(r/ min)	全压/Pa	流量 /(m³/h)	效率/%	轴功率 /kW	电动机 型　号	电动机 功率 /kW	联轴器(1套) ST0103	联轴器 风机 轴	联轴器 电机 轴	电机地脚 螺栓 GB 799—1988
8D	1450	2068～1460	16900～31500	83.7～84.0	11.5～15.3	Y180M-4	18.5	200×65×48	65	48	M12×300
9D	1450	2617～1852	24000～44800	83.7～84.0	20.8～27.6	Y200L-4	30	200×65×55	65	55	M16×400
9D	960	1147～813	15900～29700	83.7～84.0	6.1～8.0	Y160L-6	11	200×65×42	65	42	M12×300
10D	1450	3234～2293	33100～61600	83.7～84.0	35.3～46.8	Y250M-4	55	240×65×65	65	65	M20×500
10D	960	1421～1009	21800～40700	83.7～84.5	10.3～13.0	Y200L₁-6	18.5	200×65×55	65	55	M16×400
10D	730	823～578	16600～31000	83.7～84.0	4.5～5.95	Y160L-8	7.5	200×65×42	65	42	M12×300
11D	1450	3920～2773	43900～81800	83.7～84.0	56.9～75.4	Y280M-4	90	240×75×75	75	75	M20×500
11D	960	1715～1215	29100～54200	83.7～84.0	16.5～21.8	Y225M-6	30	200×75×60	75	60	M16×400
11D	730	990～705	22200～41300	83.7～84.0	7.3～9.6	Y180L-8	11	200×75×48	75	48	M12×300
12D	1450	4655	57200	83.7	87.6	Y315M₁-4	132	240×75×80	75	80	M24×630
		4655～3293	64200～107000	88.5～84.0	94.9～116	Y315M₂-4	160	240×75×85	75	85	M24×630
12D	960	2038～1441	37800～70300	83.7～84.0	25.4～33.6	Y250M-6	37	200×75×65	75	65	M20×500
12D	730	1176～833	28700～53500	83.7～84.0	11.2～14.8	Y225S-8	18.5	200×75×60	75	60	M16×400
14D	1450	6360～4508	90500～169000	83.7～84.0	190～252	Y355L₂-4	300	290×105×85	105	85	M30×800
14D	960	2783	60000	83.7	55	Y315S-6	75	290×105×80	105	80	M24×630
		2783～2635	67300～82000	88.5～92.5	59.5～66.5	Y315S-6	75	(290×105×85)	105	85	(M24×630)
		2587～1970	89500～113000	93.0～84.0	69.1～73.0	Y315M₁-6	90 (95)	290×105×80 (290×105×85)	105	80 (85)	M24×630 (M20×500)
14D	730	1607～1137	45500～84800	83.7～84.0	24.2～32.1	Y280-8	37	290×105×75	105	75	M20×500

续表

机号 No	转速 /(r/min)	全压/Pa	流量 /(m³/h)	效率/%	轴功率 /kW	电动机 型号	电动机 功率/kW	联轴器(1套) ST0103	风机轴	电机轴	电机地脚螺栓 GB 799—1988
16D	960	3626	90000	83.7	101.5	Y355M₁-6	160	290×105×90	105	90	M30×630
		3626~2646	101000~168000	88.5~84.0	119~143	Y355M₂-6	185	290×105×90	105	90	M30×630
16D	730	2097~1490	68200~127000	83.7~84.0	47.2~62.5	Y315M₁-8	75	290×105×80	105	80	M24×630
16D	580	1323	54200	83.7	23.6	Y315S-10	45	290×105×80	105	80	M24×630
		1323~940	61000~101000	88.5~84.0	25.6~31.3	Y315S-10	45	(290×105×85)	105	(85)	M24×630
18D	960	4596	127000	83.7	194	Y355M₃-6	250	350×130×90	130	90	M24×630
		4596~4430	143000~175000	88.5~92.5	209~234	Y355L-6	280	(350×130×100)	130	90	(M30×800)
		4273~3256	190000~238000	93.0~84.0	243~257	Y400-466	310	350×130×110	130	110	(M36×1000)
18D	730	2656	97000	83.7	84.7	Y355M₁-8	132	350×130×90	130	90	M24×630
		2656~1881	109000~181000	88.5~94.0	91.6~112	Y315M₂-8	132	(350×130×90)	130	90	(M30×800)
18D	580	1676	77000	83.7	42.6	Y315M₃-10	70	350×130×80	130	80	M24×630
		1676~1186	86500~144000	88.5~84.0	46.1~6.55	Y315M₁-10	75	(350×130×85)	130	(85)	(M24×630)
20D	960	5684~5478	175000~240000	83.7~92.5	328~396	Y450-464	460	410×130×120	130	120	M36×1000
		5263~4038	262000~326000	93.0~84.0	411~435	Y450-50-6	500	410×130×120	130	120	M36×1000
20D	730	3273~3156	133000~182000	83.7~92.5	144~174	Y355L₁-8	220	350×130×110	130	110	M36×1000
		3038~2323	199000~248000	93.0~84.0	180~190	Y355L₂-8	250	350×130×110	130	110	M36×1000
20D	580	2058~1460	105000~196000	83.7~84.0	72~95.5	Y355M₂-10	115	350×130×90	130	90	M30×800
22D	960	6860~4861	233000~434000	83.7~84.0	527~698	Y500-54-6	800	500×160×120	160	120	M36×1000
22D	730	3969~3842	177000~242000	83.7~92.5	232~280	Y450-50-8	315	500×160×120	160	120	M36×1000
		3695~3793	264000~332000	93~84.0	290~307	JS158-8	380	500×160×120	160	120	M36×1000
22D	580	2499~2420	141000~193000	83.7~92.5	116~140	Y355L₁-10	155	500×160×100	160	100	M30×800
		2332~1774	210000~263000	93~84.0	146~154	Y355L₂-10	180	500×160×100	160	100	M30×800
22D	480	1715~1215	116000~217000	83.7~84.0	66~87	Y355L-12	140	500×160×110	160	110	M36×1000
25D	730	5135~4949	260000~356000	83.7~92.5	440~531	Y151L-8	570	550×160×120	160	120	M36×1000
		4773~3646	388000~484000	93.0~84.0	552~583	Y630-8	630	550×160×150	160	150	M36×1000
25D	580	3234~3116	206000~282000	83.7~92.5	220~266	Y450-59-10	315	500×160×120	160	120	M36×1000
		2999~2293	308000~384000	93.0~84.0	276~292	Y450-64-10	355	500×160×120	160	120	M36×1000
25D	480	2215~1578	171000~318000	83.7~84.0	125~165	Y450-54-12	200	500×160×120	160	120	M36×1000

表 8-18　Y4-73-11 锅炉引风机性能

机号 No	转速 /(r/min)	全压/Pa	流量 /(m³/h)	效率/%	轴功率 /kW	电动机 型号	电动机 功率/kW	联轴器(1套) ST0103	风机轴	电机轴	电机地脚螺栓 GB 799—1988
8D	1450	1284~911	16900~31500	83.7~84.0	7.2~9.5	Y160L-4	15	200×65×42	65	42	M12×300
9D	1450	1617~1147	24000~44800	83.7~84.0	12.9~17.1	Y180L-4	22	200×65×48	65	48	M12×300
9D	960	706~500	15900~29700	83.7~84.0	3.8~5.0	Y160M-6	7.5	200×65×42	65	42	M12×300
10D	1450	2009~1421	33100~61600	83.7~84.0	21.8~29	Y225S-4	37	200×65×60	65	60	M16×400
10D	960	882~627	21800~40700	83.7~84.0	6.36~8.44	Y160L-6	11	200×65×42	65	42	M12×300
10D	730	510~363	16600~31000	82.7~84.0	2.78~3.7	Y160M₂-8	5.5	200×65×42	65	42	M12×300
11D	1450	2430~2342	43900~60100	83.7~92.5	35.2~42.6	Y250M-4	55	240×75×65	75	65	M20×500
		2254~1666	65500~81800	93.0~84.0	44.3~46.7	Y280S-4	75	240×75×75	75	75	M20×500
11D	960	1049~745	29100~54200	83.7~84.0	10.2~13.6	Y200L₁-6	18.5	200×75×55	75	55	M16×400
11D	730	617~588	22200~30400	83.7~92.5	4.5~5.4	Y160L-8	75	200×75×42	75	42	M12×300
		578~431	33100~13400	93.0~84.0	4.5~5.4	Y180L-8	11	200×75×48	75	48	M12×300
12D	1450	2881~2038	57200~107000	83.7~84.0	54.4~72	Y280M-4	90	240×75×75	75	75	M20×500
12D	960	1264~892	37800~70300	83.7~84.0	15.7~20.8	Y225M-6	30	200×75×60	75	60	M16×400
12D	730	735~519	28700~53500	83.7~84.0	6.9~9.2	Y200L-8	15	200×75×55	75	55	M16×400

续表

机号 No	转速 /(r/min)	全压/Pa	流量 /(m³/h)	效率 /%	轴功率 /kW	电动机 型号	电动机 功率/kW	联轴器(1套) ST0103	风机轴	电机轴	电机地脚螺栓 GB 799—1988
14D	1450	3940	90500	83.7	118	Y355M₁-4	200	290×105×90	105	90	M24×630
		3940~2793	103000~169000	88.5~80.4	127~156	Y126-4	225	290×105×85	105	85	M30×800
14D	1450	1725~1666	60000~82000	83.7~92.5	34.0~41.2	Y280M-6	55	290×105×75	105	75	M20×500
		1597	89500	93.0	42.8	Y315S-6	75	290×105×80	105	80	M24×630
		1499~1225	96800~113000	90.5~84.0	44.0~45.1	Y115-6	75	290×105×85	105	85	M24×630
14D	1450	1000~706	45500~84800	83.7~84.0	15.1~20.0	Y250M-8	30	290×105×65	105	65	M20×500
16D	960	2252	90000	83.7	63.5	Y315M₂-6	110	290×105×80	105	80	M24×630
		2252~1597	101000~168000	88.5~84.0	72~88.2	Y117-6	115	290×105×85	105	85	M24×630
16D	730	1303	68200	83.7	29.2	Y315S-8	55	290×105×80	105	80	M24×630
		1303~921	76600~127000	88.5~84.0	31.6~38.8	Y115S-8	60	290×105×85	105	85	M24×630
16D	580	823	54200	83.7	14.1	Y315S-10	45	290×105×80	105	80	M24×630
		823~588	61000~101000	88.5~84.0	15.8~19.4	Y115S-10	45	290×105×85	105	85	M24×630
18D	960	2852~2019	127000~238000	83.7~84.0	120~159	Y355M₂-6	200	350×130×90	130	90	M24×630
18D	730	1646~1166	97000~181000	83.7~84.0	52.5~69.5	Y315M₂-8	90	350×130×80	130	80	M24×630
18D	580	1039~735	77000~144000	83.7~84.0	26.5~35.1	Y315S-10	45	350×130×80	130	80	M24×630
20D	960	3773~3391	175000~240000	83.7~92.5	203~246	Y148S-6	310	350×130×110	130	110	M36×1000
		3254~2489	262000~326000	93.0~84.0	255~269	Y141S-6	380	350×130×110	130	110	M36×1000
20D	730	2029~1441	133000~248000	83.7~84.0	89~118	Y355M₂-8	160	350×130×90	130	90	M24×630
20D	580	1284~911	105000~196000	83.7~84.0	44.5~59	Y315M₂-10	75	350×130×80	130	80	M24×630
22D	960	4253~3018	233000~434000	83.7~84.0	325~433	JS158-6	550	500×160×120	160	120	M36×1000
22D	730	2470~1744	177000~332000	83.7~84.0	144~190	JS148-8	240	500×160×110	160	110	M36×1000
22D	580	1548~1098	141000~263000	83.7~84.0	72.0~95.4	Y355M₃-10	132	500×160×90	160	90	M24×630
22D	480	1068~755	116000~217000	83.7~84.0	40.9~54.1	JSQ147-12	140	500×160×110	160	110	M36×1000
25D	730	3185~2254	260000~484000	83.7~84.0	272~360	JS1510-8	475	500×160×120	160	120	M36×1000
25D	580	1999~1930	206000~282000	83.7~92.5	137~166	JS1410-10	200	500×160×110	160	110	M36×1000
		1862~1421	308000~384000	93.0~84.0	172~182	JS157-10	260	500×160×110	160	110	M36×1000
25D	480	1382~980	171000~318000	83.7~84.0	77.2~103	JSQ147-12	140	500×160×110	160	110	M36×1000

（4）外形及安装尺寸　G4-73-11、Y4-73-11 锅炉通、引风机的外形及安装尺寸因机号不同而不同，№8、№9、№10、№11、№12D 风机的外形及安装尺寸见图 8-10、表 8-19 和图 8-11、表 8-20；№14、№16D 风机的外形及安装尺寸见图 8-12 和表 8-21；№18、№20D 风机的外形及安装尺寸见图 8-13、表 8-22 和图 8-14、表 8-23；№22、№25D 风机外形及安装尺寸见图 8-15、表 8-24 和图 8-16、表 8-25。

四、9-19 型、9-26 型通风机

9-19 型、9-26 型离心通风机，广泛用于输送物料、输送空气及无腐蚀性不自燃、不含黏性物质的气体。介质温度一般不超过 50℃（最高不超过 80℃）。介质中所含尘土及硬质颗粒不大于 150mg/m³。

（1）机号　本通风机为单吸入式，有 №4、№4.5、№5、№5.6、№6.3、№7.1、№8、№9、№10、№11.2、№12.5、№14、№16 共 13 个机号。

通风机可制成右旋和左旋两种型式，从电机一端正视，如叶轮顺时针旋转称右旋风机，以"右"表示；逆时针旋转称左旋风机，以"左"表示。

风机的出口位置以机壳的出口角度表示，"左""右"均可制成 0°、45°、90°、135°、180°、225°共 6 种角度。

风机的传动方式为 A 式（№4~№6.3）、D 式、C 式（№7.1~№16）3 种。

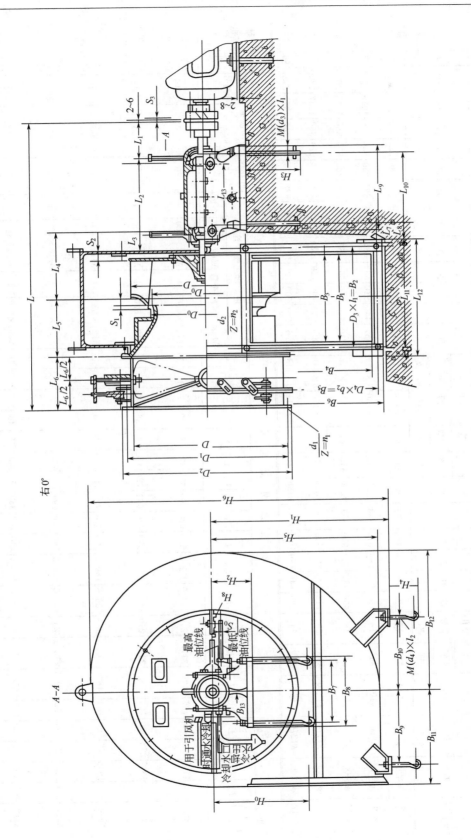

图 8-10　G4-73-11、Y4-73-11№8～№12D 风机外形及安装尺寸

表 8-19　G4-73-11、Y4-73-11№8～№12D 风机外形及安装尺寸

单位：mm

机号 $\left(\dfrac{D}{100}\right)$	进风口		连接螺栓孔		出风口						连接螺栓孔		间距		安装及外形尺寸														
	D	D_1 D_2	直径 d_1	个数 n_1	B_1	B_2	B_3	B_4	B_5	B_6	直径 d_2	个数 n_2	$n_3\times b_1$	$n_4\times b_2$	D_0	B_7	B_8	B_{11}	B_{12}	B_{13}	H_0	H_2	H_3	H_4	H_5	H_6	H_7	H_8
No8	φ800	φ860 φ910	φ15	16	520	580	629	720	777	826	φ15	24	5×116	7×111	φ584	440	510	531	787	272.5	552	280	530	360	915	1659	65	60
No9	φ900	φ960 φ1010	φ15	16	585	650	694	810	868	916	φ15	24	5×130	7×124	φ657	440	510	597	885	272.5	621	280	530	360	1029	1851	65	60
No10	φ1000	φ1065 φ1110	φ15	16	650	710	759	900	959	1006	φ15	24	5×142	7×137	φ730	440	510	663	983	272.5	690	280	530	360	1143	2043	65	60
No11	φ1100	φ1170 φ1220	φ15	24	715	780	824	990	1048	1096	φ15	28	6×130	8×131	φ803	620	700	729	1081	315	759	375	670	360	1257	2240	85	75
No12	φ1200	φ1270 φ1320	φ15	24	780	846	889	1080	1144	1186	φ15	28	6×141	8×143	φ876	620	700	795	1179	315	828	375	670	360	1371	2437	85	75

机号 $\left(\dfrac{D}{100}\right)$	安装及外形尺寸																			地脚螺栓				叶轮质量/kg	转动惯量/(kg·m²)	滚动轴承型号	风机质量(不包括电机)/kg	
	L_0	L_1	L_2	L_3	L_4	L_5	L_6	L_7	L_8	L_9	L_{10}	L_{11}	L_{12}	L_{13}	S_1	S_2	S_3	S_4	S_5	$M(d_3)\times l_1$	个数	$M(d_4)\times l_2$	个数					
No8	272	1756	500	167	427	317.5	240	114.5	177.5	590	520	599	655	470	8	32	2	1.8	16	M24×630	4	M16×400	4	120	46	3616	(G) 815	(Y) 902
No9	306	1847	500	163	455.5	349.5	270	110.5	173.5	590	520	664	720	470	9	36	2	2.0	16	M24×630	4	M16×100	4	134	55	3616	(G) 908	(Y) 1018
No10	340	1948	500	159	484	392.5	300	106.5	169.5	590	520	729	785	470	10	40	2	2.0	16	M24×630	4	M16×400	4	160	90	3616	(G) 1000	(Y) 1132
No11	374	2272	650	192	549.5	415.5	330	145.5	213.5	780	700	794	850	630	11	44	2	2.2	16	M30×800	4	M16×400	4	225	145	3620	(G) 1371	(Y) 1535
No12	408	2382	650	188	578	467.5	360	141.5	209.5	780	700	859	915	630	12	48	2	2.2	16	M30×800	4	M16×400	4	270	212	3620	(G) 1500	(Y) 1693

注：1. B_9、B_{10}、H_1 见图 8-14，表 8-22。
2. 引风机通水冷却的冷却管径No8、No10 为 20mm；No11，No12 为 25mm。

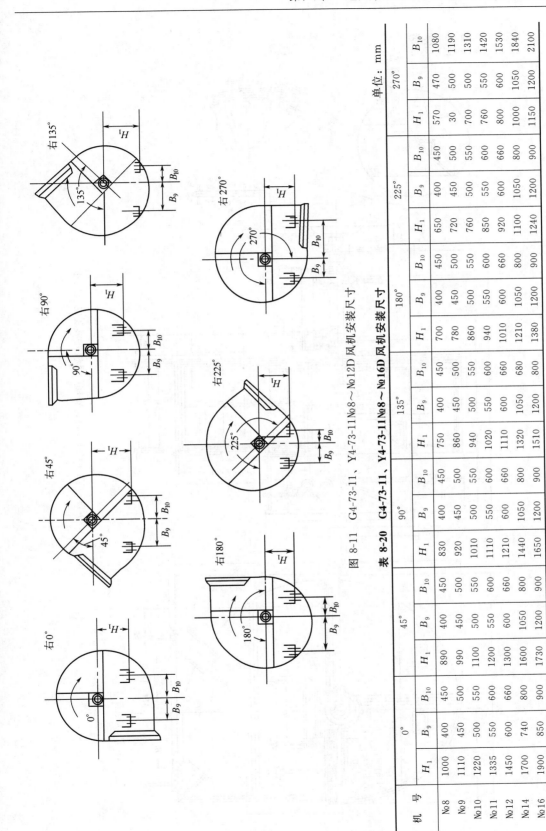

图 8-11　G4-73-11、Y4-73-11№8～№12D 风机安装尺寸

表 8-20　G4-73-11、Y4-73-11№8～№16D 风机安装尺寸

单位：mm

机　号	0°			45°			90°			135°			180°			225°			270°		
	H_1	B_9	B_{10}	H_1	B_9	B_{10}	H_1	B_9	B_{10}	H_1	B_9	B_{10}	H_1	B_9	B_{10}	H_1	B_9	B_{10}	H_1	B_9	B_{10}
No8	1000	400	450	890	400	450	830	400	450	750	400	450	700	400	450	650	400	450	570	470	1080
No9	1110	450	500	990	450	500	920	450	500	860	450	500	780	450	500	720	450	500	30	500	1190
No10	1220	500	550	1100	500	550	1010	500	550	940	500	550	860	500	550	760	500	550	700	500	1310
No11	1335	550	600	1200	550	600	1110	550	600	1020	550	600	940	550	600	850	550	600	760	550	1420
No12	1450	600	660	1300	600	660	1210	600	660	1110	600	660	1010	600	660	920	600	660	800	600	1530
No14	1700	740	800	1600	1050	800	1440	1050	800	1320	1050	680	1210	1050	800	1100	1050	800	1000	1050	1840
No16	1900	850	900	1730	1200	900	1650	1200	900	1510	1200	800	1380	1200	900	1240	1200	900	1150	1200	2100

注：1. №8～№12 机壳为整体。

2. 图 8-12 中，№14、№16D 出风口至轴中心线垂直距离分别为 928.5mm、1060.5mm。

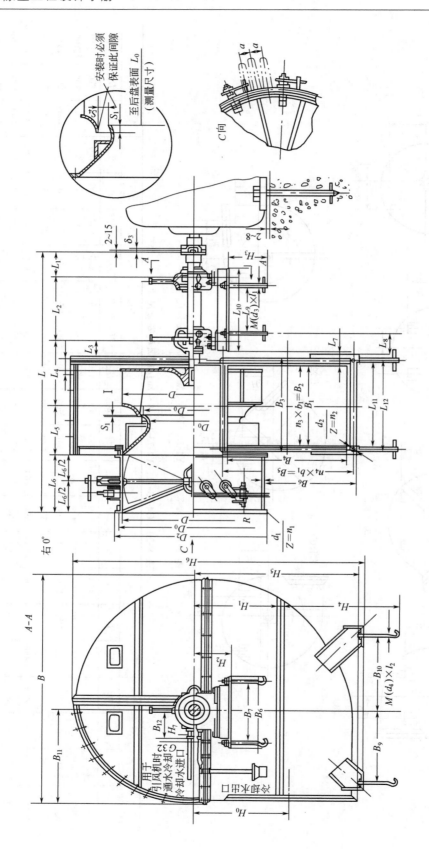

图 8-12 G4-73-11、Y4-73-11№14、№16D 风机外形及安装尺寸

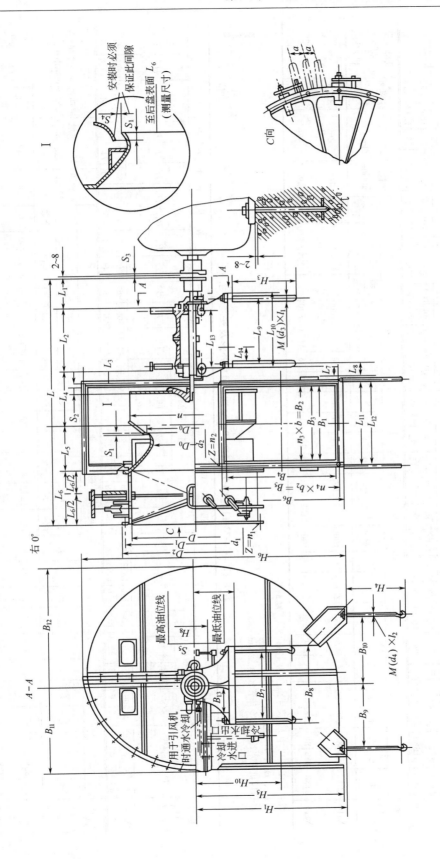

图 8-13 G4-73-11、Y4-73-11№18、№20D 风机外形及安装尺寸 (一)

表 8-21 G4-73-11、Y4-73-11№14、№16D 风机外形及安装尺寸

单位：mm

进风口、出风口

机号 $\left(\dfrac{D}{100}\right)$	进风口 D	D_1	D_2	连接螺栓孔 直径 d_1	个数 n_1	B_1	B_2	B_3	B_4	B_5	B_6	出风口 连接螺栓孔 直径 d_2	个数 n_2	间距 $n_3 \times b_1$	$n_4 \times b_2$	S_5
No14	$\phi1400$	$\phi1470$	$\phi1520$	$\phi15$	24	910	990	1042	1260	1336	1389	$\phi15$	28	6×165	8×167	16
No16	$\phi1600$	$\phi1660$	$\phi1700$	$\phi15$	28	1040	1120	1172	1440	1512	1569	$\phi15$	32	7×160	9×168	16

安装及外形尺寸

机号	D_0	B_7	B_8	B_{11}	B_{12}	B_{13}	H_0	H_2	H_3	H_4	H_5	H_6	H_7	H_8
No14	$\phi1022$	900	1000	980	1377	370	960	500	650	580	1600	2852.5	120	105
No16	$\phi1168$	1000	1100	1110	1573	370	1104	500	650	580	1828	3216.5	120	105

机号	L	L_1	L_2	L_3	L_4	L_5	L_6	L_7	L_8	L_9	L_{10}	L_{11}	L_{12}	L_{13}	S_1	S_2	S_3	S_4	地脚螺栓 $M(d_3)\times l_1$	个数 l_1	$M(d_4)\times l_2$	个数	叶轮质量/kg	转动惯量/(kg·m²)	滚动轴承型号 风机质量(不包括电机)/kg
No14	2940	455	820	256	455	534	420	186.5	271.5	900	1000	1022	1092	770	14	56	5	2.4	M36×1000	4	M30×800	4	460	360	(G) 2570 / (Y) 2810
No16	3133	455	820	248	520	610	480	178.5	263.5	900	1000	1152	1222	770	16	64	5	2.4	M36×800	4	M30×800	4	590	820	(G) 3260 / (Y) 3610

注：1. 图 8-12 中 L_0 尺寸 No14 为 476；No16 为 544。
2. B_9、B_{10}、H_1，见图 8-12、表 8-20。
3. 引风机通水冷却的冷却管径为 32mm。

表 8-22 G4-73-11、Y4-73-11№18、№20D 风机外形及安装尺寸（一）

单位：mm

进风口、出风口

机号 $\left(\dfrac{D}{100}\right)$	进风口 D	D_1	D_2	连接螺栓孔 直径 d_1	个数 n_1	B_1	B_2	B_3	B_4	B_5	B_6	出风口 连接螺栓孔 直径 d_2	个数 n_2	间距 $n_3 \times b_1$	$n_4 \times b_2$	S_5
No18	$\phi1800$	$\phi1860$	$\phi1900$	$\phi15$	28	1170	1260	1332	1620	1710	1779	$\phi15$	32	7×180	9×190	16
No20	$\phi2000$	$\phi2070$	$\phi2140$	$\phi15$	32	1300	1386	1462	1800	1890	1959	$\phi15$	32	7×198	9×210	16

安装及外形尺寸

机号	D_0	B	B_7	B_8	B_{11}	B_{12}	H_0	H_2	H_3	H_4	H_5	H_6	H_7
No18	$\phi1314$	3094	960	1060	1250	375	1242	500	710	580	2056.5	3660	170
No20	$\phi1460$	3380	960	1060	1340	375	1380	500	710	580	2284.5	4044	170

机号	L_0	L	L_1	L_2	L_3	L_4	L_5	L_6	L_7	L_8	L_9	L_{10}	L_{11}	L_{12}	S_1	S_2	S_3	S_4	地脚螺栓 $M(d_3)\times l_1$	个数 l_1	$M(d_4)\times l_2$	个数	叶轮质量/kg	转动惯量/(kg·m²)	滚动轴承型号 风机质量(不包括电机)/kg
No18	612	3591	550	950	287	585	679	540	26	281	850	1290	1282	1352	18	72	5	2.6	M36×1000	4	M30×800	4	764	1320	(G) 4380 / (Y) 4966
No20	630	3789	550	950	270	650	760	600	18	273	850	1290	1412	1482	20	80	5	2.6	M36×1000	4	M30×800	4	1000	2270	(G) 4940 / (Y) 5724

注：B_9、B_{10}、H_1，见图 8-13、表 8-23。

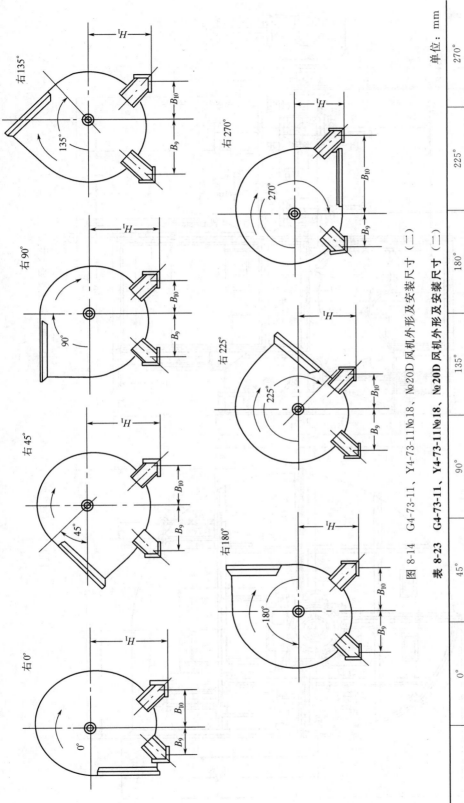

图 8-14 G4-73-11、Y4-73-11№18、№20D 风机外形及安装尺寸（二）

表 8-23 G4-73-11、Y4-73-11№18、№20D 风机外形及安装尺寸（二）

单位：mm

机号	0°			45°			90°			135°			180°			225°			270°		
	H_1	B_9	B_{10}	H_1	B_9	B_{10}	H_1	B_9	B_{10}	H_1	B_9	B_{10}	H_1	B_9	B_{10}	H_1	B_9	B_{10}	H_1	B_9	B_{10}
№18	2180	900	1000	1920	1200	1000	1830	1300	950	1680	1200	900	1540	1200	900	1400	1200	650	1260	1000	2400
№20	2400	1000	1300	2170	1200	1150	2000	1450	900	1850	1350	1000	1700	1300	1000	1350	1300	800	1325	1100	2600

注：图 8-14 中，№18、№20 出风口至轴中心线垂直距离分别为 1192mm 和 1325mm。

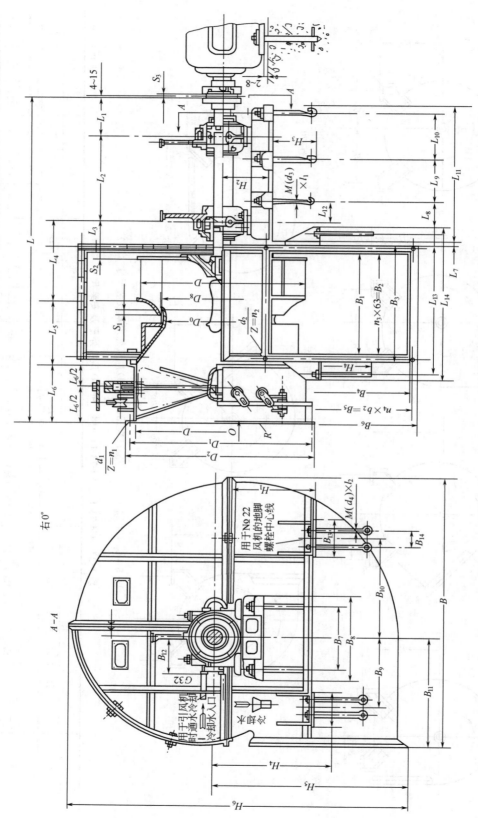

图 8-15 G4-73-11、Y4-73-11№22、№25D 风机外形及安装尺寸

表8-24 G4-73-11、Y4-73-11№22、№25D风机外形及安装尺寸

单位：mm

机号 ($\frac{D}{100}$)	进风口			连接螺栓孔		出风口						连接螺栓孔																		
				直径 d_1	个数 n_1							直径 d_2	个数 n_2	间距																
	D	D_1	D_2			B_1	B_2	B_3	B_4	B_5	B_6			$n_3 \times b_1$	$n_4 \times b_2$	D_0	B	B_7	B_8	B_{11}	B_{12}	B_{13}	B_{14}	H_0	H_2	H_3	H_4	H_5	H_6	H_7
№22	φ2200	φ2260	φ2300	φ19	36	1430	1560	1596	1980	2070	2139	φ19	36	8×190	10×270	φ1606	3692	780	990	1456.5	426.0	320	0	1518	735	680	580	2512.5	4471	170
№25	φ2500	φ2560	φ2600	φ19	36	1625	1755	1841	2250	2376	2459	φ19	42	9×195	12×198	φ1825	4209	780	990	1654.0	426.5	420	280	1725	735	680	580	2854.5	5109	170

安装及外形尺寸

机号 ($\frac{D}{100}$)	L	L_1	L_2	L_3	L_4	L_5	L_6	L_7	L_8	L_9	L_{10}	L_{11}	L_{12}	L_{13}	L_{14}	S	S_2	S_3	S_4	地脚螺栓				叶轮质量/kg	转动惯量/(kg·m²)	滚动轴承型号	风机质量(不包括电机)/kg
																				$M(d_3) \times l_1$	个数	$M(d_4) \times l_2$	个数				
№22	4401	650	1200	337	1052	839	660	45	282	560	600	1770	280	2100	2300	22	88	5	3	M36×1000	6	M30×800	4	1600	4240	3638	(G) 7580 (Y) 8789
№25	4689	650	1200	325	1137.5	951.5	750	17	267.5	560	600	1770	280	2300	2500	25	100	5	3	M36×1000	6	M30×800	8	2140	10160	3638	(G) 9210 (Y) 10460

注：B_9、B_{10}、H_1、L_0 见图图8-16及表8-25。

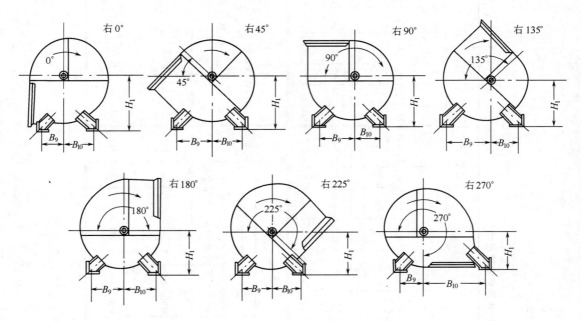

图 8-16　G4-73-11、Y4-73-11№22、№25D 风机安装尺寸

表 8-25　G-73-11、Y4-73-11№22、№25D 风机安装尺寸　　　　单位：mm

机　号	0°			45°			90°			135°		
	H_1	B_9	B_{10}	H_1	B_9	B_{10}	H_1	B_9	B_{10}	H_1	B_9	B_{10}
№22	1500	800	1300	1700	1300	800	1500	1300	800	1600	1300	650
№25	1700	1000	1200	2000	1000	900	1700	1300	900	1800	1300	900

机　号	180°			225°			270°		
	H_1	B_9	B_{10}	H_1	B_9	B_{10}	H_1	B_9	B_{10}
№22	1500	1100	650	1350	1100	650	800	1300	1500
№25	1700	1200	700	1700	1200	710	800	1500	1800

　　注：图 8-16 中№22、№25D 至后盘表面 L（测量尺寸）分别为 748mm、850mm、952mm。

　　（2）结构　№4～№6.3 主要由叶轮、机壳、进风口、支架等组成；№7.1～№16 主要由叶轮、机壳、进风口、传动组等组成。

　　① 叶轮。9-19 型风机叶片为 12 片，9-26 型风机叶片为 16 片；均属前向弯曲叶型。叶轮扩压器外缘最高圆周速度不超过 140m/s。叶轮成型后经静、动平衡校正，故运转平衡。

　　② 机壳。用普通钢板焊接成蜗形壳整体。

　　③ 进风口。做成收敛式流线型的整体结构，用螺栓固定在前盖板组上。

　　④ 传动组。由主轴、轴承箱、联轴器或皮带轮等组成。主轴由优质钢制成，轴承箱整体结构，采用滚动轴承，润滑油选用 N32（原 22# 透平油或机油），运动黏度 40℃时为 28.8～36.2mm²/s。

　　（3）性能和外形尺寸　9-19 型通风机的性能见表 8-26；9-26 型通风机的性能见表 8-27。

　　（4）安装及外形尺寸　9-19 型、9-26 型通风机安装及外形尺寸：4～6.3D 安装及外形尺寸见图 8-17 和表 8-28；7.1～16D 安装及外形尺寸见图 8-18、表 8-29；带减振器的安装尺寸见图 8-19、表 8-30。

表 8-26　9-19 型离心通风机性能表

机号 (No)	传动 方式	转速 /(r/min)	流量 /(m³/h)	全压 /Pa	内效率 /%	所需功率 /kW	电动机	
							型号	功率/kW
4	A	2900	824～1704	3584～3253	70～70	1.5～2.6	Y90L-2 Y100L-2	2.2 3
4.5	A	2900	1174～2504	4603～4112	71.2～70	2.5～4.8	Y112M-2 Y132S1-2	4 5.5
5	A	2900	1610～3166 3488	5697～5323 5080	72.7～74.5 70.5	4.1～7.1 7.9	Y132S2-2 Y160M1-2	7.5 11
5.6	A	2900	2262～4901	7182～6400	72.7～70.5	7.0～13.9	Y160M1-2 Y160L-2	11 18.5
6.3	A	2900	3220～5153 5690～6978	9149～9055 8857～8148	72.7～78.5 77.2～70.5	12.5～18.4 20.2～25.1	Y160L-2 Y200L1-2	18.5 30

机号 (No)	传动 方式	转速 /(r/min)	流量 /(m³/h)	全压 /Pa	内效率 /%	所需功率 /kW	电动机		联轴器 GB 4323—2017 (一套)
							型号	功率 /kW	
7.1	D	2900	4610～7376 8144～9988	11717～11596 11340～10426	72.7～78.5 77.2～70.5	23.3～34.1 37.5～46.5	Y200L2-2 Y250M-2	37 55	(200－65×55) (200－65×60)
8	D	2900	6594～11649 12968～14287	15034～14546 14021～13362	72.7～77.2 74.5～70.5	42.3～68.2 75.9～84.4	Y280S-2 Y315S-2	75 110	(200－65×65) (200－65×65)
8	D	1450	3297～4616 5275～7144	3620～3647 3584～3231	72.7～78.2 78.5～70.5	5.5～6.9 7.7～10.6	Y132M-4 Y160L-4	7.5 15	(200－65×38) (200－65×42)
9	D	1450	4695～7511 8294～10171	4597～4551 4453～4101	72.7～78.5 77.2～70.5	9.5～14.0 15.4～19.0	Y160L-4 Y180L-4	15 22	(200－65×42) (200－65×48)
10	D	1450	6440～12450 13952～15455	5840～5495 5244～4958	76.5～78.2 74.5～70	15.7～28.0 31.4～35.1	Y200L-4 Y225S-4	30 37	(200－65×55) (200－65×60)
11.2	D	1450	9047～15380 17491～21713	7364～7236 6927～6246	76.5～81 78.2～70	27.7～43.7 49.3～61.8	Y225M-4 Y280S-4	45 75	(290－85×60) (290－85×75)
11.2	D	960	5990～11580 12978～14375	3182～2996 2860～2705	76.5～78.2 74.5～70	8.0～14.3 16.1～17.9	Y180L-6 Y200L2-6	15 22	(240－85×48) (240－85×55)
12.5	D	1450	12577～18447 21381～30186	9229～9310 9068～7822	76.5～81.5 81～70	47.9～66.6 75.6～107.0	Y280S-4 Y315S-4	75 110	(290－85×75) (290－85×80)
12.5	D	960	8327～14156 16099～19985	3975～3907 3741～3377	76.5～81 78.2～70	13.9～21.9 24.8～31.1	Y200L2-6 Y250M-6	22 37	(290－85×55) (240－85×65)
14	D	1450	17670～25916 30040～42409	11668～11771 11464～9878	76.5～81.5 81～70	84.5～117.3 133.3～188.6	Y315M-4 Y355M-4	132 220	(350－95×80) (350－95×100)
14	D	960	11699～17158 19888～28078	5004～5047 4917～4249	76.5～81.5 8～70	24.5～34.0 38.7～54.7	Y250M-6 Y315S-6	37 75	(290－95×65) (290－95×80)
16	D	1450	26377～50995 57150～63305	15425～14488 13808～13035	76.5～78.2 74.5～70	164.6～293.3 329.6～367.6	Y355M34 JS138-4	315 410	(350－95×100) (350－95×85)
16	D	960	17463～25613 29687～41912	6570～6627 6456～5575	76.5～81.5 81～70	47.8～66.4 75.4～106.7	Y315S-6 Y315L1-6	75 110	(350－95×80) (350－95×80)

表 8-27　9-26 型通风机性能表

机号(No)	传动方式	转速/(r/min)	流量/(m³/h)	全压/Pa	内效率/%	所需功率/kW	电动机 型号	电动机 功率/kW
4	A	2900	2198~3215	3852~3407	74.70~70	3.7~5.2	Y132S1-2	5.5
4.5	A	2900	3130~3685	4910~4776	76.1~77.1	6.3~7.2	Y132S2-2	7.5
			3963~4792	4661~4256	76~70	7.6~9.2	Y160M1-2	11
5	A	2900	4293~6349	6035~5381	77.2~72.7	10.5~14.7	Y160M2-2	15
			6762	5180	70	15.7	Y160L-2	18.5
5.6	A	2900	6032~7185	7610~7400	77.2~78	18.5~21.2	Y180M-2	22
			7766~9500	7218~6527	76.7~70	22.8~27.7	Y200L1-2	30
6.3	A	2900	8588~11883	9698~8915	28.99~38.12	33.3~43.8	Y225M-2	45
			12699~13525	8636~8310	40.67~43.35	46.8~49.9	Y250M-2	55

机号(No)	传动方式	转速/(r/min)	流量/(m³/h)	全压/Pa	内效率/%	所需功率/kW	电动机 型号	电动机 功率/kW	联轴器 GB 4323—2017 (一套)
7.1	D	2900	12292~14643	12427~12078	77.2~78	61.8~71.0	Y280S-2	75	(200-65×65)
			15826~19360	11776~10635	76.7~70	76.1~92.5	Y315S-2	110	(200-65×65)
8	D	2900	17584~20947	15955~15504	77.2~78	112.3~128.9	Y315M-2	132	(200-65×65)
			22640~27696	15112~13634	76.7~70	138.2~168.0	Y315L2-2	200	(200-65×65)
8	D	1450	8792~12166	3834~3529	77.2~74.9	14.0~18.5	Y180M-4	18.5	(200-65×48)
			13001~13848	3421~3294	72.7~70	19.7~21.0	Y200L-4	30	(200-65×55)
9	D	1450	12518~14913	4869~4736	77.2~78	25.3~29.0	Y200L-4	30	(200-65×55)
			16118~19717	4620~4181	76.7~70	31.1~37.8	Y225M-4	45	(200-65×60)
10	D	1450	17172~21465	6143~5920	76.5~81.5	41.9~50.5	Y250M-4	55	(200-65×65)
			23612~30052	5761~5065	78.6~70	55.3~69.6	Y280S-4	75	(200-65×75)
11.2	D	1450	24126~36189	7747~7009	80.4~76	73.8~106.2	Y315S-4	110	(240-85×80)
			39205~42221	6691~6382	73~70	114.2~122.7	Y315M-4	132	(240-85×80)
	D	960	15973~21963	3346~3140	80.4~78.6	21.4~28.3	Y225M-6	30	(240-85×60)
			23959~27953	3031~2763	76~70	30.8~35.6	Y250M-6	37	(240-85×65)
12.5	D	1450	33540~41925	9713~9356	76.5~81.5	127.8~154.1	Y315L1-4	160	(240-85×80)
			46117~58695	9103~7993	78.6~70	168.7~212.5	Y355M2-4	250	(290-85×100)
	D	960	22206~27757	4179~4028	76.5~81.5	37.1~44.7	Y280S-6	45	(240-85×75)
			30533~38860	3921~3450	78.6~70	49.0~61.7	Y315S-6	75	(240-85×80)
14	D	1450	47121~53011	12285~12109	80.4~81.2	225.2~247.3	Y355M2-4	250	(290-95×100)
			58902~82463	11830~10095	80.4~70	271.5~374.5	JS-138-4	410	(350-95×85)
	D	960	3197~35097	5262~5188	80.4~81.2	65.4~71.8	Y315S-6	75	(240-95×80)
			38997~54596	5071~4341	80.4~70	78.8~108.7	Y315L1-6	110	(240-95×80)
16	D	1450	70339~79131	16250~16014	80.4~81.2	439.1~482.2	JSQ-147-4 (300V)	500	(350-95×110)
			87923~123090	15640~13324	80.4~70	529.4~730.2	JSQ-158-4 (300V)	850	(350-95×90)
	D	960	46569~69854	6911~6254	80.4~76	127.4~183.3	Y355M1-6	185	(350-95×90)
			75675~81496	5971~5696	73~70	197.6~211.9	Y355M3-6	220	

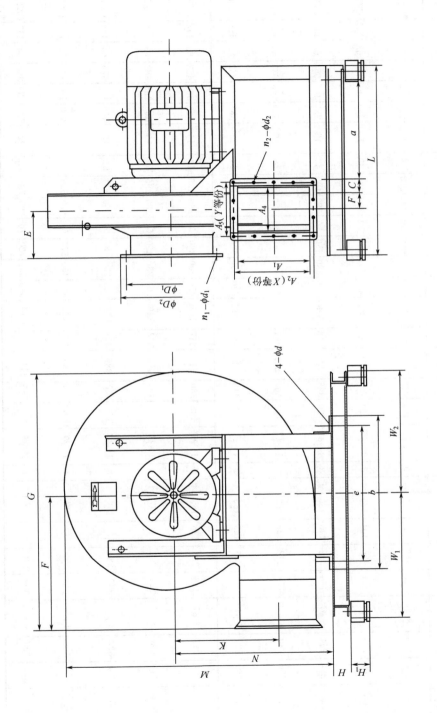

图 8-17 9-19 型、9-26 型 4～6.3D 整机安装外形尺寸图

表 8-28　9-19 型、9-26 型 4～6.3D 型通风机安装及外形尺寸

单位：mm

型号	机号	代号	D_1	D_2	$n_1\text{-}d_1$	A_1	A_2	A_4	A_5	x	y	$n_2\text{-}d_2$	E	F	G	K	M	N	a	b	c	d	e	f	$4\text{-}\phi d$	W_1	W_2	L	H	H_1	减振器 型号	减振器 数量/个
9.19		4	180	205	8-ϕ7	128	160	92	126	4	3	14-ϕ7	100	262	587	286	715	420	200	350	50	300	385	35	15	220	325	435	63	100	CZT1-5	4
		4.5	200	225	8-ϕ7	144	176	104	135	4	3	14-ϕ7	110	295	661	322	782	450	200	390	50	300	430	39	15	250	365	450	63	100	CZT1-5	4
		5	224	254	8-ϕ7	160	192	115	150	4	3	14-ϕ7	126	328	734	358	868	500	280	450	50	380	495	43	15	285	405	551	63	118	CZT1-6	4
		5.6	250	280	8-ϕ10	179	212	129	162	4	3	14-ϕ7	140	367	821	401	962	550	350	485	50	450	534	48	15	320	455	638	63	139	CZT1-8	4
		6.3	280	320	8-ϕ10	202	236	145	180	4	3	14-ϕ7	157	413	925	451	1085	620	450	570	60	570	626	55	18	365	520	782	80	139	CZT1-8	4
9.26		4	224	254	8-ϕ7	196	228	128	165	4	3	14-ϕ7	132	360	711	287	761	450	200	390	50	300	430	49	15	320	350	482	63	118	CZT1-6	4
		4.5	250	280	8-ϕ7	221	252	144	177	4	3	14-ϕ7	147	405	799	322	849	500	280	450	50	380	495	55	15	365	395	582	63	80	CZT3-4	4
		5	280	320	8-ϕ10	245	284	160	192	4	3	14-ϕ7	165	450	887	359	937	550	350	485	50	450	534	61	15	410	440	676	63	139	CZT1-8	4
		5.6	315	355	8-ϕ10	274	305	179	212	5	4	18-ϕ7	185.5	504	993	402	1053	620	450	570	60	570	626	67.5	18	460	490	823	63	115	CZT3-6	4
		6.3	355	395	8-ϕ10	309	340	202	236	5	4	18-ϕ7	209	567	1117	451	1167	680	550	720	70	690	780	77	22	525	550	990	80	150	CZT1-10	4

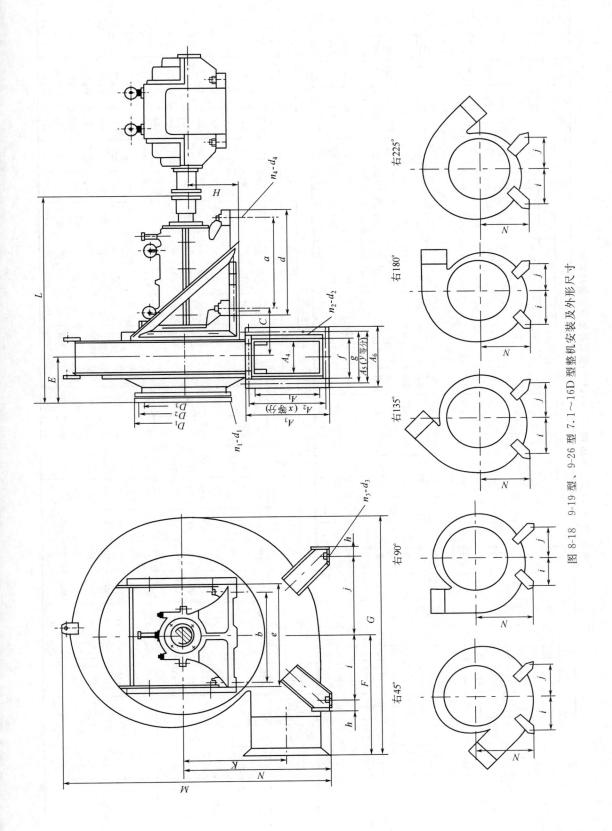

图 8-18 9-19 型、9-26 型 7.1～16D 型整机安装及外形尺寸

表 8-29　9-19型、9-26型 7.1～16D型整机外形及安装尺寸表

单位：mm

型号	机号 No	进口尺寸 D₁	D₂	D₃	出口尺寸 A₁	A₂	A₃	A₄	A₅	A₆	x	y	n₁-d₁	n₂-d₂	外形尺寸 E	F	G	K	L	M	H	基础尺寸 a	b	c	d	e	f	g	h
9-19	7.1	315	355	395	227	270	293	163	204	323	4	3	8-φ10	14-φ10	177	466	1042	509	1230	1278	280	520	440	300	590	510	193	251	61
	8	355	395	435	256	296	322	184	228	253	4	3	8-φ10	14-φ10	200	525	1173	572	1256	1428	280	520	440	303	590	510	207	265	61
	9	400	450	500	288	330	354	207	252	276	5	4	8-φ12	18-φ10	226	590	1318	644	1289	1586	280	520	440	310	590	510	223	281	61
	10	450	500	550	320	360	386	230	276	299	5	4	8-φ12	18-φ10	250	656	1464	715	1317	1748	280	520	440	314	590	510	239	297	61
	11.2	500	560	620	359	415	448	258	316	350	5	4	12-φ12	18-φ12	280	735	1641	801	1565	1947	375	700	620	366	780	700	261	319	61
	12.5	560	620	680	400	456	489	288	344	380	6	4	12-φ12	20-φ12	313	820	1830	895	1603	2156	375	700	620	372	780	700	282	340	61
	14	630	690	750	448	516	557	332	405	444	6	5	12-φ12	22-φ12	350	920	2050	1001	2031	2400	500	900	900	478	1000	1000	336	436	112
	16	710	770	830	512	574	621	368	440	484	7	5	16-φ12	24-φ12	400	1050	2340	1144	2091	2735	500	900	900	488	1000	1000	372	472	112
9-26	7.1	400	450	500	348	390	414	227	272	296	6	4	8-φ12	20-φ10	237	639	1259	509	1317	1369	280	520	440	327	590	510	242	300	61
	8	450	500	550	392	432	458	256	300	325	6	4	8-φ12	20-φ10	262	720	1418	574	1349	1528	280	520	440	334	590	510	263	321	61
	9	500	560	620	441	483	507	288	330	357	6	4	12-φ12	20-φ10	294	810	1594	646	1392	1699	280	520	440	346	590	510	286	344	61
	10	560	620	680	490	528	556	320	356	389	8	5	12-φ12	20-φ10	327	900	1770	717	1433	1870	280	520	440	353	590	510	309	367	61
	11.2	630	690	750	549	600	638	358	410	450	8	5	12-φ12	26-φ12	367	1008	1983	803	1694	2088	375	700	620	409	780	700	340	398	61
	12.5	710	770	830	613	664	702	400	456	492	8	6	16-φ12	28-φ12	418	1125	2212	896	1755	2313	375	700	620	419	780	700	370	428	61
	14	800	860	920	686	747	795	448	516	564	9	6	16-φ12	30-φ12	469	1260	2481	1003	2199	2562	500	900	900	527	1000	1000	438	538	112
	16	900	970	1040	784	840	893	512	588	628	10	7	16-φ15	34-φ12	524	1440	2830	1148	2271	2945	500	900	900	544	1000	1000	484	584	112

型号	机号 No	质量（不包括电机及地脚螺栓）/kg	流动轴承型号	各出口方向机壳中心高及基础尺寸 右0° N	i	j	右45° N	i	j	右90° N	i	j	右135° N	i	j	右180° N	i	j	右225° N	i	j	风机底脚孔 n₃-d₃	n₄-d₄
9-19	7.1	448	1616	690	220	380	630	450	350	610	450	400	580	450	400	560	450	400	530	450	400	4-φ24	4-φ28
	8	482	1616	775	250	460	700	480	480	670	520	440	640	520	450	610	520	450	580	520	460	4-φ24	4-φ28
	9	573	1616	860	285	520	780	600	500	760	600	500	720	600	550	700	600	500	650	600	500	4-φ24	4-φ28
	10	627	1616	950	325	580	870	600	600	835	650	550	800	650	550	760	650	550	720	650	550	4-φ24	4-φ28
	11.2	1037	3620	1060	380	750	980	800	680	940	800	600	900	800	700	860	800	700	810	750	700	4-φ24	4-φ36
	12.5	1142	3620	1175	410	770	1085	900	700	1035	900	700	990	900	780	945	850	780	900	820	780	4-φ24	4-φ36
	14	1979	3624	1310	450	800	1210	950	750	1160	950	800	1110	950	850	1060	900	850	1000	900	850	4-φ36	4-φ36
	16	2785	3624	1500	500	900	1380	1000	960	1320	1040	880	1260	1040	880	1190	1040	900	1140	1040	900	4-φ36	4-φ40
9-26	7.1	501	1616	755	320	420	690	520	420	655	520	420	620	500	420	585	500	420	550	480	480	4-φ24	4-φ28
	8	542	1616	845	350	500	790	600	500	730	600	500	700	600	500	650	600	500	610	550	500	4-φ24	4-φ28
	9	644	1616	940	400	550	865	650	600	820	650	550	775	650	550	730	650	550	685	600	550	4-φ24	4-φ28
	10	687	1616	1035	470	600	950	700	650	900	700	600	850	700	600	800	700	600	750	650	600	4-φ24	4-φ28
	11.2	1150	3620	1160	550	700	1070	850	700	1020	850	700	960	850	700	900	800	700	850	750	740	4-φ24	4-φ36
	12.5	1250	3620	1285	600	800	1190	940	740	1125	940	740	1160	940	740	1000	900	740	940	820	850	4-φ24	4-φ36
	14	2110	3624	1420	650	800	1330	950	800	1250	950	800	1200	950	850	1120	900	850	1080	900	1000	4-φ36	4-φ40
	16	2670	3624	1650	700	950	1500	1200	1000	1420	1100	900	1350	1100	950	1250	1100	950	1200	1000	1000	4-φ36	4-φ40

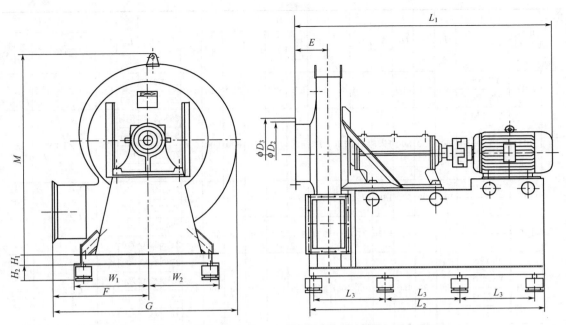

图 8-19　9-19 型、9-26 型 7.1D～16D 型离心通风机安装及外形尺寸

表 8-30　9-19 型、9-26 型 7.1D～16D 型离心通风机安装尺寸表　　单位：mm

代号　风机型号	风机号	电机型号	H_1	D_1	D_2	M	G	F	E	W_1 0°	W_1 90°	W_1 180°	W_2 0°	W_2 90°	W_2 180°	L_1	L_2	L_3	H_2	减振器 型号	减振器 数量/个
9-19	7.1D	Y200L2-2	100	315	355	1278	1042	466	177	415	550	550	480	500	500	2011	1940	600	150	CZT1-10	8
		Y250M-2														2081	2050	630	150	CZT11-106	
	8D	Y280S-2	100	355	395	1428	1173	525	200	475	620	620	560	540	560	2262	2090	650	115	CZT33-64	8
		Y315S-2														2496	2754	650	140	CZT33-85	
		Y132M-4														1771	1738	530	150	CZT1-10	
		Y160L-4														1906	1864	570	150		
	9D	Y160L-4	100	400	450	4586	1318	590	226	540	700	700	620	600	600	1936	1879	570	115	CTZ33-64	8
		Y180L-4														1999	1917	580	115		
	10D	Y200L-4	100	450	500	1748	1464	656	250	600	750	750	680	650	650	2092	1966	600	115		
		Y225S-4														2137	1993	600	115		
	11.2D	Y225M-4	120	500	560	1947	1641	735	280	675	900	900	850	700	800	2410	2340	620	140	CZT33-85	8
		Y280S-4														2565	2369	670	140		
		Y180L-4														2275	2025	620	140		
		Y200L2-6														2340	2040	630	140		
	12.5D	Y280S-4	140	560	620	2156	1830	820	313	760	1000	950	870	800	880	2603	2461	670	140	CZT3-10	8
		Y315S-4														2873	2542	700	150		
		Y200L2-6														2378	2143	630	140	CZT33-85	
		Y250M-6														2533	2430	660	150		
	14D	Y315M1-4	140	630	690	2400	2050	920	350	860	1050	1000	900	900	950	3371	3210	940	150	CZT33-106	8
		Y250M-6														2961	2754	860	150	CZT33-106	8
		Y315S-6														3301	3100	910	150		
	16D	Y315S-6	160	710	770	2735	2340	1050	400	990	1140	1140	1000	980	1000	3355	3155	700	150	CZT4-10	10
		Y315L1-6														3425	3185	700	150		

电机型号	机号	机型号（代号）	H_1	D_1	D_2	M	G	F	E	W_1 0°	W_1 90°	W_1 180°	W_2 0°	W_2 90°	W_2 180°	L_1	L_2	L_3	H_2	减振器 型号	数量/个
9-26	7.1D	Y280S-2	80	400	450	1369	1259	639	237	590	620	600	520	520	580	2323	2190	730	140	CZT3-8	8
		Y315S-2														2373	2250	750			
	8D	Y315M-2	80	450	500	1528	1414	720	262	620	700	700	600	600	600	2665	2535	845	140	CZT3-8	8
		Y315L2-2														2665	2535	845			
		Y180M-4														2025	1905	635			
		Y200L-4														2130	2010	500			
	9D	Y200L-4	100	500	560	1699	1594	810	294	760	750	750	650	750	650	2167	2040	680	140	CZT3-8	8
		Y225M-4														2237	2115	705			
	10D	Y250M-4	100	560	620	1870	1770	900	327	850	800	800	700	800	700	2363	2235	745	140	CZT3-8	8
		Y280S-4														2433	2310	770			
	11.2D	Y315S-4	120	630	690	2088	1983	1008	367	950	950	800	800	800	800	2530	2400	800	140	CZT3-8	8
		Y315M-4														2580	2250	750			
		Y225M-6														2340	2220	740			
		Y250M-6														2400	2280	760			
	12.5D	Y280S-4	140	710	770	2312	2212	1125	418	1080	1050	1000	900	850	850	2800	2670	890	140	CZT3-8	8
		Y315S-4														2890	2760	920			
		Y200L2-6														2610	2490	830			
		Y250M-6														2700	2580	860			
	14D	Y355M2-4	160	800	860	2562	2481	1260	469	1100	1050	1000	900	900	950	3100	2980	745	150	CZT4-10	10
		Y315S-4														2908	2788	697			
		Y315L1-6														3010	2880	720			
	16D	Y355M-6	180	900	970	2945	2830	1440	524	1300	1200	1200	1050	1000	1100	3200	3080	770	150	CTZ4-10	10
		Y355M3-6																			

第四节　通风机的选型和机房布置设计

通风机选型是除尘设计的重要环节，通风机选型是否恰当不仅关系到除尘系统能否正常运行，而且关系到运行管理和费用等一系列问题。因此，通风机选型应仔细、全面考虑。

一、选型原则

① 在选择通风机前，应了解国内通风机的生产和产品质量情况，如生产的通风机品种、规格和各种产品的特殊用途，以及生产厂商产品质量、后续服务等情况综合考察。

② 根据通风机输送气体的性质的不同，选择不同用途的通风机。如输送有爆炸和易燃气体的应选防爆通风机；输送煤粉的应选择煤粉通风机；输送有腐蚀性气体的应选择防腐通风机；在高温场合下工作或输送高温气体的应选择高温通风机等。

③ 在通风机选择性能图表上查得有两种以上的通风机可供选择时，应优先选择效率较高、机号较小、调节范围较大的一种。

④ 当通风机配用的电机功率≤75kW时，可不装设启动用的阀门。当排送高温烟气或空气而选择离心锅炉引风机时，应设启动用的阀门，以防冷态运转时造成过载。

⑤ 对有消声要求的通风系统，应首先选择低噪声的风机，例如效率高、叶轮圆周速度低的通风机，且使其在最高效率点工作，还要采取相应的消声措施，如装设专用消声设备。通风机和

电动机的减振措施，一般可采用减振基础，如弹簧减振器或橡胶减振器等。

⑥ 在选择通风机时，应尽量避免采用通风机并联或串联工作。当通风机联合工作时，应尽可能选择同型号同规格的通风机并联或串联工作；当采用串联时，第一级通风机到第二级通风机之间应有一定的管路连接。

⑦ 原有除尘系统更换用新风机应考虑充分利用原有设备、适合现场安装及安全运行等问题。根据原有风机历年来的运行情况和存在问题，最后确定风机的设计参数，以避免采用新型风机时所选用的流量、压力不能满足实际运行的需要。

二、选型计算及注意事项

1. 通风机的选型计算

（1）风量（Q_f）

$$Q_f = k_1 k_2 Q \qquad (m^3/h) \tag{8-35}$$

式中，Q 为系统设计总风量，m^3/h；k_1 为管网漏风附加系数，可按 $10\% \sim 15\%$ 取值；k_2 为设备漏风附加系数，可按有关设备样本选取，或取 $5\% \sim 10\%$。

（2）全压（p_f）

$$p_f = (p\alpha_1 + p_s)\alpha_2 \qquad (Pa) \tag{8-36}$$

式中，p 为管网的总压力损失，Pa；p_s 为设备的压力损失，Pa，可按有关设备样本选取；α_1 为管网的压力损失附加系数，可按 $15\% \sim 20\%$ 取值；α_2 为通风机全压负差系数，一般可取 $\alpha_2 = 1.05$（国内风机行业标准）。

（3）电动机功率（P）

$$P = \frac{Q_f p_f K}{1000 \eta \eta_{me} 3600} \qquad (kW) \tag{8-37}$$

式中，K 为功率储备系数，按表 8-10 选取；η 为通风机的效率，按有关风机样本选取；η_{me} 为机械效率，按表 8-9 选取。

2. 选择通风机注意事项

① 正确合理地选择通风机，是保证除尘系统获得预期效果而又经济运转的一项十分重要的设计内容。通风机选择不合适，就不能达到使用的目的。或者造成设备、资金、能源的浪费，或者事与愿违，给系统带来不利影响。所谓正确合理地选用通风机，主要是指所选择的通风机在管路中工作时：a. 要满足能克服流动过程中的阻力；b. 达到所需送风量；c. 要求通风机在工作时其效率为最高，或在其经济使用范围之内。

② 选择通风机的基本任务，就是在适用型式的通风机中，确定其机号及转速，使之在运行条件下其工作点接近于最高效率点。

在选用通风机时，一般是根据计算的流量、压力，在通风机性能参数表上查找合适的型号。在性能参数表中，两种机号，一定转速条件下有几组流量和全压数据。这几组数据实际上是连续变化的代表点，它们的效率均在最高效率点附近 90% 的范围内。在所列数据范围之外，效率比较低，一般应避免使用。有些性能参数表中未注明较多点的性能参数值，如果此时有通风机性能曲线，则可根据效率曲线判断所选择的通风机工作效率高低。

③ 通风机并联、串联工作时，应当考虑：a. 不论并联还是串联，应当选择同性能的通风机；b. 注意并联、串联的使用场合，并联工作适合于管路阻力较小的条件，串联工作适合于管路阻力较大的条件；c. 选择不同型号通风机并联、串联时，一定要做出并联、串联工作的特性曲线。经过认真的技术与经济分析后在确认使用合理后才可采用。

④ 通风机在非标准状态时的性能参数换算关系见表 8-31。

表 8-31　通风机在非标准状态时的性能换算表

改变密度(ρ)、转速(n)	改变转速(n)、大气压力(B)、气体温度(t)
$\dfrac{Q_1}{Q_2}=\dfrac{n_1}{n_2}$	$\dfrac{Q_1}{Q_2}=\dfrac{n_1}{n_2}$
$\dfrac{p_1}{p_2}=\left(\dfrac{n_1}{n_2}\right)^2\dfrac{\rho_1}{\rho_2}$	$\dfrac{p_1}{p_2}=\left(\dfrac{n_1}{n_2}\right)^2\left(\dfrac{B_1}{B_2}\right)\left(\dfrac{273+t_2}{273+t_1}\right)$
$\dfrac{P_2}{P_1}=\left(\dfrac{n_1}{n_2}\right)^3\dfrac{\rho_1}{\rho_2}$	$\dfrac{P_2}{P_1}=\left(\dfrac{n_1}{n_2}\right)^3\left(\dfrac{B_1}{B_2}\right)\left(\dfrac{273+t_2}{273+t_1}\right)$
$\eta_1=\eta_2$	$\eta_1=\eta_2$

注：Q 为风量；p 为全压；P 为轴功率；η 为效率；ρ 为密度；n 为转速；B 为大气压力；t 为温度。

【例 8-3】　试根据第六章第三节例 6-1 除尘系统风量 14000m³/h，管道总压力损失 1010.2Pa 的管网计算结果选择该系统用通风机。

解：（1）通风机风量计算　系统设计风量为 $Q=14000$m³/h，取管网漏风附加率为 15%，即 $K_1=1.15$；除尘设备选用电除尘器，设备漏风率按 10% 考虑，即 $K_2=1.1$；由此，风机的风量计算值为

$$Q_f=K_1K_2Q=1.15\times1.1\times14000=17710 \quad (\text{m}^3/\text{h})$$

（2）通风机风压计算　管网计算总压损为 $p=1010.2$Pa，取管网压损附加率为 15%，即 $a_1=1.15$；除尘器设备阻力取 $p_s=800$Pa；风机全压负差系数取 $a_2=1.05$；由此，风机的全压计算值为

$$p_f=(pa_1+p_s)a_2=(1010.2\times1.15+800)\times1.05=2060 \quad (\text{Pa})$$

（3）通风机选型　根据上述风机的计算风量和风压，查表 8-13 选得 4-72№8D 离心式通风机 1 台，风机的铭牌参数为风量 18134m³/h，风压 2005Pa，转速 1450r/min，配用电机 Y180M-4，功率 18.5kW。

三、进出口风管的合理布置

由于使用场合、技术要求和位置不同，通风机进出口风管的布置与连接形式也各不相同。通风机进出口风管的布置直接影响通风机的效率。

1. 通风机进口装置

通风机进口装置应尽量保证气流均匀地进入叶轮，并使其能够均匀地充满在叶轮进口截面。对于变径入口管，应尽量采用角度较小的渐扩管，要避免采用突扩管和突缩管。

表 8-32 是 4 种进风弯头的通风机，在出口速度为 8m/s、两种叶形、不同静压时流量损失的百分数。

表 8-32　通风机进风弯头流量损失

通风机进口弯头方向	静压/Pa	后向叶片流量损失/%	前向叶片流量损失/%	通风机进口弯头方向	静压/Pa	后向叶片流量损失/%	前向叶片流量损失/%
左弯进口	245.25	2.5	8.5	上弯进口	245.25	2.5	5
	196.2	2.5	11		196.2	2.5	6
	127.53	3	17		127.53	3	7

续表

通风机进口弯头方向	静压/Pa	后向叶片流量损失/%	前向叶片流量损失/%	通风机进口弯头方向	静压/Pa	后向叶片流量损失/%	前向叶片流量损失/%
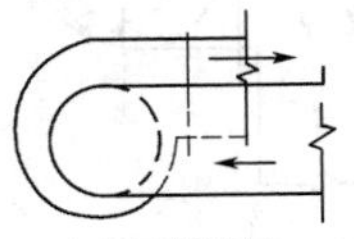	245.25	1.5	5	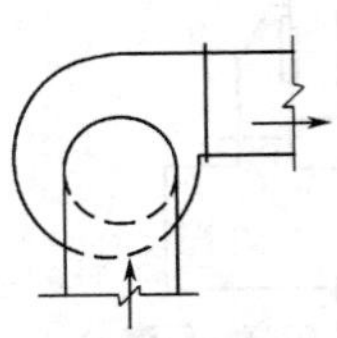	245.25	1.5	5
右弯进口	196.2	1.5	6	下弯进口	196.2	1.5	6
	127.53	2.5	7		127.53	2.5	7

注：后向叶片略呈"S"形。

各种风机进口的装置图分别如图 8-20～图 8-26 所示。根据优劣比较进行选择。

图 8-22 是双吸入通风机室内占位置最小的情况，每侧机壳到室壁的距离 W 至少等于 1 个叶轮直径，若少于 1 个叶轮直径的距离，则进口流量将受到影响。

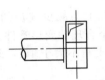
(a) 进口敞开或等径风管进口

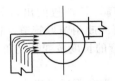
(b) 均匀布置导流叶片，进口无旋涡

(c) 风管进口损失小

图 8-20　推荐使用的通风机进口风管

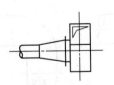
(a) 受阻的风管和变径管

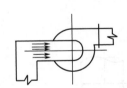
(b) 无导流叶片，当气流与叶轮旋转一致时，降低风量和风压；当旋转相反时，增加所需功率

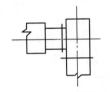
(c) 风管进口损失大

图 8-21　避免使用的通风机进口风管

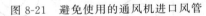

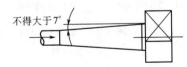
不得大于7°
(a) 通风机进口接有变形节（由小放大）时最好的连接法

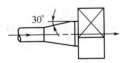
30°
(b) 进口流量稍有束缚限制的连接法

45°
(c) 尽可能避免的变形节

图 8-22　通风机进口和小风筒的连接

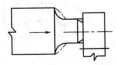
(a) 通风机进口和较大的洗涤箱或空气室的连接，为进口损失较少的形式

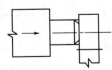
(b) 进口损失较多的形式

图 8-23　通风机进口和洗涤箱或空气室的连接

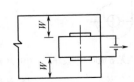
W
W

图 8-24　双吸入通风机两侧应有距离

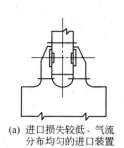

(a) 进口损失较低、气流
分布均匀的进口装置

(b) 进口损失较高、气流分
布不均匀的进口装置

图 8-25　双吸入通风机进口装置

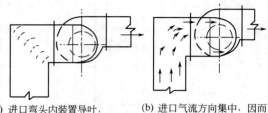

(a) 进口弯头内装置导叶，
使气流分布均匀，流
量与动力消耗正常

(b) 进口气流方向集中，因而
产生旋涡以致降低流量，
同时消耗较多动力

图 8-26　有两个弯头的通风机进口

2. 通风机出口装置

经过叶轮的旋转，在通风机出口处，气体流动是有方向的，因此，出口装置必须适应这种方向流动的气流。

图 8-27 通风机出口装有直的风筒，是理想的出口装置。但实际上为减少气流的动压损失，通风机出口管一般都要加大管道截面或改用圆形管道，这就要有一个合理的变形管件。一般采用如图 8-28 所示的单侧变径管，变径管的长度按变径夹角决定，一般夹角不大于 15°，此时变径管压力损失很小。

通风机出口若有弯头管件，应尽量在距通风机出口 3～5 倍管径以外安装。当安装位置不允许时，应采用如图 8-29(a) 所示的顺向弯头，不可采用图 8-29(b) 逆向弯头。图 8-30、图 8-31 是推荐的通风机出口连接方式与避免使用的通风机出口连接方式。

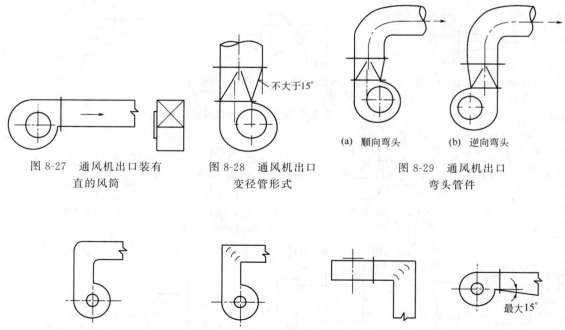

图 8-27　通风机出口装有
直的风筒

图 8-28　通风机出口
变径管形式

(a) 顺向弯头　　(b) 逆向弯头

图 8-29　通风机出口
弯头管件

(a) 顺向弯头无导流叶片(较好)　(b) 顺向弯头有导流叶片(好)　(c) 转向弯头有导流叶片(较好)　(d) 渐扩管(好)

图 8-30　推荐使用的通风机出口连接方式

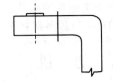

(a) 逆向弯头(不好)　　(b) 转向弯头无导流叶片(不好)　　(c) 突然扩大(不好)　　(d) 突然扩大(不好)

图 8-31　避免使用的通风机出口连接方式

如图 8-32(a)所示为推荐使用的通风机出口装置调节风门方法,位置应距离通风机出口至少一个叶轮直径以上,这样可以没有扰动,损失极小。图 8-32(b)是应避免使用的通风机出口装置调节风门方法,位置距通风机出口太近,并且没有注意风门的安装方向。

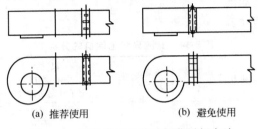

(a) 推荐使用　　　　　　(b) 避免使用

图 8-32　通风机出口装置调节风门方法

四、机房布置设计

在进行通风机房设计与设备布置时应遵循以下原则。

① 通风机房应当布置在靠近需要通风除尘的工作区域附近。

② 排除有爆炸或燃烧危险的气体和粉尘的除尘系统,机房不应布置在建筑物的地下室或半地下室,其风管不应暗装。通风机房内应有良好的通风换气环境,对于输送含有尘毒、爆炸危险的气体的通风除尘系统,其机房换气次数可按 5～8 次/h 设计,并设有不小于 5～12 次/h 换气的事故排风系统;同时机房内应有消防设备、火警信号及安全门等,门窗向外开放。

③ 机房建筑应尽可能与其他建筑物隔断,特别是对于有振动和噪声要求的通风系统,应在机房内采取有效的隔声防振措施。

④ 在布置机房时,应考虑留有适当的操作与维修空间,主要检修、维修通道不应小于 2m,非主要通道不应小于 0.8m;对于大中型设备要考虑在机房的墙或楼板上预留搬运或吊装孔,必要时应设置手动或电动葫芦,以利于设备的安装与检修、维修。

⑤ 对于通风机的外露运转部位(如三角胶带、带轮、联轴器等)应考虑设置安全防护措施,如安全罩、防护栏杆等。

⑥ 通风机房内要求采光良好,特别是在设有操作盘、箱和装有观察仪表的部位需加强人工照明,保证足够的照度,以利于操作人员维护、检修。

⑦ 对于 A 式传动的风机基础应以其机壳底部距地坪为 100～200mm 来计算基础面的标高,对于 C、D、B 式传动的离心式通风机的基础,最低基础面应高出地坪 200mm 以上;对于小于 6# 风机的基础螺栓预埋,一般采用一次浇灌;对于大于 6# 风机的预埋基础螺栓,一般采用二次浇灌,二次浇灌预留孔的尺寸可按表 8-33 确定。预留孔深度一般为地脚螺栓长度加 50mm,或为 20 倍螺栓直径加 50mm(即 $20d+50$mm)。

表 8-33　风机基础二次浇灌预留孔尺寸

地脚螺栓尺寸/mm	二次浇灌预留孔尺寸/mm	地脚螺栓尺寸/mm	二次浇灌预留孔尺寸/mm
M10、M12	80×80	M18、M20、M22	120×120
M14、M16	100×100	M24、M30、M36	150×150

⑧ 在有条件的情况下，通风机房内应设置用于冲洗地坪的水管、地漏、拖布水槽等清洁设施。

⑨ 当通风机安装在室外时，电动机需要选用 IP56 防护等级产品或者设遮阳防雨罩。

第五节 电 动 机

一、电动机的分类和型号

1. 电动机的分类

电动机的种类很多，分类方法有多种，通常划分为交流电动机、直流电动机和特种电动机等三大类。工厂企业中常见的电动机型式有三相鼠笼转子异步电动机和绕线转子异步电动机、单相交流电动机、直流电动机、用于检测信号和控制的控制电机、特殊用途的专用电动机；除尘工程常用的电动机为三相异步电动机。

常用交流异步电动机的分类方式见表 8-34。

表 8-34　交流异步电动机的分类

分类	转子结构型式	防护型式	冷却方式	安装方式	工作定额	尺寸大小 中心高 H/mm 定子铁芯外径 D/mm		使用环境
类别	鼠笼式，线绕式	封闭式，防护式，开启式	自冷式，自扇冷式，他扇冷式	B3，B5，B5/B3	连续，断续，短时	$H>630$、$D>1000$ **大型**		普通，干热、湿热，船用、化工，防爆，户外，高原
						$350<H\leqslant630$ $500<D\leqslant1000$ **中型**		
						$80\leqslant H\leqslant315$ $120\leqslant D\leqslant500$ **小型**		

2. 电动机的型号

根据《电机产品型号编制方法》，我国电机产品型号由拼音字母，以及国际通用符号和阿拉伯数字组成。电动机特殊环境代号如表 8-35 所列，电动机的规格代号如表 8-36 所列，电动机的产品类型代号如表 8-37 所列。

表 8-35　电动机特殊环境代号

汉字意义	热带用	湿热带用	干热带用	高原用	船（海）用	化工防腐用	户外用
汉语拼音代号	T	TH	TA	G	H	F	W

表 8-36　电动机的规格代号

产 品 名 称	产品型号构成部分及其内容
小型异步电动机	中心高(mm)-机座长度(字母代号)-铁芯长度(数字代号)-极数
大、中型异步电动机	中心高(mm)-铁芯长度(数字代号)-极数
小同步电机	中心高(mm)-机座长度(字母代号)-铁芯长度(数字代号)-极数
大、中型同步电机	中心高(mm)-铁芯长度(数字代号)-极数
小型直流电机	中心高(mm)-机座长度(数字代号)
中型直流电机	中心高(mm)或机座号(数字代号)-铁芯长度(数字代号)-电流等级(数字代号)
大型直流电机	电枢铁芯外径(mm)-铁芯长度(mm)
分马力电动机(小功率电动机)	中心高(mm)或外壳外径(mm)或机座长度(字母代号)-铁芯长度、电压、转速(均用数字代号)
交流换向器电机	中心高或机壳外径(mm)或铁芯长度、转速(均用数字代号)

表 8-37　**电动机的产品类型代号**

产　品　代　号	产　品　名　称	产　品　代　号	产　品　名　称
Y	异步电动机	SF	水轮发电机
T	同步电动机	C	测功机
TF	同步发电机	Q	潜水电泵
Z	直流电动机	F	纺织用电机
ZF	直流发电机	H	交流换向器电动机
QF	汽轮发电机		

3. 电动机产品型号举例

（1）小型异步电动机

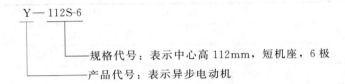

Y — 112S-6

规格代号：表示中心高 112mm，短机座，6 极
产品代号：表示异步电动机

（2）中型异步电动机

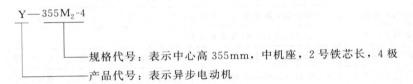

Y — 355M$_2$-4

规格代号：表示中心高 355mm，中机座，2 号铁芯长，4 极
产品代号：表示异步电动机

（3）大型异步电动机

Y — 630-10/1180

规格代号：表示功率 630kW，10 极，定子铁芯外径 1180mm
产品代号：表示异步电动机

（4）户外化工防腐用小型隔爆异步电动机

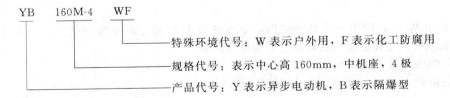

YB　160M-4　WF

特殊环境代号：W 表示户外用，F 表示化工防腐用
规格代号：表示中心高 160mm，中机座，4 极
产品代号：Y 表示异步电动机，B 表示隔爆型

二、电动机外壳的防护等级

1. 电机外壳的防护型式

电动机外壳的防护型式有 2 种：a. 防止固体异物进入内部及防止人体触及内部的带电或运动部分的防护，见表 8-38；b. 防止水进入内部达到有害程度的防护，见表 8-39。

表 8-38 第一位表征数字表示的防护等级

第一位表征数字	防护等级	
	简述	含义
0	无防护电机	无专门防护
1	防护大于 50mm 固体的电机	能防止大面积的人体(如手)偶然或意外地触及或接近壳内带电或转动部件(但不能防止故意接触) 能防止直径＞50mm 的固体异物进入壳内
2	防护大于 12mm 固体的电机	能防止手指或长度≤80mm 的类似物体触及或接近壳内带电或转动部件 能防止直径＞12mm 的固体异物进入壳内
3	防护大于 2.5mm 固体的电机	能防止直径＞2.5mm 的工具或导线触及或接近壳内带电或转动部件 能防止直径＞2.5mm 的固体异物进入壳内
4	防护大于 1mm 固体的电机	能防止直径或厚度＞1mm 的导线或片条触及或接近壳内带电或转动部件 能防止直径＞1mm 的固体异物进入壳内
5	防尘电机	能防止触及或接近壳内带电或转动部件,进尘量不足以影响电机的正常运行

表 8-39 第二位表征数字表示的防护等级

第二位表征数字	防护等级	
	简述	含义
0	无防护电机	无专门防护
1	防滴电机	垂直滴水应无有害影响
2	15°防滴电机	当电机从正常位置向任何方向倾斜至 15°以内任何角度时,垂直滴水应无有害影响
3	防淋水电机	与垂直线成 60°范围以内的淋水应无有害影响
4	防溅水电机	承受任何方向的溅水应无有害影响
5	防喷水电机	承受任何方向的喷水应无有害影响
6	防海浪电机	承受猛烈的海浪冲击或强烈喷水时,电机的进水量应不达到有害的程度
7	防浸水电机	当电机浸入规定压力的水中经规定时间后,进水量应不达到有害的程度
8	潜水电机	在制造厂规定的条件下能长期潜水,电机一般为水密型,但对某些类型电机也可允许水进入,但应不达到有害的程度

2. 防护等级的标志方法

表明电动机外壳防护等级的标志由字母"IP"及两个数字组成,第一位数字表示第一种防护型式的等级;第二位数字表示第二种防护型式的等级。如只需要单独标志一种防护型式的等级时,则被略去数字的位置以"x"补充。如 IP$_x$3 或 IP5$_x$。

另外,还可采用下列附加字母:R——管道通风式电机;W——气候防护式电机;S——在静止状态下进行第二种防护型式试验的电机;M——在运转状态下进行第二种防护型式试验的电机。

字母 R 和 W 标于 IP 和两个数字之间,字母 S 和 M 应标于两个数字之后,如不标志字母 S 和 M,则表示电机是在静止和运转状态下都进行试验。

防护等级的标志方法举例如下。

(1) 能防护大于 1mm 的固体,同时能防溅的电机

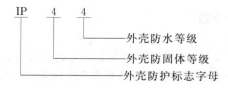

（2）能防护大于 12mm 的固体，同时能防止淋水的气候防护式电机

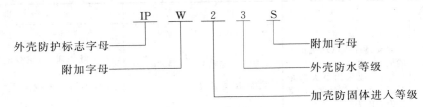

3. 电动机的安装型式

不同的设备安装条件需要选用不同安装型式的电动机。

《旋转电机结构型式、安装型式及接线盒位置的分类（IM 代码）》（GB/T 977）规定，代号由"国际安装"（International Mounting）的缩写字母"IM"表示。例如，代表"卧式安装"的大写字母"B"或代表"立式安装"的大写字母"V"连同 1 位或 2 位数字组成。

B3　机座有底脚，端盖无凸缘，安装在基础构件上。

B35　机座有底脚，端盖上带凸缘，凸缘有通孔，借底脚安装在基础构件上，并附用凸缘安装。

B34　机座有底脚，端盖上带凸缘，凸缘有螺孔并有止口；借底脚安装在基础构件上，并附用凸缘平面安装。

B5　机座无底脚，端盖上带凸缘，凸缘有通孔，借凸缘安装。

B14　机座无底脚，端盖上带凸缘，凸缘有螺孔并有止口，借凸缘平面安装。

V1　机座无底脚，轴伸向下，端盖上带凸缘，凸缘有通孔，借凸缘在底部安装。

三、三相异步电动机技术参数与选择

1. 三相异步电动机技术参数

三相异步电动机在工业和民用生活中应用最为广泛，其主要技术指标见表 8-40。三相异步电动机中，鼠笼式异步电动机以其结构简单、维护方便、价格低廉和坚固耐用等优点见长。

三相鼠笼转子异步电动机目前主要使用 Y 系列产品，其性能数据见表 8-41。

表 8-40　三相异步电动机的主要技术指标

序号	名称	符号及定义	计算公式	提高指标措施
1	效率	η 输出功率 P_2 对输入功率 P_1 之比用％表示	$\eta = \dfrac{P_2}{P_1}$	（1）放粗线径，降低定、转子铜损耗； （2）采用较好的硅钢片，降低铁损耗； （3）提高制造精度，降低机械损耗
2	功率因数	$\cos\varphi$ 有功功率与视在功率之比	$\cos\varphi = \dfrac{P_1}{\sqrt{3}\,I_N U_N}$ 式中，I_N 为额定线电流；U_N 为额定线电压；P_1 为输入功率	（1）减小定、转子之间气隙数值； （2）增加线圈匝数
3	堵转电流	I_{st}' 堵转时定子的电流 注：一般采用堵转电流对额定电流 I_N 倍数表示	$I_{st}'（倍数）= \dfrac{I_{st}}{I_N}$	（1）增加匝数，降低堵转电流； （2）增加转子电阻，降低堵转电流
4	堵转转矩	T_{st}' 定子通电使转子不动需要的力矩 注：一般采用堵转转矩对额定转矩 T_N 的倍数表示	$T_{st}'（倍数）= \dfrac{T_{st}}{T_N}$	（1）增加转子电阻，降低转子电抗，提高堵转转矩； （2）减少匝数，增加启动电流，提高堵转转矩； （3）增加气隙，提高堵转转矩

序号	名 称	符 号 及 定 义	计 算 公 式	提 高 指 标 措 施
5	最大转矩	T'_{max} 启动过程中电动机产生的最大转矩 注：一般采用最大转矩对额定转矩倍数表示，又称为载能力	$T'_{max}（倍数）= \dfrac{T_{max}}{T_N} = K$ 式中，K 为过载能力	（1）减少匝数，减少电抗，提高最大转矩； （2）增加气隙，提高最大转矩
6	最小转矩	T'_{min} 启动过程中电动机产生的最小转矩 注：一般采用最小转矩对额定转矩倍数表示	$T'_{min}（倍数）= \dfrac{T_{min}}{T_N}$	（1）选择适当的定、转子槽数，提高最小转矩； （2）增加气隙，提高最小转矩
7	温升	θ 绕组的工作温度与环境温度之差值，用℃表示 注：新标准中温度单位代号用 K 表示	$\theta = \dfrac{R_2 - R_1}{R_1}(K + t_1) + (t_2 - t_1)$ 式中，R_2 为电动机在额定负载下测定的电阻值；R_1 为电动机没有运转冷态时测定的电阻值；t_2 为额定负载时的环境温度；t_1 为额定 R_1 时的环境温度；K 为铜绕组 235、铝绕组 228	（1）减少定、转子铜损耗和铁损耗，降低温升； （2）加强通风

表 8-41　Y 系列三相异步电动机性能数据

型　　号	额　定　数　据								堵转 电流 额定 电流	堵转 转矩 额定 转矩	最大 转矩 额定 转矩
	功率 /kW	电压 /V	接法	转速 /(r/min)	电流 /A	效率 /%	功率 因数 (cosφ)	温升 /℃			
	同　步　转　速　3000r/min（2级）										
Y-801-2	0.75			2825	1.9	73	0.84				
Y-802-2	1.1				2.6	76	0.86				
Y-90S-2	1.5		Y	2840	3.4	79	0.85			2.2	
Y-90L-2	2.2				4.7	82	0.86				
Y-100L-2	3			2880	6.4		0.87				
Y-112M-2	4			2890	8.2	85.5					
Y-132S₁-2	5.5			2900	11.1						
Y-132S₂-2	7.5				15	86.2					
Y-160M₁-2	11				21.8	87.2	0.88				
Y-160M₂-2	15			2930	29.4	88.2					
Y-160L-2	18.5				35.5	89					
Y-180M-2	22	280		2940	42.2			80	7.0	2.0	2.2
Y-200L₄-2	30			2950	56.9	90					
Y-200L₂-2	37		△	2950	70.4	90.5					
Y-225M-2	45				83.9	91.5	0.89				
Y-250M-2	55				102.7	91.4					
Y-280S-2	75				140.1						
Y-280M-2	90			2970	167	92					
Y-315S-2	110				206.4	91					
Y-315M₁-2	132				247.6						
Y-315M₂-2	160				298.5					1.6	
Y-355M₁-2	200			2975	369	91.5	0.90				
Y-355M₂-2	250				461.2						

续表

型　号	额定数据 功率/kW	电压/V	接法	转速/(r/min)	电流/A	效率/%	功率因数(cosφ)	温升/℃	堵转电流/额定电流	堵转转矩/额定转矩	最大转矩/额定转矩
同步转速 1500r/min（4级）											
Y-801-4	0.55	380	Y	1390	1.6	70.5	0.76	75	6.5	2.2	2.2
Y-802-4	0.75				2.1	72.5					
Y-90S-4	1.1			1400	2.7	79	0.78				
Y-90L-4	1.5				3.7		0.79				
Y-100L₁-4	2.2			1420	5.0	81	0.82				
Y-100L₂-4	3				6.8	82.5	0.81				
Y-112M-4	4		△	1440	8.8	84.5	0.82				
Y-132S-4	5.5				11.6	85.5	0.84				
Y-132M-4	7.5				15.4	87	0.85				
Y-160M-4	11			1460	22.6	88	0.84				
Y-160L-4	15				30.3	88.5	0.85				
Y-180M-4	18.5			1470	35.9	91	0.86			2.0	
Y-180L-4	22				42.5	91.5	0.86				
Y-200L-4	30				56.8	92.2	0.87		7.0	1.9	
Y-225S-4	37				69.8	91.8	0.87				
Y-225M-4	45				84.2	92.3				2.0	
Y-250M-4	55				102.5	92.6	0.88			1.9	
Y-280S-4	75				139.7	92.7					
Y-280M-4	90				164.3	93.5					
Y-315S-4	110			1480	201.9						
Y-315M₁-4	132				242.3						
Y-315M₂-4	160				293.7	93	0.89			1.8	
Y-355M₁-4	200				367.1						
Y-355M₂-4	250				458.9						
Y-355M₃-4	315				578.2						
同步转速 1000r/min（6级）											
Y-90S-6	0.75	380	Y	910	2.3	72.5	0.70	75	6.0	2.0	2.0
Y-90L-6	1.1				3.2	73.5	0.72				
Y-100L-6	1.5			940	4.0	77.5	0.74				
Y-112M-6	2.2				5.6	80.5	0.74				
Y-132S-6	3			960	7.2	83	0.76				
Y-132M₁-6	4				9.4	84	0.77				
Y-132M₂-6	5.5				12.6	85.3					
Y-160M-6	7.5				17	86	0.78				
Y-160L-6	11				24.6	87					
Y-180L-6	15		△	970	31.5	89.5	0.81		6.5		
Y-200L₁-6	18.5				37.7	89.8	0.83			1.8	
Y-200L₂-6	22				44.6	90.2					
Y-225M-6	30				59.5	90.2	0.85			1.7	
Y-250M-6	37				72	90.8	0.86				
Y-280S-6	45				85.4	92				1.8	
Y-280M-6	55				104.9	91.6					
Y-315S-6	75			980	142.4	92	0.87				
Y-315M₁-6	90				170.8	92					
Y-315M₂-6	100				207.7	92.5			7.0	1.6	
Y-315M₃-6	132				249.2	92.5					
Y-355M₁-6	160				297	93					
Y-355M₂-6	200				371.3	93	0.88				
Y-355M₃-6	250				464.1	93					

续表

型号	额定数据								堵转电流/额定电流	堵转转矩/额定转矩	最大转矩/额定转矩
	功率/kW	电压/V	接法	转速/(r/min)	电流/A	效率/%	功率因数(cosφ)	温升/℃			
同步转速 750r/min (8级)											
Y-132S-8	2.2	380	Y	710	5.8	81	0.71	75	5.5	2.0	2.0
Y-132M-8	3		Y	710	7.7	82	0.72				
Y-160M₁-8	4		△	720	8.9	84	0.73		6.0		
Y-160M₂-8	5.5			720	13.3	85	0.74				
Y-160L-8	7.5			720	17.7	86	0.75		5.5		
Y-180L-8	11			730	25.1	86.5	0.77		6.0	1.7	
Y-200L-8	15			730	34.1	88	0.76			1.8	
Y-225S-8	18.5			730	41.3	89.5	0.76			1.7	
Y-225M-8	22			730	47.6	90	0.78			1.8	
Y-250M-8	30			730	63	90.5	0.80				
Y-280S-8	37			730	78.2	91	0.79				
Y-280M-8	45			730	93.2	91.7	0.80				
Y-315S-8	55			740	112.1	92	0.81		6.5	1.6	
Y-315M₁-8	75			740	152.8		0.81				
Y-315M₂-8	90			740	180.3		0.82				
Y-315M₃-8	110			740	220.3		0.82				
Y-355M₁-8	132			740	261.2	92.5	0.83				
Y-355M₂-8	160			740	316.6		0.83				
Y-355M₃-8	200			740	395.9		0.83				
同步转速 600r/min (10级)											
Y315S-10	15	380	△	585	100.2	91	0.75	75	5.5	1.4	2.0
Y-315M₁-10	55			585	121.8		0.75				
Y-315M₂-10	75			585	163.9	91.5	0.76				
Y-355M₁-10	90			585	185.8		0.76				
Y-355M₂-10	110			585	227	92	0.80				
Y-355M₃-10	132			585	272.5		0.80				

　Y 系列电动机是全国统一设计的新系列产品，其功率等级和安装尺寸符合国际电工委员会（IEC）标准。本系列为一般用途的电动机，适用于驱动无特殊性能要求的各种机械设备。

3kW 及以下的电动机定子绕组为 Y 接法，其他功率的电动机则均为三角（△）接法，采用 B 级绝缘。外壳防护等级为 IP44，即能防护大于 1mm 的固体异物侵入壳内，同时能防溅。冷却方式为 ICO141，即全封闭自扇冷式。

型号说明：

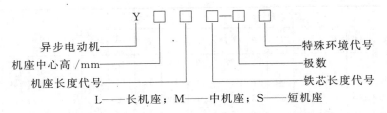

YX 系列三相异步电动机是在对现有电动机的结构性能进一步改进后设计的新系列高效率三相异步电动机。

2. Y 系列电动机外形及安装尺寸

Y 系列电动机外形及安装尺寸见图 8-33 及表 8-42、表 8-43。

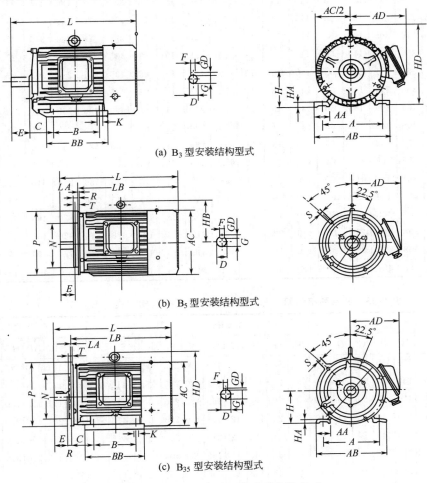

(a) B₃ 型安装结构型式

(b) B₅ 型安装结构型式

(c) B₃₅ 型安装结构型式

图 8-33　Y 系列电动机外形及安装尺寸

表 8-42　Y 系列电动机外形及安装尺寸（安装结构型式 B₃ 型）

机座号	极数	安装尺寸/mm										外形尺寸/mm							
		A	B	C	D	E	F	GD	G	H	K	AA	AB	BB	$\frac{AC}{2}$	AD	HA	HD	L
80	2、4	125	100	50	19	40	6	6	155.5	80	10	37	165	135	85	150	13	170	285
90S	2、4、6	140	100	56	24	50	8	7	20	90	10	37	180	150	90	155	13	190	310

机座号	极数	安装尺寸/mm										外形尺寸/mm							
		A	B	C	D	E	F	GD	G	H	K	AA	AB	BB	$\frac{AC}{2}$	AD	HA	HD	L
90L	2、4、6	140	125	56	24	50	8	7	20	90	10	37	180	170	90	155	13	190	335
100L	2、4、6	160	140	63	28	60	8	7	24	100	12	42	205	185	105	180	15	245	380
112M	2、4、6	190	140	70	28	60	8	7	24	112	12	52	245	195	115	190	17	265	400
132S	2、4、6、8	216	140	89	38	80	10	8	33	132	12	57	280	210	135	210	20	315	515
132M	2、4、6、8	216	178	89	38	80	10	8	33	132	12	57	280	248	135	210	20	315	515
160M	2、4、6、8	254	210	108	42	110	12	8	37	160	15	63	325	275	165	255	22	385	600
160L	2、4、6、8	254	254	108	42	110	12	8	37	160	15	63	325	320	165	255	22	385	645
180M	2、4、6、8	279	241	121	48	110	14	9	42.5	180	15	73	355	332	180	285	24	430	670
180L	2、4、6、8	279	279	121	48	110	14	9	42.5	180	15	73	355	370	180	285	24	430	710
200L	2、4、6、8	318	305	133	55	110	16	10	49	200	19	73	395	378	200	310	27	475	775
225S	4、8	356	286	149	60	140	18	11	53	225	19	83	435	382	225	345	27	530	820
225M	2	356	311	249	55	110	16	10	49	225	19	83	435	407	225	345	27	530	815
225M	4、6、8	356	311	149	60	140	18	11	53	225	19	83	435	407	225	345	27	530	845
250M	2	406	349	168	60	140	18	11	53	250	24	88	490	458	250	385	33	575	930
250M	4、6、8	406	349	168	65	140	18	11	58	250	24	88	490	458	250	385	33	575	930
280S	2	457	368	190	65	140	18	11	58	280	24	93	545	535	280	410	38	640	1000
280S	4、6、8	457	368	190	65	140	20	12	67.5	280	24	93	545	535	280	410	38	640	1000
280M	2	457	419	190	65	140	18	11	58	280	24	93	545	586	280	410	38	640	1050
280M	4、6、8	457	419	190	65	140	20	12	67.5	280	24	93	545	586	280	410	38	640	1050
315S	2	508	406	216	65	140	18	11	58	315	28	120	628	610	320	460	45	760	1190
315S	4、6、8、10	508	406	216	80	170	22	14	71	315	28	120	628	610	320	460	45	760	1190
315M	2	508	457	216	65	140	18	11	58	315	28	120	628	660	320	460	45	760	1124
315M	4、6、8、10	508	457	216	80	170	22	14	71	315	28	120	628	660	320	460	45	760	1124

表 8-43　Y 系列电动机外形及安装尺寸（安装结构型式为 B_5、B_{35} 型）

机座号	极数	安装尺寸/mm														外形尺寸/mm						
		A	B	C	D	E	F	G	H	K	M	N	P	R	S	T	AB	AC	AD	HD	LA	LB	L
80	2、4	125	110	50	19	40	6	15.5	80	10	165	130	200	0	4-ϕ12	3.5	165	161	150	170	13	245	285
90S	2、4、6	140	100	56	24	50	8	20	90	10	165	130	200	0	4-ϕ12	3.5	180	171	155	190	13	260	310
90L	2、4、6	140	125	56	24	50	8	20	90	10	165	130	200	0	4-ϕ12	3.5	180	171	155	190	13	285	335
100L	2、4、6	160	140	63	28	60	8	24	100	12	215	180	250	0	4-ϕ15	4	205	201	180	245	15	320	380
112M	2、4、6	190	140	70	28	60	8	24	112	12	215	180	250	0	4-ϕ15	4	245	226	190	265	15	340	400
132S	2、4、6、8	216	140	89	38	80	10	33	132	12	265	230	300	0	4-ϕ15	4	280	266	210	315	16	395	475
132M	2、4、6、8	216	178	89	38	80	10	33	132	12	265	230	300	0	4-ϕ15	4	280	266	210	315	16	435	515
160M	2、4、6、8	254	210	108	42	110	12	37	160	15	300	250	350	0	4-ϕ19	5	325	320	255	385	16	490	600
160L	2、4、6、8	254	254	108	42	110	12	37	160	15	300	250	350	0	4-ϕ19	5	325	320	255	385	16	535	645
180M	2、4、6、8	279	241	121	48	110	14	42.5	180	15	300	250	350	0	4-ϕ19	5	335	362	285	430	16	560	670
180L	2、4、6、8	279	279	121	48	110	14	42.5	180	15	300	250	350	0	4-ϕ19	5	355	362	285	430	16	600	710
200L	2、4、6、8	318	305	133	55	110	16	49	200	19	350	300	400	0	4-ϕ19	5	395	400	310	475	22	665	775
225S	4、8	356	286	149	60	140	18	53	225	19	400	350	450	0	8-ϕ19	5	435	452	345	530	22	680	820
225M	2	356	311	149	55	110	16	49	225	19	400	350	450	0	8-ϕ19	5	435	452	345	530	22	705	815

续表

机座号	极数	安装尺寸/mm															外形尺寸/mm						
		A	B	C	D	E	F	G	H	K	M	N	P	R	S	T	AB	AC	AD	HD	LA	LB	L
225M	4、6、8	356	311	149	60	140	18	53	225	19	400	350	450	0	8-φ19	5	435	452	345	530	22	705	845
250M	2	406	349	168	60	140	18	53	250	24	500	450	550	0	8-φ19	5	490	490	385	575	24	790	930
250M	4、6、8	406	349	168	65	140	18	58	250	24	500	450	550	0	8-φ19	5	490	490	385	575	24	790	930
280S	2	457	368	190	65	140	18	58	280	24	500	450	550	0	8-φ19	5	545	550	410	640	24	860	1000
280S	4、6、8	457	368	190	75	140	20	67.5	280	24	500	450	550	0	8-φ19	5	545	550	410	640	24	860	1000
280M	2	457	419	190	65	140	18	58	280	24	500	450	550	0	8-φ19	5	545	550	410	640	24	910	1050
280M	4、6、8	457	419	190	75	140	20	67.5	280	24	500	450	550	0	8-φ19	5	545	550	410	640	24	910	1050

注：1. 安装结构型式为 B$_5$ 型的电动机只生产机座号 80～225；

2. 图 8-33 中尺寸 GD、AA、BB、HA 等数据见表 8-42。

3. 电机的电压等级

一般电机功率＜220kW，采用 380V 电压，电机功率≥220kW，都采用 6kV 和 10kV 电压。对于变频调速用的电机电压等级与变频器电压等级配合，可以为 380V、660V、690V、1650V、6000V 等。电机极数 2、4、6、8、10 对应同步转速 3000r/min、1500r/min、1000r/min、750r/min、600r/min。

工作电压变化范围不大于额定电压±5%。电源频率为 50Hz±2%。

4. 电机冷却方式

（1）空气-空气冷却封闭式 采用空气-空气冷却方式的电机一般设置在室外，当设置在室内时，室内应设有良好的通风。

（2）空气-水冷却封闭式 采用空气-水冷却方式的电机可设置在室外或室内，一般较大型电机多采用空气-水冷却方式。

对空气-水冷却电动机，冷却器入口处冷却水温度不超过 33℃，最低水温度为 5℃。

5. 电动机的选择

① 在除尘设计中所选电动机必须满足风机及有关机械的要求，如功率、速度、加速度、启动、过载能力及调速特性等。

② 按技术经济合理原则选择电动机的电压、电流种类、电动机类型及冷却方式、润滑要求和基础底座等。

③ 选用电动机应有适当的备用余量，负荷率一般取 0.8～0.9。

④ 电动机的结构型式必须满足使用场所的环境条件，如按温度、湿度、灰尘、雨水、瓦斯以及腐蚀和易燃、易爆气体等，考虑必要的保护方式。

⑤ 根据企业的电网电压标准和对功率因数的要求，确定电动机的电压等及其类型。

⑥ Y 系列三相异步电动机是与除尘风机相匹配的电动机，其优点是效率高、启动性能好、功率等级与安装尺寸的关系与国际上通用标准相同、与国际同类产品有较好的互换性、体积小、噪声低、电机采用 B 级绝缘、定子绕组温升限度不超过 80℃，且有 10℃ 以上的温升裕度。

⑦ 异步电动机使用地点的海拔不超过 1000m，环境空气温度不超过 40℃。

第六节 通风机在除尘系统中工作

通风机在除尘系统工作中有时单独使用，有时联合使用，有时通过调节阀门或调速装置改变其转速。这时通风机的特性曲线会随系统发生很大变化。所以通风机在除尘系统工作时，要采用不同方法进行适当调整才能达到理想的工作状况。

一、通风机的特性曲线

在除尘系统中通风机将按其特性曲线上的某一点工作，在此点上，风机的风压与系统中的阻力得到平衡，由此也确定了风机的风量。正是由于风机的这种自动平衡的性能，在实际情况下，致使风机的风量和风压有时满足不了设计的要求。这时，如果改用高压风机，当风压足以克服系统的阻力损失时，就可以供给必需的风量。

在任何给定的风量下，风机的全压由以下 3 部分组成：a. 系统管网中各种阻力损失的总和；b. 吸入气体所受压力和压入气体所受压力的压力差，当由大气中吸入气体又压入大气时，这一压力差为零；c. 由管网排出时的动压。

实际上，很多情况下管网的特性曲线只取决于管网的总阻力和管网排出时的动压，二者均与流量的平方成正比，即

$$p = SQ^2 \tag{8-38}$$

式中，p 为管网总阻力，Pa；S 为特性曲线；Q 为管网总风量，$\mathrm{m^3/h}$。

显然，曲线 $p = f(Q) = SQ^2$ 即为管网的特性曲线（抛物线形）。因此在给定某一工况(Q, p)的情况下，便可以做出整个曲线，从而可以确定其他工况。

【例 8-4】 当风量为 $Q = 6000\mathrm{m^3/h}$ 时，系统阻力为 200Pa，要求做出管网特性曲线。

解：
$$p = SQ^2$$
$$S = \frac{200}{(6000)^2} = \frac{1}{18} \times 10^{-4}$$

当 $Q = 3000\mathrm{m^3/h}$ 时，$p = 50\mathrm{Pa}$；
当 $Q = 9000\mathrm{m^3/h}$ 时，$p = 450\mathrm{Pa}$。
由此就可以作出管网的特性曲线。

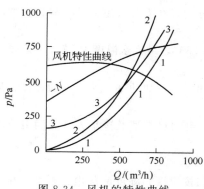

图 8-34　风机的特性曲线

【例 8-5】 风机的特性曲线如图 8-34 所示。当风量为 $500\mathrm{m^3/h}$ 时，系统阻力为 300Pa。试计算(1)风机实际工况点；(2)当系统阻力增加 50% 时的工况点。

解：（1）做出系统的管网特性曲线

$Q = 500\mathrm{m^3/h}$，$p = 300\mathrm{Pa}$；
$Q = 750\mathrm{m^3/h}$，$p = 675\mathrm{Pa}$；
$Q = 250\mathrm{m^3/h}$，$p = 75\mathrm{Pa}$。

按此 3 点做出抛物线，如图 8-34 上的曲线 1 所示。由曲线 1 与风机特性曲线的交点得出，当 $p = 550\mathrm{Pa}$ 时，$Q = 690\mathrm{m^3/h}$。

（2）当阻力增加 50% 时，管网特性曲线将有所改变（变成曲线 3）。

$Q = 500\mathrm{m^3/h}$，$p = 450\mathrm{Pa}$；

$Q = 750\mathrm{m^3/h}$，$p = 1010\mathrm{Pa}$；

$Q = 250\mathrm{m^3/h}$，$p = 110\mathrm{Pa}$。

按此 3 点做出系统管网特性曲线 2。由曲线 2 与风机特性曲线 3 的交点得出，当压力为 $p = 610\mathrm{Pa}$ 时，$Q = 570\mathrm{m^3/h}$。

当风机供给的风量不能符合要求时，可以采取以下 3 种方法进行调整。

（1）减少或增加管网系统的阻力损失　如图 8-35(a)所示，压力的改变使管网特性改变，例如管网特性曲线 1，由于压力降低而改变为曲线 2，风量因而由 Q_1 增加到 Q_2。

（2）更换风机　如图 8-35(b)所示。这时管网特性没有变化，用适合于所需风量的另一风机

（特性曲线 2）来代替原有风机（特性曲线 1）以满足风量 Q_2。

（3）改变风机叶轮转带 如图 8-35(c) 所示的方法很多，例如，改变带轮的转速比，采用液力耦合器，变频调速器，改换变速电机等。

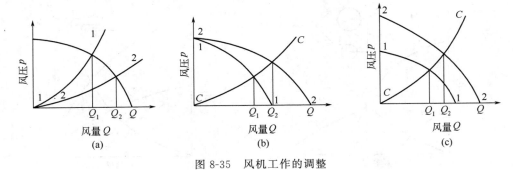

图 8-35 风机工作的调整

二、通风机的联合工作

1. 风机并联工作

当系统中要求风量很大时，可以在系统中并联设置两台或多台风机。并联风机的总特性曲线是由各种压力下的风量叠加而得，然而，在实际管网系统中，2 台风机并联工作时的总风量不等于单台风机工作时风量的 2 倍，而是总风量的 70%～95%。风量增加的数量，与管网的特性及风机型号是否相同等因素有关。

两台型号相同风机的并联工作如图 8-36 所示。A、B 两台相同风机并联的总特性曲线为 $A+B$。若系统的压力损失不大，则并联后的工作点位于管网特性曲线 1 与曲线 $A+B$ 的交点处；由图可以看出，这时，风机的风量由单台时的 Q_1 增加到 Q_2，增加量虽然不等于 $2Q_1$，但增加得还是较多。如果管网系统的阻力损失很大，管网特性曲线为 2，则与 $A+B$ 的交点所得到的风量为 Q_2'，比单台风机工作时的风量 Q_1' 增加的并不多；就是说当系统管网阻力较大时，影响风量更大。

两台型号不同风机的并联如图 8-37、图 8-38 所示。

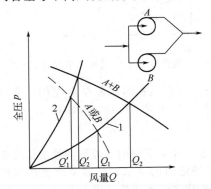

图 8-36 两台型号相同风机的并联

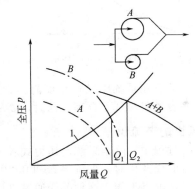

图 8-37 两台型号不同风机的并联（一）

两台型号不同风机并联的总特性曲线为 $A+B$，此时有以下 2 种情况：

① 管网特性曲线 1 与曲线 $A+B$ 相交，如图 8-37 所示，这时并联风机的风量 Q_2 大于单台风机的风量 Q_1。

② 管网特性曲线 1 不与曲线 $A+B$ 相交如图 8-38 所示，或者是与单台风机 B 相交，然后才与并联风机 $A+B$ 相交；这时，并联后的风量，可能并不增加，或者还有所减少，这是应用中必须避免的。

由此可以看出，风机并联所得的效果只有在阻力损失低的系统中才明显，所以，在一般情况下应尽量避免采用两台风机并联；在确需并联时则应采用相同的型号。

2. 风机串联工作

在同一管网系统中，风机也可以串联工作；串联工作是在给定流量下，全压进行叠加。

两台型号相同风机的串联，如图 8-39 所示，全压由 p_1 增加到 p_2，风量越小增加压力越多。

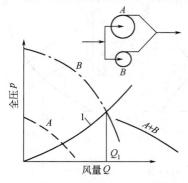

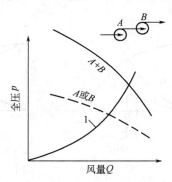

图 8-38　两台型号不同风机的并联（二）　　　图 8-39　两台型号相同风机的串联

两台型号不同风机的串联时，当管网特性曲线 1 可能与 $A+B$ 相交，如图 8-40 所示，风压有所提高，但增加得并不多。

当管网特性曲线 1 与 $A+B$ 相交，如图 8-41 所示，串联后的全压，或者与单台相同，或者还小于单台风机；同时风量也有所减少，功率消耗却增加。

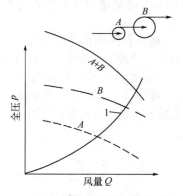

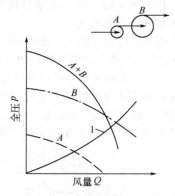

图 8-40　两台型号不同风机的串联（一）　　　图 8-41　两台型号不同风机的串联（二）

由此可见，只有在系统中风量小而阻力大的情况下，多台风机串联才是合理的；系统风量大、阻力小，多台风机串联不合理。同时，要尽可能采用型号相同的风机进行串联。

三、通风机的节流调节

在生产运行过程中，除尘系统对压力或者流量的要求是经常变化的（即管网性能曲线变化），为适应管网性能曲线变化时，保证系统对压力或者流量特定值的要求，就需要改变通风机的性能，使其在新的工况点工作。这种改变通风机性能的方法称之为通风机的调节。

1. 通风机的调节方法

根据工艺流程的不同要求，按调节的任务可分为等压力调节（改变通风机的流量，保持压力稳定）、等流量调节（改变通风机的压力，保持流量稳定）和比例调节（保持压力或流量的比例不变）。

通风机的调节通常有以下方法：a. 通风机出口节流调节；b. 通风机进口节流调节；c. 通风机进口气流预旋绕调节；d. 通风机变转速调节，主要有液力耦合器变转速调节、涡电流联轴器变转速调节、电动机变转速调节；e. 轴流通风机叶片角度调节；f. 通风机的台数调节。

在这些方法中最常用的为节流调节，其次为变转速调节。

2. 通风机出口节流调节

通风机出口节流调节是通过调节通风机出口管道中的阀门开度来改变管网特性的。图 8-42 为通风机出口节流调节系统示意。

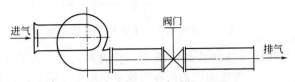

图 8-42 通风机出口节流调节系统示意

（1）等流量调节 图 8-43 为通风机出口节流等流量调节特性曲线，S_0 为正常工况点，工况参数为 q_{v_0}、p_0。

由于工艺流程的原因，管网阻力减小，管网性能曲线变到曲线 3 的位置，通风机在 S_1 点工作，工况参数为 q_{v_1}、p_1。这时 $q_{v_1} > q_{v_0}$，$p_1 < p_0$，然而工艺流程要求压力减少，流量保持稳定不变。为此，关小通风机出口管道中的阀门开度，使管网性能曲线恢复到原来的曲线 2 位置。压降 $p_0 - p_1$ 为消耗于关小出口阀门开度的附加损失，而进入流程中的气体压力为 p_1，流量仍为 q_{v_0}，从而实现了通风机的等流量调节。

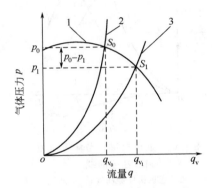

图 8-43 通风机出口节流等流量
调节特性曲线
1—通风机性能曲线；2,3—管网性能曲线

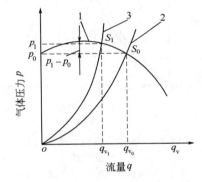

图 8-44 通风机出口节流等压力
调节特性曲线
1—通风机性能曲线；2,3—管网性能曲线

（2）等压力调节 图 8-44 为通风机出口节流等压力调节特性曲线，S_0 为正常工况点，工况参数为 q_{v_0}、p_0。当工艺流程要求通风机的排气压力不变，而流量要求减小到 q_{v_1} 时，则将通风机出口管道中的阀门开度逐渐关小，管网性能曲线随之变化，直至阀门开度关到使管网性能曲线变到曲线 3 的位置，则满足了所要求的流量 q_{v_1}，且 $p_1 > p_0$。压降 $p_1 - p_0$ 为消耗于关小出口阀门开度的附加损失，而进入流程中气体的压力仍为 p_0，流量减小到 q_{v_1}，从而实现了等压力调节。

（3）出口节流调节的特点 出口节流调节是改变管网的特性，而不是调节通风机的性能。它可以实现位于通风机性能曲线 $p = f(q_v)$ 下方的所有工况。由于出口节流调节是人为地加大管网阻力来改变管网特性，所以这种调节方法的经济性最差。

3. 通风机进口节流调节

通风机进口节流调节（见图 8-45）是调节通风机进口节流门（或蝶阀）的开度，改变通风机的进口压力，使通风机性能曲线发生变化，以适应工艺流程对流量或者压力的特定要求。

（1）等流量调节 图 8-46 为通风机进口节流等流量调节性能曲线，S_0 为正常工况点，工况参数为 q_{v_0}、p_0。

图 8-45　通风机进口节流调节系统示意

当管网阻力增加，管网性能曲线移到曲线 5 的位置时，其工况点为 S_1，工况参数为 q_{v_1}、p_1；这时，$p_1 < p_0$，$q_{v_1} > q_{v_0}$。为达到工艺流程对流量稳定不变的要求，则对通风机进行进口节流调节，将通风机进口节流门的开度关小，改变通风机的进口状态参数（即进口压力）。当节流门的开度关小到某一角度时，通风机的性能曲线变为曲线 2 的位置，与管网性能曲线 5 相交于 S_2 点，该工况点的工况参数为 q_{v_2}、p_2。这时，$q_{v_2} = p_{v_0}$，$p_2 < p_0$，通风机在 S_2 点稳定运行，从而实现了通风机的等流量调节。

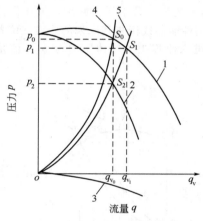

图 8-46　通风机进口节流等流量
调节性能曲线

1,2—通风机性能曲线；3—通风机
进口特性曲线；4,5—管网性能曲线

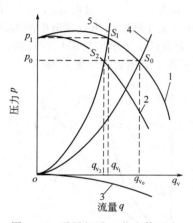

图 8-47　通风机进口节流等压力
调节性能曲线

1,2—通风机性能曲线；3—通风
机进口特性曲线；4,5—管网性能曲线

（2）等压力调节　图 8-47 为通风机进口节流等压力调节性能曲线，S_0 为正常工况点，工况参数 q_{v_0}、p_0。

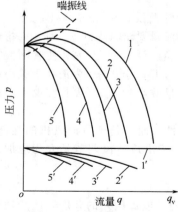

图 8-48　通风机进口节
流调节性能曲线

1,2,3,4,5—通风机性能曲线；
1′,2′,3′,4′,5′—通风机进口特性曲线

当管网阻力增加，管网性能曲线移到曲线 5 的位置时，其工况点为 S_1，工况参数 q_{v_1}，p_1；这时，$p_1 > p_0$，$q_{v_1} < q_{v_0}$。为达到工艺流程对压力稳定不变的要求，则对通风机进行进口节流调节，将图 8-45 中的通风机进口节流门的开度关小，改变通风机的进口状态参数（即进口压力）。当节流门的开度关小到某一角度时，通风机的性能曲线变为曲线 2 的位置，与管网性能曲线 5 相交于 S_2 点，该工况点的工况参数为 q_{v_2}、p_2，这时，$q_{v_2} < q_{v_1}$。通风机在 S_2 点稳定运行，从而实现了通风机的等压力调节。

（3）进口节流调节的特点　通风机进口节流调节是通过改变通风机的进口状态参数（即进口压力）来改变通风机性能曲线的，然而，通风机出口节流调节是通过关小出口阀门的开度来改变管网特性的，人为地增加了管网阻力，消耗一部分通风机的压头，所以通风机进口节流调节的经济性好。

通风机进口节流调节，原则上可以实现图 8-48 中曲线 1 下方的所有工况。通风机进口节流调节后，使其喘振点向小流量方向变化（见图 8-48 中的喘振线），采用进口节流的通风机有可能在较小的流量下工作。通风机进口节流调节是比较简单易行的调节方法，并且，调节的经济性也好，因此是一般固定转速通风机经常采用的调节方法。

四、液力耦合器

液力耦合器是液力传动元件，又称液力联轴器，它是利用液体的动能来传递功率的一种动力式液压传动设备。将其安装在异步电动机和工作机（如风机、水泵等）之间来传递两者的扭矩，可以在电机转速恒定的情况下，无级调节工作机的转速，并具有空载启动，过载保护，易于实现自动控制等特点。

1. 液力耦合器分类

液力耦合器有 3 种基本类型，即普通型、限矩型和调速型。

调速型液力耦合器又可分为进口调节式和出口调节式。其调速范围对恒转矩负载约为 3∶1，对离心式风机约为 4∶1，最大可达 5∶1。

进口调节式液力耦合器又称旋转壳体式液力耦合器，特点是结构简单紧凑、体积小、质量轻，自带旋转储油外壳，无需专门油箱和供油泵，但因耦合器本身无箱体支持，旋转部件的质量由电机和工作机的轴分担，对电机增加了附加载荷，同时调速时间较长。一般多用于功率小于 500kW 和转速低于 1500r/min 的场合。

出口调节式液力耦合器也称箱体式液力耦合器。进口油量不变（定量油泵供油），工作腔充油量改变，耦合器输出转速也发生变化。它的特点是本身有坚实的箱体支持，因此适合于高转速（500～3000r/min）、大功率，调速过程时间短（一般十几秒钟），但外形尺寸大，辅助设备多。

2. 液力耦合器的工作原理

以出口调节式液力耦合器为例说明其工作原理，结构示意见图 8-49。

调速型液力耦合器是以液体为介质传递功率的一种液力传动装置。运转时，原动机带动泵轮旋转，液体在泵轮叶片带动下因离心力作用，由泵轮内侧流向外缘，形成高压高速液流冲向涡轮叶片，使涡轮跟随泵轮作同向旋转，液体在涡轮中由外缘流向内侧被迫减压减速，然后流入泵轮，在这种循环中，泵轮将原动机的机械能转变成工作液的动能和势能，而涡轮则将液体的动能和势能又转变成输出轴的机械能，从而实现能量的柔性传递。通过改变工作腔中工作液体的充满度就可以在原动机转速不变的条件下，实现被驱动机械的无级调速。

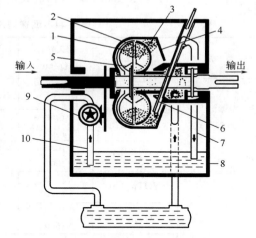

图 8-49　出口调节式液力耦合器结构
1—涡轮；2—工作腔；3—泵轮；4—勺管室；
5—挡板；6—勺管；7—排油管；8—油箱；
9—主循环油泵；10—吸油管。

3. 液力耦合器特性参数

液力耦合器特性参数主要如下。

（1）转矩　耦合器涡轮转矩（M_T）与泵轮转矩（M_B）相等或者说输出转矩等于输入转矩。

$$M_B = M_T \text{ 或 } M_1 = M_2$$

（2）转速比 i　涡轮转速（n_T）与泵轮转速（n_B）之比。

$$i = \frac{n_T}{n_B}$$

（3）转差率 s　泵轮与涡轮的转速与泵轮转速的百分比

$$s = \frac{n_B - n_T}{n_B} \times 100\% = (1 - i) \times 100\%$$

调速型液力耦合器的额定转差率 $s_N \leqslant 3\%$。

(4)效率 η 输出功率与输入功率之比。

$$\eta = \frac{P_T}{P_B} = \frac{M_T n_T}{M_B n_B} = \frac{n_T}{n_B} = i$$

即效率与转速比相等。因此，通常使之在高速比下运行，其效率一般为 $0.96 \sim 0.97$。

(5) 泵轮转矩系数 λ_B 这是反映液力耦合器传递转矩能力的参数。

耦合器所能传递的转矩值 M_B 与液体比量 γ 的一次方、转速 n_B 的平方以及工作轮有效直径 D 的五次方成正比。即

$$M_B = \lambda_B \gamma n_B^2 D^5$$

或

$$\lambda_B = \frac{M_B}{\gamma n_B^2 D^5}$$

λ_B 与耦合器腔型有关，其值由试验确定，λ_B 值高，说明耦合器的性能较好。

(6) 过载系数 λ_m 指能传递的最大转矩 M_{max} 与额定转矩 M_N 之比。

$$\lambda_m = \frac{M_{max}}{M_N}$$

4. 常用设备

调速型液力耦合器产品较多，容量从几千瓦到几千千瓦。液力耦合器与离心式风机相配使用有相当好的节能效果，特别是对于大容量风机其节能效果更为显著。

表 8-44 是部分调速型液力耦合器的技术参数。

表 8-44　调速型液力耦合器主要技术参数

类　别	型号规格	输入转速 / (r/min)	传递功率 范围/kW	额定滑差率	调　速　范　围	
					离心式机械	恒扭矩机械
进口调节式	YOT$_{HR}$280	1500	5～10	1.5%～4%	4∶1	3∶1
		3000	34～75			
	YOT$_{HR}$320	1000	1.5～3	1.5%～4%	4∶1	3∶1
		1500	9～18			
	YOT$_{HR}$360	1000	5～10	1.5%～4%	4∶1	3∶1
		1500	15～30			
进口调节式	YOT$_{HR}$400	1000	10～15	1.5%～4%	4∶1	3∶1
		1500	30～50			
	YOT$_{HR}$450	1000	15～30	1.5%～4%	4∶1	3∶1
		1500	50～100			
	YOT$_{HR}$500	1000	30～50	1.5%～4%	4∶1	3∶1
		1500	100～170			
	YOT$_{HR}$560	1000	50～100	1.5%～4%	4∶1	3∶1
		1500	170～300			
	YOT$_{HR}$650	1000	100～180	1.5%～4%	4∶1	3∶1
		1500	300～560			
	YOT$_{HR}$750	750	70～130	1.5%～4%	4∶1	3∶1
		1000	180～300			
	YOT$_{HR}$800	750	120～200	1.5%～4%	4∶1	3∶1
		1000	300～500			
	YOT$_{HR}$875	750	130～210	1.5%～4%	4∶1	3∶1
		1000	300～850			

续表

类　别	型号规格	输入转速 /(r/min)	传递功率 范围/kW	额定滑差率	调速范围 离心式机械	恒扭矩机械
出口调节式	YOT$_{GC}$360	1500 3000	15~35 110~305	1.5%~3%	5：1	3：1
	YOT$_{GC}$400	1500 3000	30~65 240~500	1.5%~3%	5：1	3：1
	YOT$_{GC}$450	1500 3000	50~110 430~900	1.5%~3%	5：1	3：1
	YOT$_{GC}$650	1000 1500	75~215 250~730	1.5%~3%	5：1	3：1
	YOT$_{GC}$750	1000 1500	150~440 510~1480	1.5%~3%	5：1	3：1
	YOT$_{GC}$875	1000 1500	365~960 1160~3260	1.5%~3%	5：1	3：1
	YOT$_{GC}$1000	750 1000	285~750 640~1860	1.5%~3%	5：1	3：1
	YOT$_{GC}$1150	1000 1500	715~1865 1180~3440	1.5%~3%	5：1	3：1
	YOC$_{HJ}$650	1500	250~730	1.5%~3%	5：1	3：1
	GS50	1500 3000	70~200 560~1625	1.5%~3.25%	5：1	3：1
	GWT58	1500 3000	140~400 1125~3250	1.5%~3.25%	5：1	3：1

5. 调速型液力耦合器的选用

一般厂家提供的产品样本都列有耦合器的适用条件和范围，但在使用时仍应进行校验计算，以满足最不利工况的需要。下面介绍两种简单的方法。

（1）查表法　用计算出的负荷容量和转速，从产品样本的有关曲线和参数中初步选定。

（2）确定耦合器有效工作直径法　可按下式

$$D=K\sqrt[5]{\frac{p_N}{n_B^3}}$$

式中，D 为耦合器的有效工作直径，m；K 为系数，与耦合器性能有关，$K=14.7~13.8$，工程一般选用 14.7；p_N 负载额定轴功率，kW；n_B 泵轮转速，r/min。

如果工作机的实际负载不知道，可以用电动机的额定功率和转速来计算，这样，一般耦合器选择偏大。

【例 8-6】 某高炉出铁场除尘风机，电动机轴功率为 $p_N=670$kW，转数 $n=970$r/min，采用耦合器调速，出铁时风机高速，不出铁时风机低速，试计算耦合器有效工作直径。

解： 由式可得

$$D=K\sqrt[5]{\frac{p_N}{n_B^3}}=14.7\sqrt[5]{\frac{670}{970^3}}=0.875\text{（m）}$$

故选择耦合器有效工作直径为 875mm。

YOTC710B~1050B 调速型液力耦合器外形尺寸见图 8-50 和表 8-45。

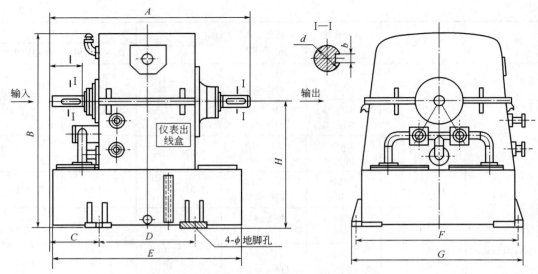

图 8-50 YOTC710B～1050B 液力耦合器外形尺寸

表 8-45 YOTC710B～1050B 液力耦合器外形尺寸　　　　单位：mm

型号	转速 / (r/min)	传递功率 /kW	A	B	C	D	E	F	G	H	d	l	b	4-φ	质量/kg
YOTC710B	750	75～140													
	1000	220～360													3200
	1500	750～1250													
YOTC750B	750	130～180	1455	1490	348	680	1370	1300	1380	915	110	210	28	40	
	1000	340～450													3300
	1500	1150～1450													
YOTC800B	750	160～250													
	1000	400～720													3400
	1500	1250～1600													
YOTC875B	750	250～460									120				4700
	1000	670～1000													
YOTC1000B	600	280～400	1700	1770	398	840	1600	1550	1640	1110		220	32	40	4900
	750	400～800													
	1000	1000～1800									130					
YOTC1050B	600	355～500													
	750	750～1000													4980
	1000	1400～2240													

五、调速变频器

变频技术，简单地说就是把直流电逆变成不同频率的交流电，或是把交流电变成直流电再逆变成不同频率的交流电，或是把直流电变成交流电再把交流电变直流电。总之这一切都是电能不发生变化，而只有频率的变化。变频器就是改变电源频率的设备。

1. 变频器的分类

变频器的种类很多，可以按变换环节、储能方式、工作原理和用途进行分类。

（1）按变换环节

① 交-交变频器。把频率固定的交流电直接变换成频率和电压连续可调的交流电。

② 交-直-交变频器。先把频率固定的交流电整流成直流电，再把直流电逆变成频率连续可调的交流电。

（2）按直流环节的储能方式

① 电流型变频器。直流环节的储能元件是电感线圈 L，如图 8-51（a）所示。

② 电压型变频器。直流环节的储能元件是电容器 C，如图 8-51（b）所示。

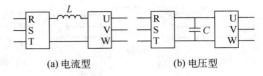

图 8-51 电流型与电压型储能方式

（3）按工作原理

① U/f 控制变频器。U/f 控制的基本特点是对变频器输出的电压和频率同时进行控制，通过使 U/f（电压和频率的比）的值保持一定而得到所需的转矩特性。

② 转差频率控制变频器。转差频率控制方式是对 U/f 控制的一种改进，这种控制需要由安装在电动机上的速度传感器检测出电动机的转度，构成速度闭环，速度调节器的输出为转差频率，而变频器的输出频率则由电动机的实际转速与所需转差频率之和决定。

③ 矢量控制变频器。矢量控制是一种高性能异步电动机控制方式，它的基本思路是：将异步电动机的定子电流分为产生磁场的电流分量（励磁电流）和与其垂直的产生转矩的电流分量（转矩电流），并分别加以控制。

④ 直接转矩控制变频器。

（4）按用途

① 通用变频器。所谓通用变频器，是指能与普通的笼型异步电动机配套使用，能适应各种不同性质的负载，并具有多种可供选择功能的变频器。

② 高性能专用变频器。高性能专用变频器主要应用于对电动机的控制要求较高的系统，与通用变频器相比，高性能专用变频器大多数采用矢量控制方式，驱动对象通常是变频器厂家指定的专用电动机。

③ 高频变频器。在超精密加工和高性能机械中，常常要用到高速电动机，为了满足这些高速电动机的驱动要求，出现了采用 PAM（脉冲幅值调制）控制方式的高频变频器，其输出频率可达到 3kHz。

2. 变频器的工作原理

（1）变频器的基本结构 通用变频器根据功率的大小，从外形上看有书本型结构（0.75～37kW）和装柜型结构（45～1500kW）两种。图 8-52 所示为书本型结构的通用变频器的外形和结构。

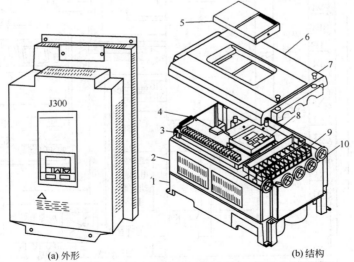

(a) 外形   (b) 结构

图 8-52 通用变频器的外形和结构

1—底座；2—外壳；3—控制电路接线端子；4—充电指示灯；5—防护盖板；6—前盖；7—螺钉；
8—数字操作面板；9—主电路接线端；10—接线孔

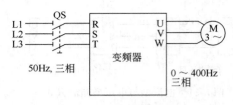

图 8-53　变频器的作用

（2）变频器的原理　变频器是应用变频技术制造的一种静止的频率变换器，它是利用半导体器件的通断作用将频率固定（通常为工频 50Hz）的交流电（三相或单相）变换成频率连续可调的交流电的电能控制装置，其作用如图 8-53 所示。变频器按应用类型可分为两大类：一类是用于传动调速；另一类是用于多种静止电源。使用变频器可以节能、提高产品质量和劳动生产率。

变频器的原理框图如图 8-54 所示。从图中可知变频器的各组成部分，以便于接线和维修。图 8-55 所示为富士 FRN-G9S/P9S 型变频器基本接线图。卸下表面盖板就可看见接线端子。

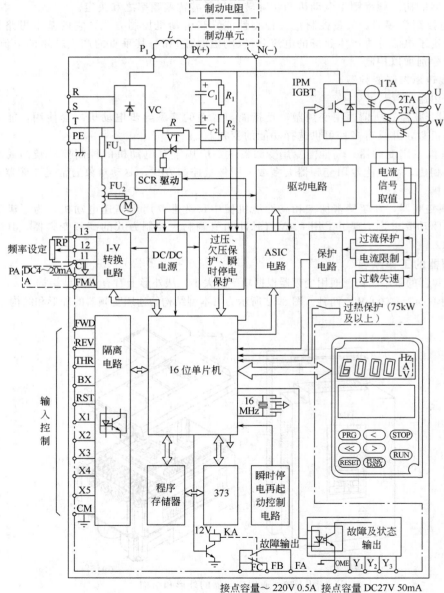

图 8-54　变频器原理框图

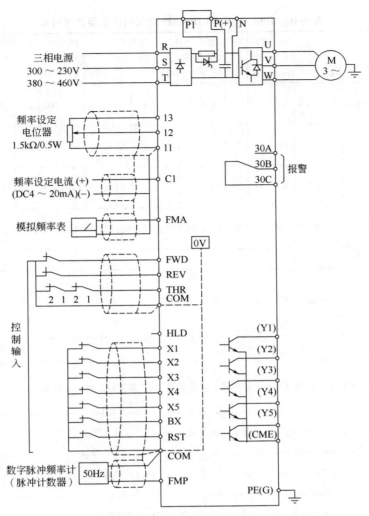

图 8-55 FRN-G9S/P9S 型变频器基本接线图

接线时应注意以下几点。

① 输入电源必须接到 R、S、T 上，输出电源必须接到端子 U、V、W 上，若接错，会损坏变频器。

② 为了防止触电、火灾等灾害和降低噪声，必须连接接地端子。

③ 端子和导线的连接应牢靠，要使用接触性好的压接端子。

④ 配完线后，要再次检查接线是否正确，有无漏接现象，端子和导线间是否短路或接地。

⑤ 通电后，需要改接线时，即使已关断电源，也应等充电指示灯熄灭后，用万用表确认直流电压降到安全电压(DC25V 下)后再操作。若还残留有电压就进行操作会产生火花，这时先放完电后再进行操作。

3. 变频器的选择

目前，国内外已有众多生产厂家定型生产多个系列的变频器，使用时应根据实际需要选择满足使用要求的变频器。对于风机负载，由于低速时转矩较小，对过载能力和转速精度要求较低，故选用价廉的变频器。常用风机变频器技术指标见表 8-46～表 8-48。

当调速系统的控制对象是改变电动机转速时，在选择变频器的过程中应考虑以下几点。

(1) 电动机转速 为了维持某一速度，电动机所传动的负载必须接受电动机供给的转矩，其

表 8-46　JP6C-T9 型和 JP6C-J9 型变频器主要技术指标

型号 JP6C-		T9-0.75	T9-1.5	T9-2.2	T9-5.5	T9/J9-7.5	T9/J9-11	T9/J9-15	T9/J9-18.5	T9/J9-22	T9/J9-30	T9/J9-37	T9/J9-45	T9/J9-55	T9/J9-75	T9/J9-90	T9/J9-110	T9/J9-132	T9/J9-160	T9/J9-200	T9/J9-220	T9/J9-280
适用电动机功率/kW		0.75	1.5	2.2	5.5	7.5	11	15	18.5	22	30	37	45	55	75	90	110	132	160	200	220	280
额定输出	额定容量/(kV·A)[①]	2.0	3.0	4.2	10	14	18	23	30	34	46	57	69	85	114	134	160	193	232	287	316	400
	额定电流/A	2.5	3.7	5.5	13	18	24	30	39	45	60	75	91	112	150	176	210	253	304	377	415	520
	额定过载电流	T9 系列，额定电流的 1.5 倍，1min；J9 系列，额定电流的 1.2 倍，1min																				
	电压	三相 380～440V																				
输入电源	相数、电压、频率	三相 380～440V，50/60Hz																				
输入电源	允许波动	电压，−15%～+10%；频率，±5%																				
	抗瞬时电压降低	310V 以上可以继续运行，电压从额定值降到 310V 以下时，继续运行 15ms																				
输出频率	设定 · 最高频率	T9 系列，50～400Hz 可变设定；J9 系列，50～120Hz 可变设定																				
	基本频率	T9 系列，50～400Hz 可变设定；J9 系列，50～120Hz 可变设定																				
	启动频率	0.5～60Hz 可变设定　　　　　　　2～4kHz 可变设定																				
	载波频率	2～6kHz 可变设定																				
	精度	模拟设定，最高频率设定值的 ±0.3%（25℃ + 10℃）以下；数字设定，最高频率设定值的 ±0.01%（−10～+50℃）																				
	分辨率	模拟设定，最高频率设定值的 0.05%；数字设定，0.01Hz（99.99Hz 以下）或 0.1Hz（100Hz 以上）																				
控制	电压/频率特性	用基本频率可设定 320～440V																				
	转矩提升	自动，根据负荷转矩调整到最佳值；手动，0.1～20.0 编码设定																				
	启动转矩	T9 系列，1.5 倍以上（转矩矢量控制时）；J9 系列，0.5 倍以上（转矩矢量控制时）																				
	加速、减速时间	0.1～3600s，对加速时间、减速时间可单独设定 4 种，可选择线性加速减速特性曲线																				
	附属功能	上、下限频率控制，偏置频率，频率设定增益，跳跃频率，瞬时停电再启动（转速跟踪再启动），电流限制																				

续表

型号 JP6C-	T9-0.75	T9-1.5	T9-2.2	T9-5.5	T9/J9-7.5	T9/J9-11	T9/J9-15	T9/J9-18.5	T9/J9-22	T9/J9-30	T9/J9-37	T9/J9-45	T9/J9-55	T9/J9-75	T9/J9-90	T9/J9-110	T9/J9-132	T9/J9-160	T9/J9-200	T9/J9-220	T9/J9-280

运转	运转操作	触摸面板，RUN 键、STOP 键、远距离操作；端子输入，正转指令、反转指令、自由运转指令等
	频率设定	触摸面板、∧ 键、∨ 键；端子输入，多段频率选择；模拟信号，频率设定器 DC0～10V 或 DC4～20mA
	运转状态输出	集中报警输出 开路集电极：能选择运转中、频率到达、频率等级、检测等 9 种或单独报警 模拟信号：能选择输出频率、输出电流、转矩、负荷率（0～1mA）
显示	数字显示器（LED）	输出频率、输出电流、输出电压、转速等 8 种运行数据，设定频率故障码
	液晶显示器（LCD）	运转信息、操作指导、功能码名称、设定数据、故障信息等
	指示灯（LED）	充电（有电压）、显示数据单位、触摸面板操作提示、运行指示

制动	制动转矩[②]	100%以上	电容充电制动 20%以上	电容充电制动 10%～15%
	制动选择[③]	内设制动电阻	外接制动电阻 100%	外接制动单元和制动电阻 70%
	直流制动设定	制动开始频率（0～60Hz），制动时间（0～30s），制动力（0～200%可变设定）		

保护功能	过电流、短路、接地、过压、欠压、过载、过热，电动机过载、外部报警、电涌保护、主器件自保护
外壳防护等级	IP40　　IP00（IP20 为选用）

环境	使用场所	屋内、海拔 1000m 以下，没有腐蚀性气体、灰尘、直射阳光
	环境温度/湿度	−10～+50℃/20%～90%RH 不结露（220kW 以下规格在超过 40℃时，要卸下通风盖）
	振动	5.9m/s² （0.6g）以下
	保存温度	−20～+65℃（适用运输等短时间的保存）
	冷却方式	强制风冷

① 按电源电压 440V 时计算值。

② 对于 T9 系列，7.5～22kW 为 20%以上，30～280kW 为 10%～15%。

③ 对于 J9 系列，7.5～22kW 为 100%以上，30～280kW 为 75%以上（使用制动电阻时）。

表 8-47　MM420 型通用变频器主要技术指标

输入电压和功率范围	1 相 AC 200～240V，±10%；0.12～3kW
	3 相 AC 200～240V，±10%；0.12～5.5kW
	3 相 AC 380～480V，±10%；0.37～1kW
输入频率	47～63Hz
输出频率	0～650Hz
功率因数	≥0.7

续表

变频器效率	96%～97%
过载能力	1.5 倍额定输出电流，60s（每 300s 一次）
投运电流	小于额定输入电流
控制方式	线性 U/f_1 二次方 U/f（风机的特性曲线），可编程 U/f_1，磁通电流控制（FCC）
PWM 频率	2～16kHz（每级调整 2kHz）
固定频率	7 个，可编程
跳转频带	4 个，可编程
频率设定值的分辨率	0.01Hz，数字设定，0.01Hz，串行通信设定；10 倍，模拟设定
数字输入	3 个完全可编程的带隔离的数字输入，可切换为 PNP/NPN
模拟输入	1 个，用于设定值输入或 PI 输入（0～10V），可标定；可作为第 4 个数字输入使用
继电器输出	1 个，可组态为 30V 直流 5A（电阻负荷）或 250V 交流 2A（感性负荷）
模拟输出	1 个，可编程（0～20mA）
串行接口	RS-232、RS-485
输入电压和功率范围	1 相 AC 200～240V，±10%；0.12～3kW
	3 相 AC 200～240V，±10%；0.12～5.5kW
	1 相 AC 380～480V，±10%；0.37～1kW
电磁兼容性	可选用 EMC 滤波器，符合 EN55011 A 级或 B 级标准
制动	直流制动、复合制动
保护等级	IP20
工作温度范围	−10～+50℃
存放温度	−40～+70℃
湿度	相对湿度 95%，无结露
海拔	在海拔 1000m 以下使用时不降低额定参数
保护功能	欠电压、过电压、过负荷、接地故障、短路、防失速、闭锁电动机、电动机过温、PTC、变频器过热、参数 PIN 编号
标准	UL、CUL、CE、C-tick
标记	通过 EC 低电压规范 73/23/EEC 和电磁兼容性规范 89/336/EEC 的确认

表 8-48 **FR-F500 系列风机、水泵专用型通用变频器的主要技术指标**

	控制方式		柔性 PWM 控制、高频载波 PWM 控制、可选择 U/f 控制
控制特性	输出频率范围		0.5～120Hz
	频率设定分辨率	模拟输入	0.015Hz/60Hz；端子 2 输入，12 位/0～10V，11 位/0～5V，端子 1 输入，12 位/−10～+10V，11 位/−5～+5V
		数字输入	0.01Hz

控制特性	频率精度		模拟量输入时最大输出频率的±0.2%以内，数字量输入时设定输入频率的0.01%以内
	电压/频率特性		可在0~120Hz之间任意设定，可选择恒转矩或变转矩曲线
	转矩提升		手动转矩提升
	加/减速时间设定		0~3600s（可分别设定加速和减速时间）；可选择直线型或S型加/减速模式
	直流制动		动作频率0~120Hz，动作时间0~10s，电压（0~30%）可变
	失速防止动作水平		可设定动作电流（0~120%），可选择是否使用这种功能
运行特性	频率设定信号	模拟量输入	0~5V，0~10V，0±10V，4~20mA
		数字量输入	使用操作面板或参数单元3位BCD或12位二进制输入（FR-A5AX选件）
	启动信号		可分别选择正转、反转和启动信号自保持输入（三线输入）
	输入信号	多段速度选择	最多可选择7种速度（每种速度可在0~120Hz内设定），运行速度可通过PU（FR-DU04/FR-PU04）改变
		第二加速/减速度选择	0~3600s（最多可分别设定两种不同的加速/减速时间）
		点动运行选择	具有点动运行模式选择端子
		电流输入选择	可选择输入频率设定信号4~20mA（端子4）
		瞬时停止再启动选择	瞬时停止时是否再启动
		外部过热保护输入	外部安装的热继电器，信号经接点输入
		连接FR-HC	变频器运行许可输入和瞬时停电检测输入
		外部直流制动开始信号	直流制动开始的外部输入
		PID控制有效	进行PID控制时的选择
		PU，外部操作的切换	从外部进行PU外部操作切换
		PU，运行的外部互锁	从外部进行PU运行的互锁切换
		输出停止	变频器输出瞬时切断（频率、电压）
		报警复位	解除保护功能动作时的保持状态
	运行功能		上、下限频率设定，频率跳跃运行，外部热继电器输入选择，极性可逆选择，瞬时停电再启动运行，工频电源/变频器切换运行，正转/反转限制，运行模式选择，PID控制，计算机网络运行（RS485）
运行特性	输出信号	运行状态	可从变频器正在运行，频率到达，瞬时电源故障，频率检测，第2频率检测，正在PU模式下运行，过负荷报警，电子过电流保护预报警，零电流检测，输出电流检测，PID下限，PID上限，PID正/负作用，工频电源/变频器切换，MC1、2、3，动作设备，风扇故障和散热片过热预报警中选择5个不同的信号通过集电极开路输出

续表

运行特性	输出信号	报警	变频器跳闸时，接点输出/接点转换（AC 230V，0.3A，DC 30V，0.3A），集电极开路……报警代码（4bit）输出
		指示仪表	可从输出频率，电动机电流（正常值或峰值）、输出电压、设定频率、运行速度、整流桥输出电压（正常值或峰值）、再生制动使用率、电子过电流保护、负荷率、输入功率、输出功率、负荷仪表中选择一个。脉冲串输出（1440 脉冲/s）和模拟输出（0～10V）
显示	PU（FR-DU04/FR-PU04）	运行状态	可选择输出频率、电动机电流（正常值或峰值）、输出电压、设定频率、运行速度、电动机转矩、过负荷、整流输出电压（正常值或峰值）、电子过电流保护、负荷率、输入功率、输出功率、负荷仪表、基准电压输出中选择一个。脉冲串输出（1440 脉冲/s）和模拟输出（0～10V）
		报警内容	保护功能动作时显示报警内容可记录 8 次（对于操作面板只能显示 4 次）
	附加显示	运行状态	输入端子信号状态，输出端子信号状态，选件安全状态，端子完全状态
		报警内容	保护功能即将动作前的输出电压、电流、频率、累计通电时间
		对话式引导	借助于帮助菜单显示操作指南，故障分析
保护/报警功能			过电流跳闸（正在加速、减速、恒速），再生过电压跳闸，欠电压，瞬时停电，过负荷跳闸（电子过电流保护），接地过电流，输出短路，主回路组件过热，失速防止，过负荷报警，散热片过热，风扇故障，参数错误，选件故障，PU 脱出，再试次数溢出，输出欠相，CPU 错误，DC 24V 电源输出短路，操作面板用电源短路

值与该转速下的机械所做的功和损耗相适应，这称之为速度下的负载转矩。

在图 8-56 中，表明电动机的转速由曲线 T_M 和 T_L 的交点 A 确定。要从此点加速或减速，则需要改变 T_M，使 T_A 为正值或负值。也就是要控制电动机转速，必须具有控制电动机产生转矩 T_M 的功能。

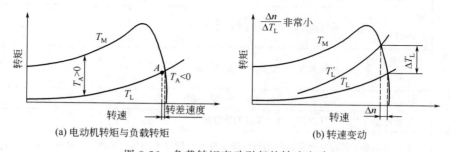

图 8-56　负载转矩变动引起的转速变动

（2）加减速时间　通常，加速率是以频率从零变到最高频率所需的时间；减速率是从最高频率变到零的时间。加速时间给定的要点是：在加速时产生的电流限制在变频器过电流容量以下，也就是不应使过电流失速防止回路动作。减速时间给定的要点是：防止平滑回路的电压过大，不使再生电压失速防止回路动作。对于恒转矩负载和二次方转矩负载，可用简易的计算方法和查表来计算出加减速时间。

（3）速度控制系统

① 开环控制。如果笼型电动机的电压、频率一定，因负载变化引起的转速变化是非常小的。额定转矩下的转差率决定于电动机的转矩特性，转差率为 $1\%\sim5\%$。对于二次方转矩负载（如风机、泵等），并不要求快速响应，常用开环控制，如图 8-57 所示。

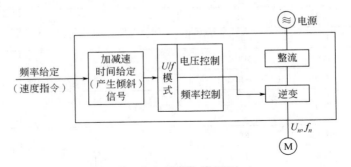

图 8-57　开环控制系统

② 闭环控制。为了补偿电动机转速的变化，将可以将检测出的物理量作为电气信号负反馈到变频器的控制电路，这种控制方式称为闭环控制。速度反馈控制方式是以速度为控制对象的闭环控制，用于造纸机、风机泵类机械、机床等要求速度精度高的场合，但需要装设传感器，以便用电量检测出电动机速度。速度传感器中 DCPG、ACPG、PLG 等作为检测电动机转速的手段是用得最普遍的。编码器、分解器等能检测出机械位置，可用于直线或旋转位置的高精度控制。

图 8-58 为 PLG 的速度闭环控制的例子。用虚线表示的信号路径，用于通用变频器的速度控制。用虚线路径进行开环控制，对开环控制的误差部分用调节器修正。

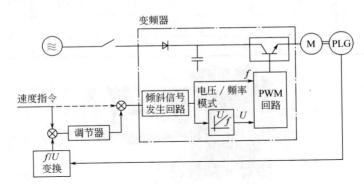

图 8-58　PLG 的速度闭环控制

六、电磁调速电动机

YCT 系列电磁调速电动机调速简单方便，但受电机功率限制，一般用于中小型通风机调速。

1. 基本原理

本系列电机的无级调速是电磁转差离合器来完成的，它有两个旋转部分，圆筒电枢和爪形磁极，两者没有机械的连接，电枢由电动机带动与电动转子同步旋转，当励磁线圈通入直流电后，工作气隙中产生空间交变的磁场，电枢切割磁场，产生感应电势，产生电流，即涡流，由涡流产生的磁场相互作用，产生转矩，输出轴的旋转方向与拖动电机相同，输出轴的转速，在某一负载下，取决于通入励磁线圈的励磁电流的大小，电流越大转速越高，反之则低，不通入电流，输出轴便不能输出转矩。

2. 电动规格及主要技术数据

YCT 系列电磁调速电动机主要技术参数见表 8-49，外观见图 8-59。

表 8-49　**YCT 系列电磁调速电动机主要技术参数**

型　号	功率/kW	额定转矩/N·m	调速范围/(r/min)	转速化率/%	质量/kg
YCT112-4A	0.55	3.6	1250-125	3	50
YCT112-4B	0.75	4.9			
YCT132-4A	1.1	7.1	1250-125	3	75
YCT132-4B	1.5	9.7			
YCT160-4A	2.2	14.1	1250-125	3	100
YCT160-4B	3.0	19.2			
YCT180-4A 4B	4.0	25.2	1250-125	3	145
YCT200-4A	5.5	36.1	1250-125	3	210
YCT200-4B	7.5	47.7			
YCT225-4A	1.1	69.0	1250-125	3	360
YCT225-4B	1.5	94.0			
YCT250-4A	18.5	110	1320-132	3	460
YCT250-4B	22	137			
YCT280-4A	30	189	1320-132	3	580
YCT315-4A	37	232	1320-132	3	800
YCT315-4B	45	282			
YCT355-4A	55	344	1340-440	3	1200
YCT355-4B	75	469	1340-440	3	1300
YCT355-4C	90	564	1340-600		1500

图 8-59　YCT 系列电磁调速电动机外观

3. 电动机外形及安装尺寸

电动机外形及安装尺寸见图 8-60、表 8-50 和图 8-61、表 8-51。

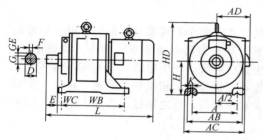

图 8-60　YCT 型电磁调速电动机外形尺寸

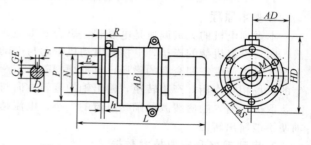

图 8-61　YCTL 型电磁调速电动机外形尺寸

表 8-50　**YCT 型电磁调速电动机外形及安装尺寸**　　　　单位：mm

机座号	A	A/2	W/B	W/C	D	E	F	G	H	K	AB	AC	AD	HD	L
YCT112-$\begin{matrix}4A\\4B\end{matrix}$	190	95	210		19	40		15.5	112		240	260	150	230	520
YCT132-$\begin{matrix}4A\\4B\end{matrix}$	216	108	241	40	24	50	6	20	132	12	285	310	165	330	570 585
YCT160-$\begin{matrix}4A\\4B\end{matrix}$	254	127	267		28	60			160		330	350	185	385	665
YCT180-$\begin{matrix}4A\\4B\end{matrix}$	279	1395	305	45			8	24	180	15	365	385	195	430	700 820
YCT200-$\begin{matrix}4A\\4B\end{matrix}$	318	159	356	50	38		10	33	200		410	430	235	485	860
YCT225-$\begin{matrix}4A\\4B\end{matrix}$	356	178	406	56	42	80	12	37	225	19	465	485	270	454	980
YCT250-$\begin{matrix}4A\\4B\end{matrix}$	406	203	457	63	48		14	42.5	250		520	540	295	595	1025 1130
YCT280-$\begin{matrix}4A\\4B\end{matrix}$	457	2285	508	70	55	110	16	49	280	24	575	595	320	665	1170 1280
YCT315-$\begin{matrix}4A\\4B\end{matrix}$	508	254	560	89	60		18	53	315		645	670	345	770	1400 1425
YCT355-$\begin{matrix}4A\\4B\\4C\end{matrix}$	610 610	205 305	630 630	108	65 75	140	20	58 67.5	355	28	775	780	390 420	890	1550 1630 1680

注：1. $GE = D - G$，Ge 的极限偏差。

2. K 孔的位置公差以轴伸的轴线为基准。

表 8-51　**YCTL 型电磁调速电动机外形及安装尺寸**　　　　单位：mm

型号	D	E	F	G	M	N	P	R	n	h	AB	HD	L	AD
YCTL112-$\begin{matrix}4A\\4B\end{matrix}$	$19^{\pm0.009}_{-0.004}$	40 ± 0.31	$6^{\ 0}_{-0.030}$	$15.5^{\ 0}_{-0.1}$	215	$180^{+0.014}_{-0.011}$	250		15	4	230 275	320 385	520 550	150
YCTL132-$\begin{matrix}4A\\4B\end{matrix}$	$24^{\pm0.009}_{-0.004}$	50 ± 0.31	$8^{\ 0}_{-0.033}$	$20^{\ 0}_{-0.2}$									585	165
YCTL160-$\begin{matrix}4A\\4B\end{matrix}$	$28^{\pm0.009}_{-0.004}$	60 ± 0.37	$8^{\ 0}_{-0.036}$	$24^{\ 0}_{-0.2}$	265	$230^{+0.016}_{-0.013}$	300	0	4		320 365	440 460	565 700	185
YCTL180-4B													820	195
YCTL200-$\begin{matrix}4A\\4B\end{matrix}$	$38^{\pm0.018}_{-0.012}$	80 ± 0.37	$10^{\ 0}_{-0.036}$	$33^{\ 0}_{-0.2}$	300	$250^{+0.016}_{-0.013}$	350				400	545	860	235
YCTL225-$\begin{matrix}4A\\4B\end{matrix}$	$42^{\pm0.018}_{-0.002}$		$12^{\ 0}_{-0.043}$	$37^{\ 0}_{-0.2}$	350	$300^{\pm0.016}$	400				450	620	980	270
YCTL250-$\begin{matrix}4A\\4B\end{matrix}$	$48^{\pm0.018}_{-0.000}$	110 ± 0.43	$14^{\ 0}_{-0.043}$	$42.5^{\ 0}_{-0.2}$	400	$350^{\pm0.018}$	450		19	5	490	660	1025 1130 1170	295

续表

型号	D	E	F	G	M	N	P	R	n	h	AB	HD	L	AD
YCTL280- 4A 4B	$55^{+0.030}_{-0.011}$	140 ± 0.50	$16^{\ 0}_{-0.043}$	$49^{\ 0}_{-0.2}$	450	$400^{\pm0.018}$	500		8		560	760	1280	295
YCTL315- 4A 4B	$60^{+0.033}_{-0.011}$		$18^{\ 0}_{-0.043}$	$53^{\ 0}_{-0.2}$	500	$450^{\pm0.018}$	550				620	855	1400 1425	345

4. 电动机使用环境

① 海拔不超过 1000m。

② 在无爆炸，且无足以腐蚀金属和破坏绝缘气体的地方。

③ 冷却介质温度不超过 40℃。

④ 相对湿度不大于 85%。

七、三角胶带传动计算

一般通风机均为定型产品，其三角胶带、槽轮等均由风机配套供应。三角胶带的传动安装定位尺寸计算如下所述。

如图 8-62(a) 所示，槽轮的中心距（L）和水平距（A）可按式（8-39）、式（8-40）计算：

$$L = 0.5l - 0.8(D_1 + D_2) + 20 \tag{8-39}$$

$$A = \sqrt{L^2 - h^2} \tag{8-40}$$

式中，L 为三角胶带周长，mm；D_1、D_2 为通风机和电动机的槽轮直径，mm，由选型风机样本给出；h 为通风机与电动机中心垂直高，mm。

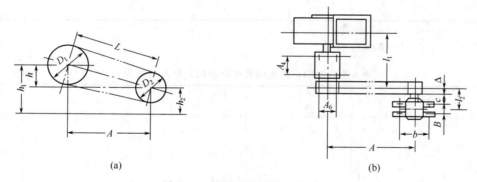

(a)　　　　　　　　　　　　　　(b)

图 8-62　槽轮及基础槽孔尺寸

在确定基础槽孔的定位尺寸时[见图 8-62(b)]，可参照表 8-52～表 8-55 所列和通风机样本给出的尺寸数据进行计算。

表 8-52　三角胶带的长度规格

胶带型号	A　型	B　型	C　型	D　型	E　型
结构	12 40° 9	17 40° 11	22 40° 13	31 40° 19	38 40° 25

续表

胶带型号	A 型		B 型			C 型			D 型			E 型		
公称带号	内周长/mm	节周长/mm	公称带号	内周长/mm	节周长/mm	公称带号	内周长/mm	节周长/mm	公称带号	内周长/mm	节周长/mm	公称带号	内周长/mm	节周长/mm
31	782.3	809	35	883.9	918	68	1722.1	1764	120	3048	3108	180	4572	4652
35	883.9	911	40	1061.7	1091	80	2032	2074	144	3657.6	3717	210	5334	5414
42	1061.7	1089	46	1163.3	1198	85	2159	2210	180	4572	4632	240	6096	6176
46	1163.3	1190	51	1290.3	1325	90	2286	2328	210	5334	5394	270	6858	6938
51	1290.3	1317	56	1397	1432	97	24638	2521	240	6096	6156	300	7620	7700
56	1397	1424	60	1518.9	1554	105	2667	2709	270	6858	6918	330	8782	8462
60	1518.9	1546	64	1625.6	1661	112	2844.8	2887	300	7620	7680	360	9744	9224
64	1625.6	1653	68	1722.1	1757	120	3048	3090	330	8382	8440	420	10668	10780
68	1722.1	1749	70	1772.9	1808	144	3657.6	3699	360	9144	9204	480	12192	12272
70	1772.9	1799	75	1899.9	1935	160	4064	4106	420	10668	10728			
75	1899.9	1927	80	2032	2067	180	4572	4614	480	12192	12252			
80	2032	2059	85	2159	2194	210	5334	5376						
85	2159	2186	90	2286	2321	240	6096	6138						
90	2286	2313	97	2463.8	2514	270	6858	6900						
97	2463.8	2506	105	2667	2702	300	7620	7662						
100	2540	2567	112	2844.8	2880									
105	2667	2694	120	3048	3085									
112	2844.8	2872	144	3657.6	3692									
120	3048	3075	160	4064	4099									
			180	4572	4607									

表 8-53　三角胶带的槽部尺寸及轮面宽度　　　单位：mm

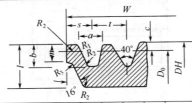

胶带型号	a	b	c	l	m	s	t	R_1	R_2	R_3	下列槽数时的轮面宽度（W）									
											1	2	3	4	5	6	7	8	9	10
A	13	13	4	22	9	12	16	1	1	2	24	40	56	72	88	104				
B	17	17	5	28	12	15	21	1	1	2	30	51	72	93	114	135	156	177	198	
C	22	22	7	35	16	18	27	1	1.5	3	36	63	90	117	144	171	198	225	252	279
D	32	30	9	45	20	23	38	1.5	2.5	4	46	84	122	160	198	236	274	312	350	388
E	38	36	12	53	26	26	44	1.5	2.5	5	52	96	140	184	228	272	316	360	404	448

表 8-54　电动机滑轨　　　单位：mm

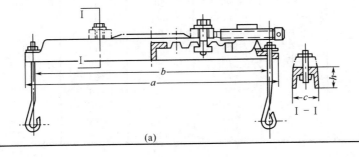

(a)

续表

代　　号	a	b	c	h	地脚螺栓 （2 套）
3912-013	440	410	42	36	M10×160
3912-014	510	470	50	45	M12×200
3912-015	670	620	72	55	M16×250
3912-016	770	720	75	60	M16×250
3912-017	930	870	105	70	M20×300

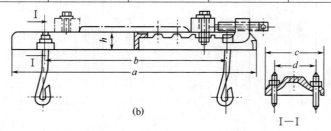

(b)

代　　号	a	b	c	d	h	地脚螺栓 （4 套）
3912-018	950	700	245	175	75	M24×350
3912-019	1090	800	260	190	85	M24×350
3912-020	1200	900	270	200	85	M24×350
3912-021	1300	950	280	200	100	M27×400
3912-022	1400	1050	300	220	110	M27×400

表 8-55　底脚垫板尺寸

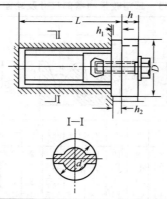

代　　号	D	d	h	h_1	h_2	L
3912-001	56	36	16	8		125
3912-002	72	40	20	10		150
3912-003	85	45	28	12	10	180
3912-004	95	50	30	14	10	200
3912-005	110	55	40	16	10	220
3912-006	125	65	50	18	15	250
3912-007	135	70	60	20	15	280
3912-008	145	75	60	24	15	320
3912-009	155	80	70	26	15	350
3912-010	165	85	80	26	15	380
3912-011	175	90	100	28	15	420
3912-012	185	95	100	30	20	450

【例 8-7】 已知风机的型号为 4-72 №8C，风量 $Q=2020\text{m}^3/\text{h}$，全压 $p=1000\text{Pa}$，转速 $n=1120\text{r/min}$，电动机型号为 Y160M-4，功率 $N=7.5\text{kW}$，选配 B 型三角胶带 2 根，带号 105，通风机槽轮代号 65-B_2-320。电动机槽轮代号 38-B_2-250，电动机导轨代号为 3912-014，$h=h_1-h_2=400\text{mm}$。试确定风机和电动机的基础尺寸。

解：由表 8-50 查得 B 型胶带 105 号的节周长 $L=2702\text{mm}$。由风机、电机选配的槽轮代号可知，风机槽轮直径 $D_1=320\text{mm}$，电机槽轮直径 $D_2=250\text{mm}$。由式(8-39)及式(8-40)可计算出：

两槽轮间中心距 $L=0.5\times2702-0.8\times(320+250)+20=915(\text{mm})$

两槽轮间水平距 $A=\sqrt{915^2-400^2}=822$ （mm）

由通风机样本查得 $A_4=520\text{mm}$，$A_6=440\text{mm}$；由样本查出 3912-041 型滑轨地脚螺钉孔中心距 $b=470\text{mm}$；由电机样本查出 $B=210\text{mm}$。

轴颈至槽轮中心距 Δ 当所选用的电动机槽轮宽度(W)小于电动机轴长(E)时，取 $\Delta=\dfrac{E}{2}$；槽轮宽度大于电动机轴长时，则取 $\Delta=\dfrac{W}{2}$。

由电动机样本查得 Y160M-4 型电机 $C=108\text{mm}$、$E=110\text{mm}$；由表 8-53 查得，当 B 型胶带为 2 根时，电机槽轮宽度 $W=51\text{mm}$，小于 E，故

$$L_2=\frac{B}{2}+C+\Delta=\frac{210}{2}+108+\frac{80}{2}=253 \text{ （mm）}$$

根据风机外形尺寸推算 $L_1=1190\text{mm}$。

八、风机调节阀门远动执行机构

1. 风机调节阀门远动执行机构结构

本调节阀门远动执行机构适合于除尘用鼓风机、引风机进口调节阀门的远动调控，执行机构分为Ⅰ型、Ⅱ型、Ⅲ型，由电气仪表专业选用的电动执行器型号所决定，Ⅰ型配用 DKJ-210，Ⅱ型配用 DKJ-310，Ⅲ型号配用 DKJ-410。

（1）DKJ 系列机构安装示意、性能及安装尺寸

该机构安装示意见图 8-63，其性能及安装尺寸见表 8-56。

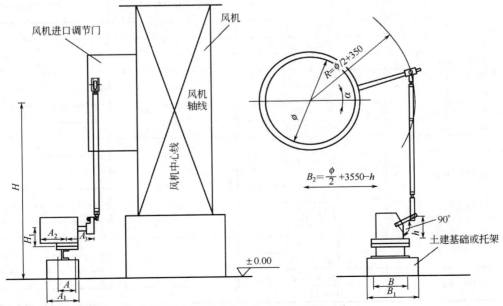

图 8-63 调节阀门执行机构安装示意

表 8-56 机构性能及安装尺寸

执行机构编号	电动执行器型号及性能					装置尺寸/mm								质量/kg
	型号	输出力矩/(N·m)	臂长/mm	输出力/N	电动机功率/kW	A	A_1	A_2	A_3	B	B_1	H_1	h	
Ⅰ	DKJ-210	98	100	980	110	130	152	198	162	220	245	125	1414	31
Ⅱ	DKJ-310	245	120	2038.4	140	100	130	210	180	260	290	135	1697	48
Ⅲ	DKJ-410	588	150	3920	270	130	162	277	223	320	365	170	2121	86

(2) BS 系列角行程电动执行机构　BS 系列角行程电动执行机构是除尘风机中常用的一种形式,其型号的编制方法如下所示。BS 系列角行程电动执行机构的型号主要参数见表 8-57。

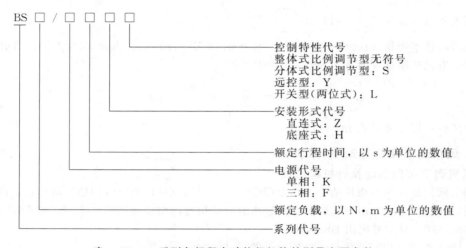

表 8-57 BS 系列角行程电动执行机构的型号主要参数

型　号		额定负荷/(N·m)	额定行程时间/s
单相	三相		
BS100/K25	BS100/F25	100	25
BS250/K30	BS250/F30	250	30
BS600/K30	BS600/F30	600	30
BS1000/K30	BS1000/F30	1000	30
BS1000/K48	BS1000/F48		48
BS1600/K28	BS1600/F28	1600	28
BS1600/K40	BS1600/F40		40
—	BS2500/F28	2500	28
	BS2500/F40		40
BS2500/K40	BS4000/F28		28
	BS4000/F40	4000	40
BS4000/K60	BS4000/F65		65
	BS4000/F105		105
BS4000/K105	BS6000/F40	6000	40
	BS6000/F65		65
BS6000/K105	BS6000/F105		105
	BS8000/F105	8000	105

2. 风机调节阀电动执行机构的选择

风机的进口一般需设调节阀，调节阀的作用是风机启动时可以实现快速平稳的启动，减少电机启动电流以及对电网的冲击。风机启动后调节阀打开，达到风机的设计参数运行的工况。当管网有波动时，可通过调节阀的开度调节实现风机参数的调整。电动执行机构一般可由风机厂配套，选用电动执行机构要注意以下几个方面。

（1）电动执行机构输出位移的形式　有以下几种：a. 角行程，输出转矩和 90°转角；b. 直行程，输出力力矩和直线位移；c. 多转，输出转矩和超过 360°的多圈转动。

除尘系统风机调节阀一般采用角行程。

（2）电动执行机构按安装形式　分为两种：a. 直联式，执行机构通过输出端的法兰与阀门等调节机构直接连接；b. 底座式，执行机构安装在一个基础底座上通过输出臂及杠杆与阀门等调节机构连接（仅角行程执行机构有此种安装形式），除尘风机一般采用这种形式。

（3）电动执行机构按调节形式（输入与输出之间的关系）分成 3 种。

① 比例调节型。执行机构接受系统的控制信号自动实现工业过程的调节控制，输出行程与输入信号成比例关系。

② 远控型。执行机构接受开关（继电）信号控制输出件位移，开关复位输出停止移动。该种形式多用于小型除尘系统，它们不需连锁控制，只需满足手动远控操作。

③ 开关型（两位式）。执行机构接收开关信号控制输出件位移，即使开关复位输出件也继续移动到极限位置。该种形式多用于除尘系统只需要调节阀开关动作的场合，可用 PLC 输出开关控制信号，亦可监视阀位。

（4）电动比例调节型电动执行机构　按结构形式分成两类。

① 整体式比例调节型。执行机构的动力部件与位置定位器组装成一体在现场安装。输入输出信号为 4～20mA 的标准电流，可与计算机直接连接，安装方便。该种电动执行机构广泛应用在除尘系统风机调节阀和管道风量的控制中。

② 分立式比例调节型。执行机构的动力部件与位置定位器分开设置，动力部件安装在现场，位置定位器安装在室内。该总电动执行机构用于环境条件比较恶劣的场合，如风机周围的环境温度＞50℃，可采用分立式。

（5）电动执行机构的工作电压　有单相 220V 和三相 380V 两种，可根据实际情况选择，一般功率大的采用 380V。

表 8-58 列出了 G/Y5-51-1No8-29D 锅炉离心风机的调节阀的阻力矩，供同类风机设计参考。

表 8-58　G/Y5-51 型锅炉离心风机的调节阀阻力矩

风机机号	调节阀阻力矩/(N·m)	风机机号	调节阀阻力矩/(N·m)
8		18	
9	250	19	
10		20	1600
11		21	
12		22	
13	600	23.5	
14		25	
15		26.5	2500
16	1600	28	
17		29.5	

另外，还有气动远动执行机构，动力是气缸；型号有 ZSL-21、ZSL-32、ZSL-43D 等。

第九章　除尘设备涂装和保温设计

除尘设备的涂装和保温设计具有明显的特点和重要意义，除尘设备多数所处环境较差，技术要求严格，涂装和保温不利，不仅会影响除尘设备的使用年限，还会导致除尘系统无法正常运行。

第一节　涂装除锈

钢材表面处理是涂装工程中的重要一环，其质量好坏，会严重影响整个涂装质量。有资料认为除锈质量要影响涂装质量的 60% 以上。本节介绍除锈基本要求、除锈等级划分、除锈方法及其选择。

一、除锈等级划分

《涂装前钢材表面锈蚀等级和除锈等级》规定了涂装前钢材表面锈蚀程度和除锈质量的目视评定等级。

通常钢材表面分成 A、B、C、D 四个锈蚀等级：A 级，全面地覆盖着氧化皮而几乎没有铁锈；B 级，已发生锈蚀，并有部分氧化皮剥落；C 级，氧化皮已因锈蚀而剥落，或者可以刮除，并且有少量点蚀；D 级，氧化皮因锈蚀而全面剥落，并且普遍发生点蚀。

除锈等级分成喷射或抛射除锈、手工和动力工具除锈、火焰除锈 3 种类型，现分别叙述。

1. 喷射或抛射除锈

喷射或抛射除锈，用字母"Sa"表示，分 4 个等级。

（1）Sa1　轻度的喷射或抛射除锈。钢材表面应无可见的油脂或污垢，没有附着不牢的氧化皮、铁锈和涂料涂层等附着物。

（2）Sa2　彻底的喷射或抛射除锈。钢材表面无可见的油脂和污垢，氧化皮、铁锈等附着物已基本清除，其残留物应是牢固附着的。

（3）$Sa2\frac{1}{2}$　非常彻底的喷射或抛射除锈。钢材表面无可见的油脂、污垢氧化皮、铁锈和涂料涂层等附着物，任何残留的痕迹应仅是点状或条纹状的轻微色斑。

（4）Sa3　使钢材表现洁净的喷射或抛射除锈。钢材表面无可见的油脂、污垢氧化皮、铁锈和涂料等附着物，该表面应显示均匀的金属光泽。

2. 手工和动力工具除锈

手工和动力工具除锈以字母"St"表示，只有两个等级。

（1）St2　彻底的手工和动力工具除锈。钢材表面无可见的油脂和污垢，没有附着不牢的氧化皮、铁锈和涂料涂层等附着物。

（2）St3　非常彻底的手工和动力工具除锈。钢材表面应无可见的油脂和污垢，并且没有附着不牢的氧化皮、铁锈和涂料涂层等附着物。除锈应比 St2 更为彻底，底材显露部分的表面应具有金属光泽。

3. 火焰除锈

火焰除锈，以字母"FI"表示。它包括在火焰加热作业后，以动力钢丝刷清除加热后附着在钢材表面的产物。其只有一个等级 FI：钢材表面应无氧化皮、铁锈和油漆层等附着物，任何残留的痕迹应仅为表面变色（不同颜色的暗影）。

此外，超声波脱脂对处理形状复杂、有微孔、不通孔、窄缝以及脱脂要求高的零件更为有效。复杂的小零件可采用高频率低振幅的超声波脱脂，表面较大的零件则使用频率较低（15～30kHz）的超声波脱脂。

评定钢材表面锈蚀等级和除锈等级，应在良好的散射日光下或在照度相当的人工照明条件下进行；检查人员应具有正常的视力。把待检查的钢材表面与相应的照片进行目视比较。评定锈蚀等级时，以相应锈蚀较严重的等级照片所标示的锈蚀等级作为评定结果。评定除锈等级时，以与钢材表面外观最接近的照片所示的除锈等级作为评定结果。

二、除锈主要方法

1. 手工除锈法

手工除锈是一种使用最普遍和最简单的除锈方法，采用的工具有砂布、钢丝刷、刮刀、锤、铲等。其方法是先用刮刀、锤、铲等工具，将钢铁表面的氧化皮、焊渣等污物清理干净；再用钢丝刷配合砂布依次将铁锈清除干净，清净浮末，即可涂底漆或防锈涂料。

人工除锈的表面易残留锈迹，劳动强度大，生产效率低，质量较差，但由于使用工具简单，目前仍采用，特别是除尘设备现场的修补尤其要手工除锈。

2. 风动机具除锈法

（1）风动离心除锈器　使用风动离心除锈器时，压缩空气一端接上送风接头，另一端接上除锈工具，而后开送风阀，手握工具，将除锈（膜）工具齿轮放在下面，安全罩朝上，用右手拇指将送风开关打开，齿轮立即转动，由于齿轮的高速转动，碰到锈层或旧涂膜层就可除去。

（2）风动除锈锤除锈　这种机具是用压缩空气推动阀门，使其上下猛烈振动冲击锈层，使锈层成片落下来以达到除锈目的。主要适于清除 3mm 以上的钢制件锈层，如车辆的各梁架、转向架、大型配件等。使用风动除锈锤时，一只手握住锤的胶皮柄（由于胶皮柄有弹性，操作时可减少振动），另一只手打开风阀，除锈锤就上下动作，使锈层脱落。除完锈后或在操作间歇时，应将风阀关闭，以免造成事故。

3. 喷砂除锈法

喷砂除锈是用压缩空气将细小干净的石英砂喷在需要除锈的金属表面，借助石英砂有力地冲刷物面而将锈层或旧涂膜除掉。其特点是生产效率高、除锈质量好，而且除锈后的金属表面有一定的粗糙度，能增强涂膜与金属之间的附着力，是除尘工程常用的方法。

（1）干喷砂除锈　一般采用黄砂或石英砂等为喷射材料，以 0.4～0.7MPa 压力的压缩空气喷射，以此除去钢铁表面上的氧化皮及锈层，并使表面粗糙度均匀。但由于喷砂操作时易产生严重的粉尘，长期操作易得砂肺职业病，故要采取有效的防尘措施。

（2）湿喷砂除锈　也称水喷砂。是用水和黄砂，其质量比为 1∶2，借助 0.4～0.7MPa 压力的压缩空气，将水砂喷射于金属表面进行除锈的。其特点是可避免灰尘飞扬，改善了劳动条件。用此法喷砂处理后，为了防止水潮湿而物面再度生锈，可在水中预先加入少量化学钝化剂，如亚硝酸钠、磷酸三钠、碳酸钠及肥皂水等，可使金属表面保持短期内不生锈，然后立即涂底漆保护。

（3）无尘喷砂除锈　其特点是加砂、喷砂、集砂回收等操作过程为连续化，使砂流在一密闭系统里不断循环流动，从而可完全避免粉尘飞扬，大大改善劳动条件。目前该方法正逐步推广使用。

4. 抛丸除锈法

抛丸法是在喷砂除锈的基础上改进的，它是利用高速旋转的抛丸器的叶轮，将直径约为 0.2～1mm 之间的铁丸或其他材料的丸体抛到被处理表面，依靠高速铁丸对处理表面的冲击和摩擦达到除锈目的。其特点是可减少砂尘的飞扬，改善了劳动条件；铁丸还可回收利用。目前，该方法已被广泛应用于型钢、带钢、圆钢、线材、板材以及除尘设备等表面的除锈。

5. 化学除锈法

金属的锈蚀产物主要是金属的氧化物。化学除锈，就是用酸溶液与金属氧化物发生化学反应，使其溶解在酸溶液中，从而达到除锈的目的。

化学除锈在涂装中俗称酸洗，常用的酸一般为无机酸（如硫酸、硝酸、磷酸、氢氟酸等）和有机酸（如醋酸、柠檬酸等）。酸洗方式有浸泡酸洗、喷射酸洗、酸洗膏等。但应说明，在酸洗过程中，由于酸与金属铁的作用会造成金属过度腐蚀，而且大量的氢气析出易导致金属性能变脆（氢脆），损坏金属；另外，氢气从酸液中逸出，形成酸雾影响人体健康。

为了消除不利影响，往往在酸中加少量缓蚀剂，可大大减缓对金属基体的溶解和氢脆现象，而对除锈没有显著影响。常用的缓蚀剂有硫脲、乌洛托平（六次甲基四胺）、若丁等。

一般浸渍酸洗除锈的工艺流程为：酸洗除锈→冷水冲洗→热水洗涤→中和处理→冷水冲洗（或继之进行磷化处理等）。

钢材表面酸洗除锈液的配方及工艺规范见表9-1。常温特效除锈液的配方及工艺规范见表9-2。

表 9-1　钢材表面酸洗除锈液的配方及工艺规范

序　号	配方		处理温度 /℃	处理时间 /min	说　　明
	组　分	含量/%①			
1	硫酸	7～10	20～60	5～10	适于钢、铸钢制件除锈
	盐酸	11～15			
	氯化钠	2～5			
	KC 缓蚀剂	0.3～0.5			
	水	余量			
2	硫酸	18～20	65～80	25～40	适用于铸件、大块氧化皮除锈
	氯化钠	4～5			
	硫脲	0.3～0.5			
	水	余量			
3	铬酸酐	15	85～90	＞2	适用于轻度锈蚀和精密件除锈
	磷酸	8.5			
	水	76.5			
4	硫酸（10%）②	99	室温	数十秒至10min	适用于尺寸要求不严的制件除锈
	甲醛（40%）③	1			
5	盐酸	25	55～60	30～60	适用于不锈钢除铁屑、氧化皮和锈斑，酸洗后表面较光亮
	硝酸	5			
	硫酸	5			
	水	65			
6	硝酸	5	室温	1～2	适用于钢铁、铜合金组合件，酸洗后用质量分数为2%的碳酸钠溶液中和2min
	磷酸	5			
	铬酐	10			
	重铬酸钾	3			
	水	77			
7	浓盐酸	3～5	40～50	15～20	适用于高合金钢制件
	硝酸	11			
	若丁	1～2			
	水	余量			

① 配方百分数为质量分数。

② 硫酸含量百分数为质量分数。

③ 甲醛含量百分数为质量分数。

表 9-2 常温特效除锈液的配方及工艺规范

除锈液的组成		除锈工艺规范	
原料名称	含量/(g/L)	除锈温度/℃	除锈时间/min
工业硫酸	150～200	15～25	2～5
工业盐酸	200～300		
十二烷基磺酸钠	10	15～25	2～5
六次甲基四胺	3		
三乙醇胺	2		
食盐	200～300		

三、除锈等级的确定

钢材表面处理除锈等级的确定，是涂装设计的主要内容，确定等级过高，会造成人力、财力的浪费；过低会降低涂层质量，起不到应有的防护作用，反而是更大的浪费。单纯从除锈等级标准来看，Sa3 级标准质量最高，但它需要的条件和费用也最高，达到 Sa3 的除锈质量，只能在相对湿度小于 55% 的条件下才能实现。钢材除锈质量达 Sa3 级时，表面清洁度为 100%，达到 Sa2$\frac{1}{2}$ 级时则为 95%。按消耗工时计算，若以 Sa2 级为 100%，Sa2$\frac{1}{2}$ 级则为 130，Sa3 级则为 200%，因此不能盲目要求过高的标准而是根据实际需要来确定除锈等级。

除锈等级一般应根据钢材表面原始状态、可能选用的底漆、可能采用的除锈方法、工程造价与要求的涂装维护周期等来确定。

由于各种涂料的性能不同，涂料对钢材的附着力也不同。各种底漆与相适应的除锈等级关系，见表 9-3。

表 9-3 各种底漆与相适应的除锈等级

各 种 底 漆	喷射或抛射除锈			手工除锈		酸洗除锈
	Sa3	Sa2$\frac{1}{2}$	Sa2	St3	St2	Sp-8
油基漆	1	1	1	2	3	1
酚醛漆	1	1	1	2	3	1
醇酸漆	1	1	1	2	3	1
磷化底漆	1	1	1	2	4	1
沥青漆	1	1	1	2	3	1
聚氨酯漆	1	1	2	3	4	2
氯化橡胶漆	1	1	2	3	4	2
氯磺化聚乙烯漆	1	1	2	3	4	2
环氧漆	1	1	1	2	3	1
环氧煤焦油	1	1	1	2	4	1
有机富锌漆	1	1	2	3	4	3
无机富锌漆	1	1	2	4	4	4
无机硅酸漆	1	2	3	4	4	2

注：1 为好；2 为较好；3 为可用；4 为不可用。

第二节 涂 装 设 计

钢结构涂装的目的，在于利用涂层的防护作用防止钢结构腐蚀，延长其使用寿命。而涂层的防护作用程度和防护时间的长短则决定于涂层的质量，涂层质量的好坏又决定于涂装设计、涂装施工和涂装管理。

影响涂层质量的诸因素所占的大致比例如表 9-4 所列。实际上，忽视了哪一项因素都可能造成影响涂层质量的严重后果。涂装设计是涂装施工和涂装管理的依据和基础，是决定涂层质量的重要因素。

表 9-4　涂装中各因素对涂层质量的影响

因　素	影响程度/%	因　素	影响程度/%
表面处理（除锈质量）	49.5	涂料品种	4.9
涂层厚度（涂装道数）	19.1	其他（施工与管理等）	26.5

一、涂装设计注意事项

所谓涂装体系，通常指由几层具有不同功能的涂膜配套来达到防护目的。例如，面漆要选择具备美观、耐候、隔绝腐蚀环境性能好、机械强度高等必要条件的涂料。中间层是以改善底漆和面漆的附着性，缓和底、面涂层之间由于涂膜物性的差异而产生的各种问题或以增加涂膜厚度为目的，多数选择具有底、面涂层中等性能的涂料。而底漆应选择防护性能好，与底金属表面附着力强及有防锈性能的涂料。涂装体系可采用同一种类涂料配套，也可采用不同种类的涂料配套。在进行涂装体系设计时，对产品所处的腐蚀环境条件及对产品本身的材质、性质、形状、制作工艺等有关情况，必须有充分的认识。在考虑具体的涂装体系时，还必须注意以下两点：一是选择能适应产品的所处腐蚀环境条件、材质构造、制作工序和施工条件的涂装体系；二是从对涂膜所要求的各种性能设计到涂装施工应进行综合考虑，选择能够取得技术上、经济上达到统一的涂装体系。

涂料的选用一般应遵循以下各项原则。

① 根据环境条件和使用要求选用，如在室内，要求装饰美观、耐磨、耐洗涤；在室外主要耐光、耐候性要好。

② 颜色、外观和涂膜机械强度应满足设备设计要求，并在其使用过程中耐久、稳定。

③ 对被涂物表面应具有良好的附着力，在多层涂装场合各涂层间的配套性应良好，涂层间应具有良好的结合力，并且应该相互增强，而不因配套不良而引起涂层弊病。如在选择底漆材料时，底漆对被涂底材应具有优良的附着力，而且与中间涂层或面漆之间的结合力也应良好；同时，还应注意底漆对底材不应产生副作用。

④ 所选用涂料的施工性能、干燥性能、涂装性能等应与所具备的涂装条件相适应。涂料的干燥速度在涂装中具有重要的意义。从节能角度来考虑，在综合平衡的前提下应尽可能选用低温烘干型涂料。为获得一级涂层的装饰性，应选用具有优良打磨和抛光性能的涂料。

⑤ 要考虑所要求的涂膜性能和经济性，选用价廉质优的涂料品种，要注意涂膜性能与材料价格之间的合理性，应考虑涂膜对产品的商品性影响。因此，采用贵一点的但性能较好的涂料还是有益的。

⑥ 对于涂料的毒性和涂装污染问题也应给以足够的重视。在新的涂装设计中应尽可能选用毒性小、低污染或无污染的涂料。

二、常用涂料的特点和选择

1. 沥青类

制造涂料的沥青主要是天然沥青、石油沥青、煤焦油沥青三类。沥青漆有清漆、底漆、磁漆及专门用途的沥青漆等十多个品种，按主要成膜物质可分为以下 4 类。

（1）纯沥青和溶剂加其他材料制成的纯沥青漆　这一类漆原材料来源丰富，价格低廉，使用方便，涂层光滑平整，具有优良的耐水、耐酸、耐碱、防潮、防腐性能，但不耐油和有机溶剂、不耐日光暴晒、不耐热。主要用于室内、水下、地下和不受阳光直射的设备涂装。纯沥青漆品种有石油沥青防腐清漆、煤焦油沥青清漆、沥青防腐油等。

（2）沥青、树脂和溶剂加其他材料制成的沥青漆　在沥青中可加入酚醛、松香衍生物、环氧树脂、聚氨酯树脂等成膜物质。加入树脂后可提高涂膜的硬度和光泽。松香制品能改进沥青的溶解性和漆液的稳定性。加入环氧或聚氨酯可制成特种耐水、防腐蚀涂料。

（3）沥青、油脂和溶剂加其他材料制成的沥青漆　在沥青中加入干性油，可改善涂膜机械性能，提高耐候性及耐光性，但其干燥性及耐水性有所降低，故需在常温干燥的涂料中加入催干剂以提高干燥性能，或制成烘干漆。

（4）沥青、油脂、树脂和溶剂加其他材料制成的沥青漆　在沥青中加入适量的树脂和干性油可提高涂膜的附着力和柔韧性，以增强耐候性和机械强度、改善涂膜的光亮度、提高其装饰性。品种有沥青清烘漆、沥青绝缘烘漆等。

2. 醇酸树脂类

醇酸树脂漆约占我国涂料总量的 30%，在涂料工业中占有非常重要的地位。醇酸树脂漆可制成工业用漆和一般通用漆，品种繁多，广泛用于机械、电器、航空、船舶、车辆、桥梁化工设备、仪器仪表的涂装。

（1）优点　涂膜平整光滑，光亮持久，附着力强，柔韧性、耐磨性好，机械性能优良，耐久、耐候、不易老化，耐醇类溶剂和耐矿物性好，如经烘烤后，则涂膜的硬度、柔韧性、耐水性、耐油性和绝缘性均有较大提高。

（2）缺点　涂膜表面干燥较快，但完全实干时间较长，耐水性差，不耐碱，耐盐雾、耐湿热性能不突出。

3. 过氯乙烯类

过氯乙烯漆是以过氯乙烯树脂为主要成膜物质的一类涂料，过氯乙烯树脂是聚氯乙烯进一步氯化的产品。单独过氯乙烯树脂作成膜物有一些严重的缺点，有些品种加入改性醇酸树脂或热塑性丙烯酸树脂以改善其性能。

（1）优点　干燥迅速，但完全实干时间较硝基漆长；耐化学腐蚀性好，对酸、碱、盐、矿物油、醇类及许多有机化合物均具有抗腐蚀性；耐候性优良，涂膜不易粉化，保光保色性甚佳；耐水、防霉，可用于湿热地区，是挥发性漆中三防性能较佳的品种；耐寒性好，在低温条件下也能保持良好的力学性能；有防延燃性，可降低木材、纸张和布的易燃性；有电绝缘性，但因其耐热性及附着力较差，不能用于电机内部各种部件的绝缘涂层，可用于电器外表面的涂装。

（2）缺点　不耐热，遇热易分解，使涂膜颜色变深、变脆易裂，故只适宜在 70℃ 以下使用；附着力较差，施工不当时涂膜易产生整张剥离的弊病，加入其他树脂后附着力有所提高；耐化学腐蚀范围有限制，对冰醋酸、王水、含水量在质量分数为 20% 以下的硝酸-硫酸混合酸、90% 以上的浓硫酸、50% 以上的硝酸及很多有机化合物的耐蚀性有限。彻底干燥时间较长，彻底干燥前涂膜较软，易被损坏。

过氯乙烯的品种有一整套单独的体系，底、中、面漆均有配套产品。实践证明，底漆、中漆、面漆均采用过氯乙烯配套效果最好。目前使用的主要品种有化学防腐漆、外用漆、机床漆、半光漆、无光漆、二道底漆和腻子、防水漆、可剥漆等。

4. 丙烯酸树脂类

丙烯酸树脂漆是用丙烯酸酯或甲基丙烯酸酯单体通过加聚反应生成的聚丙烯酸酯树脂制成。丙烯酸树脂漆是高保护、高装饰性涂料品种，具有特别优良的耐光性及耐户外老化性能，是很多其他树脂漆所不能比拟的。

（1）优点　有优良的附着力；清漆涂膜色白、透明度高，可制成纯白的白色磁漆，色漆色泽鲜艳；耐光、耐候、耐暴晒，保光保色性优良；耐热，在 180℃ 以下不分解、不变色；耐腐蚀有较好的耐酸、碱、盐、油脂、洗涤剂等化学品的能力及突出的"三防"性能。由于具有卓越的耐光性和耐老化性能，丙烯酸树脂最主要是用作轿车漆，也广泛用于飞机车辆、机械设备、仪器仪表、医疗器械、家用电器、轻工产品、木器家具和多种有色金属等表面的涂装；无毒品种可用作食品包装、玩具、生活用品的涂料。

（2）缺点 黏度偏高时，喷涂易出现拉丝现象。黏度宜于施工时，固体成分含量低，需多道涂装，涂膜的厚度及丰满度较差；流平性不良，不易得到良好的外观。

5. 环氧树脂类

环氧树脂以环氧树脂为主要成膜物，是具有多种重要用途的一类涂料。环氧树脂漆种类很多，各有特点，一般可概括如下。

（1）优点 有突出的附着力，在金属、混凝土、玻璃、陶瓷、木材等表面上均附着良好，特别是对钢铁、铝等金属的附着力强。涂膜柔韧耐磨，耐化学腐蚀性能优良，有极好的耐水、耐油、耐酸碱、耐溶剂性，耐碱性尤其突出。涂膜抗冲击性能和电绝缘性能优良。

（2）缺点 耐候性较差，涂膜经日晒易失光粉化，故不宜作为外用面漆。环氧树脂在10℃以下固化较为困难，故环氧漆一般不宜于低温涂装。

环氧树脂漆由于其优良的性能，大量用作金属表面的防腐涂装，广泛应用于化工、机械、船舶、车辆、轻工、电器、仪器仪表等行业以及木材水泥、塑料纸张、纺织品等非金属表面的涂装。

6. 聚氨酯漆

聚氨酯漆是由多异氰酸酯与多元醇反应制得，性能优良，用途越来越广，已成为一类重要的涂料。

（1）优点 涂膜具有突出的耐磨性和韧性，广泛用作地板漆、甲板漆和铁路、桥梁、飞机表面的涂装，在木材、金属、水泥、塑料、皮革等表面都有良好的涂装效果。涂膜附着力强，耐化学腐蚀性能优良，广泛用于船舶、化工设备、储罐、机械设备、仪器仪表的涂装。涂膜光亮，装饰性好，可用于高级木器、钢琴、大型客机等要求高装饰性的表面。干燥性能好，既能在0℃低温固化，也可高温烘干；对于不便烘干的油罐等大型物体也可达到良好的涂装效果，烘干漆性能更佳。涂膜耐热性较好，可制成耐200℃高温漆，也可制成耐−40℃低温漆。

（2）缺点 耐候性较差，长期日晒易失光、粉化、泛黄。性质敏感，配比施工要求严格，表面不宜酸洗除锈，涂装中不能与水、酸、碱、醇类等接触，否则易导致涂料变质。有些品种中存在游离异氰酸酯，对人体有害。

聚氨酯漆品种很多，有双组分漆和单组分漆，可分为溶剂型、无溶剂型、粉末涂料、水性涂料等。

7. 有机硅树脂漆

有机硅树脂漆是以有机硅树脂或有机硅改性树脂作为主要成膜物质制成的涂料，主要特点是具有优良的耐热性、电绝缘性、耐候性、耐高低温、耐潮湿、耐水、防霉、耐腐蚀。有机硅树脂漆主要用作耐高温涂料、电绝缘涂料、耐候涂料等。有机硅涂料可以在200℃下长期使用，有机硅锌粉漆和有机硅铝粉漆可耐400～500℃高温，有机硅陶瓷涂料耐温可达700℃以上。有机硅涂料不仅能耐高温，其耐寒性也很好，在寒冷地区使用，一般可经受−50℃低温。纯有机硅树脂漆附着力和力学强度较差，常用酚醛、醇酸、环氧、氨基、丙烯酸、聚酯等树脂来进行改性。

8. 橡胶漆

橡胶漆是以天然橡胶衍生物或合成橡胶为主要成膜物质的一类涂料，有氯化橡胶漆、氯丁橡胶漆、氯磺化聚乙烯橡胶漆、丁苯橡胶漆等。氯化橡胶漆的特点：耐水性极好，附着力、电绝缘性、防霉性也很好；主要用于化工设备、地下管道、储槽、电器设备的防腐蚀涂装。氯丁橡胶漆是合成橡胶漆，也具有优良的防水、耐腐蚀、耐高温低温和电绝缘性能，在金属、木材、塑料、纸张等表面上附着力良好，广泛用于设备、储槽、管道、船舶、飞机及木材、水泥、皮革等表面的涂装。

9. 与各种大气条件相适应的涂料种类

与各种大气条件相适应的涂料种类见表9-5。

表 9-5　与各种大气条件相适应的涂料种类

涂装种类	城镇大气	工业大气	化工大气	海洋大气	高温大气
醇酸漆	√	√			
沥青漆			√		
环氧树脂漆			√	△	△
过氯乙烯漆			√	△	
丙烯酸漆	√		√	√	
聚氨酯漆	√		√	√	△
氯化橡胶漆	√		√	△	
氯磺化聚乙烯漆	√		√	△	△
有机硅漆					√

注：√为可用；△为不可用。

三、涂装设计要点与工程实例

1. 涂层结构的选择

涂层结构的形式有底漆-中漆-面漆、底漆-面漆、底漆和面漆是一种漆。

涂层的配套性即考虑作用配套、性能配套、硬度配套、烘干温度的配套等。涂层中的底漆主要起附着和防锈作用，面漆主要起防腐蚀、耐老化作用，中漆的作用是介于底、面漆两者之间，并能增加漆膜总厚度，所以，它们不能单独使用，只有配套使用，才能发挥最好的作用和获得最佳效果；另外，在使用时，各层漆之间不能发生互溶或"咬底"的现象，如用油基性的底漆，则不能用强溶剂型的中间漆或面漆；硬度要基本一致，若面漆的硬度过高，则容易开裂；烘干温度也要基本一致，否则有的层次会出现过烘干的现象。

2. 确定涂层厚度主要考虑的因素

确定涂层厚度主要考虑：a. 钢材表面原始粗糙度；b. 钢材除锈后的表面粗糙度；c. 选用的涂料品种；d. 钢结构使用环境对涂层的腐蚀程度；e. 涂层维护的周期。

涂层厚度，一般是由基本涂层厚度、防护涂层厚度和附加涂层厚度组成。

基本涂层厚度，是指涂料在钢材表面上形成均匀、致密、连续的膜所需的厚度。

防护涂层厚度，是指涂层在使用环境中，在维护周期内受到腐蚀、粉化、磨损等所需的厚度。

附加涂层厚度，是指涂层维修困难和留有安全系数所需的厚度。

涂层厚度要适当，过厚，虽然可增强防护能力，但附着力和力学性能却要降低，而且要增加费用；过薄，易产生肉眼看不见的针孔和其他缺陷，起不到隔离环境的作用。根据实践经验和参考有关文献，钢材涂层厚度，可参考表 9-6 确定。

表 9-6　钢材涂装涂层厚度　　　　单位：μm

钢材涂料	基本涂层和防护涂层					附加涂层
	城镇大气	工业大气	海洋大气	化工大气	高温大气	
醇酸漆	100～150	125～175				25～50
沥青漆			180～240	150～210		30～60
环氧漆			175～225	150～200	150～200	25～50
过氯乙烯漆				160～200		20～40
丙烯酸漆		100～140	140～180	120～160		20～40
聚氨酯漆		100～140	140～180	120～160		20～40
氯化橡胶漆		120～160	160～200	140～180		20～40
氯磺化聚乙烯漆		120～160	160～200	140～180	120～160	20～40
有机硅漆					100～140	20～40

3. 涂装色彩

钢结构的涂装，不仅可以达到防护的目的，而且可以起到装饰的作用。当人们看到涂装的鲜艳颜色时，便产生愉快的感觉，从而使头脑清醒、精神旺盛，积极去工作，保证产品质量，提高劳动生产率。所以，在进行钢结构设计时，要正确地、积极地运用色彩效应，而且关键在于解决色彩和谐的问题。

4. 除尘工程涂装设计实例

除尘管道和设备在常温下工作时漆种、涂层厚度及施工方法见表 9-7。在≤130℃条件下工作的除尘设备涂装设计见表 9-8。在≤250℃条件下涂装设计见表 9-9。在≤600℃条件下工作油除尘管道涂装设计见表 9-10。湿式除尘器及含水管道内部的涂装设计见表 9-11。

表 9-7　常温下除尘管道和设备涂装漆种、涂层厚度及施工方法

除尘管道和设备（温度≤100℃）		漆膜厚度/μm		理论用量/(g/m²)	涂装间隔（与后道涂料）			施 工 方 法			
系 统 说 明	颜色	湿膜	干膜		温度/℃	最短/h	最长	手工刷涂	辊涂	高压无气喷涂	
										喷孔直径/mm	喷出压力/MPa
H06-1-1 环氧富锌底漆	灰色	80	40	180	25	24	无限制	√	√	0.4~0.5	15~20
H06-1-1 环氧富锌底漆	灰色	80	40	180	25	24	无限制	√	√	0.4~0.5	15~20
H53-6 环氧云铁防锈漆（中间漆）	灰色	100	50	160	25	24	3 个月	√	√	0.4~0.5	15~30
J52-61 氯磺化聚乙烯面漆	各色	180	25	180	25	8	无限制	√	√	0.4~0.5	12~15
J52-61 氯磺化聚乙烯面漆	各色	180	25	180	25	8	无限制	√	√	0.4~0.5	12~15
干膜厚度合计　180μm								注：√适用			

表 9-8　≤130℃条件下除尘管道和设备涂装设计

除尘管道和设备（温度≤130℃）		漆膜厚度/μm		理论用量/(g/m²)	涂装间隔（与后道涂料）			施 工 方 法			
系 统 说 明	颜色	湿膜	干膜		温度/℃	最短/h	最长	手工刷涂	辊涂	高压无气喷涂	
										喷孔直径/mm	喷出压力/MPa
H06-1-1 环氧富锌底漆	灰色	80	40	180	25	24	无限制	√	√	0.4~0.5	15~20
H06-1-1 环氧富锌底漆	灰色	80	40	180	25	24	无限制	√	√	0.4~0.5	15~20
H53-6 环氧云铁防锈漆（中间漆）	灰色	100	50	150	25	16	3 个月	√	√	0.4~0.5	15~20
J52-40 聚氨酯面漆	各色	80	35	120	25	4	24h	√	√	0.4~0.5	15~20
J52-40 聚氨酯面漆	各色	80	35	120	25	4	24h	√	√	0.4~0.5	15~20
干膜厚度合计　200μm								注：√适用			

表 9-9　≤250℃条件下除尘管道和设备涂装设计

除尘管道和设备（温度≤250℃）		漆膜厚度/μm		理论用量/(g/m²)	涂装间隔（与后道涂料）			施 工 方 法			
系 统 说 明	颜色	湿膜	干膜		温度/℃	最短/h	最长	手工刷涂	辊涂	高压无气喷涂	
										喷孔直径/mm	喷出压力/MPa
WE61-250 耐热防腐涂料底漆	灰色	90	30	170	25	24	无限制	√	×	0.4~0.5	12~15
WE61-250 耐热防腐涂料底漆	灰色	90	30	170	25	24	无限制	√		0.4~0.5	12~15
WE61-250 耐热防腐涂料面漆	701、702、602	70	25	100	25	24	无限制	√	×	0.4~0.5	12~15
WE61-250 耐热防腐涂料面漆		70	25	100	25	24	无限制	√	×	0.4~0.5	12~15
干膜厚度合计　110μm								注：√适用　×不适用			

注：701、702、602 为颜色代号。

表 9-10 ≤600℃条件下除尘管道和设备涂装设计

除尘管道和设备 （温度≤600℃） 系 统 说 明	颜色	漆膜厚度 /μm		理论用量 /(g/m²)	涂装间隔 （与后道涂料）			施 工 方 法			
		湿膜	干膜		温度 /℃	最短 /h	最长	手工 刷涂	辊涂	高压无气喷涂	
										喷孔直径/mm	喷出压力/MPa
W61-600 有机硅耐高温 防腐涂料底漆	铁红色	65	25	90	25	24	无限制	√	×	0.4～0.5	15～20
W61-600 有机硅耐高温 防腐涂料底漆	铁红色	65	25	90	25	24	无限制	√	×	0.4～0.5	15～20
W61-600 有机硅耐高温 防腐涂料面漆	淡绿色	60	25	80	25	24	无限制	√	×	0.4～0.5	15～30
W61-600 有机硅耐高温 防腐涂料面漆	淡绿色	60	25	80	25	24	无限制	√	×	0.4～0.5	12～15
干膜厚度合计　100μm								注：√适用　×不适用			

表 9-11 湿式除尘器和含水管道内部涂装设计

湿式除尘器和管道内壁（含水， 温度≤100℃） 系 统 说 明	颜色	漆膜厚度 /μm		理论用量 /(g/m²)	涂装间隔 （与后道涂料）			施 工 方 法			
		湿膜	干膜		温度 /℃	最短 /h	最长	手工 刷涂	辊涂	高压无气喷涂	
										喷孔直径/mm	喷出压力/MPa
H06-1-1 环氧富锌底漆	灰色	80	40	180	25	24	无限制	√	√	0.4～0.5	15～20
H06-1-1 环氧富锌底漆	灰色	80	40	180	25	24	无限制	√	√	0.4～0.5	15～20
H53-6 环氧云铁防锈漆（中间漆）	灰色	100	50	160	25	16	3 个月	√	√	0.4～0.5	15～30
J52-2 环氧厚浆型面漆	各色	100	50	120	25	24	7d	√	√	0.4～0.5	12～20
J52-2 环氧厚浆型面漆	各色	100	50	120	25	24	7d	√	√	0.4～0.5	12～20
干膜厚度合计　230μm								注：√适用　×不适用			

四、涂装施工方法及病态预防

1. 施工注意事项

（1）表面处理　包括：a. 钢结构表面处理要求采用喷砂除锈，除锈标准达到 $Sa2\frac{1}{2}$ 级，表面粗糙度 $40～70\mu m$；b. 喷砂除锈的钢结构表面应采用稀释剂擦洗，去除油脂、浮尘及砂粒；c. 喷砂后的钢结构应在 4h 内进行涂装，以免钢结构二次生锈；d. 在涂装每道漆之前，应对上道漆表面进行除尘、去除杂物等。

（2）施工前的准备　包括：a. 施工前应阅读、掌握有关涂料的说明书，详细了解涂料的施工参数、涂料配比、涂料熟化期、施工适用的工具等；b. 应详细了解不同的涂装配套方案。

（3）涂料的施工　包括：a. 在有雨、露、雾、雪或较大灰尘条件，露天涂装作业的应停止施工；b. 环境温度低于 5℃，环氧类涂料不能施工；c. 被涂物表面温度应高于露点温度 3℃ 以上才能施工；d. 无机硅酸锌底漆的涂装施工，如相对湿度＜50％，可在被涂物周围洒水增湿；e. 相邻两道漆应按照上述表格内规定的间隔时间进行，若相邻两道漆之间的涂装间隔时间超出规定，则应对前道漆表面进行"拉毛"处理，以增加层间结合力；f. 各种涂料的稀释剂应专用，避免混淆。聚氨酯涂料施工时应避免含水、醇类溶剂等混入，以防交联。

（4）涂料的理论用量与实际使用量符合设计要求。

2. 常用涂料施工方法

常用涂料施工方法见表 9-12。各种涂料与其相适应的施工方法见表 9-13。

表 9-12　常用涂料的施工方法

施工方法	适用的涂料			被涂物	使用工具或设备	优 缺 点
	干燥速度	黏度	品种			
刷涂法	干性较慢	塑性小	油性漆、酚醛漆、醇酸漆等	一般构件，各种设备及管道等	各种毛刷	投资少，施工方法简单，适于各种形状及大、小面积的涂装； 缺点是装饰性较差，施工效率低
手工滚涂法	干性较慢	塑性小	油性漆、酚醛漆、醇酸漆等	一般大型平面的构件和管道等	滚子	投资少，施工方法简单，适用于大面积物的涂装； 缺点同刷涂法
浸涂法	干性适当，流平性好，干燥速度适中	触变性小	各种合成树脂涂料	小型零件、设备和部件	浸漆槽、离心及真空设备	设备投资较少，施工方法简单，涂料损失少，适用于构造复杂构件； 缺点是滚平性不太好，有流挂现象，溶剂易挥发
空气喷涂法	挥发快和干燥适宜	黏度小	各种硝基漆、橡胶漆、乙烯漆、聚氨酯漆等	各种大型构件及设备和管道	喷枪、空气压缩机、油水分离器等	设备投资较小，施工方法较复杂，施工效率较刷涂法高； 缺点是消耗溶剂量大，污染现场，易引起火灾
无气喷涂	具有高沸点溶剂的涂料	高不挥发分，有触变性	厚浆型涂料和高不挥发分涂料	各种大型钢结构、管道等	高压无气喷枪、空气压缩机等	设备投资较多，施工方法较复杂，效率比空气喷涂法高，能获得厚涂层； 缺点是也要损失部分涂料，装饰性较差

表 9-13　各种涂料与相适应的施工方法

涂料种类 / 方法	酯胶漆	油性调和漆	醇酸调和漆	酚醛漆	醇酸漆	沥青漆	硝基漆	聚氨酯漆	丙烯酸漆	环氧树脂漆	过氧乙烯漆	氯化橡胶漆	氯磺化聚乙烯漆	聚酯漆	乳胶漆
刷　涂	1	1	1	1	2	2	4	4	4	3	4	3	2	2	1
滚　涂	2	1	1	2	3	3	5	3	3	3	5	3	1	2	2
浸　涂	3	4	3	2	3	3	3	3	3	3	3	3	3	1	2
空气喷涂	2	3	2	2	2	1	1	1	1	2	1	1	1	2	2
无气喷涂	2	3	2	2	2	2	2	2	1	2	1	2	2	2	2

注：1 为优；2 为良；3 为中；4 为差；5 为劣。

3. 施工病态及预防

涂装施工病态原因及防治方法见表 9-14。

表 9-14　涂料在施工中发生的病态及防治

现象	病 态 原 因	防 治 方 法
析出	(1)硝基漆类使用过量的苯类溶剂稀释； (2)环氧酯漆类用汽油稀释； (3)过氯乙烯漆类用含醇类较多的稀释剂稀释	(1)添加酯类溶剂； (2)用苯、甲苯、二甲苯或丁醇与二甲苯稀释； (3)稀释剂中避免含有醇类，如已有析出现象，酌情加丙酮等酮类或酯类溶剂溶解
起粒 (粗粒)	(1)施工环境不清洁，尘埃落于漆面； (2)涂漆工具不清洁，漆刷内含有灰尘颗粒、干燥碎漆皮等杂质，涂刷杂质随漆带出； (3)漆皮混入漆内，造成漆膜呈现颗粒； (4)喷枪不清洁，用喷过油性漆的喷涂硝基漆时，溶剂将漆皮咬起成渣而带入漆中	(1)施工前打扫场地，工件擦抹干净； (2)涂漆前检查刷子，如有杂质用刮具铲除漆刷内脏物； (3)细心去除漆皮，并将漆过滤； (4)喷硝基漆（或其他强溶剂挥发型漆）最好用专用喷枪，如用油性漆喷枪喷硝基漆，必须将喷枪先洗干净
流挂	(1)刷漆时，漆刷蘸漆过多而又未涂刷均匀，刷毛太软漆液又稠，涂不开，或刷毛短，漆液又稀； (2)喷涂时漆液的黏度太小，喷枪的出漆嘴直径过大，气压过小，勉强喷涂，距离物面太近，喷枪移动速度过慢，油性漆、烘干漆干燥慢，喷涂重叠； (3)浸涂时，黏度过大，涂层过厚；有沟、槽形的零件也易于积漆溢流； (4)涂件表面凹凸不平，几何形状复杂； (5)施工环境温度高，涂料干燥太慢	(1)漆刷蘸漆一次不要太多，漆液稀刷毛要软，漆液稠刷毛宜短；刷涂厚薄要适当，刷涂要均匀，最后收理好； (2)漆液黏度要适中，喷硝基漆喷嘴直径略小一点，气压 0.4～0.5MPa，距离工件约在 30cm，喷油性漆或烘干漆距离更远些，不可多次重叠； (3)浸涂黏度以 18～20s 为宜，浸漆后取出用滤网放置 20min，再用离心设备及时除去涂件下端及沟、槽处的积漆； (4)选用刷毛长，软硬适中的漆刷； (5)根据施工环境条件，先做涂膜干燥试验
慢干和返黏	(1)底漆未干透而过早涂上面漆，甚至面漆干燥也不正常，影响内层干燥，不但延长干燥时间，而且漆膜发黏； (2)被涂物面不清洁，表面或底漆上有蜡质、油脂、盐类、碱类等； (3)漆膜太厚，氧化作用限于表面，使内层长期没有干燥的机会，如厚的亚麻籽油制的漆涂在黑暗处要发黏数年之久； (4)木材潮湿，温度又低，涂漆时表面似乎正常，气温升高时就有返黏现象，因木材本身有木质素，还含油脂、树脂精油、单宁、色素、含氮化合物等，会与涂料作用； (5)因旧漆膜上附着大气污染物（硫化、氧化物），能正常干燥的涂料涂在旧漆膜上干燥很慢，甚至不干；住宅厨房的门窗尤为突出，预涂底漆放置时间长也有慢干现象； (6)天气太冷或空气不流通，使氧化速度降低，漆膜的干燥时间延长，如果干燥时间过长，必定导致返黏	(1)底漆干透后，再涂面漆； (2)涂漆前将涂件表面处理干净，对木材上松脂节疤处理干净后用虫胶清漆封闭； (3)涂料黏度要适中，漆膜宜薄，每层漆要干透，根据使用环境，选用相应的涂料； (4)木材必须干燥，含水量最高不超过 15%，必要时可进行低温烘干，有松脂的木材涂漆前先用虫胶清漆封闭，漆层不宜过厚，涂装多层漆时，每层漆要干透； (5)旧漆膜应进行打磨及清洁处理，对大气污染的旧漆膜用石灰水清洗（50kg 水加消石灰 3～4kg），有污垢的部位还要用刷子刷一刷，油污过多时，可用汽油清洗； (6)天气骤冷时，不要急于涂漆，应先在漆内加入适量催干剂充分搅拌均匀待用，再做漆膜干燥试验，待完全干燥后再涂漆
针孔	(1)涂漆后从溶剂挥发到初期结膜阶段，由于溶剂的急剧挥发，特别是受高温烘烤时，漆膜本身来不及补足空档，而形成一系列小穴，即针孔； (2)溶剂使用不当或温度过高，如沥青烘漆用汽油稀释就会产生针孔，若经烘烤则严重； (3)施工粗糙，腻子层不光滑，未涂底漆或二道底漆，就急于喷面漆，硝基漆比其他漆尤为突出； (4)施工环境温度过高，喷涂设备油水分离器失灵，空气未经过滤，喷涂时水分随空气管进入漆内，造成漆膜表面针孔，甚至起泡	(1)烘烤型漆黏度要适中，涂漆后在室温下静置 15min，烘烤时先以低温预热，按规定控制温度和时间，让溶剂能正常挥发； (2)沥青烘漆用松节油稀释，涂漆后静置 15min，烘烤时先以低温预热，按规定控制温度和时间； (3)腻子层经涂抹及打磨后，表面要光滑，最好先喷二道底漆，再喷面漆，以填塞腻子层针孔； (4)喷涂时施工环境相对湿度不大于 70%，检查油水分离器的可靠性，压缩空气需经过滤，杜绝油和水及其他杂质
掺色	(1)喷涂硝基漆时，溶剂的溶解力强，下层底漆有时透过面漆，使上层原来的颜色被污染； (2)涂漆时，遇到木材上有染色剂或木质含有染料颜色； (3)底层漆为红色漆，而上层涂其他浅色漆，红色浮渗，使白色漆变粉红，黄色漆变橘红	(1)喷涂时如发现渗色现象应立即施工，已喷上的漆膜经干燥后打磨揩净，涂虫胶清漆加以封闭； (2)事先涂虫胶清漆封闭染色剂，或采用相适应的颜色漆； (3)可用相近的浅色漆作底漆，或采用虫胶清漆或铝粉漆作封闭层

现象	病态原因	防治方法
泛白	(1)湿度过大,空气中相对湿度超过80%时,由于涂装后挥发性漆膜中溶剂的挥发,使温度降低,水分积聚在漆膜,形成白雾状; (2)喷涂设备中有较多的水分凝聚,在喷涂时水分进入漆中; (3)薄钢板比厚钢板和铸件热容量小,冬季在薄钢板件上漆膜更易泛白; (4)溶剂选用不当,低沸点稀料多,或稀料内含有水分	(1)喷涂挥发性漆时,如施工环境湿度较大,可将涂件经低温预热后喷涂,或加入相应的防潮剂来防治; (2)喷涂设备中的凝聚水分必须彻底清除干净,检查油水分离器的可靠性; (3)采用低温预热后喷涂,或采用相应的防潮剂; (4)低沸点稀料内可加防潮,苯稀料内含有水分应更换
起泡	(1)除油未尽,在金属表面黏附黄油清洗不彻底就涂底漆,或底漆上附有机油就刮腻子; (2)不干性油渗湿木材表面,涂漆后不但起泡,有时甚至会成块揭起; (3)墙壁潮湿,急于涂漆施工,涂漆后水分向外扩散,顶起漆膜,严重时漆膜可撕起; (4)木质制件潮湿,涂漆后水分遇热蒸发冲击漆膜,漆膜越厚起泡越严重; (5)底漆未干,如腻子层未干透即复涂腻子或面漆,将内层腻子稀料或水分封闭,表干里不干; (6)皱纹漆涂层太厚,溶剂大部分没有挥发即进烘,入烘后温度太高; (7)物件除锈不干净,产生锈泡,或经烘烤扩散出部分气体; (8)酸洗件中和不彻底,有余酸存在,油漆后产生气泡; (9)铸铝件和有边缝的铝件清除油污不彻底; (10)溶剂挥发与烘烤温度不相适应,烤干漆所用溶剂沸点太低,挥发太慢或溶解性差	(1)金属表面或腻子底层上的油污、蜡质等要仔细清除干净; (2)制件先用氢氧化钠水溶液反复清洗,再用热水反复洗涤除去碱液,晾干; (3)新抹的粉墙或混凝土表面,必须彻底干燥,然后涂漆; (4)可采用低温烘干,或将木质制件自然晾干; (5)每层漆要干透后再涂下层漆,已起泡的部位,要彻底清除,重新补腻子; (6)喷涂厚薄要适中,等溶剂初步挥发后再进烘,要逐渐升温; (7)物件除锈必须彻底; (8)必须彻底清除余酸; (9)可先经烘烤; (10)采用油水分离器
收缩	(1)在光滑的漆膜表面加涂较稀的漆液; (2)木质制件被煤油透湿,或蜡质附于表面,蜡质上涂漆不但收缩,而且漆膜不干燥; (3)金属件有机油未清除尽,渗入腻子层,涂上底漆后机油与底漆融合; (4)溶剂挥发与烘烤温度不相适应,烤干漆所用溶剂沸点太低,挥发太慢或溶解性差	(1)涂漆前将光滑表面用水砂纸打磨至无光,漆液黏度适度; (2)在煤油透湿木质件的部位,撒上一些熟石膏将其吸除,表面蜡质用铲子铲除,用丁醇清洗干净; (3)腻子层有油渍可用二甲苯揩洗,再用熟石膏粉吸除内层油渍,或铲除油渍部位,重新补腻子; (4)合理选择溶剂,溶解力要相适应,烘烤时先低温,不使溶剂过早或过慢挥发,又能使漆液流干
发花	(1)中蓝醇酸磁漆加白酚醛磁漆拼色混合,即使搅拌均匀,有时也会产生花斑,刷涂更为明显; (2)灰色、绿色或其他复色漆,颜料相对密度大的沉底,轻的浮在上面,搅拌不彻底以致色漆有深有浅; (3)漆刷有时涂深色后未清洗,涂刷浅色漆时,刷毛内深色渗出	(1)用中蓝醇酸磁漆和白醇酸磁漆混合,而且要将桶内色漆兜底搅拌均匀; (2)对颜料相对密度大小不同的色漆尤要注意,使用时必须彻底搅拌均匀; (3)涂过深色漆的漆刷要清洗干净
"发汗"	(1)树脂含量少的亚麻籽油或清油,漆膜容易发汗,一般潮湿、黑暗,尤其通风不良的场所易"发汗"; (2)硝基漆表面复喷漆时由于旧漆膜残存石蜡、矿物油等,新漆溶剂渗入漆膜,使其重新软化,以致"发汗"	(1)使用涂料时,从选择涂料特性来考虑,湿润性好的清油适宜用在户外和阳光充足的环境; (2)涂新漆前,将旧漆膜上的蜡质、油污用汽油揩干净,再用新棉纱边检查边揩抹
咬底	(1)不同成膜物的咬底　醇酸漆或油脂漆,加涂硝基漆时,强溶剂对油性漆膜的渗透和溶胀; (2)相同成膜物的咬底　环氧清漆或环氧绝缘漆(气干)干燥较快,再涂第二层漆时,也有咬底现象; (3)不同天然树脂漆的咬底　含松香的树脂漆,成胶后复涂大漆也会咬底; (4)酚醛防锈漆上复涂硝基漆或过氯乙烯漆,因强溶剂的影响产生咬底; (5)环氧底漆上复涂硝基漆或过氯乙烯漆	(1)各类型漆混用,最好是加同类型的漆,也可经打磨清理后涂一层铁红醇酸底漆(短油度)以隔离; (2)环氧清漆或环氧绝缘漆需涂二层时,涂完第一层未干即涂第二层,或稍厚一层涂匀; (3)在松香树脂漆膜上不宜复涂大漆,必要时先将漆面打磨,刷上一层豆浆水,再复涂大漆; (4)使酚醛漆彻底干透,或将其铲除砂净,涂铁红醇酸底漆,干后再复涂面漆; (5)使酚醛漆彻底干透,或将其铲除砂净,涂铁红醇酸底漆,干后再复涂面漆

续表

现象	病　态　原　因	防　治　方　法
失光	(1)涂件表面粗糙,有亮漆涂上后似无光; (2)天气影响　冬季寒冷,温度太低,油漆漆膜往往因受冷风袭击,即干燥缓慢,又失光,有时背风向的部位又有光可见; (3)环境影响　即煤烟对油漆有影响,清漆或色漆干后无光; (4)湿度太大　相对湿度在80%以上,挥发性漆膜吸收水分发白无光; (5)稀释剂加入太多,冲淡了有光漆的作用,特别是色漆,会失去应有光泽	(1)涂层表面要求光滑,主要用腻子刮光; (2)冬季施工场地,必须堵塞冷风袭击或选择适当的施工场地,加入适量催干剂; (3)排除施工环境的煤烟,采用抗污性能优良的涂料; (4)挥发性漆施工时,相对湿度应在70%以下,或将工件预热,或加10%~20%的防潮剂; (5)稀释剂的加入,应保持正常的黏度(刷涂为30s,喷涂为20s左右)
刷痕和脱毛	(1)因底漆颜料含量多,稀释不足,涂刷时和干燥后都会出现刷痕; (2)漆刷保养不善,刷毛不清洁,干硬、脱毛或毛刷过旧; (3)涂料黏度太小,刷毛不齐,较硬; (4)漆刷本身质量不良,刷毛未粘牢固,有时毛层太薄太短,有时短毛残藏毛刷内,毛口厚薄不匀,刷毛歪斜斜	(1)涂刷底漆宜稀,干后用细砂纸打平,使底漆平滑,面漆就会光滑; (2)刷毛内有脏物要铲除干净,不让其干硬,漆刷太旧要更换; (3)黏度不宜过小,改用刷毛整齐的软毛刷; (4)如刷毛粘在漆面,应用毛刷角轻轻理出,用手指拮掸,刷痕用砂纸磨平;刷子脱毛严重的不能使用,要选购刷毛黏结牢固、毛口厚薄均匀、刷毛垂直整齐的刷子
不起花纹	(1)皱纹漆喷得薄或漆液太稀,未用皱纹漆稀释剂,应喷的厚度未达到; (2)皱纹漆稀释剂使用不当或烘干温度太低; (3)锤纹漆喷第二层时,如气压过大,花纹就小或不出现花纹; (4)锤纹漆喷第一层时,静置时间过长,喷第二层时,花纹过小或不出现花纹; (5)喷锤纹漆的喷枪的出漆嘴口径小,花纹小或不现花纹	(1)喷第一道涂层宜薄,隔20~30min喷第二层稍厚些,不要流挂,漆液黏度为30s; (2)使用皱纹漆专用稀释剂,烘干温度在80℃以上,经30min起花,深色漆烘干温度可达(110±5)℃; (3)复喷第二层锤纹时,中小型物件空气压力为0.25~0.3MPa为宜; (4)喷完第一层后,静置时间夏天为10min左右,冬天20min左右,然后再喷第二层; (5)中小型物件喷枪的喷嘴口径以2.5mm为宜

五、埋地管道外防腐蚀设计

1. 一般要求

① 埋地管道防腐蚀适用于采用涂料衬玻璃布的方法形成的防腐层,防止管道外壁腐蚀。

② 防腐层类型分为普通型、加强型和特加强型;防腐蚀用的涂料种类有 HP 型——高氯化聚乙烯、APP 型——聚丙烯和环氧煤沥青等管道防腐涂料。

③ 管道表面预处理,应采用喷射方法,质量达到 Sa $\frac{1}{2}$ 级。除锈后,应在当班涂上底漆,在一周内做完防腐层。若除锈或涂完底漆后有返锈现象,应重新除锈。

④ 防腐层用的玻璃布,应选用非石蜡乳液型的中碱或无碱、无捻粗纱玻璃纤维方格平纹布。其厚度为 0.1mm,经纬密度为 $8×8$ 根/cm^2。玻璃布应烘干后使用。

⑤ 埋地管道应尽量避开或远离交流电接地体及其他电器设备。

2. 防腐层性能

① 与管道表面有较强的黏结力,涂料(胶料)对衬布(玻璃布等)有较好的渗透性。

② 较高的机械强度和韧性。

③ 良好的绝缘性和耐电压击穿性能。

④ 良好的耐化学腐蚀性和防渗透性能。

⑤ 良好的耐热性和耐寒性。

⑥ 良好的施工性能。

3. 土壤对管道腐蚀等级的划分：

非酸性土壤对管道的腐蚀，按土壤电阻率分级，划分为三级，见表 9-15；酸性土壤对管道的腐蚀，按土壤总酸度分级，划分为三级，见表 9-15。

表 9-15　土壤对管道的腐蚀性分级

腐蚀等级	强	中	弱
非酸性土壤电阻率/（Ω·m）	＜20	20～50	＞50
酸性土壤总酸度/（mvai/kg）	＞5	2.5～5	＜2.5

注：土壤电阻率采用年最小值。

4. 防腐层设计

管道防腐层类型的选择，应根据管道的腐蚀等级和防腐涂料的特性，按表 9-16 的规定选定。涂料防腐层结构分别见表 9-17～表 9-19。

表 9-16　防腐层类型的选择

涂料种类	防腐层类型 腐蚀等级		
	强	中	弱
HP 型—高氯化聚乙烯涂料	特加强型	加强型	普通型
APP 型—聚丙烯涂料	特加强型	加强型	普通型
环氧煤沥青涂料	特加强型	加强型	普通型

表 9-17　高氯化聚乙烯防腐层结构

防腐层类型	防腐层结构	厚度/mm	参考用量/（kg/m²）
普通型	底漆—面漆—玻璃布—面漆—面漆—面漆	＞0.46	1.5～1.7
加强型	底漆—面漆—玻璃布—面漆—面漆—玻璃布—面漆—面漆—面漆	＞0.65	1.8～2.0
特加强型	底漆—面漆—玻璃布—面漆—面漆—玻璃布—面漆—面漆—玻璃布—面漆—面漆—面漆	＞0.80	2.2～2.4

表 9-18　聚丙烯防腐层结构

防腐层类型	防腐层结构	厚度/mm	参考用量/（kg/m²）
普通型	底漆—面漆—玻璃布—面漆—面漆—面漆	＞0.48	1.5～1.7
加强型	底漆—面漆—玻璃布—面漆—面漆—玻璃漆—面漆—面漆—面漆	＞0.65	1.8～2.0
特加强型	底漆—面漆—玻璃布—面漆—面漆—玻璃漆—面漆—面漆—玻璃布—面漆—面漆—面漆	＞0.83	2.2～2.4

表 9-19　环氧煤沥青防腐层结构

防腐层类型	防腐层结构	厚度/mm	参考用量/（kg/m²）
普通型	底漆—面漆—玻璃布—面漆—玻璃布—面漆—面漆	＞0.50	1.6～1.8
加强型	底漆—面漆—玻璃布—面漆—玻璃布—面漆—玻璃布—面漆—面漆	＞0.70	1.9～2.2
特加强型	底漆—面漆—玻璃布—面漆—玻璃布—面漆—玻璃布—面漆—玻璃布—面漆—面漆	＞0.90	2.4～2.6

5. 防腐层施工

(1) 管道除锈并经清理后，即可涂底漆（如需打腻子处，底漆干后即可进行），干后再均匀地涂一道面漆，不得漏涂，随即缠绕一层玻璃布。玻璃布要拉紧、平整、无皱折、涂料要透过布孔；玻璃布压边为 20～25mm，接头搭接长度为 100～150mm。

第一层玻璃布缠绕完毕并干后，再进行下一道工序，以此类推；缠绕多层玻璃布时，缠绕方向应交叉进行。

(2) 补口　补口处表面处理应达到 St3 级，搭接处应无污物、油和水分，并应进行打毛后再施工。补口施工按管体防腐层结构要求进行；补口防腐层与管体防腐层的搭接应不少 100mm。

(3) 修补　应先铲除防腐层损伤的部位，按管体防腐层结构的设计，从哪层破损，就从哪层修补，另再加涂一道面漆。

六、烟囱的防腐蚀设计

1. 一般规定

(1) 烟气对烟囱和烟道结构腐蚀等级分类如下：a. 当燃煤含硫量为 0.75％～1.5％ 时烟气属弱腐蚀性；b. 当燃煤含硫量为大于 1.5％ 但小于或等于 2.5％ 时烟气属中等腐蚀性；c. 当燃煤含硫量大于 2.5％ 时烟气属强腐蚀性。

(2) 排放腐蚀性烟气的烟囱结构型式选择

① 烟囱高度小于或等于 100m 时，一般采用单筒式烟囱。

但当烟气属强腐蚀性时，宜采用套筒式烟囱，即在承重外筒内，另做独立砖内筒，使外筒受力结构不与强腐蚀性烟气接触。

② 烟囱高度大于 100m 时，烟囱型式可根据烟气腐蚀等级按下列规定采用：a. 当排放强腐蚀性烟气时，宜采用套筒式或多管式烟囱；b. 当排放中等腐蚀性烟气时，可根据烟囱的重要性既可采用套筒式或多管式烟囱，也可以采用防腐型单筒式烟囱；c. 当排放弱腐蚀性烟气时，可采用普通单筒式烟囱，但应采取有效防腐蚀措施。

2. 钢烟囱的防腐蚀设计

高度不超过 100m 的钢烟囱可按下列要求进行防腐蚀设计。

① 当排放弱腐蚀性烟气时筒壁材料可采用普通钢板，当排放中等腐蚀性烟气和强腐蚀性烟气时宜采用耐硫酸露点腐蚀钢板。

② 烟囱筒首部分，宜采用不锈钢板（高度为 1.5 倍左右烟囱出口直径）。

③ 钢烟囱的内外表面应涂刷防护涂料，但当排放强腐蚀性烟气时钢烟囱内表面宜改用厚 1～3mm 的防腐厚涂料。

④ 钢烟囱宜做外保温层，并用锅皮包裹。

⑤ 设计计算时，钢板厚度应留有 2～3mm 腐蚀厚度裕度。

3. 钢内筒的套筒式和多管式烟囱的防腐蚀设计

(1) 钢内筒套筒式和多管式烟囱的防腐蚀设计，应考虑：烟囱内烟气的腐蚀性等级；结构重要性；烟囱运行方式（经常性或间隙性运行方式；钢内筒钢板是否有烟气结露现象；技术经济比较；检修条件）。

(2) 钢内筒的套筒式和多管式烟囱的防腐蚀结构型式（从外到内）

① 保温层→钢内筒→防腐涂料。

② 保温层→钢内筒防→腐厚涂料（厚 1～3mm）。

③ 保温层→钢内筒→挂贴 1～2mm 厚防腐薄钢板。

④ 保温层→钢内筒→防腐涂料→40～60mm 厚轻质耐酸混凝土。

⑤ 保温层→钢内筒→防腐涂料→40～60mm 厚轻质耐酸混凝土→挂贴耐酸陶瓷板。

(3) 材料及结构构造应

① 钢内筒一般采用普通钢板或耐硫酸露点腐蚀钢板。

② 钢内筒的筒首部分，一般采用不锈钢。

③ 如采用普通钢板或耐硫酸露点腐蚀钢板做钢内筒，在钢内筒设计计算时应留有 2～3mm 厚腐蚀裕度。

④ 钢内筒的外表面也应涂刷防护涂料。

⑤ 钢内筒的外保温层一般应做两层，接缝应错开。

⑥ 排放湿烟气的钢内筒，下部应设置用以汇集酸液的漏斗，并采取措施处理后进行排放。

4. 单筒式钢筋混凝土烟囱的防腐蚀设计

1）当排放弱腐蚀性烟气时，筒壁内表面宜涂防腐耐酸涂料。对于高度大于 100m 的烟囱，内衬宜采用耐酸砖和耐酸砂浆（或耐酸胶泥）砌筑。

2）当排放中等腐蚀性烟气时，筒壁内表面应涂防腐耐酸涂料，内衬应采用耐酸砂浆或耐酸胶泥砌筑，筒壁宜增加 30mm 的腐蚀裕度。对于高度大于 100m 的烟囱，尚需在筒壁与内衬之间做防腐隔离层，并采用耐酸砖内衬。

3）当排放强腐蚀性烟气时，筒壁的防腐蚀措施应严格掌握，并将筒壁的腐蚀裕度增至 50mm。

4）单筒式钢筋混凝土烟囱，烟囱内的烟气压力宜符合下列规定。

① 烟囱高度小于或等于 100m 时，烟囱内部烟气压力可不予限制。

② 烟囱高度大于 100m 时，当排放弱腐蚀性烟气时，其最大烟气压力不宜超过 10mm 水柱；当排放中等腐蚀性烟气时，其最大烟气压力不宜超过 50Pa。

③ 当烟囱内部烟气压力超过上述规定时，可采取下列降低烟气压力的措施：a. 增大烟囱出口直径，降低烟气流速；b. 减小烟囱外表面坡度，减小内衬表面粗糙度；c. 在烟囱顶部做烟气扩散装置。

第三节　保温材料性能

管道与设备保温的主要目的在于：a. 减少热介质在制备与输送过程中的无益热损失；b. 保证热介质在管道与设备表面具有一定的温度，以避免表面出现结露或高温烫伤人员等。

一、保温设置的原则

① 管道、设备外表面温度≥50℃并需保持内部介质温度时。

② 管道、设备外表面由于热损失，使介质温度达不到要求的温度时。

③ 凡需要防止管道与设备表面结露时。

④ 由于管道表面温度过高会引起煤气、蒸汽、粉尘爆炸起火危险的场合，以及与电缆交叉距离安全规程规定者。

⑤ 凡管道、设备需要经常操作、维护，而又容易引起烫伤的部位。

⑥ 敷设在除尘器上的压缩空气管道、差压管道为防止天冷结露一般应保温。

二、保温材料的种类和性能

1. 保温材料的种类

（1）保温绝热材料的定义　用于减少结构物与环境热交换的一种功能材料。按《设备及管道绝热技术通则》（GB/T 4272—2008）的规定，保温材料在平均温度等于 623K（350℃），其热导率不得大于 0.12W/(m·K)。

（2）绝热材料分类　绝热材料的分类方法很多，可按材质、使用温度和结构等分类。

按材质分类，可分为有机绝热材料、无机绝热材料和金属绝热材料三类。

按使用温度分类，可分为高温绝热材料（适用于 700℃以上）、中温绝热材料（适用于 100～700℃）、常温绝热材料（适用于 100℃以下），保冷材料包括低温保冷材料和超低温保冷材料。实际上许多材料既可在高温下使用也可在中、低温下使用，并无严格的使用温度界限。

按结构分类，可分为纤维类（固体基质、气孔连续）、多孔类（固体基质连续而气孔不连续，如泡沫塑料）、层状（如各种复合制品），见表 9-20。

表 9-20　绝热材料按结构分类表

按结构分类	材料名称	制品形状	按结构分类	材料名称	制品形状
多孔类	聚苯乙烯泡沫塑料 硬质氨酯泡沫塑料 酚醛树脂泡沫塑料 膨胀珍珠岩及其制品 膨胀蛭石及其制品 硅酸钙绝热制品 泡沫石棉 泡沫玻璃 泡沫橡塑绝热制品 复合硅酸盐绝热涂料	板、管 板、管 板、管 板、管 板、管 板、管 板、管 板、管 板、管 板、管	多孔类	超轻陶粒和陶砂	粉、粒
			纤维类	岩棉、矿漆棉及其制品 玻璃棉及其制品 硅酸铝棉及其制品 陶瓷纤维纺织品	毡、管、带、板 毡、管、带、板 板、毡、毯 布、带、绳
			层状	金属箔 金属镀膜 有机与无机材料复合制品 硬质与软质材料复合制品 金属与非金属材料复合制品	夹层、蜂窝状 多层状 复合墙板、管 复合墙板、管 复合墙板、管

按密度分类，分为重质、轻质和超轻质三类。

按压缩性质分类，分为软质（可压缩 30％ 以上）、半硬质、硬质（可压缩性小于 6％）。

按导热性质分类，分为低导热性、中导热性、高导热性三类。

2. 常用保温材料及其性能

（1）岩棉、矿渣棉及其制品　岩棉、矿渣棉是指以天然岩石、工业矿渣等为主要原料，经高温熔融，用离心力、高压载能气体喷吹而成的棉。岩棉、矿渣棉可加入酚醛树脂制成或直接贴面缝合成毡、板、带、管壳、缝毡、贴面毡等各种制品。

岩棉是以天然岩石为主要原料而制成的纤维状松散材料，岩棉制品的生产主要包括原燃材料的准备和配料、熔制、成纤、集棉、固化成型、尺寸加工等工序。岩棉制品的基本尺寸如下。

① 板的尺寸：长 910mm、1000mm、1200mm、1500mm，宽 500mm、600mm、630mm、910mm，厚 30～150mm。

② 带的尺寸：长 1200mm、2400mm，宽 910mm，厚 30mm、50mm、75mm、100mm、150mm。

③ 毡的尺寸：长 910mm、3000mm、4000mm、5000mm、6000mm，宽 600mm、630mm、910mm，厚 50mm、60mm、70mm。

④ 管壳的尺寸：长 910mm、1000mm、1200mm，ϕ22～325mm。

岩棉制品的物理性能见表 9-21。

表 9-21　岩棉制品的物理性能指标

形状	密度/(kg/m³)	热导率/[W/(m·K)]	有机物含量/%	燃烧性能	热荷重收缩温度/℃
棉	≤150	≤0.044			650
板	61～200	≤0.044	≤4.0	不燃	≥600
带	61～100 101～160	≤0.052 ≤0.049	≤4.0 ≤4.0	不燃 不燃	≥600 ≥600
毡	61～80 81～100	≤0.049 ≤0.049	≤1.5 ≤1.5		≥400 ≥600
管壳	61～200	≤0.044	≤5	不燃	≥600

注：1. 表列制品除岩棉外，其质量吸湿率不大于 5％，憎水率不小于 98％。

2. 热导率指平均温度 343^{+5}_{-2}K 时。

岩棉制品经常用于除尘管道和设备的保温，对其他工业设备管道、炉窑、运输工具、大板建筑的保温、绝热也有良好的效果。

（2）玻璃棉及其制品　玻璃棉是指用熔融状玻璃原料或玻璃制成的一种矿物棉。玻璃棉施加热固性黏结剂可制成玻璃棉板、带、毡、管壳等各种制品，也可用不含黏结剂的玻璃棉，并用纸、布或金属网等作贴面增强材料，制成板状的玻璃棉毯。玻璃棉制品有保温毡、保温板、保温管三类，其尺寸如下。

① 板的尺寸：长 1200mm，宽 600mm，厚 15～25mm。

② 带的尺寸：长 1820mm，宽 605mm，厚 25mm。

③ 毡的尺寸：长 1000～11000mm，宽 600mm，厚 25～100mm。

玻璃棉的物理性能见表 9-22。

表 9-22　玻璃棉物理性能指标

形状	种类	密度/(kg/m³)	热导率/[W/(m·K)]	不燃性	最高使用温度/℃
板	2 号	24	≤0.049	不燃	300
		32	≤0.047	不燃	300
		40	≤0.044	不燃	350
		48	≤0.043	不燃	350
	3 号	64、80、96、120	≤0.042	不燃	400
		80、96、120	≤0.047	不燃	400
带	2 号	≥25	≤0.052	不燃	350
毡	2 号	≥24	≤0.048	不燃	350
		≥40	≤0.043	不燃	400
		≥24	≤0.047	不燃	350

玻璃棉制品的热导率取决于其体积、质量、使用温度和纤维直径，用于除尘设备和管道时，应予注意。玻璃棉还可以用作消音和过滤材料。

（3）硅酸盐复合绝热涂料　硅酸盐复合绝热涂料是一种新型绝热材料，各生产厂的产品定名各不相同，有的称"硅酸镁绝热材料"，有称"复合硅酸盐绝热材料"；称谓不统一，配方也不完全相同，但均属同一类型，国家标准定名为"硅酸盐复合绝热涂料"。硅酸盐复合绝热涂料是一种黏稠状绝热材料，其特点是可以涂抹，便于施工，对热设备和热管道有较好的黏结性能；施工后绝热层的整体性好，特别适用于异型设备和管道附件。

硅酸盐复合绝热涂料已成为我国绝热材料行列中一个新品种，其物理性能指标见表 9-23。

表 9-23　硅酸盐复合绝热涂料的物理性能指标

序号	项 目 名 称		技 术 指 标		
			优等品	一等品	合格品
1	外观质量		色泽均匀一致黏稠状浆体		
2	浆体密度/(kg/m³)		≤1000		
3	pH 值		9～11		
4	干密度/(kg/m³)		≤180	≤220	≤280
5	体积收缩率/%		≤15.0	≤20.0	≤30.0
6	抗拉强度/kPa		≥100		
7	黏结强度/kPa		≥25		
8	热导率/[W/(m·K)]	平均温度(623±5)K 时	≤0.10	≤0.11	≤0.12
		平均温度(343±5)K 时	≤0.06	≤0.07	≤0.08
9	高温后抗拉强度(873K,恒温 4h)		≥50		

（4）泡沫石棉　石棉是一种含硅酸镁的纤维状矿物材料，在工程中使用的绝大多数为温石棉。泡沫石棉是以温石棉为主要原料，经化学开棉、发泡、成型、干燥等工艺制成的泡沫状制品，若想制成各种特殊产品，如防水或硬质泡沫石棉产品，可在工艺流程中分别加入防水剂或各种添加剂。泡沫石棉制品的基本尺寸：长为 800mm、1000mm、1500mm，宽为 500mm，厚度 25mm、30mm、35mm、40mm、45mm、50mm、55mm、60mm。泡沫石棉的物理性能见表 9-24。

表 9-24　泡沫石棉的物理性能指标

等级	密度 /(kg/m³)	热导率(平均温度 343K±5K,冷热板温差 28K±2K) /[W/(m·K)]	压缩回弹率 /%	含水率 /%	外 观 质 量	
					表 面	断面结构
优等品	≤30	≤0.046	≤80	≤2.0	平整,手感细腻、柔软	泡孔均匀、细密
一等品	≤40	≤0.053	≤50	≤3.0	无明显隆起或凹陷,手感细腻	泡孔细密,个别泡孔不大于 5mm
合格品	≤50	≤0.059	≤30	≤4.0	比较平整,允许有 5mm 以下的凸凹	比较细密,上下层泡孔允许略有差别,个别泡孔不大于 10 mm

　　泡沫石棉适用于工业窑炉的炉墙、除尘设备、管道、容器及建筑围护结构上的绝热,尤其适于管道弯头、阀门等异型管件的绝热。

　　(5) 泡沫玻璃　泡沫玻璃是以平板玻璃为主要原料,经粉碎掺炭、烧结发泡和退火冷却加工处理后制得的。它具有多孔结构,孔隙率高达 80%~90%,而且气孔是独立密闭结构,因而具有良好的绝热性能。泡沫玻璃作为隔热材料具有特殊的优势:机械强度高,本身又能起防潮、防火、防腐的作用;不仅用于保温,也用作保冷。此外,它还具有良好的加工性,而且可生产着色制品。其使用温度范围为 -200~400℃。

　　该产品按泡沫玻璃制品密度的不同分为 150 号和 180 号两个品种,其中密度≤150kg/m³ 的制品为 150 号,密度在 151~180kg/m³ 之间的制品为 180 号;按制品外形的不同分为平板和管壳,代号分别为 P 和 G。泡沫玻璃制品的物理性能指标、尺寸规格,见表 9-25、表 9-26。

表 9-25　泡沫玻璃绝热制品的物理性能指标

项　　目		150 号			180 号	
		优等品	一等品	合格品	一等品	合格品
密度/(kg/m³)	最大值	150	150	150	180	180
抗压强度/MPa	最小值	0.5	0.4	0.3	0.5	0.4
抗折强度/MPa	最小值	0.4	0.4	0.4	0.5	0.5
体积吸水率/%	最大值	0.5	0.5	0.5	0.5	0.5
透湿系数/[mg/(Pa·s·m)]	最大值	0.007	0.007	0.05	0.007	0.05
热导率/[W/(m·K)]	最大值					
308K(35℃)		0.058	0.062	0.066	0.052	0.066
平均温度213K(℃)		0.046	0.050	0.054	0.050	0.054

表 9-26　泡沫玻璃绝热制品常用规格尺寸　　　　　　　　单位:mm

项　　目	平　　板	管　　壳
长度		300、400、500
宽度	200、250、300、350、400	
厚度		40、50、60、70、80、90、100
内径		57、76、89、103、114、133、159、194、219、245、273、325、356、377、426、430

　　泡沫玻璃可用作建筑围护结构的绝热,还适用于除尘器、冷库等的绝热;也可用于隔声工程中。

　　(6) 硬质聚氨酯泡沫塑料　聚氨酯硬质泡沫塑料是用聚醚或聚酯多元醇与多异氰酸酯为主要原料,再加催化剂、稳泡剂和氟利昂发泡剂等,经混合、搅拌产生化学反应而形成发泡体。孔腔的闭孔率达 80%~90%,密度为 30~60kg/m³,吸水性小。热导率比空气小。强度高,有一定的自熄性,常用做低温范围的保温,使用温度一般为 -100~+100℃。应用时,可以由预制厂预制成板状或管壳状等制品。由于它可常温发泡、固化，可在现场喷涂或灌注发泡，是目前应用最广泛的有机保温材料。其性能见表 9-27。

其主要缺点是：价格昂贵，原料紧缺，耐温性能和防火性差，当该阻燃材料氧指数低于 30 时，便失去了使用的安全性。

表 9-27　硬质聚氨酯泡沫塑料的性能

组分	原料名称	规格	配比/%	泡沫塑料性能
A 俗称白料	含磷聚醚树脂	羟值 350mg/g 酸值<5mg/g	40～43	密度 45～52kg/m³； 抗压强度 0.25～0.45MPa； 抗压强度 0.18～0.23MPa； 伸长率 7%～15%； 热导率 0.016～0.03W/(m·K)； 自熄性　离开火焰后 2s 内自熄； 吸水率≤2kg/m³； 使用温度—100～90℃
	甘油聚醚树脂	羟值(600±30)mg/g 含水量<0.1%	12～13	
	乙二醇聚醚树脂	羟值(KOH/g) (780±50)mg/g 含水量<0.1%	9～10	
	β-三氯乙基磷酸酯	工业级	6～7	
	水溶性硅油		1.2～2.0	
	三氯氟甲烷(F-11)	沸点 23.8℃	20～28	
	三乙烯二胺	纯度≥98%	1～3	
	二月桂酸二丁基锡	含锡量 17%～19%	0.05～0.6	
B 俗称黑料	多苯基多异氰酸酯	纯度 85%～90%		

（7）酚醛泡沫塑料　酚醛树脂是应用十分广泛的一种树脂，这种树脂可用机械发泡法或化学发泡法制得酚醛泡沫塑料。其热导率见表 9-28，其物理性能指标见表 9-29。

表 9-28　酚醛泡沫塑料的热导率比较

加工方法	体积质量/(kg/m³)	热导率/[W/(m·K)]
机械发泡	12	0.0448+0.00029
	18	0.0445+0.00025
	66	0.0381+0.000079
化学发泡	44	0.03+0.000128
	49	0.029+0.000128
	72	0.0314+0.00015

表 9-29　化学发泡酚醛泡沫塑料物理性能

密度/(kg/m³)	吸水率体积/%	抗弯强度/MPa	耐压 压强/MPa	耐压 变形/%
35	3.2	0.20	0.100	4.40
50	1.8	0.30	0.102	1.95
70	1.3	0.40	0.100	1.20
100	1.1	0.90	0.102	0.82

酚醛泡沫塑料具有较好的耐热、耐冻性能，其使用温度范围一般在—150～+130℃之间，当温度提高到 200℃时，即开始碳化。在加热过程中由黄色变为茶色，强度会有所增加。

酚醛泡沫塑料的缺点是其强度受密度的影响很大、低密度制品的强度低。

酚醛泡沫塑料不易燃烧，和火焰直接接触时接触部分碳化，火焰不扩展，当火源移去后火焰自行熄灭。

由于酚醛泡沫塑料具有良好的性能，且容易加工，因此已广泛用于工业、建筑、车辆、船舶等方面作为保温、保冷材料。

（8）聚苯乙烯泡沫塑料　聚苯乙烯泡沫塑料是以聚苯乙烯发泡而成。聚苯乙烯具有体积小、质量小、热导率低、吸水率小和耐冲击性能强等优点。此外，由于在制造过程中是把发泡剂加入到液态树脂中在模型内膨胀而发泡的，因此成型品内残余应力小，尺寸精度高。

由于聚苯乙烯本身无亲水基团,开口气孔很少,又有一层无气孔的外表层,所以它的吸水率比聚氨酯泡沫塑料的吸水率还低。聚苯乙烯硬质泡沫塑料有较好的机械强度,有较强的恢复变形能力,是很好的耐冲击材料。聚苯乙烯树脂属热缩性树脂,在高温下容易软化变形,故聚苯乙烯泡沫塑料的安全使用温度为70℃,最低使用温度为—150℃。

可发性聚苯乙烯泡沫塑料的基本性能见表9-30。

表 9-30　可发性聚苯乙烯泡沫塑料的性能

项　　目	指　标	项　　目	指　标
密度/(kg/m³)	20~50	热导率/[W/(m·K)]	≤0.040
吸水率/(kg/m²)	≤0.1	安全使用温度/℃	≤70
抗压强度/MPa	≥0.15	冲击弹性/%	≥25
冲击强度/MPa	≥0.03		

聚苯乙烯泡沫塑料有硬质、软质及纸状等几种类型。在除尘工程中常用作压缩空气管道和差压管道的保温,还可用于阀体及异形管件的保温。

(9)泡沫橡塑绝热制品　泡沫橡塑绝热制品是以橡塑共混体为基材,加以各种填料和添加剂,如抗老化剂、阻燃剂等,经密炼、混炼挤出、发泡、冷却定型加工成具有闭孔结构的弹性体。泡沫橡塑绝热制品外观呈黑色、白色、绿色等颜色,多数产品呈黑色,表面光滑、柔软。适用温度范围为—40~110℃,表观密度为60~120kg/m³,平均温度0℃时的热导率小于0.040W/(m·K),湿阻因子大于2000,具有良好的防火性能,抗臭氧性和抗紫外光性。

规格尺寸:a.板材,宽度为0.5m、1m,长度为2m、4m、6m、8m、10m、15m,厚度为6mm、9mm、13mm、19mm、25mm、32mm;b.卷材,宽度为0.5m、1m,长度有多种,厚度为6mm、9mm、13mm、19mm、25mm、32mm;c.管材,内径为6~114mm,长度为1.8m、2m,厚度为6mm、9mm、13mm、19mm、25mm、32mm;由于其性能良好,可用于建筑、空调及环境工程中。

(10)其他常用保温材料性能　见表9-31。

表 9-31　其他常用保温材料性能表

材料名称	密度/(kg/m³)	常温热导率/[W/(m·K)]	热导率方程/[W/(m·K)]	最高使用温度/℃	耐压强度/kPa	材料特性
超轻微孔硅酸钙	<170	0.0545 (75℃±5℃)		650	抗折>19.2	含水率<3%~4%
普通微孔硅酸钙	200~250	0.059~0.06	0.0557+0.000116tp	650	抗折>49	重量吸水率390%
沥青矿渣棉制品	100~120	0.0464~0.052 (20~30℃时)	0.0464+0.000197tp	250	抗折14.7~19.8	纤维平均直径≤7μm 含湿率<2% 含硫率<1% 黏结剂含量3%
防水树脂珍珠岩制品	<200	0.05997		300	抗折>44.1	吸水率<8%
水玻璃珍珠岩制品	200~300	0.052~0.0754	(0.065~0.0696)+0.000116tp	600	抗压>58.8	吸水率200%~220%
水泥珍珠岩制品	350~450	0.0696~0.0835	(0.0696~0.074)+0.000116tp	600	抗压>45	吸水率150%~250%
硅酸铝纤维毡	180	0.016~0.047	0.046+0.00012tp	1000		密度小、热导率小、耐高温、价格贵
水泥蛭石管壳	430~500		0.039+0.00025tp	600	抗压250	强度大、价廉、施工方便

注:tp为保温层内、外表面温度的算术平均值。

三、保温材料和辅助材料的选择

保温材料的性能选择一般宜按下述项目进行比较:a.使用温度范围;b.热导率;c.化学性

能、机械强度；d. 使用年数；e. 单位体积的价格；f. 对工程现状的适应性；g. 不燃或阻燃性能；h. 透湿性；i. 安全性；j. 施工性。

保温材料选择技术要求如下所述。

1. 热导率小

热导率是衡量材料或制品保温性能的重要标志，它与保温层厚度及热损失均成正比关系。热导率是选择经济保温材料的两个因素之一。当有数种保温层材料可供选择时，可用材料的热导率乘以单位体积价格 A（元/立方米），其乘值越小越经济，即单位热阻的价格越低越好。

2. 密度小

保温材料或制品的密度是衡量其保温性能的又一重要标志，与保温性能关系密切。就一般材料而言，密度越小，其热导率值亦越小，但对于纤维类保温材料，应选择最佳密度。

3. 抗压或抗折强度（机械强度）

同一组成的材料或制品，其机械强度与密度有密切关系。密度增加，其机械强度增高，热导率也增大，因此，不应片面地要求保温材料过高的抗压和抗折强度，但必须符合国家标准规定。一般保温材料或其制品，在其上覆盖保护层后，在下列情况下不应产生残余变形：a. 承受保温材料的自重时；b. 将梯子靠在保温的设备或管道上进行操作时；c. 表面受到轻微敲打或碰撞时；d. 承受当地最大风荷载时；e. 承受冰雪荷载时。

保温材料也是一种吸音减震材料，韧性和强度高的保温材料其抗震性一般也较强。

通常在管道设计中，允许管道有不大于 6Hz 的固有频率，所以保温材料或保温结构至少应有耐 6Hz 的抗震性能。一般认为韧性大、弹性好的材料或制品其抗震性能良好，例如，纤维类材料和制品、聚氨酯泡沫塑料等。

4. 安全使用温度范围

保温材料的最高安全使用温度或使用温度范围应符合有关的国家标准、行业标准的规定，并略高于保温对象表面的设计温度。

5. 非燃烧性

在有可燃气体或爆炸粉尘的工程中所使用的保温材料应为非燃烧材料。

6. 化学性能符合要求

化学性能一般系指保温材料对保温对象的腐蚀性；由保温对象泄漏出来流体对保温材料的化学反应；环境流体（一般指大气）对保温材料的腐蚀等。

值得注意的是，保温的设备和管道在开始运行时，保温材料或（和）保护层材料内所吸水开始蒸发或从外保护层浸入的雨水将保温材料内的酸或碱溶解，引起设备和管道的腐蚀；特别是铝制设备和管道，最容易被碱的凝液腐蚀。为防止这种腐蚀，应采用泡沫塑料、防水纸等将保温材料包覆，使之不直接与铝接触。

7. 保温工程的设计使用年限

保温工程的设计使用年限是计算经济厚度的投资偿还年限，一般以 5～7 年为宜。但是，使用年数常受到使用温度、振动、太阳光线等的影响。保温材料不仅在投资偿还年限内不应失效，超过投资偿还年限时间越多越好。

8. 单位体积的材料价格

单位体积的材料价格低，不一定是经济的保温材料，单位热阻的材料价格低才是经济的保温材料。

9. 保温材料对工程现场状况的适应性

保温材料对工程现场状况的适应性主要考虑下列各项。

（1）大气条件 有无腐蚀要素；气象状况。

（2）设备状况 有无需拆除保温及其频繁程度；设备或管道有无振动或粗暴处理情况；有无化学药品的泄漏及其部位；保温设备或管道的设置场所，是室内、室外、埋地或管沟；运行状况。

（3）建设期间和建设时期

10. 安全性

由保温材料引起的事故主要有：①保温材料属于碱性时，黏结剂常含碱性物质，铝制设备和管道以及铝板外保护层都应格外注意防腐；②保温的设备或管道内流体一旦泄漏，浸入保温材料内不应导致危险状态；③在室内等场所的设备和管道使用的保温材料，在火灾时可产生有害气体或大量烟气，应充分考虑其影响，尽量选择危险性少的保温材料。

11. 施工性能

保温工程的质量往往取决于施工质量，因此，应选择施工性能好的材料，材料应具有性能：a.加工容易不易破碎（在搬运和施工中）；b.很少产生粉尘，对环境没有污染；c.轻质（密度小）；d.容易维护、修理。

四、保护层材料的选择

1. 保护层材料应具有的主要技术性能

由于外保护层绝热结构最外面的一层是保护绝热结构的，其主要作用是：a.防止外力损坏绝热层；b.防止雨、雪水的侵袭；c.对保冷结构尚有防潮隔汽的作用；d.美化绝热结构的外观。

因此，保护层应具有严密的防水、防湿性能；良好的化学稳定性和不燃性；强度高，不易开裂，不易老化等性能。

2. 常用保护层材料的选择

保护层材料，在符合保护绝热层要求的同时，还应选择经济的保护层材料。根据综合经济比较和实践经验，推荐下述材料。

① 为保持被绝热设备或管道的外形美观和易于施工，对软质、半硬质材料的绝热层保护层宜选用 0.5mm 镀锌或不镀锌薄钢板；对硬质材料绝热层宜选用 0.5~0.8mm 铝或合金铝板，也可选用 0.5mm 镀锌或不镀锌薄钢板。

② 用于火灾危险性不属于甲、乙、丙类生产装置或设备和不划为爆炸危险区域的非燃性介质的公用工程管道的绝热层材料，可选用 0.5~0.8mm 阻燃型带铝箔玻璃钢板。

第四节 保温设计和热力计算

一、保温层厚度的设计计算

1. 最小保温厚度的计算方法

对于平面：

$$\delta = \lambda \left(\frac{t_{wf} - t_a}{kq} - \frac{1}{\alpha_s} \right) \tag{9-1}$$

对于管道：

$$\delta = \frac{d_1 - d}{2} \tag{9-2}$$

d_1 由下式试算得出：

$$\frac{1}{2} d_1 \ln \frac{d_1}{d} = \lambda \left(\frac{t_{wf} - t_a}{kq} - \frac{1}{\alpha_s} \right) \tag{9-3}$$

式中，δ 为保温层厚度，m；λ 为保温材料及制品的热导率，W/（m·℃）；α_s 为保温层外表面放热系数，W/（m²·℃），室内及地沟内安装时 α_s 取 11.63W/（m²·℃），室外安装时 α_s 取 23.26W/（m²·℃）；q 为不同介质温度下，保温外表面最大允许热损失量，W/m²（见表 9-32）；k 为最大允许热损失量的系数，计算最小保温厚度时 k 取为 1.0；计算推荐保温厚度时，k 取为 0.5；d_1 为保温层外径，m；d 为保温层内径（取管道外径），m；t_{wf} 为管道或设备外表面温度，取介质温度，℃；t_a 为环境温度，计算 δ 时，为适应全国各地情况并从安全考虑，冬季运行工况室外安装，t_a 取 −14.2℃（内蒙古海拉尔冬季平均气温），全年运行工况室外安装，t_a 取 −4.1℃（青海玛多全年平均气温）；室内安装时 t_a 取 20℃；地沟安装时，

$$t_a = \begin{cases} 20\text{℃} & \text{当介质温度为 50℃} \\ 30\text{℃} & \text{当介质温度为 100℃} \\ 40\text{℃} & \text{当介质温度为 150℃} \end{cases}$$

表 9-33 是管道设备在室外时不同介质温度条件下的最小保温厚度。

表 9-32 季节运行时最大允许热损失量

设备、管道及附件外表面温度 t_f/℃	50	100	150	200	250	300	400	500
季节性运行时 q/(W/m²)	116	163	203	244	279	302		
常年运行时 q/(W/m²)	58	93	116	140	163	186	227	262

表 9-33 最小保温厚度 单位：mm

公称管径 DN/mm		15	20	25	32	40	50	65	80	100	125	150	200	250	300	350	400	450	500	600	700	平壁
管道直径 D_i/mm		22	28	32	38	45	57	73	89	108	133	159	219	273	325	377	426	478	529	630	720	
介质温度为 50℃，热损失小于 116W/m²	0.02	10	10	10	10	10	10	10	10	10	10	10	10	10	10	10	10	10	10	10	10	15
	0.03	15	15	15	15	15	15	15	15	15	15	15	15	15	15	15	15	15	15	15	15	20
	0.04	15	15	15	20	20	20	20	20	20	20	20	20	20	20	20	20	20	20	20	20	25
	0.05	20	20	20	20	20	20	25	25	25	25	25	25	25	25	25	25	25	25	25	25	30
	λ 0.06	20	25	25	25	25	25	25	30	30	30	30	30	30	30	30	30	30	30	30	30	35
	0.07	25	25	25	25	30	30	30	30	30	35	35	35	35	35	35	35	35	35	35	35	40
	0.08	30	30	30	30	30	30	35	35	35	40	40	40	40	40	40	40	40	40	40	40	45
	0.09	30	30	30	35	35	35	35	35	40	40	40	40	45	45	45	45	45	45	45	45	50
	0.10	30	35	35	35	35	35	40	40	40	45	45	45	50	50	50	50	50	50	50	50	60
介质温度为 100℃，热损失小于 163W/m²	0.02	10	15	15	15	15	15	15	15	15	15	15	15	15	15	15	15	15	15	15	15	15
	0.03	15	15	15	15	15	20	20	20	20	20	20	20	20	20	20	20	20	20	20	20	20
	0.04	20	20	20	20	20	25	25	25	25	25	25	25	25	25	30	30	30	30	30	30	30
	0.05	20	25	25	25	25	25	30	30	30	30	30	35	35	35	35	35	35	35	35	35	35
	λ 0.06	25	25	25	30	30	30	30	35	35	35	35	40	40	40	40	40	40	40	40	40	40
	0.07	30	30	30	30	35	35	35	35	40	40	40	40	45	45	45	45	45	45	45	45	50
	0.08	30	35	35	35	35	35	40	40	40	45	45	50	50	50	50	50	50	50	50	50	60
	0.09	35	35	35	40	40	40	45	45	45	50	50	50	60	60	60	60	60	60	60	60	60
	0.10	35	40	40	40	45	45	50	50	50	50	50	60	60	60	60	60	60	60	70	70	70
介质温度为 150℃，热损失小于 203W/m²	0.02	15	15	15	15	15	15	15	15	15	15	15	15	15	15	15	15	15	15	15	15	20
	0.03	20	20	20	20	20	20	20	20	20	25	25	25	25	25	25	25	25	25	25	25	25
	0.04	20	25	25	25	25	25	25	30	30	30	30	30	30	30	30	30	30	30	30	30	35
	0.05	25	25	25	30	30	30	30	35	35	35	35	35	40	40	40	40	40	40	40	40	40
	λ 0.06	30	30	30	30	30	35	35	35	40	40	40	45	45	45	45	45	45	45	45	45	50
	0.07	30	35	35	35	35	40	40	40	45	45	45	50	50	50	50	50	50	50	60	60	60
	0.08	35	35	40	40	40	40	45	45	50	50	50	50	60	60	60	60	60	60	60	60	70
	0.09	40	40	40	45	45	45	50	50	60	60	60	60	60	70	70	70	70	70	70	70	70
	0.10	40	40	45	45	45	50	50	60	60	60	60	70	70	70	70	70	70	70	70	70	80
介质温度为 200℃，热损失小于 244W/m²	0.03	20	20	20	20	20	20	25	25	25	25	25	25	25	25	25	25	25	25	25	25	25
	0.04	25	25	25	25	25	25	30	30	30	30	30	30	35	35	35	35	35	35	35	35	35
	0.05	25	30	30	30	30	30	35	35	35	35	35	40	40	40	40	40	40	40	40	40	45
	0.06	30	30	35	35	35	35	40	40	40	45	45	45	45	50	50	50	50	50	50	50	50
	λ 0.07	35	35	35	40	40	40	45	45	50	50	50	60	60	60	60	60	60	60	60	60	60
	0.08	40	40	40	40	40	40	50	50	60	60	60	60	60	60	60	60	60	70	70	70	70
	0.09	40	40	45	50	50	50	60	60	60	60	60	70	70	70	70	70	70	70	70	70	80
	0.10	45	45	50	50	50	60	60	60	60	70	70	70	70	70	80	80	80	80	80	80	90
	0.11	50	50	50	60	60	60	60	70	70	70	70	70	80	80	80	80	80	90	90	90	100

续表

公称管径 DN/mm		15	20	25	32	40	50	65	80	100	125	150	200	250	300	350	400	450	500	600	700	平壁
管道直径 D_i/mm		22	28	32	38	45	57	73	89	108	133	159	219	273	325	377	426	478	529	630	720	
介质温度为 250℃，热损失小于 279W/m²	0.03	20	20	20	20	20	25	25	25	25	25	25	25	25	30	30	30	30	30	30	30	30
	0.04	25	25	25	25	30	30	30	30	35	35	35	35	35	35	35	35	35	35	35	35	45
	0.05	30	30	30	35	35	35	35	40	40	40	40	45	45	45	45	45	45	45	45	45	50
	0.06	35	35	35	35	40	40	40	40	45	45	45	50	50	50	50	50	50	50	60	60	60
λ	0.07	35	40	40	40	40	45	45	50	50	50	50	60	60	60	60	60	60	60	60	60	70
	0.08	40	45	45	45	50	50	60	60	60	60	60	70	70	70	70	70	70	70	70	80	80
	0.09	45	45	50	50	50	60	60	60	70	70	70	70	70	80	80	80	80	80	90	90	90
	0.10	45	50	50	50	60	60	60	60	70	70	70	80	80	80	80	80	90	90	90	100	100
	0.11	50	60	60	60	60	60	70	70	70	70	80	80	80	80	90	90	90	90	90	100	100
介质温度为 300℃，热损失小于 308W/m²	0.03	20	20	20	25	25	25	25	25	25	25	30	30	30	30	30	30	30	30	30	30	30
	0.04	25	25	25	30	30	30	30	35	35	35	35	40	40	40	40	40	40	40	40	40	40
	0.05	30	30	35	35	35	35	40	40	40	45	45	45	45	45	45	45	45	50	50	50	50
	0.06	35	35	35	40	40	40	45	45	45	50	50	50	50	50	60	60	60	60	60	60	60
λ	0.07	40	40	40	45	45	50	50	60	60	60	60	60	60	60	60	70	70	70	70	70	70
	0.08	40	45	45	50	50	60	60	60	60	60	70	70	70	70	70	70	70	80	80	80	80
	0.09	45	50	50	50	60	60	60	70	70	70	80	80	80	80	80	80	80	90	90	90	90
	0.10	50	60	60	60	60	70	70	70	70	80	80	80	90	90	90	90	90	90	90	90	100
	0.11	60	60	60	60	60	70	70	70	80	80	80	90	90	90	90	100	100	100	100	100	110

注：环境温度取为 -14.2℃；放热系数为 23.26W/(m²·℃)。

2. 控制单位热损失的计算方法

平壁单层保温计算公式：

$$\delta_1 = \lambda\left(\frac{t_f - t_k}{q} - R_2\right) \tag{9-4}$$

平壁多层保温计算公式：

$$\sum_{i=1}^{n}\frac{\delta_i}{\lambda_i} = \left(\frac{t_f - t_k}{q} - R_2\right) \tag{9-5}$$

或

$$\delta_1 = \lambda_1\left[\frac{t_f - t_k}{q} - R_2 - \left(\frac{\delta_2}{\lambda_2} + \cdots + \frac{\delta_n}{\lambda_n}\right)\right] \tag{9-6}$$

管道单层保温计算公式：

$$\ln\frac{d_1}{d} = 2\pi\lambda_1\left(\frac{t_f - t_k}{q} - R_1\right) \tag{9-7}$$

管道多层保温计算公式：

$$\ln\frac{d_1}{d} = 2\pi\lambda_1\left[\frac{t_f - t_k}{q} - \left(\frac{1}{2\lambda_2}\ln\frac{d_2}{d_1} + \frac{1}{2\lambda_3}\ln\frac{d_3}{d_2} + \cdots + \frac{1}{2\lambda_n}\ln\frac{d_n}{d_{n-1}} + R_1\right)\right] \tag{9-8}$$

式中，R_1 或 R_2 为平壁或管道保温层到周围空气的传热阻，(m²·K)/W（见表 9-34）；δ_1、δ_2、$\cdots$、δ_n 为各层保温材料的厚度，m；t_f 为设备或管道外壁温度，℃；λ_1、λ_2、$\cdots$、λ_n 为各层保温材料的热导率，W/(m·K)；t_k 为保温结构周围的环境温度，℃；d 为保温层内径（取管道外径），m；d_1、d_2、$\cdots$、d_n 为各层保温材料的内径，m。

关于单位允许热损失 q，见表 9-32，也可参见表 9-35～表 9-38。

【例 9-1】 已知设备设于室内，全年运行，设备壁板温度 $t_f = 100$℃，周围空气温度 $t_k = 25$℃，采用水泥珍珠岩制品保温，求保温层厚度。

解： 水泥珍珠岩制品热导率方程为 $\lambda = 0.070 + 0.000116 t_p$

由表 9-39 查得 $t_p = 70$℃，则

$$\lambda = 0.070 + 0.000116 \times 70 = 0.078[\mathrm{W/(m \cdot K)}]$$

由表 9-32 查得单位允许热损失 $q = 93\mathrm{W/m^2}$

由表 9-34 查得平壁热阻 $R_2 = 0.086(\mathrm{m^2 \cdot K})/\mathrm{W}$

按式（9-4）计算得

$$\delta = \lambda\left(\frac{t_f - t_k}{q} - R_2\right) = 0.078\left(\frac{100 - 25}{93} - 0.086\right) = 0.056(\mathrm{m}) \quad \text{取 } 60\mathrm{mm}$$

即保温层厚度可采取 60mm。

表 9-34　管道和平壁的热阻

公称管径 /mm	管道的热阻 $R_1/(\mathrm{m^2 \cdot K/W})$									
	室内管道 $t_f/℃$					室外管道 $t_f/℃$				
	≤100	200	300	400	500	≤100	200	300	400	500
25	0.30	0.26	0.22	0.20	0.19	0.10	0.09	0.09	0.08	0.08
32	0.28	0.23	0.20	0.16	0.14	0.09	0.09	0.08	0.07	0.06
40	0.26	0.22	0.18	0.15	0.13	0.09	0.08	0.07	0.06	0.05
50	0.20	0.16	0.14	0.12	0.10	0.07	0.06	0.05	0.04	0.04
100	0.15	0.13	0.11	0.09	0.07	0.05	0.04	0.04	0.03	0.03
125	0.13	0.11	0.09	0.08	0.07	0.04	0.03	0.03	0.03	0.03
150	0.10	0.09	0.08	0.07	0.06	0.03	0.03	0.03	0.03	0.03
200	0.09	0.08	0.07	0.06	0.05	0.03	0.03	0.03	0.02	0.02
250	0.08	0.07	0.06	0.05	0.04	0.03	0.03	0.02	0.02	0.02
300	0.07	0.06	0.05	0.04	0.04	0.03	0.02	0.02	0.02	0.02
350	0.06	0.05	0.04	0.004	0.04	0.02	0.02	0.02	0.02	0.02
400	0.05	0.04	0.04	0.03	0.03	0.02	0.02	0.02	0.02	0.02
500	0.04	0.03	0.03	0.03	0.03	0.02	0.02	0.02	0.02	0.02
600	0.036	0.034	0.032	0.030	0.028	0.014	0.013	0.013	0.012	0.011
700	0.033	0.031	0.029	0.028	0.026	0.013	0.012	0.011	0.010	0.010
800	0.029	0.028	0.025	0.024	0.023	0.011	0.010	0.010	0.009	0.009
900	0.026	0.025	0.024	0.023	0.022	0.010	0.009	0.009	0.009	0.009
1000	0.023	0.022	0.022	0.021	0.021	0.009	0.009	0.008	0.008	0.008
2000	0.014	0.013	0.012	0.011	0.010	0.005	0.004	0.004	0.004	0.004
平壁的热阻 $R_2/(\mathrm{m^2 \cdot K/W})$										
平壁	0.086	0.086	0.086	0.086	0.086	0.034	0.034	0.034	0.034	0.034

表 9-35　室内管道及设备的允许单位最大热损失

（当周围空气温度 $t_k = 25℃$）

$t_f/℃$	50	75	100	125	150	160	200	225	250	300
d/mm	单位热损失 q（管道）/$(\mathrm{W/m})$									
14	10	20	28	37	46	50	64	74	82	102
18	12	21	30	41	49	53	68	78	87	107
25	13	22	34	45	55	59	75	86	96	117
32	14	26	38	50	60	65	82	93	104	126
38	17	30	42	53	65	70	88	100	111	135
44.5	21	34	45	57	68	73	92	103	115	140
57	26	39	52	64	75	80	99	110	122	151
76	29	46	58	70	81	87	110	122	133	162
89	31	51	63	75	88	94	117	130	143	172
108	35	58	70	85	99	104	128	143	157	186
133	41	64	75	90	104	111	139	154	168	203

续表

t_f/℃	50	75	100	125	150	160	200	225	250	300
d/mm	\multicolumn{10}{c}{单位热损失 q（管道）/（W/m）}									
159	46	70	87	102	116	123	151	166	186	220
194	53	80	97	116	133	140	171	190	209	236
219	58	87	104	125	145	153	186	207	226	267
249	64	93	113	135	157	165	200	222	242	287
273	70	99	122	145	168	177	215	238	261	307
325	81	116	145	172	197	208	249	276	302	354
377	93	133	162	189	215	226	273	300	331	387
426	104	145	174	206	232	251	302	331	360	418
478	110	160	186	219	253	266	319	351	383	447
529	116	174	197	232	267	281	336	371	406	476
630	139	203	232	273	313	328	389	421	464	545
720	151	226	267	313	360	376	441	476	510	603
820	174	249	302	348	394	413	487	481	568	661
920	191	278	331	386	441	461	539	580	621	731
1020	215	307	360	421	481	502	586	748	679	789
1220	261	348	414	478	563	590	706	746	791	890
1420	307	389	469	536	644	676	829	858	902	995
1620	354	423	515	592	717	753	920	963	1015	1085
1820	392	458	571	647	790	827	1013	1067	1126	1183
2000	430	499	626	717	870	912	1124	1172	1225	1273
\multicolumn{11}{c}{单位热损失 q/（W/m²）}										
平壁	64	75	87	99	110	115	133	145	157	180

表 9-36 不同周围空气温度时室内管道设备保温表面热损失换算系数

t_k/℃	t_f/℃	\multicolumn{5}{c}{管 径/mm}					管径 2000mm 及平壁
		32	108	273	720	1020	
+40	100	1.03	1.05	1.06	1.08	1.09	1.12
	200	1.01	1.02	1.03	1.03	1.04	1.04
	300	1.01	1.01	1.02	1.02	1.02	1.03
+30	75	1.02	1.03	1.03	1.04	1.04	1.05
	100	1.02	1.03	1.03	1.03	1.03	1.03
	200	1.01	1.01	1.01	1.01	1.01	1.01
	300	1.01	1.01	1.01	1.01	1.01	1.01
+25	75～600	1	1	1	1	1	1
+20	75	0.98	0.98	0.97	0.97	0.96	0.95
	100	0.99	0.98	0.98	0.97	0.97	0.96
	200	1.00	0.99	0.99	0.99	0.99	0.98
	300	1.00	1.00	1.00	1.00	0.99	0.99
+15	75	0.97	0.96	0.95	0.94	0.93	0.91
	100	0.98	0.97	0.97	0.96	0.95	0.94
	200	0.99	0.99	0.99	0.98	0.98	0.97
	300	0.99	0.99	0.99	0.99	0.99	0.98

注：平壁单位为 m²。

表 9-37 室内保温表面热损失标准（周围空气计算温度 $t_k = 5℃$）

管道外径 /mm	管道外表面（或热介质）温度 t_f/℃									
	50	75	100	125	150	160	200	225	250	300
	热损失/(W/m²)									
10	13	19	24	31	37	39	49	55	60	73
20	15	23	31	38	46	50	63	71	79	94
32	17	27	36	44	53	57	72	80	89	108
48	21	31	42	52	61	67	84	94	104	125
57	24	35	46	57	67	72	90	101	111	133
76	29	41	52	64	77	81	100	113	125	148
86	32	44	58	70	82	87	108	119	132	158
108	36	52	64	78	88	95	117	131	145	172
133	41	56	70	86	99	104	129	144	158	188
159	44	58	75	93	109	116	139	157	172	203
194	49	67	85	102	119	125	151	169	188	223
219	53	70	90	110	128	135	162	183	203	241
273	61	81	101	124	145	153	186	209	230	270
325	70	93	116	139	162	172	209	232	255	302
377	82	108	132	157	181	191	231	255	278	328
426	95	122	148	174	201	210	253	278	302	355
478	103	131	158	186	215	226	273	299	325	383
529	110	139	168	197	227	239	284	317	348	406
630	121	154	186	220	253	264	319	350	383	447
720	133	168	204	239	276	289	321	379	415	487
820	157	195	232	270	309	325	383	423	462	588
920	180	220	261	302	343	360	429	470	510	597
1020	209	255	296	339	383	401	472	517	563	655
1420	267	325	377	441	499	522	617	673	731	858
1820	313	394	464	534	609	638	696	829	905	1056
2000	360	441	510	586	661	696	835	911	986	1143
热损失/(W/m²)										
平壁	58	68	79	88	99	103	122	131	142	162

表 9-38 不同周围空气温度时室外保温表面热损失换算系数

t_k/℃	t_f/℃	管径/mm					管径 1020~2000mm 及平壁
		32	57	108	273	426~720	
+15	75	1.01	1.02	1.03	1.04	1.06	1.09
	100	1.00	1.01	1.02	1.03	1.05	1.07
	200	1.00	1.01	1.01	1.01	1.02	1.03
	300	1.00	1.00	1.01	1.01	1.02	1.02
+10	75	1.00	1.00	1.02	1.02	1.03	1.05
	100	1.00	1.00	1.01	1.02	1.02	1.04
	200	1.00	1.00	1.00	1.00	1.01	1.02
	300	1.00	1.00	1.00	1.00	1.01	1.01
+5	75~600	1.0	1.0	1.0	1.0	1.0	1.0
±0	75	1.00	0.99	0.98	0.97	0.97	0.96
	100	1.00	0.99	0.98	0.98	0.98	0.97
	200	1.00	1.00	0.99	0.99	0.99	0.99
	300	1.00	1.00	0.99	0.99	0.99	0.99

注：平壁单位为 m³。

表 9-39　保温层平均温度 t_p

周围空气温度 t_k/℃	平壁或管道外表面温度（或热介质温度）t_f/℃									
	100	150	200	250	300	350	400	450	500	540
25	70	95	125	150	175	205	230	255	280	300
15	65	90	120	145	170	200	225	250	275	295
10	60	80	110	135	160	190	215	240	270	290
−15	55	75	105	130	155	185	210	235	265	285
−25	45	65	95	120	145	175	200	225	255	275

3. 控制表面温度的计算方法

平壁单层保温：

$$\delta_1 = \frac{\lambda_1(t_f - t_{wf})}{\alpha(t_{wf} - t_k)} \tag{9-9}$$

平壁多层保温总厚度：

$$\delta = \frac{\lambda_1(t_f - t_{wf1}) + \lambda_2(t_{wf1} - t_{wf2}) + \cdots + \lambda_n[t_{wf(n-1)} - t_{wf}]}{\alpha(t_{wf} - t_k)} \tag{9-10}$$

其中，第一层厚度

$$\delta_1 = \frac{\lambda_1(t_f - t_{wf1})}{\alpha(t_{wf} - t_k)} \tag{9-11}$$

第二层厚度

$$\delta_2 = \frac{\lambda_2(t_{wf1} - t_{wf2})}{\alpha(t_{wf} - t_k)} \tag{9-12}$$

管道单层保温

$$\frac{d_1}{d}\ln\frac{d_1}{d} = \frac{2\lambda_1(t_f - t_{wf})}{\alpha(t_{wf} - t_k)} \tag{9-13}$$

管道多层保温总厚度：

$$\frac{d_n}{d}\ln\frac{d_n}{d} = \frac{2}{\alpha d(t_{wf} - t_k)}\{\lambda_1(t_f - t_{wf1}) + \lambda_2(t_{wf1} - t_{wf2}) + \cdots + \lambda_n[t_{wf(n-1)} - t_{wf}]\} \tag{9-14}$$

其中，第一层厚度

$$\ln\frac{d_1}{d} = \frac{2\lambda_1(t_f - t_{wf1})}{\alpha d_n(t_{wf} - t_k)} \tag{9-15}$$

第二层厚度

$$\ln\frac{d_2}{d_1} = \frac{2\lambda_2(t_{wf1} - t_{wf2})}{\alpha d_n(t_{wf} - t_k)} \tag{9-16}$$

式中，t_{wf} 为保温结构外表面计算温度，℃，该温度应保证操作人员不被烫伤，应控制在 50℃ 以下。当周围空气温度 $t_k = 25$℃ 时，t_{wf} 可按表 9-40 采用。

表 9-40　壁表面温度 t_f 和保温结构外表面温度 t_{wf}

介　　质	壁表面温度 t_f/℃	保温结构外表面温度 t_{wf}/℃
蒸汽管道、除尘管道及设备	$100 \leqslant t_f \leqslant 250$	35
	$250 \leqslant t_f \leqslant 400$	40
	$400 \leqslant t_f \leqslant 510$	45
	$510 \leqslant t_f \leqslant 570$	48
烟道排烟设备		45
燃料油管道		35

【例 9-2】　有一矩形风道，$t_f = 600$℃，用微孔硅酸钙和水泥泡沫混凝土两种保温材料作复合式保温结构，外覆石棉水泥保护层，要求在室温 25℃ 时，保护层外表面温度 ≤50℃，求各层厚度。

解：微孔硅酸钙最高使用温度 600℃，保温层表面温度 250℃

$$\lambda_1 = 0.056 + 0.000116 t_p$$

$$= 0.056 + 0.000116 \times \frac{600 + 250}{2} = 0.105[W/(m \cdot K)]$$

水泥泡沫混凝土最高使用温度 250℃，保温层表面温度 60℃

$$\lambda_2 = 0.098 + 0.00020 t_p = 0.098 + 0.00020 \times \frac{250+60}{2}$$
$$= 0.129 [W/(m \cdot K)]$$

石棉水泥面层 $\qquad \lambda_3 = 0.35 W/(m \cdot K)$

$t_f = 600℃$，$t_{wf1} = 250℃$，$t_{wf2} = 60℃$，$t_{wf} = 50℃$，$t_k = 25℃$，

$\alpha = 11.63 W/(m^2 \cdot K)$

按式（9-10）计算总厚度

$$\delta = \frac{\lambda_1(t_f - t_{wf1}) + \lambda_2(t_{wf1} - t_{wf2}) + \lambda_3(t_{wf2} - t_{wf})}{\alpha(t_{wf} - t_k)}$$

$$= \frac{0.105 \times (600-250) + 0.129 \times (250-60) + 0.35 \times (60-50)}{11.63 \times (50-25)} = 0.225 (mm)$$

按式（9-11）求第一层厚度

$$\delta_1 = \frac{\lambda_1(t_f - t_{wf1})}{\alpha(t_{wf} - t_k)} = \frac{0.105 \times (600-250)}{11.63 \times (50-25)} = 0.126 (m) \quad 取 130mm$$

按式（9-12）求第二层厚度

$$\delta_2 = \frac{\lambda_2(t_{wf1} - t_{wf2})}{\alpha(t_{wf} - t_k)} = \frac{0.129 \times (250-60)}{11.63 \times (50-25)} = 0.0843 (m) \quad 取 90mm$$

按式（9-12）求第三层厚度

$$\delta_3 = \frac{\lambda_3(t_{wf2} - t_{wf3})}{\alpha(t_{wf} - t_k)} = \frac{0.35 \times (60-50)}{11.63 \times (50-25)} = 0.012 (m) \quad 取 15mm$$

则实际总厚度

$$\delta = \delta_1 + \delta_2 + \delta_3 = 130 + 90 + 15 = 235 (mm)$$

4. 防止表面结露的计算方法

防止表面结露法计算保温层厚度基本上与控制表面温度法相一致，但此法也有其特殊性。防止结露指绝大多数时间不结露，如设置在和室外大气有良好接触的房间内的冷管道，当室外相对湿度达到 95% 以上且温度较高时不结露是很难做到的，也是不必要的。

对于矩形管道、设备以及外径 >400mm 的圆形管道，可按平面保温考虑。按下式计算其最小保温层厚度：

$$\delta = \frac{\lambda}{\alpha_w} \frac{t_i - t_n}{t_k - t_i} = \frac{\lambda}{\alpha_w} \left(\frac{t_k - t_n}{t_n - t_i} - 1 \right) \tag{9-17}$$

圆管保温层厚度

$$(d + 2\delta) \ln \left(\frac{d+2\delta}{d} \right) = \frac{2\lambda}{\alpha_w} \frac{t_i - t_n}{t_k - t_i} \tag{9-18}$$

式中，t_k 为保温结构周围环境的空气温度，℃，需要保温的管道或设备不在空调房间内或在室外时，取室外最热月历年平均温度；t_i 为保温结构周围环境的空气露点温度，℃，不在空调房间内或在室外时，按 t_k 和室外最热月历年月平均相对湿度确定；t_n 为管内介质温度，℃；α_w 为保温结构表面换热系数，$W/(m^2 \cdot K)$，一般为 6～11$W/(m^2 \cdot K)$，可取 8$W/(m^2 \cdot K)$，室外管道要考虑风速的影响。

式（9-18）不能用普通的四则运算求解，只能用近似计算方法求解。在工程运算中，可以用试算法求解，当 $\alpha_w = 8.14 W/(m^2 \cdot K)$ 时，可用图 9-1 直接查出防止结露的保温层最小厚度。

【例 9-3】 已知管外周围环境的空气温度 $t_k = 29℃$，相对湿度 $\Phi_w = 77\%$，由焓湿图查得其露点温度 $t_i = 24.5℃$，管内介质温度 $t_n = 0℃$，保温材料热导率 $\lambda = 0.0465 W/(m \cdot K)$，表面换热系数 $\alpha_w = 8.14 W/(m^2 \cdot K)$，求防止结露时矩形风管的最小保温层厚度和当管外径 $d = 100mm$ 时的最小保温层厚度。

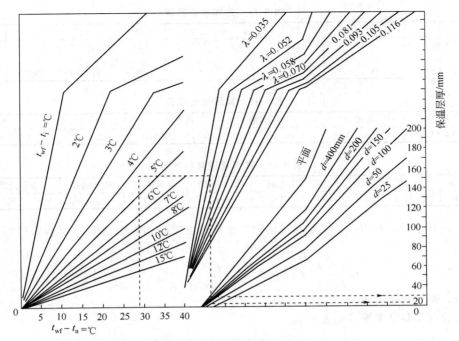

图 9-1　防止结露的保温层厚度

解：矩形风管保温层厚度按式（9-17）计算

$$\delta = \frac{\lambda}{\alpha_w} \frac{t_i - t_n}{t_k - t_i} = \frac{0.0465}{8.14} \times \frac{24.5 - 0}{29 - 24.5} = 0.031(\text{m})$$

亦可按图 9-1 查出。查图得 $\delta = 31$mm。可取 $\delta = 35$mm。

当管外径 $d = 100$mm 时保温层厚度按式（9-18）计算：

$$(d + 2\delta)\ln\left(\frac{d + 2\delta}{2}\right) = \frac{2\lambda}{\alpha_w} \times \frac{t_i - t_n}{t_k - t_i}$$

$$(0.1 + 2\delta)\ln\left(\frac{0.1 + 2\delta}{0.1}\right) = \frac{2 \times 0.0465}{8} \times \frac{24.5 - 0}{29 - 24.5} = 0.062$$

当 $\delta = 0.030$m 时，公式左边 $= 0.0752$；$\delta = 0.025$m 时，公式左边 $= 0.0608$；$\delta = 0.027$m 时，公式左边 $= 0.0664$。

说明保温层厚度 $\delta = 0.025$m，可取 $\delta = 30$mm。

按图 9-1 查得 $\delta = 25$mm，最后取保温厚度 $\delta = 30$mm。

5. 防冻管道保温厚度的计算方法

水或其他介质在管道或设备中静止不动时，介质不冻结所需要的保温层厚度可按下式计算：

$$\ln \frac{d_1}{d} = 2\pi \times 3600\lambda \left[\frac{K_n z}{(G_1 C_1 + G_2 C_2)\ln\left(\frac{t_f - t_k}{t_s - t_k}\right)} - \frac{R_1}{3600} \right] \tag{9-19}$$

式中，d 为管道或设备外径，m；d_1 为主保温层外径，m；λ 为防冻保温材料的热导率，W/(m·℃)；G_1 为流体介质的单位长度质量，kg/m；G_2 为管道的单位长度质量，kg/m；C_1 为流体介质的热容，J/(kg·K)（见表 9-41、表 9-42）；C_2 为管道设备的热容，J/(kg·K)（见表 9-43）；t_f 为流体介质温度，℃；t_k 为周围环境空气温度，℃；t_s 为流体介质至终端的温度，℃，对于水的冻结温度 $t_s = 0$℃；K_n 为管道或设备支吊架局部末端的修正系数，一般室内管道 $K_n = 1.2$，室外管道 $K_n = 1.25$；z 为散热时间，h；R_1 为管道或设备的保温层对周围空气的热阻（m·K）/W 或（m²·K）/W，一般可按表 9-34 选取。

表 9-41　饱和水热容表

$t/℃$	0	10	20	30	40	50	60	70
$C_1/[J/(kg \cdot K)]$	4211.9	4191.0	4182.6	4174.2	4174.2	4174.2	4178.4	4186.8
$t/℃$	80	90	100	110	120	130	140	150
$C_1/[J/(kg \cdot K)]$	4195.2	4207.7	4220.3	4232.9	4249.6	4266.3	4287.3	4312.4

表 9-42　常用油热容表

名　称	润滑油	变压器油	透平油	原　油	重　油
$C_1/[J/(kg \cdot C)]$	1796.1～2306.9	1892.4～2294.4	1800.3～2118.5	2039.4	1632.9～2039.4

表 9-43　常用管道材料热容表

名　称	铁	钢	铅	铜	沥青制品	塑料制品	玻璃制品	各种混凝土制品
$C_2/[J/(kg \cdot C)]$	460.5	481.5	900.2	397.7	1674.7	418.7	2930.8	837.4

当介质静止时，对于一定厚度的保温层，核算温度下降到冻结温度 t_s 时所需的时间按下式计算：

$$z = \ln \frac{t_f - t_k}{t_s - t_k}(G_1 C_1 + G_2 C_2)\left(\frac{1}{2\pi 3600\lambda}\ln \frac{d_1}{d} + \frac{R_1}{3600}\right)\frac{1}{K_n} \tag{9-20}$$

式中，符号意义同前。

冷水管道保温厚度推荐见表 9-44。

表 9-44　冷水管道保温厚度推荐表　　　　　　　　　　单位：mm

材料名称＼公称直径/mm＼热导率/[W/(m·℃)]	15	20	25	32	40	50	70	80	100	125	150	200	250	300
超细玻璃棉毡　0.028～0.035	20～30	20～35	25～35	25～35	30～40	30～40	30～40	30～45	35～45	35～45	35～45	35～50	35～50	35～50
自熄聚苯乙烯泡沫塑料　0.035～0.045														
玻璃纤维瓦　0.035～0.045	30～40	30～40	30～40	35～45	35～50	40～50	40～55	40～55	40～55	45～60	45～60	45～65	45～60	
沥青矿渣棉　0.04～0.05	35～45	35～45	35～45	40～50	40～55	45～55	45～60	45～65	50～65	50～70	50～70	55～75	55～75	
软木瓦　0.056～0.09	40～55	40～55	40～55	45～60	50～60	50～65	55～70	55～70						
水玻璃珍珠岩瓦　0.054～0.07														

注：黄河以北地区可采取下限，以南地区可采取上限，在气温低、干燥的地区可采取低于下限值。

【例 9-4】 已知：管径 $d=0.032m$，安装在室外，周围空气温度 $t_k = -15℃$，管内介质温度 $t_f = 50℃$ 的热水，采用水泥蛭石制品保温。求当水流中断后，维持 $z=2.5h$ 不冻结所需的保温层厚度。

解： 水的比热容查表 9-41，得 $C_1 = 4174.2J/(kg \cdot K)$；钢管的热容查表 9-43，得 $C_2 = 481.5J/(kg \cdot K)$

水的冻结温度 $t_s = 0℃$

查表 9-34 得 $R_1 = 0.09(m \cdot K)/W$

支吊架影响修正系数 $K = 1.25$

水泥蛭石制品热导率 $\lambda = 0.093W/(m \cdot K)$

钢管内介质的重量

$$G_1 = \frac{\pi}{4}(32 - 2 \times 2.2)^2 \times 10^6 \times 1000 \times 1 = 0.598(kg/m)$$

钢管质量 $G_2 = 1.62(kg/m)$

按式(9-19)进行计算：

$$\ln\frac{d_1}{d}=2\pi\times3600\lambda\left[\frac{K_n z}{(G_1 C_1+G_2 C_2)\ln\left(\dfrac{t_f-t_k}{t_s-t_k}\right)}-\frac{R_1}{3600}\right]$$

$$=2\times3.14\times3600\times0.093\times$$

$$\left[\frac{1.25\times2.5}{(0.598\times4174.2+1.62\times481.5)\ln\dfrac{50-(-15)}{0-(-15)}}-\frac{0.01}{3600}\right]$$

$$=1.31+\ln d=1.31+\ln0.032=-2.1$$

$$d_1=0.12$$

$$\delta=\frac{d_1-d}{2}$$

$$=\frac{0.12-0.032}{2}=0.044(\text{m})\quad\text{取 }50\text{mm}$$

需要保温层厚度为50mm。

6. 保温管道的介质温降计算方法

保温管道的单位热损失按下式计算：

$$q=\frac{\pi(t_f-t_k)}{\dfrac{1}{2\pi}\ln\dfrac{d_1}{d}+\dfrac{1}{\alpha_2 d_1}}\quad(\text{W/m}) \tag{9-21}$$

管道介质温降计算公式

$$\Delta t=3600\frac{q}{GC_p}\quad(\text{℃}) \tag{9-22}$$

式中，q 为保温管道的热损失，W/m；Δt 为管道内介质温度降，℃；G 为介质流量，kg/h；C_p 为介质的定压热容，J/(kg·K)；其他符号意义同前。

二、保温结构设计与选用

1. 保温结构基本要求

管道和设备的保温由保温层和保护层两部分组成，保温结构的设计直接影响到保温效果、投资费用和使用年限等。对保温结构基本要求有以下几个方面。

① 热损失不超过允许值。

② 保温结构应有足够的机械强度，经久耐用，不宜损坏。

③ 处理好保温结构和管道、设备的热伸缩。

④ 保温结构在满足上述条件下，尽量做到简单、可靠、材料消耗少、保温材料宜就地取材、造价低。

⑤ 保温结构应尽量采用工厂预制成型，减少现场制作，以便于缩短施工工期、保证质量、维护检修方便。

⑥ 保护结构应有良好的保护层，保护层应适应安装的环境条件和防雨、防潮要求，并做到外表平整、美观。

2. 保温结构型式

保温结构的型式有如图9-2、图9-3所示几种形式。

(1) 绑扎式　它是将保温材料用铁丝固定在管道上，外包以保护层，适用于成型保温结构如预制瓦、管壳和岩棉毡等。这类保温结构应用较广、结构简单、施工方便，外形平整美观，使用年限较长。

(2) 浇灌式　保温结构主要用于无沟敷设。地下水位低、土质干燥的地方，采用无沟敷设是较经济的一种方式。保温材料可采用水泥珍珠岩等，其施工方法为挖一土沟，将管道按设计标高敷设好，沟内放上油毡纸，管道外壁面刷上沥青或重油，以利管道伸缩，然后浇上水泥珍珠岩，将油毡包好，将土沟填平夯实即成。

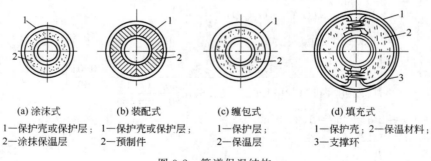

(a) 涂沫式	(b) 装配式	(c) 缠包式	(d) 填充式
1—保护壳或保护层；	1—保护壳或保护层；	1—保护层；	1—保护壳；2—保温材料；
2—涂抹保温层	2—预制件	2—保温层	3—支撑环

图 9-2　管道保温结构

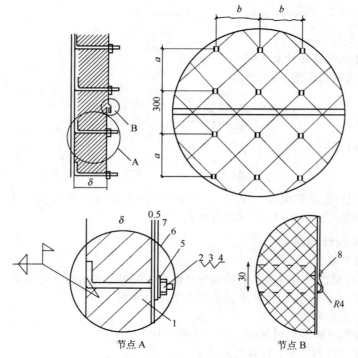

图 9-3　平壁保温结构

1—保温材料；2—直角型螺栓；3—螺母；4—垫圈；5—胶垫；6—保护板；7—支撑板；8—自攻螺丝

硬质聚氨酯泡沫塑料，用于 110℃ 以下的管道，该材料可做成预件，或现场浇灌发泡成型。浇灌式保温结构整体性好，保温效果较好，同时可延长管道使用寿命，取得广泛的推广使用。

（3）整体压制　这种保温结构是将沥青珍珠岩在热态下、在工厂内用机械力量把它直接挤压在管子上，制成整体式保温，由于沥青珍珠岩使用温度一般不超过 150℃，故适用于介质温度<150℃、管道直径<500mm 的供暖管道上。

（4）喷涂式　为新式的施工技术，适合于大面积和特殊设备的保温，保温结构整体性好，保温效果好，且节省材料，劳动强度低。其材料一般为膨胀珍珠岩、膨胀蛭石、硅酸铝纤维以及聚氨酯泡沫塑料等。

（5）填充式　一般在阀门和附件上采用外很少采用。阀门、法兰、弯头、三通等，由于形状不规则，应采取特殊的保温结构，一般可采用硬质聚氨酯发泡浇灌、超细玻璃棉毡等。

3. 保护层的种类

管道设备保温，除选择良好的保温材料外，必须选择好保护层，才能延长保温结构的使用寿命，常用的保护层有如下几种。

（1）金属板　铝、镀锌铁皮等，价贵但使用寿命长，可达20～30年，适用于室外架空管道的保温。

（2）玻璃丝布保护层　采用较普遍，一般室内架空管道均采用玻璃纤维布外刷油漆作保护层，成本低，效果好。

（3）油毡玻璃纤维布保护层　这种保护层中油毡起防水作用，玻璃纤维布起固定作用，最外层刷油漆，适用于室外架空管道和地沟内的管道保温。

（4）玻璃钢外壳保护层　该结构发展较快，质量轻，强度高，施工速度快，且具有外表光滑、美观、防火性能好等优点，可用于架空管道及无沟敷设的直埋管道的保温外壳。

（5）高密度聚乙烯套管　此保护层用于直埋的热力管道保温上，防水性能好；热力管道保温结构可直接浸泡水中，与硬质聚氨酯泡沫塑料保温层相配合，组成管中管，热损失率极小，仅2.8%。使用寿命可达20～30年，但价格较高。

（6）铝箔玻璃布和铝箔牛皮纸保护层　铝箔玻璃布和低基铝箔黏胶带是一种蒸汽隔绝性能良好，施工简便的保护层，前者多用于热力管道的保温上；而后者则多数用于室内低温管道的保温上，效果良好。

三、保温层和辅助材料用量计算

1. 保温材料用量计算

保温材料工程量体积计算见表9-45。保温材料工程量面积计算见表9-46。

2. 辅助材料用量计算

保温常用辅助材料用量计算如表9-47所列。

表 9-45　保温材料工程量体积计算表

体积/m³		保温层厚度/mm													
		30	40	50	60	70	80	90	100	110	120	130	140	150	160	170
管子外径/mm	22	0.58	0.90	1.29	1.73	2.24	2.81	3.45	4.15	4.91	5.73	6.62	7.56			
	28	0.64	0.98	1.38	1.85	2.38	2.97	3.62	4.34	5.11	5.96	6.86	7.83	8.86		
	32	0.68	1.03	1.45	1.92	2.46	3.07	3.73	4.46	5.25	6.11	7.02	8.00	9.05	10.2	
	38	0.74	1.11	1.54	2.04	2.59	3.22	3.90	4.65	5.46	6.33	7.27	8.27	9.33	10.5	
	45	0.80	1.19	1.65	2.17	2.75	3.39	4.10	4.87	5.70	6.60	7.56	8.58	9.66	10.8	12.0
	57	0.91	1.34	1.84	2.39	3.01	3.69	4.44	5.25	6.12	7.05	8.05	9.10	10.2	11.4	12.7
	73	1.07	1.55	2.09	2.70	3.36	4.10	4.89	5.75	6.67	7.65	8.70	9.81	11.0	12.2	13.5
	89	1.22	1.75	2.34	3.00	3.72	4.50	5.34	6.25	7.22	8.26	9.35	10.5	11.7	13.0	14.4
	108	1.39	1.99	2.64	3.36	4.13	4.98	5.88	6.85	7.88	8.97	10.1	11.3	12.6	14.0	15.4
	133	1.63	2.30	3.03	3.83	4.68	5.60	6.59	7.63	3.74	9.91	11.1	12.4	13.8	15.2	16.7
	159	1.88	2.63	3.44	4.32	5.26	6.26	7.32	8.45	9.64	10.9	12.2	13.6	15.0	16.5	18.1
	219	2.44	3.38	4.38	5.45	6.58	7.77	9.02	10.3	11.7	13.2	14.7	16.2	17.9	19.6	21.3
	273	2.95	4.06	5.23	6.47	7.76	9.12	10.5	12.0	13.6	15.2	16.9	18.6	20.4	22.3	24.2
管子外径/mm	325	3.44	4.17	6.05	7.45	8.91	10.4	12.0	13.7	15.4	17.2	19.0	20.9	22.9	24.9	27.0
	377	3.93	5.37	6.86	8.43	10.0	11.7	13.5	15.3	17.2	19.1	21.1	23.2	25.3	27.5	29.7
	426	4.39	5.98	7.63	9.35	11.1	13.0	14.9	16.8	18.9	21.0	23.1	25.3	27.6	30.0	32.4
	478	4.88	6.64	8.45	10.3	12.3	14.3	16.3	18.5	20.7	22.9	25.2	27.6	30.1	32.6	35.1
	529	5.36	7.28	9.25	11.3	13.4	15.6	17.8	20.1	22.4	24.8	27.3	29.9	32.5	35.1	37.9
	630	6.31	8.55	10.8	13.2	15.6	18.1	20.6	23.2	25.9	28.7	31.4	34.3	37.2	40.2	43.3
	720	7.16	9.68	12.3	14.9	17.6	20.4	23.2	26.1	29.0	32.0	35.1	38.3	41.5	44.7	48.1
	820	8.11	10.9	13.8	16.8	19.8	22.9	26.0	29.2	32.5	35.9	39.2	42.7	46.2	49.8	53.4
	920	9.05	12.2	15.4	18.7	22.0	25.4	28.8	32.3	35.9	39.6	43.3	47.1	50.9	54.8	58.7
	1020	9.99	13.4	17.0	20.5	24.2	27.9	31.7	35.5	39.4	43.4	47.4	51.5	55.6	59.8	64.1

注：1. 本表所列数据以管长100m为单位。

2. 考虑到施工时的误差，在计算保温材料体积时，已将管子直径加大10mm。

表 9-46　保温材料工程量面积计算表

| 面积/m² | 保温层厚度/mm | | | | | | | | | | | | | | |
	30	40	50	60	70	80	90	100	110	120	130	140	150	160	170
22	28.9	35.2	41.5	47.8	54.0	60.3	66.6	72.9	79.2	85.5	91.7	98.0			
28	30.8	37.1	43.4	49.6	55.9	62.2	68.5	74.8	81.1	87.3	93.6	99.9	106		
32	32.0	38.3	44.6	50.9	57.2	63.5	69.7	76.0	82.3	88.6	94.9	101	107	114	
38	33.9	40.2	46.5	52.8	59.1	65.3	71.6	77.9	84.2	90.5	96.8	103	109	116	
45	36.1	42.4	48.7	55.0	61.3	67.5	73.8	80.1	86.4	92.7	99.0	105	112	118	124
57	39.9	46.2	52.5	58.7	65.0	71.3	77.6	83.9	90.2	96.4	103	109	115	122	128
73	44.9	51.2	57.5	63.8	70.1	76.3	82.6	88.9	95.2	101	108	114	120	127	133
89	50.0	56.2	62.5	63.8	75.1	81.4	87.7	93.9	100	107	113	119	125	132	138
108	55.9	62.2	68.5	74.8	81.1	87.3	93.6	99.9	106	112	119	125	131	138	144
133	63.8	70.1	76.3	82.6	88.9	95.2	101	108	114	120	127	133	139	145	152
159	71.9	78.2	84.5	90.8	97.1	103	110	116	122	128	135	141	147	154	160
219	90.8	97.1	103	110	116	122	128	135	141	147	154	160	166	172	179
273	108	114	120	127	133	139	145	152	158	164	171	177	183	189	196
325	124	130	137	143	149	156	162	168	174	181	187	193	199	206	212
377	140	147	153	159	166	172	178	184	1914	197	203	210	216	222	228
426	156	162	168	175	181	187	194	200	206	212	219	225	231	238	244
478	172	178	185	191	197	204	210	216	222	229	235	241	248	254	260
529	188	194	201	207	213	220	226	232	238	245	251	257	264	270	276
630	220	226	232	239	245	251	258	264	270	276	283	289	295	302	308
720	248	254	261	267	273	280	286	292	298	305	311	317	324	330	336
820	288	286	292	298	305	311	317	324	330	336	342	349	355	361	368
920	311	317	324	330	336	342	349	355	361	368	374	380	386	393	399
1020	342	349	355	361	368	374	380	386	393	399	405	412	418	424	430

注：1. 本表所列数据以管长 100mm 为单位。

2. 考虑到施工时的误差，在计算保温材料面积时，已将管子直径加大 10mm。

表 9-47　保温常用辅助材料用量计算表

项　目	规　格	单　位	用　量
沥青玻璃布油毡	相关标准	m²/m² 保温层	1.2
玻璃布	中碱布	m²/m² 保温层	1.4
复合铝箔	玻璃纤维增强型	m²/m² 保温层	1.2
镀锌铁皮	$\delta=0.3\sim0.5$mm	m²/m² 保温层	1.2
铝合金板	$\delta=0.5\sim0.7$mm	m²/m² 保温层	1.2
镀锌铁丝网	六角网孔 25mm 线经 22G	m²/m² 保温层	1.1
镀锌铁丝	18#（DN≤100mm 时）	kg/m³ 保温层	2.0
（绑扎保温层用）	16#（DN=125～450mm 时）	kg/m² 保温层	0.05
镀锌铁丝	18#（DN≤100mm 时）	kg/m³ 保温层	3.3
（绑扎保护层用）	16#（DN=125～450mm 时）	kg/m² 保温层	0.08
铜带	宽 15mm，厚 0.4mm	kg/m² 保温层	0.54
自攻螺钉	M4×15	kg/m² 保温层	0.03
销钉	圆钢 φ6	个/m² 保温层	12

四、保温施工

1. 保温层施工

（1）保温固定件、支承件的设置。垂直管道和设备，每隔一段距离需设保温层承重环（或抱箍），宽度为保温厚变的 2/3。销钉用于固定保温层时，间隔 250～350mm，用于固定金属外保护层时，间隔 500～1000mm；并使每张金属板端头不少于两个销钉。采用支承圈固定金属外保护层时，每道支承圈间隔为 1200～2000mm，并使每张金属板有两道支承圈。

（2）管壳用于小于 DN350 管道保温，选用的管壳内径应与管道外径一致。施工时，张开管壳切口部套于管道上；水平管道保温，切口置于下侧。对于有复合外保护层的管壳应拆开切口部搭接头内侧的防护纸，将搭接头按压贴平；相邻两段管壳要紧，缝隙处用压敏胶带粘贴；对于无外保护层的管壳，可用镀锌铁丝或料绳捆扎，每段管壳捆 2～3 道。

（3）板材用于平壁或大曲面设备保温，施工时，棉板应紧贴于设备外壁，曲面设备需将棉板的两板接缝切成斜口拼接，通常宜采用销钉自锁紧板固定。对于不宜焊销钉的设备，可用钢带捆扎，间距为每块棉板不少于两道，拐角处要用镀锌铁皮。当保温层厚度超过 80mm 时，应分层保温，双层或多层保冷层应错缝设，分层捆扎。

（4）设备及管道支座、吊架以及法兰、阀门、人孔等部位，在整体保温时，预留一定装卸间隙，待整体保温及保护层施工完毕后，再做部分保温处理。并注意施工完毕的保温结构不得妨碍活动支架的滑动。保温棉毡、垫的保温厚度和密度应均匀，外形应规整，经压实捆扎后的容重必须符合设计规定的安装容重。

（5）管道端部或有盲板的部位应敷设保温层，并应密封。除设计指明按管束保温的管道外，其余均应单独进行保温，施工后的保温层不得遮盖设备铭牌；如将铭牌周围的保温层切割成喇叭形开口，开口处应密封规整。方形设备或方形管道四角的保温层采用保温制品敷设时，其四角角缝应做成封盖式搭缝，不得形成垂直通缝。水平管道的纵向接缝位置，不得布置在管道垂直中心线 45°范围内，当采用大管径的多块成型绝热制品时，保温层的纵向接缝位置可不受此限制，但应偏离管道垂直中心线位置。

（6）保温制品的拼缝宽度，一般不得大于 5mm，且施工时需注意错缝。当使用两层以上的保温制品时，不仅同层应错缝，面和里外层应压缝，其搭接长度不宜小于 50mm；当外层管壳绝热层采用黏胶带封缝时，可不错缝。钩钉或销钉的安装，一般采用专用钩钉、销钉，也可用 ϕ3～6mm 的镀锌铁丝或低碳圆钢制作，直接焊在碳钢制设备或管道上，其间距不应大于 350mm。单位面积上钩钉或销钉数，侧部不应少于 6 个/m^2，底部不应少于 8 个/m^2。焊接钩钉或销钉时，应先用粉线在设备、管道壁上错行或对行划出每个钩钉或销钉的位置。支承件的安装，对于支承件的材质，应根据设备或管道材质确定，宜采用普通碳钢板或型钢制作。支承件不得设在有附件的位置上，环面应水平设置，各托架筋板之间安装误差不应大于 10mm。当不允许直接焊于设备上时，应采用抱箍型支承件。支承件制作的宽度应小于保温层厚度 10mm，但不得小于 20mm。立式设备和公称直径大于 100mm 的垂直管道支承件的安装间距，应视保温材料松散程度而定。

（7）壁上有加强筋板的方形设备和管道的保温层，应利用其加强筋板代替支承件，也可在加强筋板边沿上加焊弯钩。直接焊于不锈钢设备或管道上的固定件，必须采用不锈钢制作。当固定件采用碳钢制作时，应加焊不锈钢垫板。抱箍式固定件与设备或管道之间，在介质温度高于 200℃，及设备或管道系非铁素体碳钢时应设置石棉等隔垫。设备振动部位的保温施工：当壳体上没有固定螺杆时，螺母上紧丝扣后点焊加固；对于设备封头固定件的安装，采用焊接时，可在封头与筒体相交的切点处焊高支承环，并应在支承环上断续焊设固定环；当设备不允许焊接时，支承环应改为抱箍型。多层保温层应采用不锈钢制的活动环、固定环和钢带。

（8）立式设备或垂直管道的保温层采用半硬质保温制品施工时，应从支承件开始，自下而上拼砌，并用镀锌铁丝或包装钢带进行环向捆扎；当卧式设备有托架时，保温层应从拖架开始拼砌，并用镀锌铁丝网状捆扎。当采用抹面保护层时，应包扎镀锌铁丝网。公称直径≤100mm、未装设固定件的垂直管道，应用 8 号镀锌铁丝在管壁上拧成扭辫箍环，利用扭辫索挂镀锌铁丝固定保温层。当弯头部位保温层无成型制品时，应将普通直管壳截断，加工敷设成虾米腰状。DN≤70mm 的管道，或因弯管半径小，不易加工成虾米腰状时，可采用保温棉毡、垫绑扎。封头保温层的施工，应将制品板按封头尺寸加工成扇形块，错缝敷设。捆扎材料一端应系在活动环上，另一端应系在切点位置的固定环或托架上，捆扎成辐射形扎紧条。必要时，可在扎紧条间扎上环状拉条，环状拉条应与扎紧条呈十字扭结扎紧。当封头保温层为双层结构时应分层捆扎。

(9) 伴热管管道保温层的施工，直管段每隔 1.0～1.5m 应用镀锌铁丝捆扎牢固。当无防止局部过热要求时，主管和伴热管可直接捆扎在一起；否则，主管和伴热管之间必须设置石棉垫。在采用棉毡、垫保温时，应先用镀锌铁丝网包裹并扎紧；不得将加热空间堵塞，然后再进行保温。

2. 保护层施工

(1) 金属保护层常用镀锌薄钢板或铝合金板　当采用普通薄钢板时，其里外表面必须涂敷防锈涂料。安装前，金属板两边先压出两道半圆凸缘。对于设备保温，为加强金属板强度，可在每张金属板对角线上压两条交叉筋线。

(2) 垂直方向保温施工　将相邻两张金属板的半圆凸缘重叠搭接，自下而上，上层板压下层板，搭接 50mm。当采用销钉固定时，用木槌对准销钉将薄板打穿，去除孔边小块渣皮，套上 3mm 厚胶垫，用自销紧板套入压紧（或 AM6 螺母拧紧）；当采用支撑圈、板固定时，板面重叠搭接处，尽可能对准支撑圈、板，先用 $\phi 3.6$mm 钻头钻孔，再用自攻螺钉 $M4\times 15$ 紧固。

(3) 水平管道的保温　可直接将金属板卷合在保温层外，按管道坡向，自下而上施工；两板环向半圆凸缘重叠，纵向搭口向下，搭接处重叠 50mm。

(4) 搭接处先用 $\phi 4$mm（或 $\phi 3.6$mm）钻头钻孔，再用抽芯铆钉或自攻螺钉固定，铆或螺钉间距为 150～200mm。考虑设备及管道运行受膨胀位移，金属保护层应在伸缩方向留适当活动搭口。在露天或潮湿环境中的保温设备和管道与其附件的金属保护层，必须按照规定嵌填密封剂或接缝处包缠密封带。

(5) 在已安装的金属护壳上，严禁踩踏或堆放物品；当不可避免踩踏时应采取临时防护措施。

(6) 复合保护层

① 油毡　用于潮湿环境下的管道及小型筒体设备保温外保护层。可直接卷铺在保温层外，垂直方向由低向高处敷设，环向搭接用稀沥青黏合，水平管道纵向搭缝向下，均搭接 50mm；然后，用镀锌铁丝或钢带扎紧，间距为 200～400mm。

② CPU 卷材　用于潮湿环境下的管道及小型筒体设备保温外保护层。可直接卷铺在保冷层外，由低处向高处敷设；管道环、纵向接缝的搭接宽度均为 50mm，可用订书机直接钉上，缝口用 CPU 涂料粘住。

③ 玻璃布　以螺纹状紧缠在保温层（或油毡、CPU 卷材）外，前后均搭接 50mm。由低处向高处施工，布带两端及每隔 3m 用镀锌铁丝或钢带捆扎。

④ 复合铝箔（牛皮纸夹筋铝箔、玻璃布铝箔等）　可直接敷设在除棉、缝毡以外的平整的保温层外，接缝处应用压敏胶带粘贴。

⑤ 玻璃布乳化沥青涂层　在缠好的玻璃布外表面涂刷乳化沥青，每道用量 2～3kg/m²。一般涂刷两道，第二道需在第一道干燥后进行。

⑥ 玻璃钢　在缠好的玻璃布外表面涂刷不饱和聚酯树脂，每道用量 1～2kg/m²。

⑦ 玻璃钢、铝箔玻璃钢薄板　施工方法同金属保护层，但不压半圆凸缘及折线。环、纵向搭接 30～50mm，搭接处可用抽芯铆钉或自攻螺钉紧固，接缝处宜用黏合剂密封。

(7) 抹面保护层

① 抹面保护层的灰浆，应符合：a. 容重不得大于 1000kg/m³；b. 抗压强度不得小于 0.8MPa；c. 烧失量（包括有机物和可燃物）不得大于 12%；d. 干烧后（冷状态下）不得产生裂缝、脱壳等现象；e. 不得对金属产生腐蚀。

② 露天的保温结构，不得采用抹面保护层。当必须采用时，应在抹面层上包缠毡、箔或布类保护层，并应在包缠层表面涂敷防水、耐候性的涂料。

③ 抹面保护层未硬化前，应防雨淋水冲。当昼夜室外平均温度低于 5℃，且最低温度低于 -3℃，应按冬季施工方案，采取防寒措施。大型设备抹面时，应在抹面保护层上留出纵横交错

的方格形或环形伸缩缝；伸缩缝做成凹槽，其深度应为 5～8mm，宽度应为 8～12mm。高温管道的抹面保护层和铁丝网的断缝，应与保温层的伸缩缝留在同一部位，缝为填充毡、棉材料。室外的高温管道，应在伸缩缝部位加金属护壳。

（8）使用化工材料或涂层时，应向有关生产厂索取性能及使用说明书。在有防火要求时，应选用具有自熄性的涂层和嵌缝材料。在有防火要求的场所，管道和设备外应涂防火漆 2 道。

第五节　除尘工程伴热设计

除尘设备和管线为维持其工作条件通常要设计伴热系统使被伴热装置在设计条件下保持一定温度。除尘工程伴热通常有蒸汽伴热、热水伴热和电伴热三种类型。

一、伴热设计要点

1. 伴热的意义

伴热的意义是利用热线（电缆、蒸汽管、热水管）产生的热量来补偿除尘设备（或管道）散失到环境的热量，以此来维持设备温度。伴热和加热不同，伴热是用来补充被伴热装置在工艺过程中所散失的热量，以维持介质温度。而加热是在一个点或小面积上高度集中负荷使被加热体升温，其所需的热量通常大大高于伴热。

2. 伴热方式

（1）伴热方式分为重伴热和轻伴热（仅对蒸汽、热水伴热而言）。

重伴热是指伴热管道直接接触仪表及仪表测量管道，如图 9-4(a)、图 9-4(b) 所示；轻伴热是指伴热管道不接触仪表及仪表测量管道或在它们之间加一隔离层，如图 9-4(c)、图 9-4(d) 所示。

（2）在被测介质易冻结、冷凝、结晶的场合，仪表测量管道应采用重伴热；当重伴热可能引起被测介质汽化时，应采用轻伴热或隔热。根据介质的特性，按图 9-4 确定相应的伴热形式。

（3）处于露天环境的伴热隔热系统，大气温度应取当地极端最低温度；安装在室内的伴热隔热系统，应以室内最低气温作为计算依据。

　　(a) 单管重伴热　　　　(b) 多管重伴热　　　(c) 单管轻伴热（一）　(d) 单管轻伴热（二）

图 9-4　伴热结构示意

3. 热损失设计计算

（1）伴热管道的热损失由式（9-23）计算：

$$Q_g = \frac{2\pi \ (T_y - T_d)}{\frac{1}{\lambda}\ln\dfrac{D_o}{D_i} + \dfrac{2}{D_o\alpha}} \times 1.3 \tag{9-23}$$

式中，Q_g 为单位长度管道的热损失，W/m；T_y 为维持管道或平面的温度，℃；T_d 为环境温度，℃；λ 为保温材料制品的热导率，W/(m·℃)；D_i 为保温层内径（管外径 D 外），m；D_o 为保温层外径，m；1.3 为安全系数；α 为保温层外表面向大气的散热系数，W/(m·℃)。

放热系数（α）与风速（v）有关。可用式（9-24）计算：

$$\alpha = 1.163 \ (6 + 3\sqrt{v}) \tag{9-24}$$

式中，v 为大气风速，m/s。

（2）平壁热损失用式（9-25）计算：

$$Q_P = \frac{T_y - T_d}{\frac{\delta}{\lambda} + \frac{1}{\alpha}} \times 1.3 \tag{9-25}$$

式中，Q_P 为平壁热损失，W/m^2；δ 为保温层厚度，m；1.3 为安全系数；其他符号意义同前。

4. 伴热产品选型

① 对蒸汽和热水伴热要根据热损失和介质温度计算伴热管长度，而后进行系统布置设计。

② 对电伴热通常根据厂商样本进行选型。

5. 系统布置设计

要根据管道长短，伴热面积大小进行布置设计。

二、蒸汽伴热设计

1. 蒸汽伴热

凡符合下列条件之一者，采用蒸汽伴热。

① 在环境温度下有冻结、冷凝、结晶、析出等现象产生的物料的测量管道、取样管道和检测仪表；

② 不能满足最低环境温度要求的场合。

2. 蒸汽用量的计算

伴热蒸汽宜采用低压过热或低压饱和蒸汽，其压力应根据环境温度，仪表及其测量管道的伴热要求选取 0.3MPa、0.6MPa 或 1.0MPa。伴热系统总热量损失 Q_g 为每个伴热管道的热量损失之和，其值应按式（9-26）计算：

$$Q_g = \sum_{i=1}^{n}(q_p L_i + Q_{bi}) \tag{9-26}$$

式中，Q_g 为伴热系统总热量损失，kJ/h；q_p 为伴热管道的允许热损失，kJ/（m·h）；L_i 为第 i 个伴热管道的保温长度，m；Q_{bi} 为第 i 个保温箱的热损失，kJ/h；每个仪表保温箱的热损失可取 500×4.1868kJ/h；i 为伴热系统的数量，$i=1、2、3、\cdots、n$。

蒸汽用量 W_s 应按式（9-27）计算：

$$W_s = K_1 \frac{Q_s}{H} \tag{9-27}$$

式中，W_s 为仪表伴热用蒸汽用量，kg/h；H 为蒸汽冷凝潜热，kJ/kg；K_1 为蒸汽余量系数。

在实际运行中，应考虑下列诸多因素，取 $K_1=2$ 作为确定蒸汽总用量的依据：a. 蒸汽管网压力波动；b. 隔热层多年使用后隔热效果的降低；c. 确定允许压力损失时误差；d. 设备或管道的热损失；e. 疏水器可能引起的蒸汽泄漏。

3. 蒸汽伴热系统

蒸汽伴热系统，应满足下列要求。

① 仪表伴热用蒸汽宜设置独立的供汽系统。对于少数分散的仪表伴热对象，可按具体情况供汽。

② 蒸汽伴热系统包括总管、支管（或蒸汽分配器）、伴热管及管路附件。总管、支管（或蒸汽分配器）、伴热管的连接应焊接或法兰连接，接点

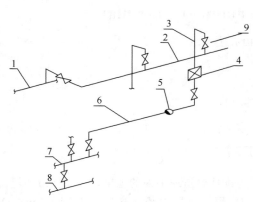

图 9-5　蒸汽伴热系统管路示意

1—总管；2—支管；3—伴热管；4—保温箱；
5—疏水器；6—冷凝液管；7—回水支管；
8—回水总管；9—切断阀

应在蒸汽管顶部。

③ 蒸汽伴热管及支管根部应安装切断阀，如图 9-5 所示。

④ 蒸汽总管最低处应设疏水器，特殊情况下应对回水管伴热。

蒸汽伴热管的材质和管径可按表 9-48 选取。

表 9-48　蒸汽伴热管的材质和管径

伴热管材质	伴热管外径×壁厚/mm	伴热管材质	伴热管外径×壁厚/mm
紫铜管	$\phi 8 \times 1$	不锈钢管	$\phi 10 \times 1$（$\phi 10 \times 1.5$）
紫铜管	$\phi 10 \times 1$	不锈钢管	$\phi 14 \times 2$（$\phi 18 \times 3$）
不锈钢管	$\phi 8 \times 1$	碳钢管	$\phi 14 \times 2$（$\phi 18 \times 3$）

总管、支管的选择，应满足下列要求：a. 伴热总管和支管应采用无缝钢管；b. 伴热总管和支管的管径按表 9-49 选择。

表 9-49　伴热总管和支管管径与饱和蒸汽流量、流速关系

公称直径 DN /mm	规格 外径×壁厚 /mm	蒸汽压力/MPa					
		1.0		0.6		0.3	
		蒸汽量/(t/h)	流速/(m/s)	蒸汽量/(t/h)	流速/(m/s)	蒸汽量/(t/h)	流速/(m/s)
15	$\phi 22 \times 2.5$	<0.04	<9	<0.03	<11	<0.02	<11
20	$\phi 27 \times 2.5$	<0.07	<10	<0.05	<12	<0.03	<13
25	$\phi 34 \times 2.5$	0.07~0.13	<11	0.05~0.10	<13	0.03~0.06	<15
40	$\phi 8 \times 3$	0.13~0.34	<13	0.10~0.26	<17	0.06~0.16	<20
50	$\phi 60 \times 3$	0.34~0.64	<15	0.26~0.5	<19	0.16~0.3	<23
80	$\phi 89 \times 3.5$	0.64~1.9	<20	0.5~1.4	<23	0.3~0.8	<26
100	$\phi 100 \times 3$	1.9~3.8	<24	1.4~2.7	<26	0.8~1.5	<29

最多伴热点数按表 9-50 选取。

表 9-50　最多伴热点数

伴热支管 外径×壁厚 /mm	蒸汽压力/MPa		
	1.0	0.6	0.3
	最多伴热点数/个		
$\phi 22 \times 2.5$	10	7	4
$\phi 27 \times 2.5$	18	14	10
$\phi 34 \times 2.5$	35	29	21
$\phi 48 \times 3$	91	76	57
$\phi 60 \times 3$	172	147	107
$\phi 89 \times 3.5$	535	414	255

冷凝、冷却回水管的选择，应满足下列要求。

（1）一般情况下，蒸汽伴热系统应设置冷凝、冷却回水总管，并将冷凝、冷却回水集中排放。

（2）蒸汽伴热冷凝回水支管管径宜按表 9-49 中伴热支管管径或大一级选用。

（3）每根伴管宜单独设疏水阀，不宜与其他伴管合并疏水；通过疏水阀后的不回收凝结水，宜集中排放。

（4）为防止蒸汽窜入凝结水管网使系统背压升高，干扰凝结水系统正常运行，疏水阀组不宜设置旁路阀。

（5）伴管蒸汽应从高点引入，沿被伴热管道由高向低敷设，凝结水应从低点排出，应尽量减少 U 形弯，以防止产生气阻和液阻。

4. 蒸汽伴热管道的安装

① 伴热管道应从蒸汽总管或支管顶部引出，并在靠近引出处设切断阀。每根伴热管道应起始于测量系统的最高点，终止于测量系统的最低点，在最低点排凝，并尽量减少"U"形弯。

② 当伴热管道在允许伴热长度内出现"U"形弯时，则以米计的累计上升高度不宜大于蒸汽入口压力（MPa）的 10 倍。

③ 当伴热管道水平敷设时，伴热管道应安装在被伴热管道的下方或两侧。

④ 伴热管道可用金属扎带或镀锌铁丝捆扎在被伴热管道上，捆扎间距 1～1.5m。

⑤ 伴热管道通过被伴热仪表测量管道的阀门、冷凝器、隔离容器等附件时，宜采用对焊连接，必要时设置活接头。

⑥ 伴热管敷设在被加热管的下方，并包在同一绝热层内，如图 9-6 所示，可用于凝固点在 150℃ 以内各种介质管道的加热保护。

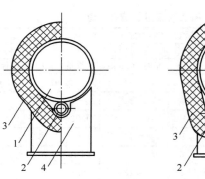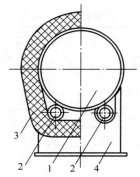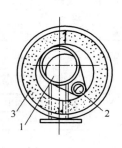

图 9-6 伴热管安装示意

1—被加热管；2—伴热管；3—绝热层；4—管托

⑦ 伴热管用 14 号镀锌铁丝与被加热管捆在一起，每两道铁丝的间距为 1m 左右。对设于腐蚀性和热敏性介质管道的伴热管，不可与被加热管直接接触，应在被加热管外面包裹一层厚度 1mm 的石棉纸；或在两管之间间断地垫上 50mm×25mm×13mm 的石棉板，每两块石棉板的间距为 1m 左右。

⑧ 除尘器箱体和灰斗壁板的伴热可按盘管形式安装，如图 9-7 所示。

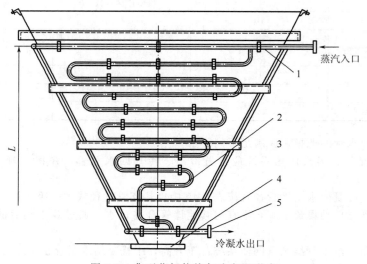

图 9-7 典型蒸气伴热灰斗布置形式

1—固定支架；2—蒸汽加热管路；3—灰斗壁面；4—灰斗法兰；5—疏水器

5. 疏水器的安装

① 疏水器前后应设置切断阀（冷凝水就地排放时疏水器后可不设置）。

② 疏水器应带有过滤器，否则应在疏水器与前切断阀间设置 Y 形过滤器。

③ 疏水器应布置在加热设备凝结水排出口下游 300～600mm 处。

④ 疏水器宜安装在水平管道上，阀盖朝上；热动力式疏水器可安装在垂直管道上。

⑤ 螺纹连接的疏水器应设置活接头。

三、热水伴热设计

1. 热水伴热条件

凡符合下列条件之一者，可采用热水伴热：a. 不宜采用蒸汽伴热的场合；b. 没有蒸汽伴热的场合。

2. 热水用量的计算

热水用量 V_w 应按式（9-28）计算：

$$V_w = K_2 \frac{Q_s}{C\ (t_1 - t_2)\ \rho} \tag{9-28}$$

式中，V_w 为伴热用热水用量，m^3/h；t_1 为热水管道进水温度，℃；t_2 为热水管道回水温度，℃；ρ 为热水的密度，kg/m^3；C 为水的比热，$kJ/(kg \cdot ℃)$ ［取 $4.1868kJ/(kg \cdot ℃)$］；K_2 为热水余量系数（包括热损失及漏损），一般取 $K_2 = 1.05$。

热水管道进水温度 t_1 及回水温度 t_2 均与仪表管道内介质的特性（如易聚合、易分解、热敏性强等）有关。

热水压力应满足热水能返回到回水总管。

3. 热水伴热系统

用热水伴热宜设置独立的供水系统，对于少数分散的伴热对象，可视具体情况供水。

热水伴热总管和支管应采用无缝钢管，相应的管径可由式（9-29）计算：

$$d_n = 18.8 \sqrt{\frac{V_w}{v}} \tag{9-29}$$

式中，d_n 为热水总管、支管内径，mm；V_w 为伴热用热水量，m^3/h；v 为热水流速，m/s，一般取 1.5～3.5m/s。

一般情况下应采用集中回水方式，并设置冷却回水总管。

4. 热水伴热管道的安装

热水伴热系统包括总管、支管、伴热管及管路附件。总管、支管、伴热管的连接应焊接，必要时设置活接头。取水点应在热水管底部或两侧。热水伴热管及支管根部、回水管根部应设置切断阀，供水总管最高点应设排气阀，最低点应设排污阀。其他安装要求同蒸汽伴热。

四、电伴热设计

1. 电伴热条件

凡符合下列条件之一者，可采用电伴热：a. 要求对伴热系统实现遥控和自动控制的场合；b. 对环境的洁净程度要求较高的场合。

2. 电伴热的功率计算

电伴热带的功率可根据管道散热量来确定，管道散热量按式（9-30）计算：

$$Q_E = q_N K_3 K_4 K_5 \tag{9-30}$$

式中，Q_E 为单位长度管道散热量（实际需要的伴热量）W/m；q_N 为基准情况下，管道单位长度散热量，W/m，见表 9-51；K_3 为保温材料热导率修正值，（岩棉取 1.22，复合硅酸盐毡取 0.65，聚氨酯泡沫塑料取 0.67，玻璃纤维取 1）；K_4 为管道材料修正系数（金属取 1，非金属取

0.6~0.7）；K_5 为环境条件修正系数（室外取 1，室内取 0.9）。

表 9-51　管道单位长度散热量[①]　　　　　　　单位：W/m

管道隔热层厚度 /mm	温差 ΔT/℃[②]	测量管道尺寸/in（公称尺寸 DN，mm）			
		1/4（6，8，10）	1/2（15）	3/4（20）	1（25）
10	20	6.2	7.2	8.5	10.1
	30	9.4	11.0	12.9	15.4
	40	12.7	14.9	17.5	20.8
20	20	4.0	4.6	5.3	6.2
	30	6.2	7.0	8.1	9.4
	40	8.3	9.5	10.9	12.7
	60	12.8	14.7	16.9	19.6
30	20	3.3	3.7	4.2	4.8
	30	5.0	5.6	6.3	7.3
	40	6.7	7.6	8.6	9.8
	60	10.3	11.7	13.2	15.1
	80	14.2	16.0	18.2	20.8
	100	18.3	20.7	23.4	26.8
	120	22.7	25.6	29.0	33.2
	140	27.2	30.8	34.9	40.0
	160	32.1	36.2	41.1	47.1
	180	37.1	42.0	47.6	54.5
40	20	2.8	3.2	3.6	4.0
	30	4.3	4.8	5.4	6.1
	40	5.8	6.5	7.3	8.3
	60	9.0	10.1	11.3	12.8
	80	12.3	13.8	15.5	17.6
	100	15.9	17.8	20.0	22.7
	120	19.7	22.1	24.8	28.1
	140	23.7	26.5	29.8	33.8
	160	27.9	31.2	35.1	39.8
	180	32.3	36.2	40.6	46.0

① 散热量计算基于下列条件：隔热材料：玻璃纤维；管道材料：金属；管道位置：室外。
② 温差指电伴热系统维持温度与所处环境最低设计温度之差。

管道阀门散热量按与其相连管道每米散热量的 1.22 倍计算。

3. 电伴热系统

① 电伴热系统，应满足下列要求：a. 电伴热系统一般由配电箱、控制电缆、电伴热带及其附件组成；附件包括电源接线盒、中间接线盒（二通或三通）、终端接线盒及温控器；b. 为精确维持管道或加热体内的介质温度，电伴热带可与温控器配合使用。重要检测回路的仪表及测量管道的电伴热系统应设置温控器。温度传感器应安装在能准确测量被控温度的位置。根据实际需要

将温度传感器安装在电伴热带上构成测量电伴热带温度的测量系统，见图9-8；也可将温度传感器安装在环境中构成测量环境温度的测量系统，见图9-9。在关键的电伴热温度控制回路中，宜设温度超限报警。

② 电伴热系统宜采用220V，50Hz的供电电源，宜设置独立的配电系统或供电箱，并安装在安全区。配电系统应具有过载、短路保护措施。每套电伴热系统应设置单独的电流保护装置（断路器或保险丝），满负荷电流应不大于保护装置额定容量值的80%。

③ 配电系统应有漏电保护装置。

④ 电伴热系统控制电缆线径应根据系统的最大用电负荷确定，导线允许的载流量不应小于电伴热带最大负荷时的1.25倍。配电电线电缆的选择应符合现行《石油化工仪表供电设计规范》SH3082的规定。电缆应采用铜芯电缆，电缆线路应无中间接头。

⑤ 保温箱的伴热宜选定型的电保温箱，并独立供电。

⑥ 在爆炸危险场所，与电伴热带配套的电气设备及附件应满足爆炸危险场所的防爆等级，并符合现行《爆炸及火灾危险环境电力装置设计规范》（GB 50058）的规定。

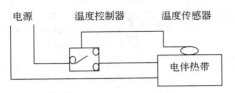

图9-8　测量电伴热带温度的系统

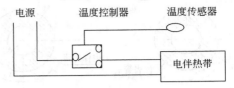

图9-9　测量环境温度的系统

4. 常用电伴热带的适用场合

（1）自限式电伴热带　由特殊的导电塑料组成，用于维持温度不大于130℃的场合，其输出功率随温度变化而变化；可任意剪切或加长；可交叉敷设。

（2）恒功率电伴热带　由镍铬高阻合金组成，用于维持温度不大于150℃的场合，其单位长度输出功率恒定；可任意剪切或加长。

（3）串联电伴热带　由一根或多根合金芯线组成，用于维持温度不大于150℃的场合，其输出功率随电伴热带长度的变化而变化。

5. 电伴热带的选型

① 宜选用并联结构的自限式电伴热带和单相恒定功率电伴热带。

② 非防爆场合选用普通型电伴热带；防爆场合必须选用防爆型电伴热带；在要求机械强度高、耐腐蚀能力强的场合，应选用加强型电伴热带。

③ 电伴热带的规格及长度应符合下列规定：a.应根据管道维持温度及最高温度确定电伴热带的最高维持温度；b.应根据管道散热量确定电伴热带的额定功率。当管道单位长度散热量大于电伴热带额定功率，且两者比值大于1时，用以下方式修正：当比值大于1.5时，采用两条及以上的平行电伴热带敷设；当比值在1.1~1.5之间时，宜采用卷绕法；修改隔热材料材质或管道隔热厚度。

④ 确定电伴热带长度时，每个弯头需电伴热带长度等于管道公称直径的2倍；每个法兰需电伴热带长度等于管道公称直径的3倍。

6. 电伴热带的安装

① 电伴热带的安装应在管道系统、水压试验检查合格后进行。

② 电伴热带可安装在仪表管道侧面或侧下方，用耐热胶带将其固定，使电热带与被伴热管道紧贴以提高伴热效率。

③ 除自限式电伴热带外，其余形式的电伴热带不得重叠交叉。敷设最小弯曲半径应大于电伴热带厚度的5倍。

④ 接线时，必须保证电伴热带与各电气附件正确可靠地连接，严禁短路，并有足够的电气间隙。对于并联式电伴热带，线头部位的电热丝要尽可能的剪短，并嵌入内外层护套之间，严禁与编织层或线芯触碰，以防漏电或短路；对于自限式电伴热带，其发热芯料为导电材料，安装时电源铜线应加套管，以免短路。

⑤ 试送电正常后，再停电进行隔热层施工。隔热材料必须干燥且保证材料的厚度。

⑥ 电伴热系统必须对介质管道、电伴热带编织层及电气附件按现行《电气装置安装工程接地装置施工及验收规范》（GB 50169）的规定做可靠接地，接地电阻应小于 4Ω。

⑦ 在防爆危险场所应用时，电伴热带与其配套的防爆电气设备及附件的安装、调试和运行必须遵循国家颁布的现行《电气装置安装工程爆炸和火灾危险环境电气装置施工及验收规范》GB 50257 的有关规定。

⑧ 管道法兰连接处易产生泄漏，缠绕电伴热带时，应避开其正下方。伴热带的安装如图 9-10～图 9-12 所示。

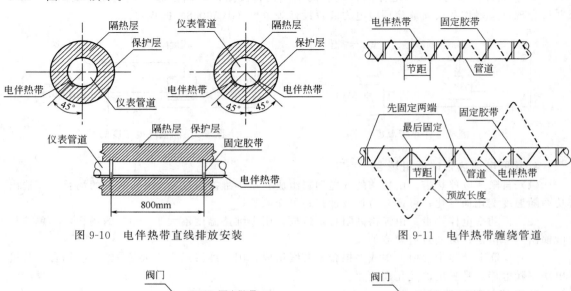

图 9-10　电伴热带直线排放安装　　　　　　图 9-11　电伴热带缠绕管道

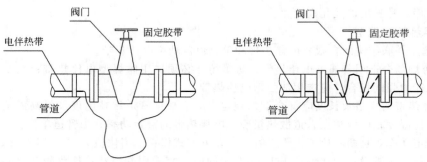

图 9-12　电伴热带缠绕阀门

7. 毡式伴热产品结构与安装

电伴热产品主要有伴热带和伴热毡两类及其配套产品。厂商不同，电伴热产品规格性能各不相同。

毡式电伴热器结构如图 9-13 所示。加热量为灰斗外壁面积每 $1m^2$ 采用 400～600W。毡式电伴热器的安装如图 9-14 所示，其程序如下：a. 在指定位置上焊上安装钉销；b. 放上毡式电伴热器，并暂时用带子在安装钉销上绑好；c. 将绝缘体放在安装钉销上；d. 在绝缘体安装钉销上铺上金属网；e. 用手铺开金属网，使电热毯与灰斗表面紧密地贴紧，在绝缘体的钉销上安装高速夹具。

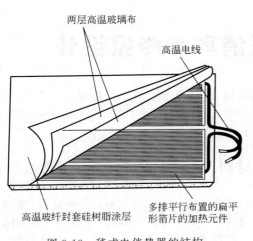

两层高温玻璃布

高温电线

高温玻纤封套硅树脂涂层

多排平行布置的扁平形箔片的加热元件

图 9-13　毯式电伴热器的结构

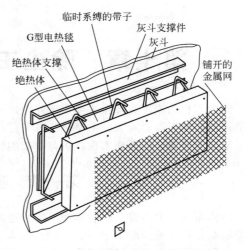

临时系缚的带子

G型电热毯

灰斗支撑件

灰斗

绝热体支撑

绝热体

铺开的金属网

图 9-14　毯式电伴热器的安装

8. 灰斗伴热器使用注意事项

① 灰斗要经受气流引起的振动，有时还要经受空气炮的振动，伴热装置及其安装方法应能承受这样的振动而不致出现故障。

② 伴热部件和导线应能耐可能经受的最高温度。当灰斗壁温度保持 120～150℃时，伴热的工作温度通常在 200～340℃。而在出现不正常情况（例如空气预热器损坏）时，烟气温度可能达到更高。使用伴热应考虑正常运行时的伴热器最大工作温度和不正常的烟气温度。

③ 伴热系统应能接地。配电系统应有漏电保护装置。

④ 电伴热供电电源宜采用 220V、AC50Hz，如所有三相配电的情况一样，需要把灰斗伴热系统尽可能地连接成三相负荷平衡。

⑤ 灰斗伴热必须具备有效的控制系统，其主要作用是把电能按需要分配给灰斗上的各个伴热器，以保持要达到的灰斗温度。

第十章 除尘工程消声与降振设计

除尘工程的消声和降振主要用于除尘风机，其次用于除尘设备。在一般情况下，除尘风机要设消声器和减振器；对大、中型风机有时要设计隔声罩或隔声室。除尘风机的降振是在振源和它的基础之间设置防振器或实现风机与基础的软连接。

第一节 吸声材料与结构

物体振动产生声音。但人耳并不能感觉到物体振动产生的所有声音，而是受听觉器官感觉能力的限制，只能听到频率 20～20000Hz 的声音。小于 20Hz 的声音，称为次声；大于 20000Hz 的声音，称为超声，人耳都听不见。在可听声范围内，各种不同的声音可分为噪声和乐音两类。

从物理学观点来看，噪声是各种不同频率、不同强度的声音的无规律的杂乱组合。例如，工厂里机器的尖叫声等，就是噪声。从生理学观点来看，凡是令人感到厌烦的、不需要的声音都是噪声；在这个意义上，噪声和乐音就难有区分的客观标准了。所以，广义地讲，凡是人们不需要的声音都是噪声。

工业噪声源的种类很多，各种不同噪声源发出的噪声，性质各异。通常把这些不同的噪声归纳为三类：空气动力性噪声，机械噪声和电磁性噪声。

空气动力性噪声，是由压力突变引起气体扰动而产生的，如各种通风机、空气压缩机等发出的噪声，都属此类。

机械噪声，是固体振动产生的。各种车床、球磨机、破碎机等工作时，引起金属板、轴承、齿轮等的振动而发出的噪声，是机械噪声。

电磁噪声，是由磁场脉冲、磁场伸缩引起电气部件振动而产生的。例如，变压器、发电机等发出的噪声，属于此类。

一、噪声评价与度量

1. 噪声频谱、倍频带

① 噪声频谱是由各个频带范围（横坐标）与其相应的频带声压级（纵坐标）所组成的图形。大多数噪声的频谱是由全部可闻声阈各频率的声压幅值随机变化而成，其中声压幅值较大的频率是降低噪声的主要对象。控制噪声必须首先分析其频率成分的声压级，即为噪声的频谱分析。

② 工业中的各种设备产生的噪声包含很多频率成分，把声频范围划分为若干小的频段，即所谓频带或频程。实际噪声控制常用的是倍频程或倍频带。

所谓倍频程是每个频带的上限频率与下限频率之比为 2∶1，即上限频率是下限频率的 2 倍。实际工程用 8 个倍频程见表 10-1。

倍频带允许声压级可按表 10-2 查用。

表 10-1 倍频带各中心频率及其频率范围

中心频率/Hz	频率范围/Hz	中心频率/Hz	频率范围/Hz
31.5	22.5～45	1000	710～1400
63	45～90	2000	1400～2800
125	90～180	4000	2800～5600
250	180～355	8000	5600～11200
500	355～710	16000	11200～22400

表 10-2　倍频带允许声压级查算表

噪声限制值 /dB	倍频带允许声压级查算表/dB							
	63	125	250	500	1000	2000	4000	8000
90	107	97	90	84	81	80	80	82
85	102	92	85	79	76	75	75	77
80	97	87	80	74	71	70	70	72
75	92	82	75	69	66	65	65	67
70	87	77	70	64	61	60	60	62
65	82	72	65	59	56	55	55	57
60	77	67	60	54	51	50	50	52
55	72	62	55	49	46	45	45	47
50	67	57	50	44	41	40	40	42
45	62	52	45	39	36	35	35	37

注：1.本表适用于 8 个倍频带起同样作用的情形。

2.进行隔声、隔声设计通常只考虑 125 ～4000 Hz 间 6 个倍频带，此时，本表所列允许声压级值可放宽 1dB。

2. 声压级、A 声级、等效连续 A 声级

(1) 声压级（L_p）　表示声音大小的量度，即声压与基准声压之比，以 10 为底的对数乘以 20，用式（10-1）表示：

$$L_p = 20\lg\frac{P}{P_0} \tag{10-1}$$

式中，L_p 为声压级，dB；P 为声压，Pa；P_0 为基准声压，$P_0 = 2\times10^{-5}$ Pa。

式（10-1）也可写成：

$$L_p = 20\lg P + 94 \tag{10-2}$$

(2) A 声级　也可称 A 计权声级。为了直接测量出反映声评价的主观感觉量，在声学测量仪器（声级计）中，模拟人的某些听觉特性设置滤波器，将接受的声音按不同程度滤波，此滤波器称为计权网络。有 A、B、C 等计权网络，插入声级计的放大器线路中。这种经 A 网络计权后的声压叫 A 声级，记作 dB（A）。由于 A 声级的广泛使用，有时亦简化为 dB。

A 计权的衰减值如表 10-3 所列。

表 10-3　A 计权的衰减值

倍频带中心频率/Hz	63	125	250	500	1000	2000	4000	8000
衰减值/dB	−26.2	−16.1	−8.6	−3.2	0	1.2	1.0	−1.1

应当指出，A 声级不能准确地反映噪声源的频谱特性，相同的 A 声级，其频谱特性差别很大。

(3) 等效连续 A 声级　其定义为在声场中一定点的位置上，用某一段时间内能量平均的方法，将间隙暴露的几个不同的 A 声级噪声，用一个 A 声级来表示该段时间内的噪声大小。这个声级即为等效连续声级，单位仍为 dB（A），记作 L_{eq}。可用式（10-3）表示：

$$L_{eq} = 10\lg\left(\frac{1}{T}\int_0^T 10^{0.1L_A}\,dt\right) \tag{10-3}$$

式中，L_{eq} 为等效连续声级，dB（A）；T 为某段时间的时间量；L_A 为 t 时刻的瞬时 A 声级。

3. 声功率、声功率级、比声功率级

(1) 声功率　声功率是声源在单位时间内辐射出的总声能，是个恒量，与声源的距离无关。通常用字母 W 表示，单位是 W。

(2) 声功率级　声功率用"级"表示，即声功率级。也就是声功率（W）与基准声功率

（W_0）之比，取以 10 为底的对数乘以 10 即为声功率级。用式（10-4）表示：

$$L_w = 10\lg\frac{W}{W_0} \tag{10-4}$$

式中，L_w 为声功率级，dB；W 为声功率，W；W_0 为基准声功率，W，一般取值 $10^{-12}W$。

式（10-4）也可写成：

$$L_w = 10\lg W + 120 \tag{10-5}$$

声功率级与声压级的概念不可混淆，前者表示对声源辐射的声功率的度量；后者则不仅取决于声源声功率，而且取决于离声源的距离以及声源周围空间的声学特性。

（3）比声功率级　比声功率级用于除尘系统的噪声控制时，表示单位风量、单位风压下所产生的声功率级。同一系列的风机，其比声功率级是相同的。因此，比声功率级（L_{SWA}）可作为不同系列风机噪声大小的评价指标。可用式（10-6）计算：

$$L_{SWA} = L_{WA} - 10(\lg Q)P^2 + 19.8 \tag{10-6}$$

式中，L_{SWA} 为比声功率级，dB；L_{WA} 为风机的声功率级，dB；Q 为风机流量，m^3/min；P 为风机全压，Pa。

二、噪声级基本运算

在噪声控制中，经常需要对声压级、声功率级等进行合成、分解、平均工作，而声级是用分贝表示，它是一个对数标度、非线性标度，所以不是简单的代数和差问题。

1. 噪声级的合成

噪声级的合成实质上是分贝的合成，即求和或叠加。主要应用于计算多声源叠加的总声级；决定声源加上背景噪声的叠加声级；由给定的倍频带谱计算 A 计权声级等。

（1）n 个相同声级的叠加　可用式（10-7）、式（10-8）计算：

$$L_p = L_{p1} + 10\lg n \tag{10-7}$$

$$L_w = L_{w1} + 10\lg n \tag{10-8}$$

式中，L_p、L_w 分别为 n 台设备的总声压级和声功率级，dB；L_{p1}、L_{w1} 分别为每台设计设备的声压级和声功率级，dB；n 为同类设备台数。

【例 10-1】 某一风机为两个风轮，已知每个风轮的声压级为 76dB，求该风机的总声压级。

解：每个风轮的声压级 $L_{p1} = 76$dB，两个风轮即 $n = 2$，代入式（10-7），其总声压级为

$$L_p = 76 + 10\lg 2 = 76 + 3 = 79 \text{（dB）}$$

为简化计算，相同声压级叠加时分贝增值可利用表 10-4。

表 10-4　相同声压级叠加时分贝增值

声源个数 n	1	2	3	4	5	6	7~8	9~11	12~13	14~17	18~19	20~26	27~30	31~45	46~50
增值（$10\lg n$）	0	3	5	6	7	8	9	10	11	12	13	14	15	16	17

（2）n 个不相同声级的叠加　可用式（10-9）、式（10-10）计算

$$L_p = 10\lg\left(\sum_{i=1}^{n} 10^{\frac{L_p}{10}}\right) \tag{10-9}$$

$$L_w = 10\lg\left(\sum_{i=1}^{n} 10^{\frac{L_w}{10}}\right) \tag{10-10}$$

式中，符号意义同前。

【例 10-2】 已知一台设备的 3 个倍频带声功率分别为 $L_{w1} = 100$dB、$L_{w2} = 103$dB、$L_{w3} = 106$dB，求总的声功率级 L_w 值。

解：按式（10-10），$L_w = 10\lg(10^{\frac{100}{10}} + 10^{\frac{103}{10}} + 10^{\frac{106}{10}}) = 108.4$（dB）

为了方便计算，可利用表 10-5。每 2 个噪声级叠加，再与第 3 个噪声级叠加，依次合成之。

表 10-5　声压级（或）声功率级的差值与增值的关系

$L_{pi}-L_{p2}$	0	1	2	3	4	5	6	7	8	9	10	11～12	13～14	15～16	>16
ΔL	3	2.5	2.1	1.8	1.5	1.2	1.0	0.8	0.6	0.5	0.4	0.3	0.2	0.1	0

【例 10-3】　求声压级为 100dB、95dB、87dB 的合成声压级 L_p。

解： ①先求两个声压级的差值（总是大数减小数）：

$L_{p2}-L_{p3}=95-87=8dB$，查表 10-5，得 $\Delta L_1=0.6dB$，则

$$L_{p(2+3)}=L_{p2}+\Delta L_1=95+0.6=95.6(dB)$$

② 计算 L_{p1} 与 $L_{p(2+3)}$ 的合成声压级 $L_{p1}-L_{(2+3)}=100-95.4=4.6(dB)$

由 4.6dB，应用内插法，查表 10-5 得 $\Delta L_2=1.4dB$。

③ 总声压级 $L_p=L_{p1}+\Delta L_2=100+1.4=101.4$（dB）。

2. 噪声级的分解

噪声级的分散实质上是求分贝的差值，主要应用于求声源声级以及对声源进行分散和识别。从实际测量的声级中减去背景噪声即可获得由声源本身所产生的声级。

可用表 10-6 进行简化计算。

表 10-6　声级的差值与减值的关系

$L_{pi}-L_{p2}$	1	2	3	4	5	6	7	8	9	10	11	12	13	14	15	16
ΔL	6.9	4.3	3.0	2.2	1.7	1.3	1.0	0.8	0.6	0.5	0.4	0.3	0.2	0.2	0.1	0.1

【例 10-4】　已知在某一台风机开动时，$L_{p1}=94dB$，关闭时 $L_{p2}=85dB$。求风机的 A 声级 L_{AS}。

解： ①用公式法　$L_{AS}=10\lg(10^{\frac{L_{p1}}{10}}-10^{\frac{L_{p2}}{10}})$

$$=10\lg(10^{\frac{94}{10}}-10^{\frac{85}{10}})$$

$$=10\lg(2.196\times10^9)=93.4(dB)$$

② 用查表法　$L_{p1}-L_{p2}=94-85=9$，按表 10-6 得 $\Delta L=0.6$

3. 噪声级的平均

噪声级的平均通常用式（10-11）计算：

$$\overline{L}=10\lg\left(\frac{1}{n}\sum_{i=1}^{n}10^{\frac{L_i}{10}}\right)=10\lg\left(\sum_{i=1}^{n}10^{\frac{L_i}{10}}\right)-10\lg n \tag{10-11}$$

式中，$\overline{L}$ 为 n 个噪声源声级的平均声级，dB；L_i 为第 i 个噪声源的声源，dB；n 为噪声源的个数。

【例 10-5】　求 105dB、103dB、100dB、98dB 4 个噪声源声压级的平均声压级。

解： 按式（10-11），则 $\overline{L}=10\lg(10^{105/10}+10^{103/10}+10^{100/10}+10^{98/10})-10\lg 4$

$$=10\lg(6.79\times10^{10})^{-6}=102.3(dB)$$

噪声级的平均主要用于求某测点声级多次测量结果、某一区域各测点空间随时间变化的平均值。实际应用时，测量声级的变化一般在 10dB 以下，因此也可用近似计算法。

当 $L_{i\max}-L_{i\min}\leqslant 5dB$ 时

$$\overline{L}=\left(\frac{1}{n}\sum_{i=1}^{n}L_i\right) \tag{10-12}$$

当 $5\leqslant L_{i\max}-L_{i\min}\leqslant 10dB$ 时

$$\overline{L}=\left(\frac{1}{n}\sum_{i=1}^{n}L_i\right)+1 \tag{10-13}$$

【例 10-6】 已知一台设备 4 次测得 A 声级为 94dB、89dB、99dB、90dB，求其声级的平均值。

解：声级变化 $L_{i\max} - L_{i\min} = 99 - 89 = 10$（dB）

由式（10-13）得

$$\overline{L} = \frac{1}{n}\sum_{i=1}^{n}L_i + 1$$

$$= \frac{1}{4}(94 + 89 + 99 + 90) + 1 = 94 \text{（dB）}$$

4. 等效连续声级计算在实际应用中

在实际应用中，可用下述方法计算。

① 将一个工作日内（8h）所测得的不同 A 声级和该声压级所暴露时间，按中心 A 声级分别填入表 10-7 内；<78dB（A）值舍去。

表 10-7 等效连续 A 声级原始数据表

n 段	1	2	3	4	5	6	7	8
中心声压级 L_n/dB(A)	80	85	90	95	100	105	110	115
暴露时间 T_n/min	T_1	T_2	T_3	T_4	T_5	T_6	T_7	T_8

② 按表内取整理好的数据，代入下列计算公式，即得等效连续 A 声级：

$$L_{eq} = 80 + 10\lg\frac{\sum_{i=1}^{n}10^{\frac{n-1}{2}}T_n}{480} \tag{10-14}$$

式中，L_{eq} 为等效连续 A 声级，dB（A）；T_n 为第 n 段声级。

【例 10-7】 某厂工人 8h 工作日内，暴露在 112dB（A）下为 1h，102dB（A）下为 0.5h，93dB（A）下为 1h，86 dB（A）下为 50min，其余时间在低于 80dB（A）下，求其等效声级。

解：按表 10-7，该表是将测得的噪声级按次序从小到大每 5dB 一段，用中心声级表示，如 80dB 表示 78～82dB 范围，85dB 表示 83～87dB 范围，依次类推。故将例中数据填入表 10-7 格式中，得表 10-8。

表 10-8 声级暴露时间数据

n	1	2	3	4	5	6	7	8
L_n	80	85	90	95	100	105	110	115
T_n	280	50		60	30		60	

按式（10-14）：

$$L_{eq} = 80 + 10\lg\left[(10^{\frac{1-1}{2}}\times 280 + 10^{\frac{2-1}{2}}\times 50 + 10^{\frac{4-1}{2}}\times 60 + 10^{\frac{5-1}{2}}\times 30 + 10^{\frac{7-1}{2}}\times 60)/480\right]$$

$$= 80 + 10\lg 136.1 = 80 + 21.34 = 101.3 \text{（dB）}$$

5. 由倍频带声压级计算总 A 声级

A 声级可以直接测量，也可由 8 个倍频带声压级计算：

$$L_A = 10\lg\sum_{i=1}^{8}10^{0.1(L_{Pi} + \Delta A_i)} \tag{10-15}$$

式中，L_A 为 A 声级，dB；L_{Pi} 为倍频带声压级，dB；ΔA_i 为不同频率的计权衰减值，dB；i 为 1、2、3、…、8 代表倍频带中心频率 63Hz、125Hz、250Hz、500Hz、1kHz、2kHz、4kHz、8kHz。

三、常用的吸声材料

1. 吸声材料技术参数

（1）吸声系数 α

$$\alpha = \frac{E_{吸}}{E_{入}} \tag{10-16}$$

式中，$E_入$ 为入射到材料表面的总能量；$E_吸$ 为被材料吸收的声能。

当材料完全反射时，$\alpha=0$；当材料完全吸收时，$\alpha=1$。一般材料的 α 在 $0\sim1$ 之间，α 值越大，吸声效果越显著。

垂直入射的吸声系数 α_0；混响吸声系数 α_T，即声波从所有方向以相同的概率入射材料时的吸声系数。α_0 与 α_T 近似换算可由表 10-9 查得。

表 10-9 驻波管与混响室法的吸声系数换算

垂直入射的吸声系数 α_0/%	混响吸声系数 α_T/%									
	0	1	2	3	4	5	6	7	8	9
0	0	2	4	6	8	10	12	14	16	18
10	20	22	24	26	27	29	31	33	34	36
20	38	39	41	42	44	45	47	48	50	51
30	52	54	55	56	58	59	60	61	63	64
40	65	66	67	68	70	71	72	73	74	75
50	76	77	78	78	79	80	81	82	83	84
60	84	85	86	87	88	88	89	90	90	91
70	92	92	93	94	94	95	95	96	97	97
80	98	98	99	99	100	100	100	100	100	100
90	100	100	100	100	100	100	100	100	100	100

一种吸声材料对于不同频率的声音，其 α 值是不同的，一般多采用 125Hz、250Hz、500Hz、1000Hz、2000Hz、4000Hz 6 个频率的吸声系数，其算术平均值 $\bar{\alpha}>0.2$ 时的材料才能作吸声材料。

（2）吸声量（A） 是指吸声系数与所使用的面积之乘积，单位为 m^2，表示吸声材料的实际吸声效果。

（3）流阻（R_f） 是指微量空气流稳定地流过材料时，材料两边的静压差和流速之比，即

$$R_f = \frac{\Delta p}{v} \tag{10-17}$$

式中，R_f 为流阻，$(Pa \cdot s)/m$；Δp 为材料两边的静压差，Pa；v 为气流稳定流过材料时的速度，m/s。

一般情况下 1cm 厚度的多孔吸声材料流阻在 $1\sim10^5 Pa \cdot s/m$ 之间，大于这个限度时，即使增加材料厚度，也不会提高吸声系数；当厚度不大时，流阻存在最佳值。几种吸声材料流阻见表 10-10。

表 10-10 几种吸声材料的流阻（室温 20℃，流速 2~3cm/s）

特性 \ 材料名称	纤维板	细毛毡	玻璃棉	木丝板
密度/(g/cm³)	0.35	0.35	0.25	0.25
流阻/(Pa·s/m)	4×10^3	10^4	2.5×10^2	50

2. 吸声材料的分类与应用

（1）吸声材料分类 由表 10-11 看出，多孔材料主要吸收中频、高频声音；板状和膜状材料主要吸收低频声音；在吸声频率上有明显的峰；穿孔板吸声结构则兼有上述两类的吸声特性，即在转变的频率范围内有相当多的吸收。

表 10-11　几种吸声材料的吸声特性

名　称	制 品 举 例	使 用 例 子	代表的吸声特性
多孔材料	玻璃棉、矿棉、聚氨酯类塑料、毡类		
膜状材料	聚乙烯薄膜、帆布		
板状材料	胶合板、石棉水泥板、硬质纤维板		
穿孔板	穿孔胶合板、石棉水泥板、石膏板、铝板		

注：α—吸声系数；f—频率。

（2）多孔性吸声材料　多孔性吸声材料分类如表 10-12 所列。

表 10-12　多孔性吸声材料分类

多孔性吸声材料	制品类	纤维状	植物纤维	甘蔗板、软质纤维板、水泥木丝板
			动物纤维	羊毛、兔毛
			人造纤维	卡布隆、尼龙丝
			矿物纤维	玻璃棉、矿渣棉
		颗粒状	有机	软木制品、木屑制品
			无机	膨胀蛭石制品、膨胀珍珠岩制品
		泡沫状	有机	酚醛泡沫塑料、聚氨酯泡沫塑料
			无机	微孔吸声砖、宜兴氧化铝泡沫砖
	砂浆类	集料有粗木屑、膨胀蛭石等		胶接材料，主要是 500 号水泥

常用的国产吸声材料的吸声系数用驻波管法进行测定，其值见表 10-13。

表 10-13　吸声材料的吸声系数

材料名称	密度 /(kg/m³)	厚度/cm	倍频带中心频率/Hz					
			125	250	500	1k	2k	4k
			吸声系数 α					
超细玻璃棉	25	2.5	0.02	0.07	0.22	0.59	0.94	0.94
		5	0.05	0.24	0.72	0.97	0.90	0.98
		10	0.11	0.85	0.88	0.83	0.93	0.97
矿渣棉	240	6	0.25	0.55	0.78	0.75	0.87	0.91
毛毡	370	5	0.11	0.30	0.50	0.50	0.50	0.52
聚氨酯	30	3		0.08	0.13	0.25	0.56	0.77
泡沫塑料	45	4	0.10	0.19	0.36	0.70	0.75	0.80
微孔砖	450	4	0.09	0.29	0.64	0.72	0.72	0.86
	620	5.5	0.20	0.40	0.60	0.52	0.65	0.62
膨胀珍珠岩	360	10	0.36	0.39	0.44	0.50	0.55	0.55

四、常用的吸声结构

1. 多孔材料背后留空腔

多孔材料背后留一定厚度的空腔，即材料离刚性壁面一定距离时形成空气层，则其吸声系数有所提高。对于中频声，一般推荐多孔材料离开刚性壁面 70~100mm；对于低频声，其距离可增大到 200~300mm。

常用的全频带吸声材料加背后空腔的结构及其吸声系数见表 10-14。

表 10-14　全频带吸声材料

种　类	材料规格/mm	空腔厚/mm	频率/Hz						备　注
			125	250	500	1k	2k	4k	
多孔材料	玻璃棉,50	300	0.80	0.85	0.90	0.85	0.80	0.85	
	玻璃棉,25	300	0.75	0.80	0.75	0.75	0.80	0.90	
	水泥刨花板,50 水泥木线板,50	180	0.65	0.70	0.50	0.75	0.75	0.70	
穿孔板＋多孔材料	玻璃棉,25($\phi 6\sim 15$)	300	0.50	0.70	0.50	0.65	0.70	0.60	板厚 4~6mm
		500	0.85	0.70	0.75	0.80	0.70	0.50	
	玻璃棉,25($\phi 8\sim 16$)	300	0.75	0.85	0.75	0.75	0.65	0.65	板厚 4~6mm
	玻璃棉,25($\phi 9\sim 16$)	300	0.85	0.85	0.65	0.80	0.65	0.75	板厚 5~6mm
		500	0.85	0.70	0.80	0.90	0.80	0.07	
穿孔金属板＋多孔材料	玻璃棉,25($\phi 0.8\sim 1.5$)	300~500	0.65	0.65	0.75		0.75	0.90	板厚 0.5~1mm
		300~500	0.65	0.65	0.75		0.75		
	玻璃棉,25($\phi 5\sim 11.5$)	300~500	0.55	0.75	0.75		0.75	0.75	板厚 0.5~1mm
	玻璃棉,25($\phi 5\sim 14.5$)	300~500	0.50	0.55	0.60		0.70	0.45	板厚 0.5~1mm

2. 薄膜、薄板共振吸声结构

将薄膜、薄板周边固定在框架上，板后留有一定厚度的空气层，就构成了薄板共振吸声结构（见图 10-1）。当声波入射到薄板上时，将激起板面振动，使声能转变为机械能，并转化为热能。当入射声波的频率与结构的固有频率一致时，产生共振。薄膜、薄板共振结构的固有频率一般较低，能有效地吸收低频声。其固有频率可由式（10-18）计算：

$$f_r = \frac{600}{\sqrt{m\delta}} \qquad (10\text{-}18)$$

式中，f_r 为系统的共振频率，Hz；m 为膜的面密度，kg/m^2；δ 为空气层厚度，cm。

在工程中，常用的膜类材料做成的结构，其固有频率为 200~1000Hz，最高吸声系数为 0.3~0.4。一般作为低频吸声结构。

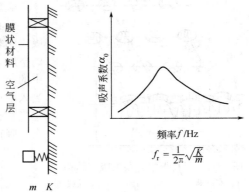

图 10-1　薄板共振吸声结构的吸声原理及特性

3. 板共振吸声结构

将木板、三合板一类板材装在框架上，板后形成空腔，构成一个振动系统。板共振吸声结构的共振频率可按式（10-19）计算：

$$f_r = \frac{1}{2\pi}\sqrt{\frac{1.4\times 10^7}{m\delta} + \frac{K}{m}} \qquad (10\text{-}19)$$

式中，f_r 为共振频率，Hz；m 为板的面密度，kg/m²；δ 为板后空气层厚度，cm；K 为在施工状态下刚度因数，kg/(m²·s)，一般取值 $1\times10^6\sim3\times10^6$ kg/(m²·s)。

当 $\delta>100$cm 时，空气层的弹性可忽略。K 值起主要作用，一般板结构 f_r 在 $80\sim300$Hz 之间，其共振为低频吸声结构，其 $\alpha=0.2\sim0.5$。当板后填充吸声材料时可增加振动阻尼，提高吸声效果。常用的板共振吸声结构的吸声系数见表 10-15。

表 10-15 常用的板共振吸声结构的吸声系数

材料与结构厚度/mm	频率/Hz					
	125	250	500	1000	2000	4000
草纸板:板厚 20,空气层厚 50,框架间距离 450×450	0.15	0.49	0.41	0.38	0.51	0.64
草纸板:板厚 20,空气层厚 100,框架间距离 450×450	0.50	0.48	0.34	0.32	0.49	0.60
木丝板:板厚 30,空气层厚 50,框架间距离 450×450	0.05	0.30	0.81	0.63	0.70	0.91
木丝板:板厚 30,空气层厚 100,框架间距离 450×450	0.09	0.36	0.62	0.53	0.71	0.89
刨花压轧板:板厚 15,空气层厚 50,框架间距离 450×450	0.35	0.27	0.20	0.15	0.25	0.39
三合板:空气层厚 50,框架间距离 450×450	0.21	0.73	0.21	0.19	0.08	0.12
三合板:空气层厚 100,框架间距离 450×450	0.59	0.38	0.18	0.05	0.04	0.08
五合板:空气层厚 50,框架间距离 450×450	0.08	0.52	0.17	0.06	0.10	0.12
五合板:空气层厚 100,框架间距离 450×450	0.41	0.30	0.14	0.05	0.10	0.16
穿孔三合板:孔径 5,孔距 40,空气层厚 100	0.37	0.54	0.30	0.08	0.11	0.19
穿孔三合板:孔径 5,板内侧贴一层玻璃布	0.28	0.70	0.51	0.30	0.16	0.23
穿孔五合板:孔径 5,孔距 25,空气层厚 50	0.01	0.25	0.54	0.30	0.16	0.19
穿孔五合板:孔径 5,板内填矿渣棉(密度 8kg/m³)	0.23	0.60	0.86	0.47	0.26	0.27
穿孔五合板:孔径 5,孔距 25,空气层厚 100	0.09	0.45	0.48	0.18	0.19	0.25
穿孔五合板:孔径 5,板内填矿渣棉(密度 8kg/m³)	0.20	0.99	0.61	0.32	0.23	0.59

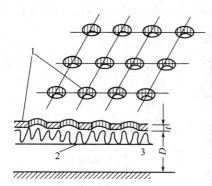

图 10-2 穿孔板组合共振吸声结构
1—穿孔板；2—吸声材料；3—空气层

4. 穿孔板的吸声结构

金属板或者非金属板等，以一定的孔径和穿孔率打上孔，并在板后留有一定厚度的空气层，就构成穿孔板共振吸声结构。如图 10-2 所示。穿孔板上每一个孔后都有对应的空腔，相当于许多并联的亥姆霍兹共振腔。穿孔板孔径中的空气柱受声波激发产生振动，并消耗掉一部分声能量。当入射声波的频率与结构的固有频率一致时将产生共振，空气柱往复振动的速度、幅值最大，此时消耗的声能量最多，吸声最强。共振频率的计算公式如下：

$$f_r=\frac{c}{2\pi}\sqrt{\frac{p}{\delta_e\delta_1}} \tag{10-20}$$

式中，f_r 为共振频率，Hz；c 为空气中声速，m/s；p 为穿孔板穿板率，$p=\dfrac{NS}{S_a}$（N 为孔数，S 为单个孔面积，S_a 为总面积）；δ_1 为穿孔板后空腔的厚度，m；δ_e 为穿孔板的有效厚度，m。

当孔径 d 大于孔板厚度 δ 时

$$\delta_e=\delta+0.8d \tag{10-21}$$

当空腔内贴多孔吸声材料时

$$\delta_e=\delta+1.2d \tag{10-22}$$

穿孔板的共振频率可按式（10-20）计算，也可按图 10-3 查取。

【例 10-8】 穿孔板厚度 $\delta = 0.7\text{cm}$，$d = 0.6\text{cm}$，$B = 2.2\text{cm}$，$p = 0.0584$，选取共振频率为 500Hz，求穿孔板后空腔厚度 δ_1。

解：

① 求出有效厚度 δ_e，并在列线图 10-3 上取点；

$$\delta_e = \delta + 0.8d = 0.7 + 0.8 \times 0.6 = 1.18 \text{（cm）}$$

② 已知 $p = 0.0584$，$f_r = 500\text{Hz}$，并在图上取点；

③ 通过 δ_e 点和 p 点作直线连接交于 K 线上，然后再作 K 线上交点与 f_c 点连线，并延长交于 δ_1 线上，即所取值为 5cm。

5. 微穿孔板的吸声结构

微穿孔板吸声结构由具有一定穿孔率、孔径小于 1mm 的金属薄板与板后的空气层组成。金属板厚 t 一般取 $0.2 \sim 1\text{mm}$，孔径 ϕ 取 $0.2 \sim 1\text{mm}$，穿孔率 p 取 $1\% \sim 4\%$。微穿孔板吸声结构由于板薄、孔径小、声阻抗大、质量小，因而吸声系数和吸声频带宽度比穿孔板吸声结构要好，并具有结构简单、加工方便；特别适合于高

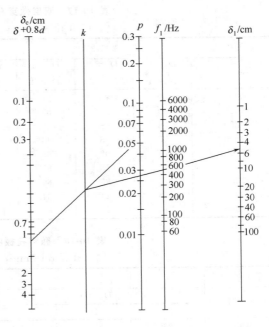

图 10-3　穿孔板吸声结构计算用列线图

δ_e—有效板厚；d—孔径；δ_1—板后空腔厚度；p—穿孔率 $= \pi d^2 / 4B$（B 为孔中心距）

温、高速、潮湿以及要求清洁卫生的环境下使用等优点。为使吸声频带向低频方向扩展，可采用双层或多层微穿孔板吸声结构。其吸声结构系数列于表 10-16～表 10-18。

表 10-16　双层微穿孔板吸声性能（管测法）

（孔径 $\phi 0.8\text{mm}$，板厚 $\delta = 0.8\text{mm}$）

穿孔板率/%			2.5，1			2，1	3，1
吸声系数/% 内外腔深/cm	$D_1 = 3$ $D_2 = 7$	$D_1 = 4$ $D_2 = 6$	$D_1 = 5$ $D_2 = 5$	$D_1 = 4$ $D_2 = 16$	$D_1 = 8$ $D_2 = 12$	$D_1 = 8$ $D_2 = 12$	$D_1 = 8$ $D_2 = 12$
频率/Hz							
100	25	18	17	47	45	44	37
125	26	21	18	58	53	48	40
160	43	32	29	77	77	75	62
200	60	53	50	95	86	86	81
250	71	72	69	99	88	97	92
320	86	90	88	93	93	99.2	99.5
400	83	94.5	96.5	78	96	97	99
500	92	94	96.5	54	84	93	95
630	70	68	74	51	86	93	90
800	53	60	74	75	99	96	88
1000	65	84	99	86	80	64	66
1250	94	90	70	42	41	41	50
1600	65	48	38	36	30	30	25
2000	35	30	24	22	18	15	17

注：第一个数为第一层穿孔板率；第二个数为第二层穿孔板的板率，下同。

表 10-17 双层微穿孔板吸声性能（管测法）

（孔径 ϕ0.8mm，板厚 δ＝0.8mm）

穿孔率/%	2.5,2			5,3	5,2		3,2	4,2
项 目	$D_1=3$ $D_2=1$	$D_1=2$ $D_2=2$	$D_1=1$ $D_2=3$	$D_1=2$ $D_2=1$	$D_1=1.5$ $D_2=1.5$	$D_1=2$ $D_2=1$	$D_1=1$ $D_2=2$	$D_1=1.5$ $D_2=1.5$
800	89	85	88	27	63	49	84	76
1000	99	93	88	55	93	78	98	99
1250	76	65	52	61	91	98	70	84
1600	58	65	40	71	63	85	45	61
2000	75	97	65	54	70	90	54	80
2500	50	58	95	70	84	78	70	89
3200	26	35	69	95	57	47	97	46
4000	18	24	34	45	32	30	47	26
5000	14	28	33	22	18	15	26	16

表 10-18 微穿孔板吸声性能（混响室法）

（孔径 ϕ0.8mm，板厚 δ＝0.8mm）

穿孔率/%	1	2		2,1		2,1
项 目	$D_1=D_2$			$D_1=10$ $D_2=10$	$D_1=5$ $D_2=10$	$D_1=8$ $D_2=12$
	20	15	20			
100	26	12.3	11.9	28.8	18.6	41
125	28	18	18.5	28.5	25	41
160	35	19	259	32	31	46
200	51	30	30.2	64	50	82.5
250	67	43	49.6	79	79	91
320	77	96	55.2	71.5	79.5	68.5
400	71	81	53.8	67	61.5	58
500	52	87	45.3	70	67	61
630	34	52	40.5	79	60	54
800	31	36	27.3	73.9	57.2	60
1000	42	31.5	35.4	63.7	68.2	60.5
1250	37	28.9	38.6	43.4	66.2	60
1600	28	40	35.4	41.8	53.2	44.5
2000	40	33.3	35.4	41.3	45.5	31
2500	25	33	1	42	38.2	46.5
3200	27	35	32.9	39	36.4	32
4000	30	34	18.6	42.2	37.8	30
5000	25	32	35.71	28.2	25.7	22.5

第二节　消声装置设计与选择

一、消声器的种类

1. 消声器的种类

消声器是一种让气流通过而使噪声衰减的装置，安装在气流通过的管道中或进、排气管口，是降低空气动力性噪声的主要技术措施。

消声器的种类和结构形式很多，其类型消声原理及特点如表 10-19 所列。

2. 消声器的性能要求

设计或选用的消声器的基本要求如下。

（1）消声性能　要求消声器在所需要的消声频率范围内有足够大的消声量。

（2）空气动力性能　消声器对气流的阻力损失或功能损耗要小。

（3）结构性能　消声器要坚固耐用、体积小、质量轻、结构简单、易于加工。

表 10-19　各种消声器的工作原理及其特点

类　型		工　作　原　理　及　特　点	备　注
阻性消声器		利用吸声材料制成,以声阻消声。当声波通过衬贴有多孔吸声材料的管道时,声波将激发材料中无数小孔内的空气分子振动,将一部分声能消耗于克服摩擦力和黏滞力,以达到消声目的。它制造简单,对中、高频噪声消声效果较好;不适合高温、高湿、多尘的条件	适用于风机、燃气轮机
抗性消声器	扩张室型	(1)利用管道截面突变、声阻抗的变化,使沿管道传播的声波向声源方向反射回去; (2)利用扩张室和内插管的长度,使向前传播的声波与遇到管子不同界面反射的声波相位相差180°	适用于空压机、内燃机
	共鸣型	利用共振吸收原理进行消声。当声波传到颈口时,在声波的作用下,颈中空气柱产生振动。为克服气体惯性,需消耗声能;空气柱振动速度越大,消耗能量越多。它的频带消声值较窄。常用阻性消声器组合使用	适用于中、低频噪声
微穿孔板消声器①		利用微孔中空气的摩擦损失来降低噪声。小孔的声阻与孔径平方成反比,孔径越小声阻越大。低穿孔率能增加频带宽度,一般的心距与孔径之比为5～8(或更大);微穿孔板后的空深度能控制吸收峰值的位置,采用双层或多层微空孔板消声器来消除低频噪声,利用阴性消声器消除中、高频噪声,以实现宽带消声;可以根据实测的噪声频谱,结合实际使用条件,选择、设计针对性强的抗复合型消声器,可达到理想的消声效果	适用于高温、高湿、油雾场合
阻抗复合型消声器		利用抗性消声器、微穿孔板消声器来消除低频噪声,利用阻性消声器消除中高频噪声,以实现宽频速消声,可以根据实测的噪声频谱,结合实际使用条件,选择、设计针对性强的阻抗复合型消声器,可达到理想的消声效果	适用于风机、风洞等
其他类型		电子消声器具有低频消声性能,是一种辅助消声装置;引射掺冷消声器具有宽频带性能,用于高温高速气流;喷雾消声器是有宽频带性能,用于高温、蒸汽排放噪声	适用于特殊场合等

① 多用于空调系统。

　　上述要求是互相联系、缺一不可,可有所侧重,但不能偏废。设计消声器时,首先要测定噪声源的频谱,分析某些频率范围内所需要的消声量;对不同的频率分别计算消声器所应达到的消声量,从而根据性能要求,确定消声器的结构形式,以有效降低噪声。

二、消声器的设计

　　在风机消声器中使用最多的是阻性消声器,下面以此为例说明消声器的设计程序。

　　把不同种类的吸声材料按不同方式固定在气流通道中,即构成不同类型和特点的阻性消声器。按气流通道的几何形状可分为直管式、片式、折板式、声流式、蜂窝式、弯头式、迷宫式等,如图10-4所示。它们的特点见表10-20。

表 10-20　各类阻性消声器的特性与适用范围

序号	类型	特点及适用范围
1	直管式	结构简单,阻力损失小,适用于小流量管道及设备进气口和排气口的消声
2	片式	单个通道的消声量即为整个消声器的消声量,结构不太复杂,适用于气流流量较大场合
3	折板式	它是片式消声器的变种,提高了高频消声性能,但阻力损失大,不适于流速较高的场合
4	声流式	是折板式消声器的改进型,改善了低频消声性能,阻力损失较小,但结构复杂,不易加工
5	蜂窝式	高频消声效果好,阻力损失较大,构造相对复杂,适用于气流流量较大、流速不高的场合
6	弯头式	低频消声效果差,高频效果好,一般结合现场情况,在需要弯曲的管内衬贴吸声材料构成
7	迷宫式	具有抗性作用,消声频率范围宽,但体积庞大,阻力损失大,仅在流速很低的风道上使用

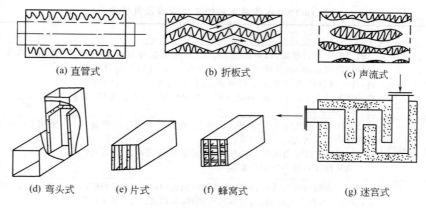

(a) 直管式　　　　(b) 折板式　　　　(c) 声流式

(d) 弯头式　(e) 片式　(f) 蜂窝式　　　(g) 迷宫式

图 10-4　常用阻性消声器的型式

1. 阻性消声器设计

（1）设计程序

① 选定消声值。首先计算 A 声级的最大消声值，在气流速度较低时，加消声器前的 A 声级减去环境 A 声级，即为消声器的最大消声值。当气流速度产生的再生 A 声级高于环境 A 声级时，消声器的最大消声值应为加消声器前的 A 声级减去气流速度产生的 A 声级，然后选定需要的 A 声级消声值。

根据工厂和环境噪声标准，合理确定加消声器后实际需要达到 A 声级，加消声器前的 A 声级减去实际需要的 A 声级，即为需要的 A 声级消声值；然后，确定倍频带中心频率所需要的消声值，即取 63Hz、125Hz、250Hz、500Hz、1kHz、2kHz、4kHz、8kHz 中心频率，按下式计算消声值：

$$\Delta L_{p_{2i}} = \Delta L_{p_{1i}} + k \tag{10-23}$$

$$\Delta L_{p_{1i}} = L_{p_i} + \Delta A_i - L_A \tag{10-24}$$

式中，$\Delta L_{p_{2i}}$ 为所需倍频带消声值，dB；i 为 1，2，3，…代表 63Hz，125Hz，500Hz，…；L_{p_i} 为实测 8 个倍频带声压级，dB；ΔA_i 为计权网络 A 声级修正值，见表 10-21；L_A 为预计达到的 A 声级，dB；k 为 $10\tan n$，其中 n 为计权后仍大于 L_A 的频带个数，一般情况下 $n = 2 \sim 6$。

表 10-21　噪声评价数 **NR**

L_{p_i}/dB　　f/Hz　　　　NR/dB	63	125	250	500	1k	2k	4k	8k	$L_A - NR$[1]/dB
10	43.4	30.4	21.3	14.2	10	6.65	4.15	2.3	9
20	51.3	39.4	30.6	23.6	20	16.8	14.4	12.6	9
30	59.2	48.1	39.9	33	30	26.95	24.65	22.9	9
40	67.1	56.8	49.2	42.4	40	37.1	34.9	33.2	6.9
50	75	65.5	58.5	51.8	50	47.5	45.15	43.50	7
60	82.9	74.2	67.8	61.2	60	57.4	55.4	53.8	5
70	90.8	82.9	77.1	70.6	70	67.55	65.65	64.1	5
80	98.7	91.6	86.4	80	80	77.7	75.9	74.4	5
90	106.6	100.3	95.7	89.4	90	87.85	86.5	84.7	5

① $L_A - NR$ 为 A 声级与噪声评价数 NR 之差值。

② 选定消声器的上下限截止频率。根据计算所需要的 8 个中心频率的消声值大小，合理选定消声器的上下限截止频率；上限频率一般取 4000Hz 以上，下限截止频率一般取 250Hz 以下。选取的原则是在上、下限截止频率之间消声器能有足够高的消声值。

③ 计算气流通道宽度和吸声材料厚度。消声器气流通道宽度可按式（10-25）计算：

$$f_{上限} = 1.85 \frac{c}{b_2} \tag{10-25}$$

式中，$f_{上限}$ 为消声器上限截止频率，Hz；c 为声速，在常温下为 344m/s；b_2 为通道直径或通道有效宽度，m。

吸声材料的厚度可按式（10-26）计算：

$$f_{下限} = \beta \frac{c}{\delta_1} \tag{10-26}$$

式中，$f_{下限}$ 为消声器的下限频率，Hz；β 为吸声材料的系数；c 为声速，在常温下为 344m/s；δ_1 为吸声材料厚度，m。

④ 选定消声器气流通道个数。根据风量、风速按表 10-22 选择气流通道个数。

表 10-22　不同风量、风速所需要的通道个数

流量范围/(m³/h) 通道个数	气流速度/(m/s)				
	10	12	14	16	18
1	1037～2333	1224～2808	1452～3266	1659～3732	1866～4199
2	3456～7776	4147～9072	4838～10886	5530～12442	6221～13997
3	7200～16344	8640～19612	10160～22861	11520～26150	12960～29419
4	12456～28080	14947～33610	17418～39161	19930～44813	22421～50414
5	28080～63360	33695～75816	39312～88704	44928～101088	50544～113724
6	49860～84096	59616～100915	69854～117734	79834～134554	89813～151373
7	约 104760	74736～125712	87192～140664	99648～167616	11210～188568
8	80640～135360	96768～162432	112896～189504	129024～216578	145152～243613

⑤ 计算消声器的尺寸。消声器通道面积按式（10-27）计算：

$$S_{总} = \frac{q_v}{v \times 3600} \tag{10-27}$$

式中，$S_{总}$ 为气流通道总面积，m²；q_v 为额定风量，m³/h；v 为选定气流通道速度，m/s。

单个气流通道面积 S_i 计算式如下：

$$S_i = \frac{S_{总}}{N} \tag{10-28}$$

式中，$S_{总}$ 为气流通道总面积，m²；N 为气流通道个数。

单个气流通道高度 h 的计算式为：

$$h = \frac{S_i}{b_2} \tag{10-29}$$

式中，b_2 为气流通道宽度，m。

消声器总宽度的计算式为：

$$a = (N+1)\delta_1 + Nb_2 \tag{10-30}$$

式中，δ_1 为吸声材料厚度，m。

消声器长度的计算式为：

$$l = \frac{\Delta L S_1}{0.815PK} \tag{10-31}$$

式中，l 为消声器长度，mm；ΔL 为需要的消声值，dB；S_1 为单个通道的横截面积，m²；P 为单个通道饰面部分的周长，m；K 为混响吸声系数的函数，见表 10-23。

表 10-23　α_T 与 K 值的关系

α_T	0.15	0.3	0.48	0.6	0.74	0.83	0.92	0.98
K	0.11	0.22	0.40	0.60	0.74	0.90	1.2	1.3

（2）阻性消声器设计举例　以阻性片式消声器的设计为例。

【例 10-9】 已知：某风机风量 $q_v=1091\text{m}^3/\text{h}$，全压 $p=375\text{Pa}$；转速 $n=2900\text{r}/\text{min}$，叶片数 $Z=12$，环境噪声 A 声级小于 80dB，经测定开风机时 A 声级为 98dB，8 个中心频率声压级依次为 69dB、78dB、101dB、93dB、94dB、85dB、84dB 和 73dB。设计一个消声器，要求噪声 A 声级降到 80dB。

解：①确定消声值

消声器的消声值为（A）$98-80=18$（dB），实取 20dB。

确定倍频带消声值，按式（10-23）计算 8 个中心频率倍频带消声值

$$\Delta L_{p_{2i}}=\Delta L_{p_{1i}}+k \qquad \Delta L_{p_{1i}}=L_{p_i}+\Delta A_i-L_A$$

计算后 $\Delta L_{p_{11}}=0$，$\Delta L_{p_{12}}=0$，$\Delta L_{p_{13}}=13\text{dB}$，$\Delta L_{p_{14}}=10\text{dB}$，$\Delta L_{p_{15}}=14\text{dB}$，$\Delta L_{p_{16}}=6\text{dB}$，$\Delta L_{p_{17}}=5\text{dB}$，$\Delta L_{p_{18}}=0$。

取 $\Delta L_{p_{13}}\sim\Delta L_{p_{17}}$ 的值，即 $250\sim4000\text{Hz}$ 内的消声值；大于 80dB（A）的频带个数为 5，那么 $k=10\lg5=7$（dB）。

计算后的 $\Delta L_{p_{2i}}$ 分别为 $\Delta L_{p_{21}}=0$、$\Delta L_{p_{22}}=0$、$\Delta L_{p_{23}}=20\text{dB}$、$\Delta L_{p_{24}}=17\text{dB}$、$\Delta L_{p_{25}}=21\text{dB}$、$\Delta L_{p_{26}}=13\text{dB}$、$\Delta L_{p_{27}}=12\text{dB}$、$\Delta L_{p_{28}}=0$。

故倍频带消声值应达到 $12\sim21\text{dB}$。

② 选定消声器的上、下限截止频率，上限频率应为 4000Hz，下限频率取 250Hz。

③ 计算气流通道宽度和吸声材料厚度，按下式计算气流通道宽度

$$b_2=1.85\frac{c}{f_{上限}}=1.85\times\frac{344000(\text{mm/s})}{4000\text{Hz}}=159\text{mm}\approx160\text{mm}$$

吸声材料厚度 δ_1

$$\delta_1=\frac{\beta c}{f_{下限}}$$

根据阻性消声器选取的吸声材料为超细玻璃棉，吸声系数为 0.90，填充密度为 15kg/m^3，查表 10-24，$\beta=0.058$。

$$\delta_1=\frac{0.058\times344000}{250}=79.8\approx80 \text{（mm）}$$

表 10-24　不同吸声材料的 β 值

吸声材料种类	密度/(kg/m³)	β	共振吸声系数 α_r	高频吸声系数 α_m	纤维直径/μm
超细玻璃棉	15	0.058	0.90~0.99	0.90	4
	20	0.046	0.90~0.99	0.90	4
	25~30	0.040	0.80~0.90	0.80	4
	35~40	0.037	0.70~0.80	0.70	4
高硅氧玻璃棉	45~65	0.030	0.90~0.99	0.90	38
粗玻璃纤维	约 100	0.065	0.90~0.95	0.90	15~25
酚醛树脂玻璃纤维	80	0.092	0.85~0.95	0.85	20
酚醛纤维	20	0.040	0.90~0.95	0.90	12
沥青矿棉毡	约 120	0.038	0.85~0.95	0.85	
毛毡	100~400	0.040	0.85~0.95	0.85	
海草	约 100	0.065	0.80~0.95	0.80	
沥青玻璃纤维毡	110	0.083	0.90~0.95	0.90	12
聚氨酯泡沫塑料	20~50	0.064	0.90~0.99	0.90	流阻低
		0.051	0.85~0.95	0.85	流阻高
		0.033	0.75~0.85	0.75	流阻很高
微孔吸声砖	340~450	0.017	0.80	0.75	
	620~830	0.023	0.60	0.55	
木丝板	280~600	0.072	0.80~0.90		
甘蔗板	150~200	0.023	0.65~0.70	0.60	

④ 选定消声器允许的气流速度。根据降噪后的 A 声级和 8 个中心频率的声压级大小，参照

表 10-25，选定允许的气流速度，一般取 15～20m/s。

表 10-25 扩散场中气流再生噪声 A 声功率级与倍频带声功率级

气流速度/(m/s)	L_{Wi}/dB f_0/Hz L_{WA}/dB	63	125	250	500	1k	2k	4k	8k
10	37.5	57.3	45.5	40.4	35	26.8	20.5	18.3	16.1
14	44.5	68.3	52.5	46.4	43.5	37.8	32	26.8	18.1
18	53	76.8	59	51.4	49	44.3	40	34.8	26
22	57	80.3	64.5	54.4	53.5	49.8	46.5	41.8	33.6
25	59.5	83.3	67.5	55.6	55.5	52.3	50	45.8	37.6
30	63	86.3	72.5	61.4	59	56.3	54	50.3	42.6

⑤ 选定消声器的气流通道个数和结构形式。根据风量 $q_v = 1070 \text{m}^3/\text{h}$，允许速度 $v = 15 \sim 20\text{m/s}$，并参照表 10-22 选择一个气流通道，结构形式为圆角式的消声器。

⑥ 计算消声器各尺寸。根据公式计算通道面积 S：

$$S = \frac{q_v}{v \times 3600} = \frac{1070}{15 \times 3600} = 2 \times 10^{-2} \text{（m}^2\text{）}$$

根据通道面积计算消声器内径 d_1 和外径 d_2：

$$d_1 = \sqrt{\frac{4}{\pi}S} = \sqrt{1.27 \times 0.02} = 0.16 \text{（m）}$$

$$d_2 = d_1 + 2\delta_1 = 0.16 + 2 \times 0.08 = 0.32 \text{（m）}$$

消声器长度

$$l = \frac{\Delta L_{p_{2i}} S_1}{0.815 pK}$$

依次将 $\Delta L_{p_{23}} \sim \Delta L_{p_{27}}$ 的值代入式（10-31），得出消声器每个频带所需长度，选取最大长度为消声器设计长度，即为 0.9m。

2. 锥形稳流段的设计

锥形稳流段是为了减小消声器进、出口端内的涡流，使多通道消声器内的气流均匀分布通过而设计的。加锥形稳流段不但使气流均匀通过，减小阻力，而且提高消声效果。

【例 10-10】 已知：有一台消声器，接口尺寸 $D_1 = 650\text{mm}$，外径尺寸 $D = 950\text{mm}$，长度 $l = 1400\text{mm}$，消声器横断面剖面图见图 10-5。设计一台相匹配的如图 10-6 所示的锥形稳流段。

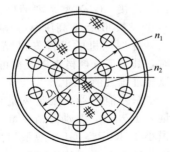

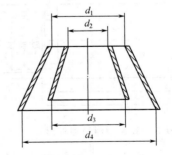

图 10-5 消声器横断面剖面示意
n_1—外环管管数；n_2—内环管管数

图 10-6 锥形稳流段
结构示意

解：① 根据 $D_1 = 650\text{mm}$ 与模拟稳流段接口尺寸 $d_1 = 200\text{mm}$（根据需要自定尺寸）确定缩小比例 M_1

$$M_1 = \frac{D_1}{d_1} = \frac{650}{200} = 3.25$$

② 计算外环管总面积与内环管总面积的比值 M_2（即外环管 n_1 管数与内环管 n_2 管数的比）$n_1 = 10$，$n_2 = 6$（包括心圆孔）

$$M_2 = \frac{n_1}{n_2} = \frac{10}{6} = 1.67$$

③ 由比值 M_2 计算稳流段 d_2

$$d_2 = \frac{d_1}{M_2} = \frac{200\text{mm}}{1.67} = 119\text{mm} \approx 120\text{mm}$$

④ 计算稳流段 d_4

$$d_4 = \frac{D}{M_1} = \frac{950\text{mm}}{3.25} = 292\text{mm} \approx 295\text{mm}$$

⑤ 计算稳流段 d_3

$$d_3 = \frac{d_4}{M_2} = \frac{295\text{mm}}{1.67} = 177\text{mm} \approx 180\text{mm}$$

三、常用风机消声器及其选择

1. 选择消声器注意事项

选用消声器时应注意以下事项。

① 选用消声器时首先应根据通风机的噪声级特性、工业企业噪声卫生标准、环境噪声标准及背景噪声确定所需的消声量。

② 消声器应在较宽的频率范围内有较大的消声量。对于消除以中频为主的噪声，可选用扩张式消声器；对于消除以中、高频为主的噪声，可选用阻性消声器；对于消除宽频噪声，可选用阻抗复合式消声器等。

③ 当通过消声器的气流含水量或含尘量较多时，则不宜选用阻性消声器。

④ 消声器应在满足消声降噪的前提下，尽可能做到体积小、结构简单、加工制作及维护方便、造价低、使用寿命长、气流通过时压力损失小。

⑤ 气流通过消声器的通道流速一般控制在 $5 \sim 15\text{m/s}$ 的范围内，以避免产生再生噪声。

⑥ 选用的消声器额定风量应不小于通风机的实际风量。

2. 高压离心通风机消声器

(1) GLX 型系列消声器　GLX 型系列高压离心风机消声器属阻抗复合型，其结构原理采用带吸声材料的复合共振吸声结构与阻性吸声结构相结合，从而在较宽的频带范围内具有较高的消声量。消声器外形为圆筒形，两端采用两种尺寸法兰连接。GLX 型系列消声器主要为风量范围 $600 \sim 83100\text{m}^3/\text{h}$ 高压离心风机配套设计，对该系列各型风机的进排气口噪声有显著作用；同时，其中部分规格消声器也可作锅炉引风机、鼓风机进排气消声用。

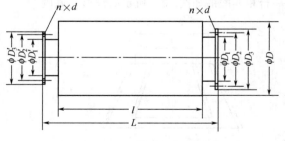

图 10-7　GLX 型消声器外形

本系列消声器在额定风量范围内，静态消声量大于 30dB，其动态消声量大于 25dB，气流阻损小于 300Pa。GLX 型系列消声器外形及安装尺寸见图 10-7 及表 10-26。

表 10-26　GLX 型系列消声器外形尺寸

型号	标准流量 /(m³/h)	外形尺寸/mm			大端/mm					小端/mm					净重 /kg
		ϕD	l	L	ϕD_1	ϕD_2	ϕD_3	n	d	$\phi D_1'$	$\phi D_2'$	$\phi D_3'$	n'	d'	
GLX-2.3	2300	420	1500	1700	230	310	345	8	18	180	260	295	8	18	90
GLX-3.6	3600	530	1600	1800	280	365	400	12	18	230	310	345	8	18	140

续表

型号	标准流量 /(m³/h)	外形尺寸/mm			大端/mm					小端/mm					净重 /kg
		D	l	L	D_1	D_2	D_3	n	d	D_1'	D_2'	D_3'	n'	d'	
GLX-5.6	5600	620	1500	1700	350	445	485	12	22	280	365	400	12	18	170
GLX-8.5	8500	700	1550	1800	430	530	570	16	22	350	445	485	12	22	220
GLX-13	13700	800	1550	1800	530	630	670	16	22	450	550	590	16	22	280
GLX-17	17100	900	1600	1850	600	705	755	20	24	500	600	640	16	22	340
GLX-25	25000	1040	1650	1900	700	810	860	20	24	600	705	755	20	24	450
GLX-35	35500	1190	1900	2200	840	950	1000	24	24	700	810	860	20	24	570
GLX-53	53800	1500	2300	2600	1000	1110	1160	24	24	900	1010	1060	24	24	950
GLX-83	83100	1780	2900	3200	1300	1420	1480	30	30	1100	1220	1280	28	30	1550

（2）FZ-B型系列消声器　该型消声器主要用于降低各种系列的高压风机的风口、风道和封闭式机房进风口的气流噪声，也可供锅炉鼓风机等消声降噪选用。其消声值≥20dB，阻损可忽略不计。外形及安装尺寸见表10-27。

表 10-27　FZ-B型系列消声器规格

型号规格	流量 /(m³/h)	气流速度 /(m/s)	通道截面积 /m²	外径 /mm	有效长度 /mm	全长 /mm	法兰尺寸/mm			连接螺丝孔	
							内径	中径	外径	数量	规格
FZ-200-B	2700	25	0.0314	380	860	1000	200	234	260	10	$\phi 7$
FZ-250-B	4800	25	0.0494	450	1000	1140	250	280	310	12	$\phi 7$
FZ-300-B	6600	25	0.0707	500	1100	1240	300	344	364	12	$\phi 7$
FZ-350-B	8400	25	0.0962	550	1200	1340	350	386	414	12	$\phi 10$
FZ-400-B	10400	25	0.126	600	1300	1440	400	434	464	12	$\phi 10$
FZ-500-B	17400	25	0.196	800	1400	1600	500	540	564	24	$\phi 10$

3. 中、低压离心通风机消声器

（1）T701-6型系列消声器　T701-6型消声器的结构形式属阻抗复合式结构，适用于降低空调系统中、低压离心通风机噪声。其通道流速为6～12m/s；1～4号可单节使用，5～10号可多节串联使用，适用风量2000～6000m³/h。单节消声量：63～125Hz频段为10～15dB、250～500Hz频段为15～20dB和1～8kHz频段为25～30dB。外形及安装尺寸见表10-28。

表 10-28　T701-6型阻抗复合式消声器性能及外形尺寸

型号	适用流量/(m³/h)	外形尺寸/mm			法兰尺寸/mm	阻力损失/Pa	质量/kg
		宽	高	安装长度			
1	2000～4000	800	500	1600	520×230	9～35	85
2	3000～6000	800	600	1600	510×370	9～35	96
3	4000～8000	1000	800	1600	700×370	9～35	122
4	5000～10000	1000	800	1600	770×400	9～35	135
5	6000～12000	1200	800	900	700×550	9～35	112
6	8000～16000	1200	1000	900	780×630	9～35	125
7	10000～20000	1500	1000	900	1000×630	9～35	160
8	15000～30000	1500	1400	900	1000×970	9～35	215
9	20000～40000	1800	1400	900	1330×970	9～35	260
10	30000～60000	2000	1800	900	1500×1310	9～35	310

（2）ZDL型系列消声器　ZDL型消声器的结构形式为片式结构，维修更换方便。分为A、B、C三种片型，各有不同的消声频率特性，可按需要选用；并有单节1m及1.5m两种长度，可自由组合成1m、1.5m、2m、2.5m、3m五种长度，获得合理的消声量。适用于中、低压离心通风机配套，例如4-73、4-68、5-48、6-48、4-72等系列中各机号的风机；对于其他离心风机，当消声器通过流量在1000～700000m³/h范围内、消声器耐受压力小于8000Pa时，也可配用。规格及尺寸见图10-8、图10-9和表10-29、表10-30。

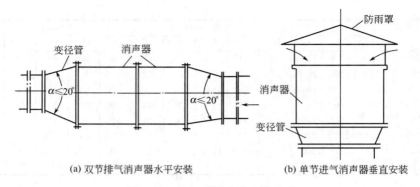

图 10-8　ZDL 型消声器安装示意

(a) 双节排气消声器水平安装　　　(b) 单节进气消声器垂直安装

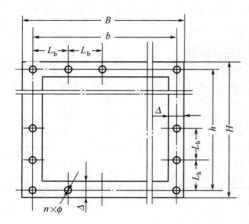

图 10-9　法兰尺寸

（3）WZY、WZJ 型系列风机消声器　WZY 型风机消声器是采用阻性吸声材料（超细玻璃棉）、截面积呈圆形的直管消声器。WZJ 型风机消声器是采用阻性吸声材料（超细玻璃棉）、截面积呈矩形的直管消声器。该产品适用于各种通风机、鼓风机和空气压缩机。WZY、WZJ 型消声器系列共包括 184 种，每种消声器的降噪量均大于 25dB，风压损失在 300Pa 以下。其外形及安装尺寸见表 10-31。

4. CG 型罗茨鼓风机消声器

CG 型消声器是一种自管式阻性消声器，吸声材料采用超细玻璃棉。规格较大的消声器，在其通道内增加一段圆形吸声体，以避免上界失效频率过低而影响消声效果。CG 型消声器系列共有 7 种规格，采用圆形外壳，两端均为圆形法兰；它主要用于降低罗茨鼓风机和叶氏鼓风机的进气或排气噪声。

表 10-29　ZDL 型阻性片式消声器系列规格

型号		外形尺寸/mm		片数	通道面积 S/m^2	适用流量/（m³/h）			质量/kg	
		高	宽			流速 $v=3m/s$	流速 $v=10m/s$	流速 $v=25m/s$	长 1m	长 1.5m
1	A	450	400	2	0.09	972	3240	8100	115	160
2	A	450	600	3	0.135	1458	4860	12150	160	230
	B	450	600	3	0.108	1166	3888	9720	165	240
3	A	450	720	4	0.144	1555	5184	12960	195	275
	B	450	720	3	0.162	1749	5832	14580	180	255
4	A	600	720	4	0.192	2073	6912	17280	225	325
	B	600	720	3	0.216	2333	7776	19440	210	300
5	A	900	720	4	0.288	3110	10368	25920	280	400
	B	900	720	3	0.324	3499	11664	29160	257	367
6	B	900	900	4	0.378	4082	13608	34020	410	570
	C	900	900	3	0.405	4374	14580	36450	380	532
7	B	900	1200	5	0.54	5832	19440	48600	490	685
	C	900	1200	4	0.54	5837	19440	48600	468	655
8	B	1200	1200	5	0.72	7776	25920	64800	580	830
	C	1200	1200	4	0.72	776	25920	64800	555	790

续表

型号		外形尺寸/mm		片数	通道面积 S/m^2	适用流量/(m³/h)			质量/kg	
		高	宽			流速 $v=3m/s$	流速 $v=10m/s$	流速 $v=25m/s$	长 1m	长 1.5m
9	B	1350	1350	6	0.85	9180	30600	76500	692	985
	C	1350	1350	5	0.81	8748	29160	72900	670	950
10	B	1350	1800	8	1.134	12247	40824	102060	860	1200
	C	1350	1800	6	1.215	13122	43740	109350	800	1115
11	B	1800	1800	8	1.512	16329	54432	136080	1060	1500
	C	1800	1800	6	1.62	17496	58320	145800	965	1370
12	C	1800	2250	8	1.89	20412	68040	170100	1395	1960
13	C	2250	2250	8	2.362	25515	85050	212625	1655	2315
14	C	2250	2700	9	3.037	32800	109332	273330	1830	2570
15	C	2700	3000	10	4.05	43740	145800	364500	2210	3110
16	C	2700	3600	12	4.86	52488	174960	437400	2530	3580

表 10-30　ZDL 型消声器法兰尺寸　　　　　　　　单位：mm

规　格	Δ	B	H	b	h	L_b	L_h	n	ϕ
1	50	508	558	466	516	116.5	129	16	12
2	50	708	558	665	516	133	129	18	12
3	50	828	558	786	516	131	129	20	12
4	50	708	828	786	665	131	133	22	16
5	50	828	1008	786	996	131	138	26	16
6	80	1070	1070	996	996	138	138	28	18
7	80	1370	1070	1296	996	162	166	28	18
8	80	1370	1370	1296	1296	162	162	32	18
9	80	1520	1520	1448	1448	181	181	32	20
10	80	1970	1520	1900	1448	190	181	36	20
11	80	1970	970	1900	1900	190	190	40	20
12	100	2462	2012	2370	1920	197.5	192	44	22
13	100	2462	2462	2370	2370	197.5	197.5	48	22
14	100	2912	2462	2821	2370	217	197.5	50	24
15	100	3212	2912	3120	2821	208	217	56	24
16	100	3812	2912	3723	2821	219	217	60	24

表 10-31　WZY、WZJ 型风机消声器系列性能及外形尺寸

类别	通道数	型号	空气流量范围 /(m³/h)	接口尺寸范围 /mm	外形尺寸/mm	品种数量
阻性圆筒形片式 WZY	1	WZY1A	90～6200	$\phi40～\phi335$	$\phi320\times280～\phi615\times2220$	16
		WZY1E	90～3200	$\phi40～\phi240$	$\phi280\times420～\phi480\times1600$	10
		WZY1C	360～1400	$\phi80～\phi160$	$\phi240\times560～\phi320\times1120$	5
	2	WZY2E	4200～19400	$\phi330～\phi640$	$\phi490\times1300～\phi800\times2500$	7
	3	WZY3E	3500～9000	$\phi250～\phi400$	$\phi550\times1375～\phi700\times2200$	7
阻性矩形片式 WZJ	1	WZJ1A	6480～16200	300×300～300×750	600×600×1650～600×1050×2360	10
		WZJ1E	2880～6480	200×200～200×450	440×440×1100～4400×690×1524	6
		WZJ1C	1620～4320	150×150～150×500	310×310×825～310×560×1199	6
		WZJ1CK	2332～4925	180×180～180×380	540×540×990～540×740×1342	5
	2	WZJ2A	17280～47520	750×400～750×1100	1050×700×1887～1050×1400×2590	15
		WZJ2E	6336～22176	520×220～520×770	760×460×1152～760×1010×1749	12
		WZJ2C	4968～9288	380×230～380×430	540×390×1000～540×590×1221	4
		WZJ2CK	6221～11405	440×240～440×440	600×400×1133～600×600×1403	5

续表

类别	通道数	型号	空气流量范围/(m³/h)	接口尺寸范围/mm	外形尺寸/mm	品种数量
阻性矩形片式WZJ	3	WZJ3A	51840~90720	1200×800~1200×1400	1500×1100×2398~1500×1700×2717	13
		WZJ3E	23328~44928	840×540~840×1040	1080×780×1606~1080×1280×1843	6
		WZJ3C	10044~23004	610×310~610×710	770×470×1111~770×870×1364	5
		WZJ3CK	11664~27216	700×300~700×700	860×460×1238~860×860×1573	9
	4	WZJ4A	82080~142560	1650×950~1650×1650	1950×1250×2508~1950×1950×2794	8
		WZJ4E	43776~55296	1160×720~1160×960	14000×1000×1744~1400×1200×1821	3
		WZJ4C	23328~40608	840×540~840×940	1000×700×1293~1000×1100×1425	5
		WZJ4CK	29030~49766	960×560~960×960	1120×720×1496~1120×1120×1667	5
	5	WZJ5E	56160~106560	1480×780~1480×1480	1720×1020×1749~1720×1720×1936	8
		WZJ5C	41580~57780	1070×770~1070×1070	1230×930×1381~1230×1230×1447	4
		WZJ5CK	53136~79056	1220×820~1220×1220	1380×980×1623~1380×1380×1727	5
	6	WZJ6C	58320~84240	1300×900~1300×1300	1460×1060×1414~1460×1460×1480	5

该系列消声器适用风量 10~120m³/min，消声量不小于 25dB，在额定风速下，阻力损失不大于 300Pa。外形及安装尺寸见图 10-10、图 10-11 和表 10-32。

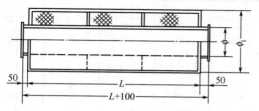

图 10-10　CG 型 1~5 号直管阻性消声器示意　　图 10-11　CG 型 6~7 号直管阻性消声器示意

表 10-32　CG 型消声器系列规格选用表

型号	适用风量/(m³/min)	外形尺寸/mm			气流速度/(m/s)	质量/kg
		ϕ	ϕ_1	L		
CG₁	10	120	420	700	14.7	43
CG₂	20	160	460	900	16.6	58
CG₃	30	180	480	1000	19.7	61
CG₄	40	200	500	1100	21.2	71
CG₅	60	250	550	1400	20.4	92
CG₆	80	280	580	1600	21.7	145
CG₇	120	330	630	1800	23.4	190

四、隔声罩的设计

隔声罩是将噪声源与接受者分开，隔离空气传播的隔声结构件，是针对车间内独立的强噪声源的控制措施，其降噪量的设计可按表 10-33 选取。

表 10-33　隔声罩的降噪量

结构型式	降噪量/dB(A)	结构型式	降噪量/dB(A)
固定密封型	30~40	局部敞开型	10~20
活动密封型	15~30	带有通风散热消声器的	15~25

1. 隔声罩设计注意事项

① 设计时应结合生产工艺、设备性能、安全操作等进行配置。例如，设备的控制与计量开关宜引到罩外进行操作；为监视设备，应设置观察窗；为方便检修，罩上需设可开启的门。

② 罩壁可用厚度为 0.5～0.3mm 的钢板或铝合金板制作。为避免产生共振和吻合效应，可在罩壁上加筋或涂贴阻尼层；阻尼层的厚度不小于罩壁厚度 2～4 倍，且要黏结紧密、牢固。

③ 隔声罩内壁敷设吸声层，应有较好的护面层，如果使用超细玻璃棉之类，需用玻璃布和钢板网或穿孔率大于 25% 的穿孔板作护面。

④ 隔声罩应选择适当的形状，曲面形体的刚度较大，利于隔声；少用方形平行罩壁，防止罩内空气声的驻波效应。

⑤ 罩内壁面与设备间应有设备所占空间的 1/3 以上。各内壁面与设备的空间距离不得小于 100mm，且绝对不能有刚性接触，形成"声桥"。

⑥ 隔声罩应避免漏声。罩内所有焊接与拼缝等各连接部位密封要好，不留孔隙。罩与地面或机座之间相接触部分应采取隔振措施，隔离固体声传递。

⑦ 风机出口消声器的消声量应与其隔声罩相匹配。

2. 隔声罩设计程序

① 按 125～4000Hz 各倍频声压级实测或估算声源的频谱特性。

② 确定受声点各频谱的允许声压级。可根据噪声控制标准，按表 10-2 确定。

③ 计算各倍频带的需要隔声量（R），按下式：

$$R = L_p - L_{pa} + 5 \tag{10-32}$$

式中，R 为隔声量，dB；L_p 为受声点各倍频带的声压级，dB；L_{pa} 为受声点各倍频带的允许声压级，dB。

实际应用中取 50～5000Hz 的频率范围的几何平均值 500Hz 的隔声量代表平均隔声量。

④ 选择合适的隔声结构与材料；估算隔声量。

⑤ 条件允许时现场实测，验证隔声效果。发现问题予以改进。

3. 隔声量计算

(1) 单层板的隔声量　对于由任何材料做成重而密实均匀的隔声层（单层板、墙），其隔声量（R_0）按下列经验公式计算：

$$R_0 = 18\lg m + 12\lg f - 25 \tag{10-33}$$

式中，R_0 为隔声量，dB；m 为材料的单位面积质量，kg/m^2；f 为入射声源频率，Hz。

如果以中心频率 500Hz 的隔声量作为平均隔声量时，上式可简化为：

当 $m > 100$ 时 　　　　　$\overline{R}_0 = 18\lg m + 18$（dB）　　　　　(10-34)

当 $m \leqslant 100$ 时 　　　　　$\overline{R}_0 = 13.5\lg m + 13$（dB）　　　　　(10-35)

表 10-34 列出单层板的隔声量数据。

表 10-34　各类单层板隔声量

类别	序号	图示	名称	面密度 /(kg/m²)	隔声量/dB							
					125	250	500	1000	2000	4000	$\overline{R}$	I_A
金属板	1		铝板 $t=1$	2.6	13	12	17	23	29	33	21	22
	2		铝板 $t=2$	5.2	17	18	23	28	32	35	25	27
	3		镀锌铁皮 $t=1$	7.8		20	26	30	36	43	29	30
	4		钢板 $t=1$	7.8	19	20	26	31	37	39	28	31
	5		钢板 $t=1.5$	11.7	21	22	27	32	39	43	30	32
	6		钢板 $t=2$	15.6		26	29	34	42	45	34	35
	7		钢板 $t=2.5$	19.5	29	31	35	41	43		34	35
	8		钢板 $t=3$	23.4	28	31	35	35	32	32	33	35
	9		钢板 $t=4$	31.2	31	34	36	37	41	33	35	37

续表

类别	序号	图示	名称	面密度/(kg/m²)	隔声量/dB 125	250	500	1000	2000	4000	$\overline{R}$	I_A
金属板叠合	10		镀锌铁皮 $t_1=0.35$;铝板 $t_2=1$	5.0	17	17	21	25	27	36	23	25
	11		钢板 $t_1=0.5$;$t_2=1$	11.4	20	22	26	29	37	45	29	30
	12		钢板 $t_1=1$;$t_2=2$	17.2		30	26	31	41	49	33	31
	13		钢板 $t_1=0.75$;$t_2=1.5$	17.5	21	24	23	31	42	53	31	31
	14		钢板 $t_1=1.5$;$t_2=1.2$;$t_3=1$	28.7	35	34	28	34	46	52	36	37
	15		钢板 $t_1=1$;$t_2=1.2$;纤维板 $t_3=5$	22.3	31	32	27	33	48	54	36	33
金属板加阻尼层	16		铝板 $t_1=1$;象牌石棉漆 $t_2=2\sim3$;镀锌铁皮 $t_1=1$;蛭石阻尼胶 $t_2=2\sim3$	3.4	16	15	19	26	32	37	23	25
	17			9.6	28	23	27	33	38	44	32	33
	18		钢板 $t_1=1$;象牌石棉漆 $t_2=2\sim3$	9.6	21	22	27	32	39	45	30	32
	19		钢板 $t_1=1$;7631阻尼漆 $t_2=3.9\mathrm{kg/m^2}$	11.7	29	27	28	31	40	44	33	33
	20		钢板 $t_1=1$;沥青 $t_2=3.9\mathrm{kg/m^2}$	11.7	29	27	29	31	38	45	31	34
	21		钢板 $t_1=1$;铁塔牌建筑油膏 $t_2=3.9\mathrm{kg/m^2}$	11.7	28	27	29	31	40	43	31	33
	22		钢板 $t_1=1$;沥青 $t_2=7.8\mathrm{kg/m^2}$	15.4	32	32	32	34	41	47	35	36
	23		钢板 $t_1=2$;沥青 $t_2=4$	19.9	31	33	34	38	45	47	37	40
金属板加阻尼约束层	24		铝板 $t_1=1$;象牌石棉漆 $t_2=2\sim3$;镀锌铁皮 $t_3=0.35$	5.8	19	21	24	30	38	42	28	30
	25		铝板 $t_1=1.5$;$t_3=1$;阻尼胶 $t_2=2$	11.2	24	26	31	37	41		34	34
	26		钢板 $t_1=1$;$t_2=0.5$;象牌石棉漆 $t_2=2\sim3$	13.2	22	24	28	35	44	49		34
	27		钢板 $t_1=1$;铅皮 $t_3=1$,用 XY401 胶水粘贴	19.4	33	32	35	38	45	49	38	39
	28		钢板 $t_1=1$;橡皮 $t_3=5$,用 XY401 胶水粘贴	15.4	32	31	34	34	41	47		36
金属板加超细玻璃棉	29		钢板 $t_1=1.5$;超细棉 $t_2=80$	15.5	29	35	45	54	61	61	47	47
	30		钢板 $t_1=2$;超细棉 $t_2=80$	19.1	32	33	43	52	60	64	46	46
	31		钢板 $t_1=2.5$;超细棉 $t_2=80$	22.2	29	38	46	54	61	62	47	49
	32		钢板 $t_1=3$;超细棉 $t_2=80$	27.1	29	40	44	54	60	57	47	48
	33		钢板 $t_1=4$;超细棉 $t_2=80$	34.7	28	39	46	53	60	56	46	49
金属阻尼板加超细玻璃棉	34		钢板 $t_1=1$;沥青 $t_2=3.9\mathrm{kg/m^2}$;超细棉 $t_3=80$	19.2	31	35	42	53	62	67	47	47
	35		钢板 $t_1=1$;沥青 $t_2=4$;玻璃 $t_3=50$(外罩1.5厚穿孔钢板;穿孔率 $P=25\%$)	32.6	31	33	41	52	62	61	45	45
	36		铝板 $t_1=1.5$;阻尼胶 $t_2=2$;铝板 $t_3=1$;超细棉 $t=40$	12.9	32	35	43	49	54	58	44	45

（2）双层板隔声量　双层板的固有隔声量按式（10-36）计算：

$$R_{02}=18\lg(m_1+m_2)+12\lg f-25+\Delta R \tag{10-36}$$

式中，R_{02} 为双层板隔声量，dB；m_1、m_2 为两层结构单位面积的质量，$\mathrm{kg/m^2}$；f 为入射源声频率，Hz；ΔR 为吸声处理隔声量的增值，dB，其值取决于空气层厚度或夹层填充材料的性能；夹层厚度一般取 80~100mm。可按下式计算：

$$\Delta R=10\lg\frac{\overline{\alpha_2}}{\overline{\alpha_1}} \tag{10-37}$$

式中，$\overline{\alpha_2}$、$\overline{\alpha_1}$ 分别为吸声处理前、后的平均吸声系数。

表 10-35 列出各类双层板的隔声量数据。

表 10-35　各类双层板的隔声量

类别	序号	名　称	面密度/(kg/m²)	隔声量/dB 125	250	500	1000	2000	4000	$\overline{R}$	I_A
双层金属板（腔内填吸声材料）	229	$a=1.5$ 钢板，$b=1$ 钢板，$d=80/80$ 超细棉	23.2	32	45	53	58	58	60	51	53
	230	$a=b=1.5$ 钢板，$d=65/65$ 超细棉	26.8	32	41	49	62	62	66	50	51
	231	$a=2$ 钢板，$b=1$ 钢板，$d=65/65$ 超细棉	26.1	31	40	48	62	62	66	49	53
	232	$a=b=1.5$ 钢板，$d=80/80$ 超细棉	27.5	31	41	52	62	62	63	51	54
	233	$a=2$ 钢板，$b=1$ 钢板，$d=80/80$ 超细棉	26.8	36	43	52	63	63	66	52	55
	234	$a=2$ 钢板，$b=1$ 钢板，$d=100/100$ 超细棉	27.6	39	43	51	66	66	70	53	55
	235	$a=2$ 钢板，$b=1.5$ 钢板，$d=80/80$ 超细棉	31	40	42	52	62	62	65	53	55
	236	$a=2.5$ 钢板，$b=1$ 钢板，$d=80/80$ 超细棉	29.9	33	47	54	58	58	60	51	51
	237	$a=2.5$ 钢板，$b=1.5$ 钢板，$d=65/65$ 超细棉	33.5	36	43	49	63	63	67	51	53
	238	$a=2.5$ 钢板，$b=1.5$ 钢板，$d=80/80$ 超细棉	34.2	36	46	51	63	63	65	53	55
	239	$a=2.5$ 钢板，$b=1.5$ 钢板，$d=100/100$ 超细棉	35	40	43	50	64	64	69	53	55
	240	$a=2.5$ 钢板，$b=2$ 钢板，$d=80/80$ 超细棉	37.8	39	42	51	61	61	63	51	54
	241	$a=2.5$ 钢板，$b=2.5$ 钢板，$d=80/80$ 超细棉	40.9	34	41	49	62	62	61	50	52
	242	$a=3$ 钢板，$b=1$ 钢板，$d=80/80$ 超细棉	38.4	33	47	53	58	58	58	51	54
	243	$a=3$ 钢板，$b=1.5$ 钢板，$d=80/80$ 超细棉	39.2	37	44	52	62	62	60	52	54
	244	$a=3$ 钢板，$b=2.5$ 钢板，$d=80/80$ 超细棉	45.8	36	42	50	61	61	57	53	53
	245	$a=3$ 钢板，$b=3$ 钢板，$d=80/80$ 超细棉	50.3	33	43	50	61	61	47	49	53
	246	$a=4$ 钢板，$b=1$ 钢板，$d=80/80$ 超细棉	42.4	34	47	53	59	59	58	52	55
	247	$a=4$ 钢板，$b=1.5$ 钢板，$d=80/80$ 超细棉	46.8	37	46	51	62	62	61	52	55
	248	$a=4$ 钢板，$b=2.5$ 钢板，$d=80/80$ 超细棉	53.4	34	44	51	61	61	57	52	55
	249	$a=4$ 钢板，$b=3$ 钢板，$d=80/80$ 超细棉	58.8	36	44	50	60	60	52	49	48
	250	$a=4$ 钢板，$b=4$ 钢板，$d=80/80$ 超细棉	60.9	36	46	50	60	60	50	49	53
	251	$a=2$ 钢板，$b=1$ 钢板，$d=80/80$ 超细棉	27.7	28	40	49	62	62	65	50	51
	252	$a=3$ 钢板，$b=1$ 钢板，$d=80/80$ 超细棉	29.7	30	42	50	62	62	59	50	51
	253	$a=4$ 钢板，$b=0.8$ 贴塑钢板，$d=100/50$ 玻璃棉	38.4	30	40	44	52	52	60	60	47
	254	$a=4$ 钢板，$b=0.8$ 贴塑钢板，$d=125/75$ 的玻璃棉	38.9	32	40	40	45	54	63	64	50
	255	$a=4$ 钢板，$b=0.8$ 贴塑钢板，$d=150/100$ 玻璃棉	40.4	34	41	41	45	53	62	66	51
	256	$a=4$ 钢板，$b=0.8$ 贴塑钢板，$d=100/50$ 岩棉（159kg/m³）	44.9	31	38	38	41	51	58	59	48
钢板及其他板双层结构（腔内填吸声材料）	258	$a=1$ 钢板，$b=5$ 纤维板，$d=100/100$ 超细棉（4.3kg/m²）	16.6	32	36	48	58	64	69	50	48
	259	$a=1$ 钢板，$b=5$ 三合板，$d=100/100$ 超细棉（4.3kg/m²）	15.9	29	34	47	57	63	65	48	46
	260	$a=1$ 钢板，$b=5$ 三合板，$d=80/80$ 超细棉（3.5kg/m²）	13.8	21	36	48	58	59	58	46	42
	261	$a=1$ 钢板，$b=5$ 纤维板，$d=80/80$ 超细棉（3.5kg/m²）	16.3	28	41	50	57	58	59	48	49
	262	$a=1$ 钢板，$b=20$ 刨花板，$d=80$ 超细棉（3.5kg/m²）	25.6	33	46	53	57	58	59	50	53
	263	$a=1$ 钢板，$b=5$ 纤维板，$d=65/65$ 超细棉（2.8kg/m²）	15.8	23	32	44	55	62	66	46	44
	264	$a=1.5$ 钢板，$b=5$ 纤维板，$d=65/65$ 超细棉（2.8kg/m²）	19.9	26	36	45	55	61	66	47	47
	265	$a=1.5$ 钢板，$b=5$ 纤维板，$d=80/80$ 超细棉	20.6	29	41	49	58	57	60	50	50
	266	$a=1.5$ 钢板，$b=5$ 纤维板，$d=100/100$ 超细棉（4.3kg/m²）	20.9	37	40	49	58	64	69	52	53
	267	$a=1.5$ 钢板，$b=5$ 三合板，$d=65/65$ 超细棉（2.8kg/m²）	17.4	24	33	43	55	60	63	45	44
	268	$a=1.5$ 钢板，$b=5$ 三合板，$d=80/80$ 超细棉（3.5kg/m²）	18.1	27	39	48	58	62	60	48	48
	269	$a=1.5$ 钢板，$b=20$ 刨花板，$d=80/80$ 超细棉（2.8kg/m²）	30.1	32	43	51	58	62	60	51	53
	270	$a=2$ 钢板，$b=5$ 三合板，$d=65/65$ 超细棉	22.3	25	37	47	54	62	65	47	46
	271	$a=2$ 钢板，$b=5$ 五合板，$d=80/80$ 超细棉	23	33	42	50	56	61	62	50	52
	272	$a=2$ 钢板，$b=5$ 纤维板，$d=65/65$ 超细棉	23	27	37	46	55	59	67	48	48
	273	$a=2$ 钢板，$b=5$ 纤维板，$d=80/80$ 超细棉	23.7	31	41	51	58	62	65	51	51
	274	$a=2$ 钢板，$b=5$ 纤维板，$d=100/100$ 超细棉	24.5	37	42	50	58	63	70	52	54
	275	$a=2.5$ 钢板，$b=5$ 三合板，$d=80/80$ 超细棉	26.2	29	42	50	56	61	60	49	51
	276	$a=2.5$ 钢板，$b=5$ 三合板，$d=65/65$ 超细棉	26.7	26	38	47	55	61	63	48	47
	277	$a=2.5$ 钢板，$b=5$ 三合板，$d=65/65$ 超细棉	26.1	28	40	48	55	61	66	48	49
	278	$a=2.5$ 钢板，$b=5$ 纤维板，$d=80/80$ 超细棉	26.8	31	43	51	57	62	65	51	52
	279	$a=2.5$ 钢板，$b=5$ 纤维板，$d=100/100$ 超细棉	27.6	37	41	49	56	63	68	51	53
	280	$a=2.5$ 钢板，$b=20$ 刨花板，$d=80/80$ 超细棉	36.8	37	41	50	56	62	61	53	53
	281	$a=3$ 钢板，$b=5$ 三合板，$d=80/80$ 超细棉	29.7	31	42	51	59	61	53	50	51
	282	$a=3$ 钢板，$b=5$ 纤维板，$d=80/80$ 超细棉	31.7	33	44	51	58	63	59	51	53
	283	$a=3$ 钢板，$b=20$ 刨花板，$d=80/80$ 超细棉	40.1	34	41	49	52	55	53	47	51

类别	序号	名　称	面密度/(kg/m²)	隔声量/dB						$\overline{R}$	I_A
				125	250	500	1000	2000	4000		
钢板及其他板双层结构(腔内填吸声材料)	284	$a=4$钢板,$b=5$三合板,$d=80/80$超细棉	37.3	32	42	51	56	60	52	49	51
	285	$a=4$钢板,$b=5$纤维板,$d=80/80$超细棉	39.3	35	44	52	58	62	60	52	53
	286	$a=4$钢板,$b=20$刨花板,$d=80/80$超细棉	47.7	31	41	48	53	53	56	47	51
	287	$a=4$钢板,$b=5$贴塑纤维板,$d=100/50$玻璃棉		31	38	42	52	59	62	48	48
	288	$a=4$钢板,$b=22$云母硅酸钙板,$d=50/25$岩棉(120kg/m³)	48.5	29	40	42	50	59	65	47	48
双层金属板(腔内填吸声材料)	224	$a=b=2$铝板,$d=70/70$超细棉	12	19	27	40	42	48	53	37	39
	225	$a=b=0.7$贴塑钢板,$d=50/50$岩棉	17.2	16	23	24	29	39	37	27	30
	226	$a=b=0.8$贴塑钢板,$d=140/50$矿棉毡	22.8	23	39	48	57	62	68	46	46
	227	$a=b=1$钢板,$d=80/80$超细棉(3.5kg/m²)	19.1	28.4	42	50	57	58	60	48	51
	228	$a=1.5$钢板,$b=$钢板,$d=65/65$超细棉	22.5	30	38	49	55	63	66	49	51
双层金属板(槽钢龙骨)	93	$a=b=1$铝板,$d=70$	5.2	17	12	22	31	48	53	30	26
	94	$a=b=2$铝板,$d=70$	10.4	9	21	30	37	46	49	31	32
	95	$a=b=0.8$复塑钢板,$d=140$	13	19	30	36	49	56	64	41	39
	96	$a=b=1$钢板,$d=80$	15.3	25	29	39	45	54	56	40	41
	97	$a=1.5$铝板,$d=80$	23.4	26	36	44	50	58	61	46	46
	98	$a=2.5$钢板,$d=80$	37.4	36	37	45	51	59	59	46	48
	99	$a=b=3$钢板,$d=80$	46.8	32	38	42	50	58	54	44	45
	100	$a=b=4$钢板,$d=80$	62.4	34	40	44	51	57	45	46	48
双层金属阻尼板(槽钢龙骨)	101	$a=b=1$铝板涂3层石棉漆,$d=70$	6.8	16	21	26	36	55	61	35	32
	102	$a=b=1$钢板涂防油膏(3.9kg/m²),$d=80$	23.3	29	34	45	50	59	65	45	46

一般实际工程设计中,双层板结构的隔声量可用如下经验公式计算:

当 $m_1+m_2 \leqslant 100 \text{kg/m}^2$ 时

$$R_{02} = 13.5 \lg (m_1+m_2) + 13 + \Delta R \tag{10-38}$$

当 $m_1+m_2 > 100 \text{kg/m}^2$ 时

$$R_{02} = 18 \lg (m_1+m_2) + 8 + \Delta R \tag{10-39}$$

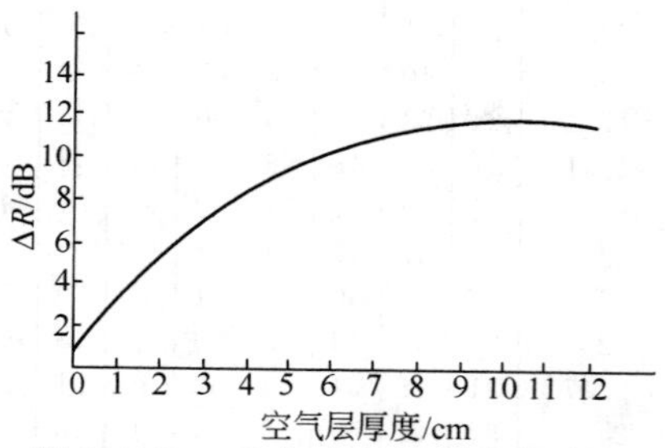

ΔR 如为空气层,可由图 10-12 查得。

（3）门、窗的隔声量　隔声罩设置门、窗时,应根据等透视原则,即各构件透过的声能相等进行合理设计,宜符合下列公式的要求:

$$S_1 Z_1 = S_2 Z_2 = \cdots = S_i Z_i \tag{10-40}$$

式中,Z_1,Z_2,$\cdots$,Z_i 分别为各分构件的透视系数,$Z=10^{-0.1R}$；S_1,S_2,$\cdots$,S_i 分别为各分构件的面积,m^2。

常见门的隔声量见表 10-36。普通单层玻璃窗、双层玻璃窗、推拉窗的隔声量分别见表 10-37～表 10-39。

图 10-12　ΔR 与空气层厚度的关系

表 10-36　门的隔声量

门的种类	平均隔声量/dB	倍频中心频率/Hz							
		63	125	250	500	1000	2000	4000	8000
一般单层门	15～20	7～12	12～18	14～20	16～23	22～30	23～32	20～32	
一般双层门	32	22	27	27	32	35	34	35	
特殊双层门	50	26	34	46	60	65	65	65	65

表 10-37　普通单层玻璃窗的隔声量

窗面积/m²	玻璃厚度/mm	倍频程隔声量/dB						平均隔声量/dB	隔声指数/dB
		125	250	500	1000	2000	4000		
2	3	21	22	23	27	30	30	25.5	27
3	4	22	24	28	30	32	29	27.5	29
3	6	25	27	29	34	29	30	29.0	29
2	8	31	28	31	32	30	37	30.5	31
2	10	32	31	32	32	32	38	32.8	32
2	12	32	31	32	33	33	41	33.7	33
2	15	36	33	33	28	39	41	35.0	30

表 10-38　普通双层玻璃窗的隔声量

窗面积/m²	双层窗的组合玻璃厚/空气层厚/玻璃厚/mm	倍频程隔声量/dB						平均隔声量/dB	隔声指数/dB
		125	250	500	1000	2000	4000		
1.9	3/8/3	17	24	25	30	38	38	28.7	30
1.9	3/32/3	18	28	36	41	36	40	33.2	36
1.8①	3/100/3	24	34	41	46	52	55	42	43
3.0①	3/200/3	36	29	43	51	46	47	42	41
1.13	4/8/4	20	19	22	35	41	37	29	27
1.8①	4/100/4	29	35	41	46	52	43	41	44
3.0①	4/254/4	31	41	50	50	51	44	44.5	45
3.8	6/10/6	22	21	28	36	30	32	28.2	30
1.8①	6/100/6	32	38	40	45	50	42	41.2	43
1.8	6/100/3	26	32	39	39	46	47	38.2	41
1.8①	6/100/3	30	35	41	46	51	54	42.8	45

① 为边框有吸声处理的双层窗。

表 10-39　推拉通风窗的隔声量　　　　　　　　　　　单位：dB

玻璃间距 d (空气层厚度)/mm ＼ 隔声量/dB　开口宽度 b/mm	0(关闭)	25	50	100	200	说明
单层窗	22.9	13.6	12.4	11.0	9.1	窗框无吸声处理
双层窗 25	32.1	19.0	18.2	16.9	16.9	
双层窗 50	34.2	19.2	18.2	17.1	15.5	
双层窗 100	35.7	20.1	18.4	15.6	16.6	
双层窗 200	34.9	20.2	18.5	16.2	14.0	
双层窗 25	34.7	21.1	20.2	19.4	19.0	窗框周围做吸声处理
双层窗 50	36.5	22.8	22.2	20.2	19.3	
双层窗 100	38.0	24.6	22.9	21.2	19.7	
双层窗 200	38.0	26.9	24.9	21.8	19.5	

注：表中隔声量值表示各种情况下的平均隔声量。

　　（4）孔隙对隔声量的影响　由于隔声罩的孔洞和缝隙对其隔声性能有很大影响，所以如果各种管线通过隔声罩时有开孔，可在孔洞处加一套管，并用柔性材料把管道周围包扎严密。

　　为计算方便，可用图 10-13 估算开孔时的隔声量。由图可知，当孔隙面积占整个结构面积的 1％时，则该结构隔声量不会超过 20dB。开孔增加超过 5％隔声量则降低至 15dB 以下。

　　（5）管道隔声　管道的隔声问题也是设计考虑的问题之一，当管道周围有较强的噪声源时，因管壁隔声量低，管外噪声会传入管内。所以，为了提高管壁的隔声量，有时要增加钢板厚度，或者在管的周围紧贴 50mm 厚聚苯板或岩棉板（保温需要），然后再外包 12mm 厚纸面石膏板或厚 FC 板（水泥石棉板）。风道管壁常用结构的隔声量（透射损失）见表 10-40。

表 10-40 风道管壁常用结构的隔声量

管壁结构	面密度/(kg/m²)	下述频率(Hz)的隔声量/dB						平均值 $\bar{R}$	隔声指数 I
		125	250	500	1000	2000	4000		
1mm 厚镀锌铁皮	7.8		20	26	30	36	43	29	30
0.8mm 厚钢板	6.2	12	14	19	20	30	37	23	26
1mm 厚钢板	7.8	13	21	25	28	36	39	27	30
1.2mm 厚钢板	9.4	15	21	27	30	38	41	28.5	31
1.5mm 厚钢板	11.7	21	22	27	32	39	43	30	32
2mm 厚钢板	16.5		26	29	34	42	45	34	35
12mm 厚纸面石膏板	8.8	14	21	26	31	30	30	25	28
20mm 厚石膏板	24	29	27	30	32	30	40	31	31
5mm 厚聚氯乙烯塑料板	7.6	17	21	24	29	36	38	27	29
75mm 厚加气混凝土抹灰	70	30	30	30	40	50	56	39	38
150mm 厚加气混凝土抹灰	140	29	36	39	46	54	55	43	44
120mm 厚砖墙抹灰	240	37	34	41	48	55	53	45	47
240mm 厚砖墙抹灰	480	42	34	49	57	64	62	53	55
1.5mm 厚钢板加 50mm 厚超细玻璃棉毡	15.5	29	35	45	54	61	61	47	47
1mm 厚钢板,加 50mm 厚聚苯板,外包 12mm 加膏板	22	28	37	46	55	60	59	47	48
1mm 厚钢板,加 50mm 厚聚苯板,外包 12mm 加膏板	18	23	33	39	44	51	53	40	42
1mm 厚钢板,加 100mm 厚超级棉毡,外包纤维板	16.6	32	36	48	58	64	69	50	48
1mm 厚钢板,加 50mm 厚岩棉毡,外包 6mm FC 板	23.6	25	36	42	51	57	61	45	46

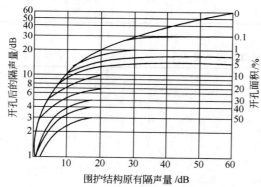

图 10-13 孔和缝隙面积对隔声量的影响

（6）隔声罩的隔声量

1）罩内吸声处理 有衬面时，其实际隔声量可按下式计算：

当单层板时

$$R_1 = R_{01} + 10 \lg \frac{S_1 \bar{\alpha}}{S_2} \tag{10-41}$$

当双层板时

$$R_2 = R_{02} + 10 \lg \frac{S_1 \bar{\alpha}}{S_2} \tag{10-42}$$

式中，R_1、R_2 分别为隔声罩的隔声量，dB；R_{01}、R_{02} 分别为单层板、双层板固有隔声值，dB；S_1、S_2 分别为罩内、外表面积，m²；$\bar{\alpha}$ 为内外表面积的平均吸声系数，表 10-41 列出一些吸声系数。

表 10-41 材料的吸声系数表

材料(结构)名称	厚度/cm	容重/(kg/m³)	频率/Hz					
			125	250	500	1000	2000	4000
棉絮	2.5	10	0.03	0.07	0.15	0.30	0.62	0.60
毛毡	1.5	150	0.03	0.06	0.17	0.42	0.65	0.73
	1.5	80	0.04	0.06	0.14	0.36	0.63	0.92
	2	370	0.07	0.26	0.42	0.40	0.55	0.56
	2.3	230	0.07	0.17	0.32	0.45	0.56	0.69
	3.0	80	0.04	0.17	0.56	0.65	0.81	0.91
	4.5	80	0.08	0.34	0.68	0.65	0.83	0.88
	2.2	160	0.04	0.08	0.21	0.51	0.94	
	4.4	160	0.09	0.25	0.61	0.95	0.92	
	6.6	160	0.18	0.47	0.83	0.92	0.92	
	8.8	160	0.33	0.69	0.84	0.87	0.94	

续表

材料(结构)名称	厚度/cm	容重/(kg/m³)	频率/Hz					
			125	250	500	1000	2000	4000
超细玻璃棉	5	20	0.15	0.35	0.85	0.85	0.86	0.86
	7	20	0.22	0.55	0.89	0.81	0.93	0.84
	9	20	0.32	0.80	0.73	0.78	0.86	
	10	20	0.25	0.60	0.85	0.87	0.87	0.85
	15	20	0.50	0.80	0.85	0.85	0.86	0.80
	5	25	0.15	0.29	0.85	0.83	0.87	
	7	25	0.23	0.67	0.80	0.77	0.86	
	9	25	0.32	0.85	0.70	0.80	0.89	
	9	15	0.25	0.85	0.84	0.82	0.91	
	9	30	0.28	0.57	0.54	0.70	0.82	
	5	12	0.06	0.10	0.68	0.98	0.93	0.90
	5	17	0.06	0.19	0.71	0.98	0.61	0.90
	5	24	0.10	0.30	0.85	0.85	0.85	0.85
	2	30	0.03	0.04	0.29	0.80	0.79	0.79
	2	20	0.05	0.10	0.30	0.65	0.65	0.65
	4	20	0.05	0.10	0.50	0.85	0.70	0.65
玻璃丝	5	150	0.12	0.30	0.72	0.99	0.87	
	7	150	0.16	0.44	0.89	0.94	0.97	
	9	150	0.22	0.61	0.99	0.87	0.95	
	5	200	0.10	0.28	0.74	0.87	0.90	
	7	200	0.20	0.55	0.90	0.88	0.90	
	9	200	0.24	0.70	0.97	0.84	0.90	
	9	250	0.26	0.69	0.90	0.93	0.95	
	9	300	0.37	0.55	0.65	0.87	0.88	
	5	100	0.15	0.38	0.81	0.83	0.79	0.74
	7	60	0.17	0.46	0.94	0.84	0.91	0.91
矿渣棉	6	240	0.25	0.55	0.78	0.75	0.87	0.91
	7	200	0.32	0.63	0.76	0.83	0.90	0.92
	8	150	0.30	0.64	0.73	0.78	0.93	0.94
	8	240	0.35	0.65	0.65	0.75	0.88	0.92
	8	300	0.35	0.43	0.55	0.67	0.78	0.92
	5	150	0.18	0.44	0.75	0.81	0.87	
	7	150	0.32	0.54	0.69	0.75	0.87	
	9	150	0.44	0.59	0.67	0.77	0.85	
	5	200	0.21	0.42	0.56	0.70	0.80	
	7	200	0.30	0.45	0.68	0.72	0.83	
	9	200	0.33	0.42	0.58	0.70	0.88	
酚醛矿棉毡	4	60	0.07	0.15	0.38	0.76	0.98	
	5	60	0.09	0.22	0.54	0.89	0.99	
	6	60	0.12	0.30	0.66	0.95	0.95	
	4	80	0.07	0.17	0.42	0.83	0.99	
	5	80	0.11	0.28	0.64	0.89	0.92	
	6	80	0.11	0.32	0.66	0.90	0.97	
沥青矿棉毡	1.5	200		0.09	0.18	0.40	0.79	0.92
	3	200	0.08	0.17	0.50	0.68	0.81	0.89
	6	200	0.19	0.51	0.67	0.68	0.85	0.86
防水超细	5	20	0.11	0.30	0.78	0.91	0.93	
玻璃棉毡	10	20	0.25	0.94	0.93	0.90	0.96	

续表

材料(结构)名称		厚度/cm	容重/(kg/m³)	频率/Hz					
				125	250	500	1000	2000	4000
沥青玻璃棉毡,沥青含量2%～5%, 纤维直径13～15μm,渣球含量4%～7%		5	100	0.09	0.24	0.55	0.93	0.98	0.98
		5	150	0.11	0.33	0.65	0.91	0.96	0.98
		5	200	0.14	0.42	0.68	0.80	0.88	0.94
树脂玻璃棉毡,树脂含量5%～9% 纤维直径13～15μm,渣球含量4%～7%		5	100	0.09	0.26	0.60	0.94	0.98	0.99
		5	150	0.13	0.39	0.68	0.09	0.92	0.99
		5	200	0.20	0.46	0.69	0.78	0.91	0.93
		5	56	0.08	0.20	0.44	0.81	0.92	0.97
		5	110	0.11	0.31	0.67	0.94	0.95	0.98
		5	156	0.12	0.33	0.64	0.89	0.92	0.98
沥青玻璃棉毡	纤维直径/μm	13.6	70	0.08	0.26	0.49	0.87	0.97	0.97
		19.0	70	0.08	0.19	0.37	0.73	0.90	0.89
		30.0	70	0.08	0.13	0.23	0.42	0.60	0.69
		42.0	70	0.08	0.11	0.19	0.34	0.50	0.63
聚氨酯泡沫塑料		2	43	0.03	0.08	0.15	0.30	0.50	0.50
		2.5	43	0.08	0.24	0.60	0.93	1.07	1.04
聚氨酯泡沫(聚醚型)流阻率28000Pa·s/m		2		0.04	0.07	0.11	0.18	0.38	0.72
		4		0.07	0.13	0.24	0.43	0.80	0.74
		6		0.10	0.19	0.40	0.80	0.83	0.97
		8		0.15	0.29	0.63	0.93	0.85	0.93
		10		0.21	0.43	0.84	0.93	0.96	0.99
聚氨酯泡沫塑料		3	56	0.07	0.16	0.41	0.87	0.75	0.72
		5	56	0.11	0.31	0.91	0.75	0.86	0.81
		3	71	0.11	0.21	0.71	0.65	0.64	0.65
		5	71	0.20	0.32	0.70	0.62	0.68	0.65
聚氨酯泡沫(聚醚型)流阻率3×10⁵Pa·s/m		2.2		0.06	0.10	0.23	0.65	0.64	
		4.7		0.20	0.36	0.66	0.64	0.66	
		10		0.48	0.54	0.73	0.66	0.66	
聚氨酯泡沫塑料		1.4		0.05	0.07	0.22	0.68	0.54	
		3.1		0.09	0.18	0.71	0.57	0.52	
		5.1		0.13	0.35	0.83	0.79	0.70	
		9.8		0.39	0.51	0.61	0.65	0.69	
聚氨酯泡沫塑料		4	40	0.10	0.18	0.36	0.70	0.75	0.80
		6	45	0.11	0.25	0.52	0.87	0.79	0.81
		8	45	0.20	0.40	0.95	0.90	0.98	0.85
氨基甲酸泡沫塑料		2.5	25	0.05	0.07	0.26	0.81	0.69	0.81
		5	36	0.21	0.31	0.86	0.71	0.86	0.82
微孔聚氨酯泡沫塑料		4	30	0.10	0.14	0.26	0.50	0.82	0.77
孔聚氨酯泡沫		4	40	0.06	0.10	0.20	0.59	0.88	0.85

【例10-11】 已知:一个单层围护结构的隔声罩,其钢板厚度为3mm,内贴50mm的超细玻璃棉,填实密度为20kg/m³,求该隔声罩的隔声量。

解: ① 求钢板的面密度 $m = 7.85 \times 3 = 23.55$ （kg/cm²）。

② 求单层围护结构的固有隔声量（R_{01}）

选取 $f = 500$Hz 为主要频率,则按公式（10-33）求得

$$\overline{R}_{01} = 18 \lg m + 12 \lg f - 25 = 18 \lg 23.55 + 12 \lg 500 - 25 = 32 \text{ （dB）}$$

③ 从表10-42中查出 $f = 500$Hz,5cm超细玻璃棉,填充密度为20kg/m² 时,吸声系数 $\alpha = 0.85$。

④ 3mm钢板的隔声罩,可看成内外表面积相同,即 $S_1 = S_2$。

⑤ 将 R_{01}、α 值代入式（10-41）得：

$$R_1 = R_{01} + 10\,\lg\overline{\alpha} = 32 + 10\,\lg 0.85 = 31.3\ (\text{dB})$$

故该隔声罩的隔声值为 31.3dB。

常用建筑材料的吸声系数见表 10-42。

表 10-42　常用建筑材料吸声表

常用建筑材料	频率/Hz					
	125	250	500	1000	2000	4000
砖墙（抹灰）	0.02	0.02	0.02	0.03	0.03	0.04
砖墙（勾缝）	0.03	0.03	0.04	0.05	0.06	0.06
抹灰砖墙涂漆毛面	0.04	0.01	0.02	0.02	0.02	0.03
砖墙、拉毛水泥	0.01	0.04	0.05	0.06	0.07	0.05
混凝土未油漆毛面	0.01	0.02	0.02~0.04	0.02~0.06	0.02~0.08	0.03~0.01
混凝土油漆	0.01	0.01	0.01	0.02	0.02	0.02
大理石	0.01	0.01	0.01	0.01	0.02	0.02
水磨石地面	0.01	0.01	0.01	0.02	0.02	0.02
混凝土地面	0.01	0.01	0.02	0.02	0.02	0.04
板条抹灰	0.15	0.10	0.05	0.05	0.05	0.05

2）组合构件的隔声量　可用图 10-14 进行计算。

【例 10-12】 已知壁的隔声量 $R_1 = 50$dB，窗的隔声量 $R_2 = 20$dB，在壁上开窗面积占壁的 5%，求组合构件的隔声量。

由 $\Delta R = R_1 - R_2 = 50 - 20 = 30$dB，由于开窗所占面积 5%，按图 10-14 横坐标 30 处向上，与 5%曲线相交，其水平高度在纵轴上求得该组合构件的隔声量为 $50 - 18 = 32$dB。

3）隔声罩的组合平均隔声量　按下式计算：

$$R_P = 10\,\lg\frac{1}{Z_p} = \frac{\sum S_i}{\sum S_i Z_i}\ (\text{dB}) \qquad (10\text{-}43)$$

式中，Z_p 为隔声罩的平均透视系数；R_P 为组合平均隔声量，dB；S_i 为各组分构件面积，m^2；Z_i 为各组分构件透视系数。

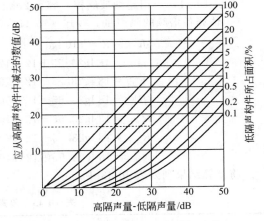

图 10-14　组合构件总隔声量计算

【例 10-13】 已知单层围护结构钢板厚度 3mm，内贴 50mm 的超细玻璃棉，填充密度为 20kg/m^3，其总面积为 20m^2，但其上设普通门，$S_2 = 2\text{m}^2$，隔声量 $R_2 = 15$dB；又设观察窗，$S_3 = 1\text{m}^2$，隔声量 $R_3 = 20$dB。求此隔声罩的平均隔声量。

解： 由罩壁 $R_1 = 31.3$dB 可求得

$$Z_1 = 10^{-0.1R_1} = 10^{-0.1 \times 31.3} = 10^{-3.13}$$

由门 $R_2 = 15$dB，求得

$$Z_2 = 10^{-0.1R_2} = 10^{-0.1 \times 15} = 10^{-1.5}$$

由窗 $R_3 = 20$dB，求得

$$Z_3 = 10^{-0.1R_3} = 10^{-0.1 \times 20} = 10^{-2}$$

由式（10-40）得

$$Z_p = \frac{Z_1 S_1 + Z_2 S_2}{S_1 + S_2 + S_3} = \frac{10^{-3.13}(20 - 2 - 1) + 10^{-1.5} \times 2 + 10^{-2} \times 1}{20}$$

$$= \frac{0.0856}{20} = 0.00423$$

则此隔声罩的平均隔声量按式(10-43)得

$$R_P = 10 \lg \frac{1}{Z_p} = 10 \lg \frac{1}{0.00423} = 23.74 \quad (dB)$$

4. 隔声罩设计计算实例

(1) 设计原始资料　某设备的噪声频谱如下所列:

Hz	125	250	500	1000	2000	4000
dB	75	89	103	108.5	108	103

距设备 2m 处测得 A 声级 112dB(A),要求设计隔声罩,使噪声不高于 85dB(A)。

(2) 设计步骤

① 确定频带隔声量。按要求隔声罩的隔声量应大于 $112-85=27$ (dB),考虑到留有余地应加 5dB,即 $27+5=32$ (dB) 作为设计值。

按表 10-2,对 85dB 的各倍频带允许声压级列入表 10-43 初步确定 1000Hz 时,隔声量应为 32.5dB 作为设计值。

② 选择罩的结构与材料。选 3mm 钢板作为隔声壁板,对 1000Hz 固有隔声量为 35.7dB[按式(10-35)计算]。

由式 (10-41),$10 \lg \bar{\alpha} = R_1 - R_0 > 32dB$,所以 $10 \lg \bar{\alpha} = 32dB - 35.7dB = -3.7dB$,必须满足 $10 \lg \bar{\alpha} > -4$,令取 $10 \lg \bar{\alpha} > -1$,则应有 $\bar{\alpha} \geq 0.8$。

查表 10-41,当用超细玻璃棉,容重 20kg/m³,厚度 10cm,对 1000Hz JF,$\bar{\alpha} = 0.87 > 0.8$。

③ 估算各倍频的隔声量。按式 (10-41),同时查吸声材料各频率系数,则

$$R_{125} = R_{01} + 10 \lg \bar{\alpha}$$
$$= 18 \lg 23.55 + 12 \lg 125 - 25 + 10 \lg 0.25 = 18.8 \quad (dB)$$
$$R_{250} = 18 \lg 23.55 + 12 \lg 250 - 25 + 10 \lg 0.60 = 26.3 \quad (dB)$$
$$R_{500} = 18 \lg 23.55 + 12 \lg 500 - 25 + 10 \lg 0.85 = 31.3 \quad (dB)$$
$$R_{1000} = 18 \lg 23.55 + 12 \lg 1000 - 25 + 10 \lg 0.87 = 35.1 \quad (dB)$$
$$R_{2000} = 18 \lg 23.55 + 12 \lg 2000 - 25 + 10 \lg 0.87 = 38.7 \quad (dB)$$
$$R_{4000} = 18 \lg 23.55 + 12 \lg 4000 - 25 + 10 \lg 0.85 = 42.2 \quad (dB)$$

将计算结果列入表 10-43 中。

表 10-43　隔声罩隔声预算汇总表

序号	项目 ＼ 频率/Hz	125	250	500	1000	2000	4000	A 声级
1	设备噪声/dB	75	89	103	108.5	108	103	112
2	允许值/dB	92	85	79	76	75	75	85
3	所需降低值/dB		4	24	32.5	33	28	
4	材料吸声系数/dB	0.25	0.60	0.85	0.87	0.87	0.85	
5	隔声罩和隔声量/dB	18.8	26.3	31.3	35.1	38.7	42.2	
6	A 网络的衰减特性/dB	−16.1	−8.6	−3.2	0	1.2	1.0	
7	隔声与 A 计权后的口噪声/dB	40.1	54.1	68.5	73.4	70.5	61.8	76.2

注:序号 7 是由序号 1-序号 5+序号 6 所得。

④ 预估罩的隔声量。计入 A 网络的衰减特性,可求出隔声和计权的噪声。按表 10-3 由式(10-15)计算出 A 声级,即

$$L_A = 10 \lg \sum (10^{0.1 \times 40.1} + 10^{0.1 \times 54.1} + 10^{0.1 \times 68.5} + 10^{0.1 \times 73.4} + 10^{0.1 \times 70.5} + 10^{0.1 \times 61.8}) = 76.2 \quad (dB)$$

因此,隔声罩 A 计权隔声量 $R_A = 112dB - 77.7dB = 34.3dB > 32dB$。另查表 10-43,设固定密封型隔声罩,A 声级降噪量为 30~40dB 可以认为符合要求。

5. 隔声罩类型

（1）风机隔声罩　对于通风机、鼓风机及引风机有定型的系列隔声罩产品。4-72 型风机系列隔声罩构造如图 10-15 所示，4-72 型、9-19 型规格如表 10-44、表 10-45 所列；引风机的消声隔声箱如图 10-16 所示，规格尺寸如表 10-46 所列。

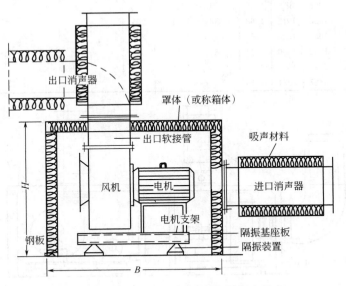

图 10-15　4-72 型风机系列隔声罩构造示意

表 10-44　4-72 型风机隔声罩系列的规格

隔声罩型号		罩体规格			流量/(m³/h)	进口法兰尺寸 φ/mm			出口法兰尺寸 a×b/(mm×mm)		
		A(长)	B(宽)	H(高)		内径	中径	外径	内径	中径	外径
	No2.8A	850	795	780	1330～2450	250	295	330	224×195	255×228	277×250
	No3.2 A	950	840	850	1975～3640	250	295	330	256×224	256×255	278×309
	No3.6 A	1128	899	899	2930～5408	400	445	480	252×288	252×318	306×341
	No4 A（出口位置0°）	1116	966	966	4020～7420	400	445	480	280×320	280×356	360×400
	No4.5 A	1186	1046	1046	5730～10580	450	495	530	φ450	φ450	φ530
	No5 A	1290	1126	1126	7950～14720	500	454	580	φ500	φ500	φ580
4-72系列	No3.2	885	956	805	1975～3640	250	295	330	φ250	φ295	φ330
	No3.6	1128	932	829	2930～5408	400	445	480	φ400	φ445	φ480
	No4（出口位置90°）	1116	1029	896	4020～7420	400	445	480	φ400	φ445	φ480
	No4.5	1186	1124	976	5730～10580	450	495	530	φ450	φ495	φ530
	No5	1291	1219	1056	7950～14720	500	545	580	φ500	φ545	φ585
	No3.2	885	840	850	1975～3640	250	95	330	φ250	φ295	φ330
	No3.6	1128	859	862	2930～5408	400	445	480	φ400	φ445	φ480
	No4（出口位置180°）	1116	996	1009	4020～7420	400	445	480	φ400	φ445	φ480
	No4.5	1186	1046	1104	5730～10580	450	495	530	φ450	φ495	φ530
	No5	1291	1126	1209	7950～14720	500	545	580	φ500	φ545	φ580
	No6D	2060	1100	1500	6840～12720	600	645	680	422×480		
	No8D	2160	1880	1852	16200～27990	800	845	880	572×640		
	No10D（出口位置90°）	2790	2160	2140	40400～58200	1000	1045	1080	702×800		
	No21D	3170	2540	2400	46100～66500	1200	1245	1280	842×960		

表 10-45　9-19 型风机隔声罩系列的规格

隔声罩号		罩体规格/mm			流量/(m³/h)	进口法兰尺寸 φ/mm			出口法兰尺寸 a×b/(mm×mm)
		A(长)	B(宽)	H(高)		内径	中径	外径	内径
9-19 系列	No4A	790	752	1065	61～1535	135			100×100
	No5A	1008	882	1227	1210～3000	162			125×125
	No6A	1126	1012	1362	2090～5180	204			150×150
	No8D	1657	1320	1730	4590～12250	268			200×200
	No10D	1962	1590	1744	4840～11980	324			250×250
	No12F	2817	1821	2073	8350～20600				321×540
	No14F	3427	2081	2313					365×630

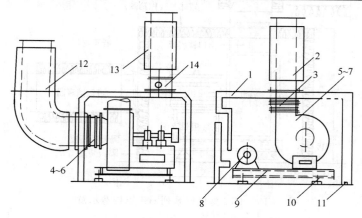

图 10-16　引风机消声隔声箱示意

1—箱体；2—冷却电机消声器；3—出口短管；4—进口短管；5—卡子；6—软连接；7—风机；
8—电动机；9—钢架；10—隔振器；11—海绵垫；12—进口消声器；13—出口消声器；14—轴流风机

表 10-46　引风机消声隔声箱尺寸表

型　　号			隔声箱外形尺寸/mm			流量/(m³/h)	进口法兰/mm			出口法兰/mm		消声器安装长度/mm
			长	宽	高		外径	中径	内径	长/中心	宽/中心	
ZK Y6-32	No5C	右0°				904～5340	376	336	296	288/248	224/184	1300
		右90°	1920	1136	1280							
	No6C	右0°				487～11374	445	410	368	364/334	294/264	1500
		右90°	2016	1240	1450							
ZK Y5-48	No4C	右0°	1674	1390	1162	1995～4298	425	395	355	314/290	254/231	1500
		右90°	1870	1388	1227							
	No5C	右0°	1900	1460	1338	4067～8575	545	500	450	382/360	308/284	1300
		右90°	2250	1460	1386							
ZK Y6-30	No4.3C	右0°	1150	1020	960	1169～2125	308	268	225	301/255	200/160	1500
		右90°	1290	1020	930							
	No4.8C	右0°	1200	1083	1080	1619～2944	308	268	225	326/285	200/172	1300
		右90°	1396	1086	1038							
	No5.4C	右0°	1210	1105	1116	2202～3963	336	306	270	376/324	221/170	1300
		右90°	1446	1103	1108							
	No6.5C	右0°	1960	1105	1540	2926～4965	406	366		413/390	223/180	1300
		右90°	2240	1100	1370							

续表

型　号			隔声箱外形尺寸/mm			流量 /(m³/h)	进口法兰/mm			出口法兰/mm		消声器安装 长度/mm
			长	宽	高		外径	中径	内径	长/中心	宽/中心	
ZK Y5-45	No7.5C	右 0°	2200	1450	1850	560～24021	650	600	325	481/431	454/404	1600
		右 90°	2000	1550	1700							
ZK Y6-25	No6C	右 0°	1560	1450	1450	2082～4332	468	430	400	370/336	186/152	1300
		右 90°	1750	1450	1350							
	No7C	右 0°	1790	1450	1350	3700～7700	577	540	500	454/420	220/186	1500
		右 90°	2070	1450	1350							
ZK Y5-47	No8C	右 0°	1685	1280	1550	3130～5750	480	445	400	321/291	266/240	1600
		右 90°	1660 1510	1280	1165							
	No9C	右 0°		1350	1350	5360～9870	580	545	500	384/357	317/291	1600
		左右 90°	1965 1790	1340	1225							
	No10C	右 0°	1910	1435	1510	9110～16760	680	654	600	448/424	367/342	1600
		左右 90°	2100 1900	1435	1360							

该系列隔声罩的性能如下所述：罩体静态隔声值 38～39dB（A）；动态隔声值 25dB（A）；消声器 1m 长消声值 20dB（A），1.5m 长消声值 25dB（A）；消声器局部阻力系数，矩形 $\zeta=1.03$，圆形 $\zeta=1.232$；进入罩内的冷却空气温度不超过 35℃ 时，电动机表面温度不超过 52～55℃。

使用与安装注意事项如下。

① 罩内冷却空气温度最高不超过 35℃，最低不小于 −5℃。风机运行期间不允许中断冷却通风。

② 选配通风引机、引风机对其流量与压头要适当留有余地。选配引风机消声箱时，应根据季节变化，适当调节轴流通风机的风量。

③ 消声箱体应置于 20mm 厚海绵垫上，海绵垫应铺在平滑地面上。

（2）电动机隔声罩　电动机温升问题是设计电机隔声罩的主要问题，因此，隔声罩内壁与电动机外缘的净间距 50～70mm 为宜，以小于 50mm（小型电动机）最佳；以 70～100mm 为宜，小于 70mm 最佳（大中型电动机）。同时，隔声罩应有足够的进出气流通面积，一般增大 20% 左右。

① DX 型电动机消声筒　中小型电动机可采用 DX 型电动机消声筒，其结构如图 10-17 所示。该消声筒适合降低 0.6～100kW 电动机噪声，其结构由拱形罩体、阻性消圆筒和吸声尖锥组成。消声值 15dB（A）左右 DX 型电动

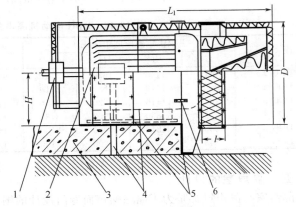

图 10-17　DX 型电动机消声筒结构示意
1—联轴器；2—电动机；3—水泥台；
4—穿线管；5—橡胶封闭；6—箱搭

机消声筒外形尺寸见表10-47。

表 10-47 DX 型电动机消声筒外形尺寸

序 号	外形尺寸/mm				序 号	外形尺寸/mm			
	L	H	D	l		L	H	D	l
DX 1-1	520	90	320	45	DX 6-1	1050	180	500	90
1-2	545				6-2	1090			
DX 2-1	592.5	95	350	52.5	DX 7-1	1237.5	225	550	102.5
2-2	622.5				7-2	1262.5			
DX 3-1	685	112	380	60	DX 8-1	1417.5	250	610	117.5
3-2	705				8-2	1457.5			
DX 4-1	800	132	420	70	DX 9-1	1615	280	680	135
4-2	835				9-2	1665			
DX 5-1	937.5	160	470	82.5	DX 10-1	1810	330	740	150
5-2	967.5				10-2	1870			

② DDG 型电动机隔声罩　DDG 型电动机隔声罩是根据 YK 系列电动的风冷防护方式与外形设计而成。在罩体两侧设计 4 个进气消声器，罩顶安装 1 个排气消声器。减低噪声 20dB（A）左右，其外形尺寸见图 10-18 及表 10-48。

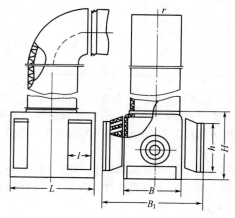

图 10-18　DDG 电动机隔声罩结构示意

表 10-48　DDG 电动机隔声罩外形尺寸表

序 号	隔声罩外形尺寸/mm				消声器外形/mm		适用电动机	
	L	B	H	B_1	h	l	型号	P/kW
DDG-1	1910	1410	1620	2710	850	360	YK10000-2/990	1000
DDG-2	2000	1410	1620	2710	1050	384	YK1250-2/990	1250
DDG-3	2030	1410	1620	2710	1150	410	YK1600-2/990	1600
DDG-4	2185	1830	2000	3130	1250	440	YK2000-2/1180	2000
DDG-5	2365	1830	2000	3130	1450	446	YK2500-2/1180	2500
DDG-6	2485	1830	2000	3130	1550	512	YK3200-2/1180	3200

五、隔声室的设计

隔声室与隔声罩都是为了隔绝噪声而专门设计的围护结构，隔声室隔绝外界噪声进入室内，隔声罩是防止噪声外逸。当不宜对噪声源做隔声处理时设计隔声室，对接受者进行隔声，使操作人员可以停在噪声源（设备）附近控制、监督、观察或休息用。隔声室与隔声罩在隔声原理与设计计算上是一样的，因此，隔声罩中设计计算公式和材料选择均可应用。

1. 隔声室设计注意事项

① 隔声室的设计消声量，可在 20～50dB 的范围内选取。

② 隔声室内有人操作，以要求必要的热工条件、适当的照度、通风及适宜的安装。

③ 隔声室的设计主要按等透量的原则选择门、窗与顶棚等隔声构件。隔声墙声量应比门或窗高 10～15dB。

④ 对高噪声车间，设置临时休息用的活动隔声间体积不宜超过 14m³，其围护结构宜采用双层轻型结构。通风设备可采用简易消声器的风扇。

⑤ 隔声室的内表面宜用吸声材料处理。

2. 隔声室类型

（1）SC-88 组装式隔声室　SC-88 组装式隔声室采用轻型钢结构。每扇隔声门最高 2000mm，最宽 1000mm，采光隔声玻璃最佳尺寸为 1500mm × 1000mm，可按要求配置空调器或通风装置及配套消声器。图 10-19 是隔声室的示意，其规格见表 10-49。

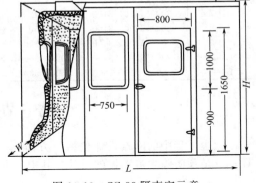

图 10-19　SC-88 隔声室示意

表 10-49　SC-88 型系列组装式隔声室规格表

编号	外形尺寸/mm			型号	室内净尺寸/mm			室内有效面积/mm
	长(l)	宽(w)	高(h)		长(l)	宽(w)	高(h)	
1	2010	2010	2570	A	1810	1810	1810	3.2
				B	1850	1850	1850	3.4
2	3020	2010	2570	A	2820	2820	1810	5.1
				B	2860	2860	1850	5.3
3	4030	201	2570	A	3830	3830	1810	6.9
				B	3870	3870	1850	7.2
4	4030	3020	2570	A	3830	3830	2820	10.8
				B	3870	3870	2860	11.1
5	5040	3020	2570	A	4840	4840	2820	13.6
				B	4840	4840	2490	14
6	6050	3020	2570	A	5850	2820	2470	16.4
				B	5890	2860	2490	16.8
7	7060	3020	2570	A	6860	2820	2470	19.4
				B	6900	2860	2490	19.7
8	8070	3020	2570	A	7870	2820	2470	22.2
				B	7910	2860	2490	25.6
9	9080	3020	2570	A	8880	2820	2470	25
				B	8920	2860	2490	25.5
10	10090	3020	2570	A	9890	2820	2470	27.9
				B	9930	2860	2490	28.4

注：A 型、B 型分别为墙厚度 100mm、80mm 的尺寸。

（2）GJ 型合隔声室　GJ 型合隔声室的隔声量为 25～40dB（A），其规格见表 10-50。

表 10-50　GJ 型系列合隔声室规格表

型号	外形尺寸/mm 长×宽×高	室内尺寸/mm 长×宽×高	型号	外形尺寸/mm 长×宽×高	室内尺寸/mm 长×宽×高
GJ-1	2000×1700×2600	1800×1500×2500	GJ-3	2700×2500×2600	2500×2300×2500
GJ-2	2000×2700×2600	1800×2500×2500	GJ-4	3000×2800×2600	2800×2600×2500

型号	外形尺寸/mm	室内尺寸/mm	型号	外形尺寸/mm	室内尺寸/mm
	长×宽×高	长×宽×高		长×宽×高	长×宽×高
GJ-5	4700×3200×2600	4500×3000×2500	GJ-12	8200×5200×3600	8000×5000×3500
GJ-6	5200×4200×3100	5000×4000×3000	GJ-13	8700×5200×3600	8500×5000×3500
GJ-7	5200×4400×3100	5000×4200×3000	GJ-14	9200×5200×3600	9000×5000×3500
GJ-8	6200×5200×3100	6500×5000×3000	GJ-15	9700×5200×3600	9500×5000×3500
GJ-9	6700×5200×3400	6500×5000×3300	GJ-16	10200×4200×3600	1000×4000×3500
GJ-10	7200×5200×3600	7000×5000×3500	GJ-17	11200×5200×3600	11000×5000×3500
GJ-11	7700×5200×3600	7500×5000×3500	GJ-18	12200×5200×3600	12000×5000×3500

第三节　降振设计

除尘工程中的降振设计包括三方面：一是风机及电机的减振设计；二是除尘设备的减振设计；三是预防除尘流喘振的设计。其中，主要是风机、电机及管道的减振或隔振设计。

一、降振设计注意事项

减振和隔振在原理上却是两种不同的降振技术，隔振是采用合适的弹簧结构隔振器来隔断动力学系统的振动；而减振则是利用阻尼结构——振动阻尼和高阻尼材料降低动力学系统的振动。减振既可和隔振联合使用，也可以单独使用。在降振设计中应注意以下事项。

① 控制振源，减少振动的发生，如选择好的风机，提高安装精度；管路设计合理；系统在最佳负荷下运行等。

② 采取隔振措施，用弹性支承或弹性连接，把振动局限在一定范围内。

③ 动力消振，在设备上附加一个动力吸振装置，使干扰频率激发振动得以降低。

④ 阻尼减振，将阻尼材料直接粘贴或喷涂在局部件上，以降低结构振动。

⑤ 质量隔振，加大设备基础的质量与刚度。

⑥ 防止振动应注意振动标准的具体要求，不同要求执行不同标准。

二、降振设计程序

1. 降振设计程序

① 了解振源情况，根据防振要求初步选择隔振或减振措施。

② 确定所需的振动传递比（T_a）（或隔振效率），可按式（10-44）计算（略去阻尼）：

$$T_a = \frac{1}{\left(\dfrac{f}{f_0}\right)^2 - 1} \tag{10-44}$$

式中，f 为振源的振动频率，可取设备最低扰动频率，Hz，对风机 $f = n/60$（n 为风机转速，r/min）；f_0 为隔振系统的固有频率，Hz。

对金属弹簧

$$f_0 = \frac{1}{\sqrt{\delta_s}} \tag{10-45}$$

对橡胶类的弹性材料

$$f_0 = \frac{5}{\sqrt{\delta_s}} \sqrt{\frac{E_d}{E_s}} \tag{10-46}$$

式中，δ_s 为在重力作用下弹性构的静态压缩量，cm；E_d、E_s 为材料的动态弹性模量，对丁橡胶 $E_d/E_s = 2.2 \sim 2.8$。

工程中频率比应大于 1.41，通常宜取 2.5～4；不得采用接近于 1 的频率比。

③ 确定隔振元件的荷载、型号、大小和数量。根据设备（包括机和机座）的质量、动态力

的影响及安装时的过载等情况，确定隔振元件承受的荷载。隔振元件的数量可采用 4～8 个。当设备质量分布均匀时，每个隔振元件的荷载由设备质量除以元件数量得出，并据此荷载确定元件的型号与大小；当设备质量不均匀分布时，可采用机座（混凝土块或支架）并根据重心位置调整各个隔振元件的支承点，如风机（包括电机）的隔振台座。

④ 确定隔振系统的静态压缩量、频率比及固有频率。

⑤ 验算隔振参量，估计隔振设计的降噪效果。

2. 隔振设计

（1）振动传递计算　由于直接安装在楼板上的设备激发楼板振动，并辐射出噪声，有下述关系式：

$$L_P = L_V + 10\lg S_V + 10\lg S - 10\lg\frac{A}{4} \tag{10-47}$$

式中，L_P 为楼板辐射到楼下房间的声压级，dB，以 $2.0\times10^{-5}\,\text{N/m}^2$ 为基准；L_V 为楼板表面振动速度，dB，以 $5\times10^{-8}\,\text{m/s}$ 为基准；S_V 为表面面积（楼板面积），m^2；S 为辐射因数，当大于临界频率 f_c 时 $S=1$，当小于 f_c 时 $S=10^{-1}$（混凝土板、砖墙的 $f_c=70\sim200\,\text{Hz}$）；A 为房间的总吸声量，m^2。

由于隔振前后 S_V、S、A 值基本不变化，故 $\Delta L_P\approx\Delta L_{VO}$，因此，对于楼板上的隔振系统其楼下房间的降噪量可用下式计算：

$$\Delta L_P \approx \Delta L_{VO} = 20\lg\frac{1}{T_a} \tag{10-48}$$

式中，ΔL_P 为隔振前、后楼下房间内声压级改变量，dB；ΔL_{VO} 为隔振前、后楼板振动速度级的改变量，dB。

（2）隔振设计图　工程上常如图 10-20 所示做隔振设计。

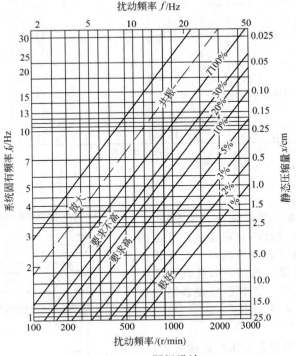

图 10-20　隔振设计

三、风机隔振设计

风机产生振动有多种原因，其中主要是旋转部件偏心而引起的振动。一般旋转设备的振动数据参见表 10-51。

表 10-51　旋转式设备振动数据

最大的水平振动速度/(mm/s)	设备工作状态	最大的水平振动速度/(mm/s)	设备工作状态
0.25~0.5	平稳	2~4	尚可
0.5~1.0	良好	4~8	稍有噪声
1~2	好	>16	噪声很大

风机的隔振通常是采用隔振基础和减振装置来解决。隔振基础的质量由振动设备（风机、电机的质量）以及安装振动设备的基础板质量、隔振机座（钢筋混凝土板或型钢支架，统称惰性块）两部分组成。惰性块的隔振量（ΔL_{M_2}）由下式估算：

$$\Delta L_{M_2} = 20 \lg \left(1 + \frac{M_2}{M_1}\right) \tag{10-49}$$

式中，ΔL_{M_2} 为惰性块隔振量，dB；M_1 为风机质量（包括电机）；M_2 为惰性块质量，对于风机应为机的 1~2 倍。

风机隔振混凝土板可按表 10-52 选用。

4-72-11 型或 B4-72-11 型离心风机可按钢架隔振台座 JSJT-146 图集选用，其他除尘风机可按制造厂生产的不同类型风机的配套图集选用。自行设计隔振基础时，必须按动力计算合理选型。

表 10-52　风机隔振混凝土板选用表

风机型号 T4-72 型 4-79 型 4-72-11 型	基座板 型号	风机隔振基座板				机组质量统计值/kg	支承点数/个	支承点荷载统计值/kg	隔振器型号	传递比[1] T_a 的范围	噪声减低量 ΔL_P/dB
		板的尺寸/mm			板重/kg						
		L	B	b_1							
No3.5~No6 （4-72-11No6除外）	FJB-1	1000	800	200	400	217	4	154	HG-1	0.0075~0.09	26.5~13.0
No7~No8 （包括 4-72-11No6）	FJB-2	2400	1800	200	2160	980	4	785	HG-4	0.028~0.15	19.0~10.0
No10~No12	FJB-3	3000	2000	180	2700	2240	4	1290	HG-8	0.12~0.15	24.0~10.0
No10 双进风		3500			3150						
No14~No16	FJB-4	3200	2500	180	3600	3500	8	1000	HG-8	0.008~0.10	26.2~12.5
No18						4000					
No12 双进风	FJB-5	3500	3000	180	4725	2352	8	884	HG-5	0.027~0.18	19.5~9.5
No14~No16 双进风	FJB-6	4500	3500	180	7078	3705	8	1357	HG-8	0.0058~0.15	28.0~10.3

① 假定每分钟转速在 600~1450 次（或 2900 次）之间计算求得。
注：表中 L 为基座板长；B 为宽；b_1 为厚度。

四、管道隔振设计

管道振动通常是由于气流脉动、气流喘动、设备动平衡不佳或基础设计不良所造成。管道的振动不仅会导致管道和支架疲劳损坏，引起相接的建筑物（墙壁、楼板等）振动，而且在振动的同时还会辐射噪声。此外，若管道与设备刚性连接，则影响机组的正常运行。

1. 柔性连接

管道隔振可通过设备与管道柔性连接来实现。风机与管道的连接，一般中心型风机用帆布软接管连接，大中机型风机用橡胶软管连接。风机进口橡胶柔性连接管见图 10-21，尺寸见表 10-53；出口橡胶柔性连接管见图 10-22，尺寸见表 10-54；

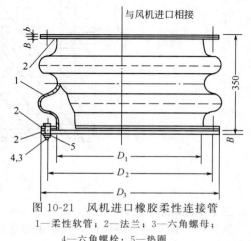

图 10-21　风机进口橡胶柔性连接管

1—柔性软管；2—法兰；3—六角螺母；
4—六角螺栓；5—垫圈

橡胶软连接管适用工作温度为 0～200℃，工作压力 4000Pa。

表 10-53　风机进口橡胶柔性连接管尺寸表

机　号	法兰内径/mm	螺栓中心/mm	法兰外径/mm	法兰厚度/mm	螺栓孔数及直径/mm	总质量/kg
	D_1	D_2	D_3	B	$n \times \phi$	
20	2018	2070	2130	20	$32 \times \phi14$	238.9
16	1612	1660	1720	16	$28 \times \phi14$	152.2
12	1212	1270	1330	14	$24 \times \phi14$	112.78
10	1012	1065	1125	14	$16 \times \phi14$	91.13
8	810	860	910	14	$16 \times \phi14$	65.79
6	610	650	690	10	$16 \times \phi10$	31.96
5	510	650	590	10	$16 \times \phi10$	27.12
4.5	450	490	530	10	$16 \times \phi10$	22.07
4	400	440	480	10	$16 \times \phi8$	15.11
3.6	368	394	424	10	$16 \times \phi8$	15.64
3.2	328	350	380	10	$16 \times \phi8$	12.84
2.8	288	306	326	10	$8 \times \phi10$	8.59

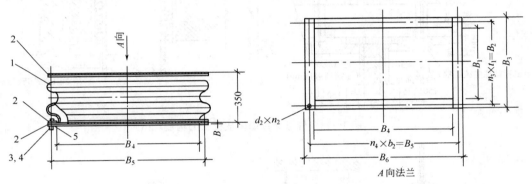

图 10-22　风机出口橡胶柔性连接管

1—柔性软管；2—法兰；3—六角螺母；4—六角螺栓；5—垫圈

表 10-54　风机出口橡胶柔性连接尺寸表

机号	风机出口尺寸/mm						连接螺栓孔/mm				法兰厚度/mm	总质量/kg
	B_1	B_2	B_3	B_4	B_5	B_6	a_2	n_2	$n_2 \times b$	$n \times b_2$	B	
							直径	个数	间　距			
20	1418	1476	1536	1618	1672	1726	$\phi15$	40	9×164	11×152	20	66.3
16	1132	1188	1244	1292	1340	1388	$\phi15$	38	9×132	10×134	16	46.25
12	852	900	950	972	1008	1048	$\phi15$	24	6×150	6×168	14	32.9
10	712	765	825	812	860	910	$\phi15$	20	5×153	5×172	14	28.4
8	570	625	675	650	700	730	$\phi15$	20	5×125	5×140	14	24.96
6	430	456	486	490	510	540	$\phi7$	24	6×76	6×85	10	20.1
5	560	585	415	410	435	465	$\phi7$	20	5×77	5×87	10	17.9
4.5	525	550	580	568	595	422	$\phi7$	20	5×70	5×79	10	15.7
4	288	351	342	328	355	382	$\phi7$	20	5×63	5×71	10	13.6
3.6	260	284	308	296	320	344	$\phi7$	16	4×71	4×80	10	12.7
3.2	252	256	280	264	288	312	$\phi7$	16	4×64	4×72	10	11.8
2.8	204	228	252	232	256	280	$\phi7$	16	4×57	4×64	10	7.1

注：尺寸表中的质量包括与风管相接的法兰质量。

管道隔振对降低机房本身的噪声作用甚小，但对降低毗邻房间的噪声是显著的，通常可获得 4～7dB 的消声量。表 10-55 列出各种软接管隔振效果的统计值。

表 10-55 各种软接管隔振效果的统计值

软接管类别	压力/MPa	倍频带统计值/dB							平均 /dB
		63	125	250	500	1000	2000	4000	
定型橡胶软管	<0.3	9.0	12.5	16.0	19.5	23.0	26.5	30.0	20.4
普通橡胶管	<0.3	9.0	11.7	14.3	17.0	19.7	22.4	25.0	16.5
不锈钢波纹管	<0.3	7.0	9.5	12.0	14.5	17.0	19.5	22.0	11.1
	0.6~0.7	4.0	5.8	7.7	9.5	11.3	13.2	15.0	5.6
帆布接口		8.0	9.7	11.3	13.0	14.6	16.3	18.0	12.5

2. 管道隔离措施

管道内介质引起的振动通过与建筑围护结构连接处，激发振动而辐射噪声，对这种振动必须从构造上采取隔离措施。管道穿过楼板或墙体时的隔振措施如图 10-23 所示。管道穿过楼板或墙体时可用隔振吊架或吊架上设弹性衬垫材料，如图 10-24 所示。弹性材料衬垫不适用于大截面风道。

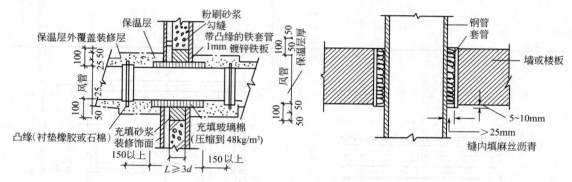

图 10-23 管道穿过墙体或楼板的构造

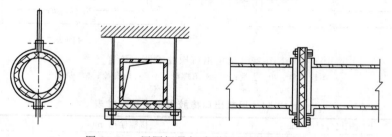

图 10-24 用隔振吊架或弹性衬垫隔离管道

管道架设在墙上或固定在墙上时，可用隔振管卡，见图 10-25。隔振管卡不适用于固定风管。

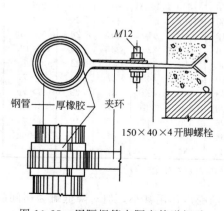

图 10-25 用隔振管卡隔离管道振动

第四节 降 振 部 件

一、减振器的类别和选用要点

1. 减振器类别

凡具有弹性的材料均可作为减振器。实际应用的减振器可分为两大类。

(1) 减振垫层 利用弹性材料本身的自然特性，其形状尺寸按具体需要拼排或裁切而成，常用的有毛毡、软木、橡皮、海绵、玻璃纤维及泡沫塑料等。

(2) 专用减振器 使用时可作为机械零件装配。常见的有金属弹簧减振器、橡胶减振器与弹簧、橡胶两种材料组合而成的减振器，以及空弹簧减振器等。

各种减振材料的适用范围，见表 10-56。各种减振器的特点及效果列入表 10-57。

表 10-56 减振材料适用范围表

材 料 类 型	静压缩量 h/mm	机组固有频率 f_0/Hz
毛毡、软木、橡皮、石棉 474 垫	<1.6	≥20～30
多层毡、软木、金属橡胶、金属丝网、防振橡胶	1.6～6	10～20
金属弹簧、金属橡胶、防振橡胶	6～40	3～10
海绵、泡沫塑料	3.2～75	2～10
螺旋塑料、空气弹簧	40～350	0.5～3

表 10-57 减振器比较表

类 型	优 点	缺 点	说 明
金属弹簧减振器	承载能力高，弹性好，变形量大，刚度小，自振频率低(5Hz以下)，造价低，使用年限长，能抗油，水腐耐高温，力学性能稳定	阻尼系数小(0～0.05)，共振时放大倍数大，在共振区域冲击力作用下被隔离振动，水平度较竖直刚度小，易晃动	可用于电动机、鼓风机、油等减振；当需较大阻尼时，配置橡胶垫联合使用
橡胶减振器	承载能力低，刚度大，阻尼系数较大(0.15～0.3)，成型简单，加工方便，可做成各种形式，能自由地取三个方向的刚度，可承载受压、剪压相结合的作用力，受剪时可得较低的固有频率，对高频固体声隔离效果好，不会引起明显的共振	易受温度、油质、氟利昂和氨液的侵蚀，长静荷载下，变形增加，寿命3～5年，易老化	适用于隔离高频振动，如转速在 960r/min 以下效果甚小
橡胶减振垫	类型多，安装方便	自振频率高，价格高	用于水泵的基础减振
毡类(玻璃纤维板、矿渣棉毡)	价格低廉，耐腐蚀，不易老化，成板条形	承载能力小(0.5～0.15kg/cm²)，自振效率高、抗压、抗折强度很低	用于钢筋混凝土板下，使荷载无均布
软木	水和油对工作特性影响小，在室温条件下，使用年限15～20年	承压能力较小(2kg/cm²)，自振效率较高，天然软木价格昂贵	仅适用于转速较高，即扰动频率高的设备

2. 减振器选用要点

① 减振器类型的选择，可按表 10-58 选用。

表 10-58 减振器选用表

固有频率/Hz	减 振 器 类 型
1～8	金属弹簧，空气弹簧
5～12	剪切型橡胶，橡胶减振垫(2～5层)或玻璃纤维板(50～150mm 厚)
10～20	一层橡胶减振垫，金属橡胶减振器或金属丝棉减振器
>15	压缩型橡胶减振器，软木

② 减振器应具有足够的减振量，通常按其静态压缩量选用。

③ 承受的荷载可根据设备的质量、动态力的影响和安装时过载情况确定。应合理地选用设计荷载，荷载过大，不安全；荷载太小，则使固有频率上升，减振效果不佳。

④ 频率比应大于 $\sqrt{2}$，通常采用 2.5～4。为避免出现共振，不得使频率比 ≈1。

⑤ 激发频率通常按最低的驱动频率设计。由频率比和激发频率，可获知隔振系统所需的固有频率。

⑥ 静荷载需乘以动力系数。对风机、泵等为 1.0；车床为 1.2～1.3。

⑦ 静态压缩量要结合减振效果、设备稳定性和操作要求等选用。

⑧ 采用软性连接，防止振动通过设备与结构物的刚性连接而传播，尤其是风机、水泵，管道系统必须采用弹性连接。

⑨ 在减振效果满足使用要求的前提下，选用价格较低的减振器。

3. 减振器与设备和基础的连接

① 减振器通常不需要锚固。小型（风机）的减振器，可直接设置在地坪或楼板上，通常不必做设备基础和地脚螺栓，可在减振器下面放一块 2～5mm 厚的橡胶垫板。

② 当减振器顶部需与混凝土机座搭接时，可按图 10-26 方式；当减振器与钢支架连接时可按图 10-27 的方式。有必要时，可用地脚螺栓与地坪或楼板连接，如图 10-28 所示。

③ 为防止振动短路，通过地脚螺栓传到地坪或楼板，可按图 10-29 所示处理。

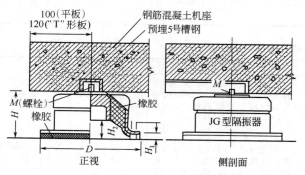

图 10-26　减振器与混凝土机座搭接示意

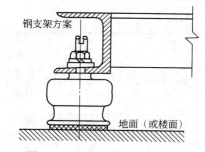

图 10-27　减振器与钢支架连接

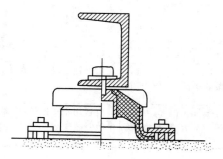

图 10-28　减振器与钢机架
及地坪或楼板固定示意

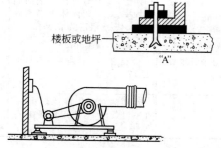

图 10-29　防止振动短路
的构造

④ 安装减振器位置的地面（或楼面）易积水时，减振器应适当垫高或筑成围圈（见图 10-30）防止减振器常年浸水。

二、阻尼弹簧减振器

（一）ZD 系列阻尼弹簧减振器

ZD 型阻尼弹簧复合减振器，对阻尼弹簧、橡胶减振垫组合使用，利用各自优点，克服其缺

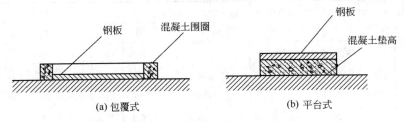

图 10-30 减振器在地面易积水时安装示意

点，具有复合隔振降噪、固有频率低、隔振效果好等特点。

ZD 型阻尼弹簧复合减振器有 3 种安装方式：a. ZD 型上下座外表面装有防滑橡胶垫，对于扰力小、重心低的设备可直接将 ZD 型减振器放置于设备减振台座下，无需固定；b. ZD I 型仅上座配有螺栓与设备固定；c. ZD II 型上、下座分别设有螺栓与地基螺栓孔，可上下固定。用户可根据不同的需要进行选择。

ZD 型系列产品适用：工作温度为 $-40\sim110℃$，正常工作载荷范围内，固有频率 $2\sim5\mathrm{Hz}$，阻尼比 $0.045\sim0.065$。

1. 减振器结构及主要技术性能

（1）减振器的结构　ZD 型系列减振器外形结构如图 10-31 所示，其主要外形安装尺寸如表 10-59 所列。

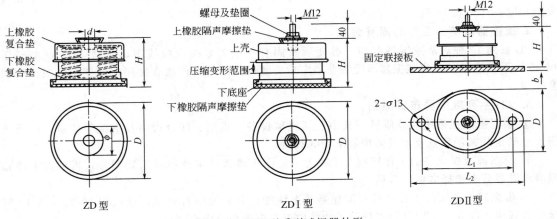

图 10-31　ZD 型系列减振器外形

表 10-59　ZD 型系列减振器外形尺寸及技术特性表

型　号	最佳载荷/N	预压载荷/N	极限载荷/N	竖向刚度/(N/mm)	额定载荷点水平刚度/(N/mm)	外形尺寸/mm						
						H	D	L_1	L_2	d	b	ϕ
ZD-12	120	90	168	7.5	5.4	70	84	110	140	10	5	32
ZD-18	180	115	218	9.5	14	65	128	160	195	10	5	42
ZD-25	250	153	288	12.5	19	65	128	175	195	10	5	42
ZD-40	400	262	518	22	16	72	144	175	210	10	6	42
ZD-55	550	336	680	30	21.6	72	144	195	210	10	6	42
ZD-80	800	545	1050	41	28.7	88	163	225	230	10	6	52

续表

型　号	最佳载荷/N	预压载荷/N	极限载荷/N	竖向刚度/(N/mm)	额定载荷点水平刚度/(N/mm)	外形尺寸/mm						
						H	D	L_1	L_2	d	b	φ
ZD-120	1200	800	1560	44	31	104	185	225	265	10	8	52
ZD-160	1600	1150	2180	63	33	104	185	250	265	10	8	52
ZD-240	2400	1600	3100	85	35.6	120	210	270	295	14	8	62
ZD-320	3200	2150	4220	127	70	144	230	270	310	18	8	84
ZD-480	4800	2950	5750	175	77	144	230	320	310	18	8	84
ZD-640	6400	4170	8300	180	125	154	282	320	360	20	8	104
ZD-820	8200	5300	10550	230	140	154	282	360	360	20	8	104
ZD-1000	1000	6050	11580	222	154	176	325	360	400	20	8	104
ZD-1280	12800	8300	16550	305	190	176	325	316	400	20	8	104
ZD-1500	15000	8500	19500	800	180	175	276	316	356	30	10	104
ZD-2000	20000	8000	28000	1480	290	175	276	316	356	30	10	104
ZD-2700	27000	13000	30000	2160	430	180	276	316	356	30	10	104
ZD-3500	35000	15000	40000	2700	570	180	276	316	356	30	10	104

（2）主要技术性能　ZD 型、ZDⅠ型、ZDⅡ型减振器除在安装固定方式上不同外，技术特性完全相同，详见表 10-59。

2. 减振器载荷、变形与固有频率

ZD 系列 19 种规格减振器载荷、静变形及固有频率关系绘成曲线图，分别如图 10-32～图 10-35 所示。当某一规格减振器承受载荷确定后，便可从图中方便地查出相应静变形及对应的固有频率。

3. ZD 系列减振器布置原则

① 根据被减振系统的总质量，其中包括机械设备、机座、部分管路及电缆等质量，以及机座尺寸确定减振器数量及单只减振器承受的载荷。

② 根据被减振设备的工作转速、干扰力及工作环境条件来选择减振器型号，再根据上述减振器承受载荷来选择减振器规格。

③ 根据减振器实际工作载荷及减振器动态性能计算系统固有频率，或从图 10-32～图 10-35 减振器载荷、静变形及固有频率的关系曲线中查对应的系统固有频率。

④ 当减振器数量及规格确定后，减振器布置对隔振效果也有重要影响，若减振器刚度中心线与被隔振系统重心线偏离较大，即出现严重非对称性，即使各减振器静变形不一致，系统隔振效果变差，机械振动也会较大，所以应使减振器布置尽量满足对称布置，调节减振器位置，使重心基本达到一致。

⑤ 为确保隔振效果和防止短路，被隔振设备对外接口，如管路电缆等必须采用挠性连接，其刚度应远远小于系统减振器总刚度。

⑥ 隔振系统设计必须满足：a. 系统隔振效率必须满足设计要求，隔振效率一般情况下不低于 80%，对于振动较严重设备或要求较高场合，隔振效率应大于 90%；b. 被隔振设备振动量值应小于许可值，一般情况下以速度量级来评定，但不同设备评定值是不一致的（请查阅相关标准）。

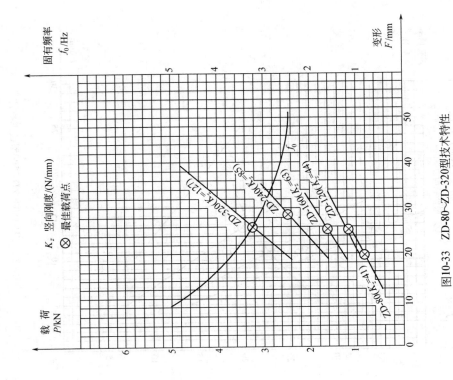

图10-33　ZD-80~ZD-320型技术特性

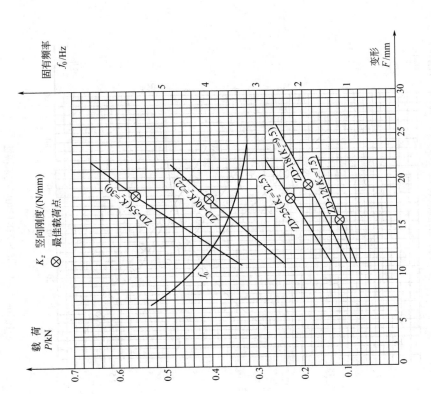

图10-32　ZD-12~ZD-55型技术特性

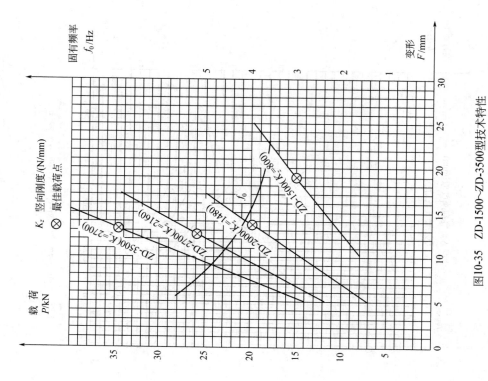

图10-35 ZD-1500~ZD-3500型技术特性

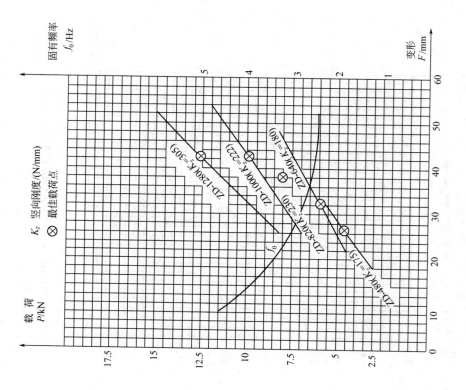

图10-34 ZD-480~ZD-1280型技术特性

4. 计算实例

【**例 10-14**】　某风机机组转速 900r/min，机组（含公共机座）总载荷 15.6kN，机座底面四脚联孔尺寸距机组重心位置如图 10-36 所示（1#、2#、5#、6# 为机座螺栓孔）。

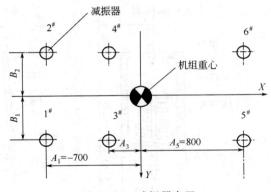

图 10-36　减振器布置

（1）选用减振器

① 根据风机质量确定减振器只数为 6 只。

② 每只减振器承受实际载荷 P　$P=15.6/6=2.6$（kN）

③ 干扰频率 f　$f=900/60=15$（Hz）

④ 选择减振器型号，ZD-240 型及 ZD-320 型减振器均满承载能力较小，故选择外形尺寸较小的 ZD-240 型减振器。

⑤ 为使减振器布置对称，减振器距机组重心距离满足下式：

$$\sum A_i = 0$$

$$\sum B_i = 0$$

式中，A_i、B_i 分别为各减振器纵向和横向距机组重心距离；i 为各减振器编号。

根据上式及各减振器相对重心的位置，$A_1=A_2=-7\text{mm}$，$A_3=A_4=-100\text{mm}$，$A_5=A_6=800\text{mm}$；$B_1=B_3=B_5=400\text{mm}$，$B_2=B_4=B_6=-400\text{mm}$。

（2）隔振系统固有频率　根据实际载荷 2.6kN 在 ZD-240 型减振器曲线图上可查出固有频率 $f_0=2.83\text{Hz}$，静变形 $\delta=32\text{mm}$。

（3）隔振效率计算

$$T = \left(1 - \sqrt{\frac{1 + \left(2D\dfrac{f}{f_0}\right)^2}{\left(1 - \dfrac{f^2}{f_0^2}\right) + \left(2D\dfrac{f}{f_0}\right)^2}}\right) \times 100\% = 96\%$$

式中，D 为阻尼比，$D=0.06$。

（4）固有频率计算

$$f_0 = \frac{1}{2\pi}\sqrt{\frac{9800}{\delta}}$$

式中，δ 为压缩变形量。

（5）有一定隔振效率 $\geqslant 80\%$，即频率比 $f/f_0 > 2.5$

（二）XDH 型、XHS 型吊架减振器

XDH 型、XHS 型系列吊式减振器以金属弹簧、阻尼橡胶为主构件，其中，XDH 型为圆筒式吊式减振器；XHS 型为开启式复合减振器。

XDH 型、XHS 型主要用于风机盘管、风机箱及各种动力设备和管道的隔振降噪，对消除固体传声都有明显效果，安装也十分方便。

XDH 型吊架减振器尺寸和性能见图 10-37 和表 10-60。XHS 型吊架减振器尺寸和性能见图 10-38 和表 10-61。

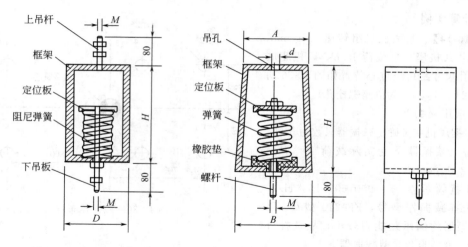

图 10-37　XDH 型吊架
阻尼弹簧减振器

图 10-38　XHS 型吊架弹簧减振器

表 10-60　XDH 型吊架阻尼弹簧减振器性能参数及主要尺寸

	型　号	XDH-20	XDH-40	XDH-60	XDH-100	XDH-180	XDH-300	XDH-500	XDH-700	XDH-1500	XDH-2500	XDH-3500
性能参数	载荷范围/N	120～260	250～550	400～800	700～1400	1200～1400	2100～4200	3000～7000	5500～10000	9000～20000	15000～35000	27000～50000
	轴向静刚度/（N/mm）	110	140	210	440	580	760	2000	5400	6000	10000	27000
	自振频率/Hz	3.0～4.5	2.5～3.5	2.5～3.6	2.7～3.9	2.4～3.4	2.0～3.0	2.4～4.0	3.0～4.7	2.6～4.0	2.6～4.0	3.5～4.6
	预压变形/mm	11	18	19	16	21	28	15	10	15	15	10
	最大变形/mm	24	39	38	32	42	55	35	19	34	35	19
外形尺寸	H/mm	75	120	130	155	165	190	200	200	200	200	200
	D/mm	ϕ45	ϕ65	ϕ95	ϕ95	ϕ115	ϕ140	ϕ100	ϕ100	ϕ170	ϕ170	ϕ170
	M/mm	8	10	10	12	12	14	16	18	20	22	24

表 10-61　XHS 型吊架弹簧减振器性能参数及主要尺寸

	型　号	XHS-5	XHS-10	XHS-20	XHS-30	XHS-40	XHS-60	XHS-80	XHS-100	XHS-150	XHS-200
性能参数	载荷范围/N	30～80	80～170	130～260	190～390	250～530	400～800	550～1050	750～1500	1000～2000	1300～2650
	轴向静刚度/（N/mm）	32	75	110	115	140	210	320	400	450	580
	自振频率/Hz	3.0～5.0	3.0～4.5	2.5～4.0	2.6～3.7	2.6～3.6	2.7～3.6	2.7～3.8	2.6～3.6	2.3～3.3	2.3～3.3
	预压变形/mm	9.5	10.5	12	16.5	18	19	17	19	23	23
	最大变形/mm	25	23	23	34	38	38	33	38	45	46
外形尺寸	A/mm	50	50	50	70	95	95	100	100	115	115
	B/mm	50	50	50	100	105	105	110	110	130	130
	C/mm	50	50	50	70	80	80	90	90	100	100
	H/mm	100	100	100	130	155	155	180	180	200	200
	d/mm	10	10	10	12	12	12	12	12	13	13
	M/mm	8	8	8	10	10	10	10	10	12	12

三、橡胶隔振垫

1. SD 型橡胶隔振垫

SD 型橡胶隔振垫以耐油橡胶为弹性材料经硫化模压成型，其波浪状表面可降低隔振垫垂向刚度，隔振垫基本块尺寸为 84mm×84mm×20mm（见图 10-39）。该系列产品由一种规格尺寸、三种橡胶硬度隔振垫组成，承载范围为 0.3~6kN。为提高隔振效果，可多层隔振垫串联使用，并且各层之间以金属薄板隔开，n 层串联隔振垫总刚度为单层的 $1/n$ 倍，考虑到垂向稳定性，串联后隔振垫的总高度不应超过隔振垫的宽度；当被隔振体较轻时，可将隔振垫分割成 1/2 块使用，分割后隔振垫承载能力及刚度也为原来的 1/2 倍，分割后的隔振垫也可再串联使用。橡胶隔振垫组合性能见表 10-62。

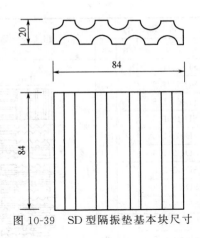

图 10-39　SD 型隔振垫基本块尺寸

表 10-62　橡胶隔振垫组合性能特性表

隔振垫 型号	层	块	组 合 简 图	竖向许可荷载/kN	竖向变形 F/mm	竖向固有频率/Hz	钢板 块	钢板 尺寸/mm
SD-41-0.5				0.16~0.43	2.5~5.0	12.9~9.1		
SD-61-0.5	1	1/2		0.44~1.18	2.5~5.0	12.9~9.1		
SD-81-0.5				1.10~3.00	2.5~5.0	12.9~9.1		
SD-42-0.5				0.16~0.43	4.0~9.0	10.3~6.5		
SD-62-0.5	2	1		0.44~1.18	4.0~9.0	10.3~6.5	1	
SD-82-0.5				1.10~3.00	4.0~9.0	10.3~6.5		96×53×3
SD-43-0.5				0.16~0.43	5.5~13.0	8.4~5.4		
SD-63-0.5	3	1.5	每层0.5个基本块	0.44~1.18	5.5~13.0	8.4~5.4	2	
SD-83-0.5				1.10~3.00	5.5~13.0	8.4~5.4		
SD-41-1				0.32~0.86	2.5~5.0	12.9~9.1		
SD-61-1	1	1		0.88~2.37	2.5~5.0	12.9~9.1		
SD-81-1				2.22~5.92	2.5~5.0	12.9~9.1		
SD-42-1				0.32~0.86	4.0~9.0	10.3~6.5		
SD-62-1	2	2		0.88~2.37	4.0~9.0	10.3~6.5	1	
SD-82-1				2.22~5.92	4.0~9.0	10.3~6.5		
SD-43-1				0.32~0.86	5.5~13.0	8.4~5.4		
SD-63-1	3	3		0.88~2.37	5.5~13.0	8.4~5.4	2	96×96×3
SD-83-1				2.22~5.92	5.5~13.0	8.4~5.4		
SD-44-1			每层1个基本块	0.32~0.86	7.0~17.0	7.4~4.8		
SD-64-1	4	4		0.88~2.37	7.0~17.0	7.4~4.8	3	
SD-84-1				2.22~5.92	7.0~17.0	7.4~4.8		

续表

隔振垫 型号	层	块	组合简图	竖向许可荷载/kN	竖向变形 F/mm	竖向固有频率/Hz	钢板 块	钢板 尺寸/mm
SD-41-1.5				0.48~1.29	2.5~5.0	12.9~9.1		
SD-61-1.5	1	1.5		1.32~3.56	2.5~5.0	12.9~9.1		
SD-81-1.5				3.33~8.88	2.5~5.0	12.9~9.1		
SD-42-1.5				0.48~1.29	4.0~9.0	10.3~6.5		
SD-62-1.5	2	3		1.32~3.56	4.0~9.0	10.3~6.5	1	
SD-82-1.5				3.33~8.88	4.0~9.0	10.3~6.5		
SD-43-1.5				0.48~1.29	5.5~13.0	8.4~5.4		
SD-63-1.5	3	4.5		1.32~3.56	5.5~13.0	8.4~5.4	2	
SD-83-1.5				3.33~8.88	5.5~13.0	8.4~5.4		96×140×3
SD-44-1.5				0.48~1.29	7.0~17.0	7.4~4.8		
SD-64-1.5	4	6		1.32~3.56	7.0~17.0	7.4~4.8	3	
SD-84-1.5				3.33~8.88	7.0~17.0	7.4~4.8		
SD-45-1.5				0.48~1.29	8.5~21.0	7.0~4.1		
SD-65-1.5	5	7.5	每层1.5个基本块	1.32~3.56	8.5~21.0	7.0~4.1	4	
SD-85-1.5				3.33~8.88	8.5~21.0	7.0~4.1		
SD-41-2				0.64~1.72	2.5~5.0	12.9~9.1		
SD-61-2	1	2		1.76~4.74	2.5~5.0	12.9~9.1		
SD-81-2				4.44~11.84	2.5~5.0	12.9~9.1		
SD-42-2				0.64~1.72	4.0~9.0	10.3~6.5		
SD-62-2	2	4		1.76~4.74	4.0~9.0	10.3~6.5	1	
SD-82-2				4.44~11.84	4.0~9.0	10.3~6.5		
SD-43-2				0.64~1.72	5.5~13.0	8.4~5.4		
SD-63-2	3	6		1.76~4.74	5.5~13.0	8.4~5.4	2	
SD-83-2				4.44~11.84	5.5~13.0	8.4~5.4		96×182×3
SD-44-2				0.64~1.72	7.0~17.0	7.4~4.8		
SD-64-2	4	8		1.76~4.74	7.0~17.0	7.4~4.8	3	
SD-84-2				4.44~11.84	7.0~17.0	7.4~4.8		
SD-45-2				0.64~1.72	8.5~21.0	7.0~4.1		
SD-65-2	5	10		1.76~4.74	8.5~21.0	7.0~4.1	4	
SD-85-2			每层2个基本块	4.44~11.84	8.5~21.0	7.0~4.1		
SD-41-2.5				0.80~2.15	2.5~5.0	12.9~9.1		
SD-61-2.5	1	2.5		2.20~5.93	2.5~5.0	12.9~9.1		
SD-81-2.5				5.55~14.8	2.5~5.0	12.9~9.1		
SD-42-2.5				0.80~2.15	4.0~9.0	10.3~6.5		
SD-62-2.5	2	5		2.20~5.93	4.0~9.0	10.3~6.5		
SD-82-2.5				5.55~14.8	4.0~9.0	10.3~6.5		
SD-43-2.5				0.80~2.15	5.5~13.0	8.4~5.4		
SD-63-2.5	3	7.5		2.20~5.93	5.5~13.0	8.4~5.4	1	
SD-83-2.5				5.55~14.8	5.5~13.0	8.4~5.4		96×225×3
SD-44-2.5				0.80~2.15	7.0~17.0	7.4~4.8		
SD-64-2.5	4	10		2.20~5.93	7.0~17.0	7.4~4.8	2	
SD-84-2.5			每层2.5个基本块	5.55~14.8	7.0~17.0	7.4~4.8		
SD-45-2.5				0.80~2.15	8.5~21.0	7.0~4.1		
SD-65-2.5	5	12.5		2.20~5.93	8.5~21.0	7.0~4.1	3	
SD-85-2.5				5.55~14.8	8.5~21.0	7.0~4.1		

续表

隔振垫 型号	层	块	组合简图	竖向许可荷载/kN	竖向变形 F/mm	竖向固有频率/Hz	钢板 块	钢板 尺寸/mm
SD-41-3	1	3	平面 258/84；一层20，二层43，三层66，四层89，五层112；每层3个基本块	0.96~2.58	2.5~5.0	12.9~9.1	4	96×268×3
SD-61-3				2.64~7.11	2.5~5.0	12.9~9.1		
SD-81-3				6.66~17.7	2.5~5.0	12.9~9.1		
SD-42-3	2	6		0.96~2.58	4.0~9.0	10.3~6.5		
SD-62-3				2.64~7.11	4.0~9.0	10.3~6.5		
SD-82-3				6.66~17.7	4.0~9.0	10.3~6.5		
SD-43-3	3	9		0.96~2.58	5.5~13.0	8.4~5.4	1	
SD-63-3				2.64~7.11	5.5~13.0	8.4~5.4		
SD-83-3				6.66~17.7	5.5~13.0	8.4~5.4		
SD-44-3	4	12		0.96~2.58	7.0~17.0	7.4~4.8	2	
SD-64-3				2.64~7.11	7.0~17.0	7.4~4.8		
SD-84-3				6.66~17.7	7.0~17.0	7.4~4.8		
SD-45-3	5	15		0.96~2.58	8.5~21.0	7.0~4.1	3	
SD-65-3				2.64~7.11	8.5~21.0	7.0~4.1		
SD-85-3				6.66~17.7	8.5~21.0	7.0~4.1		
SD-41-4	1	4	平面 172/172；一层20，二层43，三层66，四层89，五层112；每层4个基本块	1.28~3.44	2.5~5.0	12.9~9.1		182×182×3
SD-61-4				3.52~9.48	2.5~5.0	12.9~9.1		
SD-81-4				8.88~23.7	2.5~5.0	12.9~9.1		
SD-42-4	2	8		1.28~3.44	4.0~9.0	10.3~6.5		
SD-62-4				3.52~9.48	4.0~9.0	10.3~6.5		
SD-82-4				8.88~23.7	4.0~9.0	10.3~6.5		
SD-43-4	3	12		12.8~3.44	5.5~13.0	8.4~5.4	1	
SD-63-4				3.52~9.48	5.5~13.0	8.4~5.4		
SD-83-4				8.88~23.7	5.5~13.0	8.4~5.4		
SD-44-4	4	16		1.28~3.44	7.0~17.0	7.4~4.8	2	
SD-64-4				3.52~9.48	7.0~17.0	7.4~4.8		
SD-84-4				8.88~23.7	7.0~17.0	7.4~4.8		
SD-45-4	5	20		12.8~3.44	8.5~21.0	7.0~4.1	3	
SD-65-4				3.52~9.48	8.5~21.0	7.0~4.1		
SD-85-4				8.88~23.7	8.5~21.0	7.0~4.1		
SD-41-6	1	6	平面 258/172；一层20，二层43，三层66，四层89，五层112；每层6个基本块	1.92~5.16	2.5~5.0	12.9~9.1	4	182×268×3
SD-61-6				5.28~14.2	2.5~5.0	12.9~9.1		
SD-81-6				13.3~35.5	2.5~5.0	12.9~9.1		
SD-42-6	2	12		1.92~5.16	4.0~9.0	10.3~6.5	1	
SD-62-6				5.28~14.2	4.0~9.0	10.3~6.5		
SD-82-6				13.3~35.5	4.0~9.0	10.3~6.5		
SD-43-6	3	18		1.92~5.16	5.5~13.0	8.4~5.4	2	
SD-63-6				5.28~14.7	5.5~13.0	8.4~5.4		
SD-83-6				13.3~35.5	5.5~13.0	8.4~5.4		
SD-44-6	4	24		1.92~5.16	7.0~17.0	7.4~4.8	3	
SD-64-6				5.28~14.2	7.0~17.0	7.4~4.8		
SD-84-6				13.3~35.5	7.0~17.0	7.4~4.8		
SD-45-6	5	30		1.92~5.16	8.5~21.0	7.4~4.1	4	
SD-65-6				5.28~14.2	8.5~21.0	7.4~4.1		
SD-85-6				13.3~35.5	8.5~21.0	7.4~4.1		

2. DFG 型低频弹簧橡胶复合隔振器

DFG 型低频弹簧橡胶复合隔振器是由组合弹簧、上下钢板、上下凸形橡胶隔振垫等组成。上下钢板外表面粘贴橡胶摩擦防滑垫，上下钢板用螺栓与上下凸形橡胶垫固定连接。隔振螺旋弹簧扣在凸形橡胶垫上，使其固定提高了隔振器的横向刚度，同时也隔离了固体传声和高频冲击噪声的传递，增加了隔振器的阻尼。DFG 型为开启式，同时也可生产 DFG2 型封闭式。

DFG 型低频弹簧橡胶复合隔振器具有载荷范围宽、固有频率低、隔振效率高、环境适应力强、耐油、耐酸、工作温度在 $-40 \sim 110 \, ^\circ C$ 下均能正常工作等优点。

DFG 型低频弹簧橡胶复合隔振器在安装时可直接安放在设备下，对有一定干扰力的动力设备可四角四个减振器上与设备固定，下与地基固定，中间几个可不固定，便于移动，调节设备重心；若动力设备干扰力较大，重心调节后，隔振器必须全部上下固定。

（1）主要技术性能　DFG 型低频弹簧橡胶复合隔振器系列产品共有 23 种规格，最佳载荷为 $20 \sim 5000 \, kg$，额定载荷下对应垂向自振频率为 $2.4 \sim 8 \, Hz$，阻尼比为 $0.03 \sim 0.05$，是积极隔振和消极隔振的理想产品。主要技术性能见表 10-63。

表 10-63　DFG 型低频弹簧橡胶复合隔振器技术性能表

型　号	最佳载荷/N	许可载荷/N		垂向总刚度 K_z /(N/mm)	径向总刚度 K_r /(N/mm)
		最小 P_1	最大 P_2		
DFG-20	200	120	280	13	6.6
DFG-30	300	180	420	20	10
DFG-50	500	290	680	31	22
DFG-80	800	460	1080	40	27
DFG-120	1200	690	1600	47	31
DFG-150	1500	860	2000	64	33
DFG-180	1800	900	2200	56	35
DFG-220	2200	1290	3000	83	41
DFG-260	2600	1420	3300	95	47
DFG-320	3200	1840	4300	126	70
DFG-360	3600	2050	4800	125	60
DFG-420	4200	2490	5800	175	77
DFG-480	4800	2570	6000	190	105
DFG-640	6400	3500	8200	182	128
DFG-800	8000	4500	10500	230	138
DFG-900	9000	5140	12000	220	154
DFG-1050	10500	6680	15600	274	192
DFG-1300	13000	7070	16500	304	180

（2）隔振器结构及主要尺寸　DFG 型低频弹簧橡胶复合隔振器结构如图 10-40、图 10-41 所

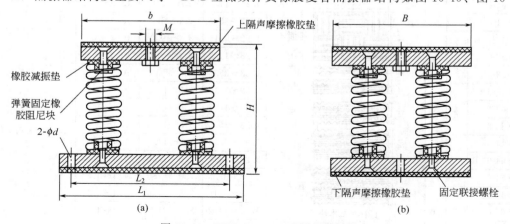

(a)　　　　　　　　　　(b)

图 10-40　DFG-20～480 型隔振器结构

示,图 10-40 为 DFG-20~480 规格,图 10-41 为 DFG-640~5000 规格。隔振器外形及安装尺寸如表 10-64 所列。

(3) DFG 型隔振器载荷-变形-固有频率关系　为便于用户选择和使用隔振器,将 23 种规格 DFG 型低频弹簧橡胶复合隔振器承受载荷、静变形及固有频率三者的关系绘成曲线分别如图 10-42~图 10-47 所示,当某一规格隔振器承受载荷确定时,便可从图中查出相应的静变形,然后再由静变形找出对应的固有频率。

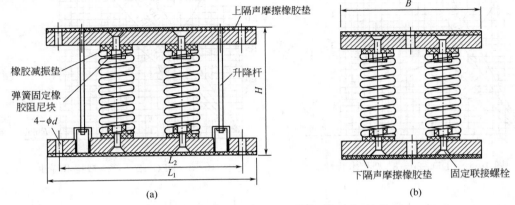

图 10-41　DFG-640~5000 型大载荷隔振器结构

表 10-64　DFG 型隔振器外形及主要尺寸

型　号	尺寸/mm							质量/kg
	H	L_1	L_2	B	b	d	M	
DFG-20	70	127	97	67	67	11	8	1.8
DFG-30	70	158	128	98	80	11	8	2.0
DFG-50	75	142	112	82	82	11	8	2.2
DFG-80	94	163	133	103	103	11	8	2.7
DFG-120	115	180	150	120	120	13	10	3.8
DFG-150	115	180	150	120	120	13	10	4.1
DFG-180	134	203	173	143	143	13	10	5.0
DFG-220	134	203	173	143	143	13	10	6.8
DFG-260	115	242	212	182	138	13	10	7.5
DFG-320	160	220	190	160	160	13	12	8.5
DFG-360	134	272	242	212	158	13	12	11.0
DFG-420	160	220	190	160	160	13	12	9.5
DFG-480	160	296	266	236	174	13	12	12.0
DFG-640	165	340	310	195		13		13.2
DFG-800	165	340	310	195		13		15.0
DFG-900	190	375	345	230		13		20.8
DFG-1050	165	445	415	300		13		22.0
DFG-1300	190	375	345	230		13		24.2
DFG-1500	170	300	240	170		13		12.0
DFG-2000	170	370	310	170		13		13.0
DFG-3000	170	320	260	240		13		15.5
DFG-4000	170	370	310	240		15		18.0
DFG-5000	170	440	380	240		15		20.0

3. 隔振器选用原则

① 根据被隔振系统的总质量,其中包括机械设备、基座、部分管路、电缆等质量,以及基座尺寸来确定隔振器规格及数量。

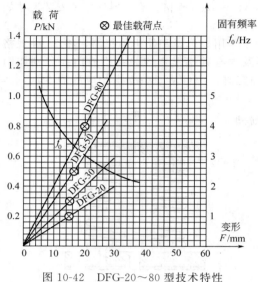

图 10-42　DFG-20～80 型技术特性

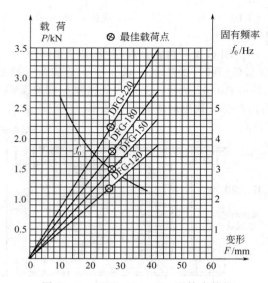

图 10-43　DFG-120～220 型技术特性

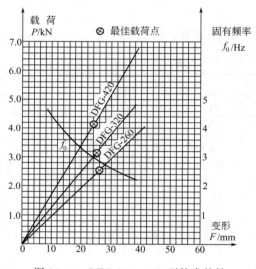

图 10-44　DFG-260～420 型技术特性

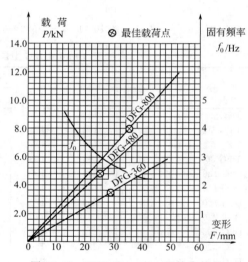

图 10-45　DFG-360～800 型技术特性

② 计算隔振器承受实际载荷，使其小于隔振器最大允许载荷；如果系统中动态力较大，应立时考虑动、静载荷。

③ 根据隔振器承受静载荷按图 10-42～图 10-47 的载荷-变形-固有频率关系曲线查找出隔振器静变形系统固有频率，应使系统干扰频率与系统固有频率之比大于 2.5。

④ 隔振器布置应使系统隔振器刚度中心线尽量接近被隔振系统的重心线，以使隔振器变形一致。

⑤ 为确保隔振效果和防止短路，被隔振设备对外接口，如管道、电缆等必须采用挠性连接，其挠性接头刚度应远远小于系统隔振器总刚度。

⑥ 应满足隔振器工作环境要求。

4. 隔振器固有频率 f_0、隔振器传递率 η、隔振效率 T 计算

计算公式如下。

$$f_0 = \frac{1}{2\pi}\sqrt{\frac{9800}{\delta}} \qquad (10\text{-}50)$$

式中，δ 为隔振器变形量。

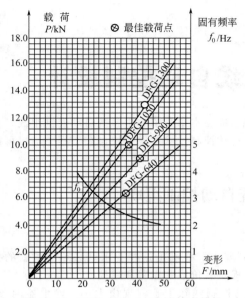

图 10-46　DFG-640～1300 型技术特性

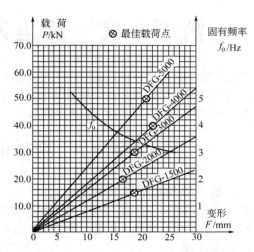

图 10-47　DFG-1500～5000 型技术特性

$$n = \sqrt{\frac{1 + \left(2D\dfrac{f}{f_0}\right)^2}{\left(1 - \dfrac{f^2}{f_0^2}\right)^2 + \left(2D\dfrac{f}{f_0}\right)^2}} \tag{10-51}$$

式中，D 为阻尼比；f 为干扰频率$\left(f = \dfrac{设备转速}{60}\right)$。

$$T = (1 - \eta) \times 100\% \tag{10-52}$$

【**例 10-15**】　风机转速 990r/min，干扰频率 $f = 16.5$Hz，风机、电机、隔振台台座总质量 W 为 16000kg（已包括扰力），试计算隔振效率。

解：①选用隔振器 10 只，每只荷载为 $\dfrac{W}{10} = 1600$kg，即 DFG-1500 型；

② 由图 10-47 查得压缩变形量 20（mm）（阻尼比为 $D \approx 0.04$）；

③ 固有频率 $f_0 = \dfrac{1}{2\pi}\sqrt{\dfrac{9800}{20}} = 3.5$（Hz）；

④ 传递率 $\eta = \sqrt{\dfrac{1 + (2 \times 0.04 \times 4.71)^2}{(1 - 4.71^2)^2 + (2 \times 0.04 \times 4.71)^2}} = 0.05$；

⑤ 隔振效率 $T = (1 - 0.05) \times 100\% = 95\%$（隔振效果较好）；

⑥ 有一定的隔振效率 $T \geqslant 80\%$，即频率比 $f/f_0 > 2.5$。

第十一章 除尘系统自动控制设计

除尘系统的自动控制设计是除尘工程设计重要组成。本章介绍除尘系统自动控制组成、自动控制仪表、可编程控制器和自动控制设计等内容。自动控制技术发展很快，在工程中应尽可能采用先进、可靠的自动和智能控制技术和设计。

第一节 除尘系统自动控制组成

一、除尘系统自动控制特点

① 先进的除尘工艺往往会提出更高的自动控制要求，要满足这些要求就必须探索新的控制方法和手段。这些方法和手段能为除尘工艺的变革提供有价值和思路和建议。

② 除尘工程与生产工程不同，除尘系统的自动控制随除尘工程规模大小、除尘器的形式、环境对除尘效果的要求以及企业管理水平相差较大。

③ 除尘系统自动控制一般分为集中控制和机旁控制，前者为生产管理；后者为维护检修。

④ 中小型除尘系统用普通电气仪表、仪器控制除尘过程，大中型除尘系统用可编程序控制器及相关仪表控制。

⑤ 除尘系统自动控制用的盘、箱、柜所放现场环境条件比较恶劣，在防尘、防水和元器件选择方面要求较高，否则会影响自动控制装置的正常运行。

⑥ 智能技术和智能产品的出现为除尘系统智能化创造了条件，如能耗最小、参数最合理、故障自动排除、管理最简化，有条件的企业都应采用智能化设计和管理。

二、自动控制系统组成

除尘系统工艺过程中包括除尘器、阀门、振动器、灰尘输送装置以及风机等机械设备，它们常常要根据一定的程序、时间和逻辑关系定时开、停。例如，钢厂电炉袋式除尘器中的清灰、卸灰和输灰设备要根据现场工艺条件按预定的时间程序周期运行。在电厂电除尘器中的振动、卸灰和排灰也要在一定的时间顺序进行。在自动调节系统中，这种调节，控制方式称为程序调节，我们常常称其为顺序逻辑控制。另外，含尘气体除尘工艺过程同其他工艺过程类似，需要在一定的流量、温度、压力和差压等工艺条件下进行。但是，由于种种原因，这些数据总会发生一些变化，与工艺设定值，发生偏差。为了保持参数设定值，就必须对工艺过程施加一个作用，以消除这种偏差而使参数回到设定值上来。例如，转炉煤气除尘系统中炉口微差压需要控制在一定的范围内。类似这样的控制方式在自动调节系统中称为定值调节，我们常常称之为闭环回路控制。

1. 自动控制系统的组成

在工业自动控制过程领域中，任何自动控制系统都是由对象和自动控制装置两大部分组成。

所谓对象，应是指被控制的机械设备、在除尘系统中，如阀门、振动器和输灰电机等，都是被控制的设备，即对象。

所谓自动控制装置，就是指实现自动控制的工具，归纳起来可以分为以下 4 类。

(1) 自动检测装置和报警装置 它是在除尘设备运转过程中，对设备中的各个参数自动、连续地进行检测并显示出来。只有采用了自动检测才谈得上工艺过程的自动控制。

自动报警装置是指用声、光等信号自动地反映生产过程的情况及除尘设备运转是否正常情况的一种自动化装置。

(2) 自动保护装置 当设备运行不正常，有可能发生事故时，自动保护装置能自动地采取措施，防止事故的发生和扩大，保护人身和设备的安全。实际上自动保护装置和自动报警装置往往是配合使用的。

（3）自动操作装置　利用自动操作装置可以根据工艺条件和要求，自动地启动或停止某台设备，或进行交替动作。

（4）自动调节装置　在除尘过程控制中，有些工艺参数需要保持在规定的范围内，如转炉煤气除尘系统中，炉口微差压控制在－20～20Pa之间。当某种情况使工艺参数发生变化时，就由自动调节装置对生产过程施加影响，使工艺参数恢复到原来的规定值上。

上面讲的4类自动化装置功能都可以在可编程控制器中完成，因此，测量仪表、监控系统和被控设备，即组成了现代除尘系统运行的自动化系统。

2. 输入、输出点

在自动控制时，我们常常用到输入、输出点的概念。

在大中型除尘控制系统中采用一定数量的自动检测仪表，这些仪表的输出信号都送入了由PLC和计算机组成的监控系统进行显示、储存、打印、分析等。此外，PLC和计算机控制系统还可发出信号（通常是4～20mA）来控制某些连续动作装置，如阀门等。这种连续的信号，我们称之为模拟量信号。来自于在线检测仪表的模拟信号进入PLC和计算机系统，我们称之为模拟量输入信号；从PLC和计算机发出的模拟量信号，我们称之为模拟量输出信号，通常用它来控制某些调节阀门。还有另一种状态信号，如控制输灰机运行或停止，这种信号我们称之为开关量输入信号。开关量输入信号通常是从按钮、限位开关和继电器辅助触点上取得，一般都是无源触点。从PLC系统发出的用于控制设备运行或停止的信号，我们称之为开关量输出信号。开关量输出信号通常用来触发接触器、继电器、电磁阀和信号灯等，使它们按照我们预先编制的程序对设备进行控制及显示。

由此可以看出，一个除尘系统输入、输出点的多少反映了该系统的规模大小。当然，输入、输出点数的多少除了与处理能力有关外，还同处理工艺、设计思路、被控设备不同和对自动化要求的程度等因素有关。但是，除尘系统的控制过程都有一个共同的特点，就是开关量多，模拟量少，以逻辑顺序控制为主，闭环回路控制为辅。因此，PLC在除尘系统控制中得到了广泛的应用。

第二节　除尘工程常用仪表

除尘工程控制仪表包括温度仪表，压力仪表、物位仪表以及流量仪表，控制仪表是除尘设备的重要组成部分，是设计和使用除尘器的重要环节。

一、温度仪表

温度是表征物体冷热程度的物理量。温度不能直接测量，只能借助于物体的某些物理性质随冷热程度不同而变化的特性来加以间接测量。常用的测量方法有热膨胀、电阻变化、热电效应和热辐射等。

温度数值的表示用温标，温标规定了温度读数的起点和测量温度的基本单位。国际上温标的种类很多，常用的有3种，即摄氏温标（℃）、华氏温标（F）和热力学温标（K）。除尘设备温度测量仪表用摄氏温标（℃）。温标换算如下：

$$Y = 1.8t + 32 \tag{11-1}$$
$$Z = t + 273.15 \tag{11-2}$$

式中，t为摄氏温标数值，℃；Z为热力学温标数值，K；Y为华氏温标数值，F。

（一）温度仪表的分类和特点

1. 接触式测温仪

接触式测温方法是测温元件与被测物相接触，二者之间产生热交换。当热交换达到平衡时，测温元件的温度与被测物相等。测温元件的物理变化即代表了被测温度变化。

接触式测温仪的特点是结构简单、价格便宜、维护量小；但是因为存在热平衡，所以响应较慢，也可能因破坏被测物的温度场而改变了原来的温度。

根据测温原理的不同，接触式测温仪有 3 种测温方法。

(1)膨胀式温度计 膨胀式测温是根据物体受热膨胀原理制成的温度计对温度进行检测，按感热体不同有 4 种不同的温度计。

① 固体膨胀式温度计。固体膨胀式温度计的原理是基于固体长度而变化的性质，其关系式如下：

$$L_t = L_{t0}[1 + \alpha(t - t_0)] \tag{11-3}$$

式中，L_t 为温度等于 t 时材料长度；L_{t0} 为温度等于 t_0 时材料长度；α 为在 t_0 和 t 之间材料平均线膨胀系数。

常用的固体膨胀式温度计有杆式温度计和双金属温度计，后者应用最广。

② 液体膨胀式温度计。它是根据液体受热后体积发生膨胀的性质制成。其关系式如下：

$$V_{t2} - V_{t1} = V_{t0}(\alpha - \alpha')(t_2 - t_1) \tag{11-4}$$

式中，t_1、t_2 分别为液体在 t_1 和 t_2 时的体积；α 为液体的体积膨胀系数；α' 为玻璃容器的体积膨胀系数。

液体膨胀式温度计还有液体压力温度计。

③ 气体膨胀式温度计。气体膨胀式温度计的工作原理是在容积保持恒定的前提下，气体的绝对压力 p 随气体的绝对温度 T 增加而增加。其关系式为

$$\frac{p_1}{T_1} = \frac{p_2}{T_2} \tag{11-5}$$

这种温度计称气体压力式温度计。所充气体为惰性气体。

④ 蒸气膨胀式温度计。蒸气膨胀式温度是利用液体的饱和蒸气压力随温度变化的性质进行测量的，温包中所用的液体为沸点液体。

(2)热电阻温度计 电阻测温原理是根据导体(或半导体)的电阻值随温度变化而变化的性质，将电阻值的变化用显示仪表显示出来，其关系式为

$$R_t = R_0(1 + At + Bt^2) \tag{11-6}$$

式中，R_t 为 $t℃$ 时电阻值，Ω；R_0 为 $0℃$ 时电阻值，Ω；A、B 为常数，依电阻材料而定。

常用的电阻温度计有铂热电阻、铜热电阻和半导体电阻温度计。

(3)热电偶温度计 热电偶的测温原理是热电效应，所谓热电效应就是两种不同金属线连成闭路时，如两接点温度不同，则产生热电势，其值等于两点所产生的电势之差。关系式为

$$E(T, T_0) = f(T) - f(T_0) \tag{11-7}$$

式中，$E(T, T_0)$ 为热电偶的总电势；T 为热端温度；T_0 为冷端温度。

热电偶的种类很多，偶丝材料不同，温度和电势的具体关系式亦不同，一般在产品说明书中以分表形式给出。

2. 非接触式测温仪

非接触式测温方法是测温元件不与被测物直接接触。它是建立在感温元件接收热辐射基础上的一种测温方法。自然界中任何一种物质都在发射和吸收电磁辐射，但是只有波长为 $0.4 \sim 0.8 \mu m$ 的可见光和波长为 $0.8 \sim 0.4mm$ 的红外线才能产生热辐射，非接触式测温就是建立在这一基础上。这种测温仪由光学系统、感温元件、仪表和附件组成，其特点是响应快，结构复杂，价格贵。

非接触式测温仪根据原理不同可分为亮度测温法和颜色测温法(或称比色测温法)。

(1)亮度测温 亮度测温法是根据测温元件接收被测目标辐射功率的大小来测定温度的。它的理论基础是普朗克定律，表达式为

$$E\lambda(T) = \varepsilon C_1 \lambda^{-5} \left(e^{\frac{C_2}{\lambda T}} - 1\right)^{-1} \tag{11-8}$$

式中，$E\lambda(T)$ 为黑体的单色辐射强度；ε 为物体的发射率；λ 为波长，m；T 为物体的绝对

温度，K；C_1 为普朗克第一辐射常数 3.7418×10^{-16} W·m^2；C_2 为普朗克第二辐射常数 1.4388×10^{-2} m·K。

由式(11-8)可知，辐射强度的大小和绝对温度及辐射波长有关。根据温度探测器波谱响应特点，亮度式测温仪有 3 种：a. 单色亮度测温仪，典型的代表是光学高温计，它的工作波长是 $0.66\mu m$；b. 部分辐射测温仪，它是接收被测目标从波长 λ_1 到 λ_2 范围内辐射功率大小来测定目标温度的，红外高温计大都属于此类；c. 全辐射测温仪，它是接收被测目标从零到无穷大波长范围内全部辐射功率大小来测量温度。

(2)比色测温　比色测温仪测取的温度是色温，它的测温原理是根据被测对象发射的两个不同波长功率之比来测定目标温度的，其关系式为

$$T = \frac{B}{\ln F - A} \tag{11-9}$$

$$A = \ln\left[\left(\frac{\lambda_2}{\lambda_1}\right)^5 \left(\frac{\Delta\lambda_1}{\Delta\lambda_2}\right)\right]$$

$$B = C_2\left(\frac{1}{\lambda_2} - \frac{1}{\lambda_2}\right)$$

式中，T 为被测物绝对温度，K；F 为 $\lambda_1\lambda_2$ 波长辐射功率之比；C_2 为普朗克第二辐射常数。

比色测温仪可以克服被测目标不能充满视场和发射率的影响，亦能克服光路系统的某些干扰。

3. 测温仪表的测量范围和特点

常用的各类温度仪表的测量范围和特点见表 11-1。

表 11-1　常用温度仪表的种类及特点

原理	种　类		使用温度范围/℃	量值传递的温度范围/℃	精确度/℃	线性化	响应时间	记录与控制	价格
膨胀	水银温度计		$-50\sim650$	$-50\sim550$	$0.1\sim2$	可	中	不合适	
	有机液体温度计		$-200\sim200$	$-100\sim200$	$1\sim4$	可	中	不合适	贱
	双金属温度计		$-50\sim500$	$-50\sim500$	$0.5\sim5$	可	慢	适合	
压力	液体压力温度计		$-30\sim600$	$-30\sim600$	$0.5\sim5$	可	中	适合	贱
	蒸气压力温度计		$-20\sim350$	$-20\sim350$	$0.5\sim5$	非	中		
电阻	铂电阻温度计		$-260\sim1000$	$-260\sim630$	$0.01\sim5$	良	中	适合	贵
	热敏电阻温度计		$-50\sim350$	$-50\sim350$	$0.3\sim5$	非	快	适合	中
热电动势	热电温度计	B	$0\sim1800$	$0\sim1600$	$4\sim8$	可	快	适合	贵
		S·R	$0\sim1600$	$0\sim1300$	$1.5\sim5$	可			贵
		N	$0\sim1300$	$0\sim1200$	$2\sim10$	良	快	适合	中
		K	$-200\sim1200$	$-180\sim1000$	$2\sim10$	良			
		E	$-200\sim800$	$-180\sim700$	$3\sim5$	良			
		J	$-200\sim800$	$-180\sim600$	$3\sim10$	良			
		T	$-200\sim350$	$-180\sim300$	$2\sim5$	良			
热辐射	光学温度计		$700\sim3000$	$900\sim2000$	$3\sim10$	非	—	不适合	中
	光电高温计		$200\sim3000$	—	$1\sim10$	非	快	适合	贵
	辐射温度计		约$100\sim$约3000	—	$5\sim20$		中		
	比色温度计		$180\sim3500$	—	$5\sim20$		快		

（二）膨胀式温度计

根据物体热胀冷缩原理制成的温度计统称为膨胀式温度计。它的种类很多，有液体膨胀式玻璃温度计，有液体、气体膨胀式压力温度计及固体膨胀式双金属温度计。

1. 玻璃液体温度计

（1）种类和特点　玻璃液体温度计，简称玻璃温度计，是一种直读式温度测量仪表，常用于除尘器测定，其特点是：a. 结构简单，制造容易，价格便宜；b. 测温范围广，精确度高；c. 可直接读数，使用方便；d. 易损坏，破损后，有些物质（如汞，甲苯等）将污染环境。

玻璃液体温度计按使用目的划分有七类（详见表 11-2）。

表 11-2　玻璃液体温度计的种类及特性

温　度　计		特　　　性
标准温度计	标准水银温度计	用于检定各种次级或工作温度计。有一等标准温度计与二等标准温度计，一等标准水银温度计的测量范围为：－30～300℃，最小分度值为 0.05℃
实验室用精密温度计	贝克曼温度计（移液式温度计）	在－20～150℃ 温度范围内用于测量 0～6℃ 任意间的微小温差，精确度高，最小刻度为 0.01℃
	内标式、外标式或棒式温度计	在实验室用于要求精确度较高的恒温，控制与报警最小分度值为 0.01℃。温度测量范围为－60～300℃；300～500℃
工作用温度计	电接点玻璃温度计	在－58～300℃ 温度范围内用于恒温控制，还具有自动报警等多种功能
	倒转温度计	在浅海、湖泊、沼泽等任何水深下，都可以用来测量水温。在测量点下，使温度计倒转用于固定示值
	最低温度计	能始终保持最低温度的温度计，它有一个指示杆沉在毛细管液柱内，当温度升高时，液柱上升，而指示杆停留不动，所以，指示杆和弯月面接触的一端指示的温度即为最低温度。使用时注意将温度计水平放置
	最高温度计	能始终保持最高温度的温度计。它的毛细管有特殊缩口，当温度计被冷却，能阻碍水银柱下降，也称留点式温度计，体温计即为留点式最高温度计

（2）使用注意事项　在安装或使用玻璃温度计时必须注意如下事项。

① 玻璃温度计。感温液柱不应有断节或含有气泡、灰尘；刻度线及数字不应脱落；刻度板不应松动或滑动。

② 带保护管的温度计。为了提高强度、减少热冲击，在玻璃温度计外常套有金属保护管。但感温泡与保护管的间隙要小。保护管会引起误差，管壁越厚，插入深度越浅，其误差越大。因此，在进行精密测量时，最好不用保护管。

③ 温度计的使用。感温泡的玻璃壁很薄，容易破损，使用时应避免机械冲击；并要尽可能减少对温度计的热冲击，测量时要缓慢插入温度计。并安装在无振动的场所。

④ 示值读数：a. 温度计与被测介质要充分达到热平衡后才能读取示值；b. 视差，读数时视线应与标尺相垂直，并与液柱端面处在同一平面上，否则将产生视差；c. 对于全浸温度计，露出的液柱不得大于 15mm，当处于局浸检定时，其示值应按下式修正：

$$\Delta t = KN (t - t_1) \tag{11-10}$$

式中，Δt 为露出液柱的温度修正值；K 为感温液的视膨胀系数；N 为露出液柱的度数（化整到整度数）；t_1 为由辅助温度计测出的露出液柱的平均温度；t 为该温度计所指示的温度。

2. 压力式温度计

（1）压力式温度计特点　压力式温度计也是一种膨胀式温度计，按所用介质不同，分为液体压力式温度计和气体、蒸汽压力式温度计，其主要特性见表 11-3。

表 11-3　压力式温度计的特性

项目 ＼ 种类	水 银 压力式温度计	液 体 压力式温度计	气 体 压力式温度	蒸 气 压力式温度	双金属温度计
仪表刻度	等 间 隔	等 间 隔	等 间 隔	不等间隔	等 间 隔
测温范围/℃	−50～650	−70～300	−200～500	−60～300	−70～500
指示机构驱动力	大	大	小于左边 两种温度计	小于最左边 两种温度计	小于最左边 两种温度计
温包大小	中	很 小	很 小	中	中
导管的最大长度/m	50	20	30	10	—
环境温度修正法	双金属修正式 导线修正式	双金属修正式 导线修正式	不需修正 双金属修正式	不需修正	不需修正
时间常数/s	约 8	约 15	约 10	约 5	约 20
周围压力影响	可忽略	可忽略	通常很小	环境压力>0.025Pa 时不能忽略	可忽略
其他		(1) 温包与显示部分的距离可以很长； (2) 如果感温液凝固，对针器有损伤		(1) 只有当感温液与蒸气共存的情况下，示值与其量无关； (2) 导管长度与直径对示值无影响； (3) 温包可以做得很小	(1) 可 以 小型化； (2) 因无导管，不能远距离测定

注：为了便于比较，将双金属温度计也列入表中。

（2）工作原理　利用充灌式感温系统测量温度的仪器称为压力式温度计，其原理是根据液体膨胀定律。一定质量的液体，在体积不变的条件下，液体压力与温度之间的关系可用下式表示：

$$p_t - p_0 = \frac{\alpha}{\beta}(t - t_0) \tag{11-11}$$

式中，p_t 为液体在温度 t 时的压力；p_0 为液体在温度 t_0 时的压力；α 为液体的膨胀系数；β 为液体的压缩系数。

由上式可以看出，当密封系统的容积不变时，液体的压力与温度呈线性关系。由此原理制成的液体压力式温度计的标尺应为均匀等分。

（3）使用注意事项　该种温度计适于测量对温包无腐蚀作用的液体、蒸汽和气体的温度。使用时应注意的事项如下。

① 压力式温度计与玻璃水银温度计相比，时间常数较大，在测量时要将测温元件放在被测介质中保持一定时间，待示值稳定后再读数。

② 如果被测介质对温包有腐蚀作用时，应将温包安装在耐压且抗腐蚀的保护管中。

③ 安装时毛细管应拉直，且最小弯曲半径不应小于 50mm。每隔 300mm 处最好用轧头固定。

④ 在测量时应将温包全部插入被测介质中，以减小导热误差。

⑤ 在安装液体压力式温度计时，其温包与显示仪表应在同一水平面上，以减少由液体静压引起的误差。

（三）电阻温度计（热电阻）

利用导体或半导体的电阻值随温度变化来测量温度的仪表称电阻温度计。它是由热电阻（感温元件）、连接导线和显示或记录仪表构成的。除尘工程用的电阻温度计，用来测量 −200～850℃ 范围内的温度。

1. 电阻温度计特性

① 精确度高。在所有的常用温度计中，它的精确度最高，可达 1mK。

② 输出信号大，灵敏度高。如在 0℃下用 Pt100 铂热电阻测温，当温度变化 1℃时，其电阻值约变化 0.4Ω，如果通过电流为 2mA，则其电压输出量为 800μV。电阻温度计的灵敏度较热电偶高一个数量级。

③ 测温范围广，稳定性好。在振动小而适宜的环境下，可在很长时间内保持 0.1℃时以下的稳定性。

④ 温度值可由测得的电阻值直接求出。输出线性好，只用简单的辅助回路就能得到线性输出，配套的显示仪表可均匀刻度。

⑤ 采用细铂丝的热电阻元件一般结构抗机械冲击与振动性能差。热响应时间长，不适宜测量体积狭小和温度瞬变区域。

2. 原理

物体的电阻一般随温度而变化。通常用电阻温度系数来描述这一特性。它的定义是：在某一温度间隔内，当温度变化 1K 时，电阻值的相对变化量，常用 α 表示，单位为 K^{-1}。根据定义，α 可用式（11-12）表示：

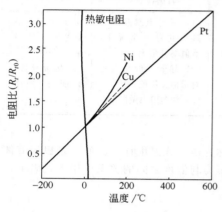

$$\alpha = \frac{R_t - R_{t0}}{R_{t0}(t - t_0)} = \frac{I\Delta R}{R_{t0}\Delta t} \qquad (11\text{-}12)$$

式中，R_t 为在温度为 t℃时的电阻值，Ω；R_{t0} 为在温度为 t_0℃时的电阻值，Ω。

当温度变化时，感温元件的电阻值随温度而变化，并将变化的电阻值作为电信号输入显示仪表，通过测量回路的转换，在仪表上显示出温度的变化值。这就是电阻测温的工作原理。常用热电阻材料的电阻与温度关系曲线见图 11-1。

图 11-1 常用热电阻材料的电阻与温度关系

3. 电阻温度计的结构

工业电阻温度计的基本结构如图 11-2 所示。热电阻主要由感温元件、内引线、保护管 3 部分组成。通常还具有与外部测量与控制装置、机械装置连接的部件。它的外形与热电偶相似，使用要注意避免用错。

4. 电阻温度计性能

普通装配式电阻温度计性能见表 11-4。

表 11-4 普通装配式电阻温度计性能表

品种	分度号	0℃电阻值/Ω	保护管材质	测量范围/℃	允许误差/℃		允许通过电流/mA
铂电阻	Pt100	100±0.06	1Cr18Ni9Ti	−200～+550	等级	公式	≤5
		100±0.12			A	±（0.15+0.2%｜t｜）	
铜电阻	Cu50	50±0.06		−50～+100	B	±（0.3+0.5%｜t｜）	≤10
	Cu100	100±0.12			—	±（0.3+0.6%｜t｜）	

注：表中｜t｜为被测温度绝对值

（四）热电温度计（热电偶）

利用热电偶随温度变化所产生的与温度相应的热电动势来测量温度的仪表称热电温度计。它是由热电偶、补偿（或铜）导线及显示或记录仪表构成的。广泛用来测量 −200～1300℃ 范围内的温度。

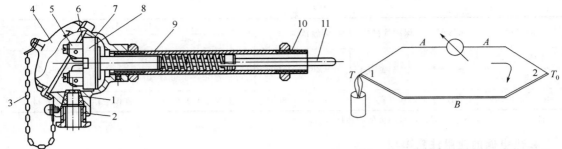

图 11-2　工业电阻温度计的基本结构

1—出线孔密封圈；2—出线孔螺母；3—链条；4—盖；

5—接线；6—盖的密封圈；7—接线盒；8—接线座；9—保护管；

10—绝缘管；11—内引线

图 11-3　塞贝克效应示意（$T > T_0$）

1. 热电偶的特性

① 热电偶可将温度量转换成电量进行检测，所以对于温度的测量、控制，以及对温度信号的放大、变换等都很方便。

② 惰性小，精确度高，测量范围广。

③ 适于远距离测量与自动控制。

④ 结构简单，制造容易，价格便宜。

⑤ 测量精确度难以超过 0.2℃。

⑥ 必须有参比端，并且温度要保持恒定。

2. 原理

热电偶的测量原理是基于 1821 年塞贝克发现的热电现象。两种不同的导体 A 和 B 连接在一起，构成一个闭合回路，当两个接点 1 与 2 的温度不同时（见图 11-3），如果 $T > T_0$，在回路中就会产生热电动势，此种现象称为热电效应。该热电动势就是著名的"塞贝克温差电动势"，简称"热电动势"，记为 E_{AB}。导体 A、B，称为热电极。接点 1 通常是焊接在一起的，测量时将它置于测温场所感受被测温度，故称为测量端。接点 2 要求温度恒温，称为参比端。

热电偶就是通过测量热电动势来实现测温的，即热电偶测温是基于热电转化现象——热电现象。如果进一步分析，则可发现热电偶是一种换能器，它是将热能转化为电能，用所产生的热电动势测量温度。该电动势实际上是由接触电势（珀尔贴电势）与温差电势（汤姆逊电势）所组成。

3. 主要性能

普通除尘用热电偶温度计性能见表 11-5。

表 11-5　普通除尘用热电偶温度计性能表

品　种	分度号	保护管材质	测温范围/℃	允许误差与偶差等级	
				Ⅰ级	Ⅱ级
镍铬-镍硅	K	1Cr18Ni9Ti	−40～850	±1.5℃或0.4%|t|	±2.5℃或0.75%|t|
		3YC-52 2520 高铝瓷管	单支−40～1300 −40～1200		
镍铬硅-镍硅	N		双支−40～1000		
镍铬-康铜	E	1Cr18Ni9Ti 钢	单支−40～650		
			双支−40～550		

续表

品　种	分度号	保护管材质	测温范围/℃	允许误差与偶差等级	
				Ⅰ级	Ⅱ级
铂铑 10-铂	S	高铝瓷管	0~1300/(1600)	±1℃或±[1+ $(t-1100)\times0.003$]℃	±1.5℃或 0.25%|t|
铂铑 13-铂	R				
铂铑 30-铂铑 6	B	刚玉瓷管	0~1600/(1800)	Ⅱ级±0.25%|t|	Ⅲ级±4℃或 0.5%|t|

注：表中 t 为被测温度值，括号内数值为短期最高温度。

4. 热电偶的使用注意事项

① 为减少测量误差，热电偶应与被测对象充分接触，使两者处于相同温度。

② 保护管应有足够的机构强度，并可耐被测介质腐蚀。当保护管表面附着灰尘等物质时，将因热电阻增加，使指示温度低于真实温度而产生误差。

③ 如在最高使用温度下长期工作，将因热电偶材料发生变化而引起误差。

④ 因测量线路绝缘电阻下降而引起误差。

⑤ 测量线路电阻变化的影响。测量线路的电阻即外接电阻，对动圈仪表的示值影响较大。通过仪表示值急骤变化可以及时发现这类情况。

⑥ 电磁感应的影响。电子式仪表放置在易受电磁感应影响的场所，如果屏幕不完全将会引起示值偏离与波动。若担心热电偶受影响时，可将热电极丝与保护管完全绝缘，并将保护管接地。

⑦ 参比端温度的补偿与修正。热电偶的参比端原则上应保持 0℃，然而，在现场条件下使用的仪表则难以实现，通过采用补偿式或室温式参比端。因此，参比端的温度将直接影响仪表的示值，必须慎重处理。

⑧ 细管道内流体温度的测定量。在细管道内测温，往往因插入深度不够而引起测量误差。因此，最好按图 11-4 所示，选择适宜部位，以减少消除此项误差。

⑨ 含大量粉尘气体的温度测量。由于在气体内含有大量粉尘，对保护管的磨损严重，因此，按图 11-5 所示，采用端部切开的保护筒为好。如采用铠装热电偶，不仅响应快，而且寿命长。

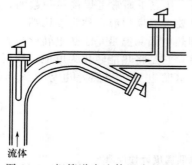

图 11-4　细管道内流体温度的测量

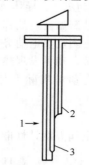

图 11-5　含大量粉尘气体温度测量
1—流体流动方向；2—端部切开的保护筒；
3—铠装热电偶

（五）测温仪表的选择

仪表类型选择主要依据是测温要求，仪表特点和被测物的具体情况，大体上考虑如下一些因素。

① 所选温度计必须满足所要求的测量范围，设计者要熟悉被测物，把可能出现的温度都考虑进去。

② 考虑测温的特点，如果是临时性测量选用便携式；如果是长期连续测量选用固定安装式。

③ 根据被测物的特点选择，如果被测物是移动或转运物体选用非接触式；如果被测物为静止物体或流体首选接触式。

④ 根据监视场所选择就地操作，首选双金属温度计；近距离相对集中监视或控制则选用热电阻、热电偶或非接触式测温计。

类型的选择只是初选，初选后还必须依测量要求的精确度、响应时间、介质特点、环境条件等逐项进行核对。

温度仪表选择的具体方法，见类型选择示意图 11-6。

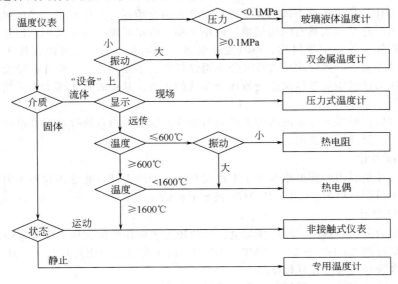

图 11-6　类型选择示意

二、压力仪表

垂直而均匀的作用于单位面积上的力在工程上称为压力（即压强）。用公式表示为：

$$p = F/A \tag{11-13}$$

式中，F 为垂直而均匀作用的力，N；A 为面积，m^2；p 为压力，Pa。

除尘工程常用两种方法表示压力。即绝对压力和表压力。绝对压力 p_A 是包括大气压力在内的所有压力之和。

表面压力 p_G（或 p）是相对压力，即绝对压力超出当时当地大气压力 p_0 的压力。它们之间的关系如下：

$$p_G = p_A - p_0 \quad （或 \ p = p_A - p_0） \tag{11-14}$$

除特别说明外，除尘工程所说的压力一般都是指表压力。

当绝对压力低于大气压力时称为负压，常用吸力和真空度 p_{va} 表示：

$$p_{va} = p_0 - p_A \quad （或 \ p = p_0 - p_A） \tag{11-15}$$

真空度为 200Pa 时，就是指该绝对压力比大气压力低 200Pa，并常用 $p = -200$Pa 表示。

两处压力之差称为差压，用 Δp 表示。

（一）压力检测仪表的分类

压力仪表是按其工作原理分类的，具体品种又是以结构特点、使用场合及显示方式等来划分的。压力检测仪表主要有以下几种。

1. 液柱式压力计

液柱式压力计是用液柱的高度（或将高度换算成标准计量单位的值）来表示压力的值，是利用液柱压力与被测介质压力平衡这一原理制成的。目前常用的有 U 形管、单管、多管、斜管等几种。在液柱式压力计的玻璃管内常充以水、水银等工作液体。由于其具有结构简单、使用方便、灵敏度高、价格便宜等优点，广泛用在压力和负压的测量中，特别适于测量除尘器的差压。用于测量可燃气体压力时为安全起见应加 1m（室内使用）或 500mm（室外使用）水封。

液柱式压力计用玻璃易破损可改用有机玻璃管。

2. 弹性式压力计

弹性式压力计是利用各种不同的弹性元件，在被测介质压力的作用下，产生弹性变形的原理制成的测压仪表。这类仪表具有结构简单、使用可靠、价格低廉、测量范围广以及有足够精度等优点。若增设附加装置如记录机构、电气变换装置、控制元件等，则可以实现压力的记录、远传、报警、自动控制等。弹性式压力计又分单圈弹簧管、多圈弹簧管、膜片、膜盒、波纹管压力计等。弹性式压力计既能测气体又能测液体和蒸气的压力。其中膜片式压力表可用来测量黏度较大的液体压力。

用耐腐蚀材料作弹性元件或隔离装置可测腐蚀性介质的压力；选择防爆式电接点压力表可在一定的易爆炸、易烧环境中使用。

3. 活塞式压力计

活塞式压力计是利用帕斯卡原理基于平衡关系制成的压力计，通常用这种压力计来校准压力表。其测量范围很广，可测 $-0.1 \sim 250$ MPa 甚至更高的压力。

4. 电测式压力计

把压力转换为电信号输出，然后测量电信号的压力表叫作电测式压力表。这种压力表的测量范围较广，分别可测 $7 \times 10^{-9} \sim 5 \times 10^{2}$ MPa 的压力。由于可以远距离传送信号，所以可实现压力的自动控制和报警，并可与计算机联用。

压力传感器的种类很多，根据其工作原理可分为电位器式、电阻应变式、电容式、电感式、霍尔式、压电式、压阻式和振弦式等多种。

5. 压力开关

压力开关是一种具有简单功能的压力控制装置。它可以在被测压力达到额定值时发出警报或控制信号，以监视或控制被测压力。按工作原理压力开关可分为位移式及力平衡式两种。压力开关的精度为 1.5 级或 2.5 级，有的达 1.0 级，测量范围为 $0.04 \sim 16$ MPa。

各类压力仪表的特点和测温范围见表 11-6。

（二）液柱式压力计

液柱式压力计是最简单最基本的压力测量仪表，在袋式除尘器上经常用到它。其优点是：制造简单、价格便宜、精确度高、使用方便等；缺点是测量范围较窄、不能自动记录、玻璃管易损坏等。

液柱式压力计是根据流体静力学原理工作的，即利用一定高度的液柱重量与被测压力相平衡，从而用液柱高度来表示被测压力。

1. U 形管压力计

U 形管压力计是用来测量正、负压力和压差的仪表。图 11-7 为其示意，U 形管内盛水银、水或酒精等工作液体。如上所述，在被测压力 p 的作用下，U 形管内产生一定的液位差 $h = h_1 + h_2$，这一段液柱的质量与被测压力及被测流体的质量相平衡，即

$$p_c = p - p' = \rho - \rho' \tag{11-16}$$

值得注意的是，这里的 ρ' 是被测流体的密度。当被测流体是气体时 $\rho' \ll \rho$，可以忽略不计。若液体，则不能忽略。由以上关系式可以看出，p_c 与 h 成线性正比关系。因此，我们可以直接用 U 形管两侧液位差的高度 h 来表示压力值。当被测压力大时，应选用密度大的工作液体（如水银），不使液位差太大（U 形管压力计内液柱的高度不超过 1.5m）。相反，测较小的压力时（如炉膛压力、动头），应选重度小的工作液体（如水、酒精），使反应灵敏。

表 11-6　压力检测仪表分类比较

类别	测量原理	分类		测量范围	用途
液柱式压力计	液体静力平衡（被测压力与一定高度的工作液体产生的重力相平衡）	U形管压力计			低微压测量。高精度者可用作基准
		单管压力计			
		倾斜微压计			
		补偿微压计			
		自动液柱式压力计			
弹性式压力计	被测压力推动弹性元件自由端位移，经传动放大机构指示或记录	弹簧管压力表	一般压力表		表压、负压、绝对压力测量。就地指示、报警，记录或发讯；或将被测量远传，进行集中显示
			精密压力表		
			特殊压力表		
		膜片压力表			
		膜盒压力表			
		波纹管压力表			
		钣簧压力计			
		压力记录仪			
		电接点压力表			
		远传压力表			
		压力表附件			
负荷式压力计	被测压力与活塞及加于活塞上的专用砝码的重量平衡	活塞式压力计	单活塞式压力计		精密测量、基准器
			双活塞式压力计		
		浮球式压力计			
		钟罩式微压计			

测量范围刻度：mmH$_2$O / 100kPa：10³ 10² 10 0 10 10² 10³ 1 10 10² 10³ 10⁴ 10⁵

续表

类别	测量原理	分类		测量范围	用途
压力传感器	(1)被测压力推动弹性元件产生位移或变形,通过交换部件转换为电信号输出。(2)利用半导体、金属等的压阻,压电等其他固有物理特性,将被测压力转换为电信号输出	电阻式压力传感器	电位器式压力传感器		将被测压力转换成电信号以监测、控制或整定及显示
			应变式压力传感器		
		电感式压力传感器	气隙式压力传感器		
			差动变压器式压力传感器		
		电容式压力传感器			
		压阻式压力传感器			
		压电式压力传感器			
		振频式压力传感器	振弦式压力传感器		
			振动式压力传感器		
		霍尔式压力传感器			
压力开关	被测压力推动弹性元件位移,经放大后控制水银开关、磁性开关及触点等断开及闭合	位移式压力开关			位式控制或发信报警
		力平衡压力开关			
数字压力表	将被测压力经模/数转换以数字量显示出来				

测量范围标尺:100kPa / mmH₂O

100kPa: 10^2 0 10 10^2 10^3 10^4 10^5

mmH_2O: 10^3 10^2 0 10 10^2 10^3 10^4 10^3

在使用 U 形管压力计时，由于毛细管和液体表面张力的作用，会引起管内的液面呈弯月状。若工作液体对管壁是浸润的（如水-玻璃管），则在管内形成下凹的曲面，读数时须读凹面的最低点。若工作液体对管壁不浸润（如水银-玻璃管），则在管内形成上凸的曲面，读数时必须读凸面的最高点。参看图 11-8。

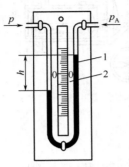

图 11-7　U 形管压力计
1—U 形管；2—标尺

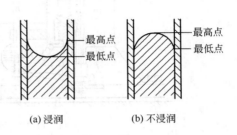

图 11-8　弯月面现象

当 U 形管的两端分别接两个被测压力时，就可以用来测量两个压力之差（简称压差），如测流量孔板前后的压差。

为了减少误差，制作 U 形管时管径不能选得太细：一般用水作工作液体时，管内径不小于8mm；用水银作工作液体时，管内径不小于 5mm。

2. 斜管压力计

斜管压力计如图 11-9 所示，它实际上就是把测量管做成倾斜角为 α 的单管压力计。

$$h \approx h_2 = l\sin\alpha \tag{11-17}$$

由此图可知，对同样的 h_2，角度 α 越小，仪器的灵敏度越高。但 α 太小时，管内液面拉得很长，且极易冲散，反而使读数不准，所以 α 不能小于 15°。

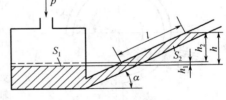

图 11-9　斜管压力计示意

要求精确测量时，也要考虑容器内液面下降的高度 h_1，在测量气体压力时以忽略其密度 ρ'，这时：

$$p_c = \rho h(h_1 + h_2)\rho = \left(l\frac{S_2}{S_1} + l\sin\alpha\right)\rho = l\left(\frac{S_2}{S_1} + \sin\alpha\right)\rho \tag{11-18}$$

通常使用的斜管压力计倾斜角度是可以变的，如在压力计的定位支架上刻有 0.2、0.3、0.4、0.6 和 0.8 等字样，就是当工作液体的密度为说明书要求数值、支架固定在某一数字对应的倾斜位置时，所需要乘的系数。斜管压力计可以很方便地进行读数和计算。

3. 补偿式微压计

补偿式微压计如图 11-10。它包括两个容器和一个连通的橡皮管，通过侧面玻璃所射入的光线，就可以用特殊的光学设备来观察视察钉尖峰和它自己的像的接触情况。

在压力或压力差的影响下，容器 1 内的水面要升高，而容器 2 内的水面要降低。转动头 5，使容器 1 升高，直到反射镜内的视察钉顶端和它自己的像相对为止。被测压力读数，可以直接在两根刻度标尺上读出：整数部分按标尺 12 的格数读出，而小数部分则由刻度盘 13 读出。

由于螺杆与螺母间有螺纹间隙，这种仪表的读数误差为 0.2～0.5Pa。

（三）弹性式压力计

弹性式压力计是以弹性元件受压后所产生的弹性变形作为测量基础的。它结构简单，价格低廉，现场使用和维修都很方便，又有较宽的压力测量范围（10^{-2}～10^{9}Pa），因此在除尘工程中获

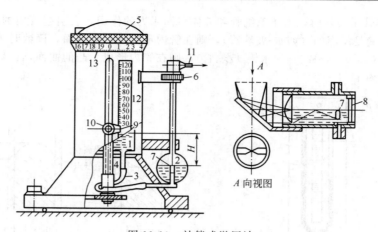

图 11-10　补偿式微压计

1，2—容器；3—橡皮管；4—测微螺杆；5—头；6—螺丝帽；7—视察钉；
8—侧面玻璃；9—指针；10，11—接头；12—刻度标尺；13—刻度盘

得了广泛应用。若增设附加装置（如记录机构、电气变换装置、控制元件等）还可以进行记录（压力记录仪）、远传（电阻远传压力表、电感远传压力表等）或控制报警（电接点压力表、压力控制器、压力信号器等）。其缺点是对温度的敏感性较强。

1. 弹簧管压力计

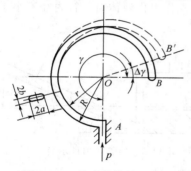

图 11-11　单弹簧管的工作原理

A—弹簧管的固定端；

B—弹簧管的自由端；

O—弹簧管的中心轴；

γ—弹簧管中心角的初始值；

$\Delta\gamma$—中心角的变化量；

R、r—弹簧管弯曲圆弧的半径和内半径；

a、b—弹簧管椭圆截面的长半轴和短半轴

由于弹簧管与波纹管、金属膜养、膜盒等相比，具有精确度高、测量范围宽等优点，所以弹簧管式压力计是除尘器上应用最广泛的一种压力仪表，并于单圈弹簧管的应用为最多。

（1）测压原理　单弹簧管是弯成圆弧形的空心管子，如图 11-11 所示。它的截面呈扁圆形或椭圆形，椭圆的长轴 $2a$ 与图面垂直的弹簧管中心轴 O 相平行。管子封闭的一端为自由端，即位移输出端。管子的另一端则是固定的，作为被测压力的输入端。

作为压力-位移转换元件的弹簧管，当它的固定端通入被测压力 p 后，由于椭圆形截面在压力 p 的作用下将趋向圆形，弯圆弧形的弹簧管随之产生向外挺直的扩大变形，其自由端就由 B 移到 B'，如图 11-11 上虚线所示，弹簧管的中心角随即减小 $\Delta\gamma$。根据弹性变形原理可知，中心角的相对变化值 $\dfrac{\Delta\gamma}{\gamma}$ 与被测压力 p 成比例。其关系可用下式表示：

$$\frac{\Delta\gamma}{\gamma}=p\,\frac{1-\mu^2}{E}\,\frac{R^2}{bh}\left(1-\frac{\alpha}{\beta+K^2}\right) \tag{11-19}$$

式中，μ、E 分别为弹簧管材料的泊松系数和弹性模数；h 为弹簧管的壁厚；K 为弹簧管几何参数，$K=\dfrac{Rh}{\alpha^2}$；α、β 与 $\dfrac{\alpha}{\beta}$ 比值有关的系数。

上式仅适用于计算薄壁$\left(\text{即}\dfrac{h}{b}=0.7\sim0.8\right)$弹簧管。

工业上定型生产的各种弹簧管压力计就是用不同刚度和不同形状的弹簧管做成的，所以有较大的测量范围。

（2）结构 弹簧管压力表的结构如图11-12所示。

被测压力由接头9通入，迫使弹簧管1的自由端 B 向右上方扩张。自由端 B 的弹性变形位移由拉杆2使扇形齿轮3做逆时针偏转，于是指针5通过同轴的中心齿轮4的带动而作顺时针偏转，从而在面板6的刻度尺上显示出被测压力 P 的数值。由于自由端的位移与被测压力之间具有比例关系，因此弹簧管压力表的刻度标尺是线性的。

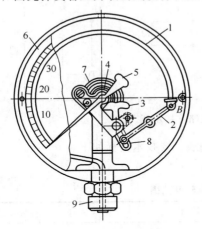

图 11-12 弹簧管压力表
1—弹簧管；2—拉杆；3—扇形齿轮；4—中心齿轮；
5—指针；6—面板；7—游丝；8—调整螺钉；9—接头

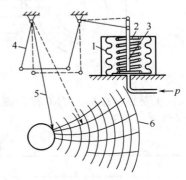

图 11-13 波纹管式压力计
1—波纹管；2—弹簧；3—推杆；
4—连杆机构；5—记录笔；6—记录纸

（3）特性和用途 弹簧管压力表分一般型和精密型。

一般型弹簧管压力表的弹性元件为单圈弹簧管或多圈弹簧管［主要用于测量 $(1\sim6)\times10^7\,Pa$ 的压力］；仪表外径分 $\phi40mm$、$\phi60mm$、$\phi100mm$、$\phi150mm$、$\phi200mm$ 和 $\phi250mm$ 等；精确度等级有1级、1.5级；常用来测量油压、气压、蒸汽压力等。

2. 波纹管式压力计

波纹管式压力计可用于低压或负压的测量。它采用带有弹簧的波纹管作为压力-位移的转换元件。由于波纹管的位移较大，常做成记录仪（也有指示式、指示带电接点式、指示带气动传送式等）。

波纹管1（见图11-13）本身起对被测介质的隔离作用和压力-位移转换作用。压力 P 作用于波纹底部的力，由弹簧2受压缩变形产生的弹性反力所平衡。弹性压缩变形与被测压力成正比，并由推杆3输出，经连杆机构4的传动和放大，使记录笔5在记录纸6上记下被测压力的数值。记录仪还设有零位和刻度误差的调整装置（图中未示出）。

测量范围为 $0\sim2.5\times10^5\,Pa$ 至 $0\sim4\times10^5\,Pa$；精确度为1.5级和2.5级。

3. 磁助电接点压力表

YXC系列磁助电接点压力表适用于测量无爆炸危险的流体介质的压力。其中 YXCA—150 适用于测量氨的液体、气体或其混合物等介质的压力。通常，它配以相应的电器件（如继电器及接触器等），即便能对被测（控）压力系统实现自动控制和发信（报警）的目的。

YXC系列有普通型和耐震型两种型式，且各有现场安装式和嵌装式两种型式。

本仪表采用了磁力作用的电接点装置，并采了相应的耐震措施和应用隔测原理，使之既能耐受工作环境的振动影响，又能有效地减少脉动压力的影响，以达到动作稳定可靠，使用寿命长的目的。

（1）结构原理 仪表由测量系统、指示装置、磁助电接点装置、外壳、调整装置和接线盒等组成。

仪表的工作原理是基于测量系统中的弹簧在被测介质的压力作用下，迫使弹簧管之末端产生相应的弹性变形——位移，借助拉杆经齿轮传动机构的传动并予放大，由固定于齿轮轴上的指示针（连同触头）将被测值在度盘上指示出来。与此同时，当其与设定指针上的触头（上限或下限）相接触（动断或动合）的瞬时，致使控制系统中的电路得以断开或接通，以达到自动控制和发信号的目的。线路连接见图 11-14。

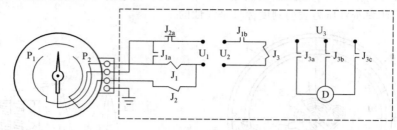

图 11-14　电气线路连接示意

（2）主要技术指标　YXC 系列磁助电接点压力表主要技术指标如下。

① 刻度范围见表 11-7。

表 11-7　压力表刻度范围

型　号	标　度　范　围	精确度等级
YXC-100 YXC-100j YXC-100z YXC-150	0～0.1；0～0.16；0～0.25； 0～0.4；0～0.6；0～1； 0～1.6；0～2.5；0～4； 0～6；0～10；0～16；	
YXCA-150 YXCA-150z	0～25；0～40；0～60； −0.1～0；−0.1～0.06； −0.1～0.15；−0.1～0.3； −0.1～0.5；−0.1～0.9； −0.1～1.5；−0.1～2.4；	1.5 和 2.5
YXCG-100 YXCG-100-z	0 ～0.1 至 0～60 系列	

② 最高工作压力：DC220V 或 AC380V。

③ 触头功率：30V·A（电阻负载）。

④ 控制方式：上、下限缓行磁助电接点开关。

⑤ 使用环境条件：−40～70℃，相对湿度不大于 85%。

⑥ 使用温度偏离 20℃±5℃时，其设定点误差变化不大于 0.6%/10℃。

（四）压力计的选择和应用

正确地选择、使用压力计是保证它们在工作过程中发挥应有作用的重要环节。

1. 压力计的选择

压力计的选择应根据使用要求，针对具体情况具体分析。合理地选择压力计的种类、仪表型号、量程和精确度等级等。有时还需要考虑是否要带报警、远传、变送等附加装置。选用的根据主要有：a. 除尘工作过程对压力测量的要求，如被测压力范围、测量精确度以及对附加装置的要求等；b. 被测介质的性质，例如被测介质温度高低、黏度大小、腐蚀性、脏污程度、易燃易爆等；c. 现场环境条件，如高温、腐蚀、潮湿、振动等；d. 对弹性式压力计，为了保证弹性元件能在弹性变形的安全范围内可靠的工作，在选择压力计量程时必须留有足够的余地：一般在被测压力较稳定的情况下，最大压力值应不超过满量程的 3/4；在被测压力波动较大的情况下，最大压力值不超过满量程的 2/3。为保证测量精确度，被测压力最小值应不低于全量程的 1/3。

2. 压力计的使用

即使压力计很精确，由于使用不当，测量误差也会很大，甚至无法测量。

所选测量点应代表被测压力的真实情况，因此，取压点要选在管道的直线部分，也就是离局部阻力较远的地方。

导压管最好不伸入被测对象内部，而在管壁上开一形状规整的取压孔，再接上导压管，情况如图 11-15（a）所示。当一定要插入对象内部时，其管口平面应严格与流体流动方向平行，如图 11-15（b）所示。若如图 11-15（c）或 11-15（d）那样放置就会得出错误的测量结果。此外，导压管端部要光滑，不应有突出物或毛刺。

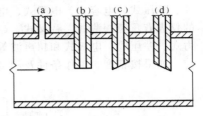

图 11-15　导压管与管道的连接

3. 压力计安装

安装时应避免温度的影响。如远离高温热源，特别是弹性式压力计一般应在低于 50℃ 的环境下工作。安装时应避免振动的影响。

安装示例如图 11-16 所示。

在图 11-16（c）所示情况下，压力计上的指示值比管道内的实际压力高。这时，应减去从压力计到管道取压口之间一段液柱的压力。

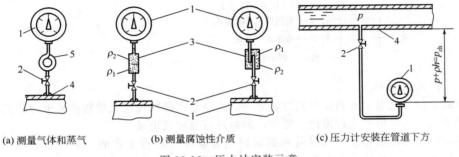

(a) 测量气体和蒸气　　(b) 测量腐蚀性介质　　(c) 压力计安装在管道下方

图 11-16　压力计安装示意

1—压力计；2—切断阀门；3—隔离器；4—生产设备；5—冷凝管；

三、粉尘物位仪表

粉尘物位是指除尘器灰斗、灰仓等容器中固体粉状或颗粒物在容器中堆积的高度（料面）。在湿度除尘器中指液面的高度。

粉尘物位测量的主要目的有两个：一个是通过物位测量来确定容器里的粉尘的数量，以保证除尘工作正常进行；另一个是通过物位测量，了解物料是否在规定的范围内，以便安全生产。

（一）物位测量的基本要求和分类

对于物位测量的要求，虽然由于具体工作条件和测量目的的不同而有所区别，但是主要的有精度、量程、经济、安全可靠等方面，其中首要的是安全可靠。物位测量似乎很简单，但实际却不然。由于受到粉尘物理性质、化学性质和工作条件的影响，虽然测量物位的方法很多，但与其他参数（如温度、压力、流量）的测量相比，仍然是比较薄弱的环节。

1. 物位测量的基本要求

① 要能够适应工业生产过程对象所具有的各种工艺特性，正确无误地测量出物位值。

② 要能经受被测介质各种物理性能（温度、压力、黏度等）、化学性能（易燃、易爆、易蚀性等）和具体工作条件（如密闭容器、振动场合等）的影响，正确进行连续测量，并传送信息。

③ 要有足够的精度，使用可靠、维修方便。

2. 物位仪表分类

如果按液位、料位、界面可以分为以下几种：a. 测量液位的仪表有玻璃管式、称重式、浮力式、静压式、电容式、电阻式、电感式、超声波式、放射性式、激光式、微波式等；b. 测量料位的仪表有重锤探测式、音叉式、超声波式、激光式、阻旋式放射性式等；c. 测量界面的仪表有浮力式、差压式、电极式和超声波等。

如果按精度、工作条件及测量范围来进行选择，可以归纳如下：

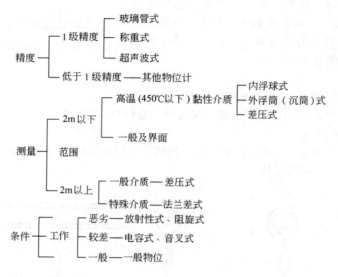

（二）电容式物位计

电容式物位计是电学式物位检测方法之一，它是直接把物位变化量转换成电容的变化量，然后再转换成统一的电信号进行传输、处理，最后进行显示或记录。

电容式物位计的电容检测元件是根据圆筒电容器原理进行工作的。结构形式如图 11-17 所示，两个长度为 L，半径分别为 R 和 r 的圆筒形金属导体，中间隔以绝缘物质，便构成圆筒形电容器。当中间所充介质是介电常数为 ε_1 的气体时，则两圆筒间的电容量为：

$$C_1 = \frac{2\pi\varepsilon_1 L}{\ln\dfrac{R}{r}} \qquad (11\text{-}20)$$

如果电极的一部分被介电常数为 ε_2 的液体（非导电性的）所浸没时，则必然会有电容量的增量 ΔC 产生（假设 $\varepsilon_2 > \varepsilon_1$），此时两极间的电容量为：$C = C_1 + \Delta C$。

图 11-17　电容式物位测量原理

假如电极被浸没的长度为 l，则电容增量的数值为：

$$\Delta C = \frac{2\pi(\varepsilon_2 - \varepsilon_1)l}{\ln\dfrac{R}{r}} \qquad (11\text{-}21)$$

从上式可知，当 ε_2、ε_1、R、r 不变时，电容增量 ΔC 与电极浸没的长度 l 成正比关系，因此测出电容增量的数值便可知道物位的高度。

如果被测介质为导电性液体时，电极要用绝缘物（如聚乙烯）覆盖作为中介质，而液体和外圆筒一起作为外电极，设中间介质的介电常数为 ε_3，电极被导电液浸没的长度为 l，则此时电容器所具有的电容量可用下式表示：

$$C = \frac{2\pi\varepsilon_3 l}{\ln \dfrac{R}{r}} \tag{11-22}$$

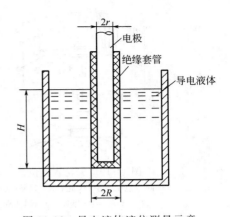

图 11-18　导电液体液位测量示意

式中，R、r 分别为绝缘物覆盖层外半径和内电极外半径。在上式的 ε_3 为常数，所以 C 与 l 成正比，由 C 的大小便可知道 l 的数值。它的测量示意如图 11-18 所示。

（1）特点

① 无机械磨损件，不需定期维护或更换。

② 电路中屏蔽技术的设计，使仪表忽略探头挂料的影响，无需定期清洁或重复标定。

③ 可测量液体、浆体、固体颗粒及粉末。

④ 可通过罐上的螺纹口或法兰进行安装，可选择整体或分体安装方式，调试简单方便。

（2）URF 型物位计技术参数

① 供电电源：AC 185V～256V 2W 或 DC 15V～30V 2W。

② 输出：双刀双掷继电器开关信号（可现场设定高位动作或低位动作）。

③ 触点容量：AC 220V 5A 无感，3A 有感。

④ 灵敏度：0.3PF。

⑤ 导电物料 1.6mm，绝缘物料 50mm。

⑥ 负载电阻：中心端到地 150Ω，中心端到屏蔽 250Ω，屏蔽到地 250Ω。

⑦ 环境温度：-40～$+70$℃。

⑧ 探头材料：1Cr18Ni9Ti。

⑨ 探头长度：500mm（标准）。

⑩ 分体式电缆：单芯双屏蔽电缆，长度 5m（标准），最长可达 20m。

⑪ 过程连接：3/4NPT 螺纹安装（标准），或选用法兰安装。

⑫ 外壳防护：符合 IP66 防护标准。

⑬ 防爆等级：ExdllBT4（GB 3836.1）。

⑭ 工作温度及工作压力。

（三）翼轮式（阻旋式）料位计

1. 工作原理

图 11-19 为一种料位计实例，它主要由同步电机、齿轮、蜗轮-蜗杆、微动开关和回转翼轮等组成，可用于料斗或料仓内对料位的上限报警，同步电机通过齿轮对蜗轮-蜗杆带动回转翼轮，以 1.2r/min 的速度旋转。当翼轮触及物料时，受到阻力停止转动，但在电动机作用下，蜗杆轴继续转动，并沿蜗轮切向向前移动，压缩弹簧，推动微动开关，切断电机电源；同时闭合报警触头，发出讯号。当料位低于回转翼轮时，阻力消除，弹簧力推动蜗杆退到原来位置；微动开关复原，电机重新正常运转，这样就可以进行高料位发讯。同理，根据不同安装也可实现低料位报警。

上述仪表使用于常温常压，与物料接触部分用不锈钢做成，这样不致产生铁锈，也不致受物料沾染而腐蚀，并且经常保持蜗轮正反转及蜗杆轴向移动的灵活，翼轮阻力、弹簧推力与摩擦力应合理配合。

仪表电路原理示意图 11-20，微动开关位置 K_1 为正常运转，这时指示灯 3 工作；K_2 为报警位置，报警时指示灯 4 及讯响器 5 工作；1 为同步电机。

2. 构造

阻旋式物位计构造如图 11-21 所示。

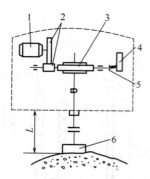

图 11-19　翼轮式料位计

1—同步电机；2—齿轮；3—蜗轮-蜗杆；
4—微动开关；5—弹簧；6—回转翼轮

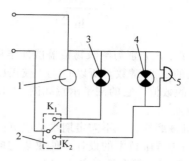

图 11-20　电路原理

1—同步电机；2—微动开关；3—正常运转指示灯；
4—报警位置指示灯；5—报警讯响器

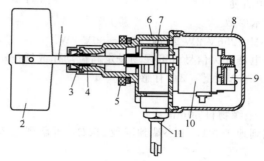

图 11-21　阻旋式物位计构造

1—传动轴；2—叶片；3—油封；4—轴承；5—固定螺母；6—本体；
7—磁铁；8—外壳；9—微动开关；10—马达；11—电缆线

3. 主要技术参数

UL 系列阻旋式物位计主要技术参数见表 11-8。

表 11-8　UL 系列阻旋式物位计技术参数

参数 \ 型号	UL-2	UL-3	UL-4
电源及功耗	AC 220±10%，50Hz 10W（或 DC 24V 5W）		
检测板往复频率	6 次/分	4.5 次/分	6 次/分
报警力矩（力）	≤0.2N·m		≤0.32N·m
输出接点容量	普通型 AC 220V 5A 防爆型 AC 220V 1A 或 DC 24V 1A	AC 220V 5A	普通型 AC 220V 5A 防爆型 AC 220V 1A 或 DC 24V 1A
环境温度	−25～+85℃		
环境湿度	≤85%		
动作延时	2～6s	3～7s	2～6s
检测板摆角	30°±5°		30°±5°
被测介质湿度	L（低）≤90℃ H（高）≤180℃	L（低）≤90℃ H（高）≤240℃	UL-4≤240℃
料仓压力	常压	常压	≤0.3MPa
介质粒度及密度	粒度<30mm，密度>0.2g/cm³	粒度<100mm，密度>0.5g/cm³	粒度<30mm，密度>0.4g/cm³

续表

参数 \ 型号	UL-2	UL-3	UL-4
仪表规格	水平安装 150～1000mm 垂直安装不大于 2000mm	1～30m	水平安装 150～1000mm 垂直安装不大于 2000mm
安装型式	法兰或 G1$\frac{1}{2}$ 管螺纹连接 水平安装或顶装	法兰连接顶装	法兰连接水平安装或顶装
防爆等级	ExdllBT4	无	ExdllBT4

（四）音叉式料位计

1. 原理及特点

音叉式料位计是根据物料对振动中的音叉有无阻力的原理来探知料位是否越限的。如图 11-22 所示。

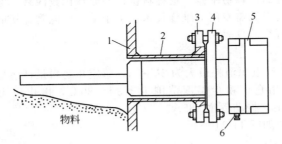

图 11-22　音叉式料位计测量示意

1—容器壁；2—接管；3—容器壁法兰；4—音叉本身法兰；5—线路铝盒；6—引线口

音叉由弹性良好的金属制成，本体具有确定的固有频率。如外加一交变力，此力的频率与音叉的固有频率一致，则叉体处于共振状态。由于周围空气对振动的阻尼微弱，金属内部的能量损耗也很少，所以只需微小的驱动功率就能维持较强的振动。

当粉尘或颗粒物料触及叉体之后，振动受到的阻尼显著增大，能量消耗在物料颗粒的摩擦上，迫使振幅急剧衰减而"停振"。

用适当的电路和音叉配合，不难根据叉体的振动与否去控制继电器的吸合或释放，从而发出通断信号。此信号可用在报警、连锁保护、程序控制系统中。

音叉料位计的原理方块如图 11-23 所示。

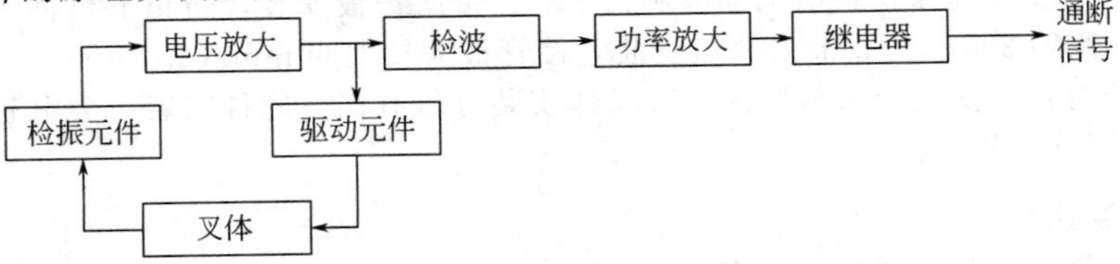

图 11-23　音叉料位计原理方块

由图 11-23 可知，两个压电陶瓷换能器将音叉振动的机械能和放大线路的电能联系起来，共同构成一个闭环系统，当检振元件供给放大线路的交变电信号既能满足正反馈的相位条件又满足振荡的幅值条件时，整个闭环就形成一个振荡器，它的特点是包含机械能和电能两种状态，而且振荡频率不是由放大电路所决定，而是取决于反馈通道中音叉的选频特性。

为了发出通断信号，电压放大线路的输出端还接有检波及功率放大线路，以便控制继电器。当料位较低，物料不妨碍音叉振动时，上述闭环处于振荡状态。这种情况下继电器是吸合的。当物料高于音叉的安装位置以后，音叉停振，交流电压消失，继电器随即释放。

和一般的振荡器一样，只要电压放大线路有足够的放大倍数，自行起振是不成问题的。一旦料位下降，叉体恢复自由，任何电的或机械的随机扰动都能促使音叉起振。

2. 音叉料位计主要特点

（1）广泛适用于多种物料　除了物料对机械振动体的阻尼作用之外，其他物理或化学的性质对音叉工作都没有直接影响。阻尼作用的大小取决于物料的流动性和量的大小。绝大多数常见的固态物料淹埋叉体之后都能可靠地停振。只要物料的腐蚀性在不锈钢叉体所能承受的程度以内，黏着性物料不至于附着叉体上难以脱离，颗粒大小不至于卡涩在叉股间无法脱落，就都可以用音叉料位计来监视料位。

（2）对安装使用条件无苛刻要求　这种料位计不宜在强烈振动的料仓或容器上使用，以免引起继电器误动作。但对于其他条件并无特殊要求，环境温度、压力、相对湿度、防水防尘等指标与普通露天安装的工业仪表一致。至于料仓内部的粉尘、外部的电磁干扰等因素，一般情况下根本不必考虑。但不能用在特别易燃易爆的危险现场。

（3）结构比较简单可靠，容易维修　这种料位计的原理比较浅易，电路和结构都不复杂，而且工作中不需要调整，所以无需专门的维修技术。由于采用压电陶瓷换能，没有动力部件和传动机构，是一种比较简单可靠的仪表。

3. 技术性能

ZVL20C 型音叉料位计电源消耗最大为 2V·A，感应棒物料最低感应密度为 $0.03\mathrm{g/cm^3}$，操作温度 $-30\sim60℃$，适用仓槽粉尘温度范围为 $-30\sim80℃$，操作压力 1MPa，输出电流 5A，250VAC，动作延迟 $2\sim5\mathrm{s}$，振动频率 285A。

音叉料位计安装方法如图 11-24 所示。

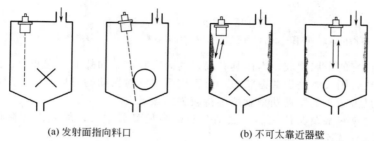

(a) 发射面指向料口　　　　　　　　(b) 不可太靠近器壁

图 11-24　音叉料位计安装方法

图 11-24 中正确安装的有：a. 顶部安装，叉体垂直，叉齿可处于任何方位；b. 侧向安装，音叉向下倾斜某一角度，确保物料沿叉面顺利滑下；c. 带防护板安装，防止下料物流冲击损坏叉齿（长约 250mm，宽约 200mm）；d. 出料口安装，接管最大长度 60mm（2.4in）。

错误安装的有：a. 安装于入料扇区；b. 叉体安装方位有误（此种安装，会引起物流堆积而导致误动作）；c. 接管太长。

四、差压变送器

差压变送器是袋式除尘器常用仪表之一，用来控制除尘器清灰作业和正常运行。

1. 分类

能检测除尘器压力值并提供远传电信号的装置叫做差压变送器或压力传感器。差压变送器在自动控制系统中具有重要作用，所以发展迅速，种类较多。其主要类别有电位器式、应变式、霍尔式、电感式、电压、压阻式、电容式及振频式等；测量范围为 $7\times10^{-5}\sim5\times10^{5}\mathrm{Pa}$；信号输出有电阻、电流、电压、频率等形式。压力测量和控制系统一般由传感器、测量路线和信号测量装置所组成。常见的信号测量装置有电流表、电压表、应变仪以及计算机等。压力传感器测量方块见图 11-25，几种差压变送器性能比较见表 11-9。

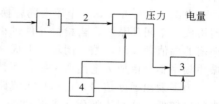

图 11-25　压力传感器测量方块图
1—传感器；2—测量线路；
3—信号装置；4—辅助电源

表 11-9　几种差压变送器的性能比较

类　别		精确度等级	测量范围	输出信号	温度影响	抗振动冲击性能	体积	安装维护
电位器式		1.5	低 中 压	电　阻	小	差	大	方便
应变式	膜片式	0.2	中　　压	20mV	大	好	小	方便
	弹性梁式（波纹管）	0.3	负压及中压	24mV	小	差	较大	方便
	应变筒式（垂链膜片）	1.0	中 高 压	12mV	小	好	小	利用强制水冷，有较小的温度误差；测量方便
非粘贴式	张丝式	0.5	低压	10mV	小	好	小	方便
电感式	霍尔式	1.5	低 中 压	30mV	大	差	大	方便
	气隙式	0.5	低 中 压	200mV	大	较好	小	方便
	差动变压器式	1.0	低 中 压	10mV[①]（30mV）[①]	小	差	大	方便
电压式		0.2	微 低 压	1～5mV[①]	小	较好	小	方便
电阻式		0.2	低 中 压	100mV	大	好	小	方便
电容式		1.0	微 低 压	1～mV[①]（20mA）	大	好	较大	复杂
振频式		0.5	低中高压	频　率	大	差	小	复杂

[①] 表示输出信号经过放大。

2. 电容式差压变送器

（1）特点　电容式差压变送器是先将弹性元件的位移变换成电容量的变化，完成位移变换成电参数的任务，然后再通过适当的测量电路将电容的变化转换成电压或电流的变化，以便远传等。

这种变送器的优点是：需要输入的能量极低，测量力也可以非常小，而电容的相对变化量却很大，一般能达到100％的相对变化量；稳定性好；结构简单；能在恶劣条件下工作等。缺点是分布电容影响大，必须设法消除其影响；若采用改变极板间距的变换原理，其特性是非线性的。

平行极板电容的电容量为

$$C = \frac{\varepsilon S}{d} \qquad\qquad (11\text{-}23)$$

式中，C 为平行极板间的电容量；ε 为平行极板间的介电常数；S 为极板的面积；d 为平行极板间的距离。

由式（11-22）可知，只要保持式中任何两个参数为常数，电容就是另一个参数的函数。故电容变换器有变间隙式、变面积式和介电常数式三种。变间隙式常用于变换微小位移，变面积式常用于变换角位移，变介电常数式常用来变换粉体或液体的物位信号。在压力测量中多用变间隙式电容变换器。

（2）YZB2-1000 型电容式差压变送器　YZB2-1000 型电容式差压变送器主要部件是一个可变电容传感组件，称为 δ 室，见图 11-26。当介质压力通过隔离膜片、硅油传到中心可动电容极板上时，其压力差将使可动极板移位，形成差动电容。该差动电容经转换电路转换。即可输出二线 4～20mA 直流电流信号，见电路框图 11-27。

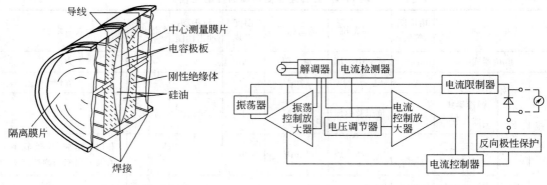

图 11-26 可变电容传感组件　　　　图 11-27 差压变送器电路框图

主要技术参数如下。

① 精度：±0.1%、±0.25%、0.5%。

② 测量范围：0.16~2.5kPa。

③ 电源电压：DC 24V。

④ 使用温度：−25~70℃。

⑤ 相对湿度：<95%。

⑥ 输出信号为：二线制 DC 4~20mA。

⑦ 最大负载电阻：$R=$（电源电压−12V）×50。

⑧ 防爆型产品防爆等级：有 ExiaⅡCT5。

普通型 YZB2-1000 型差压变送器外部接线端子见图 11-28。

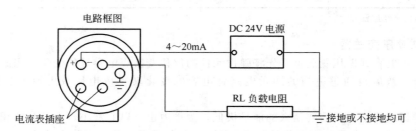

图 11-28 普通型 YZB2-1000 型差压变送器外部接线

3. 压阻式差压变送器

YZB1-1000 型差压变送器传感器组件的敏感元件是在单晶硅膜片上扩散的一个惠斯登电桥。当被测压力通过耐腐隔离膜片和填充的硅油传递到敏感元件上时，由于压阻效应，四个桥臂阻值分别发生增减变化，使电桥失去平衡，在电桥输出端上产生一个与被测压力成正比的电压信号。此信号经专用 IC 电路放大，使之输出一个标准的 4~20mA 电流信号从而完成压力-电流信号转换，以供控制或显示使用。主要技术指标如下。

① 电源：DC 24V。

② 输出信号：DC 4~20mA 二线。

③ 负载电阻：<600Ω。

④ 精度：±0.1%、±0.25%、±0.5%。

⑤ 测量范围：0~7kPa~35MPa。

⑥ 使用温度：−25~70℃。

⑦ 相对湿度：<85%。

⑧ 最大压力：标准量程的 1 倍。

该差压变送器使用 DC 24V 电源供电，为二线制传送方式，负载电阻在 600Ω 范围之内。典型接线方式如图 11-29 所示。

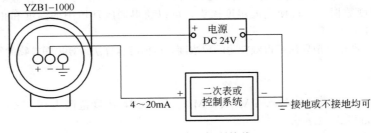

图 11-29　普通场所接线

五、粉尘浓度测量仪表

1. 粉尘浓度仪分类

在除尘工程中，粉尘浓度仪主要应用于大中型除尘器直接排放粉尘浓度监测，以及烟气净化系统、除尘系统粉尘浓度监测。

粉尘浓度检测方法有：光学方法、β 射线法、电荷法和过滤称重法四种。

（1）光学方法　根据朗伯-比尔定律，即光通过烟尘强度衰减，由检测器测得透光度信号，转换成浊度信号，再通过现场实验，取得浊度与烟尘浓度的相关信息，输入到仪器中，或输入经验参数值，仪器便可测量了。

（2）β 射线法　将颗粒物抽送到烟道外仪器内部的滤带上，积聚的颗粒物对射线有衰减作用，尘的质量浓度与盖格计数值（β 射线穿透滤带的粒子数）有对应关系，由此得到粉尘浓度值。

（3）电荷法　又分为摩擦电法和非接触电荷感应法。摩擦电法通过颗粒和探头的碰撞接触，将颗粒电荷"传导"到探头中来进行测量。因此，探头必须裸露，故带来探头磨损和腐蚀等问题，而且也不能测湿的气体。非接触电荷感应法采用非接触感应方式，将颗粒电荷感应（而不是"传导"）到探头中。故探头不必裸露，而加有耐磨损、腐蚀保护层，也可测量湿气体甚至液雾。

（4）过滤称重法　过滤称重法是粉尘浓度测量的基本方法和粉尘浓度测量仪表的参比方法。

2. 手持式颗粒物浓度分析仪

手持式颗粒物质量浓度/数浓度分析仪，可应用于环境、室内外空气以及各种排放源中颗粒物的监测，具有携带方便、使用电池直接操作等优势，并且能够与相对湿度和温度探头、流量计和便携式打印机等配件连接使用。

（1）仪器特性

1）颗粒物质量浓度和数浓度可同时监测　AEROCET 531 是一款使用电池操作，携带方便，手持式颗粒物监测仪，该仪器可以获得颗粒物质量浓度和数浓度数据，并且可以存储实时数据，或者打印监测结果；外观见图 11-30。

2）5 个粒径范围和 2 个粒径通道　可以得到 $PM_{1.0}$、$PM_{2.5}$、$PM_{7.0}$、PM_{10} 和 TSP 这 5 个重要的质量浓度值，以及 $>0.5\mu m$ 和 $>5.0\mu m$ 两个粒径模式的粒径数浓度。

3）质量浓度转换　根据不同粒径的气溶胶颗粒密度，利用特

图 11-30　手持式颗粒物浓度分析仪

殊算法，将采集获得的 8 个粒径范围的粒子数转换成质量浓度，特殊粒子的质量浓度转换首先通过"K-factor"获得其密度值，再进行质量浓度的转换。

4）灵活的数据传输　AEROCET 531 颗粒物监测仪可以存储多达 4000 个数据，可以打印输出，也可以通过 Excel 表格形式输出，或者通过软件（AeroComm）进行数据获取。

5）可选温湿度数据　通过使用温湿度探头，可以获得周围环境中的温度和相对湿度数据。

（2）技术参数

1）测量原理　利用光散射法获得颗粒物的数浓度，根据特殊算法计算出颗粒物的等效质量浓度。

2）性能参数

① 质量模式

质量浓度范围：$PM_{1.0}$、$PM_{2.5}$、$PM_{7.0}$、PM_{10}、和 TSP，浓度范围为 $0 \sim 1 mg/m^3$。

采样时间-质量模式：2min。

② 数浓度模式

粒子粒径范围：双通道，$>0.5 \mu m$ 和 $>5 \mu m$，浓度范围 0～3000000 个/立方英尺（105900 个/L）。

采样时间-数浓度模式 1min。

精确度：±10%。

灵敏度：$0.5 \mu m$ @2 到 1 峰面积，2 到 1 的 S/N。

流速：2.83L/min。

3）电源部分

① 光源：激光二极管，5mW，780nm。

② 电源：6V 镍氢独立电池组，可以间歇使用 8h，独立使用 5h。

③ 电源适配器：AC/DC 模式，100～240VAC 到 9VAC@350mA。

④ 数据通信：RS-232。

⑤ 数浓度模式标准：满足或超过 CE，ISO，ASTM 和 JIS 国际标准

⑥ 质量浓度模式标准：要求利用经过计算证实的 K-factor 系数进行质量浓度值的转换。

4）操作条件

① 操作温度：0～50℃。

② 环境温度：-20～60℃。

③ 尺寸：6.25″（高 15.9cm）×4.0″（宽 10.2cm）×2.1″（厚 5.4cm）。

④ 质量：1.94lb（0.88kg）。

3. FDS550-LC 颗粒物在线监测仪

FDS550 是精确的颗粒物在线监测系统（见图 11-31），并带有先进泄漏探测功能，提供粉尘浓度连续瞬时值和平均值，用来分析和记录，及泄漏探测早期报警，以满足过程控制和 EPA 要求。适用于所有种类除尘器和过程颗粒流动监测。FDS550 满足 EPA 法规和 MACT 要求，这些

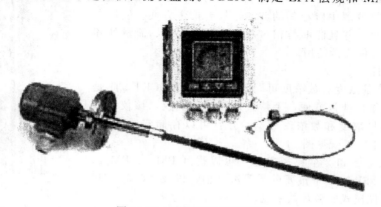

图 11-31　颗粒物在线监测仪

特征更有利于严格的过程控制和应用。

（1）工作原理　FDS550 颗粒在线监测仪采用精确性更高的交流耦合技术，交流耦合技术是测量电荷信号围绕着电荷平均值的扰动量。在交流耦合技术中电荷的正负平均值被过滤清除，系统探测剩余扰动信号，并以即时扰动量的大小来确定颗粒排放量。当粉尘颗粒流过探头附近时，微弱的电信号被感应到探头中。通过 DSP 数字信号处理器处理感应信号，成为一个线性的、与颗粒质量含量成比例的绝对值输出。专有的探头保护技术确保了对所有种类颗粒，包括潮湿颗粒和高导电颗粒，均可准确测量。探头无需吹扫，无需维护。

（2）产品特点

① 连续测量，实时分析除尘器性能和除尘效率。

② 电流信号以绝对值输出，可修正为 mg/m^3。

③ 可在恶劣环境下可靠工作。

④ 高精度、低含量检测，量程自动调校。

⑤ 高分辨率 4～20mA 输出，提供低含量分析和记录。

⑥ NIST 可跟踪性电子标定（EPA 认证）。

⑦ 数据平均和重量测量修正能力。

⑧ 更宽的调整范围和 I/O 输出。

⑨ 峰值、基值双报警。

（3）FDS550-LC 参数规格　见表 11-10。

表 11-10　FDS550-LC 监测仪参数规格

控制单元	电源	115/230VAC,50/60Hz(最大 6W)(标准),24VDC(可选)
	测量范围	0.5pA(0～5000pA)(标准),0.1pA(0～5000pA)(可选)
	输出	2 个继电器(SPST,5A,240VAC)(标准),1 个隔离 4～20mA(标准)
	输入	1 个继电器(可选)
	通讯	1 个 Modbus RTU(可选)或 Ethernet IP(可选)
	外壳	NEMA 4X 铝(标准),其他(可选)
	温度	−25～70℃
	用户界面	LCD 数字、模拟和文本显示
	环境区域类别	通常区域 CE 认证(标准); 通常区域,传感器 Class Ⅰ、Ⅱ、Ⅲ,CSA 认证(可选)
	常规	电路板涂层保护,恶劣环境下长寿命运行
传感器	外壳	NEMA4X 铝(标准)
	探头长度/in	3、5、10、15、20、30、36、48、60、72
	过程安装	NPT、夹装或法兰安装
	材质	316SS、特氟龙或陶瓷(标准)、镍合金(可选)
	过程温度	−40F(−40℃)～250F(120℃)(标准)、450F(232℃)(可选)、800F～1600F(可选)
	过程压力	10PSI(0.69bar)(标准)、100PSI(6.9bar)、1000PSI(69bar)(可选)
	传感器电缆	最大长度 300ft(100m)
	环境区域类别	通常区域 CE 认证(标准) Class Ⅰ、Ⅱ、Ⅲ,Div Ⅰ、Ⅱ本安和 CSA 认证(可选)
	常规	不需要特殊校准,不受正常震动影响
应用范围	微粒	任何大于 0.3μm-导电、非导电、潮湿、腐蚀微粒
	最小探测等级	0.5pA 分辨率～约 0.5mg/m³ 0.1pA 分辨率～约 0.1mg/m³ 或更低

注：1in=2.54cm。

4. 粉尘排放监测仪

EMP5 型粉尘排放监测仪（图 11-32），测量尘埃粒子经过一个固定探头的静电荷感应量，通过探头进行信号放大并传送到监测控制系统。本仪表的高科技电子线路把电荷转换成为一个控制信号输出，启动烟尘超标排放警报，同时用于连续记录粉尘颗粒的总量或浓度。EMP5 装置提供了目前世界最新的交流耦合技术。这是现代最精确和稳定的监测技术，特别适合连续排放记录和数据累积。

图 11-32　EMP5 型粉尘排放监测仪外观

（1）功能　EMP5 型监测仪是单探头模拟数据输出（0～10V，4～20mA，继电开关控制），具有微调放大功能；可以经过校定后监测排放总量和浓度的在线监测仪。EMP5 自带控制盒，以光柱显示器形式在线显示对应浓度或总量。EMP5 的最高精度是：用控制器的柱状显示器显示时，精度为 $0.2mg/m^3$，如果以 4～20mA 输出在用户的终端电脑或经过 PLC 显示，其精度可高达 $0.01mg/m^3$。

EMP5 主要应用在厂区内只有少数烟尘排放源的中小型企业，对锅炉或窑炉的烟尘排放进行连续在线监测。用户可任意设定低于国家容许的超标排放报警线，及时保证除尘设备不会超标排放。如果把 EMP5 的 4～20mA 模拟输出连接 AXDI 信号转换卡，可以转换成为 RS485 信号连接进入 EMS6 的 CONNECT 监测网络。所以，用户可以随时把 EMP5 升级成为 EMS6 电脑网络监测系统中的一个探头。如果在静电除尘器出口安装 EMP5 监测排放浓度，可利用 EMP5 的 4～20mA 模拟输出提供信号同馈电除尘器控制系统，及时调整除尘器电场，提高除尘效率，节省能源。

EMP5 型排放监测仪广泛应用于各种工业用途，包括发电、散装材料、采煤和采矿、建材加工、食品加工、水泥制造和包装。典型的用途包括用作破损滤袋的探测器，粉状材料回收、产品输送总量监测，工厂烟尘排放浓度监测。

（2）产品型号

① EMP5。单探头模拟数据输出（0～10V，4～20mA，继电开关控制），具有微调放大功能，可以经过校定后监测排放总量和浓度。EMP5 自带控制盘，以柱状显示器在线显示对应浓度或总量。

② EMP5N。EMP5 加配套的数据显示（型号 AUDI），能够即时显示经过校定后的浓度或总量单位值，同时也能够储存历史记录，AUDI 配有调制解调器可以作远程数据传输。

③ BBD5。破袋监测器，是在线监测探头系列中最简单的设备。只作为浓度超标报警器，带有柱形显示器和继电开关输出控制。

（3）技术规范　见表 11-11。

表 11-11　EMP5 粉尘浓度监测仪技术规范

符合标准	EN55011:1992,EN5082-2:1995,IEC1000-4,IEC1010-1:1990,ASNZS 2064,1/2
操作环境温度	-20～60℃（电子部件）
操作环境湿度	不结露 0～90%
操作环境振荡	最高连续振荡量,任何方向、任何频率:均方根值=1G(10mS²)
操作环境电磁场	在 50Hz 时最高值=60A/m(相等于一个 1m×1m 正方形电磁线圈内有 50AT 的磁场)
操作环境保护	保护等级:IP66/NKMA4 铝合金壳体,适合非腐蚀性环境内安装,不锈钢探针
烟道气压	最高 100kPa(15PSI):可选购特殊高压安装件
烟道气体流速	一般在 5～30m/s 范围,但如果选用恰当安装方法则不受流速限制
烟道气体温度	标准探头型号是-20～80℃和-20～200℃两种范围,更高烟道温度(<600℃)可选用附件进行安装

烟道外径	范围:50mm～10m 外径(选用适当的探头安装方法)
喷吹清洁探头	探头自带有 1/8″BSP 的压缩气连接口
喷吹气压	最高 400kPa(60PSL)
探针结构	探针带有 $M8mm$ 螺纹可拆卸安装。标准探针是 $\phi12mm$、长度 300mm316 不锈钢棍。客户可按实际安装需要向供货商索取其他合适探针长度;$\phi5mm$ 加硬 316 不锈钢丝
探针特殊选型	厂家备有多种探针型号满足客户安装需要,包括:实芯棍、空心管、可伸缩型、带特氟隆或 Inconnel 保护层、带陶瓷护套、超硬合金、多探针连接、不锈钢网等
探头安装架	标准的 lin 英制 BSPT 螺纹,可选购原厂安装架配件
尘埃颗粒大小范围	标称 0.1～1000μm。在标称范围外仍然能够接收,但信号特性有点不同
精度	用柱状显示器显示:0.2mg/m^3(BBD5,EMP5) 连接数显仪表或 4～20mA 输出 PLC PC 显示:0.01mg/m^3(EMP5)
零点漂移(时间)	每年低于量程的 1%
零点漂移(温度)	在指定的温度范围内,低于量程的 1%
满量程漂移(时间)	每年低于量程的 1%
满量程漂移(温度)	在指定的温度范围内,低于量程的 1%
网络线性	低于量程的 1%
线路稳定性	系统所有部件均选用高稳定性电子组装件
噪声抵抗性	所有 50Hz 或 60Hz 音频和谐波均在信号被接收之前全部滤掉。但在安装系统时必须采用正确的接地和屏蔽技术,防止由于电源频率的干扰而引致第一个信号放大器负荷超载
精度选择开关(粗调)	根据烟尘的材质、流速和构造,标称值是:0～9mg/m^3/6mg/m^3/12mg/m^3/25mg/m^3/50mg/m^3/100mg/m^3/200mg/m^3/400mg/m^3/800mg/m^3 共 9 个精度选择键。本系统可以采用特殊安装方法,监测高于 1000mg/m^3 的排放浓度
精度选择开关(微调)	EMP5 适用:最高是粗调开关信号的 2 倍

（4）外形尺寸

见图 11-33 和图 11-34。

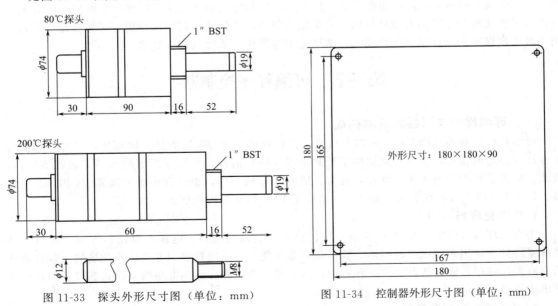

图 11-33　探头外形尺寸图（单位：mm）

图 11-34　控制器外形尺寸图（单位：mm）

5. 烟尘排放总量/浓度监测仪

EMP7 型烟尘排放监测仪（图 11-35）能够测量尘埃粒子经过一个固定探头的静电荷感应量。尘埃粒子与探头感应产生静电荷,通过探头进行信号放大并传送到监测控制系统。静电荷的大小

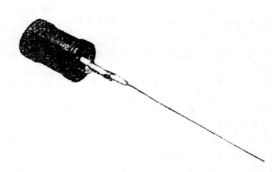

图 11-35　EMP7 型烟尘排放监测仪

与尘埃粒子的流量成正比。本系统的高科技电子线路把这部分电荷转换成为控制信号输出，启动烟尘超标排放警报，同时用于连续记录粉尘颗粒的总量或浓度。EMP7 装置提供了目前世界最新的交流耦合技术。这是现代最精确和稳定的监测技术，特别适合连续排放记录和数据累积。

本监测系统的工作原理是运用尘埃颗粒流经探头周围所产生的电荷感应来确认烟尘在线排放量（单位为 mg/s 或 g/h），并采用 ISE 技术自我校定（选购功能），根据烟尘流速的实况变化输出对应准确的排放浓度值（单位为 mg/m³）。

EMP7 高级监测仪的输出是标准对数 lg(4～20mA)，可连接市场上标准的数据显示器/输送器/对数信号线性转换器，或者 AXDI 信号转换卡，然后利用安装有 CONNECT 网络的计算机进行数据处理，还可以直接连接用户单位现有的 DCS、SCADA 或 PLC 系统。

（1）产品特点　EMP7 是最新一代的交流耦合排放监测探头，具有以下特殊优点。

① 超高的排放浓度监测范围：$0.001～1000000mg/m^3$。

② 用标准对数 lg(4～20mA) 模拟数据输出，不需要人工调节放大倍数。

③ 不需要控制盒，直接安装在监测点并输出对应的排放量/排放浓度信号。

④ 采用 ISE 专利技术，可根据烟尘流速变化自动纠正，输出实际的排放浓度监测信号。

⑤ 超高分辨率，达到实际排放浓度量程的 0.1%，所以特别适合超低或超高浓度排放监测。

⑥ 与其他型号探头一样具有易安装使用、高精度、零维护等特性。

（2）应用范围　EMP7 型排放监测器广泛应用于各种工业用途，包括发电、建材加工、散装材料、食品加工、采煤和采矿、水泥制造和包装等。典型的用途包括用作破损滤袋的探测器，或粉状材料回收、产品输送总量监测，或各种大小、各种燃料的锅炉烟尘排放浓度监测。

EMP7 型不但可以广泛应用在工业环境中连续监测废气的排放量，以符合政府公布的有关大气环境保护法规指标，同时也可以用于超低浓度如回收煤气含尘量、洁净房等超标报警，或者应用于高浓度煤粉输送计量和除尘器入口浓度监测等场所［浓度（标）高达 $1kg/m^3$］。

第三节　可编程序控制器

一、可编程序控制器的基本构成

可编程序控制器（PLC）也可以看成是一种计算机。它与普通的计算机相比，具有更强的与工业过程相连的接口，更直接地适用于控制要求的编程语言，可以在恶劣的环境下运行等特点，因此在除尘工程中普遍采用。此外，它与普通的计算机一样，也具有中央处理器（CPU）、存储器、I/O 接口以及外围设备等，图 11-36 给出了 PLC 的基本构成框图。

1. 中央处理器（CPU）

中央处理器（CPU）是 PLC 控制系统的核心，它由处理器、电源及存储器等部分组成，其处理器部分主要用来完成逻辑判断、算术运算等功能。它采用扫描的方式接收现场输入装置的状态或数据，并存入输入状态表或寄存器中，同时可诊断电源、内部电路的工作状态以及编程过程的语法错误。

2. 存储器及存储器扩展

在 CPU 内有两种存储器，即内部存储器和程序存储器，前者用于存放操作系统、监控程序、模块化应用功能子程序、命令解释及功能子程序的调用管理程序、系统参数等；后者主要用来存储通过编程器输入的用户程序。

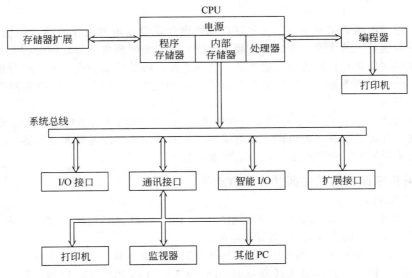

图 11-36　PLC 的基本构成框图

CPU 内提供了一定量的用户程序存储器。当用户程序量较大时，可对用户存储器进行扩展。

3. I/O 接口

将工业过程信号与 CPU 联系起来的接口称为 I/O 接口，它包括数字量 I/O 接口和模拟量 I/O 接口。数字量输入接口的任务是将外部过程信号转换成 PLC 的内部电平信号；数字量输出接口的任务是将 PLC 的内部电平信号转换成外部过程信号。模拟量输入接口的任务是将外部过程的模拟量信号转换成 PLC 的内部数字信号；模拟量输出接口的任务是将 PLC 的内部数字信号转换成外部过程的模拟量信号。对于不同的工业过程，相应有各种不同类型的 I/O 接口。

4. 通信接口

PLC 配有各种类型的通信接口，可实现"人—机"或"机—机"之间的对话。通过这些通信接口，可以与打印机、监视器及其他 PLC 或计算机等相连。当与打印机相连时，可将系统参数、过程信息等输出打印；当与监视器相连时，可将过程动、静图像显示出来；当与其他 PLC 相连时，可以组成多机系统或联成网络，实现整个工厂的自动控制；当与计算机相连时，可组成多级控制系统，实现过程控制、数据采集等功能。

5. 智能 I/O

为了满足更加复杂的控制功能的需要，PLC 配有许多智能 I/O 接口，如 PID 模块、定位控制模块、高速计数模块、实时 BASIC 模块等。所有这些模块都带有自身的处理器系统，我们称之为智能 I/O。

6. 扩展接口

扩展接口是一种用于连接中心单元与扩展单元，以及扩展单元与扩展单元的模块。当一个中心单元所容纳的 I/O 不能满足要求时，就需要使用扩展接口对 I/O 系统进行扩展。一般情况下，可用扩展接口模块对 I/O 模块的地址进行设定，从而可根据需要方便地修改硬件地址。

7. 编程器

程序编制确定了 PLC 的功能，程序输入是在编程器上实现的。编程器除了用来完成编写、输入、调试用户程序外，还可以作为现场的监视设备使用。

编程器是一种 PLC 的外围设备，也是重要的"人—机"接口装置。编程器可分为专用型和通用型两种，编程器的型式确定了编程的方法。在中、小型 PLC 系统中，常采用带 LED 或 LCD 显示器的编程器，这是一种专用型编程器；在大型 PLC 系统中，常采用带 CRT 的通用型编程器。支持编程器的外围设备有磁带机、软盘驱动器、硬盘驱动器、打印机等。

8. 电源

现代工业的供电负载多种多样，大容量负载的启动常引起电网电压波动，特别是钢铁企业，大容量晶闸管调速系统的普及，带来大量高次谐波，引起电网畸变。与此同时，由 LSI 等半导体器件组成的各种现代化自控装置也大量普及，它对上述电网的波动、畸变等干扰源极为敏感。因此，为获得稳定可靠的电源，计算机不得不设置不间断电源（UPS）；PLC 如果照搬的话，就等于失去了面向现场的意义。

PLC 的电源大体上分 CPU 电源及 I/O 电源两部分，一般均从动力电源取得。如果有控制电源的场合，也可直接从控制电源取得。无论采用何种形式，都要设置隔离变压器，以便与外部电源隔离。最好采用带屏蔽的隔离变压器和阻容吸收装置。

二、可编程序控制器的主要功能和特点

1. PLC 主要功能

随着 PLC 技术的发展，其功能也越来越完善。PLC 一般具有逻辑运算、四则运算、比较、传送（包括字、位、表的传送）、译码等项功能。

具体描述为：逻辑运算；计时及计数；步进控制；四则运算（加、减、乘、除运算）；中断控制；A/D、D/A 转换；数据格式转换，如 BIN/BCD、BCD/BIN 等；比例、积分、微分功能；跳转；I/O 强制；数据比较和传送；矩阵运算；函数运算；高速计数控制；定位控制；PID 控制；排序及查表；通讯和联网；监控和容错；自诊断及报警；高级语言编程及报表打印；人机对话等。

2. PLC 主要特点

（1）产品系列化　目前国外各大 PLC 厂家每隔几年就要推出一个新系列产品，许多公司 PLC 已经具有多种系列产品，较新的系列一般分为大、中、小三种机型。表 11-12 给出了各机型的规模和性能。

表 11-12　各机型的规模和性能

性能	小　型	中　型	大　型
I/O 点	<512	512～2048	≥2048
CPU	单 CPU，8 位处理器	双 CPU，字处理器和位处理器	多 CPU，字处理器、位处理器及浮点处理器
扫描速度	>10ms/kW	2～20ms/kW	<5ms/kW
存储容量	<6kB	8～50kB	>50kB
智能 I/O	无	部分有	有
联网	有	有	有
指令及功能	逻辑运算 算术运算 T/C <64 个 中间标志 <64 个 寄存器、触发器功能	逻辑运算 算术运算 T/C <64～256 个 中间标志 64～2048 个 寄存器、触发器功能、数制变换、开方、乘方、微分、积分、中断	逻辑运算 算术运算 T/C 256～2048 个 中间标志 2048～8192 个 寄存器、触发器功能、数制变换、开方、乘方、微分、积分、中断、PID、过程监控、文件处理
编程语言	语句表、梯形图	语句表、梯形图、编程图	语句表、梯形图、流程图、图形语言、实时 BASIC、C 语言等高级语言

（2）机体小型化、结构模块化　由于专用大规模集成电路（LSI）和表面安装零件（SMP）技术的应用，使得带 ASIC（用于特种场合的专用 IC）的电路密集、紧凑。实现了 PLC 机体小型化。

（3）多处理器　一般小型 PLC 为单处理器系统；中型 PLC 多为双处理器系统，包括字处理器和位处理器；大型 PLC 为多处理器系统，包括字处理器、位处理器和浮点处理器等。多处理器的使用，使得 PLC 向多功能、高尖技术性能方向发展。目前，广泛使用的处理器芯片有 8 位的 Intel-8086、Motorola-6800、Zilog-80 以及 16 位的 Intel-8086、Zilog-8000 等。不久，微处理器

芯片将会被 24 位、32 位甚至 64 位的位片式处理器取代。

（4）较强的存储能力　PLC 的存储器分为内存和外存两种。内存储器多半采用 CMOS 电路的 RAM、E-PROM、E²PROM 等，容量可达数千字节到数兆字节，它作为 PLC 的程序存储和数据存储。外存储器的存储方式有磁盘、磁带等，作为文件管理及各种数据库的存储。

（5）强的 I/O 接口能力　考虑到工业控制的需要，常用的数字量输入、输出接口分交流和直流两种，电压等级有 5V、24V 以及 220V，负载能力可从 0.5A 到 5A。模拟量输入、输出电压型从 ±50mV 到 ±10V，电流型有 0～10mA 或 4～20mA 等多种规格。为提高 PLC 运行的可靠性，输入、输出接口一般都采取了隔离措施。

（6）可靠性高，抗干扰能力强　由于目前的 PLC 都采用大规模集成电路，元器件的数量大大减少，使得 PLC 进一步小型化；同时，也增加了 PLC 的技术保密性。PLC 本身具有可迅速判断故障的自诊断的功能，从而大大地提高其可靠性。PLC 本体的平均无故障时间（MTBF）一般在 5×10^4 h 以上。另外，各制造厂家在硬件设计和电源设计时均充分考虑了 PLC 的抗干扰性，以保证 PLC 在工业场所可靠运行。

（7）外围接口智能化　目前，新一代的 PLC 具有许多智能化的外围接口，这些接口具有独立的处理器和存储器。作为专用的过程外围接口，可以完成特殊的功能，独立进行闭环调节；也可以作为温度控制、位置控制；还可以显示终端、打印机连接，实现过程监控、报表打印、信息处理等，大大地增强了 PLC 的单机功能。

（8）强的通信能力与网络化　近年来，PLC 的通信能力进一步增强，PLC 常用的通信接口有 RS-232C（最大 15m）、RS-422（最大 500m）、光纤接口等。在距离较远时，可采用 Modem 方式通信，它的传输速率一般为 300～19200bps，以至更高。PLC 可方便地与上位机、其他型的 PLC 以及外部设备进行信息交换，以形成基础自动化级控制系统。

（9）通俗化编程语言与高级语言　为了适应更多的工程技术人员的需要，PLC 具有多种形式的编程语言，除采用常用的梯形图、语句表和流程图编程外，有些大型 PLC 可使用计算机的高级语言，如 FORTRAN、PASCAL 和 C 语言等。

3. PLC 的系统设计

PLC 控制系统的设计一般分为三个阶段，即功能设计、基本设计和详细设计；这三个阶段相互有密切的联系。在阐述 PLC 控制系统的设计阶段之前，首先对控制系统的功能要求做一说明。

控制系统功能要求书是指导电气设计人员开展 PLC 控制系统设计的依据。鉴于目前国内各设计单位的专业分工较细，工艺及设备科室无电气人员的情况下，对较复杂的工艺控制过程，宜以工艺、设备专业为主，电气专业设计人员参加，共同编制控制系统功能要求书，它相当于委托设计任务书。

（1）功能设计阶段　功能设计阶段是根据控制系统功能要求书（委托设计任务书）的内容，由电气专业人员从电气控制角度对工艺提出的功能要求进行论证、确认，编制出满足工艺要求的控制系统功能规格书。通常，它包括：概述；工艺要求；工艺设备布置图；工艺流程图；操作点分布图、控制室及 I/O 站布置图；电气设备传动性能表；连锁关系图、表等。

（2）基本设计阶段　基本设计阶段是根据控制系统功能规格书的内容，确定其控制系统组态，I/O 定义，硬件设备的选择及屏、台、箱、柜数量的确定，外部设备的选择等。基本设计阶段一般包含：修改并完善功能设计阶段的内容；控制系统组态图及组态方式说明；程序流程框图及程序结构说明；系统的控制等级划分、运转方式类别，并详述每一种运转方式的工作过程（一般包括自动运转方式、半自动运转方式、手动运转方式，包括远程手动运转方式和机旁手动运转方式）；操作点的功能说明；CRT 的功能说明；I/O 表；故障类别及处理方法；系统及单体设备的状态定义；通信方式及参数设定；通信的主要数据内容；图形画面的内容及要求；控制设备的选择、通信设备的确定等。

（3）详细设计阶段　控制系统的详细设计是在基本设计的基础上进行的，内容包括设备设计和施工设计两部分。设备设计的内容包括硬件设计、软件设计、出厂前调试或实验室调试；施工设计的内容包括布置安装设计和配线设计。图 11-37 给出 PLC 控制系统设计流程示意。

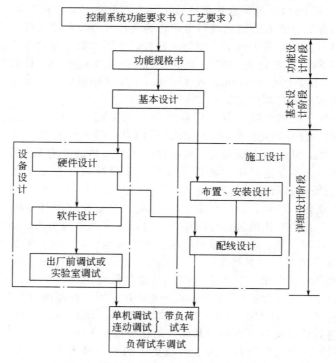

图 11-37　PLC 控制系统设计流程示意

三、可编程序控制器选型

种类繁多的 PLC 一方面给用户提供了选择的余地；另一方面，也给用户在选择上带来困难。下面给出了 PLC 的硬件选型原则。

1. PLC 的选型原则

PLC 的选型主要根据使用场合、控制对象、工作环境、费用以及用户的特殊要求来选择机型，使得既在功能上满足要求，又经济合理。

在 PLC 机选型前，需要注意以下几点：a. 开关量输入总点数及电压等级；b. 开关量输出总点数及输出功率；c. 模拟量输入/输出总点数；d. 是否有特殊的控制功能，如高速计数、PID 定位、通信等智能模块的选用；e. 现场设备（被控对象）对响应速度、采样周期的要求；f. 是否有较复杂的数值运算；g. 中控室离现场设备的距离；h. 是否要预留发展的可能；i. 熟悉 PLC 机型的详细资料及应用的实绩。

选择 PLC 机型时，要对其 I/O 点数、存储器容量、功能、I/O 模块、外形结构、系统组成、外围设备、设置条件及价格等多项指标做综合分析和比较，然后才能确定出较理想的 PLC 机型。

2. 输入/输出（I/O）点数的估算

控制系统总的输入/输出点数可根据每个单体设备的 I/O 点数来决定，最后按实际的 I/O 点数另加 $10\%\sim20\%$ 备用量来考虑。进行 PLC 硬件设计时，对 I/O 点数进行估算是一个很重要的基础工作，它直接影响下面的存储器容量的估算。

一般来讲，一个按钮需占一个输入点；一个光电开关占一个输入点；一个信号灯占一个输出点；而对选择开关来说，一般有几个位置就占用几个输入点；对各种位置开关，一般占一个或两个输入点。

（1）开关量输入点数　开关量输入点数可按下式进行估算：

$$DI = K\left[\sum_{i=1}^{N}(a_{1i} + a_{2i}) + a_3\right] \tag{11-24}$$

式中，DI 为开关量输入总点数；K 为备用量系数，一般取 $K=1.1\sim1.2$；a_{1i} 为单个系数类型参数，单速可逆系统 $a_{1i}=3\times$ 操作点数；单速不可逆系统 $a_{1i}=2\times$ 操作点数；多速（有级）可逆系统 $a_{1i}=3\times$ 操作点数 $+$ 速度挡数，多速（有级）不可逆系统 $a_{1i}=2\times$ 操作点数 $+$ 速度挡数；a_{2i} 为单个系统检测点数，如接触器辅助接点数 XC、热断电器 RJ、自动开关辅助接点 ZK、限位开关 XW、选择开关 XK 以及故障信号、联动信号等；a_3 为其他点数，如系统自动/半自动/手动选择开关、系统集中/机旁选择开关、生产线上的检测元件，以及与其他控制设备的硬件连锁信号等；N 为单个系统的总数。

（2）开关量输出点数　开关量输出点数可按式（11-25）进行估算：

$$DO = K\left[\sum_{i=1}^{N}(b_{1i} + b_{2i}) + b_3\right] \tag{11-25}$$

式中，DO 为开关量输出总点数；K 为备用量系数，一般取 $K=1.1\sim1.2$；b_{1i} 为单个系统类型参数，单速可逆系统 $b_{1i}=2$，单速不可逆系统 $b_{1i}=1$；多速（有级）系统 $b_{1i}=$ 速度挡数；b_{2i} 为单个系统显示设备及联锁所需的点数；b_3 为其他点数，如系统的显示点数、报警音响设备所需的点数，以及与其他控制设备的硬件联锁信号等；N 为单个系统的总点数。

（3）模拟量输入/输出（AI/AO）点数　目前，大多数 PLC 制造厂均提供相应的 AI 和 AO 模块，可参考 PLC 制造厂的 AI、AO 模块的说明，根据工程的实际需要来确定 AI、AO 的回路数及相应的 AI/AO 模块数量，并预留出适当的备用量。一个 AI/AO 模块有 2、4、6、8、16 个回路，详见有关 PLC 的资料。

3. 存储器容量的估算

这里所说的存储器容量要和用户程序所需的内存容量相区分，前者指的是硬件存储器的容量，而后者指的是存储器中为用户开放的部分；前者总要大一些。到底开放给用户编程的容量有多少，可通过 PLC 的样本资料仔细辨认。只要估算出用户程序所需的内存容量，相应地就可决定存储器容量的大小。

用户程序所需的内存容量与最大的输入/输出点数成正比，此外还受有无通信数据、通信数据量的大小以及编程人员的编程水平等影响。在无数据通信的情况下，一般的内存容量的经验公式如下：

$$M = K_1 K_2\left[(DI+DO)C_1 + AI \cdot C_2 + AO \cdot C_3\right] \tag{11-26}$$

式中，M 为内存容量，字；K_1 为备用量系数，一般取 $K_1=1.25\sim1.40$；K_2 为编程人员熟练程度，一般取 $K_2=0.85\sim1.15$；DI 为开关量输入总点数；DO 为开关量输出总点数；AI 为模拟量输入回路数；AO 为模拟量输出回路数；C_1 为开关量输入/输出内存占有率，一般取 $C_1=10$；C_2 为模拟量输入内存占有率，一般取 $C_2=100\sim120$；C_3 为模拟量输出内存占有率，一般取 $C_3=200\sim250$。

在有通信接口的情况下，需根据通信接口的数量、每个接口通信数据量的大小以及具体 PLC 块转移指令所占的内存字数，确定出数据通信所占的内存大小，最后与式（11-3）的结果相加，即可估算出 PLC 内存容量的大小。

表 11-13 给出了中小型 PLC 的 I/O 点数与存储器容量的关系。

表 11-13　中小型 PLC 的 I/O 点数与存储器容量的关系

I/O 点数	折合继电器数	存储器容量
128 点以下	60 个以下	0.5K 以下
128～256 点	60～100 个	0.5～1K
256～512 点	100～300 个	1～4K
512 点以上	300～1000 个	4K 以上

用 PLC 替代原先的继电器电路时，先看有多少个继电器，然后将 1 个继电器平均按 6 个接点、1 个线圈计算，存储器的字数（步数或 1 个存储单元）按 1 个接点（或线圈）为 1 个字计算，考虑到 PLC 的功能多样化，如增加故障诊断程序等，将上述计算出的容量适当地增大一些。

有些制造厂将 PLC 的存储器分为程序存储器和数据存储器两种，但存取区间完全分开。程序存储器容量计算可按式（11-26）进行，而数据存储器容量，PLC 制造厂一般都将它与程序存储器成比例设置。

4. 功能选择

根据控制系统的要求进行 PLC 的功能选择。它通常包括运算功能的选择和处理速度的选择两个方面。

（1）运算功能选择　PLC 除具有顺控功能（逻辑运算）外，还具有定时、计数、四则运算、函数运算等功能。如果控制系统的要求很简单，只需要顺控功能时，就可以选择经济实惠的 PLC。如果需要跟踪的话，就得选择带位移寄存器 PLC 等。总之，选择运算功能的依据是：从指令系统中看所需要的功能是否能得到全部满足，或是利用编程来间接得到满足。目前，PLC 的功能多样化和高级化，因此不要单纯追求高功能，以避免造成不必要的浪费。

总之，PLC 的功能，随着规模的增大，基本上满足了用户在运算功能方面的要求。运算功能选择时应注意以下 2 点：① 硬件与软件的配套使用；② 使用功能及故障维修功能是否完备。

图 11-38 给出了 I/O 点数与运算功能的对应关系。

（2）处理速度的选择　PLC 的原理与计算机基本相同，但早期的 PLC 处理速度较慢，主要是由于未采用微处理器，且中断系统不完善等原因造成的。一般来讲，计算机的输入/输出点少，但其内部可进行大量复杂的数据处理。对 PLC 来说，输入/输出点从十几点到两千余点都有，从输入—数据处理—输出的全过程只允许在几十毫秒内完成，它相当于继电器的固有动作时间，再长就没有意义了。

5. 外形结构的选择

从 PLC 的基本单元和扩充单元的形态看，PLC 的外形结构分为以下几种。

（1）平板型 PLC　平板型 PLC 多为 I/O 点数少的小规模机型，构造特点是轻、薄、短小。它从机电一体化的角度考虑，多安装在机械设备或控制盘上。这种 PLC 把 CPU、I/O 均装在 1 个印刷版内，电源采用外部供电方式，I/O 点地址固定，不能扩展或很少有扩展。对大批量生产的通用机械设备来说，它的特点是价格低廉。

平板型 PLC 的机型很多，选择时，不能光着眼于价格低廉，还必须根据使用的控制目的来考虑。

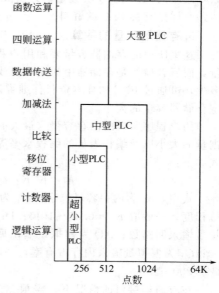

图 11-38　I/O 点数与运算功能的对应关系

（2）块状型 PLC　小规模的 PLC 多采用这种型式，它的增设单元以模块为单位进行扩展。它多采用德国工业标准（DIN）中的导轨式安装方式，具有适中的扩展性和价格低廉等优点；运算功能目前也有向高功能化发展的趋势。选择时，也和平板型 PLC 一样，不能光着眼于价格低廉，还必须根据使用的控制目的来考虑。

（3）输入/输出模块的选择　这种型式的 PLC 有专供扩展 I/O 模块用的插件式框架槽（机箱），它适合于中、大规模的控制系统。不同制造厂 PLC 机箱的外形尺寸也不完全相同，一部分制造厂采用 48cm（19in）的标准机箱。机箱内多为 8 槽，但也有 2、4、6、8、10 槽的机箱。各种 I/O 模块被设计成统一的外形尺寸，以便插入机箱中的槽内。

6. 输入/输出模块的选择

实际生产过程中的信号电平多种多样，而 PLC 的 CPU 只能进行标准电平的处理，这只有通过 I/O 接口实现这些信号电平的转换。为适应各种要求的过程信号，各制造厂相应有各种 I/O 接口模块。虽然 PLC 的种类繁多，但它们的 I/O 接口模块原理基本相同。各 PLC 制造厂的 I/O 接口模块，主要区别在于电压等级，输入/输出点数以及模拟量的数字表示上。

第四节　除尘系统自动控制设计

一、除尘系统自动控制设计注意事项

① 除尘设备类型、规格、用途、操作方法多种多样，相互间差别较大，自动控制系统要针对具体除尘系统和具体设备有针对性地进行自动控制设计。

② 除尘系统净化有爆炸性、腐蚀性或潮湿、有害含尘气体时，自动控制装置应做相应的防爆、防静电、防腐蚀等技术处理。

③ 除尘设备一般露天设置，除尘现场的盘、箱、柜等自动控制装置应注意防雨、防尘、防护等级要高。

④ 自动控制在满足除尘工艺需要的情况下尽可能简单可靠。

二、脉冲袋式除尘系统的自动控制

1. 除尘器工作原理

除尘系统由烟罩、除尘阀门、管道、伸缩节、混风阀、脉冲袋式除尘器、斗式提升机、刮板输送机、储灰仓、卸灰阀、风机和放散烟囱等组成。

2. 电控仪表系统

除尘系统的控制设备包括低压配电柜、MCC 柜、PLC 柜、仪表电源柜、工控机操作站及现场机旁操作箱等。

除尘阀门控制一般与生产工艺联锁，但是它们的控制信号通过点对点硬连接线连接到除尘 PLC，或者通过网络连接，以实现除尘系统 PLC 与生产系统 PLC 通信，并将其状态显示在除尘 HMI 画面上。

除尘系统控制分：脉冲除尘器、风机系统、除尘器混风阀和除尘混风阀门四部分。

3. 脉冲除尘器

系统采用两地操作方式，机旁单机手动、除尘电气室 HMI 画面手动和联动控制。

整个系统由除尘器清灰系统、卸灰系统、输灰系统及储灰仓排灰系统四部分组成。

（1）脉冲除尘器控制内容

① 除尘器工作原理。脉冲袋式除尘器处在风机的负压端，袋式除尘器采用下进风上排风外滤式结构，且具有相互分隔的袋滤室。当某一滤室进行清灰时，通过控制机构（定时、差压或混合）控制脉冲阀的启闭，喷吹滤袋，使粉尘落入灰斗，通过星形卸灰阀和输灰装置把粉尘运走，净化后的气体从滤袋孔隙流过，通过排风口离线阀进风排风管道最后排入大气。

② 控制内容。脉冲袋式除尘器控制内容分为脉冲喷吹清灰、卸灰、输灰及排灰。并要求这些设备能进行单动和联动运转的控制。

设单动的目的是为了设备单体调试或点检发现异常时，在脉冲袋式除尘器机旁手动操作。

在联动运转时，脉冲袋式除尘器清灰、卸灰和输灰系统全过程采用 PLC 自动控制，清灰的周期、喷吹时间、喷吹间隔、卸灰周期、卸灰时间，能根据运行状态进行调整。

（2）控制过程

① 清灰控制过程。清灰采用脉冲阀喷吹方式，进行分室清灰，袋式除尘器正常运行时，含尘气体通过灰斗上的进气口阀及短管进入过滤器内，其中较粗颗粒的粉尘在灰斗中自然沉降，较细微的粉尘随气流上升通过滤袋，由于碰撞、筛分、钩住截留等效应，粉尘被阻留在滤袋外

壁表面，从滤袋出来的干净气体经离线阀、排风管、风机和烟筒排入大气。当滤袋外侧粉尘层逐渐增厚，使袋式除尘器阻力增高，在达到规定值或设定周期时，从 1 室开始至 n 室循环进行清灰。

② 卸灰及输灰控制过程。灰尘落入灰斗内，各室轮流进行卸灰。首先星形卸灰阀运行，同时该室空气炮间断的喷吹，该室卸灰一段时间后，这个室卸灰结束。再进行下一个室的卸灰。

每个室灰斗卸下的灰落入切出刮板输送机，经斗式提升机送入储灰仓。

③ 排灰控制过程。储灰仓排灰采用机旁操作，控制加湿机、电磁水阀、旋转给料器及储灰仓灰斗振动器。

（3）控制方式

1）控制形式　清灰系统控制和卸灰输灰控制互不连锁。清灰系统单动、联动控制经过 PLC 控制；卸灰及输灰系统单动不经过 PLC 控制，联动控制经过 PLC 控制；储灰仓振动器控制、旋转给料器、加湿机及电磁水阀单动不经过 PLC 控制，联动控制经过 PLC 控制。

2）控制方式

① 在线清灰控制（采用在线清灰，离线检修）

控制内容：脉冲阀和离线阀。

检测仪表：除尘器进出口压力变送器、储气罐电接点压力表。

清灰控制分：本地、联动控制。

联动控制分：定时、差压、混合（可选择）。

Ⅰ.本地控制。除尘器设清灰机旁操作箱，在清灰机旁操作箱操作脉冲阀和离线阀。

Ⅱ.自动控制

ⅰ.定时控制。当除尘器的清灰时间达到时，1 室的脉冲阀依次喷吹一遍，间隔一段时间后，2 室的脉冲阀依次喷吹一遍，至 n 室结束。间隔一段时间后，再从 1 室开始清灰。

ⅱ.差压控制。除尘器差压达到上限时，1 室的脉冲阀依次喷吹一遍，间隔一段时间后，2 室的脉冲阀依次喷吹一遍，至 n 室结束。此时除尘器差压若小于下限时，结束一个清灰周期，如果除尘器差压没有达到下限时，再继续一个清灰周期。

ⅲ.混合控制。除尘器差压上限值或定时值哪个值先到，程序按先到那个程序运行。

② 卸灰和输灰控制

控制内容：斗式提升机、切出刮板输送机、星形卸灰阀、除尘器灰斗空气炮及溜槽振动器。

检测仪表：每个除尘器灰斗安装一台料位控制器。

Ⅰ.本地控制。除尘器平台设输灰机旁操作箱，斗式提升机、切出刮板输送机、星形卸灰阀、除尘器灰斗空气炮及溜槽振动器设有单独操作按钮。

Ⅱ.联动控制。首先斗式提升机运行（间隔 3～60min 分流槽振动器振动，溜槽振动器振动 30s），间隔一段时间后，切出刮板输送机运行，间隔一段时间后，1 室星形卸灰阀运行，该室空气炮间隔一段时间后连续喷吹 n 次；至 n 室结束。间隔一段时间后，再从 1 室开始卸灰。

当风机停止运行后，卸灰阀继续进行 1～n 个周期的卸灰，然后停止；停止的时间间隔同启动，顺序与启动相反。如果风机重新启动时，无论输灰是否已完成 n 个周期，都将自动启动卸灰程序。

溜槽振动器与斗式提升机联锁。

除尘器灰斗料位控制器，只显示灰斗粉尘料位上限，不参加控制。

Ⅲ.排灰控制

控制内容：旋转给料器、储灰仓灰斗振动器、加湿机、电磁水阀。

检测设备：3 台料位控制器（高高料位、高料位、低料位）。

ⅰ.手动控制。储灰仓上设储灰仓机旁操作箱，旋转给料器、加湿机、电磁水阀及储灰仓灰斗振动器设有单独操作按钮控制。

ⅱ.自动控制。其启动操作顺序如下：按一下联动卸灰"运行"按钮，加湿机运行→30s 后旋转给料器运行、电磁水阀开启。

停止操作顺序如下：按一下联动卸灰"停止"按钮旋转给料器停止→20s后电磁水阀关闭→20s后加湿机停止。

ⅲ.检测料位。在储灰仓机旁操作箱上，设有3个储灰仓料位显示灯，当料位达到低料位时，显示灯亮，不允许卸灰；当料位达到高料位时，显示灯亮，报警；当料位达到高高料位时，显示灯亮，15min后输灰系统停止运行。

（4）显示、故障报警及故障停机

① 在清灰机旁操作箱上及HMI画面显示1～n室脉冲阀喷吹、离线阀运行状态。

② 在输灰机旁操作箱上及HMI画面显示除尘器灰斗料位、星形卸灰阀、切出刮板输送机、斗式提升机运行状态及故障。

③ 在储灰仓机旁操作箱上及HMI画面显示旋转给料器、储灰仓灰斗振动器、加湿机、电磁水阀及储灰仓低、高和高高料位状态。

④ 当某室离线阀出现故障时（离线阀打不开或关不上），HMI画面显示。

⑤ 烟囱上安装一台粉尘浓度仪，在HMI画面上显示值。

重故障如下：a.除尘器压缩空气压力下限，清灰系统停止运行；b.切出刮板输送机及斗式提升机出现故障，上游设备停机，下游设备按正常顺序停机；c.储灰仓料位达到高高料位时，除尘器卸灰和输灰系统停止运行；d.储灰仓旋转给料器故障。

轻故障：出现轻故障信号后在现场及HMI画面上分别显示，系统不停机；其表现有储灰仓达到高料位及低料位、离线阀故障、星形卸灰阀故障、储灰仓灰斗振动器故障，以及溜槽振动器故障。

4. 照明控制及其他

① 照明电源为交流220V，电源来自低压配电柜，电源引入到现场照明配电箱内。除尘器本体及储灰仓平台的照明，可用照明开关手动控制除尘器本体、储灰仓平台及风机平台不同区域的照明灯。

② 安全灯电源为交流36V，电源来自照明配电箱，电源引入安全灯箱内。除尘器平台设有安全灯箱，箱内有一个AC 220V和一个AC36V插座，电源开关选用漏电断路器。

③ 环保电源为交流220V，电源来自检修电源箱，电源引入环保电源箱内。混风阀平台及烟囱检测平台设有环保电源箱，箱内有2个AC 220V插座，电源开关选用漏电断路器。

④ 检修电源为交流380V，三相四线制来自低压配电柜，电源引入到现场检修电源箱内。除尘器底层及顶层设检修电源箱（AC220V/AC380V），供电焊机等设备使用。

5. 风机系统

风机系统是由主电机、风机、入口阀、稀油站、变频器、风机机旁操作箱、稀油站机旁操作箱、入口阀机旁操作箱及就地安装的检测仪表组成。

（1）控制方式　主电机、风机、稀油站检测温度和压力直接进入PLC，风机前后轴振动和入口阀阀位信号4～20mA进入PLC，电机电流信号由变频器柜送入PLC，其所有的信号在HMI画面上显示；稀油站油泵及电机电加热器经过PLC控制。

（2）就地安装的仪表

① 拖动风机入口阀的电动执行器，它可改变风机入口阀的开度，从而控制风量和风压，使之满足工艺上的要求。

② 在主电机定子线圈上每相安装两个铂电阻，主电机前后轴承安装了铂电阻；在风机前后轴承安装了铂电阻，稀油站冷却水出水管道安装冷却水流量开关一个，风机轴承止推端安装了测振传感器；稀油站油箱安装液位控制器、铂电阻，油泵出口安装压力表，滤油器前后安装差压开关，供油口安装压力变送器、热电阻，回油口安装热电阻。

上述这些一次仪表与PLC连接起来，就可实现相应项目的指示、控制及保护。

③ 检测仪表项目及检测元件量程对应表见表 11-14。

表 11-14　检测仪表项目

序号	名称	点数	报警	跳闸	信号
1	风机入口阀开度	1			$4\sim20mA$
2	风机前后轴承温度	2			Pt100
3	风机前后轴承振动	2			$4\sim20mA$
4	电机前后轴承温度	2			Pt100
5	电机定子三相温度	6			Pt100
6	稀油站供油温度	1			Pt100
7	稀油站回油温度	1			Pt100
8	稀油站油箱温度	1			Pt100
9	稀油站供油压力	1			$4\sim20mA$
10	主电机电流	1			$4\sim20mA$
11	风机转速	1			$4\sim20mA$

（3）系统控制

1）主电机控制

① 本地控制。风机平台设风机机旁操作箱，且满足下列条件方可启动：a. 风机入口阀门开度关至零位；b. 电机、风机和稀油站检测仪表各项参数均在正常工作范围；c. 风机故障灯不亮；d. 稀油站油泵运行。

② 远程控制。在 HMI 画面上操作，且满足一定上述 a.～d. 条件方可启动。

③ 停机。包括人为停机和故障报警停机。

④ 电加热器。电机电加热器分"就地""远程"控制，选择"就地"时，在风机机侧仪表柜操作；选择"远程"时，则由 HMI 画面操作。它们分别在风机机旁操作箱和 HMI 画面上两地显示状态。

在 HMI 画面显示主电机、风机、稀油站检测温度、压力、电流值和转速。

2）风机入口阀调节　风机入口阀分"本地""远程"控制，选择"本地"时，由入口阀机旁操作箱操作，选择"远程"时，则由 HMI 画面操作。

① 本地控制。风机入口阀开大或关小，由控制风机入口阀开度的电动执行器正转和反转来实现。风机运行中可根据情况操作入口阀机旁操作箱"手操器"按钮开关，使风机入口阀开度到所需位置，使之满足工艺要求。如果主电机电流达到额定值时，即使按风机入口阀"开"按钮，程序联锁使风机入口阀开度不在开大，以避免风机过载运行。当风机停机后，风机入口阀开度将关到最小，为下一次风机启动做准备。

② 远程控制。风机运行中可根据情况在 HMI 画面上设定风机入口阀某一开度值。

③ 显示。风机入口阀开度分别在入口阀机旁操作箱和 HMI 画面上两地显示开度值。

3）润滑系统　稀油站工作时，工作油泵将油箱内的油液吸出，经双筒油滤、冷却器后，再送往主机设备的各润滑部位，回油进油箱回油管，经磁棒过滤，再经过滤网板过滤后进入油箱内。

稀油站设有两台齿轮泵，正常情况下一台工作一台备用。当系统压力降到低于第一压力控制器压力调定值时，备用油泵投入工作，保证向主机设备继续供送润滑油。压力达到正常时，备用油泵自动停止。若此时压力继续下降到第 2 压力控制器压力调定值时，报警器将发出压力过低事故信号。

过滤器采用双筒网式油滤器，一筒工作，一筒备用，在进出口外接有差压控制器，当压差超过 0.1MPa，人工换向，备用筒工作，取出滤芯进行清洗，然后放入滤筒备用。

油箱上设有油位液位计，可直接看到液位的高低，同时装有油位信号器，当油位过高或过低时有信号发出。

冷却器用来冷却润滑油温度，供油温度供油管路上的双金属温度计来显示并发出信号，当供油温度变化，冷却器的进水量也随着变化，使油温控制在一定的范围内。

控制内容：油泵两台。

检测设备：油位讯号器、油箱双金属温度计、差压控制器、压力变送器、供油双金属温度计。

① 本地控制。稀油站油泵分"就地""远程"控制，选择"就地"时，在稀油站机旁操作箱上操作。

② 远程控制。选择"远程"时，稀油站油泵正常情况下一台工作一台备用，当系统压力降到低于第一压力控制器压力调定值时，备用油泵投入工作。

4）变频器 变频器分"就地""远程"控制，选择"就地"时，在变频器控制柜上启动风机，选择"远程"时，在 HMI 画面上启动风机。

6. 除尘器混风阀

（1）机旁控制 混风阀平台设混风阀机旁操作箱，通过机旁操作箱按钮"开"和"关"控制混风阀。

（2）联动控制 混风阀的"开"和"关"由烟气温度来确定，烟气温度设定值为 110℃混风阀开，小于 110℃混风阀关。也可以在 HMI 画面上单动控制混风阀的"开"和"关"。

7. 集气罩阀门控制

（1）风机调速控制 阀门处在不同状态下，风机按额定转速运转或设定转速运转。

非正常情况下，所有阀门同时关闭的情况下，要求风机在 20s 内降为 0 转。

（2）阀门与生产工艺的控制 当生产工艺处于不同情况下，除尘阀门处于"开"或"关"状态。

三、电除尘系统自动控制

1. 电除尘器的工作特点

含尘气体从吸尘罩中被吸引到电除尘器内部，在电除尘器沉淀和电晕极之间施加数万伏的直流高压，由于高压静电场的作用，使进入电除尘器空间的空气充分电离而使得其空间充满带正、负电荷的离子。随气流进入电除尘器内的粉尘粒子与这些正、负离子相碰撞而被荷电。带电尘粒由于受高压静电场库仑的作用，根据粉尘带电极性的不同，分别向除尘器的阴、阳极运动；荷电尘粒到达两极后，分别将自己所带的电荷释放掉，通过电极与电源形成回路便产生电除尘器的工作电流，尘粒本身则由于其固有的黏性而附着在极板、极线上最后被捕集下来；另外气体电离后，电除尘器空间正、负离子电荷总量是相等的，但由于负离子数目远比正离子数目多得多，且实践证明，电除尘器的阴极接负高压作为电晕极，阳极接高压电源的正端作为沉淀极并接地，除尘效果比较好。所以进入电除尘器内的粉尘粒子也总是大多数被带上负电荷而被阳极所捕集下来。

电除尘器的除尘效率与施加于电除尘器的高压静电场近似成正比的关系，所以必须给电场施加尽可能高的高压，才能使电场中的气体分子充分电离，使粉尘有机会带上尽可能多的电子而获得较高的除尘效率。但电除尘器的阴、阳极间的距离确定后，两极间所能施加的直流高压是不可能无限制的增加；如果施加给电场的高压值已超过了两极间所能承受的最大场强，就会使电场产生高压击穿并伴随产生火花放电。习惯上把这种现象称作"闪络"放电。如果给电场所施加的高压超过极限值很多，将会使电场高压产生持续的弧光放电，即所谓"拉弧"现象。电场产生拉弧时，使正常的电晕被破坏，此时除尘效率将严重下降，如不能有效地加以克服，还可能造成设备事故。所以，电除尘器投入运行时是不允许产生频繁拉弧现象的。

影响电除尘器正常运行的参数有粉尘比电阻、烟气温度及除尘器入口粉尘质量浓度等。

2. 电除尘器控制内容与过程

（1）电除尘器的可控硅调压高压硅整流自动控制 可控硅自动控制高压硅整流装置是电除尘

器普遍配套使用的一种高压供电装置，这种控制装置以检测电场二次电流为反馈信号。自动控制系统接收到各种反馈信号之后立即进行分析判断，并迅速发出控制指令改变主回路调压可控硅的导通角，使电场电压得到调节，而电场电压自控调节主要是以电场所能施加的最高电压（即闪络击穿电压）为控制依据。随着电场烟气条件的变化，电场击穿电压降低时，电场产生闪络。此时自控系统接收到这一反馈信号后，随之发出控制指令立即使主回路调压可控硅封锁，而使整流器无高压输出，以保证电场介质绝缘强度有足够的时间恢复到闪络击穿前的正常值。为防止闪络封锁主回路调压可控硅后再次导通，整流器高压输出使电场发生第二次连续闪络，必须使闪络封锁后的高压输出值比闪络发生时的高压值降低一个适当的幅度；并且其数值的大小可根据电场烟气条件及其变化趋势，在一定的范围内进行整定调节。显然，电场电压值每当闪络封锁一次后，将从降低以后的电压值开始逐渐向另一次闪络电压值接近，而且上升的速度也是可以调节的。通常把电场电压上升速率的调节称作 $+du/dt$ 调压而把闪络封锁后电场电压下降负值调节称作 $-du/dt$ 调节。通过调 $\pm du/dt$，可以改变电场每两次闪络的间隔时间，即闪络频率。通常把除尘效率最高时的"火花率"称作"最佳火花率"。

（2）电除尘器低压自动控制　由于各种粉尘的粒度、黏度、附着力、比电阻值以及粉尘的电化学性质等各不相同，甚至相差悬殊，使得粉尘沉积到阴、阳极上后能被抖落下来的难易程度也不同，因此，不少粉尘如果清灰效果不好，由于粉尘在极板（或极线）上堆积过厚，导致电场频繁闪络或粉尘荷电不充分，除尘效率降低。因此，需要设法通过电除尘器的清灰装置将所捕集的粉尘有效地抖落下来，以保证电场有比较理想的供电水平，长期维持所希望的除尘效率。

电除尘器阴、阳极的清灰效果，除要求清灰机构振打时对极板、极线的每个部位要有一定的振打冲击力，要根据各种不同的粉尘，选择合理的振打周期，这是因为如果振打周期过长，将导致极板上粉尘堆积过厚，使阴、阳极所能施加的高压降低，影响除尘效率。若振打过于频繁，由于沉积到极板（极线）上的粉尘尚未达到一定厚度，振打时将成为碎末飞散到除尘器空间，将产生"二次飞扬"，导致除尘效率的降低。

阴极振打周期比阳极振打周期要长，因为阴极上的积灰速度远比阳极上的积灰速度慢，阴极振打持续时间也比阳极长，其原因是阴极振打清灰效果比阳极差，振打时所产生的"二次飞扬"不像阳极振打时严重。因此，为保证阴极振打的清灰效果，使阴极每次振打的持续时间做适当的延长是必要的。阴、阳极振打控制则要求二者的振打持续时间要错开，防止阴、阳极有可能同时振打，避免造成严重的"二次飞扬"或振打时由于阴、阳极有可能同时产生晃动而造成高压电场的闪络放电。

（3）输排灰控制　随烟气进入电除尘器而被阴、阳极所捕集的粉尘，由清灰机构敲落下来后，被收集在除尘器底部的灰斗中，必须被及时输送出去，以防灰斗中粉尘堆积过量，有可能使除尘器阴、阳极短路，使除尘器因送不上高压电而停止运行。

卸灰分两种控制：一种是连续卸灰；另一种是间断卸灰。

电除尘器连续卸灰的原理与布袋除尘器连续卸灰的原理基本相同。间断卸灰就是在除尘器每个灰斗适当的位置安装 1 台料位检测器，当除尘器灰斗内的灰料堆积到料位探头处时，料位检测器将发出指令信号去控制卸（输）灰机构自动卸（输）灰，只要除尘器灰斗内的料位下降到料位检测探头以下时，卸（输）灰系统停止工作。

由于电除尘器卸（输）灰控制由 PLC 控制，根据现场的实际情况，卸（输）灰控制系统分 4 种控制功能。当灰斗灰量多时，选择连续卸灰的控制功能；反之，选择间断卸灰的控制功能。当设备单动时，选择手动卸灰的控制功能。检修设备时，选择停止卸灰的控制功能。

（4）高压绝缘子的加热保温控制　进入电除尘器的烟气温度有时高达 300℃以上，以每秒 15～20m 的速度由除尘器进气管进入电除尘器后，在除尘器内停留时间可达数秒甚至 10s 以上。高温烟气碰到低温的除尘器内部构件时，其局部区间的烟气温度有可能降到烟气露点温度以下，烟气中所含高温蒸汽将凝结成水珠附着在构件上。一旦高压绝缘子上附着有水珠，将使绝缘子表面失去绝缘能力，导致电场高压在绝缘子处产生频繁闪络、拉弧，甚至短路，使除尘器无法正常运行。

对高压绝缘子采取严格的密封和电加热保温措施，是防止绝缘子污染和保证其绝缘能力的有效措施。高压绝缘子周围的加热保温温度要求其下限控制在烟气露点温度以上，上限高出下限温度值一个范围，并要求恒温自控。总的原则是要保证在绝缘子处不要产生露点，又希望不要加热过度，造成不必要的能源损耗，并有利于延长绝缘子的使用寿命。烟气露点温度和加热保温所允许的上限温度整定值，可根据烟气温度和所含水蒸气量通过计算获得；也可通过实际测定来获得烟气的露点温度值。

几个绝缘子室的温度只要有一个尚未达到预先整定的露点温度值以上时，高压直流电源都不能投入运行。如果处于运行中的高压设备一旦遇到某一个绝缘子室的温度因故下降到预先规定的露点温度以下时，也将自动停止运行。从加热器投入运行到使每个绝缘子室的温度都达到规定的整定值，需要经过一段较长的时间。所以在电除尘器投入运行前，一般都要提前几小时甚至更长的时间使加热器投入运行。

（5）高压安全接地开关控制　当烟气中所含的 CO 或其他可燃性易爆气体进入电除尘器达到一定含量时，由于电场闪络时所产生的电火花，有可能引燃 CO 等气体。由于气体的迅速膨胀而引起剧烈爆炸，严重时将酿成损坏电除尘器本体的事故。为解决可燃性气体的安全防爆问题，在烟气进入电除尘器之前装有 CO 分析仪，当分析仪检测到废气中 CO 的含量达到 1.5% 时，发出危险警报，通知中心控制室立即调整操作工艺，防止废气中 CO 的含量继续增加。一旦 CO 分析仪检测到废气中 CO 的含量继续增加并达到 1.8% 时，将立即发出指令，一方面使电除尘器高压电源立即停止运行，防止电场因高浓度的 CO 碰上电场闪络火花而引起爆炸；与此同时，受 CO 分析仪控制的高压安全自动接地开关自动接地，以保证电场不会产生 CO 的燃烧爆炸。

当接地开关接地，使电场躲过可能产生 CO 燃烧爆炸的危险期后，烟气中 CO 的含量因烟气工况的调整已降到安全数值以下时，CO 浓度分析仪发出使接地开关自动撤除接地的指令。此时接地开关可自动打开，将高压电源输入端重新接入电场。为安全操作起见。在 CO 浓度降至安全数值以后，接地开关的打开是通过人工操作来实现的。

（6）高压运行与低压电源的连锁控制　要维持高压电源连续运行，对与之相关的低压用电设备必须满足如下关系：

① 高压绝缘子室的所有加热器已投入正常运行，并且每个绝缘子室的温度都已达到预先规定的数值。

② CO 浓度检测仪检测到进入电除尘器的 CO 浓度在规定的安全数值之内。

③ 高压安全接地开关是开启的，高压整流器的输出端已接至电场阴极。

受上述①～③条所规定，只要有一个条件不满足，高压电源将不可能被投入运行，或在运行的中途被迫停止继续运行。这些与高压电源相连锁的环节，只要有一个因故未使之恢复正常，高压电源就将处在停机状态。

3. 温度检测与显示

电除尘器内温度的变化，对除尘器的运行状态的影响是很敏感的。由于温度的升高，使得气体体积增大而使除尘器内部烟气流速增大，导致气体黏度增大而使粉尘黏附在极板上不易振打下来，使电除尘器的运行条件变坏，除尘效率降低。因此，对电除尘器的烟气温度进行检测和记录，同时记录与之相对应的电除尘器的其他运行参数的变化规律，对分析电除尘器的性能指标和提出改进措施都是很有实际意义的。

第十二章 除尘工程升级改造设计

随着我国经济的发展和国家环保标准的日趋严格，原有的一些除尘工程已不能满足新标准要求，除尘工程升级改造势在必行。本章介绍除尘工程升级改造原则、技术途径、实施方法和设计注意事项。

第一节 除尘工程升级改造总则

环保是企业发展生产技术和实现目标的基础之一。除尘设备的技术性能和技术状态不但直接影响环境质量，还关系工时、材料和能源的有效利用，同时对企业的经济效益也会产生深远影响。除尘设备的技术改造和更新直接影响企业的技术进步。因此，从企业产品更新换代、降低能耗、提高劳动生产率和经济效益的实际出发，进行充分的技术分析，有针对性地用新技术改造和更新现有设备，是提高企业素质和市场竞争力的一种有效方法。

一、除尘工程升级改造的重要意义

除尘工程升级改造是节能减排的必然要求，是少投资多办事的必由之路，对环保事业来说具有重要意义。

1. 满足国家标准要求

国家污染物排放标准的不断修订和日趋严格，例如燃煤电厂，GB 13223—1991 排放标准要求最大 2000mg/m³，GB 13223—1996 改为最大 600mg/m³，GB 13223—2003 降为最大 200mg/m³，GB 13223—2012 进一步降为最大 30mg/m³，近几年又实施超低排放（排放浓度≤10mg/m³），其他工业部门大体也是这样。所以，一些在役除尘设备难以满足不断更新修订的国家污染物排放标准的要求，除尘工程升级改造是环保事业发展的必然趋势。

2. 节能的重要途径

节能减排有许多办法和途径，环保设备节能有巨大潜力。不应该因为环保需要而浪费能源。通过除尘工程升级改造节约能源非常重要。

3. 适应生产发展需要

还有一些企业生产发展，产品产量提升，原有环保设备为适应生产需求，亦有待技术改造。有的人认为为了环保要求，生产不应当任意提高产量。实际上，生产和环保二者兼顾才是上策。

4. 设备寿命预期

除尘设备设计寿命一般是 15～30 年，重视环境保护是改革开放开始以后的事，近些年正是一些除尘设备的寿命预期，据此除尘设备亦需要更新改造。

二、升级改造分类和目标

按除尘改造规模大小升级改造可分为大修理改造、一般技术改造和更新改造。

1. 大修理改造

因设备寿命或提升设备性能等，而对原有除尘设备的主要部件采取更换性修理或全新的改造工程，称为修理改造。

按其内容，大修又分为复原性大修和改造性大修。复原性修理不能称为改造，因为复原性大修，只允许按原有型号和结构组织大修更新；改造性大修则可按全新技术组织除尘工程设计与改造，甚至可以易地改造。

改造工程是固定资产增值的建设工程，其资金投入应按国家或企业规定组织审批。例如：静电除尘器全部更新沉淀极和电晕极的工程；长袋低压脉冲除尘器更换滤袋、脉冲喷吹系统、出灰系统的一次性工程等。

2. 一般技术改造

一般技术改造指除尘工程的设备、配件、参数、指标不能适应生产和环保要求进行的改造。如除尘工程集气方式改造、除尘器性能改造等。技术改造的规范和范围因除尘工程不同差异很大，能列为技术改造工程项目的只有大中型除尘工程。

3. 更新改造

更新改造是指采用新的设备替代技术性能落后、环境效益差的原有设备。设备更新是设备综合管理系统中的重要环节，是对有形磨损和无形磨损进行的综合补偿，是企业走内涵型扩大再生产的主要手段之一。

设备更新关系到企业经济效益的高低，决定设备综合效能和综合管理水平的高低，因此设备更新时既要考虑设备的经济寿命，也要考虑技术寿命和物资寿命。这样就要求我们必须做好更新改造的规划和分析。

对于陈旧落后的除尘设备，即耗能高、性能差、使用操作条件不好，排放污染严重的设备，应当限期淘汰，由比较先进的新设备予以取代。

4. 升级改造的目标

（1）保护环境提效减排　由于环境标准日趋严格，有许多原先达标排放的除尘器不能达到新标准的要求。此时应对除尘器进行提效升级改造，满足环保要求。

（2）提高设备运行安全性　对影响人身安全的设备，应进行针对性改造，防止人身伤亡事故的发生，确保安全生产。对易燃易爆易出事故的除尘设备，从安全运行考虑进行改造。

（3）节约能源　通过除尘设备的技术改造提高能源的利用率，大幅度地节电、节煤、节水，在短期内收回设备改造投入的资金。和生产设备相比，除尘设备节能有巨大潜力和可行性。

三、升级改造的原则

1. 针对性原则

除尘工程改造要从实际出发，按照除尘工艺要求，针对其中的薄弱环节，采取有效的新技术，结合设备在工艺过程中所处地位及其技术状态，决定除尘设备的技术改造。例如以下情况：a. 除尘器选型失当或先天性缺陷，参数偏小，电场风速或过滤风速偏大，阻力大，排放不能达到国家标准；b. 主机设备改造，增风、提产、增容；c. 主机系统采用先进工艺，原除尘设备不适应新的入口浓度及处理风量的要求；d. 国家执行环保新标准的实施，原有除尘器难以满足新的排放要求；e. 国家执行新的节能减排政策，原有除尘设备不符合要求；f. 原有除尘设备老化经改造尚可使用。

2. 适用性原则

由于生产工艺和除尘要求不同，除尘设备的技术状态不一样，采用的技术标准应有区别。要重视先进适用，不要盲目追求高指标，又要功能适应强。主要如下：a. 满足节能减排要求；b. 切合工厂改造设计实际、注意原有除尘器状况、技术参数、操作习惯、允许的施工周期、空压机条件具备气源等；c. 适应工艺系统风量、阻力、浓度、温度、湿度、黏度等方面的参数。

便于现场施工，外形尺寸适应场地空间，设备接口满足工艺布置要求，施工队伍有作业条件。

3. 经济性原则

在制定技改方案时，要仔细进行技术经济分析，力求以较少的投入获得较大的产出，回收期要适宜。

投资相对合理（初次投资与综合效益）；并核算工程项目建设费、运行费，社会效益和环境效益。

4. 可行性原则

在实施技术改造时，应尽量由本单位技术人员和技术工人完成；若技术难度较大本单位不能单独实施时，亦可请有关生产厂方、科研院所协助完成，但本单位技术人员应能掌握，以便以后的管理与检修。主要如下：a. 有可行的方案和可靠的技术；b. 现场条件许可；现场空间允许；c. 原除尘器尚有可利用价值分析。

四、设备改造的经济分析

补偿设备的磨损是设备更新、改造和修理的共同目标。技术改造和大修理的经济界限为主。可以采用寿命周期内的总使用成本 TC（未考虑资金时间价值）互相比较的方法来进行。选择什么方式进行决定于其经济分析。

继续使用旧设备

$$TC_o = L_{OO} - L_{oT} + \sum_{j=1}^{T} M_{oj} \tag{12-1}$$

大修理改造

$$TC_r = \frac{1}{\beta_r}\left(K_r + L_{OO} - L_{rT} + \sum_{j=1}^{T} M_{rj}\right) \tag{12-2}$$

技术改造

$$TC_m = \frac{1}{\beta_m}\left(K_m + L_{OO} - L_{mT} + \sum_{j=1}^{T} M_{mj}\right) \tag{12-3}$$

更新改造

$$TC_n = \frac{1}{\beta_n}\left(K_n - L_{nT} + \sum_{j=1}^{T} M_{nj}\right) \tag{12-4}$$

式中，L_{OO} 为被更新设备在更新时的残值；K_r、K_m、K_n 分别为设备的大修理、技术改造和更换（更换时为购置费）的投资；L_{oT}、L_{rT}、L_{mT}、L_{nT} 分别为设备继续使用、大修理、技术改造和更换后第 T 年的维持费；M_{oj}、M_{rj}、M_{mj}、M_{nj} 分别为设备继续使用、大修理、技术改造和更换后第 j 年的维持费；β_r、β_m、β_n 为生产效率系数。

在实际应用中，各年维持费的确定比较困难，原因是企业对维持费的统计资料不健全，以致不能在设备出厂时给出维持费的历年数据。因此，可假设备年维持费为等额增长，其量值可分类由宏观的统计分析中得出。

为达到同一目的的更新的方案很多，选择的方法也不一样。这里建议采用追加投资回收期的方法来选择设备更新方案。

以两个可行方案比较为例，设方案1和方案2的投资分别为 K_1 和 K_2。且 $K_1 < K_2$，若第 j 年的维持费 $M_{1j} \leqslant M_{2j}$，则方案1优。若 $M_{1j} > M_{2j}$，则需计算年维持费的节约在规定年限内能否收回追加的投资，如果能够如期或提前收回，则方案2优，反之结论也相反。

在进行上述设备更新的经济分析中，不考虑资金的时间价值，显然是不够准确的，会给决策带来一定的误差。因此在确定投资方向与时间时，应充分考虑资金的时间价值。

考虑到资金的时间价值后，式（12-5）～式（12-8）应改写为：

$$TC_o = L_{OO} - L_{oT}\left(\frac{P}{F, i, T}\right) + \sum_{j=1}^{T} M_{oj}\left(\frac{P}{F, i, j}\right) \tag{12-5}$$

$$TC_r = \frac{1}{\beta_r}\left[K_r + L_{OO} - L_{rT}\left(\frac{P}{F, i, T}\right) + \sum_{j=1}^{T} M_{rj}\left(\frac{P}{F, i, j}\right)\right] \tag{12-6}$$

$$TC_m = \frac{1}{\beta_m}\left[K_m + L_{OO} - L_{mT}\left(\frac{P}{F, i, T}\right) + \sum_{j=1}^{T} M_{mj}\left(\frac{P}{F, i, j}\right)\right] \tag{12-7}$$

$$TC_n = \frac{1}{\beta_n}\left[K_n - L_{nT}\left(\frac{P}{F, i, T}\right) + \sum_{j=1}^{T} M_{nj}\left(\frac{P}{F, i, j}\right)\right]$$

式中

$$\left(\frac{P}{F, i, j}\right) = \frac{1}{(1+i)^j}, \quad \left(\frac{P}{F, i, T}\right) = \frac{1}{(1+i)^T} \tag{12-8}$$

五、除尘工程升级改造的实施

1. 立项原则

因设备主体部分长期运行损伤严重，设备性能明显下降，排放不达标，具有重大安全隐患，不能继续带病运行的设备，必须申报立项，科学组织。

2. 立项条件

应具有下列技术条件：a. 设备主要部件超期服役，磨损严重，明显影响除尘功能与效果；b. 主体结构腐蚀严重，继续使用有较大的危险性；c. 附属设施磨损严重，已经具有报废的表征；d. 技术性能全面衰减，不能满足生产和环保需要，或生产规模扩大环保设备不适应。

3. 可行性研究

在方案比较的基础上开展可行性研究。可行性研究的深度要求按设计规范的内容进行。大型的、复杂的和某些涉外的项目，还可以先进行可行性研究。

可行性研究要求从技术上、经济上和工程上加以分析论证，必须准确回答 3 个主要问题：a. 技术上是否先进可靠；b. 经济上是否节省合理；c. 工程上是否有实施的可能性。

此外，还要考虑如何与主生产线的搭接和适配等。将这些问题论述清楚，形成完整的设计文件——可行性研究报告，上报主管部门审批。

可行性研究要按照可行性研究阶段的设计深度要求进行。超越深度或达不到深度的，均为不当。可行性研究的最终目的是提出可行的技术方案和相对准确的投资估算。可行性研究包括技术可行性、经济可行性和工程可行性。

(1) 技术可行性　是指技术不仅先进，而且成熟可靠。不能为了追求先进，就把实验室的装置任意放大，或不经中试而直接用于大型工程。当然，也不应为了成熟可靠而一味墨守成规，在新技术面前不敢越雷池一步。不错，工程是不允许失败的，如何保证不失败呢？那就是必须充分尊重科学和工程规律，做到万无一失，世界上失败的工程也并不鲜见，总结起来大多失误在冒进和急功上，存在深刻的教训。不过，在稳妥的前提下，对前人和别人做过的基础工作熟视无睹，非自己从头尝试一遍不可的做法也是不可取的。

(2) 经济可行性　是指投资运行费用，除尘成本和效益等符合国情厂情，是国力厂力所能及，一句话，必须同社会生产力水平和企业的技术装备水平相匹配。资金不是无限的，一定要用在必要处。万不可因强调环境效益，社会效益而完全忽略经济因素，任意扩大投资费用和不计成本。

（3）工程可行性　其是与施工安装和运行条件以及社会地理环境有关，例如有的项目，技术上和经济上是可行的，然而，现场的工程施工无法进行，外部不具备条件或根本不允许建造，便成了工程不可行性。这样的事例在旧厂改造时经常会遇到。

可行性研究完成之后，要通过论证和审批，方可开展初步设计。在初步设计之前，还要进行工程项目的环境影响预评价。预评价报告同样要通过论证和审批。这些都应纳入规范的设计程序。

在可行性研究阶段，必须认真调查研究，对各种工艺方案进行充分的比选、分析和论证。可以确定或推荐一个方案，供决策部门审定。

按照上述思路和原则，以本地区、本企业的具体条件和特点为依据，经市场调查，在法规和政策允许的前提下先选定两个以上的工艺流程。

工艺流程选定后，制订相应的方案，并开展方案比较，进行综合技术经济分析，然后推荐首选方案，供主管部门审定决策。

4. 改造项目立项实施

① 编制和审定设备改造申请单　设备改造申请单由企业主管部门根据各设备使用部门的意见汇总编制，经有关部门审查，在充分进行技术经济分析论证的基础上，确认实施的可能性和资金来源等方面情况后，经上级主管部门和厂长审批后实施。

设备改造申请单的主要内容如下：a. 升级改造的理由（附可行性研究报告）；b. 改造设备的技术要求，包括对随机附件的要求；c. 现有设备的处理意见；d. 订货方面的商务要求及要求使用的时间。

② 对旧设备组织技术鉴定，确定残值，区别不同情况进行处理。对报废的受压容器及国家规定淘汰设备，不得转售其他单位，只能作为废品处理。

目前尚无确定残值的较为科学的方法，但它是真实反映设备本身价值的量，确定它很有意义。因此残值确定的合理与否，直接关系到经济分析的准确与否。

③ 积极筹措设备改造资金。

④ 组织或委托改造项目设计。

⑤ 委托施工。

⑥ 组织验收总结。

第二节　除尘系统升级改造

除尘系统由吸尘罩、管网、除尘器、通风机、消声器、卸尘装置及其附属设施组成。与除尘系统密切相关的还有尘源密闭装置和粉尘处理与回收系统。除尘系统升级改造就要从每个环节考虑。

一、系统升级改造原则

除尘系统改造应按以下原则进行。

① 同一生产流程、同时工作的扬尘点相距不远时，宜合设一个系统，不应分散除尘。

② 同时工作但粉尘种类不同的扬尘点，当工艺允许不同粉尘混合回收或粉尘无回收价值时，亦可合设一个除尘系统。当分散除尘系统比集中除尘系统节能时应考虑分散除尘。

③ 两种或两种以上的粉尘或含尘气体混合后引起燃烧或爆炸时不应合为一个系统。

④ 温度不同的含尘气体，混合后可以降低气体温度省略冷却装置时可考虑其混合。但混合后可能导致风管内结露时不应混合。

⑤ 划分除尘系统除进行技术比较外，还要进行能耗比较，优先设计节能的除尘系统。做能耗比较主要是考虑系统运行的能耗情况。

⑥ 对除尘系统要进行不同方案论证，选取更为合理的节能方案。

⑦ 管网系统设计不合理，抽风点风量偏小，管道流速较低且易造成管道积灰，其除尘效果也较差，需要改造。

⑧ 部分抽风点风量偏大，流速较大，有的甚至抽走有用物料，要对系统进行调整或改造。

⑨ 除尘管网是天生的异程管网，所以系统不平衡也是天生。在管网系统中，每个抽风点到风机的路径长度不同，阻力就不同，气体流过时所需的动力也不同。而风机的压头是以管网系统中最大的阻力为准进行选配，在实际运行中，压力的分配出现两极分化的趋势。最近抽风点的阻力最小，处在动力最大的区域，风量超额数倍是很常见的；而最远管道的阻力最大，反而处在动力最小的位置，风机提供的动力几乎被消耗殆尽。因此，为了节能而对除尘系统进行改造。

二、集气吸尘罩改造

① 改善排放粉尘有害物的工艺和工作环境，尽量减少粉尘排放及危害。提高粉尘捕集效率。

② 吸尘罩尽量靠近污染源并将其围罩起来。形式有密闭型、围罩型等。如果妨碍操作，可以将其安装在侧面，可采用风量较小的槽型或桌面型。

③ 决定吸尘罩安装的位置和排气方向。研究粉尘发生机理，考虑飞散方向、速度和临界点，用吸尘罩口对准飞散方向。如果采用侧型或上盖型及尘罩，要使操作人员无法进入污染源与吸尘罩之间的开口处。比空气密度大的气体可在下方吸引。

④ 决定开口周围的环境条件。一个侧面封闭的吸尘罩比开口四周全部自由开放的吸尘罩效果好。因此，应在不影响操作的情况下将四周围起来，尽量少吸入未被污染的空气。

⑤ 防止吸尘罩周围的紊流。如果捕集点周围的紊流对控制风速有影响，就不能提供更大的控制风速，有时这会使吸尘罩丧失正常的作用。

⑥ 吹吸式（推挽式）利用喷出的力量将污染气体排出。

⑦ 决定控制风速。为使有害物从飞散界限的最远点流进吸尘罩开口处，而需要的最小风速被称为控制风速。

三、输灰系统改造

① 除尘工程的输灰装置设计可根据除尘工况与输灰量要求选用机械式输灰或流体式输灰。机械式输灰可选用的装置有卸灰阀（星型卸灰阀、双层卸灰阀等）、螺旋机、循环式输灰（带式输送机、斗式提升机、链式输送机、埋刮板式输送机等）、槽式输灰等。流体式输灰可选用的装置有气力输灰等。

② 必须遵循或充分做好输送设施选型是最重要的原则，即下一个输灰装置的能力一定要大于前一个输送装置的能力；也就是说，输送量要遵照客观规律，依次递增。

③ 储灰仓一般采用钢制斗仓形式，有效容积应根据收灰量、储存时间、作业制度和运输方式等情况确定，一般设计有效容积不能低于48h的正常收灰量。

④ 储灰仓应设有仓顶除尘器、防堵和防结拱处理装置、卸灰装置，并根据需要可设有温度、差压、料位等监控装置。

⑤ 储灰仓应确保各部密封，仓的内表面应平整光滑不易积粉尘。

⑥ 除尘器收集的灰尘需外运时，应避免粉尘二次污染，宜采用粉尘加湿、卸灰口吸风或无尘装车装置等处理措施。在条件允许的情况下，宜选用真空吸引压送罐车装运。

⑦ 气力输送系统气源选择可视气力输送系统的压力确定，可采用空气压缩机，或罗茨风机、离心风机等产生的输送气源。

⑧ 气力输送方式的选择应遵循 DL/T 5142—2012 的规定。当输送距离≤60m且布置许可时，宜采用空气斜槽输送方式；当输送距离＞150m时不宜采用负压气力输灰系统；当输送距离≤1000m时宜采用正压气力输灰系统。

⑨ 气力输灰的"灰气比"应根据输送距离、弯头数量、输送设备类型以及粉尘的特性等因素综合考虑后确定。

⑩ 压缩气体管道的流速可按 6～15m/s 选取。输送用压缩气体须设油水分离装置，管道材料宜采用碳素钢钢管。对易磨损部位如弯管，应采取防磨损措施。

四、湿法除尘改造为干法除尘

湿式除尘缺点如下：a. 消耗水量较大，需要给水、排水和污水处理设备；b. 泥浆可能造成收集器的黏结、堵塞；c. 尘浆回收处理复杂，处理不当可能成为二次污染源；d. 处理有腐蚀性含尘气体时设备和管道要求防腐，在寒冷地区使用应注意防冻危害；e. 对疏水性的尘粒捕集有时较困难。

湿式除尘器升级改造有两方面：一是自身改造；二是改为干式除尘器。

鉴于湿法除尘带来的废水和污泥处理问题，目前已逐步将湿法改为干法。

（1）转炉烟气干法除尘 据粗略统计国内大型（100～330t）转炉近 229 座，已经采用干法除尘的已有半数以上企业。其余有多家转炉厂欲对已有除尘设备进行升级改造。

转炉烟气净化除尘系统采取 LT 干法系统。高温烟气（1400～1600℃）经汽化冷却烟道冷却，烟气温度降为 900℃左右，然后通过蒸发冷却塔，高压水经雾化喷嘴喷出，烟气直接冷却到 200℃左右，喷水量根据烟气含热量精确控制，所喷出的水完全蒸发，喷水降温的同时对烟气进行了调质处理，使粉尘的比电阻有利于电除尘器的捕集。蒸发冷却器内约 40%～50% 的粗粉尘沉降到底部，经排灰阀排出。粉尘定期由加湿机搅拌加湿后由汽车运出。

冷却和调质后的烟气进入有 4 个电场的圆形电除尘器，其入口处设三层气流分布板，使烟气在圆形电除尘器内呈柱塞状流动，避免气体混合，减少爆炸成因。电除尘器进出口装有安全防爆阀，以疏导爆炸后可能产生的压力冲击波。烟气经电除尘后含尘量（标）降至 25mg/m³。收集下的粉尘通过扇形刮板机，链式输送机到储灰仓，粉尘定期由加湿机搅拌加湿后由汽车运出。

LT 法系统阻力很小，引风机采用 ID 轴流风机，有利于系统的泄爆，风机设变频调速，可实现流量跟踪调节，以保证煤气回收的数量与质量，以及节约能源。

转炉 LT 干法除尘系统流程如下：

转炉→活动烟罩→固定烟罩→汽化冷却烟道→蒸发冷却塔→圆筒形静电除尘器→ID 风机→煤气切换站→放散烟囱

└煤气冷却塔 → 煤气柜 → 煤气加压站

静电除尘器为四电场圆筒形静电除尘器，由圆筒形外壳、气流均布板、极板、极线、清灰振打机构、粉尘输送机、安全防爆阀以及高压供电设备等所组成。

静电除尘器是干法除尘系统中的关键设备。主要技术特点：a. 优异的极配形式，电除尘器净化效率高，确保排放浓度（标）不大于 25mg/m³；b. 良好的安全防爆性能，由于转炉煤气属易燃易爆介质，对设备的强度、密封性及安全泄爆性提出了很高的要求，因此电除尘器设计为抗压的圆筒形，且在进出口各装可靠的泄爆装置，从而保证了电除尘器运行的安全可靠性；c. 电除尘器内部的扇形刮灰装置；d. 输灰采用耐高温链式输送机，确保输灰顺畅。

（2）高炉煤气干法除尘 我国高炉煤气采用干式袋式除尘器是从 20 世纪 50 年代开始研发的，至 60 年代末首先是在小高炉上用袋式除尘器进行了净化高炉煤气的实验，并于 1974 年 11 月 18 日在河北涉县铁厂建成我国第一套高炉煤气干法袋式除尘系统。经实测，净煤气中的含尘量（标）小于 10mg/m³，运行正常，达到了预期的效果，与其配套的热风炉风温提高 1000℃以上。河北涉县铁厂的高炉容积只有 13m³，煤气发生量仅在 4500m³/h 左右，袋式除尘器的过滤面积不过 150m²，但它的技术创新和实践经验却开创了中国高炉煤气干法除尘技术的崭新时代，其影响之深远延续至今。

按目前的生产水平，每炼 1t 生铁约产生 $1700\sim2000$（标）m^3 的高炉煤气，其热值（标）在 $3000\sim3500kJ/m^3$ 之间、温度在 $250\sim300℃$ 之间，显热（标）平均约为 $400kJ/m^3$。另外，高压高炉炉顶煤气的压力为 $(1.5\sim2.0)\times10^5Pa$，该压力能相当于 $100kJ/m^3$ 的热能（标）。因此，利用高炉煤气的潜热和显热是节约能源，发展循环经济的重要途径，因此得到冶金、环境保护和综合利用专家们的高度重视。早在 2005 年我国高炉煤气的利用率已达 100%。

虽然高炉煤气干法除尘优点很多，但用于大型高炉却是近些年的事。我国高炉煤气除尘技术经多年实践，基础好，经验丰富，其装置是由小到大逐渐发展起来的，工艺合理，配套齐全，装备及控制技术成熟，取得很快发展。特别是 20 世纪 90 年代后期，高炉建设多，容积大，基本都是干法除尘。现在大型高炉都采用了干法除尘工艺流程，如韶钢 $2540m^3$ 高炉、唐钢 $3200m^3$ 高炉，2000 年后宝钢、首钢都在 $4000m^3$ 级高炉上建成高炉干法煤气除尘回收系统。近年来在大型高炉上得到较快的推广应用，实现了大型化。同时笔者认为，以下问题仍值得注意：a. 高炉煤气在低温时会出现糊袋现象，尽管有旁通放散设施，但系统反应较慢，煤气低温问题值得重视；b. 阀门质量问题，高炉煤气布袋除尘的阀门用量较大，特别是起切断各个箱体煤气作用的盲板阀非常重要，如果阀门打不开、关不上会出现异常状况。

第三节　电除尘器升级改造

目前有些在役的电除尘器达不到新排放标准的排放要求，其原因并不是电除尘技术本身的问题，也不是电除尘技术解决不了的问题。电除尘器除尘效率的设计是严格按照当时的排放要求及相关条件设计的。由于国家排放标准的趋严是一个逐步的过程（如早先是 $800mg/m^3$、$400mg/m^3$、$600mg/m^3$，后来锅炉从 $100mg/m^3$ 到 $50mg/m^3$，现在是 $30mg/m^3$，最低 $20mg/m^3$），所以造成了部分电除尘器无法满足新排放要求的结果，当然这里还有其他方面的问题，涉及体制和管理方面，如设计煤质和实际煤质存在较大差异等。

为了满足国家新的排放要求，电除尘器的升级改造势在必行。

一、电除尘器升级改造适用技术

电除尘器升级改造需要采取一些新技术，这些技术有低低温电除尘技术、移动电极技术、斜气流技术、电袋复合技术、湿式电除尘技术、静电凝并技术和新型电源技术等。

1. 低低温电除尘技术

在燃煤发电系统中，主要采用汽机冷凝水与热烟气通过特殊设计的换热装置进行气液热交换，使汽机冷凝水得到额外热量，实现少耗煤多发电的目的。同时，由于烟气换热降温后进入电除尘器电场内部，其运行温度由通常的 $120\sim130℃$（燃用褐煤时为 $140\sim160℃$）下降到低温状态 $85\sim110℃$。

由于烟温降低，使得进入 ESP 电除尘器内的粉尘比电阻降低（根据降温幅度，可降 $1\sim2$ 个数量级），烟气体积流量亦得以降低。ESP 内的烟气流速及粉尘比电阻的降低，使除尘效率大幅度提高，利于达到更高的排放要求。同时余热利用，可降低电煤消耗在 $1.5g/(kW\cdot h)$ 以上，还能提高脱硫效率和节省脱硫用水量，有效解决 SO_3 腐蚀难题。

2. 湿式电除尘技术

湿式电除尘器作为有效控制燃煤电厂排放 $PM_{2.5}$ 的设备，在日本、美国、欧洲等国家和地区得到广泛应用。湿式电除尘（WESP）的工作原理和常规电除尘器的除尘机理相同，都要经历荷电、收集和清灰三个阶段，与常规电除尘器不同的是清灰方式。

干式电除尘器是通过振打清灰来保持极板、极线的清洁，主要缺点是容易产生二次扬尘，降低除尘效率。而湿式电除尘器则是用液体冲刷极板、极线来进行清灰，避免了产生二次扬尘的弊端。

在湿式电除尘器里，由于喷入了水雾而使粉尘凝并、增湿，粉尘和水雾一起荷电，一起被收集，水雾在收尘极板上形成水膜，水膜使极板保持清洁，可使 WESP 可长期高效运行。

3. 移动电极技术

移动电极电除尘技术，早在 1973 年由美国麻省的高压工程公司研发。1984 年日本日立公司在此基础上改进和完善，获美国专利授权。30 多年来有多台工程业绩。

移动电极电除尘器一般是仅在末级电场采用。通常采用 3＋1 模式（即 3 个常规电场＋1 个移动电场）。移动电极主要包括旋转阳极系统、旋转阳极传动装置和阳极清灰装置 3 部分。主要技术优势是高效、节能、适应性广。所谓移动电极是指采用可移动的收尘极板、固定放电极、旋转清灰刷共同组成的移动电极电场。基本避免了因清灰而引起的二次扬尘，从而可以提高电除尘器的效率，降低烟尘排放浓度。移动电极式电除尘器布置示意如图 12-1 所示。

4. 斜气流技术

对于高效电除尘器来说，组织良好的电场内部气流分布是保证高效和低排放浓度的基础。通常要求电场内气流均匀分布，即从电除尘器进口断面到出口断面全流程均匀分布。从粉尘平均粒径分布看，呈现出下部粉尘粒径大于上部，前部粉尘平均粒径大于后部的分布规律。

组织合理地电场内部气流分布，适应电除尘器收集粉尘的规律，是提高电除尘效率的重要内容。为此，开始研究斜气流技术，所谓斜气流就是按需要在沿电场长度方向不再追求气流分布均匀，而是按各电场的实际情况和需要调整气流分布规律。斜气流技术有各种各样分布形式，图 12-2 所示的是较典型的四电场分布形式之一。将一电场的气流沿高度方向调整成上小下大。只要在进气烟箱中采取导流、整流和设置不同开孔率等措施，就能实现这种斜气流的分布效果。

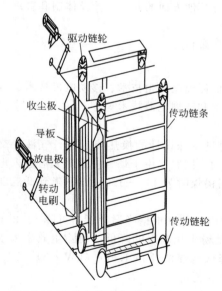

图 12-1 移动电极式电除尘器布置示意

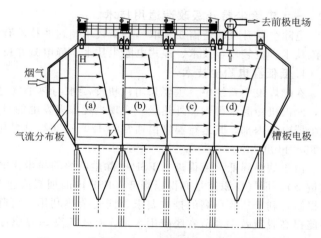

图 12-2 典型的四电场电除尘器斜气流速度场分布

当烟气进入 1、2 电厂后，由于烟气的自扩散作用，斜气流速度场分布有所缓和，速度梯度减小如图 12-2（a）和（b）所示。当烟气进入 3 电厂后，不再受斜气流的作用，速度场分布已基本趋于均匀，如图 12-2（c）所示。当烟气进入末电厂后，将烟气调整成如图 12-2（d）所示的速度场分布规律，往往采用在末电场前段上抽气的办法来实现上大下小的速度分布规律。合理地控制抽气量，可以实现所希望的速度场分布，或采用抬高出气烟箱中心线高度，有意地抬高上部烟气流速，造成如图 12-2（d）所示的速度场分布。这样做的目的是，有益于对逃逸出电场的粉尘进行拦截，针对电场下部粉尘距灰斗落差小，创造低流速环境，就有希望将逃逸的漏尘收集到灰斗中。而对于电场上部的粉尘，因其落入灰斗的距离很长，即便是低流速也很难将其收集到灰斗中，更由于下部粉尘浓度远高于上部，重点处理好下部粉尘，不使其逃逸出电场，对提高除尘效率有明显的作用。此方法已在部分电除尘器上得到应用，并取得了良好的效果。

5. 静电凝并技术

静电凝并技术是近年提出的一种利用不同极性放电、导致粉尘颗粒荷不同电荷、进而在湍流输运和静电力共同作用下凝聚使粉尘颗粒变大的技术。该技术的应用，不仅可提高除尘器的除尘效率、降低除尘器本体积及制造成本，还能减少微小颗粒的排放，尤其对 $PM_{2.5}$ 凝聚效果明显，从而降低微小颗粒的危害。

粉尘颗粒的凝并是指粉尘之间由于相对运动彼此间发生的碰撞、接触而黏附聚合成较大颗粒的过程，其结果是粉尘颗粒的数目减少，粉尘的有效直径增大。电除尘器理论指出，粉尘荷电量的大小与粉尘粒径、场强等因素有关。通常粉尘的饱和荷电由式（12-9）计算：

$$q_b = 4\pi\varepsilon_0 \left(1 + 2\frac{\varepsilon-1}{\varepsilon+2}\right) a^2 E_0 \tag{12-9}$$

式中，q_b 为粉尘粒子表面饱和电荷；ε 为粉尘粒子的相对介电常数；a 为粉尘粒子半径；E_0 为未受干扰时电场强度；ε_0 为自由空间电容率。

从式（12-9）中可以看出，粉尘粒子的饱和荷电量与粒子半径的平方成正比，因此，创造条件使粉尘在电场中发生凝并、粉尘颗粒增大，是提高电除尘器效率的有效途径。

双极静电凝聚技术是近年来提出的一种利用不同极性放电导致粉尘颗粒带上不同电荷，进而在湍流运输过程中，碰撞凝集，通过布朗运动和库仑力的作用由小颗粒结合成大颗粒的技术。

凝聚器安装在电除尘器的前面如图 12-3 所示，长度大约 5m 的进口烟道上。凝聚器内烟气流速通常在 10m/s 左右。在凝聚

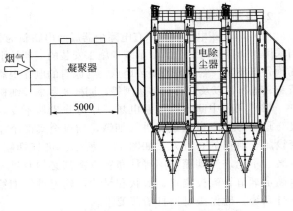

图 12-3　凝聚器与电除尘器布置示意

器内的高烟气流速能使接地极板不需要像电除尘器那样设置振打就能保持清洁，从而能节约维护费用。对于 100MW 的发电机组，凝聚器只需要 5kW 左右的电力。对于引风机增加的阻力不超过 200Pa。

6. 电袋复合除尘技术

电袋复合除尘器是有机结合了静电除尘和布袋除尘的特点，通过前级电场的预除尘、荷电作用和后级滤袋区过滤除尘的一种高效除尘器，它充分发挥电除尘器和布袋除尘器各自的除尘优势，以及两者相结合产生新的性能优点，弥补了电除尘器和布袋除尘器的除尘缺点。该复合型除尘器具有效率高、稳定、滤袋阻力低、寿命长、占地面积小等优点，是未来控制细微颗粒粉尘、$PM_{2.5}$ 以及重金属汞等多污染物协同处理的主要技术手段。

电袋复合除尘器是在一个箱体内合理安装电场区和滤袋区，有机结合静电除尘和过滤除尘两种机理的一种除尘器。通常为前面设置电除尘区，后面设置滤袋区，二者为串联布置。电除尘区

通过阴极放电、阳极除尘，能收集烟气中大部分粉尘，除尘效率大于 85％以上，同时对未收集下来的微细粉尘电离荷电。后级设置滤袋除尘区，使含尘浓度低并荷电的烟气通过滤袋过滤而被收集下来，达到排放浓度＜30mg/m³ 环保要求。

二、电除尘器扩容改造

电除尘器改造的方法主要有扩容改造、内部改造、变形式改造和电源改造等，有时几种方法组合使用。

1. 增设新的电除尘器

新增设的电除尘器可与原有电除尘器并联或串联，见图 12-4。串联的电除尘器捕集原有电除尘器逸出的微细粉尘，所以新电除尘器的设计，如极线的配置、振打清灰装置的布置以及灰斗和卸灰装置等，都要着重考虑微细粉尘的特性。并联的电除尘器可在不停产的情况下进行安装，等完全安装好后，再与原有的电除尘器并联，可使停产时间减少到最低限度。但是，并联的管道阻力要比串联的稍大一些。

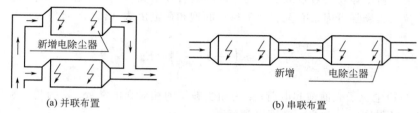

(a) 并联布置　　　　　　　　　　　(b) 串联布置

图 12-4　增设新的电除尘器

2. 增加新电场

（1）串联新电场　在原有电除尘器后面串联新的电场，见图 12-5。虚线部分表示新增加的电场，当采用这一措施时，为了尽量减少施工安装的周期，小型电除尘器可在临时设置的支架上，将新的电场预先组装好，然后运到安装地点，与原有的电除尘器连接。当然，增加新的电场，极线级配、振打清灰装置布置以及灰斗和卸灰阀等，同样要考虑微细粉尘的因素。

（2）利用中间走道加新电场　原电除尘器不变，在原电除尘器的一侧和中间走道增加电场宽度。重新分配进口烟道和进气烟箱，增设全套两个室电除尘器。增加高、低压供电装置及附属配套设施，典型的布置方案如图 12-6 所示。进气烟箱也可采用与原电除尘器进气烟箱合并考虑的方案。不论进气烟箱采用哪种布置方案都必须对进气侧烟道和进气烟箱进行气流分布模型试验，以确定烟道导流板位置、形状和尺寸，确定进气烟箱气流分布板结构。重新布置收尘极和放电极振打系统，确保满足振打清灰要求。

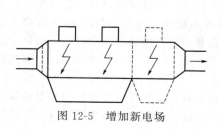

图 12-5　增加新电场

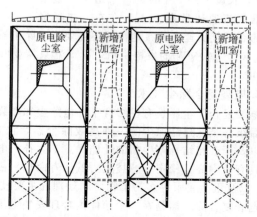

图 12-6　利用两台电除尘器中间走道布置改造方案

（3）增加电场的通道数　如果原有电除尘器的两侧有空地，增加通道数也是加大极板面积的措施之一，如图 12-7 所示的虚线部分表示新增长加的通道。这一措施存在的主要问题是对气流的均匀分布有不利影响，其改造工程量和复杂性，界于增加新电场和加高极板的措施之间。

3. 增加电场高度

由于受场地条件的限制，有时串联新的电场不可能，这时可采用增加电场高度的方法，见图 12-8，虚线部分表示电场新增加的高度。此法改造工程量很大，不仅壳体和立柱要增高，原有收尘极和放电极系统大部分不能利用，而且会使气流难于分布均匀。同时拆除和安装周期一般要比增设新电场的周期长得多，因此窑的停产时间也要长。

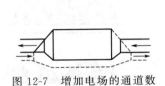

图 12-7　增加电场的通道数

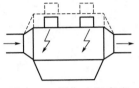

图 12-8　增加电场高度

另外，有时会同时增加电场和高度，增加电场和高度后的布置见图 12-9。

三、电除尘器提效结构改造

1. 优化电极配置

（1）加大电除尘器的同极间距　近 40 多年来，世界不少国家对增加电除尘器的极间距，进行了大量试验研究。研究结果和生产实践均证明，适当地加大极间距，粉尘的驱进速度会相应增大，而且增大的比率比极间距增大的比率还要大。鲁奇公司曾在一台预热器窑尾的两台电除尘器上，进行不同极间距试验，试验结果具有一定代表性，见图 12-10 和表 12-1。

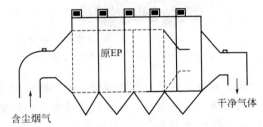

图 12-9　原静电除尘器后增加电场和高度的布置示意

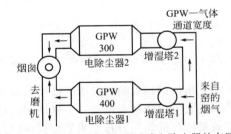

图 12-10　两台不同极间距试验电除尘器的布置

表 12-1　不同极间距试验测试结果

气体温度/℃	340	340	155	155
气体通道宽/mm	300	400	300	400
通道宽度比（400/300）	1.33			
工作电压/kV	29.6	52	44.4	65
工作电压比/（400/300）	1.75	1.75	1.46	1.46
除尘效率/%	97.3	98.2	97.3	98.1
驱进速度比（400/300）	1.46	1.46	1.45	1.45

根据我国基础试验、半工业试验和工业设备的试验证明：同极间距选取 $400\sim500$ mm 比较合理。工业实验表明：宽极间距电除尘器在处理同样烟气量、同样性质的粉尘、保持同等效率的

前提下，与常规电除尘器相比，一次投资减少 10%～15%，钢材消耗量降低 15%～20%，能耗降低 20%～30%。

(2) 优化极板和极线的匹配　单纯地增大极间距，而不相应地改变极板和极线的形状及其配置，就难以获得增大驱进速度的效果。因为驱进速度 ω 与电场强度成正比关系，而电场强度又取决于电场的均匀性；同时电除尘器的收尘效率与电流密度的均匀分布有直接关系。

鲁奇公司将极间距由 300mm 增大到 400mm 时，也研究了电流密度均匀分布的问题。该公司根据管式电除尘器中电力线径向对称指向圆筒内壁，收尘极表面各点到放电极距离相等的现象，将极板的断面加以改进，改进后的极板和不同断面的极板，在实验室进行火花电压和电流强度分布试验的结果，分别见图 12-11 和图 12-12。

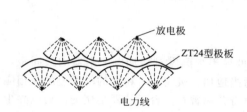

图 12-11　ZT24 型极板电力线近似管式电除尘器

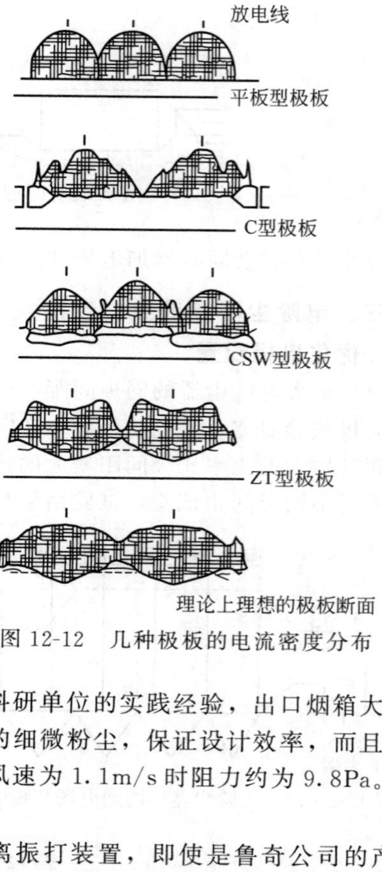

图 12-12　几种极板的电流密度分布

(3) 出口烟箱大端增设槽形极板　根据原电力部有关科研单位的实践经验，出口烟箱大端增设槽形极板不仅能捕集最后一个电场因振打引起二次飞扬的细微粉尘，保证设计效率，而且能进一步改善气流的均匀分布。槽形极板的阻力很小，在电场风速为 1.1m/s 时阻力约为 9.8Pa。

2. 放电极振打装置的改造

许多旧的电除尘器的放电极振打，是采用顶部提升脱离振打装置，即使是鲁奇公司的产品，也是采用凸轮提升脱离振打机构，虽然结构不完全相同，但基本原理一样。这种振打机构，不仅结构复杂，还要求制造和安装精度较高，如果提升杆安装不垂直则绝缘电瓷轴容易断裂；而且每排放电极不是依次进行振打，而是整个电场的放电极同时振打，粉尘二次飞扬严重；处于电场的部分受温度影响，相关尺寸会发生变化，需要经常进行调节。所以建议将顶部提升、脱离振打改为侧部传动振打。这种振打机构与收尘极的振打方式相同，只是传动轴要用电瓷轴进行绝缘。为防止电场内粉尘进入电瓷轴的保温箱，可用绝缘挡灰板将保温箱与电场烟气隔开。挡灰板的材料可采用厚 5mm 耐高温、绝缘性能好的聚四氟乙烯板，或采用特制的耐高压绝缘玻纤毡代替聚四氟乙烯板。

3. 改善气流分布

气流在电场内分布是否均匀，对收尘效率影响很大。旧的电除尘器，如多个单位共同设计的 SHWB 型和天津水泥工业设计院设计的 WY 型系列产品，气流分布板为两层，而且多数为人工振打，即使是机械振打，由于结构设计不合理，振打效果很差。如现场条件许可，最好改成三层分布板，其孔隙率要大于 50％，并且要设置或完善振打装置。不良的气流分布，可使电除尘器的效率降低 20％～30％，甚至更多。

4. 其他改造措施

（1）改善各个连接处的密封　由于收尘系统和电除尘器本体的连接处密封不严密，漏入风量很大，特别是负压大的电除尘器，有的漏风率高达 50％以上。漏风不仅增加电除尘器的负担，而且会对湿法窑的电除尘器引起腐蚀。干法窑由于漏风，会使单位烟气的湿含量降低，比电阻升高，从而影响电除尘器的除尘效果。所以加强和改善电除尘器的密封性至关重要。

（2）重新分配电场　基础、钢支架、壳体和灰斗不变。利用原电除尘器收尘极和放电极侧部振打沿电场长度方向的空间，重新分配电场，并采用顶部振打，通常情况下原 4 个电场的可以增加到 5 个电场，可有效增加收尘极板面积。更换所有收尘极和放电极系统；更换收尘极和放电极振打系统；增加高、低压供电装置及附属配套设施的改造，典型的布置方案如图 12-13 所示。应该注意以下几点。

① 收尘极板高度不宜超过 15m。

② 收尘极和放电极振打装置的设置必须满足清灰要求。

③ 用电晕性能好，起晕电压低，放电强度高，易清灰的新型电晕线进行改造，用于浓度较大的电场。

④ 用新的收尘极使极板上各点近似与电晕极等距，形成均匀的电流密度分布，火花电压高，电晕性能好；与电晕线形成最佳配合，粒子重返气流机会少；采用活

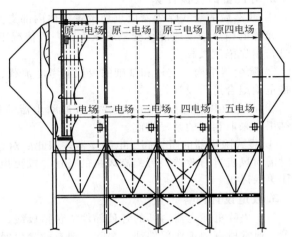

图 12-13　内部空间重新分配布置方案示意

动铰接形式，有利振打传递。振打采用挠臂锤。振打周期可根据运行工况调整，以获最佳效果。

⑤ 阻流板、挡风板，采用新技术重新设计，避免气流短路。

对于现役电除尘器的改造往往是非常复杂的，它由于受到场地和空间的限制，采用上述单一方案较困难，有些则要采用综合技术改造方案，才能满足改造后达标排放要求，必须将一种或几种单一方案合并使用，这就要求设计者具备综合知识，根据具体改造目标，灵活运用，因地制宜，力争做到符合改造工作量小、工期短、费用低的原则，制定合理的、可行的改造方案，才能达到最终改造目的。同时注意以下几点：

① 一般原有的壳体结构和地脚螺栓孔的位置尽可能保持不变，只应改造内部构件和振打传动装置。

② 放电极系统原有的悬挂点和收尘极振打轴的位置保留不变。

③ 电场高度≥7.5m 时，放电极系统要设置两套振打装置，一套放在电极一侧的上方，另一套放在另一侧的下方。

④ 当极间距加大到 400mm 时，放电极的悬吊绝缘子的规格要相应改变，同时要验算原有保温箱的空间是否够用。

⑤ 增加电场立柱的底座，其结构一般与原有底座相同，但要考虑能补偿壳体的膨胀。

⑥ 原有电除尘器灰斗内未设置阻流板的应当增设。

⑦ 高压硅整流装置应尽可能地放在除尘器顶部，以减少由于高压电缆头出现的故障。

⑧ 电晕极振打装置由顶部振打改为侧部振打。

⑨ 有发生爆炸可能而无防爆阀的电除尘器应增设防爆阀。

电除尘器改造内容，由于各个行业的具体情况不同，不可能有一个统一模式。实践中应根据

具体情况，因地制宜，对症下药，分期分批进行，以确保改造取得实效。

四、电除尘器改造为袋式除尘器

1. 电改袋的基本型式

① 保留原电除尘器外壳、进口喇叭、支架、灰斗、管道基础以及卸灰和输灰装置。

② 拆除原电除尘器极板、极线、吊挂装置、振打装置，以及气流分布板、灰斗内阻流板、高压供电和控制装置等。

③ 局部改造电除尘器的箱体。

④ 安装袋式除尘器的核心部件（滤袋和滤袋框架、喷吹装置、上箱体和花板等），有的还需改造进风和出风管道及阀门，安装自动控制系统。

2. 对设备的校核计算

① 改造后的袋式除尘器应重新设置箱体内部支撑，满足箱体结构的强度和刚度要求。

箱体的耐压强度应能承受系统压力，一般情况下，负压按引风机铭牌全压的 1.2 倍来计取，并进行耐压强度校核。

② 除尘器结构、支柱和基础的校核应考虑恒载、活载、风载、雪载、检修荷载和地震荷载，并按危险组合进行设计。

③ 在电改袋的过程中，一定要检查原除尘器的壳体腐蚀情况，核算强度，根据检查和核算的结果，采取相应的修复措施。

④ 袋式除尘器的阻力高于电除尘器，因此要对原有风机进行核算。当风机全压不能满足要求时需对风机进行改造。可提高风机的转速，或更换叶轮，更换电机。当改造不能满足要求时需整体更换风机。

3. 改造设计内容

（1）去除电除尘器内部的各种部件　包括极线、极板、振打系统、变压器、上下框架、多孔板等。通常所有的工作部件都应去除。现有的除尘器地基不动，外壳、出风管路、输灰装置不做改动，即可改造为脉冲袋式除尘器。

（2）安装花板、挡板、气体导流系统　对管道及进出风口改动以达到最佳效果。在结构体上部设计安装净气室。

检修门的布置以路径便捷、检修方便为原则。花板的厚度一般≥5mm，并在加强后应能承受两面压差、滤袋自重和最大粉尘负荷。大型袋式除尘器的花板设计一定要考虑热变形问题。花板边部袋孔中心与箱体侧板的距离应大于孔径。净气室的断面风速以 4～6m/s 为宜，小于 4m/s 最佳。

（3）顶盖安装维修、走道及扶梯　根据净气室及通道的位置来安装检修门、走道及扶梯。

（4）安装滤袋　袋式除尘器的滤材选择至关重要，主要取决于风量、气流温度、湿度、除尘器尺寸、安装使用要求及价格成本。选择合适的滤材对整个工程的成败起着举足轻重的作用，特别对脉冲除尘器高温玻璃纤维滤件，如选用不当，改造后的袋除尘器未必会优于原有的电除尘器。更有甚者，错误地选择滤袋会导致其快速损坏，增加更多的维护工作量。只有合理地设计、选型和安装滤袋才会保证高效率除尘及最少的维护量。

（5）安装清灰系统　清灰系统主要包括压缩空气管线、脉冲阀、气包、吹管及相关的电器元件，同时尽可能实行按压差清灰。当控制器感应到压差增到高位时会启动脉冲阀喷吹至合适的压差而中止。根据不同的工艺条件，清灰的"开""关"点可以分别设置。

（6）压缩空气供应系统　压缩空气供应系统的设计应符合《压缩空气站设计规范》（GB 50029—2014）的要求。应设置备用空压机，并采用同一型号。管路的阀门和仪表应设在便于观察、操作、检修的位置。

供给袋式除尘器的压缩空气参数应稳定，并应除油、除水、除尘。压缩空气干燥装置应不少于两套，互为备用。用于驱动阀门的压缩空气管路需设置分水滤气器和油雾器。

脉冲清灰用的压缩气源宜取自工厂压缩空气管网。若现场不具备气源或供气参数不满足要求时，应配置专用的空压机。除非用量很小，一般不宜采用移动式空压机。

宜在除尘器近旁设置储气罐。储气罐输出的压缩气体需经调压后送至用气点。从储气罐到用气点的管线距离一般不超过 50m。储气罐两部应设自动或手动放水阀，顶部应设压力表和安全阀。调压阀应有旁通装置。

储气罐与供气总管之间应装设切断阀。除尘器每个稳压气包的进气管道上应设置切断阀。

供气总管的直径一般不小于 $DN80mm$。在寒冷地区，宜对储气罐和管道采取保温或伴热措施。

将电除尘器改造为袋式除尘器，到目前为止电厂、水泥厂、烧结厂已有改造的案例。随着电除尘器使用的老化，对除尘效率要求的日益提高，电除尘器改造为袋除尘器的需求又被赋予了新的要求和生命力。从长远眼光看，一次性投资稍高些但搞得成功有效，比重复投资反复改造要经济得多，而且也有利于连续稳定生产。少花费资金，减少停工时间，电除尘器改造成袋式除尘器是提高生产效率和除尘效率的一个有效且成功的途径。

五、电除尘器改造成电袋复合除尘器

1. 电袋复合除尘器改造技术

① 如何保证烟尘流经整个电场，提高电除尘部分的除尘效果。烟尘进入电除尘部分，以采用卧式为宜，即烟气采用水平流动，类似常规卧式电除尘器。但在袋除尘部分，烟气应由下而上流经滤袋，从滤袋的内腔排入上部净气室。这样，应采用适当措施使气流在改向时不影响烟气在电场中的分布（图 12-14）。

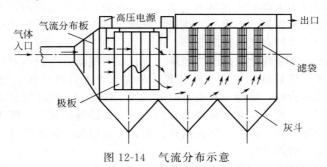

图 12-14　气流分布示意

从图 12-14 中可以看出，除尘器分成电除尘和袋除尘两个区，含尘气体进入除尘器后先通过电除尘区，气体中的大部分粉尘在电除尘区被捕集。余下少量的荷电细微粉尘进入袋除尘区，这样可大大地降低滤袋的张力，延长清灰周期和滤袋的使用寿命。

② 应使烟尘性能兼顾电除尘和袋除尘的操作要求。烟尘的化学组成、温度、湿度等对粉尘的电阻率影响很大，很大程度上影响了电除尘部分的除尘效率。所以，在可能条件下应对烟气进行调质处理，使电除尘器部分的除尘效率尽可能提高。袋除尘部分的烟气温度，一般应小于200℃且大于130℃（防结露糊袋）。

③ 在同一个箱体内，要正确确定电场的技术参数，同时也应正确地选取袋除尘各个技术参数。在旧有电除尘器改造时，往往受原有壳体尺寸的限制，这个问题更为突出。在"电-袋"除尘器中，由于大部分粉尘已在电场中被捕集，而进入袋除尘部分的粉尘浓度、粉尘细度、粉尘颗粒级配等与进入除尘器时的粉尘发生了很大的变化。在这样的条件下，过滤风速、清灰周期、脉冲宽度、喷吹压力等参数也必须随着变化。这些参数的确定也需要慎重对待。

④ 如何使除尘器进出口的压差（即阻力）降至1000Pa以下。除尘器阻力的大小直接影响电耗的大小，所以正确的气路设计，是减少压差的主要途径。

这种混合式除尘器看起来似乎很简单，但绝不是等于电除尘器和袋除尘器现有结构的简单拼凑，两者的结构需要重新设计。此外，还需要解决一些具体的技术难题。如电除尘器和袋除尘器内的流场有较大的差别，因为前者电场风速的时间单位是以每秒计，而后者的气布比（过滤风

速）是以每分钟计，两者相差 60 倍，如何使之相匹配以获得气流平稳而且分布均匀是关键。气流分布对电除尘器的重要性一般都比较重视，但是对袋除尘器的气流分布认识不足，一般认为气流分布靠滤袋的阻力可自行均匀分配。从理论上讲是对的，但是实际的运行情况并非如此。据对有些袋除尘器测试结果表明，有的气流分布很不均匀，也严重影响除尘效率。所以说气流分布的均匀性对混合式除尘器尤为重要，否则难以取得预期的效果。

2. 除尘器校核计算和设计

该部分可参照电改袋技术进行。

3. 电除尘器改造方案

（1）电除尘器的拆除　拆除原电除尘器的第一电场外的其他电场的内、外顶及顶部高压设备；拆除电场内部极板、极线及振打装置等，拆除时注意避让壳体加强筋，不允许破坏主梁等承重部件。拆除过程中采取相应的保护措施。

（2）电除尘器的修复　检查第一电场的极板、极线，如发现变形进行更换，充分利用各电场拆下的较完好设备。检查调整第一电场的同性极距离、异性极距离等电除尘器关键参数。

对拆除后的电场区域进行清理，对壳体损坏部分进行加固、修复，去除内部焊渣、毛刺等尖锐物，为袋除尘的改造创造条件。

（3）除尘器隔板的安装　由于电除尘与袋除尘的进气布风原理与出气方式不同，故电除尘处理后的烟气不能直接通入袋除尘。

在距第一电场后安装隔板，将前后除尘室完全隔开。隔板之前为电除尘区，隔板之后为袋除尘区，电除尘后区域可作为沉降室。在第四电场与出口气箱之间安装隔板，将除尘室和出口气箱完全隔开，改造后除尘器采用新的上出气方式。在袋除尘区中心线位置安装中间隔板，将袋除尘区分成 2 个室，可实现不停炉在线检修。

（4）袋除尘区的改造　袋除尘的改造顺序：首先安装气流分布板，然后安装花板，最后安装顶板。袋除尘区下部设置独特的气流分布装置，确保气流的合理分配。袋除尘区上部设置花板，花板梁与加强筋设置合理，确保花板有足够的强度。袋除尘区内部安装清理完毕后，安装顶板。净气室有足够的高度，便于滤袋与袋笼的装卸。净气室设置检修门，便于检查、维修。

（5）进风烟道的设置　在电除尘区尾部侧板开孔，作为电除尘区的出气口。在袋除尘区侧板下部开孔，作为袋除尘区的进气口。

除尘器的两侧分别安装进风烟道，进风烟道采用双层提升阀的形式，电除尘区处理后的烟气进入进风、烟道，在提升阀处于开启状态下进入下部烟道，从而进入袋除尘区底部。

（6）出风烟道的设置　袋除尘区的净气室尾部分别安装出风烟道，出风烟道同样设置提升阀，袋除尘处理后的烟气进入出风烟道，在提升阀处于开启的状态下进入出口箱。

（7）旁路烟道的设置　进风烟道尾部设置旁路烟道及旁路提升阀，将旁路烟道与出口烟箱连通，当烟气超温等异常情况下，除尘器的进风、出风提升阀全部关闭，袋除尘区与烟气全部隔离，烟气从旁路烟道排放，从而达到保护滤袋的目的。但对排放有严格要求的地区不应设旁路烟道，而应另设备用净化系统或生产工艺同时停机。

六、电除尘器改造技术路线

电除尘器因具有除尘效率高、处理烟气量大、适应范围广、设备阻力小、运行费用低、使用方便且无二次污染等独特优点，在国内外电力行业中得到了广泛的应用。我国燃煤电站现有的烟气除尘技术中，电除尘器也长期占据着主流地位。随着环境保护要求的日益提高，国家制定了更为严格的烟尘排放标准。为满足此标准，国内很大一部分燃煤电站现役电除尘器均需要提效改造，因此如何制订电除尘器提效改造的技术路线成为行业内关注和研究的重点问题。

1. 电除尘器改造的主要影响因素

电除尘器（ESP）提效改造需要考虑的主要因素包括：a. 煤、飞灰成分；b. 除尘设备出口烟尘浓度要求；c. 原电除尘器的状况，包括比集尘面积（SCA）、电场数、烟气流速、目前运行状况（运行参数、ESP 出口烟尘浓度）；d.改造场地情况。此外，还应对改造后除尘设备的技术经济性、二次污染情况、引风机的压头情况进行分析。

对于燃煤电站，在影响电除尘器性能的诸多因素中，包括燃煤性质（成分、挥发分、发热量、灰熔融性等）、飞灰性质（成分、粒径、密度、比电阻、黏附性等）、烟气性质（温度、湿度、成分、露点温度、含尘量等）在内的工况条件占据着核心地位，其中工况条件中的煤、飞灰成分对电除尘器性能的影响最大。

作为提效改造的最终目的，除尘设备需达到的出口烟尘浓度直接影响电除尘器技术改造路线的制定。

原电除尘器的状况中的 SCA 及目前 ESP 出口烟尘浓度是影响提效改造技术路线的关键性因素。此外，应分析电除尘器运行是否处于正常状态以便在改造时对各运行状况做相应调整。

制定电除尘器提效改造的技术路线必须适用于现有改造场地情况。原电除尘器进、出口端是否可增加电场，并应充分考虑脱硝改造引风机移位后的富余场地。另外，也可考虑加宽改造的可能性。

如何制订更具技术经济性的技术路线在电除尘器提效改造中备受关注，因此，对应技术路线的技术经济性分析应始终贯彻电除尘器提效改造的全过程。除尘设备改造的经济性应以一次性投资费用即设备费用和全生命周期内即设计寿命 30 年的年运行费用总和进行评估。年运行费用指除尘设备电耗费用、维护费用与引风机电耗费用之和。除尘设备改造的技术经济性分析内容如表 12-2 所列。

表 12-2　除尘设备改造的技术经济性分析内容

类别	分项内容
技术特点比较	除尘效率 除尘设备出口烟尘浓度 平均压力损失 最终压力损失 安全性 检修
经济性比较	设备费用 年运行费用 总费用

2.电除尘器提效改造可采用的技术

根据国内电除尘器应用现状及新技术研发和应用情况，我国电除尘器提效改造可采用的主要技术有电除尘器扩容、低低温电除尘技术、旋转电极式电除尘技术、烟尘预荷电微颗粒捕集增效技术（简称微颗粒捕集增效技术）、高频高压电源技术、电袋复合除尘技术、袋式除尘技术、湿式电除尘技术等。各改造技术的实施方法及主要技术特点如表 12-3 所列，各改造技术的综合比较如表 12-4 所列。

表 12-3　各改造技术的实施方法及主要技术特点

可采用的改造技术	实施方法	主要技术特点
电除尘器扩容	增加电场有效高度，原电除尘器进、出口端增加电场，并可考虑加宽改造的可能性	(1)对粉尘特性较敏感,即除尘效率受煤、飞灰成分的影响; (2)除尘效率高,使用方便且无二次污染; (3)对烟气温度及烟气成分等影响不敏感,运行可靠; (4)本体阻力低,一般在 200～300Pa
低低温电除尘技术	在电除尘器的前置烟道上或进口封头内布置低温省煤器	(1)烟气降温幅度:30～50℃,降低粉尘比电阻,减小烟气量,进一步提高电除尘器的除尘效率; (2)可节省煤耗及厂用电消耗,平均可节省电煤消耗 1.5～4g/(kW·h),一般 3～5 年可回收投资成本; (3)每级低温省煤器烟气压力损失 300～500Pa

可采用的改造技术	实施方法	主要技术特点
旋转电极式电除尘器	将末电场改成旋转电极电场	(1)保持阳极板永久清洁,避免反电晕,有效解决高比电阻粉尘收尘难的问题,大幅提高电除尘器除尘效率; (2)最大限度地减少二次扬尘,显著降低电除尘器出口烟尘浓度; (3)增加电除尘器对不同煤种的适应性,特别是高比电阻粉尘、黏性粉尘; (4)可使电除尘器小型化,占地少; (5)本体阻力低,一般在 200～300Pa
微颗粒捕集增效技术	在前置烟道上布置微颗粒捕集增效技术装置	(1)减少烟尘总量排放; (2)显著减少 $PM_{2.5}$ 的排放,改善大气能见度,提高空气质量; (3)减少汞、砷等有毒元素的排放; (4)压力损失增加 250Pa
高频高压电源技术	将原常规电源改为高频高压电源	(1)可以有效提高脉冲峰值电压,增加粉尘荷电量,克服反电晕,提高电除尘器的除尘效率; (2)可为 ESP 提供从纯直流到窄脉冲的各种电压波形,可根据 ESP 的工况,提供最佳电压波形,达到节能的效果
电袋复合除尘技术	保留一个或两个电场,其余改为袋式除尘	(1)除尘效率高,对粉尘特性不敏感,但对烟气温度、烟气成分较敏感; (2)本体阻力较高,一般<1100Pa; (3)滤袋的使用寿命及换袋成本仍是电袋复合除尘器的一个重要问题,目前旧滤袋的资源化利用率较低
袋式除尘技术	将所有电场改为袋式除尘	(1)除尘效率高,对粉尘特性不敏感,但对烟气温度、烟气成分较敏感; (2)本体阻力高,一般小于 1500Pa; (3)滤袋的使用寿命及换袋成本仍是袋式除尘器的一个重要问题。目前旧滤袋的资源化利用率较低
湿式电除尘技术(WESP)	在湿法脱硫后新增湿式电除尘器	(1)有效收集微细颗粒物($PM_{2.5}$ 粉尘、SO_3 酸雾、气溶胶)、重金属(Hg、As、Se、Pb、Cr)、有机污染物(多环芳烃、二噁英)等,烟尘排放可达 $10mg/m^3$ 甚至 $5mg/m^3$ 以下; (2)收尘性能与粉尘特性无关,也适用于处理高温、高湿的烟气; (3)本体阻力增加 200～300Pa; (4)投资成本高

表 12-4 各改造技术的综合比较

技术名称	提效幅度及适用范围	运行费用	二次污染
电除尘器扩容	提效幅度受煤、飞灰或分和比电阻影响及场地限制	较低	无
低低温电除尘技术	提效幅度有限,且受降温幅度限制,适用范围较广	3～5 年可回收投资成本	无
旋转电极式电除尘技术	提效幅度显著,适用范围较广	较低	无
微颗粒捕集增效技术	提效幅度有限,且受烟道长度限制,适用范围较窄	低	无

技术名称	提效幅度及适用范围	运行费用	二次污染
高频高压电源技术	提效幅度有限， 适用范围较广	有节能效果	无
袋式除尘技术	提效幅度显著， 适用范围较广	高	旧滤袋的资源化利用率较小
电袋复合除尘技术	提效幅度显著， 适用范围较广	较高	旧滤袋的资源化利用率较小
湿式电除尘技术	烟尘排放可达 $10mg/m^3$ 甚至 $5mg/m^3$ 以下，适用 范围较窄	高（需与其他除尘 设备配套使用）	无

3. 电除尘器提效改造技术路线分析

电除尘器提效改造技术路线可分电除尘技术路线（包括电除尘器扩容、采用电除尘新技术及多种新技术的集成）、袋式除尘技术路线（包括电袋复合除尘技术及袋式除尘技术）和湿式电除尘技术路线三大类。

（1）按表观驱进速度 ω_k 值的大小评价 ESP 对国内煤种的除尘难易性　如表 12-5 所列。

表 12-5　按 ω_k 评价 ESP 对国内煤种的除尘难易性

ω_k 值	除尘难易性	ω_k 值	除尘难易性
$\omega_k \geqslant 55$	容易	$25 \leqslant \omega_k < 35$	较难
$45 \leqslant \omega_k < 55$	较容易	$\omega_k < 25$	难
$35 \leqslant \omega_k < 45$	一般		

（2）除尘设备出口烟尘浓度限值为 $30mg/m^3$ 时改造技术路线　如表 12-6 所列。

表 12-6　除尘设备出口烟尘浓度限值为 $30mg/m^3$ 时改造技术路线

除尘难易性	采用的技术路线	扩容后电除尘器 SCA[$m^2/(m^3/s)$]	采用 ESP 新技术集成时 的 SCA[$m^2/(m^3/s)$]
容易	电除尘技术路线	$\geqslant 110$	$\geqslant 80$
较容易		$\geqslant 130$	$\geqslant 100$
一般	宜通过可行性研究后 选择除尘技术路线	$\geqslant 150$	$\geqslant 120$
较难	袋式除尘技术路线	—	—
难			

（3）除尘设备出口烟尘浓度限值为 $20mg/m^3$ 时改造技术路线　如表 12-7 所列。

表 12-7　除尘设备出口烟尘浓度限值为 $20mg/m^3$ 时改造技术路线

除尘 难易性	采用的技术路线	扩容后电除尘器 SCA[$m^2/(m^3/s)$]	采用 ESP 新技术集成时的 SCA[$m^2/(m^3/s)$]
容易	电除尘技术路线	$\geqslant 130$	$\geqslant 100$
较容易		$\geqslant 150$	$\geqslant 120$

续表

除尘 难易性	采用的技术路线	扩容后电除尘器 SCA[$m^2/(m^3/s)$]	采用 ESP 新技术集成时的 SCA[$m^2/(m^3/s)$]
一般	宜通过可行性研 究后选择除尘技 术路线	≥170	≥140
较难 难	袋式除尘技术路线	—	—

要求烟尘排放浓度（标）≤10mg/m^3，且对 SO_3、雾滴、$PM_{2.5}$ 排放有较高要求时，可采用湿式电除尘技术或其他超低排放技术。

对于既定的除尘设备出口烟尘浓度限值要求，电除尘器提效改造时需要优先分析煤种的除尘难易性及原有电除尘器的状况（以比集尘面积 SCA 和目前电除尘器的出口烟尘浓度为主要考虑因素），在考虑满足现有改造场地的前提下，以具备最佳技术经济性为原则来确定改造技术路线。

第四节　袋式除尘器升级改造

袋式除尘器是指利用纤维性滤袋捕集粉尘的除尘设备。袋式除尘器的突出优点是：除尘效率高，属高效除尘器，除尘效率一般＞99％，运行稳定，不受风量波动影响；适应性强，不受粉尘比电阻值限制。因此，袋式除尘器在应用中备受青睐。袋式除尘器是除文氏管除尘器外运行阻力最大的除尘器。所以，袋式除尘器的升级改造主要是降阻节能改造，同时也有达标排放和安全运行改造。

一、袋式除尘技术发展趋势

1. 进一步降低袋式除尘器的能耗

袋式除尘器在降低阻力方面已经取得很大的进步，但是它是除文氏管除尘器外耗能最大的除尘器。

从"节能减排"的大目标，以及今后袋式除尘器越来越广的应用局面考虑，仍需加强研究，以进一步降低袋式除尘器的阻力和能耗。

在役袋式除尘器的阻力和能耗较大，其原因并不是袋式除尘技术本身的问题，也不是袋式除尘技术解决不了的问题。标准规定反吹风袋式除尘器阻力 2000Pa，脉冲袋式除尘器阻力 1500Pa。一旦标准有降低阻力和能耗的新要求，相信袋式除尘器的阻力和能耗一定会大幅降低，因为降低能耗是袋式除尘器技术的发展趋势。而且现在已有相当数量的袋式除尘器运行阻力在 1000Pa 以下。

2. 净化微细粒子的技术

袋式除尘器虽然能够有效捕集微细粒子，但以往未将微细粒子的捕集作为技术发展的重点。随着国家针对微细粒子控制标准的提高，袋式除尘技术需要进一步提高捕集效率、降低阻力和能耗。针对 $PM_{2.5}$ 超细粉尘的捕集，研究和开发主机、超细纤维和滤料、测试及应用技术尤为重要。

细颗粒物（PM_{10}、$PM_{2.5}$）是危害人体健康和污染大气环境的主要污染物，减排 $PM_{2.5}$ 已经成为国家的环保目标。$PM_{2.5}$ 细颗粒由于粒径小，其运动、捕集、附着、清灰、收集等方面都有特殊性，由于 TSP 大颗粒粉尘捕集的常规过滤材料和除尘技术难以适应超细粒子，一些企业研

发的 $PM_{2.5}$ 细粒子高效捕集过滤材料，对粒径 $PM_{2.5}$ 以下的超细粒子，有较高的捕集效率。可以说，目前只有袋式除尘技术才能够有效控制 $PM_{2.5}$ 等微细粒子的排放。

需要指出的是，袋式除尘器实现更低的颗粒物排放并不意味提高造价，只要严格按照有关标准和规范设计、制造、安装和运行，就能获得好的效果。

3. 高效去除有害气体技术

袋式除尘器能够高效去除有害气体：电解铝含氟烟气的净化是依靠袋式除尘器实现的；含沥青烟气的最有效的净化方法是以粉尘吸附并以袋式除尘器分离；煤矿开采、焚化炉等特殊行业的烟尘排放也依靠袋式除尘器来解决。

在垃圾焚烧烟气净化中，袋式除尘器起着无可替代的作用，垃圾焚烧尾气中含有多种有害气体，袋式除尘器"反应层"的特性对垃圾焚烧烟气中的 HCl、SO_2、重金属等污染物的去除具有重要作用。垃圾焚烧尾气中二噁英的净化方法，是用吸附剂吸附再以袋式除尘器去除，且不会产生重新生成的问题。

试验结果表明，在干法和半干法脱硫系统中，采用袋式除尘器可比其他除尘器提高脱硫效率约 10%。滤袋表面的粉尘层含有未反应完全的脱硫剂，相当于一个"反应层"的作用。若滤袋表面粉尘层厚度 2.0mm，过滤风速为 1m/min，则含尘气流通过粉尘层的时间为 0.12s，可显著提高脱硫反应的效率。

铁矿烧结机的机头烟气采用"ESP（电除尘）+CFB（脱硫）+BF（袋除尘）"组合的脱硫除尘一体化处理技术，已有成功应用的实例，应扩大袋式除尘技术在烧结机头烟气脱硫除尘系统的应用。

4. 在多种复杂条件下实现减排

袋式除尘器对各种烟尘和粉尘都有具有很好的捕集效果，不受粉尘成分及比电阻等特性的影响，对入口含尘浓度不敏感，在含尘浓度很高或很低的条件下，都能实现很低的粉尘排放。近年来袋除尘技术快速发展，在以下诸多不利条件下都能成功应用和稳定运行：a. 烟气高温，在 $\leqslant$ 280℃下已普遍应用；b. 烟气高湿，如轧钢烟气除尘、水泥行业原材料烘干机和联合粉磨系统等尾气净化；c. 高负压或高正压除尘系统，一些大型煤磨袋式除尘系统的负压达到 $1.4\times10^4\sim1.6\times10^4Pa$。大型高炉煤气袋滤净化系统的正压可达 0.3MPa。而某些水煤气袋滤净化系统的正压更高达 $0.6\sim4.0MPa$；d. 高腐蚀性，例如垃圾焚烧发电厂的烟气净化，烟气中含 HCl、HF 等腐蚀性气体；燃煤锅炉的烟气除尘；e. 烟气含易燃、易爆粉尘或气体，如高炉煤气、炭黑生产、煤矿开采、煤磨除尘等；f. 高含尘浓度，水泥行业已将袋式除尘器作为主机设备，直接处理含尘浓度为 $1600g/m^3$ 的含尘气体，收集产品，并达标排放，还可直接处理含尘浓度 $3\times10^4g/m^3$ 的气体（例如仓式泵输粉），并达标排放。

5. 适应严格的环保标准

袋式除尘技术作为微细粒子高效捕集的手段，有力地支持了国家更加严格的环保标准。最近几年，一些工业行业的大气污染物排放标准多次修订。新修订的《火电厂大气污染物排放标准》（GB 13223—2011）规定，新建、改建和扩建锅炉机组烟尘排放限值为 $30mg/m^3$。国家三部委要求垃圾焚烧厂必须严格控制二噁英排放，规定"烟气净化系统必须设置袋式除尘器，去除焚烧烟气中的粉尘污染物"。水泥行业排放标准再次修订，粉尘排放限值将改为 $20\sim30mg/m^3$。钢铁行业的污染物排放标准已颁布，其中颗粒物排放限值低于 $20mg/m^3$。排放限值的进一步降低，将对固体颗粒物减排起到巨大的作用。规定固体颗粒物排放限值低于 $20mg/m^3$，对于袋式除尘器应无问题。设计良好的袋式除尘器其出口排放浓度多在 $3\sim10mg/m^3$。

二、除尘器缺陷改造

除尘器设计和制造过程中，为了追求先进指标，降低造价，触犯了除尘器的一些禁忌，导致使用后改造。

1. 进风管道的气流速度优化

在许多沿着总管—支管—阀门—弯管进风的除尘器中，有的将管道内的风速设计为 16～18m/s，甚至更高。带来的后果是除尘器的结构阻力过高，有的甚至达到设备阻力的 50％以上。

担心较低的风速会使粉尘在进风总管和支管内沉降，实际上这种担心没有必要。除尘器的进风总管下部一般都有斜面，支管通常垂直安装，即使水平安装其长度也很短。而在流动着的含尘气体中，与气体充分混合的粉尘具有类似流体的流动性，只要有少许坡度即可流动，不会在管道内沉积。因此，完全可以将总管和支管内的风速适当降低，这对减少结构阻力具有显著的作用。计算表明，将风速从 18m/s 降至 14m/s，阻力可降低 40％；而将风速从 16m/s 降至 14m/s，阻力可降低 24％。

推荐除尘器进风总管的风速≤12m/s；支管的风速应在 8～10m/s 之间，小于 8m/s 最佳；停风阀的风速≤12m/s。

一些袋式除尘器被设计成下进风方式，即从灰斗进风。这种进风方式可节省占地面积和钢耗，但进风速度高，容易引发设备阻力过高、滤袋受含尘气流冲刷等问题。

图 12-15 所示为一台长袋低压脉冲袋式除尘器，设计成多仓室结构，含尘气流从灰斗进入。投入运行之初便发现设备阻力高达 1700Pa，很快升至 2000Pa 以上（超过国家标准规定的≤1500Pa）。

下进风除尘器经常出现的另一问题是，运行时间不长（1～2 个月，甚至数天）即出现滤袋破损。破损滤袋多位于远离进风口一侧，或靠近进风口处。滤袋破损部位多在滤袋下部（对于外滤式滤袋，位于袋底，对于内滤式滤袋，位于袋口），或者在靠近进风口的部位。滤袋破口部位周边的滤料，其迎尘面的纤维多被磨去，露出基布，而背面的纤维则相对完好。这种破袋的原因在于气流分布不当，部分滤袋直接受到含尘气流的冲刷。

为避免上述情况，在条件许可时尽量不采用灰斗进风。若不能避免灰斗进风，图 12-16 所示的气流分布装置是一种可供选择的方案，即在灰斗中设垂直的气流分布板，置于含尘气流之中，使之正面迎向含尘气流，以削弱过高的气流动压。同时，垂直的气流分布板长短不一，布置成阶梯状，使含尘气流均匀分散并向上流动。实践证明，这种装置有效地避免了含尘气流对滤袋的冲刷。

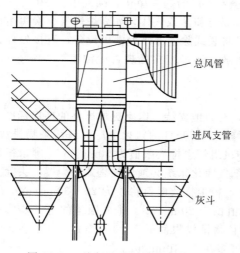

图 12-15　从灰斗进风的袋式除尘器

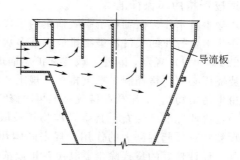

图 12-16　一种可供选择的气流分布装置

图 12-17（a）所示进风方式，含尘气流从灰斗的一侧垂直向下进入，设计者希望灰斗的容积和断面积可以使含尘气流充分扩散。但是，气流有保持自己原有速度和方向的特性，进入灰斗后

含尘气流沿着灰斗壁面流向底部，并沿着远端的壁面向上流动，其速度没有足够的衰减，导致远端第一、第二排滤袋底部受冲刷而破损。

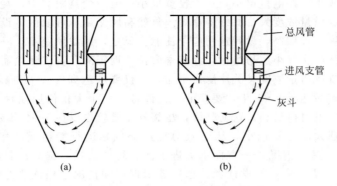

图 12-17 另一种灰斗进风方式

采取内滤方式的袋式除尘器多从灰斗进风，当气流分布效果不好，或入口风速过高时，部分滤袋的袋口风速将会过高（例如超过 2～3m/min），导致袋口附近受到冲刷而磨损避免含尘气流冲刷滤袋的方法是，将进风口设于除尘器侧面，但尽量避免灰斗进风，宜使含尘气流从中箱体侧面进入，内部加挡风板形成缓冲区，并使导流板与箱板之间具有足够的宽度，从而使含尘气流向两侧分散，并以较低的速度沿缓冲区流动。

2. 排气通道气流速度优化

许多除尘器的排风装置也存在风速过高的问题，同样会导致阻力增加。在排气通道中，风速过高主要出现在两个环节：一是除尘器净气室风速大，特别是净气室与风道交界处，该处有横梁和众多脉冲阀出口弯管，迫使气流速度提高；二是提升阀处，或提升阀提升高度不够，或提升阀阀板面积小，排气口处气流速度过高，气流涡流区大，阻力大。

3. 过滤风速优化

过滤风速是表征袋式除尘器处理气体能力的重要技术经济指标。可按下式计算：

$$v_F = L/60S \tag{12-10}$$

式中，v_F 为过滤风速，m/min；L 为处理风量，m^3/h；S 为所需滤料的过滤面积，m^2。

在工程上，过滤风速还常用比负荷 q_S 的概念来表示，是指单位过滤面积单位时间内过滤气体的量。

$$q_S = Q/A \ [m^3/(m^2 \cdot h)] \tag{12-11}$$

式中，Q 为过滤气体量，即处理风量，m^3/h；A 为过滤面积，m^2。

显然

$$q_S = 60v \ [m^3/(m^2 \cdot h)] \tag{12-12}$$

式中，v 为过滤风速 $[m^3/(m^2 \cdot min)$，即 $m/min]$。

过滤风速有的也称气布比，其物理意义是指单位时间过滤的气体量（m^3/min）和过滤面积（m^2）之比。实质上，这与过滤风速及比负荷意义是相同的。

过滤风速的大小，取决于粉尘特性及浓度大小、气体特性、滤料品种以及清灰方式。对于粒细、浓度大、黏性大、磨琢性强的粉尘，以及高温、高湿气体的过滤，过滤风速宜取小值，反之取大值。对于滤料，机织布阻力大，过滤风速取小值，针刺毡开孔率大，阻力小，可取大值；覆膜滤料较之针刺毡还可适当加大。对于清灰方式，如机械振打、分室反吹风清灰，强度较弱，过滤风速取小值（如 0.5～1.0m/min）；脉冲喷吹清灰强度大，可取大值（如 0.6～

1.2m/min）。

选用过滤风速时，若选用过高，处理相同风量的含尘气体所需的滤料过滤面积小，则除尘器的体积、占地面积小，耗电量也小，一次投资也小；但除尘器阻力大，耗电量也大，因而运行费用就大，且排放质量浓度大，滤袋寿命短。显然高风速是不可取的，设备制造厂在产品样本中推介的过滤速度一般偏高，设计选用应予注意。反之，过滤风速小，一次投资稍大，但运行费用减小，排放浓度质量小容易达标，滤袋寿命长。近年来，袋式除尘器的用户对除尘器的要求高了，既关注排放质量浓度又关注滤袋寿命，不仅要求达到 $5.0 \sim 20 \text{mg/m}^3$ 的排放质量浓度，还要求滤袋的寿命达到 $2 \sim 5$ 年，要保证工艺设备在一个大检修周期（$2 \sim 4$ 年）内，除尘器能长期连续运行，不更换滤袋。这就是说，滤袋寿命要较之以往 $1 \sim 2$ 年延长至 $3 \sim 5$ 年。因此，过滤风速不宜选大而是要选小，从而阻力也可降低，运行能耗低，相应延长滤袋寿命，降低排放质量浓度。这一情况，一方面也促进了滤料行业改进，提高滤料的品质，研制新的产品；另一方面也促使除尘器的设计者、选用者依据不同情况选用优质滤料，选取较低的过滤风速。如火电厂燃煤锅炉选用脉冲袋式除尘器，排放质量浓度为 $10 \sim 30 \text{mg/m}^3$，滤袋使用寿命 4 年，过滤风速为 $0.6 \sim 1.2 \text{m/min}$，较之过去为低。笔者认为，改造工程的过滤风速应低些。

选用过滤风速时，若采用分室停风的反吹风清灰或停风离线脉冲清灰的袋式除尘器，过滤风速要采用净过滤风速。按式（12-13）计算：

$$v_n = Q / \left[60 \left(S - S' \right) \right] \tag{12-13}$$

式中，v_n 为净过滤风速，m/min；Q 为处理总风量，m^3/h；S 为按式（12-10）计算的总过滤面积，m^2；S' 为除尘器一个分室或两个分室清灰时的各自的过滤面积，m^2。

4. 供气系统优化

有些脉冲袋式除尘器供气系统管路过小，例如：一台中等规模的除尘器供气主管直径小于 $DN50\text{mm}$，甚至只有 $DN40\text{mm}$。清灰时，压缩气体补给不足，除第一个脉冲阀外，后续的脉冲阀喷吹时气包压力都不足，有的在 50% 额定压力下进行喷吹，以致清灰效果很差，设备阻力居高不下。

大量工程实践证明，供气主管宜选用直径较大的管道，一般不应小于 $DN65\text{mm}$。大型袋式除尘设备最好采用 $DN80\text{mm}$ 管道。增大管道而增加的造价微不足道，而清灰效果却得到保障。

（1）脉冲阀出口弯管曲率半径过小　许多脉冲阀出口弯管采用钢制无缝弯头，虽然省事，但其曲率半径过小，$DN80$ 无缝弯头的曲率半径只有 120mm。有些除尘器采用此种弯头后，出现喷吹管背部穿孔的现象。

对于曲率半径过小的弯管，如果喷吹装置或供气管路内存在杂物，喷吹时气流携带杂物会从弯管内壁反弹，对喷吹管背面构成冲刷（见图 12-18），导致该处出现穿孔。除此之外，曲率半径过小的弯管自身也容易磨损，并对喷吹气流造成较高阻力，影响清灰效果。

避免上述情况的有效途径是，加大脉冲阀出口弯管曲率半径。对于 $DN80$ 的脉冲阀，其弯管曲率半径宜取 $R = 350 \sim 400\text{mm}$。此外，袋式除尘器供气系统安装结束后，在接通喷吹装置之前，应先以压缩气体对供气系统进行吹扫，将其中的杂物清除干净。喷吹装置的气包制作完成后应认真清除内部的杂物，完成组装出厂前，应将气包所有的孔、口全部堵塞，防止运输过程中进入杂物。

（2）喷吹管或喷嘴偏斜　喷吹管或喷嘴偏斜是脉冲袋式除尘器常见的问题，其后果是清灰气流不是沿着滤袋中心喷吹，而是吹向滤袋一侧（见图 12-19），滤袋在短时间（往往数日）内便破损。

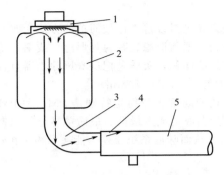

图 12-18　杂物从弯管反弹冲刷喷吹管背面
1—脉冲阀；2—稳压气包；3—弯管；
4—杂物；5—喷吹管

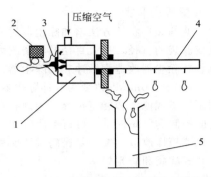

图 12-19　喷吹气流偏斜直接吹向滤袋侧面
1—分气箱；2—电磁阀；3—脉冲阀；
4—喷水管；5—滤袋

如果喷嘴偏移预定位置，滤袋会严重破损，花板表面会被粉尘污染。喷吹管整体偏斜，会导致一排滤袋大部分破损。

避免喷嘴或喷吹管偏斜应从提高制造和拼装质量入手。喷吹管上喷孔（嘴）的成型，喷吹装置与上箱体的拼装，一定要借助专用机具、工具和模具，并由有经验的人员操作。在条件许可时，尽量将喷吹装置和上箱体在厂内拼装，经检验合格后整体出厂，并在现场整体吊装，避免散件运到现场拼装。

（3）喷吹制度的缺陷　一台大型脉冲袋式除尘器，曾将电脉冲宽度定为 500ms，认为这样可以有足够大的喷吹气量，从而获得良好的清灰效果。

除尘器投运后，发现空气压缩机按预定的一用一备制度运行完全不能满足喷吹的需要，两台空气压缩机同时运行仍然不够用。随后，将电脉冲宽度缩短为 200ms（受控制系统的限制而不能再缩短），两台空气压缩机才勉强满足喷吹的需要。

当同时满足以下两个条件时脉冲喷吹才能获得良好的清灰效果：压力峰值高；压力上升速度快（亦即压力从零上升至峰值的时间短）。大量实验和工程实践证明，对脉冲喷吹清灰而言，重要的是压缩气体快速释放对滤袋形成的强烈冲击，伴随压力峰值形成的这一冲击实现之后，本次清灰过程即告结束。此后，若脉冲阀继续开启，对于清灰已经没有任何作用。所以，脉冲喷吹最理想的压力波形是一个方波而波形中斜线覆盖的部分则对清灰不起作用，只是尽量改善脉冲阀的开关性能，以获得短促而强力的气脉冲。试验表明，脉冲阀的电信号以不超过 100ms 为宜。

三、袋式除尘器扩容改造

袋式除尘器扩容改造的主要任务是增加过滤面积。增加过滤面积的途径有并联新的除尘器，把原有的除尘器加高、加宽、加长，改变滤袋形状，把滤袋改为滤筒等。扩容改造可以满足生产需要，降低除尘设备阻力，使除尘系统稳定运行。

1. 并联新的袋式除尘器

在扩容改造中，如果场地等条件允许，并联新的同类型除尘器是常用的方法。并联新除尘器要注意管路阻力平衡。

2. 把袋式除尘器加高

把除尘器加高也是袋式除尘器扩容改造最常用的方法。袋式除尘器加高，首先是把除尘器壳体加高，同时将滤袋延长后除尘器扩容很容易实现。

加高袋式除尘器后，除尘器的荷载加大，因此需对除尘器壳体结构和基础进行验算，以便预防意想不到的事故发生。

3. 改变滤袋形状

用改变滤袋形状的方法增加除尘器过滤面积是袋式除尘器改造中比较简单的方法。改变形状可以改变滤袋的直径，把大直径的滤袋改为小直径滤袋，把圆形滤袋改为菱形滤袋或扁袋等。把反吹风袋式除尘器改造为脉冲袋式除尘器，可以增加过滤面积，实质是把反吹风除尘器直径较大的滤袋（150～300mm）改变为脉冲除尘器直径较小的滤袋（80～170mm）。

利用褶皱式滤袋和袋笼扩容，为现有布袋除尘器适应超细工业粉尘特别是 PM_{10} 和 $PM_{2.5}$ 超细粉尘的控制和收集提供了可行解决方案，是现有除尘器改造成本最低、最简单易行的选择：无需对除尘器箱体改造，按需要提高过滤面积50%以上。从而降低系统压差、能耗和粉尘排放。

褶皱式滤袋和袋笼如图 12-20 所示。

 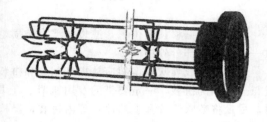

(a) 褶皱滤袋   (b) 袋笼

图 12-20　褶皱滤袋和袋笼

褶皱式滤袋特点如下。

（1）提高现有除尘器的风量　使用褶皱滤袋对现有除尘器改造，不需要对除尘器本体进行改造，直接更换现有滤袋和袋笼，可增加系统过滤面积50%～150%，是提高除尘系统生产效率和容量的最佳改造方案。

（2）提高除尘器对粉尘特别是 $PM_{2.5}$ 的捕集效率　使用褶皱滤袋替代普通圆或椭圆滤袋大幅度提高系统过滤面积，可直接降低气布比，大幅度降低系统压差和脉冲喷吹频率，从而大幅度降低系统的粉尘排放特别是超细粉尘的排放。

（3）降低系统运行能耗和维护成本　使用褶皱滤袋代替普通圆或椭圆滤袋，系统压差大幅度降低，风机能耗大幅度下降；喷出频率显著降低，因而压缩空气使用量显著降低，喷吹系统部件损耗也大大下降。

（4）延长布袋使用寿命　使用褶皱滤袋代替普通圆或椭圆滤袋，独特的滤袋和袋笼组合完全避免了普通袋笼横向支撑环对滤袋的疲劳损伤，加之较低的运行压差和喷吹频率，滤袋疲劳损伤大幅度降低，寿命大幅度延长。

4. 滤袋改为滤筒

对一般中小型袋式除尘器来说，把普通圆形滤袋改为除尘滤筒，可以较多地增加除尘器过滤面积，所以在袋式除尘器升级改造工程中应用较多。但是在大型袋式除尘器升级改造工程中较少采用。

四、袋式除尘器节能改造

袋式除尘器除尘效率高、运行稳定、适应性强，所以备受青睐，但它的设备能耗是文氏管除尘器之外所有的除尘器中最高的，或者说是能耗最大的。所以通过升级改造，做到既节能又减排，降低袋式除尘器能耗是大势所趋。

1. 降低能耗的意义

袋式除尘器降低能耗意义重大，这是因为它的设备能耗是文氏管除尘器之外所有的除尘器中能耗最大的，而节能的手段是成熟的，节能的潜力是很大的，大幅度降低能耗是可能的。设计合理的袋式除尘器，节能 25％～30％是完全可以做到的。节能除尘器还有如下好处：a.除尘器出口气体含尘浓度降低；b.设备运行稳定；c.故障减少；d.作业率提高；e.滤袋寿命延长；f.除尘器可随生产工艺设备同期检修。

2. 袋式除尘器能耗分析

(1) 袋式除尘器阻力组成　袋式除尘器阻力指气流通过袋式除尘器的流动阻力，当除尘器进出口截面积相等时，可以用除尘器进出口气体平均静压差度量。设备阻力 Δp 包括除尘器结构阻力 Δp_g 和过滤阻力 Δp_L 两部分，过滤阻力又由洁净滤料阻力 Δp_j、滤料中粉尘残留阻力 Δp_c (初层) 和堆积粉尘层阻力 Δp_d 三部分组成，即：

$$\Delta p = \Delta p_g + \Delta p_L \tag{12-14}$$

$$\Delta p_L = \Delta p_Q + \Delta p_c + \Delta p_d \tag{12-15}$$

对于传统结构的脉冲袋式除尘器，其设备阻力和分布大致如表 12-8 所列 (以电厂锅炉、炼钢电炉烟气净化为例)。

表 12-8　脉冲袋式除尘器设备阻力分布

项目	结构阻力 Δp_j	洁净滤料阻力 Δp_Q	滤袋残留阻力 Δp_c	堆积粉尘层阻力 Δp_d	设备阻力 Δp
阻力范围/Pa	300～600	20～100	140～500	0～300	1000～1500
最大值/Pa	600	100	500	300	1500
比例/％	40	7	33	20	100

由表 12-8 可以看出，袋式除尘器设备结构阻力和滤袋表面残留阻力是设备阻力的主要构成，也是节能降阻的重点环节。

(2) 袋式除尘器结构阻力分析　除尘器本体 (结构) 阻力占其总阻力 40％，值得特别重视。该阻力主要由进出风口、风道、各袋室进出风口、袋口等气体通过的部位产生的摩擦阻力和局部阻力组成，即为各部分摩擦阻力和局部阻力之和，简易公式表示为：

$$\Delta p_g = \sum K_m v^2 + \sum K_g v^2 \tag{12-16}$$

式中，K_m 为摩擦综合系数；K_g 为局部阻力综合系数；v 为气体流经各部位速度。

可见，欲减小 Δp_g，应首先减小局部阻力系数和降低气体流速。

由式 (12-16) 看出，阻力的大小与气体流速大小的平方成正比，因此，设计中应尽可能扩大气体通过的各部位的面积，最大限度地低气流速度，减小设备本体阻力损失。

由于阻力与流速的平方成正比，故降低气体流速更为有效。降低速度的关键是进出风口，进出口气流速度高，降速潜力大。

再加上流体速度的降低，把结构阻力降为 300Pa 是完全可能的。

(3) 袋式除尘器滤料阻力分析

1) 洁净滤料阻力 Δp_j　洁净滤料的阻力计算式可用式 (12-17) 表示：

$$\Delta p_j = C v_f \tag{12-17}$$

式中，Δp_j 为洁净滤料的阻力，Pa；C 为洁净滤料阻力系数；v_f 为过滤速度，m/min。

《袋式除尘器技术要求》(GB/T 6719—2009) 规定滤料阻力特性以洁净滤料阻力系数 C 和动态滤尘时阻力值表示，见表 12-9。按 GB 12625—2007 规定针刺毡的阻力，洁净针刺滤料阻力一般只有 80Pa，机织滤料也不过 100Pa (过滤风速为 1m/min 时)。

表 12-9　滤料阻力特性

滤料类型 项目	非织造滤料	机织滤料
洁净滤料阻力系数 C	≤20	≤30
残余阻力 Δp/Pa	≤300	≤400

注：摘自 GB/T 6719—2009。

滤袋阻力与滤料的结构、厚度、加工质量和粉尘的性质有关，采用表面过滤技术（覆膜、超细纤维面层等）是防止粉尘嵌入滤料深处的有效措施。

2）滤袋表面残留粉尘阻力 Δp_c　滤袋使用后，粉尘渗透到滤料内部，形成"深度过滤"，但随着运行时间的增长，残留于滤料中的粉尘会逐渐增加，滤料阻力显著增大，最终形成堵塞，这也意味着滤袋寿命终结。

袋式除尘器在运行过程中防止粉尘进入滤料纤维间隙是主要的，如果出现糊袋（烟气结露、油污等）则过滤状态会更恶化。

一般情况下，滤料阻力长时间保持小于 400Pa 是理想的状况；如果保持在 600～800Pa 也是很正常的。

残留在滤料之中粉尘层阻力笔者整理的经验计算式如下：

$$\Delta p_c = K v_f^{1.78} \tag{12-18}$$

式中，Δp_c 为残留在滤料中粉尘层阻力，Pa；K 为残留在滤料中粉尘层阻力系数，通常在 100～600 之间，主要与滤料使用年限有关；v_f 为过滤速度，m/min。

滤袋清灰后，残留在滤袋内部的粉尘残留阻力也是除尘器过滤的主要能耗。残留粉尘阻力大小与粉尘的粒径和黏度有关，特别是与清灰方式、滤袋表面的光洁度有关。在保障净化效率的前提下，应尽量减小残留粉尘的阻力，相关措施如下。

① 选择强力清灰方式或缩短清灰周期，并保证清灰装置正常运行。

② 强化滤料表面光洁度，如轧光后处理。或采用表面过滤技术，如使用覆膜滤料、超细纤维面层滤料。

③ 粉尘荷电，改善粉饼结构，增强凝并效果。

通过覆膜、上进风等综合措施，滤袋表面残留粉尘阻力可从目前 500Pa 降到 250Pa 左右，下降 50%。

3）堆积粉尘层阻力 Δp_d　堆积粉尘层阻力 Δp_d 与粉尘层厚度有关，笔者整理的经验式为：

$$\Delta p_d = B \delta^{1.58} \tag{12-19}$$

式中，Δp_d 为堆积粉尘层阻力，Pa；B 为粉尘层阻力系数，在 2000～3000 之间，与粉尘性质有关；δ 为粉尘层厚度，mm。

一定厚度的粉尘层，经清灰后粉尘抖落后重新运行。经过时间 t 之后，在过滤面积 A（m²）上又黏附一层新粉尘。假设粉尘的厚度为 L，孔隙率为 ε_p 时沉积的粉尘质量为 M_d（kg），那么 $M_d/A = m_d$（kg/m²）就叫作粉尘负荷或表面负荷。负荷相对应的压力损失就是堆积粉尘层的阻力。

堆积粉尘层阻力大于等于定压清灰上下限阻力设定压差值，清灰前粉尘层阻力达到最大值，清灰后粉尘层阻力降到最小值或等于零。除尘器型式和滤料确定后，堆积粉尘层阻力是设备阻力的构成中唯一可调部分。对于单机除尘器，粉尘层阻力反映了清灰时被剥离粉尘的量，即清灰能力和剥离率；对于大型袋式除尘器，则体现了每个清灰过程中被喷吹的滤袋数量。

堆积粉尘层阻力（即清灰上下限阻力设定差值）主要与粉尘的粒径、黏性、粉尘浓度和清灰周期有关。粉尘浓度低时，可延长过滤时间；当粉尘浓度高时，可适当缩短清灰周期。

刻意地追求低的粉尘层阻力是不合适的，一般认为增加滤袋喷吹频度会缩短滤袋的寿命，但是运行经验表明，除玻纤袋外，尚无因缩短清灰周期而明显影响滤袋使用寿命的案例。根据工程经验，粉尘层阻力选择 200Pa 为宜。

（4）理想的袋式除尘器设备阻力　基于以上分析，若采用脉冲袋式除尘器结构和表面过滤技术，对于一般性原料粉尘和炉窑烟气，当过滤风速 1m/min 时提出理想的袋式除尘器设备阻力和分布，如表 12-10 所列。

表 12-10　理想的袋式除尘器设备阻力和分布

项目	结构阻力 Δp_j	清洁滤料阻力 Δp_Q	滤袋残留阻力 Δp_c	堆积粉尘阻力 Δp_d	设备阻力 Δp
正常值/Pa	300	80	300	120	800
最大值/Pa	300	80	400	220	1000

可见，采取降阻措施后，理想的袋式除尘器阻力比传统的袋式除尘器阻力大约可降低25%～30%，节能效果显著。如果再适当调低过滤速度能耗还可以进一步降低。

3. 节能改造的途径

（1）改变袋式除尘器的形式　改变袋式除尘器的形式，把振动式袋式除尘器、反吹风袋式除尘器、反吹-微振袋式除尘器造成脉冲袋式除尘器，除尘器的能耗可以大幅度降低。

（2）适当调低过滤速度　袋式除尘器的过滤速度是决定除尘器能耗的关键因素。随着袋式除尘器技术的发展，人们对其认识越来越深刻。回顾历史，1970～1980 年，脉冲袋式除尘器的过滤速度取 2～4m/min；1990～2000 年，过滤速度取 1～2m/mim；2010 年，取 1m/min 左右，已成为多数业者共识。在袋式除尘器节能升级改造工程中，过滤速度降为 <1m/min 是合理的。

（3）使用低阻滤袋　为了节能，许多袋式除尘器滤料厂家生产出低阻滤料，如覆膜滤料等，选用时应当注意。

（4）改进结构设计　袋式除尘器优化结构设计对降低阻力，节约能源有很大潜力。

（5）完善操作制度　袋式除生器运行操作制度有较大的弹性，除尘器工艺设计和电控设计应当统一考虑，不断完善，做到简约操作，节能运行。

五、改造为滤筒除尘器

普通袋式除尘器改造为滤筒除尘器，把过滤袋改为滤筒可以增加过滤面积，降低设备阻力，提高除尘效果。

滤筒除尘器适合用于工业气体粉尘质量浓度在 15g/m³ 以下的工业气体除尘，以及高粉尘浓度气体的二次除尘。具体应用详见表 12-11。

表 12-11　脉冲滤筒除尘技术在工业除尘技术改造的应用

序号	应用领域	图号	存在问题	技术改造措施和效果
1	料仓顶通风用除尘器——用滤袋/笼架	图 12-21	（1）风量 4077m³/h； （2）48 袋,过滤面积 56m²,风速 1.2m/min,气布比 4∶1； （3）压差 1520Pa； （4）滤袋寿命短； （5）压缩空气耗量大	采风褶式滤筒后： （1）风量 4757m³/h,提高 20%； （2）48 滤筒,过滤面积 165m²,风速 0.49m/min； （3）压差 760～1060Pa； （4）杜绝减压阀超压； （5）显著减少压气耗量
2	风动输送系统——使用普通滤袋	图 12-22	（1）25 个滤袋,过滤面积 23m²； （2）高压差 2520Pa； （3）滤袋寿命 2～3 月； （4）粉尘泄漏； （5）输送系统堵塞,输送效率低	采风褶式滤筒后： （1）25 个滤筒,过滤面积 36m²； （2）过滤面积增加 63m²； （3）压差降低 1/2,1270Pa； （4）滤袋寿命大大延长； （5）风量增加

续表

序号	应用领域	图号	存在问题	技术改造措施和效果
3	除尘器入风口磨损——用滤袋/笼架	图 12-23	(1)过滤风速过大; (2)入口气体粉尘磨蚀滤袋; (3)粉尘泄漏; (4)糊袋; (5)滤袋寿命短	采风褶式滤筒后: (1)增加过滤面积,降低过滤风速; (2)降低表面速率; (3)滤筒缩短,避开入口高磨损区; (4)滤袋寿命延长
4	将振打除尘器改为脉冲滤筒除尘器——用普通滤袋	图 12-24	(1)240 个滤袋; (2)清灰效果差; (3)压差偏高; (4)除尘效率低; (5)不易发现泄漏	采风褶式滤筒后: (1)过滤风速 0.91m/min; (2)除尘效率 99.99%; (3)只用 120 个滤袋,减少 50%; (4)安装顶部清灰装置; (5)更换快捷方便; (6)减少总体维护费用
5	机械回转反吹除尘器技术改造	图 12-25	(1)传动装置时有故障,清灰效果差,风量不足; (2)除尘效率低; (3)滤袋寿命短	采用褶式滤筒改造: (1)利用已有壳体、安装花板,取消传动机构; (2)改为脉冲清灰; (3)清灰好,除尘效率提高; (4)免除停机维修、滤袋寿命长
6	气箱式脉冲除尘器技术改造	图 12-26	(1)单点清灰效果差、压差高、易结露; (2)提升阀密封不严、易损坏、影响除尘效率; (3)要求喷吹压力高; (4)不能满足增产 20% 水泥的生产要求	采用褶式滤筒改造: (1)将原箱体改造为顶装式 BHA 型脉冲滤筒; (2)过滤面积提升为 3600m^2,处理能力 125000m^3/h,过滤风速 0.59m/min; (3)满足水泥增产 20% 需要,初始浓度 900~1300g/m^3

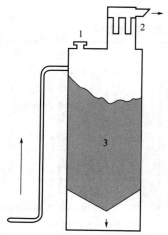

图 12-21　料仓顶通风用除尘器
1—减压阀;2—除尘器;3—料库

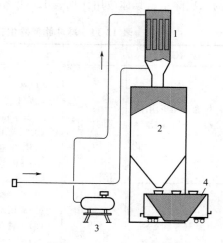

图 12-22　风动输送系统
1—除尘器;2—料仓;3—压缩机;4—料车

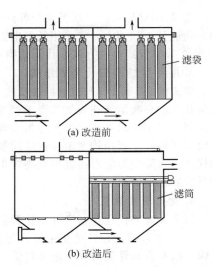

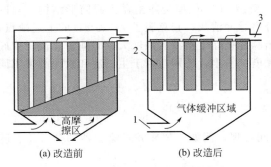

图 12-23　除尘器入风口磨损改造

1—含尘气体入口；2—滤筒；3—清洁气体出口

图 12-24　将振打除尘器改造成脉冲
喷吹式滤筒除尘器

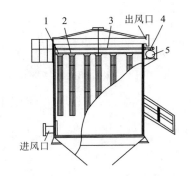

图 12-25　机械回转反吹除尘器技术
改造为滤筒除尘器

1—花板；2—TA625滤筒；3—喷吹管；
4—脉冲阀；5—气包

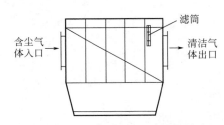

图 12-26　气箱式脉冲除尘器的技术
改造为滤筒除尘器

六、清灰装置改造

1. 清灰装置的重要作用

袋式除尘器在过滤含尘气体期间，由于捕集的粉尘增多，以致气流的通道逐渐延长和缩小，滤袋对气流的阻力便渐渐上升，处理风量也按照所用风机和通风系统的压力-风量特性而下降。当阻力上升到一定程度以后，如果不能把积灰及时清除就会产生这样一些问题：a. 由于阻力上升，除尘系统电能消耗大，运行不经济；b. 阻力超过了除尘系统设计允许的最大值，则除尘系统不能满足需要；c. 粉尘堆积在滤袋上后，孔隙变小，空气通过的速度就要增加，当增加到一定程度时会使粉尘层产生"针孔"和缝隙，以致大量空气从阻力小的针孔和缝隙中流过，形成所谓"漏气"现象，影响除尘效果；d. 阻力太大，滤料易损坏。

清灰装置的重要作用在于通过清灰使除尘器高效、低阻、连续运行。如果出现问题就要对清灰装置进行检修或改造。进行改造有更换清灰方式，采用新型结构和优化清灰装置等途径。

2. 更换（强化）清灰方式

① 用高能型脉冲清灰取代中能型机械摇动及低能型反吹清灰，提高处理（风量、浓度等）能力。

② 采用傻瓜式的"水天兰"牌除尘器，用一台风机同时承担抽风和反吹清灰功能，结构简单，功能强、动力大，它采用圆形电磁铁控制阀门，不用气源，在供气不便的地方，尤为适用。

③ 采用管式喷吹方式取代箱式喷吹清灰方式。

3. 用新型结构取代老式结构

老式的 ZC 和 FD 等机械回转反吹袋除尘器存在清灰强度弱，且内外圈清灰不均，清灰相邻滤袋粉尘的再吸附及花板加工要求严等诸多缺点。新型 HZMC 型袋除尘器为圆筒形结构、扁圆形滤袋，只用一只高压脉冲阀即可实现回转定位分室脉冲清灰，它克服了 ZC 和 FD 的上述缺点，吸收了回转除尘器结构紧凑、占地面积小以及分箱脉冲袋除尘器清灰强度大、时间短、清灰彻底的优点。该除尘器能直接处理较高含尘浓度和高黏度的粉尘，特别适用于生料磨和水泥磨采用回转反吹除尘器的改造。

4. 优化清灰装置

清灰装置的优化包括设计优化和制造优化。

① 清灰装置的设计优化主要是指清灰部件匹配合理，例如，脉冲袋式除尘器的分气箱、脉冲阀、喷吹管、导流器等一定要科学配置。

② 清灰装置的制造优化主要指清灰装置整体出厂避免现场拼装出现问题，例如福建龙净环保股份有限公司、苏州协昌环保科技股份有限公司积累了这方面的经验。

第十三章　除尘系统的测试和调整

完整的除尘系统的测试包括风管内气体的状态参数，以及气体污染物的测定，重点是粉尘的测定。除尘系统风量调整目的在于使除尘系统各吸尘风量和管道内风量在设计范围内并确保尘源点没有污染物散逸，使工作区达到预期的卫生标准和污染物排放标准。最后根据综合效能考核进行工程验收。

第一节　除尘系统的测试

除尘系统的测试项目分为通用项目和不同除尘设备的特殊项目。测试前要进行必要的准备，为科学而可行的测试奠定基础。

一、测试项目和条件

1. 测试项目

① 处理气体的流量、温度、含湿量、压力、露点、密度、成分。

② 处理气体和粉尘的性质。

③ 除尘设备出入口的粉尘浓度。

④ 除尘效率和出口排放浓度。

⑤ 压力损失。

⑥ 除尘设备的气密性或漏风率。

⑦ 除尘设备输排灰方式及输排灰装置的容量。

⑧ 除尘设备本体的保湿、加热或冷却方式。

⑨ 按照其他需要，还有风机、电动机、空气压缩机等的容量、效率及特定部分的内容等。

2. 测试必备的条件

（1）测试应在生产工艺处于正常运行条件下进行　除尘系统中的粉尘皆由原料在机械破碎、筛选、物料输送、冶炼、锻造、烘干、包装等工艺过程中产生。为了取得有代表性的测试数据，测试应选定生产工艺处于正常运行条件下进行。

（2）测试应在除尘装置稳定运行的条件下进行　整个测试期间应在除尘器处于正常、稳定的条件下进行，并要求其与生产工艺相协调同步进行。为此，在进行测试工作前，需向厂方提出要求，取得其配合并采取措施，确保两者皆能连续正常运行。

（3）深入现场调查生产工艺和除尘装置　根据测试目的，制定包括安全措施的测试方案。

为获取测试的可靠数据，测试工作必须选择在生产和除尘装置正常运行的条件下进行。当生产工况出现周期性时，测试时间至少要多于一个周期的时间，一般选在三个生产周期的时间。同时要求生产负荷稳定且不低于正常产量的80%条件下进行测试。

对验收测试时间（稳定时期）应在运转后经过1～3个月以上时间进行；除尘系统采用机械除尘为1周～1个月进行测试；采用电除尘时，1～3个月进行测试。对袋式除尘器而言，将稳定运行期定为3个月以上。

3. 测定操作点的安全措施

除尘装置是依据尘源设备的种类和规模设计的，对于大规模的尘源设施，除尘装置也非常大，测试点几乎都在高处；在高处进行测试时，必须考虑到安全防护措施。

① 升降设备要有足够的强度。进行测试的工作平台，其宽度、强度以及安全栏杆的高度均

应符合安全要求。

② 在测试操作中，要防止金属测试装置与用电电源线接触，以避免触电事故。

③ 要防止有害气体和粉尘造成的危害。

④ 测试仪器装置所需要的电源形状和插座的位置，测试仪器的安放地点均应安全可靠，保证测试操作不发生安全事故。

二、采样位置选择和测试点的确定

1. 采样位置的选择

粉尘在管道中的浓度分布即便是没有阻挡也不是完全均匀的，在水平管道内大的尘粒由于重力沉降作用使管道下部浓度偏高。只有在足够长的垂直管道中粉尘浓度才可以视为轴对称分布。在测试气体流速和采集粉尘样品时，为了取得有代表性的样品，尽可能采样位置放在气流平稳直管段中，应距弯头、阀门和其他变径管段下游方向大于 6 倍直径和其上游方向大于 3 倍直径处。最少也不应少于 1.5 倍管径，但此时应增加测试点数。此外尚应注意取样断面的气体流速在 5m/s 以上。

但对于气态污染物，由于混合比较均匀，其采样位置则不受上述规定限值，只要注意避开涡流区。如果同时测试排气量，则采样位置仍按测尘时所需要的位置。

2. 测试的操作平台

除尘系统是根据尘源设施的种类和规模设计的，对于大规模的尘源设施，除尘设备也非常大，测试点几乎都是在高处，因此要在几米以上高处进行测试，则应考虑到测试仪器的放置、人员的操作空间和安全的需要，应该设置操作平台。

操作平台的面积及结构强度，应以便于操作和安全为准，并设有高度不低于 1.15m 的安全护栏。平台面积不宜小于 1.5m²。

3. 采样孔的结构

在选定的测试位置上开设采样孔，为适宜各种形式采样管插入，孔的直径应不小于 80mm，采样孔管长应不大于 50mm。不测试时应用盖板、管堵或管帽封闭，当采样孔仅用于采集气态污染物时，其内径应不小于 40mm。采样孔的结构见图 13-1。

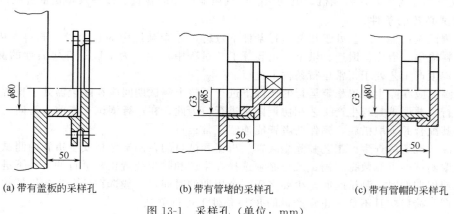

(a) 带有盖板的采样孔　　(b) 带有管堵的采样孔　　(c) 带有管帽的采样孔

图 13-1　采样孔（单位：mm）

对正压下输送高温或有毒气体，为保护测试人员的安全，采样孔应采用带有闸板阀的密封采样孔（见图 13-2）。

对圆形烟道，采样孔应设置在包括各测试点在内的互相垂直的直线上（图 13-3）；对矩形或方形烟道，采样孔应在包括各测试点在内的延长线上（图 13-4、图 13-5）。

测试孔设在高处时，测孔中心线应设在此操作平台高约 1.5m 的位置上；操作平台有扶手护栏时，测试孔的位置一定要适度高出栏杆。

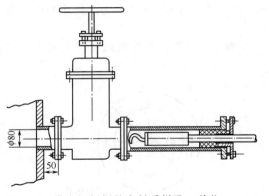

图 13-2　带有闸板阀的密封采样孔（单位：mm）

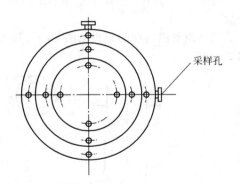

图 13-3　圆形断面的测试点

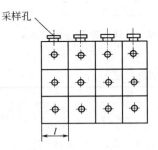

图 13-4　矩形断面的测定点

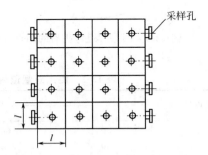

图 13-5　正方形断面的测定点

4. 测试断面和测点数目

当测试气体流量和采集粉尘样品时，应将管道断面分为适当数量的等面积环或方块，再将环分为两个等面积的线或方块中心，作为采样点。

（1）圆形管道　将管道分为适当数量的等面积同心环，各测点选在各环等面积中心线与呈垂直相交的两条直径线的交点上，其中一条直径线应在预期浓度变化最大的平面内。如当测点在弯头后，该直径线应位于弯头所在的平面 A—A 内（图 13-6）。

对圆形管道若所测定断面流速分布比较均匀、对称，在较长的水平或垂直管段，可设置一个采样孔，则测点减少 1/2。当管道直径小于 0.3m，流速分布比较均匀对称，可取管道中心作为采样点。

不同直径的圆形管道的等面积环数、测量环数及测点数见表 13-1，原则上测点不超过 20 个。测试孔应设在正交线的管壁上。

表 13-1　圆形管道分环及测点数的确定

烟道直径/m	等面积环数	测量直径数	测点数
<0.3			1
0.3～0.6	1～2	1～2	2～8
0.6～1.0	2～3	1～2	4～12
1.0～2.0	3～4	1～2	6～16
2.0～4.0	4～5	1～2	8～20
4.0～5.0	5	1～2	10～20

当管径 $D>5$m 时，每个测点的管道断面积不应超过 $1m^2$。并根据下式决定测试点的位置：

$$\gamma_n = R\sqrt{\frac{2n-1}{2Z}}$$

（13-1）

式中，γ_n 为测试点距管道中心的距离，m；R 为管道半径，m；n 为半径序号；Z 为半径划分数。

测点距管道内壁的距离见图 13-7，按表 13-2 确定。当测点距管道内壁的距离小于 25mm 时取 25mm。

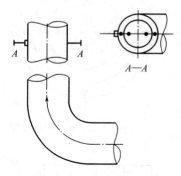 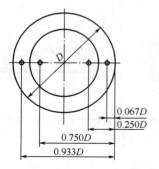

图 13-6 圆形管道弯头后的测点　　图 13-7 采样点距管道内壁距离

表 13-2 测点距烟道内壁距离（以烟道直径 D 计）

测点号	环 数				
	1	2	3	4	5
1	0.146	0.067	0.044	0.033	0.026
2	0.854	0.250	0.146	0.105	0.082
3		0.750	0.296	0.194	0.146
4		0.933	0.704	0.323	0.226
5			0.854	0.677	0.342
6			0.956	0.806	0.658
7				0.895	0.774
8				0.967	0.854
9					0.918
10					0.974

（2）矩形或方形管道　矩形或方形管道断面气流分布比较均匀、对称，可适当分成若干等面积小块，各块中心即为测点，小块的数量按表 13-3 的规定选取；但每个测点所代表的管道面积不得超过 $0.6m^2$。

表 13-3 矩（方）形烟道的分块和测点数

适用烟道断面积 S/m^2	断面积划分数	测定点数	划分的小格一边长度 L/m
<1	2×2	4	$\leqslant 0.5$
$1 \sim 4$	3×3	9	$\leqslant 0.667$
$4 \sim 9$	3×4	12	$\leqslant 1$
$9 \sim 16$	4×4	16	$\leqslant 1$
$16 \sim 20$	4×5	20	$\leqslant 1$

测点不超过 20 个。若管道断面积小于 $0.1m^2$，且流速比较均匀、对称，则可取断面中心作为测点。

另外，在测试端面上的流动为非对称时，按非对称方向划分的小格一边之长应比按与此方向相垂直方向划分的小格一边之长小一些，相应地增加测点数。

（3）其他形式断面管道　当管道集灰时，应通过管道手孔或利用压缩室气将积灰清除，使其恢复原形，然后按照前两项的标准，选择测点。当管道积灰固结在管壁上清除困难时，视含尘气体流通通道的几何形状，按照前两项的标准，选择测点。

三、气体参数测试

除尘管道内气体参数的测试内容包括气体的压力、流量、温度、湿度、露点和含尘浓度等。其中压力和流量的测试很重要，必须予以充分注意。

1. 管道内温度的测试

测试时，将温度计的感温部分放置在管道中心位置，等温度读值稳定不变时再读取。在各测点上测试温度时，将测得的数值 3 次以上取其平均值。常用的测温仪表见表 13-4。

表 13-4　常用测温仪表

仪　表　名　称		测量范围/℃	误差/℃	使用注意事项
玻璃温度计	内封酒精	0~100	<2	适合于管径小、温度低的情况,测定时至少稳定 5min,温度稳定后方可读数
	内封水银	0~500		
热电偶温度计	镍铬-康铜	0~600	<±3	用前需校正,插入管道后,待毫伏计稳定再读数;高温测定时,为避开辐射热干扰,最好将热电偶导线置于烟气能流动的保护套管内
	镍铬-镍铝	0~1300		
	铂铑-铂	0~1600		
铂热电阻温度计		0~500	<±3	用前需校正,插入管道后指示表针稳定后再读数

2. 管道内气体含湿量的测试

在除尘系统与除尘器中，气体含湿量的测试方法有冷凝结、干湿球法和重量法。但常用的方法是冷凝结和干湿球法。

（1）冷凝法

1）原理　由烟道中抽取一定体积的气体使之通过冷凝器，根据冷凝器排出的冷凝水量和从冷凝器排出的饱和水蒸气量，计算气体的含湿量。

2）测试装置　气体和水分含量的测试装置如图 13-8 所示，由采样管、冷凝器、干燥器、温度计、真空压力表、转子流量计和抽气泵等组成。

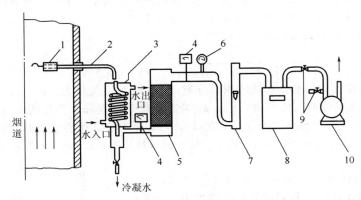

图 13-8　冷凝法测定中排气水分含量的采样系统

1—流筒；2—采样管；3—冷凝器；4—温度计；5—干燥器；6—真空压力表；
7—转子流量计；8—累积流量计；9—调节阀；10—抽气泵

① 采样管。采样管为不锈钢材质，内装滤筒，用于去除气体中的颗粒物。

② 冷凝器。为不锈钢材质，用于分离、储存在采样管、连接管和冷凝器中冷凝下来的水。冷凝器总体积不小于 5L，冷凝管（$\phi 110mm \times 1mm$）有效长度不小于 1500mm，储存冷凝水的容积应不小于 100mL，排放冷凝水的开关应严密不漏气。

③ 温度计。精度应不低于 2.5%，最小分度值不大于 2℃。

④ 干燥器。材质为有机玻璃，内装硅胶，其容积应不小于 0.8L，用于干燥进入流量计前的

湿烟气。

⑤ 真空压力表。其精确度应不低于 4%，用于测试流量计前气体压力。

⑥ 转子流量计。精确度应不低于 2.5%。

⑦ 抽气泵。应具备足够的抽气能力。当流量为 40L/min；其抽气能力应能够克服烟道及采样系统阻力。

⑧ 量筒。其容量为 10mL。

3）测试步骤　将冷却水管连接到冷凝器冷水管入口。

检查按图 13-8 连接的测试系统是否漏气，如发现漏气，应进行分段检查并采取相对措施予以排除。

流量计置于抽气泵前端，其检漏方法有 2 种：a. 在系统的抽气泵前串联一满量程为 1L/min 的小量程转子流量计，检漏时，将装好滤筒的采样管进口（不包括采样嘴）堵严，打开抽气泵，调节泵进口处的调节阀，使系统中的压力表负压指示为 6.7kPa，此时，小量程流量计的流量如不大于 0.6L/min，则视为不漏气；b. 检漏时，堵严采样管滤筒来处进口，打开抽气泵，调节泵进口的调节阀，使系统中的真空压力表负压指示为 6.7kPa；关闭接抽气泵的橡胶管，在 0.5min 内如真空压力表的指示值下降值不超过 0.2kPa，则视为不漏气。

在仪器携往现场前，按上述方法检查采样装置的漏气性。现场检漏仅对采样管后的连接橡胶管到抽气泵段进行检漏。

流量计装置放在抽气泵的检漏方法：在流量计出口接一三通管，其一端接 U 形压力计，另一端接橡胶管。检漏时，切断抽气泵的进口通路，由三通的橡胶管端压入室气，使 U 形压力计水柱压差上升到 2kPa，堵住橡胶管进口，如 U 形压力计的液面差在 1min 内不变，则视为不漏气。抽气泵前管段仍按前面的方法检漏。

打开采样孔，清除孔中的积灰。将装有滤筒的采样管插入管道中心位置，封闭采样孔。

启动抽气泵并以 25L/min 流量抽气，同时记录采样时间。采样时应使冷凝水量在 10mL 以上。采样时应记录开采时间、冷凝器出口饱和水气温度、流量计读数和流量计前的温度、压力。如果系统装有累计流量计，应记录采样开启到停止时的累计流量。采样完毕取出采样管，将可能冷却在采样管内的水倒入冷凝器中，用量筒计量冷凝水量。

气体中水汽含量体积百分数按式（13-2）计算：

$$X_{sw} = \frac{461.8\,(273 + t_r)\,G_w + p_v V_a}{461.8\,(273 + t_r)\,G_w + (B_a + p_r)\,V_a} \times 100 \qquad (13-2)$$

式中，X_{sw} 为排气中的水分含量体积百分数，%；B_a 为大气压力，Pa；G_w 为冷凝器中的冷凝水量，g；p_r 为流量计前气体压力，Pa；p_v 为冷凝器出口饱和水蒸气压力（可根据冷凝器出口气体温度 t_u 从空气饱和水蒸气压力表中查得），Pa；t_r 为流量计前气体温度，℃；V_a 为测量状态下抽取气体的体积 $(V_a \approx Q'_r t)$，L；Q'_r 为转子流量计读数，L/min；t 为采样时间，min。

（2）干湿球法

① 原理。使气体在一定速度下流经干、湿球温度计，根据干湿球温度计读数和测点处气体的压力，计算出排气的水分含量。

② 测试装置。干湿球法测量装置如图 13-9 所示。

③ 测试步骤。检查湿球温度计纱布是否包好，然后将水注入盛水容器中。干湿球温度计的精度不应低于 1.5%；最小分度值不应大于 1℃。

打开采样孔，清除孔中的积灰。将采样管插入管道中心位置，封闭采样孔。当排气温度较低或水分含量较高时，采样管应保温或加热数分钟后，再开动抽气泵，以 15L/min 流量抽气；当干湿球温度计温度稳定后，记

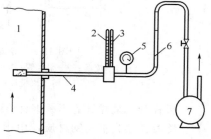

图 13-9　干湿球法测定排气水分含量装置
1—烟道；2—干球温度计；3—湿球温度计；
4—保温采样管；5—真空压力表；
6—转子流量计；7—抽气泵

录干湿球温度和真空表的压力。

④ 计算。气体中水汽含量体积百分数按式（13-3）计算：

$$X_{sw} = \frac{p_{bv} - 0.00067 (t_c - t_b)(B_a + p_b)}{B_a + p_s} \times 100 \qquad (13-3)$$

式中，X_{sw} 为排气中水分含量体积百分数，%；p_{bv} 为温度为 t_b 时饱和水蒸气压力，根据 t_b 值，由室气饱和时水蒸气压力表中查得，Pa；t_b 为湿球温度，℃；t_c 为干球温度，℃；p_b 为通过湿球温度计表面的气体压力，Pa；B_a 为大气压，Pa；p_s 为测点处气体静压，Pa。

（3）重量法

① 原理。由管道中抽取一定体积的气体，使之通过装有吸湿剂的吸湿管，气体中的水分被吸湿剂吸收，吸湿管的增重即为已知体积气体中含有的水分。

② 采样装置。测量气体成分的采样装置如图13-10所示，其主要组成为头部带有颗粒物过滤器的加热或保湿的气体采样管，装有氯化钙或硅胶吸湿剂的 U 形吸湿管（图13-11）或雪菲尔德吸湿管（图13-12）。真空压力表的精度应不低于 4%；温度计的精度应不小于 2.5%，最小分度值应不大于 2℃；转子流量计的精度应不低于 2.5%，测量范围 0~1.5L/min；抽气泵的流量为 2L/min，抽气能力应克服烟道及采样系统阻力，当流量计置于抽气泵出口端时，抽气泵应不漏气。天平的感量应不大于 1mg。

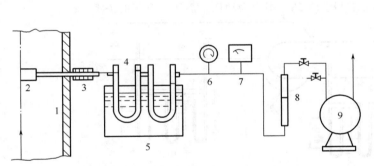

图 13-10　重量法测定排气水分含量装置

1—烟道；2—过滤器；3—加热器；4—吸湿管；5—冷却槽；
6—真空压力表；7—温度计；8—圈子流量计；9—抽气泵

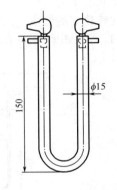

图 13-11　U 形吸湿管

③ 准备工作。将粒状吸湿剂装入 U 形吸湿管或雪菲尔德吸湿管内，并在吸湿管进出口两端充填少量玻璃棉，关闭吸湿管阀门，擦去表面的附着物后用天平称重。

④ 采样步骤。采样装置组装后应检查系统是否漏气。检查漏气的方法是将吸湿管前的连接橡胶管堵死，开动抽气泵至压力表指示的负压达到 13kPa 时，封闭连接抽气泵的橡胶管，此时如真空压力表的指示值在 1min 内下降值不超过 0.15kPa，则视为系统不漏气。

将装有滤筒的采样管由采样孔插入管道中心后，封闭采样孔对采样管进行预热。打开吸湿管阀门，以 1L/min 流量抽气，同时记录下开始采样时间。采样时间视气体的水分含量大小而定，采集的水分量应不小于 10mg。

记录气体的温度，压力和流量的读数。采样结束，关闭抽气泵，记下采样终止时间。关闭吸湿管阀门，取下吸湿管擦净外表附着物称重。

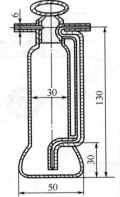

图 13-12　雪菲尔德吸湿管

⑤ 计算。气体中水分含量按式（13-4）计算：

$$X_{sw} = \frac{1.24G_m}{V_d \left(\frac{273}{273+t_r} \times \frac{B_a + B_r}{101300} \right) + 1.24G_m} \times 100 \tag{13-4}$$

式中，X_{sw} 为气体中水分含量体积百分数，%；G_m 为吸湿管吸收水分的质量，g；V_d 为测量状况下抽取的干气体体积（$V_d \approx Q'_r t$），L；Q'_r 为转子流量计读数，L/min；t 为采样时间，min；t_r 为流量计前气体温度，℃；B_r 为流量计前气体压力，Pa；B_a 为大气压力，Pa；1.24 为在标准状态下，1g 水蒸气所占有的体积，L。

3. 管道内压力的测试

(1) 测定原理　对气体流动中的压力测量，至今还是广泛采用测压管进行接触式测量。其基本原理是：以位于流场中的压力接头表面上某一定点的压力值，来表示流场空间中某点的压力值。其根据为伯努利方程式，即理想流体绕流的位流理论。把伯努利方程式应用于未扰动的气流的静压 $p_{\infty f}$、速度 v_∞，与绕流物体附近的气流的压力 p、速度 v，其关系为：

$$\frac{1}{2}\rho v_\infty^2 + p_{\infty f} = \frac{1}{2}\rho v^2 + p \tag{13-5}$$

在任何绕流的物体上，都可以得到一些流动完全滞止，速度 v 为零的点，即驻点，该点上的压力 p 即为全压。

流动状态下的气体压力分为静压、动压与全压。全压与静压之差值称为动压。测量点应选择在气流比较稳定的管段。测全压的仪器孔口要迎着管道中气流的方向，测静压的孔口应垂直于气流的方向。管道中气体压力的测试见图 13-13，图中为动压、静压、全压的关系。

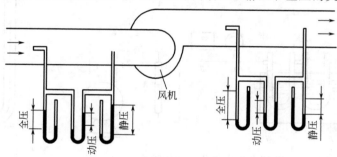

图 13-13　管道中气体压力的测量

(2) 测量仪器　气体流动中的压力测量，首先使用皮托管感受出压力，然后使用压力计测出具体数值。

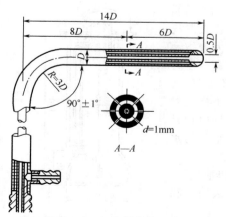

图 13-14　标准皮托管的结构

① 皮托管——标准型与 S 形。标准型皮托管（图 13-14）是一个弯成 90°的双层同心圆形管，正前方有一开孔，与内管相通，用来测量全压。在距前端 6 倍直径处外管壁上开有一圈孔径为 1mm 的小孔，通至后端的侧出口，用于测量气体静压。

按照上述尺寸制作的皮托管其修正系数为 0.99 ± 0.01；如果未经标定，使用时可取修正系数 $K_p = 0.99$。

标准皮托管的测孔很小，当管道内颗粒物浓度大时，易被堵塞。因此该型皮托管只适用含尘较少的管道中使用。

S 形皮托管见图 13-15，其由三根相同的金属管并联组成。测量端有方向相反的两个开口；测定时，面向气流的开口测得的压力为全压，背向气流的开口测得的压力小于静压。

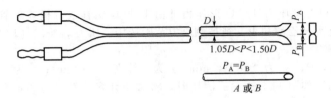

图 13-15　S形皮托管

　　S形皮托管校正系数一般在 0.80～0.85 之间。可在大直径的风管中使用，因不易被尘粒堵塞，因而在测试中广为应用。

　　为了解决皮托管差压小的问题，可以采用文丘里皮托管或称插入式文丘里管，它的全压测量管不变而将测静压管放到文丘里管或双文丘里管缩流处（图 13-16）。

　　由于缩流处流速快，其压力低于管道的静压，从而产生较大的差压。在相同流速下。双文丘里皮托管产生的差压较皮托管约大 10 倍，这就为测量带来方便。这两种流量计体积小、压损小、安装方便，适用于测量大管道内烟气气体流量，但也应采取防堵措施。这类流量计的流速差压关系与其外形及使用的雷诺数 Re 范围有关，因此应选用经过标定、有可靠实验数据，可作为计算差压依据的产品，否则它的测量精度就受到影响。

　　图 13-17 为插入式双文丘里管。该文丘里管由于插入杆是悬臂的，在较小直径的管道内尚可使用，在大管道内其悬臂较长，稳定性差。图 13-18 为内藏式双文丘里管，它是由三个互成 120° 角的支撑固定在管道中心，所以稳定可靠。其流量可由下列经验公式计算：

$$Q = A + B \sqrt{\frac{\Delta p(p_{\mathrm{H}} + p_0)(p_{\mathrm{H}} + p_0 + \Delta p)}{[C(p_{\mathrm{H}} + p_0) + \Delta p](273.15 + t)}} \tag{13-6}$$

　　式中，Q 为流量值（标），$\mathrm{m^3/h}$；t 为文丘里管测量段介质温度，℃；p_0 为测试时当地大气压力，Pa；p_{H} 为文丘里前端静压（表压），Pa；Δp 为文丘里管所取差压值 $\Delta p = p_1 - p_2$，Pa；A、B、C 为常数，由生产厂根据订货咨询处所提供的技术参数及风管截面的形状和尺寸计算并通过试验得出。

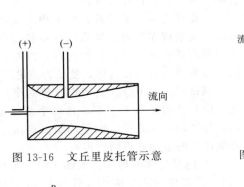

图 13-16　文丘里皮托管示意

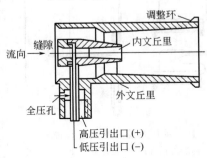

图 13-17　插入式双文丘里皮托管示意

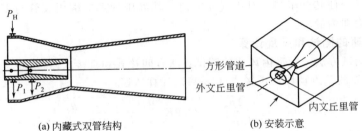

(a) 内藏式双管结构　　　　　　(b) 安装示意

图 13-18　内藏式双文丘里管结构及安装示意

② U 形压力计和斜管压力计。U 形压力计由 U 形玻璃管或有机玻璃管制成，内装测压液体，常用测压液体有水、乙醇和汞，视被侧压力范围选用。压力 p 按式（13-7）计算：

$$p = \rho g h \tag{13-7}$$

式中，p 为压力，Pa；h 为液柱差，mm；ρ 为液体密度，g/cm³；g 为重力加速度，m/s²。

斜管压力计的构造如图 11-9 所示。测压时，将微压计容器开口与测定系统中压力较高的一端相连。斜管与系统中压力较低的一端相连，作用于两个液面上的压力差。使液柱沿斜管上升，压力 p 按式（13-8）计算：

$$p = L \left(\sin\alpha \times \frac{F_1}{F_2} \right) \rho_g \tag{13-8}$$

令

$$K = \left(\sin\alpha \times \frac{F_1}{F_2} \right) \rho_g \tag{13-9}$$

则

$$p = LK \tag{13-10}$$

式中，p 为压力，Pa；L 为斜管内液柱长度，mm；α 为斜管与水平面夹角，(°)；F_1 为斜管截面积，m²；F_2 为容器截面积，m²；ρ_g 为测压液体密度，kg/m³，常用密度为 0.81kg/m³ 的乙醇。

（3）测量准备工作　将微压计调至水平位置，检查其液柱中有无气泡；检查微压计是否漏气。向微压计的正压端（或负压端）入口吹气（或吸气），迅速封闭该入口，如液柱位置不变，则表明该通路不漏气。在检查皮托管是否漏气，用橡胶管将全压管的出口与微压计的正压端连接，静压管的出口与微压计的负压端连接。由全压管测孔吹气后，迅速堵塞该测孔，如微压计的液柱位置不变，则表明全压管不漏气；此时再将静压测孔用橡胶管或胶布密封，然后打开全压测孔，此时微压计液柱将跌落至某一位置后不再继续跌落，则表明静压管不漏气。

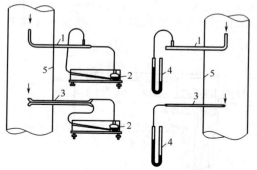

图 13-19　动压及静压的测定装置
1—标准皮托管；2—斜管微压计；
3—S 形皮托管；4—U 形压力计；5—烟道

（4）测试步骤

① 测量气流的动压。如图 13-19 所示，将微压计的液面调整到零点，在皮托管上用白胶布标示出各测点应插入采样孔的位置。

将皮托管插入采样孔，如断面上无涡流，这时微压计读数应在零点；使用标准皮托管时，在插入烟道前应切断其与微压计的通路，以避免微压计中的酒精被吸入到连接管中，使压力测量产生错误。

测试时，应十分注意使皮托管的全压孔对准气流方向，其偏压不大于 5°，且每个测点要反复测 3 次，分别记录在表中，取平均值。测试完毕后，检查微压计的液面是否回到零点。

② 测量气体的静压。如图 13-19 所示。将皮托管插入管道中心处，使其全压测孔对正气流方向，其静压管出口端用胶管与 U 形压力计一端相连，所测得的压力即为静压。

4. 管道内风速的测试和风量计算

（1）风速的测试方法　管道内风速的测试方法有间接式和直接式两种。

① 间接式。先测某点动压，再接式（13-11）计算风速：

$$v_s = K_p \sqrt{\frac{2 p_d}{p_s}} = 128.9 K_p \sqrt{\frac{(273 + t_s)\ p_d}{M_s\ (B_a + p_s)}} \tag{13-11}$$

当干气体成分与空气近似，气体露点温度在 35～55℃ 之间、气体的压力在 97～103kPa 之间时，v_s 可按式（13-12）计算：

$$v_s = 0.076 K_p \sqrt{273 + t_s} \sqrt{p_d} \tag{13-12}$$

接近常温、常压条件下（$t = 20℃$、$B + p_s = 101300 \text{Pa}$），管道的气流速度按式（13-13）计算：

$$v_a = 1.29 K_p \sqrt{p_d} \tag{13-13}$$

式中，v_s 为湿排气的气体流速，m/s；v_a 为常温、常压下管道的气流速度，m/s；B_a 为大气压力，Pa；K_p 为皮托管修正系数；p_d 为排气动压，Pa；p_s 为排气静压，Pa；M_s 为湿排气体的摩尔质量，kg/kmol；t_s 为气体温度，℃。

管道某一断面的平均速度 v_s 可根据断面上各测点测出的流速 v_{si}，由式（13-14）计算：

$$v_s = \frac{\sum_{i=1}^{n} V_{si}}{n} = 128.9 K_p \sqrt{\frac{273 + t_s}{M_s(B_a + p_s)}} \times \frac{\sum_{i=1}^{n} \sqrt{p_{di}}}{n} \tag{13-14}$$

式中，p_{di} 为某一测点的动压，Pa；n 为测点的数目。

当干气体成分与空气相近，气体露点温度在 33～35℃ 之间，气体绝对压力在 97～103Pa 之间时，某一断面的平均气流速度按式（13-15）计算：

$$v_s = 0.076 K_p \sqrt{273 + t_s} \times \frac{\sum_{i=1}^{n} \sqrt{p_{di}}}{n} \tag{13-15}$$

对于接近常温、常压条件下（$t = 20℃$，$B_a + p_s = 101300 \text{Pa}$），则管道中某一断面的平均气流速度按式（13-16）计算：

$$v_s = 1.29 K_p \frac{\sum_{i=1}^{n} \sqrt{p_{di}}}{n} \tag{13-16}$$

此法虽烦琐，但精确度高，故在除尘装置的测试中较为广泛采用。

② 直读式。常用的直读式测速仪是热球式热电风速仪、热线式热电风速仪和转轮风速仪。

热点仪器的传感器是测头，其中为镍铬丝弹簧圈，用低熔点的玻璃将其包成球或不包仍为线状。弹簧圈内有一对镍铬-康铜热电偶，用于测量球体的升温程度。测头用电加热，测头的温度会受到周围空气流速的影响，根据温度的大小，即可测得气流的速度。

仪器的测量部分采用电子放大线路和运算放大器，并用数字显示测量结果。其特点是使用方便，灵敏度高，测量范围为 0.05～19.9m/s。

叶轮风速仪由叶轮和计数机构所组成，在仪表度盘上可以直接读出风速值。测量范围 0.6～22 m/s，精度 ±0.2 m/s。

（2）点流速与平均流速的关系　用皮托管只能测得某一点的流速，而气体在管道中流动时，同一截面上各点流速并不相同，为了求出流量，必须对管道截面中的流速进行积分。

为了测流量，必须知道点流速 v 与平均流速 v_p 的关系，如果测量位置上的流动已达到典型的层流或紊流的速度分布，则测出中心流速 v_{max} 就可按一定的计算公式或图表计算各点的流速及平均流速，从而求出流量。

由于层流和紊流的分布对于管中心是对称的，因此可用二维表示（图 13-20）。实验数据表明其具有如下特性。

① 层流的速度分布。当管道雷诺数在 2000 以下时，充分发展的层流速度分布式是抛物线形的，其不受管壁粗糙的影响。管内的平均流速 v 是中心最大流速 v_{max} 的 1/2。各点流速与最大流速之间的关系可用式（13-17）表示：

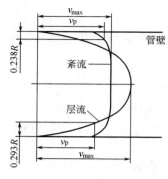

图 13-20　光滑管道中层流
和紊流的速度分布

$$v(r) = v_{max} \times \left[1 - \left(\frac{r}{R}\right)^2\right] \quad (13-17)$$

式中，R 为圆管半径；r 为在管截面上离管轴的距离；$v(r)$ 为离管中心为 r 处的流速；v_{max} 为管中心处（即 $r=0$）的流速。

将式 (13-17) 积分，即可算出平均流速；

$$v = \frac{1}{2}v_{max} \quad (13-18)$$

将其代入式 (13-17) 即得出平均流速点距离管壁的间隔长度：

$$r_p = 0.293R \quad (13-19)$$

即若为典型的层流速度分布，在距离管中心轴线 $0.707R$ 处测得的流速就是平均流速。

② 紊流的速度分布。当雷诺数在 2000～4000 之间时，速度分布的抛物线形状已改变。当雷诺数 ≥4000 时，速度分布曲线将变平坦，且随雷诺数的增大，曲线将变得愈加平坦，直到最后除在管壁的一点外，所有各点都将以同一速度流动，这种平坦速度的分布称为无限大雷诺数的速度分布；气体在高速流动时就很接近于达到这种速度分布。

在窄小的过滤区内，速度分布是复杂而不稳定的，随着流速增大或减小，其速度分布的形状很不固定。在过渡区内很难进行精确的流量测量。

紊流的速度分布没有固定的几何形状，其随管壁粗糙度和雷诺数而变化。用于计算光滑管中某一点流速的最简单的公式如下经验的幂律方程式：

$$v(r) = v_{max}\left(1 - \frac{r}{R}\right)^{\frac{1}{m}} \quad (13-20)$$

式中，m 为仅与雷诺数有关的指数；其他符号意义同前。

用下式计算指数 n，精度较高：

$$n = 1.66 \lg Re_0 \quad (13-21)$$

幂律的速度分布式能较好地描述紊流流动，但不能用于中心流速与管壁流速的精确计算。

对于光滑管，当雷诺数 ≥10^4 时，可用式 (13-22) 估算平均流速 v 点的位置：

$$v = \left[\frac{2n^2}{(n+1)(2n+1)}\right]^n R \quad (13-22)$$

在充分发展的紊流速度分布下，n 值与 Re_0 及 v_p/v_{max} 的关系如表 13-5 所列。

表 13-5　雷诺数与流速、n 值的关系

Re_0	4.0×10^3	2.3×10^4	1.1×10^5	1.1×10^6	2.0×10^6	3.2×10^6
n	6.0	6.6	7.0	8.8	10	10
v_p/v_{max}	0.791	0.808	0.817	0.849	0.856	0.865

对于紊流 $v = Cv_{max}$，通常取 $C=0.84$。一般说来，当 Re_0 在 $4 \times 10^3 \sim 4 \times 10^6$ 之间。如为轴对称的速度分布，且管壁较光滑时，则在距离 $v=0.238R$ 处测得的流速 v 即为平均流速 v_p：

$$\frac{v}{v_p} = (1 \pm 0.5)\% \quad (13-23)$$

因紊流的速度分布受管壁粗糙度和雷诺数等诸多因素的影响，因此不同的研究实验结果也稍有不同。国际标准 ISO 7145—1982（E）规定的平均流速点距管壁距离 $v = (0.242 \pm 0.013)R$。

(3) 风管内流量的计算　气体流量的计算分为工况下、标准状态和常温、常压等 3 种条件。

① 工况条件下的湿气体流量按式 (13-24) 计算：

$$Q_s = 3600Fv_p \quad (13-24)$$

式中，Q_s 为工况下湿气体流量，m^3/h；F 为测定断面面积，m^2；v_p 为测定断面的湿气体平均流速，m/s。

② 标准状态下干气体流量按式（13-25）计算：

$$Q_{sn} = Q_s \frac{B_a + P_s}{101300} \times \frac{273}{273 + t_s} (1 - X_{sw}) \tag{13-25}$$

式中，Q_{sn} 为标准状态下干气体流量，m^3/h；B_a 为大气压力，Pa；P_s 为气体静压，Pa；t_s 为气体温度，℃；X_{sw} 为气体中水分含量体积百分数，%。

③ 常温、常压条件下气体流量，按式（13-26）计算：

$$Q_a = 3600 F v_s \tag{13-26}$$

式中，Q_a 为除尘管道中的气体流量，m^3/h。

（4）节流装置测流量　用节流装置测气体流量。常见的节流装置形式有孔板、喷嘴及文丘里管 3 种，见图 13-21。

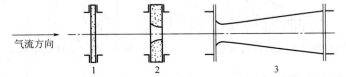

气流方向

图 13-21　节流装置的形式
1—孔板；2—喷嘴；3—文丘里管

根据节流装置前后的静压差可计算出管道中的气体流量：

$$Q = \alpha \varepsilon \frac{\pi}{4} d^2 \sqrt{\frac{2\Delta P_{st}}{\rho}} \times 3600 \tag{13-27}$$

式中，Q 为在工况条件下的气体流量，m^3/h；α 为流量系数；ε 为气体的膨胀系数，一般可取 $\varepsilon = 1$；d 为孔口直径，m；ρ 为工况条件下气体的密度，kg/m^3；ΔP_{st} 为节流装置前后的静压差，Pa。

（5）简要方法测流量　当测定的流量精度要求不很高时（±5% 以内），可以用下面 2 种简单的测定方法。

① 根据管道弯头处的压差测定流量，测定方法见图 13-22，即测出 A、B 两点之间的静压差，从而计算出通过管道的流量：

$$Q = \alpha F \sqrt{\frac{2}{\rho} (p_A - p_B)} \times \frac{1}{2} \sqrt{\frac{R}{D}} \tag{13-28}$$

式中，Q 为在工况下气体的流量，m^3/s；α 为流量系数；ρ 为气体密度，kg/m^3；F 为弯头断面积，m^2；p_A 为弯头外侧的静压，Pa；p_B 为弯头内侧的静压，Pa；R 为弯头的曲率半径，m；D 为管道的内径，m。

② 在管道入口测流量，测定方法见图 13-23。管道入口为 45° 的圆锥管，其阻力系数 $\zeta = 0.15$，则测点处的静压值为：

$$p_{st} = (1 + 0.15) \frac{\rho v^2}{2} = 1.15 \frac{\rho v^2}{2} \tag{13-29}$$

式中，v 为测点处的流速，m/s。

根据 p_{st}，可计算出气体的流速 v（m/s）和流量 Q（m^3/h）

即

$$v = \sqrt{\frac{2p_{st}}{1.15\rho}} \tag{13-30}$$

$$Q = vF \tag{13-31}$$

式中，F 为断面积 m^2；其他符号意义同前。

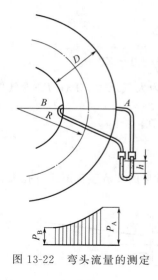

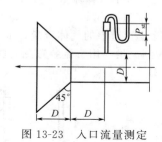

图 13-22　弯头流量的测定　　　　　图 13-23　入口流量测定

5. 管道内气体的露点测试

蒸气开始凝结的温度称为露点，气体中都会含有一定量的水蒸气，气体中水蒸气的露点称为水露点；烟气中酸蒸气凝结温度称为酸露点。

在除尘工程中常用的测气体露点的方法有含湿量法、降湿法、电导加热法和光电法。用于测气体中 SO_3 和 H_2O 含量计算酸露点的方法，因 SO_3 的测试复杂而较少采用。

（1）含湿量法　含湿量法是利用测试含湿量求得露点，测得烟气的含湿量后焓-湿图上可查得气体的露点。该法适用于测水露点。

（2）降温法　用带有温度计的 U 形管组（图 13-24）接上真空泵，连续抽取管道中的烟气，当其流经 U 形管组时逐渐降温，直至在某个 U 形管的管壁上产生结露现象，则该 U 形管上温度计指示的温度就是露点温度。此法虽不十分精确，但确非常实用、可靠，即可测水露点，亦可测酸露点。

（3）电导加热法　该法是利用氯化锂电导加热测量元件测出气体中水蒸气分压和氯化锂溶液的饱和蒸气压相等时的平衡温度来测量气体的露点。其测量元件结构如图 13-25 所示：在一根细长的电阻温度计上套以玻璃丝管，在套管上平行地绕两根铂丝作为热电极，电极间浸涂以氯化锂溶液。当两级加以交换电压时，由于电流通过氯化锂溶液而产生热效应，使氯化锂蒸气压与周围气体水气分压相等。当气体的湿度增加或减少时，氯化锂溶液则要吸收或蒸发水分而使电导率发生变化，从而引起电流的增大或减小，进而影响到氯化锂溶液的温度以及相应蒸气压的变化，直到最后与周围气体的水气分压相等而达到新的平衡。这时由铂电阻温度计测得的平衡温度与露点有一定的关系。

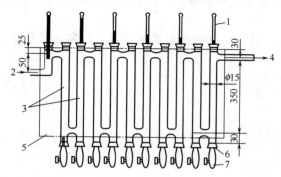

图 13-24　露点测定装置（单位：mm）
1—温度计；2—气体入口；3—U 形管；4—气体出口；
5—框架；6—旋塞；7—三通

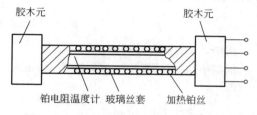

图 13-25　氯化锂露点检测元件结构示意

这种温度计的测量误差为±1℃，测量范围为－45～60℃，反应速度一般小于1min。由于该露点计结构简单，性能稳定，使用寿命长，因此应用较为广泛。

（4）光电法　利用光电原理制作的光电冷凝式露点计的工作原理如图13-26所示。当气体样品由进口处进入测量室并通过镜面，镜面被热交换半导体制冷器冷却至露点时，镜面上开始结露，反射光的强度减弱。用光电检测器接收反射光面产生电信号，控制热交换半导体制冷器的功率，使镜面保持在恒定露点的湿度。通过测量反射镜表面的湿度即可测得气体的露点。

该温度计的最大优点在于可进行自动连续测量。测量范围在－80～50℃之间，测量误差小于2℃。其缺点为结构复杂，价格昂贵，仪器易受空气中的灰尘及其他干扰物质（如汞蒸气、酒精、盐类等）的影响。

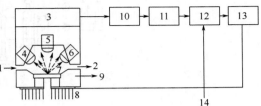

图13-26　光电冷凝式露点计原理

1—样气进口；2—样气出口；3—光敏桥路；4—光源；
5—散射光检测器；6—直接光检测器；7—镜面；
8—热交换半导体制冷器；9—测温元件；
10—放大器；11—脉冲电路；12—可控硅整流器；
13—直流电源；14—交流电源

6. 管道内气体密度的测试

气体的密度在许多情况下需要测试和计算。气体密度和其分子量。气温、气压的关系由式（13-32）计算：

$$\rho_s = \frac{M_s(B_a + p_s)}{8312(273 + t_s)} \tag{13-32}$$

式中，ρ_s 为气体的密度，kg/m³；M_s 为气体的气体摩尔质量，kg/kmol；B_a 为大气压力，Pa；p_s 为气体的静压，Pa；t_s 为气体的温度，℃。

（1）标准状态下湿气体的密度　按式（13-33）计算：

$$\rho_N = \frac{1}{22.4}[(m_1 X_1 + m_2 X_2 + \cdots + m_n X_n)(1 - X_w) + 18 X_w] \tag{13-33}$$

式中，ρ_N 为标准状态下的湿气体密度，kg/m³；m_1，m_2，$\cdots$，m_n 为气体中各种成分的分子量；X_1，X_2，$\cdots$，X_n 为干气体中各种成分的体积分数，%；X_w 为气体中的水蒸气体积分数，%。

（2）测量工况状态下管道内湿气体的密度　按式（13-34）计算：

$$\rho_s = \rho_n \frac{273}{273 + t_s} \times \frac{B_a + p_s}{101300} \tag{13-34}$$

式中，ρ_s 为测量状态下管道内湿气体的密度，kg/m³；p_s 为气体的静压，Pa；其他符号同前。

7. 管道内气体成分的测试

气体成分检测方法有：滴定法、吸光光度法、原子吸收法、荧光光度法、气相色谱法、极谱法等，最简便的方法是奥氏气体分析仪法。

气体成分的测试通常采用奥氏气体分析仪法。其原理是用不同的吸收液分别对气体各成分逐一进行吸收，根据吸收前、后气体体积的变化，计算出该成分在气体中所占的体积百分数。

采样装置由带有滤尘头的内径 ϕ6mm聚四氟乙烯或不锈钢采样管、二连球或便携式抽气泵和球胆或铝箔袋组成。奥氏气体分析仪装置如图13-27所示。

测定时使用的试剂为各种分析纯化学试剂。氢氧化钾溶液是将75.0g氢氧化钾溶于150.0mL的蒸馏水中，将该溶液装入吸收瓶16中。

焦性没食子酸碱溶液是称取20g焦性没食子酸溶于40.0mL蒸馏水中，55.0g氢氧化钾溶于110.0mL蒸馏水中，将两种溶液装入吸收瓶15内混合。为使溶液与空气完全隔绝，防止氧化，可在缓冲瓶11内加入少量液体石蜡。

铜氨络离子溶液是称取250.0g氯化铵，溶于750.0mL蒸馏水中，过滤于装有铜丝或铜柱的

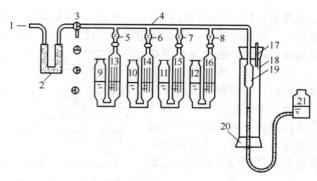

图 13-27　奥氏气体分析仪

1—进气管；2—干燥器；3—三通旋塞；4—梳形管；5～8—旋塞；9～12—缓冲瓶；
13～16—吸收瓶；17—温度计；18—水套管；19—量气管；20—胶塞；21—水准瓶

1000mL 细口瓶中，再加上 200.0g 氯化亚铜，将瓶口封严，置放数日至溶液退色，使用时量取该溶液 105.0mL 和 45.0mL 浓氨水，混匀，装入吸收瓶 14 中。

封闭液是含 5% 硫酸的氯化钠饱和溶液约 500mL，加入 1mL 甲基橙指示溶液，取 1500mL 装入吸收瓶 13。其余的溶液装入水准瓶 21 内。

采样步骤分为 3 步：a. 将采样管、二连球（或便携式抽气泵）与球胆（或铝箔袋）连好；b. 将采样管插入到管道近中心处，封闭采样孔；c. 用二连球或抽气泵将气体抽入球胆或铝箔袋中，用气体反复冲洗排空 3 次，最后采集约 500mL 气体样品，待分析。

分析按如下步骤进行。

(1) 检查奥氏气体分析仪的严密性　将吸收液液面提升到旋塞 5、6、7、8 的下标线处，关闭旋塞，此时各吸收瓶中的吸收液液面应不下降。打开三通旋塞 3，提升水准瓶，使量气管 19 液面位于 50mL 刻度处。关闭旋塞 3，再降低水准瓶，量气管中液位在 2～3min 不发生变化。

(2) 取样方法　将盛有气样的球胆或铝箔袋连接奥氏气体分析器的进气管 1，三通旋塞 3 联通大气，提高水准瓶，使量气管 19 液面至 100mL 处；然后将旋塞 3 联通气体样品，降低水准瓶，使量气管液面降至零处，再将旋塞 3 联通大气，提高水准瓶，排出气体，这样反复 2～3 次，以冲洗整个气体采样装置系统，排除系统中残余空气。

将旋塞 3 联通气样，取气体样品 100mL，取样时使量气管中液面降至零点稍下，并保持水准瓶液面与量气管液面在同一水平面上。此时关闭旋塞 3，待气样冷却 2min 左右，提高水准瓶，使量气管内凹液面对准"0"刻度。

(3) 分析顺序　首先稍提高水准瓶，再打开旋塞 8 将气样送入吸收瓶，往复吹送烟气样品 4～5 次后，将吸收瓶 16 吸收液液面恢复至原位标线，关闭旋塞 8，对齐量气管和水准瓶液面，读数。为了检查是否吸收完全，打开旋塞 8 重复上述操作，往复抽送气样 2～3 次，关闭旋塞 8 读数。若两次读数相等则表示吸收完全，记下量气管体积。该体积为 CO_2 被吸收后气体的体积 a。

再用吸收瓶 15、14、13 分别吸收气体中的氧、一氧化碳和吸收过程中释放出的氨气。操作方法同上、读数分别为 b 和 c。

分析完毕，将水准瓶抬高，打开旋塞 3 排出仪器中的气体，关闭旋塞 3 后再降低水准瓶，以免吸入空气。

(4) 浓度计算　气体中各成分浓度为：

二氧化碳　　　　　　　　　$X_{CO_2} = (100 - a)\%$　　　　　　　　　(13-35)

氧气　　　　　　　　　　　$X_{O_2} = (a - b)\%$　　　　　　　　　　(13-36)

一氧化碳　　　　　　　　　$X_{CO} = (b - c)\%$　　　　　　　　　　(13-37)

氮气　　　　　　　　　　　$X_{N_2} = c\%$

式中，a、b、c 分别为 CO_2、O_2、CO 被吸收后烟气体积的剩余量，mL；100 为所取的气体体积，mL。

四、集气吸尘罩性能测试

集气吸尘罩性能包括罩口速度、吸尘罩风量及吸尘罩的流体阻力、吸尘罩内气体温度、湿度、露点等按管道内气体测定方法。专门研究吸尘罩时还要测定流场情况，这里不再赘述。

1. 罩口风速测定

罩口风速测定一般用匀速移动法和定点法测定。

（1）匀速移动法测定吸尘罩口风速常用叶轮式风速仪测定。对于罩口面积小于 $0.3m^2$ 时的吸尘罩口，可将风速仪沿整个罩口断面按图 13-28 所示的路线慢慢地匀速移动，移动时风速仪不得离开测定平面，此时测得的结果是罩口平均风速。此法须进行 3 次，取其平均值。

（2）定点法测定吸尘罩口风速常用热线或热球式热电风速仪测定。对于矩形排风罩，按罩口断面

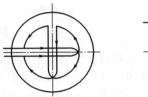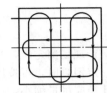

图 13-28 罩口平均风速测定路线

的大小，把它分成若干个面积相等的小块，在每个小块的中心处测量其气流速度。断面积大于 $0.3m^2$ 的罩口，可分成 9～12 个小块测量，每个小块的面积小于 $0.06\ m^2$，如图 13-29（a）所示；断面积不大于 $0.03m^2$ 的罩口，可取 6 个测点测量，如图 13-29（b）所示；对于条缝形排风罩，在其高度方向至少应有两个测点，沿条缝长度方向根据其长度可以分别取若干个测点，测点间距不小于 200mm，如图 13-29（c）所示；对于圆形排风罩，则至少取 5 个测点，测点间距不大于 200mm。如图 13-29（d）所示。

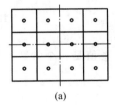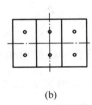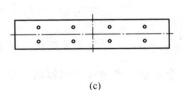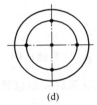

| (a) | (b) | (c) | (d) |

图 13-29 各种形式罩口测点布置

吸尘罩罩口平均风速按式（13-38）计算：

$$v_p = \frac{v_1 + v_2 + v_3 + \cdots + v_n}{n} \tag{13-38}$$

式中，v_p 为罩口平均风速，m/s；v_1、v_2、v_3、$\cdots$、v_n 分别为各测点的风速，m/s；n 为测点总个数。

2. 吸尘罩的压力损失及风量的测定

（1）吸尘罩压力损失的测定 测定装置如图 13-30 所示。

吸尘罩罩口断面 0—0 与 1—1 断面的全压差即为排风罩的压力损失 Δp_0。因 0—0 断面上全压为 0，所以

$$\Delta p = p_0 - p_1 = 0 - (p_{si} - p_{dl}) \tag{13-39}$$

式中，Δp 为排风罩的压力损失，Pa；p_0 为罩口断面的全压，Pa；p_1 为 1—1 断面的全压，Pa；p_{si} 为 1—1 断面的静压，Pa；p_{dl} 为 1—1 断面的动压，Pa。

（2）吸尘罩风量的测定 如图 13-30（a）所示，测出断面 1—1 上各测点流速的平均值 v_p，则吸尘罩的排风量为：

$$Q = v_p S \times 3600 \tag{13-40}$$

式中，Q 为吸尘罩排风量，m^3/h；S 为罩口管道断面积，m^2；v_p 为测定断面上平均风速，m/s。

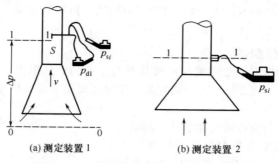

图 13-30　吸尘罩压力损失的测定装置

现场测定时，当各管件之间的距离很短，不易找到气流比较稳定的测定断面，用动压测定有一定困难时，可按图 13-30（b）所示测量静压来求排风罩的风量。在不产生堵塞的情况下静压孔孔径应尽量缩小，一般不宜超过 2mm。静压孔必须与管壁垂直且圆孔周围不应留有毛刺。静压管接头长度为 50～200mm（常温空气 50mm，热空气为 200mm）。

吸尘罩的压力损失为：

$$\Delta p = -(p_{si} + p_{dl}) = \zeta \frac{v_1^2}{2}\rho = \zeta p_{dl} \tag{13-41}$$

式中，Δp 为吸尘罩的压力损失，Pa；ζ 为局部吸尘罩的局部阻力系数；v_1 为断面 1—1 的平均流速，m/s；ρ 为空气的密度，kg/m³；p_{dl} 为断面 H 的动压，Pa。

所以

$$p_{dl} = \frac{1}{1+\zeta}\left|p_{si}\right|$$

$$v_1 = \frac{1}{\sqrt{1+\zeta}}\sqrt{\frac{2}{\rho}\left|p_{si}\right|} = \mu\sqrt{\frac{2\left|p_{si}\right|}{\rho}} \tag{13-42}$$

式（13-42）中 $\frac{1}{\sqrt{1+\zeta}} = \mu$，$\mu$ 称为流量系数。对于形状一定的吸尘罩，ζ 值是一个常数，所以流量系数 μ 值也是一个常数。各种吸尘风罩的流量系数 μ 值见表 13-6。

表 13-6　各种吸尘罩的流量系数

名　称	喇叭口	圆锥或矩形变圆形	圆锥或矩形加弯头	简单管道端头	有边管道端头	有弯头的简单管道端头
吸尘罩形状						
流量系数 μ	0.98	0.9	0.82	0.72	0.82	0.62
名　称	吸尘罩（例如在化铅锅上面的）		工作台排气格栅下接锥体和弯头		砂轮罩	封闭室（内部压力可以忽略）
吸尘罩形状						
流量系数 μ	0.9		0.82		0.8	0.82

局部吸尘罩的排风量 Q 为：

$$Q = 3600v_1 S_1 = 3600\mu S_1\sqrt{\frac{2\left|p_{si}\right|}{\rho}} \tag{13-43}$$

式中，Q 为局部吸尘罩的排风量，m³/h；S_1 为断面 1—1 的面积，m²；μ 为吸尘罩的流量系数；p_{si} 为断面 1—1 的压力，Pa；ρ 为气体的密度，kg/m³。

五、除尘器性能测试

1. 粉尘浓度测试和除尘效率计算

粉尘在管道中的浓度分布是不均匀的，为尽可能获得具有代表性的粉尘样品，除了前面已阐述过的要科学、合理地选择测量位置外，尚须保持在未被干扰气流中的气流速度与进入采样嘴的气流速度相等的条件下进行采样，即等速采样。这是很重要的，是对粉尘采样的基本要求。

等速采样原理是将烟尘采样管由采样孔插入烟道中，使采样嘴置于测点上，正对气流方向，按颗粒物等速采样原理，采样嘴的吸气速度与测点处气流速度相等，其相对误差应在$-5\%\sim$10\%之内，轴向取一定量的含尘气体。根据采样管滤筒上所捕集到的颗粒物量和同时抽取气体量，计算出气体中颗粒物浓度。

（1）气体中粉尘采样方法　维持颗粒物等速采样的方法有普通型采样法（即预测流速法）、皮托管平行测速采样法、动压平衡型采样管法和静压平衡型采样管法等四种方法，根据不同测量对象的状况，选用适宜的测试方法。

1）普通型采样管法　使用普通采样管采样一般采用此法。采样前需预先测出各采样点的气体温度、压力、含湿量、气体成分和流速等，根据测得的各点的流速、气体状态参数和选用的采样嘴直径计算出各采样点的等速采样流量，然后按该流量进行采样。等速采样的流量按式（13-44）计算：

$$Q'_r=0.00047d^2v_s\left(\frac{B_a+p_s}{273+t_s}\right)\left[\frac{M_{sd}(273+t_r)}{B_a+p_r}\right]^{1/2}(1-X_{sw})\qquad(13\text{-}44)$$

式中，Q'_r为等速采样转子流量计读数，L/min；d为等速采样选用的采样嘴直径，mm；v_s为测点处的气体流速，m/s；B_a为大气压力，Pa；p_s为管道气体静压，Pa；p_r为转子流量计前气体压力，Pa；t_s为管道气体温度，℃；t_r为转子流量计前气体温度，℃；M_{sd}为管道干气体的摩尔质量，kg/kmol；X_{sw}为管道气体中水分含量体积百分数，%。

当干气体的成分和空气近似时，等速采样流量按式（13-45）计算：

$$Q'_r=0.0025d^2v_s\left(\frac{B_a+p_s}{273+t_s}\right)\left(\frac{273+t_r}{B_a+p_r}\right)^{1/2}(1-X_{sw})\qquad(13\text{-}45)$$

普通型采样管法适用于工况比较稳定的污染源采样，尤其是在管道气流速度低、高温、高湿、高粉尘浓度的情况下，均有较好的适应性，并可配用惯性尘粒分级仪测量颗粒物的粒径分级组成。该采样法的装置如图13-31所示。由普通型采样管、颗粒物捕集器、冷凝器、干燥器、流量计、抽气泵、控制装置等几部分组成，当气体中含有二氧化硫等腐蚀性气体时，在采样管出口处应设置腐蚀性气体的净化装置（如双氧水洗涤瓶等）。

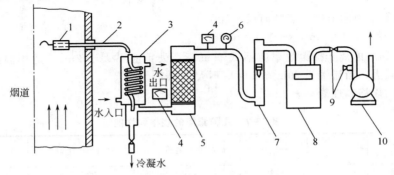

图 13-31　普通型采样管采样装置

1—滤筒；2—采样管；3—冷凝器；4—温度计；5—干燥器；6—真空压力表；

7—转子流量计；8—累积流量计；9—调节阀；10—抽气泵

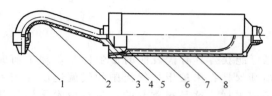

图 13-32　玻璃纤维滤筒采样管

1—采样嘴；2—前弯管；3—滤筒夹压盖；
4—滤筒夹；5—滤筒夹；6—不锈钢托；
7—采样管主体；8—滤筒

采样管有玻璃纤维滤筒采样管和刚玉滤筒采样管两种。

① 玻璃纤维滤筒采样管。由采样嘴、前弯管、滤筒夹、滤筒、采样管主体等部分组成（图 13-32）。滤筒由滤筒夹顶部装入，靠入口处两个锥度相同和圆锥环夹紧固定。在滤筒外部有一个与其外形一样而尺寸稍大的多孔不锈钢托，用于承托滤筒，以防采样时滤筒破裂。采样管各部件均用不锈钢制作及焊接。

② 刚玉滤筒采样管。由采样嘴、前弯管、滤筒夹、刚玉滤筒、滤筒托、耐高温弹簧、石棉垫圈、采样管主体等部分组成（图 13-33）。刚玉滤筒由滤筒夹后部放入，滤筒托、耐高温弹簧和滤筒夹可调后体紧压在滤筒夹前体上。滤筒进口与滤筒夹前体和滤筒夹与采样管接口处用石棉或石墨垫圈密封。采样管各部件均用不锈钢制作和焊接。

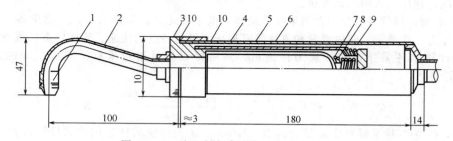

图 13-33　刚玉滤筒采样管（单位：mm）

1—采样嘴；2—前弯管；3—滤筒夹前体；4—采样管主体；5—滤筒夹中体；
6—刚玉滤筒；7—滤筒托；8—耐高温弹簧；9—滤筒夹后体；10—石棉垫圈

用于采样的采样嘴，入口角度应大于 $45°$，与前弯管连接的一端内径 $45°$ 应与连接管内径相同，不得有急剧的断面变化和弯曲（图 13-34）。入口边缘厚度应不大于 0.2mm，入口直径 d 偏差应不大于 $±0.1$mm，其最小直径应不小于 5mm。

用于采样的滤筒有玻纤滤筒和刚玉滤筒。

① 玻璃纤维滤筒。由玻璃纤维制成，有直径 32mm 和 25mm 两种。对 $0.5\mu m$ 的粒子捕集效率应不低于 99.9%；失重应不大于 2mg，适用温度为 500℃ 以下。

② 刚玉滤筒。由刚玉砂等烧结而成。规格为 $\phi28$mm（外径）$×100$mm，壁厚 1.5mm $±$

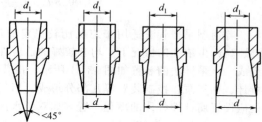

图 13-34　采样嘴

0.3mm。对 $0.5\mu m$ 的离子捕集效率应不低于 99%；失重应不大于 2mg，适用温度为 1000℃ 以下。空白滤筒阻力，当流量为 20L/min 时应不大于 4kPa。

几种滤筒的规格和性能见表 13-7。

表 13-7　几种滤筒的规格和性能

种　类	规　格/mm		最高使用温度/℃	空载阻力/Pa	质量/g
	直径	长			
玻璃纤维滤筒	32	120	400	700~800	1.7~2.2
玻璃纤维滤筒	25	70	400	1500~1800	0.8~1.0
刚玉滤筒	28	100	1000	1333~5336	20~30

流量计量箱包括冷凝水收集器、干燥器、温度计、真空压力表、转子流量计和根据需要加装的累积流量计等。

冷凝水收集器用于分离、储存采样管、连接管中冷凝下来的水。冷凝器收集器容积应不小于100mL，放水开关关闭时应不漏气。出口处应装有温度计，用于测量气体的露点温度。

干燥器容积不应小于0.8L，高度不小于150mm，内装硅胶，气体出口应有过滤装置，装料口应有密封圈，用于干燥进入流量计前的湿气体，使进入流量计气体呈干燥状态。

温度计精确度应不低于2.5%，温度范围-10~60℃，最小分度值应不大于2℃；分别用于测量气体的露点和进入流量计的气体温度。

真空压力表精度应不低于4%，最小分度值应不大于0.5kPa，用于测量进入流量计的气体压力。

转子流量计精度应不低于2.5%，最小分度应不大于1L/min；用于控制和测量采样时的瞬时流量。累积流量计精度应不低于2.5%，用于测量采样时段的累积流量。

抽气泵，当流量为40L/min时其抽气能力应克服管道及采样系统阻力。在抽气过程中，流量会随系统阻力上升而减少，此时应通过阀门及时调整流量。如流量计装置放在抽气泵出口，抽气泵应不漏气。

测试时，根据测得的气体温度、水分含量、静压和各采样点的流速，结合选用的采样嘴直径算出各采样点的等速采样流量。装上所选定的采样嘴，开动抽气泵调整流量至第一个采样点所需的等速采样流量，关闭抽气泵。记下累积流量计读数 v_1。

将采样管插入管道中第一采样点处，将采样孔封闭，使采样嘴对准气流方向，其偏差不得大于5°，然后开动抽气泵，并迅速调整流量到第一个采样点的采样流量。

采样时间，由于颗粒物在滤筒上逐渐聚集，阻力会逐渐增加，需随时调节控制阀以保持等速采样流量，并记录流量计前的温度、压力和该点的采样延续时间。

一点采样后，立即将采样管按顺序移到第二个采样点，同时调节流量至第二个采样点所需的等速采样流程；以此类推，按序在各点采样。每点采样时间视颗粒物浓度而定，原则上每点采样时间不少于3min。各点采样时间应相等。

2）皮托管平行测速采样法

① 原理。在普通型采样管测尘装置上，同时将S形皮托管和热电偶温度计固定在一起，三个测头一起插入管道中的同一测点，根据预先测得的气体静压、水分含量和当时测得的动压、温度等参数，结合选用的采样嘴直径，由编有程序的计算器及时算出等速采样流量（等速采样流量的计算与预测流速法相同）。调节采样流量至所需的转子流量计读数进行采样。采样流量与计算的等速采样流量之差应在10%以内。该法的特点是当工况发生变化时，可根据所测得的流速等参数值及时调节采样流量，保证颗粒物的等速采样条件。

② 采样装置。整个装置由普通型采样管除硫干燥器和与之平行放置的S形皮托管、热电偶温度计、抽气泵等部分组成（图13-35）。

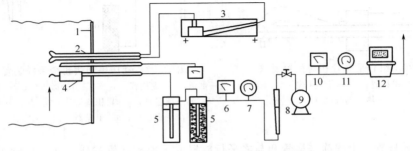

图13-35　皮托管平行测速法固体颗粒物采样装置

1—烟道；2—皮托管；3—斜管微压计；4—采样管；5—除硫干燥器；6,10—温度计；
7—真空压力表；8—转子流量计；9—真空泵；11—压力表；12—累积流量

Ⅰ.组合采样管。由普通型采样管和与之平行放置的S形皮托管、热电偶温度计固定在一起组成,其之间相对位置如图13-36所示。

Ⅱ.除硫干燥器。由气体洗涤瓶(内装3%双氧水600～800mL)和干燥器串联组成。

Ⅲ.流量计箱。由温度计、真空压力表、转子流量计和累积流量计等组成。

③ 注意事项

Ⅰ.将组合采样管旋转90°,使采样嘴及S形皮托管全压测孔正对着气流。开动抽气泵,记录采样开始时间,迅速调节采样流量到第一测点所需的等速采样流量值 Q'_{r1} 进行采样。采样流量与计算的等速采样流量之差应在10%以内。

Ⅱ.采样期间当管道中气体的动压、温度等有较大变化时,需随时将有关参数输入计算器,重新计算等速采样流量,并调节流量计至所需的等速采样流量。另外,由于颗粒物在滤筒内壁逐渐聚集,使其阻力增加,也需及时调节控制阀以保持等速采样流量。记录烟气的温度、动压、流量计前的气体温度、压力及该点的采样延续时间。

Ⅲ.当第一点采样后,立即将采样嘴移至第二点。根据在第二点所测得的动压 P_d、烟气温度 t,计算出第二点的等速采样流量 Q_{r2},迅速调整采样流量到 Q_{r2},继续进行采样。依此类推,每点采样时间视尘粒浓度而定,但不得少于3min,各点采样时间应相等。

Ⅳ.采样结束后,将采样嘴背向气流,切断电源,关闭采样管路,避免由于管路负压将尘粒倒吸出去,取出采样管时切勿倒置,以免将灰尘倒出。

Ⅴ.用镊子将滤筒取出,轻轻敲打管嘴并用毛刷将附着在管嘴内的尘粒刷到滤筒中,折叠封口后,放入盒中保存。

Ⅵ.每次至少采取3个样品,取平均值。

Ⅶ.采样后应再测量一次采样点的流速,与采样前的流速相比,两者差>20%,则样品作废,重新采样。

3)动压平衡型采样管法

① 原理。利用装置在采样管中的孔板在采样抽气时产生的压差和采样管平行放置的皮托管所测出的气体动压相等来实现等速采样。此法的特点是当工况发生变化时,它通过双联斜管微压计的指示,可及时调节采样流量,以保证等速采样的条件。

② 采样装置。由动平衡型组成采样管、双联斜管微压计、流量计量箱和抽气泵部分(图13-37)。

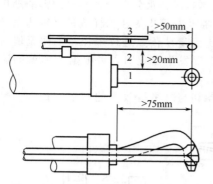

图13-36　组合采样管相对位置要求
1—采样管;2—S形皮托管;
3—热电偶温度计

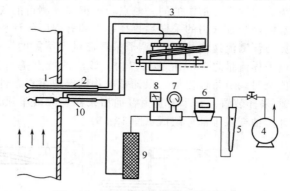

图13-37　动压平衡法粉尘采样装置
1—烟道;2—皮托管;3—双联斜管微压计;4—抽气泵;
5—转子流量计;6—累积流量计;7—真空压力表;
8—温度计;9—干燥器;10—采样管

Ⅰ.等速采样管。由滤筒采样管和与之平行放置的S形皮托管构成。除采样管的滤筒夹后装有孔板,用于控制等速采样流量,其他均与通用的滤筒采样管和S形皮托管相同。S形皮托管用于测量采样点的气流动压。标定时孔板上游应维持3kPa的真空度,孔板的系数和S形皮托管的系数应<2%。为适应不同速度气体采样，采样嘴直径通常制作成6mm、8mm、10mm三种。

Ⅱ.双联斜管微压计。用来测量S形皮托管的动压和孔板的压差，两微压计之间的误差<5Pa。

Ⅲ.流量计箱。除增加累积流量计外，其他与普通型采样管法相同。

③ 注意事项。打开抽气泵，调节采样流量，使孔板的差压读数等于皮托管的气体动压读数，即达到了等速采样条件。采样过程中，要随时注意调节流量，使两微压计读数相等，以保持等速采样条件。

4）静压平衡型采样管法

① 原理。利用采样嘴内外壁上分别开有测静压的条缝，调节采样流量使采样嘴内外静压平衡的原理来实现等速采样。此法用于测量低含量浓度及尘粒黏结性强的场合时，其应用受到限制，也不适用于反推烟气流速和流量，以代替流速流量的测量。

② 采样装置。整个装置由等速采样管、压力偏差指示器、流量计量箱和抽气泵等组成（图13-38）。

Ⅰ.采样管。由平衡型采样嘴、滤筒夹和连接管3部分组成（图13-39）。应在风洞中对不同直径的采样嘴在高、中、低不同速度下进行标定，至少各标定3点，其等速误差在±5%之间。

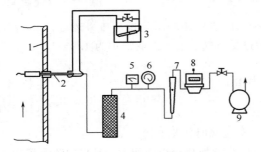
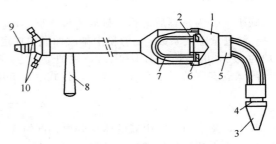

图13-38 静压平衡法采样装置
1—烟道；2—采样管；3—压力偏差指示器；
4—干燥器；5—温度计；6—真空压力表；
7—转子流量计；8—累积流量计；9—抽气泵

图13-39 静压平衡型采样管结构
1—紧固连接套；2—滤筒压环；3—采样嘴；
4—内套管；5—取样座；6—垫片；7—滤筒；
8—手柄；9—采样管抽气接头；10—静压管出口接头

Ⅱ.压力偏差指示器。其为一个倾角很小的指零微压计，用以指示采样嘴内外静压条缝处的静压差。零前后的最小分度值<2Pa。

Ⅲ.流量计量箱和抽气泵。除增加累积流量计外，其他均与普通型采样管装置相同。

③ 注意事项。将采样管插入管道的第一测点，对准气流方向，封闭采样孔，打开抽气泵，同时调节流量，使管嘴内外静压平衡在压力偏差指示器的零点位置，即达到了等速采样条件。

（2）气体中粉尘浓度的计算 根据国家排放标准的规定，粉尘排放浓度和排放量的计算，均应以标准状态下（气温0℃，大气压力101325Pa）干空气作为计算状态。粉尘浓度以换算成标准状态下1m^3干烟气中所含粉尘质量（mg/g）表示，以便统一计算污染物含量。

① 测量工况下烟尘浓度。

按式（13-46）计算：

$$C = \frac{G}{q_r t} \times 10^3 \tag{13-46}$$

式中，C 为粉尘浓度，mg/m^3；G 为捕集装置捕集的粉尘质量，mg；q_r 为由转子流量计读出的湿烟气平均采样量，L/min；t 为采样时间，min。

② 标准状况下粉尘浓度的计算。标准状况下粉尘浓度按式（13-47）计算：

$$C_g = \frac{G}{q_0} \tag{13-47}$$

式中，C_g 为标准状况下粉尘浓度，mg/m^3；G 为捕集装置捕集的烟尘质量，mg；q_0 为标准状况下的采气采样量，L。

③ 管道测定断面上粉尘的平均浓度。根据所划分的各个断面测点上测得的粉尘浓度，按下式求出整个管道测定断面上的粉尘平均浓度：

$$\overline{C}_p = \frac{C_1' F_1 v_{s1} + C_2' F_2 v_{s2} + \cdots + C_n' F_n v_{sn}}{F_1 v_{s1} + F_2 v_{s2} + \cdots F_n v_{sn}} \tag{13-48}$$

式中，$\overline{C}_p$ 为测定断面的平均粉尘浓度，mg/m^3；C_1'、C_2'、$\cdots$、C_n' 分别为各划分断面上测点的粉尘浓度，mg/m^3；F_1、F_2、$\cdots$、F_n 分别为所划分的各个断面的面积，m^2；v_{s1}、v_{s2}、$\cdots$、v_{sn} 分别为各划分断面上测点的气流流速，m/s。

应指出，采用移动采样法进行测试时，亦要按上式进行计算。如果等速采样速度不变，利用同一捕尘装置一次完成整个管道测定断面上各测点的移动采样，则测得的粉尘浓度值即为整个管道测定断面上粉尘的平均浓度。

④ 工业锅炉和工业窑炉粉尘排放质量浓度。应将实测质量浓度折算成过量空气系数为 α 时的粉尘浓度，计算公式为：

$$C' = C \frac{\alpha'}{\alpha} \tag{13-49}$$

式中，C' 为折算后的粉尘排放质量浓度，mg/m^3；C 为实测粉尘的排放质量浓度，mg/m^3；α' 为实测过量空气系数；α 为粉尘排放标准中规定的过量空气系数，工业锅炉为 $1.2 \sim 1.7$，工业窑炉为 1.5，电锅炉为 1.4 和 1.7，视炉型而定。

测试点实测的过量空气系数 α'，按式（13-50）计算：

$$\alpha' = \frac{21}{21 - X_{O_2}} \tag{13-50}$$

式中，X_{O_2} 为烟气中氧的体积分数，例如含氧量为 12% 时，X_{O_2} 代入 12。

（3）除尘效率的测试和透过率计算 除尘效率是除尘器捕集粉尘的能力，是反映除尘器效能的技术指标。除尘器在同一时间内捕集下粉尘量占进入除尘器总粉尘量的比率称之为除尘效率，以 % 表示。其实质上反映了除尘器捕集进入除尘器全部粉尘的平均效率，通常用下述两种方法测定。

① 根据除尘器的进、出口管道内粉尘浓度求除尘效率：

$$\eta = \frac{G_B - G_E}{G_B} = 1 - \frac{G_E}{G_B} = 1 - \frac{Q_E C_E}{Q_B C_B} \tag{13-51}$$

式中，η 为除尘器的平均除尘效率，%；G_B、G_E 为单位时间进入除尘器和离开除尘器的尘量，g/h；Q_B、Q_E 为单位时间进入和离开除尘器的风量，dm^3/h；C_B、C_E 为除尘器进（出）口气体的含尘浓度，mg/dm^3 或 g/dm^3。

除尘器实际上是存在漏风的问题。当除尘器在负压下运行时，若不考虑漏风的影响，所测得的除尘效率则较实际效率偏高；在正压运行时，忽视了漏风的影响，则所测得的除尘效率又较实际效率偏低。设漏风量 $\Delta Q = Q_B - Q_E$，代入式（12-51）则得：

$$\eta = 1 - \frac{C_E}{C_B} + \frac{\Delta Q C_E}{Q_B C_B} \tag{13-52}$$

当漏风量很小时，$Q_B \gg \Delta Q$，则式（13-52）为：

$$\eta = 1 - \frac{C_E}{C_B} \tag{13-53}$$

② 根据除尘器进口管道内的粉尘浓度和除尘器捕集下来的粉尘量求除尘效率：

$$\eta = \frac{M_G \times 1000}{G_B} = \frac{M_G \times 1000}{Q_B C_B} \tag{13-54}$$

式中，M_G 为除尘器单位时间捕集下来的粉尘量，kg/h；C_B 为除尘器进口气体含尘浓度，

g/dm³。

当进入除尘器的烟尘浓度或温度较高而需预处理（预收尘或降温）时，将几级除尘器串联使用，且每一级除尘器的除尘效率为 η_1、η_2、$\cdots$、η_n，则其总除尘效率可按式（13-55）计算。

$$\eta = 1 - (1 - \eta_1)(1 - \eta_2) \times \cdots \times (1 - \eta_n) \qquad (13\text{-}55)$$

透过率是指含尘气体通过除尘器，在同一时间内没有被捕集到而排入大气中的粉尘占进入除尘器粉尘的重量百分比。显示除尘器排入大气的粉尘量的大小。其对反映高效除尘器的除尘变化率比除尘效率显示得更加明显。透过率与除尘效率的换算公式为：

$$p = (1 - \eta) \times 100 \qquad (13\text{-}56)$$

式中，p 为粉尘透过率，%；η 为除尘效率，%。

分级效率是指粉尘某一粒径区间的除尘效率，可以用来对不同类型除尘器的效率作比较，因此具有较大的实用意义。粒径分级除尘效率按式（13-57）计算：

$$\eta_i = \frac{\Delta Z_{Bi} G_B - \Delta Z_{Ei} G_E}{\Delta Z_{Bi} G_B} = 1 - \frac{\Delta Z_{Ei}}{\Delta Z_{Bi}}(1 - \eta) \qquad (13\text{-}57)$$

式中，η_i 为除尘器对粒径为 i 的尘粒的分级效率，%；ΔZ_{Bi} 为除尘器进口粒径为 i 的尘粒（在大于 $i - \frac{1}{2}\Delta i$ 及小于 $i + \frac{1}{2}\Delta i$ 段范围内）所占的质量百分数，%；ΔZ_{Ei} 为除尘器出口处粒径为 i 的尘粒所占的质量百分数，%；η 为除尘器的总除尘效率，%。

2. 除尘器压力损失测试

除尘器压力损失是以进口和出口气流的全压差 Δp 来衡量，也称为设备阻力。除尘器进出口设置取压点，测试时，全压管应对准气流方向，全压值由 U 形压力计显示，规定用流经除尘装置的入口通风道（i）及出口通风道（o）的各种气体平均总压（$\bar{p}_t$）差（$\bar{p}_{ti} - \bar{p}_{to}$），用由于测试点位置的高度差引起的浮力效应 p_H 进行校正后求出。而平均总压，则根据流经通风道测定截面各部分（等面积分割）的所有气体总动力 $p_i Q$，用式（13-58）求出：

$$\bar{p}_t = \frac{p_{t1} Q_1 + p_{t2} Q_2 + \cdots + p_{tn} Q_n}{Q_1 + Q_2 + \cdots + Q_n} \qquad (13\text{-}58)$$

式中，Q_1、Q_2、$\cdots$、Q_n 分别为流经各区域的气体量，m³/s。

如果 j 区域的面积为 A_j，该区域的气体速度为 v_j，则 $Q_j = A_j v_j$，如果各区域的面积相等，则式（13-58）的 Q_j 用 v_j 代替，那么

$$\bar{p}_t = \frac{p_{t1} v_1 + p_{t2} v_2 + \cdots + p_{tn} v_n}{v_1 + v_2 + \cdots + v_n} \qquad (13\text{-}59)$$

如图 13-40 所示的皮托管测试，则总压 p_t 可直接测出；如果使用其他测试仪器，则接式（13-60）进行计算：

$$p_t = p_s + \frac{\rho}{2} v^2 \qquad (13\text{-}60)$$

式中，p_s 为测试断面气流的静压，Pa；ρ 为单位体积气体的平均密度，kg/m³。

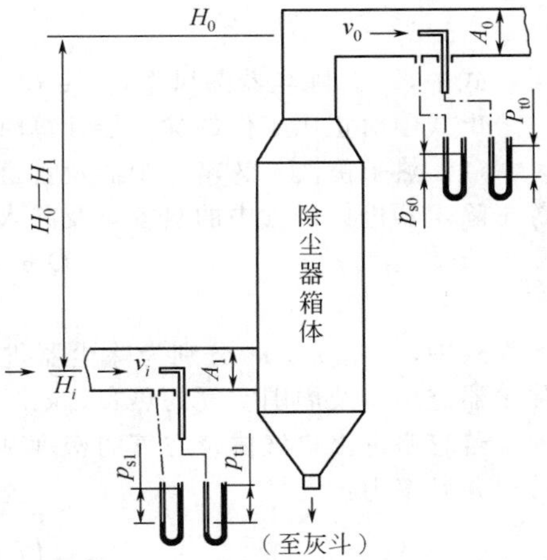

浮力的计算公式：

图 13-40　求除尘器压力损失的方法

$$p_H = Hg(\rho_a - \rho) \qquad (13\text{-}61)$$

式中，H 为除尘器进口与出口的高度差，m；g 为重力加速度，9.8m/s²；ρ_a 为除尘器内气体密度，kg/m³；ρ 为除尘器周围的大气密度，kg/m³。

一般情况下，对除尘器的压力损失而言，浮力效果是微不足道的。但是，如果气体温度较

高，测点的高度差又较大时，则应考虑浮力效果。此时则用下式表示除尘装置的压力损失：

$$\Delta p = \overline{p}_{ti} - \overline{p}_{to} - p_H \tag{13-62}$$

这时，如果测试截面的流速及其分布大致一致时，可用静压差代替总压差来校正出入口测试截面积的差值，求出压力损失，即：

$$p_{ti} = p_{si} + \frac{\rho}{2}\left(\frac{Q_i}{A_i}\right)^2 \tag{13-63}$$

$$p_{to} = p_{so} + \frac{\rho}{2}\left(\frac{Q_o}{A_o}\right)^2 \tag{13-64}$$

如果 $Q_i = q_o$，则

$$p_{ti} - p_{to} = p_{si} - p_{so} + \frac{\rho}{2}\left[1 - \left(\frac{A_i}{A_o}\right)^2\right] \tag{13-65}$$

$$\Delta p = p_{si} - p_{so} + \frac{\rho}{2}\left[1 - \left(\frac{A_i}{A_o}\right)^2 + (H_o - H_i)g(\rho_a - \rho)\right] \tag{13-66}$$

式（13-66）中，右边第一项是除尘器的出入口静压差；第二项是出入口测定截面积有差别时的动压校正。如果连接除尘器的进出口管道截面积相等时，而且没有高压很小，那么，右边第二项、第三项就不存在，则为：

$$\Delta p = p_{ti} + p_{so} \tag{13-67}$$

以上所说的压力损失也包括除尘器前后管道的压力损失，除尘器自身的压力损失要扣除管道的压力损失 Δp_f 来求出。

3. 除尘器漏风率的测试

漏风是由于除尘器在加工制造、施工安装欠佳或因操作不当、磨损失修等诸多原因所致。漏风率是以除尘器的漏风量占除尘器的气体处理量的百分比来表示，是考察除尘效果的技术指标。

漏风率的测试方法视流经除尘器气体的性质，采用风量平衡法、热平衡法、氧平衡法或碳平衡法。

（1）风量平衡法　按漏风率的定义，测出除尘器进出口的风量即可计算出漏风率：

$$\varepsilon = \frac{Q_i - Q_o}{Q_i} \times 100 \tag{13-68}$$

式中，ε 为除尘器漏风率，%；Q_i、Q_o 分别为除尘器进、出口的风量，m^3/h。

上式中对正压工作的除尘器计算时为 $Q_i - Q_o$，而负压工作的除尘器计算时则为 $Q_o - Q_i$。

（2）热平衡法　忽略除尘器及管道的热损失，在单位时间内，除尘器出口烟气中的热容量应等于除尘器进口烟气中的热容量及漏入空气的热容量之总和，即：

$$Q_i\rho_i c_i t_i + \Delta Q \rho_a c_a t_a = Q_o \rho_o c_o t_o \tag{13-69}$$
$$\Delta Q = Q_o - Q_i$$

式中，ρ_i、ρ_o、ρ_a 分别为除尘器进出口烟气及周围空气的密度，kg/m^3；c_i、c_o、c_a 分别为除尘器进出口及周围空气的热容，$kJ/(kg \cdot K)$。

若忽略进出口气体及空气的密度和热容的差别时，即令 $\rho_i = \rho_o = \rho_a$，$c_i = c_o = c_a$，则由上式可得漏风率为：

$$\varepsilon = \left(1 - \frac{Q_o}{Q_i}\right) = \left(1 - \frac{t_i - t_a}{t_o - t_a}\right) \times 100 \tag{13-70}$$

这样一来，测出除尘器进出口的气流温度，即可得到漏风率。这种方法适用于高温气体。

（3）碳平衡法　当除尘器因漏风而吸入空气时，管道气体的化学成分发生变化，碳的化合物浓度得到稀释，根据碳的平衡方程，漏风率的计算公式为：

$$\varepsilon = \left[1 - \frac{(CO + CO_2)_i}{(CO + CO_2)_o}\right] \times 100 \tag{13-71}$$

式中，ε 为除尘器漏风率，%；$(CO + CO_2)_i$ 为除尘器进口烟气中 $(CO + CO_2)$ 的浓度，%；

（$CO+CO_2$）。为除尘器出口烟气中（$CO+CO_2$）的浓度，％。

因此，只要测出除尘器进出口的碳化合物（$CO+CO_2$）的浓度，就可得到漏风率。该法只适用于燃烧产生的烟气。

（4）氧平衡法

① 原理。氧平衡法是根据物料平衡原理由除尘器进出口气流中氧含量变化测得漏风率的。本方法适用于烟气中含氧量不同于大气中含氧量的系统。适用于干式湿式静电除尘器。

采用氧平衡法，即测量静电除尘器进出口烟气中含量之差，并通过计算求得。

② 测试仪器。所用电化学式氧量表精度不低于 2.5 级，测试前需经标准气校准。

静电除尘器漏风率计算公式：

$$\varepsilon = \frac{Q_{2i}-Q_{2o}}{K-Q_{2i}} \times 100 \tag{13-72}$$

式中，ε 为静电除尘器漏风率，％；Q_{2i}、Q_{2o} 分别为静电除尘器进出口断面烟气平均含氧量，％；K 为大气中含氧量，根据海拔高度查表得到。

由于静电除尘器是在高压电晕条件下运行，火花放电时，除尘器中会产生臭氧，有人认为这会影响烟气中氧的含量，从而影响漏风率的测试误差。而实际上臭氧是一种氧化剂，很易分解。有关资料介绍，在高温电晕线周围的可见电晕光区中生成的臭氧，其体积浓度仅百万分之几，生成后会自行分解成氧或其他元素化合。这个浓度对人类生活环境会产生很大影响，但相对于氧含量的测试浓度影响则是相当的小。氧平衡法只需测试进出口断面的烟气含氧量两组数据，综合误差相对较小，此风量平衡法优越，但也有局限性。仅适用于烟气含氧量与大气含氧量不同的负压系统。

氧平衡法的测试误差主要取决于选用的测试仪器。目前我国主要采用化学式氧量计，而在国外已普遍采用携带式的氧化锆氧量计以及其他携带式氧量计，但随着我国仪器仪表的迅速发展，将可以选用精度高、可靠且携带方便的漏风率测试用测氧仪。

4. 气密性试验

除尘器在高温、多尘及有压力情况下运行，要求其应有较高的气密性，任何漏风都会造成能耗的浪费及非正常的除尘效果，所以及时发现垫圈、人孔及焊接质量问题是保证除尘器漏风率小于设计要求，也是保证除尘效果的不可缺少的重要一环。为防止泄漏，在除尘器外壳体安装过程中就必须采取措施严格把关。对焊缝等采取煤油渗透法或肥皂泡沫法进行检查，坚决杜绝漏焊、开裂、垫圈偏移等泄漏现象。

气密性试验方法有定性法和定量法两种，现分述如下。

（1）定性法　定性法是在除尘器进口处适当位置放入烟雾弹（可采用 65-1 型发烟罐或按表 13-8 配方自制），并配置鼓风机送风，使除尘器内形成正压，易于烟雾溢出，将烟雾弹引燃线拉到除尘器外部点燃，引爆烟雾弹产生大量烟雾。此时，壳体面泄漏部位就会有白烟产生，施工人员即可对泄漏点进行处理。

表 13-8　每 10kg 烟雾弹成分

原料名称	质量/kg	原料名称	质量/kg
氧化铵	3.89	氯化钾	2.619
硝酸钾	1.588	松香	1.372
煤粉	0.531		

（2）定量法　定量实验法与定性试验法相比则更加准确、科学。目前，在国内安装除尘器时采用的并不多。然而，有的除尘器工程的质量要求严格，针对在用的许多除尘器均有不同泄漏现象这一情况，要求安装单位实施这种试验方法，在此情况下对除尘器进行严格的定量试验。

① 原理与计算公式。除尘器壳体是在与风机负压基本相等的状态下工作的有压设备。试验时，在其内部充入压缩空气使之形成正压状态下进行模拟，其效果是一致的。这是因为无论是正

压或负压，其内外压差是相同的，正压试验时若不漏风，那么在负压时亦不会漏风。

泄漏率计算公式：

$$\varepsilon = \frac{1}{t}\left(1 - \frac{p_\mathrm{a}+p_2}{p_\mathrm{a}+p_1}\times\frac{273+T_1}{273+T_2}\right)\times100 \tag{13-73}$$

式中，ε 为每小时平均泄漏率，％；t 为检验时间（应不小于 1h），h；p_1 为试验开始时设备内表压（一般接风机压力选取），Pa；p_2 为试验结束时设备内压力，Pa；T_1 为试验开始时温度，℃；T_2 为试验结束时温度，℃；p_a 为大气压力，Pa。

② 气密性试验的特点。气密性试验一般在除尘器制造安装完毕后进行，通过试验可以及时发现泄漏问题，并有足够的时间和手段来解决泄漏问题，所以，对大中型除尘器，大多要求进行气密性试验，并控制静态泄漏率小于 2％方视为合格。

六、风机性能的测试

在除尘工程中，风机的作用如同人体的心脏一样的重要。因此，对风机性能的测试是除尘工程中不可缺少的一个重要环节。风机的性能目前尚不能完全依靠理论计算和样本资料，要通过测试的方法求得验证。风机的性能测试项目是指其在给定的转速下的风量、压力、所需功率、效率和噪声。

1. 风机性能测试准备

（1）初步检测　在进行现场测试之前，应对风机及其辅助设备进行初步检测，在预定的转速进行运行，以检查其运行工况正常与否。

现场测试程序应尽可能与在标准风道进行测试的程序相一致，但现场测试由于场地条件限制，往往难以测得十分准确的结果，此时应该用下述给定的修正程序。

现场测试必须在下述条件下进行：系统对风机运行的阻力变化不明显，风机运载的气体密度或其他参数变化降到最小值。

系统阻力和流量容易受到诸如现场环境和各种工况的影响。因此，在测试过程中必须采取措施尽量保障测试期间的工况稳定。如果初步测试结果与制造厂提供的参数不一致时，其误差可能由下列各种因素之一或几个因素造成：a. 系统存在泄漏，再循环或其他故障；b. 系统的阻力估计不准确；c. 对厂方测试数据的应用有误；d. 系统的部件安装位置太靠近风机出口或其他部位而造成损失过大；e. 弯管或其他系统部件的安装位置太靠近风机入口而造成对风机性能的干扰；f. 现场测试中的固有误差。

由于现场条件的限制，风机性能现场测试的精度往往大大低于用标准化风管进行测试的预期精度。在这种情况下，则应在现场测试之外再用标准化风管对风机运行全尺寸或模型的测试。

（2）改变操作点的方法　为取得风机特性曲线上的不同操作点的检测数据（如果风机装有改变性能的机构，如可调叶距的叶片，可伸展叶尖或叶尾，或者改变导翼，则风机具有多种特性曲线），就应该利用恰当安装在系统中的一个或多个装置来改变风机的性能。用于调节性能的装置或阀门的位置必须能够使测试段保持满意的气体流型，以保证取得满意的检测数据。

2. 检测面的位置

（1）流量检测面的位置　对于现场测试，按测试的布置和方法来安装风机可能是不现实的，流量检测面必须位于适宜的直管段中（最好选在风机的入口侧），此处的流量工况基本上是轴向的、匀称的，没有涡流。必须先进行位移以确定这些工况是否满足。风机与流量检测面之间的进入风道或从风道流出的空气泄漏一般忽略不计。风道中的弯管和阻碍物会对较大一段距离的下游气流造成扰动，而在有些场合可能找不到测试所需的足够轴向和匀称的气流位置。在此情况下，就可能在风道里安装导翼或者用衬板修正气道形状，以获得测试现场令人满意的气流。然而，气流整流装置所产生的涡流会使皮托管的静压读数产生误差，所以如有必要，检测面最好不要小于一倍管道直径甚至更大距离内的管道长度，以取得合理良好的气流工况。

① 测试段长度。流量检测面所在的风道部分被定义为"测试段"，测试段必须平直，截面匀

称，没有会改变气流的任何障碍物。测试段的长度必须不小于风道直径的 2 倍（图 13-41）。

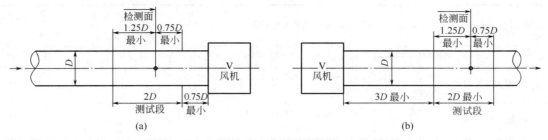

图 13-41　用于现场测试的流量检测位置

② 风机的进口侧。如果测试段位于风机的进口侧，那么其下游末端至风机进口的距离应该小于等于 0.75D。

如果风机装有一个或几个进口阀，那么测试段的下游末端至风机的进口阀的距离应该至少等于风道直径的 0.75D。

测试段可以位于单位风口风机的进口阀端，只要符合测试长度规定即可。如果是带有两个进口阀的双进口风机，那么应该允许在每个进口阀上设有一个测试段，只要每个测试段符合测试长度规定即可。对于双进口风机，如果测试段位于每个进口阀的上游，那么必须检测每个测试段的流量和压力。风机的进口总流量应该是每个进口箱处测得的进口流量之和。

③ 风机的出口侧。如果测试段位于风机的出口侧，那么其下游末端至风机出口侧的距离应至少等于风管直径的 3 倍。为此，风机的出口应该是风机出口侧的渐扩管的出口。

④ 测试段内的流量检测面的位置。检测段内的流量检测面至检测段下游末端的距离应该至少等于风管直径的 0.75D。测试段内的流量检测面至测试段上游末端的距离应该至少等于风管直径的 1.25D 处。

⑤ 异常工况。如果所有的工况不可能选择符合上述要求的流量检测面，那么检测面的位置可以由制造厂与买方协商确定。如果遇到这种情况，而且测试结果是制造厂与买方之间保证的一部分，那么测试结果的有效性必须取得上述双方同意。

（2）压力检测面的位置（图 13-42）　为了测试风机产生的升压，位于风机进口侧和出口侧的静压检测面必须靠近风机，以保证检测面与风机之间的压力损失可以计算，因而不必使含尘气体和管壁摩擦面产生的摩擦压力损失额外地增加压力测试的不确定性。光滑管道的摩擦系数由其他资料给定。

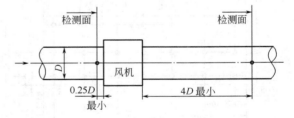

图 13-42　用于现场测试的压力检测面位置

如果靠近风机入口，那么选定的用于流量检测的测试段应该也可以用来检测压力，测试检测面至风机进口的距离必须＜0.25D。而用于压力检测的其他检测面至风机出口的距离必须≥4D，风机出口的定位与出口测试位置的规定一致。所选定的用于测试压力的检测面至下游的弯管、渐扩管或阻碍物距离至少为 4D，因为其会产生气流涡流，干扰压力分布的均匀性。所有的被选定的压力检测面必须做到检测面上的平均风速也能够用别处取得的读数进行计算测试，或者利用位移方法直接检测。

（3）检测点的设置

① 圆形截面。对于圆形截面，至少必须在三个平均排列的截面上进行检测，如果因种种限制，不可能进行这样的检测，那么也必须在相互处于 90°位置的两个截面上进行检测。将进行检测的位置要按照对数线性定律进行计算确定。在表 13-9 中给定每个截面 6 个、8 个和 10 个点。D 是管道内部直径，沿着此管道进行移动。

表 13-9　圆形截面检测点的位置

检测点位置	检测点位置与风道内壁距离	管道直径与检测仪器直径最小比值	
		风速表	皮托静压管
每个截面为 6 个点	$0.032D$，$0.135D$，$0.321D$，$0.679D$，$0.865D$，$0.968D$	24	32
每个截面为 8 个点	$0.021D$，$0.117D$，$0.184D$，$0.345D$，$0.655D$，$0.816D$，$0.883D$，$0.979D$	36	48
每个截面为 10 个点	$0.019D$，$0.077D$，$0.153D$，$0.217D$，$0.361D$，$0.639D$，$0.783D$，$0.847D$，$0.923D$，$0.981D$	40	54

只有当检测面存在合理均匀的风速，最小允许检测点的数量才能提供足够精确的检测结果。

② 其他类型的截面。在流量检测中，应该尽量避免使用管道断面不规则的风道测试段。万一遇到不规则的截面，可以采取临时性的修正措施（例如，塞入低阻值的衬里材料），以提供适宜的测试段。然而，当不可能将其他类型的截面修正成圆形或矩形的时候，就必须应用有关的定律，例如，图 13-43 所示是一个现场测试中的圆弧形截面，整个截面是由一个半圆和一个矩形组成，检测点可按照管道截面分成两个部分。

矩形部分也可以视为一个高度为 h 的完整矩形的 1/2，选定的位移直线数量是奇数，这样就避免了一条位移直线与矩形和半圆的边界线重合。同样，半圆形部分也可以视为一个整圆的 1/2，这个整圆平均分布 4 条径向位移直线，选定的定位角可以避开交接线。

图 13-44 中的圆弧形截面上的风速检测点分布是按照对数 Tchebycheff 定律布置的。

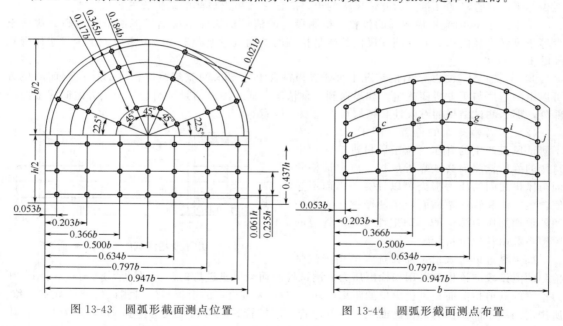

图 13-43　圆弧形截面测点位置 　　　　 图 13-44　圆弧形截面测点布置

3. 风机流量的测试

（1）皮托管法　在选定的测点将皮托管置入管道中心位置，测压孔对准气流方向。皮托管相对于管道壁的位置必须保持管道最小位移长度的 $\pm 0.5\%$ 容差之内。皮托管必须与管道轴线对准，容差在 5° 以内。压力是通过乳胶管将皮托管与压力计连接而显示。

（2）风速表法　叶轮风速仪可用于检测管内风速，目前市场上出售的叶轮风速仪最小直径为 16mm 且可自动记录。检测时风速表的轴线至风管壁的距离绝对不小于表壳圆形直径的 3/4，例如，风速表的直径为 100mm，而风速表轴线至风管壁的距离不小于 75mm。所以，选用风速表的最大允许尺寸是由风管尺寸和检测位置确定。在测试进行前后，风速表必须予以标定，其读数误差不得超过两次标定的平均风速的 3%。这两次标定所取得平均值用来校准所测得的数值。标定必须用标准方法进行，但是标定工况应该尽可能与有关流体密度和风速表工作特性曲线的相关测试工况相近似。

如果操作人员需在风管内操作风速表时，必须使用杆条装置，保证操作人员至少距离测试面下游 1.5m 以外，才不会改变测试面的气流不受干扰。为了进行测试，如有必要在管道内设立工作台，此工作台必须设在距离测试面下游 1.5m 以外，并且工作台的结构不得改变测试面处的气流。

（3）检测误差　由于流量检测的现场测试总会有一定的误差，所以流量检测的不同方法其允许误差为：用于规则形状管道，皮托管法 ±3.0%；用于不规则形状管道，皮托管法 ±3.3%；用于规则形状管道，风速表法 ±3.5%；用于不规则形状管道，风速表法 ±4.0%。

4. 风机压力的测试

（1）保护措施　必须采取保护措施，才能检测位于风机进口侧和出口侧的相对于大气压力或机壳内气体的静压。如果不可能，就应测风机进口和出口静压的平均值。

在使用皮托管时，必须在压力检测面上按测点位置进行位移，取得每个检测点的压力读数，如果每个读数之间相差小于 2%，那么则可少取几个测点。

如果气流均匀没有涡流和紊流，则静压检测也可使用均布在管道周围上的四个开孔（矩形管道则是四边中点），只要开孔光洁平整，内部无毛刺，且附近的管壁光滑、清洁、无波纹及间断即可。

（2）引风机　如果管道安装在风机的进口，风机直接向外界排气，那么风机静压等于风机出口处的静压减去进口侧测试段的总压与动压之和，加上测试点与风机进口之间的管道摩擦损失。

位于风机进口侧的测试段的总压应该取自平均静压加上相对于测试截面的平均风速的动压之代数和。其表达公式为：

$$p_{sf} = p_{s2} - (p_{t3} + p_{d3}) + p_{f31} \tag{13-74}$$

式中，p_{sf} 为风机静压，Pa；p_{s2} 为风机出口处的静压，Pa；p_{t3} 为风机入口处的全压，Pa；p_{d3} 为风机入口处的动压，Pa；p_{f31} 为风机测点至进口之间的摩擦损失，Pa。

（3）鼓风机　如果风机是自由进气，管道在风机的出口，那么对风机出口侧的测试段静压进行检测时，风机的全压应该等于测试段平均静压加上相对于测试段的平均风速的有效动压再加上风机出口侧至测试段之间的管道摩擦压力损失之和。表达式如下：

$$p_{tf} = p_{s4} + p_{d4} + p_{f24} \tag{13-75}$$

式中，p_{tf} 为风机全压，Pa；p_{s4} 为风机出口处的静压，Pa；p_{d4} 为风机入口处的动压，Pa；p_{f24} 为风机出口至测试段之间的管道摩擦损失，Pa。

5. 功率测试和效率计算

功率测试和效率计算有以下几项。

① 用电度表转盘转速测试功率，计算公式如下：

$$P = \frac{nR_nC_Tp_r}{t} \tag{13-76}$$

式中，P 为风机的电动机功率，kW；R_n 为电度表常数，为每一转所需度数，kW·h/r；C_T、p_r 分别为电流和电压互感器比值；n 为在测试时间内，电度表转盘的转数；t 为测试时间，h。

一般采用电度表转盘每 10 转记下其秒数，则

$$P = \frac{10}{R_1t_1} \times 3600C_rp_r \tag{13-77}$$

$$R_1 = \frac{1}{R} \tag{13-78}$$

式中，R_1 为电度表常数，为 1kW·h 电度表转盘的转数；t_1 为电度表转盘每 10 转所需秒数。

② 用双功率表测试功率，计算公式如下：

$$P = C_r p_r c \, (P_1 + P_2) \times 10^{-3} \tag{13-79}$$

式中，c 为功率表的系数；P_1、P_2 为两只功率表刻度盘读数，W；其他符号意义同前。

功率因数 $\cos\phi$ 为：

$$\cos\phi = \frac{1}{\sqrt{1 + 3\left(\dfrac{P_1 - P_2}{P_1 + P_2}\right)^2}} \tag{13-80}$$

③ 用电流、电压表测量三相交流电动机的功率：

$$P = \sqrt{3}\, IU\cos\phi \times 10^{-3} \tag{13-81}$$

式中，I 为电流，A；U 为电压，V；$\cos\phi$ 为功率因数（可用功率因数表实测）。

④ 风机功率按式（13-82）计算：

$$\eta_Y = \frac{Q p_t}{3600 \times 1000 \times P_f \eta_z} \times 100 \tag{13-82}$$

式中，η_Y 为设备效率，%；Q 为风机风量，$\mathrm{m^3/h}$；p_t 为风机全压，Pa；P_f 为风机所耗功率，kW；η_z 为传动效率，取 $\eta_z = 0.98 \sim 1.0$。

风机效率：

$$\eta = \frac{\eta_Y}{\eta'} \tag{13-83}$$

式中，η 为风机效率；η' 为试验负荷下电动机效率，可查产品样本或实测电动机各项损失，经计算后再查电动机负荷-效率曲线。

当测试条件不是标准状态或转速变化时，风机性能参数应作相应的换算。

七、振动和噪声的测量

1. 风机振动的测量

测量方法直接影响到测量结果，风机的振动测量，通常可按下述的要求实施。

（1）测振仪器频率范围　测振中合理选用测振仪器非常重要，选择不当则往往会得出错误的结果。通常应采用频率范围为 10～1000Hz 的测量仪，且其应经计量部门鉴定后方可使用。

（2）通风机安装　被测的通风机必须安装在大于 10 倍风机质量的底座或试车台上，装置的自振频率不大于电机和风机转速的 3/10。

（3）测量部位　测量的部位有以下项目。

① 对于叶轮直接装在电动机轴上的通风机，应在电机定子两端轴承部位测量其水平方向 x、垂直方向 y、轴向 z 的振动速度。当电机带有风罩时，其轴向振动可不测量（图 13-45）。

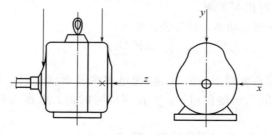

图 13-45　对于叶轮直接装在电动机轴上的通风机测量部位

② 对于双支承的风机或有两个轴承体的风机，可按照图 13-46 所示 x（水平）、y（垂直）、z

（轴向）3 个方向的要求，测量电动机一端的轴承体的振动速度。

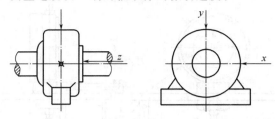

图 13-46　对于双支承的风机或有两个轴承体的风机测量位置

③ 当两个轴承都装在同一个轴承箱内时，可按图 13-47 所示 x（水平）、y（垂直）、z（轴向）3 个方向的要求，在轴承箱壳体的轴承部位测量其振动速度。

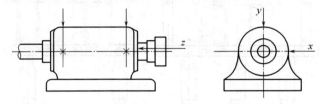

图 13-47　两个轴承都装在同一个轴承箱内时的测量部位

④ 当被测的轴承箱在风机内部时，可预先装置测振传感器，然后引至风机外以指示器读数为测量依据，传感器安装的方向与测量方向偏差不大于 ±5°。

（4）测量条件　测量的条件如下。

① 测振仪器的传感器与测量部位的接触必须良好，并应保证具有可靠的联结。

② 在测量振动速度时，周围环境对底座或试车台的影响应符合下述规定：风机运转时的振动速度与风机静止时的振动速度之差必须大于 3 倍以上，当差数小于此规定值时，风机需采取避免外界影响的措施。

③ 风机应在稳定运行状态下进行测试。风机的振动速度值，是以各测量方向所测得的最大读数为准。

（5）常用测量仪器　常用测量仪器有如下几种。

① 机械式测振仪。如图 13-48 所示的弹簧测振仪，其由千分表、重锤、定位弹簧、赛璐璐板、吸振弹簧、表框和支架等组成。弹簧测振仪的特点是便于制造，使用方便，可直接测量轴承座的综合振动。

② 电气式测振仪。随着电子技术的迅速发展，电气式测振仪在风机振动的测量中应用越来越广，由于其灵敏度高，频率范围广，电讯号易于传递，可以采用自动记录仪、分析仪对振动特性进行分析，所以电气式测振仪的优越性越来越显著。

③ HY-101 机械故障检测器。该检测器体积很小，像一支温度计，头部接触到风机待测试部位即可测出振动值，已经常用于风机振动的现场测量，测量单位为 mm/s，与风机振动标准的要求相一致。

2. 风机噪声的测量

噪声也是一项评价风机质量的指标，同时作业场所的噪声不超过 85dB（A）。风机产生的噪声与其安装形式有关，如进气口敞开在空气中，风机没有外接管，则其声源位于进气口中心；出气口敞开在空气中，风机出口没有外接管，其声源位于出气口中心；风机的进出口都接有风管时，其声源位于风机外壳的表面上。风机噪声的测量按下述进行。

（1）测量仪器　声级计是用来测量声级大小的仪器。其由传感器、放大器、衰减器、计权网络、电表电路和电源等部分组成。

几种声级计的性能见表 13-10。

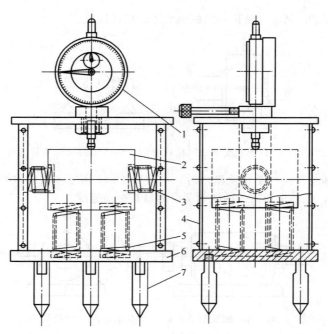

图 13-48　弹簧测振仪

1—千分表；2—重锤；3—定位弹簧；4—赛珞璐板；5—吸振弹簧；6—表框；7—支架

表 13-10　几种声级计的主要性能

声级计型号	ND_1	ND_2	ND_6	ND_{10}
类型	1 型			2 型
声级测量范围/dB（A）	25～140		20～140	40～130
电容传感器	CH_{11}，$\phi24$		CH_{11}，$\phi24$ 或 CHB，$\phi12$	CH_{33}，$\phi13.2$
频率范围	20Hz～18kHz		10Hz～40kHz	31.5Hz～8kHz
频率计权	A、B、C 线		A、B、C、D 线	A、C
时间计权	快、慢		快、慢、脉冲、保持	快、慢、最大值保持
检波特性	有效值		有效值及峰值	有效值
峰值因数	4		10	3
极化电压/V	200		200	28
滤波器	外接	倍频程滤波器	外接	—
电源	3 节 1 号电池			1 节 1 号电池
尺寸/mm	320×124×88	435×124×88	320×124×88	200×75×60
质量/kg	2.5	3.5	2.5	0.7
工作温度/℃	−10～+40			−10～+50
相对湿度	<80%（+40℃时）			

（2）测点位置　测风机排气噪声时，测点应选在排气口轴线 45°方向 1m 处；测风机进气口噪声时，其测点应选在进气口轴线上 1m 远处。

测风机转动噪声应以风机半高度为准，测周围 4 个或 8 个方向，测点距风机 1m 处，为减少反射声的影响，测点应距其他反射面 2m 以上。

（3）声级计使用方法　电池电力要充足，否则将影响测量精准度。使用前应对其进行校准。

①　声级的测量。手握声级计或将其固定在三脚架上，传声器指向被测声源，声级计应稍离人体，使频率计数开关置于 A 挡，调节量程旋钮，使电表有适当的偏转，这样量程旋钮所指值加上电表读数，即可被测 A 声级。如有 B、C 或 D 计数，则同样方法可测得 B、C 或 D 声级。如使用线性响应，则测得声压级。

②　噪声的频谱分析。利用 NDZ 型精密声级计和倍频程滤波器，可对噪声进行频谱分析。这时将频率计数开关置于滤波器位置，滤波器开关置于相应中心频率，就能测出此中心频率的倍频程声压级。

③　快挡慢挡时间计权的选择。主要根据测量规范的要求来选择，对较稳定的噪声，快挡慢挡皆可。如噪声不稳定，快挡对电表指针摆动大，则应慢挡。测量旋转电机用慢挡，测量车辆噪声则用快挡。

八、烟尘排放连续监测

烟尘排放连续监测是指对固定污染源排放的颗粒物和（或）气态污染物浓度和排放率进行连续地、实时地跟踪测定，每个固定污染源的测定时间不得小于总运行时间的 75%，在每小时的测定时间不得低于 45min。

1. 固定源颗粒物测试方法

固定源颗粒物测试有自动分析和手工分析两种方法，其中，自动分析法有光学法（光散射、透射）、电荷法、β 射线法等；手工分析法主要是指过滤称重法，即通过等速采样的方法，抽取一定体积的烟气，将过滤装置收集到的粉尘进行称重，从而换算得到烟气中颗粒物浓度值，该方法是固定源颗粒物测试的标准方法。

（1）光透射法　由于光的透视性，易于实现光电之间的转换和与计算机的连接等，使得基于光学原理的测量方法能够对污染源进行远距离的连续测量。国外早在 20 世纪 70 年代就推出了用以测量颗粒物浓度的不透明度测尘仪（浊度计）。

光透射法是基于郎伯-比耳定理而设计的测定颗粒物浓度的仪器。当一束光通过含有颗粒物的烟气时，其光强因烟气中颗粒物对光的吸收和散射作用而减弱。

光透射法测尘仪，分单光程和双光程测尘仪。双光程测尘仪已经广泛应用于颗粒物浓度的测定。从仪器使用的光源看，有钨灯、石英卤素灯光源测尘仪和激光光源测尘仪，激光光源有氦氖气体激光光源和半导体激光光源。钨灯光源寿命较短，半导体激光器（650～670nm）由于具有稳定性高和使用寿命长的特点已在测尘仪上得到广泛应用。

（2）光散射法　光散射法利用颗粒物对入射光的散射作用测量颗粒物。当入射光束照射颗粒物时，颗粒物对光在所有方向散射，某一方向的散射光经聚焦后由检测器检测，在一定范围内，检测信号与颗粒物浓度成比例。光散射法可实现对排放源的远距离、实时、在线和连续测量，可直接给出烟气中以 mg/m^3 表示的颗粒物排放浓度。

后向散射法测尘仪是光散射法的代表产品，光源可采用近红外或激光二极管，与光透射法相比，仪器安装简单，采用烟道单面安装。

（3）电荷法　运动的颗粒与插入流场的金属电极之间由于摩擦会产生等量的符号相反的静电荷，通过测量金属电极对地的静电流就可得到颗粒物的浓度值。一般来说，颗粒物浓度与静电流之间并非是线性关系，往往还受到环境和颗粒流动特性影响。目前的研究：一是从电动力学的角度出发，寻找描述颗粒物浓度与静电流之间关系更加精确的理论计算模型；二是研究不同材料情况下颗粒摩擦生电的机理和特征。

另外，由于粉尘之间的碰撞和摩擦，粉尘颗粒也会因失去电子而带静电，其电荷量随粉尘浓度、流速的变化而按一定规律变化，电荷量在粉尘的流动中同时形成一个可变的静电场。利用静电感应原理测得静电场的大小及变化，通过信号处理，即可显示一定粉尘浓度的数值。

（4）β 射线法　β 射线是放射线的一种，是一种电子流。所以在通过粉尘颗粒时，会与颗粒内的电子发生散射、冲突而被吸收。当 β 射线的能量恒定时，这一吸收量就与颗粒的质量成正比，不受其粒径、分布、颜色、烟气湿度等影响。

测尘仪将烟气中颗粒物按等速采样方法采集到滤纸上，利用 β 射线吸收方式，根据滤纸在采样前后吸收 β 射线的差求出滤纸捕集颗粒物的质量。

(5) 过滤称重法（参比方法）　过滤称重法是其他颗粒物浓度测定方法的校正基准，是颗粒物浓度的基本测定方法，即参比方法。该方法通过采样系统从排气筒中抽取烟气，用经过烘干、称重的滤筒将烟气中的颗粒物收集下来，再经过烘干、称重，用采样前后质量之差求出收集的颗粒物质量。测出抽取的烟气的温度和压力，扣除烟气中所含水分的量，计算出抽取的干烟气在标准状态下的体积。以颗粒物质量除以气体标态体积，得到颗粒物浓度。为减少颗粒物惯性力的影响，标准要求等速采样，即采样仪器的抽气速度与烟道采样点的烟气速度相等。

(6) 测试要求

传统的光、电测尘法不需要抽气采样即可直接测量颗粒物浓度，但测量值受颗粒物的直径、分布、烟气湿度等因素的影响较大，需进行浓度标定。

β 射线法有效避免了颗粒物颗粒大小、分布及烟气湿度对测试结果的影响，其测量的动态范围宽，空间分辨率高。但由于存在放射性辐射源，容易产生辐射泄漏，因此用于现场测量时对操作人员的素质要求较高。同时，系统需要增加各种屏蔽措施，设备结构复杂且昂贵。β 射线法一般适合于对测量有特殊要求的场合。

过滤称重方法的整个采样、称重和计算过程均需要测试人员操作或执行，因此，测试人员操作仪器是否得当，是否按照标准方法、操作经验等，都会影响测试数据的准确性，造成人为操作误差。

2. 烟尘 CEMS 的组成

近年来随着科技进步和环保监测仪器仪表的迅速发展，固定污染源排放烟气连续监测系统（Continuous Emissions Monitoring System，CEMS）为严格执行国家、地方大气污染物排放标准，实施污染物排放总量控制提供了有力的技术支持。因此，对有一定规模的企业及排气量相对较大的固定源，配备 CEMS 势在必行。

烟气 CEMS 由颗粒物 CEMS 和气态污染物 CEMS（含 O_2 或 CO_2）、烟气参数测定子系统组成，见图 13-49。通过采样方式和非采样方式测定烟气中污染物的浓度，同时测定烟气温度、烟气压力、流速或流量、烟气含水量、烟气含氧量（或 CO_2 含量），计算烟气污染物排放率、排放量，显示和打印各种参数、图表，并通过图文传输系统传输至管理部门。

电源要求额定电压 220V，允许偏差 $-15\%\sim+10\%$，谐波含量 $<5\%$，额定频率 50Hz，接地系统各设备的接地按安装设备说明书的要求进行。

3. 颗粒物连续监测

(1) 监测方法

颗粒物 CEMS 尽管种类很多，但目前在实际中应用的有浊度法、光散射法、电荷法和 β 射线法。

① 浊度法原理。光通过含有烟尘的烟气时，光强因烟尘的吸收和散射作用而减弱，通过测定光束通过烟气前后的光强比值来定量烟尘浓度。

② 光散射法原理。经过调制的激光或红外平行光束射向烟气时，烟气中的烟尘对光向所有方向散射，经烟尘散射的光强在一定范围内与烟尘浓度成比例，通过测量散射光强来定量烟尘浓度。

③ 电荷法原理。当运动烟尘与测量探头传感器相互碰撞产生静电，通过传感器的电流与颗粒撞击它的数量在一定范围内成比例，通过测量传感器的电流来定量烟尘浓度。

④ β 射线法原理。烟尘颗粒对恒定能量射线的吸收量正比于颗粒物的质量。由采样头将样品采集到滤带上，通过测量 β 射线的衰减量求得空白点与样品点之差得出烟尘质量。再经过其他点测量和处理得出烟尘浓度。

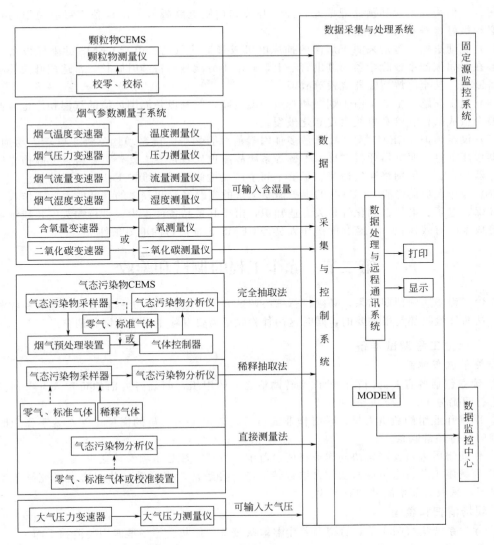

----------- 表示任选一种气体参数测量仪和气态污染物CEMS

图 13-49　烟气排放连续监测系统示意

（2）信号输出　固定式烟尘连续监测装置的信号输出值一般为 4~20mA。有些仪器可通过现场端子箱的处理采用 RS-232 或 RS-485 电缆传输数字信号，按信号输出值代表的物理量分，有浊度值、消光度值和浓度值。

4.监测注意事项

（1）环境影响　环境因素是造成 CEMS 故障率增多的一个不容忽视的因素。因此，为确保系统长期运行，每季度必须把烟尘分析仪、电源开关箱、控制电路板和数据传送模块等彻底清灰，做好防尘，并进行加固。

（2）烟尘问题　烟尘是由于燃料的燃烧、高温熔融和化学反应等过程中形成的飘浮于空气中的颗粒物，在锅炉除尘器、水泥窑除尘器转炉除尘器、高炉除尘器、焦化除尘器、氧化球团除尘器、麦尔兹窑除尘器周围，烟尘污染严重，烟尘成分十分复杂。

如果大量的烟尘覆盖或聚集在设备或导线接头表面，既影响导热性能，又影响设备电气性能。

烟气在线连续监测仪是一个精密的分析仪器，里面许多关键部件都做好密封，防止环境中的烟尘进入；但采样单元和预处理单元、控制开关和控制电路板等外围设备不可避免地与烟尘接触，必须做好检查和清洁。

（3）震动影响 震动来源于烟囱的抽风电机或管道的风动。由于 CEMS 的采样设备一般都是安装在金属烟囱中或除尘器的进出管道上，震动十分激烈且持续时间长，常造成开关掉落、电器设备断线，甚至电源适配器烧毁等故障。

（4）温度问题 主要是由于烟囱和管道的温度高，监测设备周围环境的气温相应也较高，高温一般会造成采样气管和电线表皮老化破裂。

（5）仪器维护 CEMS 发生故障是多种因素的综合影响。除环境因素外，管堵、易损件坏、制冷器性能下降、服务器死机、排水不畅等系统故障也比较常见。此外，在检查故障前先做到检查服务器状态、了解网络通信情况、了解车间生产及检修情况，维护工作能事半功倍。

（6）操作人员的经验 CEMS 的维护需要丰富的实践经验和较强的判断能力，工作人员需要掌握环保、电子、电气自动化等相关专业知识，由于其备品备件很贵，自行购买安装或维修是降低运行成本的有效途径。有经验的操作人员是 CEMS 正常运行的重要条件。

第二节　除尘工程的调试和验收

除尘工程要达到预期结果，必须进行精心调试和严格的验收，工程验收分为竣工验收和交工验收，这两种验收都是很重要的，同时这两种验收都需要有除尘系统测试和调整。

一、除尘工程调试准备

1. 关于试车体制

① 确立包括各有关部门在内的试运转调整之总体组织，明确各方面的负责人，参加试车人员应进行明确分工。

② 明确作业组的负责人员，联络作业人员等，确定试车人员的岗位。并在着手作业时与各有关部门保持经常联系。

③ 作业组内人员要经常协商作业目的、范围、责任、注意事项及传达事项等。

④ 现场施工负责人员应密切配合试运转工作，要经常取得联系，共同协商研究异常情况发生的原因，采取必要措施并即时解决。

2. 现场清扫和整理

① 除尘系统集气吸尘罩，管道及除尘器输灰设备、储灰仓等场地四周要清扫干净。

② 整理和收拾在施工中使用的工具和试运转不需要的物件。

③ 检查在安装过程中有无破损、受潮等零部件，对不符合要求的部件要进行处理。

④ 检查设备内外及四周有无铁片焊渣、砂子、水泥、电线螺丝等物，特别是风机回转处要彻底清扫干净，并关闭好检查门和安全罩等。

3. 注意安全

① 准备好"注意安全"的牌子，悬挂在需要的地方。"安全牌子"的种类有禁止入内、试运转中、操作区禁入、危险区域等。

② 在试运转时，事先将现场用安全绳围挡起来，悬挂"禁止入内"之类牌子。

③ 预先断开设备电源，确保在误操作后机器也不能转动。倘若错误操作，要明确出在紧急情况下的停机方法。

④ 电气设备修补作业及检修电动机接线时，要先切断电源方可作业。如要开动电机需由主管电工到场开机。

⑤ 启动某一台设备时，要预先确认电气设备、线路、开关等是否全部调试完毕后方可启动。如果电气系统全部正常可以启动，也要由主管电工合闸开机。

⑥ 全体试运转人员要穿好劳动保护品，如工作服、手套、安全帽等。

⑦ 试车时发现设备存在故障，如启动不灵和电气线路存在问题，要及时与安装单位联系，讲清问题情况，故障由安装单位人员负责处理。

⑧ 使用电气开关启动设备时，必须取得电气安装人员同意，最好由电气安装人员负责启动。

⑨ 通电试车时，应缓慢启动机械设备，延长些启动时间，保护设备运行安全。

4. 仪器和工具的准备

试车常用仪表工具及用途见表 13-11。

表 13-11　试车常用仪表工具及用途

序号	仪器名称	主要规格	用途
1	标准卷尺	全长 5m	测量尺寸
2	听音棒	各种规格	检查机械设备内部转动声音
3	转数表	电池式	测定机械转数
4	手提振动测试仪	$10\sim1000\mu m$	检验通风机轴承振动
5	秒表	精度 1/5s	各种计时用
6	万能电表	钳式 300A	测定电流、电压、阻抗
7	笔尖式验电器	600V	检验低压导通用
8	水银柱式玻璃温度计	$0\sim100℃$	测定温度用
9	电池式绝缘电阻仪	用新型号	绝缘测定用
10	无线电步话机	市场上有新型号	远距离通话联络用
11	活扳手	$200\sim300mm$	调整螺栓用
12	螺丝刀	各种规格	调整螺丝用
13	检修用手锤	中、小规格	检查用
14	手电筒	二节 1 号电池	检查设备内部用
15	润滑油枪	标准型	轴承给脂用
16	皮托管	$\phi15mm\times1000mm$ $\phi15mm\times2000mm$	测定风量、压力用
17	U 形压力计	$0\sim7000Pa$	测风压用
18	胶皮管（软胶管）	内径 7mm	测定用

注：以上提供的仪器和工具规格为参考，因市场上有新产品不断上市，要选择购买。

二、试车调整试验

1. 单机试车调整试验

（1）试车项目内容　单机试车包括除尘设备主机（本体）和辅机的单体试车；单机是指具有独立运转功能的设备（系统），主机通常指结构复杂、由多元部件组合而成的静电除尘器、袋式除尘器、湿式除尘器和其他除尘器，以及通（引）风机。

辅机是指为完善主机功能而配套的机械设备，包括：a.粉尘回收与输出设施，如星形卸料器、螺旋输送机、埋刮板输送机、斗式提升机、泵式输灰设备、圆板拉链输送机、粉体无尘装车机以及粉尘再利用设备等；b.静电除尘器的硅整流供电装置、沉淀（阳）极振打装置、电晕（阴）极振打装置、安全供电保护装置（系统）等；c.袋式除尘器的振打清灰装置、脉冲清灰装置、回转反吹清灰装置等；d.湿法除尘器的供排水水泵、喷嘴或喷淋设备和污泥处理设备；e.其他相关设备阀门和显示仪表。

（2）调试规则

① 单机试车应在无负荷状态下（必要时切断与除尘系统的链接）考核单机功能。

② 采取实用性手段，科学评价单机安装质量，包括：安装方式应符合设计规定，满足主机需要；运行参数（电压、电流、转速）符合设计（额定）规定；单机运转过程无周期性碰卡等异常声音和连续发热表征；单机试车不能少于 4h；肯定单机设备具备单体运行条件。

（3）调试结果

① 调试过程完整、准确做好调试记录。调试记录应当包括：单机设备名称，规格与型号，性能指标（电压、电流、转速），运行表现，调试结论，调试人签字及调试日期等。

② 调试结论，还应记录不同意见。

③ 调试记录归入设备安装档案。

2. 无负荷试车调整试验

（1）项目内容　无负荷试车，是指除尘系统无负荷（不通尘）状态下的整体空载试车。

无负荷试车应在单机试车合格后组织与实施，主要检验除尘设备在除尘系统中运行的连续性、可靠性和协调性。连续性指除尘系统在额定状态下，能够保证与工艺设备长期同步运行；可能性指在额定状态下，除尘系统的技术性能与设备质量，能够长期保证工艺生产连续运行，协调性指辅机能够围绕主机运行、按主控指令协调一致、同步发挥单机功能与作用。

无负荷试车的主要内容有以下 5 个方面。

① 设备安装质量检查。试车前，在静止状态下应系统检查除尘设备安装的完整性、方向性，系统连接的可靠性，外观质量的良好性。

完整性指按设计要求，重点检查安装过程是否有安装漏项，也包括未经建设单位同意自行削减的项目。一经发现，应自行完善，达到设计要求。

方向性指以阀门为代表的配件，其安装方向应与流体运动方向相符合。

可靠性指设备、管道与法兰连接应严密、无泄漏、设备（管道）支架牢固，膨胀导出自由；自动控制与安全防护设施预检功能到位。

良好性指应保证设备外观安装质量符合设计规定，涂装规范，场地清洁。

② 空载运行。在空载（不通尘）状态下，组织与观察除尘设备的运行工况，特别是主风机的电压、电流、转速和振动性，以及除尘器的风量、阻力、电场特性等专业指标；宏观定性评价除尘器运行的整体性、连续性和适用性。初步肯定整体功能匹配、运行连续、功能适宜。

③ 巡回检查。对除尘系统（特别是除尘器）进行巡回检查，主要是观察无负荷试车运行动态，发现问题，及时处理除尘设备安装过程潜在的不确定因素，纠正差错，提升除尘设备完好率。

④ 处理缺陷。无负荷试车过程发现的设备缺陷和隐患，应全面记录，认真研究、科学采取修补措施，防患于未然。对于重大隐患的处理，特别是涉及生产工艺的重大隐患处理，一定要取得建设单位的同意。

重大隐患的处理，要讲求科学精神，在调查研究基础上科学采取先进技术，妥善消除缺陷，提升设备安装质量。

⑤ 试车验证。对于无负荷试车中发现的缺陷和隐患，在精心修补和处理后，一定要经过一次或多次试车加以验证；不能主观认为"一次修补，百年无恙"，要通过试车验证予以确认，达到设计指标。

（2）调试规则

① 无负荷试车应在单机试车合格的基础上，按空载负荷组织除尘系统整体试车，重点考核除尘设备在除尘系统中的整体功能。

② 按设计规定组织无负荷试车，采用系统工程理论，全面评价与调节除尘系统整体功能至设计水平，包括：主机与辅机运行控制的统一性、连续性、协调性。额定状态下，自动控制与人工控制兼容，全面考核除尘系统运行的可操作性和可靠性。应急状态下（人为设定），除尘系统安全防护功能的安全性和可靠性。

③ 科学组织设备运行和巡回检查。按无负荷试车方案，在无负荷（也可为低流量）状态下组织系统试车。巡回检查系统运行参数（主风机电压、电流和转速）、设备漏风、阀门方向性、设备振动和控制系统同步性等。反复巡查，发现缺陷，消除隐患。

④ 抓紧整改，消除隐患，提升质量。一经查出缺陷，必须做好记录，限期整改，重大缺陷，要统一规划、集中处理、消除隐患、安然无恙。涉及生产工艺的特大缺陷，整改方案应取得建设单位同意。整改后的缺陷部位（件），应在下次试车时验证消除。

⑤ 无负荷试车一般不少于 8h。

⑥ 具有无负荷试车合格的评价结论。

（3）调试结果　调试记录、整改方案、试车报告，应确认是否达到设计规定指标；试车报告纳入设备安装档案归档。

3. 负荷试车调整试验

（1）项目内容　负荷试车是指在负荷状态下（通入实际工况气体），组织与实施的除尘系统负荷试车。重点考核除尘设备在运行状态下的实际功能。

负荷试车调整试验按其除尘设备输送介质的不同，可分为负荷试车调整预试验（俗称"冷态试验"）和负荷试车调整试验（俗称"热态试验"）。

负荷试车调整试验，一般应在无负荷试车合格的基础上执行。二者也可结合进行。

基于负荷试车调整预试验和负荷试车调整试验的宗旨不同，其负荷试车的项目内容也有所差异。

① 负荷试车调整冷态试验。它是以异常态空气为介质来组织与实施除尘器气体动力特性试验的；其目的在于调整除尘系统，科学组织气体正确流动，使除尘效能最大化。

为防止粉尘对除尘器内部造成污染，给调整试验造成操作困难；故利用除尘器既有结构，以常态无尘空气为介质而开展的空气动力特性试验，称为预实验。通过优化对比，科学研究冷态试验与热态试验的气体动力关系。除尘设备负荷试车调整预实验的项目内容，包括：a.按除尘系统设计风量×85%，调整试验确定，抽吸点风量分配平衡，设备阻力系统漏风率和设备漏风率，主风机运行安全，附属设施同步运行，安全保护设施可靠，除尘效能（排放浓度，除尘效率等）；b.按除尘器额定（设计）风量×100%，调整确认上述 a.各项指标；c.按除尘器额定（设计）风量×115%，调整确认上述 a.各项指标；d.按 a.b.c.各项指标，优化与确定除尘器运行指标。

在上述调整试验基础上，还可以按最大值考核空载运行能力。

② 负荷试车调整，热态试验。它是以工况气体（含尘气体）为介质，组织与实验除尘器实际运行的气体动力特性试验；其目的旨在调整除尘系统，科学组织工况气体正确流动，谋取除尘器工况运行除尘效能最大化。

在上述调整试验基础上，结合冷态试验最大值，探讨热态工况的最大工作能力。

（2）调试规则

① 负荷试车应按批准的《除尘设备负荷试车方案》执行。负荷试车方案，包括：负荷试车目的与原则，除尘器型号及其设计参数，引风机型号及其技术参数，运行点的策划及其控制，操作程序与要点，安全设施与应急预案，试车组织与分工等。

重要除尘设备的负荷试车调整试验，应建议建设单位牵头组织，设计单位参加。

② 负荷试车调整试验分预试验和试验两个阶段执行。预试验阶段的任务，主要是调试设备，以期达到设计参数；试验阶段的任务，主要是调试设备投产运行，出具除尘设备功能参数。

③ 负荷试车应从最小风量调试，逐渐升至最大值，以期从环境控制上观察与寻求最佳运行点。

除尘设备运行点，应以除尘设备设计参数（温度、压力、浓度）为切入点，计算选定，调试勘定，确定风量值并在调节阀门开度上做好标记。

④ 预试验阶段，在调试设备的同时，从远至近，依次做好抽尘点的风量分配、调节与平衡；

反复调试，确认进入除尘器时的风量均布、合理。

⑤ 除尘器运行点参数勘定，选择在除尘器入口管道的平直段上进行；测试参数由计算预估，计算程序如下：

$$
试验风量/（m^3/h） \xrightarrow{（计算）} 管道风速/（m/s） \xrightarrow[（实测）]{（计算）} 管道动压/Pa \xrightarrow{（实测）}
\begin{cases}
风量/（m^3/h），漏风率/\% \\
全（静）压（进出口）， \\
设备阻力/Pa \\
粉尘浓度/（mg/m^3）， \\
除尘效率/\%
\end{cases}
$$

测试方法按国家标准规定执行：风量测试应用皮托管（配用微型压力计）法；压力利用 U 形压力计（全压）法；漏风率用风量平衡法、碳平衡法；粉尘浓度采用等速采样、重量法检测；除尘效率按进出口粉尘量差值计算确定。

⑥ 调试过程要严格按照安全操作规程；有爆炸性威胁的地点，更要安全操作，备有应急救护预案。

⑦ 调试不可能一次完成；应按预定计划，反复试验，优选终定。

（3）调试结果　调试结束，整理试验数据，撰写调试报告。调试报告应包括：导言，调试目的，调试原则，调试方法，调试数据，讨论、结论和参考文献。

三、工程验收

1. 验收评价

除尘系统调整试车合格后，应及时组织工程验收评价。按我国法律规定，除尘设备验收评价包括：职业卫生验收评价和环境保护验收评价。

职业病危害防护设施验收评价如下。

（1）法律依据　《职业病防治法》规定，"建设项目的主体工程完工后，需要进行试生产的，其配套建设的职业病防护设施必须与主体工程同时投入试运行"，"建设项目竣工后，建设单位应当对建设项目进行职业病危害控制效果评价，需要进行试生产的建设项目，在试运行期间应当对职业病防护设施运行情况和工作场所职业病危害因素进行监测，并在试运行 6 个月内进行职业病危害控制效果评价。"

按照《建设项目职业病危害评价规范》的要求，建设项目的职业病危害控制效果评价工作程序见图 13-50。

作为控制职业病危害因素，保护劳动者健康的除尘项目验收，也必须履行上述法律规定。

（2）验收评价内容　建设项目职业病危害控制效果评价报告，应当立足建设项目职业病危害预评价结果，具体包括以下内容：建设项目概况，职业病危害控制效果评价的依据、范围和内容，试运行情况，建设项目存在的职业病危害因素及其危害程度，职业病防护设施的运行情况与效果，评价结论。

对于除尘工程的验收评价，具体应当侧重以下内容。

① 除尘设备型号及其技术性能，包括设备型号、处理风量、设备阻力、设备漏风率，除尘器入口粉尘浓度、出口粉尘浓度及其除尘效率、排放浓度、粉尘回收量。

② 防尘罩型号、密封性及其对粉尘扩散的控制能力。

③ 主要作业场所粉尘浓度的控制水平，及其改善程度。

④ 除尘设备运行情况。

⑤ 除尘设备噪声评价。

⑥ 通风机运行指标，包括风量、全压、电压、电流、功率以及噪声与振动分布特性。

⑦ 存在问题。

⑧ 评价结论。

建设项目职业病危害防护设施控制效果评价，应由具有省级资质的专业卫生机构承担。

（3）实施 建设项目竣工前后，建设单位应委托具有省级资质的卫生专业机构，适时开展建设项目职业病危害防护设施控制效果评价。

建设单位提供相关生产工艺资料和职业病危害防护设施控制效果预评价资料。

受托专业卫生机构，结合建设项目具体情况，编制职业卫生验收评价大纲（方案）。

专业卫生机构，按批准的建设项目职业卫生验收评价大纲（方案）和法定测试方法，会同建设单位共同配合，组织与开展现场调研和性能测试，编写职业病危害防护设施控制效果评价报告（初稿）。

受托专业卫生机构牵头，吸收建设单位参加，组织讨论与修订《建设项目职业病危害防护设施控制效果评价报告（草稿）》；受托专业卫生机构，按法律程序全权签发《建设项目职业病危害防护设施控制效果评价报告》正式文本。

《建设项目职业病危害防护设施控制效果评价报告》，必须在建设项目试生产之日起 6 个月内完成。

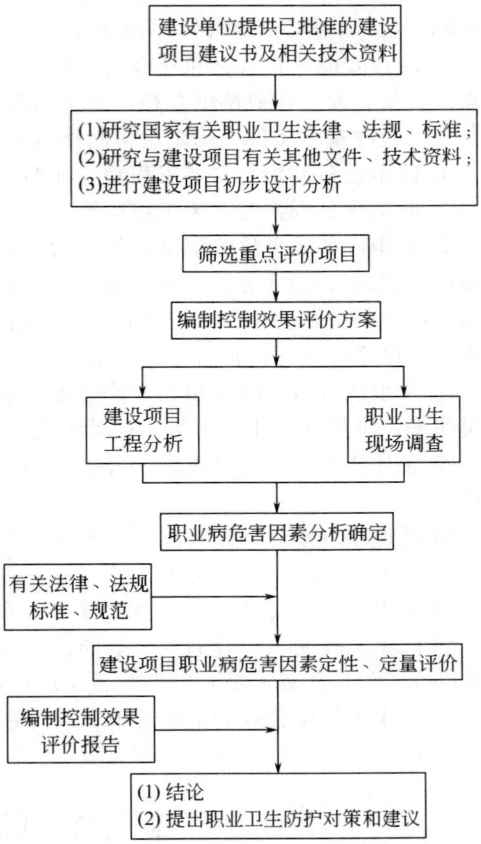

2. 工程验收

（1）验收原则 除尘设备制作与安装工程竣工后，历经安装调试和试生产考核，具备生产运行条件，应当遵照建设项目职业病危害防护设施（环保设施）竣工验收分口管理的原则和《建设项目环保设施竣工验收管理规定》或《建设项目职业病危害防护设施竣工验收管理规定》，本着"先编制与批准建设项目职业病危害防护设施竣工验收监测方案或减少项目环境保护设施竣工验收监测方案，后实施建设项目职业病危害防护设施竣工验收监测或建设项目环保设施竣工验收监测"的程序，科学编制与提出建设项目职业病危害防护设施竣工验收监测报告或建设项目环保设施竣工验收监测报告，供建设项目主管部门适时组织与实施建设项目职业病危害防护设施竣工验收或建设项目环保设施竣工验收。

建设项目职业病防护设施竣工验收评价或建设项目环保设施竣工验收评价，应由具有省级资质的专业机构承担。

建设项目和《建筑工程施工质量验收统一标准》竣工验收，应遵守下列原则：a. 以《建设项目承包合同》为依据，按承包工程量组织整体验收的原则；b. 以设计图纸为依据，施工质量验收规范为补充的质量控制原则；c. 以承包合同总额为准的费用总承包原则；d. 投产运行一年内的质量保证与售后服务原则。

（2）验收主要内容

① 以合同为依据，全面审查与核定除尘设备制作与安装工程的工程量，做到不多项、不漏项、公平交易。

合同外增减工程量，按双方商定原则补正处理。

② 以图纸和施工质量验收规范为准绳，做好外观质量验收、制作质量验收、安装质量验收、性能质量验收和中介方监理验收；做到文件完整，程序合法，手续齐全。

图 13-50 职业病危害控制
效果评价工作程序

③ 质量良好，运行可靠，投产运行 3 个月内履约验收。投产后无偿服务 1 年和 10％保证金（合同后退回），作为后续保证的准则。

④ 综合效能考核合格包括吸气罩罩口气流特性和室内空气中含尘浓度合格，除尘风机特性和噪声合格，粉尘排放浓度合格，除尘器阻力合格，除尘效率合格，除尘器漏风率合格等。

（3）验收基本文件　除尘设备制作与安装工程，竣工验收时，应签署与提供下列验收文件。

① 除尘设备制作与安装工程验收证书。

② 除尘设备制作与安装工程决算书。

③ 除尘设备质量检验记录，包括设备外观质量检验记录；设备制作质量检验记录（含特种设备检验记录）；设备系统安装质量检验记录；除尘系统冷态试车调整试验报告（记录）；除尘系统热态试车调整试验报告（记录）；建设项目职业病危害防护设施控制效果评价报告；建设项目环境保护设施验收评价报告和综合效能测定报告。

④ 除尘项目竣工图及相关文件，包括除尘系统和施工竣工图（含纸质文本和电子文本）；设计说明书；维护管理使用说明书；操作规程。

⑤ 备件清单（必要时提供零件加工图），包括重要配套设备（配件）；重要非标备件；常用易耗件。

⑥ 建设项目承包许诺及其联系方式。

（4）交工验收

① 除尘工程的交工验收应由建设或总承包单位，向国家或业主移交质量合格的工程。

② 除尘工程交工验收的综合效能试验应由建设单位负责，设计、施工单位配合，综合效能试验应在工程竣工验收后，并已具备生产试运行的条件下进行。

③ 除尘工程综合效能试验的项目按国家标准规范及业主合同要求进行。

④ 综合效能试验项目的指标应满足设计要求。

第三节　除尘系统风量调整

除尘系统风量调整是除尘工程设计、施工和运转的重要环节。如果设计、施工合理，不经过风量调整，未必能达到除尘系统良好运行的效果。除尘系统风量调整宜在除尘系统运行正常 1 个月后进行。

一、风量调整的准备

1. 风量调整的目的

① 测定和调整除尘系统的风量，符合设计及工程实际的要求，降低能耗，使除尘系统在经济、稳定的参数状况下运行。

② 测定除尘系统中风机的性能，按工况条件确认运行参数。

③ 调整除尘器各室的风量均匀，使除尘系统稳定运行，为除尘系统的正常运行、维护和检修提供依据。

2. 调试准备

在调试安全条件具备的前提下做以下准备。

① 掌握和熟悉设计和施工文件，根据设计要求和施工规程进行检查，校正不合理的地方。

② 设备规格、型号按设计要求进行检查，并应检查设备基础、管道支架、风管连接是否牢固，电气开关是否便于操作。

③ 风管检查口（清扫口）、集尘箱、密闭门、法兰连接、测量孔等处是否严密，防止漏风。

④ 检查调节阀、插板阀是否灵活，各处阀门的开关转动是否灵活。

⑤ 检查风管内有无杂物堵塞。

⑥ 检查风机是否运行良好，皮带松紧是否得当，调速机构是否动作准确可靠。

⑦了解生产工艺状况，使风量调整在满负荷生产条件下进行。

二、除尘系统风量调整基本原理

系统调整的实质是系统流量（即除尘系统的流量）的调整，也叫流量平衡或配风，其目的是将系统各管段的风量调整到设计或工程实际要求的风量，使系统的工作达到预定的设计或工程实际的要求。

风量调整是利用管道系统上的调节阀门，调节其开度，从而改变系统中各段的压力损失，使各段的风量达到要求，维持系统的最佳运行工况。

除尘管网的特性是指空气流经管网时风量与压力损失之间的关系。风管的总压力损失由摩擦压力损失和局部压力损失两部分组成，可用式（13-84）表示：

$$\Delta p = \Delta p_{\mathrm{m}} + \Delta p_{\mathrm{z}} = \Sigma \left(\frac{f}{d} L \frac{\rho v_{\mathrm{p}}^2}{2} \right) + \Sigma \zeta \rho \frac{v_{\mathrm{p}}^2}{2} \tag{13-84}$$

式中，Δp 为管网总压力损失，Pa；Δp_{m} 为摩擦压力损失，Pa；Δp_{z} 为局部压力损失，Pa；f 为摩擦阻力系数；d 为风管直径，m；L 为管段长度，m；ρ 为空气密度，kg/m³；v_{p} 为风管内气流平均速度，m/s；ζ 为局部阻力系数。

当除尘管网的结构、尺寸、烟气参数以及流动状态确定后，式（13-84）中 L、d、ζ、v 及 f 均为定值。因此，可以得出管网的特性方程和特性曲线：

$$\Delta p = KQ^2 \tag{13-85}$$

式中，Δp 为管网总压力损失，Pa；K 为总阻力系数；Q 为除尘系数总风量，m³/h。

在除尘系统实际运行中，由于风量调整不当、管网或设备故障、系数有的部分漏风、增加吸尘点等情况，都会影响总阻力系数，从而改变管网特性。在压力损失增大的情况下，特性曲线变陡，相反特性曲线变缓。

风机特性曲线与管网特性曲线之间的关系是风量调整的中心内容。当系数运行的官网特性曲线变化时，风机工程点亦随之改变。工况点变化以后，除尘系统的风量、风压和风机轴功率亦随之变化；若工况点沿风机特性曲线漂移幅度较大时，系统就失去了原设计的参数，产生失调现象，甚至完全失效，造成作业点粉尘浓度回升。因此，必须采取有效的运行调节措施，最大限度地恢复除尘系统的原有特性，使除尘系统工况点复位，重新发挥系统的除尘作用。此外，若风机叶轮黏附过多的粉尘或管道被粉尘堵塞，会使风机特性曲线改变；对这种情况则应及时检修风机，清理管道。

三、测试内容和方法

1. 风机的性能测试

① 在风机进出口适当的位置安装测试孔。

② 标定工况条件下风机的最大风量和设计风量，观察风机风门的变化对风量的影响，注意避开喘振点。

③ 测量风机动压、静压、温度、大气压、气体吸湿量、风机马达电流及风机转速。

④ 依据测试结果计算风量、功率、效率等，为风机经济高效运行提供有关数据。

2. 除尘器性能测试

（1）检查除尘器本体各部分，保证其处于正常工作状态。

（2）测定项目。除尘器进口出口动压、静压、温度、湿度，并计算相应风速、风量、除尘效率、除尘器阻力、漏风率等。

（3）除尘器风量调整分 3 步进行：a. 根据除尘器各处局部阻力不等情况，进行均匀进排风的理论计算，根据理论计算结果，确定风量调节阀的调节大致范围，然后进行每个风量调节阀的风量调整；b. 在风量调整之前为掌握原有各室的风量，先对风量进行实测，因实测出的风量各室不甚均匀，则根据实测风量做出阀门调整，调整后再进行风量测定，边调整边测定，直至各室风量相差±5％以内为止；c. 在各室风量均匀程度达到要求后，把风量调节阀位置记录下来，把实测结果制成表格，供除尘器长期运行参考，同时把阀板位置加以固定并按此进行。

3. 除尘系统测试和风量调整

(1) 根据吸尘点管道走向选择合理的测试点数目，测孔要符合"上四下二"的要求原则，在不具备条件的地方取两弯头中间位置，并在90°位置增加测孔或增加测点数目。

(2) 调整步骤

① 根据系统图标出各风口、各管段和设计风量。

② 按一定格式，设计出各相邻管段间的设计流量比值。

③ 从最远管道开始，采用两套仪器分别测量相邻管段的风量。

④ 调节干管或支管上的调节阀的开度，使所有相邻支管段间的实测风量比值与设计风量比值近似相等。

⑤ 最后调整总风管的风量达到的设计风量，根据流量平衡原理，各支管干管的风量就会按各自的比值进行分配，从而符合设计风量值达到合理的风量要求。

(3) 测定各吸风点动压、静压、湿度、温度、大气压，并计算相应风速、风量、选择风机风量的风机阀门开启角度。

4. 调节措施

当除尘系统的运行工况点沿风机特性曲线漂移幅度较大时，系统就失去了原设计的参数，产生失调现象，甚至完全失效。针对这种情况，必须采取运行调节措施，最大限度地恢复系统的原有特性。

(1) 疏通管网　当排风罩对产尘点失去控制作用时，可判断为管网堵塞。如果系统中设有清扫孔或盲板，则开启清扫孔，否则应由法兰盘处拆卸管段清扫，不宜用硬物敲击风管及部件。

(2) 检修除尘器　对旋风除尘器和电除尘器，一般检查其含尘气体入口有无堵塞；对袋式除尘器，则检查滤袋表面粉尘层是否过厚。如发现除尘器压力损失剧增，即可判断为设备堵塞，应做及时处理。另外，要检查除尘器锁气装置（卸灰阀）、刮板输送机或螺旋运输机有无严重漏风，发现后应及时采取措施。

(3) 闲置的吸风口和系统严重漏风处　均能使气流短路，破坏各集气吸尘风罩的流量分配。为此，必须及时检漏堵漏。

四、风量调整注意事项

1. 除尘系统风量调整应用范围

除尘系统是否进行风量调整视具体情况而定。一般地说有下述情况时应考虑进行风量调整：a. 除尘系统吸尘点较多，例如除尘系统有10个以上的吸尘点；b. 除尘管道较长，例如主管道长20～40m以上，或布置复杂；c. 扬尘点要求严格，不允许有任何粉尘逸出飞扬。

2. 除尘系统风量调整注意事项

① 除尘系统风量调整比通风空调系统风量调整要求更严格，因为任何粉尘的外逸都可能造成直接或间接的粉尘危害。

② 各吸尘点的风量实际值与设计值偏差应在15％以内。如果此时有的吸尘点仍有粉尘外逸时，应继续增加这些吸尘点实际风量。

③ 除尘管道不应有漏风存在，如果系统管道漏风，会对除尘效果造成极不利影响。

④ 除尘系统风量调整应包括对除尘器和风机性能的测定和调整，因为除尘器和风机性能参数都会直接影响除尘系统的运行效果。特别是除尘器性能参数变化范围较大时，必须调整至设计或选用参数范围之内。

⑤ 除尘系统风量调整应在系统正常运行1个月后进行，对袋式除尘系统应在系统运行3个月后进行。

3. 风量调整报告内容

（1）项目来源和依据　说明风量调整项目的来源和项目依据。

（2）生产工况　由于生产工况不同，除尘系统的参数是变化的，所以风量调整报告中应尽可能把生产工况条件和要求描写清楚。

（3）使用仪器　应把使用仪器的型号、精度、数量、厂家陈列齐全。

（4）除尘系统组成和图示　在系统图示中应包括吸尘点分部数量及测点编号；同时标出各风口、各管段设计风量，计算出各相邻管段设计流量比值，列出风机、除尘器设计参数等。

（5）风量调整内容　应包括各吸尘点控制风速罩口风速、风量，除尘系统管道风速、压力分布及除尘器性能数据、风机性能数据能耗等。

风量调整从最远段开始，采用两套仪器分别测量相邻管段的风量；调节干管或支管上的调节阀开度，使所有相邻支管段间的实测风量比值与设计风量比值近似相等。

测定各吸风点动压、静压、温度、湿度、气压，计算相应风速、风量。

最后调整总风管的风量达到的设计风量，根据流量平衡原理，各支管干管的风量就会按各自的比值进行分配，从而符合设计风量值，达到合理的风量要求。

（6）结论和建议　对风量调整情况提出结论意见，并对存在问题提出建议和解决方案，以利于对除尘系统的运行管理和继续改进。

参 考 文 献

[1] 王纯，张殿印. 除尘工程技术手册. 北京：化学工业出版社，2016.

[2] 国家环境保护总局政策法规司. 中国环境保护法规全书（2003—2004）. 北京：化学工业出版社，2004.

[3] 张殿印，顾海根，肖春. 除尘器运行维护与管理. 北京：化学工业出版社，2015.

[4] 张殿印，王海涛. 除尘设备与运行管理. 北京：冶金工业出版社，2012.

[5] 《2000 年的中国》编委会. 2000 年中国的环境. 北京：经济日报出版社，1989.

[6] 刘伟东，张殿印，陆亚萍. 除尘工程升级改造技术. 北京：化学工业出版社，2014.

[7] 刘爱芳. 粉尘分离与过滤. 北京：冶金工业出版社，1998.

[8] 张殿印，张学义. 除尘技术手册. 北京：冶金工业出版社，2002.

[9] 张殿印，陈康. 环境工程入门.（第 2 版）. 北京：冶金工业出版社，1999.

[10] 张殿印，姜凤有，冯玲. 袋式除尘器运行管理. 北京：冶金工业出版社，1993.

[11] 张殿印. 环保知识 400 问.（第 2 版）. 北京：冶金工业出版社，2000.

[12] 王绍文，张殿印，徐世勤，等. 环保设备材料手册. 北京：冶金工业出版社，1992.

[13] ［日］通商产业省公安保安局. 除尘技术. 李金昌译. 北京：中国建筑工业出版社，1977.

[14] 王晶，李振东. 工厂消烟除尘手册. 北京：科学普及出版社，1992.

[15] 金国森. 除尘设备设计. 上海：上海科学技术出版社，1990.

[16] 孙一坚. 简明通风设计手册. 北京：中国建筑工业出版社，1997.

[17] 大连市环境科学设计研究院. 环境保护设备选用手册——大气污染控制设备. 北京：化学工业出版社，2002.

[18] 冶金工业部建设协调司，中国冶金建设协会. 钢铁企业采暖通风设计手册. 北京：冶金工业出版社，1996.

[19] 申丽，张殿印. 工业粉尘的性质. 金属世界. 1998（2）：31-32.

[20] 嵇敬文. 除尘器. 北京：中国建筑工业出版社，1981.

[21] 马广大. 除尘器性能计算. 北京：中国环境科学出版社，1990.

[22] 杨飏. 环境保护专论选. 北京：冶金工业出版社，1999.

[23] 徐志毅. 环境保护技术和设备. 上海：上海交通大学出版社，1999.

[24] 《工业锅炉房常用设备手册》编写组. 工业锅炉房常用设备手册. 北京：机械工业出版社，1993.

[25] 王绍文，张殿印. 工业布局与城市环境保护. 基建管理优化，1990（2）.

[26] 曹彬，叶敏，姜凤有，等. 利用低压脉冲技术改造反吹风袋式除尘器的研究. 环境科学与技术. 2001(5)：16-18.

[27] 张殿印. 布袋除尘器简易检漏装置. 劳动保护，1979（7）.

[28] 张殿印. 烟尘治理技术（讲座）. 环境工程，1988：1-6.

[29] 张殿印，姜凤有. 日本袋式除尘器的发展动向. 环境工程，1993（6）.

[30] 张殿印. 静电除尘器声波清灰原理及设计要点. 云南环境保护，2000（8）增刊：230-232.

[31] 张殿印. 国外铝冶炼厂污染问题概况. 冶金安全，1987（3）.

[32] 张殿印. 钢铁工业的能源利用与环保对策. 环境工程，1987（3）.

[33] 张殿印. 静电对袋式除尘器性能的影响. 静电. 1989（3）：24-28.

[34] 张殿印，姜凤有. 低压脉冲除尘器在高炉碾泥机室的应用. 冶金环境保护，2000（5）：11-14.

[35] 张殿印，台炳华，陈尚芹，黄西谋. 针刺滤料及其过滤特性. 暖通空调，1981（2）.

[36] 张殿印. 袋式除尘器滤料及其选择. 环境工程，1991（4）.

[37] 张殿印，姜凤有. 除尘器的漏风与检验技术. 环境工程，1995（1）.

[38] 顾海根，张殿印. 滤筒式除尘器工作原理与工程实践. 环境科学与技术，2001（3）：47-49.

[39] ［日］田中益穂. バッグフイルクーの压力损失特性. クミカル. エンツニソリケ，1974（6）：13-17.

[40] ［日］东门荣一. バッグフイルクー设计上的问题点. クミカル. エンツニソリケ，1974（6）：18-21.

[41] 陆跃庆. 供暖通风设计手册. 北京：中国建筑工业出版社，1997.

[42] 陆跃庆. 实用供热空调设计手册. 北京：中国建筑工业出版社，1993.

[43] 严兴忠. 工业防尘手册. 北京：劳动人事出版社，1989.

[44] 李家瑞. 工业企业环境保护. 北京：冶金工业出版社，1992.

[45] 铁大铮，于永礼. 中小水泥厂设备工作者手册. 北京：中国建筑工业出版社，1989.

[46] 北京市环境保护科学研究院. 大气污染防治手册. 上海：上海科学技术出版社，1990.

[47] 商景泰. 通风机手册. 北京：机械工业出版社，1996.

[48] 续魁昌. 风机手册. 北京：机械工业出版社，1999.

[49] ［日］ハケフイルクー专门委员会. バゲフイルーの技术调查报告. 空气清净，昭和 49 年 3 月.

[50] 张殿印，顾海根. 回流式惯性除尘器技术新进展. 环境科学与技术，2000（3）：45-48.

[51] 张学义，钱连山．声波技术在静电除尘器应用．工程建设与设计，1999（5）：41-43．

[52] 张殿印，王纯．大型袋式除尘器的开发与应用．工厂建设与设计，1998（1）：38-40．

[53] 申丽．脉冲布装除尘器控制技术，工厂建设与设计，1998（2）：16-18．

[54] 黎在时．静电除尘器．北京：冶金工业出版社，1993．

[55] 张殿印．静电除尘器的灾害预防控制，静电，1992（2）：47-50．

[56] 守田荣．公害工学入门．东京：オーム社，昭和54年．

[57] ［日］通商产业省立地公害局．公害防止必携．东京：产业公害防止协会，昭和51年．

[58] ［日］诹访佑．公害防止实用便览：大气污染防治篇．东京：化学工业社，昭和46年．

[59] 于正然，等．烟尘烟气测试实用技术．北京：中国环境科学出版社，1990．

[60] K. Wark，C. Warner. Air Pollution：Its Origin and Control. New York：Harper and Row Publishers，1981．

[61] ［美］P. N切雷米西诺夫，R. A.扬格．大气污染控制设计手册．胡文龙，李大志译．北京：化学工业出版社，1991．

[62] 张志敏，等．环境监理实用手册．北京：中国环境科学出版社，1994．

[63] 徐世勤，王樯．工业噪声与振动控制.（第2版）．北京：冶金工业出版社，1999．

[64] 中国环保产业协会袋式除尘委员会．袋式除尘器滤料及配件手册．沈阳：东北大学出版社，1997．

[65] 杨丽芬，李友琥．环保工作者实用手册.（第2版）．北京：冶金工业出版社，2001．

[66] 李连山．大气污染控制．武汉：武汉工业大学出版社，2000．

[67] 谭天佑．工业通风．北京：冶金工业出版社，1994．

[68] 赵振奇，梁学邈．工业企业粉尘控制工程综合评价．北京：冶金工业出版社，2002．

[69] 张安富，周宇帆．袖珍涂装工手册．北京：机械工业出版社，2000．

[70] 郑铝．环保设备——原理·设计·应用.北京：化学工业出版社，2001．

[71] 俞非滪，张殿印．表面过渡技术在除尘中的应用．环境工程，1998（2）．

[72] 白震，张殿印．脉冲除尘器的清灰压力特性及选择研究．冶金环境保护，2002（6）：65-69．

[73] 金毓荃，李坚，孔冶荣．环境工程设计基础．北京：化学工业出版社，2002．

[74] 刘景良．大气污染控制工程．北京：中国轻工业出版社，2002．

[75] 靳计全．实用电工手册．郑州：河南科学技术出版社，2002．

[76] 国家环境保护局．钢铁工业废气治理．北京：中国环境科学出版社，1992．

[77] ［日］肥谷春城．MCフエトの开登とモの机能性．机能材料，1992（10）：33-39．

[78] 陶辉，何申富，陈健，等．宝钢炼钢厂增设转炉二次烟气除尘设施．冶金环境保护，1999（3）：44-47．

[79] 王连泽，彦启森．旋风分离器内压力损失的计算．环境工程．1998（4）：44-48．

[80] 方荣生，方德寿．科技人员常用公式与数表手册．北京：机械工业出版社，1997．

[81] 孙延祚．流量检测技术与仪表．北京：化学工业出版社，1997．

[82] 张殿印．钢厂大面积烟尘量测量．环境工程，1983（1）．

[83] 王纯，申丽．宝钢一号高炉炉前矿槽上部除尘系统风量调整及风机性能测定．冶金环境保护，2000（5）：45-51．

[84] 张殿印，王纯，俞非滪．袋式除尘技术.北京：冶金工业出版社，2008．

[85] 张殿印，王纯．除尘器手册.（第2版）.北京：化学工业出版社，2005．

[86] 姜凤有．工业除尘设备.北京：冶金工业出版社，2007．

[87] 王永忠，宋七棣．电炉炼钢除尘.北京：冶金工业出版社，2003．

[88] ［苏］乌索夫 B H．工业气体净化与除尘过滤器．李悦，徐图译．哈尔滨：黑龙江科学技术出版社，1984．

[89] 祁君田，等．现代烟气除尘技术．北京：化学工业出版社，2008．

[90] 王绍文，杨景玲，赵锐锐，等．冶金工业节能减排技术指南．北京：化学工业出版社，2009．

[91] 郭丰年，徐天平.实用袋滤除尘技术.北京：冶金工业出版社，2015．

[92] 焦有道．水泥工业大气污染治理．北京：化学工业出版社，2007．

[93] 嵇敬文，陈安琪．锅炉烟气袋式除尘技术．北京：中国电力出版社，2006．

[94] ［美］威廉 L．休曼．工业气体污染控制系统．华译网翻译公司译．北京：化学工业出版社，2007．

[95] 路乘风，崔政斌．防尘防毒技术．北京：化学工业出版社，2004．

[96] 化学工业部人事教育司．物料输送．北京：化学工业出版社，1997．

[97] ［日］大野长太郎．除尘、收尘理论与实践．单文吕译.北京：科学技术文献出版社，1982．

[98] 管立，李富佩．静电与粉尘危害之浅谈．静电，1996（3）：28-39．

[99] 肖宝垣．袋式除尘器在燃煤电厂应用的技术特点．电力环境保护，2003（3）：25-28．

[100] 赵军．袋式除尘改造为电除尘器的实践与应用．冶金环境保护，2006（3）：47-50．

[101] 张殿印，等．袋式除尘器滤料物理性失效与防范.暖通制冷设备，2007（6）：39-41．

[102] 吴凌放，张殿印，等．袋式除尘技术现状与发展方向．环保时代，2007（11）：19-22．

［103］ 陈盈盈，王海涛．焦炉装煤车烟气净化节能改造．环境工程，2008（5）：38-40．

［104］ 唐国山，唐复磊．水泥厂电除尘器应用技术.北京：化学工业出版社，2005.

［105］ 原永涛，等．火力发电厂电除尘技术.北京：化学工业出版社，2004.

［106］ 薛勇．环境污染治理设备．北京：化学工业出版社，2009.

［107］ 锅炉房实用设计手册编写组．锅炉房实用设计手册．北京：机械工业出版社，2007.

［108］ 方大千，张荣亮，等．简明节约用电速查手册．南京：江苏科学技术出版社，2008.

［109］ 王纯，张殿印．除尘设备手册．北京：化学工业出版社，2009.

［110］ 张殿印，王海涛.除尘设备与运行管理.北京：冶金工业出版社，2010.

［111］ 江晶.环保机械设备设计.北京：冶金工业出版社，2009.

［112］ 张殿印，王纯.脉冲袋式除尘器手册.北京：化学工业出版社，2011.

［113］ 杨建勋，张殿印.袋式除尘器设计指南.北京：机械工业出版社，2012.

［114］ 张殿印，王海涛.袋式除尘器管理指南——安装、运行与维护.北京：机械工业出版社，2013.

［115］ 赵振奇，潘永来.除尘器壳体钢结构设计.北京：冶金工业出版社，2008.

［116］ 陈颖，郭俊，毛春华，等.电除尘器高频电源的提效节能应用.中国环保产业，2010（12）：28-31.

［117］ 王勇.建设美丽中国人人有责.中国环保产业，2013（3）：33-37.

［118］ 刘勇，杨林军，赵汶.燃煤电站污染物控制设施增强 $PM_{2.5}$ 脱除的方法.中国环保产业，2013（3）：43-46.

［119］ 郦建国，吴泉明，余顺利，等.燃煤电站电除尘器提效改造技术路线的选择.中国环保产业，2013（3）：58-62.

［120］ 陈国忠，肖卫芳，金建国，等.我国袋式除尘器制造技术的发展.中国环保产业，2015（1）：22-26.

［121］ 中国环境保护产业协会袋式除尘委员会.我国袋式除尘设计水平的全面进步.中国环保产业，2015（3）：4-8.

［122］ 黄斌香，舒家华，陈璀君，等.覆膜滤料袋除尘器对工业粉尘中的 $PM_{2.5}$ 的排放控制.中国环保产业，2013（4）：23-26.

［123］ 刘含笑，郦建国，姚宇平，等. $PM_{2.5}$ 湍流聚并方法研究进展.中国环保产业，2013（4）：27-30.

［124］ 赵建民.新排放标准情况下火电厂除尘方式的选择.中国环保产业，2013（4）：48-54.

［125］ 叶子仪，刘胜强，曾毅夫，等.低低温电除尘技术在燃煤电厂的应用.中国环保产业，2015（5）：22-25.

［126］ 江得厚，王贺岑，董雪峰，等.燃煤电厂 $PM_{2.5}$ 及汞控制技术探讨.中国环保产业，2013（10）：38-45.

［127］ 修海明.电袋复合除尘器脱除 $PM_{2.5}$ 效率的探讨.中国环保产业，2013（10）：46-49.

［128］ 舒英刚.燃煤电厂电除尘技术综述.中国环保产业，2013（12）：7-12.

［129］ 中国环境保护产业协会袋式除尘委员会.袋式除尘行业 2014 年发展综述.中国环保产业，2015（11）：15-23.

［130］ 何森，刘胜强，曾毅夫，等.磁化水高压喷雾除尘技术治理城市 $PM_{2.5}$.中国环保产业，2015（11）：24-27.

［131］ 左朋莱，张锋，陈文龙，等.我国燃煤工业锅炉大气污染物治理技术探讨.中国环保产业，2015（11）：28-32.

［132］ 袁建国，刘含笑，郭链，等.固定源颗粒物测试方法及误差评述.中国环保产业，2016（8）：22-24.

［133］ 董力.高频高压电源在湿式电除尘器的应用.中国环保产业，2016（8）：60-64.

［134］ 高博，曾毅夫，叶明强，等.一种城市治理 $PM_{2.5}$ 的新方法.中国环保产业，2016（9）：33-35.

［135］ 张泽玉，吴大伟，吴祥奎，等.湿式静电除尘器在污染物减排治理中的应用.中国环保产业，2016（9）：39-42.

［136］ 张殿印，王冠，肖春，张紫薇.除尘工程师手册.北京：化学工业出版社，2020.

环境专业大气类图书目录

ISBN号	书 名	单 价
9787122325822	微细颗粒物及痕量有害物质污染治理技术	148.00
9787122339232	$PM_{2.5}$和气体净化技术	98.00
9787122347886	脱硫工程技术与设备（第三版）	198.00
9787122350961	大型燃煤机组超洁净排放技术	198.00
9787122215383	除尘器手册（第二版）	198.00
9787122310224	低温等离子体净化有机废气技术	98.00
9787122318251	制浆造纸行业二噁英污染防治与控制技术	148.00
9787122329844	煤焦化过程中大气污染物的释放、迁移及控制	85.00
9787122331175	细颗粒物净化滤料及应用	98.00
9787122341945	典型工业行业挥发性有机物污染特征及控制	85.00
9787122341921	袋式除尘器工艺优化设计	86.00
9787122336620	除尘工程师手册	280.00
9787122340016	船用柴油机超低排放控制技术	85.00
9787122338853	农田温室气体排放评估与减排技术	78.00
9787122340771	环保公益性行业科研专项经费项目系列丛书 ——大气二次污染手工监测标准操作程序	98.00
9787122246165	除尘工程技术手册	280.00
9787122261717	烟气脱硫脱硝工艺手册	198.00
9787122321701	除尘设备手册（第二版）	280.00
9787122150400	环境监测分析方法与检测技术丛书 ——环境空气和废气污染物分析测试方法	68.00
9787122211590	烟气排放连续监测系统(CEMS)监测技术及应用	180.00
9787122325822	微细颗粒物及痕量有害物质污染治理技术	148.00

关于合作出书：

如果您有环境领域图书的出版意向，欢迎与我们联络。

联系方法：010-64519525；Email：liuxingchun2005@126.com　QQ:1067723548

关于图书购买：

>> **实体店购买**　全国各大新华书店、大型图书城均有现货。

>> **去网店购买**　当当、亚马逊、京东商城，均全品种在线销售我社图书。如需查看、订购某种
图书，可按书名或者书号搜索、浏览、购买。正版现货、库存充足，请放心购买。

>> **电话订购**　可直接与我社读者服务部联系，电话：010-6451 8888
（含团购）　地址：北京市东城区青年湖南街13号(100011)　网址：www.cip.com.cn

更多好书推荐尽在，化工帮

打开微信扫一扫
即可优惠购书！
社店直邮，正品保障！

无锡市康威输送机械有限公司

无锡市康威输送机械有限公司是无锡雪浪环境科技股份有限公司的全资子公司；无锡雪浪环境科技股份有限公司是一家上市公司，股票代码为300385。康威输送是从事非标链条、非标输送设备产品开发与制造的专业厂家，公司占地面积28200m²，建筑面积25200m²，职工100人，其中技术人员20人；公司采用计算机系统管理和CAD辅助设计，具备较强的设计和综合机械加工能力，并通过了ISO 9001国际质量体系认证、ISO 14001环境体系认证。

无锡市康威输送机械有限公司在引进消化日本和欧洲的技术基础上，经过多年实践摸索具备了系统输送机械和输灰设备的专业设计能力，主要产品有组合式链板输送机、刮板输送机、斗式提升机、加湿机、切头皮带输送机及各类非标链条等。产品广泛应用于国内外冶金、煤炭、水泥及 电力等行业，如宝钢、首钢、武钢及日本新日铁、住友金属等，优异的产品质量及完善的售后服务，得到了国内外用户好评。

组合式链板输送机（专利产品）：独创双层结构，实现水渣分离及高温炉渣密封输送，系列规格有BLTZ500、BLTZ600、BLTZ800、BLTZ1000。

刮板输送机：结构简单、密封性能好、故障率低、运行寿命长、安装维修方便，系列规格有YD200-YD640、HS200-HS450、XZS200-430。

斗式提升机：结构紧凑、运行平稳、密封可靠、故障率低、使用寿命长、安装维修方便，系列规格有DT16、DT25、DT30、DT45、DT100。

单位名称： 无锡市康威输送机械有限公司

- **邮编：** 214261
- **电话：** 0510-85190917
- **电子邮箱：** kangwei07@163.com
- **地址：** 江苏无锡宜兴市周铁镇前观村
- **法人代表：** 杨建林
- **传真：** 0510-85190917

浙江环耀环境建设有限公司

　　浙江环耀环境建设有限公司成立于2008年，总部位于浙江省杭州市，在江苏、江西、安徽等省份设有分公司。公司依托环保咨询、工程EPC、非标环保装备制造、投资运营、环境检测等业务模块，打造贯穿项目建设全产业链的"环保管家"服务，致力于做政府、企业贴心的环保管家。

　　公司为浙江环评与监理协会副会长单位，技术力量雄厚，在职人员200多人，50%以上为硕士研究生学历，有20余名注册环境影响评价工程师，注册环保工程师、注册一级结构工程师、注册建造师、暖通、机械、自动化、给排水、概预算等专业技术人员齐全。公司持有环境影响评价乙级资质、环境工程专项设计乙级资质、环保专业承包三级资质、安全生产许可证、环境监理甲级资质、污染设施运行服务（工业废水处理甲级）能力评价证书，并于2017年通过了国家高新技术企业的认定。

　　在废气治理领域，公司拥有强大的设计团队和设备制造、安装能力，主要技术有蓄热式热力燃烧炉（RTO）、沸石转轮浓缩、活性炭（碳纤维）吸附、催化氧化净化装置（CO）、填料塔和旋流板塔、布袋除尘器等，主要应用范围包括化工石化、汽车涂装、机械、家具喷漆、电子、印刷包装、制药等行业。

　　我们秉承"诚信、创新、人本、和谐"的核心价值观，本着"以素质造就品质、以品质铸就品牌"的经营理念，矢志想客户所想，急客户所急，持续为客户创造价值。

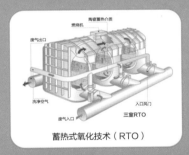

蓄热式氧化技术（RTO）

沸石转轮+RTO

沸石转轮+RTO焚烧

二级碳纤维吸附脱附

二级喷淋塔

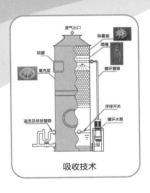

吸收技术

浙江环耀环境建设有限公司

地址：浙江省杭州市拱墅区上塘路329号海外海商务楼A座12楼
电话：0571-88106153
网址：www.zjhyhj.com

📞 400-654-0091

32年专业产品应用经验，
解决除尘清灰清堵难题！

声波清灰清堵及高温物位检测解决方案

电除尘清灰系统增效改造方案

电袋除尘声波清灰解决方案

转炉煤气防爆电除尘声波清灰解决方案

低低温电除尘声波清灰解决方案

除尘器灰斗声波清堵解决方案

省煤器、空气预热器声波清灰解决方案

煤气换热器声波清灰解决方案

水泥余热锅炉清灰解决方案

脱硝催化剂声波清灰解决方案

感谢32年来每位客户对中鑫的信任和支持

  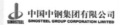

  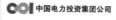 

辽宁中鑫—专业从事声波清灰技术、清堵技术以及物位检测技术的推广和应用
地址：辽宁省辽阳市市宏伟街南环街二段（高新技术产业开发区）
服务热线：400-654-0091　网址：http://www.ly-zx.com.cn/